炼油及石油化工"三剂"手册

朱洪法　刘丽芝　编著

中国石化出版社

内 容 提 要

本书是一部介绍炼油及石油化工"三剂"(催化剂、助剂、溶剂)研发、生产、应用的专业性工具书,分上、中、下三篇,上篇为催化剂,又分为炼油催化剂及石油化工催化剂;中篇为助剂,也分为炼油助剂及石油化工助剂;下篇为溶剂,主要为炼油及石油化工过程常用溶剂。对每种催化剂、助剂或溶剂,按名称、产品牌号、性质、用途、简要制法、生产单位等项目进行介绍。为便于检索,书末附有产品中文名索引及英文名索引。

本书可供炼油、石油化工、环保等行业的生产企业及科研机构中从事"三剂"应用及研究开发的广大工程技术人员查阅,也可供大专院校相关专业师生阅读,还可供从事炼油及石油化工产品生产、开发的技术人员、管理人员、营销人员参考。

图书在版编目(CIP)数据

炼油及石油化工"三剂"手册/朱洪法,刘丽芝编著.
—北京:中国石化出版社,2015.1
ISBN 978 - 7 - 5114 - 3123 - 3

Ⅰ.①炼… Ⅱ.①朱… ②刘… Ⅲ.①石油炼制 – 生产工艺 – 手册②石油化工 – 生产工艺 – 手册Ⅳ.①TE624 – 62②TE65 – 62

中国版本图书馆 CIP 数据核字(2014)第 283655 号

中国石化出版社出版发行

地址:北京市东郊区安定门外大街 58 号
邮编:100011 电话:(010)84271850
读者服务部电话:(010)84289974
http://www.sinopec-press.com
E-mail:press@sinopec.com
北京科信印刷有限公司印刷
全国各地新华书店经销

*

787×1092 毫米 16 开本 46.75 印张 1129 千字
2015 年 1 月第 1 版 2015 年 1 月第 1 次印刷
定价:130.00 元

前　　言

20世纪90年代以来，高新技术的发展日新月异，世界正在由工业经济时代向知识经济时代转变，炼油及石油化工技术在注重环保、节能减排、节约资源、提高产品附加值和清洁化生产的总体趋势下蓬勃发展。催化剂、助剂、溶剂(简称三剂)是炼油及石油化工技术发展和产品升级换代的重要技术支撑，对于提高产品质量、降低生产成本、保障装置长周期运转、保证安全生产及提高经济效益起着十分重要的作用，我国炼油及石油化工的发展历史也表明，"三剂"技术决定了炼油及石油化工工艺技术的水平，每个炼油及石油化工企业都十分重视"三剂"技术的应用及研究开发。

本书分为上、中、下三篇。上篇为催化剂，主要介绍各种工业催化反应过程的专用商品催化剂，又分为炼油过程及石油化工过程用的主要催化剂，对各种商品催化剂，按名称、产品牌号、主要组成、产品规格及使用条件、用途、简要制法、生产单位等项目进行介绍；中篇为助剂，主要介绍炼油及石油化工过程中常用助剂，对各种商品助剂按名称、产品牌号、性质、质量规格、用途、简要制法及生产单位等项目加以介绍；下篇为溶剂，主要介绍炼油及石油化工过程常用溶剂，按名称、化学式、结构式、性质、用途、安全事项、简要制法等项目加以介绍。

炼油及石油化工催化剂、助剂的品牌繁多，用途不一，而且更新换代很快。本书主要介绍国内研究机构及企业开发、生产并已工业化的产品，也介绍国外公司在国内炼油装置上曾经使用或正在使用的少量炼油催化剂或助剂。但不包括许多大专院校的研究机构及企业所开发的仍处于实验室及中间试验阶段的催化剂及助剂品种，对于专用性强或某些机构专门开发的催化剂或助剂产品，也列出研制单位或生产单位，而对通用化工产品及各种溶剂一般不列出生产单位。鉴于许多催化剂或助剂的研究机构或生产单位已经或正在改制、重组、企业或机构名称变化很大，因此"生产单位"一栏中，一些单位的名称可能不十分准确，仅供参考。

由于炼油及石油化工用催化剂和专用助剂的保密性很强，公开发表的资料有限，有些科研成果及工业应用情况由于保密而未见公开报道。因此，本书所收集的催化剂及专用助剂产品，无论是产品品种、性能特点、更新换代状况都存在很大的局限性，也是本书编辑过程的困难所在。但在本书编辑过程中，要感谢一些炼油及石油化工催化剂、助剂研究机构和生产企业，它们提供的催化剂或助剂产品资料，丰富了本手册的内容。

　　"三剂"涵盖面广，涉及的领域很多，本书在内容上很难概而全之，错误或不足之处在所难免，敬请读者批评指正。

总　目　录

总 目 录

编 写 说 明

一、正文分为上、中、下三篇，上篇为催化剂，又分为炼油催化剂及石油化工催化剂；中篇为助剂，又分为炼油助剂及石油化工助剂；下篇为溶剂。

二、除特殊注明外，正文中，液体和固体密度的计量单位均采用 g/mL。气体密度一般用 g/L 表示（指在标准状态下）；液体和固体的相对密度一般指与4℃条件下水的密度之比；折射率系指20℃时用钠 D - 线测定的数据；爆炸极限一般用可燃气体或蒸气在混合物中的体积分数（%）表示；闪点分为开杯闪点和闭杯闪点，未注明者为开杯闪点。

三、产品中文名索引，按第一个汉字的拼音标准排序。第一个汉字相同时，按第二个汉字的拼音标准排序，依次类推，词首、词中间含有的阿拉伯数字和外文字母不参加排序。

四、炼油及石油化工催化剂或助剂有时会有多种名称，由于篇幅所限，索引主要列出分类目录中所表示的名称。

目　录

1

下篇　溶剂

上篇　催化剂

催化剂曾称触媒，是一类能改变化学反应速率而在反应中自身并不消耗的物质。催化剂通过若干个基元步骤不间断地重复循环，加速热力学可行反应的速率，但不能改变该反应的平衡常数，而在循环的最终步骤恢复为其原始状态。催化剂不仅能加速具有重要经济价值但速率极慢的反应（如由氮及氢直接合成氨），还能选择加速所希望产物的生成反应（如乙烯氧氯化反应只生成1，2 - 二氯乙烷）。

从地下开采出来的原油在炼油厂的加工技术，主要分为无需催化剂的热加工和利用催化剂的催化加工两大类。前者主要包括原油常减压蒸馏、热裂化、减黏裂化、延迟焦化、分子筛脱蜡、溶剂精制等，后者主要包括催化裂化、催化重整、加氢精制、加氢裂化、轻烃的烷基化、异构化、醚化及叠合等。目前，无论是国内或国外的炼油厂，有超过半数的装置使用各种类型的催化剂，特别是随着轻质油品尤其是清洁燃料消耗量的逐渐增加，催化加工能力也随之增多，各种工艺用的催化剂用量也随之上升。特别是新型催化剂的应用和新催化工艺的出现不但简化了旧的工艺过程，而且可以大大节约生产费用和能量消耗。

催化剂品种很多，根据催化剂的作用状况，可分为均相催化剂及多相催化剂。所谓均相催化是催化剂和反应物同处在均匀的气相或液相中所进行的催化作用，如一氧化氮催化二氧化硫氧化成三氧化硫的反应，其中 NO 与反应物同处于气态，是气相均相催化剂。多相催化是指催化剂和反应物处在不同相的催化作用，相间组合方式多为催化剂是固体，反应物为气体、液体或气体加液体，或催化剂为液体，反应物为气体。多相催化中应用最广的是固体催化剂体系，即催化剂是固体，反应物是气体或液体，反应物分子必须从反应物相转移到固体催化剂的表面上才能发生催化作用。多相催化剂由于使用寿命长，容易活化、再生，便于工业应用，产品质量高，所以大多数炼油和石油化工的催化过程都使用这类催化剂。

根据催化作用机理不同，催化剂又可分为：

①酸碱催化剂。指因物质的酸碱性质而起催化作用的催化剂，酸碱催化机理为：酸碱催化剂和反应物分子间因电子对的接受而配位或发生强烈的极化，从而形成活性物种，按酸碱的性质可分为质子酸碱催化剂（又称布朗斯台德酸碱，简称 B 酸、B 碱催化剂）及路易斯酸碱催化剂（简称 L 酸、L 碱催化剂）。酸碱催化剂广泛用于烯烃水合、烯烃异构化、醇类脱水、烷基化、烷基转移、醇醛缩合、裂化、聚合等催化反应。

②氧化还原催化剂。即用于氧化还原反应的催化剂，氧化还原反应涉及电子转移的化学反应，失去电子是氧化，得到电子是还原。氧化和还原总是同时发生，是不可分开的两种反应，即一种物质失去电子的同时另一种物质得到电子，其电子得失的数目相等，过渡金属氧化物中的过渡金属离子容易改变原子价态，即容易氧化还原，对于氧具有化学吸附的亲和力，适于用作各种氧化反应的催化剂，氧化还原型氧化物催化剂是工业上应用最广的一类催化剂，其主要活性组分常为过渡金属及其化合物，由两种以上的氧化物可以组合成无数种具有工业应用价值的催化剂，如用于催化氧化的 Mo - O、V - O、Cu - O 等催化剂，用于催化脱氢的 Cr - O 催化剂等。而一些过渡金属硫化物催化剂如 Mo - S、Ni - S、W - S 等也是常用的催化加氢催化剂。

③配合物催化剂。又称配位催化剂、配位络合催化剂。指通过配位作用而使反应物分子活化的催化剂。在这种催化剂中至少含有一个过渡金属原子以及若干个有机或无机配位体。无论母体本身是否是配合物，在起作用时，催化活性中心是以配位结构出现，通过改变金属配位数或配位基，最少有一种反应分子进入配位状态而被活化，从而促进反应进行。可分为均相配位催化剂、负载型配位催化剂及金属原子簇配位催化剂。配合物催化剂具有活性高、

选择性好等特点，广泛用于烯烃聚合、羰基合成、加氢、异构化、歧化及烯烃氧化等反应。

④双功能催化剂。指具有两种不同催化活性中心能同时催化两类反应的催化剂。如重整催化剂和加氢裂化催化剂，其中的 Pt、Mo、Ni、W 等金属活性组分起着加氢－脱氢反应的作用，而载体 Al_2O_3、$Al_2O_3 - SiO_2$、分子筛等则起着催化异构化、裂化等作用。

催化剂按工业应用领域分类，目前并无严格的分类方法。按我国工业催化过程的发展，大致可分为石油炼制、石油化工（基本有机原料）、高分子合成、精细化工、化肥（无机化工）、环境保护及其他催化剂等类别。而每一工业类型的催化剂又可按所催化的单元反应（如氧化、加氢、水合等）分成若干个小类。图 0－1 示出了工业催化剂的分类情况。

催化剂
├── 石油炼制催化剂
│   ├── 催化裂化
│   ├── 催化重整
│   ├── 加氢精制
│   ├── 加氢裂化
│   ├── 异构化
│   ├── 烷基化
│   └── 叠合
├── 石油化工（基本有机原料工业）催化剂
│   ├── 氧化
│   ├── 加氢
│   ├── 脱氢
│   ├── 氧氯化
│   ├── 氨氧化
│   ├── 歧化及烷基转移
│   ├── 氯化
│   ├── 烯烃反应
│   └── 羰基化
├── 精细化工催化剂
│   ├── 氧化
│   ├── 还原
│   ├── 酸碱催化（固体酸、水合、缩合、环合、酯化、醚化、氨化等）
│   └── 相转移不对称催化
└── 高分子合成催化剂
    ├── 聚乙烯
    ├── 聚丙烯
    ├── 聚烯烃
    ├── 聚合（加聚、缩聚等）
    └── 茂金属

4

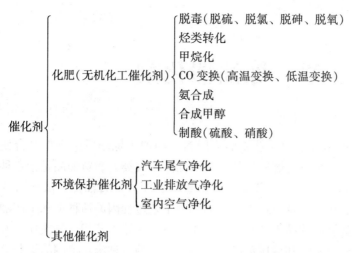

图 0 - 1　工业催化剂的分类

以石油和天然气为原料，既生产各种石油产品，又生产石油化学品的工业体系逐渐完备，形成了石油炼制工业、基本有机化工原料工业和有机合成材料工业等门类，并统称为石油化学工业。而伴随着各种催化剂的应用和发展，逐渐形成了石油炼制催化剂、石油化工催化剂（包括合成材料、有机合成等生产过程中用的催化剂）和以氨合成为中心的无机化工催化剂等重要产品系列。而在 20 世纪下半叶，地球环境问题日益受到人们关注，以消除有害物质为目的的环保催化剂也获得极快的发展和应用。

催化剂本身是一种高科技产品，也是一种实用性很强的产品。在石油炼制及石油化工中使用的催化剂，从单纯的酸、碱催化剂和各种负载型固体催化剂，直到含有近 10 种元素的多组分催化剂，形形色色，多种多样，即使是生产相同产品，因生产厂不同，使用的催化剂及催化工艺也不相同。生产催化剂时，其成本中基本原料所占成本并不太高，但研制开发及生产费用所占比率较高。而在评价某种催化剂的性能时，大多是从反应动力学的角度出发，主要通过一定反应条件下测定原料生成产物的速率，或根据情况通过原料减少的速率来推定反应机理。至于反应在催化剂上是怎样进行的，反应时催化剂处于什么样的状态，仍是不十分清楚的"黑箱"。鉴于催化剂产品的特殊性及复杂性，许多催化剂的配方组成和制备工艺属专利技术或保密技术，即使能公开的技术资料往往也不十分详细。这也使得本书所收集的催化剂产品资料来源受到一定的限制。

第一章　炼油催化剂

石油炼制(俗称炼油)是以油田开采的天然原油为原料，经加工炼制后生产出符合使用标准的各种油品。常用油品大体上可分为燃料油品及润滑油品两大类。燃料油品是指各种属于动力燃料范畴的油品，包括汽油、煤油、柴油、燃料重油、沥青、石油焦、液化石油气等，润滑油品主要包括润滑油、润滑脂及石蜡等，石油炼制工艺过程因原油种类和生产油品的品种不同而有不同的选择。就燃料油品生产而言，大体上可分为原油蒸馏、二次加工及油品精制三大部分。原油蒸馏是通过常压和减压蒸馏将原油中固有的各种沸点范围的组分分离成轻质馏分、重质馏分及渣油，并从轻质馏分中获得直馏的汽油、煤油、柴油等油品，由于从原油中直接得到的轻质馏分是有限的，大量的重质油馏分及渣油需进一步加工，即原油的二次加工。二次加工是将从原油馏分中得到的大量重质油馏分及渣油，进一步进行轻质化加工，以获得更多的轻质油品。二次加工工艺包括催化裂化、加氢裂化、催化重整、加氢处理、热裂化、焦化等，是石油炼制过程的主体。油品精制是将一次加工和二次加工获得的汽油、柴油等进一步处理精制，以获得含硫量及安定性等指标达到产品标准要求的油品，油品精制还包括油品的脱色、脱臭、炼厂气加工等为提高油品质量的许多加工工艺。

催化裂化、加氢裂化、催化重整、烷基化、异构化、加氢精制及烯烃叠合等加工过程都是在特定催化剂作用下进行的。这些过程的产品收率、产品质量、经济指标及环境影响等都与所使用的催化剂品种或性能密切相关。而且这些加工工艺的发展和技术进步都离不开催化剂的创新。例如，沸石裂化催化剂的出现，取代了无定形硅铝催化剂，使催化裂化加工技术有了跨越性的发展。目前，当原有的催化加工装置需要提高处理量，原料性质发生变化，或者产品方案需要调整时，常常会首先考虑到采用新的催化剂及其相应的催化工艺。

20世纪80年代以来，我国炼油催化剂研究进入一个快速发展阶段，建立了自己的独特技术和生产体系。各类炼油催化剂品种已形成系列化，催化剂性能与国外催化剂水平相差无几，有的还具有自己的特点。国内所用催化剂的80%以上都可以自己生产。目前世界炼油催化剂市场几乎被大公司所垄断。我国与国外大公司的差距主要表现在规模效益和价格两个方面。如国内催化裂化催化剂的总产量还不及国外一家大公司的生产能力，价格比国外同类产品进口完税价低20%左右，而加氢、催化重整催化剂则高30%左右。

据分析预计，至2013年全球炼油催化剂市场规模达到31.3亿美元，年均增速约为2%。其中加氢精制催化剂规模将达到10.66亿美元，年均增长2.36%；催化裂化催化剂规模将达到9.07亿美元，年均增长0.71%；加氢裂化催化剂规模达到2.51亿美元，年均增长6.22%；石脑油重整催化剂规模为1.49亿美元，年均增长1%。

我国从事炼油催化剂研究的单位主要是中国石化石油化工科学研究院(RIPP)、抚顺石油化工研究院(FRIPP)、上海石油化工研究院(SRIPP)、齐鲁石化研究院、北京化工研究院，其他实力较强的还有中国石油石油化工研究院兰州化工研究中心、大庆化工研究中心等。

我国炼油催化剂生产规模较大的生产企业有中国石油兰州石化公司催化剂厂、中国石油抚顺石化公司催化剂厂、中国石化催化剂长岭分公司、中国石化催化剂齐鲁分公司、中国石化催化剂抚顺分公司、北京三聚环保新材料股份有限公司、山东公泉化工股份有限公司等。

一、催化裂化催化剂

催化裂化是靠催化剂的作用在一定温度（460～550℃）条件下，使重馏分油经过一系列化学反应，裂化成轻质油品的过程，它具有装置生产效率高、汽油辛烷值高、副产气中含 C_3～C_4 组分多等特点。

自1942年 Exxon 公司第一套流化催化裂化（FCC）装置投产以来，催化裂化技术已有70余年的发展历程。目前，全世界催化裂化能力达8亿吨左右，我国催化裂化能力则达1.4亿吨左右，占原油加工能力的比重维持在30%以上，为世界上催化裂化比重最高的国家，提供了国内约75%的汽油、35%的柴油、40%的丙烯，因此，催化裂化在我国炼油工业中始终占有不可替代的重要地位，成为重馏分油轻质化和提高经济效益的强有力手段。

我国95%以上的催化裂化装置掺炼渣油，属重油催化裂化，成为我国炼油工业加工渣油第一位的深度加工装置，但随着世界原油的日益重质化、含硫量不断增加以及环保法规的不断严格，催化裂化技术在提高劣质原料油的转化率、提高目的产物收率、提高汽柴油质量、多产丙烯和改善烟气排放等方面面临更高的挑战。采用催化裂化技术已从单纯生产汽油扩展到生产烯烃、脱硫、渣油改质和生产超低硫柴油等。同时，催化裂化装置作为最大的气体污染物排放源，不仅要改善或减少含 SO_x、NO_x、CO 及颗粒物等的烟气污染物的排放，未来催化裂化装置还将面对 CO_2 减排的压力，以减缓对全球气候变暖的影响。针对上述面临的挑战，与调整催化裂化工艺相比，应用催化裂化催化剂改质油品、提高目的产品收率和装置运转效率、降低排放是一种投资少、见效快的方法，并能进一步与工艺配合以达到经济效益最佳化。

最初使用的催化裂化催化剂是处理过的天然白土，以后采用人工合成的无定形硅酸铝。1961年，随着沸石分子筛催化剂的研究与工业应用，催化裂化技术取得巨大突破。使用沸石分子筛催化剂后，裂化活性比当时使用的最好催化剂要高12个数量级，在焦炭产率不变的条件下，活性更高达60000倍。当时使用的沸石分子筛是由高岭土矿石合成的，并称为 Y 型分子筛和 X 型分子筛。至今，催化裂化催化剂已发展了70多年，其发展历程从白土到合成硅酸铝，再到沸石分子筛催化剂，其中白土催化剂使用约10年，合成硅酸铝约20年，而沸石催化剂已接近50年。20世纪60年代出现的超稳 Y 型和稀土 Y 型分子筛催化剂，由于具有活性高、选择性和稳定性好等特点，不但促进了催化裂化工艺流程和设备的巨大发展，也推动了提升管技术和再生技术的快速发展。80年代，ZSM-5分子筛的使用极大地提高了炼油厂的加工能力，使汽油辛烷值及轻烯烃收率都显著提高。90年代，复合分子筛及新的氧化铝技术的引入，使得可以根据市场需求生产符合要求的催化裂化产品，并进一步提高了催化裂化装置对加工不断变重的原油的适应性，使其具有更强抗重金属的能力。进入21世纪以来，催化裂化装置原料趋于重质化、劣质化，环境保护对燃料油产品的需求日益严格以及市场对轻烯烃需求的不断增长，降烯烃和降硫技术取得了较快发展。许多公司在重油催化裂化催化剂的研发上瞄准降烯烃、降硫、多产丙烯等目标。

工业用重油催化裂化催化剂的品种、牌号很多，其性能也在不断提高。国外公司生产的催化剂牌号约有400多种，多数适用于重油催化裂化，国内研发的催化裂化催化剂也有数十种规格。尽管各种牌号的催化剂的性能特点有所不同，但其主要差别在于：①采用不同类型的分子筛作活性组分，如超稳 Y 型、稀土 Y 型、ZSM 分子筛或其复合物，催化剂中分子筛含量大致在 10% ~20% 范围；②采用了不同的分子筛制备方法及改质方法，如水热脱铝或化学脱铝补硅等，而且制备分子筛时，稀土交换的程度有所不同；③采用了不同类型的基质和改性方法，如提供特殊的孔结构、孔径分布、相转变性质、表面酸性、比表面积等；④使用不同的黏结剂技术，如硅溶胶、铝溶胶技术或其改性技术；⑤是否含有助剂，如添加 γ - Al_2O_3 活性添加物等。

重油中含有较多重馏分，在正常催化裂化条件下难以汽化，而重油中含有的 Fe、Ni、V、Cu、Ca、Mg 等重金属和碱土金属元素又易污染催化剂，使其活性下降。此外，重油还含有胶质、沥青质、杂环化合物，硫和氮含量高、残炭高，这些物质裂化后会附着在催化剂基质表面上，导致总体活性降低和轻循环油选择性变差。针对这些特点，对重油催化裂化催化剂进行配方设计或选用时，应考虑以下性能：

①焦炭选择性，催化裂化过程生成的焦炭有原料焦、催化焦、剂油比焦及污染焦等 4 种，除原料焦外，其余 3 种焦炭产率均与催化剂性能有关。选择性好的催化剂，催化焦生成量少；汽提性能好的催化剂，剂油比焦生成量较低；抗金属污染性好的催化剂，污染焦也就少。所以，焦炭选择性是决定催化裂化装置转化率的关键，是掺炼渣油能力的制约因素。

②分子筛晶胞常数。又称晶胞参数，是描述分子筛晶胞大小和形状的参数，它有 6 个数：a、b、c、α、β、γ。a、b、c 表示晶胞三条边的边长，α、β、γ 表示晶胞三条边之间的夹角。分子筛晶胞常数与催化剂活性、选择性及汽油辛烷值之间存在一定关联性，它对催化剂焦炭选择性明显，一般情况下，分子筛晶胞常数越大，焦炭选择性越好。

③抗金属污染性。重油的重金属含量远高于瓦斯油，其中以 Ni、V 的影响为最大。Ni 有高脱氢活性，导致干气、焦炭产率增加。V 也有脱氢活性，它会对分子筛起破坏作用，引起催化剂永久失活。减少重金属的不良影响，除对催化剂的孔结构及基质进行调变外，还需使用助剂、钝化剂来解决金属污染问题。好的催化剂，其孔结构应具有适宜的梯度分布，一般由分子筛提供微孔，基质提供小孔、中孔和大孔。渣油分子能有效地扩散进入催化剂孔中。

④抗碱氮性能。渣油含碱性氮化合物较多，碱氮会中和催化剂的酸性、促进生焦、堵塞孔道，降低催化剂的活性，催化剂基质上的酸中心可因吸附碱氮而丧失，从而保护分子筛活性中心不中毒。因此，大比表面积的活性基质具有明显的抗碱氮失活能力。采用稀土分子筛与大比表面积的活性基质组成的催化剂可提高抗碱氮能力。

(一)国外催化裂化催化剂

目前，世界上有超过 400 套催化裂化装置在运行，较大规模的 FCC 装置催化剂装填量超过 400t。与其他裂化过程不同的是，催化裂化装置每年需要补充新的催化剂（相当于总量的 1% ~4%），以用于补充流化催化过程所消耗的催化剂。国外催化裂化催化剂供应商主要有 4 家公司，即：Grace Davison、Albemarle（原 Akzo Nobel）、BASF（原 Engelhard）、Catalyst and Chemicals Industries Company（简称 CCIC 公司）。据称，Grace Davison、Albermarle 及 BASF 三大催化裂化催化剂公司每天提供约 1400t 的催化剂满足市场需求。下面是这三家公司主要催化剂牌号及其技术特点。

1. Grace Davison 公司

该公司早期是一个全合成低铝催化剂厂，1948 年开始生产微球催化裂化催化剂，1964 年开发出超稳 Y 型和稀土 Y 型催化裂化催化剂，以后又研发了 CREY、Z - 14、Z - 14G、Z - 14J、CSSN、Z - 17 等改性催化剂。催化剂基质经历了 CLS、MMP（中孔、抗镍）、RAM

（抗金属污染）、LCM（纯镍低生焦）和 TRM（裂解焦炭和大分子）的发展历程，在此基础上，该公司开发了 Advanta、Atlas、Brilliant、Impact、Libra、Polaris、Saturn、Vanguard 等一系列催化裂化催化剂。其催化剂制备技术除早期的全合成技术外，主要有 1973 年推出的硅溶胶黏结剂技术和 1981 年推出的铝溶胶黏结剂技术。目前发展为改性硅溶胶和改性铝溶胶技术。表 1 - 1 为 Grace Davison 公司历年来研发的主要催化剂牌号及其技术特点。

表 1 - 1　Grace Davison 公司主要催化剂牌号及技术特点

催化剂牌号	载体/活性组分	适用原料油	主要技术特点
Advanta	$SiO_2 - Al_2O_3/P$	所有原料	高活性、高转化率、低焦炭和干气
AP - PMC（A-PEX）	$SiO_2 - Al_2O_3/P$	所有原料	高丙烯收率
Atlas	$SiO_2 - Al_2O_3/Z - 17$、SRM - 200	轻质油、加氢处理原料	高活性、高转化率、高塔底油转化、低焦炭和干气
Aurora	$Al_2O_3/Z - 14$、$Z - 17$、SRM - 100	所有原料	高转化率、高塔底油转化、高活性稳定性、低焦炭和干气
Brilliant	$Al_2O_3/CSSN$、SAM - 100	所有原料	高活性稳定性、高塔底油转化、焦炭选择性好
Futura	$Al_2O_3/CSSN$	所有原料	高活性稳定性、高汽油和馏分油收率、低焦炭和干气
GFS	$Al_2O_3/Z - 25$、SAM - 200	所有原料	降汽油中硫含量、高活性、高抗金属性
Goal	Al_2O_3/CSX、SAM - 700	所有原料	高活性稳定性、最大量产汽油和烯烃、降低汽油烯烃含量
Impact	$Al_2O_3/Z - 14$、IVT - 14	渣油、重油、高金属含量原油	高转化率、高抗金属性、高活性稳定性、低焦炭和干气
Kvistal	$Al_2O_3/CSSN$、SAM - 200	重油、渣油	高活性稳定性、高抗金属性、低焦炭和干气
Libra	$Al_2O_3/Z - 14$、TRM	轻质油、加氢处理原料	基质可调变、高转化率、最大化塔底油转化、高活性稳定性、低焦炭
Midas	$SiO_2 - Al_2O_3/Z - 14$、$Z - 17$、SRM - 300、SRM - 500	重油、渣油	最大化塔底油转化
Nadius	$SiO_2 - Al_2O_3/Z - 14$、$Z - 17$、SRM - 300、SRM - 500	轻质油、加氢处理原料	可调酸性、高活性、最大化塔底油转化
Nektor	Al_2O_3/RAM	重油、渣油、高金属含量原油	高金属含量进料、低焦炭
Nektor - ULCC	Al_2O_3/P	重油、渣油、高金属含量原油	高金属含量进料、低焦炭、降汽油硫含量
Nexus	$Al_2O_3/Z - 21$、SAM	所有原料	高活性、高抗金属性、低焦炭和干气、高辛烷值、产轻烯烃、分子筛晶胞由中等变小
Nomus	$Al_2O_3/Z - 17$、LCM、RAM	重油、渣油、高金属含量原油	高残炭和重金属进料、最大化塔底油转化、最大化馏分油收率
Nomus - DMAX	$Al_2O_3/Z - 14$、$Z - 17$、$Z - 19$、TRM、SRM	所有原料	高残炭和重金属进料、最大化塔底油转化、轻循环油收率
Orion	$SiO_2 - Al_2O_3/P$	所有原料	高转化率、焦炭选择性好、高辛烷值、干气少

催化剂牌号	载体/活性组分	适用原料油	主要技术特点
Phoenix	$SiO_2 - Al_2O_3/Z-17$、SRM-500	减压瓦斯油	高活性、高塔底油转化、低焦炭和干气
Pinnacle	$SiO_2 - Al_2O_3/Z-28$、Z-32、TRM-400	重质减压瓦斯油、渣油	可调基质、最大化含镍塔底油转化、低焦炭和干气
Polaris	$SiO_2 - Al_2O_3/Z-32$、TRM-300、IVT	重质减压瓦斯油、渣油	可调基质、高活性、最大化塔底油转化
ProtAgon	$SiO_2 - Al_2O_3/Z-32$、TRM-300、IVT	所有原料	最大量产丙烯
ResidMax	Al_2O_3/CSX、TMA	重质减压瓦斯油、渣油	高活性稳定性、高塔底油转化、高抗金属性、低焦炭和干气
RFG	$Al_2O_3 - SiO_2/P$	重质减压瓦斯油、渣油	降汽油烯烃
Saturn	$Al_2O_3 - SiO_2/P$	重质减压瓦斯油、渣油	降汽油硫含量
SuRCA	$Al_2O_3 - SiO_2/P$	重质减压瓦斯油、渣油	降汽油硫含量
Spectra	$Al_2O_3 - SiO_2/P$	所有原料	高活性稳定性、高塔底油转化、低焦炭和干气
Ultima	$Al_2O_3/Z-14$、SAM	所有原料	高塔底油转化、高辛烷值、焦炭选择性好、分子筛晶胞由中等变小
Vanguand	$Al_2O_3 - SiO_2/IVT$、P	减压瓦斯油、渣油	高活性稳定性、高转化率、高抗金属性、焦炭选择性好、低焦炭和干气

Grace Davison 公司针对流化催化装置内催化剂保持性的重要性，于 2000 年提出了跑损指数的概念，认为仅靠催化剂磨损试验是难以正确预测催化剂在装置内的保持性，而需综合考虑影响装置内催化剂保持性的变量。此外，减少催化剂细颗粒的含量，还可以改进再生器一级、二级旋风分离器的性能，进一步改善烟气动力回收装置的可靠性。所以，该公司要求其催化裂化催化剂产生最少的细微颗粒，提高催化剂的活性和抗磨性，从而确保减少排放和对下游装置的污染，延长操作周期。

2．Albemarle 公司

Albemarle 公司于 2004 年收购了 Akzo Nobel 公司，Akzo Nobel 公司早期生产无定形硅酸铝微球催化裂化催化剂，1968 年开始生产全合成分子筛催化剂（MZ-1）。Albemarle 公司的主要技术是 ADZ（Akzo Developed Zeolite）超稳分子筛和 ADM（Akzo Developed Matrix）活性基质。近期又推出了催化剂组合技术（Catalyst Assembly Technology，CAT）。所谓 CAT 是将其开发的多种 ADZ 分子筛技术和选择性基质（ADM）与适当的催化剂黏结剂技术相结合，以控制孔径分布，并使活性中心均匀分布。其中 JADE 硅溶胶黏结技术和 TOPAZ 铝溶胶黏结技术是采用催化剂组合技术推出的新型黏结技术。而基质的协同作用产生一种独特的催化剂构架，其具有的开放结构有利于碳氢化合物迅速吸附和脱附。表 1-2 为 Albemarle 公司历年来研发的主要催化剂牌号及其技术特点。

表 1 - 2 Albemarle 公司主要催化剂牌号及技术特点

催化剂牌号	载体/活性组分	适用原料油	主要技术特点
Amber	$SiO_2 - Al_2O_3$/分子筛、活性基质	高含 Ni、V、Fe 的渣油	可接近性高、抗钒、渣油转化率高、最大量转化塔底油
Aztec	$SiO_2 - Al_2O_3$/分子筛、活性基质	所有原料	催化剂中孔分布广、高轻循环油和高重循环油收率、低干气和湿气收率
Centurion	$SiO_2 - Al_2O_3$/分子筛、活性基质	渣油	高抗金属性、低焦炭、渣油、适应性强
Centurion Max	$SiO_2 - Al_2O_3$/分子筛、活性基质	高含 Ni 渣油	最大化塔底转化、高抗镍性、低焦炭
Cobra	$SiO_2 - Al_2O_3$/分子筛、活性基质	所有原料	高抗金属性、高辛烷值汽油、高轻循环油和高重循环油收率、低干气
Conquest	$SiO_2 - Al_2O_3$/分子筛、活性基质	所有原料	高活性稳定性、高转化率、高抗金属性、最大化产汽油和轻循环油、低干气
Conquest HD	$SiO_2 - Al_2O_3$/分子筛、活性基质	所有原料	催化剂高表观堆密度、高抗金属性、最大化产汽油和轻循环油/高循环油、低干气
Coral	$SiO_2 - Al_2O_3$/分子筛、活性基质	高含 Ni、V 及适量 Fe 的重减压瓦斯油及渣油	改善可接近性、低焦炭
Eclipse	$SiO_2 - Al_2O_3$/分子筛、活性基质	高含 Ni、V 和适量 Fe 的重减压瓦斯油及渣油	最大化产异丁烯并副产戊烯、最大化塔底油转化、高辛烷值汽油、低干气
Emerald	$SiO_2 - Al_2O_3$/分子筛、活性基质	高含 Ni、V、Fe 渣油	改善可接近性、最大化塔底油转化
FOC	$SiO_2 - Al_2O_3$/分子筛、活性基质	渣油	最大量掺重油、高抗金属性、高辛烷值汽油
Opal	$SiO_2 - Al_2O_3$/分子筛、活性基质	高含 Ni、V、Fe 渣油	高可接近性、最大化塔底油转化、低焦炭
Ruby	$SiO_2 - Al_2O_3$/分子筛、活性基质	高含 Ni、V 重减压瓦斯油及渣油	改善可接近性、抗 Ni、V、Fe 性、高塔底油转化
Sapphire	$SiO_2 - Al_2O_3$/分子筛、活性基质	中等至高含 Ni、V、Fe 渣油	提高可接近性、高塔底油转化、低焦炭

Albemarle 公司在第 17 届世界石油大会上提出了催化裂化的可接近性指数(Akzo Acessibility Index，AAI)概念。AAI 可以表征反应物进入催化剂孔结构和产物从催化剂表面离开的传质能力，是催化裂化催化剂的重要性质，采用 AAI 测试可以快速评价和筛选分子筛催化剂。

3. BASF 公司

BASF 公司于 2007 年收购了 Engelhard 公司。Engelhard 早在 20 世纪 60 年代发明了用高岭土原位晶化技术制备 FCC 催化剂的专利技术，并在 70 年代建立了第一条 FCC 催化剂生产线。于 1993 年收购了 Savannah 催化剂厂，开始采用黏结剂法生产技术。与半合成工艺相比，原位晶化催化剂具有抗重金属污染性能强、活性指数高、水热稳定性及结构稳定性强等特点，而且催化剂的抗磨损能力强，对塔底油有较高裂化能力。BASF 公司催化裂化催化剂最突出的技术是分布式基质结构(Distributed Matrix Structure，DMS)专利技术平台的开发。这种技术优化了催化剂的细孔结构，使原料分子更容易向位于高分散分子筛晶体外表面的预裂化中心扩散，从而提高了分子筛的有效利用率，选择性更为提高，由于原料预裂化发生在分子筛上，而不是在无定形活性基质上，从而提高分子筛选择裂化优势，可最大化提高塔底油转化率，增加高价值汽油和轻烯烃收率，减少焦炭和干气收率。表 1-3 为 BASF 公司历年来研发的主要催化剂牌号及其技术特点。

表 1-3　BASF 公司主要催化剂牌号及技术特点

催化剂牌号	载体/活性组分	适用原料油	主要技术特点
CuntrOletin	$SiO_2 - Al_2O_3$/Y 型沸石、DMS 基质	减压瓦斯油、渣油	降汽油烯烃
Endurance	$SiO_2 - Al_2O_3$/Y 型沸石、DMS 基质	渣油	抗重金属性、高辛烷值汽油
Flex - Tec	$SiO_2 - Al_2O_3$/Y 型沸石、DMS 基质	渣油	抗重金属性、高辛烷值汽油
MPS	$SiO_2 - Al_2O_3$/Y 型沸石、ZSM-5、DMS 基质	减压瓦斯油、渣油	最大化产丙烯
Maxol	$SiO_2 - Al_2O_3$/Y 型沸石、PyroChem - Plus 分子筛、活性基质	减压瓦斯油	最大化产碳三、碳四烯烃
NaphthaMax	$SiO_2 - Al_2O_3$/Y 型沸石、PyroChem - Plus 分子筛、DMS 基质	减压瓦斯油	高辛烷值汽油
NaphthaMax Ⅱ NaphthaMax - LSG	$SiO_2 - Al_2O_3$/Y 型沸石、PyroChem - Plus 分子筛、DMS 基质	减压瓦斯油	低焦炭、高辛烷值汽油
NaphthaClean	$SiO_2 - Al_2O_3$/Y 型沸石、DMS 基质	减压瓦斯油	降汽油硫含量
PetroMax	$SiO_2 - Al_2O_3$/Y 型沸石、高活性基质	减压瓦斯油	高辛烷值汽油
PetroMax - DMS	$SiO_2 - Al_2O_3$/Y 型沸石、高活性 DMS 基质	减压瓦斯油	高辛烷值汽油
PetroMax - MD	$SiO_2 - Al_2O_3$/Y 型沸石、中等活性基质	减压瓦斯油	高辛烷值汽油

（二）国内催化裂化催化剂

我国自 20 世纪 60 年代建立第一套流化催化裂化装置并相应地实现硅铝微球催化剂的工业生产开始，70 年代初成功开发了分子筛催化裂化催化剂并实现了工业化，接着建成了提升管催化裂化工业装置，使催化裂化工艺技术上了一个台阶，80 年代以后，又开发了适于加工重质原料的催化裂化催化剂和工艺技术装备。

我国催化裂化研发机构主要有中国石化石油化工科学研究院和中国石油石油化工研究院兰州化工研究中心(原兰州石化研究院)。中国石化石油化工科学研究院从 20 世纪 80 年代开始，催化裂化催化剂技术不断发展，主要包括双铝黏结剂、ZRP 分子筛、抗钒催化剂、MOY 分子筛、ZSP 分子筛、FMA 基质等的催化裂化催化剂，还相应开发了重油转化、降烯烃、多产低碳烯烃、多产柴油等多种工艺技术相配套的系列催化裂化催化剂。

中国石油石油化工研究院兰州化工研究中心从 20 世纪 80 年代开始，开发出具有重油转化能力强的 LB 系列原位晶化型催化裂化催化剂。以后，围绕国内清洁汽油生产、重油深度加工、炼油化工一体化等核心炼油技术领域，又开发了 LBO 系列降烯烃催化剂、LCC 系列多产丙烯催化剂和助剂、LHO 重油降烯烃催化剂、LIP 系列多产丙烯重油催化裂化催化剂、高沸石含量的原位晶化催化剂。

1. 无定形硅铝催化裂化催化剂

[别名]低铝硅酸铝催化剂。

[工业牌号]LWC‐11、CDW‐2、2 号(裂化催化剂)。

[主要组成]非结晶结构的硅酸铝。

[产品规格]

项目		指标		
		LWC‐11	CDW‐2	2 号(裂化催化剂)
Al_2O_3/%	≥	13.0	12.5	13.5
Fe_2O_3/%	≤	0.05	0.06	0.10
Na_2O/%	≤	0.03	0.03	0.03
SiO_4^{2-}/%	≤	0.45	0.5	0.45
灼烧减量/%	≤	12.0	12.0	12.0
孔体积/(mL/g)	≥	0.57	0.60	0.60
比表面积/(m²/g)	≥	650	580	600
磨损指数/%	≤	2.0	2.2	1.7
初活性(500℃,60min)/%	≥	43	40	40
蒸汽稳定性(750℃蒸汽老化6h)	≥	23	23	24

注:表中所列指标为参考规格。

[用途]用于催化裂化过程,具有强酸性中心、较大比表面积及一定范围的孔分布。是一种较早使用的催化裂化催化剂。由于活性不太高、稳定性不太好,经长期的反应‐再生循环时,比表面积会显著下降,只适用于流化床催化裂化装置中。也可与其他高活性催化裂化催化剂混合使用。

[简要制法]将硅酸钠(水玻璃)及硫酸铝等原料按比例配成溶液,在一定反应条件下经中和成胶、老化、喷雾成型、洗涤、干燥等过程制得成品。

[生产单位]中国石化催化剂长岭分公司、中国石油兰州石化公司催化剂厂。

2. 高铝催化裂化催化剂

[主要组成]非结晶结构的硅酸铝。

[产品规格]

项目		指标	项目		指标
外观		白色微球	磨损指数/%	≤	3.5
Al_2O_3/%	≥	20	初活性(500℃,1h)/%	≥	35
Fe_2O_3/%	≤	0.10	蒸汽稳定性	≥	23
Na_2O/%	≤	0.20	粒度分布/%		
SO_4^{2-}/%	≤	2.5	0~40μm	≤	25
孔体积/(mL/g)	≥	0.50	40~80μm		50
比表面积/(m²/g)	≥	350	>80μm	≤	30

注:表中所列指标为参考规格。

[用途]用于流化催化裂化装置，比低铝硅酸铝催化剂机械强度高，稳定性及流化性能好，裂化性能高于天然白土催化剂。

[简要制法]先由硅酸钠(水玻璃)与硫酸铝(Ⅰ)进行第一步成胶反应，然后再加入硫酸铝(Ⅱ)进行二步共胶反应，反应后加入氨水。生成的硅铝胶经打浆、喷雾干燥成球、洗涤、干燥制得成品。

[生产单位]中国石化巴陵石化公司。

3. 低铝分子筛催化裂化催化剂

[工业牌号]CDY-1、LWC-23、Y-9。

[主要组成]以稀土Y型分子筛为活性组分，硅酸铝为催化剂载体。

[产品规格]

项目		指标		
		CDY-1	LWC-23	Y-9
Al_2O_3/%	≥	13.5	13.0	14.0
Fe_2O_3/%	≤	0.07	0.07	0.10
Na_2O/%	≤	0.13	0.12	0.07
SO_4^{2-}/%	≤	0.50	0.65	0.50
灼烧碱量/%	≤	13.5	14.0	13.5
孔体积/(mL/g)	≥	0.59	0.60	0.58
比表面积/(m²/g)	≥	600	650	650
磨损指数/%	≤	2.4	2.9	2.2
微反活性(800℃，4h)/%	≥	60	62	60
外观			$\phi20\sim100\mu m$ 微球	

注：表中所列指标为企业标准。

[用途]适用于床层裂化，分子筛含量低，具有中等催化裂化活性。可用于以蜡油或焦化蜡油等为原料的提升管反应器，生产汽油、煤油、柴油等轻质油品，也可与无定形硅铝催化剂掺混使用，用于流化床反应装置。与单独使用无定形硅铝催化剂相比，可提高汽油收率2%~3%。

[简要制法]将稀土分子筛浆液与经共沉淀反应制得的硅酸铝混合均匀，经喷雾干燥制成微球后，再经洗涤、过滤、干燥而制得。

[生产单位]中国石化催化剂长岭分公司、中国石油兰州石化公司催化剂厂、中国石化催化剂齐鲁分公司。

4. 高铝分子筛催化裂化催化剂

[工业牌号]CGY-1、CGY-2、LWC-33、LWC-34、Y-4等。

[主要组成]以稀土Y型分子筛为活性组分，硅酸铝为催化剂载体。

[产品规格]

项目		指标				
		CGY-1	CGY-2	LWC-33	LWC-34	Y-4
Al_2O_3/%	≥	27.0	26.7	24.0	25.9	24.2
Fe_2O_3/%	≤	0.17	0.11	0.08	0.06	0.09
Na_2O/%	≤	0.18	0.19	0.15	0.1	0.19
SO_4^{2-}/%	≤	1.73	2.1	1.5	1.4	1.30
灼烧减量/%	≤	13.3	14.4	14.0	14.0	14.5
孔体积/(mL/g)	≥	0.65	0.61	0.70	0.66	0.57
比表面积/(m^2/g)	≥	440	400	590	550	590
磨损指数/%	≤	4.2	3.8	4.0	3.3	2.8
微反活性(800℃,4h)/%	≥	74	62	74	65	71
外观		$\phi20\sim100\mu m$ 微球				

注：表中所列指标为企业标准。

[用途]分子筛含量中等，具有较好的催化裂化活性。主要用于提升管反应器的催化裂化装置，生产汽油、煤油、柴油等轻质油品。催化剂积炭失活后可以再生。

[简要制法]将分子筛浆液与硅铝胶混合打浆，先经喷雾干燥制得微球后，再经洗涤、过滤、干燥制得成品。

[生产单位]中国石化催化剂长岭分公司、中国石油兰州石化公司催化剂厂、中国石化催化剂齐鲁分公司。

5. 超稳 Y 型分子筛催化裂化催化剂

[工业牌号]ZCM-5、ZCM-7。

[主要组成]超稳 Y 型分子筛(REUSY)/Al_2O_3-白土。

[产品规格]

项目		指标	
		ZCM-5	ZCM-7
Al_2O_3/%		44.5~46.3	44.1~45.2
Fe_2O_3/%	≤	0.54	0.41
Na_2O/%	≤	0.19	0.26
灼烧减量/%	≤	12.8	12.9
孔体积/(mL/g)	≥	0.30	0.60
比表面积/(m^2/g)	≥	187	204
磨损指数/%	≤	1.4	2.3
微反活性(820℃,4h)/%	≥	76	76
外观		$\phi20\sim100\mu m$ 微球	

注：表中所列指标为企业标准。

[用途]用于重油催化裂化装置，也可用于以渣油或其他馏分混合作原料的催化裂化装置。由于催化剂制备时脱除了结构中的部分铝原子，提高了硅铝比，因而具有水热稳定性

好、抗污染能力强、焦炭选择性好及轻油产率高等特点。

[简要制法]将分子筛浆液与硅铝胶混合打浆及改性处理后，先经喷雾干燥制成微球，再经洗涤、过滤、干燥制得成品。

[生产单位]中国石油兰州石化公司催化剂厂、中国石化催化剂齐鲁分公司。

6. 半合成分子筛催化裂化催化剂

[工业牌号]CRC－1、Y－7。

[主要组成]稀土分子筛(REY)/Al_2O_3－白土。

[产品规格]

项目		指标	
		CRC－1	Y－7
Al_2O_3/%	≥	50.0	51.0
Fe_2O_3/%	≤	0.75	0.8
Na_2O/%	≤	0.08	0.08
灼烧减量/%	≤	13.4	13.0
孔体积/(mL/g)	≥	0.24	0.23
比表面积/(m^2/g)	≥	225	170
磨损指数/%	≤	2.0	1.5
微反活性(800℃，4h)/%	≥	76	70
外观		ϕ20~100μm 微球	

注：表中所列指标为企业标准。

[用途]用于提升管式催化裂化装置。也可用于以渣油或其他馏分油混合作原料的重油催化裂化装置。催化剂具有抗重金属污染能力较强、焦炭选择性好、催化裂化活性高等特点。催化剂积炭失活后可以再生。

[简要制法]将高岭土、一水软铝石等原料混合打浆，经成胶、老化后与稀土 Y 型分子筛浆液混合。生成的胶液先经喷雾干燥制成微球后，再经洗涤、过滤、干燥制得成品。

[生产单位]中国石化催化剂齐鲁分公司。

7. 催化裂化催化剂

[工业牌号]LB－1、LB－2。

[主要组成]以超稳型分子筛为主活性组分，白土为催化剂载体。

[产品规格]

项目		指标	
		LB－1	LB－2
三氧化二铝(以 Al_2O_3 计)/%	≥	45.0	35.0
三氧化二铁(以 Fe_2O_3 计)/%	≤	1.7	1.0
氧化钠(以 Na_2O 计)/%	≤	0.45	0.50
灼烧减量/%	≤	15.0	15.0
孔体积/(mL/g)	≥	0.18	0.25
比表面积/(m^2/g)	≥	190	250

项目		指标	
		LB-1	LB-2
磨损指数/%	≤	4.0	4.0
微反活性(800℃，4h)/%	≥	60	70
粒度分布/%			
<45.8μm	≤	25.0	25.0
45.8~111μm	≥	50.0	55.0

注：表中所列指标为企业标准。

[用途]LB-1适用于加工重油及其他劣质重油的重油流化催化裂化装置，尤适用于原料中重金属含量高、再生温度超过720℃及要求塔底油浆产率低的重油流化催化裂化装置。具有分子筛晶粒小，与基质结合牢固，中孔丰富等特点，因而催化剂活性高、水热稳定性好、抗重金属污染能力强、对汽油及轻油选择性好。

LB-2催化剂具有较大的比表面积及孔体积，并具有合理的孔径分布。适用于加工原料中镍、钒及其他重金属含量都很高的重油流化催化裂化装置。具有优良的活性稳定性及抗重金属污染的能力，较好的汽油和轻质油选择性。汽油产率及焦炭选择性优于LB-1催化剂。

[简要制法]以高岭土为原料打浆，经喷雾干燥制成微球及高温焙烧后，在水热晶化条件下进行原位晶化先制备出NaY分子筛晶化产物，再经洗涤、过滤、交换、焙烧及气流干燥制得成品。

[生产单位]中国石油兰州石化公司催化剂厂。

8. 重油催化裂化催化剂(一)

[工业牌号]CHZ-3、CHZ-4。

[主要组成]以沉积适量稀土和硅的SRHY分子筛为主活性组分，以半合成基质或高岭土为催化剂载体。

[产品规格]

项目		指标	
		CHZ-3	CHZ-4
三氧化二铝(以 Al_2O_3 计)/%	≥	40.0	45.0
三氧化二铁(以 Fe_2O_3 计)/%	≤	0.40	0.50
氧化钠(以 Na_2O 计)/%	≤	0.30	0.30
硫酸根(以 SO_4^{2-} 计)/%	≤	1.5	1.5
灼烧减量/%	≤	15	15
孔体积/(mL/g)	≥	0.25	—
比表面积/(m²/g)	≥	200	230
磨损指数/%	≤	2.5	3.5
微反活性(800℃，4h)/%	≥	58	70
表观密度/(g/mL)		0.64~0.80	0.64~0.75
粒度分布/%			
0~40μm	≤	28	28
40~80μm	≥	50	50

注：表中所列指标为企业标准。

[用途]由于原料活性组分中有沉积的稀土和硅,可以增加超稳 Y 型分子筛结晶的保留度,提高催化剂的水热稳定性。催化剂所具有丰富的二次孔有利于大分子充分裂化。载体具有适宜的比表面积及孔体积,有较强的抗重金属污染能力及较高的机械强度,且重油裂化能力强,焦炭选择性好。用于各种重油催化裂化装置,尤适用于热负荷受限制的重油催化裂化装置。

CH-4 催化剂为 CH-3 的改进产品。催化剂活性组分中加入抗钒能力很强的富铈氧化稀土,并以具有大比表面积及较强活性的细粒子高岭土作催化剂载体,从而提高抗镍能力及增强重油大分子裂解能力。适用于掺渣比高达 40%,并且镍、钒含量较高的重油催化裂化装置。在平衡催化剂镍、钒含量分别高达 6000×10^{-6} 及 4000×10^{-6} 时,仍可获得理想的产品分布。

[简要制法]将活性组分、载体基质材料按一定比例及顺序进行成胶反应。生成的胶液先经喷雾干燥制成微球后,再经洗涤、过滤、干燥制得成品。

[生产单位]中国石化催化剂长岭分公司。

9. 重油催化裂化催化剂(二)

[别名]渣油催化裂化催化剂。

[工业牌号]LANET-35、LANET-35BC。

[主要组成]以稀土氢型分子筛及改进的超稳分子筛为主活性组分,以复合铝基质为催化剂载体。

[产品规格]

项目		指标	
		LANET-35	LANET-35BC
灼烧减量/%	≤	15.0	13.0
氧化钠(以 Na$_2$O 计)/%	≤	0.40	0.40
三氧化二铁(以 Fe$_2$O$_3$ 计)/%	≤	1.0	1.0
氯(以 Cl$^-$ 计)/%	≤	1.0	1.0
磨损指数/%	≤	3.0	4.0
微反活性(800℃,4h)/%	≥	70	70
孔体积/(mL/g)		0.31~0.41	>0.31
比表面积/(m^2/g)		实测	实测
表观密度/(g/mL)		0.67~0.80	—
粒度分布/%			
<45.8μm	≤	25	25
45.8~111μm	≥	50	50
>111μm	≤	30	50

注:表中所列指标为企业标准。

[用途]催化剂密度适中、强度及抗磨性好,并具有活性高、焦炭选择性好、汽油辛烷值高等特点,在不加入金属钝化剂的操作状态下也能维持较高的活性。LANET-35 催化剂

18

适用于渣油掺炼比较高的重油催化裂化装置，也适用于剂油比不太高的催化裂化装置。复合铝基质可灵活调整催化剂的孔分布，提高催化剂的渣油转化能力及抗金属污染性能。

LANET－35BC 催化剂是 LANET－35 催化剂的改进型产品，其活性组元中增加了改性择形分子筛，使催化剂具有良好的液化气选择性，可满足对汽油辛烷值的要求。其复合活性铝基质可调节催化剂的基质活性及孔分布，显著提高催化剂的渣油转化能力及抗重金属性能。可用于渣油掺炼比较高的重油催化裂化装置，而对液化气和汽油辛烷值要求较高、剂油比又不太高的重油催化裂化装置也能使用。

[简要制法]先将活性组分、载体基质材料等混合成胶，再经喷雾干燥成球、焙烧、改性处理、洗涤及气流干燥制得成品。

[生产单位]中国石油兰州石化公司催化剂厂。

10. 重油催化裂化催化剂(三)

[别名]高活性渣油催化裂化催化剂。

[工业牌号]LV－23、LV－23BC。

[主要组成]以超稳 Y 分子筛为主活性组分，以稀土氧化物为分子筛的抗钒组分，活性氧化铝为基质中的固钒组分。

[产品规格]

项目		指标	
		LV－23	LV－23BC
灼烧减量/%	≤	13.0	13.0
氧化钠(以 Na_2O 计)/%	≤	0.3	0.4
三氧化二铁(以 Fe_2O_3 计)/%		实测	实测
磨损指数/%	≤	2.8	3.5
微反活性(800℃，4h)/%	≥	75	75
孔体积/(mL/g)	≥	0.35	0.30
比表面积/(m^2/g)	≥	220	220
粒度分布/%			
<45.8μm	≤	25	25
45.8～111μm	≥	50	50
>111μm	≤	30	30

注：表中所列指标为企业标准。

[用途]LV－23 催化剂适用于加工渣油及难裂化原料，特别是高钒、高钠、高钙、高碱氮污染严重的渣油原料，也适用于要求降低油浆产率的重油催化裂化装置。抗钒组分的存在使该催化剂具有优良的抗金属污染能力，良好的水热稳定性和出色的重油转化能力。并具有良好的焦炭选择性和轻质油选择性，容许装置在较低的剂油比下操作。

LV－23BC 催化剂的适用范围与 LV－23 催化剂相同，由于 LV－23BC 催化剂具有更多的中孔结构和择形分子筛，使该催化剂比 LV－23 催化剂具有更强的抗金属污染能力及重油转化性能。因其活性稳定性很高，对原料适应能力强，也容许装置在较低的剂油比下操作。

[简要制法]先将活性组分、载体基质等原料按一定比例及顺序进行成胶反应,再将胶液经喷雾干燥成球、焙烧、改性处理、过滤、洗涤及气流干燥制得成品。

[生产单位]中国石油兰州石化公司催化剂厂。

11. 重油催化裂化催化剂(四)

[工业牌号]MLC-500、MLC-597。

[主要组成]以 Y 型分子筛为活性组分,改性白土为催化剂载体。

[产品规格]

项目		指标	
		MLC-500	MLC-597
三氧化二铝(以 Al_2O_3 计)/%	≥	45.0	45.0
三氧化二铁(以 Fe_2O_3 计)/%	≤	0.60	0.90
氧化钠(以 Na_2O 计)/%	≤	0.30	0.25
灼烧减量/%	≤	13.0	13.0
孔体积/(mL/g)	≥	0.35	0.33
比表面积/(m²/g)	≥	240	200
表观松密度/(g/mL)		0.62~0.75	0.63~0.78
微反活性(800℃,4h)/%	≥	75	71
磨损指数/%	≤	3.3	3.5
粒度分布/%			
0~40μm	≤	20.0	20.0
0~140μm	≥	92.0	92.0
平均粒径/μm		65~78	65~78

注:表中所列指标为企业标准。

[用途]MLC 系列催化剂是针对我国柴油供应紧张、流化催化裂化装置柴汽比偏低的状况而开发的多产柴油催化剂。具有重油裂化能力强、柴油产率高、焦炭选择性好、抗重金属污染性能强和水热稳定性高等特点。其中 MLC-500 可在常规条件下使用。如果配合原料组分选择性进料方式,加注反应终止剂,可获得更高的柴油产率。

MLC-597 是在 MLC-500 催化剂基础上的改性产品,是一种具有优异抗钙性能的重油裂化催化剂,适用于重金属含量较高的重油转化工艺。它在重金属(特别是钙)污染严重的情况下仍能维持良好的轻质油收率。

[简要制法]先将活性组分、载体及适量黏结剂混合打浆成胶,再经喷雾干燥制成微球后,经洗涤、过滤、干燥制得成品。

[生产单位]中国石化催化剂齐鲁分公司。

12. 重油催化裂化催化剂(五)

[工业牌号]MLC-2300、MLC-3300。

[主要组成]以中等晶胞常数、中等程度酸性调制的分子筛为主要活性组分,以高岭土

为催化剂载体。

[产品规格]

项目	指标	
	MLC – 2300	MLC – 3300
三氧化二铝(以 Al_2O_3 计)/%	48.8	46.6
氧化钠(以 Na_2O 计)/%	0.28	0.38
Re_2O_3/%	0.5~1.0	1.5~2.0
崩塌温度/℃	996	996
微反活性(800℃，4h)/%	61	75
磨损指数/%	3.5	3.7
粒度分布/%		
0~20μm	0.3	0.7
0~40μm	5.3	6.8
0~80μm	55.0	67.6
0~110μm	79.9	91.1
0~149μm	91.3	98.4
平均粒径/μm	76	68

注：表中所列指标为企业标准。

[用途]针对我国柴油供应紧张，催化裂化装置柴汽比偏低的情况而开发的多产柴油催化剂。MLC – 2300 及 MLC – 3300 都含有较高质量分数的 Al_2O_3，并对分子筛组分的酸性进行适当调节，以改善柴油选择性。与其他催化剂相比，具有焦炭产率低、柴油产率高的特点。MLC – 2300 的活性比 MLC – 3300 低，但在较高的剂油比下，也能裂化较多的重油，MLC – 3300 是在 MLC – 2300 基础上的改性产品，能进一步提高焦油产率。

[简要制法]将高岭土用脱离子水打成浆液，顺次加入一水软铝石、盐酸，经升温老化后，加入分子筛浆液及铝基黏结剂。搅匀后先经喷雾干燥制得微球，再经焙烧、洗涤、干燥制得成品。

[研制单位]中国石化石油化工科学研究院。

13. 重油催化裂化催化剂(六)

[工业牌号]ORBIT – 3000、ORBIT – 3300、ORBIT – 3600。

[主要组成]以改性超稳分子筛为主活性组分，改性白土为载体。或对活性组分进行调整，加入适量择形分子筛。

[产品规格]

项目		指标		
		ORBIT – 3000	ORBIT – 3300	ORBIT – 3600
三氧化二铝(以 Al_2O_3 计)/%	≥	46.0	45.0	43.0
三氧化二铁(以 Fe_2O_3 计)/%	≤	0.80	0.80	0.80

项目		指标		
		ORBIT－3000	ORBIT－3300	ORBIT－3600
氧化钠(以 Na₂O 计)/%	≤	0.25	0.35	0.35
灼烧减量/%	≤	13.0	13.0	13.0
孔体积/(mL/g)	≥	0.33	0.33	0.33
比表面积/(m²/g)	≥	180	200	220
表观松密度/(g/mL)		0.65～0.80	0.63～0.78	0.63～0.75
微反活性(800℃，4h)/%	≥	72	73	73
磨损指数/%	≤	3.5	3.2	3.5
粒度分布/%				
0～40μm	≤	20.0	20.0	20.0
0～149μm	≤	92.0	92.0	92.0
平均粒径/μm		65～70	65～70	65～78

注：表中所列指标为企业标准。

[用途]ORBIT－3000 催化剂具有重油大分子裂化能力强、裂化活性高、焦炭选择性好等特点。可用于大多数加工重油的催化裂化装置。

ORBIT－3300 是在 ORBIT－3000 催化剂的基础上，改变活性组分，使其具有大分子裂化活性高、焦炭选择性好、抗重金属污染能力强等特点。适用于加工量较大，而剂油比较低的重油催化裂化装置。在较低的剂油比下操作仍可获得较好的产品分布。还可用于原料性质较差或原料多变的情况。

ORBIT－3600 是在 ORBIT－3300 催化剂基础上进一步改进，在催化剂组分中增加了抗重金属污染组分，有效地提高了催化剂抗重金属(尤其是钒)污染的能力。同时在催化剂中还添加少量择形分子筛成分，可适当提高液态烃产率。适用于不同钒含量的催化裂化装置，加工重金属(特别是钒)含量较高的原油。

[简要制法]将各种活性组分、载体及适量黏结剂混合，先经打浆成胶、喷雾干燥制成微球，再经洗涤、过滤、改性处理、气流干燥制得成品。

[生产单位]中国石化催化剂齐鲁分公司。

14. 重油催化裂化催化剂(七)

[工业牌号]COMET－400。

[主要组成]以掺加少量小孔择形分子筛的改性超稳分子筛为活性组分，以白土为催化剂载体。

[产品规格]

项目		指标	项目		指标
三氧化二铝(以 Al₂O₃ 计)/%	≥	45.0	灼烧减量/%	≤	13.0
三氧化二铁(以 Fe₂O₃ 计)/%	≤	0.80	孔体积/(mL/g)	≥	0.30
氯化钠(以 Na₂O 计)/%	≤	0.35	比表面积/(m²/g)	≥	200

项目		指标	项目		指标
表观松密度/(g/mL)		0.65～0.80	0～40μm	≤	20.0
微反活性(800℃,4h)/%	≥	72	0～149μm	≥	92.0
磨损指数/%	≤	3.2	平均粒径/μm		65～78
粒度分布/%					

注：表中所列指标为企业标准。

[用途]本产品是在 ORBIT－3000 催化剂的性能基础上,适当增加了部分小孔的择形分子筛组分,具有重油裂化能力强、焦炭选择性能优异、活性稳定性好、汽油产率高、可较大幅度提高液化气及 $C_3^=$、$C_4^=$ 组分产率等特点。适用于催化裂化装置加工重质原料油,同时还能满足沿江、沿海地区炼厂多产液化石油气的要求。

[简要制法]将活性组分、载体及适量黏结剂混合,先经打浆成胶、喷雾干燥制得微球,再经洗涤、过滤、改性处理、气流干燥制得成品。

[生产单位]中国石化催化剂齐鲁分公司。

15. 重油催化裂化催化剂(八)

[别名]MGD 工艺专用催化剂。

[工业牌号]RGD－1。

[主要组成]以超稳分子筛为主活性组分,以白土为填料,部分引入活性氧化铝作为催化剂载体。

[产品规格]

项目		指标	项目		指标
三氧化二铝(以 Al_2O_3 计)/%	≥	44.0	微反活性(300℃,4h)/%	≥	74
三氧化二铁(以 Fe_2O_3 计)/%	≤	0.35	磨损指数/%	≤	2.5
氧化钠(以 Na_2O 计)/%	≤	0.25	粒度分布/%		
灼烧减量/%	≤	13.0	0～40μm	≤	20.0
孔体积/(mL/g)	≥	0.32	0～149μm	≥	90.0
比表面积/(m²/g)	≥	220	平均粒径/μm		67～80
表观松密度/(g/mL)		0.65～0.75			

注：表中所列指标为企业标准。

[用途]MGD 工艺是中国石化石油化工科学研究院开发的以重质油为原料,利用催化裂化装置,多产液化气和柴油并显著降低汽油烯烃含量的工艺技术。本产品是 MGD 工艺的专用催化剂,具有良好的重油大分子裂化能力,可选择性抑制中间馏分再裂化,增强汽油馏分的二次裂化,达到提高催化裂化装置柴油产率的同时,又提高液化气产率。经白土改性的氧化铝载体具有良好的孔分布梯度,中低酸的大孔提供大分子烃类的裂化,抑制中间馏分的二次裂化,并减少生焦;中强酸的小孔可以使汽油进一步裂解成液化气。引入改性择形分子筛可提高液化气产率及汽油辛烷值。本催化剂具有重油裂化能力强、选择性好、活性稳定性高及抗重金属污染性能好等特点。

[简要制法]将活性组分、载体及适量黏结剂混合,先经打浆成胶、喷雾干燥制成微球,

再经洗涤、过滤、改性处理及气流干燥制得成品。

[生产单位]中国石化催化剂齐鲁分公司。

16．重油催化裂化催化剂（九）

[工业牌号]RGD－C。

[主要组成]以改性超稳分子筛为主活性组分，以高岭土为填料，部分引入活性氧化铝作为催化剂载体。

[产品规格]

项目		指标	项目		指标
三氧化二铝（以 Al_2O_3 计）/%	≥	51.0	微反活性（800℃，4h）/%	≥	75.6
三氧化二铁（以 Fe_2O_3 计）/%	≤	0.26	磨损指数/%	≤	2.3
氧化钠（以 Na_2O 计）/%	≤	0.23	粒度分布/%		
灼烧减量/%	≤	12.4	0～40μm	≤	16.6
孔体积/（mL/g）	≥	0.40	0～149μm	≥	92.2
比表面积/（m²/g）	≥	261	平均粒径/μm		67～80
表观松密度/（g/mL）		0.67			

注：表中所列指标为企业标准。

[用途]RGD－C重油催化裂化催化剂对水热法超稳分子筛的强酸位分布进行调整，即降低超稳分子筛的酸强度，保持其大分子裂化活性，进一步提高柴油选择性。具有重油裂化能力强、活性稳定性高、抗重金属污染性能好等特性。本催化剂配合粗汽油回炼技术，用于以大庆生产的常压渣油为原料的重油催化裂化装置时，可明显多产液化气、柴油，并生产低烯烃汽油。

[简要制法]将活性组分、载体及适量黏结剂混合，先经打浆成胶、喷雾干燥制得微球，再经洗涤、过滤、改性处理及气流干燥制得成品。

[生产单位]中国石化催化剂长岭分公司。

17．ZC系列重油催化裂化催化剂

[工业牌号]ZC－7000、ZC－7300、ZC－7698。

[主要组成]以改性分子筛为主活性组分，改性白土为催化剂载体。

[产品规格]

项目		指标		
		ZC－7000	ZC－7300	ZC－7698
三氧化二铝（以 Al_2O_3 计）/%	≥	45.0	45.0	45.0
三氧化二铁（以 Fe_2O_3 计）/%	≤	0.80	0.70	0.70
氧化钠（以 Na_2O 计）/%	≤	0.30	0.30	0.25
灼烧减量/%	≤	13.0	13.0	13.0
孔体积/（mL/g）	≥	0.33	0.35	0.38
比表面积/（m²/g）	≥	200	220	250

项目		指标		
		ZC-7000	ZC-7300	ZC-7698
表观松密度/(g/mL)		0.63~0.78	0.60~0.75	0.60~0.72
微反活性(800℃, 4h)/%	≥	73	74	75
磨损指数/%	≤	3.2	3.5	3.5
粒度分布/%				
0~40μm	≤	20.0	20.0	22.0
0~149μm	≥	92.0	92.0	92.0
平均粒径/μm		65~78	65~78	65~74

注：表中所列指标为企业标准。

［用途］用于各种重油催化裂化装置，其中：

ZC-7000 催化剂适用于以孤岛减三线、胜利减二线、胜利减三线和减压渣油等为原料、大堆比催化剂流化困难的重油催化裂化装置，在扩大原料来源的同时能提高轻质油收率。

ZC-7300 催化剂适用于加工以难裂化的孤岛油、减压渣油等为原料的重油催化裂化装置，对于低剂油比的装置也能获得较理想的产品分布。

ZC-7698 催化剂具有较低的表观松密度，对于原使用低堆比全合成催化裂化催化剂的装置，不经很大改动就可投入使用。

ZC 系列催化剂采用多种改性技术，因而具有活性稳定性高、焦炭选择性好、渣油大分子裂化能力强、抗重金属污染性能好、高价值产品产率高、催化剂单耗低等多种特点。其中 ZC-7300 比 ZC-7000 具有更高催化活性，而 ZC-7698 是一种中堆比催化裂化催化剂，更有利于流化输送。

［简要制法］将活性组分、载体及适量黏结剂混合，经打浆成胶、喷雾干燥成球、洗涤、改性处理及气流干燥制得成品。

［生产单位］中国石化催化剂齐鲁分公司。

18. 抗钒重油催化裂化催化剂

［工业牌号］CHV

［主要组成］以骨架富硅分子筛（SRY）及稀土超稳分子筛为主活性组分，以大孔氧化铝作黏结剂的高岭土基质为催化剂载体。

［产品规格］

项目		指标	项目		指标
三氧化二铝(以 Al_2O_3 计)/%	≥	45.0	磨损指数/%	≤	3.5
三氧化二铁(以 Fe_2O_3 计)/%	≤	0.40	表观密度/(g/mL)		0.64~0.75
氧化钠(以 Na_2O 计)/%	≤	0.30	微反活性(800℃, 4h)/%		70
硫酸根(以 SO_4^{2-} 计)/%	≤	1.50	粒度分布/%		
灼烧减量/%	≤	13.0	0~40μm		28
孔体积/(mL/g)	≥	0.25	40~80μm		50
比表面积/(m²/g)	≥	230			

注：表中所列指标为企业标准。

[用途]本品主体活性组分采用"水热＋化学法"抽铝补硅制备的新一代超稳 SRY 分子筛，并加入活性氧化铝。催化剂具有优良的热和水热稳定性，重油裂化能力强，焦炭选择性好，对直链烷烃有一定选择裂化能力，并具有抗钒及抗其他金属污染的能力，可提高汽油辛烷值及增加液化气产率。可用于在正常催化剂损耗时，平衡剂钒含量为 $(2000 \sim 10000) \times 10^{-6}$ 的重油催化裂化装置。当镍含量超过 6000×10^{-6} 时与金属钝化剂配合使用时效果更好。

[简要制法]将活性组分及载体基质材料按一定比例及顺序进行成胶反应，胶液先经喷雾干燥制成微球，再经洗涤、过滤、气流干燥制得成品。

[生产单位]中国石化催化剂长岭分公司。

19. 渣油催化裂化催化剂(一)

[工业牌号] LVR－60。

[主要组成]以复合超稳 Y 型分子筛为主活性组分，复合铝黏结高岭土基质为催化剂载体。

[产品规格]

项目		指标	项目		指标
三氧化二铝(以 Al_2O_3 计)/%	≥	43.0	孔体积/(mL/g)	≥	0.36
三氧化二铁(以 Fe_2O_3 计)/%	≤	1.0	比表面积/(m^2/g)	≥	240
氧化钠(以 Na_2O 计)/%	≤	0.3	表观密度/(g/mL)		实测
Re_2O_3 含量/%		实测	粒度分布/%		
灼烧减量/%	≤	13.0	<45.8μm	≤	25
磨损指数/%	≤	3.0	45.8～111μm		50
微反活性(800℃，4h)/%	≥	75	>111μm		30

注：表中所列指标为企业标准。

[用途]由于采用新型分子筛制备技术，催化剂的初始活性高，加之其基质孔体积较大，因而重油转化能力及抗金属污染能力强，同时具有良好的焦炭选择性及液化气选择性。可使低附加值的重油转化为高附加值的轻质油品。适用于加工难裂化的中间基减压渣油为原料的重油催化裂化装置，也适用于要求降低油浆产率的重油催化裂化装置。

[简要制法]将活性组分及载体基质材料以一定比例及投料顺序进行成胶反应，胶液先经喷雾干燥制得微球，再经洗涤、过滤及气流干燥制得成品。

[生产单位]中国石油兰州石化公司催化剂厂。

20. 渣油催化裂化催化剂(二)

[工业牌号]XDYC－01。

[主要组成]以改性 Y 型分子筛为主活性组分，采用新型基质材料及黏结剂，使催化剂的孔结构和酸强度呈梯度分布，比表面积(300～500m^2/g)及结晶分子筛含量(40%～60%)可调。

[产品规格]

项目		指标	项目	指标
外观		灰白色固体颗粒	微反活性/%	
灼烧减量/%	≤	13	800℃，4h	82
氧化钠(以 Na$_2$O 计)/%	≤	0.35	800℃，17h	68
孔体积/(mL/g)	≥	0.25	粒度分布/%	
比表面积/(m^2/g)	≥	280	0~20μm	≤ 6
表观堆密度/(g/mL)		0.7~0.8	0~40μm	≤ 20
磨损指数/%	≤	2.5	0~149μm	≥ 92
			平均粒径/μm	65~85

注：表中所列指标为企业提供的催化剂物性指标。

[用途] XDYC-01 催化剂具有孔道的阶梯分布、比表面积大、分子筛活性组分高等特点，特别适用于加工 M100、M180 等高重金属、高碱性氮的劣质原料油和掺炼高碱氮的焦化蜡油的渣油等劣质原料。催化剂具有良好的活性稳定性及很强的催化裂解高金属和高碱氮含量的劣质渣油的能力。

[生产单位] 山东迅达化工集团有限公司。

21. 中堆比催化裂化催化剂(一)

[工业牌号] CC-14、CC-15。

[主要组成] 以稀土 Y 型及稀土超稳 Y 型分子筛为主要活性组分，以硅铝胶及高岭土为混合载体。催化剂具有中等堆密度。

[产品规格]

项目		指标	
		CC-14	CC-15
三氧化二铝(以 Al$_2$O$_3$ 计)/%		19~24	26.0
三氧化二铁(以 Fe$_2$O$_3$ 计)/%	≤	0.28	0.10
氧化钠(以 Na$_2$O 计)/%	≤	0.35	0.35
灼烧减量/%	≤	13.0	15.0
硫酸根(以 SO$_4^{2-}$ 计)/%	≤	1.5	2.5
孔体积/(mL/g)		0.40~0.55	0.40
比表面积/(m^2/g)	≥	230	300
磨损指数/%	≤	3.7	3.5
表观密度/(g/mL)		0.56~0.65	0.50~0.70
微反活性(800℃，4h)/%	≥	70	70
粒度分布/%			
0~40μm	≤	25	25
40~80μm	≥	50	50

注：表中所列指标为企业标准。

[用途] CC-14 催化剂可用于蜡油催化裂化装置，并可掺炼 10% 左右的减压渣油。该催化剂具有双重孔结构，有利于大分子裂化反应，重油裂解能力强，并具备一定抗重金属污染能力。

CC-15 催化剂兼有稀土 Y 型分子筛活性高，汽油选择性好和超稳 Y 型分子筛焦炭选择性好，重油裂化能力强，稳定性好的特点。载体具有中堆密度并具有较高强度，可用于全蜡油进料或减渣掺炼比例低于15%的催化裂化装置。也可用于全石蜡类原油常压渣油进料的重油催化裂化装置及适量掺炼焦化蜡油、脱沥青油等劣质原料的各类催化裂化装置。

[简要制法]将活性组分及载体基质材料以一定比例及投料顺序进行成胶反应，胶液先经喷雾干燥制成有一定粒度分布的微球，再经洗涤、过滤及气流干燥而制得成品。

[生产单位]中国石化催化剂长岭分公司。

22. 中堆比催化裂化催化剂(二)

[工业牌号]LCS-7B、LCS-7C。

[主要组成]以稀土氢型分子筛为主活性组分，以凝胶黏结高岭土基质为催化剂载体。

[质量规格]

项目		指标	
		LCS-7B	LCS-7C
三氧化二铝(以 Al_2O_3 计)/%	≥	28.0	28.0
三氧化二铁(以 Fe_2O_3 计)/%	≤	0.5	0.5
氧化钠(以 Na_2O 计)/%	≤	0.35	0.35
硫酸根含量(以 SO_4^{2-} 计)/%	≤	2.5	2.5
灼烧减量/%	≤	13.0	13.0
磨损指数/%	≤	4.0	4.0
微反活性(800℃，4h)/%	≥	70	70
微反活性(800℃，17h)/%	≥	48	46
孔体积/(mL/g)		0.4~0.6	0.4~0.6
比表面积/(m²/g)	≥	220	230
粒度分布/%			
<45.8μm	≤	25	25
45.8~111μm	≥	50	50
>111μm	≤	30	30

注：表中所列指标为企业标准。

[用途]LCS-7B催化剂适用于全蜡油进料或掺炼部分渣油，焦化蜡油及溶剂脱沥青油的各类催化裂化装置，也可用于较难流化的重油催化裂化装置。催化剂具有密度适中、中孔丰富、活性高、选择性好等特点。

LCS-7C催化剂是LCS-7B的改进型产品，由于LCS-7C的组成中增加了适量择形分子筛，除能适用于LCS-7B催化剂适用的催化裂化装置外，更适用于要求提高液化气产率和提高汽油辛烷值的催化裂化装置。

[简要制法]将活性组分、高岭土基质及适量黏结剂以一定比例和投料顺序进行混合成胶反应，胶液先经喷雾干燥制得微球后，再经洗涤、过滤及气流干燥而制得成品。

[生产单位]中国石油兰州石化公司催化剂厂。

23. 高辛烷值催化裂化催化剂

[工业牌号]DOCP。

[主要组成]以含磷的骨架富硅分子筛(PSRY)为主活性组分，并添加少量高活性高稳定性的择形分子筛 ZRP-5，以孔体积及比表面积大的铝胶黏结的高岭土基质为催化剂

载体。

[产品规格]

项目		指标	项目		指标
三氧化二铝(以 Al$_2$O$_3$ 计)/%	≥	45.0	磨损指数/%	≤	3.5
三氧化二铁(以 Fe$_2$O$_3$ 计)/%	≤	0.40	微反活性(800℃,4h)/%	≥	72
氧化钠(以 Na$_2$O 计)/%	≤	0.30	表观密度/(g/mL)		0.64~0.75
灼烧减量/%	≤	15.0	粒度分布/%		
孔体积/(mL/g)	≥	0.25	0~40μm	≤	28
比表面积/(m^2/g)	≥	230	40~80μm	≥	50

注:表中所列指标为企业标准。

[用途]由于 DOCP 催化剂是以含磷的骨架富硅分子筛为活性组分,并加入少量高活性、高稳定性的择形分子筛,故催化剂水热稳定性好、异构化能力强,在增加汽油中的烯烃、芳烃和提高辛烷值的同时,可以降低轻质油的损失,提高重油转化能力,改善焦炭选择性,可用于剂油比较大的重油催化裂化装置,加工石蜡基原料,直接生产 90# 汽油。通过调变催化剂所含 PSRY 及 ZRP-5 分子筛的比例,还可制得不同分子筛性能组合的系列催化剂。

[简要制法]将活性组分及载体基质材料按一定比例及加料顺序进行成胶反应,胶液先经喷雾干燥制得微球,再经洗涤、过滤及气流干燥制得成品。

[生产单位]中国石化催化剂长岭分公司。

24. 高辛烷值重油催化裂化催化剂

[工业牌号]DOCR-1。

[主要组成]以骨架富硅分子筛及稀土超稳 Y 型分子筛等多组分复合分子筛为主活性组分,以氧化铝为黏结剂,以高岭土基质为催化剂载体。

[产品规格]

项目		指标	项目		指标
三氧化二铝(以 Al$_2$O$_3$ 计)/%	≥	40.0	磨损指数/%	≤	2.5
三氧化二铁(以 Fe$_2$O$_3$ 计)/%	≤	0.40	表观密度/(g/mL)		0.64~0.75
氧化钠(以 Na$_2$O 计)/%	≤	0.30	微反活性/%	≥	70
硫酸根(以 SO$_4^{2-}$ 计)/%	≤	1.50	粒度分布/%		
灼烧减量/%	≤	15.0	0~40μm	≤	28
孔体积/(mL/g)	≥	0.25	40~80μm	≥	50
比表面积/(m^2/g)	≥	200			

注:表中所列指标为企业标准。

[用途]DOCR-1 催化剂中含有骨架富硅分子筛,使其具有渣油裂解能力强、焦炭选择好的特点;而稀土超稳 Y 型分子筛则有催化活性高、产品选择性好的特点。两者匹配使用,能充分满足重油催化装置的使用要求,提高水热稳定性及 C$_3^=$、C$_4^=$ 选择性,并通过增加烯烃及侧链烃进一步提高汽油辛烷值。主要用于加工辛烷值低的大庆生产的石蜡基原油的重油催化裂化

装置，可直接催化生产90#汽油。也可用于其他重油催化裂化装置，以增产液化气。

[简要制法]将活性组分及载体基质材料按一定比例及顺序投料进行成胶反应，胶液先经喷雾干燥制成微球，再经洗涤、过滤及气流干燥制得成品。

[生产单位]中国石化催化剂长岭分公司。

25. 多产柴油催化裂化催化剂

[工业牌号]LRC-99、LRC-99BC。

[主要组成]以DM超稳分子筛为主活性组分，以复合铝黏结高岭土基质为催化剂载体。

[质量规格]

项目		指标	
		LRC-99	LRC-99BC
三氧化二铝(以 Al$_2$O$_3$ 计)/%	≥	43.0	43.0
三氧化二铁(以 Fe$_2$O$_3$ 计)/%	≤	1.0	1.0
氧化钠(以 Na$_2$O 计)/%	≤	0.3	0.4
磨损指数/%	≤	13.0	13.0
微反活性(800℃，4h)/%	≥	74	74
孔体积/(mL/g)	≥	0.36	0.35
比表面积/(m^2/g)	≥	240	240
表观密度/(g/mL)		实测	实测
粒度分布/%			
<45.8μm	≤	25	25
45.8~111μm	≥	50	50
>111μm	≤	30	30

注：表中所列指标为企业标准。

[用途]LRC-99催化剂是在制备中改善了基质的孔径分布和活性组分的酸性分布，提高中间馏分产率的同时，改善了干气和焦炭选择性，使其具有重油裂化能力强、柴油产率高、焦炭选择性好等特点。适用于要求提高柴油收率的各类重油催化裂化装置，也适用于要求减少塔底油产率的各类重油催化裂化装置。

LRC-99BC催化剂为LRC-99催化剂的改进型产品，具有重油裂化能力强、焦炭选择性好、在提高柴油产率同时又可提高液化气产率及汽油辛烷值的特点，适用于要求提高柴油收率，同时满足装置提高液化气收率和汽油辛烷值的重油催化裂化装置。

[简要制法]将活性组分及载体材料等按一定比例及投料顺序进行成胶反应，胶浆先经喷雾干燥制成微球，再经洗涤、过滤及气流干燥制得成品。

[生产单位]中国石油兰州石化公司催化剂厂。

26. 抗碱氮催化裂化催化剂(一)

[工业牌号]LANK-98、LANK-98B/C。

[主要组成]以复合超稳Y型分子筛为主活性组分，以复合铝黏结高岭土基质为催化剂载体。

[产品规格]

项目		指标	
		LANK – 98	LANK – 98B/C
三氧化二铝(以 Al_2O_3 计)/%	≥	43.0	43.0
三氧化二铁(以 Fe_2O_3 计)/%	≤	0.5	0.5
氧化钠(以 Na_2O 计)/%	≤	0.3	0.4
灼烧减量/%	≤	13	13
磨损指数/%	≤	3.5	4.0
微反活性(800℃，4h)/%	≥	74	74
孔体积/(mL/g)	≥	0.35	0.30
比表面积/(m^2/g)	≥	180	180
粒度分布/%			
<45.8μm	≤	25	25
45.8~111μm	≥	50	50
>111μm	≤	30	30

注：表中所列指标为企业标准。

[用途]LANK – 98 是以 ZDY 和 RDY 型超稳型分子筛为活性组分，以复合铝黏结高岭土为基质，具有抗碱性污染能力强、选择性好及活性稳定性高的特点，并具有适当的氢转移能力，因而生产的汽油中烯烃含量较低。适用于重油催化裂化装置，加工掺炼焦化蜡油或碱金属及碱氮含量较高的原料，也适用于剂油比较低的重油催化裂化装置。

LANK – 98B/C 催化剂为 LANK – 98 的改进产品，是以复合超稳 Y 型分子筛和原位晶化 REHY 分子筛或改性择形分子筛为活性组分。各种分子筛的协同作用使该催化剂具有特殊的抗碱氮和碱金属能力，并具有高动态活性、高液化气选择性、高汽油辛烷值等特点，特别适用于加工掺炼焦化蜡油以及原料中碱金属和碱氮含量高的重油催化裂化装置。对原料的适应力较强，在剂油比 4~6 的重油催化裂化装置上使用也具有较高的活性及选择性。

[简要制法]将活性组分、载体材料按一定比例及投料顺序进行成胶反应，胶液先经喷雾干燥制成微球，再经洗涤，过滤及气流干燥制得成品。

[生产单位]中国石油兰州石化公司催化剂厂。

27. 抗碱氮催化裂化催化剂(二)

[工业牌号]CC – 20。

[主要组成]以超稳 SRY 分子筛和酸性中心较多、抗碱氮能力强的 SRCY 分子筛为主活性组分，以高岭土基质为催化剂载体。

[产品规格]

项目		指标	项目		指标
Al_2O_3/%	≥	38.0	磨损指数/%	≤	2.5
Na_2O/%	≤	0.30	表观密度/(g/mL)		0.64~0.75
Fe/%	≤	0.40	粒度分布/%		
SO_4^{2-}/%	≤	2.0	0~40μm	≤	28
灼烧减量/%	≤	15	40~80μm		50
孔体积/(mL/g)	≥	0.25	活性指数(800℃，4h)/%	≥	70
比表面积/(m^2/g)	≥	200			

注：表中所列指标为企业标准。

[用途]本品通过加入抗碱氮能力强的分子筛，提高载体的酸性、孔体积及比表面积而达到抗碱氮目的，并且有良好的选择性及活性稳定性。适用于掺炼 10% ~30% 焦化蜡油并同时掺炼 10% ~30% 减压渣油的重油催化裂化装置。

[简要制法]将活性组分，载体材料按一定比例及投料顺序进行成胶反应。制得的胶液先经喷雾干燥制成微球，再经洗涤、过滤、气流干燥制得成品。

[生产单位]中国石化催化剂长岭分公司。

28. 降低汽油烯烃含量的催化裂化催化剂

[工业牌号]GOR – Q，GOR – DQ。

[主要组成]以磷及稀土改性的 Y 型分子筛为主活性组分，改性高岭土为催化剂载体。

[产品规格]

项目		指标	
		GOR – Q	GOR – DQ
三氧化二铝（以 Al_2O_3 计）/%	≥	43.0	43.0
三氧化二铁（以 Fe_2O_3 计）/%	≤	0.80	0.40
氧化钠（以 Na_2O 计）/%	≤	0.35	0.30
硫酸根（以 SO_4^{2-} 计）/%	≤	1.5	—
灼烧减量/%	≤	13.0	13.0
孔体积/（mL/g）	≥	0.32 ~ 0.40	0.36
比表面积/（m²/g）	≥	230	250
表观松密度/（g/mL）		0.62 ~ 0.75	0.66 ~ 0.72
微反活性（800℃，4h）/%	≥	75	75
磨损指数/%	≤	3.5	2.2
粒度分布/%			
0 ~ 20μm	≤	—	4.0
0 ~ 40μm	≤	20.0	18.0
0 ~ 149μm	≥	90.0	90.0
平均粒径/μm		65 ~ 78	70 ~ 80

注：表中所列指标为企业标准。

[用途]适用于需要降低催化汽油中烯烃含量的催化裂化装置。GOR – Q 催化剂在增加氢转移反应的同时，提高对汽油组分中烯烃的转化能力，从而减少汽油组分中烯烃含量，同时增加液化气产率，适用于掺炼部分减压渣油的石蜡基原料油的降烯烃工艺。

GOR – DQ 催化剂通过调变 Y 型分子筛的酸性分布，有效地控制氢转移活性，使其既有良好的降烯烃效果又保持产品分布合理和汽油辛烷值高等特点。适用于高掺渣比原料油降烯烃工艺。

[简要制法]将高岭土、一水软铝石、磷酸等混合进行成胶反应，胶液经老化后加入铝溶胶及分子筛混匀。先经喷雾干燥制成微球后，再经洗涤、过滤、改性处理及气流干燥制得成品。

[生产单位]中国石化催化剂齐鲁分公司。

29. 大庆全减压渣油裂化催化剂

[工业牌号]DVR – 1。

[主要组成]以经稀土氧化物改性的超稳分子筛为主活性组分，以改性高岭土为催化剂

载体。

[产品规格]

项目		指标	项目		指标
三氧化二铝(以 Al_2O_3 计)/%	≥	43.0	微反活性(800℃,4h)/%	≥	75
三氧化二铁(以 Fe_2O_3 计)/%	≤	0.80	磨损指数/%	≤	3.5
氧化钠(以 Na_2O 计)/%	≤	0.25	粒度分布/%		
灼烧减量/%	≤	13.0	$0 \sim 40\mu m$	≤	20.0
孔体积/(mL/g)	≥	0.08	$0 \sim 149\mu m$	≥	92.0
比表面积/(m^2/g)	≥	270	平均粒径/μm		$65 \sim 78$
表观松密度/(g/mL)		$0.6 \sim 0.75$			

注:表中所列指标为企业标准。

[用途]适用于各种重油催化裂化装置,与加工大庆生产的全减压渣油的催化裂化技术(VRFCC 工艺技术)配套使用效果更好,和现有的渣油催化裂化原料相比较,大庆生产的减压渣油中大分子烃类含量相对较高,因此,催化剂应具有裂化大分子烃类,满足大分子扩散、吸附及反应需要的功能。DVR-1 催化剂通过活性组分的酸性调变,载体的活化处理及扩孔改性,形成分子筛的二级孔,使大分子通过二级孔的表面完成一次裂化,并由它提供通道使裂化产物在孔道内表面进一步裂化,生成汽油等产物。而载体的孔分布及酸性特征适当地调节选择性裂化及非选择性裂化的关系,弥补分子筛二级孔的不足,满足大分子烃一次裂化的要求。此外,还在分子筛中引入耐高温的稀土金属,可提高催化剂的水热稳定性,使催化剂具有重油裂化能力强、选择性好、抗重金属污染性能强及再生烧焦性能好等特点。

[简要制法]将活性组分、载体及适量黏结剂混合打浆成胶,先经喷雾干燥制得微球,再经洗涤、过滤、改性处理及气流干燥制得成品。

[生产单位]中国石化催化剂齐鲁分公司。

30. 大庆全减压渣油裂化催化剂(改进型)

[工业牌号]改进型 DVR-1。

[主要组成]以复合型分子筛为主活性组分,并通过降低酸强度对催化剂载体进行改性处理。

[产品规格]

项目		指标	项目		指标
三氧化二铝(以 Al_2O_3 计)/%	≥	47.0	微反活性(800℃,4h)/%	≥	79
三氧化二铁(以 Fe_2O_3 计)/%	≤	0.24	磨损指数/%	≤	2.4
氧化钠(以 Na_2O 计)/%	≤	0.20	粒度分布/%		
灼烧减量/%	≤	11.3	$0 \sim 40\mu m$	≤	18.4
孔体积/(mL/g)	≥	0.42	$0 \sim 149\mu m$	≥	94.1
比表面积/(m^2/g)	≥	278	平均粒径/μm		$65 \sim 78$

注:表中所列指标为企业标准。

[用途]针对 DVR-1 催化剂在生产中产生的生焦率较高的倾向,本催化剂在 DVR-1 催

化剂基础上对活性组分及载体进行适当改进。一是活性组分采用复合型分子筛，在制造过程中形成超稳分子筛的梯度活性组分，使其既能满足对重油分子裂化的需要，又不发生深度反应而生成过多的焦炭；二是采用活化技术对载体进行改性处理，在保持载体特有的有利于大分子裂化孔分布的同时，通过降低载体的酸强度，以降低催化剂表面对烃类分子的吸着力，有利于一次裂化后产物的脱附，达到降低生焦的目的。对国内现有多数裂化装置，使用DVR 系列催化剂可大比例掺炼各类油品。

[简要制法]将活性组分、载体及适量黏结剂混合打浆成胶，先经喷雾干燥制成微球，再经洗涤、过滤、改性处理及气流干燥制得成品。

[生产单位]中国石化催化剂齐鲁分公司。

31. CPP 工艺专用催化剂

[工业牌号]CEP-1。

[产品规格]

项目		指标	项目		指标
三氧化二铝(以 Al_2O_3 计)/%	≥	45.0	裂解活性指数(800℃，4h)/%	≥	65
三氧化二铁(以 Fe_2O_3 计)/%	≤	0.60	磨损指数/%	≤	2.0
氧化钠(以 Na_2O 计)/%	≤	0.15	粒度分布/%		
灼烧减量/%	≤	13.0	0～40μm	≤	18.0
孔体积/(mL/g)	≥	0.22	0～149μm	≥	90
比表面积/(m²/g)	≥	130	平均粒径/μm		65～78
表观松密度/(g/mL)		0.78～0.92			

注：表中所列指标为企业标准。

[用途]CPP(catalytic pyrolysis process)工艺是以重质石油烃为原料，在 560～650℃ 反应温度下，生产乙烯和丙烯为主的低碳烯烃，并且改变反应条件可调节乙烯/丙烯产率比例的催化热裂解工艺。CEP-1 催化剂是 CPP 工艺配套使用的专用催化剂。以改性择形分子筛作活性组分，并采用沸石预水热活化处理及基质活化改性等多项技术，使催化剂具有良好的产品选择性又具有较高的反应活性及良好的水热稳定性和抗磨损性能，用于以重质馏分油为原料的催化热裂解工艺装置，能满足较为苛刻的催化热裂解工艺操作要求，以最大量生产乙烯及丙烯。

[简要制作]将活性组分与载体经改性预处理后，与黏结剂混合打浆成胶，胶液经喷雾干燥制成微球后，再经洗涤、过滤、改性处理及气流干燥制得。

[生产单位]中国石化催化剂齐鲁分公司。

32. MIO 工艺专用催化裂化催化剂

[工业牌号]RFC-1。

[产品规格]

项目		指标	项目	指标
三氧化二铝(以 Al_2O_3 计)/%	≥	45.0	表观松密度/(g/mL)	0.65～0.80
三氧化二铁(以 Fe_2O_3 计)/%	≤	0.60	微反活性(800℃，4h)/% ≥	60

项目		指标	项目		指标
氧化钠(以 Na_2O 计)/%	≤	0.30	磨损指数/%	≤	2.5
灼烧减量/%	≤	15.0	粒度分布/%		
孔体积/(mL/g)		0.3~0.4	0~40μm	≤	25
比表面积/(m²/g)		210~300	40~80μm	≥	45
			>80μm	≤	30

注：表中所列指标为企业标准。

[用途]MIO 工艺是一种多产异构烯烃并兼产优质汽油的催化裂化工艺，RFC-1 催化剂是加工处理掺渣原料油、为 MIO 工艺配套的专用催化剂。采用孔分布梯度合适的分子筛活性组分、新型黏结剂及其他改性技术，既可抑制氢转移活性，以减少烯烃损失，又能增强催化剂的异构化活性，从而保证有良好的异构烯烃选择性和高辛烷值汽油产率，异丁烯与异戊烯产率显著提高，同时还具有较好的重油裂化能力、抗重金属污染性及抗磨损性能。

[简要制法]将活性组分、载体及黏结剂混合打浆成胶，经喷雾干燥制成微球后，再经洗涤、过滤、改性处理及气流干燥制得成品。

[生产单位]中国石化催化剂齐鲁分公司。

33．MGG 工艺专用催化裂化催化剂

[工业牌号]RMG-2。

[产品规格]

项目		指标	项目		指标
三氧化二铝(以 Al_2O_3 计)/%	≥	42	微反活性(800℃，4h)/%	≥	55
三氧化二铁(以 Fe_2O_3 计)/%	≤	0.80	磨损指数/%	≤	2.2
氧化钠(以 Na_2O 计)/%	≤	0.25	粒度分布/%		
灼烧减量/%	≤	13.0	0~40μm	≤	25
孔体积/(mL/g)		0.22~0.37	40~80μm	≥	45
比表面积/(m²/g)		150~220	>80μm	≤	30
表观松密度/(g/mL)		0.68~0.80			

注：表中所列指标为企业标准。

[用途]MGG 工艺是一项以各种重馏分油或常压渣油为原料，在催化剂作用下最大量生产液化气和高辛烷值汽油的催化转化工艺。RMG-2 是 MGG 工艺的专用催化剂，具有良好的孔分布梯度和选择性，重油裂化能力强，抗重金属污染性能好，结构稳定性及水热稳定性均较强，能在苛刻条件下发挥其作用，催化活性好、气体烯烃产率高，可获得较高液化气产率并生产高辛烷值汽油，而且汽油产率高。

[简要制法]将活性组分、载体及黏结剂混合打浆成胶，再经喷雾干燥制成微球，经洗涤、过滤、改性处理及气流干燥制得成品。

[生产单位]中国石化催化剂齐鲁分公司。

34. ARGG 工艺专用催化裂化催化剂

[工业牌号]RAG-1、RAG-6。

[产品规格]

项目		指标	
		RAG-1	RAG-6
三氧化二铝(以 Al_2O_3 计)/%	≥	43.0	45.0
三氧化二铁(以 Fe_2O_3 计)/%	≤	0.80	0.60
氧化钠(以 Na_2O 计)/%	≤	0.30	0.25
灼烧减量/%	≤	13.0	13.0
孔体积/(mL/g)	≥	0.30	0.30
比表面积/(m^2/g)	≥	180	220
表观松密度/(g/mL)		0.65~0.80	0.65~0.80
微反活性(800℃,4h)/%	≥	55	58
磨损指数/%		3.7	3.5
粒度分布/%			
0~40μm		25.0	20.0
40~80μm		55.0	29
>80μm		30.0	65.0~78.0

注:表中所列指标为企业标准。

[用途]ARGG 工艺是中国石化石油化工科学研究院开发的以常压渣油、减压馏分油掺炼减压渣油等为原料,最大量生产液化气和高辛烷值汽油的工艺技术,RAG 系列催化剂为 ARGG 工艺配套的专用催化剂。RAG-1 催化剂结构稳定,有良好的孔分布梯度,可使重油中大、中、小不同的各类分子,特别是大分子与活性中心有选择性地充分接触和反应,大孔还可以容纳重金属堆积,有很强的重油转化能力及抗重金属污染性能。RAG-6 催化剂的孔体积更大,活性更高,由于加入新型择形分子筛,产品选择性更好,有更好的抗重金属污染能力。除上述两个品种外,RAG 系列催化剂还包括 RAG-10 及 RAG-11 催化剂。RAG-10 催化剂除有上述催化剂的固有特点外,还具有高堆比、较高液化石油气(特别是丙烯)及高辛烷值汽油产率等特点。RAG-11 催化剂是针对地方炼厂加工燃料油的特点而研发的,具有催化活性高、重油裂化能力强、抗重金属污染性能好、液化气及汽油产率高等特点。

[简要制法]将活性组分、载体及黏结剂混合打浆成胶,经喷雾干燥制成微球后,经洗涤、过滤、改性处理及气流干燥制得成品。

[生产单位]中国石化催化剂齐鲁分公司。

二、催化重整催化剂

催化重整是以石脑油为原料生产高辛烷值汽油调和组分和化工原料芳烃,同时副产氢气的石油炼制工艺过程,其中副产的氢气用于石油产品加氢裂化或加氢精制。自1949年世界第一套铂重整装置投产以来,催化重整工艺已经历了60多年的发展。由于环保法规对车用汽油、煤油、柴油等的烯烃、芳烃和硫含量已经作出严格的规定，并将与先进国家的规格标准逐渐接轨，而市场对石油化工产品的需求，也需要大量生产苯、甲苯、二甲苯等芳烃产品，加上喷气燃料、柴油、汽油等加氢工艺也需要廉价的氢源，所以，催化重整工艺仍然是炼油工业的主要加工工艺之一。

美国 UOP 公司 1949 年建成的第一套铂催化重整装置为固定床反应器，采用 Pt – Al$_2$O$_3$ 双功能催化剂，装置处理能力 7.5kt/a，反应温度 450~520℃，反应压力 1.5~5.0MPa。获得研究法辛烷值约为 90 的汽油组分，液体收率高达 90% 左右。该工艺的反应条件较缓和，催化剂活性高，积炭速率慢，通常可连续开工半年到一年才进行催化剂再生。

1955 年，由于铂重整反应苛刻度提高，美国 Exxon 公司开发出固定床循环重整和半再生强化重整工艺。

1967 年，美国 Chevron 公司开发出采用铂铼双金属重整催化剂的铼重整工艺，催化重整得到新的发展。

1971 年，UOP 公司的连续催化重整工艺得到工业化，4 个反应器重叠布置，积炭的催化剂可连续再生，催化剂能长期保持较高活性，重整生成油和芳烃产率都相应提高，催化重整工艺技术达到更高的水平，2007 年 3 月 10 日在中国石化海南分公司投产的 1.20Mt/a 催化重整装置，是 UOP 公司的第 200 套连续催化重整装置。

1973 年，法国 IFP 的 Octanizing 连续催化重整工艺实现了工业化生产，其工艺性能与 UOP 公司的连续催化重整工艺相似，但 4 个反应器并列布置。数十年来，UOP 公司和 IFP 的两种工艺是世界上最有竞争力的两种连续催化重整工艺。

我国于 1965 年在大庆建成首套由自主设计、建设的铂催化重整装置，采用我国自行开发生产的 3651 铂重整催化剂。1966 年在中国石化抚顺分公司石油二厂建成由意大利引进的铂催化重整装置，在 20 世纪 60 年代共建设了 4 套半再生催化重整装置，总生产能力 550kt/a。

1977 年 5 月我国第一套采用 Pt、Ir、Al 等多金属催化剂的催化重整装置在大连七厂建成投产，首次采用了我国自行设计制造的径向反应器、多流路加热炉、单管程纯逆流立式换热器等设备。1977 年两段混氢工艺实现工业化，提高了反应的选择性和芳烃收率。20 世纪 70 年代我国共建设了 9 套半再生催化重整装置，总生产能力达到 2.14Mt/a。

20 世纪 80 年代我国开始引进连续催化重整装置。第一套连续催化重整装置于 1985 年 3 月在中国石化上海分公司建成投产，装置生产能力为 400kt/a。同期还建成 7 套半再生催化重整装置，总生产能力达到 3.35Mt/a。

20 世纪 90 年代，为满足生产高辛烷值汽油、增产芳烃和氢气的需要，我国连续重整装置发展迅速。至 90 年代末，我国共有催化重整装置 51 套，总加工能力 15.65Mt/a，其中半再生装置 39 套，加工能力 7.75Mt/a，连续重整装置 12 套，加工能力 7.9Mt/a。

进入 21 世纪后，我国自行研究开发、设计和建设的 1.0Mt/a 连续催化重整装置建成投产，标志着我国催化重整工艺过程的操作条件向着更苛刻的方向发展，催化剂的理化性质，反应性能及再生性能也进入一个崭新的时期。

重整工艺包括重整反应、反应产物处理和催化剂的再生等过程。根据催化剂再生方式不同，催化重整工艺一般采用以下三种类型：

①半再生式重整。这是应用最广、建厂最多的一种催化重整工艺。采用轴向或径向固定床反应器，使用条状或球形催化剂，装置运转一定时间后，催化剂表面由于积炭等原因，活性不断下降，当活性下降到难以维持操作时，催化剂就需进行再生。再生时将反应系统置换干净，依次进行烧焦、氯化、干燥、还原等过程，再生压力一般不高于 0.8MPa。

②循环再生式重整。反应器也是固定床结构，与半再生装置不同之处，在于它增加了一个反应器及旁路系统，因而可以轮流有一台反应器切换出来，用阀与反应系统隔断，原位进行再生。采用循环再生可以提高反应苛刻度，延长操作周期，但流程较复杂，操作波动较大，以后逐渐被连续重整所取代，近来已很少发展。

③连续（再生）重整。又称移动床重整，采用移动床反应器，安装有催化剂循环及连续再生系统。催化剂在反应器和再生器之间循环移动。反应后积炭的催化剂在再生器内连续进行再生，然后再回到反应器进行反应，其流程因专利技术而异。连续重整可以保持催化剂活性稳定性，操作周期长，反应苛刻度提高，能在较低反应压力及较小氢油比的条件下操作，可以提高重整生成油的辛烷值和芳烃产率。

催化剂是催化重整工艺的核心技术，性能好的催化剂可以提高重整生成油和氢气产率。催化重整催化剂是典型的双功能催化剂，即催化剂同时具有金属活性中心和酸性活性中心，在石油加工的四大催化转化工艺中，催化裂化催化剂是典型的酸性催化剂，加氢处理使用的是金属催化剂，加氢裂化虽然也采用双功能催化剂，但加氢裂化的产物与重整的产物有较大差别。在催化重整过程中，是双功能催化剂所具有的脱氢加氢活性的金属中心与具有异构、裂化活性的酸性中心协同作用，完成整个催化重整反应。如脱氢环化反应，就必须在金属活性中心和酸性中心的相互配合下，共同作用才能完成。

自 1949 年 UOP 公司开发出以高比表面积酸性氧化铝负载金属铂的双功能催化剂后，催化重整装置所用催化剂均为双金属或多金属型，已经工业化的双金属、多金属型催化剂主要有 Pt-Re、Pt-Ir、Pt-Sn 三大系列。催化剂开发研究有以下特点及趋向：

①对 $\gamma-Al_2O_3$ 载体的使用和研究更为深入。重整催化剂的催化功能之一的酸性功能是由含卤素的氧化铝载体所提供。催化剂上金属中心与酸性中心的匹配是保证催化功能十分重要的环节，氧化铝酸性过强，加氢裂化活性会过高，从而影响重整的液体收率；酸性过弱，催化剂的活性会较低。Al_2O_3 表面上相邻近的 OH 基在焙烧过程中形成氧桥，通过极化作用可以产生酸性，但这种酸性较弱，而卤素（Cl、F）的引入可以提高 Al_2O_3 的酸性。此外对载体的改进，还表现在具有纯度高、杂质含量低、孔分布适中等特性。

②随着对 $\gamma-Al_2O_3$ 理化性质的改进和制备技术的进步、催化剂制备时金属分散度的提高，使得催化剂中贵金属含量逐步得以减少。如由我国自主开发的低贵金属含量的铂铼催化剂，在降低铂含量的同时，使催化剂的活性及稳定性进一步提高，不仅可用于制取高辛烷值汽油，也可用于生产芳烃。

③自从 1967 年铂铼双金属重整催化剂首次工业化应用以来，铂铼系列重整催化剂仍然是半再生工业重整装置中应用最广的主流催化剂。在对铼的作用机理研究的基础上，铂铼催化剂得到进一步发展，在降低铂含量的同时，相继将铼/铂质量比从起初的 1.0 提高到 2.0 左右，且有进一步提高的趋势，从而大幅度提高了催化剂的稳定性，在较苛刻的条件下操作，可以提高重整油的辛烷值和产率。

④铂-铱系列催化剂自 20 世纪 70 年代初开发以来，几十年发展不大，应用情况报道也较少，这主要是由于其反应性能不理想，虽然铂铱催化剂有较好的烷烃脱氢环化活性，抗硫性也较强，但铱本身的氢解性能较强，选择性较差，稳定性也不理想，而且铱组分在催化剂处理和再生过程中容易聚集，严重影响催化剂的性能。

⑤铂锡催化剂是继铂铼催化剂之后广为应用的另一类重整催化剂。由于其在低压和高温条件下具有良好的选择性和再生性，因此主要用于低压连续再生式的重整装置。近年来为适

应连续重整工艺条件的高苛刻度发展的趋势，我国自主开发出新一代高活性、高水热稳定性的铂-锡连续重整催化剂。

（一）国外催化重整催化剂

表1-4示出了国外主要催化剂公司的半再生重整催化剂，表1-5示出了国外主要催化剂公司的连续重整催化剂，表1-6示出了国外部分连续重整催化剂的物理性质。

表1-4 国外主要催化剂公司的半再生重整催化剂

公司名称	催化剂牌号	活性组分	载体	堆密度/(g/mL)
Acreon Catalyst	AR403	Pt、助剂	Al_2O_3 球	
	AR405	Pt、助剂	Al_2O_3 球	
AKZO Nobel	CK-300 系列	Pt	Al_2O_3 条	
	CK-433	Pt、Re	Al_2O_3 条	
	CK-522	Pt、Re	Al_2O_3 三叶草	
	CK-542	Pt、Re	Al_2O_3 三叶草	
Axens	RG-412	Pt	Al_2O_3 条	0.657
	RG-482	Pt、Re	Al_2O_3 条	0.657
	RG-492	Pt、Re	Al_2O_3 条	0.689
	RG-582	Pt、Re、助剂	Al_2O_3 条	0.673
	RG-682	Pt、Re、助剂	Al_2O_3 条	0.689
Criterion 和 Exxon	PHF-4	Pt	Al_2O_3 条	0.689
	PHF-5	单金属	Al_2O_3 条	0.673
	PRHF-30/33/37/50/58	双金属系列	Al_2O_3 条	
	P-8	Pt	Al_2O_3 三叶草或圆柱条	0.705
	PR-9	Pt、Re	Al_2O_3 三叶草	0.705
	PR-28	Pt、Re	Al_2O_3 三叶草	0.705
	PR-29		Al_2O_3 三叶草或圆柱条	0.705
	PR-30	Pt、Re	Al_2O_3 条	
	KX-120	Pt、Re	Al_2O_3 条	0.689
	KX-130	Pt、Ir	Al_2O_3 条	0.705
	KX-160	Pt、Re	Al_2O_3 条	0.705
	KX-170	Pt、Ir	Al_2O_3 条	0.705
	KX-180	双金属	Al_2O_3 条	
	KX-190	双金属	Al_2O_3 条	
Chevron	A	Pt、Re	Al_2O_3 条	
	B	Pt、Re	Al_2O_3 条	
	D	Pt、Re	Al_2O_3 条	
	E	Pt、Re	Al_2O_3 条	
	F	Pt、Re	Al_2O_3 条	
	H	Pt、Re	Al_2O_3 条	

公司名称	催化剂牌号	活性组分	载体	堆密度/(g/mL)
Indian Petro Chem, Co	IRC - 1001	Pt	Al_2O_3 条	
	IRC - 1002	Pt	Al_2O_3 条	
	IPR - 2001	Pt、Re	Al_2O_3 条	
	IPR - 3001	Pt、Re、助剂	Al_2O_3 条	
Instituto Mexicana del Petroleo	IMP - RNA - 1	Pt、Re	Al_2O_3 条	
	IMP - RNA - 1(M)	Pt、Re	Al_2O_3 条	
	IMP - RNA - 2	Pt、Re	Al_2O_3 三叶草	
Engelhard	E - 301	Pt	Al_2O_3 条	0.721
	E - 302	Pt	Al_2O_3 条	0.721
	E - 603	Pt、Re	Al_2O_3 条	0.721
	E - 611	Pt、Re	Al_2O_3 条	0.721
	E - 801	Pt、Re	Al_2O_3 条	0.641
	E - 802	Pt、Re	Al_2O_3 条	0.641
	E - 803	Pt、Re	Al_2O_3 条	0.641
Kataleuna GmbH Catalysts	8815/03、05	Pt	Al_2O_3 条	
	8819/B	Pt、Re	Al_2O_3 条	
	8823	Pt、Re	Al_2O_3 条	
UOP	R - 50	Pt、Re	Al_2O_3 条	0.833(密相)
	R - 51	Pt、Re	Al_2O_3 条	0.673
	R - 56	Pt、Re	Al_2O_3 条	0.833(密相)
	R - 60	Pt、Re	Al_2O_3 球	0.721
	R - 62	Pt、Re	Al_2O_3 球	0.705
	R - 72	专利配方	Al_2O_3 球	0.705
	R - 85	Pt	Al_2O_3 条	0.657
	R - 86/R - 88	Pt、Re	Al_2O_3 条	0.657
	R - 98	Pt、Re 助剂	Al_2O_3 条	0.657

表 1-5 国外主要催化剂公司的连续重整催化剂

公司名称	催化剂牌号	外观	活性组分
AKZO Nobel	ARC - ⅢB	小球	Pt、Sn
Criterion	Ps - 10/20	小球	Pt、Sn
	Ps - 30/40	小球	Pt、Sn
	Ps - 80	小球	Pt、Sn
IFP	CR - 201	小球	Pt、Sn
	CR - 301/401	小球	Pt、Sn
Instituto Mexicanodel Petroleo	IMP - RNA - 4	小球	Pt、Sn
Kataleuna GmbH Catalysts	8842	小球	Pt、Sn

公司名称	催化剂牌号	外观	活性组分
Procatalyst	CR – 701/702	小球	专利配方
UOP	R – 30	小球	Pt、Sn
	R – 32	小球	Pt、Sn
	R – 34	小球	Pt、Sn
	R – 132/134	小球	Pt、Sn
	R – 162/164	小球	Pt、Sn
	R – 172/174	小球	专利配方
	R – 232/234	小球	专利配方
	R – 262/264	小球	专利配方
	R – 272/274	小球	专利配方

表 1 – 6　国外部分连续重整催化剂的物理性质

项目 / 工业牌号	外观	金属组分/%	Cl 含量/%	堆密度/(g/mL)	比表面积/(m²/g)	颗粒压碎强度/N
CR – 401	小球	Pt 0.30		0.65	200	>50
PS – 10/20	小球	Pt 0.375/0.30 Sn 0.30	Cl1.0	0.56	180	53
PS – 40	小球	Pt 0.30 Sn 0.30	Cl1.0	0.56	185	53
R – 134	ϕ1.6mm 小球	Pt 0.29		0.56	205	70
R – 162	ϕ1.6mm 小球	Pt 0.375		0.67		70
R – 164	ϕ1.6mm 小球	Pt 0.29		0.67		70
R – 174	ϕ1.6mm 小球	Pt 0.29		0.56	205	
R – 230 系列	ϕ1.6mm 小球	Pt		0.56	180	

在上述催化剂中，新近推出的半再生重整催化剂主要有 UOP 公司的 R – 98 及 Criterion 公司的 PR – 30；连续再生重整催化剂有 UOP 公司的 R – 264、R – 262 及 Criterion 公司的 PS – 80。R – 98 是添加助剂的 Pt – Re 双金属催化剂，由于减弱了金属裂化性能，因此增加了烷烃脱氢环化生产芳烃的能力，使重整生成油产率提高；使用 PR – 30 催化剂时，其氢气产率随环烷烃开环和烷烃裂化反应的减少而提高。重整生成油收率因烷烃裂化减少使催化剂上的生焦速率减缓而提高，同时可减缓催化剂的失活速率；R – 264 催化剂可在提高加工量的同时减轻催化剂在中心管网上的贴壁现象，提高重整转化率和减少生焦造成的影响，生焦量可比常规催化剂减少 5% ~10%。该催化剂还具有氯化物滞留量高和表面积稳定性好的特点；R – 262 催化剂的 Pt 含量比 R – 264 催化剂高，并能在实际操作中保持合适的金属功能，使碳五组分、芳烃和氢气产率最大化；PS – 80 催化剂可用于加热炉受制约的重整装置，在提高进料量的同时不产生催化剂贴壁现象，在多产氢气的条件下能提高碳五组分产率或提高重整油辛烷值。与其他同类催化剂相比，PS – 80 催化剂在并未提高密度的条件下可提高催化剂活性，催化剂装填量可减少 15% ~20%；与 PS – 40 催化剂相比，Pt 含量都是 0.3%，但 PS – 80

的活性高 5.5℃，反应温度更低，在碳五组分产率相同时，生成油辛烷值可更高一些。

（二）国内催化重整催化剂

表 1-7 示出了我国主要半再生重整催化剂，表 1-8 示出了我国主要连续重整催化剂。

表 1-7　我国主要半再生重整催化剂[①]

项目 工业 牌号	外观	外形 尺寸/ mm	金属 组分/ %	Cl 含量/ %	HF 含量/ %	载体	堆密 度/ (g/mL)	孔体 积/ (mL/g)	比表 面积/ (m²/g)
3701	乳黄色 小球	φ1.5~ 3.0	Pt 0.52	1.0	0.31	η-Al₂O₃	0.8	—	—
3741	乳黄色 小球	φ1.5~ 3.0	Pt 0.52 Re 0.52	0.68	0.28	η-Al₂O₃	0.78	—	248
3741-Ⅱ	乳黄色 小球	φ1.5~ 3.0	Pt 0.36 Re 0.55	1.6	—	γ-Al₂O₃	0.81	—	206
3752	乳黄色 小球	φ1.5~ 3.0	Pt 0.6 Re 0.1	1.5	—	η-Al₂O₃	0.76	—	268
3932	条形	φ(1.4~ 1.6) ×3~6	Pt、Re (等铂/铼 比)	—	—	γ-Al₂O₃	0.76~ 0.82	0.45~ 0.55	>180
3933	条形	φ(1.4~ 1.6) ×3~6	Pt、Re (高铼 含量)	—	—	γ-Al₂O₃	0.76 ~0.82	0.45~ 0.55	>180
3944	条形	φ(1.4~ 1.6) ×3~6	—	—	—	γ-Al₂O₃	0.76 ~0.82	0.45~ 0.55	>180
CB-5	乳黄色 小球	φ1.5~ 3.0	Pt 0.47 Re 0.30	1.40	—	γ-Al₂O₃	0.81	—	185
CB-5B	乳黄色 小球	φ1.5~ 2.5	Pt 0.45 ~0.50 Re 0.26 ~0.30	≥1.0	—	γ-Al₂O₃	0.72~ 0.80	0.48~ 0.60	>180
CB-6	乳黄色 小球	φ1.5~ 3.0	Pt 0.28 Re 0.26 Ti 0.14	1.0~ 1.4	—	γ-Al₂O₃	0.57	—	189
CB-7	淡黄色 小球	φ1.5~ 3.0	Pt 0.21 Re 0.43 Ti 0.10	1.0~ 1.2	—	γ-Al₂O₃	0.75	0.5~ 0.6	>180
CB-8	淡黄色 小球	φ1.5~ 2.5	Pt 0.15 Re 0.30	1.2	—	γ-Al₂O₃	0.75	0.5~ 0.6	180

项目\工业牌号	外观	外形尺寸/mm	金属组分/%	Cl含量/%	HF含量/%	载体	堆密度/(g/mL)	孔体积/(mL/g)	比表面积/(m²/g)
CB－9	淡黄色小球	ϕ1.5～2.5	Pt 0.25 Re 0.25	1.0～1.6	—	$\gamma-Al_2O_3$	0.78～0.87	0.45～0.55	180～220
CB－11	淡黄色小球	ϕ1.5～2.5	Pt≥0.23 Re≥0.36	1.3	—	$\gamma-Al_2O_3$	0.73～0.78	0.48～0.60	＞180
CB－60	圆柱条	ϕ1.4～1.6	Pt 0.25 Re 0.26	1.44	—	$\gamma-Al_2O_3$	0.73	0.46	185
CB－70	圆柱条	ϕ1.4～1.6	Pt 0.22 Re 0.48	1.24	—	$\gamma-Al_2O_3$	0.73	0.45	182
PRT－A	圆柱条	ϕ1.2～1.6	Pt 0.25 Re 0.25			$\gamma-Al_2O_3$			
PRT－B	圆柱条	ϕ1.2～1.6	Pt 0.21 Re 0.48			$\gamma-Al_2O_3$			
PRT－C	圆柱条	ϕ1.2～1.6	Pt 0.25 Re 0.25	1.30		$\gamma-Al_2O_3$	0.71	0.45～0.55	≥180
PRT－D	圆柱条	ϕ1.2～1.6	Pt 0.21 Re 0.46	1.30		$\gamma-Al_2O_3$	0.71	0.45～0.55	≥180

①研制单位为中国石化石油化工科学研究院、抚顺石油化工研究院；生产单位为中国石化催化剂长岭分公司、中国石油抚顺石化分公司。

表1－8　我国主要连续重整催化剂[①]

工业牌号	实验室名称	外形尺寸/mm	金属组分/%		Cl含量/%	堆密度/(g/mL)	孔体积/(mL/g)	比表面积/(m²/g)	压碎强度/(N/粒)	首次工业应用年
			Pt	Sn						
3861	PS－Ⅱ	ϕ1.6 球	0.58			0.56		188	57	1990
GCR－co	PS－Ⅲ	ϕ1.6 球	0.29		1.07	0.56		192	59	1994
3961	PS－Ⅳ	ϕ1.4～2.0球	0.35		1.16	0.56	0.71	206	53	1996
GCR－100A	PS－Ⅳ	ϕ1.4～2.0球	0.35							
GCR－100	PS－Ⅴ	ϕ1.4～2.0球	0.28	0.31	1.11	0.56		200	50	1998
3981	PS－Ⅴ	ϕ1.4～2.0球	0.28							
RC－011	PS－Ⅵ	ϕ1.4～2.0球	0.28	0.31	1.10	0.56	0.71	193		2001
RC－041	PS－Ⅶ	ϕ1.1～2.0球	0.35	0.41	1.15	0.56		195		2004

①研制单位为中国石化石油化工科学研究院。

上述国产催化剂中，GCR系列催化剂的特点是活性高、选择性好，与上一代国内外催化剂相比，催化活性提高了6～8℃。由于采用新型催化材料，催化剂抗高温水热处理的能力明显提高，比表面积下降速度减慢，使用寿命较原来增加一倍以上。而且氯保持能力增强，系统内注氯量减少到原来的二分之一，明显改善了氯化物对下游装置的腐蚀。此外，由于机械强度及抗磨损性能好，在循环和输送过程中产生的细粉减少，再生活性可恢复到新鲜剂水平，其中 GCR - 100(PS - V) 催化剂为低铂含量、经济型催化剂；GCR - 100A(PS - Ⅳ) 催化剂的铂含量稍高。GCR 系列连续重整催化剂适用于以直馏石脑油、加氢裂化重石脑油、裂解汽油以及焦化汽油、催化汽油、凝析油等为原料生产高辛烷值汽油、芳烃和氢气的重整过程。

RC 系列催化剂是具有低积炭速率、高液体选择性特点的最新一代连续重整催化剂。在 Pt、Sn 组分的基础上，引入新助剂，经过特殊工艺处理，在不降低比表面积的前提下，具有积炭速率低、选择性高、持氯能力强、活性稳定性好等特点。催化剂具有合适的堆密度、比表面积、孔体积和粒度分布，并具有良好的压碎强度和抗磨损性能。其中 RC - 011(PS - Ⅵ) 为低铂含量、经济型催化剂，RC - 041(PS - Ⅶ) 催化剂的铂含量稍高。RC 系列催化剂适用于以直馏石脑油、加氢裂化重石脑油、裂解汽油以及焦化汽油、催化汽油、凝析油等为原料生产高辛烷值汽油、芳烃和氢气的重整过程。由于催化剂积炭速率可大幅度下降，能使连续重整装置在同等再生能力下，在更高苛刻度或更高处理量的操作条件下平稳运行，从而最大限度地提高装置的综合效益。这类催化剂不仅适用于新建大型连续装置，而且特别适用于再生能力受到限制的老装置扩能改造。

三、加氢裂化催化剂

加氢裂化是在一定温度及氢压下，借助催化剂的作用使重质原料油通过裂化、加氢、异构化等反应，转化为轻质油品或润滑油的二次加工方法。可分为高压加氢裂化、中压加氢裂化及缓和加氢裂化，前者是指反应压力在 10.0MPa 以上的加氢裂化工艺，后二者是指反应压力在 10.0MPa 以下的加氢裂化工艺。加氢裂化工艺的优点是：①生产灵活性大，原料油范围广，可选择性地生产目的的产物；②产品质量高，可以生产优质汽油，低凝柴油、高烟点喷气燃料及高黏度润滑油等；③液体产率高、生焦量低。其主要缺点是操作压力高、耗氢量大、设备投资及操作费用高。

世界上首套现代加氢裂化装置于 1959 年在美国 Chevron 公司里奇蒙炼油厂投产，加工能力为 50kt/a，我国也在 1966 年通过自主研究设计，在大庆炼油厂建设了加工能力为 400kt/a 的加氢裂化工业装置。20 世纪 70 年代后期又引进了 4 套大型加氢裂化装置，使加氢裂化得到进一步发展。迄至目前，我国加氢裂化装置已有数十套。在工艺技术方面，先后开发出高压一段串联全循环和部分循环加氢裂化、高压一段一次通过加氢裂化、中压加氢裂化中压加氢改质、缓和加氢裂化、加氢裂化蜡油加氢脱硫组合技术，加氢降凝、中压加氢裂化 - 中间馏分油补充加氢精制组合技术等一系列加氢裂化新工艺；在催化剂方面，开发出可根据需要生产的无定形硅铝及分子筛催化剂，如可最大量生产石脑油的轻油型催化剂、最大量生产中间馏分油的高中油型催化剂、灵活生产石脑油和中间馏分油的灵活型催化剂、单段单剂最大量生产馏分油的催化剂等。

加氢裂化催化剂具有加氢、脱氢及酸性功能，常称为双功能催化剂。加氢功能通常由贵金属(Pt、Pd)或非贵金属(W、Mo、Ni、Co 等)的氧化物或硫化物提供，酸性功能则由无定形硅铝或分子筛载体提供。在双功能催化剂作用下，非烃化合物进行加氢转化，烷烃及烯烃发生裂化、异构化、环化等反应，环烷烃发生异构化及开环等反应。而通过对金属活性组分及酸性载体两种组分的功能进行适当调配，可达到对不同裂化原料及产品的要求。

加氢裂化催化剂的金属组分主要是周期表中ⅥB族的 Mo、W 及Ⅷ族 Co、Ni、Pt、Pd 等。这些金属的加氢活性强弱顺序为：

$$Pt、Pd > W - Ni > Mo - Ni > Mo - Co > W - Co$$

Pt 及 Pd 虽有很好的加氢活性，但由于价格较高，并且对硫的敏感性很强，一般只在两段加氢裂化过程无硫、无氨气氛的第二段反应器中使用。W、Mo、Ni 在加氢裂化催化剂中用量较大，一般用作主活性组分，如在以中间馏分为主要产品的单段法加氢裂化工艺中，普遍采用以 Mo - Ni 或 Mo - Co 为主要组分的催化剂；而以获得润滑油为主要产品时，则常采用 W - Ni 为主要组分的催化剂。

酸性组分是裂化活性的主要来源，其酸性的强弱依次为分子筛、无定形硅铝、氧化铝，并将它们通称为酸性载体。按它们提供酸性的结构，又可分为晶形及无定形两种类型，前者以分子筛为主，后者以氧化铝及无定形硅铝为代表。由于分子筛可比无定形硅铝或氧化铝提供更多的酸性中心和更强的酸性，故使用分子筛可以适当降低操作温度及压力，使反应在更缓和的条件下进行。由于酸性载体具有促进 C—C 键的断裂及异构化的作用，有时也将分子筛与无定形硅铝调制成复合型酸性载体，通过调配两者的比例，以适用于多产汽油或多产中间馏分油的加氢裂化工艺。

除了金属活性组分及酸性载体外，制备加氢裂化催化剂时还适量加入一些助剂，以调变催化剂的孔结构，提高催化剂的活性及选择性。如加入少量 Si、B 有利于金属活性组分的分散，使其更好地转化为 Ni - Mo - S（或 Co - Mo - S）活性相；如加入 P、Ti 可抑制高温时生成尖晶石结构，从而防止活性大幅度下降；加入 F 可提高催化剂的酸性等。

大多数加氢裂化催化剂的制备，是在基本确定了最终催化剂的物化性质（如比表面积、孔体积、孔径分布、酸性等）后，先制备出符合性能要求的载体，然后再浸渍活性金属组分的盐溶液，再经干燥、焙烧制得成品催化剂，也有少量加氢裂化催化剂则是将载体与金属所有组分经共沉淀方法来制取。由于浸渍法制备催化剂可在各自最佳的条件下进行，操作条件易于控制，活性组分分散在载体表面，利用率高，是最常用的制备方法。

一套加氢裂化装置所使用的催化剂包括（加氢）保护剂、加氢精制催化剂及加氢裂化催化剂。使用（加氢）保护剂的目的是：改善被保护催化剂的进料条件，脱除机械杂质、胶质、沥青质及金属化合物，防止杂质将被保护催化剂的孔道堵塞或将活性中心覆盖，延长被保护催化剂的生产运转周期；加氢精制催化剂又可分为前加氢精制催化剂及后加氢精制催化剂两类。前者的作用是脱除原料油中的杂原子（主要为 S、N、O 等原子）化合物、残余的金属有机化合物、饱和多环芳烃，从而延长加氢裂化催化剂的使用寿命。后者的作用是饱和烯烃，脱除硫醇，提高产品质量。加氢裂化催化剂的作用是将进料转化成希望的目的产物，并尽量提高目的产品收率及质量。在某种加氢裂化装置中，可能同时使用上述三种催化剂，也可能只使用加氢精制催化剂及加氢裂化催化剂。这时，加氢精制催化剂兼有保护剂及加氢精制催化剂的双重作用。

加氢裂化催化剂品种繁多、门类浩杂，通常按工艺过程、操作压力、原料油类型、产品方案、活性金属组分及酸性载体类别等进行分类，如表 1 - 9 所示。

表 1 - 9 　 加氢裂化催化剂分类

类别	催化剂	组成或用途	主要特性
按工艺过程分类	单段催化剂	用于单段加氢裂化工艺或两段法加氢裂化工艺的第一段	原料含有大量硫、氮化合物。催化剂应具有高加氢饱和、脱硫、脱氮能力和适宜裂化活性，高的耐有机氮和容炭能力，稳定性好
	一段串联催化剂	一段串联预精制催化剂，金属组分为 Mo - Ni、W - Ni、Mo - Ni - Co 等，载体为改性氧化铝	催化剂具有高加氢饱和、加氢脱硫、加氢脱氮、芳烃饱和活性
		一段串联裂化催化剂，金属组分为 W - Ni、Mo - Ni 等，载体为有较高活性的改性分子筛	可在含硫化氢和氨的气氛下使用，耐氨性能好
	两段法之第二段催化剂	用于两段法加氢裂化工艺的第一段、共用循环氢系统的第二段	体系中存在硫化氢和氨。催化剂性质与单段催化剂或一段串联催化剂相同
		用于两段法加氢裂化工艺的第二段	体系中无硫化氢和氨存在，常使用贵金属催化剂
按操作压力分类	高压（10MPa 以上）		原料：减压馏分油、焦化蜡油、脱沥青油。产品：石脑油、喷气燃料、柴油、化工原料
	中压（5 ~ 10MPa）	缓和加氢裂化	原料：轻减压馏分油、重质常压馏分油、轻质循环油。
		中压加氢裂化	产品：石脑油、煤油、柴油、化工原料
		中压加氢改质	生产高十六烷值柴油
按金属组分分类	贵金属催化剂	Pt、Pd	使用条件下金属组分以还原态形式存在，使用前需先用氢还原
	非贵金属催化剂	Mo - Ni、W - Ni、Mo - Co、W - Mo - Ni、Mo - Ni - Co 等	使用条件下金属组分以硫化态形式存在，使用前需先进行预硫化处理
按所用酸性载体分类	无定形催化剂	无定形硅铝、无定形硅镁、改性氧化铝等	酸中心少，孔径大，不易发生过度裂化和二次裂化。利于多产中间馏分油，运转末期选择性变化不大；裂化活性低，起始温度高，原料适应性差
	晶型分子筛催化剂	Y 型分子筛、丝光沸石、β - 分子筛、ZSM 系列及 SAPO 系列分子筛	酸中心数多，孔径小，裂化活性高，生产灵活性和原料适应性好，用途广；缺点是中间馏分油选择性差，末期选择性差
按目的产品分类	轻油型催化剂	活性金属含量较低，载体为 Y 型分子筛、β - 分子筛等	裂化功能强、加氢功能较弱，用于生产最大量石脑油、作重整进料
	中油型催化剂	W - Ni、Mo - Ni 为活性组分，无定形硅铝或改性氧化铝为载体	加氢活性高、裂化活性中等，用于生产中间馏分油、石脑油
	高中油型催化剂	无定形催化剂、分子筛	加氢功能很强、裂化功能较弱，用于最大量生产中间馏分油，选择性好，对温度敏感性较低
	重油型催化剂	W、Mo、Ni、Co 或 Pt、Pd 等负载于酸性载体上	加氢功能很强，裂化功能适中，用于生产尾油产品，供作润滑油原料、催化裂化进料、蒸汽裂解制乙烯原料等

(一)国外加氢裂化催化剂

最初的加氢裂化催化剂采用无定形硅酸铝催化剂。20世纪60年代初，Unocal公司首次将高活性分子筛用于制备贵金属型加氢裂化催化剂，显著提高了汽油质量，成为加氢裂化技术的一大突破。至70年代，含分子筛的催化剂与无定形载体的催化剂大约各占一半，而进入80年代，含分子筛的催化剂则已占主导地位。

目前国外已投产和在建的加氢裂化装置主要是UOP、Chevron、IFP及Shell等公司转让的技术，催化剂生产商主要有Unocal、Chevron、UOP、Criterion、Akzo Nobel、Albemarle、Topsφe等。这些公司都有自己的专利技术及发展方向。总体来说，加氢裂化催化剂的研究和生产大致可分为以下三种类型：①以无定形$SiO_2 - Al_2O_3$（或$SiO_2 - MgO$）为催化剂载体的贵金属和非贵金属催化剂；②以分子筛为催化剂载体的贵金属和非贵金属催化剂；③以无定形$SiO_2 - Al_2O_3$（或$SiO_2 - MgO$）并加入少量分子筛的贵金属或非贵金属催化剂。

1. UOP公司加氢裂化催化剂

Unocal公司是分子筛型加氢裂化催化剂的开拓者，1995年UOP公司兼并Unocal公司的加氢技术部后，Unocal公司的加氢裂化技术知识产权归UOP公司所有。目前UOP公司的加氢裂化技术工业应用最多，总加工能力最大。其研发的催化剂包括石脑油型、灵活型和馏分油型三大类；催化剂品种多样，并具有较高的催化活性和产品选择性，可适应加工不同原料和生产不同产品的需要。表1-10示出了UOP公司数十年来已经工业化加氢裂化催化剂的主要牌号及特点。

表1-10 UOP公司加氢裂化催化剂

工业牌号	形状	活性组分	载体	特点
HC - 2	圆柱形条	非贵金属	无定形	两段法第二段生产汽油或喷气燃料
HC - 4	圆柱形条	非贵金属或贵金属	无定形	两段法第二段生产汽油
HC - 7	圆柱形条	非贵金属	分子筛	第二段最大量生产石脑油
HC - 8	圆柱形条	非贵金属	分子筛	第二段最大量生产石脑油
HC - 11	圆柱形条	Pd	分子筛	生产液化气、石脑油、汽油
HC - 14	圆柱形条	贵金属或非贵金属	分子筛	最大量生产石脑油
HC - 16	圆柱形条	Mo - Ni - P	分子筛	生产石脑油和中间馏分油
HC - 18	圆柱形条	Pd	分子筛	生产石脑油和中间馏分油
HC - 22	圆柱形条	W - Ni	分子筛	最大量生产中间馏分油
HC - 24	圆柱形条	Ni - Mo	分子筛	最大量生产石脑油
HC - 26	圆柱形条	Ni - W	分子筛	灵活生产石脑油和中间馏分油
HC - 28	圆柱形条	Pd	分子筛	最大量生产石脑油
HC - 33	圆柱形条	Ni - W	分子筛	灵活生产石脑油和中间馏分油
HC - 34	圆柱形条	非贵金属	分子筛	最大量生产石脑油
HC - 35	圆柱形条	Pd	分子筛	两段生产石脑油、喷气燃料
HC - 43	圆柱形条	Ni - W	分子筛	灵活生产石脑油和中间馏分油
HC - 53	圆柱形条	Pd	分子筛	第二段生产中间馏分油、汽油
HC - 100	圆柱形条	非贵金属	分子筛	第二段最大量生产石脑油
HC - 101	圆柱形条	非贵金属	分子筛	第二段最大量生产液化气
HC - 110	圆柱形条	非贵金属	分子筛	单段最大量生产柴油
HC - 115	圆柱形条	非贵金属	分子筛	灵活生产石脑油、喷气燃料
HC - 150	圆柱形条	非贵金属	分子筛	灵活生产石脑油、喷气燃料

工业牌号	形状	活性组分	载体	特点
HC – 170	圆柱形条	非贵金属	分子筛	最大量生产石脑油
HC – 185	圆柱形条	非贵金属	分子筛	最大量生产石脑油
HC – 190	圆柱形条	非贵金属	分子筛	最大量生产石脑油
hC – 215	圆柱形条	非贵金属	分子筛	灵活生产石脑油、喷气燃料
DHC – 2	小球	非贵金属	无定形	单段最大量生产中间馏分油
DHC – 4	小球	非贵金属	无定形	单段生产中间馏分油
DHC – 6	小球	非贵金属	无定形	单段生产中间馏分油
DHC – 8	小球	非贵金属	无定形	单段最大量生产中间馏分油
DHC – 20	小球	非贵金属	无定形	生产中间馏分油
DHC – 32	圆柱形条	Ni – W	分子筛	最大量生产中间馏分油
DHC – 39	圆柱形条	W – Ni	分子筛	生产柴油和喷气燃料
DHC – 41	圆柱形条	非贵金属	分子筛	生产柴油和喷气燃料
DHC – 100	圆柱形条	非贵金属	分子筛	单段最大量生产中间馏分油
DHC – 200	圆柱形条	非贵金属	分子筛	单段最大量生产石脑油、喷气燃料
LT 系列	异形		分子筛	高活性、选择性

按活性组分的组成划分，UOP 公司的催化剂大致可分为以下 3 类：

①贵金属分子筛催化剂。如可最大量生产石脑油和部分喷气燃料的 HC – 11、HC – 18、HC – 28、HC – 35 等催化剂，可用于两段催化裂化装置，也可用于单段串联装置。

②非贵金属分子筛型催化剂。它又大致分为Ⅰ～Ⅳ个系列。第Ⅰ系列是生产最大量石脑油和部分喷气燃料的 HC – 14、HC – 24、HC – 29、HC – 34、HC – 170、HC – 185、HC – 190催化剂，生产最大量石脑油的 HC – 8、HC – 100 催化剂，这些催化剂可用于两段催化裂化装置或单段串联装置；第Ⅱ系列是灵活生产石脑油、喷气燃料及柴油的 HC – 16、HC – 26、HC – 33、HC – 43、HC – 150 等催化剂，用于单段串联或两段催化裂化装置；第Ⅲ系列是生产最大量中间馏分油和少量石脑油的 HC – 22、HC – 115、HC – 215、DHC – 32、DHC – 39、DHC – 41 及生产最大量柴油的 HC – 110 催化剂，主要用于单段串联催化裂化装置；第Ⅳ系列是以生产中间馏分油为主的 DHC – 100、DHC – 200 催化剂，主要用于单段串联装置，也可用于两段催化裂化装置。

③非贵金属无定形催化剂。包括以生产中间馏分油为主的 DHC – 2、DHC – 6、DHC – 8、DHC – 20 等催化剂，主要用于单段催化裂化装置，也可用于两段催化裂化装置。

在上述催化剂中，HC – 29、HC – 110、HC – 115、HC – 150、HC – 185、HC – 190、HC – 215等催化剂是 UOP 公司近期开发的催化剂。UOP(含 Unocal)公司的非贵金属分子筛催化剂品种多，能适应加工不同原料油和生产不同油品的需要。

2. Chevron 公司加氢裂化催化剂

Chevron 公司是世界上首个进行现代馏分油加氢裂化技术开发和工业试验的公司，2000年 Chevron 和 ABB Lummus Golabl 公司合并资源共同组建了 Chevron Lummus Golabl LLC 公司

（简称 CLG 公司）。在工艺方面，该公司在其原有单段一次通过、单段循环和两段加氢裂化工艺技术基础上，又逐年推出优化部分转化、分步进料、反序串联等加氢裂化新工艺，先后在许多工业装置上得到应用。

在催化剂方面，Chevron 公司推出了 ICR 系列催化剂，产品更新换代很快，其中润滑油择形异构化工艺技术和催化剂，在当今世界上已投产的润滑油加氢裂化装置中，占据了极大的份额。表 1 - 11 示出了 Chevron 公司数十年来已经工业化的加氢裂化催化剂的主要牌号及特点。

表 1 - 11　Chevron 公司加氢裂化催化剂

工业牌号	形状	活性组分	载体	特点
ICR - 102	圆柱形条	非贵金属	无定形	单段生产柴油、喷气燃料
ICR - 106	圆柱形条	非贵金属	无定形	单段生产柴油、润滑油、喷气燃料、乙烯料
ICR - 113	圆柱形条	非贵金属	无定形	单段生产汽油、煤油、柴油
ICR - 117	圆柱形条	非贵金属	无定形/分子筛	单段灵活生产汽油、煤油、柴油、润滑油、乙烯料
ICR - 120	圆柱形条	W - Ni	无定形	单段最大量生产柴油、喷气燃料
ICR - 126	圆柱形条	W - Ni - Ti	分子筛	单段生产喷气燃料、润滑油
ICR - 134	异形条		无定形	单段生产汽油、煤油、柴油
ICR - 136	圆柱形条		无定形/分子筛	单段灵活生产汽油、煤油、柴油、润滑油、乙烯料
ICR - 139	圆柱形条		分子筛	单段灵活生产汽油、煤油、柴油
ICR - 141	圆柱形条		分子筛	单段灵活生产汽油、煤油、柴油
ICR - 142	圆柱形条		分子筛	单段生产喷气燃料、柴油、润滑油
ICR - 147	圆柱形条		分子筛	灵活生产喷气燃料、柴油
ICR - 150	圆柱形条	非贵金属	无定形	润滑油、柴油、喷气燃料
ICR - 155	圆柱形条	非贵金属	无定形	单段生产汽油、煤油、柴油
ICR - 160	圆柱形条	非贵金属	无定形	单段生产汽油、煤油、柴油
ICR - 162	圆柱形条	非贵金属	无定形/分子筛	单段生产汽油、煤油、柴油
ICR - 177	圆柱形条	非贵金属		单段生产汽油、煤油、柴油
ICR - 202	圆柱形条		无定形	第二段生产汽油、喷气燃料
ICR - 204	圆柱形条	Ni - Sn	无定形/分子筛	第二段生产汽油、喷气燃料
ICR - 207	圆柱形条	贵金属	分子筛	第二段最大量生产汽油、喷气燃料
ICR - 208	圆柱形条	非贵金属	分子筛	第二段最大量生产汽油、喷气燃料
ICR - 209	圆柱形条	贵金属	分子筛	第二段最大量生产汽油、喷气燃料
ICR - 210	圆柱形条	非贵金属	分子筛	第二段最大量生产汽油、喷气燃料
ICR - 211	圆柱形条	贵金属	分子筛	单段生产汽油、煤油、柴油
ICR - 220	圆柱形条	贵金属	分子筛	最大量生产柴油、喷气燃料
ICR - 230	圆柱形条	非贵金属	分子筛	最大量生产汽油、煤油、柴油
ICR - 240	圆柱形条	非贵金属	分子筛	生产汽油、煤油、柴油、喷气燃料
ICR - 405/407	圆柱形条	贵金属	SAPO 分子筛	择形异构化
ICR - 418/417	圆柱形条	贵金属	SAPO 分子筛	择形异构化
ICR - 422	圆柱形条	贵金属	SAPO 分子筛	择形异构化

3. Crtierion Catalist/Zeolyst International 公司加氢裂化催化剂

Critereion Catalist/Zeolyst International 公司将 Shell 公司的加氢裂化催化剂技术与 PQ 公司的分子筛技术结合后，开发出一些加氢裂化催化剂，表 1 – 12 示出了该公司 20 世纪 80 年代以来推出的一些主要催化剂。

表 1 – 12 Crtierion Catalist/Zeolyst International 公司加氢裂化催化剂

工业牌号	形状	活性组分	载体	特点
C – 354	圆柱形条	Ni – W	氧化铝	生产中间馏分油、润滑油
C – 411	异形条	Ni – Mo	氧化铝	脱氮、第一段裂化
C – 424	异形条	Ni – Mo	氧化铝	脱氮、第一段裂化
C – 454	异形条	Ni – W	氧化铝	生产中间馏分油、润滑油
DN – 120	异形条	Ni – Mo	无定形	两段法第二段生产汽油
DN – 801	异形条	Ni – Mo	无定形	两段法第二段生产汽油
DN – 800	异形条	Ni – W	无定形	生产中间馏分油、润滑油
HDN – 60	异形条	Ni – Mo	氧化铝	两段法第二段生产汽油
Z – 603	异形条/圆柱形条	非贵金属	分子筛	最大量生产喷气燃料、柴油
Z – 703	圆柱形条	非贵金属	分子筛	生产喷气燃料、石脑油
Z – 713	圆柱形条	非贵金属	分子筛	灵活生产喷气燃料、柴油、石脑油
Z – 723	异形条/圆柱形条	非贵金属	分子筛	最大量生产喷气燃料
Z – 743	圆柱形条	贵金属	分子筛	生产喷气燃料、石脑油
Z – 753	圆柱形条	非贵金属	分子筛	最大量生产石脑油
Z – 763	异形条	非贵金属	分子筛	最大量生产喷气燃料、石脑油
Z – 773	圆柱形条	贵金属	分子筛	最大量生产喷气燃料、石脑油
Z – 863	圆柱形条	非贵金属	分子筛	最大量生产喷气燃料、石脑油

（二）国内加氢裂化催化剂

我国是世界上最早掌握加氢裂化技术的少数几个国家之一，早在 20 世纪 50 年代就开始研究开发加氢裂化催化剂，早期的催化剂是以无定形硅铝（镁）为酸性载体，60 年代后期开始使用分子筛为酸性组分。以后研发的加氢裂化催化剂主要是通过对分子筛改性及表面性质的控制，配以 SiO_2 或 $Al_2O_3 – SiO_2$，为组合载体，开发出适用于各种需要的加氢裂化催化剂。

中国石化抚顺石油化工研究院（FRIPP）是我国最重要的加氢技术及催化剂研究开发机构，数十年来，一直致力于现代加氢裂化催化剂的研发工作，并形成多个系列 50 多个牌号的催化剂。以 UOP 公司技术建在茂名、上海、金陵、扬子石化公司的 4 套加氢裂化装置和引进 Chevron 公司技术建在齐鲁石化公司的 1 套加氢裂化装置，从 1988 年开始已先后更换采用 FRIPP 开发的加氢裂化催化剂。我国自行设计的大型加氢裂化装置基本上多采用 FRIPP 开发的工艺技术和催化剂。由 FRIPP 开发的加氢裂化催化剂已占据了国内主要市场，并有部分出口。表 1 – 13 示出了 FRIPP 研发的 20 个系列、50 多个牌号馏分油加氢裂化及配套催化剂的概况；表 1 – 14 示出了我国加氢裂化剂主要品种及性能特点。催化剂生产单位有中国石化催化剂抚顺分公司、中国石化催化剂长岭分公司及山东公泉化工股份有限公司等。

表 1-13　FRIPP 的馏分油加氢裂化及配套催化剂

序号	催化剂牌号	主要用途
1	3825、3905、3955、FC-24、FC-52	高压加氢裂化，一段串联和两段工艺，最大量生产石脑油和尾油，尾油芳烃关联指数低且 T90、T95 点和干点大幅度降低
2	3824、3903、3971、3476、FC-12、FC-32、FC-36、FC-46	高压加氢裂化，一段串联和两段工艺，灵活生产石脑油、中间馏分油和尾油，尾油芳烃关联指数低且 T90、T95 点和干点大幅度降低
3	3974、FC-26、FC-40、FC-50	高压加氢裂化，一段串联和两段工艺，最大量生产中间馏分油，尾油芳烃关联指数低且 T90、T95 点和干点大幅度降低
4	3901、FC-20	高压加氢裂化，一段串联和两段工艺，最大量生产低凝柴油，尾油是低凝点的润滑油基础油料
5	FC-16	高压加氢裂化，一段串联和两段工艺，最大量生产中间馏分油，兼顾柴油低温流动性和尾油芳烃关联指数
6	3912、ZHC-01	高压加氢裂化，单段和两段工艺，灵活生产石脑油、中间馏分油和尾油，尾油芳烃关联指数低且 T90、T95 点和干点大幅度降低
7	3973、ZHC-02、ZHC-04、FC-28、FC-30	高压加氢裂化，单段和两段工艺，最大量生产中间馏分油，尾油芳烃关联指数低且 T90、T95 点和干点大幅度降低
8	FC-14、FC-34	高压加氢裂化，单段和两段工艺，最大量生产优质低凝柴油，尾油是低凝点的润滑油基础油料
9	FC-22	高压加氢裂化，两段工艺，灵活生产石脑油和中间馏分油，活性组分为贵金属
10	3905、3976、FC-12、FC-32 等	中压加氢裂化和中压加氢改质工艺，生产柴油、石脑油及部分高芳潜的重石脑油
11	3882	一段串联缓和加氢裂化工艺，催化剂耐氮性能及中间馏分油选择性好
12	3963、FC-18	最大量提高劣质柴油十六烷值，加氢异构活性高，裂化活性低，稳定性好
13	3881（FDW-1）、FDW-3、FDW-4	临氢降凝工艺、加氢降凝工艺生产低凝点柴油
14	FC-14、FC-20	柴油加氢改质异构降凝工艺
15	3934、3935	高压加氢处理，最大量生产尾油润滑油基础油料工艺
16	FIW-1、FHDA-1	加氢裂化尾油择形异构化工艺，活性组分为贵金属
17	FDW-2	加氢裂化尾油择形异构化工艺，活性组分为非贵金属
18	3906、3926、3936、3996、FF-16、FF-20、FF-26、FF-36、FF-46、FF-56	加氢裂化预精制段催化剂，高加氢脱氮活性和高芳烃加氢饱和活性
19	3962、FF-12	加氢裂化后精制段催化剂，加氢饱和脱除微量烯烃，抑制硫醇生成
20	FZC-100、FZC-101、FZC-102、FZC-102A、FZC-102B、FZC-103、FZC-103A、FZC-103B、FZC-204、FZC-204A、FZC-28、FZC-28A、FZC-28B、FZC-27 等	加氢裂化保护剂和脱金属催化剂，脱除原料油中微量金属杂质和易生焦物质，容纳机械垢物，减缓压降上升，延长装置运行周期

表 1-14 我国主要加氢裂化催化剂品种及性能特点

工业牌号	外形	活性组分	载体	加工原料	目的产品	主要特点	研制单位
3652	圆柱形条		无定形硅铝	VGO	喷气燃料、柴油	中间馏分油选择性好	大连化物所
3762	圆柱形条	W-Ni	β-分子筛,SiO_2-Al_2O_3-F	VGO	汽油、柴油、润滑油	大庆蜡油高压加氢裂化	大连化物所
3792	圆柱形条		ZSM-8,SiO_2-Al_2O_3	VGO	汽油、柴油、润滑油		抚顺石油三厂
3812	圆柱形条	W-Ni	β-分子筛,SiO_2-Al_2O_3-F	VGO	汽油、煤油、柴油	高压加氢裂化	抚顺石油三厂
3821	圆柱形条	W-Ni	β-分子筛,SiO_2-Al_2O_3-F	CGO	汽油、煤油、柴油	高压加氢裂化	抚顺石油三厂
3824	圆柱形条	Mo-Ni-P	分子筛	VGO,CGO,LCO等	喷气燃料、柴油、柴油部分石脑油	灵活生产中间馏分油和部分石脑油	抚顺石油化工研究院
3825	圆柱形条	Ni-Mo	分子筛	VGO,CGO,LCO等	喷气燃料、柴油、乙烯料	轻油分型催化剂	抚顺石油化工研究院
3843	圆柱形条	W-Ni	β-分子筛,SiO_2-Al_2O_3	CGO	汽油、煤油、柴油	大庆焦化柴油高压加氢裂化	抚顺石油三厂
3863	圆柱形条	W-Ni	β-分子筛,SiO_2-Al_2O_3	CGO	乙烯料、催化裂化进料、柴油	大庆焦化柴油高压加氢	抚顺石油三厂
3882	圆柱形条	Ni-W-P	分子筛	VGO	乙烯料、催化裂化进料、少量石脑油	缓和加氢裂化催化剂	抚顺石油化工研究院
3883	圆柱条形	W-Ni	β-分子筛,SiO_2-Al_2O_3	VGO	汽油、煤油、柴油及喷气燃料	兼有3812及3863催化剂性能	抚顺石油三厂

工业牌号	外形	活性组分	载体	加工原料	目的产品	主要特点	研制单位
3901	圆柱条形	Ni－W	硅铝－分子筛	CGO、VGO	柴油、喷气燃料、部分石脑油	最大量生产中间馏分油、柴油产品凝点低	抚顺石油化工研究院
3903	圆柱形条	Ni－W	硅铝－分子筛	VGO、CGO、LCO等	喷气燃料、柴油、部分石脑油	灵活生产中间馏分油和部分石脑油	抚顺石油化工研究院
3905	圆柱形条	Ni－W	分子筛	VGO、CGO、LCO等	喷气燃料、柴油、化工石脑油、乙烯料	轻馏分型催化剂，抗氮性好，中压产气少	抚顺石油化工研究院
3912	圆柱形条	Ni－W	分子筛	VGO	喷气燃料、柴油、乙烯料、部分石脑油	单段加氢裂化催化剂，具有高灵活性	抚顺石油化工研究院
3934	三叶草形	Ni－W－Mo	特制	VGO、DAO溶剂精制油	润滑油料、柴油、部分石脑油	润滑油加氢处理，加氢功能强，活性适中	抚顺石油化工研究院
3935	三叶草形	Ni－Mo－W	特制	VGO、DAO溶剂精制油	润滑油料、柴油、部分石脑油	润滑油加氢处理，活性高	抚顺石油化工研究院
3955	圆柱条形	Ni－W	分子筛	VGO、CGO、LCO等	化工石脑油、喷气燃料、柴油、乙烯料	轻馏分油型催化剂，耐氮性强	抚顺石油化工研究院
3963	三叶草形	Ni－W	分子筛、SiO$_2$－Al$_2$O$_3$	LCO	柴油、少量石脑油	劣质柴油加氢提高十六烷值，MCI技术专用	抚顺石油化工研究院
3971	圆柱条形	Ni－W	硅铝－分子筛	VGO、CGO、LCO等	喷气燃料、柴油、部分石脑油	灵活生产中间馏分油和部分石脑油，有高抗氮性	抚顺石油化工研究院
3973	圆柱条形	Ni－W	SiO$_2$－Al$_2$O$_3$	VGO	柴油、喷气燃料、部分石脑油及润滑油料	最大量生产柴油及喷气燃料，也可生产润滑油料	抚顺石油化工研究院
3974	圆柱条形	Ni－W	硅铝－分子筛	VGO、CGO、LCO等	喷气燃料、柴油、部分石脑油	最大量生产喷气燃料及柴油，灵活性大	抚顺石油化工研究院

工业牌号	外形	活性组分	载体	加工原料	目的产品	主要特点	研制单位
3976	圆柱条形	Ni-W	硅铝-分子筛	VGO、CGO、LCO 等	喷气燃料、柴油、石脑油	灵活生产中间馏分油和石脑油，高抗氮性，高活性，高灵活性	抚顺石油化工研究院
FC-12	圆柱条形	W-Ni	硅铝-分子筛	VGO、LCO	柴油、乙烯料、部分石脑油	可按中油型或轻油型方案灵活生产，在中高压下均有优异加氢裂化性能	抚顺石油化工研究院
FC-14	圆柱条形	W-Ni	硅铝-分子筛	VGO、CGO、LCO 等	柴油、喷气燃料、乙烯料、部分石脑油	单段加氢裂化催化剂，最大量生产中间馏分油，低凝柴油	抚顺石油化工研究院
FC-16	圆柱条形	W-Ni	硅铝-分子筛	VGO、CGO、LCO 等	柴油、喷气燃料、部分石脑油	高活性，多产中间馏分油，尤多产低凝柴油	抚顺石油化工研究院
FC-18	三叶草形	Ni-W	硅铝-分子筛	LCO	柴油、少量石脑油	劣质柴油加氢提高十六烷值	抚顺石油化工研究院
FC-20	圆柱条形	W-Ni	硅铝-分子筛	VGO、CGO	柴油、少量石脑油及喷气燃料	最大量生产中间馏分油，多产低凝柴油，成本低，高容中间馏分油选择性	抚顺石油化工研究院
FC-24	圆柱条形	W-Ni	分子筛-助剂	VGO、CGO、LCO、HCO 等	化工石脑油、喷气燃料、柴油、乙烯料	轻馏分型催化剂，液收高，重石脑油选择性好，高容硅能力	抚顺石油化工研究院
FC-26	圆柱条形	W-Ni	硅铝-分子筛	VGO	喷气燃料、柴油、兼产石脑油及尾油	最大量生产中间馏分油，催化剂选择性高，选择性好，尾油芳烃关联指数值低	抚顺石油化工研究院
FC-28	圆柱条形				优质3号喷气燃料、欧V标准柴油、乙烯料、重整进料	单段一次通过工艺，催化剂活性高，中间馏分油选择性好	抚顺石油化工研究院
FC-30	圆柱条形						

工业牌号	外形	活性组分	载体	加工原料	目的产品	主要特点	研制单位
FC-32	圆柱条形			VGO、劣质柴油	优质重石脑油、清洁柴油、尾油	灵活型加氢裂化催化剂,加氢裂化活性适宜,开环选择性好,可在中压或高压条件下操作	抚顺石油化工研究院
FC-50	圆柱条形		特制分子筛		优质3号喷气燃料、清洁无硫柴油、乙烯料重整进料	适用于一段串联一次通过工艺,中间馏分油重整选择性高,反应温度低	抚顺石油化工研究院
ZHC-01	圆柱条形	Ni-W	分子筛,SiO_2-Al_2O_3	VGO	喷气燃料、柴油、乙烯料及部分石脑油	单段加氢裂化催化剂,高灵活性	抚顺石油化工研究院
ZHC-02	圆柱条形	Ni-W	SiO_2-Al_2O_3	VGO	柴油、喷气燃料、乙烯料及部分石脑油	单段加氢裂化催化剂,高中间馏分油选择性	抚顺石油化工研究院
ZHC-04	圆柱条形	Ni-W	分子筛,SiO_2-Al_2O_3	VGO	柴油、喷气燃料、部分石脑油	单段加氢裂化催化剂,高活性,高中间馏分油选择性	抚顺石油化工研究院
RCF-1	蝶形条状	Ni-W			柴油	中间馏分油选择性加氢裂化剂,中间馏分油收率高,也可用于F-T蜡加氢异构化	中国石化石油化工科学研究院
RT-1	条状	W-Ni	Y型分子筛,Al_2O_3,助剂	常三减一馏分	汽油、柴油、乙烯蒸汽裂解原料	加氢脱氮能力强,加氢稳定性好,活性稳定性中,具抗氮中毒性能	中国石化石油化工科学研究院
RT-5	条状	W-Ni	Y型分子筛,Al_2O_3,助剂	常三减一和催化裂化柴油混合油	喷气燃料、优质重整原料、柴油、乙烯	加氢脱氮和加氢裂化性能好,与RN-1催化剂一段串联使用抗氮能力强	中国石化石油化工科学研究院
RT-25	条状						中国石化石油化工科学研究院

工业牌号	外形	活性组分	载体	加工原料	目的产品	主要特点	研制单位
RHC-1					优质化工原料、低硫高品质运输燃料	中压加氢裂化，有强加氢活性及高选择性开环活性能	中国石化石油化工科学研究院
RHC-3				高环烷烃进料、焦化蜡油	优质化工原料、低硫高品质运输燃料	用于中、高压装置，加氢活性强，产品方案可在多产重石脑油、中间馏分油和优质尾油间灵活切换	中国石化石油化工科学研究院
RHC-5				CGO、VGO、催化柴油	优质重石脑油、尾油、乙烯料	具高加氢活性、高裂化活性，产品可在多产重石脑油质尾油和优质尾油间质尾油之间灵活切换	中国石化石油化工科学研究院
RHC-130				柴油加氢改质	凝点规格不同的柴油，提高十六烷值	催化剂活性适中，中间馏分油选择性高，可灵活生产-35号、-20号及-20号低凝柴油	中国石化石油化工科学研究院
RHC-131	蝶形条状	Ni-W		VGO、CGO	优质喷气燃料、优质柴油	用于重质减压蜡油的加氢裂化装置，为第三代尾油型加氢裂化催化剂，中间馏分收率高	中国石化石油化工科学研究院
CHC-1	圆柱条形	W-Ni	分子筛、Al₂O₃	VGO	柴油、部分石脑油、尾油	催化剂堆密度小，孔体积大，高中间馏分油选择性高	大庆化工研究中心
CR-3	圆柱条	W-Ni-F	分子筛	VGO	喷气燃料、低凝柴油、乙烯料	裂解活性高，稳定性好、选择性好，再生性能好	岳阳石化分公司
CR-4	圆柱形条	W-Ni-F	分子筛	常三减一混合油、催化柴油	优质柴油、高芳烃重整料、尾油	裂解活性高，稳定性好、选择性好，再生性能好	岳阳石化分公司

注：VGO—减压瓦斯油；CGO—焦化瓦斯油；LCO—轻循环油；HCO—重循环油。

56

四、加氢精制催化剂

加氢又称氢化，是指在催化剂作用下，分子氢在有机化合物的不饱和键上发生的加成反应。在炼油厂的加工过程中，加氢技术主要是指以石油馏分油为原料的加氢反应，它又可分为加氢裂化和加氢精制两个领域。如高压加氢裂化、缓和加氢裂化及中压加氢改质等均属加氢裂化的范畴；所谓加氢精制是各种油品在氢压下进行催化改质的一种统称，是在一定温度、压力、空速及氢油比等条件下，原料油、氢气通过反应器内催化剂床层，在保持原料油分子骨架结构不变或变化很少的情况下，通过催化剂的作用，将油品中所含硫、氮、氧及金属的非烃类组分转化为相应的烃类及易于除去的硫化氢、氨和水。而加氢处理技术则是指对某些反应仍以加氢精制为主，但容许有轻度裂解发生，可为下游工艺过程提供优质进料，所以，也可将加氢处理理解成稍微有些加氢裂化的加氢精制过程。

在石油加工的应用范围上，加氢精制技术几乎可涵盖大部分石油产品，如气态烃类、直馏及二次加工汽油及柴油、煤油、各种蜡油、石蜡、润滑油、常压及减压渣油等。这些油品均可选用合适的加氢精制工艺，生产优质汽油、柴油、煤油、润滑油及特种石油产品，也可提升各种油品质量，为下游工艺如催化重整、加氢裂化、催化裂化等提供优质进料。所以，加氢精制技术已构成现代石油炼制技术重要加工单元过程及提升石油产品质量的重要技术手段。

加氢精制的目的是将石油产品中各种非烃类物质含有的杂原子硫、氮、氧等分别转化为硫化氢、氨、水，有机金属化合物转化为金属硫化物而加以脱除。各种石油馏分加氢精制的主要反应有：加氢脱硫、加氢脱氮、加氢脱氧、加氢脱金属反应，以及烯烃和芳烃的加氢饱和反应。同时还会发生少量开环、断链及缩合等反应，这些反应一般包含一系列平行顺序反应，并构成复杂的反应网络。

由于原料结构及组成的差异，加氢精制过程所用催化剂品种很多，按加工的馏分油类型不同，可分为轻质馏分油加氢精制催化剂，重质馏分油加氢处理催化剂，石油蜡类及特种油的加氢精制催化剂及渣油加氢处理催化剂等；按加氢精制的反应类型及侧重点不同，则可分为加氢脱硫催化剂，加氢脱氮催化剂，加氢脱金属催化剂及加氢饱和催化剂等。实际上，由于油品组成的复杂性，任何一种加氢精制催化剂，其加氢性能不会是单一或绝对的，在各种精制反应中，其反应速率大体上有如下规律：

脱金属 > 二烯烃饱和 > 脱硫 > 脱氧 > 单烯烃饱和 > 脱氮 > 芳烃饱和

因此，在加氢精制过程中使用一种加氢脱硫催化剂时，在进行加氢脱硫反应的同时，也会发生其他杂质的脱除，如脱金属、烯烃饱和及加氢脱氧等，只不过催化剂对加氢脱硫作用更显突出而已。

常用的加氢精制催化剂由两大部分组成，即金属活性组分及载体。金属活性组分一般又可分为两类；一类是贵金属，如 Pt、Pd 等；另一类是非贵金属，如 VIB 族的 Cr、Mo、W 及 VIII 族的 Fe、Co、Ni 等。它们对各类加氢反应的活性顺序是：

加氢脱硫：Mo – Co > Mo – Ni > W – Ni > W – Co;

加氢脱氮：Mo – Ni > W – Ni > Mo – Co > W – Co;

加氢饱和：Pt、Pd > Ni > W – Ni > Mo – Ni > Mo – Co > W – Co

贵金属 Pt、Pd 等一般都有很高的加氢或脱氢活性，通常在较低的反应温度下即可显示出很高的加氢活性，但它们对有机硫化物、氮化物及硫化氢等十分敏感，易引起中毒而失活，加上价格又昂贵，仅用于硫含量很低或不含硫的原料油的加氢过程，或用于某些特殊催化加氢过程。

非贵金属材料由于价格较低，是加氢精制催化剂常用的活性金属组分。但 Co 和 Ni 单独使用时只表现出极弱的加氢脱硫及加氢脱氮活性，而只有 Co(或 Ni)和 Mo(或 W)结合后可显著提高 Mo 或 W 的活性，这是两者协同作用的结果。所以，加氢精制催化剂常用的非贵金属活性组分有 Co - Mo、Ni - Mo、Ni - W 及 Ni - Co - Mo 等；Co - Mo 催化剂常用于石脑油馏分加氢精制，其脱硫活性高于 Ni - Mo 催化剂；Ni - Mo 及 Ni - Co - Mo 催化剂有较强的脱氮及芳烃饱和能力，多用于二次加工汽油、柴油等的加氢脱硫、脱氮过程，除了双组分、三组分外，甚至还有四组分的催化剂。到底选用哪种组合，还是应依据原料油性质，加氢精制主要反应及产品质量标准等多种因素而加以选择。

载体在加氢精制催化剂中具有重要作用，单独存在的高度分散的金属活性组分，因受降低表面自由能的热力学趋向的推动，会发生强烈的聚集倾向，很易受温度升高而产生烧结，使活性快速下降。当将金属活性组分负载在多孔载体上时由于载体本身存在的热稳定性，以及对高分散性金属颗粒的移动和彼此接近起到阻隔作用，从而可减少或避免活性组分发生烧结，提高催化剂的热稳定性及使用寿命。

可选用的载体有活性氧化铝(γ - Al_2O_3，η - Al_2O_3)、硅酸铝、硅藻土、分子筛及活性炭等，其中又以 γ - Al_2O_3 是加氢精制催化剂最为常用的载体，其原因是由于氧化铝具有孔结构可调变性的特点，采用不同的制备工艺条件，可制得具有不同的比表面积、孔体积、孔径分布及表面特性的载体材料，活性氧化铝具有高的比表面积及适宜的孔结构，可提高金属活性组分或其他助剂的分散度。制成的具有一定形状(如球形、圆柱条、三叶草形、齿球形等)的氧化铝载体还具有优良的机械强度及化学稳定性，一般加氢精制催化剂都使用高比表面积的氧化铝载体，比表面积为 $200 \sim 400m^2/g$，孔体积在 $0.1 \sim 1.0mL/g$ 之间。

除了活性组分及载体两大主要部分外，一些加氢精制催化剂也常加入少量助剂，如 P、Si、K 等。助剂的引入可以调节载体的表面性质(如孔结构、孔径分布)、固体酸碱性质、表面电性质，改善活性组分的分散状态，提高催化剂活性、选择性及使用寿命。

(一) 国外加氢精制催化剂

国外加氢精制/处理催化剂的生产商有十多家，产品牌号多达 200 余种，其中实力较强的催化剂供应商有 Criterion、UOP、Chevron、Akzo Nobel、Topsoe、IFP 等公司，表 1 - 15 ~ 表 1 - 19 示出了这些公司的加氢精制/处理催化剂的主要组成及应用范围。

表 1 - 15　Criterion 公司加氢精制/处理催化剂

催化剂牌号	外形	活性组分	载体	应用范围
HD5·22	三叶草	Co - Mo	Al_2O_3	
444	三叶草	Co - Mo	Al_2O_3	
447	三叶草	Co - Mo	Al_2O_3	
448	三叶草	Co - Mo	Al_2O_3	石脑油、中间馏分油、粗柴油等加氢脱硫处理
544·SH	小球	Co - Mo	Al_2O_3	
DC - 130	三叶草	Co - Mo	Al_2O_3	
DC - 150	三叶草	Co - Mo	Al_2O_3	
DC - 160	三叶草	Co - Mo	Al_2O_3	

催化剂牌号	外形	活性组分	载体	应用范围
411	三叶草	Ni－Mo－P	Al_2O_3	
424	三叶草	Ni－Mo－P	Al_2O_3	
DN－120	三叶草	Ni－Mo－P	Al_2O_3	用于石脑油、中间馏分油和粗柴油等加氢处理工艺,
DN－140	三叶草	Ni－Mo－P	Al_2O_3	包括轻度脱硫、脱氮及烯烃饱和,深度脱硫、脱氮
DN－180	三叶草	Ni－Mo－P	Al_2O_3	及烯烃饱和,多环芳烃饱和,缓和加氢裂化和加氢
DN－190	三叶草	Ni－Mo－P	Al_2O_3	裂化预处理
DN－200	三叶草	Ni－Mo－P	Al_2O_3	
DN－801	三叶草	Ni－Mo	Al_2O_3	
514－SH	球	Ni－Mo	Al_2O_3	
544－SH	球	Co－Mo	Al_2O_3	
814－HC	中空圆柱	Ni－Mo	Al_2O_3	床层顶部加氢保护催化剂及惰性材料
824－HC	中空圆柱	Ni－Mo	Al_2O_3	
855－MD	高空隙	—	Al_2O_3	
227	三叶草	Ni－Mo	Al_2O_3	固定床渣油加氢处理/加氢裂化
447	三叶草	Co－Mo	Al_2O_3	
RM－430	三叶草	Mo	Al_2O_3	
RN－400	三叶草	Ni－Mo	Al_2O_3	
RN－410	三叶草	Ni－Mo	Al_2O_3	
RN－412	三叶草	Ni－Mo	Al_2O_3	
RN－440	三叶草	专利技术		
RN－50	三叶草	专利技术		
HDS－1443	圆柱条	Ni－Mo	Al_2O_3	沸腾床加氢处理/加氢裂化
HDS－1463	圆柱条	Ni－Mo	Al_2O_3	
HDS－2443	圆柱条	专利技术		
RN－500	圆柱条	专利技术		
TEX － 2700 系列	圆柱条	专利技术		
624	圆柱条	专利技术		加氢催化剂,用于芳烃饱和、烷基化及甲基叔戊基
DSH－4	球	专利技术		醚的工艺原料制备
204	圆柱形条	Ni	Al_2O_3	二烯烃选择加氢

表1－16　UOP公司加氢精制/处理催化剂

催化剂牌号	外形	活性组分	载体	堆密度/(g/mL)	加工原料	主要特点
AS－200、250	圆柱条	贵金属	专利技术	—	石脑油、煤油、喷气燃料、柴油	芳烃饱和
H－15	球	Ni	专利技术	—	C_3、C_4、C_5烯烃	选择加氢脱丁二烯
HC－D	圆柱条	Ni－Mo	Al_2O_3	0.83	SR、VGO	加氢脱硫、加氢脱氮
HC－DM	四叶草	Ni－Mo	Al_2O_3	0.57	CGO、VGO	减压瓦斯油深度加氢脱金属

催化剂牌号	外形	活性组分	载体	堆密度/(g/mL)	加工原料	主要特点
HC-P/HC-R	圆柱形	Ni-Mo	Al_2O_3	—	馏分油	加氢脱硫、加氢脱氮
N-108	圆柱形	Co-Mo	Al_2O_3	0.73	SR、GO	深度加氢脱硫
N-200	圆柱形	Co-Mo	Al_2O_3	0.25	SR、GO	深度加氢脱硫
N-204	圆柱形	Ni-Mo	Al_2O_3	0.69	SR、GO	捕硅、加氢脱硫
N-40	三叶草	Co-Ni	Al_2O_3	0.71	SR、GO	深度加氢脱硫
N-44	三叶草	Ni-Mo	Al_2O_3	0.68	SR、GO	捕硅、加氢脱硫
PF-4	球形	Pd	Al_2O_3		异丙苯中 α-间苯乙烯	选择加氢
RF-200	四叶草	Co-Mo	Al_2O_3	0.68	渣油、HVGD	加氢脱金属、加氢脱硫、加氢脱氮
S-120	圆柱条	Ni-Mo	Al_2O_3	0.80	SR、石脑油、馏分油	深度加氢脱硫
S-12H	圆柱条	Co-Mo	Al_2O_3	0.74	SR、石脑油、馏分油	深度加氢脱硫
S-14M	三叶草	Co-Mo	Al_2O_3	0.81	SR、石脑油、馏分油	深度加氢脱硫、加氢脱氮
S-19	三叶草	Co-Mo	Al_2O_3	0.81	直馏、馏分油	深度加氢脱硫、加氢脱氮
S-19T、H、G	三叶草	Co-Mo	Al_2O_3		直馏、馏分油	减压瓦斯油加氢脱硫、加氢脱氮加氢处理生产石脑油
UF-100	三叶草	Co-Mo	专利技术	0.72	SR、二次馏分油、HVGO	深度加氢脱硫、脱氮、脱金属
UF-110	四叶草	Co-Mo	专利技术	0.72	SR、二次馏分油、HVGO	深度加氢脱硫、脱氮、脱金属

注：SR—常压及减压渣油；GO—瓦斯油；CGO—焦化瓦斯油；VGO—减压瓦斯油；HVGO—重焦化瓦斯油。

表 1-17　Topsoe 公司加氢精制/处理催化剂

催化剂牌号	外形	活性组分	载体	加工原料	主要特点
TK-45	环状	Ni	Al_2O_3	石脑油、HVGO	砷保护催化剂
TK-439	条状	—	Al_2O_3	用于焦化装置，以石油为原料	硅吸附
TK-557	条状	Co-Ni-Mo	Al_2O_3	VGO、HVGO、二次加工原料	流化催化裂化原料预处理
TK-573	条状	Ni-Mo	Al_2O_3	VGO、HVGO、	加氢脱硫、加氢脱氮
TK-574	条状	Co-Mo	Al_2O_3	各种馏分油	深度加氢脱硫
TK-709、719	条、环	Mo	Al_2O_3	常压渣油、减压渣油	固定床渣油加氢脱金属
TK-710、	环状	Co-Mo	Al_2O_3	常压渣油、减压渣油	固定床渣油加氢处理、深度加氢脱金属
TK-711、733	环状	Ni-Mo	Al_2O_3	常压渣油、减压渣油	固定床渣油、深度脱金属、中度加氢脱硫
TK-751、753	条状	Ni-Mo	Al_2O_3	常压渣油、减压渣油	固定床渣油中度加氢脱金属、深度加氢脱硫

催化剂牌号	外形	活性组分	载体	加工原料	主要特点
TK－771、773	条、环	Ni－Mo	Al_2O_3	常压渣油、减压渣油	固定床渣油深度脱金属、适度加氢脱硫
TK－821	圆柱	专利技术	专利技术	常压渣油、减压渣油	沸腾床加氢工艺，低泥浆
TK－831、TK－743	条环	Ni－Mo	Al_2O_3	常压渣油、减压渣油	固定床渣油深度加氢脱金属、中度加氢脱硫
TK－867	圆柱	专利技术	专利技术	带压渣油、减压渣油	沸腾床加氢工艺
TK－907	三叶草	专利技术	专利技术	LGO、HGO	脱芳烃、适度耐硫
TK－911	条状	专利技术	专利技术	LGO、HGO	脱芳烃、高耐硫
TK－195	条状	专利技术	专利技术	LGO、HGO	脱芳烃、高耐硫高活性

注：HVGO—重焦化瓦斯油；VGO—减压瓦斯油；LGO—轻瓦斯油；HGO—重瓦斯油。

表 1－18　Akzo Nobel 公司加氢精制/处理催化剂

催化剂牌号	活性组分	载体	应用范围及特点
KF－724	Mo－Co	Al_2O_3	用于加氢处理，具有中度加氢脱硫活性
KF－742	Mo－Co	Al_2O_3	用于轻瓦斯油及直馏石脑油加氢，加氢脱硫活性高
KF－752	Mo－Co	Al_2O_3	高加氢脱硫及脱氮活性，深度脱硫
KF－756	Mo－Co	Al_2O_3	用于二次加工油品的深度脱硫或超深度脱硫，具有高加氢脱硫活性
KF－757	Mo－Co	Al_2O_3	用于中低压处理轻瓦斯油和轻循环油原料，深度脱硫活性优于 KF－756
KF－760	Mo－Co	Al_2O_3	加氢脱硫活性比 KF－757 高30%，活性优势为6~8℃，适用于生产超低硫产品
KF－840	Mo－Ni	Al_2O_3	用于二次加工汽油、柴油加氢，具有优异的加氢脱氮活性，较高的加氢脱硫活性
KF－842	Mo－Ni	Al_2O_3	适用于粗石脑油、煤油加氢，活性适中，有较高加氢脱硫活性
KF－843	Mo－Ni	Al_2O_3	具有高加氢、芳烃饱和及加氢脱氮活性
KF－846	Mo－Ni	Al_2O_3	具有较高加氢脱氮、芳烃饱和及加氢脱硫活性
KF－848	Mo－Ni	Al_2O_3	性能优于 KF－846，产品氮含量小于 $20\mu g/g$，处理轻瓦斯油及轻循环油，硫含量小于 $10\mu g/g$
KF－852	Mo－Ni	Al_2O_3	柴油脱芳烃，轻循环油加氢
KF－840	Mo－Ni	Al_2O_3	优异加氢脱氮及芳烃饱和活性，加氢脱硫活性及稳定性好
KF－841	Mo－Ni	Al_2O_3	优化孔结构，适用于蜡油及渣油加氢处理，加氢脱氮及芳烃饱和活性高
KF－752	Mo－Ni	Al_2O_3	高加氢脱硫及加氢脱氮活性
KF－901H	Mo－Ni	Al_2O_3	大孔结构，兼有加氢脱氮及加氢脱硫活性

表 1 - 19 IFP 的主要轻烃加氢及加氢处理催化剂

催化剂牌号	外形	活性组分	载体	用途
LT279	球	Pd	Al_2O_3	C_2 馏分选择加氢
LD145	球	Ni – Mo	Al_2O_3	二烯烃及烯烃选择加氢
LD155	球	Ni – W	Al_2O_3	二烯烃及烯烃选择加氢
LD241	球	Ni	Al_2O_3	二烯烃及烯烃选择加氢
LD265	球	Pd	Al_2O_3	二烯烃及烯烃选择加氢
LD267R	球	Pd	Al_2O_3	丁二烯加氢并伴有 1 – 丁烯异构化
LD271	球	Pd、助剂	Al_2O_3	丁二烯加氢伴有最大 1 – 丁烯收率
LD273	球	Pd、助剂	Al_2O_3	C_3 馏分加氢，伴有最大丙烯收率
LD277	球	Pd、助剂	Al_2O_3	粗 C_4 馏分选择加氢
LD2773	球	Pd、助剂	Al_2O_3	催化裂化 C_4 馏分或苯乙炔选择加氢
LD341	球	Ni	Al_2O_3	二烯烃及烯烃选择加氢
LD365	球	Pd	Al_2O_3	二烯烃及烯烃选择加氢
LD402	圆柱条	Pt	Al_2O_3	芳烃加氢
LD412R	圆柱条	Pt	Al_2O_3	苯加氢
LD746	多叶草	Ni	Al_2O_3	苯加氢
ACT075	环状		Al_2O_3	捕铁、降低压降
HR306C	圆柱条	Co – Mo	Al_2O_3	石脑油、减压瓦斯油等加氢脱硫
HR348	圆柱条	Ni – Mo、助剂	Al_2O_3	石脑油、减压瓦斯油等加氢脱硫、脱氮
HR354	圆柱条	Ni – W	Al_2O_3	煤油加氢脱硫
HT318	圆柱条	Ni – Co – Mo	Al_2O_3	脱金属渣油的加氢脱硫
HR406	多叶草	Co – No	Al_2O_3	石脑油、减压瓦斯油等加氢脱硫
HR416	多叶草	Co – M、助剂	Al_2O_3	石脑油、减压瓦斯油等深度加氢脱硫
HR448	多叶草	Ni – Mo、助剂	Al_2O_3	石脑油、减压瓦斯油等深度加氢脱硫脱氮
HR462	多叶草	Ni – Mo、助剂	Al_2O_3	催化裂化原料预处理
HT428	多叶草	Ni – Mo	Al_2O_3	脱金属渣油的加氢脱硫、脱氮
HTH548	圆柱条	Ni – Mo、助剂	Al_2O_3	减压瓦斯油的缓和加氢裂化
HR945	球	Ni – Mo	Al_2O_3	烯烃加氢并控制床层压降
HMC945	球	Ni – Mo	Al_2O_3	常压及减压渣油的加氢脱金属
HMC841	球	Ni – Mo	Al_2O_3	常压及减压渣油的加氢脱金属
HYC642	圆柱条	Ni – Mo	分子筛	中间馏分油及润滑油加氢处理
HYC652	圆柱条	Ni – Mo	分子筛	中间馏分油及润滑油加氢处理

注：Akzo Nobel 公司炼油及催化剂业务已被美国 Albemarle 公司收购。

此外，Chevron 公司推出的加氢脱硫催化剂有：GC - 106、101、102、105、106、107、107L、107M、ICR - 101、105、131、135、137、148 等；加氢脱氮催化剂有：ICR - 107、114、125、130、GC - 112、117 等；加氢脱金属催化剂有：GC - 125、GC - 130、ICR - 121、

122A～G、132、133、122Z、122L、138、149 等。

（二）国内加氢精制催化剂

我国最早从事加氢技术研究的是抚顺石油化工研究院（FRIPP），早在 20 世纪 60 年代，FRIPP 与当时的抚顺石油三厂合作开发出 $MoO_3 - CoO/Al_2O_3$ 及 $MoO_3 - NiO/Al_2O_3$ 催化剂，这是我国第一代加氢精制催化剂，主要用于重整原料预加氢和重整生成油的后加氢。以后经过数十年的研究开发及工业实践，FRIPP 研制开发的加氢精制/处理工业催化剂已有数十个牌号，分别用于轻质及重质馏分油（汽油、煤油、柴油、润滑油、蜡油）、石油蜡类、凡士林及渣油的加氢精制/处理工艺装置上。除此之外，国内从事加氢精制/处理催化剂研制开发的还有中国石化石油化工科学研究院、大庆化工研究中心、西北化工研究院、北京三聚环保新材料股份有限公司等，它们在不同应用领域开发出各种类型的加氢催化剂。

目前，我国已全面掌握了技术更加复杂、装置规模日趋大型化的加氢精制诸多重大关键技术，拥有自主知识产权和门类齐全的多品种加氢精制/处理催化剂，可以适应国外或国内不同种类油品的加工，生产市场需求的多种石油产品和石油化工原料。

如中国石化石油化工科学研究院（RIPP）自介入加氢技术研发开始，一直秉承催化剂和工艺技术设计以相关领域核心科学课题基础研究为基础这一理念，从而形成了有别于国外专利商的技术路线。经过几十年努力，RIPP 开发出 90 余个品种加氢催化剂和 30 多项加氢工艺技术，截至 2011 年底，已有 330 余套装置正在或使用过 RIPP 开发的加氢催化剂技术，表1 - 20 示出了 RIPP 现用的加氢催化剂和工艺技术，同时还列出了 RIPP 开发的部分替代燃料相关技术。RIPP 还对诸多加氢催化剂器外预硫化、器外再生及活化等进行了技术开发。

国内生产加氢精制催化剂的单位较多，生产规模较大的有中国石化催化剂长岭分公司、中国石化催化剂抚顺分公司、北京三聚环保新材料股份有限公司、沈阳三聚凯特催化剂有限公司、山东公泉化工股份有限公司、辽宁海泰科技发展有限公司等。

表 1 - 20　RIPP 现用加氢催化剂和工艺技术

用途	现用主要技术	现用主要催化剂
生产合格重整原料，生产满足欧Ⅲ～Ⅴ排放汽油	高空速重整预加氢技术 (1) 催化裂化汽油选择性加氢脱硫 RSDS 技术 (2) 催化裂化汽油脱硫降烯烃 RIDOS 技术	
低成本生产喷气燃料 生产满足欧Ⅲ～Ⅴ排放柴油	喷气燃料低压临氢脱硫醇 RHSS 技术 (1) 超深度加氢脱硫 RTS 技术 (2) 连续液相循环加氢技术 (3) 提高柴油十六烷值和降低密度的 RICH 技术 (4) 中压加氢改质 MHUG 技术 (5) 高效灵活加氢改质 MHUG - Ⅱ技术 (6) 柴油加氢改质/异构降凝技术	(1) 超深度脱硫催化剂 (2) RICH 催化剂 (3) 改质催化剂 (4) 改质/异构降凝催化剂
增产清洁燃料和化工原料	(1) 第二代中压加氢裂化 RMC - Ⅱ技术 (2) 尾油型加氢裂化 RHC - U 技术 (3) 多产石脑油或化工原料加氢裂化 RHC - C 技术 (4) 多产中馏分加氢裂化 RHC - M 技术 (5) 灵活型加氢裂化技术	(1) 加氢处理催化剂 (2) 灵活型加氢裂化催化剂 (3) 石脑油型加氢裂化催化剂 (4) 尾油型加氢裂化催化剂 (5) 中油型加氢裂化催化剂

用途	现用主要技术	现用主要催化剂
生产优质催化裂化原料	(1)蜡油加氢预处理 RVHT 技术 (2)渣油加氢处理 RHT 技术 (3)渣油加氢 - 催化裂化组合 RICP 技术 (4)溶剂脱沥青 - 脱沥青油加氢处理 - 催化裂化组合 SHF 技术	(1)蜡油加氢处理催化剂 (2)上流式渣油加氢催化剂 (3)保护催化剂 (4)脱金属催化剂 (5)脱金属脱硫催化剂 (6)脱硫脱残炭催化剂
满足 API Ⅰ，Ⅱ，Ⅲ 类润滑油基础油	(1)润滑油加氢处理 RLT 技术 (2)润滑油高压加氢处理 RHW 技术 (3)润滑油催化降凝 RDW 技术 (4)润滑油异构降凝 RIW 技术 (5)白油生产 RDA 技术	
合成油生产技术	(1)固定床 F - T 合成技术 (2)浆态床 F - T 合成技术	
煤直接液化油加氢提质	(1)煤直接液化油稳定加氢技术 RCSH (2)煤直接液化轻油加氢改质技术 RCHU (3)煤焦油加氢提质技术	
合成加氢提质	(1)多产柴油的合成油加氢提质技术 (2)多产润滑油基础油和合成油加氢提质技术 (3)兼产润滑油基础油和石蜡的合成油加氢提质技术	

1. 3641 系列重整原料预加氢精制催化剂

[工业牌号]本系列产品包括 3641、3665 两个牌号。

[主要组成]3641 以 Co、Mo 为活性组分，以 $\gamma - Al_2O_3$ 为载体，3665 以 Mo、Ni 为活性组成，以 $\gamma - Al_2O_3$ 为载体。

[产品规格]

项目		指标	
		3641	3665
$MoO_3/\%$	≥	12	12
Co/%	≥	1.7	—
Ni/%	≥	—	2
粒度/mm		$\phi3 \times (3\sim4)$圆柱形 $\phi1.6 \times (3\sim8)$条形	$\phi6 \times (3\sim4)$圆柱形 $\phi1.6 \times (3\sim8)$条形
耐压强度/(N/粒)	≥	686	1120.6
孔体积/(mL/g)	≥	0.30	
比表面积/(m²/g)	≥	180	
生成油中 S/10⁻⁶	≤	8	8
As/10⁻⁹	≤	2	2

注：表中所列指标为企业标准。

64

［用途］用于催化重整原料油预加氢精制。3641催化剂是国内第一代加氢精制催化剂，3665催化剂是3641的换代产品，是在加氢精制工艺条件下将重整原料油中的硫、氮、氧等有害物质经加氢成为H_2S、NH_3及H_2O等形式予以除去，并将不饱和烃加氢饱和，而砷、铅等有害元素则被吸附在催化剂表面上，从而使原料油得到精制。

［简要制法］3641催化剂是由硝酸法制得的氢氧化铝滤饼，经洗涤、干燥、压片制成$\phi6\times4$mm的锭片后，再浸渍Mo、Co金属组分，经干燥、分解、活化制得成品；3665催化剂是先制得活性氧化铝载体后，先浸渍钼酸铵溶液，经干燥热解后，再浸渍硝酸镍溶液，最后经干燥、分解及活化制得成品。

［生产单位］抚顺石化公司。

2. 481系列加氢精制催化剂

［工业牌号］本产品系列包括481-1、481-2、481-3等3个牌号。

［主要组成］以Mo、Ni、Co等为活性组分，以Al_2O_3为催化剂载体。

［产品规格］

项目	指标		
	481-1	481-2	481-3
外观	球形	球形	球形
外形尺寸/mm	$\phi(2\sim3)$	$\phi(2\sim3)$	$\phi(1.5\sim2.5)$
堆密度/(g/mL)	≥0.7	0.67~0.73	约0.7
孔体积/(mL/g)	0.4~0.6	0.5~0.7	约0.45
比表面积/(m²/g)	约200	约200	约200
NiO/%	3~5	4~5	4.5~5.5
CoO/%	—	—	0.08~0.12
MoO_3/%	13~16	17.5~20.5	15.5~16.5
P_2O_5/%	—	1.5~2.5	—
SiO_2/%	—	5.5~7.5	6~8

注：表中所列指标为企业标准。

［用途］用于石蜡、凡士林的加氢精制，煤油、柴油的深度加氢精制。也可用于直馏及二次加工汽油、煤油及柴油的加氢精制，以提高油品质量及储存安定性。催化剂具有良好的脱硫、脱氮及脱氧能力，尤其是脱氮能力较强。

［简要制法］由三氯化铝、水玻璃（硅酸钠）及氨水进行成胶反应，胶液经洗涤、胶溶、油柱成型、焙烧制得球形载体，经浸渍活性组分溶液后再经干燥、焙烧制得成品。

3. 3722系列加氢精制催化剂

［工业牌号］本系列产品包括3722、3761、3936等3个牌号。

［主要组成］以W、Ni、Mo等为活性组分，以Al_2O_3为催化剂载体。

［产品规格］

项目	指标		
	3722	3761	3936
外观	片状或条状	片状或条状	三叶草
外形尺寸/mm			
片状	$\phi 4 \times (3 \sim 4)$	$\phi 4 \times (3 \sim 4)$	
条状	$\phi 1.6 \times (3 \sim 8)$	$\phi 1.6 \times (3 \sim 8)$	$\phi (1.2 \sim 1.4) \times 3 \sim 8$
组成	$W - Mo - Ni - F/Al_2O_3$	$Mo - Ni - Co/Al_2O_3$	$Mo - Ni - P/Al_2O_3$
堆密度/(g/mL)	$0.8 \sim 1.12$	$0.84 \sim 1.08$	$0.88 \sim 0.94$
孔体积/(mL/g)	$0.3 \sim 0.35$	—	$0.32 \sim 0.38$
比表面积/(m²/g)	~140		>160
抗压强度	片状：≥275N/片	片状：≥245N/片	≥20N/mm
	条状：≥6.9N/mm	条状：≥15N/mm	
磨损率/%	—	—	1.0

注：表中所列指标为企业标准。

[用途]3722 催化剂主要用于二次加工汽油、柴油及煤油的加氢精制，在加氢裂化或加氢脱蜡中作为一段精制催化剂使用，也可用作润滑油馏分的加氢降凝催化剂，在中压或高压操作条件下，催化剂对多种原料有很好的适应性，并有较高的催化活性、选择性及稳定性。

3761 催化剂主要用于催化重整原料的预加氢精制，尤适用于双金属催化重整，也可用于汽油、柴油及润滑油的加氢精制。具有良好的脱硫、脱砷及脱微量金属的功能，活性高，床层压降低。

3936 催化剂主要用于重质油加氢裂化的一段加氢精制工艺，其作用是除去加氢裂化进料馏分油中的含氮化合物，防止加氢裂化催化剂的酸性组分(如分子筛)中毒而引起活性下降。具有较大的比表面积及孔体积，有较高加氢脱氮活性及稳定性。

[简要制法]先用氢氧化铝粉制得具有特定性能的载体后，再浸渍金属活性组分，经干燥、焙烧制得成品。

[生产单位]抚顺石化公司。

4. 3822 系列加氢精制催化剂

[工业牌号]本系列产品包括 3822、3823 两个牌号。

[主要组成]以 Mo、Ni、P 为催化剂活性组分，以 $\gamma - Al_2O_3$ 为催化剂载体。

[产品规格]

项目	指标	
	3822	3823
MoO_3/Al_2O_3/%	19 ~ 21	16 ~ 18
NiO/Al_2O_3/%	≥ 3.50	2.70
P/Al_2O_3/%	3.40 ~ 4.20	1.50 ~ 2.00
外形尺寸/mm	条状，$\phi 1.6 \times (3 \sim 10)$	条状，$\phi 1.6 \times (3 \sim 10)$
孔体积/(mL/g)	0.35 ~ 0.45	0.40 ~ 0.50

66

项目		指　标	
		3822	3823
比表面积/（m²/g）		180～220	180～220
堆密度/（g/mL）		0.75～0.80	0.70～0.80
耐压强度/（N/cm）	≥	147	147
磨耗/%	≤	1.0	1.0

注：表中所列指标为企业标准。

[用途]3822 催化剂可用于高含氮的重质原料油（如减压瓦斯油或减压瓦斯油与焦化瓦斯油的混合油）的加氢精制，使高压加氢裂化装置用原料油的含氮量符合要求。也可在中压加氢裂化装置的一段预精制工艺中用于石蜡加氢以除去氮、硫、氧等杂质，改善油品颜色，提高油品安定性。常与加氢裂化催化剂 3812 或 3824 配合使用，在重质油一段加氢裂化工艺中用作加氢脱氮催化剂。

3823 催化剂用于加氢裂化反应床后部，以脱除在加氢裂化过程中生成的硫醇，是一种脱硫醇活性较高的催化剂。

[简要制法]将氢氧化铝干胶粉碎、混捏、挤条、干燥、活化制得氧化铝载体，再经喷浸 Mo、Ni 活性金属，并加入一定量的硅及磷酸，经干燥、活化制得成品。

[生产单位]抚顺石化公司。

5. 3842 系列白油加氢催化剂

[工业牌号]本系列产品包括 3842、3872 两个牌号。

[主要组成]3842 催化剂以 Ni 为活性组分，Al₂O₃ 为催化剂载体；3872 催化剂含 Ni 较低，载体采用 HP－Al₂O₃ 或 SB－Al₂O₃。

[产品规格]

项目		指　标	
		3842	3872
Ni/%		39～42	≥20
Al₂O₃/%		40～45	余量
孔体积/（mL/g）	≥	0.34	0.26
比表面积/（m²/g）	≥	260	170
压碎强度/（g/cm）	≥	10	12
堆密度/（g/mL）		0.84	0.90
磨耗/%		<6	—
外形尺寸/mm		条形 φ2×（3～8）	φ1.8×（2～6）
紫外吸光度		0.1	0.1

注：表中所列指标为企业标准。

[用途]白油又名白色油，为超深度精制的特种矿物油品，具有无色、无味、无臭、化学惰性及优良的光、热安定性等特点。3842 为高镍催化剂，适用于大庆原油中油馏分经加

氢裂化后得到的各种润滑油组分的加氢精制，经芳烃加氢饱和除去微量非烃化合物。进料油要求芳烃含量 <8%，非烃(主要为硫)含量 $<10 \times 10^{-6}$，其产品能满足 10 号白油的加氢产品要求，可达到化妆品或食品级白色油质量标准。3872 催化剂是 3842 催化剂的改进产品，加氢性能优于 3842 催化剂。

[简要制法]　3842 催化剂是以 3761 干胶粉为载体材料，田菁粉为挤出助剂，经与碱式碳酸镍混捏、碾压、挤出、干燥、活化而制得成品；3872 催化剂是以 $\gamma - Al_2O_3$ 为载体，经 4 次浸渍镍氨配合物后，经干燥、活化、焙烧而制得成品。

[生产单位]抚顺石化公司。

6. 3871 系列缓和加氢裂化一段精制催化剂

[工业牌号]本系列产品包括 3871、3906、3911、3926 等 4 个牌号。

[主要组成]以 W、Mo、Ni 等为催化剂活性组分，以 Al_2O_3 为催化剂载体。

[产品规格]（以 3926 为例）

项目	指标	项目	指标
外形尺寸/mm	三叶草，$\phi(1.3 \sim 1.5) \times (3 \sim 8)$	比表面积/(m^2/g)	≥110
WO_3/%	16 ~ 19	孔体积/(mL/g)	≥0.3
MoO_3/%	8.0 ~ 10	堆密度/(g/mL)	0.9 ~ 1.05
NiO/%	3.0 ~ 5.0	抗压强度/(N/cm)	≥160
B_2O_3/%	3.0 ~ 5.0	磨耗/%	1.5
Na_2O/%	<0.05		
Fe_2O_3/%	<0.05		

注：表中所列指标为企业标准。

[用途]本产品系列主要用于缓和加氢裂化装置一段，对原料油进行脱氮处理后，生成油含氮量可小于 $40 \mu g/g$，也可用于馏分油加氢精制，如 3926 催化剂在中压下具有极好的加氢脱氮活性，也具有良好的脱硫活性，适用于高含氮原料的加氢精制。也可用于处理劣质的二次加工副产物(如焦化蜡油)，使其成为优质催化裂化原料油。

[简要制法]先将大孔氢氧化铝干胶粉与硅溶胶、硝酸等混捏、挤条、干燥、焙烧制得条状载体后，再浸渍含钼、镍、钨及硼的活性组分溶液后，再经干燥、焙烧、活化制得成品。

[生产单位]抚顺石化公司。

7. 3921 系列加氢精制脱铁催化剂

[工业牌号]本系列产品包括 3921、3922、3923 等 3 个牌号。

[主要组成]3921 是组成为 Al - Mg 尖晶石结构的七孔球状催化剂；3922 及 3923 为分别负载 Mo、Ni 并以 Al_2O_3 为载体的催化剂。

[产品规格]

项目	指标		
	3921	3922	3923
形状	七孔球	拉西环	拉西环
外径尺寸/mm	$\phi(16.5 \times 11)$	$\phi(6 \pm 1)$	$\phi(4 \pm 1)$

项目	指标		
	3921	3922	3923
内径尺寸/mm	$\phi(3.4 \pm 0.5)$	$\phi(3 \pm 0.5)$	$\phi(1.5 \pm 0.5)$
抗压强度/(kg/cm)	≥20	≤4/粒	≤4/粒
堆密度/(g/mL)	0.65～0.75	0.5～0.6	0.6～0.7
孔体积/(mL/g) ≥	1.0	0.8	0.6
MgO/%	28	—	—
Al_2O_3%	72	余量	余量
NiO/%	—	—	1.5±0.5
MoO_3/%	—	4.5±0.5	7.0±1.0

注：表中所列指标为企业标准。

[用途]用于脱除油品中溶解的含铁有机化合物（如环烷酸铁）及悬浮的无机铁化合物，以生产加氢裂化原料，可延长加氢裂化催化剂寿命及装置运转周期，这几种牌号催化剂共同特点是有较好的强度和较大的孔体积，热稳定性好，不增加系统压强。可将原料中的铁离子及时除去，避免环烷酸铁在高活性脱氮催化剂上形成硫化铁垢，造成床层堵塞。

[简要制法]3921 催化剂是以 $\alpha - Al_2O_3$、硼酸及电熔镁砂等为原料，经研磨、混捏、挤条、干燥、活化而制得成品，3922 及 3923 催化剂是以氢氧化铝干胶粉及活性炭粉为原料，经混合、研磨、干燥、焙烧制成拉西环后，再经浸渍钼或钼镍溶液后，再次干燥、焙烧活化而制得成品。

[生产单位]抚顺石化公司。

8. 3733 铁钼加氢精制催化剂

[别名]铁钼催化剂

[工业牌号]3733

[主要组成]以 Fe、Mo 为催化剂活性组分，以 Al_2O_3 为催化剂载体。

[产品规格]

项目	指标	项目	指标
外观	淡黄色圆柱体	孔体积/(mL/g)	约 0.4
外形尺寸/mm	$\phi 6 \times (4 \sim 5)$	比表面积/(m²/g)	约 160
堆密度/(g/mL)	0.7～0.8	抗压强度/(N/cm)	≥120

注：表中所列指标为参考规格。

[用途]用于润滑油加氢精制。也用于干焦炉气、城市煤气加氢脱硫。催化剂具有良好的加氢脱硫性能及活性稳定性。有机硫加氢转化率≥93%。

[简要制法]将特制氧化铝载体经二次浸渍金属活性组分溶液后，再经干燥、焙烘制得成品。

[生产单位]上海吴泾化工有限公司。

9. CH 系列加氢精制催化剂(一)

[工业牌号]本系列产品包括 CH-2、CH-3、CH-4、CH-6 等 4 个牌号。

[主要组成]以 Mo、Ni、W 等为催化剂活性组分，以 Al_2O_3 为催化剂载体。

[产品规格]

项目	指 标			
	CH-2	CH-3	CH-4	CH-6
外观	圆柱条、三叶草	圆柱条、三叶草	圆柱条、三叶草	三叶草、异形条
外形尺寸/mm	$\phi(1.8\sim2.2)\times4-6$	$\phi(1.8\sim2.2)\times4\sim10$		外径1.24
堆密度/(g/mL)	0.7	0.7	~1.0	~1.07
孔体积/(mL/g)	0.4	0.35	0.30	~0.29
比表面积/(m^2/g)	180	200	200	~188
MoO_3/%	—	17~21	~18	12.6
NiO/%	2.5~3.5	~3.0	—	1.98
WO_3/%	—	—	—	11.46
P_2O_5/%	—	—	—	1.58

注：表中所列指标为企业标准。

[用途]用于催化重整原料的加氢精制，二次加工汽油或柴油的加氢精制、合成氨原料的加氢精制及高含硫馏分油等的加氢精制等。具有较好的脱氮、脱硫、烯烃饱和及芳烃加氢活性。

[简要制法]将氢氧化铝粉加入助剂制得性能符合要求的 $\gamma-Al_2O_3$ 载体后，再按配比浸渍金属活性组分溶液，经干燥、焙烧后制得催化剂成品。

[生产单位]中国石化催化剂长岭分公司。

10. CH 系列加氢精制催化剂(二)

[工业牌号]本系列产品包括 CH-16、CH-18、CH-19、CH-20、CH-25、CH-27、CH-28 等 7 个牌号。

[主要组成]以 Mo、Ni、W 等为催化剂活性组分，以 Al_2O_3 为催化剂载体，部分牌号还可加入适量助剂。

[产品规格]

项目	指 标						
	CH-16	CH-18	CH-19	CH-20	CH-25	CH-27	CH-28
NiO/%	2.7~3.3	2.0	1.5	3.6	2.7	14.0	2.5
WO_3/%	27~31	19.0	17.0	22.5	26	—	7.5
MoO_3/%	—	—	6.0	—	—	2.0	—
CoO/%	—	0.04	—	—	—	—	—
P_2O_5/%	—	—	1.1	5.6	—	—	—
助剂/%	4~5	0.7	—	—	2.5	—	0.1

项目	指标						
	CH-16	CH-18	CH-19	CH-20	CH-25	CH-27	CH-28
孔体积/(mL/g) ≥	0.24	0.27	0.24	0.33	0.25	0.30	0.27
比表面积/(m²/g) ≥	90	130	110	160	100	170	165
径向强度/(N/mm) ≥	16	20	20	18	18	20	20
堆密度/(g/mL) ≥	—	—	0.9	0.8	—	—	—

注：表中所列指标为企业标准。

[用途] CH-16 催化剂用于焦化蜡油加氢处理，加氢产物用作催化裂化优质进料。也可用于减压蜡油的加氢处理，加氢产物用作中高压加氢裂化的原料。该催化剂对各种原料有广泛适应性，有优良的活性稳定性及再生性能，具有较高的脱硫、脱氮及使部分多环芳烃饱和的能力。

CH-18 催化剂适用于直馏汽油或含 25% 焦化汽油的石脑油的加氢精制，用于生产合格的催化重整原料。该催化剂具有优良的机械强度及加氢脱硫、脱氮活性，并具有良好的活性稳定性及再生性能。

CH-19 催化剂用于催化重整原料预加氢精制，也可用于直馏油品及二次加工油品的加氢精制。该催化剂具有较高的加氢脱硫、脱氮及脱胶质能力，并具有良好的活性稳定性及机械强度，再生性能优良。

CH-20 催化剂适用于焦化蜡油、重油的加氢处理，为流化催化裂化提供优质原料。该催化剂具有较高的脱硫、脱氮及脱胶质能力，并有使多环芳烃加氢饱和及部分多环环烷烃开环的性能，并具有较好的活性稳定性和优良的再生性能。

CH-25 催化剂适用于直馏馏分油(如汽油、煤油、柴油、重整原料、润滑油等)的加氢精制，也适用于二次加工馏分油(如焦化汽油、焦化柴油、焦化蜡油等)的加氢精制。还可用于中高压加氢裂化或中压加氢改质工艺过程中预精制段的加氢脱硫、加氢脱芳烃等。催化剂对各种原料有广泛的适应性，具有较高的加氢脱硫、脱氮、脱芳烃等性能，活性稳定性及机械强度高，再生性优良，床层压降较低。

CH-27 催化剂用于直馏汽油、二次加工汽油或乙烯蒸汽裂解原料的临氢脱砷工艺过程中，以保护下游主催化剂的活性稳定性。该催化剂具有较高的加氢脱砷活性和容砷能力，并有较高的机械强度及活性稳定性。

CH-28 催化剂适用于喷气燃料的临氢脱硫醇工艺过程，以生产优质喷气燃料。催化剂具有较高的脱硫醇性能，并具有一定的脱酸、脱色、脱硫和适当提高烟点的功能，对各种喷气燃料有广泛适应性。该催化剂的活性稳定性和机械强度高，再生性能好。

[简要制法] 先将氢氧化铝粉加入适量助剂制成性能符合要求的 γ-Al_2O_3 载体后，再按配比浸渍相应的金属活性组分溶液，再经干燥、焙烧制得。

[生产单位] 中国石化催化剂长岭分公司。

11. FF 系列加氢裂化预精制催化剂

[工业牌号] 本系列产品包括 FF-14、FF-16、FF-18、FF-20、FF-26、FF-36、FF-46、FF-56 等牌号。

[主要组成] 以 W、Mo、Ni 等为催化剂活性组分，以 Al_2O_3 为催化剂载体。

[产品规格]

指标	指 标							
	FF – 14	FF – 16	FF – 18	FF – 20	FF – 26	FF – 36	FF – 46	FF – 56
外形	三叶草	三叶草	三叶草	三叶草	三叶草	三叶草	三叶草	三叶草
活性金属	Mo – Ni – Co	Ni – Mo – P	W – Ni	W – Mo – Ni	Mo – Ni	Mo – Ni	Mo – Ni	Mo – Ni
堆密度/(g/mL)	0.94	1.0	1.0	1.0	1.0	0.8	0.95	0.93
孔体积/(mL/g) ≥	0.30	0.30	0.30	0.30	0.30	0.30	0.32	0.32
比表面积/(m²/g) ≥	160	155	160	200	160	160	160	160
载体	Al₂O₃	Al₂O₃	Al₂O₃	Al₂O₃	Al₂O₃	Al₂O₃	Al₂O₃	Al₂O₃

注：表中所列指标为参考规格。

[用途]用于加氢裂化一段处理减压蜡油、催化裂化原料预处理等加氢处理过程。可用于处理减压瓦斯油、焦化瓦斯油、脱沥青油、轻或重循环油等，也可用于馏分油加氢处理及中压加氢改质等，催化剂具有孔分布集中、孔体积及比表面积大、堆密度适中、金属分散好、加氢脱硫及加氢脱氮活性好等特点。

[简要制法]先由氢氧化铝粉制成符合性能要求的三叶草形氧化铝载体后，再浸渍相应的金属活性组分溶液，经干燥、焙烧、活化制得成品。

[生产单位]中国石化催化剂抚顺分公司、山东公泉化工公司等。

12. FH 系列加氢精制催化剂

[工业牌号]本系列产品包括 FH – 98、FH – 98A、FH – 40A、FH – 40B、FH – 40C、FH – UDS等 6 个牌号。

[主要组成]以 W、Mo、Ni、Co 等为催化剂活性组分，以改性复合氧化铝为催化剂载体。

[产品规格]

项目	指 标					
	FH – 98	FH – 98A	FH – 40A	FH – 40B	FH – 40C	FH – UDS
外观	三叶草条	三叶草条	三叶草条	三叶草条	三叶草条	三叶草条
粒度/mm	φ1.6 或 φ3.0	φ(1.3～2.0)	φ(1.5～2.5)	φ(1.5～2.5)	φ(1.3～2.3)	φ(1.3～1.6)
NiO/%	3.5～5.5		含 Ni、Mo、Co	—	含 W、Mo、Ni、Co	含 W、M、Ni、
MoO₃/%				14～16		Co + 助剂
WO₃/%				—		
CoO/%				3.5～4.5		
孔体积/(mL/g) ≥	0.25	0.32	0.40	0.40	0.42	0.32
比表面积/(m²/g) ≥	120	150	200	200	260	210
径向抗压强度/(N·cm⁻¹) ≥	150	150	150	150	150	150

注：表中所列指标为企业标准。

[用途]FH –98 催化剂具有优良的低压加氢脱硫、脱氮、脱芳烃活性和脱胶质等性能，并且抗压耐磨强度高，可再生使用，适用于二次加工劣质汽、柴油的加氢精制，在中低压

下，加氢精制胜利、辽河、新疆等管输原油的催化柴油和掺炼减压渣油的催化柴油及焦化柴油等，可生产低硫、低芳烃的优质柴油。

FH-98A 催化剂具有优良的低压加氢脱硫、脱氮、脱芳烃活性及脱胶质特性。该催化剂以改性复合氧化铝为载体，负载有活性金属及助剂，组成中不含易流失的活性组分，活性稳定性好，适用于二次加工劣质汽、柴油的加氢精制，在中低压下加氢精制催化柴油、焦化柴油等，可生产出低硫、低芳烃的优质柴油。

FH-40A 催化剂具有深度脱硫、脱氮和烯烃饱和性能，并具有优异的抗压耐磨强度，可用氮气-空气或水蒸气再生。主要用于重整原料预加氢，也可用于直馏及二次加工轻质馏分、催化柴油等加氢精制。

FH-40B 具有脱硫活性高、抗压耐磨性好、操作空速高、装填堆密度低等特点，主要用于高硫重整原料预加氢精制及由煤油加氢生产航空煤油等。

FH-40C 催化剂是以硅铝为载体，负载 W、Mo、Ni、Co 等多种活性组分，具有孔体积大、比表面积高、机械强度高、加氢脱硫和加氢脱氮活性好等特点，并可再生使用。主要用于重整原料预加氢及各类汽、煤油加氢精制。

FH-UDS 催化剂以新型改性氧化铝为载体，具有更大的孔体积及比表面积，强度高，稳定性好，对原料适应性强，有优异的加氢脱硫和加氢脱氮活性。可用于加工催化柴油、高硫焦化柴油、催化及焦化混合柴油等，可在较为缓和的工艺条件下满足生产符合欧Ⅲ和欧Ⅳ排放标准的低硫柴油，还可适当调整操作条件，生产无硫柴油。

[简要制法] 先由氢氧化铝粉及助剂制得改性氧化铝载体后，再按配比浸渍相应的金属活性组分，经干燥、焙烧、活化制得成品。

[生产单位] 北京三聚环保新材料股份有限公司、沈阳三聚凯特催化剂有限公司。

13. FZC-1x 系列加氢保护（催化）剂

[工业牌号] 本产品系列包括 FZC-11A、FZC-12A、FZC-13A、FZC-14A 等 4 种牌号。

[产品规格]

项目		指　　标			
		FZC-11A	FZC-12A	FZC-13A	FZC-14A
外形		四叶轮形	四叶轮形	四叶草形	四叶草形
活性组分		ⅥB 族 + Ⅷ族	ⅥB 族 + Ⅷ族	ⅥB 族 + Ⅷ族	ⅥB 族 + Ⅷ族
颗粒直径/mm		5.3~6.3	3.2~4.2	2.0~3.0	4.0~5.0
颗粒长度/mm		3~10	3~10	3~10	3~10
孔体积/(mL/g)	≥	0.70	0.70	0.70	0.70
比表面积/(m²/g)		110~170	110~170	110~170	110~170
侧压强度/(N/mm)	≥	7.0	8.0	10.0	10.0

注：表中所列指标为参考规格。

[用途] 用作渣油加氢处理保护剂。具有高空隙率、高容垢及容杂质能力，其作用是脱除机械杂质、胶质、沥青质及金属化合物，改善下游催化剂的进料条件，抑制杂质对下游催化剂孔道堵塞，防止活性中心被覆盖，保护下游催化剂的活性及稳定性，延长催化剂使用寿命。

[研制单位]抚顺石油化工研究院。

14. FZC – 1xx 系列加氢保护(催化)剂

[工作牌号]本产品系列包括 FZC – 101、FZC – 102、FZC – 102B、FZC – 103、FZC – 103A 等 5 个牌号。

[主要组成]以 Ni 或 Mo – Ni 为主活性组分，以 Al$_2$O$_3$ 为载体。

[产品规格]

项目	指标				
	FZC – 101	FZC – 102	FZC – 102B	FZC – 103	FZC – 103A
外形	七孔球	拉西环形	拉西环形	拉西环形	拉西环形
组成	Al$_2$O$_3$	Ni/Al$_2$O$_3$	Mo – Ni/Al$_2$O$_3$	Mo – Ni/Al$_2$O$_3$	Mo – Ni/Al$_2$O$_3$
孔体积/(mL/g)	—	0.6 ~ 0.8	0.6 ~ 0.8	0.5 ~ 0.65	0.5 ~ 0.65
比表面积/(m^2/g)	—	260 ~ 320	260 ~ 320	150 ~ 220	150 ~ 220
颗粒直径/mm	16 ~ 17 内孔 3 ~ 3.5	4.9 ~ 5.2 内孔 2.2 ~ 2.4	4.9 ~ 5.2 内孔 2.2 ~ 2.4	3.3 ~ 3.6 内孔 1 ~ 1.2	3.3 ~ 3.6 内孔 1 ~ 1.2
颗粒长度/mm	9 ~ 12	3 ~ 10	3 ~ 10	3 ~ 8	3 ~ 8
压碎强度/(N/mm)	≥20	2 ~ 3	2 ~ 3	3 ~ 4	3 ~ 4

注：表中所列指标为参考规格。

[用途]用作常压渣油重制馏分油的加氢处理保护剂，具有高床层空隙率、高容垢及容杂质能力。其作用是脱除机械杂质、胶质、沥青质及金属化合物，改善下游催化剂的进料条件，抑制杂质对下游催化剂孔道堵塞，防止活性中心被掩盖，保护下游催化剂的活性及稳定性，延长下游催化剂的运转寿命。

[研制单位]抚顺石油化工研究院。

15. FZC – 2x 系列加氢脱金属催化剂

[工业牌号]本产品系列包括 FZC – 20、FZC – 21、FZC – 22、FZC – 23、FZC – 24、FZC – 25、FZC – 26、FZC – 27 等 8 种牌号。

[主要组成]以 Ni 或 Mo – Ni 为主活性组分，以 Al$_2$O$_3$ 为载体。

[产品规格]

项目	指标							
	FZC – 20	FZC – 21	FZC – 22	FZC – 23	FZC – 24	FZC – 25	FZC – 26	FZC – 27
外形	圆柱形	圆柱形	三叶草形	四叶草形	四叶草形	四叶草形	四叶草形	四叶草形
长度/mm	2 ~ 8	2 ~ 8	3 ~ 10	2 ~ 8	2 ~ 8	2 ~ 8	2 ~ 8	2 ~ 11
直径/mm	0.8 ~ 0.92	0.8 ~ 0.9	2 ~ 3	1.1 ~ 1.5	1.1 ~ 1.5	1.1 ~ 1.5	1.4 ~ 1.8	1.8 ~ 2.2
活性组分	Ni	Ni – Mo	Ni – Mo	Ni – Mo	Ni – Mo	Ni – Mo	Ni – Mo	Ni – Mo
孔体积/(mL/g)	0.65 ~ 0.72	0.6 ~ 0.66	0.52 ~ 0.58	0.60 ~ 0.75	0.60 ~ 0.72	0.50 ~ 0.65	0.50 ~ 0.65	0.55 ~ 0.65
比表面积/(m^2/g)	135 ~ 175	135 ~ 175	135 ~ 175	130 ~ 180	130 ~ 180	110 ~ 160	110 ~ 160	110 ~ 160
堆密度/(g/mL)	0.52 ~ 0.57	0.50 ~ 0.65	0.50 ~ 0.63	0.50 ~ 0.63	0.50 ~ 0.63	0.50 ~ 0.63	0.50 ~ 0.63	0.50 ~ 0.63
压碎强度/(N/mm)≥	6	6	10	10 ~ 20	10 ~ 20	10 ~ 20	10 ~ 20	15 ~ 25

注：表中所列指标为参考规格。

[用途]用作减压渣油、劣质重质馏分的加氢脱金属催化剂，具有孔体积大、床层空隙率高、容垢及杂质能力强等特点，主要作用是脱除金属杂质并兼顾部分脱硫功能，稳定性好，容金属能力强，可达自身质量的90%左右，适用于渣油加氢处理过程，能保护下游主催化剂，延长生产装置运行周期，还可用作配套催化剂用于劣质馏分油的加氢精制过程。

[简要制法]先制得专用氧化铝载体后，再浸渍金属活性组分、经干燥、活化而制得。

[研制单位]抚顺石油化工研究院。

16. FZC－2xx 系列加氢脱金属催化剂

[工业牌号]本产品系列包括 FZC－200、FZC－201、FZC－202、FZC－203、FZC－204 等5个牌号。

[主要组成]以 Mo、Ni 等作为活性组分以 Al_2O_3 为载体。

[产品规格]

项目	指标				
	FZC－200	FZC－201	FZC－202	FZC－203	FZC－204
外形	四叶草形	四叶草形	四叶草形	四叶草形	四叶草形
长度/mm	2～8	2～8	2～8	2～8	2～8
直径/mm	1.1～1.4	1.1～1.4	1.1～1.4	1.1～1.4	1.1～1.4
活性组分	Ni、Mo	Ni、Mo	Ni、Mo	Ni、Mo	Ni、Mo
孔体积/(mL/g)	0.60	0.6～0.7	0.60	0.58	0.55
比表面积/(m^2/g)	135	135～185	155	130	135
堆密度/(g/mL)	0.55～0.63	0.55～0.63	0.55～0.63	0.55～0.63	0.55～0.63
压碎强度/(N/mm)	10～16	10	16	18	10～16

注：表中所列指标为参考规格。

[用途]用作减压渣油、劣质重质馏分油的加氢脱金属催化剂，具有孔体积大、床层空隙率高、容金属能力强、稳定性好等特点，具有良好的脱金属和脱硫等活性，能保护下游催化剂，延长生产装置运行周期。除可用于渣油加氢装置之外，也可应用于蜡油加氢、临氢降凝等装置。

[简要制法]先制得专用催化剂载体后，再经浸渍金属活性组分，经干燥、焙烧制得。

[研制单位]抚顺石油化工研究院。

17. FZC－3x 系列加氢脱硫催化剂

[工业牌号]本产品系列包括 FZC－30、FZC－33、FZC－34、FZC－34A、FZC－35、FZC－36 等牌号。

[主要组成]以 Mo、Ni 为活性组分，以 Al_2O_3 为载体。

[产品规格]

项目	指标					
	FZC – 30	FZC – 33	FZC – 34	FZC – 34A	FZC – 35	FZC – 36
外形	圆柱形	四叶草	四叶草	四叶草	圆柱形	三叶草
活性组分	Mo、Ni	Mo、Ni	Mo、Ni	Mo、Ni	Mo、Ni	Mo、Ni
颗粒直径/mm	1.6～1.8	1.2～1.4	1.1～1.4	1.1～1.4	1.6～1.8	4～5
颗粒长度/mm	3～8	2～8	2～8	2～8	3～8	3～10
孔体积/(mL/g)	0.36～0.46	0.4～0.6	0.38～0.44	0.36～0.46	0.38～0.44	0.38～0.44
比表面积/(m²/g)	140～200	150～190	160～200	140～200	160～200	160～200
侧压强度/(N/mm)	≥10	≥10	≥10	≥10	≥14	≥20

注：表中所列指标为参考规格。

[用途]适用于渣油以及其他劣质馏分油的加氢处理过程。其作用是进一步脱除原料油中的杂质硫，并适当脱除氮和残炭。其中 FZC – 30、FZC – 34、FZC – 34A 为高活性脱硫催化剂，具有高的孔容、合适的孔径及酸性，呈现出较高脱硫活性及适中的脱氮和脱残炭性能；FZC – 33 为高容金属能力的过渡型脱硫催化剂，并有较大的孔径、孔体积和比表面积以及合适的酸性；FZC – 35 为床层过滤活性支撑剂，具有适合的孔体积和孔径。脱硫及脱氮活性良好；FZC – 36 为床层支撑剂，活性较低。

[简要制法]先制得具有特殊性能要求的载体后，再经浸渍活性金属溶液、干燥及焙烧而制得。

[研制单位]抚顺石油化工研究院。

[生产单位]山东公泉化工股份有限公司。

18. FZC – 3xx 系列加氢脱硫催化剂

[工业牌号]本产品系列包括 FZC – 301A、FZC – 302、FZC – 303 等牌号。

[主要组成]以 Mo、Ni、Co 等金属为活性组分，以 Al_2O_3 为载体。

[产品规格]

项目	指标	项目	指标
催化剂牌号	FZC – 301A、FZC – 302、FZC – 303	外形	四叶草形
颗粒直径/mm	1.20～1.40		
颗粒长度/mm	2～8	孔体积/(mL/g)	0.38～0.52
侧压强度/(N/mm)	≥15.0	比表面积/(m²/g)	180～260

注：表中所列指标为参考规格。

[用途]适用于渣油以及其他劣质馏分油的加氢处理过程，其作用是进一步脱除原料油中的杂质硫，并适当脱除氮和残炭。其中 FZC – 301A 是高活性常压渣油脱硫催化剂，具有较大的孔体积，合适的孔径等，脱硫活性及稳定性好并具有良好的脱氮、脱残炭功能；FZC – 302 是具有高容金属能力的渣油脱硫催化剂，具有合适的孔体积、孔径等，其脱金属活性和容金属能力都较强；FZC – 303 为高活性渣油脱硫催化剂，具有较大的孔体积和孔径，适合的酸性质，脱硫、脱氮及脱残炭性能都很强。

[简要制法]先制得专用载体后，再经浸渍活性金属溶液、干燥、焙烧而制得。

[研制单位]抚顺石油化工研究院。

[生产单位]山东公泉化工股份有限公司。

19．FZC-4x 系列渣油加氢脱氮催化剂

[工业牌号]本产品系列包括 FZC-40、FZC-41、FZC-41A、FZC-41A（改进型）、FZC-41B 等牌号。

[主要组成]以 Mo、Ni，等为主要活性组分，以 Al_2O_3 为载体。

[产品规格]

项目	指标	项目	指标
催化剂牌号	FZC-40、FZC-41、FZC-41A、FZC-41A（改进型）、FZC-41B	孔体积/(mL/g)	0.36~0.42
		比表面积/(m²/g)	190~240/190~260
		堆密度/(g/mL)	0.8~0.9/0.82~0.88
形状	圆柱条形/四叶草形		
活性组分	Mo、Ni		

注：表中所列指标为参考规格。

[用途]适用于渣油以及其他劣质馏分油的加氢处理过程。主要作用是深度脱除原料油中的硫、残炭以及适度加氢转化。其中，FZC-40、FZC-41A 具有脱残炭、脱硫和适度加氢裂化的功能；FZC-41A 具有较大的孔体积、比表面积及较低的堆密度，容金属能力强，脱残炭活性高；FZC-41A（改进型）具有较大的孔体积及孔径，孔分布集中，堆密度较低，脱硫、脱氮及脱残炭性能高，稳定性好。

[简要制法]先制得专用氧化铝载体后，经浸渍活性金属溶液、干燥、焙烧制得。

[研制单位]抚顺石油化工研究院。

[生产单位]山东公泉化工股份有限公司。

20．RN 系列馏分油加氢精制催化剂

[工业牌号]本系列产品包括 RN-1(CH-7)、RN-10、RN-10B、RN-32V 等 4 个牌号。

[主要组成]以 W、Ni、Co 等为催化剂活性组分，以 Al_2O_3 为催化剂载体。

[产品规格]

项目	指标			
	RN-1(CH-7)	RN-10	RN-10B	RN-32V
外观	三叶草	三叶草	蝶形	蝶形
外形尺寸/mm	$\phi1.2$、$\phi1.4$、$\phi1.8$、$\phi3.6$	$\phi1.2$、$\phi1.4$、$\phi1.6$、$\phi3.6$		
堆密度/(g/mL)	约0.88	0.8	约0.8	约0.97
孔体积/(mL/g)	0.325	0.3	0.25	0.24
比表面积/(m²/g)	161	约151	100	150
NiO/%	2.51	约2.5	约2.5	2.4
WO₃/%	21.2	约20	26	23
CoO/%	0.058	—	—	MO₃2.3
Al₂O₃	余量（由 SB 粉制造）	余量	余量	Al₂O₃

注：表中所列指标为企业标准。

[用途]RN系列催化剂具有加氢脱氮、加氢脱硫和加氢脱芳烃活性,良好的活性稳定性。对多种原料有广泛适应性,并具有高的机械强度和低床层压降及良好再生性能,目前已经历三代发展,第一代为RN-1、RN-2(未列出)催化剂,第二代为RN-10、RN-10B催化剂,第三代为RN-32(未列出)、RN-32V催化剂。

其中RN-10B适用于直馏分油及二次加工馏分油加氢精制,特别适合于需要减少压降的扩能装置及需要提高产品质量的新、老装置。

RN-32V是以优化比例的Ni、W、Mo为活性加氢金属组分,以改性的含硅氧化铝为催化剂载体,并采用特殊方法制得的新一代加氢精制催化剂,比第一代及第二代催化剂有更高的加氢脱氮、加氢脱硫和加氢脱芳烃活性,并具有良好的活性稳定性。适用于加氢裂化原料预处理、蜡油加氢处理及催化裂化原料预加氢精制等。可在较缓和条件下达到加氢脱氮、脱氮目的。

[简要制法]由偏铝酸钠与硝酸中和成胶制得氧化铝载体,浸渍相应的金属活性组分溶液后,再经干燥、焙烧、活化制得成品。

[生产单位]中国石化催化剂长岭分公司。

21. RIPP渣油加氢脱金属催化剂系列

[工业牌号]本系列产品包括中国石化石油化工科学研究院(RIPP)研发的RDM、RMS、RSN、RUF等系列产品。

[性能及特点]

催化剂牌号	外观形状	主要组成	性能及特点
RDM-1	蝶形	$Ni-Mo/Al_2O_3$	具有较高的孔体积和孔径,有高的脱Ni和脱V能力,容金属能力强,并具有一定脱硫、脱残炭能力,其容纳金属能力可达自身质量的80%以上,适用于渣油加氢处理过程
RDM-2	蝶形	$Ni-Mo/Al_2O_3$	具有较高的孔体积和较大的孔径,有高的脱V和脱Ni的能力,容金属能力强,并具有一定脱硫、脱残炭能力,其容纳金属能力可达自身质量的80%以上,适用于渣油加氢处理过程
RDM-32	蝶形	$Ni-Mo/Al_2O_3$	具有较高孔体积和较大的孔径,有高的加氢脱Ni、V活性和优良的容金属能力,并具有一定脱硫和脱残炭能力,其容纳金属能力可达自身质量的80%以上,适用于重质原料油加氢脱金属。常与其他加氢保护剂级配使用
RDM-32-3b RDM-32-5b	齿球形 空心齿轮球形	$Ni-Mo/Al_2O_3$ $Ni-Mo/Al_2O_3$	RDM-32-3b与RDM-32-5b均为活性支撑剂。具有较高的孔体积和较大的孔径,放置于反应器底部代替支撑瓷球,以有利于反应器空间的充分利用,实现对催化剂主剂的支撑作用。并具有饱和部分重质芳烃的作用

催化剂牌号	外观形状	主要组成	性能及特点
RDM-33	蝶形	Co-Ni-Mo/Al$_2$O$_3$	为渣油加氢脱金属和脱硫过渡催化剂，具有较高的孔体积和较大的比表面积，适用于重质原料油加氢脱金属和脱硫反应，具有良好的加氢脱 Ni、V 活性和优良的容金属能力
RDM-33B	蝶形		为 RDM-33 的升级产品，除具有较好的加氢脱 Ni、V 活性外，同时还具有突出的脱硫及脱残炭功能。常与其他渣油加氢系列催化剂级配使用。
RDM-35x 系列	蝶形	Ni-Mo/Al$_2$O$_3$	一种渣油加氢脱金属系列催化剂，根据催化剂外径不同，$x=1.1$、1.3、1.8、3.0mm。催化剂具有较高的孔体积和较大的孔径，有良好的加氢脱金属(Ni、V)活性和优良容金属能力，并具有一定脱硫及脱残炭功能，其容纳金属能力可达自身质量的 80% 以上，常与其他渣油加氢系列催化剂级配使用。
RMS-3	蝶形	Co-Mo/Al$_2$O$_3$	具有较高的孔体积和较大的孔径，合适的酸强度，加氢脱硫活性高，并有良好的脱金属(V、Ni)活性及脱残炭能力。适用于渣油加氢处理过程，装填在脱金属剂后部，以脱除渣油中硫、金属、残炭及氮等杂质
RMS-30	蝶形	Co-Mo/Al$_2$O$_3$	具有较高的孔体积、合适的孔径、集中的孔分布、适宜的酸强度和密度。有优良的加氢脱硫活性及良好的脱金属(Ni、V)性能，并具有较高容金属能力。与一般催化剂相比，脱硫活性可提高 15% 以上。适用于渣油加氢处理过程，装填在脱金属剂后部，以脱除渣油中硫、金属、残炭及氮等杂质
RSN-1	蝶形	Ni-W/Al$_2$O$_3$	具有合适的孔体积、集中的孔分布、适宜的酸强度和密度，并有一定量的 B 酸。有优良的加氢脱氮、脱残炭能力，并有一定的脱硫、脱金属功能。适用于渣油加氢处理过程，装填于金属脱硫剂后部以脱除渣油中金属、氮、残炭及硫等杂质
RUF-1	椭球形	Ni-Mo/Al$_2$O$_3$	具有合适的孔体积及孔分布，脱金属和容金属能力强，同时具有一定脱硫功能。
RUF-2	椭球形	Ni-Mo/Al$_2$O$_3$	具有合适的孔体积和孔分布，有较强的脱金属和容金属能力，并具有较高脱硫和脱残炭功能

[生产单位]中国石化催化剂长岭分公司

22. 石蜡加氢精制催化剂(一)

[工业牌号]FV-10、FV-20、CH-12。

[主要组成]以 W、Mo、Ni 等为活性组分，以 Al$_2$O$_3$ 为催化剂载体。

[产品规格]

项目	指标		
	FV-10	FV-20	CH-12
外观	三叶草形	三叶草形	三叶草形
组成	W-Mo-Ni/Al$_2$O$_3$	W-Ni/特制载体	Mo-Ni/Al$_2$O$_3$
堆密度/(g/mL)	0.82~0.90	0.9~1.0	1.0
孔体积/(mL/g) ≥	0.34	0.3	0.3
比表面积/(m^2/g)	150~160	150~170	≥100

注：表中所列指标为参考规格。

[用途]FV-10、FV-20 催化剂是在 FRIPP 开发的第一代石蜡加氢精制催化剂 481-2B 及第二代石蜡加氢精制催化剂 FV-1 的基础上开发的新一代石蜡加氢精制催化剂。

FV-10、FV-20 适用于全炼蜡、半炼蜡、微晶蜡等加氢精制，生产精制蜡、白油。催化剂具有孔体积大、比表面积高、加氢脱色和芳烃饱和活性好等特点。可在中压、低温、高空速及低氢蜡比的工艺条件下使用，加氢石蜡质量符合食品级要球，CH-12 催化剂在制备中引入适量助剂来调变催化剂的酸性，使催化剂酸性达到适宜程度，具有良好的脱氮活性及芳烃饱和性能。常与 CH-13 保护剂配合使用。用于石蜡加氢精制，可制得优良的食品级石蜡。

[简要制法]先制得特制氧化铝载体后，再浸渍金属活性组分及助剂，经干燥、焙烧制得成品。

[生产单位]中国石化催化剂抚顺分公司、中国石化催化剂长岭分公司、北京三聚环保新材料股份有限公司等、沈阳三聚凯特催化剂有限公司。

23. 石蜡加氢精制催化剂(二)

[工业牌号]SD-1、SD-2。

[主要组成]以 W、Ni、等为催化剂活性组分，以 Al$_2$O$_3$ 为催化剂载体。

[产品规格]

项目	指标	
	SD-1	SD-2
外观	三叶草条	三叶草条
粒度/mm	ϕ1.6	ϕ(1.3~1.6)
活性组分	WO$_3$-NiO	非贵金属
比表面积/(m^2/g) ≥	80	120
孔体积/(mL/g) ≥	0.30	0.30
堆密度/(g/mL)	0.90~1.00	0.75~0.85
径向抗压强度/(N/cm) ≥	140	150

注：表中所列指标为企业标准。

[用途]主要用于生产食品级石蜡及医药级凡士林。SD-1 的低压加氢活性高，脱色性能强，光安定性及热安定性好，并具有优异的抗压耐磨强度；SD-2 具有特殊的孔结构，中低压加氢活性高，脱色性、光安定性及热安定性等均优于同类国产催化剂，并具有较高机械强度及抗相变能力。

80

[生产单位]北京三聚环保新材料股份有限公司、沈阳三聚凯特催化剂有限公司等。

24. 柴油临氢降凝催化剂

[工业牌号]FDW-1、FDW-3、RDW-1、NDZ-1。

[主要组成]以金属 Ni 等为活性组分，以 ZSM-5 分子筛或 Al_2O_3 分子筛为催化剂载体。

[产品规格]

项目	指标			
	FDW-1	FDW-3	RDW-1	NDZ-1
外观	圆柱形/三叶草形	圆柱形/三叶草形	三叶草形	圆柱形
外形尺寸/mm	$\phi 1.6 \times (3 \sim 8)$	$\phi 1.6 \times (3 \sim 8)$	$\phi 1.6 \times (3 \sim 8)$	$\phi 1.6 \times (3 \sim 5)$
组成	Ni/氧化铝分子筛	Ni/氧化铝分子筛	Ni/分子筛	Ni/ZSM-5 分子筛

注：表中所列指标为参考规格。

[用途]适用于处理柴油、加氢裂化尾油，生产低凝点柴油、润滑油基础油。临氢降凝又称临氢催化脱蜡，是通过特殊催化剂的作用，将原料中凝点高的正构烷烃及类正构烷烃选择性地裂解为低相对分子质量的烃类，而维持其他组分不变，从而降低柴油的凝点，并副产汽油及少量液化气。柴油产率因原料油不同而异，降凝幅度为 20~50℃。临氢降凝催化剂可与加氢催化剂组合用于含蜡劣质柴油加氢降凝，生产低硫低凝清洁柴油。也可用于润滑油馏分临氢降凝，生产润滑油基础油。FDW-3 是 FDW-1 的换代产品，目的产品收率可提高 2~3 个百分点。

[研制单位]抚顺石油化工研究院、中国石化石油化工科学研究院、金陵石化公司南京炼油厂等。

25. 柴油非临氢降凝催化剂

[工业牌号]NHDW-1。

[主要组成]ZSM-5 沸石及适量铝胶黏合剂。

[产品规格]

项目	指标	项目		指标
外观	圆柱形	压碎强度/(N/cm)	≥	100
外形尺寸/mm	$\phi 1.6 \times$	孔体积(mL/g)	≥	0.18
	(3~8)	吸附容量/(g/100g)		
SiO_2/Al_2O_3 摩尔比	约 60	正己烷	≥	9.5
Na^+/% ≤	0.20	水	≥	6.5
堆密度/(g/mL)	约 0.7			
比表面积/(m²/g) ≥	250			

注：表中所列指标为参考规格。

[用途]一种柴油非临氢降凝催化剂，可用于无氢气来源的中小型炼厂处理柴油，催化剂的主要组分是一种有形状选择性的 ZSM-5 沸石，能使长链正构烷烃和少侧链烷烃发生裂解反应，而保留环烷烃、多侧链烷烃及芳烃不变，使高凝点的重质含蜡油转化为低凝点的轻柴油，从而达到降低馏分油凝点的目的。具有操作压力低稳定性好的特点。由于是在不临氢的条件下操作，反应过程中，催化剂的积炭现象会比临氢操作下严重。

[简要制法]以水玻璃(硅酸钠)、硫酸、硫酸铝为原料,以乙胺为模板剂,先经水热合成、干燥、离子交换制得 AF – 5 沸石,再与氢氧化铝胶经混捏、挤条、干燥、焙烧、水蒸气处理制得成品。

[生产单位]辽宁海泰科技发展有限公司。

26. 柴油加氢精制催化剂

[工业牌号]FH – 5、FH – 5A、FH – DS。

[主要组成]以 W、Mo、Ni、Co 等为活性组分,以 Al_2O_3 为催化剂载体。

[产品规格]

项目		指　　标	
	FH – 5	FH – 5A	FH – DS
外观	球形	球形	三叶草形
外形尺寸/mm	$\phi(1.5 \sim 2.5)$	$\phi(1.5 \sim 2.5)$	$\phi(1.1 \sim 1.5)$
组成	$Mo – Ni – W$/含硅 Al_2O_3	$Mo – Ni – W – B$/含硅 Al_2O_3	$W – Mo – Ni – Co/Al_2O_3$
堆密度/(g/mL)	$1.1 \sim 1.2$	$0.9 \sim 1.10$	$0.9 \sim 1.0$
孔体积/(mL/g)	~ 0.25	~ 0.25	~ 0.29
比表面积/(m²/g) ≥	120	120	150

注:表中所列指标为参考规格。

[用途]FH – 5、FH – 5A 适用于以直馏柴油、催化柴油、焦化柴油及混合柴油等馏分油为原料的加氢精制,生产优质清洁柴油。催化剂具有较高的加氢脱硫活性及加氢脱氮活性;FH – DS 适用于高硫柴油的加氢精制,生产低硫柴油。该催化剂具有加氢脱硫和加氢脱氮活性高、机械强度好、装填堆比小及精制油安定性好等特点。

[简要制法]先制得专用氧化铝载体后,再经浸渍金属活性组分溶液、干燥、焙烧而制得成品。

[研制单位]抚顺石油化工研究院。

27. 柴油深度加氢脱硫催化剂 FHUDS 系列

[工业牌号]FHUDS、FHUDS – 2、FHUDS – 3、FHUDS – 5、FHUDS – 6。

[主要组成]以 W、Mo、Ni、Co 等金属为活性组分。通过优化活性金属、提高载体圆柱形孔道比例、选用有利于大分子吸附的新型载体、改进活性金属负载方式等方法,增大催化剂活性中心数及其本征活性,提高催化剂脱除大分子硫化物的活性。

[产品规格]

项目		指　　标		
	FHUDS – 2	FHUDS – 3	FHUDS – 5	FHUDS – 6
外观	三叶草、条形	三叶草、条形	三叶草、条形	三叶草、条形
活性金属	$W – Mo – Ni$	MoO_3	$Mo – Co$	$Mo – Ni$
比表面积/(m²/g)	200	200	150	256

项目	指 标			
	FHUDS - 2	FHUDS - 3	FHUDS - 5	FHUDS - 6
孔体积/(mL/g)	0.29	0.29	0.35	0.30
平均压碎强度/(N/cm)	150	150	150	150
堆密度/(g/mL)	0.95 ~ 1.10		0.86 ~ 0.95	1.01

注：FHUDS 产品规格参见"FH 系列加氢精制催化剂"。

[用途]为满足炼厂生产硫含量 < 50μg/g 清洁柴油的需要，以适应即将实施的欧 IV 排放标准要求，FRIPP 在成功开发出 FH - DS 柴油加氢精制催化剂的基础上，于 2005 年开发了 FHUDS 新一代高活性柴油超深度加氢脱硫催化剂。这类催化剂以新型改性氧化铝为载体，以 W - Mo - Ni - Co 为活性组分，使催化剂同时具有 Co - Mo 催化剂低压加氢脱硫活性好和 Ni - Mo/Ni - W 催化剂脱氮、芳烃饱和及超深度加氢脱硫活性高的特点，其加氢脱硫相对活性可比 FH - DS 催化剂提高 50% ~ 159%，更能满足企业生产清洁柴油的需要。

FHUDS - 2 催化剂以 W - Mo - Ni 为活性组分，以含酸性组分的氧化铝为载体，并添加铬合剂改善活性金属分散状态，调变载体与金属间相互作用。具有加氢性能好、脱氮及超深度加氢脱硫活性好的特点，可用于炼厂生产硫含量符合欧 IV 和欧 V 排放标准的清洁柴油（硫含量 < 10μg/g）。

FHUDS - 3 催化剂是通过载体调变、活性金属优化及负载方式改进等方法制备的 Mo - Co 型催化剂，适用于在高空速、低氢耗的条件下加工直馏柴油生产欧 IV 标准清洁柴油。其加氢脱硫相对体积活性可比 FH - UDS 催化剂提高 30% 左右。

FHUDS - 5 催化剂是通过活性金属分散技术的改进与载体制备技术相结合，减少了大分子硫化物等反应物进出催化剂孔道时扩散效应的影响，适当增加载体孔径，提高适合大分子反应的直通圆柱形孔道的比例，开发的脱硫选择性好、氢耗低、活性更高的 Mo - Co 型催化剂。其在处理镇海直馏柴油掺兑催化柴油及焦化汽柴油混合油、镇海常三线直馏柴油时，其加氢脱硫活性比 FH - UDS 催化剂提高 48% ~ 187%，加氢脱氮活性比 FH - UDS 催化剂提高 63% ~ 118%；处理金山直馏柴油、催化柴油及焦化汽柴油混合油时，其加氢脱硫活性比 FHUDS - 3 催化剂提高 210%，加氢脱氮活性比 FHUDS - 3 提高 93%

FHUDS - 6 是新一代柴油深度加氢精制催化剂，选用加氢脱氮和芳烃饱和活性好的 Mo - Ni 金属为活性组分，以含圆柱形孔道比例高且适合大分子硫化物反应的氧化铝为载体，具有比表面积高、孔体积大、机械强度高等特点。适用于加工高干点直馏柴油、催化柴油及焦化焦油等劣质柴油原料，可满足企业生产硫含量 < 50μg/g 低硫柴油和硫含量 < 10μg/g 无硫柴油的需要。

FHUDS 系列柴油深度加氢脱硫催化剂自 2006 年在中国石化齐鲁分公司 2.6Mt/a 柴油加氢装置工业应用以来，已在国内 30 多套大型柴油加氢装置上工业应用，成为国内生产清洁柴油的主导催化剂之一。

[研制单位]抚顺石油化工研究院。

28. 柴油深度加氢脱硫催化剂 RS 系列

[工业牌号]RS - 1000、RS - 1100、RS - 2000。

[主要组成]以 Ni、Mo、W 等金属为催化剂活性组分，采用表面性质优化调控的高性能载体，配合以改进的络合制备技术，实现活性金属的高效利用。

[产品规格]

项目	指标		
	RS－1000	RS－1100	RS－2000
活性金属	Ni－Mo－W	Ni－Mo	Ni－Mo－W
活性金属含量/%	基准	$MoO_3$20% NiO4.5%	基准×0.85
比表面积/（m^2/g）	130	140	160
孔体积/（mL/g）	0.20	0.28	0.27
径向压碎强度/（N/mm）	18	18	20
堆密度/（g/mL）	基准	0.843	基准×0.94
外观形状	蝶形	蝶形	蝶形

[用途]RS 系列催化剂是由 RIPP 开发的柴油超深度加氢脱硫催化剂，2004 年末研制成功第一代催化剂 RS－1000，2007 年中国石化广州分公司在其 2Mt/a 柴油加氢装置上采用该催化剂成功进行了欧 V 柴油的生产试验，取得了长期稳定生产硫含量小于 $10\mu g/g$ 的超低硫柴油产品，以后 RIPP 又先后推出了 RS－1100、RS－2000 新一代柴油超深度加氢脱硫催化剂。RS－1100 催化剂在中国石化沧州分公司新建 1.6Mt/a 柴油加氢装置上开工一次成功，该催化剂具有良好的脱硫性能，可满足国 III 柴油的生产需求，低温活性较好，气体产率低于设计指标，装置能耗低。RS－2000 催化剂在镇海炼化 3Mt/a 柴油加氢装置上首次应用表明，采用 RS－2000 催化剂可以在较低氢分压（5.1MPa）、体积空速 $1.8h^{-1}$ 和反应温度 346℃的较缓和条件下，从直馏柴油/催化柴油混合原料生产硫含量满足欧Ⅳ排放标准的超低硫柴油产品，通过适当调节操作参数，甚至可将柴油产品的硫含量控制在 $10\mu g/g$ 以下，而且催化剂再生性能好，活性恢复率可达到 92% 或更高。

[研制单位]中国石化石油化工科学研究院

29. 重质馏分油加氢精制催化剂

[工业牌号]3996。

[主要组成]以 Mo、Ni、P 为催化剂活性组分，以 Al_2O_3 为催化剂载体。

[产品规格]

项目	3996	项目	3996
外观	三叶草形	比表面积/（m^2/g） ≥	160
外形尺寸/mm	ϕ(1.1~1.3)×(3~8)	抗压强度/（N/mm） ≥	18
堆密度/（g/mL）	0.30~0.36		

注：表中所列指标为参考规格。

[用途]主要用于重质油加氢裂化一段串联加氢裂化过程的预精制段，也适用于焦化蜡油加氢处理和中压加氢改质等工艺过程，用于除去加氢进料馏分中的含氮化合物，防止加氢裂化催化剂的酸性组分中毒而引起活性下降，是 3936 加氢精制催化剂的替代产品，它保持了 3936 催化剂孔分布集中、异型条成型、金属分布均匀、强度高、孔体积较大等特点，而

又进一步优化了活性组分组成及催化剂制备条件，适当提高了催化剂的比表面积及堆密度，显著提高了催化剂的加氢脱氮活性及稳定性。

［简要制法］先制备特制氧化铝载体后，经浸渍金属活性组分、干燥及焙烧而制得。

［研制单位］抚顺石油化工研究院。

30. 润滑油异构脱蜡催化剂

［工业牌号］FIW－1、PIC802。

［主要组成］以贵金属为活性组分，以氧化铝和分子筛为催化剂载体。

［用途］临氢催化脱蜡可分为异构脱蜡及择形性裂解脱蜡两种工艺。本催化剂用于异构化脱蜡。该催化剂具有适宜的孔结构和比表面积，B酸和L酸有适宜的匹配，有利于进行石蜡烃择形异构化反应。该催化剂具有原料适应性强、活性高、选择性好、活性稳定性好等特点，适用于加氢裂化尾油、加氢精制蜡油等原料的异构降凝，生产高档润滑油基础油、白油、橡胶填充油等。

［生产单位］中国石化催化剂抚顺分公司、沈阳三聚凯特催化剂有限公司等。

31. 润滑油加氢脱蜡催化剂

［别名］润滑油临氢降凝催化剂。

［工业牌号］3715、3731、3792、3902。

［主要组成］以W、Mo、Ni等为金属活性组分，以高硅沸石或改性ZSN－5分子筛等为催化剂载体及裂化组分。

［产品规格］

项目	指　　标			
	3715	3731	3792	3902
外观	片状	片状	片状	圆柱条状
外形尺寸/mm	$\phi6\times6$	$\phi4\times4$	$\phi4\times4$	$\phi3\times(3\sim8)$
活性组分	W、Mo、Ni	Mo、Ni	W、Mo、Ni、Sn、Zn	W、Ni
载体	$SiO_2-Al_2O_3-F$	高硅大孔沸石	高硅中孔沸石	改性ZSM－5
堆密度/(g/mL)	1.10	0.63	$0.77\sim0.88$	$0.7\sim0.8$

注：表中所列指标为参考规格。

［用途］润滑油加氢脱蜡不同于传统的润滑油溶剂脱蜡工艺，是借助于催化剂及氢气进行择形加氢裂解或临氢异构化，将油中蜡脱除或转化，以达到降低润滑油凝点的目的，所用催化剂都为双功能催化剂，其中，加氢组分为W、Mo、Ni等金属，酸性组分为含卤素的氧化铝及氢型沸石。催化剂能选择性地从润滑油馏分混合烃中，将高熔点石蜡（正构石蜡烃及少侧链异构烷烃）或是裂解生成的低分子烷烃从原料中除去或是异构成低凝点异构烷烃而使凝点降低，同时，又尽量保留润滑油的理想组分不被破坏。3715催化剂适用于润滑油料的加氢处理；3731催化剂适合于在两段法润滑油临氢降凝的第二段使用；3792催化剂在两段法临氢降凝的第一段或第二段均可使用；3902催化剂是3792催化剂的更新换代产品，具有更高的催化活性及选择性，常用于两段法临氢降凝的第二段。

［简要制法］先用特制的载体浸渍相应的金属活性组分，再经干燥、焙烧制得。

［生产单位］抚顺石化公司、中国石化催化剂长岭分公司等。

32. 加氢脱砷催化剂

[工业牌号] 3642、3665、KH－03、JNM－2、JT－2。

[主要组成] 以 Ni、Mo 等为活性组分，以 Al_2O_3 或 SiO_2－Al_2O_3 为催化剂载体。

[产品规格]

项目	指标				
	3642	3665	KH－03	JNM－2	JT－2
外观	球状	片状	球状	条状	球状
外形尺寸/mm	$\phi(2\sim3)$	$\phi6\times(3\sim4)$	$\phi(4\sim6)$	$\phi2\times(4\sim10)$	$\phi(2\sim4)$
NiO/%	4～5	2～3	2～4	2.5～3.5	3～4
MoO_3/%	4～5($CuSO_4$)	2～3	10～14	14～17	10～13
堆密度/(g/mL)	0.7	—	0.7～0.9	0.7～0.9	0.75～0.85
比表面积/(m²/g)	—	283	—	160～240	150～250
载体	SiO_2－Al_2O_3	Al_2O_3	γ－Al_2O_3	γ－Al_2O_3	Al_2O_3

注：表中所列指标为参考规格。

[用途] 主要用于催化重整装置的临氢脱砷反应器中，在氢气存在下，通过催化剂的作用将原料中的有机砷化物（如三甲基砷、三乙基砷等）转化为砷化镍、三砷化镍或二砷化五镍等不同价态的金属砷化物并沉积在催化剂上，而将砷脱除，避免重整催化剂因砷中毒而失活，延长催化剂使用寿命。此外，催化剂的金属镍活性组分还兼有一定加氢脱硫作用。还可用于液化石油气、丙烯等的脱砷。

[简要制法] 先将特制催化剂载体浸渍金属活性组分，再经干燥、焙烧制得。

[生产单位] 抚顺石化公司、江苏昆山精细化工研究所、扬州催化剂厂等。

33. 加氢脱硫脱砷催化剂

[工业牌号] SAS－10、JT－2、XDH－3。

[主要组成] 以 Mo、Ni 等为活性组分，以 Al_2O_3 为催化剂载体，并适量加入助剂。

[产品规格]

项目	指标		
	SAS－10	JT－2	XDH－3
外观	黄绿色三叶草形	淡黄色球	淡黄色球
粒度/mm	$\phi1.6$	$\phi(2\sim4)$	$\phi(2\sim4)$
活性组分	MoO_3－NiO	Ni－Mo	Ni－Mo
孔体积/(mL/g) ≥	0.30		
比表面积/(m²/g) ≥	200		
堆密度/(g/mL)	0.65～0.75	0.60～0.80	0.60～0.80
径向抗压强度/(N/cm) ≥	80	50	50
磨耗率/% ≤	—	3.0	3.0

注：表中所列指标为参考规格。

[用途]SAS-10是一种双功能催化剂，不仅对砷有优异加氢脱除及吸附性能，还对有机硫有良好的加氢转化能力。主要用于石脑油等轻质烃类的脱砷、脱硫，以保护后序催化剂，避免其中毒。在氢分压1.6MPa、反应温度200~350℃、空速5~15h^{-1}、氢油比100的条件下，对于含有机砷<1000ng/g、有机硫<500μg/g的原料油，脱砷率>95%，甚至在砷容达到17%以上时，仍保持较好的加氢脱硫活性。JT-2及XDH-3催化剂是一种新型加氢脱硫、脱砷催化剂，对原料气中的有机硫化物、烯烃、氧、有机碱性氮及砷有较高加氢转化能力，适用于炼油厂、大型合成氨厂原料气（或油）的脱砷及加氢脱硫。在氢油比60~100、液空速0.5~4h^{-1}、反应温度320~400℃、压力0.5~4MPa的反应条件下，对于含有机硫≤200×10^{-6}、砷含量≤200×10^{-9}的原料油（或气），转化后的生成油含硫量<0.3×10^{-6}，砷含量<10×10^{-9}，催化剂对噻吩转化率≥75%。

[简要制法]先将特制催化剂载体浸渍金属活性组分，再经干燥、焙烧制得。

[生产单位]北京三聚环保新材料股份有限公司、西北化工研究院、沈阳三聚凯特催化剂股份有限公司、山东迅达化工集团有限公司等。

34. 溶剂油加氢精制催化剂

[别名]溶剂油脱芳烃催化剂。

[工业牌号]FHJ-2、FHDA-10。

[主要组成]以非贵金属Ni或贵金属Pd为催化剂活性组分，以Al$_2$O$_3$为催化剂载体。

[产品规格]

项目		指标	
		FHJ-2	FHDA-10
外观		灰黑色条	黄褐色圆柱
粒度/mm		$\phi1.4\times(3~8)$	$\phi(1.4~1.6)$
组成		NiO/Al$_2$O$_3$	Pd/Al$_2$O$_3$
比表面积/(m^2/g)	≥	130	170
孔体积/(mL/g)	≥	0.20	0.45
堆密度/(g/mL)		0.85~1.0	0.7~0.8
径向抗压强度/(N/cm)	≥	60	90

注：表中所列指标为参考规格。

[用途]适用于预加氢低硫溶剂油，生产低硫低芳烃溶剂油。FHJ-2具有反应条件缓和，加氢活性高等特点，尤有利于烯烃和芳烃的加氢饱和，主要用于含芳烃的石油馏分加氢生产清洁石油产品和溶剂的过程，尤适于生产超低芳烃含量的溶剂油、医用或食品级白油、芳烃饱和制环烷烃以及其他对芳烃含量严格限制的石油化工产品。

FHDA-10是一种以Al$_2$O$_3$为载体，以贵金属Pd为活性组分的加氢精制催化剂，具有原料适应性强，操作条件缓和，烯烃和芳烃深度饱和效果好，使用寿命长及可再生使用等特点，可用于中低压条件下生产系列低芳烃溶剂油、低黏度白油及重整抽余油加氢等领域。

[简要制法]先制得特制氧化铝载体后，再经浸渍金属活性组分溶液、干燥、焙烧制得。

[生产单位]北京三聚环保新材料股份有限公司、沈阳三聚凯特催化剂股份有限公司。

35. 重整生成油后加氢精制催化剂

[工业牌号] HDO - 18。

[主要组成] 以贵金属为活性组分，Al_2O_3 为催化剂载体。

[产品规格]

项目	指标	项目		指标
外观	黄褐色圆柱条形	孔体积/(mL/g)	≥	0.45
组成/mm	Pd/Al_2O_3	比表面积/(m^2/g)	≥	170
粒度	$\phi(1.4 \sim 1.6)$	径向抗压强度/(N/cm)		≥90
堆密度/(g/mL)	$0.7 \sim 0.8$			

注：表中所列指标为参考规格。

[用途] 适用于半再生及连续重整生成油，如苯馏分、甲苯馏分、二甲苯馏分、C_7 馏分或全馏分等的加氢精制，生产苯类及溶剂油产品。该催化剂具有较高的选择性及加氢脱烯烃活性，装填密度低。主要用于取代 Mo - Ni 系及 Mo - Co 系常规催化剂或白土吸附精制催化剂，芳烃损失少。

[简要制法] 先将特制载体浸渍贵金属活性组分溶液，再经干燥、焙烧制得成品。

[研制单位] 抚顺石油化工研究院。

[生产单位] 北京三聚环保新材料股份有限公司、沈阳三聚凯特催化剂股份有限公司等。

36. 抽余油加氢精制催化剂

[工业牌号] JT - 103、NCG、PA - 750。

[主要组成] 以 Ni 或贵金属 Pt 为催化剂活性组分，以 Al_2O_3 为催化剂载体。

[产品规格]

项目	指标		
	JT - 103	NCG	PA - 750
外观	灰白色条	黑色或灰黑色圆柱体	淡蓝色条形
外形尺寸/mm	$\phi(2 \times 0.2) \times 5$	$\phi(5 \times 5)$	$\phi1.8 \times (2 \sim 8)$
组成	贵金属/Al_2O_3	Ni/Al_2O_3	Pt/Al_2O_3
堆密度/(g/mL)	$0.55 \sim 0.75$	1.0	0.7
孔体积/(mL/g)		0.32	0.36
比表面积/(m^2/g)		130	150
径向抗压强度/(N/cm)	≥60	≥138	

注：表中所列指标为参考规格。

[用于] 用于催化重整装置的抽余油加氢精制，使原料中的烯烃及芳烃加氢饱和，制取符合规格要求的溶剂油。该催化剂具有烯烃及芳烃加氢饱和能力强、活性稳定性好等特点，也可用于其他不含硫原料油（如白油）的加氢饱和工艺。

[简要制法] 先将特制的催化剂载体浸渍金属活性组分溶液后，再经干燥、焙烧制得成品。

[生产单位] 西北化工研究院、南京化学工业公司催化剂厂，山西煤炭化学研究所等。

37. 重整保护(催化)剂

[工业牌号]SR-18、NCG-5。

[主要组成]以 Cu 或 Ni 为保护剂主要活性组分，以 Al_2O_3 为催化剂载体。

[产品规格]

项目		指标	
		SR-18	NCG-5
外观		灰黑色片状	灰黑色圆柱体
粒度/mm		$\phi 6.4 \times 4.0$	$\phi(4.6 \sim 5.0) \times (4 \sim 5.5)$
活性组分		CuO+助剂	NiO
比表面积/(m^2/g)	≥	70	$70 \sim 150$
堆密度/(g/mL)		$1.2 \sim 1.3$	$0.9 \sim 1.3$
径向抗压强度/(N/cm)	≥	180	138

注：表中所列指标为参考规格。

[用途]用于脱除重整原料中的硫化物(包括有机硫化物，硫化氢)，并脱除微量砷和氯等杂质，以保护重整催化剂的活性。保护剂具有净化度高、强度好、不易粉化等特点。

[简要制法]将金属活性组分与载体经混捏、焙烧、压片、还原等过程制得。

[生产单位]北京三聚环保新材料股份有限公司、南京化学工业公司催化剂厂等。

38. 加氢保护(催化)剂(一)

[工业牌号]CH-13(RG-1)、CH-13。

[主要组成]以 Mo、Ni 为金属活性组分，以 Al_2O_3 为保护剂载体。

[产品规格]

项目		指标	
		CH-13(RG-1)	CH-13
外观		三叶草形	三叶草形
外形尺寸/mm		$\phi 1.6$	$\phi 1.6$
孔体积/(mL/g)		$0.6 \sim 0.7$	≥0.6
比表面积/(m^2/g)		$200 \sim 260$	≥180
压碎强度/(N/mm)	≥	12	12
MoO_3/%		≤10	$5 \sim 7$
NiO/%		≤5	$1.0 \sim 1.5$

注：表中所列指标为参考规格。

[用途]装填于含有胶质、沥青质及铁离子的减压瓦斯油或更重馏分的加氢反应器顶部，具有较好的脱金属、脱残炭性能和容纳金属及容炭能力，减少对主催化剂间隙的堵塞，延缓反应器压降增高，同时还具有保护主催化剂活性和稳定性的作用。

[简要制法]将氢氧化铝粉、助挤剂及黏结剂按一定比例混捏、挤条成型，制得氧化铝载体，再经浸渍金属活性组分、干燥、焙烧制得成品。

[生产单位]中国石化催化剂长岭分公司。

39. 加氢保护(催化)剂(二)

[工业牌号]RG−10、RG−10A、RG−10B、RG−10D 等。

[主要组成]以 Mo、Ni 为主活性组分，以 Al_2O_3 为保护剂载体。

[产品规格]

项目		指　标			
		RG−10	RG−10A	RG−10B	RG−10D
MoO_3/%	≥	—	—	2.5	—
NiO/%	≥	—	0.5	1.0	—
孔体积/(mL/g)	≥	—	0.55	0.55	0.6
比表面积/(m²/g)	≥	—	120	120	100
压碎强度/(N/粒)	≥	10	10	10	16
外形		七孔球	拉西环形	拉西环形	拉西环形
直径/mm		16	6	3.5	8
长度/mm			5	5	8

注：表中所列指标为参考规格。

[用途]用作渣油加氢处理保护剂。具有一定比例的大孔和特大孔，有较高强度和较高的容金属和容垢能力。RG−10 装填于保护床层的顶部，床层空隙率大，能容纳固体杂质，以防止床层压降升高；RG−10A 及 RG−10B 具有脱除 Fe、Ca、Na 等杂质的能力，床层空隙率高，容垢能力强，可防止床层压降升高；RG−10D 具有脱除高钙渣油中 Ca 的能力，可防止床层压降过快上升和保护脱金属催化剂及下游主催化剂的活性。

[简要制法]先制得专用氧化铝载体后，再浸渍金属活性组分、干燥及焙烧制得成品。

[生产单位]中国石化催化剂长岭分公司。

40. 上流式渣油加氢保护(催化)剂

[工业牌号]FZC−10U、FZC−11U。

[主要组成]以 Mo、Ni 为主要活性成分，以 Al_2O_3 为催化剂载体。

[产品规格]

项目	指标	
	FZC−10U	FZC−11U
外形	四叶轮形	四叶草形
活性组分	Mo、Ni	Mo、Ni
堆密度/(g/mL)	0.56~0.62	0.56~0.62
孔体积/(mL/g)	0.75~0.90	0.70~0.85
比表面积/(m²/g)	100~145	120~162
抗压强度/(N/粒)	36.9	34.5
磨耗/%	0.31	0.35

注：表中所列指标为参考规格。

[用途]用作上流式渣油加氢脱金属专用催化剂，具有孔体积及孔径大、容金属能力强、耐磨损等特点，可有效保护下游主催化剂。

[简要制法]先制得专用氧化铝载体后，再经浸渍活性金属溶液、干燥、焙烧制得成品。

[研制单位]抚顺石油化工研究院。

41. 活性支撑剂

[工业牌号]RP。

[主要组成]$WO_3 - NiO/Al_2O_3$

[项目]

项目	指标	项目	指标
外观	三叶草形	比表面积/(m^2/g)	140
外形尺寸/mm	$\phi3.6$	抗压强度/(N/cm)	>300
堆密度/(g/mL)	0.9	组成	$WO_3 10.6\%$、$NiO 1.2\%$
孔体积/(mL/g)	0.3		其余为 Al_2O_3

注：表中所列指标为参考规格。

[用途]用于二次加工油，尤其是热加工汽油、柴油和减压瓦斯油加氢裂化反应。装填于加氢反应器顶部瓷球部位，可使烯烃尤其是双烯烃加氢饱和后再与主催化剂接触，防止主催化剂结焦失活及床层阻力增大，延长装置开工周期。

[简要制法]先将特制氧化铝载体浸渍 W、Ni 等活性组分溶液，再经干燥、焙烧制得。

[生产单位]中国石化催化剂长岭分公司。

42. 惰性支撑剂

[别名]惰性填料、氧化铝瓷球

[工业牌号]J - 30 ~ J - 99、a - 1 孔 ~ a - 7 孔等。

[产品规格]

工业牌号	Al_2O_3 含量/%	SiO_2 含量/%	Fe_2O_3 含量/%	堆密度/(kg/L)	耐火度/℃	荷重软化点(0.2 MPa)/℃	显气孔率/%	常耐压强度/MPa	外形尺寸/mm
J - 30	≥30	65	<0.8	≥1.8	1500	1450	<25	10	$\phi6$
J - 45	≥45	35 ~ 40	<0.7	≥1.8	1550	1500	<23	10	$\phi6$
J - 75	≥75	18 ~ 20	0.3	≥2.0	1650	1600	22	20	$\phi18$
J - 85	≥85	10 ~ 13	0.3	≥2.5	1700	1650	21	20	$\phi20$
J - 95	≥95	3	0.3	≥2.8	1790	1700	20	30	$\phi25$
J - 99	≥99	<0.2	0.3	≥3.0	1800	1790	19	50	$\phi28$
a - 1 孔	75	20 ~ 25	0.4	0.7 ~ 0.9	1650	1600	22	20	$\phi25$
a - 3 孔	75	20 ~ 25	0.4	1.0 ~ 1.4	1650	1600	22	15	$\phi13$
a - 5 孔	85	12 ~ 15	0.4	1.0 ~ 1.1	1700	1650	21	18	$\phi18$
a - 7 孔	90	5 ~ 10	0.3	0.8 ~ 0.9	1700	1650	21	20	$\phi18$

注：表中所列指标为企业标准。

[用途]用作炼油、石油化工、天然气工业、精细化工及化肥等工业的加氢裂化装置、催化重整及加氢精制装置、异构化及有机合成反应器、吸附器等的垫底支撑剂，具有热稳定性及化学稳定性好、机械强度高、介质损耗小等特点。在高温、高压及还原性、腐蚀性气氛的条件下，均不会与催化剂反应，具有保护催化剂的作用。

[生产单位]江苏省姜堰市化工助剂厂。

43. XD 活性瓷球

[工业牌号]XDA－1、XDA－2、XDA－3。

[主要组成]过渡金属氧化物/Al_2O_3

[产品规格]

项目＼牌号	XDA－1		XDA－2			XDA－3		
外观	黄褐色		淡黄色			浅灰色		
堆密度/(g/mL)	1.2~1.4		1.1~1.3			1.1~1.3		
孔体积/(mL/g)	0.15~0.25		0.15~0.25			0.15~0.25		
耐温变化(ΔT)/℃	500		600			600		
抗压强度/(N/粒)	260~3500		260~3500			260~3500		
Al_2O_3/% ≥	60		40			40		
活性组分	$NiO-MoO_3$		$NiO-WO_3$			$CoO-MoO_3$		
反应温度/℃	275	300	300	320	350	300	320	350
氢分压/MPa	3	3	3	3	3	3	3	3
液空速/h^{-1}	10	10	4.2	4.2	4.2	4.2	4.2	4.2
氢油比(体积)	600	600	450	450	450	450	450	450
硫含量/%	2.5	2.5	2.5	2.5	2.5	2.5	2.5	2.5
烯烃含量/%	27.5	27.5	27.5	27.5	27.5	27.5	27.5	27.5
脱硫量/%	76	95	40	60	77	36	54	63
烯烃饱和率/%	58	95	10	33	45	7	19	42

注：表中所列指标为企业规格，瓷球尺寸按公称直径分为 4、6、8、10、13、16、20、25、30、50、60、75mm 等规格。

[用途]用于加氢脱硫、脱氮、烯烃加氢、苯加氢等工艺过程。既具有惰性氧化铝瓷球的耐高温和高机械强度等特性，起过滤、分散气液、支撑催化剂的作用，又有一定催化活性。装填于反应器内催化剂床层顶部时，可使二次加工油品中的单烯烃及双烯烃进行初步加氢，从而减少下游催化剂结焦；装填于催化剂床层底部时，具有脱除某些反应过程中产生的硫醇的作用。

[生产单位]山东迅达化工集团有限公司。

五、制氢催化剂

氢是地壳中丰度最高的元素，按原子组成计，占 15.4%，而按质量组成计，则仅占 1%。氢主要以化合态存在于水和有机物中，而在大气中自由态的氢极少，不足百万分之一。氢气是重要的工业原料，广泛应用于航空航天、化工、冶金、电力、食品等工业领域。而在诸多应用领域中，而以炼油及石油化工对氢气的需求量最为强烈。一个原因是由于环境保护法规日益严格，对高标准清洁燃料的需求趋旺；另一原因是由于原油的重质化和高含硫量，促使各种临氢加工过程快速发展，对氢气的需求量越来越大。

工业制氢方法有水电解法、甲醇水蒸气转化法、氨分解法、重油或煤气化法及烃类蒸汽转化等。前三种方法适合于小型制氢装置，能耗及物耗均较高。水电解制氢，其供氢范围小于 $50m^3/h$，耗电 $4.1 \sim 5.0kW \cdot h/m^3H_2$；甲醇水蒸气转化制氢，其供氢范围 $50 \sim 3000m^3/h$，甲醇消耗 $0.6kgCH_3OH/m^3H$；氨分解制氢，适用于小型不连续用氢过程，消耗也较高。而重油或煤气法制氢，虽然原料廉价，但需要建造大型空分装置以及脱硫等配套装置，投资很高。由于烃类蒸汽转化法建设规模灵活，能耗及物耗都相对较低，是目前最为常用的制氢方法。我国在 20 世纪 60 年代开发成功烃类蒸汽转化制氢技术，并在大庆石化炼油厂建成首套制氢装置以来，相继在齐鲁石化、抚顺石化、茂名石化、金陵石化等多家炼油厂建设以石脑油为原料的大型制氢装置。以后，许多大炼油厂、石化企业都先后建设了较大规模的制氢装置。据不完全统计，国内烃类蒸汽转化制氢装置约有 80 余套，总产氢能力达到 $160 \times 10^4m^3/h$，其单系列规模平均在 $2.0 \times 10^4m^3/h$ 左右，最小规模 $1000m^3/h$，最大规模为 $10 \times 10^4m^3/h$，近年来，我国的炼化行业制氢产能年增长率达 20% 以上。

适合于制氢的烃类原料可分为气态烃和液态烃两类。气态烃主要有天然气、油田伴生气、液化气、加氢干气、焦化干气、催化干气、重整干气及芳构化干气等；液态烃主要有直馏石脑油、轻石脑油、重石脑油、拔头油、抽余油及加氢装置生产的饱和液化石油气等。这些原料有些用户可能单独使用一种，而有些用户也可能两种或多种原料混合使用，或交替地使用，但炼油厂生产的二次加工油品不能用作制氢装置的原料。

天然气、油田伴生气是烃类蒸汽转化制氢的优质原料。天然气主要组分甲烷中的氢碳比是烃类原料中最高的，又是相对分子质量最小的烃类，因此理论产氢量最高，加上原料成本及净化成本低，是首选原料，但因民用天然气用量日益增大，使得工业用天然气难以保证；油田伴生气含有较多 C_2 以上的组分，但资源少，供应季节随季节不同有较大变化，其应用也受到限制。故目前除少数制氢装置以天然气为制氢原料外多数炼化企业选择石脑油和炼厂气为主要制氢原料，可用作制氢原料的石脑油，从干点 70℃ 左右的轻石脑油到干点达到 210℃、芳烃含量达 13%、相对密度达 0.76 的重石脑油，都可用作制氢原料；炼厂气包括催化裂化气、热裂化气、加氢干气、焦化干气、重整干气、减黏裂化气等，是炼油厂加工过程中的副产气体，富含烃类，有的还含有一定量的氢气。炼厂气以前常当作燃料烧掉，随着石脑油价格的升高，很多炼油厂已开始使用炼厂气作为制氢原料。

传统烃类蒸汽转化制氢过程是：从界区来的制氢原料和氢气混合后先进入加氢反应器，将原料中的硫加氢成硫化氢，同时对烃类进行加氢饱和。反应产物进入脱硫反应器，将硫化氢吸附脱除，使制氢原料中的的硫含量达到 $0.2\mu g/g$ 以下，以防止后续转化催化剂发生中毒。烃类蒸汽转化工序是整个制氢过程的核心，转化反应产物为 H_2、CO、CO 及剩余的水蒸气等，在脱碳等中用 K_2CO_3 溶液吸收 CO_2 生成 $KHCO_3$，使 CO_2 含量降低至 0.2% 以下。物料再进入甲烷化系统，利用加氢的方法，将剩余的微量 CO、CO_2 经甲烷化反应生成 CH_4。此时 $CO + CO_2$ 含量小于 $50\mu g/g$。再经用分子筛或活性炭为吸附剂的变压吸附过程净化，吸附除去氢气中的杂质，就可获得高纯度的氢气。

所以，烃类蒸汽转化制氢过程，包括裂解、加氢、脱氢、脱硫、脱砷、脱氯、一氧化碳变换、甲烷化等反应的复杂体系，涉及的催化剂较多，主要有加氢催化剂、脱硫催化剂、烃类蒸汽转化催化剂、低温变换催化剂及甲烷化催化剂等，同时还包括原料净化用脱氯剂、脱砷剂等。

(一)制氢原料净化催化剂

烃类蒸汽转化制氢，不管其转化反应过程如何进行，最终的工业氢产品来自于 C_nH_m 和 H_2O 这两种原料中所储存的化学氢源。制氢原料实际上既需要干净无毒的烃类，也需要不含有任何阳离子的高质量的水蒸气。

制氢装置所使用的催化剂具有很高的催化活性和选择性，但它们对毒物或杂质又十分敏感，为使装置正常长周期运转，必须严格控制制氢原料中的有害物质含量，因为，即使原料中有害物质的含量很低，但在长时间连续运转过程中，这些有害物质的积累作用，会毒害催化剂的活性中心，导致催化剂失活，制氢装置最常见的催化剂毒物是硫及硫化物、氯及氯化物、砷及砷化物、其他重金属等。

硫对于含金属镍的转化催化剂是十分有害的毒物，它会以表面硫化物的形式吸附于镍的表面而影响水蒸气转化反应，催化剂活性下降会导致炭的沉积，造成转化炉管过热，并最终使炉管报废。硫化物对转化催化剂的毒害是可逆的，在正常操作过程中，一旦进入转化炉管的原料中硫含量恢复至正常值，转化催化剂的活性可以逐渐恢复，一般制氢转化炉要求原料中含硫量在 $0.3 \sim 0.5\mu g/g$ 以下。

氯也是镍系转化催化剂的主要毒物之一。氯来源的途径有：原油开采时添加的含氯助剂和原油或液态烃类在海上运输时由于海水的浸入带入的氯；汽包给水处理不合格而带氯，导致自产蒸汽中带氯；外来蒸汽不合格而带入的氯等。氯进入转化催化剂床层不仅吸附在上部催化剂床层，还会随物流下移对下部催化剂造成危害，它可使镍系催化剂中镍晶粒熔结和长大，最后导致催化剂中毒失活，氯所造成的转化催化剂中毒通常也是可逆的，但其毒害程度比硫更大。大量氯进入转化床层，可促使催化剂发生烧结而造成催化剂永久性中毒。此外，氯及氯化物还会对制氢装置的设备及管道产生腐蚀，通常，进料中可接受的氯含量是 $0.2\mu g/g$。

催化剂砷中毒的表现与硫中毒相似，一旦砷中毒，必须更换催化剂并用酸清洗炉管，因砷可以渗透到炉管内壁，对新装入的催化剂造成污染。一般，当砷含量达到 $0.05\mu g/g$ 时，催化剂活性会明显下降，而当砷含量达到 $0.15\mu g/g$ 时，就会引起积炭。通常要求转化原料中砷含量低于 $0.005\mu g/g$。

某些有机金属化合物及重金属也会对转化催化剂活性产生危害，一般允许进料中的重金属含量为 $5ng/g$。

总的说来，制氢原料中的毒物对后续工艺的影响主要表现在两个方面：一是使制氢装置中所用的多种催化剂(如有机硫加氢催化剂、氧化锌脱硫剂、烃类转化催化剂，高温及低温变换催化剂、甲烷化催化剂等)发生中毒；二是原料中的硫和氯还会腐蚀设备和管道，会与设备或管道中的金属组分生成相应的金属硫化物及氯化物，其腐蚀程度则随原料中 H_2S 或 HCl 的分压增高而加剧。作为参考，表 1-21 示出了制氢催化剂的毒物及其危害。所以，为了减少毒物对催化剂的危害，制氢原料净化过程中要使用脱硫剂、脱氯剂、脱砷剂等。而炼厂制氢原料中的硫大致可分为无机硫和有机硫，而无机硫通常在进入制氢装置前就已通过其他方法（如乙醇胺吸附）将其除去，剩下的大多是无法用化学吸附法除去的有机硫，这部分有机硫一般是用加氢脱硫的方法转变成硫化氢后再用脱硫剂将其除去。

表 1 - 21　制氢催化剂的毒物及其危害

催化剂种类	毒物及其危害
有机硫加氢催化剂	砷化物：属引起永久性中毒物质。催化剂中砷含量达到 $1000\mu g/g$ 时，催化剂活性损失达 5.5% ~ 8.3%。原料中的砷几乎都能被钴钼催化剂吸收，当催化剂中砷的平均浓度达到 0.3% ~ 0.8% 时，会发生穿透，引起后续催化剂进一步中毒； 氨：呈碱性，可吸附在钴钼催化剂的酸性中心上，影响有机硫在这些活性中心上的吸附，从而影响催化剂活性，一般控制原料中氨不高于 $100\mu g/g$； 炭：半永久性毒物，可再除去。积炭原因是烃类在催化剂上裂解所引起，因此操作时，氢分压不能过低，温度不能过高
氧化锌脱硫剂	氯：能和 ZnO 反应生成 $ZnCl_2$，其熔点为 285℃，会因熔融而覆盖在脱硫剂表面，使 H_2S 难以进入脱硫剂内表面，使脱硫剂硫容明显下降
烃类转化催化剂	硫化物：催化剂主要毒物，它与催化剂暴露的镍原子发生化学吸附，引起催化剂活性下降，产生暂时性中毒； 砷化物：是引起催化剂永久性中毒的物质。砷化物还能被转化炉管吸收，然后缓慢释放出来，如不清洗干净，会对下一批新装填的催化剂构成威胁； 氯：属暂时性中毒，但再生困难，但如大量氯带入，会使催化剂活性组分形成低熔点或易挥发的表面化合物，破坏催化剂结构，使催化剂烧结而引起永久失活； 铜、铅：会沉积在催化剂上，不易除去而引起催化剂活性下降
高温变换催化剂	硫、磷、硅等：影响较小，当原料中硫含量达 0.1% 时，才使 Fe_3O_4 转化为 FeS，而使催化剂活性下降 20% ~ 30%。 氯：能使高温变换催化剂表面生成 $FeCl_3$，$FeCl_3$ 在高于 300℃ 时升华成气态而逸出，再迁移至下游，使低变催化剂中毒
低温变换催化剂	硫化物：会与催化剂表面的铜晶粒发生反应，从而影响催化剂活性，也是铜基催化剂的主要毒物之一。 氯：会与催化剂中 Cu、Zn 等组分反应生成 $CuCl_2$、$ZnCl_2$ 等，当催化剂吸氯 0.01% ~ 0.03% 时，活性就会大幅度下降，含 0.57% 氯的催化剂会完全丧失活性，所生成的氯化物易溶于水，在湿气条件下，还会沿床层迁移，毒害更多的催化剂； 氨：可使催化剂中铜微晶生成铜氨配合物，使催化剂中毒或强度下降； 水：变换气中的水汽凝结在催化剂上冷凝，会损害催化剂结构和强度，引起破碎或转化，导致床层阻力增大
甲烷化催化剂	硫化物：一种累积性毒物。在操作温度下，催化剂的活性镍一旦与硫化氢生成 Ni_2S_3 后，即使除去硫化氢，也无法被氢气还原为活性状态，形成不可逆的永久性中毒。催化剂吸硫达 0.2% 时，活性衰退大半，吸硫量达 0.6% ~ 1.0% 时，活性会全部丧失； 氯：中毒作用是硫的 5 ~ 10 倍，催化剂吸附 0.04% 的氯，活性明显下降，吸附 0.5% 的氯时，活性下降 14%，而且甲烷化催化剂的氯中毒是全床层性的； 砷化物：催化剂中砷含量达 0.1% ~ 0.5% 时，活性基本丧失，形成不可逆的永久性中毒； CO：在 150℃ 操作时，活性镍与 CO 反应生成 $Ni(CO)_4$，它是一种剧毒挥发物，还造成催化剂中 Ni 的流失，使活性下降

1. 制氢原料加氢催化剂

[工业牌号]QJH-01、QJH-02。

[主要组成]以 Co、Mo、Ni 等为活性组分，以 $\gamma - Al_2O_3$ 为催化剂载体。

[产品规格及使用条件]

催化剂牌号 / 项目	QJH-01	QJH-02
形状	灰绿色球形	灰绿色条形
外形尺寸/mm	$\phi(3 \sim 5)$	$\phi 3 \times (4 \sim 10)$
活性组分	Co、Mo、Ni	Co、Mo、Ni
堆密度/(kg/L)	0.70 ~ 0.85	0.60 ~ 0.70
使用温度/℃	220 ~ 400	150 ~ 400
使用压力/MPa	0.5 ~ 5.0	0.5 ~ 5.0
空速/h^{-1}	1000 ~ 3000	500 ~ 3000
入口有机硫/10^{-6}	≤300	≤300
入口烯烃浓度/%	≤6	≤25

[用途]QJH-01、QJH-02 是一种以 $\gamma - Al_2O_3$ 为载体，负载 Ni、Co、Mo 等金属组分的烯烃饱和及有机硫加氢催化剂，适用于天然气、焦化干气和催化干气等炼厂气、液化石油气、石脑油等烃类转化制氢原料的精制处理。催化剂具有起始温度低、堆密度低、孔体积和比表面大、活性组分分布均匀、加氢活性和有机硫氢解活性高及活性稳定性好等特点。既适用于催化干气的变温或等温加氢反应器，也适用于绝热床加氢反应器。

[生产单位]山东齐鲁科力化工研究院有限公司。

2. 有机硫加氢转化催化剂

[工业牌号]T201 ~ T204、XDH-1、NCT101。

[主要组成]以 Co、Mo、Ni 等为催化剂活性组分，以 Al_2O_3 或改性 Al_2O_3 为催化剂载体。

[产品规格及使用条件]

催化剂牌号 / 项目	T201	T202	T203	T204	XDH-1	NCT101
外观	灰蓝色条	棕褐色片	灰蓝色条	黄色条	兰灰色条或三叶草	浅蓝色条
外形尺寸/mm	$\phi 3 \times (4 \sim 10)$	$\phi 7 \times (5 \sim 6)$	$\phi 3 \times (3 \sim 8)$	$\phi 3 \times (3 \sim 8)$	$\phi 3 / \phi 1.8$	$\phi 3 \times (4 \sim 10)$
堆密度/(kg/L)	0.6 ~ 0.8	0.7 ~ 0.9	0.6 ~ 0.7	0.7 ~ 0.8	0.65 ~ 0.75	0.75 ~ 0.85
比表面积/(m^2/g)	150 ~ 250		170 ~ 200	170 ~ 200	200	150 ~ 250
孔体积/(mL/g)	0.3 ~ 0.5				0.35	0.3 ~ 0.5
抗压强度/(N/cm)	≥80	≥147	—	—	120	≥100
磨耗率/% ≤	3.0		6.0	6.0	1.0	2.0
活性组分	Co-Mo	MnO_3-Fe	$MnO_3 > 9.9$ Co < 1.1	$MnO_3 > 9.9$	Co-Mo	MnO_3 11 ~ 13 Co1.5 ~ 2.5
操作压力/MPa	2 ~ 4	1.6 ~ 4.0	2 ~ 5	2 ~ 5	3 ~ 4	3 ~ 4
操作温度/℃	320 ~ 400	350 ~ 420	330 ~ 380	330 ~ 380	320 ~ 400	300 ~ 400

96

项目 \ 催化剂牌号	T201	T202	T203	T204	XDH-1	NCT101
气空速/h^{-1}	1000~3000	1000	—		1000~2000	1000~3000
液空速/h^{-1}	1~6	—	4~7	4~7	1~6	1~6
氢油体积比	50~100	—	—	—	50~100	80~100
加氢量/%(体积)	2~5	—	—	—	2~5	2~5
有机硫/10^{-6} 入口	100~200	200~300			100~200	100~300
出口	0.05	—	<0.1	<0.1	≤0.1	—
噻吩转化率/% ≥	65	96	—		70	—

[用途]用于天然气、油田气、炼厂气、轻油及液化石油气等气、液态烃中有机硫化物的加氢转化。具有使用寿命长，对复杂的有机硫化物有较高转化能力的特点。适用于大、中型氨厂、甲醇厂、制氢等石化企业。

[简要制法]由特制氧化铝载体，浸渍相应的金属活性组分后经干燥、焙烧制得，或由金属活性组分的盐类与载体经干混、成型、焙烧而制得。

[生产单位]西北化工研究院、北京三聚环保新材料股份有限公司、山东迅达化工集团有限公司、南京化学工业公司催化剂厂、沈阳三聚凯特催化剂股份有限公司等。

3. 焦化干气加氢催化剂

[工业牌号]JT-1G、JT-4、JT-4B、XDH-4。

[主要组成]以 Co、Mo 等为活性组分，以 Al$_2$O$_3$ 为催化剂载体。

[产品规格及使用条件]

项目 \ 催化剂牌号	JT-1G	JT-4	JT-4B	XDH-4
外观	灰蓝色球	灰蓝色三叶草	灰蓝色三叶草	灰蓝色球
外形尺寸/mm	φ(2~4)	φ(2.5±0.3)	φ(2.5±0.3)	φ(2~4)
堆密度/(kg/L)	0.65~0.85	0.70~0.85	0.70~0.85	0.7~0.85
径向抗压强度/(N/粒) ≥	50	60	70	50
磨耗率/% ≤	3.0	3.0	3.0	3.0
操作压力/MPa	1.8~5.0	1.5~5.0	1.5~500	1.0~5.0
操作温度/℃	>250	250~300	250~300	220~280
空速/h^{-1}	<1000	500~1000	500~1000	1000~1500
原料气中烯烃/%	6.5~20	6.5~20	6.5~20	≤8
原料气中氢含量/%	>18	≥20	≥20	≥20
原料气中硫含量/10^{-6}	≤200	≤200	≤200	≤200
出口烯烃/%	0.5~5.0	0.5~5.0	0.5~5.0	≤0.1
经加氢和氧化锌脱硫后焦化干气中总硫/10^{-6}	<0.1	<0.1	<0.1	≤0.1

[用途]催化剂对原料气中的烯烃、有机硫化物有较高加氢转化能力，适用于炼厂焦化干气，催化干气(烯烃含量为8%～20%)的等温加氢过程，也适用于炼厂焦化干气(烯烃<8%)的绝热加氢过程，还适用于以石油馏分、炼厂气、油田气、天然气、水煤气等为原料的加氢转化过程，尤适用于以焦化干气为原料的制氢装置。

[生产单位]西北化工研究院，山东迅达化工集团有限公司等。

4. 焦炉气加氢精制催化剂

[工业牌号]JT-8、T-206、XDH-2。

[主要组成]以 Fe、Mo 等为主要活性组分，以 Al_2O_3 为催化剂载体。

[产品规格及使用条件]

催化剂牌号 项目	JT-8	T-206	XDH-2
外观	褐色球	褐色圆柱	褐色圆柱
外形尺寸/mm	$\phi(3\times5)$	$\phi5\times(4\sim5)$	$\phi6\times(4\sim6)$
堆密度/(kg/L)	0.65～0.85	1.0～1.3	0.9～1.2
径向抗压强度/(N/cm)	≥50(点抗压强度)	≥120	≥150
磨耗率/% ≤	5	6	5
活性组分	Fe、Mo	—	—
操作压力/MPa	0.8～5.0	常压～2.0	常压～2.0
操作温度/℃	280～450	380～420	380～450
空速/h^{-1}	500～1500	500～1000	500～1000
原料气中有机硫/10^{-6}	100～400	100～250	100～250
噻吩转化率/% ≥	—	60(380℃)	60(380℃)
有机硫总转化率/%	97	>95	>95

[用途]主要用于 CO 含量在 10% 以下，烯烃含量为 5% 左右的焦炉气为原料的加氢转化脱除有机硫及不饱和烃过程。

[生产单位]西北化工研究院、山东迅达化工集团公司等。

5. 氧化锌脱硫剂(一)

[工业牌号] T302Q、T303、T304、T305、T306、T307、T308、T312。

[主要组成]以 ZnO 为主要活性组分，有些还添加 MgO、CuO、MnO_2 等促进剂，以钒土、水泥等为黏结剂。

[产品规格及使用条件]

催化剂牌号 项目	T302Q	T303	T304	T305	T306	T307	T308	T312
外观	深灰色球	白色条	白色条	灰白色条	白色条	白色条	深灰色条	深灰色条
外形尺寸/mm	$\phi(3.5\sim4.5)$	$\phi4\times(4\sim6)$	$\phi5\times(5\sim15)$	$\phi4\times(4\sim10)$	$\phi(4.5\sim5.5)$	$\phi(4.5\sim5.5)$	$\phi4\times(4\sim10)$	$\phi(4.5\sim5.5)$
堆密度/(kg/L)	0.8～1.0	1.3～1.45	1.15～1.35	1.1～1.3	1.1～1.3	0.9～1.1	0.8～1.0	1.0～1.3

项目 \ 催化剂牌号	T302Q	T303	T304	T305	T306	T307	T308	T312
径向抗压强度/(N/cm)	≥20	—	≥25	≥40	≥50	≥40	≥50	≥40
磨耗率/% ≤	6	11	—	5.0	6.0	6.0	—	6.0
操作压力/MPa	>2.0	0.1~5.0	0.1~4.0	0.1~0.4	常压~0.4	常压~0.4	0.1~3.0	常压~4.0
操作温度/℃	200~300	200~400	350~380	200~420	200~400	180~400	120~300	200~400
气空速/h^{-1}	3000	—	<3000	3000	1000~2000	1000~2000	2000	1000~3000
入口硫含量/10^{-6}	—		<100	<100	≤200		≤20	
出口硫含量/10^{-6}	<1	<0.1	<0.3	<0.1	≤0.1	≤0.1	<0.1	≤0.3
穿透硫容/%	≥20	—	≥20	≥22	≥15(220℃) ≥28(350℃)	—	≥15(220℃) ≥25(350℃)	≥20(320℃) ≥25(350℃)

[用途]广泛用于合成氨、制氢、石油化工、合成甲醇及煤化工等工业原料气的脱硫净化。可以单独使用，也可与其他脱硫方法匹配使用。如只含少量 RSH 及 H_2S 的天然气，可在 300~400℃下单独使用，而对含 RSH、C_4H_4S 等复杂有机硫化物的天然气、油田气、炼厂气、焦炉气及轻油等原料气，则需先经加氢转化催化剂将其氢解成 H_2S 后，再用氧化锌脱硫剂吸收除去。

[简要制法]由锌锭经硫酸溶化后，与纯碱进行中和沉淀，沉淀物经处理后与锰矿粉，氧化镁混合，经成型、焙烧制得成品；也可由氧化锌、碳酸锌与黏结剂混合、成型、焙烧制得成品。

[生产单位]西北化工研究院、川化股份有限公司、辽宁海泰科技发展有限公司、南京化学工业公司催化剂厂等。

6. 氧化锌脱硫剂(二)

[工业牌号]TC-22、TP-305、Z909、Z919、Z929、Z969B、Z999。

[主要组成]以 ZnO 为主要活性组分，有些还添加 MgO、CuO 等促进剂。

[产品规格及使用条件]

项目 \ 脱硫剂牌号	TC-22	TP-305	Z909	Z919	Z929	Z969B	Z999
外观	蓝灰色条	白或浅灰色条	白至淡褐色条	灰色条	白至淡黄色条	棕黑色条	白色条
外形尺寸/mm	φ(4.5~5.5)	φ4×(4~15)	φ(3~5)×(5~25)	φ(3~5)×(5~15)	φ(4~6)×(5~10)	φ(4~6)×(5~10)	φ(4~6)×(5~10)
堆密度/(kg/L)	0.9~1.1	1.1~1.3	1.0~1.3	0.9~1.1	0.9~1.2	0.8~1.2	0.95~1.2
径向抗压强度/(N/cm) ≥	40	40	50	70	70	50	70
磨耗率/% ≤	6	6	6	—	—	—	
操作温度/℃	20~60	200~400	180~400	0~150	200~450	0~50	200~400

脱硫剂牌号\项目	TC-22	TP-305	Z909	Z919	Z929	Z969B	Z999
操作压力/MPa	0.1~3.0	0.1~5.0	0.1~4.0	0.1~13	0.1~13	0.1~13	0~13
气空速/h^{-1}	500~1000	1000~3000	1000~2000	1000~3000	1000~3000	400~1000	1000~3000
液空速/h^{-1}	2~5	1~6	—	1~5	—	—	—
床层高径比 >	3	3	—	3	3	3	3
进口硫含量/10^{-6}	<10	<100	1~20（200℃以下）	10~200	—	—	—
出口硫含量/10^{-6} ≤	0.1	0.1	0.1	0.1	0.1	0.1	0.1
穿透硫容/% ≥	10	28(350℃)	28(350℃)	10	30	15	20

[用途]TC-22型脱硫剂用于合成原料气、液态丙烯等的精脱硫，对COS也有一定转化及吸收能力；TP-305适用于石脑油、天然气、合成气，变换气等原料气(油)脱除硫化氢；Z909用于重油裂解气、合成气、变换气及有机合成原料气的净化，可在高温及低温下使用；Z919适用于氢气，合成气、天然气、石油气、乙炔气及丙烷、重整原料及喷气燃料等的精脱硫；Z929适用于制氢、合成氨、合成醇类及合成有机化工产品等工业原料气(油)的脱硫净化；Z969B主要用于液化石油气的脱硫；Z999适用于制氢，合成氨、合成醇类及合成有机化工产品等工业原料气的脱硫净化。

[生产单位]西北化工研究院、姜堰市天平化工有限公司、山东迅达化工集团公司、辽宁海泰科技发展有限公司等。

7. JX 系列脱硫剂

[工业牌号]JX-3B、JX-3C、JX-4A、JX-4C、JX-4D。

[主要组成]以复合金属化合物或氧化锌为主要活性组分。

[产品规格及使用条件]

脱硫剂牌号\项目	JX-3B	JX-3C	JX-4A	JX-4C	JX-4D
外观	棕黄色条	棕黄色条	褐色条	灰白色条	灰白色或灰色条
外形尺寸/mm	$\phi 4 \times (5\sim20)$	$\phi 4 \times (5\sim20)$	$\phi 4 \times (5\sim20)$	$\phi 4 \times (5\sim20)$	$\phi 4 \times (5\sim20)$
堆密度/(kg/L)	0.80~0.90	0.80~0.90	1.0~1.15	0.95~1.20	0.95~1.20
径向抗压强度/(N/cm) ≥	80	80	110	50	50
磨耗率/%	—	—	—	≤5	—
操作温度/℃	常温	常温	0~80	220~400	0~120
操作压力/MPa	0.1~4.0	0.1~4.0	0.1~3.0	0.1~4.0	0.1~8.0
气空速/h^{-1} ≤	1500	1500	3000	2000	2000
液空速/h^{-1} ≤	—	—	4	4	4

项目 \ 脱硫剂牌号	JX-3B	JX-3C	JX-4A	JX-4C	JX-4D
床层高径比	3~6	3~6	3~6	3~6	3~6
入口 H_2S 含量/ (mg/m^3) ≤	5000	5000	1000	1000	1000
出口 H_2S 含量/ (mg/m^3) ≤	0.1	0.1	0.1	0.03	0.03
穿透硫容/% ≥	20	20	30	20(220℃) 30(350℃)	10

[用途]JX-3B 是以复合金属化合物为活性组分的高效固体脱硫剂,主要用于炼厂气等气体中硫化氢的脱除,尤适用于二氧化碳体系中高硫气体的脱除;JX-3C 是以复合金属化合物为活性组分的高效固体脱硫剂,主要用于天然气等气体中硫化氢的脱除;JX-4A 是以复合金属化合物为主要活性组分的低温脱硫剂,可高精度地脱除液化气中的硫化氢及部分有机硫化物,也可脱除炼厂气、石脑油等气、液物料中的硫化氢;JX-4C 是以氧化锌为主要活性组分的高温精脱硫剂,主要用于以天然气、炼厂气、石脑油、合成气等为原料的制氢、合成氨净化单元,除精脱硫化氢外,对硫氧化碳、硫醇等有机硫也有转化及吸收作用;JX-4D是以氧化锌为主要活性组分的常温脱硫剂,适用于丙烯、天然气,合成气、炼厂气、石脑油等气、液物料的精脱硫化氢。

[生产单位]北京三聚环保新材料股份有限公司、沈阳三聚凯特催化剂有限公司等。

8. TZ 系列氧化锌脱硫剂

[工业牌号]TZS-1、TZS-2、TZS-3、TZS-4。

[主要组成]以 ZnO 为主要活性组分。

[产品规格及使用条件]

项目 \ 脱硫剂牌号	TZS-1	TZS-2	TZS-3	TZS-4
活性组分及含量	ZnO 96%	ZnO 95%	ZnO 90%	Al_2O_3 + ZnO
外观	浅黄色条	浅黄色球	浅灰色条	白色球
外形尺寸/mm	$\phi 4 \times$ (4~10)	$\phi(3\sim4)$	$\phi 4 \times$ (4~10)	$\phi(3\sim4)$
比表面积/(m^2/g)	30	20~40	70	200
孔体积/(mL/g)	0.4	0.1~0.2	0.4	0.26
堆密度/(kg/L)	1.1~1.3	1.2~1.4	1.1~1.2	0.7~0.9
抗压强度	40N/cm	40N/粒	25N/cm	80N/粒
磨耗率/%	5	—	—	<1
操作温度/℃	220~400	180~400	100~240	10~40
操作压力/MPa	0.1~4.0	0.1~4.0	1~10	1.0

项目 \ 脱硫剂牌号	TZS-1	TZS-2	TZS-3	TZS-4
原料气/水汽	1~1.5:1	—	—	液丙烯纯度≥95%
气空速/h^{-1}	1000~3000	1000~3000	1000~3000	—
液空速/h^{-1}	1~6	—	2~5	—
装填高径比	—	3	3	3
进料 H_2S 含量/10^{-6}	≤100	1~2	10~100	<30
出料 H_2S 含量/10^{-6}	0.1	0.1	0.1	<0.1

[用途]TZS-1 脱硫剂适用于石油精制、合成氨、有机合成及化纤等工业原料气（油）的脱硫净化；TZS-2 脱硫剂适用于合成气、天然气、油田气、乙炔气等的脱硫精制；TZS-3 脱硫剂适用于较低温度下脱除各种气、液原料中的硫化物，对 COS 为主体的有机硫也有较高的转化和吸收能力；TZS-4 脱硫剂用于催化水解液相丙烯中微量 COS、CS_2 等有机硫并将其脱附，同时能脱除氟化物、氯化物中的 CO_2。

[生产单位]江苏省姜堰市化工助剂厂。

9. JX 系列脱氯剂

[产品牌号]JX-5A、JX-5B、JX-5B-2、JX-5D。

[主要组成]以碱土金属氧化物或复合金属氧化物为主要活性组分。

[产品规格及使用条件]

项目 \ 脱氯剂牌号	JX-5A	JX-5B	JX-5B-2	JX-5D
外观	浅粉红色条	棕黄色条	灰白色条	黑色条
外形尺寸/mm	$\phi4\times(5\sim20)$	$\phi4\times(5\sim20)$	$\phi4\times(5\sim20)$	$\phi4\times(5\sim15)$
堆密度/(kg/L)	0.75~0.85	0.80~0.90	0.55~0.75	0.55~0.75
径向抗压强度/(N/cm) ≥	50	90	60	90
操作温度/℃	200~400	-5~100	-5~60	常温
操作压力/MPa	0.1~5.0	0.1~5.0	0.1~5.0	0.1~5.0
气空速/h^{-1} ≤	2000	2000	3000	—
液空速/h^{-1} ≤	4	4	—	4
床层高径比	3~6	3~6	3~6	3~6
入口 HCl 含量/10^{-6} ≤	3000	3000	200	200
出口 HCl 含量/10^{-6} ≤	0.1	0.1	0.1	0.1
穿透氯容/% ≥	50	30	25	12

[用途]JX-5A 是以碱土金属氧化物为主要组分的高温脱氯剂，适用于石油化工行业气、液物料在高温下脱除氯化氢，也适用于炼厂重整预加氢后物料的精脱氯化氢；JX-5B

是以复合金属氧化物为主要组分的低温脱氯剂，可在常温或低温下高效脱除氯化氢；JX－5B－2是以金属氧化物为活性组分，并以特殊工艺制备而得，适用于常、低温条件下，对氢气，氮气、合成气、气态烃等原料进行精脱氯化氢，在低温（－5~60℃）下有较高的氯容和净化度；JX－5D是以金属氧化物为活性组分的液相固体脱氯剂，适用于液化气、石脑油等液态烃类的精脱氯化氢。

[生产单位]北京三聚环保新材料股份有限公司、沈阳三聚凯特催化剂有限公司等。

10. XDL 系列脱氯剂

[工业牌号]XDL－1、XDL－2、XDL－3、XDL－4、XDL－5。

[产品规格及使用条件]

项目 \ 脱氯剂牌号	XDL－1	XDL－2	XDL－3	XDL－4	XDL－5
外观	灰白色条	白色球	灰色条	黑色条	绿色球
外形尺寸/mm	$\phi(3\sim5)\times(5\sim25)$	$\phi(3\sim5)$	$\phi4\times(5\sim15)$	$\phi3\times(3\sim10)$	$\phi(2\sim3)$
堆密度/(kg/L)	0.8~1.0	0.8~1.0	0.9~1.1	0.7~0.8	0.6~0.8
抗压强度/(N/cm) >	70	100（N/粒）	60	50	40（N/粒）
磨耗率/% ≤	—	—	—	4	1
操作温度/℃	0~400	100~400	0~200	常温	常温
操作压力/MPa	0.1~8.0	0.1~4.0	0.1~5.0	常压或加压	常压或加压
气空速/h^{-1}	1000~3000	1000~3000	≤3000	≤3000	≤3000
液空速/h^{-1}	—	—	—	1~5	1~5
床层高径比	>3				
进口气中 HCl 含量/10^{-6}		≤100	1~1000	≤200	
出口气中 HCl 含量/10^{-6}		≤0.1	<0.2	0.2	
穿透氯容/% ≥		10~20	20	16（气）	5
氯脱除率/%	≥99.9	—	—	—	—

[用途]XDL－1为无钠型脱氯剂，广泛用于石脑油、合成气、H_2、N_2、NH_3、CO、CO_2等原料气脱除氯化物；XDL－2除用于氢气、氮气、合成气、CO、CO_2及石脑油等气相中氯的脱除外，还可用于含甲苯等有机杂质的原料气中氯的脱除，尤适用作蒸汽转化、低温变换及甲烷化等催化剂的保护剂；XDL－3适用于氢气、氮气、合成气、煤气及气态烃等工业原料脱氯，也适用于常温下，重整副产氢中氯化物的脱除；XDL－4是在常温或低温条件下使用的一种新型脱氯剂，主要用于液态烃、混合苯等液体原料中氯化氢的脱除，也可用于氢气、合成气、气态烃等气体中氯化氢的脱除；XDL－5是一种脱有机氯催化剂，主要用于液态烃、丙烯、混合苯等液体原料以及氢气、合成气、气态烃等多种气体中有机氯化物的脱除。

[生产单位]山东迅达化工集团有限公司。

11. T4xx 系列脱氯剂

[工业牌号]T404、T406、T407、T408、T409、T410Q、T411Q。

[产品规格及使用条件]

脱氯剂牌号 / 项目	T404	T406	T407	T408	T409	T410Q	T411Q
外观	白色球	黑色条	灰色条	灰色条	灰白色条	微红色球	灰白色球
外形尺寸/mm	$\phi(4\sim6)$	$\phi(2.7\sim3.3)$	$\phi(3.5\sim4.5)$	$\phi(3.5\sim4.5)$	$\phi(3.5\sim4.5)$	$\phi(3\sim5)$	$\phi(3\sim5)$
堆密度/(kg/L)	$0.8\sim1.0$	$0.7\sim0.8$	$0.9\sim1.1$	$0.7\sim0.9$	$0.7\sim0.85$	$0.7\sim0.85$	$0.70\sim0.85$
径向抗压强度/(N/cm) ≥	50(N/粒)	50	60	60	50	40(N/粒)	50
磨耗率/% ≤	3	4	5	5	4	3	3
操作温度/℃	$100\sim400$	常温	$4\sim200$	$200\sim400$	$4\sim400$	$150\sim400$	$200\sim550$
操作压力/MPa	$0.1\sim4.0$	常压或加压	$0.1\sim5.0$	$0.1\sim5.0$	$0.1\sim4.0$	$0.1\sim5.0$	$0.1\sim5.0$
气空速/h^{-1} ≤	$1000\sim3000$	3000	3000	3000	$5000\sim3000$	3000	2000
原料气硫含量/10^{-6} ≤	100	—	—	—	—	500	
原料气HCl含量/10^{-6} ≤	100	200	$1\sim1000$	$1\sim1000$	100	1000	1000
出口气HCl含量/10^{-6} ≤	0.2	0.2	0.2	0.2	0.2	0.2	0.5
穿透硫容/%	$11\sim23$	23	$23\sim33$	$30\sim45$	$30\sim40$	≥35	≥30
原料气中O_2含量/%	—	—	—	—	—	—	≤10
原料气中CO_2含量/%	—	—	—	—	—	—	≤14
原料气中水汽含量/%	—	—	—	—	—	—	<0.4

[用途]T404脱氯剂适用于氢气、氮气、合成气、CO、CO_2及石脑油等气相中氯的脱除，也可用于含甲苯等有机杂质的原料气中氯的脱除。尤适用作蒸汽转化、低温变换及甲烷化等催化剂的保护剂。T406、T407适用于氢气、合成气、气态烃等多种气体中氯化氢脱除，具有净化度强、氯容高等特点。T408适用于炼厂重整氢气、合成气、煤气和气态烃等原料气脱除氯化氢，尤适用于重整预加氢后原料中氯化氢的脱除。T409为无钠型脱氯剂，适用于合成气、煤气和气态烃等气相原料中氯化氢的脱除，也适用于轻质液态烃类的液相脱氯，并可在$4\sim400℃$的宽温区下使用。T410Q适用于炼厂的重整、制氢等工艺含高硫原料气中氯化氢脱除，具有氯容高、抗硫性能好、脱氯温度范围广等特点。T411Q用于合成气、再生气(空气)等气体在高温($200\sim500℃$)下脱除氯化氢，可有效代替重整再生过程的碱洗工艺，操作安全简捷。

12. 常温脱砷剂

[工业牌号]STAS-2、STAS-3、TAS-15、TAS-19A、RAs958、RAs968。

[产品规格及使用条件]

脱砷剂牌号 项目	STAS-2	STAS-3	TAS-15	TAS-19A	RAs958	RAs968
外观	绿色球	黑绿色球	黑色条	灰黑色条、三叶草	圆柱条	黑色条
外形尺寸/mm	$\phi(3\sim6)$	$\phi(3\sim6)$	$\phi(2.7\sim3.3)$	$\phi(2.2\sim2.8)$	$\phi(2.5\sim3.0)$	$\phi3\times(5\sim12)$
活性组分	Cu^{2+}-助剂	Cu^{2+}-助剂	—	—	分子筛+助剂	—
堆密度/(kg/L)	$0.65\sim0.75$	$0.65\sim0.75$	$0.55\sim0.65$	$0.65\sim0.80$	$0.7\sim0.8$	$0.55\sim0.65$
抗压强度/(N/粒) ≥	50	50	50(N/cm)	60(N/cm)	200(N/cm)	50
磨耗率/% ≤	—	—	5	5	—	1.0
操作温度/℃	常温	常温	常温	常温~100	常温	常温
操作压力/MPa	0.1~6	0.1~6	0.1~5	0.1~5	0.1~5	0.1~5
空速/h^{-1}	1~6	1~8	0.5~1.5	0.4~4	0.5~1.5	0.5~1.5
原料砷含量/(ng/g) <	500	800	100~600	—	100~600	100~600
原料硫含量/(μg/g) <	100	100	—	—	—	—
原料水含量/(μg/g) <	60	60	—	30	—	—
出口油中砷含量/(ng/g) <	30	30	10~50	—	10~50	10~50
砷容/%	—	—	—	>1(催化剂质量)	—	—

[用途]STAS-2常温脱砷剂用于石脑油等重质原料中的砷化氢和烷基砷化物的脱除，具有砷容高、适应性强等特点，但原料中水含量和硫含量较高时会影响脱砷效果；STAS-3适用于石脑油、液态烃等物料中的砷化氢和烷基砷化物的脱除；TAS-15用于石脑油、汽油、柴油、煤油、乙烯裂解等原料中砷化物的脱除；TAS-19A可在常温下用于石脑油、汽油、柴油、煤油、乙烯裂解等液态烃类原料中砷化物的脱除，具有性能稳定、砷容量大、适应性强等特点；RAs958是采用有特殊孔结构的分子筛、并添加适量助剂的石脑油脱砷吸附剂；RAs968用于石脑油、汽油、柴油、煤油、乙烯裂解等原料中砷化物的脱除，具有砷化物脱除率高、砷容量大等特点。

[生产单位]北京三聚环保新材料股份有限公司、西北化工研究院、沈阳三聚凯特催化剂股份有限公司、山东迅达化工集团公司等。

(二)烃类蒸汽转化催化剂

烃类水蒸气转化工艺是制氢装置的核心工艺，转化反应是指水蒸气和烃类在温度450~800℃的转化炉列管式变温催化剂床层内进行的反应。它包括高级烃的裂解、脱氢、加氢、积炭、转化、变换、脱炭、甲烷化等一系列反应，存在多种平行反应与串联反应。转化的目的是最大限度地提取水和烃类原料中所含的氢。所用的烃类为气态烃和液态烃。气态烃中主要成分是 CH_4，并含有少量 C_2H_6、C_3H_8、C_4H_{10} 等多碳烃和 CO、NO_2、N_2 等组分；液态烃是泛指组成为 C_2 以上、基本不含烯烃的，在常温常压下呈液态的各种烃类，其组成可用通式 C_nH_m 表示。

烃类的蒸汽转化反应，在不用催化剂时，即使在 1000℃ 的高温下，反应速度也很缓慢，而使用催化剂时，即使在较低温度下，反应也能很快进行。而且还能减少或抑制如积炭之类的副反应发生。但由于烃类原料组成及反应体系的复杂性，烃类转化催化剂应该是多功能的，不仅要具有优良的催化活性、稳定性、机械强度，还应有良好的抗积炭性能和还原再生性能，在积炭、中毒造成催化剂失活的情况下，能烧炭再生。

对不同烃类原料进行蒸汽转化反应需使用不同的催化剂。烃类转化催化剂一般由金属活性组分、助催化剂及载体所组成。镍是最有效的催化剂活性组分。绝大多数工业催化剂，都是以镍为活性组分，所不同的是作为助催化剂和载体的其他组分如 MgO、CaO、Al_2O_3 等有所不同。转化催化剂出厂时根据催化剂活性组分的状态分为两种：一种是以镍的氧化态（NiO）出厂的，这种催化剂在首次使用时要进行催化剂的还原操作，将 NiO 还原成金属 Ni 才能使催化剂具有转化活性；另一种是以预还原态出厂的，这种转化催化剂无需进行还原操作可直接使用。

制氢过程使用的催化剂中，以烃类蒸汽转化催化剂最为重要，最早所使用的转化催化剂多数为进口产品，进入 20 世纪 80 年代以后逐渐被国产催化剂所替代。目前，国内制氢装置上所用的催化剂，极大部分是由齐鲁石化研究院所开发的蒸汽转化催化剂，其配方中包含金属、酸性氧化物、碱或碱土金属氧化物、过渡金属氧化物，分别适用于裂解反应、脱氢加氢反应、抗积炭反应、水合、氧化、变换等反应，形成一种多元配方的多功能催化剂。

此外，为了节能，可在转化炉进行蒸汽转化反应前，将制氢原料先进行预转化反应。即将制氢原料在绝热固定反应器中，把重烃转化为富含甲烷、CO、CO_2 和水蒸气的混合物。采用预转化反应器后，可使一部分烃类在进入转化炉之前就进行转化，从而减少转化炉的负荷，可减少 5%～10% 燃料消耗或提高 5%～10% 的处理量。而一个性能良好的重烃预转化制富甲烷气的催化剂，关键要保证催化剂有很高的低温转化活性，实现较低温度下的液态烃类的催化裂解、加氢和碳氧化物的甲烷化反应。Z501、Z502、Z503 等催化剂即为制氢行业使用性能较好的预转化催化剂。

1. 烃类蒸汽低温绝热预转化催化剂

[工业牌号] Z501、Z502、Z503 等。

[主要组成] 以 Ni 或 NiO 为活性组分，以多孔硅质为催化剂载体。

[产品规格及使用条件]

催化剂牌号 项目	Z501	Z502	Z503
形状	圆柱形	环状	圆柱形
外径/mm	5	5	5
内径/mm	—	2.5～3	—
高度	4～5	4～5	4～5
堆密度/(kg/L)	0.95～1.05	0.9～1.0	0.95～1.05
活性组分	Ni 或 NiO	Ni 或 NiO	Ni 或 NiO

催化剂牌号 项目	Z501	Z502	Z503
装填位置	全部装填或上部	全部装填或下部	全部装填或上部
配套催化剂	Z502	Z501	Z502
原料	石脑油、炼厂气、液化气、天然气、富甲烷	天然气、油田气、轻烃富氢气	轻烃、炼厂气、液化石、油气、天然气、富甲烷
使用温度/℃	370~550	400~600	370~550
水碳比/(mol/mol)	1.5~3.5	1.5~3.5	1.5~3.5
碳空速/h^{-1}	1000~3000	1000~3000	1000~3000

[用途]预转化催化剂是一种镍负载在多孔载体上的催化剂，适用于以轻油、炼厂气、天然气及液化气为原料制取富甲烷气的反应过程。其主要特点是：①具有优良的烃类蒸汽绝热预转化活性，活性稳定性好；②预转化在绝热反应器中进行，反应热效率高，并可简化反应器及优化操作；③在高空速、低水碳比条件下无积炭反应发生；④目的产物收率高，反应产物中无 C_2 以上烃类；⑤适用范围广，既适用于制取氢气、氨合成气、羰基合成气的预转化工艺过程，也适用于以烃类为原料制取城市煤气。

[生产单位]山东齐鲁科力化工研究院有限公司。

2. 气态烃或轻油预转化催化剂

[工业牌号]CN-30、CN-31。

[主要组成]从 NiO 为活性组分，以铝酸钙或 Al_2O_3 为催化剂载体。

[产品规格]

催化剂牌号 项目		CN-30		CN-31
外观		拉西环	四孔圆柱体	圆柱体
外形尺寸(外径×高×内径)/mm		$\phi12\times6\times4$	$\phi12\times6\times(3\sim4)$	$\phi3.5\times3.5$ 或 $\phi5\times5$
堆密度/(kg/L)		1.1~1.2	1.0~1.1	1.10~1.25
径向抗压强度/(N/粒)	≥	250	200	120
NiO 含量/%	≥	25	25	60
载体		铝酸钙	铝酸钙	Al_2O_3

[用途]CN-30 气态烃预转化催化剂适用于以炼厂气、油田气、天然气等气态烃为原料制取氢气、氨合成气、甲醇合成气、城市煤气的预转化装置，催化剂具有优良的低温活性和稳定性，出色的抗水蒸气氧化能力，良好的低温还原性及抗析炭性能；CN-31 轻油预转化催化剂适用于以轻油、液化气、炼厂尾气为原料的预转化装置，生产 CH_4 含量≥60% 的转化气，转化气可进一步用于制取氢气、氨合成气、甲醇合成气或城市煤气。该催化剂具有原

料组成适应性广，低温活性及活性稳定性好，抗析炭性能强及还原性能好等特点。

[生产单位]西南化工研究院。

3. 碱性助剂型烃类转化催化剂

[工业牌号]Z402、Z417、RZ402、Z409、Z419、RZ409、Z601 等。

[主要组成]以 Ni 为活性组分，以碱性矿物和碱土氧化物等为助剂，以水泥为结构稳定剂。

[产品规格及使用条件]

催化剂牌号 \ 项目	Z402	Z417	RZ402	Z409	Z419	RZ409	Z601	
形状	拉西环	四孔柱	拉西环	拉西环	四孔柱	拉西环	拉西环	四孔柱
外径/mm	16	16	16	16	16	16	16	16
内径/mm	6	4×4	6	6	4×4	6	6	4×4
高度/mm	6.5~7	7~8.5	6.5~7	6.3~6.8	6.3~6.8	6.3~6.8	6.5~7	6.5~7
堆密度/(kg/L)	1.1~1.3	0.95~1.1	1.0~1.1	1.0~1.2	0.9~1.1	1.0~1.1	1.1~1.3	1.0~1.1
活性组分	NiO	NiO	Ni	NiO	NiO	Ni	NiO	NiO
装填位置	转化炉上半部，装填比例 40%~60%							
配套催化剂	Z405G、Z418、RZ405G			Z405G、Z418、RZ405G			Z602	
原料	轻石脑油、炼厂气、液化气、天然气、富甲烷			重石脑油、轻石脑油、液态烃			炼厂气、轻烃、天然气、富甲烷	
使用温度	转化入口 450~650℃，三米 600~750℃，炉中 650~800℃							
水碳比/(mol/mol)	2.5~5.0							
碳空速/h⁻¹	500~1500							

[用途]碱性助剂型烃类转化制氢催化剂是使用碱性矿物和碱土氧化物等助剂使碱金属形成稳定的结构，在使用过程中碱金属释放缓慢，既保证抗碳需求，又保证催化剂长期使用寿命，而且适应的原料和工艺条件宽。其中 Z402、Z417、RZ402 催化剂是以中度碱性矿物为助剂，应用在转化炉上半部，与下段 Z405G 或 Z418、RZ05G 催化剂配合使用，适用于以轻石脑油、炼厂气、天然气、液化气等为原料制取氢气、氨合成气、羰基合成气等过程；Z409、Z419、RZ409 催化剂是以重度碱性矿物为助剂，应用在转化炉上半部，与下段 Z405G 或 Z418、RZ405G 催化剂配合使用，适用于以重石脑油、轻石脑油、液态烃等为原料制取氢气、氨合成气、羰基合成气等过程；Z601 催化剂是以低碱性矿物为助剂，应用在转化炉上半部，与下段 Z602 催化剂配合使用，适用于以炼厂气、天然气、轻烃等为原料制取氢气、合成气、羰基合成气等过程。

[生产单位]山东齐鲁科力化工研究院有限公司、山东公泉化工股份有限公司等。

4. 浸渍型烃类转化催化剂

[工业牌号]Z405G、Z418G、RZ405G、Z602、Z412Q、Z413Q 等。

[主要组成]以预烘制的载体浸渍以 Ni 为活性组分的溶液。

[产品规格及使用条件]

催化剂牌号 项目	Z405G	Z418G	RZ405G	Z602		Z412Q	Z413Q
形状	拉西环	四孔柱	拉西环	拉西环	四孔柱	车轮/四孔	车轮/四孔
外径/mm	16	16	16	16	16	16	16
内径/mm	6	4×4	6	6	4×4	七筋/4×4	七筋/4×4
高度/mm	16	16	16	16	16	8~9	16
堆密度/(kg/L)	1.0~1.2	0.90~1.05	0.9~1.1	1.0~1.2	0.9~1.1	1.0~1.2	1.0~1.2
活性组分	NiO	NiO	Ni	NiO	NiO	NiO	NiO
装填位置	转化炉下半部，装填比例 40%~60%						
配套催化剂	Z402、Z409、Z417、Z419、RZ402		RZ409、RZ402	Z601	Z601	Z413Q	Z412Q
原料	石脑油、炼厂气、液化气、天然气、富甲烷			炼厂气、轻烃、天然气、富甲烷		天然气、油田气、富氢气	
使用温度	600~1000℃					450~1000℃	
水碳比/(mol/mol)	2.5~5.0					2.5~5.0	
碳空速/h⁻¹	50~1500					500~2000	

[用途]浸渍型烃类转化催化剂是由活性组分浸渍在预烘制的铝酸钙或氧化铝载体上制得，耐热温度高达 1200℃，长期使用其强度基本不变，抗积炭性能也很强。其中 Z405G、Z418 是以铝酸钙为载体的镍系催化剂，应用于转化炉下半部，与上段 Z417、Z419、Z402、Z409 等催化剂配合使用，适用于各种烃类原料的蒸汽转化过程；Z412Q、Z413Q 是以氧化铝为载体的镍系四孔凸面催化剂，并以稀土为助剂，应用在转化炉上半部，分别与下段 Z413Q、Z412Q 催化剂配合使用，适用于以天然气、油田气、富甲烷气等烃类为原料的蒸汽转化制取氢气、氨合成气、羰基合成气等过程；Z602 是以铝酸钙为载体的拉西环或四孔粒状镍系催化剂，应用在转化炉下半部，与上段 Z601 催化剂配合使用，适用于以炼厂气、天然气、轻烃等为原料制取氢气、氨合成气等过程；RZ405G 是拉西环状还原态镍催化剂，应用于转化炉下半部，与下段 RZ409、RZ402 催化剂配合使用，适用于石脑油、炼厂气等各种烃类原料制取氢气、氨合成气等过程。

[生产单位]山东齐鲁科力化工研究院有限公司、山东公泉化工股份有限公司等。

(三)一氧化碳变换催化剂

在烃类蒸汽转化制氢过程中，在转化炉出口气体中还含有较多的 CO，必须经过中(高)温变换及低温变换工序，以求最大程度地生产氢气。在国外制氢技术发展初期，也有制氢装置不采用变换工艺的，但不采用 CO 变换工艺时，由于原料耗量会大幅度提高（约提高 15% ~ 20%），造成转化炉的热负荷也大幅度提高。同时对于后续变压吸附（PSA）净化而言，由于气体中含有大量 CO，会造成 PSA 的投资增加，必须增设 CO 的专用吸附剂才能达到要求的氢气纯度。所以，在以后的制氢装置设计中，均采用一氧化碳变换工艺，国内已建的所有制氢装置也都采用一氧化碳变换工艺。

工业上将操作温度高于 250℃ 的 CO 变换反应称为中（高）温变换，操作温度在 250 ~ 500℃ 之间，制氢装置一般采用 330 ~ 400℃ 的中温变换；工业上将操作温度低于 250℃ 的 CO 变换反应称为低温变换，制氢装置低温变换的操作温度在 190 ~ 230℃ 之间。

在中温变换反应器中，在 330 ~ 400℃ 的温度下，通过 CO 中温变换催化剂的作用，将转化气中的 CO 变换为 H_2 和 CO_2（$CO + H_2O = CO_2 + H_2$）。控制中温变换气出口 CO 含量小于 3%，再将温度降至 190℃ 左右进入低温变换反应器。

中温变换催化剂的主要活性组分是铁和铬的氧化物（Fe_3O_4、Cr_2O_3）。其中 Fe_3O_4 的表面是 CO 变换反应的活性位，$Cr_2O_{3~5}Fe_3O_4$ 形成固溶体，起着助催化剂的作用。在高温下 Cr_2O_3 可以防止铁晶粒长大，保持催化剂活性，并能提高催化剂的强度和比表面积，抑制析炭等反应。催化剂生产厂提供的中温变换催化剂是以 Fe_2O_3 的形态存在，使用前必须在有水蒸气存在下，用氢气或 CO 等还原气体将催化剂进行还原，因为只有还原为 Fe_3O_4，催化剂才有变换活性。在低温变换反应器中，中变气在 CO 低温变换催化剂的作用下进一步发生变换反应，将剩余的 CO 进一步变换为 CO_2 和 H_2，并控制低变气出口 CO 含量小于 0.3%。

低温变换催化剂的主要组分是金属铜（Cu）、ZnO 及 Al_2O_3。铜对 CO 活化能力比 Fe_3O_4 强，但不及镍，镍会促进生成 CH_4 副反应，其选择性比铜差，故常选择铜作低温变换的活性组分。铜微晶在 5 ~ 15nm 之间，铜微晶越小则催化剂铜表面积也越大，活性就越高。单独的铜微晶在还原气氛中于 200℃ 下使用时，最小晶粒也超过 100nm，使晶粒长大，铜表面积锐减，活性丧失。而当催化剂含有 ZnO、Al_3O_3 或 Cr_2O_3 时，它们的熔点远高于铜熔点（1083℃），都能使铜微晶稳定。Zn^{2+} 与 Cu^{2+} 的半径相近，还原后 ZnO 可均匀分布于许多铜微晶之间，提高铜微晶的热稳定性，而 Al_2O_3 可制得细小粒子，并能与 ZnO 形成尖晶石结构。所以，低变催化剂常以 ZnO、Al_2O_3 作助剂，起着间隔、稳定、承载铜微晶的作用。与中温变换催化剂相似，催化剂生产厂提供的低变催化剂也是以 CuO 的形态存在，使用前也必须用 H_2 或 CO 等还原性气体对催化剂还原，只有在还原为金属铜时，催化剂才有变换活性。

1. 一氧化碳中（高）温变换催化剂

[别名]中变催化剂。

[主要组成]一氧化碳变换是烃类蒸汽转化制氢的过程之一。在催化剂作用下，先将转化气中的 CO 与水蒸气进一步反应变换成 CO_2 和 H_2，然后用碱液吸收将 CO_2 除去，中变气出口 CO 含量 <3%。CO 中（高）温变换催化剂的品种很多，大多是以氧化铁为主要活性组分，以 Cr_2O_3 为主要助剂的铁铬系催化剂。为提高催化剂的性能，在某些牌号中还添加了 K_2O、CaO、MgO 或 Al_2O_3 等助剂。为了减少剧毒的 Cr_2O_3 对水质及环境的污染，中变催化剂的最新发展方向是研制低铬或无铬催化剂。

[产品规格及使用条件]

项目 ＼ 工业牌号	B110-2	B111	B112	B113	B114	B115	B116	B117	B118	B119	B120	B121	FB122	FB123	BM-1	BX	DGB	KLB-101
外观	圆柱	圆柱	圆柱	圆柱	圆柱	圆柱	圆柱	圆柱	圆柱	圆柱	圆柱	圆柱	圆柱	圆柱	片状	片状	片状	片状
外形尺寸/mm	φ(9~9.5)×(5~7)	φ(9~9.5)×(5~7)	φ(9~9.5)×(5~7)	φ(9~9.5)×(5~7)	φ(9~9.5)×(5~7)	φ(9~9.5)×(5~7)	φ(9~9.5)×(5~7)	φ(9~9.5)×(5~7)	φ(9~9.5)×(5~7)	φ(9~9.5)×(5~7)	φ(9~9.5)×(5~7)	φ(9~9.5)×(5~7)	φ5×(4~5)	φ9×(6~9)	φ9×(5~7)	φ8×(5~7)	φ9×(5~7)	φ9×(7~9)
堆密度/(kg/L)	1.4~1.6	1.5~1.6	1.4~1.6	1.3~1.45	1.35~1.45	1.33~1.55	1.45~1.55	1.5~1.6	1.3~1.65	1.1~1.3	1.3~1.5	1.35~1.6	1.2~1.35	1.3~1.5	1.6	1.3~1.4	1.4~1.6	1.1~1.3
孔隙率/%	—	—	—	45	40~50	—	—	—	—	—	—	—	—	—	—	—	—	50~60
比表面积/(m^2/g)	35	50	—	24	80~110	35	40	50~60	74	108	—	—	—	—	—	—	—	>100
氧化铁/%	79	65	75	75	77~83	73	25	65~75	60	79~83	71~81	≤75	—	—	75~85	77~81	65~75	主要成分
氧化铬/%	8	7.6	6	7	8~11	—	3	3~6	9	7~10	3	—	—	—	≥6	3	2.5~3.5	助剂
氧化钾/%	—	—	—	—	0.3~0.4	—	—	—	—	—	0.3~0.5	—	—	—	0.3~0.4	0.3~0.3	—	—
硫酸根（以 S 计）含量/%≤	0.6	—	—	0.025	—	—	1.0	—	—	0.045	氧化铈≥2%	—	—	—	—	—	氧化铈≥2%	—
总钼含量（以 MoO_3 计）/%≥	—	4.5	2.2	—	—	—	—	—	—	—	—	—	—	—	—	2.2	—	—
操作温度/℃	300~500	300~530	290~480	320~370	—	340~450	400~700	300~500	330~530	300~400	—	—	370~450	370~500	296~520	350~500	296~520	280~360
操作压力/MPa	0.1~3	0.1~4	0.1~4	0.1~4	—	0.1~2	0.1~2	0.1~2	0.1~4	0.1~4	—	—	0.5~6	0.5~8	0.1~8	0.1~2	0.1~8	0.1~3
空速/h^{-1}	3000	500~700	300~1000	350~2000	—	—	400~1000	400~1000	700~2000	3000（加压）	—	—	500~2500	500~2500	300~1200	300~1200	300~1200	2000~3000
汽/气体积比	≥0.6	—	—	0.6~0.8	—	0.6~0.65	0.5~0.6	0.6~0.8	0.7~0.8	—	—	—	0.4~0.45	<0.5	0.6~0.8	0.4~0.7	0.6~0.8	≥0.4

[用途]用作烃类蒸汽转化制氢工艺中一氧化碳中(高)温变换催化剂,也可用作合成氨、合成甲醇等制氢工艺中的 CO 变换过程。经变换后出口气中 CO 含量小于3%。经降温后进入低温变换反应器进行 CO 低温变换。

[简要制法]以硫酸亚铁、铬酐、碳酸铵及其他助剂等为原料,不同形状及不同牌号的产品可采用混合法、共沉淀法、浸渍法及混沉法等不同制备方法制得。

[生产单位]南京化学工业公司催化剂厂、西北化工研究院、川化股份有限公司催化新材料公司、山东齐鲁科力化工研究院有限公司等。

2. 一氧化碳低温变换催化剂

[别名]低变催化剂。

[主要组成]Cu – Zn – Al 或 Cu – Zn – Cr。

[产品规格及使用条件]

工业牌号 项目	B202	B203	B204	B205	B206	CB – 2	CB – 5	CB – 9	LB205	RSB – A	RSB – Q
外观	黑色圆柱	黑色片状	黑色圆柱	黑色片状	黑色圆柱	黑色圆柱	黑色片状	黑色圆柱	黑色圆柱	灰蓝色球或条	灰蓝色或浅红色球
外形尺寸/mm	$\phi5\times(4.5\sim5.5)$	$\phi6\times(3.5\sim4)$	$\phi5\times(4\sim5)$	$\phi6\times(3.5\sim4.5)$	$\phi5\times(4\sim5)$	$\phi5\times(4.5\sim5)$	$\phi6\times3$ $\phi5\times2.5$	$\phi5\times(4\sim6)$	$\phi5\times(4\sim5)$	球:$\phi3\sim5$ 条:$\phi2.7\sim3.3$	$\phi4\sim6$
堆密度/(kg/L)	$1.4\sim1.5$	≤1.4	$1.4\sim1.6$	≤1.4	$1.4\sim1.6$	≤1.3	$1.15\sim1.27$	—	$1.4\sim1.6$	$0.8\sim0.9$	$0.75\sim1.0$
比表面积/(m²/g)	$60\sim80$	$50\sim70$	$65\sim85$	$60\sim80$	$65\sim85$		$75\sim85$				
径向抗压强度/(N/cm)	157	≥200	157	≥200	≥250	≥196	≥180	≥180	≥180	≥50	≥40
CuO/%	>29	$17\sim19$	$35\sim40$	$28\sim31$	$34\sim42$	$34\sim41$	$38\sim42$	$38\sim42$	Cu – Zn – Al₂O₃		
ZnO/%	$41\sim47$	$28\sim31$	$36\sim41$	$44\sim51$	$34\sim42$	$34\sim41$	$41\sim45$	$41\sim45$			
Al₂O₃/%	$8.4\sim10$		$8\sim10$	$8\sim10$	$6.5\sim10.5$	$6.5\sim10.5$	$8\sim10$	$8\sim10$			
Cr₂O₃/%	—	$44\sim48$									
操作温度/℃	$180\sim230$	$180\sim240$	$200\sim240$	$200\sim260$	$180\sim260$	$210\sim300$	$180\sim260$	$180\sim260$	$180\sim260$	$180\sim200$	$180\sim200$
操作压力/MPa	≤3.0	$1\sim5.0$	≤4	$1\sim5$	<4.2	<3	$0.1\sim5$	$0.1\sim5$	$0.1\sim8.0$	常压或加压	常压或加压
空速/h⁻¹	$1000\sim2000$	≤4000	$1000\sim2500$	$1000\sim4000$	$2000\sim3000$	$1000\sim2000$	$1000\sim3500$	≤3500	$1000\sim4000$	$2000\sim3000$	$1000\sim2000$
汽/气体积比	—	≥0.045		≥0.4	$0.28\sim0.6$	≥0.35	≥0.35	≥0.35	≥0.2	—	—

［用途］用作烃类蒸汽转化制氢工艺一氧化碳低温变换催化剂。也可用于合成氨、合成甲醇等制氢工艺中的 CO 低温变换过程，经变换后出口气中 CO 含量小于 0.3%，低变气再送至脱碳系统进一步脱除 CO_2，以提高氢气纯度。低温变换催化剂分为 Cu – Zn – Cr 及 Cu – Zn – Al 两类三元体系，由于 Cr_2O_3 比 Al_2O_3 价高，且对人体有害，故国内开发的低温变换催化剂多数为 Cu – Zn – Al 系。使用前须用还原性气体对催化剂进行还原。

［简要制法］先将铜盐、锌盐与碱液经共沉淀、洗涤，然后在料浆中加入氢氧化铝，再经过滤、干燥、成型、焙烧分解制得成品催化剂。

［生产单位］南京化学工业公司催化剂厂、西北化工研究院、川化股份有限公司催化新材料公司等。

（四）甲烷化催化剂

在烃类转化制氢工艺过程中，经过中（高）、低温变换后的低变气，换热降温至 100℃ 左右、进入脱碳塔，其中的 CO_2 与苯菲尔溶液中的碳酸钾反应生成碳酸氢钾，脱除 CO_2 的粗氢气经换热升温后，进入甲烷化反应器，在甲烷化催化剂的作用下，粗氢气中的 CO、CO_2 与 H_2 反应生成 CH_4 与 H_2O，经脱去水后，制得氢纯度大于 95% 的工业氢气。在典型的甲烷反应器操作条件下，每 1% CO 转化的绝热温升为 72℃，每 1% CO_2 转化的绝热温升为 60℃，制氢装置中甲烷化反应器入口温度一般在 280～300℃ 之间。通过甲烷化反应，可将粗氢中（CO + CO_2）的含量降至 50μg/g 以下。

甲烷化反应为强放热反应，在过渡金属中，CO 甲烷化的活性顺序为：

$$Ru > Ir > Rh > Ni > Co > Os > Pt > Fe > Pa$$

如以单位金属表面上反应速度表示活性顺序时为：

$$Ru > Fe > Ni > Co > Rh > Pa > Pt > Ir$$

其中以 Ni、Ru、Fe 最受人们关注，以 Ru 活性最高，但其价格很高，缺乏工业应用价值，铁价廉易得，但铁需在高温高压条件下才有活性，而且选择性差，易生成液烃副产物，所以，目前使用的甲烷化催化剂主要组分是金属镍（Ni）、Al_2O_3 及 MgO，其中金属镍是甲烷化催化剂的活性组分，Al_2O_3 及 MgO 作为催化剂的载体或助剂，起着负载和稳定活性组分的作用。而由生产商提供的甲烷化催化剂产品，多数是以氧化态（NiO）的形式提供的，首次使用时，也必须用氢气将催化剂中的 NiO 还原成金属 Ni 才具催化活性。

甲烷化催化剂的活性稳定，如果脱碳工序稳定，甲烷化入口气中 H_2S 等毒物脱除干净，催化剂使用寿命可达 8～10 年。影响甲烷化催化剂失活的主要因素是中毒或烧结。硫、砷、卤素都是催化剂毒物，而以硫为最常见的毒物，并且是累积性毒物，即使吸收 0.1%～0.2% 的硫也会使催化剂活性明显下降，而且中毒是不可逆的永久性中毒。所以为保证催化剂有较长使用寿命，应将入口气中的硫浓度降到 10^{-9} 级的水平。

甲烷化催化剂

［主要组成］以 Ni 为主要活性组分，Ni 含量在 10%～30% 之间，并加入适量助剂，以 γ – Al_2O_3 或 SiO_2、ZrO_2、铝酸钙水泥等为催化剂载体。

［产品规格及使用条件］

催化剂牌号 / 项目	J101	J101Q	J103H	J105	J106	J106Q	J106-2Q (高压)	J107	J111	XDJ21
外观	片状	球形	条状	片状	条状	球形	球形	片状	圆柱	球形
外形尺寸/mm	φ5×5	φ6×(3~6)	φ6×(5~8)	φ5×5	φ4×(10~20)	φ5×8	φ4~5	φ5×8	φ5×(4~5)	φ2~3
堆密度/(kg/L)	0.9~1.2	1.0	0.8~0.9	1.0~1.2	0.8~0.9	0.85~0.95	0.9~0.96	1.1~1.2	1.25~1.35	0.78~0.85
比表面积/(m²/g)	>250	120	130~200	100	150	100~200	140	—	>80	—
抗压强度/(N/cm)	>160	>25(N/粒)	—	>180	192	150	—	>150	—	>50(N/粒)
Ni/%	>21	12~20	12~14	>12	14~15	>12	≥14.0	>5	—	—
MgO/%	—	—	—	10.5~14.5	0.8	1.0	≥3.0(助剂)	—	—	—
Re₂O₃/%	—	—	—	7.5~10	6.7	2	—	2	—	—
Al₂O₃/%	4.2~4.6	余量	75~80	余量	余量	余量	余量	含TiO₂	—	—
操作温度/℃	270~400	270~400	250~500	270~420	270~450	250~430	250~430	250~400	270~400	270~400
操作压力/MPa	0.1~3	0.1~2	0.1~5	0.1~3	0.1~5	0.5~5	≤35	0.1~6	0.8~4	0.8~4
空速/h⁻¹	200~300	2000~5000	5000~8000	6000~10000	6000~8000	3000~10000	≤13000	≤10000	2000~10000	2000~10000
进口 (CO+CO₂)/%	0.7	<0.7	<0.7	<0.7	0.7	0.7	0.7	≤0.7	0.7	≤0.7
出口 (CO+CO₂)/10⁻⁶	<10	<10	<10	<10	<10	<10	<10	0.1	<10	≤10

[用途]用于制氢装置或中、小型合成氨厂对微量 CO、CO_2 的脱除净化工序，在甲烷化催化剂作用下，将粗氢中的 CO、CO_2 与氢气反应生成甲烷。

[简要制法]有浸渍法和共沉淀法两种制备方法。浸渍法是将特制载体浸渍硝酸镍及硝酸镁混合溶液后，经干燥、焙烧制得成品催化剂；共沉淀法是先将镍及镁的硝酸盐与纯碱进行中和、沉淀、过滤、干燥后，再与氢氧化铝进行混碾、成型、干燥、焙烧而制得催化剂产品。

[生产单位]南京化学工业公司催化剂厂、西北化工研究院、川化股份有限公司催化新材料公司、辽宁海泰科技发展有限公司等。

（五）甲醇催化裂解制氢催化剂

甲醇通过分解反应、部分氧化反应和水蒸气裂解反应均可制得氢气：

分解反应：$CH_2OH \rightarrow CO + 2H_2 + 90.5kJ/mol$

部分氧化反应：$CH_3OH + \frac{1}{2}O_2 \rightarrow 2H_2 + CO_2 - 192.2kJ/mol$

水蒸气裂解反应：$CH_3OH + H_2O \rightarrow 3H_2 + CO_2 + 49.4kJ/mol$

由以上反应式可知，甲醇分解反应可生成 $H_2/CO = 2:1$ 的合成气，通过分离可获得 CO 和 H_2；甲醇部分氧化反应是放热反应，生成 2 分子 H_2 和 1 分子 CO_2，生成的氢量与分解反应相等，而甲醇中的碳转化为廉价的 CO_2；甲醇水蒸气裂解反应生成的氢量最多，1 分子甲醇可生成 3 分子 H_2，同时生成 1 分子 CO_2。因此，对于制氢过程而言，甲醇水蒸气裂解反应最具工业价值。甲醇在催化剂存在和一定反应条件下与水蒸气反应可生成 H_2 及 CO_2。

[产品规格]CNZ - 1 型甲醇催化裂解制氢催化剂

催化剂牌号 项目	CNZ - 1
外观	黑色圆柱体
外形尺寸/mm	$\phi(4.5 \sim 5.5) \times (5 \sim 10)$
堆密度/(g/mL)	1.00 ± 0.15
径向抗压强度/(N/cm)	$\geqslant 60$
活性：转化气时空产气量/(Nm³/cm³·h)	$\geqslant 600$

[性能特点]甲醇催化裂解制氢工艺具有操作简单、节能、无污染等特点。在催化剂作用下，甲醇和水经汽化、催化裂解一次生成含约 74% 氢和约 24% CO_2 的混合气。采用先进的专用吸附剂和工艺，氢气收率为 88% ~ 92%，氢气纯度为 99.9% ~ 99.999%。氢气压力范围为 0.5 ~ 2.2MPa。副产物 CO_2 可用作食品添加剂、焊接保护气等。

[研制单位]西南化工研究院。

六、硫黄回收催化剂

硫黄又称硫，是世界上最丰富的天然元素之一，为黄色固体，可分为结晶型硫和无定形硫两类，结晶型又有许多同素异形体，主要为斜方硫（或称 α - 硫，是由 S_8 环状分子结晶而成）及单斜硫（或称 β - 硫，也是由 S_8 环状分子组成）。在常温下，斜方硫是稳定的，在一定温度下，斜方硫与单斜硫可以相互转换；$\alpha-硫 \underset{<95.5℃}{\overset{>95.5℃}{\rightleftharpoons}} \beta-硫$。无定形硫主要为弹性硫（又称 $\gamma-$硫），它由熔融硫迅速倒入冷水中制得，不稳定，很快转变为 $\alpha-$硫。自然条件下只有 $\alpha-$硫稳定，通称自然硫，属斜方晶系，晶体呈菱形双锥状或厚板状，集合体为粒状、块状或粉末状，常态下呈黄色，含杂质时呈棕、黄、红、灰或黑色，相对密度 2.07，熔点 112.8℃，沸点 444.67℃。$\beta-$硫的相对密度 1.96，熔点 119.25℃，沸点 444.67℃。

硫的化学性质较活泼，能和除金、铂以外的各种金属直接化合，生成金属硫化物，也能和许多非金属起反应。硫黄广泛用于制造硫酸、硫酸盐、二硫化碳及硫化物等，也用于制造火柴、杀虫剂、焰火、染料及药物等。硫黄粉也是橡胶最主要的硫化剂。橡胶工业中除使用硫黄粉外，还使用经硫黄加工得到的不溶性硫、胶体硫、升华硫、沉淀硫及脱酸硫等，广泛用于制造轮胎、胶管、胶鞋等，所以，一个国家的人均耗硫量也常用于衡量该国工业发达的水平。

在炼油工业，由原油加工过程脱硫生成的酸性气体中含有一定量的硫，在天然气生产和加工、煤化工生产和回收等过程中都含有 H_2S。回收这些酸性气体中的硫化物或脱除天然气中的 H_2S，不仅可使宝贵的硫资源得到综合利用，用于生产优质硫黄，又可防止环境污染。

从含 H_2S 的酸气中回收硫黄时主要采用氧化催化制硫法，通常称之为克劳斯法。1883年最初采用的克劳斯法是在铝钒土或铁矿石催化剂床层上，用空气中的氧将 H_2S 直接燃烧（氧化）生成元素硫和水，即；

$$H_2S + \frac{1}{2}O_2 \rightleftharpoons S + H_2O$$

上述反应是高度放热反应，故反应过程很难控制，不但反应热难以回收利用，而且硫黄收率很低，经过半个世纪的发展，改进的克劳斯法是将 H_2S 的氧化分为两个阶段：①热反应段，即在反应炉（也称燃烧炉）中将 1/3 体积的 H_2S 燃烧生成 SO_2，并放出大量热量，酸气中的烃类也全部在此阶段中燃烧；②催化反应段，即将热反应中 H_2S 燃烧生成的 SO_2 与酸气中其全体积的 H_2S 一起进入转化器，进行催化转化反应，转化器内装有催化剂，自转化器出来的反应物经冷凝冷却，即可得到硫黄。为达到较高的硫黄回收率，工业装置常设有多级转化器，采用两级转化时，硫黄回收率为 93%～95%，三级转化时为 94%～96%，四级转化时则可达到 95%～97%，所得硫黄的纯度为 99.8%。目前的克劳斯法大都采用改进的克劳斯工艺，如图 1-2 所示。

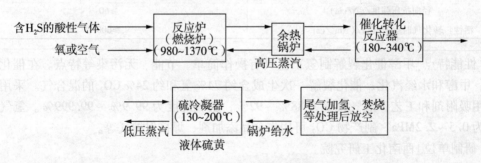

图 1-2　改良克劳斯法示意图

用克劳斯法从酸性气体中回收硫黄时，由于克劳斯反应是可逆反应，受到化学平衡的限制，以及存在其他硫损失等原因，即使采用多级转化和高活性催化剂，克劳斯装置的硫黄总回收率通常也不超过 96%～97%，由于克劳斯装置的尾气中，除含有 CO_2、N_2、H_2 及 H_2O 外，还含有未反应的 H_2S，以及硫蒸气、SO_2、液硫及其他有机硫化物等，其总含量约 1%～4%。因为 H_2S 的毒性大，早期的方法是将尾气中的全部硫化物通过焚烧转化成 SO_2

后由烟囱排放。这种方法不仅浪费硫资源，也难以达到越来越严格的含硫废气排放标准。通过不断改进克劳斯法工艺及开发各种尾气处理工艺，现已工业化的尾气处理方法有数十种之多。其中斯科特(SCOT)法是一种还原－吸收工艺，由还原和吸收两部分组成，还原部分是将克劳斯装置尾气中的 SO_2 和元素硫等在钴－钼加氢催化剂上加氢还原生成 H_2S。反应所需还原性气体(H_2 或 $H_2 + CO$)可由外界供给，也可由天然气不完全燃烧产生。通常，加氢还原后的尾气中除 H_2S 外的硫化物含量可达到不超过 50×10^{-6}。吸收部分采用选择性脱硫工艺，最初使用二异丙醇胺溶剂，目前大多选用甲基二乙醇胺作为吸收脱硫剂，经选择性脱除其中的 H_2S，脱除下来的酸气返回上游克劳斯装置，处理后的尾气送至焚烧炉经选择性焚烧后排空。斯科特法的投资及操作费用较高，但它与克劳斯装置配套时总硫收率可达 99.9%，净化度高，应用广泛，尤适合于对环保要求严格的大型装置采用。

克劳斯装置所用硫黄回收催化剂大致可分为铝基及钛基硫黄回收催化剂两类。

铝基硫黄回收催化剂包括天然铝钒土、高纯度活性氧化铝及加有添加剂的活性氧化铝催化剂等。天然铝钒土是早期使用的一种催化剂，其主要成分是 Al_2O_3 水合物($Al_2O_3 \cdot 3H_2O$ 或 $Al_2O_3 \cdot H_2O$)，还含有少量 Fe_2O_3、SiO_2、TiO_2。用作硫黄回收催化剂时，一般选用 α－三水铝石的铝矾矿，经 $400 \sim 500℃$ 加热脱水成为活性氧化铝。这类催化剂因强度差，对有机硫水解反应几乎无活性等缺点，目前除极少数小型装置外，大部分都改用合成的高纯度活性氧化铝催化剂。对同一装置而言，采用高纯度活性氧化铝催化剂后，总转化率至少可提高 3%。但活性氧化铝催化剂在使用过程中，所含 Al_2O_3 会与过程气中的 SO_2、SO_3 及 O_2 等反应生成硫酸盐，从而覆盖催化剂表面活性中心，降低催化剂活性，并引起床层压降增大。为此又开发出加有添加剂(Ti、Si、Fe 等氧化物、含量为 $1\% \sim 8\%$)的活性氧化铝催化剂，加入适量助剂的铝基催化剂不仅有较好抗硫酸盐化能力，也有较强的有机硫水解反应活性。

钛基硫黄回收催化剂也可分为两类，一类是以活性氧化铝为主要成分，添加一定量钛作为活性成分。另一类是由 TiO_2 粉末，少量助剂及水经混捏、成型、干燥、焙烧制得，与活性氧化铝催化剂比较，钛基催化剂对过程气中的 COS、CS_2 有良好的水解活性，而且 TiO_2 与过程气中 SO_2 反应生成的 $Ti(SO_4)_2$ 和 $TiSO_4$ 在相应的操作温度下是不稳定的，因而不存在催化剂硫酸盐化现象，当过程气中存在游离氧时，这类催化剂还有将 H_2S 直接氧化成元素硫的能力。

(一)国外硫黄回收催化剂

我国第一套克劳斯法硫黄回收装置于 1965 年在四川建成，从含硫天然气副产的酸性气中回收硫黄，目前国内有数十套克劳斯法硫黄回收装置，其中多数装置使用国内生产的硫黄回收催化剂，但仍有少数引进装置使用进口催化剂。国外生产的催化剂有铝基及钛基硫黄催化剂。表 1-22 示出了国外部分铝基催化剂的主要化学组成及物理性质。

表 1-22　国外部分铝基硫黄回收催化剂

公司名称　　催化剂牌号　项目	Rhone - Poulenc	LiaRoche	BASF	Alcoa
	CR	S-201	R10-11	S-100
外形	小球	小球	小球	小球
外形尺寸/mm	$\phi(4 \sim 6)$	$\phi(5 \sim 6)$	$\phi 5$	$\phi(5 \sim 6)$
堆密度/(g/mL)	0.67	$0.69 \sim 0.75$	0.70	0.72

公司名称 催化剂牌号 项目	Rhone – Poulenc CR	LiaRoche S – 201	BASF R10 – 11	Alcoa S – 100
比表面积/(m²/g)	260	280~360	300	340
孔体积/(mL/g)	—	—	0.5	0.55
抗压强度/(N/粒)	120	140~180	150	250
磨耗率/%	—	0.5~1.5	<1.0	—
大孔率(>70nm)/(mL/g)	—	0.08~0.14	—	0.11
灼烧失重/%	4	6	5	4.5
Al_2O_3/%	>95	93.6	>95	95.1
Fe_2O_3/%	0.05	0.02	<0.05	0.02
SiO_2/%	0.04	0.02	—	0.02
Na_2O/%	<0.1	0.35	<0.1	0.30
主要特点	大孔率高、堆密度小、以体积为基准的催化剂用量少	低温活性高，可用于低温克劳斯工艺	有较好机械强度，对 COS、CS_2 的水解活性好	抗压强度高、转化活性高、球粒表面光滑、床层阻力小

(二)国内硫黄回收催化剂

1. 硫黄回收催化剂(一)

[工业牌号]A918、A938、A958、A958B、A968、A988、SRC – T 等。

[主要组成]由 Al_2O_3 添加活性组分或由 TiO_2 添加活性组分。

[产品规格]

催化剂牌号 组成	A918	A938	A958	A958B	A968	A988	SRC – T
外观	白色或微红色球	白色球	红褐色球	红褐色球	白色球	白色条	白色球
外形尺寸/mm	φ(4~6)	φ(4~6)	φ(4~6)	φ(3~5)	φ(4~6)	φ(3~5)×(5~25)	φ(4~6)
化学组成	Al_2O_3	Al_2O_3 +活性组分	Al_2O_3 +活性氧化物	Al_2O_3 浸渍活性氧化物	TiO_2 /Al_2O_3	TiO_2 +助剂	Al_2O_3 +TiO_2
堆密度/(kg/L)	0.6~0.8	0.6~0.8	0.7~0.9	0.75~0.95	0.6~0.8	0.8~1.0	0.7~0.8
比表面积/(m²/g) ≥	300	300	260	230	260	100	240
孔体积/(mL/g) ≥	0.4	0.4	—	—	—	0.20	—
抗压强度/(N/粒) ≥	130	130	130	130	120	120	100
磨耗率/% ≤	1.0	1.0	0.3	0.3	1.0	1.0	—
灼碱/%	5~7	5~7	—	—	—	—	—

[用途]A918 是用于克劳斯工艺过程的硫黄回收催化剂，具有孔隙率大、比表面积高、催化活性高、热稳定性好、对有机硫水解率强、使用寿命长等特点；A938 为助剂型硫黄回收剂，是在活性 Al_2O_3 基础上添加活性组分而成，具有活性高、热稳定性好、磨损率小、耐硫酸盐中毒等特点；A958 为脱氧保护型硫黄回收催化剂，可单独作为克劳斯催化剂使用，也可与 A918 催化剂配合使用起到脱氧保护剂作用，尤适用于酸性气 H_2S 含量或流量变化幅度较大的硫回收装置使用；A958B 为低温克劳斯催化剂，是在硫黄露点以下使用的硫黄回收催化剂，具有耐硫酸盐化能力强、使用寿命长的特点；A968、A988 及 SRC – T 硫黄回收剂都是以 TiO_2 为活性组分并添加 Al_2O_3 或专用助剂制得。催化剂具有有机硫转化率高、耐硫酸盐化能力强、热稳定性和水热稳定性好等特点，主要用于催化克劳斯硫黄回收工艺中 H_2S 与 SO_2 反应生成单质硫。

[简要制法]由氢氧化铝等原料经沉淀、过滤、干燥、成型、焙烧等过程制得。

[生产单位]山东迅达化工集团公司、辽宁海泰科技发展有限公司等。

2. 硫黄回收催化剂(二)

[工业牌号]NCT – 10、NCT – 11、NCT – 12、YHC – 221、YHC – 222。

[主要组成]以 Al_2O_3 为主要活性组分，并适当加入 MgO、CuO、TiO_2 等助剂，

[产品规格]

催化剂牌号 项目	NCT – 10	NCT – 11	NCT – 12	YHC – 221	YHC – 222
外观	白色球	白色球	白色球	红褐色球	淡黄色球
外形尺寸/mm	$\phi(5\sim7)$	$\phi(4\sim6)$	$\phi(3\sim5)$	$\phi(4\sim6)$	$\phi(4\sim6)$
堆密度/(g/mL)	0.65~0.70	0.65~0.75	0.69	0.7~0.9	0.7~0.8
孔体积/(mL/g)	0.3~0.4	0.3	0.3	—	≥0.3
比表面积/(m²/g)	240~260	180~220	204	≥200	≥202
抗压强度/(N/粒)	—	—	—	≥150	≥200

[用途]用作克劳斯装置硫黄回收催化剂，具有良好的有机硫水解活性、抗硫酸盐性及活性稳定性，也可用于天然气净化厂、焦化厂、炼厂及其他领域的硫黄回收装置以回收硫黄。

[简要制法]以铝酸钠、无机酸等为原料，经成胶沉淀、洗涤、干燥、成型、焙烧等过程制得。

[生产单位]南京化学工业公司催化剂厂、江苏汉光集团宜兴市诚信化工厂等。

3. 硫黄回收尾气加氢催化剂

[工业牌号]YHC – 222、A999、A999Y。

[主要组成]以 Co、Mo 为活性组分，以 Al_2O_3 为催化剂载体。

[产品规格及使用条件]

催化剂牌号 项目	YHC – 222	A999	A999Y
外观	灰蓝色小球	蓝色球或条	灰色条
外形尺寸/mm	$\phi(4\sim6)$	$\phi(3\sim6)$ 或 $\phi3\times(5\sim15)$	$\phi3\times(5\sim25)$

催化剂牌号 项目		YHC – 222	A999	A999Y
抗压强度/(N/粒)	≥	110	120	120
堆密度/(g/mL)		0.7 ~ 0.9	0.5 ~ 0.85	0.8 ~ 0.9
比表面积/(m²/g)	≥	180	200	200
孔体积/(mL/g)	≥	0.19(<30nm)	0.35	0.35
磨耗率/%		—	1.0	1.0
床层进口温度/℃		260 ~ 320	—	—
操作压力(表压)/kPa		≤29	—	—
空速/h⁻¹		1500	—	—
加氢量		应保证加氢尾气 中有过量的氢存在	—	—

[用途]用于克劳斯硫黄回收装置的尾气加氢转化过程，在钴－钼催化剂作用下，将克劳斯法脱硫尾气中残余的 SO_2 及其他硫化物还原成 H_2S，再用醇胺溶液吸收 H_2S，吸收富液经再生释放出 H_2S，返回克劳斯装置回收硫黄。催化剂具有加氢活性及有机硫水解活性高、稳定性好、对复杂有机硫化物有较高转化能力等特点，其中 A999Y 为预硫化尾气加氢转化催化剂，已进行预硫化处理，开工时不需要预硫化，可直接使用。

[生产单位]江苏汉光集团宜兴市诚信化工厂、山东迅达化工集团有限公司等。

4. 低温硫黄尾气加氢转化催化剂

[工业牌号]A999G、TG2514。

[主要组成]以 Co、Mo 为活性组分、以 Al_2O_3 为载体，并加入适量助剂。

[产品规格]

催化剂牌号 项目		A999G	TG 2514
外观		蓝色条	三叶草条
外形尺寸/mm		φ(2 ~ 4) × (5 ~ 25)	φ2 × (3 ~ 15)
组成		Co、Mo/Al_2O_3、TiO_2	MoO_3 ≥14、CoO% ≥2.5、含助剂
抗压强度/(N/cm)	≥	120	100
堆密度/(g/mL)		0.6 ~ 0.9	0.7 ~ 0.8
比表面积/(m²/g)	≥	200	140
孔体积/(mL/g)	≥	0.40	0.30
磨耗率/%	≤	1.0	—

[用途]A999G、TG2514 是以 Co、Mo 等为活性组分的低温加氢转化催化剂(加氢反应温度 220 ~ 240℃)，具有低温活性高、有机硫水解活性好、对复杂的有机硫化物有较高转化能力的特点。可用于低温克劳斯硫黄回收工艺中，将脱硫尾气中的非硫化氢化合物加氢转化为 H_2S。

[生产单位]山东迅达化工集团有限公司、辽宁海泰科技发展有限公司等。

七、烷基化催化剂

一个烯烃分子与一个烷烃分子或一个芳烃分子结合的过程称作烷基化。炼油工业中的烷基化一般是指烯烃(主要为丁烯)与异构烷烃(主要为异丁烷)在酸性催化剂作用下反应生成高辛烷值烷基化油的过程。在石油化工中则是由乙烯或丙烯与苯进行烷基化反应制取乙基苯或异丙基苯等过程。

烷基化油的主要成分是三甲基戊烷及甲基丁烷等,是航空汽油、优质车用汽油的调和组分。与其他主要汽油调和组分比较,其特点是:①辛烷值高(研究法辛烷值可达93~95,马达法辛烷值可达91~93,抗爆性好;②不含烯烃及芳烃,硫含量很低;③蒸气压较低,是清洁汽油的理想调和组分。

烷基化过程所使用的催化剂有无水氯化铝、硫酸、磷酸、氢氟酸、氟化硼及硅酸铝等,其中应用最广泛的是硫酸及氢氟酸,其相应的工艺称为硫酸法烷基化和氢氟酸烷基化,两者都属于液相催化剂。这两种烷基化工艺都已有半个多世纪的历史,由于它们各具特点,在基建投资、生产成品、产品收率和产品质量等方面都较接近,这两种方法得以长期共存,均被广泛采用,表1-23示出了硫酸和氢氟酸的一些性质。表1-24示出了两种烷基化工艺所产烷基化油的典型数据。表1-25示出了两种烷基化工艺的装置能力及收率对比。

表1-23　硫酸和氢氟酸的一些性质

性质	硫酸(98%)	氢氟酸
相对密度	1.836(20℃)	0.9576(25℃)
熔点/℃	10.36(100%)	-83.1
沸点/℃	338(98.3%)	19.54
黏度/mPa·s	33.0(15℃)	0.53(0℃)
表面张力/N·m	0.055(20℃)	0.0086(18℃)
异丁烷溶解度/%	0.070(26.6℃)	2.7(13℃)

表1-24　硫酸法及氢氟酸法所产烷基化油性质

产物性质	硫酸法烷基化油	氢氟酸烷基化油
相对密度(20℃)	0.6876~0.6950	0.6892~0.6945
馏程/℃		
初馏点	39~48	45~52
10%	76~80	82~88
50%	104~108	103~107
90%	148~178	119~127
干点	190~201	190~195
蒸气压/kPa	54~61	40~41
胶质/(mg/100mL)	0.8~1.3	~1.8
辛烷值		
RON	93.5~95	92.9~94.4
MON	92~93	91.5~93

表 1-25　几套硫酸法及氢氟酸法装置收率比较

		硫酸法烷基化装置				氢氟酸烷基化装置		
		抚顺石化	荆门石化	兰州炼化	国外同类装置	天津石化	大连石化	国外同类装置
装置能力/(kt/a)		10	6	4.3	12.8	6	10	14.9
烷基化油收率/%	对丁烯	229	151	215	203	225	217	302
	对异丁烷	162	122	97	178	161	190	223
	对进料	90	64	62	80	98	92	96

工业上用作烷基化催化剂的硫酸浓度一般为 86%~98%。当循环酸浓度低于 85% 时需要换新酸。反应系统催化剂量为 40%~60%(体积)。为了保证烷烃在酸中的溶解量需要使用高浓度的硫酸，而酸浓度高会有很强氧化作用，促使烯烃氧化。而烯烃的溶解度比烷烃高得多，为减少烯烃氧化、叠合等副反应发生，又不应使用高浓度硫酸。此外，为提高原料与硫酸催化剂的接触表面，应使催化剂与反应物在反应器内能处于良好的乳化状态，并适当提高酸与烃的比例，以有利于提高烷基化油的收率及质量。

氢氟酸的相对密度、沸点、熔点、黏度及表面张力等都显著低于硫酸，而对异丁烷的溶解度及溶解速度均比硫酸大，副反应少，故目的产物的收率较高。氢氟酸浓度一般保持在 90% 左右，水分含量在 2% 以下。连续运转过程中由于生成有机氟化物和水，会使氢氟酸浓度下降而影响催化活性，并使烷基化油的质量下降。这时，需通过再蒸馏除去氢氟酸中的杂质。

由于硫酸或氢氟酸都具有强腐蚀性，氢氟酸还有毒性，从生产安全和环境保护的角度看，两者都不是理想的烷基化催化剂。所以，近年来各国都在开展用固体超强酸及大孔分子筛(如 β-分子筛作为烷基化催化剂的研究工作，固体超强酸及大孔分子筛都具有与硫酸或氢氟酸催化剂相同的强酸位，但由于烷基化过程存在大量副反应，使催化剂失活过于迅速，需要解决催化剂上结焦、堵塞因而降低反应活性及选择性的问题。目前也已有一些固体烷基化催化剂处于中间试验阶段，表 1-26 示出了国外一些公司研发的示例。

表 1-26　国外公司研发的固体烷基化催化剂示例

公司名称	催化剂	进展状态
Haldor Topsфe	氟磺酸或三氟甲基磺酸负载在多孔性载体上	中间试验烷基化油 RON 可达 98 以上
Catalytica Inc	氧化铝-卤化锆催化剂	中间试验，烷基化油 RON 与硫酸法相当
Chevron	酸处理氧化硅负载五氟化锑	中间试验悬浮床工艺
UOP	专利，商标为 Alkylene 工艺，使用与传统加氢催化剂相似的氧化硅催化剂	装置总体效益达到液体酸烷基化工艺，已具体工业应用条件

从目前发展趋势看，UOP 公司的 Alkylene 工艺最具工业应用价值，UOP 公司已申请专利，Alkylene，工艺主要流程与现有液体酸烷基化工艺相似，只是反应系统不同。该系统由反应器、分离器、冷却器和再生器组成，反应器为提升管式反应器，提升介质为液体丁烷。分离器的部分失活催化剂可连续送入再生器进行催化剂再生，使催化剂活性恢复到新鲜催化剂的水平。所生成烷基化油的辛烷值与液体酸催化剂制得的烷基化油相近，装置的总体效益已达到或高于液体酸烷基化工艺。

除了上述催化剂外，其他还在研发的烷基化催化剂有离子交换树脂类、分子筛体系，杂多酸体系、一些无机氧化物负载各种酸或卤化物所形成的固体强酸体系。表1-27示出了国内开发的一种固体烷基化催化剂。

表1-27 固体异丁烷烷基化催化剂

产品名称	型号	外观形状	功能基团容量/(mmol/g)	含水量/%	湿视密度/(g/mL)	湿真密度/(g/mL)	粒度范围(0.315~1.25mm)/%	耐磨率/%	最高工作温度/℃	出厂型式
异丁烷烷基化催化剂	KC121	不透明球状颗粒	≥5.2(H^+)	50~58	0.8~0.9	1.2~1.35	≥95	≥90	150	H
生产单位	凯瑞化工股份有限公司									

在炼油厂，无论是氢氟酸法或硫酸法烷基化装置所用原料，通常来自催化裂化装置产生的混合 C_4 馏分，其中一般含有数千 $\mu g/g$ 的丁二烯。如催化裂化装置原料的掺渣油量较多，丁二烯的含量可能达到1%，在烷基化过程中，丁二烯不与异丁烷发生烷基化反应，而是与硫酸反应生成酸溶性酯类，或生成重质酸溶性叠合物，从而使烷基化油的干点升高，辛烷值下降，直接影响轻烷基化油的收率和辛烷值。丁二烯的沸点与其他 C_4 组分的沸点十分接近，不能用蒸馏的方法除去。目前国内外普遍采用选择性加氢的方法除去丁二烯。表1-28示出了中国石化齐鲁分公司研究院开发的 QSH-01 型烷基化原料预加氢催化剂的主要性能。表1-29示出了 QSH-01 催化剂与国外对比剂的活性及选择性比较，QSH-01 催化剂强度高、活性优于国外对比例，选择性与国外对比例相当。QSH-01 已获得中国发明专利，并用于国内多套烷基化装置上。

表1-28 QSH-01 催化剂的主要性能

项目	指标	项目	指标
外观	灰褐色条状	堆密度/(g/mL)	0.90±0.05
外观尺寸/mm	$\phi(2~2.5)×(5~10)$	比表面积/(m²/g)	100~140
活性组分	pa+助剂	孔体积/(mL/g)	0.30±0.05
载体	Al_2O_3	侧压强度/(N/cm)	≥200

表1-29 两种催化剂的活性及选择性比较

催化剂 项目	残余 $C_4^=$/10^{-6}	$C_4^=$转化率/%	C_4收率/%
QSH-01	34	99.16	100.16
国外对比例	224	99.46	100.15

八、异构化催化剂

(一)异构化催化剂的类型

异构化反应指由一种异构体转变为另一种异构体的反应。在炼油工业中，将在一定条件和催化剂存在下，把正构烷烃转化为异构烷烃的过程称为异构化工艺。直馏石脑油（$C_5 \sim C_6$ 馏分）是汽油调和组分中的低辛烷值组分，通过异构化反应，可将低辛烷值的正构烷烃转化为较高辛烷值的异构烷烃，特别是异戊烷和二甲基丁烷，还可将苯还原为甲基环戊烷，使轻直馏石脑油的研究法辛烷值提高 10 ~ 22 个单位，优化汽油结构。

由于异构化汽油无硫无烯烃和芳烃，辛烷值也较高，因此采用异构化生产清洁汽油的炼油工艺受到广泛青睐，促使异构化技术得到发展，C_5/C_6 烷烃异构化已成为提高汽油辛烷值的重要手段之一。目前世界上约有 200 套 C_5/C_6 正构烷烃异构化工业装置在运转。世界上 C_5/C_6 异构化技术供应商主要有 UOP 公司、BP 公司、Shell 公司、Kellogg公司、IFP 等。表 1 – 30 示出了国外一些公司开发的一些轻质烷烃（$C_4/C_5/C_6$）异构化工艺条件及所使用的催化剂。

表 1 – 30　国外公司部分轻质烷烃异构化工艺条件及催化剂

	公司名称	反应物料	反应相	操作温度/℃	操作压力/MPa	催化剂组成
第一代	Shell	C_4	气相	95 ~ 150	4	$AlCl_3$/铝矾土/HCl
	Shell	C_4/C_5	液相	80 ~ 100	2.1	$AlCl_3$/SbF_3/HCl
	UOP	C_4	液相	95 ~ 100	1.8	$AlCl_3$/HCl
	Standard Oil	C_5/C_6	液相	110 ~ 120	5 ~ 6	$AlCl_3$/HCl
第二代	UOP	C_4	气相	375	—	Pt/Al_2O_3，Cl
	UOP	C_5/C_6	气相	400	2 ~ 7	Pt/Al_2O_3，Cl
	Kellogg	C_5/C_6	气相	400	2 ~ 4	Ⅷ族金属/载体
	Paroil	C_5/C_6	气相	420	5	非贵金属/载体
	Linde	C_5/C_6	气相	320	3	Pt/硅铝
	ARCO	C_5/C_6	气相	450	2 ~ 5	Pt/硅铝
第三代	BP	$C_4/C_5/C_6$	气相	110 ~ 180	2 ~ 7	Pt/Al_2O_3，$AlCl_3$
	UOP	$C_4/C_5/C_6$	气相	110 ~ 180	1 ~ 2	Pt/Al_2O_3，CCl_4
	IFP	$C_4/C_5/C_6$	气相	110 ~ 180	2 ~ 5	Pt/Al_2O_3，Al_RXCl_R
第四代	Shell	C_5/C_6	气相	230 ~ 300	3	Pt/HM 沸石
	Mobil	C_6	气相	315	2	HM 沸石（Pt、Pd）
	UOP	C_6	气相	150	2	HM 沸石 + P – Re/Al_2O_3
	Sun – oil	C_5/C_6	气相	325	3	PtHY 沸石
	Norton	C_5	气相	250	3	Pd/HM 沸石
	IFP	C_5/C_6	气相	240 ~ 260	1 ~ 3	Pt/HM 沸石

烷烃异构化反应为可逆反应，异构体之间存在着热力学平衡关系。异构化反应不发生分子数的变化，故在一般反应条件下，反应平衡不受反应总压的影响，而仅取决于反应温度。反应温度越低，平衡对生成异构烷烃越有利，所以希望催化剂的低温活性越高越好。由于异构化是可逆反应，因而异构烷烃的单程转化率最高也只能达到热力学平衡值。为了获得辛烷

值更高的异构化油则采用循环操作的工艺。

烷烃异构化的反应机理也可用正碳离子链传递机理来说明。当使用高温金属/酸性载体双功能催化剂时，金属中心对烷烃脱氢生成稀烃起催化作用，而载体酸性中心则催化骨架异构化反应，其反应示意如下：

$$正构烷 \Longleftrightarrow 正构烯 \Longleftrightarrow 异构烯 \Longleftrightarrow 异构烷$$

正构烷首先靠近具有加氢脱氢活性的金属组分，脱氢变为正构烯，生成的正构烯移向载体酸性中心，按照正碳离子机理异构化变为异构烯，异构烯再经金属中心催化为异构烷烃。当然，从热力学可以判别饱和烃异构化的反应趋势，而实际反应速率快慢及反应机理因所使用的催化剂不同而有所差别。

异构化催化剂有高温、中温及低温之分，早期开发的高温催化剂如 $Pt/SiO_2 - Al_2O_3$，其操作温度为 $375 \sim 400℃$。这类催化剂具有较强抗毒能力，但高温对异构产物热力学平衡浓度不利，而对加氢裂解反应有利，其结果是液收和产品辛烷值较低。这类催化剂除可用于 C_7 以上汽油、煤油等烃类加氢异构化反应以外，实际上已不再用于 $C_4 \sim C_6$ 烷烃异构化。

低温双功能异构化催化剂通常是将 Pt 负载于经 $AlCl_3$ 处理过的 Al_2O_3 载体上制得，反应温度 $115 \sim 150℃$，由于反应温度低，催化剂具有活性高、稳定性好、结焦少、产物辛烷值高等特点。但由于催化剂中的卤素易流失，对原料杂质及水含量的要求十分严格，对设备防腐也有一定要求。目前世界上约有 $\frac{1}{4}$ 的 C_5/C_6 异构化装置使用低温催化剂。国外比较典型的低温型异构化催化剂中，有 UOP 公司的 I - 8 和 I - 80、BP 公司的 IS - 62Q、Engelhard 公司的 RD - 290 和 RD - 291、AKZO Nobel 公司与 Total 公司合作研发的 AT - 2G 等牌号。这类催化剂大多是氯化的 Pt/Al_2O_3，其中所用 Al_2O_3 有 $\gamma - Al_2O_3$ 及 $\eta - Al_2O_3$。一般认为 $\gamma - Al_2O_3$ 的性能较好，但 Engelhard 公司却认为使用 $\eta - Al_2O_3$ 更好，其理由是 $\eta - Al_2O_3$ 的比表面积（$320 \sim 440m^2/g$）比 $\gamma - Al_2O_3$（$120 \sim 200m^2/g$）要大，故可氯化的 OH 基比 $\gamma - Al_2O_3$ 多。假设两种羟基都被氯化物取代，则 $\eta - Al_2O_3$ 的氯化率为 35.8%，而 $\gamma - Al_2O_3$ 则为 14.35%，此外，氯化的 $\eta - Al_2O_3$ 是可以再生的，而氯化的 $\gamma - Al_2O_3$ 则不能再生，所以 Engelhard 公司的 RD - 290、RD - 291 催化剂都采用 $\eta - Al_2O_3$ 作载体。

中温双功能催化剂是将 Pt、Pd、Ni 等金属负载于酸性载体上制成的。载体酸性提高，异构化活性提高、反应温度可以降低。目前中温异构化催化剂一般为含沸石的双功能催化剂，如 Pt/HM（氢型丝光沸石）、Pd/HM、Pt/HY、Pd/HY 等，操作温度 $210 \sim 280℃$。国外公司的典型牌号有 UOP 公司的 I - 7 和 Shell 公司的 HS - 10。中温催化剂用于 C_5/C_6 异构化时，选择性好、副反应少，对原料精制要求低于低温型催化剂，在硫含量低于 10×10^{-6}、水含量低于 500×10^{-6} 下即可正常操作，但由于反应温度较高，因此异构烷烃平衡收率较低，导致单程反应产物的辛烷值较低，需要与正构烷烃循环技术相结合，以提高其转化率及产品辛烷值。

如上所述，双功能异构化催化剂有高温、中温及低温型之分，而 C_5/C_6 异构化已基本不使用高温型催化剂。其实，早期使用的异构化催化剂是 Friedel - Crafts 催化剂，可分为气相和液相两种，主要用于以 C_4 为原料生产异丁烷的过程，催化剂的组成为 $AlCl_3 - SiOCl_5$ 或 $AlBr_3 - HBr$。这种催化剂的优点是催化剂活性高，由于选择性差、结构欠稳定以及腐蚀性较强，目前已基本上被淘汰，图 1 - 3 示出了烷烃异构化催化剂的演变过程。

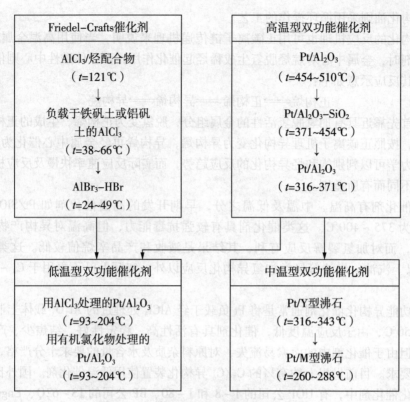

图 1 - 3 烷烃异构化催化剂的演变过程

t—操作温度；M—丝光沸石

（二）国内异构化催化剂

1. RISO 异构化催化剂

我国从 20 世纪 70 年代开展 C_5/C_6 正构烷烃异构化技术的研究开发。1989 年在中国石化金陵分公司建成第一套规模为 1kt/a 的异构化中试装置，所用催化剂为金陵分公司与华东理工大学合作研发的 0.5Pd/HM 中温型异构化催化剂（CI - 50），吸附剂为 5A 分子筛。于 1993 年全部打通流程，并试验成功。以加氢裂化轻石脑油切除 C_7 以上组分为原料，异构后汽油辛烷值为 89.5～90.7，达到国外同类工艺水平。

由中国石化石油化工科学研究院研究开发的中温型 C_5/C_6 烷烃异构化催化剂和工艺（简称为 RISO 异构化技术）于 2001 年 2 月 6 日在湛江东兴石油企业有限公司投产成功。所用催化剂工业牌号为 FI - 15，是由石科院开发、抚顺石化公司催化剂分厂生产，RISO 工业催化剂是将贵金属 Pt 负载在按一定比例混合的 H 型丝光沸石和 H 型 β 沸石上制成的双功能催化剂，催化剂的主要组成及物化性质见表 1 - 31。

表 1 - 31　RISO 异构化催化剂组成及性质

催化剂牌号 项目	FI - 15	
	工业产品性能	产品技术指标
尺寸规格	$\phi2.2mm$ 圆柱	$\phi2～3mm$ 圆柱
外观颜色	灰色	灰色
堆密度/（g/mL）	0.67	0.62 ± 0.05

催化剂牌号 项目	FI-15	
	工业产品性能	产品技术指标
压碎强度/(N/粒)	122	>90
比表面积/(m²/g)	430	>400
Pt含量/%	0.33	0.33±0.02

通常的中温双功能催化剂是由贵金属(Pt、Pd)和沸石分子筛(如丝光沸石)组成，制备过程是先用胶溶剂、氢氧化铝与丝光沸石混捏、挤条成型，再用含有 10% HCl 和 10% NH₄Cl 的溶液进行交换，使其转化为氢型丝光沸石，然后用 Pt 或 Pd 溶液、浸渍、干燥、焙烘、还原制得成品催化剂。

钠型丝光沸石并无催化剂活性，即使引入 Pt 或 Pd 后也是如此。只有用离子交换技术将钠去到一定水平后才能显示催化活性，一般即用 NH_4^+ 和 H^+ 将 Na^+ 进行交换，使之转变为氢丝光沸石。实践表明，单用 NH_4^+ 交换或只用酸处理所得的 Pt/HM 催化剂性能欠佳，而先用酸处理后再用 NH_4^+ 交换所制得的催化剂，其反应产物的正/异比很高。

氢型丝光沸石自身有很高的异构化活性，但活性稳定性较差，需要较高的氢分压才能实现烃类的稳定转化，但提高氢分压会抑制脱氢反应，引起转化率下降。加入贵金属 Pt 或 Pd 时，即使含量很少也有明显的活性稳定作用，即在较低氢分压下也能实现稳定转化。一般 Pt 含量为催化剂的 0.15% ~ 0.5%(质量)较适宜。

贵金属在催化剂上的引入方式有两种，如以 Pt 为例，一种方法是用氯铂酸浸渍载体，这时 Pt 处于阴离子状态；另一种方法是使用铂氨配合物，如 $[Pt(NH_3)_4]^{2+} Cl_2^{2-}$、$Pt(NH_3)_6 Cl_4$、$Pt(NH_3 C_2 H_4 NH_2) Cl_2$ 等进行阳离子交换，Pt 处于阳离子状态，此外，为了有利于金属的充分分散，在浸渍或离子交换时，可以加入竞争吸附剂或竞争离子 NH_4^+ 等。

RISO 型异构化催化剂工业制备过程如图 1-4 所示。RISO 催化剂与国外同类催化剂的使用性能对比如表 1-32 所示。

图 1-4 RISO 异构化催化剂制备示意流程图

表 1-32 RISO 催化剂与国外同类催化剂使用性能对比

项目	国外技术	RISO 技术*
操作条件		
反应温度/℃	260	250
反应压力/MPa	1.8	1.47
空速/h⁻¹	1~2(体积空速)	1.0(质量空速)
氢油摩尔比	1~2	2.7
异构化性能		
$i-C_5$ 异构化率/%	66.7	66.8

项目	国外技术	RISO 技术[①]
$i-C_6$ 异构化率/%	85.7	83.0
C_6 选择性/%	17.6	19.0
无铅汽油 RON	79.4	80.7

①工业原料油质量比为 $C_5:C_6:HC_6^+:C_7^+ = 41.3:18:84:17.36:2.5$。

2. NNI-1 催化剂

NNI-1C_5/C_6 烷烃异构化催化剂是中国石化自主研发的中温型分子筛催化剂，也是世界上首次进行工业应用的载 Pd 型分子筛异构化催化剂。其所用工业装置是利用中国石化金陵分公司铂重整车间闲置的 150kt/a 汽油加氢精制装置，改建为 100kt/a 的 C_5/C_6 异构化工业装置：2002 年 9 月开工，所用原料为连续重整装置重整拔头油。

NNI-1 催化剂的主要物性如表 1-33 所示，该催化剂主要应用于轻质烷烃异构化，在临氢条件下，将轻质石脑油中的 C_5/C_6 正构烃转化为相应的支链异构烃，从而提高汽油前端组分的辛烷值，提高汽油抗爆性能，催化剂主要持点为：

辛烷值增幅高：一次通过辛烷值可提高 8~10 个单位；

转化率高：其中 C_5 转化率 >62%，C_6 转化率 >82%；

选择性高：C_6 选择性 >18%；

液体收率高：液收 >98%。

表 1-33　NNI-1 催化剂主要物性

项目	指标	项目	指标
外形尺寸/mm	$\phi(2~2.5)$ $\times(3~6)$	比表面积/(m^2/g)	300~400
堆密度/(g/mL)	0.62	压碎强度/(N/cm)	130
孔体积/(mL/g)	0.4~0.5	Pd 含量/%	0.5

3. GCS-1 催化剂

GCS-1 是中国石化石油化工科学研究院开发的一种固体超强酸催化剂。固体超强酸是指酸强度 H_0 小于 -10.60 的固体酸。通常是将液体酸或液体超强酸处理酸性或中性的载体而制得的。超强酸作为一种潜在的新型低温异构化催化剂早就受到人们关注。20 世纪 70 年代主要集中在液体超强酸研究上，但它存在催化剂回收难及设备腐蚀等问题。固体超强酸对烷烃生成正离子的能力强，能使 C—C 键断裂，而且高温稳定性好、对设备腐蚀小，与反应物易于分离，故近来对其研究更为重视。所研究的固体超强酸大致分为卤素型和非卤素型两类，卤素型固体超强酸催化剂是将 S_bF_5 等卤化物负载于石墨或活性炭等多孔载体上制成，主要用于戊烷异构化，非卤素型固体超强酸是将 SO_4^{2-}-SO_2H^- 负载于 TiO_2、SiO_2、ZrO_2 等金属氧化物载体上制得，如 SO_4^{2-}/SiO_2，SO_4^{2-}/M_xO_y 型催化剂等。

GCS-1 是一种金属氧化物型固体超强酸催化剂，主要组分为超细晶粒的氧化锆，同时还加入两种特有的氧化物调变组分，使催化剂的异构化选择性和稳定性都显著提高，为保证催化剂使用寿命，催化剂中还含有一定量的金属 Pt。GCS-1 催化剂的主要物性如表 1-34

所示。它可在 180～200℃ 的温度范围内操作，采用反应一次通过流程，C_5 烷烃的异构化率可以达到 75% 以上，C_6 烷烃的异构化率在 85% 以上，异构化产品的辛烷值 RON 达到 82.5。与早期的 FI-15 催化剂相比，反应温度降低 70～80℃，原料空速提高一倍，异构化产品辛烷值提高 2 个单位以上，而且催化剂热稳定性较好，易与反应产物分离，对设备腐蚀性小。

表 1-34 GCS-1 催化剂的主要物性

项目	指标	项目	指标
外观	圆柱形	比表面积/(m^2/g)	193
外形尺寸/mm	$\phi(2\times3)$	孔体积/(mL/g)	0.33
堆密度/(g/mL)	0.92	压碎强度/(N/mm)	12.2

九、醚化催化剂

20 世纪 90 年代以来，为了减少汽车尾气中 CO、SO_3、NO_x 及未燃烃类等有害气体的排放，汽油质量更进一步向无铅、低芳烃、低蒸气压、高辛烷值和高氧含量方向发展。醚类含氧化合物掺入汽油后可使汽车尾气中 CO 和未燃烃减少，还具有较低的蒸气压和与汽油中烃类相近的热值，性质与汽油接近，辛烷值与氧含量都较高。其本身大气反应活性也很低，对环境保护有利。因此，醚类含氧化合物已成为车用汽油的关键组分之一。

常用的醚类含氧化合物有甲基叔丁基醚（MTBE）、乙基叔丁基醚（ETBE）及叔戊基甲基醚（TAME）等。

甲基叔丁基醚又名 2-甲基-2-甲氧基丙烷，无色液体，有类似萜烯气味。相对密度 0.7407，熔点 -108.6℃，沸点 53～56℃。微溶于水，与乙醇、乙醚、苯等混溶，蒸气有轻度麻醉性。常用作汽油高辛烷值添加剂，不仅本身的辛烷值高，其调和辛烷值比纯 MTBE 的辛烷值还要高，掺入汽油后不改变汽油的基本性质，也不需要改变现有汽油发动机的结构和分配系统。是应用最早、发展最快、作为高辛烷值汽油调和组分的醚类含氧化合物。它也用于生产异丁烯。由于 MTBE 容易对地下水造成污染，故其用作汽油辛烷值改进剂的前景也受到广泛关注。

乙基叔丁基醚为无色液体。相对密度 0.7681，沸点 73.1℃。微溶于水，与乙醇、乙醚、苯等有机溶剂混溶。用作高辛烷值汽油添加组分，比 MTBE 有更高的辛烷值，抗爆性更好，与汽油混合后，可降低调和汽油的蒸气压，减少挥发损失。还由于与水的水溶性比 MTBE 差，可减轻对水的污染。但 ETBE 的含氧量低，要达到相同的汽油含氧量标准时，所需调入量高于 MTBE，由于生产 ETBE 使用价格较高的乙醇为原料，使其生产及应用受到限制。

甲基叔戊基醚为无色液体，相对密度 0.770，沸点 86℃。微溶于水，与乙醇、乙醚、苯等混溶，是优良的汽油抗爆剂，既可提高汽油辛烷值，同时又能有效地降低汽油中 C_5 烯的含量。所以，生产 TAME 可减少汽油中与大气光化学反应活性高的 C_5 烯烃。目前催化蒸馏合成 TAME 是最先进的技术。但由于 TAME 的化学结构与 MTBE 相似，也存在着类似于 MTBE 的环境问题。

就目前来说，作为高辛烷值汽油调和组分的各种醚类化合物中，产量最大，应用最广的是甲基叔丁基醚。

自 1979 年美国 ARCD 公司建成 MTBE 第一套工业装置以来，此后至 20 世纪 90 年代中期，MTBE 成为世界上增长最快的化学品，其产量以 25% 的速度递增，成为新配方汽油的关键组分，至今全球投产的 MTBE 装置有 200 套左右。

我国自 1983 年建成首套 5.5kt/aMTBE 生产装置，至 2003 年底共建成 40 套 MTBE 生产装置，其生产技术几乎覆盖了国际上已有的各种技术，但由于我国生产 MTBE 的主要原料来自催裂化 C_4 组分和蒸汽裂解 C_4，由于其装置规模及资源的限制，使得 MTBE 生产装置规模与美国及西欧相比要小。

（一）醚类含氧化合物合成催化剂

1. 离子交换树脂催化剂

醚类含氧化合物可以甲醇及低碳叔烯烃为原料，在酸性催化剂作用下反应制得。醚化反应可以是均相反应，也可是非均相反应，均相反应可选用硫酸、磷酸、杂多酸等无机酸，或采用苯磺酸、烷基苯磺酸等有机酸作催化剂。由于均相催化剂对设备腐蚀严重，催化剂与产物分离困难等原因，目前醚化反应过程主要采用固体催化剂的非均相反应。

在国内外工业醚化装置上使用的固体催化剂，目前均使用大孔强酸性阳离子交换树脂，它是一种大孔网状结构的磺化苯乙烯 – 二乙烯基苯的共聚物，具有活性高、选择性好、耐温性适中、不腐蚀设备及使用寿命长等特点。

离子交换树脂催化剂制备包括聚合和磺化两个主要步骤：

①悬浮共聚制备大孔白球。在反应釜内先加入一定量的水、分散剂、氯化钠及少量次甲基蓝溶液制成悬浮共聚反应的水相。加热至 45 ~ 50℃，搅拌约 1h，使分散剂、氯化钠充分溶解，然后投入苯乙烯、二乙烯苯、致孔剂（脂肪醇、高级烷烃、脂肪酸等）、引发剂（过氧化苯甲酰）所组成的油相，在搅拌下使水相和油相分散成一定粒度的液珠。然后升温至 80℃进行 10 ~ 12h 的聚合反应。反应结束后，升温蒸出致孔剂，冷却后滤出珠体，水洗脱除分散剂，经干燥得到乳白色不透明珠球（白球）

②白球磺化。在耐酸容器中加入白球，加入 6 ~ 8 倍量的浓硫酸，于 80 ~ 130℃下反应 8 ~ 12h，降至室温后滤出反应物，再将磺化产物缓慢投入到含硫酸 50% 的水溶液中，搅拌稀释后再用大量水逐步稀释到溶液为中性或弱酸性后，即制得离子树脂催化剂产品。

树脂催化剂的主要技术性能指标有：含水量、交换容量、堆密度、平均孔半径、比表面积、孔体积、溶胀比、交联度及强度等。其中致孔剂的品种和加入量会直接影响树脂的孔结构和强度。树脂催化剂的粒度分布对产品收率有直接影响，适当调节分散剂、氯化钠、次甲基蓝溶液的加入量，可获得窄粒度分布、高合格率的共聚物白球。

表 1 – 35 示出了国内外常用离子交换树脂催化剂的型号及主要性能，表 1 – 36 示出了用于合成 MTBE、ETBE 及 TAME 等的醚化反应催化剂型号。

表 1 – 35　国内外常用离子交换树脂催化剂

型号 项目	A – 15	A – 35	M – 31	S – 54	D – 002	D – 005	D – 006	QRE – 01
交换容量/（mmol/g）	4.70	5.20	4.63	4.64	4.80	4.75	5.12	5.15
堆密度/（kg/m³）	590	—	590	560	575	560	580	560

型号 项目	A – 15	A – 35	M – 31	S – 54	D – 002	D – 005	D – 006	QRE – 01
溶胀比	1.35	1.35	1.35	1.40	1.45	1.41	1.42	1.38
平均孔半径/nm	19.0	25.0	24.0	22.0	28.6	24.7	16.8	19.0
比表面积/(m^2/g)	68.1	45	49.5	68.5	59.55	48.9	35.7	76.66
孔体积/(mL/g)	0.323	0.420	0.285	0.375	0.364	0.360	0.301	0.306
粒度/mm	0.3~1.2	0.3~1.2	0.3~1.2	0.3~1.2	0.4~1.2	0.4~1.2	0.3~0.9	0.4~1.25
含水量/%	55.1	—	52.8	49.3	51.8	54.0	—	51.0
耐磨率/%	95.0	—	93.6	95.0	95.0	97.5	—	94.0
最高使用温度/℃	120	140	120	120	120	120	120	120
生产单位	Rohm &Hass 公司		DOW 公司	北京安定 树脂厂	江阴有 机化工厂	丹东 化工厂	沧州冀 中化工厂	中石化齐 鲁分公司

表 1 – 36　合成 MTBE、ETBE、TAME 的醚化催化剂

产品名称 型号 项目	异丁烯醚化催化剂					异戊烯醚 化催化剂	轻汽油醚 化催化剂
	D006 – 1	D006 – 2	D006 – 3	D006 – 4	KC114	D006 – 5	KC116
外观	不透明球状颗粒						
功能基团容 量/($[H^+]$mmol/g)	4.80	5.20	5.30	5.30	4.80	5.30	5.2
含水量/%	50~58	50~58	50~58	50~58	50~58	50~58	50~58
湿视密度/(g/mL)	0.70 ~0.85	0.70 ~0.85	0.70 ~0.85	0.70 ~0.85	0.70 ~0.85	0.70 ~0.85	0.70 ~0.85
湿真密度/(g/mL)	1.15 ~1.25	1.15 ~1.25	1.15 ~1.25	1.15 ~1.25	1.15 ~1.28	1.15 ~1.25	1.15 ~1.28
粒度范围(0.315~ 1.25mm)/%　　≥	95	95	95	95	95	95	95
耐磨率/%　　　≥	90	90	90	90	90	90	90
最高工作温度/℃	120	120	130	130	120	150	120
出厂型式	H	H	H	H	H	H	H
主要用途	用作异丁烯与 甲醇反应生成 MTBE 的醚化 催化剂		用作异丁烯 与乙醇反应生 成 ETBE 的醚化反 应催化剂	用作合 成 MTBE 的醚化 催化剂		用作合成 TAME 的醚 化催化剂	用作以 C_5 以上叔碳 烯烃为主要成分的轻 汽油与甲醇或乙醇反 应生成 MTBE 或 ETBE 的醚化催化剂
生产单位	凯瑞化工股份有限公司						

2. 分子筛催化剂

使用离子交换树脂的醚化催化剂在醚化过程中因热稳定性较差，高温时磺酸基易脱落，会造成设备腐蚀及环境污染，而且树脂的再生也比较困难。而分子筛由于热稳定性及再生性能好，醚化选择性高，被认为是最具发展潜力的醚化催化剂。目前用于醚类合成研究的分子筛主要有 HY 型沸石、丝光沸石、ZSM－5、ZSM－8、ZSM－11、ZSM－35、β－分子筛及相应的改性产品，表 1－37 示出了美国 Mobil 公司对一些沸石催化剂气相法合成 MTBE 的性能比较。从表 1－37 研究结果看出，具有中孔结构的 ZSM－5、ZSM－11 具有最好的异丁烯转化率及 MTBE 选择性，孔较大的 β－沸石和丝光沸石的 MTBE 选择性不高。石油化工科学研究院研制的用于 C_4、C_5 醚化的分子筛催化剂，在一定条件下的活性与离子交换树脂相当，但对原料杂质含量要求较高，容易生焦、失活。

虽然分子筛醚化催化剂还未完全实现工业应用，但分子筛催化剂具有高的热稳定性和无酸性流出物，可在较高温度及空速下使用，不但对 MTBE 有高选择性而且对甲醇与异丁烯进料比的敏感性较差，通过焙烧易再生和活化等特点，分子筛催化剂用于醚类含氧化合物的合成有广阔前景。

表 1－37　一些沸石催化剂气相法合成 MTBE 的性能比较

沸石名称	反应条件		异丁烯转化率/%		MTBE 选择性/%
	醇烯摩尔比	温度/℃	对 MTBE	对 C_8 烯烃	
丝光沸石	1.07	82	8.4	6.0	58.3
	1.14	93	7.1	14.1	33.5
β－沸石	1.46	82	13.9	23.0	37.7
	1.53	93	9.1	27.3	25.0
稀土氢 γ－沸石	1.20	82	11.3	0.47	96.0
	1.18	93	10.6	1.9	85.0
稀土铝 γ－沸石	1.06	82	25.3	0.3	98.8
	1.06	93	25.3	0.3	98.8
ZSM－5	1.04	82	30.5	0	100
	1.05	93	25.3	0.1	99.6
ZSM－11	0.98	82	25.1	0.1	99.4
	0.98	93	21.0	0.2	99.0

（二）催化蒸馏

国内用于 MTBE 生产的工艺技术有列管反应技术、绝热外循环反应技术、膨胀床反应技术、混相床反应技术、催化蒸馏技术及混相反应蒸馏技术等，其中催化蒸馏是合成 MTBE 最先进的技术，具有投资少、工艺流程简单、单程转化率高及能耗较低等特点。

所谓催化蒸馏是将催化反应与产物蒸馏分馏过程合为一体的一种催化技术，在此工艺中催化反应放出的热量可以提供蒸馏所需的汽化热，故能耗低；由于在同一设备内完成化学反应及产物的分离，故设备的投资和操作费用低；由于能及时地将产物分离出去，可突破化学平衡的限制，提高反应转化率及产物选择性。这一技术首先由美国在 20 世纪 70 年代末开发成功，并首先应用于甲醇与异丁烯醚化合成 MTBE 的过程，所用催化剂为阳离子交换树脂。目前此技术已推广应用于异构化、酯化、水合、胺转化等过程。

应用催化蒸馏技术的必备条件是：①操作温度须在反应组分的临界点以下；②在反应温度和压力范围内，生成物必须能够用蒸馏法与反应物分离，即生成物的沸点与反应物的沸点应有较大的差别；③催化剂必须是固体，在反应物和产物中是不溶的，并要求催化剂性能稳定，使用寿命较长。

在催化蒸馏塔中，向下流动的液相物料与向上流动的气相物料必须能够对流通过反应蒸馏段，并在其中进行反应与分馏。由于所用固体催化剂的粒度一般都较小，如将催化剂直接堆放所形成的床层空隙率低、流体阻力大，正常通量下上行气相物料与下行液相物料难以对流通过中部反应蒸馏段。为此需采用特殊的催化剂装填结构，即催化蒸馏元件。它是催化蒸馏技术中能将催化反应和产物蒸馏过程有机结合起来的一种元件。这种元件应具备如下条件：①能提供足够的汽液接触面积和通道，以保证顺利地进行精馏和分离；②含有足量的催化活性组分以确保对给定的反应物有良好的催化活性；③有良好的传质性能，反应物能从流体相传递到催化剂内进行反应，同时产物能从催化剂中传递出来；④便于装填塔内，在塔内分布均匀且稳定，操作过程中催化剂损失少，而且便于催化剂更换。

目前使用的催化蒸馏元件有：用玻璃丝布或不锈钢丝网包裹催化剂的袋式包装结构；用弹性物件包裹的半透明袋；固定于塔盘上的装有催化剂的多孔小容器，将催化剂装填于规整填料的夹层中，然后规则地装入塔中；将催化剂装填在圆柱形容器内，再以交叉三角形方式垂直排列于蒸馏筛板塔上；将催化剂散装于塔内，床层中设中心管，每段催化剂之间安装分离构件等。表 1 - 38 示出了一种市售催化蒸馏元件的性能。

表 1 - 38　MTBE 催化蒸馏元件的性能

型号	曾用型号	催化剂外观形状	功能基团容量/ (mmol/g)	含水量/%	湿视密度/(g/mL)	湿真密度/(g/mL)	粒度范围	耐磨率/%	最高工作温度/℃	出厂型式
催化蒸馏元件	D006 捆包	不透明球状颗粒	≥5.20 (H⁺)	30 ~ 48	0.70 ~ 0.85	1.15 ~ 1.25	组合件	≥90	120	H
生产单位	凯瑞化工股份有限公司									

十、烯烃叠合催化剂

由 2 ~ 3 个分子的混合烯烃结合形成较大分子烯烃的过程称作烯烃的叠合，该过程所使用的催化剂称为烯烃叠合催化剂。在炼油工业中，叠合一般是指 2 ~ 3 个分子的烯烃结合生成沸点范围为汽油燃料的过程。按原料组成和目的产物不同，催化叠合工艺可分为两类：

①非选择性叠合。用未经分离的 $C_3 \sim C_4$ 液化气作原料，目的产物主要是高辛烷值汽油的调和组分。

②选择性叠合。用组成较为单一的丙烯或丁烯馏分作原料，选择适宜的操作条件进行特

定的叠合反应,生产某种特定的产品或高辛烷值汽油组分。如丙烯选择性叠合生产四聚丙烯,异丁烯选择性叠合生产高辛烷值汽油组分,或生产二异丁烯、三异丁烯等用作石油化工原料。

烯烃叠合使用酸催化剂,叠合反应可以用正碳离子机理来解释。以异丁烯为例,首先由催化剂提供质子使异丁烯形成正碳离子,生成的正碳离子很易与另一个异丁烯分子结合生成大的正碳离子,大正碳离子不稳定,它会放出质子变为异丁烯二聚物,在叠合过程中生成的二聚体还会继续叠合生成高相对分子质量产品,在叠合反应进行时,还会伴随一些副反应,如加氢、脱氢、环化、异构化等。

美国 UOP 公司开发的非选择性叠合工艺是目前世界上应用最广的叠合工艺,迄今为止,仍采用传统的固体磷酸催化剂(SPA 催化剂),虽有一些改进,但无实质性变化。这种催化剂的制备方法如图 1-5 所示,是将硅藻土用磷酸溶液浸渍,经成型后再在 300~400℃下焙烧而得。

图 1-5 固体磷酸硅藻土催化剂制备示意图

由于磷酸中磷酸酐(P_2O_5)与水的比例不同,磷酸有 3 种化学状态,即正磷酸(H_3PO_4)、焦磷酸($H_4P_2O_7$)及偏磷酸(HPO_3)。这三种状态在一定条件下可以相互转化。磷酸催化剂的活性主要靠正磷酸和焦磷酸,而偏磷酸不具催化活性。因此在反应操作中应使催化剂表面的浓度保持在 108%~110%,即处于正磷酸和焦磷酸的状态,防止催化剂失水,反应系统太干,正磷酸失水成偏磷酸,催化剂活性迅速下降;反之,太湿会使催化剂泥化结块,反应压降增大,催化剂活性也会下降;而且结块后的催化剂还难以卸出。

我国 20 世纪 80 年代引进的选择性叠合工艺,使用国产无定形硅酸铝小球催化剂,可使 C_4 馏分中的异丁烯几乎全部转化为二聚物或三聚物,而正丁烯的转化率较少,所用硅酸铝小球催化剂具有活性高、选择性好、叠合反应条件缓和及使用寿命长等特点。

上海石油化工研究院在传统的固体磷酸催化剂基础上研制出一种新型固体磷酸催化剂 T-49,用于以丙烯为原料选择性叠合生产壬烯和十二烯,也可用于丙烯与苯烃化生产异丙苯。T-49 催化剂由聚合度分布合适的磷酸硅和磷酸硼组成。与传统的固体磷酸催化剂比较,T-49 催化剂由于具有连续的水解速度分布,故能在较长运转时间内缓慢释出游离磷酸,而游离磷酸的浓度是影响固体磷酸催化剂活性的关键因素。同时,T-49 催化剂反应温度较低,因而降低了催化剂上裂解反应程度和结焦倾向。研究者又在 T-49 催化剂基础上,在其中添加了ⅣB、ⅤB 或ⅥB 族等元素,提高催化剂上的游离磷含量,以进一步改善催化剂的活性和稳定性。

沸石分子筛催化剂具有活性高、生产方式灵活,通过改变反应工艺条件可以调节产物中汽油/柴油比例,而且催化剂无腐蚀、无污染、抗毒化能力强等特点,由 Mobil 公司研制的中孔 ZSM-5 催化剂,在烯烃低聚上表现出较好性能。硅铝比为 79 的中孔 ZSM-5 催化剂,在操作温度为 190~310℃、压力为 4~10MPa、空速为 0.5~1.0h^{-1} 的条件下,产物中约

80%是柴油产品。改变反应条件时，如在285~375℃、0.4~3MPa的操作条件下，产物中主要是汽油，其RON高达92~95。

中国石化石油化工科学研究院研制了SKP系列沸石分子筛催化剂用于丁烯低聚反应，例如，在320~390℃、0.95~1.2MPa、空速为1.8~2.6h⁻¹的反应条件下，烯烃转化率达到87.8%，产物中低聚汽油辛烷值高，调和性好。

除此以外，Ni^{2+}或Zn^{2+}交换的Y型、M型分子筛等也被用于烯烃低聚反应。研究表明，沸石分子筛的类型、硅铝比、晶粒尺寸、孔径大小及制备条件等都会影响催化剂性能，目前，这类催化剂还存在着反应条件相对苛刻、催化剂易结焦失活及产物分布连续等缺点。

使用SiO_2、Al_2O_3及$SiO_2-Al_2O_3$等负载Ni、Co、Zn、Pb、Cu等制成的催化剂，特别是负载Ni的催化剂也用于丁烯低聚等反应。但这类催化剂属于大孔型催化剂，催化剂易结焦和中毒。与固体磷酸催化剂和沸石分子筛催化剂相比，多数负载型催化剂的单程转化率及选择性较低。

1. T-49型丙烯低聚和苯-丙烯烃化固体磷酸催化剂

[主要组成] 由聚合度分布适当的磷酸硅和磷酸硼组成。

[产品规格及使用条件]

项目		指标
外观		白色圆柱条
外形尺寸/mm		$\phi(4.6~4.8)$
堆密度/(kg/L)		0.96~1.0
正压抗破碎强度/MPa		≥4.71
总磷含量(以P_2O_5计)/%		63~65
游离磷含量(以P_2O_5计)/%		12~18
操作条件	丙烯低聚反应	苯-丙烯烃化反应
	进料丙烯浓度45%~60%	进料丙烯浓度65%~70%
	反应压力4.5~5.5MPa	反应压力2.5~4MPa
	反应器进口温度160~195℃	反应器进口温度165~200℃
	液空速2~5h⁻¹	液空速3~4h⁻¹
	丙烯单程转化率 >76%	丙烯单程转化率 ≥80%
	壬烯加十二烯选择性≥80%	异丙苯选择性93%~95%
		异丙苯液产率 >700kg/kg

[用途] 用于丙烯选择性叠合生产壬烯及十二烯，也可用于丙烯与苯烃化生产异丙苯。

[简要制法] 由硅藻土精制干燥，聚磷酸制备，磷酸硼制备，硅藻土与聚磷酸捏混、均化，催化剂前驱物成型、干燥及催化剂焙烧、活化等多个工序制备而得。

[研制单位] 上海石油化工研究院。

2. SPA-1烯烃叠合催化剂

[别名] SPA-1烯烃齐聚及烃化催化剂

[工业牌号]SPA-1。

[主要组成]固体磷酸。

[产品规格及使用条件]

项目		指标
外观		白色或灰白色圆柱条
外形尺寸/mm		$\phi 6 \times (5 \sim 15)$
抗压强度/(N/cm)	≥	200
堆密度/(kg/L)		$0.9 \sim 1.1$
P_2O_5/%	≥	60
游离酸含量/%	≥	15
操作温度/℃		$160 \sim 230$
操作压力/MPa		$3 \sim 5$
液空速/h^{-1}		2.0
原料组成		烯烃40%~55%，其余为烷烃
目的产物		丙烯转化率≥85%，烯烃总选择性≥95%
催化剂活化条件(使用前活化)： 空气：水蒸气/摩尔比 活化温度/℃ 活化时间/h		$(0.5 \sim 1.5):1.0$ $200 \sim 400$ $3 \sim 6$

[用途]用于 C_3 或/和 C_4 烯烃叠合制 C_6 烯烃、C_4 烯烃叠合生产高辛烷值汽油、丙烯低聚生产壬烯及十二烯、异丁烯二聚生产异辛烯和苯与丙烯烃化生产异丙苯等。

3. 609 型烯烃叠合催化剂

[主要组成]以磷酸为活性组分，硅藻土为催化剂载体。

[催化剂性质及使用条件]

催化剂牌号	催化剂性质				催化剂活性	
	自由酸 (P_2O_5)/%	总磷量 (P_2O_5)/%	强度(加法)/ (N/颗)	耐水性	油产率/ (mL/L 废气)	转化率/%
609-A	16.0	58.0	118	浸泡于水中 3	0.54	76
609-B	15.0	60.0	147	昼夜不散裂	0.54	70
609-C	13.0	58.0	147		0.55	80
操作温度	200℃					
操作压力	3MPa					

[用途]用作烯烃叠合催化剂，可将炼厂气中的丙烯、丁烯不加分离经催化叠合制取汽油组分。

[简要制法]先将磷酸与硅藻土混合、挤条、干燥、焙烧，再浸渍部分磷酸，经干燥后制得成品。

[生产单位]锦州石油化工公司。

136

4．Z-4型叠合催化剂

[别名]分子筛叠合催化剂

[主要组成]以 $SiO_2 - Al_2O_3$ 所形成酸性表面为催化活性中心。

[产品规格及使用条件]

催化剂型号	外观	外形尺寸/mm	堆密度/(g/mL)	孔体积/(mL/g)	比表面积/(m²/g)	抗压强度/MPa
Z-4型	白色条状	$\phi1.8 \times (3.5 \sim 10)$	0.72	0.35	200~300	1.0

操作条件：温度 300~380℃，压力 0.1~2MPa，质量空速 0.5~3h^{-1}，原料中 $C_3^=$ + $C_4^=$ 约54%。

[用途]用作烯烃叠合催化剂，可将炼厂气中的丙烯、丁烯不加分离经催化叠合制取汽油组分。

[简要制法]由水玻璃与硫酸铝经成胶、晶化、洗涤、干燥、捏合、成型、焙烧而制得。

[生产单位]上海染料化工厂。

5．叠合/聚合树脂催化剂

[产品规格]

催化剂型号	外观形状	功能基团容量/(mmol/g)	含水量/%	湿视密度/(g/mL)	湿真密度/(g/mL)	粒度范围/%	耐磨率/%	最高工作温度/℃	出厂型式
KC110	不透明球状颗粒	≥5.2 [H$^+$]	50~58	0.7~0.8	1.15~1.25	(0.315~1.25 mm)≥95	≥90	120	H

[用途]用作异丁烯叠合反应催化剂。

[生产单位]凯瑞化工股份有限公司。

十一、其他催化剂

(一)催化裂化干气中乙烯与苯烃化制乙苯催化剂

催化裂化装置副产的干气中，含有约20%(体积)的乙烯，是重要的乙烯资源，利用干气中的乙烯与苯烃化制乙苯，可为这部分乙烯利用开辟途径。

在适宜的反应条件下，乙烯与苯可以发生烃化反应生成乙苯和二乙苯：

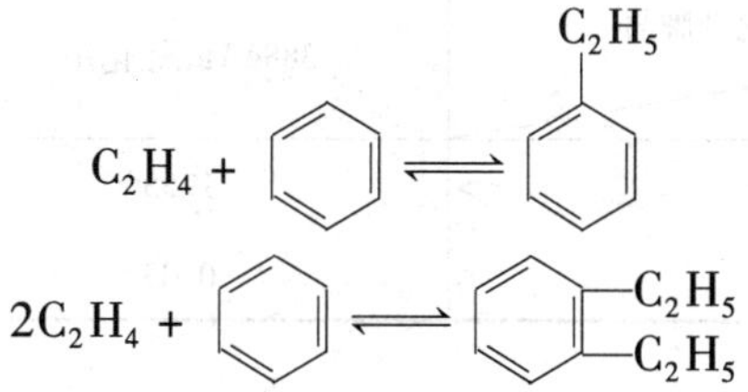

同时，生成的二乙苯、多乙苯还可与苯发生烷基转移反应生成乙苯：

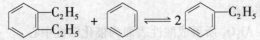

用于乙烯与苯烃化制乙苯的工艺主要有 Alkar 工艺、Mobil – Badger 工艺及中科院大连化学物理研究所开发的工艺等。表 1 – 39 示出了这三种工艺所使用的催化剂及工艺技术比较。

表 1 – 39　催化裂化干气制乙苯工艺技术比较

项目 / 工艺技术	Alkar 法	Mobil Badger 法	大连化物所技术
工艺过程	气固相反应，工艺简单，流程较短。反应条件为中温中压，操作简单。催化剂活性及选择性高。但有设备腐蚀及污染	气固相反应，工艺较复杂，流程长。反应条件为中温、中压，操作较麻烦。催化剂活性一般。但无设备腐蚀及污染	高温气相反应，工艺简单，流程较短。催化剂活性较好。无设备腐蚀，基本无污染
操作条件　原料气	低浓度乙烯(3% ~ 100%)，原料气净化，H_2S、CO_2、H_2O 含量均小于 1×10^{-6}	催化干气或焦化干气中乙烯(7% ~ 18%)，原料气净化，H_2S 含量 $\leq 2 \times 10^{-6}$，CO_2 和 H_2O 含量 $\leq 10 \times 10^{-6}$	催化干气中乙烯(10% ~ 20%)，不经任何净化可直接用作原料
催化剂	$BF_3 – Al_2O_3$	ZSM – 5	ZSM – 5/ZSM – 11
催化剂寿命/d	—	29	288
操作温度/℃	120	430	330 ~ 450
操作压力/MPa	3.5	1.4 ~ 2.2	0.5 ~ 1.5
苯/烯摩尔比	—	5 ~ 20	4 ~ 7
质量空速/h^{-1}	—	3 ~ 5	0.4 ~ 1.5
产品			
乙烯转化率/%	100	>95	95 ~ 98
乙苯选择性/%	99.9	>95	99

1. 3884 干气制乙苯催化剂

[主要组成]以含稀土元素的 ZSM – 5/ZSM – 11 共结晶型高硅沸石为活性组分。

[催化剂性能]

项目 / 催化剂牌号		3884A1(烃化用)	3884A2(烷基转移用)
改性元素/%	>	1.55	1.55
Na_2O/%	<	0.05	0.05

项目 \ 催化剂牌号	3884A1(烃化用)	3884A2(烷基转移用)
堆密度/(g/mL)	0.75	0.75
比表面积/(m²/g)	320	320
破碎强度/(N/cm) >	98	98
环己烷吸附量/% >	3.0	3.0
正己烷吸附量/% >	5.5	5.0
乙烯平均转化率/%	>95	—
乙苯选择性/%	>99(含二乙苯)	—
多乙苯转化率/%	—	>60

[用途]用于催化裂化干气中乙烯与苯烃化制乙苯。

[研制单位]中科院大连化学物理研究所。

2. DGEB-1 干气制乙苯催化剂

[主要组成] La-ZSM-5/Al$_2$O$_3$。

[产品规格及使用条件]

项目	指标
外观	圆柱条形
外形尺寸/mm	$\phi 1.8 \times 3 \sim 8$
堆密度/(g/mL)	0.6~0.7
压碎强度/(N/mm)	≥9.8
使用条件	
操作温度/℃	292~370
操作压力/MPa	0.69~0.74
体积空速/h⁻¹	0.78~1.1
苯/乙苯摩尔比	5.05~7.55
原料油	
生成油	催化裂化干气
乙烯转化率/%	>90
乙烯生成乙苯选择性/%	70~80

[用途]用于催化裂化干气中乙烯与苯烃化制乙苯。

[生产单位]辽宁海泰科技发展有限公司。

(二)催化裂解制低碳烯烃催化剂

催化裂解是在催化剂存在下,对石油烃进行裂解制取低碳烯烃的过程。与蒸汽热裂解工艺相比,裂解反应温度可降低 50~200℃,因此具有反应器内壁结焦速率低、裂解能耗少、运转周期长、CO$_2$ 排放量少及产品结构调整灵活等特点。根据所用催化剂性能不同,催化裂解工艺可分为固定床工艺、流化床工艺及移动床工艺等。

催化裂解所用催化剂大致可分为碱性催化剂、酸性催化剂及过渡金属氧化物催化剂等三类。所用碱性催化剂有钙镁氧化物催化剂、铝酸钙催化剂等；所用酸性催化剂主要有碱土、稀土金属和磷改性分子筛催化剂，是以 ZSM-5 分子筛为活性组分，通过不同的改性元素改性获得高低碳烯烃收率及高丙烯/乙烯比；过渡金属氧化物催化剂是以过渡金属为活性组分，用浸渍法制取的负载型催化剂，如以氧化钒溶于氢氧化钾后再加入硼酸制得的浸渍液，浸渍 $\alpha-Al_2O_3$，再经干燥、焙烧制得的催化剂。表 1-40 示出了使用三种类型催化剂进行石脑油催化裂解时的结果示例。从表中看出，酸性催化剂所需的反应温度较低，并可通过对酸活性位的适度调节，可减少催化剂上的积炭现象，还可控制乙烯与丙烯的比例。其主要缺点是产物中芳烃含量较高；使用碱性催化剂及过渡金属催化剂时，产物中甲烷含量较高，而且还产生大量 CO、CO_2，会给产物的分离过程增加较大负担，而较高的反应温度增大了能耗。鉴于上述因素及目前市场对丙烯的较大需求，催化裂解所用催化剂的研究开发更多为酸性催化剂。

表 1-40　三类催化剂的石脑油裂解制低碳烯烃

项目＼催化剂类型	碱性催化剂	酸性催化剂	过渡金属催化剂
反应温度/℃	750~850	550~650	500~800
水油比	1~2	0~1	0.5~1.0
产品收率/%			
乙烯	30~40	15~27	20~50
丙烯	15~22	15~50	3~10
芳烃	0	11~34	—
CO、CO_2	5~20	微量	15~30
催化剂举例	$CaO-SrO-Al_2O_3$ $WO_3-K_2O-Al_2O_3$ KVO_3/刚玉 $12CaO-7Al_2O_3$ CaO，MgO	La/ZSM-5 Ag—丝光沸石/Al_2O_3 Ca/HZSM-5/P 水蒸气处理 HZSM-5 碱土金属/ZSM-5	Cr_2O_3/Al_2O_3 MoO_2

国内从事石油烃裂解制低碳烯烃催化剂研究开发的单位有中国石化石油化工科学研究院、北京化工研究院、洛阳石化工程公司、中科院大连化学物理研究所等。

裂解催化剂

[工业牌号] CHP-1、CRP-1、CIP-1。

[主要组成]以特殊方法制备的含稀土分子筛或多组分分子筛组合物为催化剂活性组分。

[产品规格]

140

项目		指标		
		CHP－1	CRP－1	CIP－1
Al_2O_3/%	≥	47.0	54.0	52.0
Na_2O/%	≤	0.10	0.03	0.085
Fe_2O_3/%	≤	0.46	—	0.40
灼烧减量/%	≤	11.0	12.0	—
堆密度/(g/mL)		0.84	0.86	0.82
比表面积/(m²/g)		154	160	210
孔体积/(mL/g)		0.22	0.26	0.30
磨损指数/%	≤	2.1	1.1	1.6

注：表中所列指标为参考规格。

[用途]催化裂解工艺是以重质馏分油为原料，采用特制的催化裂解催化剂，在特定操作条件下，生产以丙烯为主，丁烯及乙烯为副产品的气体烯烃的技术。可分为Ⅰ型催化裂解及Ⅱ型催化裂解。

CHP－1及CRP－1催化剂用于Ⅰ型催化裂解。该工艺采用提升管加密相床反应器，以高温低压、大剂油比、大注水量、低空速为操作条件，最大量生产以丙烯为主的气体烯烃时得到高辛烷值汽油馏分和芳烃等化工原料，该催化剂具有机械强度好、平衡活性高、烯烃选择性好、重烃转化能力强等特点。

CIP－1催化剂用于Ⅱ型催化裂解，其目的是在生产高辛烷值汽油和丙烯的同时，兼顾异丁烯及异戊烯的生产。是一种高活性裂解催化剂，在高温、大注水量、大剂油比的操作条件下有较高的催化活性及水热稳定性。

[简要制法]将各种分子筛及基质混合后进行成胶反应，生成的胶液先经喷雾干燥成型制得微球，再经洗涤、气流干燥制得成品。

[生产单位]中国石化石油化工科学研究院、中国石化齐鲁分公司。

(三)重整(原料)油脱硫剂

[工业牌号]TL－18H、YHS－211、HTSSR－1E。

[主要组成]以氧化铜或过渡金属氧化物为主要活性组分，以 Al_2O_3、SiO_2 为载体。

[产品规格]

项目	指标		
	TL－18H	YHS－211	HTSSR－1E
外观	黑红色圆柱体	黑红色条状物	灰黑色圆柱体
外形尺寸/mm	φ5×(4~5)	φ(1.5~1.8)×(5~15)	φ4×(4~15)
堆密度/(g/mL)	1.1~1.3	0.95~1.05	0.8~1.0
比表面积/(m²/g)		≥50	
抗压强度/(N/cm)	≥110(径向)	≥37	≥180(径向)
磨耗率/%	≤8.5		

项目	指标		
	TL - 18H	YHS - 211	HTSSR - 1E
使用条件			
反应温度/℃	160 ~ 220	100 ~ 260	80 ~ 200
反应压力/MPa	0.1 ~ 0.5	< 1.5	0.1 ~ 1.5
液空速/h⁻¹	3 ~ 8	< 13	0.5 ~ 10
气空速/h⁻¹	100 ~ 1000		100 ~ 1000

[用途]TL - 18H 是一种催化重整工艺的精脱硫剂,具有脱硫效率高、活性稳定、使用范围广、操作方便等特点,可用于各种重整原料,不但能脱除无机硫,也可脱除微量有机硫,并对微量氯、砷等有害杂质也有较高脱除能力,是贵金属催化重整催化剂的有效保护剂,可延长重整催化剂使用寿命;YHS - 211 主要用于低温下脱除重整预加氢蒸发脱水操作后油品中残留的微量硫化物,以保护和延长重整催化剂使用寿命,本脱硫剂是以预还原形式提供,使用时无需进行还原处理,可直接投入使用。

[简要制法]先将特制载体浸渍活性金属溶液,再经干燥、焙烧制得。

[生产单位]西北化工研究院、辽宁海泰科技发展有限公司、江苏汉光集团宜兴市诚信化工厂等。

第二章 石油化工催化剂

石油按其加工方法及产品用途可分为两大分支：一是经过一次加工或二次加工生产各种燃料油、润滑油、石蜡、沥青、焦炭等石油产品；二是将蒸馏得到的馏分油进行热裂解，分离出基本原料，再生产各种石油化学制品。前一分支是石油炼制工业体系（即炼油体系），后一分支是石油化学工业体系，简称石油化工体系。石油化工大致可分为基本有机化工生产过程、有机化工生产过程、高分子生产过程等三类。基有机化工生产过程是以石油及石油气（炼厂气、油田气、天然气）为起始原料，经过各种加工方法制得烯烃（乙烯、丙烯、丁烯、二烯烃）、三苯（苯、甲苯、二甲苯）、乙炔及萘等基本有机化工原料；有机化工生产过程是在烯烃、三苯、乙炔及萘等产品的基础上，通过各种合成反应制得醇、醛、酮、酸、酯、醚、酚、腈等有机原料或产品；高分子化工生产过程是在各种有机原料的基础上，通过各种聚合、缩合等反应制得合成树脂、合成橡胶、合成纤维、胶黏剂、合成洗涤剂等产品。

早期的石油化工属于化学工业的一个分支，从 20 世纪 60 年代以后，石油化工获得空前发展，它的产品品种、产量、产值及对国民经济的贡献后来居上，超过其他化工。石油化工较之其他化工，除原料上的特点外，在生产技术上也有自己的特点，即大型化、综合化的特点更为明显。目前，石油化工是重要的基础化工，在国民经济及社会发展中占有举足轻重的地位，它为其他化工及国民经济各部门提供各种各样的原料，并通过下游深加工制得满足人民需要的各种精细化学品和专用化学品。

石油化工的发展离不开催化剂，石油化工涉及的各种化学反应，如加氢、脱氢、氧化、氧氯化、水合、烷基化、异构化、聚合、缩合等反应，大多需要在一定的催化剂作用下才能进行，目前，我国石油化工装置所用的众多催化剂极大部分已立足国内，并具有自主知识产权。

目前，在各种石油化工装置上应用最广泛并取得巨大经济效益的是以反应物为气相、催化剂为固相的气-固多相催化体系。它之所以对石油化工发展具有特别的重要意义，主要有两个原因：一是固体催化剂制备方便，使用寿命长，容易活化、再生、回收，容易与产物分离，便于化工过程自动控制操作和提高操作安全性；二是从化学热力学及化学机理考虑，对一些复杂反应，从气体或液体催化剂出发去设计催化过程及催化剂，一般都比较困难和复杂，而从气-固多相催化体系来设计催化剂则相对容易得多。

石油化工反应用的固体催化剂大致包括 4 种类型：①金属，它包括周期表中的过渡金属及 IB 族金属催化剂；②负载在氧化铝、硅胶、活性炭等载体上的过渡金属盐类、配合物；③半导体型过渡金属氧化物、硫化物；④固体酸、固体碱及绝缘性氧化物等。

我国从事石油化工催化剂研究开发的主要单位有北京化工研究院、上海石油化工研究院、西南化工研究院、中国石油石油化工研究院兰州化工研究中心等。

一、裂解汽油加氢催化剂

裂解汽油是裂解制乙烯的重要副产物之一，是来自脱丁烷塔和急冷水塔系统的组成为 $C_5 \sim C_{10}$ 的混合物，其组成及产量随裂解所用原料及裂解深度而异。一般裂解汽油中芳烃含量为 70% 左右，还含有一定数量的单烯烃、双烯烃及硫、氧、氮、氯等杂质。由于不饱和烃存在，裂解汽油不稳定，易发生自聚等反应。对裂解汽油加氢可使不饱和烃变成饱和烃，并除去硫、氧、氮、氯等杂质，为芳烃装置提供原料，经芳烃抽提分离获得苯、甲苯、二甲苯等化工原料。

裂解汽油加氢按工艺可分为全馏分加氢和部分馏分加氢工艺。全馏分加氢工艺是先加氢后分馏出 C_5、S、C_9^+；部分馏分加氢工艺又可分为两种：一种是先脱 C_5、S、C_9^+ 后中心馏分两段加氢技术；另一种是先脱 C_5、S 后加氢，再分馏出 C_9^+ 以上馏分。应用较广的是部分馏分加氢工艺中的两段加氢工艺。两段加氢工艺的第一段加氢为低温液相加氢，选择性地除去高度不饱和烃(如链状共轭双烯、环状共轭双烯及苯乙烯等)，提高裂解汽油的稳定性；第二段加氢为高温气相加氢，主要除去其中所含硫、氧、氮等的有机杂质，并使其余单烯烃加氢后作芳烃抽提原料，以制取苯、甲苯及二甲苯等。

裂解汽油一段加氢催化剂又可分为两类：一类是以 Ni、Mo、W、Co 等为活性组分，以氧化态或硫化态形式存在的镍系催化剂，其活性较低，空速小，操作温度较高，对砷等杂质的敏感性较低；另一类是以 Pt、Pd 贵金属作为活性组分的钯系催化剂，具有启动温度低、加氢活性高、处理物料量大、催化剂寿命长等优点，但对砷等杂质较敏感。目前裂解汽油一段加氢催化剂在工业应用中普遍存在的主要缺点是：处理负荷较低，裂解汽油中双烯烃含量高，并含有砷、胶质等杂质，难以稳定或长周期运行。

裂解汽油二段加氢一般采用非贵金属催化剂，主要为 Co – Mo、Ni – Mo、Ni – Co – Mo 等金属氧化物或硫化物。少数公司为了缓和反应条件也有采用 Pd/Al_2O_3 催化剂。

国外公司开发的裂解汽油选择加氢催化剂，有 BASF 公司的 HO – 22、M8 – 12 等，IFP 的 LD145、LD155、LD241、LD341、LD265、LD275、LD365 等，德国 Süd Chemie 的 G68B、G35B 等，UOP 公司的 S – 12 催化剂等。

我国从事裂解汽油选择加氢催化剂研究开发的有中国石化齐鲁分公司研究院、抚顺石油化工研究院、上海石油化工研究院、中国石油石油化工研究院兰州化工研究中心、中国石油石油化工研究院大庆化工研究中心等。

1. 裂解汽油一段加氢催化剂(一)

[工业牌号]HTC – 200、HTC – 400、LY – 2008。

[主要组成]以金属 Ni 为活性组分，以氧化铝为催化剂载体。

[产品规格及使用条件]

催化剂牌号 项目	HTC – 200	HTC – 400	LY – 2008
外观	黑色三叶草条	黑色三叶草条	黑色三叶草条
外形尺寸/mm	$\phi 2.5 \times 3.0$	$\phi 2.5 \times 4.4$	$\phi(2 \sim 2.5) \times (3 \sim 8)$

催化剂牌号 项目	HTC－200	HTC－400	LY－2008
活性组分含量/%	Ni，12	Ni，14	Ni，11.8
堆密度/(kg/m³)	770~800	780~810	800
比表面积/(m²/g)	100	110	120
孔体积/(mL/g)	0.45	0.45	0.39
抗压强度/(N/cm) ≥	20	24	50
适应原料	C₆~C₈	C₅~200℃，C₆~C₈	C₅~C₁₀
操作条件			
反应压力/MPa	2.6~6.0	2.6~6.0	2.6~2.7
入口温度/℃	40~75	40~75	40~87
液空速/h⁻¹	1.2~4.0	1.2~4.0	1.5~2.8
生成油双烯值/(gI₂/100g 油)	≤2.0	≤2.0	≤2.0
生产单位	英国 ICI 公司		中国石油兰州化工研究中心

[用途]用于裂解汽油一段加氢催化剂。由于国内裂解原料的变化，许多炼厂存在裂解汽油杂质(尤其是砷)含量增加的问题，极易造成一段加氢钯系贵金属催化剂中毒失活。因而不少厂家开始转向使用价格较低并具容砷、抗胶质能力的镍系催化剂。目前国内裂解汽油加氢装置所用镍系催化剂约有90%使用 HTC－200 催化剂，其在裂解汽油一段加氢国内市场的占有率约为60%。LY－2008 是中国石油石油化工研究院兰州化工研究中心研制的适于 $C_5 \sim C_9$ 全馏分和 $C_6 \sim C_8$ 中间馏分的镍系一段加氢催化剂。它与 HTC 催化剂的外形尺寸相近，但活性组分 Ni 含量稍低。经在中国石油独山子石化公司进行工业应用试验表明，LY－2008 的加氢活性及选择性达到或优于 HTC－200 催化剂。

2. 裂解汽油一段加氢催化剂(二)

[工业牌号]3801、NCY105。

[主要组成]以 MoO_3 等金属氧化物为活性组分，以氧化铝为催化剂载体。

[产品规格]

项目	指标	
	3801	NCY105
外观	灰蓝色条状	灰蓝色圆柱体
外形尺寸/mm	φ1.6×(2~8)	φ3.0
堆密度/(g/mL)	0.8~0.9	0.82~0.86
孔体积/(mL/g)	~0.4	≥0.34
比表面积/(m²/g)	~200	~200
抗压强度/(N/cm)	≥147	≥150
生成油双烯值/(gI₂/100g 油)	≤1.0	≤1.0

145

[用途]用于裂解汽油一段加氢，在较温和的条件下，使裂解汽油中的双烯化合物加氢饱和，用于生产车用汽油或汽油调和料。

[简要制法]将特制的氧化铝载体浸渍金属活性组分后，经干燥、焙烧制得。

[生产单位]中国石化催化剂抚顺分公司、南京化学工业公司催化剂厂。

3. 裂解汽油一段加氢低钯壳层催化剂（一）

[工业牌号]341、LY-7501、LY-7701、LY-8601、PGH-10等。

[主要组成]以贵金属Pd为活性组分，以氧化铝为催化剂载体。

[产品规格]

项目	指标				
	341	LY-7501	LY-7701	LY-8601	PGH-10
外观	淡黄色球	土褐色球	土褐色球	淡褐色条	浅棕色条
外形尺寸/mm	$\phi(3\sim4)$	$\phi(3\sim4)$	$\phi(3\sim5)$	$\phi4\times4$	$\phi(2.8\sim3.0)$ $\times(3\sim15)$
堆密度/(g/mL)	—	$0.6\sim0.7$	$0.6\sim0.7$	$0.75\sim0.85$	$0.60\sim0.70$
孔体积/(mL/g)	—	$0.5\sim0.6$	$0.6\sim0.75$	≥0.45	≥0.70
比表面积/(m²/g)	—	<40	$100\sim150$	$80\sim120$	$70\sim110$
Pd含量/%	~0.05	~0.5	~0.2	~0.3	≥0.27
Al_2O_3晶相	γ型	α型	δ型	δ型	
抗压强度	—	≥50N/粒	250N/粒	$80\sim100$N/粒	≥40N/cm
生成油双烯值/(gI₂/100g油)≤		1.0	1.0	1.0	2.5

[用途]用作裂解汽油一段加氢催化剂。具有加氢活性高、负荷大、操作条件温和、双烯加氢选择性好等特点。是一种壳层型钯催化剂，其活性优于均匀型钯催化剂。使用前需用氢气还原处理，催化剂载体Al_2O_3采用γ、δ、α型或混合晶型，具有适宜的孔结构和比表面积，有利于加氢反应的进行。

[简要制法]先将特制的Al_2O_3载体浸渍钯活性组分溶液，再经干燥、高温焙烧制得。

[生产单位]中国石化催化剂抚顺分公司、中国石油石油化工研究院兰州化工研究中心、大连催化剂厂、辽宁海泰科技发展公司等。

4. 裂解汽油一段加氢钯催化剂（二）

[工业牌号]SHP-01、SHP-01F、SHP-01S、LY-9801。

[主要组成]以贵金属Pd为主要活性组分，以氧化铝或硅溶胶为催化剂载体，有的产品还加入适量第二金属。

[产品规格及使用条件]

催化剂牌号 项目	SHP-01	SHP-01F	SHP-01S	LY-9801
外观	拉西环	三叶草条	三叶草条	三叶草条
外形尺寸/mm	$\phi3.8\times3.0$	$\phi2.5\times2.5$	$\phi2.5\times2.5$	$\phi2.8\times4.0$

催化剂牌号 项目	SHP-01	SHP-01F	SHP-01S	LY-9801
活性组分	Pd	Pd	Pd	Pd+第二金属
活性组分含量/%	0.25	0.35	0.28	0.30
堆密度/(g/mL)	0.50±0.03	0.53±0.03	0.56±0.05	0.60
比表面积/(m²/g)	150	80	60	90
抗压强度/(N/cm) ≥	35	45	45	40
适应原料	$C_6 \sim C_8$ $C_5 \sim C_8$	$C_6 \sim C_8$ $C_5 \sim C_8$ $C_6 \sim C_7$	$C_5 \sim C_8$ $C_6 \sim C_7$	$C_5 \sim C_8$ $C_6 \sim C_8$
操作条件				
反应压力/MPa	≥2.70	≥2.65	≥2.65	2.6~2.8
入口温度/℃	35~85	40~90	40~90	40~90
液空速/h⁻¹	>3.0	3~4	3~4	2.5~4
生成油双烯值/(gI₂/100g 油)	≤2.0	≤2.0	≤2.0	≤2.5

[用途]SHP-01、SHP-01F、SHP-01S 系列裂解汽油一段加氢催化剂适用于中间馏分、全馏分等不同工况的裂解汽油一段选择性加氢处理。其技术特点是：活性组分含量低，耐水、耐胶质和耐毒物干扰性能良好；空速高，低温双烯加氢活性和选择性高、稳定性好。

LY-9801 催化剂是在 LY-8601 催化剂基础上开发出的全馏分汽油一段加氢催化剂，是一种新型双金属催化剂，以具有良好的稳定性、黏结性和成膜性的硅溶胶为载体，具有孔容、可几孔半径大的特点，在高空速下，具有良好的加氢活性、选择性及抗砷、水等杂质的能力。加氢性能优于 LY-8601 催化剂。

[简要制法]将特制的催化剂载体浸渍活性金属溶液后，再经干燥、焙烧制得。

[研制单位]上海石油化工研究院、中国石油石油化工研究院兰州化工研究中心。

5. 裂解汽油二段加氢催化剂(一)

[工业牌号]DZCⅡ-1、LY8602、NCY106、3802、FH-40A。

[主要组成]以 Mo、Ni、Co 等为主活性组分，氧化铝为催化剂载体。

[产品规格]

项目	指标				
	DZCⅡ-1	LY8602	NCY106	3802	FH-40A
外观	蓝色齿球形	浅黑色圆柱	蓝色圆柱	蓝灰色条	蓝色三叶草条
外形尺寸/mm	φ(2~3)	φ4.8(2.4~3)	φ1.5	φ1.6×(2~8)	—
活性组分	MoO₃ 17.8% CoO 2.9% NiO 1.9%	Mo-Ni-Co	Mo-Ni-Co	Mo-Ni-Co	Mo-Ni-Co

项目	指标				
	DZCⅡ-1	LY8602	NCY106	3802	FH-40A
载体	Al_2O_3	Al_2O_3	Al_2O_3	Al_2O_3	Al_2O_3
堆密度/(g/mL)	0.75~0.85	0.7~0.8	0.84~0.90	0.8~0.9	
孔体积/(mL/g)	>0.39	~0.40	~0.34	~0.40	~0.55
比表面积/(m²/g)	~200	~150	~200	~200	200
抗压强度	≥35N/粒	>18N/mm	>18N/mm	>18N/mm	

[用途]用于乙烯加氢装置中 C_6~C_8 裂解汽油一段加氢后,进一步加氢并脱除硫、氧、氮等有机化合物,制取芳烃抽提原料或合格的加氢汽油。在各种牌号催化剂中,齿球形催化剂具有床层压降小、装填方便等特点。而 FH-40A 是抚顺石油化工研究院研发的新一代轻质馏分油加氢精制催化剂,具有优良的加氢脱硫和烯烃饱和性能,机械强度也很好,可用作裂解汽油二段加氢催化剂,已在中国石油辽阳石化分公司 60kt/a 裂解汽油二段加氢装置上工业应用成功。

[简要制法]先制成特制氧化铝载体后,再经浸渍金属活性组分溶液、干燥、焙烧制得。

[生产单位]中国石油石油化工研究院大庆化工研究中心、中国石油石油化工研究院兰州化工研究中心、南京化学工业公司催化剂厂、中国石化催化剂抚顺分公司等。

6. 裂解汽油二段加氢催化剂(二)

[工业牌号]SHP-02、SHP-02F、BY-5、LY-9802。

[主要组成]以 Co、Mo、Ni 等为活性组分,以 Al_2O_3 或 Al_2O_3-TiO_2 等为催化剂载体。

[产品规格及使用条件]

催化剂牌号 项目	SHP-02	SHP-02F	BY-5	LY-9802
外观	三叶草条	小球	蓝色圆条	三叶草条
外形尺寸/mm	$\phi(1.1~1.3)\times$ 3~20	$\phi1.5~2.5$	$\phi6\times(3~15)$	$\phi(1.1~1.3)\times$ 3~8
活性组分	Co-Mo-Ni	Mo-Ni	Co-Mo-Ni	Co-Mo-Ni
载体	Al_2O_3	Al_2O_3	Al_2O_3-TiO_2	Al_2O_3
堆密度/(g/mL)	0.70±0.05	0.80±0.05	0.9~0.94	0.70±0.05
比表面积/(m²/g)	230±30	120±30	—	220±20
抗压强度/(N/cm) ≥	40	40(N/粒)	18(N/粒)	70
适应原料	C_6~C_8,C_5~C_8,C_6~C_9;一段加氢产品硫含量为$(100~600)\times10^{-6}$	C_6~C_8,C_5~C_8,C_6~C_9;一段加氢产品硫含量为$(80~600)\times10^{-6}$	C_6~C_8	C_6~C_8;一段加氢产品硫含量$\leq600\times10^{-6}$

催化剂牌号 项目	SHP-02	SHP-02F	BY-5	LY-9802
操作条件				
反应压力/MPa	≥2.5	≥2.5	2.6~2.8	≥2.8
入口温度/℃	220~320	210~320	230~300	230~300
液空速/h^{-1}	2.1~3.2	2.1~3.5	2.2~3.5	2.1~2.8
生成油双烯值/(gI$_2$/100g 油)	≤0.2	≤0.2	≤0.2	≤0.2

[用途]SHP-02裂解汽油二段加氢催化剂适用于乙烯装置的二段加氢处理，主要是将一段的加氢产品进行单烯烃饱和，同时脱除含硫、氧、氮等杂质；SHP-02F适用于不同馏分的裂解汽油二段加氢处理。SHP-02系列催化剂的技术特点是：①比表面积及孔体积较大、活性相分散度好且酸碱性适中；②启动温度低、空速适应范围宽、加氢活性稳定，催化剂使用寿命长；③原料适应性强，抗杂质及溶胶能力强，能适应重质化、低硫化及劣质化裂解原料的加氢处理。

BY-5催化剂是采用Al$_2$O$_3$-TiO$_2$复合载体负载钯的催化剂。与其他催化剂比较，具有液相空速高、选择性好、对双烯含量高的原料适应性强及活性稳定性好等特点。

LY-9802催化剂的孔体积及可几孔半径较大、比表面积适中，可使活性组分在其表面获得高度分散度并保持稳定，载体晶型稳定。具有加氢负荷高、生成油溴值低、芳烃几乎不损失等特点。

[研制单位]上海石油化工研究院、中国石化燕山分公司研究院、中国石油石油化工研究院兰州化工研究中心等。

二、碳二馏分选择加氢催化剂

采用催化选择加氢工艺脱除裂解气中乙炔的方法有前加氢及后加氢两种类型，前加氢脱除乙炔量通常为0.3%~1.2%（体积），原料中乙烯浓度大于50%（体积），氢气浓度大于15%（体积）。此外还随裂解原料及工艺不同，CO含量为(100~2000)×10^{-6}（体积）。后加氢脱除乙炔量通常为0.5%~2.5%（体积），原料中乙烯浓度大于70%（体积）。与前加氢不同的是在需要进行后加氢的碳二馏分中无氢气、甲烷及CO，因此，必须加入适量的氢气对乙炔进行加氢，并通过加入适量的CO以提高催化剂的选择性。无论是前加氢或后加氢工艺，其目的主要是生产符合规格的乙烯产品，实现高乙烯收率和较长的运行周期，在目前已建成的乙烯装置中，后加氢工艺占有主导地位，而在新建的乙烯装置中，则以前加氢占主导地位。这是因为前加氢工艺具有设备投资少、操作费用低、能量利用合理及催化剂操作周期长等特点。

根据选择加氢工艺不同，碳二选择加氢催化剂分为前加氢催化剂及后加氢催化剂两类。前加氢催化剂又可分为非贵金属系及贵金属系两类。非贵金属催化剂对原料中杂质(S、CO等)的含量限制不很严，但其加氢活性较低，选择性较差，反应温度较高，乙烯损失较多；

贵金属系催化剂主要是钯系催化剂，是以 Pd 为主要活性组分，并加入适量金属助剂以提高催化剂的选择性。钯系催化剂对原料中杂质含量限制较严，通常要求 S 含量低于 $5\mu g/g$，但它的加氢活性高，反应温度较低，反应选择性好，乙烯损失低，是目前工业上使用较多的前加氢催化剂。

目前，常用国外公司的前加氢催化剂有 Phillips 石油公司授权德国 Süd - Chemie 公司生产的 G - 83A（Pd/Al_2O_3 催化剂）、G - 83C（Pd - 助剂/Al_2O_3 催化剂）及 C36（Ni - 助剂/Al_2O_3 催化剂），德国 CRI KataLeuna 公司的 7741B - R（钯催化剂）；后加氢催化剂有 BASF 公司的 HO - 11、HO - 21（Pd - 助剂/氧化硅），Phillips 石油公司授权德国 Süd - Chemie 公司生产的 G - 58C、D、E 等系列催化剂（Pd - 助剂/Al_2O_3），德国 CRI KataLeuna 公司的 7741E - R（Pd/特制 Al_2O_3）催化剂，IFP 的 LT - 261、LT - 279、LT - 289 催化剂等。

国内从事碳二馏分选择加氢催化剂研制开发的机构有北京化工研究院、中国石油石油化工研究院兰州化工研究中心、北京石油化工科学研究院等。

1. 前脱丙烷前加氢催化剂

[工业牌号]BC - H - 21B。

[主要组成]以 Pd 为催化剂主活性组分，以 Al_2O_3 为催化剂载体，并加入适量助剂。

[产品规格]

催化剂牌号 / 项目	BC - H - 21B	催化剂牌号 / 项目	BC - H - 21B
外观	黄土灰色齿球形状或球形	堆密度/(g/mL)	0.7 ~ 0.9
组成	Pd - 助剂/Al_2O_3	抗压强度/(N/粒)≥	40
外形尺寸/mm	$\phi(2.5 \sim 5.0)$		

[用途]乙烯分离流程主要包括顺序分离、前脱丙烷前加氢和前脱乙烷前加氢流程，所谓前脱丙烷前加氢是指裂解气中碳三以下馏分未经分离甲烷、氢，即进行加氢脱除炔烃的工艺过程。它具有能耗低、操作简单和开车方便等优势，在前脱丙烷前加氢反应器中，利用裂解气原有的氢气和 CO 进行加氢反应脱除裂解气中的乙炔及部分甲基乙炔和丙二烯。但该工艺没有备用反应器，反应过程中反应器不能切换，催化剂不能再生。因此要求所用催化剂有良好的活性及稳定性，并具有较好的选择性及抗波动能力，在氢气和 CO 含量波动的情况下不产生飞温或失活。

BC - H - 21 催化剂具有加氢选择性好、抗 CO 波动性好、绿油生成量少、操作稳定性高、不易产生飞温现象等特点。反应工艺条件为：反应器入口温度 25 ~ 100℃，出口温度 65 ~ 130℃，反应压力 0.69 ~ 2.6MPa，体积空速 3000 ~ 6000h^{-1}。在 BC - H - 21 基础上开发的 BC - H - 21A/B 催化剂已在国内多套采用前加氢工艺的大乙烯装置中应用。催化剂具有操作条件范围宽、稳定性好、绿油生成量少且在催化剂上附着量低等特点，在正常工况条件下，使用寿命 5 年以上。

[研制单位]北京化工研究院。

2. 碳二馏分气相加氢催化剂

[别名]碳二后加氢催化剂。

[工业牌号]BC-1-037、BC-2-037、BC-H-20A、BC-H-20B。

[产品规格]

催化剂牌号 项目	BC-1-037	BC-2-037	BC-H-20A	BC-H-20B
外观	土黄色小球			
外形尺寸/mm	$\phi(2.5 \sim 5.0)$			
堆密度/(g/mL)	0.74~0.84	0.75~0.90	0.70~0.90	0.70~0.90
比表面积/(m²/g)	40~65	40~65	—	—
抗压强度/(N/粒) >	50	50	40	40
吸水率/%	37~48	37~48		
Pd含量/%	0.033~0.037	0.033~0.037	含Pd及助剂	含Pd及助剂
Ni含量/%	1.0~2.0	1.0~2.0	—	—
载体晶相	以 $\alpha-Al_2O_3$ 为主，含35%~50% $\theta-Al_2O_3$	以 $\alpha-Al_2O_3$ 为主，含35%~50% $\theta-Al_2O_3$	以 $\alpha-Al_2O_3$ 为主	以 $\alpha-Al_2O_3$ 为主

[用途]后加氢工艺是先将裂解气中的氢、甲烷等轻烃馏分分离，再对 C_2 馏分进行加氢，在目前已建的乙烯装置都采用碳二馏分气相后加氢催化剂。BC-1-037 及 BC-2-037 占有国内极大部分市场。在进料温度 25~93℃，单段床反应压力 1.9~2.2MPa，气体空速 2000~3000h^{-1}，H_2/C_2H_2（摩尔比）为 1.5~2.5 的反应条件下，炔烃脱除率达到 $<2 \times 10^{-6}$，催化剂使用寿命可达 3~5 年。BC-H-20A 及 BC-H-20B 是 BC-2-037 的改进型，可在高空速（4500~6000h^{-1}）下进行反应，绿油生成量少，操作条件范围更宽，适用于单段床、双段床或三段床绝热式或等温式固定床反应器。

[简要制法]先将用硝酸法或碳化法制备的氧化铝载体，浸渍活性组分金属溶液后，经干燥、焙烧活化制得。

[研制单位]北京化工研究院。

3. 碳二加氢催化剂

[工业牌号]LY-268。

[产品规格]

催化剂牌号 项目	LY-268A	LY-268B
外观	棕灰色条	棕灰色球
外形尺寸/mm	$\phi(3.4 \sim 3.8) \times 5 \sim 20$	$\phi(2 \sim 5)$
Pd含量/%	0.04±0.0002	0.04±0.0002
堆密度/(g/mL)	0.8	0.8
比表面积/(m²/g)	80~110	80~110
抗压强度/(N/cm) >	160	—

[用途]用作 C_2 馏分气相加氢催化剂。其中 LY‐268A 首先进行工业应用，由于催化剂为条形结构，装填时容易造成局部架桥，在高空速工况下易形成沟流。改进后的 LY‐268B 型球状催化剂更能适应各种工况条件，在低温段运行具有周期长、选择性好、绿油生成量低等特点。

在 LY‐268 催化剂基础上，以 Pd、Ag 为主活性组分并添加第三组分的新型 C_2 选择加氢催化剂 LY‐C_2‐O2 具有活性高、选择性及稳定性好、乙烯增量高、聚合物生成量低等特点。

[研制单位]中国石油石化化工研究院兰州化工研究中心。

三、碳三馏分选择加氢催化剂

石油烃裂解分离得到的碳三馏分，一般含 1.0% ~3.5% 的丙炔和丙二烯，当采用毫秒炉裂解时，丙炔及丙二烯含量可高达 6% ~7%，为获得聚合级丙烯，避免炔烃及二烯烃对下游加工催化剂产生影响，需要除去这部分炔烃及二烯烃。选择加氢可将丙炔、丙二烯等转化为丙烯，从而将其从碳三馏分中脱除。目前碳三馏分选择加氢有气相和液相两种工艺。气相加氢工艺与碳二馏分选择加氢工艺相似，但在碳三馏分气相选择加氢时，丙炔和二烯烃的低聚作用会使催化剂失活和烯烃收率下降、运转周期缩短。而液相选择加氢具有生产能力大、反应可在较低温度下进行、反应器体积小，催化剂再生周期长及使用寿命长、生成聚合物少等优点。因此乙烯装置大多采用液相加氢工艺。

早期的碳三馏分选择加氢催化剂主要以单金属催化剂为主，所用金属为Ⅷ族金属，其中以 Pd 最为常用，所用载体有 Al_2O_3、SiO_2 等。

目前，常用国外公司的碳三馏分气相选择加氢催化剂有德国 Süd‐Chemie 公司的 C31‐1‐01、G‐55A、G‐55B，IFP 的 LT‐279，德国 CRI KataLeuna 公司的 KL7741D‐R 等。碳三馏分液相加氢催化剂有 IFP 的 LD‐265、LD‐273，德国 Süd‐Chemie 公司的 G‐55C、G‐68H、G‐68HX 等。

国内从事碳三馏分选择加氢催化剂研究开发的机构有北京化工研究院、中国石油石油化工研究院兰川化工研究中心、中国石化齐鲁石化分公司等。

1. BC‐L‐80、83 碳三馏分液相加氢催化剂

[工业牌号]BC‐L‐80、BC‐L‐83。

[主要组成]以贵金属为催化剂主活性组分，以氧化铝为催化剂载体。

[产品规格]

催化剂牌号 项目	BC‐L‐80	BC‐L‐83
外观	浅土黄色小球	
外形尺寸/mm	$\phi(2.0 \sim 4.5)$	$\phi(2.5 \sim 5.0)$
堆密度/(g/mL)	0.85 ~0.98	0.85 ~0.95
孔体积/(mL/g)	0.32 ~0.42	0.35 ~0.45
比表面积/(m²/g)	5 ~20	10 ~30

催化剂牌号 项目	BC－L－80	BC－L－83
抗压强度/(N/粒)	50~95	>40
载体	Al_2O_3	Al_2O_3
活性组分	Pd	Pd + 助催化剂

[用途]用于碳三液相加氢工艺，使炔烃和二烯烃选择性加氢，其中，BC－L－80用于双段加氢工艺，在入口温度10~20℃（第一段）、10~30℃（第二段），反应压力0.98~1.57MPa（第一段）、1.96~2.55MPa（第二段），H_2/C_3H_4（摩尔比）0.9~1.4（第一段）、4~10（第二段）的条件下，产品中丙炔含量$<5\times10^{-6}$，丙二烯含量$<10\times10^{-6}$。

BC－L－83是在BC－L－80基础上由北京化工研究院与Lummus公司合作开发的C_3馏分液相催化剂。该催化剂Pd含量0.3%，分布在催化剂外表面，Pd层厚度160~150μm，用于单段床液相加氢工艺。在入口温度10~45℃、出口温度55~60℃，反应压力1~3MPa，H_2/C_3H_4（摩尔比）1.2~2.5的条件下，产品中丙炔含量$<5\times10^{-6}$，丙二烯含量$<5\times10^{-6}$。催化剂具有活性高、选择性好、聚合物生成量少、使用寿命长等特点。

此外，在BC－L－83催化剂基础上，北京化工研究院开发出性能更优良的新一代BC－H－30A催化剂，它是在制备过程中添加了除主活性组分以外的助剂，形成复合组分催化剂。活性及选择性更好，丙烯增量大，操作条件宽，抗波动能力强。

2. BC－H－33碳三馏分气相加氢催化剂

碳三气相选择加氢工艺脱除甲基乙炔及丙二烯的方法与液相选择加氢工艺比较，具有反应器结构简单、容易操作、控制稳定、催化剂成本低的优点，在我国建成并投产的乙烯装置中，上海石化乙烯装置及吉林石化乙烯装置都采用碳三气相选择加氢工艺。多年来工业上碳三气相选择加氢工艺都使用进口C31－1－01催化剂。以后由北京化工研究院研制的BC－1－821催化剂逐步在国内乙烯装置中得到应用。BC－H－33是该院近期研制的双金属碳三气相选择催化剂。该催化剂技术特点是：能有效地将0.5%~3.0%的甲基乙炔脱除至$<5\times10^{-6}$，丙二烯脱除至$<10\times10^{-6}$；催化剂贵金属含量低、使用寿命长，既可用于一段绝热床反应器，又可适用于二段床反应器。

[理化性质及操作条件]

催化剂牌号 项目	BC－H－33
外观	黄土灰色球
外形尺寸/mm	$\phi(3~5)$
组成	$Pd-Ag/Al_2O_3$
堆密度/(g/mL)	0.75~0.85
比表面积/(m²/g)	>200
抗压强度/(N/粒)	>60

催化剂牌号 项目	BC - H - 33
操作条件	
反应温度/℃	60 ~ 100
反应压力/MPa	1.9 ~ 2.1
氢炔比(摩尔比)	1.0 ~ 1.5
入口(甲基乙炔 + 丙二烯)/%	2 ~ 3
出口组成	
甲基乙炔/10^{-6}	< 10
丙二烯/10^{-6}	< 5

四、碳四馏分选择加氢催化剂

裂解液体原料的乙烯装置会副产大量混合碳四, 其中约含 40% ~ 55% 的 1, 3 - 丁二烯, 其余为异丁烯、正丁烯、1, 2 - 丁二烯、顺 -2 - 丁烯、反 -2 - 丁烯、丁烷及炔烃等。其中总炔烃含量为 0.5% ~ 2.0%, 而以乙烯基乙炔含量较多, 约占 70% ~ 80%, 还有少量乙基乙炔及甲基乙炔。碳四馏分是一种有价值的化工原料, 可用于生产 1, 3 - 丁二烯、1 - 丁烯、2 - 丁烯等产品, 通常通过选择加氢的方法除去炔烃、二烯烃生产相应的目的产品, 它大致可分为: ①从裂解碳四馏分加氢脱除炔烃生产 1, 3 - 丁二烯, 所除炔烃主要是乙烯基乙炔, 丁炔, 所得 1, 3 - 丁二烯可用作合成顺丁橡胶, 丁腈橡胶, 丁苯橡胶, 氯丁橡胶等的单体原料, ②从碳四馏分中脱除炔烃和二烯烃生产 1 - 丁烯, 1 - 丁烯可用于合成线型低密度聚乙烯; ③从碳四馏分中脱除二烯烃和炔烃生产烷基化原料, 用于制造高辛烷值烷基化油; ④碳四馏分全加氢, 将碳四炔烃、双烯烃、单烯烃都加氢生成碳四烷烃, 产品可用作车用液化气或重新用作裂解原料。

根据上述目的产物不同, 选择性加氢工艺及所用催化剂也有所不同。加氢工艺有前加氢、后加氢及混合加氢等三种, 前加氢工艺是在裂解混合碳四进入萃取精馏装置前进行加氢, 其工艺技术先进, 但对催化剂的选择性要求高, 催化剂研制的难度较大, 后加氢工艺是对二段萃取分离出的含高纯乙烯基乙炔和乙基乙炔的碳四进行加氢, 对催化剂要求不苛刻, 但工艺技术较复杂, 混合加氢工艺是将新鲜裂解碳四与二萃抽提脱除的炔烃混合加氢, 加氢体系有气相、液相及气液混合相, 而工业上大多采用液相加氢工艺。

第一代碳四选择加氢催化剂主要是硫化镍、硫化镍钨合金及铜基催化剂, 用于气相选择加氢, 这类催化剂的操作温度高、加氢活性低、易积炭和发生聚合, 催化剂使用寿命短; 第二代选择加氢催化剂以贵金属 Pd 为主要活性组分, 但它对含硫原料敏感, 使用寿命也较短, 而通过添加第二金属、提高 Pd 在催化剂中的分散度、改变载体性能等方面工作, 可提高钯催化剂的使用效果和寿命。

目前, 国外公司常用的碳四选择加氢催化剂有 BASF 公司的 HO - 12、HO - 13、HO - 31、HO - 40、HO - 41、HO - 42 等, 它们是以 Pd 为主活性组分、或加入第二金属的钯系催化剂, 载体为 Al_2O_3。如 HO - 40 催化剂可用于碳四馏分全加氢工艺, HO - 41 可用于碳四选择加氢生产 2 - 丁烯，HO - 42 可用于碳四选择加氢生产 1 - 丁烯。IFP 开发的双金属催化剂 LD277 可用于碳四选择加氢脱除炔烃生产 1，3 - 丁二烯。德国 Süd - Chemie 公司开发的用于碳四选择加氢催化剂有 G - 83A、G - 55A、G - 55B、G - 55C、G - 68 系列及 T - 2464 系列等。

国内从事碳四馏分选择加氢催化剂研究开发的机构有北京化工研究院、中国石油石油化工研究院兰州化工研究中心、上海石油化工研究院、抚顺石油化工研究院等。如由北京化工研究院开发的双金属催化剂及多金属催化剂，用于选择加氢除去富丁二烯碳四馏分中的炔烃（乙基乙炔、乙烯基乙炔及甲基乙炔等），双金属催化剂是以 Pd 为主活性组分并加入第二金属 Pb 为助催化剂，这种催化剂的加氢活性较高，但选择性不太高；多金属催化剂是在双金属催化剂基础上添加第三种或多种金属作助催化剂（如 Ag、Cu 等），使多种金属组分在载体表面高度分散，形成配位键合，从而提高催化剂的选择性及稳定性。在 30 ~ 55℃、0.6 ~ 0.8MPa、液空速 4 ~ 6 h^{-1}、氢炔比为 6 的条件下，对碳四馏分加氢时，剩余炔烃含量 < 1.5×10^{-5}、丁二烯选择性 > 95%。

北京化工研究院还开发出碳四抽余液脱除二烯烃催化剂，催化剂牌号为 BC - H - 40。碳四抽余液中 1% ~ 3% 的二烯烃通过选择加氢，剩余二烯烃含量 < 1×10^{-6}，丁烯收率 > 97.5%。加氢后的物料经精馏可分离出聚合级 1 - 丁烯。

五、乙烯氧化制环氧乙烷催化剂

环氧乙烷又名氧化乙烯，是石油化工重要原料之一，主要用于生产乙二醇。乙二醇转化为单乙二醇用于生产聚酯纤维、聚酯固态树脂和聚酯薄膜等聚酯产品。环氧乙烷另一重要用途是生产非离子表面活性剂乙醇盐类，用于生产洗涤剂，此外，环氧乙烷还可生产医药、香料、染料、涂料、特种化纤油剂等许多精细化工产品，工业上生产环氧乙烷的方法有氯醇法及乙烯直接氧化法。前者因使用大量氯气，存在设备污染及环境污染问题而被逐渐淘汰。乙烯直接氧化法是乙烯及氧在催化剂作用下直接气相氧化生成环氧乙烷的工艺。它又可分为以纯氧为氧化剂和以空气为氧化剂两种工艺，而以纯氧为氧化剂的氧化法工艺更为先进，生产环氧乙烷的选择性更高。

世界环氧乙烷生产技术主要由英荷 Shell、美国 UCC、SD 三家公司垄断，采用三家公司技术的生产能力占环氧乙烷生产能力的 90% 左右，其中 Shell 公司只提供氧气法技术，SD 公司可提供空气法和氧气法两种技术，UCC 公司拥有氧化法及空气法技术，但仅供自己生产厂使用。此外，Dow、日本触媒化成、德国 Huels、意大利 Snam 公司等也拥有自己的专利技术，我国至今已引进十余套环氧乙烷生产装置，采用世界主要三大专利商的技术。所生产环氧乙烷几乎都用于生产乙二醇和普通非离子表面活性剂，其中用于生产乙二醇的比例达 80% 左右。

催化剂是乙烯直接氧化的关键，国外环氧乙烷生产技术发展的重点仍是催化剂的改进，使催化剂的选择性从 20 世纪 60 年代的 68% 提高到目前的 80% 以上。工业乙烯氧化制环氧乙烷催化剂包括以下几个组成部分。

①活性组分。迄今还未发现一种比银更好的金属活性组分，银是唯一被用于乙烯氧化制环氧乙烷反应并取得满意结果的活性金属。

②载体。乙烯部分氧化反应是强放热反应，所以载体的物化性能对催化剂性能影响至关重要。长期使用的载体比表面积在 0.1 ~ 0.3 m^2/g 之间，近年则多采用 0.5 ~

$2.0m^2/g$ 的较高表面积的载体。形状也由球形向环形、矩鞍形、鞍形发展，目的是提高导出反应热的能力和减少反应床层压力降。此外，传统的 $\alpha - Al_2O_3$ 组成也转向两种粒度 $\alpha - Al_2O_3$ 的复合型载体，调孔剂也从活性炭、石油焦等转向有机聚合物，如淀粉、甲基纤维素等。

③助催化剂。仅由活性组分银和载体组成的催化剂在乙烯氧化时并不能取得很好效果，而必须加入少量碱金属或碱土金属氧化物作为助催化剂，才能提高催化剂的选择性和活性，并延长催化剂使用寿命，常用的金属是 Ba，而加入 Cs、K 等也有一定效果。

④氧化抑制剂，其作用是抑制乙烯过度氧化生成 CO_2、H_2O 等副反应，如在催化剂中加入一定量的氯化物(如二氯乙烯)，能降低催化剂的初始活性及活性上升速度；添加微量的氮氧化物(NO、NO_2 等)及其化合物，有助于提高催化剂的选择性。

传统的银及助催化剂负载于载体上的方法是将氧化银的水或者醇的浆液浓缩涂敷或是浸渍硝酸银水溶液后，在空气、乙烯、氢气气氛下于 $150 \sim 500$℃进行热分解。用这一方法由于银还原处理温度较高，生成的银粒子粒径大，使制得的催化剂活性较低，以后改进为由各种银盐和胺类等形成银配合物，将其中水或有机溶剂溶解，浸渍载体后再分解的方法。例如，将乳酸银或草酸银等与氨或胺类化合物形成银胺配合物溶液，其后加入一定配比的碱金属、碱土金属等助催化剂，在真空条件下，将载体倒入上述溶液，制得氧化银催化剂，再经热分解还原制得银催化剂。

1. Shell、UCC、SD 公司乙烯氧化制环氧乙烷催化剂

[产品规格及使用条件]

公司 催化剂牌号 项目	Shell S - 860	UCC 1285	SD Syndox - 1105
外观	灰色中空圆柱形	灰色中空圆柱形	灰色中空圆柱形
外形尺寸/mm	$\phi 8 \times 8$	$\phi 8 \times 8$	$\phi 8 \times 8$
银含量/%	14.0	14 ± 0.25	$8 \sim 9$
助催化剂	碱或碱土金属	碱或碱土金属	碱或碱土金属
载体	$\alpha - Al_2O_3$	$\alpha - Al_2O_3$	$\alpha - Al_2O_3$
抑制剂	二氯乙烷	二氯乙烷	二氯乙烷
致稳剂	甲烷	甲烷	甲烷
堆密度/(kg/m^3)	790	770	831
抗压强度/(N/粒)	—	68.1	—
反应温度/℃	$220 \sim 270$	$230 \sim 268$	$220 \sim 270$
反应压力/MPa	$2.0 \sim 2.2$	$2.0 \sim 2.2$	$2.0 \sim 2.2$
空速/h^{-1}	3540	3800	4600
转化率/%	9	—	$8 \sim 9$
选择性/%	81.0	81.5	82.1
时空产率/[$g/(h \cdot L)$]	150	194	$150 \sim 200$
使用寿命/a	3	$4 \sim 5$	$4 \sim 5$

[技术特点]

Shell 公司采用银的羧酸盐与亚烷基二胺类、烷醇胺类的络合水溶液浸渍载体，然后浸渍催化剂，接着在 100~375℃下热分解制得平均银粒径为 0.05~1μm 的催化剂，并公布了 Ag－Re－Cs、Ag－Re－Cs－S 体系催化剂。其推出的高活性系列产品为 S－860、861、862、863 等，具有初始反应温度低（218~225℃），初始选择性为 81%~83%，活性选择性下降速度慢，不易产生飞温等特点，推出的高选择性催化剂系列产品为 S－879、S－880、S－882 等，其初始选择性达到 85%~88%。

UCC 公司公开了一系列催化剂研制专利，如含 Li、Na、K、Cs、Ba 至少一种的阳离子助剂，含硫化物、氟化物氧代阴离子助剂，和至少含有ⅢB~ⅥB族一种元素的降低环氧乙烷燃烧的银催化剂；一种含 Fe、Ni、Cu、Os、Ir、Ru 元素以及烯土、Sb、Zn、Au、Re 等作稳定剂的环氧化稳定银催化剂。

SD 公司的 Syndox－1105 催化剂是由 C$_9$ 以上新酸银盐与甲苯等芳烃的溶液浸渍载体，经热分解芳烃后再用含乙醇溶液浸渍，经干燥制得成品催化剂，催化剂选择性高达 82%以上。该公司还推出了固载银及含有碱金属、硫、氟、磷及镧系金属助催化剂的系列催化剂。

2. YS 系列乙烯氧化制环氧乙烷催化剂

[工业牌号]YS－4、YS－5、YS－6、YS－7 等。

[主要组成]以银为主要活性组分，以 Al$_2$O$_3$ 为载体，以钯、钡等为助催化剂。

[产品规格及使用条件]

催化剂 项目	YS 系列
外观	环状或七孔圆柱状
堆密度/(g/mL)	0.50~0.80
比表面积/(m²/g)	0.6~2.0
组成	Ag＋助催化剂/Al$_2$O$_3$
反应气组成	
乙烯/%	20~25
氧气/%	6~8.2
致稳剂	氮气或甲烷
反应温度/℃	220~235
反应压力/MPa	1.5~2.5
空速/h^{-1}	4100~7000
出口气环氧乙烷浓度/%	1.35~2.7
时空产率/[g/(h·L)]	160~280
选择性/%	84~91

[用途]用于乙烯氧化制环氧乙烷工艺。YS 系列银催化剂有"高选择性、中等选择性、高活性"三种类型多个牌号，具有如下技术特点：①活性高，是国际上活性最好的银催化剂之一，而且初始运行温度较低；②选择性好，高选择性银催化剂的选择性在 84%～91% 之间，中等选择性银催化剂的选择性在 84%～87% 之间；③稳定性好，运转过程中，催化剂的活性衰退慢，选择性下降速率低，使用寿命长。该催化剂已应用于多套环氧乙烷/乙二醇（EO/EG）生产装置。

[生产单位]中国石化催化剂北京燕山分公司。

3. SPI – Ⅱ、CHC – Ⅰ 乙烷氧化制环氧乙烷催化剂

[工业牌号]SPI – Ⅱ、CHC – Ⅰ。

[主要组成]以银为催化剂主活性组分，以钙、钡等为助催化剂，以 α – Al_2O_3 为催化剂载体。

[产品规格及操作条件]

催化剂牌号 / 项目	SPI – Ⅱ	CHC – Ⅰ
外观	环形	中空圆柱形
外形尺寸	外径 $\phi(6.3～6.5)$ 内径 $\phi2.5$、高 $6.3～6.5$	—
堆密度/(g/mL)	0.45～0.55	0.59～0.63
比表面积/(m²/g)	0.3～1.0	0.3～1.0
Ag 含量/%	10～20	10～20
反应压力/MPa	2.1	2.1
起始操作温度/℃	225～240	225～240
空速/h⁻¹	7000	7000
反应气组成		
乙烯/%	20	20
氧气/%	7	7
CO_2/%	5～7	5～7
出口气环氧乙烷浓度/%	1.35～1.42	1.35～1.42
选择性/%	83.5	83.5

[用途]用于乙烷氧化制环氧乙烷工艺，可用于空气氧化法工艺，并用于引进的空气法装置上，替代进口催化剂。

[简要制法]先将氧化铝载体用碱处理后洗至中性，经干燥制成催化剂载体。再在载体上负载活性组分银和选定的助剂。银的负载量以银计为催化剂质量的 10%～20%；助剂负载量以元素质量计为催化剂质量的 0.001%～1%，再经干燥，焙烧分解制得。

[研制单位]上海石油化工研究院。

六、乙烯气相氧化制乙酸乙烯酯催化剂

乙酸乙烯酯又称醋酸乙烯，是乙酸及其衍生物行业中最主要的初级衍生物加工产品，也是重要的有机化工原料。用于生产聚乙酸乙烯酯、聚乙烯醇、乙烯－乙酸乙烯酯共聚物、聚乙烯醇缩丁醛、氯乙烯－乙酸乙烯酯共聚物等聚合物类产品。这些产品广泛用于制造水基涂料、胶黏剂、纸张涂料、丙烯酸纤维、包装薄膜等。

生产乙酸乙烯酯的主要方法有乙炔法及乙烯法，乙炔法是以乙炔、乙酸为原料，以锌盐为催化剂经加成反应制得乙酸乙烯酯，乙烯法是以乙烯、乙酸（气态）及氧气为原料，在催化剂作用下生成乙酸乙烯酯。乙炔法的缺点是乙炔生产耗能高且易造成环境污染，而且固有的易爆炸性使得乙炔法生产装置投资费用较大。因此，自乙烯法实现工业化以来，乙炔法不断被淘汰。由于我国煤炭资源丰富，故乙炔法生产乙酸乙烯酯仍具有重要地位，而从发展趋势看电石乙炔法工艺将会逐渐缩减，天然气乙炔法及乙烯法工艺将会有较大发展。

固定床乙烯氧化制乙酸乙烯酯催化剂的活性组分是 Pd、Au，助催化剂是乙酸钾，载体常使用 SiO_2，如 $Pd-Au-KAc/SiO_2$ 催化剂。Pd 和 Au 都是贵金属，考虑到 Pd 价格高，资源短缺，Pd 含量常控制在 定范围内， 般含量为 0.5% 左右。制备时只有当金属钯在载体表面有适宜的分散状态时，催化剂才能显示良好的活性；Au 的作用是防止 Pd 产生氧化凝聚，使 Pd 在载体上有较好的分布状态。研究表明，只含金的催化剂并无活性，而不含金的钯催化剂活性也不高，一般 Au 含量控制在 0.25% 左右。不含助催化剂乙酸钾的催化剂其活性也不高。乙酸钾的作用是促进乙酸在 Pd 上的缔合，并使吸附的乙酸离解并释出氢离子，消弱 Pd—O 键的结合，促进乙酸钯的分解，抑制深度氧化，从而提高选择性。由于反应过程中乙酸钾会逐渐流失，操作中需采取适当的方法连续补加乙酸钾。

载体也是影响催化剂性能的重要因素。所用载体必须是耐乙酸腐蚀的物质，SiO_2 及 Al_2O_3 均为两性物质，都有良好耐酸性，但在水悬浮液中，SiO_2 的等电点为 1.0 ~ 2.0，Al_2O_3 为 7.0 ~ 9.0，因此选用 SiO_2 较为合适；但另一方面，一般硅胶投入水中，水从其毛细管迅速向球心渗透，并难从球体内溢出，从而发生破裂，而由许多硅胶细粉滚制成形的硅胶则可避免在球体中心形成高压，可保持遇水后的颗粒的完整。由于硅胶具有较好的耐酸性及较长的寿命，目前广泛使用硅胶作载体。早期金属活性组分是以蛋白型分布负载在硅胶表面，而近期则采用呈蛋壳型分布负载在硅胶表面，使催化剂的活性及选择性均有大幅度提高。

目前，大多数乙酸乙烯酯生产装置主要使用球形催化剂，活性组分分布也从蛋白型发展到蛋壳型，选择性高达 94% ~ 95%。再进一步提高催化剂性能已十分困难，但在乙烯氧化制乙酸乙烯酯过程中，乙酸乙烯酯的生成速率是氧气的进料分压与反应温度的函数，因此增加乙酸乙烯酯产量可以通过提温与提氧来实现。而现行生产装置上的氧气浓度已达 6%，与达到 7% 的爆炸极限相距不远，故氧量的增加余地相当有限，因此只有通过提高空速来加大投氧量。而对球形催化剂而言，空速加大会使催化剂床层压降增高，给工艺操作带来一定困难，而圆柱形、环形、三叶草形、齿球形等非球形载体（或称异形载体）的床层压降比球形要少。表 2-1 示出了 Hoechst 公司专利给出的各种形状催化剂的性能比较结果。与常规球形催化剂比较，异形载体制备的催化剂具有的特点是：①增大时空产率，保持高选择性；②

减少装置体积，降低设备成本；③可抑制二次加成反应引发的产物深度氧化；④节省乙烯用量，降低生产成本。因此，乙烯氧化剂乙酸乙烯酯异形催化剂的研制与开发已成为新型催化剂研制的一个热点。

表2-1　各种形状催化剂的性能比较

项目 ＼ 催化剂形状	球形	饼状	棒状	拉西环	星形棒状（多叶草）
比表面积/(m²/g)	120	148	190	200	190
外表面积/(m²/g)	0.81	0.49	1.47	0.98	0.74
表观密度/(g/mL)	0.53	0.50	0.44	0.50	0.27
Pd含量/(g/mL)	13.5	13.5	11.7	13.6	7.3
催化活性/[g/(L·h)]	1050	1040	1015	872	1067
比产量[1]/[g/(g·h)]	77.8	76.5	86.8	64.1	146.2
床层压力降/(MPa/m)	0.031	0.049	0.036	0.026	0.023

①比产量指每克钯每小时产生的乙酸乙烯酯量。

CTV系列乙烯气相氧化剂乙酸乙烯酯催化剂

［工业牌号］CT-Ⅱ、CTV-Ⅲ、CTV-Ⅳ、CTV-Ⅴ等。

［主要组成］以Pd-Au为催化剂主活性组分，以乙酸钾为助催化剂。

［产品规格及使用条件］

项目 ＼ 催化剂牌号	CT-Ⅱ、CTV-Ⅲ、CTV-Ⅳ、CTV-Ⅴ
外观	灰黑色圆球（CTV-Ⅴ为环柱形）
外形尺寸/mm	$\phi(5.25 \pm 0.55)$
堆密度/(g/mL)	0.41～0.51
比表面积/(m²/g)	160～190
抗压强度/(N/粒)　≥	50
磨损率/%　≤	2.0
反应温度/℃	140～178
空速/h⁻¹	1900～2100
选择性/%	93～95

［用途］我国于20世纪70年代开始乙烯法合成乙酸乙烯酯的工艺研究及催化剂开发。CT-Ⅱ催化剂于1985年用于上海石化66kt/a装置上。1998年开发的CTV-Ⅲ催化剂使乙酸乙烯酯产量上升到90kt/a；2000年开发出的CTV-Ⅳ型催化剂，与CTV-Ⅲ催化剂相比，催化活性提高10%以上。CTV-Ⅴ催化剂是新开发的环柱形异形催化剂，具有高活性（8～10t/m³·d）、高选择性（>94%）及长寿命（2年以上）等特点，并可根据不同的生产装置设计相应的催化剂活性。CTV系列催化剂是国内唯一可替代同类进口产品的催

化剂。

[简要制法]先将特殊硅胶载体按一定比例浸渍氯钯酸及氯金酸混合溶液，经干燥、洗涤、还原制得半成品，再浸渍含钾组分、经干燥制得成品。

[生产单位]中国石化催化剂上海分公司。

七、乙烯氧氯化制 1，2 - 二氯乙烷催化剂

20 世纪 60 年代以来，由于石油化工的发展，乙烯产量大幅度增长，氯乙烯的工业生产发展到乙烯氧氯化法。该方法由于原料丰富，氯化氢得到合理利用，产品质量好，产率高，很快取代了许多落后生产方法，成为当今世界氯乙烯生产的主流。乙烯氧氯化法生产氯乙烯多采用三步法，即乙烯直接氯化生成二氯乙烷；二氯乙烷裂解生成氯乙烯和氯化氢；氯化氢与乙烯、氧进行氧氯化反应生成 1，2 - 二氯乙烷这三步反应。其工艺特点是利用氧氯化反应来平衡裂解产生的氯化氢，使之生成可继续裂解的二氯乙烷。故这种方法也称为平衡乙烯氧氯化法，其反应式为：

直接氯化反应：$C_2H_4 + Cl_2 \xrightarrow{\text{催化剂}} C_2H_4Cl_2$

裂解反应：$C_2H_4Cl_2 \longrightarrow C_2H_3Cl + HCl$

氧氯化反应：$C_2H_4 + 2HCl + \frac{1}{2}O_2 \longrightarrow C_2H_4Cl_2 + H_2O$

其中氧氯化反应是整个工艺中十分重要的步骤，它平衡消耗裂解产生的 HCl，将 C_2H_4、O_2、HCl 三者在催化剂作用下反应生成二氯乙烷。

乙烯氧氯化反应比较典型的工艺有欧洲乙烯公司（EVC）、德国赫斯特公司（Hechst）及日本三井东压公司技术。EVC 技术采用固定床反应器，其主要缺点是反应工艺较为复杂，设备投资大，催化剂易出现热点而失活，导致反应超温而使副反应增多，系统阻力较大；Hechst 公司及三井东压技术采用流化床反应器，它具有操作弹性大、设备投资少、工艺流程简单、床层反应温度均匀等特点。采用流化床反应器氧氯化反应又可分为空气法及氧气法两种类型，空气法反应尾气排放量大、乙烯消耗较高。

乙烯氧氯化制 1，2 - 二氯乙烷的反应必须在催化剂作用下进行，常用催化剂是金属氯化物，其中以 $CuCl_2$ 的活性最高。工业上大多采用以 $\gamma - Al_2O_3$ 为载体的 $CuCl_2$ 催化剂。根据催化剂的组成及制备方法可分为以下三类。

①单组分催化剂。又称单铜催化剂，即 $CuCl_2/Al_2O_3$ 催化剂。工业用单铜催化剂，铜含量约为 5%，是用微球形 $\gamma - Al_2O_3$ 载体浸渍 $CuCl_2 \cdot 2H_2O$ 溶液所制得，适用于流化床反应器。催化剂活性与所含铜含量有较大关系。通常，催化活性随铜含量增加而升高，而在铜含量为 5% ~6% 时，HCl 转化率几乎达到 100%，活性达到最高。以后随铜含量增大，CO_2 的生成率也随之增大。单铜催化剂的主要缺点是氯化铜容易流失，催化剂会因活性组分流失而下降。

②双组分催化剂。如 $CuCl_2 - KCl/Al_2O_3$。为改善单铜催化剂的热稳定性及使用寿命，在催化剂中添加第二组分，常用的为碱金属或碱土金属，如 KCl、$MgCl_2$。加入适量 KCl，既能维持 $CuCl_2/Al_2O_3$ 的催化活性，还能抑制 CO_2 生成及减少氯化铜的高温流失。但 KCl 加入过多会使催化剂的活性下降。

③多组分催化剂。如 $CuCl_2 - KCl -$ 稀土金属氯化物催化剂。是在双组分催化剂中又适量加入铈等稀土金属，以改善催化剂的低温活性和提高热稳定性。

用于流化床乙烯氧氯化的催化剂，根据所采用工艺来源不同，其制备方法分为浸渍法及共沉淀法。浸渍法是先制取符合性能的氧化铝微球载体，然后经浸渍 $CuCl_2 \cdot 2H_2O$ 溶液、干燥制得催化剂成品。这类催化剂的铜含量一般为 4% ~ 7% 左右，需要加入助剂时，也可在浸渍液中一起加入。共沉淀法是将含氯化铜溶液与含载体的偏铝酸钠溶液经共沉淀中和成胶、过滤、洗涤、干燥、焙烘制得催化剂成品。催化剂的铜含量较高，如采用三井车压技术的氧氯化催化剂，其铜含量达到 12% ~ 13%。国内多数乙烯氧氯化装置所用微球催化剂，大多数是采用浸渍法制备。

1. 空气法乙烯氧氯化催化剂

[工业牌号] BC-2-001、LH-0。

[主要组成] 以 $CuCl_2$ 为催化剂主活性组分，以 $\gamma - Al_2O_3$ 为催化剂载体。

[产品规格及使用条件]

催化剂牌号 项目	BC-2-001	LH-0
外观	淡黄绿色微球	淡黄绿色微球
铜含量/%	4.5 ~ 5.5	4.2 ~ 5.2
Na_2O/%	0.1	0.08
堆密度/(g/mL)	0.9 ~ 1.1	0.9 ~ 1.1
比表面积/(m²/g)	100 ~ 130	95 ~ 130
孔体积/(mL/g)	~ 0.5	0.4 ~ 0.6
粒度分布/%		
<80μm	85 ~ 94	78 ~ 94
<45μm	30 ~ 45	32 ~ 46
<30μm	5 ~ 15	5 ~ 15
平均粒度	50 ~ 78	54 ~ 80
包装水分 ≤	1.0	1.0
反应温度/℃	220 ± 5	220 ~ 232
反应压力/MPa	0.3 ± 0.02	0.3 ± 0.02
HCl 转化率/%	>99.5	>99.5
C_2H_4 转化率/%	>99.5	>99.5
EDC(二氯乙烷)产率/%		
以乙烯计	93.5	
以 HCl 计	98.6	

[用途] 用于空气法乙烯氧氯化流化床装置，是我国第一套以氧氯化法生产氯乙烯单体的技术。1973 年由北京化工二厂引进，氯乙烯单体设计能力为年产 80kt，其中氧氯化部分采用美国古德里奇技术。1995 年又扩建改造，使氯乙烯产量达每年 160kt。开始使用进口催化剂，不久被国产催化剂完全替代。2008 年奥运会前停产。

[简要制法] 采用硝酸法由偏铝酸钠与氢氧化铝经中和成胶、过滤、洗涤、胶溶、喷雾干燥制得符合性能要求的 $\gamma - Al_2O_3$ 微球载体后，再浸渍 $CuCl_2 \cdot 2H_2O$ 溶液，经干燥制得催化剂成品。

[生产单位] 江苏省姜堰市化工助剂厂、沈阳三聚凯特催化剂有限公司等。

2. 氧气法乙烯氧氯化催化剂

[工业牌号]LH-01。

[主要组成]以 $CuCl_2$ 为催化剂主要活性组分,以微球 $\gamma-Al_2O_3$ 为催化剂载体,并加入适量助化剂,以提高催化剂的稳定性。

[产品规格及使用条件]

催化剂牌号 / 项目	LH-01
外观	黄色微球
铜含量/%	3.9 ~ 4.5
Fe 含量/%	<0.015
堆密度/(g/mL)	1.0 ~ 1.1
比表面积/(m²/g)	130 ~ 150
粒度分布/%	
<40μm	≤35
40 ~ 63μm	40 ~ 50
63 ~ 90μm	15 ~ 28
90 ~ 125μm	4 ~ 10
>125mm	≤3
磨损指数(2~5h)/%	<8
反应温度/℃	205 ~ 220
反应压力/MPa	0.3 ± 0.02
HCl: C_2H_4: O_2 的进料摩尔比	2:1.04:0.57

[用途]用于氧气法乙烯氧氯化流化床装置。可替代进口 MEDC 催化剂用于乙烯氧氯化制 1,2-二氯乙烷单元。由于采用工艺不同,催化剂铜含量会有所变化,可根据工艺要求调节催化剂铜含量在4% ~7%之间进行制备。本催化剂适用于以德国或美国技术建造的流化床乙烯氧氯化装置。催化剂具有氯化氢转化率高、乙烯选择性好、产品二氯乙烷纯度高等特点,产品已出口国外。

[简要制法]先由酸碱中和法制备高纯氢氧化铝胶体,经胶溶、喷雾干燥制成符合粒度分布要求的微球氧化铝载体,再浸渍氯化铜溶液及适量助化剂,经干燥制得成品催化剂。

[研制及生产单位]北京三聚环保新材料股份有限公司、沈阳三聚凯特催化剂有限公司等。

3. 共沉淀法乙烯氧氯化催化剂

[工业牌号]BC-2-002、BC-2-002A、LH-02。

[主要组成]以 $CuCl_2$ 为催化剂主活性组分,并加有适量助剂,采用共沉淀法制备。

[产品规格及使用条件]

催化剂牌号 / 项目	BC-2-002	BC-2-002A	LH-02
外观	绿色微球	绿色微球	绿色微球
铜含量/%	12.5~13.5	12.5~13.5	12.0~13.0
Na_2O/% ≤	0.1	0.1	0.08
Fe 含量/% ≤	0.1	0.1	0.05
堆密度/(g/mL)	0.9~1.2	0.9~1.2	0.95~1.25
比表面积/(m^2/g)	约120	约120	115~125
孔体积/(mL/g)	约0.5	约0.5	约0.5
粒度分布/%			
0~30μm	5~15	5~15	≤15
0~90μm	—	—	≥80
<45μm	30~45	30~45	30~45
<80μm	80~94	80~94	78~93
平均粒度/μm	50~78	50~78	50~80
反应温度/℃	230	230	220~230
反应压力/MPa	0.2	0.2	0.2

[用途]用于氧气法乙烯氧氯化流化床装置，主要用于日本三井东压技术。可替代 NC-1000 催化剂用于乙烯氧氯化单元。催化剂采用共沉淀法制造，铜含量远高于浸渍法制备的催化剂。其中 BC-2-002 为单铜催化剂，BC-2-002A 及 LH-02 除铜外，还添加适量助剂，以提高催化剂的热稳定性。

[简要制法]由氯化铜盐酸溶液与铝酸钠溶液经共沉淀成胶、过滤、洗涤、胶溶及喷雾干燥制得微球形催化剂前体，经转窑高温焙烧后制得催化剂成品。

[研制单位]北京化工研究院、北京三聚环保新材料股份有限公司等。

4. 氯化氢中乙炔加氢催化剂

[工业牌号]LH-03、BC-2-003。

[主要组成]以贵金属 Pd 为活性组分，以 $\alpha-Al_2O_3$ 为催化剂载体。

[产品规格及使用条件]

催化剂牌号 / 项目	LH-03	BC-2-003
外观	淡粉红色球	淡粉红色条
外形尺寸/mm	$\phi(3~5)$	$\phi3\times(3~10)$
Pd 含量/%	0.2±0.01	~0.20
氧化钠/% ≤	0.1	0.1
载体	$\alpha-Al_2O_3$	$\alpha-Al_2O_3$
堆密度/(g/mL)	0.85~0.90	~0.9
抗压强度/(N/粒)	30~60	100~150
反应温度/℃		123~175
反应压力/MPa		0.4~0.5

[用途]在乙烯氧氯化制氯乙烯工艺过程中，氧氯化单元所用 HCl，由于深度裂解造成 HCl 中含有约 2000×10^{-6} 的乙炔不能在氯乙烯精馏单元中除去，需在进氧氯化反应器之前的加氢反应器将乙炔除去。本催化剂是流化床乙烯氧氯化制乙烯过程的一种原料气精制催化剂，可将微量乙炔在 Pd 催化剂存在下与氢反应生成乙烯及乙烷，从而提高乙烯氧氯化主催化剂的乙烯转化率及延长催化剂寿命，在加氢反应中，能将氯化氢中的乙炔约 50% 以上转化为乙烯，其余转化为乙烷。可替代 E39H 进口催化剂用于乙烯氧氯化装置。

[简要制法]先由硝酸法制得低比表面积的 $\alpha - Al_2O_3$ 载体，再浸渍活性组分钯溶液后，经干燥、高温活化制得成品催化剂。

[研制单位]北京化工研究院、北京三聚环保新材料股份有限公司等。

八、乙烯水合制乙醇催化剂

[别名]乙烯水合制酒精催化剂
[主要组成]以磷酸为催化剂主活性组分，以硅藻土为催化剂载体。
[产品规格]

项目	指标	项目	指标
外观	球或圆柱形	$Fe_2O_3/\%$	$0.10 \sim 0.13$
游离磷酸/%	$45 \sim 50$	堆密度/(g/mL)	$0.6 \sim 0.9$
$SiO_2/\%$	$42 \sim 47$	抗压强度/MPa	> 0.39（球形）
$Al_2O_3/\%$	$1 \sim 1.5$		> 4.91（圆柱形）

注：表中所列指标为参考规格。

[用途及工艺条件]乙醇是重要的有机溶剂及化工原料。乙烯水合制乙醇有间接法及直接法两种工艺。间接法是乙烯经硫酸吸收后再经水解制取乙醇。由于间接法需消耗大量浓硫酸，且硫酸对设备有强烈腐蚀性，故逐渐被直接水合法所取代。

直接水合法是以乙烯、水为原料，在催化剂存在下，于一定温度及压力下经加成反应直接制取乙醇。该法要求乙烯纯度较高，而目前提供工艺需要的乙烯纯度已不存在问题，故乙烯直接水合法已成为工业上最新的一种方法，直接法制乙醇的催化剂有无机酸系（磷酸、硫酸、盐酸等）、氧化物系、杂多酸系及其他体系等 4 类。由于乙烯直接水合反应是一种可逆反应，乙烯单程转化率较低，在各类催化剂中，以无机酸催化剂使用效果较好。早在 20 世纪 50 年代，国外已将正磷酸（H_3PO_4）作为乙烯水合制乙醇的催化剂，而直至现在，几乎所有大型装置仍然在使用磷酸催化剂，其中，又以磷酸为活性组分，以硅藻土为载体制得的催化剂在工业上应用较多，在反应温度 $280 \sim 300℃$，反应压力 $6.7 \sim 8MPa$，水/乙烯摩尔比 $0.6 \sim 0.7$ 条件下使用本催化剂，乙烯单程转化率 $> 4.5\%$。

[简要制法]将精选天然硅藻土经酸洗、高温焙烘等处理先制成有合适孔半径及比表面积的载体，再将载体用 65% 左右的工业磷酸浸渍适当时间，淌干后在 $105 \sim 110℃$ 下烘干即制得成品。

[生产单位]大连制碱工业研究所。

九、乙醇脱水制乙烯催化剂

[别名]酒精脱水制乙烯催化剂。

[工业牌号]JT – Ⅱ、NC1301、BC – 2 – 004。

[主要组成]以活性氧化铝为催化剂主活性组分，并添加适量助剂。

[产品规格]

催化剂牌号 项目	JT – Ⅱ、NC1301、BC – 2 – 004
外观	白色至微带红色圆柱体或小球
外形尺寸/mm	圆柱体：$\phi(3\sim4)\times(8\sim15)$；小球：$\phi(3\sim5)$
堆密度/(g/mL)	0.6～0.9
孔体积/(mL/g)	0.2～0.4
氧化铝晶型	γ、δ

注：表中指标为参考规格。

[用途及工艺条件]用于乙醇脱水制乙烯工艺，采用固定床反应器。在生产规模不大时，此法有一定实用意义。在原料为95%乙醇，反应温度200～400℃、常压条件下，乙醇转化率＞99.5%，乙烯选择性＞97%。主要副产物为乙醚，并含少量乙醛，反应物经精制脱除副产物及水后，可制得高纯度乙烯。

[简要制法]先将偏铝酸钠与无机酸进行中和反应，经沉淀、过滤、水洗、干燥、粉碎制得活性氧化铝，再添加少量助剂，经混捏、成型、干燥、焙烧制得成品催化剂。

[生产单位]上海石油化工研究院、南京化学工业公司催化剂厂、北京化工研究院等。

十、丙烷脱氢制丙烯催化剂

丙烯是石化工业主要烯烃原料之一，用于生产聚丙烯、异丙苯、丙烯腈、环氧丙烷、丙烯酸、丁辛醇、异丙醇等。丙烯在炼油厂的其他用途包括烷基化油、催化叠合和二聚，用于生产高辛烷值汽油调和料，随着丙烯下游产品需求量不断增长，对丙烯的需求也逐年增加，近年来，世界丙烯需求增长率一直高于乙烯。目前，丙烯来源主要来自石脑油裂解制乙烯和石油催化裂化，而20世纪90年代开发的丙烷催化脱氢制丙烯新工艺已成为丙烯的第三个来源。我国有丰富的石油和天然气资源，其中含有大量丙烷，如油田气中丙烷约占6%，液化石油气中约占60%，湿天然气中可达15%，炼厂气中也含有一定量的丙烷，它们一般是用作燃料或放空烧掉，资源浪费较大，采用丙烷催化脱氢的方法则能有效利用现有的资源。但丙烷催化脱氢其推广应用会因丙烯价格较高、工艺过程投资较大而受到某些限制。而随着丙烯需求增长和丙烯价值提高以及过程改进，致使丙烷脱氢成为增产丙烯的有效工艺。而这一技术对富产丙烷和丙烯短缺的地区则十分有用。

目前，丙烷催化脱氢制丙烯实现工业化的主要生产工艺是美国 UOP 公司的 Oleflex 工艺和美国 ABB Lummus 公司的 Catofin 工艺。全球投入使用的工业化丙烷脱氢装置中，有一半以上采用 UOP 的 Oleflex 连续移动床工艺技术。该工艺以丙烷为原料，采用高选择性、高热稳定性、低磨损率，可在苛刻条件下操作的贵金属铂基催化剂，在压力为 0.136MPa、温度为 525℃下进行催化脱氢，经分离和精馏可得到聚合级丙烯产品。

丙烷脱氢工艺在国外已属成熟技术，而国内在最近才开始工业应用。由渤化集团天津渤化石化公司投资建设的 600kt/a 丙烷脱氢制丙烯装置，引进国际最先进的丙烷脱氢制丙烯新工艺，填补了国内空白，并建成世界单套规模最大的丙烯生产装置。

丙烷催化脱氢工艺是指在高温下，通过催化吸热使丙烷转化为丙烯和氢气，故又称为丙烷临氢脱氢工艺或丙烷高温临氢脱氢工艺。该反应为强吸热、可逆反应。反应受热力学平衡限制。反应产物中的烯烃含量取决于反应条件，为了获得合理的丙烷转化率，采用高温和低压。但在高温条件下易产生副反应，促成某些轻质和重质烃形成，导致在催化剂上产生结焦沉积。因此反应温度有一定限制，一般为 500～650℃。反应压力一般为负压或接近大气压。由于丙烷脱氢反应有强吸热性和高反应温度等固有特性，研制高活性、高选择性和高稳定性的催化剂是丙烷脱氢制丙烯的关键。目前工业上用于丙烷催化脱氢制丙烯的催化剂主要有 Pt 系催化剂及 Cr 系催化剂两类。

1. Pt 系催化剂

UOP 公司的 Oleflex 工艺采用 $Pt-Sn/Al_2O_3$ 催化剂，其丙烷转化率为 88%，丙烯收率可达 85% 以上，为了增强 Oleflex 工艺的竞争力，UOP 公司进行了多次改进，主要集中在催化剂方面，已有 DeH-8、DeH-10、DeH-12 三代新催化剂工业化，DeH-12 催化剂的选择性和使用寿命有较大提高，而 Pt 含量却比 DeH-10 少 25%，比 DeH-8 要少 40%，而且新催化剂操作空速可提高 20%，反应器尺寸减小，待再生催化剂上的结焦量低。近来，UOP 又推出第四代工艺，第五代工艺用催化剂也在研制中，新催化剂体系 Pt 含量将更低，但反应收率及使用寿命将进一步提高，对 Pt 催化剂的改进主要通过加入其他金属氧化物作为修饰，以提高 Pt 的分散度及对丙烷的脱氢选择性和稳定性，重点研究主要集中在 Sn 助剂对 Pt 催化剂的性能影响。Sn 对 Pt 催化剂的脱氢选择性和稳定性有明显促进作用，这是由于加入 Sn 后可使 Pt 催化剂表面积炭更多地沉积在 Al_2O_3 载体上，从而提高催化剂的容炭量。在 $Pt-Sn/Al_2O_3$ 催化剂上，再加入适量其他助剂（如 Na、La、Cr、Li、Ce 等）也会对催化剂的选择性和稳定性产生影响，但助剂的加入量必须适当，加入过量反而对脱氢反应活性有抑制作用。

此外，催化剂制备方法对催化剂性能有较大影响，这是因为不同制法对活性组分的分散状态及 Pt-Sn 相互作用的结构影响是不同的。载体对催化剂的脱氢作用有较大影响，相同的活性组分选择不同的载体，其脱氢性能会有不同，Oleflex 工艺选用球形 $\gamma-Al_2O_3$ 作催化剂载体，它采用油中滴入法制备，即将金属铝与盐酸反应制成铝溶胶，在加入适量胶凝剂混匀后，慢慢滴入 100℃ 的油浴中，使液滴在油浴中形成凝胶小球。从油浴中分离的小球在油和氨溶液（由氨水、氯化铵组成）中老化处理后，再经稀氨水溶液洗涤、焙烘（450～700℃）后制得直径 1.59mm 的小球 Al_2O_3 载体。

$Pt-Sn/Al_2O_3$ 催化剂的制备采用浸渍法。Pt 含量为 0.01%～2%，将制得的 $\gamma-Al_2O_3$ 载体放入含盐的氯铂酸溶液中浸渍，盐酸的作用是改善 Pt 在载体上的分散度。助催化剂 Sn 的加入量以元素计为 0.1%～1%，即 Sn/Pt 原子比为 (1:1)～(6:1)。可在浸渍过程中加入 Sn 组分，也可在制备铝溶胶过程中加入。同时，还加入适量其他助剂以提高催化剂的抗积炭性能，并改善其使用稳定性。

2. Cr 系催化剂

ABB Lummus 公司的 Catofin 工艺采用 Cr_2O_3/Al_2O_3 催化剂。其中 Cr_2O_3 含量为

15%～25%，制备方法是采用常规的过量铬化合物溶液浸渍法技术，浸渍后经干燥、焙烘制得成品催化剂。在这类催化剂中，Cr 在 Al_2O_3 表面会以多种价态或相态存在。催化剂的活性及选择性与催化剂中 Cr 离子的价态变化密切相关。在催化剂焙烘过程中，Cr 会形成 Cr^{3+}、Cr^{5+}、Cr^{6+} 等化合物，不同的化合物会呈现出不同的还原性和催化行为，如 Cr^{5+} 物种可能与催化剂的初活性有关，而丙烯的选择性则主要由 Cr^{3+} 物种决定。所以，不同的制备方法，使用不同的 Cr 前体，所制得的催化剂其性能也会有差别。同样，助剂的加入也会影响催化剂的活性及选择性。如加入 K 可以提高催化剂的选择性和稳定性，K 为 1.0% 时有最高的丙烯收率；继续加入适量 La 时，催化剂的丙烷脱氢活性和丙烯选择性都会有所提高。

Cr 系催化剂对原料杂质的要求较低，与 Pt 系催化剂比较，价格较低。由于副反应与主反应同时发生，生成了一些轻质烃和重质烃，它们在催化剂上沉积并结焦，容易引起催化剂失活，还由于催化剂中的 Cr 是重金属组分，具有毒性，随着环境保护呼声的日益提高，该工艺开发并使用低 Cr 含量的催化剂是今后改进的方向。作为比较，表 2-2 示出了采用 Pt 系及 Cr 系催化剂的两种主要丙烷脱氢工艺的特点。

表 2-2　两种丙烷脱氢工艺的基本状况

工艺名称	催化剂类型	反应器类型	总反应器/个	总反应温度/℃	反应压力/MPa	分压控制	稀释状况	选择性/%	单程转化率/%	催化剂寿命/年	催化剂再生方式
Oleflex	$Pt-Sn/Al_2O_3$	移动床	3～4	525	0.136	氢气循环	H_2 稀释	84	35～40	4～5	连续移出再生
Catofin	Cr_2O_3/Al_2O_3	固定床	5～7	650	0.05	负压	未稀释	87	40	2	周期性切换空气燃烧 15～30min

十一、丙烯氨氧化制丙烯腈催化剂

丙烯腈是重要有机化工原料，用途很广。大部分用于制造腈纶纤维，也用于制造丁腈橡胶、己二腈、丙烯酰胺、ABS 树脂、碳纤维等。生产丙烯腈的方法有乙炔法、丙烯氨氧化法、丙烷氨氧化法等。其中，丙烯氨氧化制丙烯腈是国内主要生产方法。

丙烯氨氧化生产丙烯腈的主反应为：

$$C_3H_8 + NH_3 + \frac{3}{2}O_2 \longrightarrow CH_2 \!=\!\! CH—CN + 3H_2O + 518.8kJ/mol$$

是强放热反应，同时还产生许多副反应，生成一定量的氢氰酸、乙腈、丙烯酸、丙酮及碳氧化物等。由于副反应也是强放热反应，其平衡常数也很大，故丙烯氨氧化反应与其他副反应的竞争主要由动力学因素所决定，关键在于所使用的催化剂。工业用丙烯腈催化剂可分为 Mo-Bi 系催化剂和 Sb-Fe 系催化剂两类，而多数装量使用 Mo-Bi 系催化剂，单纯的 MoO_3 或 Bi_2O_3，其活性及选择性均较差，只有 MoO_3 和 Bi_2O_3 组合使用并引入各种助剂时，催化剂才有较好的活性和选择性。

Mo-Bi 系催化剂通常由金属活性组分、助催化剂及载体所组成，其通式可写成：

168

Mo – Bi – Fe – A – B – C – D

其中，A 为 P、As、B、Sb 等酸性元素；B 为 Li、K、Cs、Rb、Tl 等；C 为 Ni、Co、Mg 等二价金属元素；D 为 Ce、Cr 等三价金属元素。催化剂活性与 MoO_3 及 Bi_2O_3 的比例密切相关，MoO_3 组分生成醛的能力较强，而 Bi_2O_3 的深度氧化能力强，当 MoO_3 含量上升时，丙烯醛生成量增加，但丙烯腈增加不明显；而当 Bi_2O_3 含量上升时，丙烯腈生成量明显增加，丙烯醛生成量却很少，P_2O_5 是典型的助催化剂，加入微量即可使催化剂活性提高，同时能使 Bi_2O_3 组分深度氧化得到抑制。Fe 的加入能与 Mo、Bi 形成含有 3 种组分的新化合物，而使催化剂具有更高的活性和选择性。加入 K 可使催化剂表面酸度降低，从而提高催化剂的活性及选择性，其他组分的引入与氧化催化剂的性能相似。此外，上述通式中，Mo 也可部分由 W 所取代。

早期的 Mo – Bi 多元催化剂是采用浸渍法制备，存在着浸渍顺序及浸渍次数问题，常会产生溶液混浊现象和金属组分分布不均匀现象，从而使局部区域的化学组成偏离正常配比。以后大多采用喷雾干燥法制备，制备过程基本由 4 个单元组成：①制备硝酸盐混合液，即将 Fe、Bi、Co、Mi 等的硝酸盐配制成一定浓度的混合溶液；②配制浆料，即按配方将脱离子水、氢氧化钾、钼酸铵、磷酸、硅溶胶及已配制的混合硝酸盐溶液按一定顺序加料，并控制适当反应温度制成均匀的浆料；③送入喷雾干燥器进行脱水干燥，制成符合粒径要求的微球粒子；④焙烘活化，即在一定温度下焙烘，分解硝酸盐，形成所需要的孔结构用活性相。

目前，居于领先水平的国外公司催化剂有 Sohio 公司的 C – 49MC，日本旭化成公司的 S – 催化剂，日东化学公司的 NS – 733D，Mosanto。公司的 MAC – 3。国内丙烯腈催化剂的研发单位主要是上海石油化工研究院。表 2 – 3 示出了一些主要丙烯腈催化剂生产公司的催化剂组成。

表 2 – 3　主要丙烯腈催化剂公司的催化剂组成

公司名称 ＼ 催化剂组成	主要组成	备注
旭化成	A – Mo – Bi – Fe – Na – P	A = K/Rb/Cs
日东化学	Fe – Sb – M – Te – O	M = V/Mo/W；O = Cu/Ag/Mg/Ca/Sr
Monsanto	Sb – U – Fe – Bi – Mo – Ni/Co	
上海石油化工研究院	A – B – C – Ni – Co – Na – Fe – Bi – M – Mo	A = K/Rb/Cs；B = Mn/Mg/Sr…；C = P/As/B…；M = W/V

上海石油化工研究院是我国从事丙烯腈催化剂研发的主要单位，早在 20 世纪 60 年代开始就从事丙烯腈催化剂研究，并先后研制成功几代丙烯腈催化剂，其中 MB 系列催化剂均已在国内大型装置上应用，达到国际先进水平，以后又开发成功低氧比 CTA – 6 催化剂，并在工业装置上使用。2003 年又成功推出高稳定性，适合低温、高负荷运转的 SAC – 2000 型丙烯腈催化剂，可为老装置的扩能改造提供技术保障，目前国内丙烯腈生产厂有 80% 的装置使用上海院开发的催化剂，取得良好的社会及经济效益。

1. MB 系列丙烯氨氧化制丙烯腈催化剂

[工业牌号] MB – 82、MB – 86、MB – 96、MB – 98 等。

[主要组成] 以 Mo、Bi、Fe、P、Ce 等多种元素为活性组分，以微球硅胶为催化剂载体。

[产品规格及使用条件]

催化剂牌号 项目	MB – 82	MB – 86	MB – 96	MB – 98
外观	棕红色微球			
粒度分布	100% 通过 200 目筛，其中 >90μm 占 0～30%，<45μm 占 30%～50%			
堆密度/(g/mL)	0.88～1.12			
压紧密度/(g/mL)	1.04～1.28			
孔体积/(g/mL)	0.20～0.30			
耐磨强度/%	<4			
反应温度/℃	440～450			
反应压力/MPa	0.05～0.08	0.05～0.08	0.05～0.08	0.04～0.085
进料摩尔比 C_2H_4:NH_3:空气	1:(1.15～1.2): (9.5～9.8)	1:(1.15～1.2): (9.5～9.8)	1:(1.15～1.2): (9.5～9.8)	1:(1.12～1.18):9.5
反应器线速/(m/s)	0.5	0.5	0.5	0.5
丙烯腈收率/% ≥	75	78	79	79.5
乙腈收率/% ≤	4	4	4	4
氢氰酸收率 ≤	8	8	8	8

[用途]用于以丙烯、氨为原料，以空气或氧气为氧化剂合成丙烯腈的流化床反应器，催化剂具有高选择性、高负荷、低空比和低氨比，丙烯腈单程收率高，稳定性好等特点。而且催化剂适用性强，对原使用进口催化剂的丙烯腈生产装置，其反应器无需改造，可直接换用本催化剂。

[研制单位]上海石油化工研究院

2. CTA – 6、SAC – 2000 丙烯氨氧化制丙烯腈催化剂

[工业牌号]CTA – 6、SAC – 2000。

[主要组成]以 Mo、Bi、Fe、P、Ce 等多种元素为活性组分，以微球硅胶为催化剂载体。

[产品规格及使用条件]

催化剂牌号 项目	CTA – 6	SAC – 2000
外观	棕红色微球	
粒度分布	100% 通过 200 目筛，其中 >90μm 占 0～30%，<45μm 占 30%～50%	
堆密度/(g/mL)	0.88～1.12	
压紧密度/(g/mL)	1.01～1.28	
孔体积/(mL/g)	0.20～0.30	
耐磨强度/%	≤4.0	

170

催化剂牌号　　　　　　项目	CTA – 6	SAC – 2000
反应温度/℃	425 ~ 440	425 ~ 440
反应压力/MPa	0.04 ~ 0.08	0.04 ~ 0.085
进料摩尔比		
C_2H_4 : NH_3 : 空气	1 : (1.16 ~ 1.18) : 9.5	1 : (1.12 ~ 1.20) : 9.5
反应器线速/(m/s)	0.5	0.5 ~ 0.85
丙烯腈收率/% ≥	79	79.5
乙腈收率/% ≤	4	4
氢氰酸收率/% ≤	8	8

[用途]用于以丙烯、氨为原料，以空气为氧化剂合成丙烯腈的流化床反应器，催化剂的选择性及稳定性好，丙烯腈单程收率高，CTA – 6 为低氧比催化剂，SAC – 2000 适合低温、高负荷运转。可用于引进丙烯腈装置，反应器无需改造选可直接投入使用本催化剂。也可用于老装置的扩能改造。

[研制单位]上海石油化工研究院。

十二、丙烯氧化制丙烯酸催化剂

丙烯酸为不饱和脂肪酸，是重要的有机化工中间体。主要用于生产丙烯酸酯类和共聚物吸水性树脂，广泛用于纺织、造纸、皮革、塑料加工、建筑及采油等领域。目前，世界上所有大型丙烯酸生产装置均采用两段气相氧化法。该方法以丙烯和空气为原料，在水蒸气存在下通过催化剂床层进行反应，反应分两步进行，第一步为丙烯氧化生成丙烯醛，其主反应为：

$$CH_2CHCH_3 + O_2 \xrightarrow{\text{催化剂}} CH_2CHCHO + H_2O$$

第二步为丙烯醛进一步氧化生成丙烯酸，其主反应为：

$$CH_2CHCHO + \frac{1}{2}O_2 \xrightarrow{\text{催化剂}} CH_2CHCOOH$$

工业生产中应用丙烯两步氧化制丙烯酸的技术，主要有日本触媒、日本化药、日本三菱化学及 BASF 等公司的技术。最早开发丙烯两步氧化成套工艺的是 Sohio 公司，以后日本触媒及三菱化学公司开发的技术水平超过 Sohio 公司的技术。目前，我国 3 家最大的丙烯酸生产企业的生产技术及装置均从国外引进。

丙烯氧化制丙烯酸工艺的技术核心是高性能催化剂的开发。早期的丙烯氧化制丙烯醛的催化剂采用氧化亚铜，丙烯转化率仅为 15%，而且丙烯循环量大。之后被 Mo 系催化剂所取代。目前，一段丙烯氧化为丙烯醛的催化剂主要为含 Mo、Bi 等元素的复合氧化物催化剂；二段丙烯醛氧化为丙烯酸的催化剂主要为含 Mo、V 等元素的复合氧化物催化剂。作为参考表 2 – 4 示出了日本触媒和三菱油化的催化剂应用情况。表 2 – 5 示出了国外进口一段和二段催化剂的质量指标。在引进技术中，北京东方化工厂采用日本触媒技术及催化剂，吉林和上海高桥石化采用日本三菱油化技术及催化剂。日本触媒的 ACF – 1、ACF – 2 以及三菱油化的 MA – F87 催化剂用于丙烯氧化制丙烯醛，日本触媒的 ACS、三菱油化的 MA – S87 催化剂用于丙烯醛氧化制丙烯酸。

表 2 – 4 日本触媒和三菱油化催化剂应用情况

公司名称 \\ 项目	日本触媒	三菱油化
催化剂系列		
一段催化剂	Mo – Co – Ni – W 系	Mo – Bi 系
二段催化剂	Mo – V – Cu 系	Mo – V 系
反应温度/℃		
一段	290 ~ 340	320 ~ 360
二段	250 ~ 300	250
反应接触时间/s	2	1.8
丙烯转化率(摩尔分数)/%		
一段	97.5	97 ~ 98
二段	99.5	99 ~ 99.8
丙烯酸收率/%	87	88
催化剂使用寿命/a		
一段	8	6
二段	4	6
单耗		
丙烯/(t/t)	0.68	0.676
水/(t/t)	400	438
电/(kW·h)	100	30
蒸汽/(t/t)	~ 1.4	~ 0.4

表 2 – 5 进口一段和二段催化剂质量指标

催化剂 \\ 项目	一段催化剂	二段催化剂
外观	茶灰色圆柱形	绿黑色小球
外形尺寸/mm	$\phi(6.7 ~ 7.3) \times (6.7 ~ 8.7)$、	$\phi 7.4 ~ \phi 9$、
	$\phi(5.5 ~ 5.9) \times (5.4 ~ 7.4)$	$\phi 4.2 ~ \phi 5.8$
堆密度/(g/mL)	0.93 ± 0.1	1.30 ± 0.2
比表面积/(m²/g)	~ 10	~ 3
金属元素	Co、Mo、Bi、Fe、W、K、Si	Mo、V、Cu、W、Bi
载体	无	氧化铝、硅石
活性物质质量比/%	100	~ 25
催化性能	丙烯转化率95% ~ 97%	丙烯酸收率85% ~ 87%
	丙烯酸收率80% ~ 82%	

国内从事丙烯氧化制丙烯酸催化剂研究开发的单位主要是中国石油石油化工研究院兰州化工研究中心(原兰州石化研究院),开发出多种牌号催化剂,使丙烯醛、丙烯酸催化剂成功实现国产化。如一段丙烯醛催化剂以 Mo、Bi、Fe、W 为主要组分,为提高丙烯醛的选择性,活性组分钼酸铵改成以氧化钼的形式加入,且无需另加有机造孔剂,从而避免钼酸铵与硝酸盐沉淀反应生成大量硝酸铵。由钼酸铵高温焙烧制得的三氧化钼经研磨,再与其他活性组分反应制得粉末,用这种方法制备的三氧化钼不仅起活性组分的作用,而且还起着载体作用,从而显著改善催化剂的机械强度。对于二段丙烯酸催化剂,活性组分除含 Mo、V、Cu 外,还添加 Te,可促进主活性组分氧化钼和钼酸铜晶体稳定,不仅使催化剂能持久保持高活性及高选择性,还可延缓反应过程中因钼流失而导致催化剂失活。

另外,上海华谊丙烯酸有限公司也对丙烯氧化制丙烯酸催化剂进行研发,其研制的一段催化剂主要由 $CoMO_4$、$Bi_2Mo_3O_{12}$、Bi_2MoO_6、$FeMoO_4$、$Co_6Mo_{12}Bi_{1.5}O_x$ 的晶相组成;二段催化剂主要由 MoO_3、Mo_5O_{14}、$(Sb_2O)M_6O_{18}(M = Mo、W、V)$ 氧化物的晶相组成。在 10kt/a 工业生产装置上连续运行 4500h,在丙烯空速 h^{-1} 的条件下,丙烯酸平均收率可达 88.9%。

1. 丙烯氧化制丙烯酸一段催化剂

[别名]丙烯氧化制丙烯醛催化剂。

[工业牌号]8001、8201、LY-A-8801、LY-A-9601。

[主要组成]以 Mo、Bi 为催化剂主活性组分,以 Fe、Co、Ni、P、W、Sn、Mn 等为助催化剂,以 $\alpha-Al_2O_3$ 为催化剂载体。

[产品规格及使用条件]

催化剂牌号 \ 项目	8001	8201	LY-A-8801
外观	黄褐色圆柱体	灰黑色圆柱体	茶灰色圆柱体
外形尺寸/mm	$\phi(3\sim5)\times(3\sim5)$	$\phi7\times(7\sim8)$,$\phi15\times(5\sim6)$	$\phi7\times7$
堆密度/(g/mL)	1.206~1.236	1.0~1.30	1.0~1.10
孔体积/(mL/g)	0.24~0.27	0.28~0.32	0.30
比表面积/(m²/g)	17~20	7~10	10
抗压强度/MPa	9~12	>4	—
反应温度/℃	320~340	320~340	320~340
反应压力/MPa	0.1	0.1	0.1
空速/h^{-1}	1500	1500	1500
丙烯转化率/%	89	>93	≥94.5
丙烯醛收率/%	78	~80	≥78

[用途]用作两步氧化制丙烯酸技术的一段催化剂,由丙烯酸氧化为丙烯醛。生成的丙烯醛不经分离再经氧化生成丙烯酸。本催化剂也可用于只生产丙烯醛的工艺装置上,将丙烯醛经分离后用于生产蛋氨酸及其他丙烯醛衍生物。

在以上催化剂基础上,中国石油石油化工研究院兰州化工研究中心又开发出 LY-A-

9601 催化剂，先后应用于上海华谊丙烯酸公司、江苏裕廊化工有限公司、山东开泰实业公司等 6 家万吨级丙烯酸工业装置上，丙烯转化率＞98%，丙烯醛收率＞79%，催化剂使用寿命长达 5 年，综合性能达到替代进口丙烯醛催化剂的水平。

[简要制法]将特制的 $\alpha-Al_2O_3$ 载体浸渍 Mo－Bi 及其他助剂后，经干燥、焙烧活化制得。

[研制单位]中国石油石油化工研究院兰州化工研究中心。

2. 丙烯氧化制丙烯酸二段催化剂

[别名]丙烯醛氧化制丙烯酸催化剂。

[工业牌号]8002、8202、LY－A－8802、LY－A－9602

[主要组成]以 Mo、V、W 为催化剂主活性组分，添加适量 Cu、Sr、Mn、Co 等组分为助催化剂，以 $\alpha-Al_2O_3$ 为催化剂载体。

[产品规格及使用条件]

催化剂牌号 / 项目	8002	8202	LY－A－8802
外观	灰黑色小球	黑绿色小球	黑绿色表面粗糙球体
外形尺寸/mm	$\phi3\sim\phi5$	$\phi4$	$\phi5\sim\phi8$
堆密度/(g/mL)	1.0～1.2	1.1～1.2	1.3～1.4
孔体积/(mL/g)	0.3	0.3	0.3
比表面积/(m^2/g)	9～10	4	10
反应温度/℃	275～285	275～285	275～285
反应压力/MPa	0.1	0.1	0.1
空速/h^{-1}	1600	1600	1600
丙烯转化率/%	—	～95	≥95
丙烯酸收率/%	～78	～84	＞82.5
丙烯酸时空产率/[g/(h·L)]	～145	～140	—

[用途]用作两步氧化制丙烯酸技术的二段催化剂，由丙烯醛氧化为丙烯酸。在此基础上，中国石油石油化工研究院兰州化工研究中心又开发出 LY－A－9602 催化剂，先后应用于上海华谊丙烯酸公司、江苏裕廊化工有限公司、山东开泰实业公司等 6 家万吨级丙烯酸工业装置上，丙烯醛转化率＞98.5%，丙烯酸收率＞88%，催化剂使用寿命长达 3 年，综合性能达到了替代进口丙烯醛催化剂的水平。

[简要制法]先将特制的 $\alpha-Al_2O_3$ 载体用喷淋法浸渍预先配制的活性组分溶液，再经干燥、焙烧活化制得成品。

[研制单位]中国石油石油化工研究院兰州化工研究中心。

3. 丙烯氧化制丙烯酸催化剂

[主要组成]一段催化剂以 Bi、Mo、Co、Fe、W 等为主要活性组分、二段催化剂主要以

174

Mo、V、W、Sb、等为主要活性组分。

[产品规格及使用条件]

项目 \ 催化剂	一段催化剂	二段催化剂
外观	褐色中空颗粒	黑色中空颗粒
外形尺寸/mm	5(外径)×2(内径)×3(高)	5(外径)×2(内径)×3(高)
堆密度/(g/mL)	1.3	1.1
比表面积/(m²/g)	5.3	2.3
孔体积/(mL/g)	0.01	0.0008
孔径/nm	10.23	13.14
侧压强度/(N/cm)	30	35
磨耗率/%	1.5	2.0
模试结果 反应温度/℃	345~355	270~280
模试结果 丙烯转化率/%	98.1	—
模试结果 丙烯醛转化率/%	—	99.7
模试结果 丙烯酸收率/%	—	97.9
模试结果 丙烯醛、丙烯酸总收率/%	92.3	—

[用途]用于两步丙烯氧化制丙烯酸工艺。一段催化剂主要由 $CoMo_4$、$Bi_2Mo_3O_{12}$、Bi_2MoO_6、$FeMoO_4$、$Co_6Mo_{12}Bi_{1.5}O_x$ 的晶相组成;二段催化剂主要由 MoO_3、Mo_5O_{14}、$(Sb_2O)M_6O_{18}(M=Mo、W、V)$ 氧化物的晶相组成。在 10kt/a 的丙烯酸工业装置上连续运行 4500h,在丙烯空速 $100h^{-1}$ 的条件下,丙烯酸平均收率可达 88.9%,优于进口催化剂。

[简要制法]一段催化剂制法:先将钼酸铵与硝酸钾溶于水中得溶液 A,再将硝酸铁、硝酸钴、硝酸镍、硝酸铋等溶于水中得溶液 B。在 60℃下将溶液 B 滴入溶液 A 中,并用氨水调节 pH 值为 2。所得浆液经干燥、焙烧制得催化剂原料。再加入成型助剂及黏合剂混匀后打片成型、干燥、500℃焙烧制得成品。

二段催化剂制法:将钼酸铵、偏钒酸氨、偏钨酸铵、硝酸铜及 Sb_2O_3 按一定比例溶于水中,混匀后经 150℃干燥制得催化剂原粉。再将原粉与成型助剂、黏合剂混匀后,经打成片型,干燥、380℃焙烧制得二段催化剂。

[研制单位]上海华谊丙烯酸有限公司。

4. 流化床丙烯氧化制丙烯酸催化剂

[主要组成]一段催化剂采用七元组分(Mo、Bi、Fe、Ni、P、Co、K、),二段催化剂采用三元组分(Mo、V、W),以微球 SiO_2 为载体。

[产品规格及使用条件]

催化剂 项目	一段催化剂	二段催化剂
外观	土黄色微球	黑绿色微球
外形尺寸/μm	$\phi215 \sim \phi800$	$\phi215 \sim \phi800$
堆密度/(g/mL)	0.67	0.75
孔体积/(mL/g)	0.40	0.40
反应温度/℃	$370 \sim 390$	$270 \sim 320$
丙烯转化率/%	≥90	—
丙烯醛单程收率/%	≥60	—
丙烯酸单程收率/%	—	≥60

[用途]用于流化床丙烯氧化制丙烯酸工艺。工艺过程是，将丙烯、空气和水通入第一组流化床反应器后，在一段催化剂作用下生成丙烯醛。然后丙烯醛进入第二组反应器中，在二段催化剂作用下生成丙烯酸。

[简要制法]将特制微球 SiO_2 载体浸渍各种活性组分溶液，再经干燥、焙烧活化制得。

[研制单位]中国石油石油化工研究院兰州化工研究中心。

十三、丙烯水合制异丙醇催化剂

异丙醇又名 2 - 丙醇。是一种最简单的仲醇，是重要的基本有机化工原料及溶剂、萃取剂。目前，工业生产异丙醇的方法主要有丙烯硫酸氧化法及丙烯直接水合法。丙烯硫酸氧化法由于工艺流程复杂、环境污染严重导致成本较高，已经逐步被淘汰。而丙烯直接水合法是生产异丙醇的主流技术。我国锦州石化的规模化装置即采用这种工艺。但此法也还存在着进一步降低能耗、节省原料、减少"三废"排放等难题。

直接水合法采用催化剂，使丙烯在催化剂作用下经加压水合而制得异丙醇。所采用的催化剂有磷酸/硅藻土、杂多酸、阳离子交换树脂等，用磷酸/硅藻土作催化剂工艺简单，但丙烯单程转化率低，气体循环量大，适合于高纯丙烯作原料。阳离子交换树脂以磺酸型阳离子交换树脂为催化剂，通过引入吸电子基团的方法增强树脂耐温性能。催化剂具有优良的耐水性能和较高的抗压、抗破碎能力，低温活性较好，磺酸流失少，可在较低反应温度及较高水/烯摩尔比下进行反应，其丙烯单程转化率可比磷酸/硅藻土催化剂高 10 倍以上。

1. 磷酸/硅藻土丙烯水合催化剂

[主要组成]以磷酸为主要活性组分，以硅藻土为催化剂载体。

[产品规格及使用条件]

项　目	性　质
外观	圆柱状
抗压强度/MPa　　　≥	3.92
化学组成	游离磷酸40%、$SiO_2$60%、$Al_2O_3$1%、Fe_2O_3<0.5%
反应温度/℃	190~200
反应压力/MPa	1.9~2.1
丙烯浓度/%	>99
水烯摩尔比	0.65~0.70
空速/h^{-1}	1250~1350
循环气中丙烯浓度/%	>85
丙烯单程转化率/%	>5.2
选择性/%	98~99

[用途] 用于丙烯直接水合制异丙醇工艺。使用过程中催化剂中的磷酸会被反应物流带出,为保持催化剂的反应活性,需补加磷酸。补充方法有3种：①在反应器上部装一喷头,将磷以细雾状直接从上向下均匀喷洒；②将磷酸注入原料混合气中,借原料气的线速度使磷酸均匀分散在载体上；③将反应器暂停操作,排出全部物料后,从底部送入磷酸液使其淹没全部催化剂床层,经浸渍一段时间后,再将残余磷酸液排出,并用氮气吸扫反应器后再投入运转。三种方法以③法最为有效。

[简要制法] 先将精选天然硅藻土经酸洗、焙烧等处理制成有合适孔半径以及比表面积的载体,再将载体投入磷酸溶液中浸渍,负载上磷酸后进行干燥即制得成品催化剂。

[生产单位] 大连制碱工业研究所。

2. 树脂型丙烯水合催化剂

[工业牌号] DHC-1。

[主要组成] 阳离子交换树脂。

[产品规格]

项目 催化剂 牌号	外观	功能基 团容量/ (mmol/g)	含水 量/%	湿视 密度/ (g/mL)	湿真 密度/ (g/mL)	粒度 范围/%	耐磨 率/%	最高工作 温度/℃	出厂 型式
DHC-1	不透明 球状颗 粒	≥3.2 (H^+)	50~58	0.75~ 0.85	1.10~ 1.30	(0.45~ 1.25mm) ≥95	≥98	165	H

[用途] 用于丙烯直接水合制异丙醇工艺。催化剂具有优良的耐水性能和较高的抗

压、抗破碎能力，低温活性较好，磺酸流失少，起始反应温度和反应压力低于磷酸/硅藻土催化剂。

[生产单位]凯瑞化工股份有限公司。

十四、丙烯和苯烷基化制异丙苯催化剂

异丙苯主要用于生产苯酚和联产丙酮，其他也用于制造 α-甲基苯乙烯、过氧化氢异丙苯、苯乙酮、涂料、清漆等。也可用作高辛烷值航空燃料组分、某些石油基溶剂等。生产异丙苯的方法有均相三氯化铝催化剂液相法、非均相固体磷酸法及分子筛催化法等。而三氯化铝催化剂有很强腐蚀性，反应设备需要特制合金及表面衬里。使用固体磷酸催化剂则没有能力促进苯与二异丙苯烷基转移反应来回收二异丙苯，给工艺带来负面影响。自 1994 年以后，分子筛催化剂液相烃化技术在抗积炭性能和稳定性方面取得突破后，成为迅速推广的先进工艺，由于催化剂无腐蚀，工艺无污染，在新建装置及老装置改造上呈现很强的竞争力。对原固体磷酸工艺的反应器稍加改造就可投入使用，改用分子筛催化剂后，收率可接近 100%，可用的催化剂包括 Y 型沸石、β 分子筛等。目前广泛采用的分子筛催化剂有 Mobil 公司开发的 MCM-22 分子筛催化剂、UOP 公司的 QZ-2000 分子筛催化剂、Dow/Kellogg 公司的 3DDM 催化剂。

在国内，北京燕山石化化学品事业部与北京化工大学、北京服装学院联合完成了"异丙苯清洁生产成套技术的研究及工业应用"项目，并建成 10×10^4 t 级石油化工装置清洁生产技术，使我国成为世界上第三个拥有异丙苯清洁生产自主技术的国家。燕山石化化学品事业部先后研发出 FX-01、YSBH-1、YSBH-2 催化剂，取代了三氯化铝和固体磷酸等传统催化剂，形成了具有自主知识产权的环保型异丙苯生产技术，以后又相继开发了 YSBH-3、YSBH-4 催化剂。

此外，上海石油化工研究院开发出 M-98 和 MP-01 异丙苯催化剂及工艺。迄今，该院已开发了三代液相烷基化催化剂，基于丫型分子筛的 M-92 催化剂，基于 β 分子筛的 M-98 催化剂。近期又开发了 MP 系列异丙苯催化剂，该催化剂是一种稳定的固体酸分子筛催化剂，适用于 S-ACT 工艺，由苯和丙烯液相烷基化反应生产异丙苯，以酸性分子筛为催化剂的异丙苯合成技术包括两个反应单元：丙烯和苯的液相烷基化合成异丙苯，以及多异丙苯(二异丙苯和三异丙苯)和苯液相烷基转移合成异丙苯，MP-01 催化剂适用于烷基化反应合成异丙苯；MP-02 催化剂适用于烷基转移合成异丙苯。MP 系列催化剂活性高、选择性好、转化率高、副产物少，可生产纯度 ≥99.9% 的异丙苯。

异丙苯合成用分子筛催化剂制备一般分为分子筛制备及催化剂制备两部分。制备分子筛的原料主要是硅源、铝源，同时加入相应的模板剂(如四乙基溴化铵)或专门制造的导向剂，经晶化、干燥制取分子筛。催化剂制备包括分子筛离子交换、改性等过程。

1. FX-01 丙烯和苯烷基化制异丙苯催化剂

[工业牌号]FX-01。

[主要组成]高硅铝分子筛。

[产品规格及使用条件]

项目 \ 催化剂	FX－01
外观	白色三叶草形或小球
外形尺寸/mm	三叶草形：ϕ2.5×(3~6)；小球：ϕ2.7
堆密度/(g/mL)	0.45(三叶草形)；0.56(小球)
抗压强度/(N/粒)	≥10(三叶草形)
使用条件 烷基化反应	
反应温度/℃	140~180
反应压力/MPa	0.5~1.0
苯/烃比	6~8
苯质量空速/h^{-1}	2~5
烷基转移反应	
反应温度/℃	180~240
反应压力/MPa	3~3.5
苯/多烷基苯比	10~12
液体质量空速/h^{-1}	6~10
烃化反应选择性/% ≥	92
烷基转移反应选择性/% ≥	94
异丙苯总选择性/% ≥	99

[用途]用于丙烯和苯液相烷基化制异丙苯工艺。催化剂具有较高活性及选择性。

[简要制法]以硫酸铝、水玻璃等为原料，加入模板剂或导向剂，在一定温度及压力下水热合成，经晶化、水洗、过滤、干燥、焙烧等制得分子筛。再经离子交换，改性制成催化剂成品。

[研制单位]上海石油化工研究院。

2. M－92 丙烯和苯烷基化制异丙苯催化剂

[工业牌号]M－92。

[主要组成]高硅铝分子筛。

[产品规格及使用条件]

项目 \ 催化剂	M－92
外观	白色圆柱或三叶草形
外形尺寸/mm	ϕ1.6×(6~10)
堆密度/(g/mL)	0.6~0.65
抗压强度/(N/cm)	≥80

项目 \ 催化剂		M－92
使用条件	烷基化反应	
	反应温度/℃	175～200
	反应压力/MPa	2.6
	苯/烃比	4.5～5.0
	丙烯质量空速/h⁻¹	0.4～0.6
	烷基转移反应	
	反应温度/℃	180～200
	反应压力/MPa	2.6
	苯/多烷基苯比	8～10
	液体质量空速/h⁻¹	6～12
丙烯转化率/%		～100
异丙苯选择性/%		99.5

［用途］用于丙烯和苯液相烷基化制异丙苯工艺。丙烯转化率高，异丙苯选择性好。

［研制单位］上海石油化工研究院。

十五、丁烯氧化脱氢制丁二烯催化剂

丁二烯通常指 1，3 - 丁二烯，是重要有机化工原料。它可以自聚也可以与其他单体共聚，常用于生产顺丁橡胶、丁苯橡胶、丁腈橡胶、SBS 弹性体、胶黏剂、ABS 树脂等。

目前，丁二烯最主要的来源是从蒸气裂解的副产物混合 C_4 馏分中抽提出来，由于裂解原料及裂解深度的不同，C_4 馏分中丁二烯的含量也不同，约占 C_4 馏分的 43% ~ 75%。其他主要组分为异丁烯(3% ~ 23%)、1 - 丁烯(9% ~ 17%) 及 2 - 丁烯(7% ~ 13%)。蒸汽裂解得到的 C_4 馏分先经溶剂抽提分离得到丁二烯，残留的 C_4 馏分中含有大量异丁烯及正丁烯，分离出异丁烯的残余液含有大量正丁烯。

为扩大丁二烯来源，相继开发出丁烯催化脱氢和催化氧化脱氢技术。催化脱氢是在高温下使丁烯通过催化剂脱氢生成丁二烯，这一方法的缺点是单程收率低，其原因是由于丁烯催化脱氢为可逆过程，单程转化率受化学平衡限制，为使平衡向有利于生成丁二烯方向进行，有效的办法是使生成的氢及时移出或除去。而采用氧化脱氢时，加入的氧化剂可迅速将生成的氢氧化为水，使反应向生成丁二烯方向进行，从而提高丁烯转化率及丁二烯收率。同时，氧化作用使脱氢反应由吸热反应转变为放热反应，从而使反应能在较低温度下进行。丁烯氧化脱氢主反应为：

$$C_4H_8 + \frac{1}{2}O_2 \longrightarrow CH_2 = CH - CH = CH_2 + H_2O + 126kJ/mol$$

在发生主反应的同时，还伴有丁烯或丁二烯深度氧化，生成 CO、CO_2 及醛、酮、呋喃等产物。

丁烯氧化脱氢制丁二烯技术的核心是催化剂开发。丁烯氧化脱氢催化剂主要有三类，即钼酸铋系催化剂、混合氧化物系催化剂、尖晶石型铁系催化剂等。我国的丁烯氧化脱氢催化剂已开发出第三代铁系催化剂。第一代是 1971 年工业化的 P－Mo－Bi 三元钼系催化剂，其主要缺点是丁二烯选择性不太高，而且钼易产生流失；第二代是 1979 年工业化的六元钼系催化剂，其活性组分为 Mo、Bi、P、Ni、Fe、K，载体为粗孔硅球。这种催化剂的丁二烯选择性及收率均较高，但含氧化合物的生成量比第一代钼系三元催化剂要高；在此基础上，20 世纪 80 年代又先后推出了 H－198、W－201、B－02 等第三代铁系催化剂，使丁二烯收率达到 70%，丁二烯选择性达到 90%；继 B－02 催化剂之后，1990 年又开发出新一代无铬铁系催化剂，使丁二烯收率达到 70%～75%，丁烯转化率达到 95%。表 2－6 给出了各类催化剂的产品规格及工艺技术条件。

表 2－6　各类催化剂的产品规格及工艺技术条件

催化剂牌号 项目	三元型	六元型	H－198	W－201	B－02	B－98、 Q－101
主要组成	Mo、Bi、P、SiO$_2$	Mo、Bi、P、Fe、Ni、K、SiO$_2$	ZnFe$_2$O$_4$ 光晶石，α－Fe$_2$O$_3$	ZnFe$_2$O$_4$ 光晶石，α－Fe$_2$O$_3$	ZnFe$_2$O$_4$ 光晶石，α－Fe$_2$O$_3$	无铬铁系
堆密度/(g/mL)	0.8～0.9	0.75～0.76	1.5～1.7	1.7～1.9	1.34	
比表面积/(m^2/g)	100	80～100	～25.5	～17.3	15.2	
磨耗率/%	—	—	1.7	0.54	—	
反应器型式	流化床	流化床	流化床	流化床	固定床	固定床
反应温度/℃	450～480	—	375～380	370～380	310～540	312～523
反应器直径/m	2.6	2.6	2.6	2.6	3.0	3.0
水烯摩尔比	6.0	8.0	9.5～10.5	8～12	13～16	—
氧烯摩尔比	1.0	0.95	0.55～0.75	0.7～0.85	0.72	—
丁二烯收率/%	47.9	56	61～69	70.4	64.2	70～76
丁二烯选择性/%	80	86	87.5	89.5	90.7～92.4	95.4
含氧化合物产率/%	8.48	8.4	0.54	0.3	0.78	
研制单位	中科院兰州化物所	中国石油兰州化工研究院	中科院兰州化物所		中国石化北京燕山分公司、山东公泉化工公司	

　　早期使用的三元型 P－Mo－Bi 催化剂，其中 Mo 和 Bi 是以 MoO$_3$·Bi$_2$O$_3$ 和磷酸铋的多相复合体存在，一般认为 Bi/Mo 以 0.6～2.0 为适宜。这类催化剂常为多孔型大比表面积，如催化剂均用活性金属氧化物制取，则催化剂的强度会较差。如果将硅胶和活性组分混合制成"混浆催化剂"，或将活性组分负载在多孔微球硅胶上制取微球催化剂，都可提高催化剂的强度。

　　混浆催化剂的制法是将硝酸铋和钼酸铵混合后，与氨水进行共沉淀后用作活性组分。另外将硅酸钠加盐酸调节酸值制成凝胶。再将活性组分、凝胶充分混匀后，经成型、干燥、热分解、活化制成符合规格要求的催化剂成品。

微球催化剂制法是先用喷雾干燥法制取符合孔结构要求的硅胶微球载体。然后将载体浸渍金属活性组分溶液，使活性组分沉积在载体上，再经干燥、焙烧活化制得。

由铁酸锌铬和铁酸镁铬组成的催化剂具有较高的活性和选择性，它们具有 $A^{2+}B_2^{3+}O_4$ 的尖晶石型结构。在室温下由氢氧化铵或氢氧化钠与铁化合物经沉淀制得。

对丁烯氧化脱氢有活性的金属较多，其中主要有 14 种金属，其活性及选择性顺序为：

活性：Co > Mn > Cr > Cu > Ni > Fe > Mo > Bi > Pd > Zn > Mg > Cd > Sn > W

选择性：Ni > Mo > Mg > Co > W > Fe > Zn > Cu > Mn > Cd > Sn > Pd ≥ Cr ≥ Bi

实际选用的金属活性组分则是各种因素的平衡。

十六、丁烯水合制仲丁醇催化剂

[工业牌号] D008 系列。

[主要组成] 阳离子交换树脂。

[产品规格]

项目 催化剂牌号	外观	出厂型式	功能基团容量/(mmol/g)	含水量/%	湿视密度/(g/mL)	湿真密度/(g/mL)	粒度范围/%	耐磨率/%	最高工作温度/℃
D008 – 1	不透明球状颗粒	H	≥3.10 (H⁺)	50~58	0.75~0.85	1.1~1.3	(0.45~1.25) mm≥95	≥98	170
D008 – 2	不透明球状颗粒	H	≥3.10 (H⁺)	50~58	0.75~0.85	1.1~1.3	(0.45~1.25) mm≥95	≥98	180
D008 – 3	不透明球状颗粒	H	≥0.9 mmol/mL	40~56	0.72~0.82	1.1~1.3	(0.45~1.25) mm≥95	≥98	180
D008 – 4	不透明球状颗粒	H	≥3.10 (H⁺)	48~52	0.76~0.80	1.2~1.3	(0.45~0.90) mm≥95	≥97	180

[用途] 仲丁醇又名 2 – 丁醇，为有甜味的无色液体，是最早的石油化工产品之一，也是重要的化工原料和中间体。主要用于生产甲乙酮，也用于生产香料、染料、润滑剂。还用作溶剂、抗乳化剂、脱水剂、去漆剂等。仲丁醇的工业生产方法有用正丁烯为原料，以硫酸为催化剂的间接水合法，以杂多酸为催化剂的直接水合法以及用离子交换树脂为催化剂的直接

水合法等。硫酸间接水合法技术成熟，是传统的生产方法，但存在硫酸腐蚀等问题。杂多酸直接水合法存在丁烯单程转化率低、水合反应器需用钛材衬里、设备投资高等缺点。本催化剂用于丁烯水合制仲丁醇工艺，具有设备无腐蚀、流程短、投资少、催化剂与产物易分离、仲丁醇选择性高等特点。本催化剂也可用于丙烯水合制异丙醇工艺。

[生产单位]凯瑞化工股份有限公司。

十七、乙炔与甲醛缩合制1，4 - 丁炔二醇催化剂

[别名]铜铋催化剂。

[主要组成]$CuO - Bi_2O_3/SiO_2$。

[产品规格及使用条件]

催化剂 项目	铜铋催化剂
外观	黑色球状
外形尺寸/mm	中(3.5~5.5)
堆密度/(g/mL)	0.54
孔体积/(mL/g)	0.40 ± 0.05
比表面积/(m^2/g)	80 ± 10
CuO 含量/%	22~24
Bi_2O_3 含量/%	5~6
SiO_2 含量/%	>75
反应温度/℃	180
反应压力/MPa	0.1~0.5
空速/h^{-1}	0.2

[用途]1，4 - 丁炔二醇又名丁炔 - 1，4 - 二醇，是重要的有机化工原料及溶剂。用于制造1，4 - 丁二醇、正丁醇、四氢呋喃、γ - 丁内酯、吡咯烷酮等。铜铋催化剂用于乙炔与甲醛缩合制1，4 - 丁炔二醇工艺过程。该催化剂的活性组分是铜，在甲醛存在下，铜与乙炔反应形成乙炔铜。所以，该催化剂的实际活性组成是乙炔铜与乙炔形成的配合物 $CuC_2 \cdot C_2H_2$，而这种配合物只有在乙炔环境中才是稳定的，由于乙炔铜的高活性，常使乙炔聚合生成聚炔物质，有爆炸危险。所以催化剂中常加入 Bi_2O_3，作为生成聚炔的抑制剂。此外，Bi_2O_3 还有提高催化剂比表面积及选择性等作用。

[简要制法]将特制 SiO_2 载体浸渍铜及铋活性组分溶液后，经干燥、焙烧制得成品催化剂。

[生产单位]江苏姜堰市化工助剂厂。

十八、丁炔二醇加氢制1，4 - 丁二醇催化剂

[工业牌号]BA - 1、WS - Ⅰ。

[主要组成]BA - 1 催化剂以氧化镍为主活性组分，并添加适量其他助催化剂，预还原态的催化剂以金属镍为主；WS - Ⅰ 催化剂为 $Cu - Bi/SiO_2$。

[产品规格及使用条件]

催化剂牌号 项目	BA-1	WS-I
外观	黑色圆柱形	微球
外形尺寸/mm	$\phi 3.0 \times (2.8 \sim 3.5)$	$3 \sim 7 \mu m$
堆密度/(g/mL)	$1.0 \sim 1.5$	—
孔体积/(mL/g)	$0.2 \sim 0.3$	—
比表面积/(m²/g)	$100 \sim 180$	—
抗压强度/(N/粒)	$40 \sim 70$	—
反应温度/℃	$100 \sim 150$	$90 \sim 110$
反应压力/MPa	$0.1 \sim 0.5$	0.5
液空速/h⁻¹	$0.1 \sim 0.5$	—
氢/丁炔二醇摩尔比	>10	—
反应器	固定床	涓流床
生产单位	南京化学工业公司催化剂厂	吴淞化工厂

[用途] 1,4-丁二醇用于合成四氢呋喃,γ-丁内酯、聚对苯二甲酸二丁酯及医药等,生产1,4-丁二醇的方法有丁炔二醇加氢法(Reppe 法)、顺酐加氢法、二氯丁烯水解法及丁二烯乙酰氧基法等。其中以丁炔二醇法建立的装置占有主导地位,也是经典的方法,尽管这种方法的生产成本高、环境污染严重,在当今世界已缺乏竞争力,但在我国因煤炭有竞争性价格,劳务费用也较低,基于乙炔制1,4-丁二醇的方法仍有发展。该工艺分为两步,第一步是乙炔和甲醛经炔化反应生成1,4-丁炔二醇并副产炔丙醇;第二步是1,4-丁炔二醇加氢生成1,4-丁二醇。本催化剂用于第二步反应,丁炔二醇先加氢生成丁烯二醇,然后丁烯二醇再加氢生成丁二醇。

[简要制法] BA-1 催化剂是将镍盐及其他助剂原料经溶解、沉淀、洗涤、过滤、干燥、成型制得。预还原态催化剂还需经过还原及钝化过程;WS-I 催化剂是将特制微球浸渍硝酸铋及硝酸铜溶液后经干燥、高温焙烧制得。

十九、异丁烯氧化制甲基丙烯酸甲酯催化剂

甲基丙烯酸甲酯(MMA)是生产有机聚合物和共聚物的重要单体。MMA 的主要下游产品聚甲基丙烯的甲酯(俗称有机玻璃)是一种重要热塑性塑料,广泛用于汽车、建筑、光学、卫生洁具及装饰品等行业。MMA 还用于涂料、胶黏剂、聚合物混凝土、纺织浆料、医药功能材料等方面。

生产 MMA 的传统方法是丙酮氰醇(ACH)法,至今已有 60 余年历史,已发展成为成熟的工艺技术。它是由氢氰酸与丙酮在催化剂作用下进行氰化反应生成丙酮氰醇,丙酮氰醇再与浓硫酸进行酰胺化反应生成甲基丙烯酰胺硫酸盐,然后再与含水甲醇进行水解和酯化反应,生成 MMA,控制好操作条件,MMA 总收率可达 90%。然而,此法也存在严重缺点,它使用剧毒品氢氰酸,副产大量废酸,使用的硫酸有很强腐蚀性,尽管如此,国内目前生产仍以传统的丙酮氰醇法为主。

针对 ACH 法的缺点,各国竞相研发合成 MMA 的新工艺。直至 1982 年,日本触媒化学

公司和三菱人造丝公司先后以异丁烯或叔丁醇为原料，以直接两步催化氧化法合成 MMA，并实现了工业化。该法的原料异丁烯主要来源于烯烃蒸汽裂解的抽余液和炼油厂催化裂化装置的 C_4 馏分，通过水合或与甲醇进行选择性醚化反应，可以制得叔丁醇或甲基叔丁基醚（MTBE），MTBE 进一步裂解则可获得异丁烯，而叔丁醇则可直接用作氧化原料。

异丁烯氧化制 MMA 的原理是以异丁烯或叔丁醇为原料，先进行第一段气相催化氧化反应生成甲基丙烯醛（MAL）；接着进行第二段气相氧化反应生成甲基丙烯酸（MAA）。生成的 MAA 经分离后，在离子交换树脂催化剂作用下，与甲醇进行酯化反应制得 MMA。主要反应式如下：

$$CH_2{=}C(CH_3)CH_3 + O_2 \xrightarrow{\text{催化剂 I}} CH_2{=}C(CH_3)CHO + H_2O$$

$$CH_2{=}C(CH_3)CHO + O_2 \xrightarrow{\text{催化剂 II}} CH_2{=}C(CH_3)COOH$$

$$CH_2{=}C(CH_3)COOH + CH_3OH \xrightarrow{\text{离子交换树脂催化剂}} CH_2{=}C(CH_3)COOCH_3$$

过程的副产物主要有 CO_2、H_2O 及甲酸、乙酸、丙酸及丙烯酸等。

所以，异丁烯催化氧化制 MMA 的关键技术是两段氧化催化剂的开发。第一段催化剂是在丙烯氧化制丙烯醛的 Mo-Bi 等催化剂的基础上开发的。虽然两种氧化反应都是经过 π-烯丙基中间体进行反应，但由于异丁烯的 α 位上有甲基，碱性强，容易引起副反应，故要在丙烯氧化催化剂的基础上作较大调整。表 2-7 示出国外一些专利中使用的第一段氧化催化剂。典型的催化剂包含 Mo、Bi 和其他促进活性和改善选择性的各种成分的金属氧化物。以 Mo、Ni、Fe 为主体，Bi、Co、Cs 为助催化剂的多元复合氧化物是合成 MAL 的优良催化剂。其活性除决定于化学组成外，也与催化剂制备条件有关。性能好的催化剂，Mo 与其他金属以钼酸盐的形式存在，而铁则形成超顺磁性 α-Fe_2O_3 小颗粒。

表 2-7 第一段氧化催化剂示例

项目 \ 催化剂组成	反应温度/℃	异丁烯转化率/%	MAL 选择性/%	MAL 单程收率/%	公司名称
Mo、Bi、Fe、CO、Sb、Cs	450	92.0	86.8	79.9	日本合成橡胶
Mo、Bi、Fe、Ni、Sm、Cs	400	91.0	87.2	79.4	旭化成
Mo、Bi、W、Fe、Co、Si、Cs	330	99.3	85.1	84.5	日本触媒
Mo、Bi、Fe、Co、Ni、B、Sb、K	350	98.5	82.6	81.4	日本化药
Mo、Bi、Fe、Co、Ni、Pb、P、K	340	98.4	77.6	76.4	日本杰昂
Mo、Bi、Fe、Ni、Co、P、Si、Ti	420	94.0	80.1	25.3	住友化学
Mo、Bi、Fe、Co、Se、Sb、Cr、K	360	95.0	89.5	85.0	三菱人造丝

表 2-8 示出了国外一些专利中所用的第二段氧化催化剂。第二段催化剂开发比第一段催化剂的难度要更大一些，催化剂是以磷钼酸为主，为了满足 MAA 的收率，催化剂中常含有碱金属和 Cu、V 等元素。可以看出，第二段催化剂是以 P、Mo 和碱金属的杂多酸催化剂为主，引入 Cu^{2+}、Cs^+ 等离子可以调节催化剂的酸性。催化剂主要具有 B 酸中心，其中的氧参与了氧化还原催化过程。

表 2-8　第二段氧化催化剂示例

项目 催化剂组成	反应温度/℃	MAL 转化率/%	MAA 选择性/%	MAA 单程收率/%	公司名称
P、Mo、V、Zr、Mn、Cs	340	88.7	78.5	69.6	日本合成橡胶
P、Mo、V、Co、La、K	260	93.6	84.0	78.6	日本触媒
P、Mo、V、Co、As、Rb	280	85.3	87.5	74.6	住友化学
P、Mo、Cr、Mn、Ce、Cs	350	84.2	79.9	67.3	日本杰昂
P、Mo、V、Cu、As、Sn、Cs	315	96.3	83.9	80.8	日本化药
P、Mo、V、Fe、Cu、S_b、B、Cs	290	86.2	87.9	76.0	三菱人造丝
P、Mo、V、Cu、Ca、As、Ta、B、Cs	280	96.2	86.9	83.6	宇都兴产

针对传统 MMA 生产技术的丙酮氰醇法，因成本高、毒性大、环境污染严重等缺点，中国石油兰州石化公司与中科院过程工程所合作，联合开发出以混合 C_4 烃中的异丁烯为原料制取叔丁醇，叔丁醇经氧化成甲基丙烯醛，再进一步氧化成甲基丙烯酸和经酯化制取 MMA 的技术，并研制出异丁烯（或叔丁醇）氧化制 MAL、再经氧化制 MAA 和与甲醇酯化制取 MMA 的催化剂。但此技术还处于中试开发阶段。

二十、苯和乙烯烷基化制乙苯催化剂

乙苯是重要有机化工原料中间体，大约 99% 的乙苯用于生产苯乙烯，少量直接作为溶剂使用。乙苯工业生产方法主要有苯与乙烯烷基化工艺及炼油厂 C_8 芳烃馏分分离工艺两类。

传统的乙苯生产多为三氯化铝法，是以无水氯化铝为主催化剂，氯化氢（或三氯乙烷）为助催化剂，该工艺的缺点是生产流程长、设备腐蚀及环境污染严重。20 世纪 80 年代初出现的气相烷基化工艺，使用含 ZSM-5 分子筛的催化剂，解决了设备腐蚀和环境污染问题，但存在乙苯产品中二甲苯杂质含量较高等缺点。20 世纪 90 年代初开发出使用分子筛催化剂的液相烷基化工艺，不仅保持了气相法的无设备腐蚀、无环境污染的优点，而且具有反应温度低、操作条件缓和、工艺流程简单、产品中二甲苯杂质含量低等特点。

1. 气相烷基化催化剂

20 世纪 60 年代，Mobil 公司发现 ZSM-5 分子筛可以用于气相反应法通过苯的烷基化生产乙苯。ZSM-5 分子筛是一种含有机铵离子的高硅铝比（25～75）的十元环结构结晶硅铝酸盐，具有近似椭圆结构的均匀三维孔道，孔道直径 0.54～0.56nm，其结构属于四方晶系。化学组成以氧化物分子比的形式可表示为：

$$(0.9 \pm 0.2)M_2/nO \cdot Al_2O_3(15 \sim 100) \cdot SiO_2(0 \sim 40)H_2O$$

式中，M 为阳离子。n 为阳离子价数。通常合成的 ZSM-5 分子筛中，M 一部分是钠离子，另一部分是有机铵离子。

上述结构的 ZSM-5 分子筛具有较强的酸性，对苯的烷基化有较高的活性及选择性。而且由于热稳定性好，有利于选择较高的烷基化温度。ZSM-5 的制备方法是先将硅酸钠、硫酸、硫酸铝及有机胺（乙胺、正丁胺等）配制成一定浓度的甲、乙两种溶液。甲溶液：硅酸钠 + 有机胺 + 水；乙溶液：硫酸 + 硫酸铝 + 水、然后在搅拌下将乙溶液慢慢加至甲溶液中（有时也可加入适量晶种），不断搅拌直至形成均匀的反应混合物，以后继续搅拌进行晶化。晶化结束后，经过滤、洗涤至滤液 pH 为 9 左右时，将滤饼于 110℃烘干、粉碎即制得粉状

ZSM - 5 分子筛。用作气相烷基化的 ZSM - 5 催化剂常为浅灰色圆柱条。

由上海石油化工研究院开发的 AB - 97 催化剂其组成为 ZSM - 5/Al₂O₃，用于苯和乙烯气相烷基化制乙苯工艺，催化剂具有活性高、选择性好的特点，乙苯转化率 98% 以上，乙苯选择性 > 99%，催化剂再生周期大于 12 个月，使用寿命 2 年以上。

气相烷基化的反应工艺条件为：烷基化温度 380 ~ 420℃，反应压力 1.2 ~ 2.6MPa，苯/乙烯摩尔比 6.5 ~ 7.0，乙烯质量空速 2.1 ~ 3.0h⁻¹；烷基转移反应条件：温度 435 ~ 445℃，反应压力 0.6 ~ 0.7MPa，苯/多乙苯摩尔比 2 ~ 4，总空速 27 ~ 33h⁻¹。

除 ZSM - 5 中孔分子筛外，也有使用 ZSM - 11、ZSM - 23、ZSM - 35、ZSM - 38 等分子筛用作气相烷基化制乙苯催化剂，适用于浓乙烯和稀乙烯混合气体为原料的工艺。

2. 液相烷基化催化剂

气相烷基化合成乙苯工艺的能量回收率高，催化剂使用寿命长，但由于反应温度较高，导致乙苯产物中二甲苯杂质含量高。20 世纪 90 年代 UOP 公司开发出一种应用于液相烷基化工艺的 USY 分子筛，它可将乙苯产物中二甲苯含量降低到 10 × 10⁻⁶。除 Y 型分子筛外，MCM - 22 分子筛、β 分子筛、SSZ - 25 分子筛等也可用于液相烷基化工艺。与气相烷基化工艺相比，液相烷基化可在较低温度（一般不超过 300℃）及较高压力下进行，既能降低能耗，减少能量回收系统的设备投资，不产生污染环境的废料，而且催化剂使用寿命延长，异构化和裂化等副反应受到抑制，有利于提高产品纯度。

由中国石化石油化工科学研究院开发的 AEB 型 β 沸石催化剂，用于苯和乙烯液相烷基化合成乙苯工艺，催化剂具有烷基化活性及乙苯选择性高、稳定性好等特点。表 2 - 9 示出了 AEB 催化剂性能。表 2 - 10 示出了 AEB 催化剂与进口催化剂 EBZ - 500 及 Uoe - 4120 型分子筛催化剂的性能对比。

表 2 - 9   AEB 型催化剂性能

项目 催化剂型号	AEB
外观	条状
堆密度/(kg/m³)	440 ~ 480
抗碎强度/(kg/cm)	12 ~ 14
乙烯转化率/%	100
乙苯选择性/%	88.5/99.5
乙苯收率/%	98.8
再生周期/年	1.5
预期使用寿命/年	6

表 2 - 10   三种催化剂性能对比

催化剂牌号	反应温度/℃	反应压力/MPa	苯体积空速/h⁻¹	苯/乙烯/mol	水含量/10⁻⁶	乙苯选择性/%	二乙苯选择性/%	三乙苯选择性/%	乙烯转化率/%	运转时间/h
EBZ - 500	200	3.85	14	23.2	300 ~ 900	97.6	2.1	0.04	100	2278
Uoe - 4120	200	3.85	14	22.8	300 ~ 900	94.8	4.6	0.09	100	2278
AEB	200	3.85	14	23.2	300 ~ 900	96.8	2.6	0.05	100	2152

3. AB-97-T型气相烷基转移制乙苯催化剂

[工业牌号]AB-97-T。

[主要组成]以ZSM-5分子筛为主要活性组分，以氧化铝为催化剂载体。

[产品规格及使用条件]

催化剂牌号 项目	AB-97-T
外观	白色圆柱条
外形尺寸/mm	$\phi(1.5 \sim 1.6) \times (2 \sim 13)$
物相组成	$ZSM-5/Al_2O_3$
堆密度/(g/mL)	0.60~0.70
比表面积/(m²/g)	345
径向抗压强度/(N/cm)	≥70
反应器入口温度/℃	430~439
反应器入口压力/MPa	0.62~0.67
苯/二乙苯摩尔比	2.91~3.10
总空速/h⁻¹	33.5~35.5
二乙苯转化率/%	41.5~59.1
乙苯选择性/%	100

[用途]用于第三代气相烷基化制乙苯生产装置，采用单独的烷基转移反应器和烷基转移催化剂。烷基转移反应中产生的多取代乙苯，主要是二乙苯，在烷基转移反应器中与苯发生烷基转移反应，生成目的产物乙苯。使用单独的烷基转移反应器进行二乙苯的烷基转移反应，有利于降低烷基化反应器的负荷，抑制副反应发生，提高乙苯总收率和产品纯度，并延长催化剂使用寿命。本催化剂是在AB-90、AB-96及AB-97型气相烷基化催化剂基础上开发的气相烷基转移催化剂，于2003年7月在大庆石化公司66kt乙苯/a引进装置上成功应用。该催化剂反应活性高，在较低反应温度即可保证二乙苯的高转化率，并具有再生性能好的特点，综合技术性能达到同类催化剂国际先进水平。

[研制单位]上海石油化工研究院

二十一、苯加氢制环己烷催化剂

环己烷(C_6H_{12})是重要石油化工中间产品之一，是生产尼龙纤维和树脂的基本原料。目前极大部分环己烷用于制造尼龙6及尼龙66，少量用作聚合反应稀释剂、萃取剂及有机溶剂。

工业上生产环己烷的方法主要有蒸馏法及苯加氢法。蒸馏法是从石油馏分中蒸馏分离出环己烷，但此法制取过程复杂，不易获得高纯度产品，而且产量也有限。苯加氢法的工艺简单，成本较低，可获得高纯品，十分适用于合成纤维的生产。所以，大部分环己烷是通过纯苯加氢制得。根据反应条件不同，苯加氢法又可分为液相法和气相法两类。液相加氢法有IFP、Arosat、BP法等，采用均相催化剂；气相加氢法有Bexane、ARCO、UOP、Houdry、Hytoray等法，使用固体催化剂。

苯较难加氢、需要有供氢集团的作用才能实现加氢。催化剂的晶粒过小不能形成供氢集团，导致活性氢与要求的加氢反应不适应，所以许多常用加氢催化剂不适合用于苯加氢过程。工业用气相法苯加氢催化剂主要有非贵金属镍系催化剂及贵金属铂催化剂两类，镍系催化剂是将 Ni 负载于 $\gamma - Al_2O_3$ 上形成的 $Ni/\gamma - Al_2O_3$ 催化剂，由于提高了分散度，故有较高的活性。当晶粒大于 4nm 时，活性随晶粒变小而增加；当晶粒为 4nm 时，活性最好；当晶粒小于 4nm 时，活性则下降。贵金属铂催化剂的 Pt 含量为 $0.05\% \sim 0.55\%$，载体也为 $\gamma - Al_2O_3$，具有催化活性高、使用寿命长，而且在硫中毒后可再生等特点。

除了镍系及铂系催化剂外，钌系催化剂的研发也十分引人注目。与镍系催化剂相比，钌系催化剂的选择性及收率都较高，而且反应温度较低，甚至可在常温下进行，但由于价格较高，还处于开发阶段。

1. 铂系苯加氢制环己烷催化剂

[工业牌号]Pt 催化剂、NCH1 - 1。

[主要组成]以 Pt 为主活性组分，以 Al_2O_3 为催化剂载体。

[产品规格及使用条件]

催化剂牌号 项目	Pt 催化剂	NCH1 - 1
外观	浅灰色圆柱体	三叶草或圆柱条
外形尺寸/mm	$\phi(3 \sim 5) \times (5 \sim 15)$	$\phi 3.2 \times 3.2$
组成	Pt/Al_2O_3	$Pt/Al_2O_3 +$ 助剂
堆密度/(g/mL)	$0.9 \sim 1.0$	1.06
比表面积/(m²/g)	150	111
孔体积/(mL/g)	0.45	0.33
抗压强度/(N/cm)	≥100(轴向)	≥512
反应温度/℃	$180 \sim 220$	$170 \sim 190$
反应压力/MPa	3.2	3.8
空速/h^{-1}	0.3	$1.0 \sim 2.0$
氢/苯摩尔比	3.8	4.0
苯转化率/% >	99	100
环己烷选择性/% >	99.9	99.91
生产单位	南京化学工业公司催化剂厂	南化集团研究院

[用途]用于气相苯加氢制环己烷过程。催化剂具有催化活性好、选择性高、耐硫中毒能力强，中毒后易再生、使用寿命长等特点，并可在高空速条件下使用，可替代进口铂系催化剂。

[简要制法]由特制 Al_2O_3 载体浸渍 Pt 活性组分溶液后，经干燥、焙烧制成。

2. 镍系苯加氢制环己烷催化剂

[工业牌号]NCG、NCG - 6、NCG - 98H、HTB - 1。

[主要组成]以 Ni 为主要活性组分，以 Al_2O_3 为载体。

催化剂牌号 项目	NCG、NCG-6	NCG-98H	HTB-1
外观	黑色或灰黑色圆柱条	黑色圆柱形片剂	黑色球状或条状
外形尺寸/mm	$\phi 5 \times (4.5 \sim 5.3)$	$\phi 5 \times (4 \sim 5)$	$\phi(3 \sim 5)$
堆密度/(g/mL)	$0.9 \sim 1.3$	$1.0 \sim 1.2$	$0.75 \sim 0.85$
比表面积/(m^2/g)	$80 \sim 170$	~ 200	$120 \sim 180$
抗压强度/(N/cm)	—	$\geqslant 180$	$80(N/颗)$
反应温度/℃	$130 \sim 200$	$130 \sim 150$	190
反应压力/MPa	$0.1 \sim 2.0$	$0.1 \sim 1.0$	2.0
空速/h^{-1}	$0.2 \sim 1.0$	$0.2 \sim 1.0$	4.0
氢/苯摩尔比	$3.5 \sim 10$	$3.2 \sim 10$	10
苯转化率/% ≥	99.5	99.9	>99.5
生产单位	南京化学工业公司催化剂厂	南京创明催化剂公司	辽宁海泰科技发展有限公司

[用途]用于气相法苯加氢制环己烷工艺，催化剂具有机械强度好、活性及选择性高、催化剂价格低及操作温度、压力低等特点。其中 NCG-6 是 NCG 的改进产品。NCG-98H 则是针对 NCG 催化剂副反应较多、易发生超温现象的改进产品，具有热稳定性及抗积炭性能好的特点。

[简要制法]由金属镍经化镍并加入铝盐溶液，经共沉淀、过滤、洗涤、干燥、成型、焙烧及预还原制得。

二十二、甲苯歧化与烷基转移催化剂

甲苯歧化与烷基转移工艺是综合利用甲苯和 C_9 芳烃增产苯和二甲苯的有效方法。它包括两个主反应：甲苯歧化反应是指两分子甲苯转变为一分子苯和一分子二甲苯的反应；

$$2\ \overset{CH_3}{\bigcirc} \ \rightleftharpoons\ \overset{CH_3}{\underset{|}{\bigcirc}}\!-\!CH_3 + \bigcirc$$

烷基转移反应是指甲苯与 C_9 芳烃之间的烷基转移反应，而通常是指一分子甲苯与一分子三甲苯在催化剂存在下三甲苯分子的一个甲基向甲苯分子上转移生成二分子的二甲苯。

$$\overset{CH_3}{\bigcirc} + \overset{CH_3}{\underset{|}{\bigcirc}}\!-\!(CH_3)_2 \rightleftharpoons 2\ \overset{CH_3}{\underset{|}{\bigcirc}}\!-\!CH_3$$

从上述反应看出，甲苯歧化与烷基转移的主反应都是芳烃分子间的烷基转移反应，不属于加氢、脱水、分解之类的反应。

工业上甲苯歧化与烷基转移反应所用原料通常是甲苯与 C_9 芳烃，C_9 芳烃中含有相当比例的甲乙苯。因此甲苯与甲乙苯发生烷基反应生成二甲苯及乙苯。实际上，甲苯歧化与烷基转移反应除生成苯、二甲苯、乙苯等目的产物外，还生成各种烷烃等直链烃和环烷烃、C_{10} 及 C_{10} 以上芳烃等，故甲苯歧化与烷基转移过程的产物是较为复杂的。

甲苯歧化与烷基转移反应是在能提供 H^+ 质子的酸催化剂存在下进行的，属于正碳离子反应机理。按催化剂的性能与作用机理，甲苯歧化与烷基转移催化剂大致可分为 3 类，即 Fritdel – Crafts 催化剂、无定形固体酸催化剂及沸石分子筛催化剂等，前两类催化剂由于转化率低、副反应多，未能实现工业化。目前用于甲苯歧化及烷基转移的催化剂主要是沸石分子筛催化剂。所用原料的沸石主要是结晶的碱金属或碱土金属的硅铝酸盐，已获工业应用的催化剂主要是丝光沸石、Y – 沸石及 ZSM – 5 系沸石等。

1. ZA 型甲苯歧化与烷基转移催化剂

[工业牌号] ZA – 3、ZA – 90、ZA – 92、ZA – 94 等。

[主要组成] 以丝光沸石或氢型丝光沸石并添加适量助剂为催化剂主活性组分，以 Al_2O_3 为黏结基质及载体。

[产品规格及使用条件]

催化剂牌号 \\ 项目	ZA – 3	ZA – 90	ZA – 92	ZA – 94
外观	白色圆柱体			
外形尺寸/mm	$\phi(1.6 \sim 1.8) \times$ 2 ~ 20	$\phi(1.6 \sim 1.8) \times$ (3 ~ 10)	$\phi(1.6 \sim 1.8) \times$ (3 ~ 10)	$\phi(1.6 \sim 1.8) \times$ (3 ~ 10)
堆密度/(g/mL)	0.7 ~ 0.8	0.65 ~ 0.75	0.65 ~ 0.75	0.65 ~ 0.75
比表面积/(m²/g)	120	~ 100	—	—
孔体积/(mL/g)	0.26	~ 0.3	—	—
径向抗压强度/(N/cm)	—	> 100	≥ 100	> 100
粉化度/%	—	—	—	0.5
反应温度/℃	395 ~ 420	384 ~ 403	364 ~ 376	368 ~ 390
反应压力/MPa	3.0	2.8	3.0	3.0
氢烃摩尔比	9	8	9	8
原料甲苯/C_9 芳烃	65/35	85/15	65/35	65/35
转化率/%	42.09	41.01	41.82	44.16
选择率/%	97.0	96.9	97.2	97.0

[用途] 用于以甲苯或甲苯与 C_9 芳烃为原料制取苯及二甲苯。ZA – 3 及 ZA – 90 型催化剂是以氢型丝光沸石为活性组分，以氧化铝为黏结剂，将丝光沸石与氧化铝一起成型获得强度较好的催化剂。ZA – 92、ZA – 94 催化剂是在 ZA – 3、ZA – 90 催化剂的基础上，改进氧化铝的性能，采用以中孔为主的特制氧化铝作黏结剂，提高了催化剂的活性及稳定性。

[简要制法] 先将水玻璃与偏铝酸钠经成胶、晶化、洗涤、干燥等过程制得丝光沸石，再与氧化铝(或添加其他助剂)混捏、挤条、干燥及活化制得成品。

[研制单位] 上海石油化工研究院。

2. HAT 系列甲苯歧化与烷基转移催化剂

[工业牌号]HAT-095、HAT-096。

[主要组成]以丝光沸石并添加适量助剂为催化剂主要成分,以 Al_2O_3 为催化剂载体。

[产品规格及操作条件]

催化剂牌号 项目	HAT-095	HAT-096
外观	白色或略带红色条形颗粒	
直径/mm	$\phi1.6 \sim \phi1.8$	
长度/mm	$(3 \sim 15)\,mm \geqslant 80\%$	
堆密度/(g/mL)	$0.65 \sim 0.75$	
抗压强度/(N/cm)	$\geqslant 80$	
磨耗率/%	$\leqslant 0.5$	
反应温度/℃	$350 \sim 460$	$360 \sim 450$
反应压力/MPa	$2.8 \sim 3.2$	$2.8 \sim 3.2$
空速/h^{-1}	$0.9 \sim 1.5$	$1.0 \sim 1.7$
氢烃摩尔比	$5 \sim 7$	$5 \sim 7$
原料:甲苯/C_9^+A	60/40	55/45
$(C_7A + C_9A)$转化率/%	$42 \sim 45$	$42 \sim 47$
(苯+C_8A)选择性/%	91	90

[用途]用于以甲苯或甲苯与 C_9/C_{10} 芳烃为原料制取苯及二甲苯,是在 ZA 型催化剂基础上的改进产品。具有空速高、稳定性好等特点,氢烃比不断降低,重芳烃处理和增产 C_8 芳烃能力不断提高。以后又相继开发出 HAT-097、HAT-099 催化剂,相继用于国内大型芳烃联合装置上,并形成 HAT 系列产品。与国外同类催化剂比较,在氢烃比、空速、转化率、操作温度、重芳烃处理及产品质量等方面具有良好的综合催化剂性能和竞争力,达到国际领先水平。

[生产单位]中国石化催化剂上海分公司。

二十三、二甲苯异构化催化剂

二甲苯为对二甲苯、间二甲苯、邻二甲苯三种异构体混合物的总称。从石油馏分中获得的 C_8 芳烃除二甲苯外,还包括同系物乙苯。对二甲苯及邻二甲苯是用于生产合成纤维的聚酯及生产塑料增塑剂的基础原料,差不多占工业上所需二甲苯异构体总量的 95% 以上。但它们在二甲苯中的含量却不到 50%。反之,间二甲苯虽然也用于生产间苯二甲酸、间苯二腈,但其用途不多,而在混合二甲苯中所占比例接近 50%。为了满足需求,工业上将分离出对二甲苯、邻二甲苯后的 C_8 芳烃非平衡组成物料,采用异构化方法将其中的间二甲苯转化为对二甲苯、邻二甲苯的平衡混合物,同时其中所含乙苯也转化为二甲苯。因此,异构化是增产对、邻二甲苯的有效途径。

对、间、邻二甲苯之间在反应温度下接近化学平衡的反应,构成了异构化的主反应,并在临氢状态下，乙苯也异构为二甲苯。

二甲苯异构化反应

$$p - C_6H_4(CH_3)_3 \rightleftharpoons m - C_6H_4(CH_3)_2 \rightleftharpoons o - C_6H_4(CH_3)_2$$

乙苯异构化反应

$$C_6H_5C_2H_5 + 3H_2 \rightleftharpoons C_6H_{11}C_2H_5 \rightleftharpoons C_6H_{10}C(CH_3)_2 \rightleftharpoons C_6H_4(CH_3)_2 + 3H_2$$

除去上述反应以外，还会发生如歧化、临氢脱烷基、加氢开环裂解等副反应。使用催化剂的目的就是在接近异构化反应平衡的状态下，减少副反应的发生。

烃类的异构化、歧化、脱烷基及裂解等反应都属正碳离子反应机理，二甲苯异构化催化剂按其组成与反应性能，可分为酸性催化剂及双功能催化剂两种类型。

酸性催化剂分为固体酸型及卤素型催化剂，固体酸型催化剂包括早期的无定形硅－铝及20世纪70年代发展起来的 ZSM－5 沸石、丝光沸石等，目前无定形硅－铝催化剂基本上已被沸石催化剂所取代。卤素型催化剂 $HF - BF_3$、$AlCl_3$ 等，由于腐蚀性强，对环境危害性大，也较难推广使用。

双功能催化剂包含加氢脱氢组分及酸性组分，加氢脱氢组分一般都采用 $Pt - Al_2O_3$，酸性组分早期为无定形硅－铝、卤素，近期主要采用沸石及其改性产品。制备双功能催化剂的方法是先将沸石与氧化铝混合后成型、干燥、焙烧制得载体，然后浸渍氯铂酸溶液，经干燥、活化制得催化剂；另一种制法是先制成 $Pt - Al_2O_3$ 催化剂，再与交换后的沸石成型制得催化剂。

1. SKI 系列二甲苯异构化催化剂

[工业牌号] SKI－200、SKI－300、SKI－400 等。

[产品规格及使用条件]

催化剂牌号　　　项目	SKI	
组成	Pt/Al_2O_3－沸石（Pt 含量 0.33% ~0.38%）	
外观	圆柱条	
外形尺寸/mm	$\phi 1.6 \times (2 \sim 8)$	
堆密度/(g/mL)	0.65 ~0.75	
压碎强度/(N/cm)	>60	
操作条件	SKI－300	SKI－400
温度/℃	387	383
压力/MPa	1.18	1.17
质量空速/h^{-1}	3.1	2.7
氢烃摩尔比	5~6	5
$p - X / \sum X / \%$	21.3	21.7
$p - X$ 收率① /%	84.2	84.5

① $p - X$ 收率 = $p - X$ 产量/新鲜 C_8 芳烃进料。

[用途]SKI 系列催化剂是以 Pt 为活性组分，以 ZSM－5 型分子筛或氢型沸石为酸性组分，以氧化铝为载体的双功能催化剂，既具有异构化所需的酸性中心，又具有加氢活性中心，既能使二甲苯达到平衡浓度，又能将乙苯转化为二甲苯。其中 SKI－200 型催化剂是

1982 年研制开发的第一代催化剂, SKI – 300 及 SKI – 400 型催化剂是在 SKI – 200 基础上研制的高空速催化剂。

[简要制法]先将氢氧化铝、田菁粉、硝酸水溶液与钠型丝光沸石及 ZSM – 5 分子筛一起混捏、挤条、干燥、焙烧制得载体, 再用氯化铵水溶液进行铵离子交换, 经干燥、焙烧制成铵型沸石载体。洗涤后浸铂、干燥、活化, 使铵型沸石载体转变为氢型沸石载体, 氯铂酸转化为氧化铂后制成氧化态成品催化剂。

[研制单位]中国石化石油化工科学研究院。

2. 3814 二甲苯异构化催化剂

[工业牌号]3814、3861、3864、3941 等。

[主要组成]以铂为加氢脱氢活性组分, 以分子筛或丝光沸石为酸性组分, 以 Al$_2$O$_3$ 为催化剂载体。

[产品规格]

催化剂牌号 项目		3814	3861	3864	3941
外观		圆柱条	圆柱条	圆柱条	圆柱体
外形尺寸/mm		$\phi1.6 \times (1 \sim 5)$	$\phi2.6 \times (2 \sim 5)$	$\phi1.6 \times (2 \sim 5)$	$\phi1.6 \times (2 \sim 5)$
活性组分		Pt	Pt	Pt	Pt(含 Re)
堆密度/(g/mL)		0.7 ~ 0.8	0.65 ~ 0.75	0.6 ~ 0.75	0.68 ~ 0.72
孔体积/(mL/g)	>	0.3	0.3	0.3	—
比表面积/(m^2/g)	>	200	200	200	200
抗压强度/(N/cm)	>	49	49	49	60
操作条件					
反应温度/℃		360 ~ 450	360 ~ 450	360 ~ 450	360 ~ 450
反应压力/MPa		0.7 ~ 2.3	0.7 ~ 2.3	0.7 ~ 2.3	0.7 ~ 2.3
氢油比		5.6 ~ 9.0	5.6 ~ 9.0	5.6 ~ 9.0	5.6 ~ 9.0
液空速/h^{-1}		2 ~ 4	2 ~ 4	2 ~ 4	2 ~ 4
C$_8$ 烃产率	>	95.5	96.5	97	97.5
(对二甲苯/混合二甲苯)/%		≥21	≥21	≥21	≥21.5
乙苯转化率/%		≥25	≥25	≥25	≥15

[用途]用于二甲苯异构化生产对二甲苯或同时生产对二甲苯和邻二甲苯。也可用于由乙苯制二甲苯过程, 催化剂具有较高的二甲苯异构活性、选择性及稳定性, 对原料有较强适应性, 可用于处理不同的原料(如高乙苯含量的 C$_8$ 芳烃)。

[简要制法]先将氢氧化铝与分子筛混捏、成型、干燥、焙烧制成催化剂载体, 再浸渍铂或铂铼金属组分后, 经干燥, 活化制得成品催化剂。

[生产单位]中国石油抚顺石化分公司。

3. XI – 1 二甲苯异构化催化剂

[主要组成]以 Pt 为活性组分, 以沸石为催化剂的酸性组分, Al$_2$O$_3$ 为催化剂载体。

催化剂牌号 项目	XI-1
外观	圆柱条
外形尺寸/mm	$\phi1.4\sim1.6\times(3\sim6)$
堆密度/(g/mL)	$0.70\sim0.73$
压碎强度/(N/cm)	$\geqslant80$
粉化度/%	$\leqslant1.0$
操作条件	
温度/℃	$380\sim450$
压力/MPa	$0.8\sim2.3$
质量空速/h^{-1}	$3\sim4$
氢烃摩尔比	$5\sim6$
原料油	混合 C_8 芳烃，C_7 以下轻烃 <1%，
	C_9 以上重烃 $<500\times10^{-6}$，
	$S<1\times10^{-6}$，$N<1\times10^{-6}$
$p-X/\sum X/\%$ [①]	$\geqslant21$
乙苯转化率/%	$\geqslant25$
C_8 烃产率/%	$\geqslant97$

① $p-X$—对二甲苯。

[用途] 用于将 C_8 芳烃非平衡混合物转化为平衡组分，并将乙苯转化为二甲苯，催化剂对不同组成的原料油（如高乙苯含量的 C_8 芳烃）和不同产品要求均有较好适应性。通过改变工艺条件既可单产对二甲苯或联产邻、对二甲苯。

[生产单位] 辽宁海泰科技发展有限公司。

二十四、乙苯脱氢制苯乙烯催化剂

苯乙烯是无色至黄色的油状液体，具有高折射性和特殊芳香气味。苯乙烯最大用途是生产聚苯乙烯，也用于制造丁苯橡胶、ABS 树脂、不饱和聚酯、SBS 共聚物、苯乙烯丙烯腈共聚物、丁苯胶乳等。也是生产合成医药、染料及涂料等的重要原料。

生产苯乙烯的方法有乙苯脱氢法、环氧丙烷－苯乙烯联产法、热解汽油抽提蒸馏回收法、甲苯与甲醇侧链烷基化法、乙烷制取苯乙烯新路线等。而世界上极大多数苯乙烯都是通过苯和乙烯烷基化生产乙苯，乙苯再催化脱氢生产的。而实现乙苯催化脱氢过程，催化剂的开发是关键。

早期采用的乙苯脱氢催化剂是锌系催化剂，其活性、选择性及机械强度均不高，以后又采用铁系催化剂，经过几十年的不断改进，至 20 世纪 90 年代，已相继推出高活性及选择性、低温、低水比及长寿命的新型高性能催化剂。

在国外乙苯脱氢催化剂销售中，由 Süd Chemie、Nissan、Girdley 及 UCI 等三家公司组成的南方化学集团（总部设在慕尼黑）占有最大的市场份额，其牌号有 G64、G84、Styromax 系列，其中多数使用 Styromax-4；BASF 公司在 20 世纪 30 年代末实现苯乙烯工业化生产，先后开发有 Sb－20、Sb－20s、Sb－21、Sb－28、Sb－30 等牌号催化剂；Criterion 公司（现为 Shell 公司）开发有 C－025、C－035、C－045、C－055 催化剂。上述部分催化剂也在我国多家引进装置上应用。表2－11 示出了苯乙烯装置用国内外催化剂性能对比，表2－12 示出了国外两种催化剂的物化性能，其中 Styromax－4 催化剂用于齐鲁石化公司。

表2－11　国内外催化剂性能对比

项目 催化剂牌号	催化剂性能			生产单位
	乙苯转化率/%	苯乙烯选择性/%	使用寿命/年	
Styromax－4	63～67	96～97	2	Süd Chemie
C－045	63～65	96～97	2	Criterion
GS－05，GS－06B	63～67	96～97	2	上海石油化工研究院

表2－12　国外两种催化剂的物性

催化剂牌号 项目	Styromax－4	C－045
外观	圆柱形	
堆密度/(g/mL)	1.20～1.25	1.25～1.35
比表面积/(m²/g)	3.5～4.5	2.0～3.5
抗压强度/(N/mm)	16～20	16～20
主要组成/% Fe_2O_3	72	75
K_2O	10	12
Ce_2O_3	7.5～8.5	6
M_0O_3	2.5	2
C_0O	2.0	2
MgO	2.0	2

我国最早开发的乙苯脱氢制苯乙烯催化剂是兰州石化公司合成橡胶厂研制的 315 型。厦门大学从 20 世纪 70 年代中期先后研制过 11# 和 210 型无 Cr 催化剂。近年来，上述两单位又推出了 345、355、365 型和 XH－02、XH－03、XH－04、XH－04B、XH－07 等系列催化剂，并分别在兰州石化公司、大庆石化公司、吉林石化公司等苯乙烯装置上应用。大连化物所在氧化铁基础上，引入碱性促进剂和金属氧化物助剂，开发出 DC、VDC 系列催化剂。上海石油化工研究院从 1984 年至今开发出 GS－01～GS－12 和 GS－HA 系列乙苯脱氢催化剂，可用于中国石化自主开发的 SINOPEC 成套技术及引进的 Lummus 工艺、Badger 工艺和 Smart 工艺上。工业应用结果表明其综合性能达到国际先进水平，乙苯转化率在 75% 以上，苯乙烯选择性在 97% 以上，催化剂使用寿命 2 年。

乙苯脱氢制苯乙烯为可逆吸热反应，为减少催化剂结炭，常在反应进料中加入水蒸气，由于脱氢反应是分子数增加的反应，加入水蒸气也可使系统中苯乙烯分压降低，有利于提高乙苯转化率。

目前工业用乙苯脱氢催化剂大多是铁系催化剂，由氧化铁、助催化剂、结构稳定剂、造孔剂和增强剂等组成。常用的助催化剂为碱金属或碱土金属氧化物，其中以 K 效果最好，K 可以氧化钾或钾盐的形式加入。实验表明，脱氢催化剂仅在部分 Fe^{3+} 还原成 Fe^{2+} 时才具活性，而 K 的存在有利于 Fe^{2+} 的产生。此外加入少量 Cr_2O_3 作助化剂可减少催化剂发生烧结和表面积损失，但考虑到铬对环境污染，在研制催化剂时，也致力于无铬催化剂的开发。

由于在正常反应条件下，颗粒内扩散往往控制脱氢反应速率，所以，催化剂的粒径及形状对提高催化剂的选择性也至关重要。催化剂粒径越小，苯乙烯选择性越高，而且表面积小也可提高选择性。但粒径过小，床层压降增大。所以工业用催化剂常为 $\phi3 \sim 5mm$ 的圆柱条。近来也采用三叶草、多叶草或齿球形等异形催化剂，有利于提高催化剂的选择性。

GS - 10 乙苯脱氢催化剂

［工业牌号］GS - 10

［主要组成］以氧化铁为催化剂活性组分，并加入低温活性促进剂及选择性调变剂等助剂。

［产品规格及使用条件］

项目　　　　　　催化剂牌号	GS - 10
外观	红褐色圆柱体
外形尺寸/mm	$\phi3 \times (3 \sim 8)$
堆密度/(g/mL)	1.40 ± 0.05
比表面积/(m²/g)	$2 \sim 5$
抗压强度/(N/mm)	24
反应器进口温度/℃	615
水蒸气/乙苯质量比	1.30
反应压力/kPa	50
乙苯转化率/%	>76
苯乙烯选择性/%	>96

［用途］GS - 10 是上海石油化工研究院的 GS 系列乙苯脱氢催化剂之一，为铁系催化剂，由于催化剂中引入低温活性促进剂，降低了活性相的形成温度以及还原温度，提高了催化剂的活性特别是低温活性；同时引入过渡金属氧化物作选择性调变剂，中和了催化剂表面存在的少量酸性中心，减少酸性中心引起的乙苯脱烷基反应，提高了催化剂的选择性。另外还通过降低钾含量和引入结构助剂，提高催化剂的稳定性。

［研制单位］上海石油化工研究院。

二十五、邻二甲苯氧化制苯酐催化剂

苯酐又名邻苯二甲苯酸酐，是重要的有机化工原料，广泛用于生产增塑剂、醇酸树脂、不饱和聚酯、农药及医药等。生产苯酐的方法有邻二甲苯氧化法及萘氧化法等。其中，邻二甲苯固定床气相氧化技术生产的苯酐占苯酐总生产量的绝大部分。

以邻二甲苯为原料生产苯酐早期采用单段床催化剂装填工艺。催化剂以 V_2O_5、TiO_2 为主要活性组分，以球形碳化硅为载体。催化剂装填高度为 2400mm，邻二甲苯最高进料浓度为 40g/m³ 空气，未突破爆炸极限。由于床层压降高，反应热撤出难，装置生产能力受限。

为适用于高浓度邻二甲苯原料气，并从反应器中有效地移出反应热，采用熔盐外循环型方式，反应器作了相应改进，并采用两段床工艺，进料空气中邻二甲苯浓度可提高到 60g/m³，即 60g 工艺采用两段床催化剂装填，上段采用选择性好、活性适宜的催化剂，一般添加碱金属或碱土金属盐作助剂；下段配合活性较高、有良好选择性的催化剂。上段装填高度 1200mm，下段装填高度 1600mm。以后，催化剂向着高负荷，高收率，高选择性及低温，代空烃比的方向发展。如 BASF 及 Wacker 公司开发的 80g 工艺催化剂，更进一步提高了催化剂的装填高度，上段为 1600mm，下段为 1400mm。而近期由 Wacker 公司推出的高负荷、高收率三段床催化剂，其装填高度分别为 1200mm、800mm、1000mm，并已用于 100g 工艺技术装置中。

目前，邻二甲苯制苯酐催化剂的主活性组分为 V_2O_5、锐钛矿 TiO_2，所用助催化剂有铌、磷、锑、钾、锗、钼、硒、银、混合稀土、碱金属或碱土金属氧化物等。通过喷涂法或浸渍法将活性组分负载在惰性无孔瓷球或瓷环上。载体大多为 φ6mm 的球或 φ8×6×6mm、φ7×4×7mm 的环。

国外处于领先水平的催化剂有 BASF 公司的 0428AB 催化剂，Wacker 公司的 R – HY – V、R – HYHL 催化剂等。催化剂的苯酐质量收率在 110% ～112% 之间，如 Wacker 公司的 100g 工艺催化剂，苯酐质量收率达到 112%。国内从事邻二甲苯氧化制苯酐催化剂研究开发的单位主要是北京化工研究院。

BC 系列邻二甲苯氧化制苯酐催化剂

[工业牌号] BC – 2 – 25AB、BC – 2 – 28SX、BC – 2 – 38AB、BC – 239、BC – 249、BC – 269 等。

[产品规格]

催化剂牌号 项目	BC – 2 – 25AB、BC – 2 – 28SX、BC – 2 – 38AB、BC – 239、BC – 249、BC – 269
外观	环状
外形尺寸	φ8(外径)×φ5(内径)×8(高度)
堆密度/(g/mL)	0.88 ～0.92
径向抗压强度/(N/粒)	>70
主要组成	V_2O_5 – TiO_2

[用途] BC – 2 – 25AB、BC – 2 – 28SX、BC – 2 – 38AB 三种催化剂为早期开发的邻二甲苯固定床气相氧化制苯酐催化剂，分别用于 60g、70g 及 80g 工艺。即在进料浓度分别为 60g/m³、20g/m³ 及 80g/m³ 的条件下(反应热点温度 450～470℃)，对应使用上述三种催化剂的粗酐收率达到 105%～111%。

BC – 239、BC – 249、BC – 269 为改进型产品，适用于 70～90g 工艺，可在高空速、高

收率下操作，反应温度低，熔融温度 350~370℃。BC-249 及 BC-269 催化剂的进料空气中邻二甲苯浓度分别为 70~88g/m³ 及 80~95g/m³，苯酐质量收率≥112.5%。

[简要制法]邻二甲苯制苯酐催化剂一般采用喷涂法将活性组分及助剂负载在特制环状载体上，并通过黏合剂使活性组分与载体结合在一起，再经干燥、焙烧而制得成品。其中 V_2O_5/TiO_2 的比例是催化剂活性的关键，同时添加适量助催化剂，以提高催化剂的稳定性并减少副产物的生成。

[研制单位]北京化工研究院。

二十六、苯或正丁烷氧化制顺酐催化剂

顺酐又名马来酸酐、顺丁烯二酸酐，是重要化工原料，为仅次于苯酐、乙酐的第三大酸酐。主要用于生产不饱和聚酯(占用途 50% 以上)、醇酸树脂、涂料、农药、油墨及润滑油添加剂等，其主要衍生物有 γ-丁内酯、四氢呋喃、1.4-丁二醇及 N-甲基吡咯烷酮等。

早在 20 世纪 30 年代，National Aniline and Chemical 公司首次实现了苯气相氧化制顺酐的工业化。1962 年 BASF 和 Bayer 公司实现了以混合碳四馏分为原料的固定床氧化工艺，1970 年日本三菱化成公司开发了以含丁二烯的碳四馏分为原料的流化床工艺，1974 年 Monsanto 公司首先实现了以正丁烷为原料的固定床氧化制顺酐工艺。此后，由于正丁烷原料价廉、污染小，以正丁烷为原料的顺酐合成路线迅速发展。20 世纪 80 年代中后期，日本三菱化成、BP 公司及意大利 Alusuisse 公司相继开发出以正丁烷为原料的流化床工艺。这些工艺均采用焦磷酸氧钒(VPO)为催化剂，以后，国外顺酐生产大多由苯法朝向低能耗、低污染和低成本的正丁烷路线转换，新建装置基本采用以正丁烷为原料的生产路线。

由于国内顺酐有很多的潜在市场，产量不断增长。目前，国内顺酐生产厂有 30 多家。除了新疆吐哈石油天然气化工厂采用正丁烷固定床工艺、山东东营胜利油田石化公司顺酐装置采用正丁烷流化床工艺外，大多数工厂都采用苯氧化制顺酐固定床工艺。然而，尽管国际上正丁烷氧化制顺酐的工艺将取代传统的苯氧化制顺酐工艺，但由于资源拥有量和价格不同，在一些国家和地区苯氧化制顺酐工艺在一个相当的时间内仍将继续存在，并且仍将具有一定的市场竞争力。我国苯原料供应丰富，调节余地大，加上我国万吨级苯氧化法顺酐生产工艺的国产化技术成熟，因此在近期，国内仍会立足于苯氧化制顺酐技术来发展顺酐的生产，改进和完善并提高苯氧化法的工艺技术水平，降低消耗和污染，以提高竞争力。但从合成顺酐技术的发展趋势看，苯氧化制顺酐工艺终将逐渐被正丁烷氧化制顺酐所取代。因此应对引进的正丁烷法生产技术进行消化和吸收，尽快开发万吨级正丁烷氧化制顺酐的国产化技术，以适应顺酐技术的发展。

1. 苯氧化制顺酐催化剂

[工业牌号]BC-116、BC-118、TH-2。

[主要组成]以 V_2O_5 及 MoO_3 为主活性组分，添加 P、Ni、Er 的氧化物为助剂，以刚玉为催化剂载体。

[产品规格]

催化剂牌号 项目	BC - 116	BC - 118	TH - 2
外观	黑色或黑绿色空心环状	黑色或黑绿色环状或球状	环状
外形尺寸/mm	$\phi6 \times 5$	$\phi6 \times (3 \sim 5)$, $\phi6$	外径6.5、内径3.5、高4.0
堆密度/(g/mL)	0.95	约0.50	0.72 ~ 0.78
比表面积/(m^2/g)	约2	约2	—
抗压强度/(N/粒)			
横向	40 ~ 50	>36	—
纵向	200 ~ 220	—	—
研制单位	北京化工研究院		天津天环精 细化工研究所

[用途]BC - 116 催化剂在反应温度为 350 ~ 360℃，常压，空速为2200h^{-1}的条件下，催化剂负荷82g/L·h，顺酐收率 >90%；BC - 118 催化剂在反应温度 350 ~ 370℃，苯浓度 35 ~ 50g/m^3，空速 1500 ~ 2500h^{-1} 的条件下，苯转化率 >97%，顺酐收率 >90%；TH - 2 催化剂在反应温度为 345 ~ 375℃，常压，空速 2000 ~ 2500h^{-1} 的条件下，苯转化率≥98.5%，顺酐收率≥95%。此外，北京化工研究院在 BC - 118 催化剂基础上，开发出的BC - 118H 催化剂，在熔盐温度 343 ~ 360℃、正常开车热点温度 430 ~ 460℃ 的条件下，苯的单程转化率达到98% ~ 100%，顺酐收率≥91%。

[简要制法]先由刚玉粉、瓷土、聚丙烯粉和水等经混捏、成型、干燥、高温焙烧制得 $\alpha - Al_2O_3$ 载体，再将 $V_2O_5 - MoO_3$ 及添加助剂的活性组分溶液采用喷涂法负载在载体上，经干燥、焙烧制得成品催化剂。

2. 正丁烷氧化制顺酐催化剂

[工业牌号]VPO 体系。

[主要组成]以 $(VO)_2P_2O_7$ 为催化剂活性相。

[产品规格]

项目	指标	项目	指标
外观	圆柱条形	比表面积/(m^2/g)	~22
外形尺寸/mm	$\phi2 \times 5$	磷钒摩尔比	1.07
堆密度/(g/mL)	1.16	钒平均氧化态	4.13
孔体积/(mL/g)	0.21		

[用途]本催化剂用于正丁烷氧化制顺酐的固定床工艺，催化剂使用 V - P - O 体系，载体为 SiO_2。在催化剂结构中，当 V_2O_2 与 P_2O_5 结合形成$(VO)_2P_2O_7$ 时，结构上缺少一个 O 原子而导致晶面结构变形，并使 V—O 位置发生倒转或调整 V—O 键强度，形成具有高活性的 V—V 键。$(VO)_2P_2O_7$ 存在 α、β、γ 三种异构体，其活性顺序为 $\beta > \gamma > \alpha$，选择性顺序为 $\alpha > \gamma > \beta$。当在氧化活性高、顺酐选择性低的 β 相内加入过量的磷元素时，催化剂选择性提高，而活性则下降。此

200

外，加入适量助剂(如 Zr、Mo、Fe 等)可以诱发晶体失序和缺陷，提高比表面积和表面 V＝O 物种，从而改善催化活性和选择性。本催化剂在反应温度 390～460℃、空速 1000～3000h^{-1}、丁烷浓度 1.0%～1.8%(体积)下反应，丁烷转化率＞70%，顺酐质量收率＞82%。

[简要制法]采用还原沉淀法制备，将活性组分经沉淀、过滤、干燥、水热处理后，加助剂进行成型、干燥后制得成品。

[生产单位]山东公泉化工公司。

二十七、硝基苯加氢制苯胺催化剂

[工业牌号]NC101、NC102。

[主要组成]NC101 催化剂以 CuO 为活性组分，以 SiO$_2$ 为催化剂载体；NC－102 催化剂以 Cu 为主要活性组分，以 Cr$_2$O$_3$ 为催化剂载体。

[产品规格及使用条件]

项目 \ 催化剂牌号	NC101	NC102
外观	天蓝色微球形	黑色圆柱体
外形尺寸/mm	$\phi(0.64～1.27)$占9%以上	$\phi(4.8～5.2)\times(4～5.5)$
堆密度/(g/mL)	0.4～0.8	1.1～1.4
孔体积/(mL/g)	约0.6	0.1～0.3
比表面积/(m²/g)	约350	
反应器形式	流化床	固定床
反应温度/℃	250～290	180～270
反应压力/MPa	0.1～0.2	0.1～0.5
空速/h^{-1}	0.15～0.45	0.2～0.5

[用途]苯胺是一种重要有机化工原料，用于制造二苯基甲烷二异氰酸酯、橡胶防老剂、抗氧剂、发泡剂、硫化促进剂、杀虫剂等，也是染料和颜料的重要中间体。生产苯胺的方法有硝基苯铁粉还原法、硝基苯加氢法及苯酚氨解法等。硝基苯铁粉还原法由于反应中生成大量铁泥而污染环境，已逐渐被淘汰；苯酚氨解法可联产二苯胺，但能耗和生产成本比硝基苯加氢法高。由于制氢工业的发展，可提供大量廉价氢源，故工业上大多采用硝基苯催化加氢法。我国苯胺生产厂有 20 多家，生产工艺主要采用硝基苯催化加氢法。

硝基苯催化加氢制苯胺有气相法和液相法两种，工业装置基本上都是气相法。气相法反应器又分为固定床及流化床。固定床反应器操作稳定，但催化剂装卸麻烦，氢气循环量大，动力消耗高，流化床反应器结构紧凑，传热效率高，生产强度大，但催化剂易磨损，操作费用较高，目前固定床及流化床两种床型并存。NC101 催化剂用于流化床气相催化加氢工艺，NC102 催化剂用于固定床催化加氢工艺。

[简要制法]NC101 催化剂是先制取微球硅胶，经改性后浸渍活性组分铜溶液，再经干燥、成型、焙烧制得成品；NC102 催化剂是将活性组分混合溶液经共沉淀、过滤、洗涤、干燥、焙烧、混合、成型而制得。

[生产单位]南京化学工业公司催化剂厂、吉林化学工业公司研究院等。

二十八、苯酚加氢制环己醇催化剂

环己醇($C_6H_{12}O$)为无色油状液体，有类似樟脑气味，低于23℃时为白色结晶。环己醇可氧化制己二酸、己二胺。环己醇脱氢可生成环己酮，是己内酰胺的原料。还用于生产不饱和聚酯、醇酸树脂、酚醛树脂及用作溶剂、纤维整理剂等。工业生产环己醇的方法有环己烷氧化法、环己烯水合法及苯酚加氢法等。由于苯环上有取代羟基，因此苯酚加氢比较容易，反应比较平稳，工艺简单，产品纯度较高。所用催化剂是以镍为活性组分的非贵金属催化剂。

镍系苯酚加氢制环己醇催化剂

[工业牌号]0501、HTB－1H。

[主要组成]以 Ni 为催化剂活性组分，以 Al_2O_3 为催化剂载体。

[产品规格及使用条件]

催化剂牌号 / 项目	0501（氧化态）	0501（预还原态）	HTB－1H
外观	浅绿色圆柱状	黑色圆柱体	黑色或灰黑色片状
外形尺寸/mm	$\phi 5 \times (5 \sim 15)$	$\phi(3.8 \sim 4.2) \times (4 \sim 10)$	$\phi 5 \times 5$
Ni 含量/%	28～31	42～47	Ni/Al_2O_3
Al_2O_3/%	18～20	20～30	—
堆密度/(g/mL)	1.0	0.55～0.90	0.9～1.3
抗压强度/(N/粒)	—	—	≥130
反应温度/℃	130～150	130～150	140
反应压力/MPa	～0.2	～0.2	0.1
氢气/苯酚摩尔比	20～60	20～60	20
生产单位	南京化学工业公司催化剂厂		辽宁海泰科技发展有限公司

[用途]用于苯酚加氢制环己醇，也可用于苯加氢制环己烷。

[简要制法]由硝酸镍溶液与铝酸钠溶液经中和、沉淀、过滤、洗涤、挤条或压片、干燥制得氧化态产品。预还原态产品还需经过还原及钝化过程制得成品。

二十九、芳烃脱烷基制苯催化剂

[工业牌号]NCY－102。

[主要组成]以 Cr_2O_3 为催化剂主活性组分，并添加适量助催化剂，载体为 $\gamma － AL_2O_3$。

[产品规格及使用条件]

催化剂牌号 项目	NCY – 102
外观	草绿色圆柱体
外形尺寸/mm	$\phi 3.2 \times (5 \sim 10)$
堆密度/(g/mL)	0.85 ~ 1.05
孔体积/(mL/g)	0.35
比表面积/(m²/g)	130
反应温度/℃	500 ~ 620
反应压力/MPa	5
氢油体积比	1000
液空速/h⁻¹	0.6
苯对甲苯收率/% >	95

[用途]BTX 芳烃(苯、甲苯、二甲苯)主要来自石油馏分催化重整生成油和裂解汽油，少量来自煤焦油。由于苯、甲苯以及邻、间、对二甲苯供需之间的不平衡及产品价格的影响，产生了 BTX 芳烃之间的转化技术，以对它们之间的需求量进行调节。脱烷基是其中的转化技术之一，甲苯是最常用的脱烷基制苯的原料。甲苯催化脱烷基生产苯的典型工艺有VOP 公司的 Hydeal 过程，Houdry 公司的 Detol 过程、Pyroto 过程(以加氢裂解汽油为原料)和Litol 过程(以焦化粗苯为原料)。它们都是在催化剂存在下的加氢脱烷基过程，苯对甲苯的收率为95%左右。本催化剂用于裂解汽油中 $C_6 \sim C_8$ 高芳烃含量馏分加氢脱烷基制高纯苯工艺，也可用于甲苯或由煤焦油中提炼而得的芳烃进行脱烷基制高纯苯工艺。

[简要制法]由硝酸、偏铝酸钠经中和成胶、干燥、粉碎、挤条制得 Al_2O_3 载体后，再浸渍含铬活性组分溶液，再经干燥、焙烘制得成品催化剂。

[生产单位]南京化学工业公司催化剂厂。

三十、异丙胺合成催化剂

[工业牌号]E – 101。

[主要组成]Ni/Al_2O_3。

[产品规格]

项目	指标	项目	指标
外观	条状	孔体积/(mL/g)	0.4 ~ 0.6
外形尺寸/mm	$\phi 3.8 \times (4 \sim 6)$	比表面积/(m²/g)	80 ~ 90
堆密度/(g/mL)	0.9 ~ 1.0		

[用途]异丙胺是具有氨味的易挥发易燃液体。用于制造农药、医药、橡胶硫化促进剂、表面活性剂及洗涤剂等。工业生产异丙胺有丙酮法及异丙醇法。两种工艺路线的优劣取决于丙酮和异丙酮的市场价格。本催化剂用于丙酮法制异丙胺工艺。在常压和 150 ~ 220℃ 温度条件下，由丙酮、氨和氢气通过催化剂作用生成异丙胺。丙酮转化率≥99%，异丙胺选择性

≥90%。控制原料配比，可调节一异丙胺及二异丙胺的生成量。

[简要制法]先用特殊制备的 Al_2O_3 载体浸渍镍盐溶液后，经干燥、焙烧制得。

[生产单位]北京化工研究院。

三十一、异丙苯催化脱氢制 α‐甲基苯乙烯催化剂

[主要组成]以 Fe_2O_3 为主活性组分，并添加适量 Cr、K 等助催化剂。

[产品规格及使用条件]

项目	催化剂物性及使用条件
外观	圆柱形
外形尺寸/mm	$\phi(3\sim4)\times(5\sim15)$
堆密度/(g/mL)	1.2~1.4
比表面积/(m²/g)	2~4
抗压强度/MPa ≥	12.0
反应温度/℃	610~620
空速/h⁻¹	1.0~1.5
单程转化率/%	75
选择性/%	~95
α‐甲基苯乙烯纯度/%	>99(精馏后)

[用途]α‐甲基苯乙烯是一种重要化工原料，可与多种单体共聚，用于制造合成树脂、合成橡胶及乳化剂等。生产 α‐甲基苯乙烯的方法有：①以丙烯及苯为原料合成丙酮、苯酚过程中副产 α‐甲基苯乙烯；②以对甲基苯酚为原料合成 α‐甲基苯乙烯；③由异丙苯催化脱氢制得。目前，α‐甲基苯乙烯主要来源是方法①，产品纯度可达 96% 以上，但其产量受到苯酚、丙酮市场的影响较大；方法②由于原料来源有限，难以发展。而异丙苯催化脱氢制 α‐甲基苯乙烯工艺，在转化率、产品收率及产品纯度等方面均具有优势地位，所得 α‐甲基苯乙烯杂质含量少，不含酚类等催化剂毒物，不影响下游聚合过程，催化剂性能稳定，再生性能好。

[简要制法]将含铁活性组分及其他助剂成分经溶解、沉淀、水洗、过滤、干燥、成型、焙烧活化而制得本品。

[生产单位]大连化学物理研究所。

三十二、环己醇脱氢制环己酮催化剂

[工业牌号]Zn‐Ca 系催化剂(1101 型、1102 型)、Cu‐Mg 系催化剂。

[主要组成]Zn‐Ca 系催化剂是以 ZnO、CaO 及 MgO 为催化剂活性组分；Cu‐Mg 催化剂是以 Cu 为活性组分，并加入适量 Pd 金属，以 MgO 为催化剂载体。

[产品规格]

催化剂 项目	Zn – Ca 系催化剂	Cu – Mg 系催化剂
外观	灰黑色圆柱体	片状
外形尺寸/mm	$\phi 5 \times (5 \sim 6)$	$\phi(5 \sim 3)$
堆密度/(g/mL)	约 1.4	1.07
孔体积/(mL/g)	约 0.2	约 0.16
比表面积/(m²/g)	约 80	约 28
组成	CaO、MgO	Cu – Mg 加入适量 Pd、Fe

[用途]环己酮是生产己内酰胺和尼龙 66 盐的中间体,也是油漆、硝化纤维、氯乙烯聚合物与共聚物的优良溶剂。由环己醇制环己酮主要有氧化法及脱氢法两种工艺。脱氢法由于副反应少、收率高、操作安全,是工业生产常用方法。环己醇脱氢反应是一个吸热和体积增大的反应,因此需要在较高温度下进行,才有利于提高平衡转化率。Zn – Ca 系催化剂是传统的环己醇脱氢催化剂,其使用温度较高($350 \sim 400 ℃$),使用寿命约一年,单程转化率 $70\% \sim 80\%$,环己酮选择性 96%;Cu – Mg 系催化剂是以 Cu 为主活性组合,并适量加入 Pd 或其他金属组分以促进 Cu 的分散,从而提高催化剂活性及热稳定性。反应可在 300℃ 以下进行,在工业操作空速下,环己酮选择性接近 100%。

国内脱氢催化剂 Zn 系催化剂还有 Zn – Cr、Zn – Fe、Zn – Fe – K 等,Cu 系催化剂还有 Cu – Zn 催化剂等,Zn 系催化剂使用温度较高($350 \sim 420℃$),副产物较多;而 Cu 系催化剂反应温度较低($220 \sim 300℃$),选择性好,转化率高。故采用醇脱氢法制环己酮的催化剂主要以 Cu – Mg、Cu – Zn 系催化剂为主。

[简要制法]Zn – Ca 系催化剂的制法是将各种金属盐配制成混合溶液,经沉淀、水洗、干燥、碾压、成型、焙烧制得成品催化剂;Cu – Mg 系催化剂制法是,先将 MgO 载体浸渍 $Cu(NO_3)_2$、H_2PdCl_4 或其他金属硝酸盐混合溶液,再经过滤、干燥、压片、焙烧制得催化剂成品。

[生产单位]南京化学工业公司催化剂厂(Zn – Ca 系催化剂)、南开大学(Cu – Mg 系催化剂)。

三十三、甲基叔丁基醚裂解制异丁烯催化剂

[工业牌号]WT – 3 – 1。
[主要组成]氧化硅/氧化铝等负载型催化剂。
[产品规格]

项目	指标	项目	指标
外观	圆柱条	孔体积/(mL/g)	0.42
外形尺寸/mm	$\phi 1.6 \times (5 \sim 10)$	比表面积/(m²/g)	233
堆密度/(g/mL)	0.75	侧压强度/(N/cm²)	113

[用途]异丁烯是重要的石油化工原料,用于合成弹性体、聚异丁烯、异戊二烯、甲基丙烯酸甲酯等。异丁烯制法主要有:从 C_4 馏分中分离法、异丁烷脱氢法、叔丁醇脱水法、离子交换法及裂解法等,其中,甲基叔丁基醚(MTBE)裂解法是生产高纯异丁烯的常用

方法。

MTBE 热解反应是吸热反应，在 25℃时气相反应热为 65.2kJ/mol。在 60~200℃ 范围内，气相热解反应的平衡常数与温度成正比。在常压下，MTBE 在 120℃时分解率为 90%，160℃时为 98%。因此热解反应一般选择在 170~200℃之间。此外，该反应是体积增大的反应，故一般维持在常压至较低压力下进行。由于 MTBE 的热稳定性较好，因而必须在有适当的催化剂存在下才能进行裂解反应。常用的催化剂是酸性催化剂。本催化剂用于甲基叔丁基醚裂解制异丁烯反应，裂解采用列管式固定床反应器，催化剂装于反应管内，管间用导热油供热。在反应温度 170~178℃，反应压力 0.5MPa，液体空速 2h^{-1} 的操作条件下，MTBE 的转化率 >90%，异丁烯选择性接近 100%。催化剂具有活性高、选择性好、稳定性优良等特点，并可在较宽的操作范围内使用。

[简要制法]先按要求制得载体后，浸渍金属活性组分，经干燥、焙烧制得。

[生产单位]抚顺石油化工研究院、中国石化北京燕山分公司。

三十四、CTP 系列精制对苯二甲酸用钯炭催化剂

[工业牌号]CTP－Ⅱ、CTP－Ⅱ（L）等。

[主要组成]以 Pd 为主要活性组分，以活性炭为催化剂载体。

[产品规格]

催化剂牌号 项目	CTP－Ⅱ	CTP－Ⅱ（L）
Pd 含量/%	0.48~0.50	0.48~0.50
堆密度/(g/mL)	0.45~0.60	0.45~0.60
比表面积/(m²/g)	800~1000	1000~1100
颗粒度/目	4~8	4~8
磨耗/% ≤	1.0	1.0
Cu 含量/10^{-6} ≤	40	40
S 含量/10^{-6} ≤	300	300
反应温度/℃	278~284	
反应压力/MPa	7.0~7.4	
反应原料	26%~30%粗对苯二甲酸水溶液	
结晶分离后 4－CBA 含量/%	<2.5×10^{-3}	

[用途]精对苯二甲酸（PTA）是聚酯工业的重要原料，主要用于生产聚对苯二甲酸乙二醇酯（PET）及后续的聚酯纤维、聚酯薄膜、聚酯瓶以及聚对苯二甲酸丁二醇酯（PBT）工程塑料等。由于聚酯工业的发展，使得 PTA 需求一直保持着快速增长的趋势。但因 PTA 供应严重不足，国内每年都需大量进口 PTA。

工业生产的对苯二甲酸是由对二甲苯氧化而得，但氧化副产物如对羧基苯甲酸（4－CBA）含量较多，与乙二醇聚合会产生断链，甚至颜色加深，故不能直接使用粗对苯二甲酸

与乙二醇聚合来制取 PET。工业上是将粗对苯二甲酸（CTA）在钯炭催化剂作用下进行加氢处理，将副产物 4 – CBA 还原成易溶于水的对甲基苯甲酸，再经结晶分离，制得 4 – CBA 含量小于 $2.5×10^{-3}$ 的纤维级对苯二甲酸，用于生产 PET。我国从 20 世纪 70 年代起，先后引进十多套 PTA 生产装置，而对苯二甲酸加氢精制用钯炭催化剂长期依靠进口。催化剂主要生产商有 Engelhard、Montiotni 等。由上海石油化工研究院开发的 CTP 系列钯炭催化剂于 1999 年和 2001 年分别在上海石化及辽阳石化工业装置上进行工业应用。催化剂具有金属钯分散好、热稳定性高、耐毒（硫）能力强、氢耗低等特点，综合性能达到国际先进水平。

[简要制法]　钯炭催化剂为负载型，一般通过浸渍法制得，首先将椰壳活性炭经预处理，制得符合一定比表面积、孔经分布、松装密度等要求的成品炭，然后浸渍预先配制的氯化钯溶液，经 110℃ 干燥，100～300℃ 下氢气还原制得催化剂成品，也可浸渍后直接用甲醛、苯肼等还原剂还原、浸渍、干燥、活化而制得，一般新鲜钯炭催化剂的 Pd 负载量以 0.5% 为宜，负载量过高，会使活性太高而增加对苯二甲酸的羧基和苯环的加氢副反应。

[研制单位]　上海石油化工研究院。

三十五、环氧乙烷催化水合制乙二醇催化剂

乙二醇（EG）是一种脂肪族二元醇，为重要有机化工原料，主要用于与对苯二甲酸生产聚酯纤维，还用于生产防冻剂、润滑剂、表面活性剂、增塑剂、胶黏剂及炸药等。

目前国内乙二醇工业化生产采用环氧乙烷直接水合即加压水合法的工艺路线。生产技术基本上由英荷 Shell 公司、美国 Halcon – SD 及 UCC 公司等三家公司所垄断。主反应是以水作为亲核试剂，与环氧乙烷（EO），发生取代开环反应生成乙二醇；副反应是生成的乙二醇也可作为亲核试剂继续与环氧乙烷反应生成二乙二醇（DEG），二乙二醇还可与环氧乙烷反应生成三乙二醇（TEG），依次类推，生成聚乙二醇。其直接水合工艺是将环氧乙烷和水按 1∶(20～25)（摩尔比）配成混合水溶液，在管式反应器中于 190～220℃、1.0～2.5MPa 条件下反应，环氧乙烷的转化率接近 100%，EG 的选择性约 89%～90%，DEG 的选择性约 9%，TEG 的选择性＜1%，另外还有极少量的聚乙二醇，反应液中乙二醇浓度约为 14%，水含量达 84% 以上。需经多效 3～5 级蒸发、脱水、精制去除反应中大量的水才能获得高纯度的乙二醇，所以，直接水合法的缺点是工艺流程长、能耗大、生产成本高、乙二醇选择性低、水比高。环氧乙烷催化水合法合成乙二醇是在生产过程中加入合适的催化剂，以降低水比，同时提高 EO 转化率及 EG 的选择性，是当前合成乙二醇的主要方向，而其关键是催化剂的研发。

1. 国外环氧乙烷催化水合制乙二醇催化剂

Shell 公司 1994 年报道了季铵型酸式碳酸盐阴离子交换树脂作为催化剂 EO 催化水合工艺的开发，在 EO/H_2O 比为 1∶(1～10)、反应温度 90～150℃、压力 0.2～2MPa 下，EO 转化率达 90%～98%，EG 选择性 97%～98%；1997 年又开发出类似二氧化硅骨架的聚有机硅铵盐负载型催化剂，在 EO/H_2O 比为 1∶(1～6)，反应温度 90～150℃，压力 0.2～2MPa 的条件下，可进行间歇或连续生产，与现行 EO 高温高压水解工艺相比，该技术可节省 EO/EG 装置总投资费用的 15% 左右；2001 年又开发出多羧酸衍生物催化剂，在 EO/H_2O 比为 1∶(1～5)，反应温度 90～140℃，压力 0.2～1.6MPa 的条件下，EO 的转化率 ＞97%，EG 选择性 ＞94%。近来，该公司又推出第一代水合催化剂 S100，并完成了 400kt/a　EO 水合装置的工艺设计，正进行工业化推广，将此技术引入国外其他 EO/EG 项目上。

UCC 公司早期开发出两种水合催化剂，一种是负载于离子交换树脂上的阴离子型催化剂，主要为钼酸盐、钨酸盐、钒酸盐与三苯基膦配位催化剂；另一种是钼酸盐复合催化剂。前者在 EO/H₂O 比为 1:（3~8）、反应温度 60~90℃、反应压力 1.4MPa 的条件下，EO 转化率 >96%，EG 选择性为 96%；后者在 EO/H₂O 比为 1:5，反应温度 80~100℃，压力 1.6MPa 的条件下，EO 转化率 >96%，EG 选择性达 97%。另外，UCC 公司还开发出具有水滑石结构的混合金属盐催化剂，其水热稳定性及使用寿命有较大提高，在 EO/H₂O 比为 1:（5~7）、反应温度 150℃、压力 2.0MPa 的条件下，EO 转化率为 96%，EG 选择性为 97%。

俄罗斯开发的环氧乙烷催化水合技术，采用以苯乙烯和二乙烯基苯交联的带季铵基的碳酸氢盐型离子交换树脂为催化剂，在 EO/H₂O 比为 1:（3~9）、反应温度 80~130℃、压力 0.8~1.6MPa 条件下反应时，EO 转化率 >99%，EG 选择性为 93%~96%。

此外，陶氏化学公司也开发出一种牌号为 DowexMSA-1 催化剂，该催化剂为 HCO_3^- 型强碱性阴离子交换树脂，在 EO/H₂O 比为 1:9，反应温度 99℃，压力 1.2MPa 的条件下进行催化水合，EO 转化率 >99，EG 选择性达 96.9%。作为比较，表 2-13 示出了国外一些公司开发的一些催化剂性能比较。

表 2-13　国外一些公司开发的环氧乙烷催化水合制乙二醇催化剂

公司名称	催化剂体系	EO/H₂O（摩尔）比	反应温度/℃	反应压力/MPa	EO 转化率/%	EG 选择性/%
UCC	负载于离子交换树脂的阴离子型催化剂	1:（3~8）	60~90	1.6	≥96	≥97
UCC	钼酸盐复合催化剂	1:（4~7）	80~100	1.4	≥96	≥97
UCC	水滑石结构混合金属盐催化剂	1:（5~7）	110~150	2.0	≥96	≥97
Shell	季铵盐酸式碳酸盐阴离子交换树脂	1:（1~10）	90~150	0.2~2	≥96	≥97
Shell	聚有机硅烷铵盐负载型催化剂	1:（1~15）	80~120	0.2~2	≥72	95
Shell	多羧酸衍生物催化剂	1:（1~5）	90~140	0.2~1.6	≥97	≥94
俄罗斯门捷列夫大学	离子交换树脂	1:（3~7）	80~130	0.8~1.6	≥99	≥96
陶氏化学	碳酸氢盐型阴离子交换树脂	1:（3~9）	80~110	1.2	≥95	≥96.6

2. 国内环氧乙烷催化水合制乙二醇催化剂

近年来，我国对环氧乙烷催化水合制乙二醇工艺技术及催化剂进行了研究开发，主要研究单位有大连理工大学、上海石油化工研究院、抚顺石油化工研究院、南京工业大学、江苏工业学院等。表 2-14 示出了国内一些单位研发的环氧乙烷催化水合制乙二醇催化剂。尽管有些单位所开发的催化剂已进行中试放大考核，但未见工业化报道。

表 2 – 14　国内研发的环氧乙烷催化水合制乙二醇催化剂

项目 研制单位	催化剂体系	EO/H₂O （摩尔）比	反应 温度/℃	反应压 力/MPa	EO 转 化率/℃	EG 选 择性/%
大连理工大学	无机盐与杂多酸复合物 均相催化剂	1:(4~8)	100~150	0.8~2.1	≥95	≥96
大连理工大学	负载型杂多酸盐催化剂	1:(4~6)	120~160	0.8~1.5	≥80	≥70
大连理工大学	负载型骨架铜或微粒 骨架铜催化剂	1:(5~20)	80~150	1.0~3.0	~100	≥99
上海石化研究院	铌氧化物 + 助剂/Al₂O₃	1:(7~9)	100~150	1.0~2.0	~100	≥90
抚顺石化研究院	无机盐与杂多酸均相 催化剂	1:(4~8)	100~150	0.8~2.1	95~99	~96
抚顺石化研究院	负载型杂多酸催化剂	1:(4~8)	100~150	0.8~2.1	80	>0
南京工业大学	NY 催化剂	1:(3~5)	45~90	0.5~1.5	≥99	≥99
江苏工业学院	季磷型阴离子交换树脂	1:(4~6)	90~110	1.0~1.5	≥95	≥95

三十六、乙烷氧氯化制氯乙烯催化剂

[主要组成]以 $CuCl_2$ 为催化剂主活性组分，KCl、$CeCl_2$ 为助催化剂，$\alpha - Al_2O_3$ 为催化剂载体。

[产品规格]

项目	指标
外观	黄棕色微球
平均粒径/μm	50~80
堆密度/(g/mL)	~1.0
比表面积/(m²/g)	50
组成	$CuCl_2 – KCl – CeCl_2/\alpha - Al_2O_3$
使用条件	
反应器型式	流化床
反应温度/℃	470
反应摩尔比	
O_2:HCl:C_2H_4:N_2	1:2:1:2
乙烷转化率/%	98
氯乙烯收率(对转化乙烷)/%	41.2

［用途］氯乙烯在常温下为无色而具有乙醚香味的气体，是合成聚氯乙烯（PVC）树脂的重要单体，国内目前生产氯乙烯单体的主要方法是乙炔法及乙烯氧氯化法。乙炔法存在着能耗高、催化剂氯化汞污染等问题。乙烯氧氯化是目前国内外广为采用的生产氯乙烯单体的先进方法，技术成熟，操作效益已接近极限，要想降低氯乙烯生产成本只能通过寻找更廉价的原料。乙烷的传统应用是将其热裂解成乙烯，该过程是高温吸热反应，能耗较大。将乙烷代替乙烯作原料生产氯乙烯单体，原料价格可降低 3～4 倍，经济效益十分显著。国外早在 20 世纪 70 年代就对乙烷氧氯化生产氯乙烯的方法进行研究，是一种很有前途的工艺。

［研制单位］北京化工研究院。

三十七、甲醇氢氯化制氯甲烷催化剂

［工业牌号］HTLT303。

［主要组成］以 Al_2O_3 为主要活性成分。

［产品规格及使用条件］

催化剂牌号 项目	HTLT303
外观	白色圆柱体
外形尺寸/mm	$\phi5 \times (4～5)$
Al_2O_3 含量/%	86～90
Na_2O/%	1.0～1.4
CaO/%	0.6～1.0
堆密度/(g/mL)	0.75～0.85
比表面积/(m²/g)	200
抗压强度/(N/cm)	>250
操作温度/℃	230～550（最低起始）温度220℃
操作压力/MPa	0.1～0.5
甲醇转化率/% >	98
选择性/% >	91

［用途］氯甲烷又名甲烷氯化物，是甲烷分子中的氢原子被氯原子取代的产物，甲烷氢氯化法制备氯甲烷主要由甲醇与 HCl 反应生成一氯甲烷，一氯甲烷进一步用氯气氯化生成多氯甲烷。该工艺能充分利用生产过程中副产氯化氢。催化剂具有操作温区宽、转化率高、选择性强等特点。催化剂使用寿命 9～12 个月。

［生产单位］辽宁海泰科技发展公司。

三十八、甲醇气相氨化制甲胺催化剂

［工业牌号］A－2、A－6、SC－B02、SC－B03。

［主要组成］以丝光沸石及 γ－Al_2O_3 为主要组成。

210

[产品规格]

催化剂牌号 项目	A-2	A-6	SC-B02	SC-B03
外观	白色圆柱体	白色圆柱体	白色三叶草形	白色三叶草形
外形尺寸/mm	$\phi(3\sim3.5)\times$ $(3\sim15)$	$\phi3.5\times$ $(3\sim15)$	$4\times(5\sim20)$	$4\times(5\sim20)$
堆密度/(g/mL)	0.60~0.70	0.60~0.70	0.65~0.69	0.65~0.69
比表面积/(m²/g) >	150	200	—	—
抗压强度/(N/cm) ≥	—	—	100	80

[用途]甲胺包括一甲胺、二甲胺、三甲胺,它们均为无色、有毒、易燃气体,用于制造染料中间体、农药、医药、硫化促进剂、照相乳剂及多种溶剂。从数量上说,以二甲胺的需求量大,它可用于制造 N,N-二甲基甲酰胺;一甲胺需求占第二位,用于生产医药、农药、染料等;三甲胺用途较少,用于合成除草剂、离子交换树脂等。生产甲胺的方法有甲醇气相氨化法,硝基甲烷还原法,甲醛和甲醚氨解法等。但工业上仅采用甲醇气相氨化法,是以甲醇与氨(1:2.5)在高温(420℃)、高压(4.9MPa)及催化剂存在下生成一甲胺、二甲胺及三甲胺的混合胺粗制品,再经分馏得到一甲胺、二甲胺及三甲胺成品。在上述反应条件下,以上催化剂用于甲醇气相氨化制甲胺时,甲醇转化率>98%。

[简要制法]先以水玻璃(硅酸钠)、硫酸铝等为原料,经中和成胶、晶化、水洗、干燥制得丝光沸石后,再加入 γ-Al₂O₃,经混捏、挤条、干燥制得成品催化剂。

[生产单位]上海石油化工研究院、上海苏鹏实业公司等。

三十九、乙醇气相氨化制乙胺催化剂

[工业牌号]Bry-07。

[主要组成]Co/Al₂O₃。

[产品规格]

催化剂牌号 项目	Bry-07	催化剂牌号 项目	Bry-07
外观	球形	孔体积/(mL/g)	0.2~0.3
外形尺寸/mm	$\phi(3\sim6)$	比表面积/(m²/g)	150~200
堆密度/(g/mL)	0.8~0.9		

[用途]乙胺又名一乙胺,为无色易燃带气味的液体,用于制造橡胶促进剂、抗氧剂、医药、农药、染料及洗涤剂等。生产乙胺的方法有乙醇气相氨化法、氯乙烷化、乙醛氢化氨化法。本催化剂用于乙醇在一定温度及压力下经气相氨化制乙胺工艺。乙醇转化率≥98%,乙胺选择性≥70%,并可按产品要求,改变反应条件,调节一乙胺、二乙胺及三乙胺的比例。

[简要制法]先用特殊制备的载体经浸渍钴盐等活性组分后,经干燥、焙烧制得。

[研制单位]北京化工研究院。

四十、羰基合成丁辛醇催化剂

[别名]丙烯羰基合成催化剂。

[工业牌号]BC-2-007。

[主要组成]由三苯基膦改性的配合物，以铑为活性中心，三苯基膦为配位体。铑催化剂母体称为 ROPAC。其中 RO 系指铑，P 指三苯基膦，A 指乙酰丙酮，C 指 CO。反应过程中起催化作用的催化剂形态为 ROPAC 与 CO 及氢接触形成的羰基氢三苯基膦铑复合物。

[产品规格]

项目		指标	项目		指标
铑(Rh)/%		19~21	镍(Ni)/%	≤	0.005
氯(Cl)/%	≤	0.1	钙(Ca)/%	<	0.005
铁(Fe)/%	≤	0.005	丙酮不溶物/%	<	0.25

[用途及工艺条件]羰基合成是指烯烃与合成气(H_2/CO)在催化剂的作用和一定压力下，生成比原来所用烯烃多一个碳原子的脂肪醛的过程。故羰基合成又称醛化反应或氢甲酰化反应。本催化剂用于 CO 与丙烯合成制丁醇和 2-乙基己醇(包括羰基合成制丁醛)，以及丁醛和丁醛缩合产物加氢反应。

羰基合成催化剂主要有 Rh 系及 Co 系两种，后者因操作压力高、活性低，其使用受到限制。铑系催化剂是以 Rh 为活性金属，并引入有一定电子和空间结构的配体进行改性，以提高生成正丁醛的选择性。常用配体有油溶性三苯基膦配体、有机亚磷酸酯配体及三芳基膦配体等。

在羰基合成丁辛醇装置中，铑催化剂的用量很小，其消耗量仅为 1~3kg/10^6t。但因铑的价格很高，必须注意回收及循环使用。我国羰基合成丁辛醇装置中，铑催化剂的一次装载量为 600~700kgROPAC(三苯基膦戊烷-2,4-二酮羰基铑)。使用时将分批制备的铑催化剂溶液及三苯基膦溶液(两者均以无铁丁醛为溶剂)混合后再送入反应器中，在工业装置中，催化剂活性降到一定值时，可将含催化剂的物料卸出，回收其中的铑催化剂。本催化剂在工业反应条件下，反应速率≥1.3mol 醛/(L·h)，产物中正构醛与异构醛之比≥10:1(摩尔比)。催化剂也适用于各类烯烃羰基合成制醛的反应，使用催化剂时需先配制后加入，即预先将 ROPAC 与三苯基膦溶液分批配制，经混匀后加入羰基合成反应器中。

[研制单位]北京化工研究院。

四十一、VAH-1/VAH-2 气相醛加氢催化剂

[主要组成]$CuO-ZnO-Al_2O_3$。

[质量规格及使用条件]

项目	VAH-1/VAH-2
外观	黑色柱状
粒度/mm	$\phi0.5 \times (6.2~6.6)$

项目	VAH-1/VAH-2
活性组分	$CuO-ZnO-Al_2O_3$
比表面积/(m^2/g)	≥35
孔体积/(mL/g)	≥0.15
堆密度/(g/mL)	1.45~1.65
径向抗压强度/(N/cm)	≥200/220(VAH-1/VAH-2)
反应温度/℃	160~220
反应压力/MPa	0.4~0.5
空速/h^{-1}	≥0.1
氢醛质量比	1.0~1.4
丁醛/辛烯醛转化率/%	≥98

[用途]主要用于丁醛、辛烯醛气相加氢生产丁醇、辛醇,已用于国内多套丁辛醇工业装置上,替代进口催化剂。

[生产单位]北京三聚环保新材料股份有限公司。

四十二、中低压合成甲醇催化剂

甲醇是重要化工原料,用于制造甲醛、乙酸、甲胺、氯甲烷、叔丁基甲基醚及染料、医药、农药等。也是常用溶剂。一氧化碳加氢可生成甲醇,早期合成甲醇采用高压法(21~35MPa、340~420℃),以后又出现中压法(10~27MPa,235~315℃)及低压法(5~10MPa,230~275℃)。我国还自行开发了联醇法(10~13MPa,250~270℃)。其中,中压法以联醇装置为主,主要在小型甲醇生产企业采用。近年来,我国大力发展低压法,在全国建成数十套以天然气、煤、焦炉气等为原料的甲醇生产工业装置。西南化工研究院早在20世纪70年代中期进行甲醇催化剂研究,并已开发了C302、C302-1、C302-2、CNJ206、XNC-98等系列中低压合成甲醇催化剂,在此基础上,近年来开发出C312系列中低压合成甲醇催化剂,其各项技术经济指标达到或超过国内外同类催化剂水平。

1. C312系列中低压合成甲醇催化剂

[工业牌号]C321A、C312B、C312C。

[主要组成]Cu-Zn-Al。

[产品规格及使用条件]

催化剂牌号 项目	C312A	C312B	C312C
外观形状	弧面圆柱体	弧面圆柱体	弧面圆柱体
组成	$CuO/ZnO/Al_2O_3/X$	$CuO/ZnO/Al_2O_3/X$	$CuO/ZnO/Al_2O_3/X$
比表面积/(m^2/g)	约100	约100	约110

催化剂牌号 项目	C312A	C312B	C312C
侧压强度/(N/cm)　　　≥	200	200	200
装填堆密度/(kg/L)	1.25~1.35	1.25~1.35	1.25~1.35
操作温度/℃	200~300	200~300	200~300
操作压力/MPa	4~12	4~12	4~12
原料气	合成气	富 CO_2 合成气	$CO_2 + H_2$
适用反应器	列管式、均温、绝热式、径向反应器、卧式反应器等		

[用途]用于以天然气、煤、焦炉气为原料的中低压合成甲醇装置。催化剂具有活性及选择性好、热稳定性高、使用寿命长、适用性广等特点。

[研制单位]西南化工研究院。

2. SC309、LC308、MS-1 甲醇合成催化剂

[工业牌号]SC309、LC308、MS-1 等。

[主要组成]Cu-Zn-Al。

[产品规格及使用条件]

催化剂牌号 项目	SC309	LC308	MS-1
外观	黑色柱状	黑色柱状	黑色柱状
粒度/mm	$\phi 5 \times (4~5)$	$\phi 5 \times (4~5)$	$\phi 3 \times (4~5)$
堆密度/(kg/L)	1.2~1.3	1.4~1.5	1.1~1.4
径向抗压强度/(N/cm)	≥200	≥200	≥200
磨耗率/%　　　　　　<	7.0	7.0	7.0
操作温度/℃	200~280	210~280	200~280
操作压力/MPa	3~10	5~15	3~10
空速/h^{-1}	5000~20000	5000~20000	5000~20000
合成气中 CO 含量/%	3~15	3~15	3~15
合成气中 CO_2 含量/%	3~5	3~5	3~5
总硫/10^{-6}　　　　　<	0.1	0.1	0.1
总氯/10^{-6}　　　　　<	0.1	0.1	0.1
氧含量/%	0.3	0.3	0.3
粗醇时空收率/(mL/mL·h)　≥	1.0	1.0	1.0
生产单位	北京三聚环保新 材料股份有限公司	西北化工研究院	辽宁海泰科技 发展有限公司

[用途]该催化剂是以 Cu 为主要活性组分，以 Al_2O_3 为催化剂载体，并添加特殊助剂。具有催化活性高、选择性好、热稳定性强、有机副产物少、使用寿命长等特点，广泛应用于各种流程的甲醇厂，包括 Lurgi 工艺和 ICI 工艺等各种中低压流程。催化剂还具有强度高、压强小、不易粉化等特点，有利于提高甲醇的产量。

[简要制法]一般采用共沉淀法制备，将铜和锌的硝酸溶液混合后加碱液共沉淀，经过滤、洗涤、干燥后与 $Al(OH)_3$ 等共混、碾压、成型、干燥、焙烧制得成品。

四十三、甲醇制烯烃催化剂

甲醇制烯烃技术是以天然气或煤为原料转化为合成气，经甲醇制备乙烯、丙烯等低碳烯烃的新工艺。它可为突破石油资源短缺，大规模利用天然气/煤化工资源开辟新的途径。其实，早在 1995 年 11 月，在南非召开的第 4 届国际天然气转化会议上，UOP 公司和挪威的 NorskHydro 公司就报告了他们联合开发的天然气经甲醇制烯烃的过程，一套每天加工 0.5t 甲醇的示范装置中，乙烯和丙烯的碳基收率达 80%，认为以天然气为原料的甲醇制烯烃(MTO)过程在经济上与乙烷裂解制乙烯相当，而优于石脑油裂解工艺。Mobil 公司在德国建成了 2200t/d 的甲醇制烯烃流化床工业装置。以后有多家公司在世界各地建设了甲醇制烯烃工业装置，并对如何降低能耗、减少操作费用、提高产品收率、降低结焦等方面进行努力和改进。

甲醇制烯烃工艺工业化的关键是开发出具有良好的活性、优异的低碳烯烃选择性、使用寿命长、易再生的催化剂。甲醇制烯烃的反应机理说法不一，有的研究者认为其反应途径为：

$$2CH_3OH \xrightarrow{\text{催化剂}} CH_3OCH_3 \xrightarrow{\text{催化剂}} C_2^- \sim C_5^-$$

可用于甲醇制烯烃的催化剂有多种沸石及 SAPO 分子筛等。甲醇在中孔或大孔沸石(如 ZSM-5)上反应通常得到大量芳烃和正构烷烃，而且在大孔沸石上反应会快速结焦。孔径在 0.45nm 左右的小孔沸石如菱沸石、毛沸石、T 沸石、ZK-5、SAPO-17、SAPO-34 等，由于孔径的限制，小孔沸石只吸附伯醇、直链烃，而带支链的异构烃、环烃和芳烃不能被吸附。因此在小孔沸石上甲醇转化主要得到 $C_2 \sim C_4$ 直链烯烃，C_6^+ 的化合物极少，对甲醇制烯烃过程的低碳烯烃的生成有良好的选择性，但小孔沸石会致催化剂快速积炭使反应周期很短，而需频繁再生。ZSM-5 尽管也有不足之处，但 ZSM-5 独特的孔结构可阻止焦炭的前身物(如缩合芳烃)的形成，使催化剂的失活速率明显降低。所以，ZSM-5 是最早开发成功的应用于甲醇制烯烃技术的催化剂，为了提高其对低碳烯烃的选择性，通过引入金属离子及限制催化剂扩散参数的方法，可以显著改进 ZSM-5 的性能。如用 0.5% Pd，4.5% Zn 和 10% MgO 改性后的 ZSM-5 催化剂，甲醇转化率为 45%，乙烯和丙烯的选择性分别达 45% 及 25%。杂原子的引入可在 ZSM-5 制备过程中加入，也可用离子交换或浸渍的方法引入。对引入杂原子的 ZSM-5 分子筛进行甲醇制烯烃反应表明，即使金属杂原子的含量极微，对产物分布仍有明显影响。各种金属对烯烃选择性的顺序为：$Ga \approx Cr < V < Sc \approx Ge < Mn < La \approx Al < Ni < Zi \approx Ti < Fe < Co \approx Pt$。含 Fe、Co、Pt 的金属硅酸盐(ZSM-5)在甲醇制烯烃反应中有最高的低碳烯烃选择性。

UOP 和挪威 Norsk Hydro 联合开发的甲醇制烯烃工艺所采用的催化剂是一种改性的 SAPO-34 非沸石分子筛。SAPO-34 是一种含有 Si、Al、P、O 等元素的磷硅铝酸盐，其结构类似菱沸石，具有三维交叉孔道、孔径为 0.43nm，具有酸度可调、择形催化剂酸性交换能力。其强择形的八元环通道可抑制芳烃的生成。此外，其孔径比 ZSM-5 小，孔道密度高，可利用比表面积大，故甲醇制烯烃的反应速度较快。在SAPO-34分子筛骨架上引入金属离子可以调节其酸性及孔口大小，从而影响催化反应性能。表2-15示出了引入不同碱土金属离子时SAPO-34的催化性能。可见，引入Sr后，乙烷和丙烯总收率高达89.5%，乙烯与丙烯的比例高达2.3。如由UCC公司筛选出的反应性能较好的甲醇制烯烃催化剂，就是由改性SAPO-34与一系列特殊黏合剂材料的结合体，其酸性位和强度具有可控性，有择形选择性，从而提高乙烯及丙烯的选择性。

表2-15　不同碱土金属离子对SAPO-34催化性能的影响

催化剂 项目	SAPO-34	BaSAPO-34	CaSAPO-34	SrSAPO-34
乙烯收率/%	49.2	50.3	52.3	67.1
丙烯收率/%	34.0	35.3	34.7	22.4
总收率/%	83.2	85.6	87.0	89.5
乙烯/丙烯	1.3	1.4	1.5	2.3

除了ZSM-5及SAPO-34催化剂外，一些公司也开发出其他类型的甲醇制烯烃催化剂，如Hoechst公司利用含有Mn、Mg离子的BX分子筛作甲醇制烯烃催化剂，其烯烃选择性大于80%，主要生成乙烯和丙烯；ICI公司以SiO_2和Al_2O_3为原料，以四甲基胺或四甲基膦化合物为模板，采用水热法合成出Fu-1沸石，其通道直径约0.5~0.6nm，该沸石具有较高的水热稳定性及择形性。用作甲醇制烯烃催化剂，在380℃下反应产物为富C_4~C_6烯烃。而在450℃下富产C_2~C_3烯烃，而芳烃生成量很少。

国内从事甲醇制烯烃催化剂开发的有中科院大连化物所、上海石油化工研究院、中国石化石油化工科学研究院、中国石油大学等，其中大连化物所以胺类作模板剂，采用水热法制备的硅铝磷酸盐分子筛作催化剂时，C_2~C_4烯烃选择性>85%，其低碳烯烃收率较高，而且该催化剂制备简便，适用于大规模工业化生产，其中DO123催化剂的性能指标已与UOP公司的催化剂接近。

四十四、甲醇羰基化制乙酸催化剂

乙酸俗称醋酸，是一价弱有机酸，也是重要基础化工原料之一，广泛用于化工、轻工、医药、农药、食品及有机合成行业。乙酸生产最初由粮食发酵、木材干馏开始，而经过数十年的发展，合成乙酸的工艺逐渐向以石油、煤炭和天然气为原料的生产发展。目前世界上已形成以下6种工业技术路线：乙醛氧化法、乙烯直接氧化法、乙烷选择催化氧化法、甲醇羰基化法、轻烃液相氧化法、基于煤炭的工艺等，而就目前的生产工艺来说，主要有乙醛氧化法、轻烃液相氧化法及甲醇羰基化法。乙醛氧化法是传统的工艺方法，是以乙醛为原料，在乙酸锰、乙酸汞或乙酸铜催化剂存在下液相氧化为乙酸。但原料乙醛是由乙醇或乙烯氧化法制得，而乙醇和乙烯都是重要化工原料，使应用受到限制；轻烃液相氧化法以钴、锰等为催化剂，收率低、副产物多，在技术上不占优势。所以，自甲醇羰基化生产乙酸技术工业化以来，新建装置越来越多，生产规模越来越大，成为目前世界生产乙酸的主要方法。

甲醇羰基化合成乙酸分为高压法及低压法。高压法是由BASF公司首先开发成功，故又称 BASF 法；低压法是由 Monsanto 公司开发成功，又称 Monsanto 法。高压法是以 $Co_2(CO)_8$ 为主催化剂，CH_3I 为助催化剂，在约 250℃ 及 70MPa 的高压下进行。由于反应过程中起真正催化作用的是 $HCo(CO)_4$ 配合物，为了保持反应条件下 $HCo(CO)_4$ 的稳定存在，必须维持一定的 CO 分压，这就使此法必须在较高的 CO 分压下进行，否则羰基钴配合物将分解成 Co 和 CO 而失去催化活性。此外，高压法产物中的副产物较多。而低压法是以 RhI_3 为主催化剂，以 CH_3I 为助催化剂，在 175～200℃，反应总压 3MPa、CO 分压 1～1.5MPa 条件下进行。低压法不仅使反应压力大大降低，而且使反应生成乙酸的选择性从高压法的 90% 提高到 99%，从而成为甲醇羰基化生产乙酸的主要工业方法。

Monsanto 法的铑基催化体系是由主体催化剂三碘化铑、助催化剂碘甲烷组成，由铑、CO、碘共同构成催化活性中间体二碘二羰基铑。催化剂的活性组分则是二碘二羰基铑阴离子 $[Rh(CO)_2I_2]^-$（Ⅰ），反应过程中，先由（Ⅰ）与碘甲烷发生亲核氧化加成反应，生成不稳定的六配位中间体 $[CH_3Rh(CO)I_3]^-$（Ⅱ），接着（Ⅱ）结构中的甲基转向邻近的 Rh–CO 配位键形成乙酰中间体 $[CH_3Rh_3(CO)I_3]^-$（Ⅲ），（Ⅲ）再与 CO 反应形成六配位中间体 $[CH_3CORh(CO)_3I_3]^-$（Ⅳ），经还原消除反应重新转化为（Ⅰ），完成催化循环。期间产生的乙酰碘与甲醇反应生成乙酸，同时生成碘化氢。而碘化氢在反应体系中与甲醇作用再被转化成碘甲烷，继续又重新利用。

铑碘催化体系在极性溶剂 CH_3COOH/H_2O 中呈现最大的羰基化速率，水浓度过低会明显降低羰基化反应速率，并降低甲醇转化率。所以，反应体系中必须保持足够浓度的水分才能达到较高的乙酸收率。而含水乙酸溶液会严重腐蚀设备，还带来乙酸和水的分离问题，此外，由于铑价格很高，铑催化剂回收也比较复杂。为此，各厂商对传统甲醇低压羰基化工艺及催化剂进行改进，主要表现为：①低含水量的羰基化工艺，Celanese 公司提出在催化剂体系中添加碘化锂，反应在含碘甲烷和乙酸甲酯的介质中进行，使粗乙酸含水量由 20%～25% 降低到 4%～7%，从而提高了反应速度和催化剂稳定性。②开发非铑催化剂工艺。BP 公司开发的称作 Cativa 工艺使用铱催化剂，该催化剂是采用乙酸铱、氢碘酸水溶液及乙酸制备的，并选用至少一种促进剂，如 Ru、Os、W、Cr、Zn 等，在 CO 分压及水含量较低时仍很稳定，比传统低压羰基化生产成本可降低 10%～30%。③开发固体负载化催化剂。UOP 公司与日本千代田公司共同开发出将铑络合到聚乙烯吡啶树脂上成为固体催化剂，可以使用较高的铑浓度，并推出泡沫塔式反应器的甲醇羰基化技术，称作 Acetica 工艺，解决了均相催化剂与产物分离的难点。④开发非贵金属催化剂体系。由于铑价格高，资源有限，采用 Ni、Co、Mo 等非贵金属催化剂也在研究开发中，其中 Ni 对羰基化的作用较强，对镍基催化剂的研究较多。

由我国西南化工研究设计院开发的甲醇低压液相羰基合成乙酸专利技术先后转让给大庆油田、山东兖矿集团等多家企业，打破了国外长期对我国乙酸技术的垄断，成为甲醇羰基合成乙酸工艺技术的专利供应商之一。作为参考，表 2–16 示出了几种低压甲醇羰基化制乙酸的催化剂体系。

表 2–16　几种低压甲醇羰基化制乙酸催化剂体系

催化剂体系 生产公司及工艺	主催化剂	助催化剂	系统含水量/%	催化剂活性/ （mol/L·h）
传统 Monsanto 法	羰基铑	CH_3I、HI	13～15	7～9
BP 公司 Cativa 法	羰基钌	CH_3I、HI	2～5	20～30

催化剂体系 生产公司及工艺	主催化剂	助催化剂	系统含水量/%	催化剂活性/ (mol/L·h)
Celanese 公司法	羰基铑	LiI、CH₃I、HI	0.4~4	20~40
UOP/千代田法	固载化铑	CH₃I	5~8	~
江苏索普集团	螯合型顺二羰 基铑双金属	CH₃I、HI	3~6	17~25

四十五、甲醇脱水制二甲醚催化剂

二甲醚又称甲醚、木醚、氧二甲。常温常压下为气态，是一种无色、有轻微醚香味的含氧燃料及重要化工原料，可用于合成医药、农药及多种精细化学品，目前的首要用途是用作气雾剂的抛射剂。由于世界各国已禁止气雾剂中使用氟氯烷作抛射剂，以保护大气臭氧层，二甲醚以其良好的性能和相对较好的安全性，正逐步替代氟里昂和丙烷、丁烷气，成为第四代抛射剂的主体。基于二甲醚还有制冷效果好、污染小等特点，许多国家也在开发以二甲醚替代氟氯烃作制冷剂或发泡剂。

二甲醚最早是由高压甲醇生产时的副产品精馏分离而得。随着低压合成甲醇技术的发展，二甲醚生产很快发展到甲醇脱水或合成气直接合成工艺。甲醇脱水法包括液相甲醇法和气相甲醇法。液相法是由甲醇经浓硫酸脱水制得二甲醚，但此法由于设备腐蚀、环境污染等问题已逐步被淘汰。气相甲醇脱水法是从传统的浓硫酸脱水法发展而来。其原理是将甲醇蒸气通过固体酸性催化剂，经发生非均相反应，脱水生成二甲醚。

近些年来，国内一些单位已相继建设气相甲醇脱水制二甲醚的千吨级装置，其技术关键是催化剂开发，国内从事甲醇脱水制二甲醚催化剂研制的单位有西南化工研究院、山西煤化工研究所、上海石油化工研究院等。催化剂的基本特征是呈酸性，所用催化剂有 ZSM-5 沸石、氧化铝、氧化钴/二氧化硅、阳离子交换树脂等。

1. CNM-3 甲醇脱水制二甲醚催化剂

[主要组成]氧化铝水合物及其他活性成分。

[产品规格]

催化剂牌号 项目	CNM-3
外形尺寸/mm	43×(4~10)
比表面积/(m²/g)	202±20
孔体积/(mL/g)	0.50±0.03
堆密度/(g/mL)	~0.70
平均孔径/nm	9.8±2.0
径向抗压强度/(N/cm)	≥60

218

[用途]用作甲醇气相法脱水合成二甲醚的催化剂。具有催化活性高、选择性好、抗毒物能力强、使用寿命长等特点。

[研制单位]西南化工研究院。

2. ZSM-5 甲醇脱水制二甲醚催化剂

[主要组成]主要成分为 SiO_2 及 Al_2O_3，其中 Al_2O_3 含量为 20% ~ 40%，SiO_2 含量为 60% ~ 80%。

[产品规格]

项目　　　　　催化剂	ZSM-5
外观	白色粉末，或球状、条状、齿球状
外形尺寸/mm	球：$\phi 3 \sim 5$；条：$\phi 1.5 \sim 2$ 齿球：$\phi 3 \sim 4$；粉末：粒度 $\geqslant 75 \mu m$
相对结晶度/%	Na 型 $\geqslant 85$；H 型 $\geqslant 90$
骨架密度/(g/mL)	1.80(异辛烷法测定)
比表面积/(m^2/g)	400 ~ 600
抗压强度/(N/mm)	$\geqslant 10$

[用途]用于甲醇催化剂脱水制二甲醚工艺。在反应温度 160 ~ 180℃，反应压力为常压，空速为 $1.05h^{-1}$ 的条件下，甲醇转化率约 60%，二甲醚选择性 >99%。ZSM-5 也可用作烷基化、甲苯异化、二甲苯异构化及催化裂化催化剂的活性组分。

[简要制法]在有机胺或无机氨模板剂存在下，先将硫酸铝及水玻璃水热合成，经洗涤、过滤、干燥、粉碎后、加入适量氧化铝粉，再经成型、干燥、焙烘制得成品。

[生产单位]江苏姜堰市奥特催化剂载体研究所。

3. KC-120 二甲醚催化剂

[主要组成]阳离子交换树脂。

[产品规格]

项目 催化剂 牌号	外观	功能基团容量/（mmol/g）	含水量/%	湿视密度/（g/mL）	湿真密度/（g/mL）	粒度范围/%	耐磨率/%	出厂型式	最高工作温度/℃
KC120	不透明球状颗粒	$\geqslant 2.5(H^+)$	50 ~ 58	0.70 ~ 0.82	1.15 ~ 1.25	0.315 ~ 1.25mm $\geqslant 95$	$\geqslant 90$	H	170

[用途]用作甲醇脱水制二甲醚过程的催化剂。

[生产单位]凯瑞化工股份有限公司。

四十六、甲醇脱氢制甲酸甲酯催化剂

甲酸甲酯是无色易燃带香味的液体，是重要的甲醇衍生物和重要化工原料之一，主要用于生产甲酰胺、N-甲基甲酰胺、二甲基甲酰胺、甲酰吗啉等，也用作杀虫剂、杀菌剂、熏蒸剂和烟草处理剂等，还可用于制造碳酸二甲酯、乙二醇、双光气及某些药物、农药等的中间体。此外，甲酸甲酯还是汽油提高辛烷值的添加剂、泡沫材料的发泡剂等。

甲酸甲酯的传统制法是由甲酸和甲醇经酯化反应制取。甲酸通常由 CO 和 NaOH 反应生成的甲酸钠酸化制得，不但能耗大、成本高，而且甲醇和甲酸的酯化反应具有操作复杂，设备腐蚀严重，环境污染等因素，使生产甲酸甲酯的成本很高，影响甲酸甲酯的广泛使用。20世纪80年代以后，由于甲醇羟基化法和甲醇脱氢法制备甲酸甲酯实现工业化，使生产甲酸甲酯的成本大幅度下降，同时也扩展了甲酸甲酯应用领域。

甲醇脱氢法生产甲酸甲酯与甲醇羰基化法相比较，优点是工艺流程短、无设备腐蚀、能副产氢气，适合小规模生产。早在20世纪20年代就对甲醇脱氢制甲酸甲酯进行研究，其反应式为：

$$2CH_3OH \Longleftrightarrow HCOOCH_3 + H_2 + 52.49kJ/mol$$

是一个吸热且受热力学平衡限制的反应，升高反应温度虽可提高甲醇转化率，但甲酸甲酯在高温下易发生连续分解反应而导致甲酸甲酯选择性显著下降。至1988年日本三菱瓦斯化学公司首次实现了该工艺的工业化，所研制的铜基催化剂 $Cu-Zn-Zr/Al_2O_3$，在常压、250℃反应条件下，甲醇单程转化率达到58.5%，甲酸甲酯选择性为90%，甲酸甲酯收率达50%，并建立20kt/a的工业装置。

我国西南化工研究院也开发成功甲醇脱氢制甲酸甲酯工艺，并建成2000t/a的生产装置，所用催化剂牌号为 CNT-1，所得甲酸甲酯纯度≥95%。

目前，甲醇脱氢制甲酸甲酯大多采用铜基催化剂，制备方法有浸渍法、共沉淀法、热分解法及离子交换法等。所用载体以 Al_2O_3 最好。负载型铜基催化剂主要缺点是稳定性差，容易失活。因此，通过添加各种助剂进行改性，以提高催化剂的活性及稳定性。如添加碱金属氧化物 Li_2O、Na_2O、K_2O 等可以提高催化剂活性，其催化活性的增强顺序随碱金属原子序数增加而减少；添加 Cr_2O_3 和碱土金属氧化物如 BaO、MgO、SrO、BaO 等均可增强催化剂活性，降低反应温度，添加 ZrO_2、ZnO、MnO 及 SiO_2 等两性氧化物也有助于提高催化剂活性，而添加 Fe_2O_3、CoO、MO、Ag_2O、WO_3、V_2O_5 等易被还原成金属的氧化物，反而使催化剂的活性和选择性下降。对载体 Al_2O_3 进行改性，如 Al_2O_3 表面涂覆薄层 TiO_2，能明显提高催化剂的活性及稳定性。

CNT-1 型甲醇脱氢制甲酸甲酯催化剂

[产品规格]

催化剂牌号 项目	CNT-1
外观	黑色圆柱体
直径/mm	$\phi(5 \pm 0.5)$

催化剂牌号 项目	CNT-1
高度/mm	5±0.5
堆密度/(kg/L)	1.0±0.15
径向抗压强度/(N/cm)	≥60
活性：甲酸甲酯 　时空收率/[kg/(L·h)]	≥0.30

［研制单位］西南化工研究院。

四十七、糠醛气相加氢制2-甲基呋喃催化剂

［产品牌号］HY-01。
［主要组成］Cu-Cr。
［产品规格及使用条件］

催化剂牌号 项目	HY-01
外观	黑褐色圆柱体
外形尺寸/mm	$\phi 6 \times (4 \sim 5)$
CuO 含量/%	45~55
Cr_2O_3 含量/%	40~50
添加剂	微量
堆密度/(g/mL)	1.1~1.3
径向破碎强度/(N/cm)	≥180
含水量/%	≤2.0
反应压力/MPa	0.05~0.10
床层热点温度/℃	≤200
空速/h^{-1}	100~200
糠醛转化率/%	≥99
2-甲基呋喃选择性/%	≥90

［用途］用于糠醛气相催化加氢制2-甲基呋喃。2-甲基呋喃为无色液体，常在溶液聚合过程中用作溶剂。以它为基础可以合成戊二烯、戊二醇、乙酰丙醇、2-甲基四氢呋喃等一系列产品。本催化剂具有糠醛转化率高、2-甲基呋喃选择性好的特点。

［研制单位］北京化工研究院。

四十八、糠醛气相加氢制糠醇催化剂

[产品牌号]HY-02。

[主要组成]Cu-Cr。

[产品规格及使用条件]

催化剂牌号 项目	HY-02
外观	黑褐色圆柱体
外形尺寸/mm	$\phi 3 \times (3 \sim 4)$
CuO 含量/%	45 ~ 55
Cr_2O_3 含量/%	40 ~ 50
BaO 含量/%	5 ~ 15
堆密度/(g/mL)	1.1 ~ 1.3
径向破碎强度(N/cm)	≥180
含水量/%	≤2.0
反应压力/MPa	0.05 ~ 0.2
床层热点温度/℃	≤150
空速/h^{-1}	100 ~ 300
糠醛转化率/%	>99
糠醇选择性/%	>99

[用途]用于糠醛气相加氢制糠醇。糠醇为淡黄色透明液体，广泛用于合成各种性能呋喃树脂、耐寒增塑剂、添加剂、火箭燃料等，也用于合成纤维、橡胶及制药等工业。本催化剂具有糠醛转化率高、糠醛选择性好的特点。

[研制单位]北京化工研究院。

四十九、糠醛液相加氢制糠醇催化剂

[生产牌号]HY-03、HY-04。

[主要组成]Cu/SiO_2 及 Ca-Cr。

[产品规格及使用条件]

催化剂牌号 项目	HY-03	HY-04
外观	草绿色微球形颗粒	草绿色微球形颗粒
外观尺寸(250~350目)/%	≥90	≥90
铜含量/%	55 ~ 65	45 ~ 55(CuO)

催化剂牌号 项目		HY – 03	HY – 04
Cr₂O₃ 含量/%		（Cu/SiO₂）	40 ~ 50
堆密度/（g/mL）		0.55 ~ 0.65	0.85 ~ 1.05
比表面积/（m²/g）		500 ~ 800	40 ~ 80
孔体积/（mL/g）		0.9 ~ 1.30	0.7 ~ 0.9
含水率/%	≤	2.0	2.0
反应压力/MPa		6 ~ 8	6 ~ 8
反应塔顶温度/℃		160 ~ 180	160 ~ 180
反应塔底温度/℃		190 ~ 210	190 ~ 210
糠醛转化率/%	≥	99	99
糠醇转化率/%	≥	99	99

[用途]用于糠醛液相加氢制糠醇。该催化剂具有糠醛转化率高、糠醇选择性好等特点。

[研制单位]北京化工研究院。

五十、乙炔法合成氯乙烯催化剂

聚氯乙烯(PVC)的生产关键技术之一是氯乙烯单体的合成。目前世界上的氯乙烯合成技术主要有乙烯氧氯化法和乙炔氢氯法两大类。20 世纪 70 年代国外基本完成了 PVC 树脂生产原料路线由电石乙炔法向乙烯氧氯化法的转换，乙烯氧氯化法已成为国外 PVC 树脂的主要生产方法，产量比例达 93% 左右，生产过程全部采用计算机控制，实现了自动代、密闭化、大型化和高效率安全生产，而我国由于乙烯资源的问题，国内 PVC 树脂生产的原料路线仍以电石乙炔法为主。

乙炔法生产氯乙烯反应过程为：乙炔与氯化氢在氯化汞催化剂作用下，经气相反应生成氯乙烯，其主反应为：

$$CH\equiv CH + HCl \xrightarrow{HgCl_2} CH_2=CHCl$$

反应时，乙炔先与氯化汞发生加成反应，生成中间产物氯乙烯氯汞：

$$CH\equiv CH + HgCl \longrightarrow ClH=CH-HgCl$$

氯乙烯氯汞不稳定，与氯化氢反应生成氯乙烯：

$$ClCH=CH-HgCl + HCl \longrightarrow CH_2=CH_2Cl + HgCl_2$$

[产品规格及使用条件]

项目	指标
外观	黄色或黑色条
颗粒直径/mm	φ3 ×（6 ~ 9）
活性组分氯化汞含量/%	8 ~ 15（一般为 10.5 ~ 12.5）
载体活性炭含量/%	85 ~ 90
表观密度/（g/mL）	0.65 ± 0.05

项目	指标
反应温度/℃	130~180
新催化剂反应温度/℃	≤180
乙炔/氯化氢摩尔比	1:1.05
乙炔空速/h^{-1}	30~50
转化率/%	<97
产品规格	
氯乙烯纯度/%	99.5~99.8
乙醛含量/10^{-6}	10
乙炔含量/10^{-6}	10
Fe 含量/10^{-6}	10

[特点]氯化汞催化剂是电石乙炔法生产氯乙烯工艺中广泛应用的催化剂，其活性与选择性都达到很好效果，存在的主要缺陷有：①生产中更换新的催化剂后要预养护7~20d，影响生产；②由于 Hg 离子是物理吸附在活性炭孔道内壁上，热稳定性很差，升华流失快，导致催化能力衰减快，生产 1t 氯乙烯就需消耗 1.0kg 氯化汞催化剂，而且汞催化剂失活后其活性不能再生；③由于氯化高汞易升华流失，存在部分汞盐随反应气体进入大气而污染环境，而反应过程中氯化高汞被乙炔还原成金属汞，反应气经水洗后流入废水中，造成水体污染，此外，失活的废催化剂也会使环境受到污染；④活性炭载体机械强度较低，易粉化，使用一定时间就需筛分倒罐，劳动强度及工作量都较大。

由于汞对人体健康和环境危害极大，加上国内探明的汞资源已基本枯竭，每年需要进口大量汞，因此，开发研究低汞甚至无汞乙炔氢氯化催化剂是电石法合成 PVC 工艺技术革新的核心课题之一。一些低氯化汞含量催化剂（如 $HgCl_2$ 含量 5.5%）及无汞催化剂（以 Pt、Pd 为催化剂主活性组分）已处于研发使用中。

五十一、脱氧催化剂

又称脱氧剂。大多数工业用原料气中，均存在含量低于 0.5% 的氧，氧会使一些催化剂中毒，脱氧剂可以脱除乙烯、氢气、氮气、气态烃及合成气等气体中的微量氧，也可脱除液态烃中的微量氧。脱氧反应过程为 O_2 与 H_2 或 CO 在脱氧剂上反应生成 H_2O 或 CO_2。

脱氧剂常以 Pt、Pd、Cu、Ni、Mn 等为活性组分，以氧化铝、硅胶、活性炭、分子筛、硅胶等为载体，贵金属系脱氧剂是将贵金属 Pt、Pd 等负载在氧化铝、硅胶、二氧化钛等载体上，经特殊处理后，通过调变催化剂的电子因素和金属－半导体界面性质，使催化剂能脱除各种气体中的微量氧；铜系脱氧剂是由 CuO 负载在氧化铝、氧化镁或硅胶等载体上，使用前需用氢还原成金属或低价态；镍系脱氧剂是将 NiO 负载在氧化铝等载体上，其使用温度范围比铜系脱氧剂要宽，并可预还原，但价格亦高于铜系脱氧剂。

1．TO-1 脱氧剂

[主要组成]以金属铜氧化物为活性组分，以氧化铝为催化剂载体。

[产品规格及使用条件]

项目	TO-1 脱氧剂
外观	豆绿色或深蓝色球状物
粒度/mm	$\phi(3\sim5)$
堆密度/(g/mL)	$0.7\sim1.0$
径向抗压强度/(N/粒)	≥60
磨耗率/%	≤2.0
操作温度/℃	$200\sim500$
操作压力/MPa	$0.1\sim4.0$
空速/h^{-1}	≤2000
入口气 O_2 含量/10^{-6}	≤1200
出口气 O_2 含量/10^{-6}	≤10

[用途]用于脱除氢气、气态烃、氮气、合成气等气体中的微量氧气。

[生产单位]西北化工研究院。

2．TO-2 脱氧剂

[产品规格]

项目	指标	指标	项目
外观	灰黑色或黑色圆柱体	堆密度/(g/mL)	$1.0\sim1.3$
粒度/mm	$\phi5\times(4\sim5)$	径向抗压强度/(N/cm)	≥100

[操作条件及技术指标]

(1) 液态烃中氧含量/10^{-6} ≤20

     液空速/h^{-1} $2\sim5$

     操作压力/MPa $0.1\sim3$

     操作温度/℃   室温

     脱氧剂床层高径比 ≥3

(2) 气体中氧含量/10^{-6} ≤500

     气空速/h^{-1} $1000\sim2000$

     操作压力/MPa $0.1\sim3.0$

     操作温度/℃   室温~300

     脱氧剂床层高径比 ≥3

(3) 脱氧后液态烃氧含量/10^{-6} ≤2

     脱氧后气体中氧含量/10^{-6} ≤5

     吸氧容量/(mL/g) ≥25

[用途]可用于常温脱除液态烃中微量氧，也可脱除氢气、甲烷气、氮气中的微量氧。

[生产单位]西北化工研究院。

3. TO - 2B 脱氧剂

[主要组成]以金属氧化物为活性组分，以氧化铝为催化剂载体。

[产品规格及使用条件]

项目	TO - 2B 脱氧剂
外观	黑色条状物
粒度/mm	$\phi(4\pm0.4)$
堆密度/(g/mL)	0.9 ~ 1.1
径向抗压强度/(N/cm)	≥50
磨耗率/%	≤5.0
操作温度/℃	常温 ~ 300
操作压力/MPa	0.1 ~ 4.0
气空速/h^{-1}	300 ~ 1000
液空速/h^{-1}	2 ~ 8
原料气含硫量/10^{-6}	< 1.0
脱氧剂床层高径比	≥3
出口氧含量/10^{-6}	≤0.1
氧容量/(mL/g)	10 ~ 18

[用途]用作乙烯、丙烯、CO、氢气、甲烷气等中微量氧深度脱除。具有脱氧程度高、催化剂活性稳定的特点，是一种新型脱氧剂。

[生产单位]西北化工研究院。

4. SRO - 1 脱氧剂

[主要组成]以金属氧化物为主要活性组分，以氧化铝为催化剂载体。

[产品规格及使用条件]

项目	SRO - 1 脱氧剂
外观	褐色三叶草条形
粒度/mm	$\phi(3.0\pm0.3)\times(5\sim20)$
堆密度/(g/mL)	0.8 ~ 0.9
径向抗压强度/(N/cm)	≥60
操作温度/℃	常温 ~ 220
操作压力/MPa	0.1 ~ 6.0
液态空速/h^{-1}	0.5 ~ 3.0
入口氧含量/10^{-6}	≤200
出口氧含量/10^{-6}	≤0.5
氧容量/(mL/g)	≥15

[用途]用作乙烯、丙烯、氢气、氮气、氩气及饱和烷烃等气体中微量氧的脱除，是丙烷精制的优良脱氧剂。具有脱氧容量大、操作平衡、不产生飞温等特点，可再生使用。

226

[生产单位]北京三聚环保新材料股份有限公司。

5. HT 型高效脱氧剂

[主要组成]以金属锰氧化物为主要活性组分，以氧化铝为催化剂载体。

[产品规格及使用条件]

项目	HT 型高效脱氧剂
外观	棕黑色球形
堆密度/(g/mL)	1.1±0.2
机械强度/(N/粒)	≥90
应用介质	液相丙烯、乙烯、氮气、CO
空速/h^{-1}	3～7(液相丙烯)
脱氧深度/10^{-6}	≤0.1
活化再生温度/℃	180～350
氧容量/(mL/g)	10～18

[用途]主要用于脱除液相丙烯中的微量氧，也用于脱除乙烯、氢气、氮气、CO 等气体中的微量氧，兼有脱除 CO_2、H_2O 等的性能，具有脱氢效果好、脱氧容量大、操作平稳、不产生飞温等特点。

[生产单位]山东迅达化工集团公司。

6. YHI-235 脱氧剂

[主要组成]以金属锰氧化物为主要活性组分，以氧化铝为催化剂载体。

[产品规格及使用条件]

项目	YHI-235 脱氧剂
外观	棕黑色条状物
粒度/mm	$\phi(2.5～3.5)×(5～15)$
堆密度/(g/mL)	1.10～1.30
抗压强度/(N/cm)	≥50
应用介质	液相丙烯、乙烯、氢气、氮气、CO
使用温度/℃	常温～200
最高工作温度/℃	500
原料中 O_2 含量/10^{-6}	≤1000
活化再生温度/℃	180～350
脱氧剂床层高径比	3:1
脱氧后最低残氧量/10^{-6}	≤0.1
氧容量/(mL/g)	≥18

[用途]用于脱除乙烯、丙烯、CO、氮气等工业原料气中的微量氧，具有在室温下不需要加氢就可脱氧的性能，脱氧效果好，不易产生飞温等特点。

[生产单位]江苏(汉光集团)宜兴市诚信化工厂。

7. 高效钯脱氧剂

[主要组成]以贵金属 Pd 为主要活性组分，以氧化铝为催化剂载体。具有 Pd 晶粒小、分散好的特点。

[产品规格及使用条件]

项目	Pd 催化剂
外观	灰黑色球形
粒径/nm	$\phi(2\sim3)$，$\phi(3\sim5)$
Pd 含量/%	$0.3\sim0.5$
堆密度/(g/mL)	$0.75\sim0.90$
机械强度/(N/粒)	$\geqslant50$
使用温度/℃	常温~80
空速/h^{-1}	$3000\sim10000$
原料气含 O_2 量/%	$\leqslant2$
出口气含 O_2 量/10^{-6}	$0\sim5$
使用寿命(可再生处理)/年	>5

[用途]用于脱除氢气、氮气、氩气等气体中微量氧，兼有脱除有机硫、噻吩硫的作用。使用时不需要进行还原和活化处理，可直接投入使用。

[生产单位]姜堰市天平化工有限公司。

8. HTRO 系列脱氧剂

[工业牌号]HTRO – M、HTRO – N、HTRO – NE。

[主要组成]以活性镍或过渡金属氧化物为主要活性组分，以氧化铝等氧化物为载体。

[产品规格及使用条件]

产品牌号 / 项目	HTRO – M	HTRO – N	HTRO – NE
外观	灰黑色球或片状	黑色片状	黑色条状
粒度/mm	$\phi(3\sim5)$、或 $\phi5\times(4.5\sim5.5)$	$\phi5\times(4.5\sim5.5)$	$\phi1.6\times(3\sim15)$
堆密度/(g/mL)	$1.0\sim1.4$	$\geqslant1.0$	$0.75\sim0.95$
抗压强度/(N/cm) ≥	98	98	98
脱氧活性/(mLO$_2$/g) ≥	15	20	25
操作温度/℃	常温~200	常温~200	常温~200
操作压力/MPa	$0.1\sim6.0$	$0.1\sim2.0$	$0.1\sim2.0$
原料气入口露点/℃ ≤	—	-60	-60
气空速/h^{-1}	—	$100\sim300$	$100\sim300$
液空速/h^{-1}	$0.5\sim3.0$	$0.5\sim3.0$	$0.5\sim3.0$
原料入口氧含量/10^{-6} ≤	4000	4000	4000
处理后出口氧含量/10^{-6} ≤	0.5	0.5	0.5

[用途]用于脱除乙烯、丙烷、氢气、氮气及饱和烷烃等气体中的微量氧。脱氧剂失效后可再生重复使用。

228

[生产单位]辽宁海泰科技发展公司。

五十二、脱砷催化剂

简称脱砷剂。砷化物对石油化工及炼油催化剂都是十分敏感的毒物。石油化工厂浓乙烯、精丙烷、乙烯丙烯混合物及石脑油等中都可能含有微量砷化物。砷通常以AsH_3形式存在，它可使催化剂中毒。

工业用脱砷剂大致可分为铜系、铅系、锰系及镍系等类别，其中以铜系使用较多。如以CuO为脱砷剂活性组分，其脱砷机理是，AsH_3将Cu^{2+}还原为低价或金属态，砷与铜结合或游离成元素态：

$$3CuO + 2AsH_3 \longrightarrow Cu_3As + As + 3H_2O$$
$$3CuO + 2AsH_3 \longrightarrow 3Cu + 2As + 3H_2O$$

当砷穿透后可用空气或含氧蒸汽氧化再生：

$$2Cu_3As + 4.5O_2 \longrightarrow 6CuO + As_2O_3$$
$$Cu + 0.5O_2 \longrightarrow CuO$$

铅系脱砷剂是以PbO负载在Al_2O_3上制得，主要用于含炔烃物料中砷化氢的脱除，但砷容量不及铜系脱砷剂。锰系脱砷剂常用于液化石油气脱砷。

1. TAS-19 型丙烯脱砷剂

[性质]灰黑色圆柱体，主要用于脱除丙烯原料中的微量砷，具有脱砷效果好，脱砷容量大，机械强度高，操作方便等特点。

[产品规格及使用条件]

项目	TAS-19 脱砷剂
外观	灰黑色条状物
粒度/mm	$\phi 5 \times (4 \sim 5)$
堆密度/(g/mL)	$1.4 \sim 1.8$
径向抗压强度/(N/cm)	$\geqslant 80$
磨耗率/%	$\leqslant 9.0$
操作温度/℃	$0 \sim 60$
操作压力/MPa	$0.1 \sim 4.0$
液空速/h^{-1}	$0.5 \sim 5.0$
介质	液相丙烯
脱砷剂床层高径比	$\geqslant 3.5$
原料丙烯中砷化物含量/10^{-9}	$\leqslant 1000$
脱砷后，液相丙烯中砷化物含量/10^{-9}	$\leqslant 30$
砷容量/%	$2 \sim 3$

[用途]用于聚丙烯装置液相丙烯原料脱砷，可脱除至聚合催化剂所要求的砷含量指标。

[生产单位]西北化工研究院。

2. RAS 978 脱砷剂

[性质]一种铜系脱砷剂，主要用于丙烯、乙烯原料气脱砷，通过脱砷剂中氧化铜与

AsH_3 反应生成砷化亚铜、单质砷，部分生成新的铜、砷合金而达到脱除砷化氢的目的。

[产品规格及使用条件]

项目	RAS 978 脱砷剂
外观	黑色球形
粒度/mm	$\phi(3 \sim 5)$
堆密度/(g/mL)	$0.7 \sim 0.9$
抗压强度/(N/粒)	$\geqslant 120$
脱砷容量/%	$\geqslant 8$
脱磷容量/%	$\geqslant 1$
工艺介质	丙烯、乙烯
操作温度/℃	常温
操作压力/MPa	$0.1 \sim 6.0$
液空速/h^{-1}	$1 \sim 5$
脱砷剂床层高径比	$\geqslant 4$
原料砷含量/10^{-9}	$1000 \sim 5000$
处理后砷容量/10^{-9}	$\leqslant 20$

[用途]用于聚合用乙烯、丙烯原料的脱砷，以保护聚合催化剂。具有脱砷效果好，脱砷容量大的特点。

[生产单位]山东迅达化工集团公司。

3. EAS-10 脱砷剂

[主要组成]以 PbO 为主要活性组分，并添加特殊助剂及采用独特工艺制成。

[产品规格及使用条件]

项目	EAS-10 脱砷剂
外观	白色或黄白色球状
粒度/mm	$\phi(3 \sim 5)$
堆密度/(g/mL)	$0.65 \sim 0.75$
抗压强度/(N/粒)	$\geqslant 50$
磨耗率/%	$\leqslant 3.0$
操作温度/℃	$10 \sim 100$
操作压力/MPa	$0.1 \sim 5.0$
气空速/h^{-1}	$\leqslant 3000$
液空速/h^{-1}	$\leqslant 5.0$
原料 AsH_3 含量/(ng/g)	< 20
原料硫含量/(ng/g)	< 300
原料水含量/(μg/g)	< 5.0
处理后物料 AsH_3 含量/(ng/g)	< 1.0
穿透砷容/%	$\geqslant 2.0$

[用途]主要用于聚丙烯原料气、乙烯原料气及其他含微量炔烃原料气脱除砷化氢，具有活性好、强度高、脱砷精度好的特点。

[生产单位]北京三聚环保新材料股份有限公司。

4. YHA-280 丙烯脱砷剂

[性质]灰黑色条状物，主要用于液相丙烯中脱除微量砷。具有机械强度高、脱砷容量高及操作方便等特点。

[产品规格及使用条件]

项目	YHA-280 脱砷剂
外观	灰黑色条状物
粒度/mm	$\phi(2.5 \sim 3.5) \times (5 \sim 15)$
堆密度/(g/mL)	1.10 ~ 1.40
径向抗压强度/(N/cm)	≥80
磨耗率/%	≤3.0
介质	液相丙烯
操作温度/℃	0 ~ 60
操作压力/MPa	0.1 ~ 4.0
液空速/h^{-1}	≤5.0
脱砷剂床层高径比	≥3.5
原料丙烯中砷化合物含量/10^{-9}	≤1000
处理后液相丙烯中砷化合物含量/10^{-9}	≤30
砷容量/%	2 ~ 3

[用途]用于液相丙烯脱除微量砷化氢，可脱除至聚合催化剂所要求的砷含量，脱砷效果好。

[生产单位]江苏(汉光集团)宜兴市诚信化工厂。

5. HTAS-10 脱砷剂

[主要组成]以过渡金属氧化物为活性组分，并添加适量助剂，具有堆密度低、强度高等特点。

[产品规格及使用条件]

项目	HTAS-10 脱砷剂
外观	黑色条状
粒度/mm	$\phi 2 \times (2 \sim 10)$
堆密度/(g/mL)	0.70 ~ 0.95
活性组分含量/%	≥33
径向抗压强度/(N/cm)	≥60
砷容量/%	≥15

项目	HTAS – 10 脱砷剂
操作温度/℃	常温
操作压力/MPa	0.1 ~ 4.0
液空速/h^{-1}	2 ~ 6
原料砷含量/10^{-9}	<10000
反应性硫含量/10^{-6}	<5
水含量/10^{-6}	<50
处理后产品砷含量/10^{-9}	<20
脱砷率/%	≥99

[用途]用于脱除乙烯、丙烯等物料中的砷化氢，以保护聚合催化剂。也用于催化干气的乙烯提浓物料中砷化物的脱除。

[生产单位]辽宁海泰科技发展公司。

五十三、脱一氧化碳催化剂

[工业牌号]BR – 9201、C18、C846A、COR – 1、COR – 2、R3 – 17。

[主要组成]以 Pt 为主要活性组分的贵金属催化剂，或以 CuO 等为活性组分的非贵金属催化剂。

[产品规格及使用条件]

催化剂牌号 项目	BR – 9201	C18	C846A	COR – 1	COR – 2	R3 – 17
外观	黑色圆柱	黑色圆柱		黑色或灰黑色片状	棕褐色圆柱	黑色圆柱
活性组分	CuO/ZnO	非贵金属	Pt(<0.15%)			Cu 系
外形尺寸/mm	$\phi 5 \times 5$	$\phi(4.8 ~ 5.2)$ $\times(3.8 ~ 5.5)$	$\phi(3 ~ 4)$	$\phi 6(4 ~ 5)$	$\phi(2.5 ~ 5.0)$	$\phi 3 \times 3$
堆密度/ (g/mL)	1.57 ~ 1.58	1.78		1.2 ~ 1.5	1.2 ~ 1.4	1.4
孔体积/(mL/g)	~ 0.04	—	0.40	—	—	—
比表面积/(m^2/g)	22 ~ 25	—	162	—	—	—
强度/(N/cm)	78 ~ 80	—	70	≥80	>160	≥4(N/粒)
操作温度/℃	70 ~ 120	110 ~ 125	<133	125 ~ 200	180 ~ 260	10 ~ 50

项目\催化剂牌号	BR – 9201	C18	C846A	NCY – 107	NCT – 108	R3 – 17
操作压力/MPa	1.47 ~ 2.25	0.1 ~ 2.94	1.5	0.1 ~ 3.0	0.1 ~ 10	4.0
气空速/h^{-1}	2500	500 ~ 8000	8500	800	<3000	1 ~ 6(液)
生产研制单位	北京化工研究院	上海石油化工研究院	大连凯特利催化工程技术公司	辽宁海泰科技发展有限公司	辽宁海泰科技发展有限公司	BASF 公司

[用途] BR – 9201 催化剂用于脱除精乙烯中微量 CO，能将精乙烯中含有 $(1 \sim 5) \times 10^{-6}$ 的 CO 脱至 $<0.1 \times 10^{-6}$，催化剂具有活性好、使用寿命长、操作稳定的特点；C18 催化剂用于脱除炼厂气丙烯中微量 CO。CO 含量可从几十 10^{-6} 降至 0.3×10^{-6} 以下，脱除 CO 后的丙烯聚合得到的树脂性能达到深冷分离丙烯所得树脂的性能；C846A 催化剂用于脱除富氢气体中的 CO，可将富氢原料气中含 0.13% CO 氧化脱除至 100×10^{-6} 以下，催化剂低温活性好，脱除精度高，性能稳定；NCY – 107 用于聚乙烯装置以脱除乙烯中微量 CO，以保护聚合催化剂；NCT – 108 用于聚乙烯、聚丙烯装置以脱除乙烯或丙烯中的微量 CO，也可用于脱除氧气、氮气及惰性气体中的微量 CO；R3 – 17 催化剂用于锦西石化固定床装置，用以脱除炼厂气丙烯中微量 CO，可使丙烯中 CO 的体积分数从 0.10×10^{-6} 降至 0.02×10^{-6} 以下，以满足气相聚合用丙烯原料的质量要求。

第三章 聚烯烃催化剂

烯烃是含有一个碳碳双键（C═C）的链状不饱和烃（包括乙烯、丙烯、丁烯、丁二烯、苯乙烯、异戊二烯等）。聚烯烃是烯烃类聚合物的总称，其中聚乙烯及聚丙烯是最重要的合成树脂。

乙烯最早是在高温高压下采用引发剂进行自由基聚合，得到低密度聚乙烯，由于操作条件苛刻，其发展受到限制。20 世纪 50 年代初出现的 Ziegler – Natta 催化剂，可在常温常压下合成出高密度聚乙烯，还可将丙烯聚合得到全同立构聚丙烯，为聚烯烃的工业化奠定了基础。

在聚烯烃生产中，催化剂和聚合工艺都是极其重要的关键技术，而与一般的炼油催化剂、石油化工催化剂相比较，无论在催化剂形态、反应机理、催化剂制备及评价方法等，聚合催化剂都会与前二者有很大区别。炼油及石化工业一般所用催化剂，在反应机理上主要涉及小分子的活化与转化，其产物大多数是小分子化合物。即使是非均相或均相催化剂，其催化作用机理上相差甚远，然而同作为催化剂，在不参与最终产物但参与中间过程的循环而起作用这一点是共同的。工业过程常以反应及分离为主，许多催化剂使用寿命可达数年，并可再生使用。评价催化剂性能的优劣主要以反应物转化率及产品选择性为主要技术指标。而聚烯烃催化剂从聚合反应机理上主要是发生配位聚合反应。虽然催化剂也有多种类型，但在反应过程中，催化剂与产物融为一体，因此要求催化剂具有足够高的活性，从而避免后续的分离过程，并且所得产品中存在的催化剂不影响产品的性能。评价聚烯烃催化剂的优劣除了其活性外，主要考虑所得产品的力学性能、电性能、光学性能等使用性能。

聚烯烃工业的发展是一个国家石化工业发展的重要标志，而聚烯烃树脂性能的改进与聚烯烃催化剂的研发有着密切的关系，在各种聚烯烃催化剂中，目前广为使用的仍是 Ziegler – Natta 催化剂（Z – N 催化剂），它自问世以来，经过各国共同研究开发，经历了由第一代至第五代的发展，以二醚作为给电子体和第五代新型 Z – N 催化剂，催化活性高达 90kg/g（以 1g 催化剂生产的聚丙烯质量计）。催化性能的不断提高，促进了聚烯烃工业迅猛发展，生产规模的不断扩大及高性能聚烯烃树脂的合成均可归因于 Z – N 催化剂的升级换代，目前对这类催化剂的研发主要集中在高活性和高度立体定向催化剂的研制上。

20 世纪 80 年代以来，聚烯烃工业最引人注目的成就是均匀单活性中心催化剂的发明。这种单一中心催化剂的所谓茂金属催化体系，在催化烯烃聚合时，能产生高度均一的分子结构和组分均匀的聚合物，其分子量分布比传统的 Z – N 催化剂所产生的聚合物窄得多，茂金属催化剂一般由过渡金属的茂基、茚基、芴基等配合物与甲基铝氧烷（一种烷基铝的水解产物）组成，其中最常用的过渡金属有 Ti、Zr、Hf、V 等，而茂基、茚基、芴基为环状结构。茂金属催化剂与 Z – N 催化剂比较有以下特点：①具有单一催化活性中心。Z – N 催化剂有多个活性中心，而只有部分活性中心有立体选择性，因此所得聚合物的支链多、分子量分布宽。茂金属催化剂由于是单一活性中心，每个活性中心生成的分子链长度和共聚单体含量几乎相同，因而可精确控制分子量及其分布、共聚单体含量、结晶构造等。②能催化烯烃聚合生成间规聚合物。这些间规聚合物具有独特的力学及物理性能，而这是以往所无法实现的。③几乎能使所有含乙烯基的单体包括极性单体参与聚合或共聚合。④茂金属聚合物常含有较多的末端乙烯基，从而有利于改进树脂的润湿性、可镀性、黏着性、相容性等，实现产品的官能化。

基于这些特点，目前，全球许多有实力的聚烯烃生产厂家都在加速开发茂金属催化剂技术。其中 Exxon、三井石化、Dow 公司是申请专利最多的公司，而以生产共聚 PP 是一个重要发展方向。采用茂金属催化剂可以合成出 Z－N 催化剂难于合成的新型丙烯共聚物，如丙烯与长链烯烃、环烯烃及二烯烃等的共聚物等。

随着茂金属催化剂的开发应用，20 世纪 90 年代中后期，在聚烯烃领域又出现了非茂有机金属烯烃聚合催化剂，它与茂金属催化剂和 Z－N 催化剂不同之处是这种催化剂不含有环戊二烯基团，配位原子为氧、氮、硫、碳，中心原子不光是第四副族元素，而且包括了几乎所有过渡金属元素，尤其是第八副族元素（如 Fe、Co、Ni、Pd 等）。这类催化剂也是单活性中心催化剂。由于合成简单，收率高、催化活性高和对 α－烯烃的高选择性，以及具有对水和氧的敏感性弱，对极性单体的容忍力强、使用方便等特性，以及可以按预定目的精确地控制聚合物的链结构，所以，近来对非茂催化剂的研究也十分活跃。

自 20 世纪 80 年代以来，我国聚烯烃工业一直处于高速发展之中，聚烯烃产量呈逐年上升态势。而我国聚烯烃催化剂批量规模化生产起步于 20 世纪 90 年代中期。进入 21 世纪，我国聚烯烃催化剂科研开发及产业化不断取得进展，产量也逐年上升，并不断取代进口催化剂，同时有部分出口至国外，目前我国聚烯烃催化剂主要是聚乙烯催化剂和聚丙烯催化剂两大类。催化剂生产企业主要为中国石化和各地方企业，包括中国石化催化剂奥达分公司、中国石化北京燕山分公司、上海立得催化剂公司、营口向阳、淄博新塑、金海雅宝、吉林星云、吉林天龙经贸公司等。其中中国石化催化剂北京奥达分公司是我国聚烯烃催化剂生产最大的企业，同时生产聚乙烯及聚丙烯催化剂。上海立得催化剂公司是生产聚乙烯催化剂最大的企业。国内聚乙烯装置采用的国产催化剂主要是 BCH、BCG、SLC、XYH、TH－1 催化剂等；国内聚丙烯装置上应用最广的国产催化剂是 N 型、DQ、CS、YS－842 高效催化剂等，无论从生产或应用上，国产聚丙烯催化剂均较聚乙烯催化剂更为成熟。

一、聚乙烯催化剂

聚乙烯是一类由多种工艺方法生产的、具有多种结构和特性的大宗系列树脂，是以乙烯为主要组分的热塑性树脂。按生产工艺、树脂的结构和特性分类，习惯上主要分为高压低密度聚乙烯（HP－LDPE）、高密度聚乙烯（HDPE）和线型低密度聚乙烯（LLDPE）三大类。HD－LDPE 主要是采用高压釜法和高压管式法，使用有机过氧化物为引发剂，进行自由基聚合生产的、具有长支链分子结构的乙烯均聚物，也包括乙烯与极性分子的共聚物；HDPE 和 LLDPE 是采用低压法工艺催化聚合生产的，所用工艺主要有气相法、溶液法、淤浆法等，HDPE 是没有支链的线型均聚物或共聚物，LLDPE 则是没有或很少有长支链的线型共聚物。

目前用于生产 HDPE 和 LLDPE 的催化剂主要有铬系催化剂、Z－N 催化剂及近期开发的茂金属催化剂。表 3－1 示出了国外部分公司使用的聚乙烯催化剂概况。

表 3 –1 国外部分公司使用的聚乙烯催化剂概况

公司名称	催化剂组成及制备	催化剂或产品特征	工艺类型
Phillips	早期采用 CrO_3 催化剂，现在已向钛系催化剂过渡，例如：有机镁氯化物加入到烷基卤化物和烷基铝化合物中，再加入 $TiCl_4$，助催化剂为 $AlEt_3$	300～6000kgPE/gTi	环形反应器
Du Pont	催化剂为 $TiCl_4 + VOCL_3$ 掺合物，助催化剂 $Al(iBu)_3 + AlEt_3$	MI：0.2～100g/10min；ρ：0.915～0.965g/cm³；相对分子质量分布窄	溶液，中压
Dow	$(nBu)_2Mg$，$AlEt_3$ 配合物溶于 IsoparE 溶剂，再与 Et_2AlCl 反应，向反应物加入四异丙基钛酸酯，制得固体催化剂	MI：2.5～12g/10min；催化效率 172kgPE/gTi·h；相对分子质量分布窄	溶液，低压（98.1kPa）
UCC	用铬茂和四异丙基钛酸酯浸渍干燥的 SiO_2，干燥后用 0.3%（NH_4）SiF_6 处理，然后在 300～800℃活化	ρ：0.920g/cm³；催化效率：4900kgPE/gCr	气相流化床（84℃，1.96MPa）
UCC	$TiCl_4$ 和 $MgCl_2$ 在 THF 中混合，将此催化剂混合物负载于经 $AlEt_3$ 处理的 SiO_2 上，在附加的 $AlEt_3$ 存在下进行聚合	ρ：0.917～0.935g/cm³；催化效率：500kgPE/gTi	气相流化床（85℃，1.96MPa）
三井	$TiCl_4$ 和 $MgCl_2$ 球磨，在 130℃用 $TiCl_4$ 处理 2h，此固体催化剂与 $AlEt_3$ 一起使用	催化效率：573kgPE/gTi	浆液，己烷（80℃，0.785MPa）
BP	$MgCl_2$/二异戊醚/Et_2AlCl/$Cl_2Ti(OEt)_2$/三正辛基铝	MI：1.5～6g/min；ρ：0.910g/cm³；催化效率：100kgPE/gTi	气相流化床

（一）铬系催化剂

铬系催化剂主要用于 Phillips 和 UCC 公司的工艺中。它是由硅胶或硅溶胶载体浸渍含铬的化合物制成的。可分为有机铬催化剂和无机铬催化剂两类。有机铬催化剂的制备方法是先将有机铬（如二茂铬）沉积在焙烘后的具有高比表面积的载体上，载体通过焙烧处理可使表面更多的单羟基，用以键合 Cr 金属中心；无机铬催化剂的制备采用浸渍法，常用的无机铬化合物有氧化铬、硫铬、乙酸铬等。制备铬系催化剂的关键是选择适宜的载体，所用载体有多孔硅胶、氧化铝、SiO_2/Al_2O_3、磷酸铝、SiO_2/TiO_2 等。其中以多孔硅胶使用广泛，载体上的表面羟基含量会影响催化剂的活性，而当表面羟基经氟化时，催化剂活性会显著提高，载体的其他物化性质，如孔体积、孔径分布、比表面积等也会影响催化剂的活性。

铬系催化剂所制得的乙烯聚合物分子量高，产品分子量分布宽且产品中分子量和低分子量聚乙烯的分子比例分布合适。所得产品有较好的加工性及物理机械性能，适合生产吹塑、挤塑、吹膜、电线电缆护套中空容器及管材等制品。但铬系催化剂产品难以实现系列化，能满足某些特殊要求的催化剂品种较单一。

（二）Z－N 催化剂

Z－N 催化剂是用化学键结合在含镁载体上的钛等过渡金属化合物。由于其催化效率高，生产的聚合物综合性能好，成本低，直至今日由这类催化剂生产出的聚乙烯产品仍然占据最大的市场份额。国内聚烯烃厂商生产的大部分聚乙烯牌号由 Z－N 催化剂制备。表 3－2 示出了第一代至第四代 Z－N 催化剂的发展情况。

表 3－2　Z－N 催化剂发展情况

阶段	催化剂体系	产率/(kg·g^{-1})	产物形态	工艺
第一代(1957~1970 年)	δ－TiCl$_3$ AlCl$_3$/AlEt$_2$Cl	0.8~1.2	不规则粉末	需后处理
第二代(1970~1978 年)	δ－TiCl$_3$·R$_2$O/AlEt$_2$Cl	3~5	颗粒	后处理脱灰
第三代(1978~1980 年)	TiCl$_4$/单酯/MgCl$_2$＋AlEt$_3$/单酯	5~15	规则颗粒，大小和分布可调	脱无规物
第四代(1980~2011 年)	TiCl$_4$/双酯/MgCl$_2$＋AlEt$_3$/硅氧烷 TiCl$_4$/二醚/MgCl$_2$＋AlEt$_3$	20~60 50~120	规则颗粒(球形)，大小和分布可调	不需后处理

第一代 Z－N 催化剂，催化效率低、腐蚀性强，且所得聚合产物需经过醇洗、水洗和回收等多个后处理工序，流程长、成本高；第二代 Z－N 催化剂，引入给电子体(路易斯碱)和 δ－TiCl$_3$ 配位，具有高的比表面积，催化活性较第一代催化剂有显著提高，聚乙烯产品形态良好。但由于催化活性还不高，使其生产的聚乙烯产品中含有较多催化剂残留物，仍需采用脱灰工艺过程；第三代 Z－N 催化剂采用改性的 MgCl$_2$ 负载 Z－N 催化剂，加入了适宜的内、外给电子体，使催化剂同时具备了高活性和立体定向性，可以方便地调节聚乙烯产品性质，产品的灰分低，简化了后处理过程，提高了生产效率；第四代催化剂注重从提高催化剂的催化效率转向改进产品的综合性能，如产品的堆密度、分子结构及形态等。为获得更好的聚乙烯产品，开始关注球形催化剂的制备，同时开发了内、外给电子体，用以提高聚合活性，减少后续过程。

(三)茂金属催化剂

茂金属催化剂是一种单活性中心催化剂，为一种有机金属配位化合物，过渡族金属(如 Fe、Ti、Mn、Cr、Zr 等)原子被夹在环戊二烯基配位体之间，茂环可以围绕着通过金属原子，并与茂环垂直的轴自由旋转。茂环上可以有取代基，所用助催化剂是甲基硅氧烷(MAO)，MAO 与过渡金属的比例为 100~1000。

自 1991 年 Exxon 公司首次成功将茂金属体系用于聚乙烯的工业化生产以来，茂金属催化剂及其应用技术成为聚烯烃领域中最引人注目的技术进展之一。目前已开发的茂金属催化剂具有普通金属茂结构、桥链金属茂结构、限制几何形状的茂金属结构等，过渡金属涉及 Ti、Zr、稀有金属，配位体有茂基、茚基、芴基等。茂金属催化剂与 Z－N 催化剂的主要区别如表 3－3 所示。

表 3－3　茂金属催化剂与 Z－N 催化剂的比较

催化剂 项目	Z－N 催化剂	茂金属催化剂
催化剂相态	非均相	均相或负载型
催化剂活性中心	有多个不同活性中心	单个活性中心
产品类型	各种类型的大分子混合物	单一类型的大分子结构
分子量分布	相对分子质量分布宽	相对分子质量分布窄

项目 \ 催化剂	Z-N 催化剂	茂金属催化剂
分子量可控性	可控制相对分子质量的高低	能精确控制相对分子质量
共聚单体分布	分布不均匀	分布均匀
共聚物组成分布	分布宽	分布窄

鉴于茂金属催化剂的许多优点，目前国外许多大公司都在努力开发自己的茂金属聚乙烯树脂，并使之工业化，国内也有多个单位都不同程度介入茂金属催化剂的研究开发，如北京化工研究院、中国石化石油化工科学研究院、中国石油石油化工研究院兰州化工研究中心、中科院化学所、浙江大学等，研究方向主要集中在茂金属聚乙烯、聚丙烯及间规聚苯乙烯等领域，有些单位已进展到模试及中试阶段。其中，由北京化工研究院研制的 APE-1 茂金属催化剂已经进行了淤浆工艺、环管淤浆工艺及气相流化床工艺中间试验，并在中国石化齐鲁分公司 60kt/a 装置上进行工业试验。

中国石化催化剂北京奥达分公司是我国聚烯烃催化剂生产最大企业，下面示出了该公司及上海立得催化剂公司所生产的聚乙烯催化剂的主要型号及性能特点。

1. BCH 催化剂

[技术指标]

项目 \ 催化剂	BCH 干粉产品	BCH 浆液产品
催化剂钛含量/%	4~6	50~60mmol/L
催化剂活性/(gPE/gTi)	≥600000	≥500000
聚合物表观密度/(g/mL)	≥0.27	≥0.28

[技术特点]

①催化剂活性≥2.5×10³gPE/g cat(ZL 聚合釜，80℃淤浆聚合 2h，氢气与乙烯压力比 0.28MPa:0.45MPa)；

②氢调敏感性高，聚合物 MI 值可控；

③共聚性能好；

④聚合物堆密度高，表观密度≥0.27g/mL；

⑤聚合物性能优良。

[用途]BCH 是一种乙烯聚合高效催化剂，属于钛系载体型高效 Z-N 催化剂，能生产注塑、挤塑、吹塑等不同牌号的产品，适用于淤浆法高密度聚乙烯装置，如三井的浆液法工艺，用于生产高密度聚乙烯。在国内所有三井浆液法低压聚乙烯装置上获得长周期应用，生产的产品牌号有 5000S、5200B、2200J、5300E、6100M、6380M、7000F 等。

[生产单位]中国石化催化剂北京奥达分公司。

2. BCE 催化剂

[技术指标]

催化剂牌号　　项目	BCE
外观	浅黄色粉末
催化剂钛含量/%	5~7
催化剂粒度/μm	5~10
催化剂活性/（gPE/gcat）	≥30000
聚乙烯表观密度/（g/mL）	≥0.3
聚乙烯<75μm/%	≤3.0

[技术特点]

①催化剂活性 ≥ 3×10gPE/g cat（2L 聚合釜，80℃ 淤浆聚合 2h，氢气与乙烯压力比 0.28MP:0.45MPa）；

②氢调敏感性高；

③共聚性能好；

④聚合物堆密度高，低聚物少；

⑤聚合物颗粒形态好，分布窄；

⑥聚合物性能优良。

[用途]BCE 催化剂是一种乙烯聚合高效催化剂，属于钛系载体型催化剂，用于生产各种用途的高密度聚乙烯树脂。尤适合于生产 PE80、PE100 等双峰高附加值产品，适用于淤浆法高密度聚乙烯装置，如三井的 CX 工艺。

[生产单位]中国石化催化剂北京奥达分公司。

3. BCE-C 催化剂

[技术特点]BCE-C 催化剂是在 BCE 基础上开发的一种乙烯聚合高效催化剂，也属于钛系载体型催化剂，主要用于生产氯化聚乙烯专用树脂，适用于淤浆法高密度聚乙烯装置，如三井的浆液法工艺、Hostalen 淤浆工艺。该催化剂主要技术特点为：

①催化剂活性≥3.3×10^4gPE/g cat（2L 聚合鉴，80℃ 淤浆聚合 2h，氢气与乙烯压力比 0.28MPa:0.45MPa）；

②氢调敏感性好；

③聚合物堆密度高；

④聚合物粒径分布集中，大颗粒和细粉少；

⑤聚合物易于氯化。

[生产单位]中国石化催化剂北京奥达分公司。

4. BCE-S 催化剂

[技术特点]BCE-S 催化剂是 BCE 干粉催化剂的淤浆形态，属于钛系载体高效乙烯聚合催化剂。用于生产各种用途的高密度聚乙烯树脂，尤适合于生产高附加值的聚乙烯产品，适用于

淤浆法高密度聚乙烯装置，如三井的 CX 工艺、Hostalen 工艺等。该催化剂主要技术特点为：

①催化剂活性≥3.3×10^4g PE/g cat(2L 聚合鉴，80℃淤浆聚合 2h，氢气与乙烯压力比 0.28MPa∶0.45MPa)；

②氢调敏感性高；

③共聚性能好；

④聚合物堆密度更高，低聚物量更少；

⑤聚合物颗粒形态好，分布窄，细粉量很少；

⑥聚合物性能优良。

[生产单位]中国石化催化剂北京奥达分公司。

5. BCS – 02 催化剂

[技术指标]

催化剂牌号 项目	BCS – 02
钛含量/%	2.0 ~ 2.5
THF/%	25 ~ 30
催化剂活性/(g PE/g cat)	≥6000
聚乙烯表观密度/(g/mL)	0.31

[技术特点]

①催化剂活性≥6×10^3g PE/g cat (2L 聚合釜，80℃淤浆聚合物 2h，氢气与乙烯压力比 0.28MPa∶0.45MPa)；

②聚合物堆密度高，表观密度≥0.31g/mL；

③聚合物颗粒形态好，粒度分布窄，细粉少；

④聚合物 MI 值可调。

[用途]BCS – 02 催化剂是一种淤浆进料气相全密度聚乙烯高效催化剂，属于钛系载体型Z – N催化剂，平均粒径为 20 ~ 25μm。能生产注塑、挤塑、吹塑等各种牌号的全密度聚乙烯产品。适用于 Unipol 工艺和 BP 工艺的反应器中。

[生产单位]中国石化催化剂北京奥达分公司。

6. CM 催化剂

[技术指标]

催化剂牌号 项目	CMC	CMU
外观	浅黄色或灰白色粉末	
催化剂钛含量/%	3.2 ~ 5.0	3.0 ~ 5.0
催化剂活性/(g PE/g cat)	13	13
聚乙烯表观密度/(g/mL)	0.32 ~ 0.42	0.25 ~ 0.38

240

［技术特点］

①氢调敏感性高；

②聚合物堆密度高，低聚物少；

③聚合物颗粒形态好，分布窄；

④聚合物性能优良。

［用途］CM 催化剂是一种乙烯聚合高效催化剂，适用于淤浆法高密度聚乙烯装置，可生产超高分子量聚乙烯和氯化聚乙烯专用料。CMC 催化剂适用于淤浆聚合工艺生产氯化聚乙烯，生产的产品牌号主要有 LD0000、LD0010、LD0020、LD0030、LD0040、LD0050、LD0070、LD0110、LD0220 等；CMU 催化剂适用于间歇和连续法淤浆工艺生产超高分子量聚乙烯，生产的产品牌号主要有 FK – 250、FK – 350、FK – 450、FK – 550、M – Ⅰ、M – Ⅱ、M – Ⅲ、M – Ⅳ等。

［生产单位］中国石化催化剂北京奥达分公司。

7. 其他聚乙烯催化剂

中国石化上海立德催化剂有限公司是国内生产聚乙烯催化剂最大的企业，其生产的主要聚乙烯催化剂的产品性能及技术特点简介如下：

（1）SCG – 1 系列催化剂

是一种适用于 Unipol 工艺的 Z – N 聚乙烯催化剂。该催化剂共有三种类型：SCG – 1（Ⅰ）催化剂适合在干态下操作，用于生产窄相对分子质量分布的线型低密度聚乙烯产品，活性为 4000 ~ 6000g PE/g cat；SCG – 1（Ⅱ）催化剂适合在冷凝态下操作，用于生产窄相对分子质量分布的线型低密度聚乙烯产品，活性为 6000 ~ 8000g PE/g cat；SCG – 1（Ⅲ）催化剂适合在冷凝态下操作，专用于生产窄分子量分布的高密度聚乙烯产品，活性为 4000 ~ 7000g PE/g cat。

（2）SCG – 3/4/5 催化剂

一种适用于 Unipol 工艺的铬系聚乙烯催化剂。其中 SCG – 3 催化剂主要用于生产中等相对分子质量分布的高密度聚乙烯产品，活性为 6000 ~ 9000g PE/g cat；SCG – 4 催化剂主要用于生产中等相对分子质量分布的线型低密度聚乙烯产品，活性为 6000 ~ 11000g PE/g cat；SCG – 5 催化剂主要用于生产高相对分子质量分布的高密度聚乙烯产品，如生产管材、薄膜等，活性为 3000 ~ 6000g PE/g cat。

（3）SLC – B 系列催化剂

一种适合于 Borstar 工艺的复合型干粉状 Z – N 聚乙烯催化剂。其中 SLC – B（25e）适用于生产管材产品，活性为 11000 ~ 14000g PE/g cat；SLC – B（40e）适用于生产高密度双峰超强薄膜，活性为 11000 ~ 18000g PE/g cat。

（4）SLC – G 催化剂

一种以特殊 SiO$_2$ 为载体，适合于 Unipol 工艺在冷凝态和超冷凝态下操作的 Z – N 聚乙烯催化剂。用于生产窄相对分子质量分布的中、低密度的聚乙烯产品，活性为 8000 ~ 12000g PE/g cat。

（5）SLC – I 催化剂

一种适合于 Innovent 工艺的 Z – N 聚乙烯催化剂。用于生产窄相对分子质量分布的线型低密度聚乙烯产品，活性为 5000 ~ 8000g PE/g cat. 该催化剂具有的特点是：氢调敏感性好，反应控制和产品质量控制平稳，粉料流动性好，树脂的己烷萃取物低，落镖冲击强度及光学性能好等。

（6）SLC－S 催化剂

一种含一定量固体于特殊矿物油之中的淤浆催化剂，属适用于 Unipol 工艺的 Z－N 聚乙烯催化剂。适合在冷凝态下操作，可用于替代传统固体催化剂，生产窄相对分子质量分布的高、中、低密度聚乙烯，活性为 15000～3000g PE/g cat。催化剂具有活性稳定、对氢气和共聚单体的响应性好、产品堆密度适中等特点。

（7）SLH 系列催化剂

一种以特殊 SiO_2 为载体，适合 Unipol 工艺在冷凝态下操作的新型铬系聚乙烯催化剂。能生产中相对分子质量分布的聚乙烯产品，主要生产高密度薄膜，活性为 6000～11000g PE/g cat。该系列催化剂还包含 SLH－311 及 SLH－511 两种类似品种，并已在 BP－Innovene 工艺中成功试生产。

（8）NTR 系列催化剂

一种适合于 Phillips 淤浆环管工艺的铬系聚乙烯催化剂。其中 NTR－971 催化剂能生产特宽相对分子质量分布的高密度聚乙烯产品，如用于生产管材、薄膜等，活性为 3000～5000g PE/g cat；NTR－973 催化剂生产宽相对分子质量分布的高密度聚乙烯产品，如用于生产汽车油箱、200L 的装运容器等。催化剂活性为 2000～4000g PE/g cat。

二、聚丙烯催化剂

聚丙烯是由丙烯聚合制得的一种热塑性树脂，工业上也将丙烯与少量乙烯、α－烯烃等共聚而得到的共聚物包括在内。聚丙烯树脂是一种结晶聚合物，具有优良的化学稳定性，随着其结晶度增加，它的化学稳定性增大。聚丙烯产品透明度高、无毒、密度小、易加工，韧性、挠曲性、耐化学药品性及电绝缘性好，而且易于共聚、共混，加上丙烯来源丰富、价格低廉、聚丙烯生产工艺简单，使得聚丙烯成为通用热塑性树脂中历史最短、发展和增长最快的品种。无论在生产能力或是产量上均已超过聚氯乙烯，成为仅次于聚乙烯的第二大品种。

目前世界上生产聚丙烯的催化剂主要是基于 Z－N 催化体系，即以 $TiCl_3$ 沉积于高比表面积结合 Lewis 碱的 $MgCl_2$ 结晶载体上（有的是以 SiO_2 作 $MgCl_2$ 的载体），助催化剂是 $Al(C_2H_5)_2Cl$。催化剂的特点是高活性、高立构规整性、长寿命和产品结构的定制。而高活性/高立体规整性（HY/HS）载体催化剂是现代聚丙烯生产工艺的基础，也是目前聚丙烯生产工艺的核心。自 20 世纪 50 年代 Z－N 催化剂问世以来，经过不断改进已发展到第五代（见表 3－4）。从需要脱灰、脱无规物的第一代催化剂发展到高活性、高立构规整性的第五代催化剂，并朝着系列化、高性能化方向发展，聚丙烯的等规度已达 98%，生产工艺也得到了简化。

表 3－4　聚丙烯催化剂的发展

催化剂\\项目	第一代	第二代	第三代	超活性第三代	第四代	第五代
催化剂体系[①]	$TiCl_3/Et_2AlCl$	$TiCl_3/Et_2AlCl$/Lewis 碱	$TiCl_3$/给电子体/$MgCl_2/Et_3Al$	$TiCl_3$/给电子体/$MgCl_2/Et_3Al$	$TiCl_3$/给电子体/$MgCl_2/Et_3Al$	茂金属催化剂
给电子体（立构调控剂）			芳香酸酯	烷基硅硅氧烷邻苯二甲酸酯	烷基硅硅氧烷、琥珀酸酯类	铝氧烷

项目 \ 催化剂	第一代	第二代	第三代	超活性第三代	第四代	第五代
活性/(kgPP/g 催化剂)	0.5~1.2	2~5	5	20	>30	>30
等规度/%	88~91	95	92	98	≥98	>98
产物形态	无规则粉粒	规则粉料	无规则粉料	规则颗粒	可控球状粒子	
聚合工艺	需脱灰、脱无规物处理	需脱灰后处理	需脱无规物处理	不需要后处理	不需要后处理	工业化过程中

①Et = C_2H_5。

除 Z－N 催化剂外，用茂金属催化剂生产丙烯聚合物是一个重要发展方向，采用茂金属催化剂能合成出许多 Z－N 催化剂难以合成的新型丙烯共聚物，如丙烯－苯乙烯的无规及嵌段共聚物，丙烯与长链烯烃、环烯烃及二烯烃的共聚物等。如 Exxon 公司采用双茂金属催化剂在单反应器中制备了双峰分布的丙烯－乙烯共聚物，克服了单峰茂金属聚丙烯树脂加工温度范围窄的缺点，在生产双轴取向聚丙烯薄膜时，拉伸更均匀且不易破裂，可以在低于传统聚丙烯的加工温度下生产性能良好的聚丙烯薄膜。

伴随着茂金属催化剂的开发，其载体化的技术也随之开展，茂金属催化剂负载化后不但使所得聚丙烯具有较好的颗粒形态，而且可以提高聚丙烯的等规度和相对分子质量，甚至可大幅度减少甲基铝氧烷（MAO）的用量，有助于降低茂金属催化剂的生产成本。

目前，茂金属 PP 树脂的开发工作主要包括开发熔体流动速率更低的产品，提高产率，开发熔点更高的产品，用混合催化剂生产宽相对分子质量分布的产品，开发无规和抗冲共聚物，以及开发更适用于现有装置的茂金属催化剂等等。但与茂金属聚乙烯相比较，从目前的市场看，用茂金属催化剂生产的聚丙烯产品比例很少，应用范围也较窄。

（一）国外主要公司 Z－N 聚丙烯催化剂

Basell 公司是全球最大的聚丙烯专利和生产商，在市场上销售的多种牌号的 Spheripol 载体催化剂，基本上都属于 Z－N 型 HY/HS 催化剂。该公司在采用邻苯二甲酸酯作为给电子体的催化剂基础上，开发成功用琥珀酸酯作为电子体的新型 Z－N 负载催化剂，并从 2003年 6 月开始向市场供应这种催化剂系列产品，该催化剂通过使相对分子质量分布变宽而极大地扩展了聚丙烯均聚物和共聚物的性能。与使用邻苯二甲酸酯给电子体的催化剂相比较，产率可提高 40%~50%，以后又开发出以二醚作为给电子体的新型 Z－N 催化剂，催化活性高达 90kgPP/g。2007 年 Basell 公司与 Lyondell 公司合并成立 LyondellBasell 公司。Lyondell-Basell 公司生产的 Z－N 聚丙烯催化剂为 Avant Z－N 系列催化剂。它共有 4 种类型（通用型及专用型催化剂各 2 种），其中以邻苯二甲酸酯为给电子体的催化剂主要用于通用型产品的生产；以琥珀酸酯及二醚给电子体的催化剂则主要用于专用产品的生产。据称，全球有近三分之一的聚丙烯生产装置使用该系列催化剂。

Dow 化学公司的 Z－N 聚丙烯催化剂主要为 SHAC 系列，继 1985 年推出的 SHAC103 催化剂之后，20 世纪 90 年代先后推出 SHAC 201/205、SHAC310、SHAC320 催化剂，2002 年又推出新型 SHAC330 催化剂。与 SHAC320 催化剂比较，SHAC330 催化剂可提高聚丙烯装置的生产能力及效率，降低生产成本，在生产高附加值的抗冲共聚聚丙烯时，可使昂贵的外给电子体消耗量降低 80% ，催化剂效率提高 25% 。

BASF 公司收购 Engelhard 公司后更名为 BASF 催化剂公司，该公司生产的聚丙烯催化剂主要为 LYNX1000 和 LYNX2000 两个系列。该催化剂由北京化工研究院许可的技术发展而来。其中 LYNX1000 系列催化剂包括 LYNX1000、LYNX1010、LYNX1020、LYNX1030 等，这类催化剂的主要特点是活性高，具有良好的经济性和低残余量、高无规共聚单体嵌入量和良好的等规度控制性；LYNX2000 系列催化剂包括 LYNX2000、LYNX2010、LYNX2020，这类催化剂除具有 LYNX 系列催化剂的特点外，对许多工艺具有更宽的操作条件，更易流态化及运输。

除此以外，Borealis、Toho、Grace Davison、Sicd – Chemie 及三井东压等公司也都开发出各具特色的 Z – N 聚丙烯催化剂。

(二)国内研制开发的 Z – N 聚丙烯催化剂

国内从事 Z – N 聚丙烯催化剂研制开发的单位有北京化工研究院、中科院化学所、中国石化石油化工科学研究院、中国石油石油化工研究院兰州化工研究中心等。如由北京化工研究院研制开发、由中国石化催化剂北京奥达分公司生产的 N 系列催化剂（N – Ⅱ、N – Ⅲ、N – Ⅳ、N – Ⅵ）在国内广为应用，N 系列催化剂是以 $MgCl_2$ 为载体，负载 Ti 活性中心和给电子体，具有以下特点：①催化剂活性较高，1g 催化剂能生产聚合物 45kg；②对炼厂丙烯原料适应能力强；③催化剂质量稳定，所得产品质量高。该催化剂广泛用于连续本体 – 气相组合法、连续气相法及间歇本体法等聚丙烯工艺中，N 系列高效催化剂目前已获中、美、日、德、英、法、意、荷等国专利。

由中科院化学所研制开发，营口向阳催化剂公司生产的 CS 系列催化剂（CS – 1、CS – 2）也在国内广为应用。CS – 1 催化剂是以活性 $MgCl_2$ 为载体，以 $TiCl_4$ 为活性主体，并含少量酯类给电子体的负载型催化剂，主要用于配管工艺、连续本体及小本体法装置中；CS – 2 是 CS – 1 型催化剂改进后的球形催化剂，具有较好的颗粒形状，不但催化剂的活性更高，生产的聚合物等规度易调节，聚丙烯的形态、堆密度以及粒径大小等都有明显改善和提高。在 CS – 1 及 CS – 2 催化剂基础上，中科院化学所还研制出 CS – 3 催化剂，这是以二醚类化合物为给电子体的 Z – N 催化剂，具有较高的活性和优良的氢调敏感性，所得聚合物具有较高相对分子质量分布。中国石化催化剂北京奥达分公司是我国聚烯烃催化剂生产最大的企业，下面示出了该公司所生产的聚丙烯催化剂的主要型号及性能特点。

1. DQ 系列催化剂

[技术指标]

催化剂牌号 项目		指标			
		DQ – Ⅲ	DQ – Ⅳ	DQ – Ⅴ	DQ – Ⅵ
催化剂	催化剂粒度 $d(0.5)/\mu m$	40 ~ 65	20 ~ 40	30 ~ 50	50 ~ 70
	催化剂 Ti 含量/%	1.7 ~ 3.0	1.7 ~ 3.0	1.7 ~ 3.0	1.7 ~ 3.0
	催化剂酯含量/%	6 ~ 15	6 ~ 15	6 ~ 15	6 ~ 15
聚合评价[①]	催化剂活性/(g PP/g cat) ≥	5×10^4	5×10^4	4.5×10^4	4.5×10^4
	聚合物表观密度/(g/mL) ≥	0.46	0.46	0.46	0.46
	聚合物等规度/%	97	97	97	97

①聚合评价按 Q/SH 349528—2006 规定进行，加氢 0.2MPa，聚合物熔融指数控制为 2 ~ 6g/10min。后述聚丙烯催化剂品种的评价条件均相同。

［技术特点］

①催化活性高，活性≥45000gPP/gcat；

②氢调敏感性高；

③聚合物等规度高且可控，等规度≥97%；

④共聚性能优良，聚合物中乙烯含量可达15%；

⑤催化剂及聚合物均为球形，颗粒尺寸可控，催化剂粒径控制在25~80μm；

⑥聚合物堆密度高，表观密度≥0.47g/mL。

［用途］DQ系列催化剂是新一代聚丙烯球形高效催化剂，适宜均聚、无规共聚和嵌段共聚。可用于生产高乙烯含量的共聚物，适用于淤浆法、液相本体法聚合工艺。其中，DQ-Ⅲ为通用型球形催化剂，可满足大多数均聚物和部分共聚物生产的需要，适合于单环管、双环管装置；DQ-Ⅳ为粒径较小的球形催化剂，适合于均聚物的生产，特别是在生产高速高挺度BOPP料(如T36F、T38F)时有明显优势，主要在单环管装置上使用；DQ-Ⅴ为高氢调敏感性球形催化剂，主要满足高速BOPP料的生产；DQ-Ⅵ催化剂的特点主要表现为后期活性较高，主要在双环管装置上使用，满足高抗冲共聚物的生产。

2. DQC系列催化剂

［技术指标］

催化剂牌号 项目		指标		
		DQC301/302	DQC401/402	DQC601/602
催化剂	催化剂粒度 d(0.5)/μm	25~40	35~55	45~75
	催化剂Ti含量/%	1.8~3.0		
	催化剂酯含量/%	8~15		
聚合评价	催化剂活性/(g PP/g cat) ≥	5.0×10⁴		
	聚合物表观密度/(g/mL) ≥	0.46		
	聚丙烯等规指数/% ≥	96		

［技术特点］

①催化活性高，活性≥50000g PP/g cat；

②催化剂及聚合物均为球形，颗粒尺寸可控；

③催化剂粒径分布集中；

④聚合物粒形及流动性好，细粉含量少；

⑤聚合物堆密度高，表观密度≥0.46g/mL。

⑥共聚性能优良，可生产高橡胶含量的抗冲共聚物。

［用途］DQC系列催化剂是新一代聚丙烯球形高效催化剂，适宜均聚、无规共聚和嵌段共聚，适用于淤浆法、液相本体法等连续法聚合工艺。其中DQC-301/302催化剂粒径小，适合于单环管工艺聚丙烯生产装置，生产均聚聚丙烯产品；DQC-401/402催化剂为通用型球形催化剂，适合于单环管、双环管和环管+气相工艺聚丙烯生产装置，生产均聚聚丙烯、无规共聚聚丙烯及抗冲共聚聚丙烯；DQC-601/602催化剂专用于抗冲共聚聚丙烯及三元共聚聚丙烯的生产。

3. HDC 催化剂

[技术指标]

催化剂牌号 项目		HDC
催化剂	催化剂粒度 $d(0.5)/\mu m$	25 ~ 45
	催化剂 Ti 含量/%	2.0 ~ 3.5
	催化剂酯含量/%	6 ~ 15
聚合评价	催化剂活性/(g PP/g cat)　≥	4.5×10^4
	聚合物表观密度/(g/mL)　≥	0.45
	聚合物等规度/%　≥	96

[技术特点]

①催化活性高，活性≥45000g PP/g cat；

②氢调敏感性高；

③催化剂为球形，粒径控制在 25 ~ 45μm；

④聚合物等规度高且可调，等规度≥96%；

⑤聚合物堆密度高，表观密度≥0.45g/mL。

[用途]HDC 催化剂是一种高效聚丙烯催化剂，催化活性高，抗杂质能力强，聚合物成球形，平均粒径为 0.8 ~ 5mm。适合于单环管、双环管装置生产聚丙烯均聚物及共聚物等。

4. N 系列催化剂

[技术指标]

催化剂牌号 项目		N－Ⅰ	N－Ⅱ	N－Ⅲ
催化剂	催化剂粒度 $d(0.5)/\mu m$	16 ~ 22	12 ~ 22	16 ~ 22
	催化剂钛含量/%	1.6 ~ 3.5	1.6 ~ 3.5	1.8 ~ 3.5
	催化剂酯含量/%	6 ~ 20	6 ~ 20	8 ~ 20
聚合评价	催化剂活性/(g PP/g cat)　≥	4.5×10^4	4.5×10^4	5.0×10^4
	聚合物表观密度/(g/mL)　≥	0.45	0.45	0.45
	聚丙烯等规度/%　≥	97	97	97

[技术特点]

①催化活性高，活性≥45000g PP/g cat；

②氢调敏感性高；

③聚合物熔融指数在 0.2 ~ 80g/10min 范围可调；

④聚合物等规度高，等规度≥97%；

⑤聚合物颗粒形态以及流动性好，细粉少；

⑥聚合物稳定性好，并具有优良的抗老化、抗辐射性能，机械性能优良。

[用途]N 系列催化剂(N‑Ⅰ、N‑Ⅱ、N‑Ⅲ)是一种钛系丙烯聚合颗粒状高效催化剂，适用于液相间歇本体法和 Hypol 工艺、环管工艺等连续法聚丙烯生产装置，可生产均聚、抗冲共聚和无规共聚等类型的聚丙烯产品。

5. NG 催化剂

[技术指标]

催化剂 项目		NG
催化剂	催化剂粒度 $d(0.5)/\mu m$	16~25
	催化剂钛含量/%	1.6~3.0
	催化剂酯含量/%	8~20
聚合评价	催化剂活性/(g PP/g cat) ⩾	5.5×10^4
	聚丙烯等规指数/% ⩾	96
	聚合物表观密度/(g/mL) ⩾	0.45

[技术特点]

①催化活性高，活性⩾55000g PP/g cat；

②氢调敏感性高；

③聚合物等规度高且可调，等规度⩾97%，聚合物熔融指数可调；

④共聚性能好，聚合物产品性能好，堆密度高。

[用途]NG 催化剂是在 N 催化剂基础上开发的钛系丙烯聚合颗粒状高效催化剂。适用于连续气相法工艺聚丙烯装置，如 Innovene、Novolen、Unipol 工艺，可生产均聚、抗冲共聚和无规共聚等类型的聚丙烯产品。

6. NA 催化剂

[技术指标]

催化剂牌号 项目		NA
催化剂	催化剂粒度 $d(0.5)/\mu m$	15~25
	催化剂钛含量/%	1.5~3.5
	催化剂酯含量/%	6~15
聚合评价	催化剂活性/(g PP/g cat) ⩾	4.5×10^4
	聚丙烯等规度/% ⩾	96
	聚合物表观密度/(g/mL) ⩾	0.43

[技术特点]

①催化剂平均粒径可控制在 20~30μm；

②催化活性高，活性⩾45000g PP/g cat(5L 聚合釜，70℃本体聚合 2h)；

③共聚性能优良；

④氢调敏感性高;

⑤聚合物颗粒形态好、流动性好、细粉少;

⑥聚丙烯树脂等规度高、机械性能优良。

[用途]NA 催化剂是新一代钛系颗粒状载体型高效催化剂,具有较好的抗杂质能力,适用于液相间歇本体及连续法工艺聚丙烯装置,可生产均聚、抗冲共聚和无规共聚等类型的聚丙烯产品。

7. NA – Ⅱ 催化剂

[产品规格]

项目	催化剂牌号	NA – Ⅱ
催化剂	催化剂粒度分布 $d(0.5)/\mu m$	16~25
	催化剂钛含量/%	2.0~3.0
	催化剂酯含量/%	5~15
聚合评价	催化剂活性/(g PP/g cat) ≥	5.0×10^4
	聚合物表观密度/(g/mL) ≥	0.45
	聚丙烯等规度/% ≥	96

[技术特点]

①催化活性高,活性≥50000g PP/g cat;

②氢调敏感性高;

③共聚性能好,聚合物熔融指数可调;

④聚合物等规度高且可调;

⑤聚合物产品性能优良,相对分子质量分布宽,堆密度高。

[用途]NA – Ⅱ催化剂是新一代钛系颗粒状载体催化剂,适用于 Innovene、Hypol 等连续法工艺聚丙烯装置。该催化剂的等规度可调性好,适合于 BOPP 薄膜专用料的生产。

8. BCND 催化剂

[产品规格]

项目	催化剂牌号	BCND
催化剂	催化剂粒度 $d(0.5)/\mu m$	10~30
	催化剂钛含量/%	2.0~4.0
	催化剂酯含量/%	5~15
聚合评价	催化剂活性/(g·PP/g cat) ≥	6.0×10^4
	聚丙烯等规度/% ≥	97
	聚合物表观密度/(g/mL) ≥	0.45

［技术特点］

①催化活性高，活性≥60000g PP/g cat；

②可提供系列不同氢调敏感性催化剂，低氢调敏感性催化剂生产低熔融指数聚合物时控制稳定，高氢调敏感性催化剂可生产高熔融指数聚合物；

③共聚性能好，乙烯链段分布均匀，生产无规共聚物时，相同乙烯含量下可得到更低熔点或更高透明度的聚合物，生产抗冲聚合物时，在相同聚合条件及乙烯含量下，可得到更多的橡胶含量，即具有更高的抗冲性能；

④聚合物分子量分布宽、颗粒形态好，细粉极少；

⑤聚合物性能优良，尤其是均聚物弯曲模量高，共聚物具有优良的刚韧平衡性能。

［用途］BCND 催化剂是新一代丙烯聚合催化剂，采用新型内给电子技术，生产的聚合物中不含邻苯二甲酸酯类化合物。目前有 BCND–Ⅰ、BCND–Ⅱ和 BCND–Ⅲ等 3 个牌号产品。牌号不同，氢调敏感性不同。适用于连续法聚丙烯生产装置的 Hypol、Novolen、Unipol、Innovene 等工艺，生产均聚、抗冲共聚以及无规共聚等聚丙烯产品。

9. BCNX 催化剂

［技术指标］

催化剂牌号 项目			BCNX–A10	BCNX–A20
催化剂	外观		浅灰黄色粉末	浅灰黄色粉末
	催化剂粒度 $d(0.5)$/μm		7 ~ 12	12 ~ 25
	催化剂钛含量/%		1.5 ~ 3.0	1.5 ~ 3.0
	催化剂酯含量/%		3 ~ 15	3 ~ 15
聚合评价	催化剂活性/(g PP/g cat)	≥	5.0×10^4	5.0×10^4
	聚合物表观密度/(g/mL)	≥	0.43	0.43
	聚合物 <150μm 粒子/%	≤	1.0	0.5

［技术特点］

①催化活性高，活性≥50000g PP/g cat；

②氢调性能好；

③抗杂质能力强；

④聚合物等规度高、颗粒形态好、粒径分布窄、流动性好、细粉量少。

［用途］BCNX 催化剂是新一代钛系颗粒状载体型高效催化剂，适用于液相间歇本体法、淤浆法、连续气相法等工艺的聚丙烯生产装置，可生产均聚、抗冲共聚及无规共聚等聚丙烯产品。

10. SAL 催化剂

［技术指标］

催化剂牌号\ 项目		SAL
催化剂	外观	浅灰黄色粉末
	催化剂粒度 $d(0.5)/\mu m$	20 ~ 32
	催化剂钛含量/%	2.0 ~ 3.2
	催化剂酯含量/%	8 ~ 20
聚合评价	催化剂活性/(g PP/g cat)　≥	5.8×10^4
	聚丙烯等规度/%　≥	97
	聚合物表观密度/(g/mL)　≥	0.43

[技术特点]

①催化活性高，活性≥58000g PP/g cat；

②氢调敏感性高，聚合物熔融指数可调；

③聚合物等规度高而且可调；

④聚合物产品性能优良，堆密度高，加工性能好。

[用途]SAL 催化剂是钛系丙烯聚合颗粒状高效催化剂，适用于 Innovene 气相工艺聚丙烯生产装置，生产均聚、共聚聚丙烯产品。

中篇　助　剂

第四章　炼油助剂

炼油助剂是一类提高石油加工产品质量、优化产品分布、节约能耗、减少三废排放的精细化学品。一般是指在工艺过程中加入的过程助剂。它具有针对性强、功效显著、使用方便等特点。

炼油助剂品种繁多，按其基本属性可分为有机物和无机物两类；按助剂形态可分为液态、固态及气态等。而按其使用功能可大致分为以下几类。

①提高产品质量类助剂。如降低催化裂化汽油烯烃助剂、催化裂化汽油脱硫剂、提高催化裂化汽油辛烷值助剂等。如汽油中的烯烃具有较高的光化学反应活性，其中甲基丁烯、丁二烯和三甲基苯光化学反应活性最强；其次是乙烯、丙烯和 α - 烯烃等。这些化合物能促进光化学烟雾的生成，使接近地面大气中的臭氧量增加，成为污染大气的主要有害组分之一。降低汽油烯烃的方法有优化催化裂化操作条件、使用降烯烃催化剂、催化裂化汽油选择性加氢、使用降低催化裂化汽油烯烃助剂等。其中，降低催化裂化汽油烯烃助剂能最大限度地促进芳构化反应，在降低汽油烯烃的同时又能提高汽油辛烷值，并具有用量少、见效快及使用灵活的特点。

②改善原料性质和催化剂活性类助剂。如原油破乳剂、原油脱钙剂、催化裂化金属钝化剂等。如钙为原油中的主要金属杂质之一，对原油加工及其产品均有不同程度危害。钙盐会腐蚀设备，钙沉积在催化剂表面会影响催化剂活性，钙进入石油沥青及石油焦产品中会影响石油产品质量，钙在换热设备上结垢会影响传热并增加能耗。原油脱钙剂大都是螯合沉淀类药剂，能与原油中的有机钙化合物作用，使钙离子形成螯合物溶于或分散到水中，随着水相与油相的分离达到原油脱钙目的。由于镁、铁的性质与钙相似，脱钙同时也将镁、铁脱除；又如，在重油催化裂化中，使用金属钝化剂，可以抑制油中所含重金属（镍、钒、铜等）影响裂化催化剂活性；从而提高装置的轻油收率，降低焦炭及氢气产率。

③改善产品分布类助剂。如催化裂化塔底油裂化助剂、催化裂化多产液化石油气助剂等。催化裂化塔底油裂化助剂是用于控制和加速催化裂化分馏塔底油浆进一步裂化使之轻质化的一种助剂。它随主催化剂一起流动，能使油浆分子适度裂化，控制反应深度，达到提高轻质油的收率，同时又尽量减少小分子烃和焦炭产率的目的；又如使用催化裂化多产液化石油气助剂，可在现有催化裂化装置上，不经设备改造，灵活地实现多产液化石油气，特别是多产 C_3、C_4。还可通过调整助剂加入量，满足炼厂不同时期对液化气产量需求的要求。

④延长装置开工周期和降低能耗类助剂。如炼油过程中的缓蚀剂、阻垢剂，延迟焦化的阻焦剂等，随着原油性质的重质化和劣质化，石油加工条件变为更加苛刻，炼油设备及管线的腐蚀及结垢问题日益突出。腐蚀或结垢导致设备损坏、处理量降低、能耗增加、非计划停工次数增多，影响装置的正常运行和企业的经济效益，加入缓蚀剂及阻垢剂可以有效降低或防止设备及管线的腐蚀或结垢，延长装置正常运行周期和降低装置能耗。

⑤减少"三废"排放的环保类助剂。如催化裂化硫转移剂、脱 NO_x 助剂等，炼油厂废气中 SO_x 和 NO_x 是污染大气的主要物质。控制 SO_x 和 NO_x 的排放是治理炼油厂大气污染的关

键。如硫转移剂是为了减少催化裂化装置再生烟气中 SO_x 排放对大气污染而使用的一种助剂。它是将再生烟气中的 SO_x 转化成 H_2S 而进入干气中，然后再由硫回收装置作为硫黄回收，从而实现减少 SO_x 排放目的。

⑥提高装置加工能力的助剂。如炼油过程中的消泡剂、润滑油溶剂、脱蜡助滤剂等。消泡剂广泛用于涂料、造纸、印染、水处理、食品等行业。而在炼油厂一些装置（如延迟焦化、气体脱硫等）的运行过程中，也常易产生大量泡沫，影响装置正常运行。而加入消泡剂则是抑制泡沫生成，提高装置生产能力的简单而又普遍使用的方法。

目前，在炼油厂使用助剂较多的是常减压蒸馏装置及催化裂化装置，使用最广的助剂品种是缓蚀剂、阻垢剂。而随着原油开采深度的加大，原料日趋重质化和劣质化，加之催化裂化原料油日益短缺，催化裂化单纯地加工蜡油已不能满足需求，国内外炼油厂都在大力发展掺炼或全炼重油和渣油的催化裂化技术，以拓宽催化裂化原料油来源，满足市场对轻质油品的需要，最大限度地提高经济效益，这些技术主要包括炼油工艺、设备、催化剂及助剂等领域。由于助剂使用量少，添加灵活方便、见效快，可起到催化裂化过程外的其他作用，从而使催化裂化过程的操作比以往更具多样性及灵活性，因此，助剂在催化裂化技术中备受关注。同样，在其他炼油工艺中，由于助剂可以提高产品质量及装置加工能力，减少三废排放等作用，也成为研发重点。

在国内，相对于炼油催化剂和石油产品添加剂，炼油过程助剂开发较晚，而人们对炼油助剂的认识和重要性也远不及催化剂和添加剂。国内从事炼油过程助剂的研究单位不是太多，而不同的研究机构对助剂的评价方法无统一标准。各种助剂在炼厂的使用方法也不十分规范，一些助剂使用后的副作用考察还不充分，特别是对下游催化剂活性及选择性的影响。

显然，随着原油重质化、劣质化和清洁燃料需求量的增加，以及环境保护法规的不断严格，炼油助剂在我国具有重大的发展潜力及市场空间。

一、原油破乳剂

世界各地的油田，几乎都会经历含水开发期，特别是采油速度快和采取注水强化开采的油田，原油含水量很高，在开发后期，有的原油含水可高达90%以上，在含水期采出的原油和水混合在一起，其中部分水呈游离状态，采出地面后经沉降即可分出。另一部水则以液珠形式分散在原油中，形成油包水型（W/O）乳液，即乳化原油，或称原油乳状液。在三次采油期间，由于含水量较高，注入的化学剂使得采出液成分复杂，会出现水包油型（O/W）乳化原油，或更为复杂的油包水包油型（O/W/O）或水包油包水型（W/O/W）乳化原油。

原油乳状液之所以比较稳定，主要由于原油中含有沥青质、胶质、环烷酸等天然表面活性物质，它们都是高性能天然乳化剂，能吸附在油水界面上，形成具有一定强度的界面膜，使乳状液处于稳定状态，原油中包含以下三类：①分散在原油中的沥青质、胶质。沥青质一般被定义为油中不溶于正己烷而溶于苯的馏分；胶质是高极性并以真溶液形式存在于原油中的化合物，这类有机高分子物质表面活性较低，亲油性较强，能显著提高油相黏度，其中沥青质对原油乳状液的稳定作用十分重要，它能在油水界面上形成稳定的界面膜。②分散在油相中的固体，如蜡、黏土、炭粉等。这类物质颗粒极细，粒径在 $2\mu m$ 以下，客易被吸附在油水界面上形成 W/O 型乳状液。蜡在较低温度下，可在油中形成细小的蜡晶和网状结构，提高原油黏度。而一些微晶也可在水滴表面形成蜡晶屏障，阻止水滴合并，提高乳状液稳定性。③溶解于原油中的环烷酸、脂肪酸的皂类。它们是具有很强表面活性和亲水性的物质。其乳化作用主要通过分子吸附，但所形成的乳状液稳定性相对较弱，但分散度很高。此外，油田开发过程中所添加的化学剂，如压裂、酸化中所用的化学助剂，注稠化水中的稠化剂，清蜡、防蜡所用的清蜡剂、防蜡剂，以及各种缓蚀剂、防垢剂等，也会影响所形成的乳状液的稳定性。

原油含水以后，其热力学性质、流变性质及物理性质都会发生很大变化，对采油、油气集输、储存及炼厂加工都会造成不同程度的影响，表现为：①总液量大幅度增加，使采油和油气集输系统的管道及设备利用率大幅度降低。②增加输送动力消耗，尤其是输送油包水型乳状液时，由于其黏度比纯油要高，加上水的密度比原油大，从而使管道摩擦阻力增加，输送动力消耗增大。③原油所含地层水中的碳酸盐、硫酸盐等会在管道和设备中形成盐垢，从而引起金属管道或设备结垢和腐蚀。④增加了原油集输、脱水和炼厂加工处理过程中需对原油加热升温的燃料消耗。由于水的比热容为1，原油的比热容为0.45，当原油含水率为30%时，燃料消耗将会增加一倍。⑤在原油常压蒸馏时，原油会加热到350℃左右。水的相对分子质量为18，原油蒸馏时汽化部分的相对分子质量平均为200~250。因此，1t水汽化后的体积比等质量的原油汽化体积大10多倍，从而会产生冲塔的安全事故。所以，为保证油田开发和炼油厂加工过程正常进行，必须对原油进行脱水处理。所以原油的脱水总是与破乳联系在一起。而原油外输时，对含水量的要求，各国的标准不同。我国目前规定商品原油的含水率在0.5%以下，含盐量为50mg/L以下；美国外输原料容许含水小于0.25%，含盐量平均小于170mg/L，而即使这一规定标准，仍然达不到炼油厂加工装置对原油质量的要求，所以在炼油厂的第一步加工工序，需对原油进行脱盐脱水预处理。以往这种预处理只是一种防腐蚀、稳定操作的手段，现在则是要起到保护后续加工催化剂比如催化裂化催化剂、加氢裂化催化剂，不受污染的作用。

原油破乳过程实质上是破乳剂分子溶入并黏附在乳状液滴的界面上取代天然乳化剂并破坏表面膜，将膜内包覆的水释放出来，而原料中的盐一般都溶解于水，水滴互相聚结形成大液滴并沉淀到底部，油水两相分离。归结起来，原油破乳剂在炼油加工过程中的作用有：①原油常减压等蒸馏过程中金属盐的腐蚀作用；②降低能耗及稳定常减压装置操作；③除去盐垢和可滤性固体物质，提高加热炉或换热器等传热效率；④减少对催化裂化、加氢裂化催化剂等的污染，减轻盐类进入渣油量，提高燃料油、石油焦等石油产品的质量。

破乳剂的作用，正好与乳化剂相反。一种理想的破乳剂应该具有以下条件：

①较强的表面活性。表面活性高于原油中天然乳化剂的破乳剂分子能迅速吸附在油水界面上，取代天然乳化剂分子，降低液滴的表面张力和界面膜强度。通常一个破乳剂在浓度0.01%时能将油水界面张力降低到15mN/m左右，就具备优良破乳剂的基本条件；如有下列分子结构的破乳剂具有高表面活性：憎水部分带两个甲基硅氧烷基团，憎水基团链长较短，支链度较大，或含有不饱和键，憎水基团与亲水基团中心之间距离较小。

②良好的润湿性能。具有良好润湿能力的破乳剂分子向乳状液滴扩散并渗透入固体粒子之间的保护层时，易吸附在固体粒子如：沥青质粒子、胶质粒子、蜡晶粒、黏土粒子、金属盐粒子和水滴表面，降低它们的表面能，改变表面的润湿性能，破坏保护层上粒子之间的接触，使界面膜的强度剧烈降低而破裂。破乳剂的润湿能力则与其分子结构有关。破乳剂分子最好具有分支结构，因分支结构不利于分子缔合和形成胶束，而有利于分子在固体表面吸附，从而改变表面的润湿性，这就要求与亲水基相连的烃链不太长也不太短，使亲水基与憎水基保持一定的平衡，以增加对固体粒子表面的润湿。

③足够的絮凝能力。破乳剂的絮凝能力表征吸附在乳状液液滴界面的破乳剂分子吸引其他液滴的能力。具有足够絮凝能力的破乳剂会使乳化液滴相互吸引，形成一束束鱼卵状聚集体悬浮在原油中，促进乳化液滴的碰撞和液膜的破坏，增加聚结机会，破乳剂的絮凝能力也与其分子结构和相对分子质量有关。为了提高破乳剂的絮凝能力以增强脱水效果，还可与絮凝剂复配使用，提高原油的脱盐、脱水效果。

④较强的聚结效果。由于乳状液液滴的直径在几微至几百微米的大范围内变化，只有当破乳剂具有足够的聚结能力时，乳状液液滴表面破坏后，小滴才能立即聚结成大滴，在重力的作用下沉降，达到原油脱水的目的。

（一）原油破乳剂的发展状况

原油破乳剂的研究和应用可追溯到20世纪20年代，当时所用的破乳剂是脂肪酸盐、环烷酸盐等阴离子型，其破乳效率不高；20世纪30年代开始用石油磺酸盐、氧化蓖麻油等表面活性剂。20世纪40年代至50年代发展的第二代破乳剂主要是低相对分子质量非离子表面活性剂，如脂肪酸聚氧乙烯酯、脂肪醇聚氧乙烯醚、烷基酚聚氧乙烯醚、斯盘及吐温类等。这类破乳剂能耐酸、碱、盐，但破乳效果一般；20世纪60年代至今发展的第三代破乳剂主要是高相对分子质量非离子表面活性剂，如环氧乙烷 – 环氧丙烷嵌段共聚物即聚醚型破乳剂，酚醛树脂的环氧乙烷 – 环氧丙烷聚醚及其改性物，胺类的环氧烷聚醚等。以后又相继合成出特种表面活性剂及各种均聚物作为高效原油破乳剂，其中又以环氧乙烷 – 环氧丙烷嵌段共聚物为主体的聚醚型非离子表面活性剂应用最广，破乳脱水效果最好。

在近期，我国原油破乳剂的生产及研发主要集中在用环氧化物制备的嵌段共聚物，并在催化剂起始剂及扩链剂等方面进行改进以增加其相对分子质量。各大油田常用的通用牌号破乳剂中，如 AE 型、AF 型、AP 型、AR 型、HD 型、SAP 型及 TA 型等，多数是由环氧乙烷、环氧丙烷和其他组分如脂肪酸、多乙烯多胺、烷基酚树脂、酚醛胺等进行嵌段聚合而制得，也有的在聚链中的某些基团上进行磺化、氧化、季铵化等进行改性。

根据聚合时所采用的起始剂不同，环氧乙烷和环氧丙烷的加成数不同，以及羟基交联和封闭情况不同，可制得不同牌号的聚醚型破乳化剂，使用效果较好而以聚醚为主体的原油乳化剂有以下一些类型：

①以一元醇为起始剂的聚醚，如十八碳醇聚氧丙烯聚氧乙烯醚（破乳剂 SP – 149）的结构式为：

$$C_{18}H_{37}(C_3H_6O)_m(C_2H_4O)_n(C_3H_6O)_pH$$

十八碳醇聚氧丙烯聚氧乙烯醚（破乳剂 SP – 179）的结构式为：

$$C_{18}H_{37}(C_3H_8O)_m(C_2H_4O)_n(C_3H_6O)_pH$$

②以二甘醇为起始剂的聚醚，如二甘醇聚氧乙烯聚氧丙烯醚（破乳剂 EG – 2530B）的结构式为：

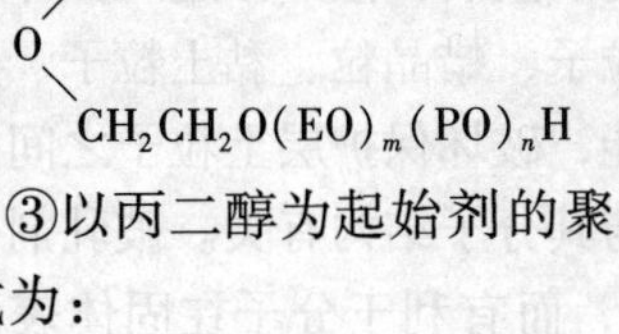

$$CH_2CH_2O(EO)_m(PO)_nH$$
$$O$$
$$CH_2CH_2O(EO)_m(PO)_nH$$

③以丙二醇为起始剂的聚醚，如丙二醇聚氧丙烯聚氧乙烯醚（破乳剂 BP22064）的结构式为：

$$CH_3$$
$$|$$
$$CH(C_3H_6O)_m(C_2H_4O)_nH$$
$$|$$
$$CH_2O(C_3H_6O)_m(C_2H_4O)_nH$$

④以甘油为起始剂的聚醚，如甘油聚氧丙烯聚氧乙烯醚的结构式为：

$$CH_2O(C_3H_6O)_m(C_2H_4O)_nH$$
$$|$$
$$CHO(C_3H_6O)_m(C_2H_4O)_nH$$
$$|$$
$$CH_2O(C_3H_6O)_m(C_2H_4O)_nH$$

⑤以乙二胺为起始剂的聚醚，如乙二胺聚氧丙烯聚氧乙烯醚的结构式为：

$$H(C_2H_4O)_n(C_3H_6O)_m \qquad\qquad (C_3H_8O)_m(C_2H_4O)_nH$$
$$\diagdown N-CH_2-CH_2-N \diagup$$
$$H(C_2H_4O)_n(C_3H_6O)_m \qquad\qquad (C_3H_8O)_m(C_2H_4O)_nH$$

⑥以多乙烯多胺为起始剂的聚醚。这类产品用作原油破乳剂的品种较多，如 AP 型多乙烯多胺聚氧丙烯聚氧乙烯醚的结构式为：

$$H(C_3H_6O)_m(C_2H_4O)_n(C_3H_6O)_p \qquad\qquad (C_3H_6O)_m(C_2H_4O)_n(C_3H_6O)_pH$$
$$\diagdown N-C_2H_4-N-C_2H_4-N \diagup$$
$$H(C_3H_6O)_m(C_2H_4O)_n(C_3H_6O)_p \qquad (C_3H_6O)_m(C_2H_4O)_n(C_3H_6O)_pH$$
$$(C_3H_6O)_m(C_2H_4O)_n(C_3H_6O)_pH$$

AE 型多乙烯多胺聚氧丙烯聚氧乙烯醚的结构式为：

$$H(C_2H_4O)_n(C_3H_6O)_m \qquad\qquad (C_3H_6O)_m(C_2H_4O)_nH$$
$$\diagdown N-C_2H_4-N-C_2H_4-N \diagup$$
$$H(C_2H_4O)_n(C_3H_6O)_m \qquad\qquad (C_3H_6O)_m(C_2H_4O)_nH$$
$$(C_3H_6O)_m(C_2H_4O)_nH$$

⑦以烷基酚醛树脂为起始剂的聚醚，其结构式为：

$$\left[\begin{array}{c} R \\ \text{苯环} \\ O(C_3H_6O)_n(C_2H_4O)_p \end{array} CH_2 \right]_m$$

牌号为 AF – 3111、AF – 8422 破乳剂即为此类破乳剂。

⑧以苯酚、胺、醛等为起始剂的聚醚，如酚胺型聚氧丙烯聚氧乙烯醚。ST 系列，TA 系列破乳剂即为此类破乳剂。

随着开采原油中重质油(稠油)的比例增大，强化采油的乳状液比较稳定，环境保护的法规越来越严格，一些常规破乳剂已不能满足原油生产的多种需要，使得原油破乳剂不断向提高破乳能力、降低破乳温度，适应性强、使用方便、价格低廉的方向发展，主要品种有下面一些。

①改性烷基酚醛树脂聚醚破乳剂。是由一元羧酸或二元羧酸改性其胺基的聚醚，是良好的低温破乳剂，用于沥青基原油的破乳能力较强。

②含硅聚醚破乳剂。如聚氧丙烯聚氧乙烯多乙烯多胺醚聚硅氧烷共聚物(破乳剂 SAE)，这类破乳剂对原油乳状液类型不太敏感，而且破乳能力强，低温脱水速率快，并有一定防蜡

降黏性能，用于胜利、辽河、大庆油田等。

③以黄原胶为起始剂的聚醚型破乳剂，是以相对分子质量大，活泼氢多，具有分支结构的黄原胶为起始剂，与环氧丙烷、环氧乙烷经加成反应制得的具有分支结构黄原胶类破乳剂。这类破乳剂相对分子质量大、分支结构多，具有较强的表面活性及良好的润湿性能，破乳能力强。

④聚氨酯系破乳剂，一种高分子线型聚合物，可分为芳烃溶液型和乳液型两类，都具有破乳能力强，破乳速度快、药用量低、能适应不同性质的原油乳状液的特点。芳烃溶剂型破乳剂易燃并具毒性，使用不便。乳液型破乳剂可用水稀释至所要求浓度加入，使用方便。

⑤聚磷酸酯型破乳剂。如聚氧乙烯聚氧丙烯烷基膦酸酯：

$$RO \underset{\underset{O}{\overset{\parallel}{P}}}{\overset{O}{\parallel}} \begin{matrix} O-(C_3H_6O)_m-(C_2H_4O)_nH \\ \\ O-(C_3H_6O)_m-(C_2H_4O)_nH \end{matrix} \qquad (R=H、烷氧基、芳基等)$$

这类破乳剂不仅有较强破乳能力，而且还有缓蚀防垢作用，适用于油包水型原油乳状液的破乳、脱水。

⑥超高相对分子质量聚醚破乳剂。一般的聚醚型原油破乳剂相对分子质量为 1000 ~ 10000，也有较好的破乳能力及脱水效果，使用时发现，随着相对分子质量提高，脱水效果会随之提高，因此便出现了超高相对分子质量破乳剂。但其基本成分并未改变，只是通过使用具有多活泼基团的起始剂、交联剂，使聚醚的相对分子质量达到数万至数百万，这类破乳剂具有用量少，适应性强，破乳温度低，出水率高等特点，但其溶解性较差，价格较高。

⑦脲类破乳剂。将氨基醇或几种氨基醇的混合物进行缩聚，然后在亚磷酸酯催化剂存在下加入脲或脲的衍生物，由此制得的原油破乳剂适用于水包油型乳液，具有较强破乳及脱水效果，此外，将多乙烯多胺与多异氰酸酯反应制得的相对分子质量在 5000 以上的聚合物脲，具有较强表面活性，适合用作水包油型破乳剂。

⑧复配型破乳剂。原油乳状液的破乳不是一个单一过程，它包含破乳剂加入后，在乳状液中扩散、浓集在乳化液滴表面，渗入乳化液滴表面层取代保护层上的天然乳化剂而破坏表面壳层，被乳化的水滴相互接近、接触、彼此结合而形成大水滴从原油中分离出来等一系列过程，因此，单一的破乳剂往往难以获得良好的破乳效果。国际上应用的破乳商品多为复合配方，用各种所谓基础材料或中间体复配混合得到所需的破乳剂。国内外复配型破乳剂的最常用方式是在现场应用时，将两种或两种以上破乳剂混合加入。

（二）国产原油破乳剂

在炼油厂加工过程中，原油电脱盐是原油加工的第一道工序。所谓电脱盐，主要是加入破乳剂，破坏原油的乳化状态，在电场作用下，使微小水滴聚结成大水滴，原油中所含的盐分、水分、机械杂质等，在此装置进行脱除，为常压装置输送净化原油，由于原油加工量很大，破乳剂用量也很大。所以，国内原油破乳剂的生产厂及生产品种非常多，而各炼油厂加工的原油品种复杂，来源广泛，但目前生产的破乳剂都有一定的选择性，使用前应对每一种原油进行破乳剂评选，由于破乳剂是通过到达油水乳化液的界面，破坏乳化膜而达到破乳作用，因此破乳剂的破乳效果、注入浓度、注入量、注入点、破乳剂与原油的混合状态都会直接影响脱盐率，而且还影响脱盐排水中的含油量。以下为国内部分原油破乳剂品种。

1. 破乳剂 AE-0640

[别名]脂肪胺聚氧丙烯聚氧乙烯醚。

[性质]复配物。棕黄色黏稠液体，水包油型非离子表面活性剂。

[质量规格]（Q/SH004.6.06—1991）

项目	指标
羟值（干剂）/（mgKOH/g）	≤50
色度/号	≤300
pH 值（2% 水溶液）	5~7
凝固点/℃	25~40
密度（20℃）/（g/mL）	0.9~1.05
固含量/%	65±2

[用途]用作原油低温脱水、脱盐。

[简要制法]以脂肪胺为起始剂，氢氧化钾为催化剂，与环氧丙烷、环氧乙烷经嵌段聚合而制得。出厂产品加有 35% 的溶剂。

[生产单位]金陵石化公司化工二厂。

2. 破乳剂 AE-1910

[别名]多乙烯多胺聚氧丙烯聚氧乙烯醚。

[结构式]

$$H(OC_2H_4)_n(OC_3H_6)_m \qquad (C_3H_6O)_m(C_2H_4O)_nH$$
$$N(C_2H_4N)_4C_2H_4N$$
$$H(OC_2H_4)_n(OC_3H_6)_m \begin{matrix} (C_3H_6O)_m(C_2H_4O)_nH \\ (C_3H_6O)_m(C_2H_4O)_nH \end{matrix}$$

[性质]黄棕色黏稠液体，亲水性较 AP 型破乳剂强。

[质量规格]

项目	指标
羟值/（mgKOH/g）	≤56
色度/号	<300
凝固点/℃	20~40
浓度/%	65

[用途]用作原油低温脱水、脱盐。

[简要制法]以多乙烯多胺为起始剂，在催化剂存在下，与环氧丙烷、环氧乙烷经嵌段共聚反应制得，产品为非离子表面活性剂，出厂时加有溶剂。

[生产单位]金陵石化公司化工二厂、大连石油化工公司有机合成厂、辽原市石油化工总厂等。

3. 破乳剂 AE-2010

[别名]聚氧丙烯聚氧乙烯多乙烯多胺醚。

[结构式]

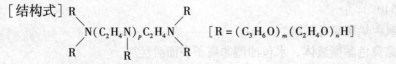

[性质]黄色黏稠性液体，有强亲水性。

[质量规格]

项目	指标
羟值/(mgKOH/g)	≤50
色度/号	≤300
浓度/%	65

[用途]用于原油低温脱水、脱盐。

[简要制法]以多乙烯多胺为起始剂，在催化剂存在下，与环氧丙烷、环氧乙烷经嵌段共聚制得。

[生产单位]金陵石化公司化工二厂、大连石化公司有机合成厂、天津第三石油化工厂等。

4. 破乳剂 AE-2821

[别名]聚氧丙烯聚氧乙烯乙烯脂胺醚。

[性质]复配物。黄色黏稠性质液体。为水包油型非离子表面活性剂。

[质量规格]（Q/SH004.6.06—1991）

项目	指标
羟值(干剂)/(mgKOH/g)	≤60
色度/号	≤300
浊点/℃	≥14
pH 值(8%水溶液)	5~7
密度(20℃)/(g/mL)	0.9~1.05
固含量/%	65±2

[用途]用于原油破乳脱水、脱盐。

[简要制法]以脂肪胺为起始剂，氢氧化钾为催化剂，与环氧丙烷、环氧乙烷进行嵌段共聚制得，出厂产品加有35%溶剂。

[生产单位]金陵石化公司化工二厂。

5. 破乳剂 AE-4010

[别名]聚氧丙烯聚氧乙烯多乙烯多胺醚

[结构式]参见"破乳剂 AE-2010"。

[性质]复配物。淡黄色黏稠液体。可溶于水、乙醇、乙醚、苯等溶剂，呈弱碱性。

[质量规格] (Q/SH011.01.006—1989)

项目	指标
羟值/ (mgKOH/g)	≤56
色度/号	≤300
凝固点/℃	20~40

[用途]用于原油破乳脱水、脱盐。

[简要制法]以多乙烯多胺为起始剂,氢氧化钾为催化剂,与环氧丙烷、环氧乙烯经嵌段聚合制得,出厂产品含有甲醇溶剂。

[生产厂]大连石化公司有机合成厂。

6. 破乳剂 AE-8031

[别名]多乙烯多胺聚氧丙烯聚氧乙烯醚。

[结构式]$R(C_3H_6O)_m(C_2H_4O)_nH$

[性质]棕黄色黏稠性液体,呈微碱性。

[用途]用于原油低温脱水、脱盐,使用时用清水稀释至一定含量,然后用泵注入输油干线端点或注入联合脱水罐进口管线中,与含水原油一同进脱水罐进行破乳脱水。

[生产单位]天津石油化工二厂。

7. 破乳剂 AE-8051

[别名]环氧乙烷-环氧丙烷嵌段聚醚复配物

[性质]黄色或棕黄色黏稠液体,主要成分为聚氧丙烯-聚氧乙烯嵌段聚醚,为非离子水溶性表面活性剂。

[质量规格]

项目	指标
外观	黄色或棕黄色黏稠液体
羟值/ (mgKOH/g)	<56
脱水率/%	≥95
相对分子质量	2000~4000

[用途]用于原油破乳脱水、脱盐,并有降凝、降黏作用,使用量 $< 10 \times 10^{-6}$。净化油含水率<0.2%,污水含油量<0.03%。

[简要制法]在一定压力及催化剂存在下,由起始剂与环氧乙烷、环氧丙烷共聚制得单体,再复配溶剂制得成品。

[生产单位]靖江石油化工公司。

8. 破乳剂 AF8422

[别名]烷基酚醛树脂聚氧丙烯聚氧乙烯醚。

[性质]黄色透明黏稠性液体,不溶于水,溶于油。

[质量规格]

261

项目	指标
羟值/(mgKOH/g)	<50
凝固点/℃	20~30
色度/号	<100

[用途]用于原油破乳脱水、脱盐、降黏、防蜡、冷输等,如用于中原油田原油脱水。

[简要制法]以烷基酚醛树脂为起始剂,在催化剂存在下与环氧丙烷、环氧乙烷共聚制得。

[生产单位]荆州市石油化工总厂。

9. 破乳剂 AP134

[别名]聚氧丙烯聚氧乙烯多乙烯多胺醚

[性质]淡黄色黏稠液体,呈弱碱性,溶于水及乙醇、乙醚、苯等有机溶剂。

[质量规格](Q/SH011.01.006—1989)

项目	指标
羟值/(mgKOH/g)	<56
凝固点/℃	25~40
色度/号	<300
净化油含水/%	<4
污水含油/%	<0.02

[用途]适用于原油破乳脱水、降黏液污水处理。

[简要制法]以多乙烯多胺为起始剂,氢氧化钾为催化剂,与环氧乙烷、环氧丙烷经共聚后,加甲醇稀释即得产品。

[生产单位]大连石油化工公司有机合成厂。

10. 破乳剂 AP221

[别名]聚氧丙烯聚氧乙烯脂肪胺醚

[性质]复配物。黄色黏稠液体,可溶于水。

[质量规格](Q/SH004.6.06—1991)

项目	指标
羟值(干剂)/(mgKOH/g)	≤50
色度/号	≤300
pH 值(1%水溶液)	6~7
凝固点/℃	25~40
密度(20℃)/(g/cm³)	0.9~1.05
固含量/%	65±2

[用途]用于原油破乳脱水,兼有降凝降黏作用。

[简要制法]以脂肪胺为起始剂，氢氧化钾为催化剂，与环氧丙烷、环氧乙烷经嵌段共聚制得。出厂产品加有35%的溶剂。

[生产单位]金陵石化公司化工二厂。

11. 破乳剂 AP257

[别名]聚氧烯烃脂肪胺醚。

[性质]复配物，棕黄色黏稠液体，溶于水。

[质量规格]（Q/SH004.6.06—1991）

项目	指标
羟值（干剂）/（mgKOH/g）	≤50
色度/号	<300
pH 值（2%水溶液）	5~7
凝固点/℃	25~40
密度（20℃）/（g/cm³）	0.9~1.05
固含量/%	65±2

[用途]用于原油破乳脱水，兼有降凝降黏作用。

[简要制法]以脂肪胺为起始剂，氢氧化钾为催化剂，与环氧乙烷、环氧丙烷经嵌段共聚制得。出厂产品加有35%的溶剂。

[生产单位]金陵石化公司化工二厂。

12. 破乳剂 API-7041

[别名]聚氧丙烯聚氧乙烯多胺醚与甲苯二异氰酸酯加聚物，四乙烯五胺聚氧乙烯聚氧丙烯与甲苯二异氰酸酯的交联物。

[性质]棕黄色透明液体。

项目	指标
浓度/%	33
密度/（g/mL）	0.915~0.930
pH 值	~7
脱水率/%	>95

[用途]用于原油破乳脱水、炼厂及其他油水乳液的脱水。对高黏度、高密度、高含水沥青基原油具有破乳速率快、脱水效率高等特点。

[简要制法]以多乙烯多胺为起始剂，在催化剂存在下，与环氧丙烷、环氧乙烷经嵌段共聚后，再与甲苯二异氰酸酯交联制得。出厂品加有67%的溶剂。

[生产单位]山东滨化集团公司。

13. 破乳剂 AR36

[别名]聚氧丙烯聚氧乙烯酚醛树脂醚。

[性质]黄色黏稠性液体，溶于油。

[质量规格]（Q/SH004.6.06—1991）

项目	指标
羟值/(mgKOH/g)	80
色度/号	≤300
密度(20℃)/(g/mL)	0.9～1.0
固含量/%	50±2

[用途]用作油田原油破乳脱水及炼油厂水洗、脱盐后的破乳，兼有降凝降黏作用，具有低温及快脱乳特点。

[简要制法]以酚醛树脂为起始剂，在催化剂作用下，与环氧乙烷、环氧丙烷经嵌段共聚制得，出厂产品加有50%的溶剂。

[生产单位]金陵石化公司化工二厂。

14. 破乳剂 AS_1

[别名]甘油聚氧丙烯醚甲苯二异氰酸酯衍生物，丙三醇聚氧丙烯醚甲苯二异氰酸酯衍生物。

[结构式]

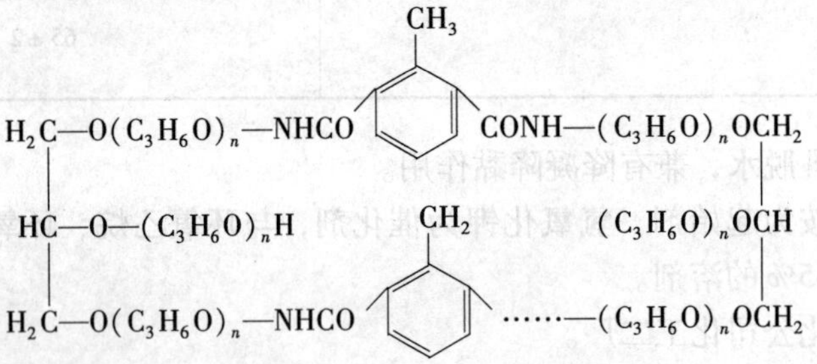

$$H_2C-O(C_3H_6O)_n-NHCO \ \ CONH-(C_3H_6O)_nOCH_2$$
$$HC-O-(C_3H_6O)_nH \ \ (C_3H_6O)_nOCH$$
$$H_2C-O(C_3H_6O)_n-NHCO \ \ \cdots\cdots-(C_3H_6O)_nOCH_2$$

[性质]淡黄色液体。

[用途]用作原油破乳剂，也用于配制复合破乳剂，如用作复合型破乳剂 AS_{10} 的主组分。

[简要制法]在催化剂存在下，由甘油聚醚与甲苯二异氰酸酯经加聚反应制得。

[生产单位]鞍山化工一厂。

15. 破乳剂 BP169

[别名]二羟基氧化丙烯－氧化乙烯共聚醚，聚氧丙烯聚氧乙烯丙二醇醚。

[结构式]

$$CH_3$$
$$CHO(C_3H_8O)_m(C_2H_4O)_nH$$
$$CH_2O(C_3H_6O)_m(C_2H_4O)_nH$$

[性质]常温下为黄色透明液体，易燃，有毒，能溶于水。

[质量规格]

项目	指标
羟值/(mgKOH/g)	<56
浊点/℃	19～21
凝固点/℃	25～40
色度/号	<300

[用途]用于原油的破乳脱水、脱盐。

[简要制法]以丙二醇为起始剂，氢氧化钾为催化剂，与环氧丙烷、环氧乙烷经嵌段聚

合后，再加入溶剂甲醇制得成品。

[生产单位]荆州石油化工总厂。

16. 破乳剂 BP2040

[别名]聚氧丙烯聚氧乙烯脂肪醇醚。

[性质]黄色或淡黄色黏稠液体，可溶于水。

[质量规格]（Q/SH004、6、06—1991）

项目	指标
羟值（干剂）/（mgKOH/g）	44
浊点/℃	19 ~ 33
固含量/%	90 ± 2
	65 ± 2(65 剂型)
pH 值(1% 水溶液)	5 ~ 7
密度(20℃)/（g/mL）	0.9 ~ 1.0

[用途]用于炼油厂原油破乳脱水、脱盐。

[简要制法]以脂肪醇为起始剂，氢氧化钾为催化剂，与环氧丙烷、环氧乙烷经嵌段聚合制得。出厂产品加有溶剂。

[生产单位]金陵石化公司化工二厂。

17. 破乳剂 BP22064

[结构式]
$$CH_3$$
$$CH(C_3H_6O)_m(C_2H_4O)_nH$$
$$CH_2O(C_3H_6O)_m(C_2H_4O)_nH$$

[性质]常温下为黄色或淡黄色黏稠蜡状物，为非离子表面活性剂，可溶于水。

[质量规格]

项目	指标
色度/号	≤300
羟值/（mgKOH/g）	≤44
浊点/℃	18 ~ 33

[用途]用于原油低温破乳脱水、脱盐。

[简要制法]以丙二醇为起始剂，在催化剂存在下，与环氧丙烷、环氧乙烷反应制得。

[生产单位]靖江石油化工总厂、西安石油化工总厂等。

18. 破乳剂 DPA2031

[别名]树脂缩合型聚氧丙烯聚氧乙烯醚。

[性质]淡黄色黏稠液体。

[质量规格]

项目	指标
浓度/%	50 ~ 65
羟值/(mgKOH/g)	≤60
凝固点/℃	20 ~ 26
色度/号	<300

[用途]用作油田或炼厂原油破乳脱水、脱盐。具有低温性好、冬季流动性强、脱水速度快及脱水效率高等特点。

[简要制法]以缩合树脂为起始剂，在催化剂存在下，与环氧丙烷、环氧乙烷共聚制得。

[生产单位]荆州市石油化工总厂。

19. 破乳剂 K32

[别名]K32 低凝原油破乳剂。

[性质]一种针对克拉玛依油田低凝原油研制的高效分散性破乳剂。可用作 O/W/O 型和 W/O 型原油破乳剂。用于 O/W 型乳状液时，除有较强破乳作用外，对低凝混合油还有一定降黏作用，其降黏率在 20% 左右。

[用途]用于克拉玛依低凝原油破乳脱水，具有用药量少、脱水效率高及脱出水清等优点，也是一种适应性较强的破乳剂，用于低凝原油时，用药量可比破乳剂 AP221 少，而且脱水效率高，脱出水清。

[简要制法]以丙二醇为起始剂，氢氧化钾为催化剂，经与环氧丙烷、环氧乙烷反应制得的聚醚，再与甲苯二异氰酸酯交联制得。

[生产单位]新疆石油管理局设计院。

20. 破乳剂 M501

[别名]聚氧丙烯聚氧乙烯丙二醇醚

[结构式]$RO(C_3H_6O)_m(C_2H_4O)_n(C_3H_6O)_pH$

[性质]淡黄色黏稠性液体，有肥皂样气味，易溶于水，为非离子表面活性剂。

[质量规格]

项目	指标
羟值/(mgKOH/g)	<60
脱水率/%	≥95

[用途]用作原油破乳脱水剂，兼有降黏作用。

[简要制法]以丙二醇为起始剂，与环氧丙烷、环氧乙烷经嵌段聚合制得，出厂产品加有甲苯溶剂。

[生产单位]山东滨化集团公司。

21. 破乳剂 PE2040

[别名]聚氧丙烯聚氧乙烯丙二醇醚

266

[结构式]

$$CH_3$$
$$|$$
$$CHO(C_3H_6O)_m(C_2H_4O)_nH$$
$$|$$
$$CH_2O(C_3H_6O)_m(C_2H_4O)_nH$$

[性质]黄色或淡黄色黏稠膏状物，可溶于水，出厂产品含有35%乙醇溶剂。

[质量规格]（Q/SH004.6.06—1991）

项目	指标
羟值（干剂）/（mgKOH/g）	44
浊点/℃	19～33
固含量/℃	90±2，65±2(65剂型)
pH值(1%水溶液)	5～7
密度(20℃)/(g/mL)	0.9～1.0

[用途]用于炼油厂原油破乳脱水、脱盐。

[简要制法]以脂肪醇为起始剂，氢氧化钾为催化剂，与环氧丙烷、环氧乙烷经嵌段共聚制得，出厂品加有溶剂。

[生产单位]金陵石化公司化工二厂。

22. 破乳剂 PPG

[结构式]

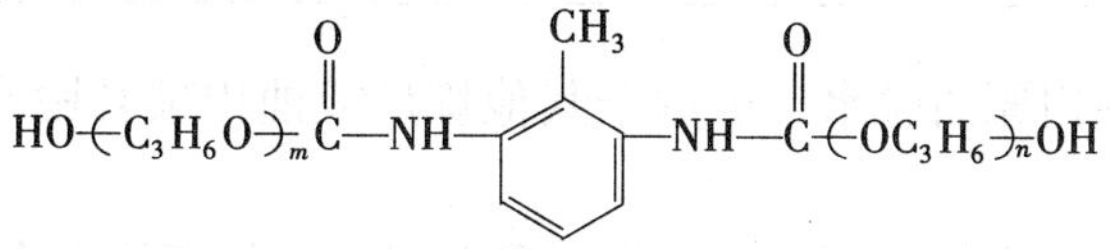

$$HO(C_3H_6O)_m\!\!-\!\!C\!\!-\!\!NH\!\!-\!\!\underset{\overset{CH_3}{|}}{}\!\!-\!\!NH\!\!-\!\!C\!\!-\!\!(OC_3H_6)_n\!OH$$

[性质]乳白色至黄色黏稠液体，可溶于油。

[质量规格]

项目	指标
羟值/(mgKOH/g)	≤50
pH值	7～9

[用途]用于 W/O 型原油乳状液的破乳脱水，具有持水速度快、脱水率高的特点。使用时先用二甲苯或甲苯溶剂稀释。

[简要制法]先将聚丙二醇与二甲苯混匀后加入甲苯二异氰酸酯在一定温度下进行反应。反应结束后，用二甲苯稀释即制得乳白色 PPG 型聚氨酯破乳剂黏稠液体。

[生产单位]山东滨化集团公司。

23. 破乳剂 PR-23

[别名]聚氧乙烯聚氧丙烯丙二醇单醚

[结构式] $HOCH_2CH_2CH_2O(CH_2CH_2O)_n(CHCH_2O)_m$
$$|$$
$$CH_3$$

[性质]黄色至棕红色黏稠状透明液体。

[质量规格]

项目	指标
有效物含量/%	≥60
pH 值	7～8
相对脱水率/%	≥93

[用途]用作原油破乳剂。使用时用清水稀释至一定含量。然后用泵注入输油干线端点或注入联合脱水罐进口管线中与含水原油一起进脱水罐进行破乳脱水。

[简要制法]以丙二醇为起始剂，以氢氧化钾为催化剂，在一定温度下与环氧丙烷、环氧乙烷反应得嵌段共聚物，最后加入适量含水甲醇即制得产品。

[生产单位]常州石油化工厂、山东滨化集团公司。

24. 破乳剂 PO12420

[别名]聚醚与甲苯二异氰酸酯共聚物。

[性质]淡黄色透明液体。

[质量规格]

项目	指标
浓度/%	33
pH 值	～7
脱水率/%	>90

[用途]用于胜利油田原油脱水，也用于其他炼厂或油田破乳脱水，还可用于其他油水乳状液的破乳脱水。

[简要制法]以丙二醇为起始剂，在催化剂存在下与环氧丙烷聚合成丙二醇聚氧丙烯醚，再与环氧乙烷聚合，最后与甲苯二异氰酸酯交联而得。

[生产单位]山东滨化集团公司。

25. 破乳剂 SAE

[别名]聚氧丙烯聚氧乙烯多乙烯多胺醚聚硅氧烷共聚物。

[性质]浅黄色液体。

[质量规格]

项目	指标
浓度/℃	66
脱水率/%	>95
pH 值	～7
浊点/℃	6～16

[用途]主要用作胜利、辽河油田原油破乳脱水剂，兼具清蜡和防蜡作用。也用作其他原油脱水脱盐。

[简要制法]以丙三醇为起始剂，在催化剂存在下与环氧丙烷、环氧乙烷经嵌段共聚制得共聚物后再与硅油聚合而得。

[生产单位]常州石油化工厂、山东滨化集团公司。

26. 破乳剂 SAP116

[别名]聚氧丙烯聚氧乙烯多乙烯多胺醚。

[性质]复配物。常温下为黄色透明液体，可溶于水，为非离子表面活性剂，易燃、有毒。

[质量规格]

项目	指标
羟值/(mgKOH/g)	<50
色度/号	<500

[用途]用于原油破乳脱水、脱盐，

[简要制法]以多乙烯多胺为起始剂，氢氧化钾为催化剂，与环氧丙烷、环氧乙烷经嵌段共聚制得，出厂产品加有甲醇溶剂。

[生产单位]荆州石油化工总厂。

27. 破乳剂 SPX8603

[结构式]

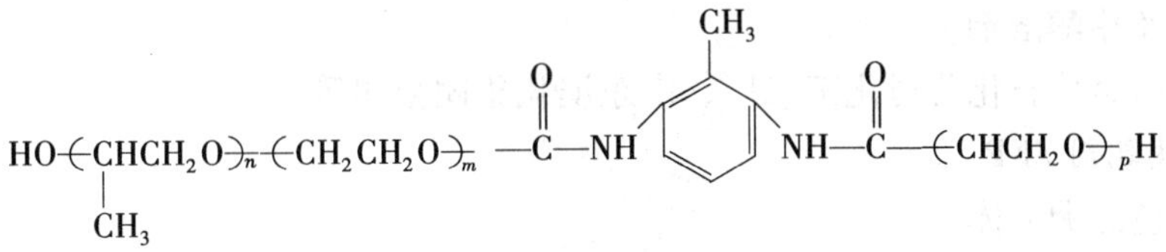

$$HO \!\!-\!\!(CHCH_2O)_{\overline{n}}\!\!-\!\!(CH_2CH_2O)_m\!\!-\!\!\underset{O}{\overset{O}{C}}\!\!-\!\!NH \!\!-\!\!\!\!\!\!\bigcirc\!\!\!\!\!\!(CH_3)\!\!-\!\!NH\!\!-\!\!\underset{O}{\overset{O}{C}}\!\!-\!\!(CHCH_2O)_p\!\!-\!\!H$$

[性质]浅黄色至棕黄色黏稠性液体。

[质量规格]

项目	指标
羟值/(mgKOH/g)	≤50
pH 值	7~9
脱水率/%	≥90

[用途]用作原油破乳脱水脱盐，具有脱水效果好的特点，使用时用甲苯或二甲苯等溶剂稀释至一定含量。

[简要制法]以丙二醇为起始剂，氢氧化钾为催化剂，经与环氧丙烷、环氧乙烷制得嵌段共聚物后，再与甲苯二异氰酸酯经加聚反应制得。

[生产单位]山东滨化集团公司。

28. 破乳剂 ST14

[别名]酚醛胺聚氧丙烯聚氧乙烯醚，聚氧丙烯聚氧乙烯酚醛胺醚

[性质]黄色透明液体，可溶于水，为非离子表面活性剂。

[质量规格]

项目	指标
羟值/(mgKOH/g)	<50
色度/号	<300
凝固点/℃	16~25

[用途]用于原油低温脱水脱盐，兼有防黏，防蜡及冷输等作用。

[简要制法]以有机胺、有机醛、苯酚等为起始剂，与环氧丙烷、环氧乙烷经嵌段共聚反应制得。

[生产单位]荆州石油化工总厂。

29. 破乳剂 TA1031

[别名]酚胺型聚氧丙烯聚氧乙烯醚。

[性质]浅黄色透明液体。分为水溶性及油溶性不同产品。

[产品规格]

项目	指标
羟值/(mgKOH/g)	≤45
凝固点/℃	16~23

[用途]用于油田原油破乳脱水及炼厂原油脱水脱盐，脱水效率>90%。对地温高的原油更为合适。

[简要制法]在催化剂存在下，由酚胺与环氧丙烷、环氧乙烷经嵌段共聚反应制得，出厂产品加入35%甲醇溶剂。

[生产单位]金陵石化公司化工二厂、山东滨化集团公司等。

30. 原油破乳剂 ZKP

[性质]黄色黏稠液体。

[质量规格]

项目	指标
色度/号	≤300
固含量/%	61~65

[用途]用作原油破乳脱水剂，用量为20~100mg/L，具有破乳速率快、脱水效果好的特点。

[简要制法]由非离子表面活性剂与有机溶剂复配制得。

[生产单位]金陵石化公司化工二厂。

31. 原油破乳剂 ZP8801

[结构式] $HOCH_2CH_2CH_2O + CHCH_2O)_n + CH_2CH_2O)_m H$
$\qquad\qquad\qquad\qquad\quad |$
$\qquad\qquad\qquad\qquad CH_3$

[性质]浅黄色至棕黄色黏稠液体。

[质量规格]

项目	指标
凝固点/℃	≤-30
羟值/(mgKOH/g)	≤45
浊点/℃	4~8
HLB 值	11~13
pH 值	7~9
脱水率/%	>90

[用途] 用作 W/O 型原油乳状液的破乳脱水，具有脱水速度快、脱水率高、油水界面清晰的特点，使用时先将本品用水稀释至一定含量。

[简要制法] 以丙二醇或乙二醇为起始剂，氢氧化钾为催化剂，与环氧丙烷、环氧乙烷经嵌段共聚制得。

[生产单位] 常州石油化工厂、山东滨化集团公司等。

32. 破乳剂酚醛 3111

[别名] 酚醛 3111、酚醛聚醚。

[性质] 淡黄色黏稠性液体，溶于水或油。

[质量规格]（Q/SH004.6.06—1991）

项目	指标
羟值(干剂)/(mgKOH/g)	≤50
色度/号	≤300
凝固点/℃	20～40
密度(20℃)/(g/mL)	0.9～1.05
固含量/%	63～67

[用途] 用作原油破乳剂，与电脱盐结合使用时效果更好，尤适用于含细油沥青、胶质的原油破乳。

[简要制法] 以脂肪醇及酚醛为起始剂，在催化剂存在下，与环氧丙烷、环氧乙烷经嵌段共聚制得，出厂产品含 35% 的溶剂。

[生产单位] 金陵石化公司化工二厂。

33. 破乳剂 9901

[别名] 聚氧丙烯聚氧乙烯多乙烯多胺醚。

[结构式]

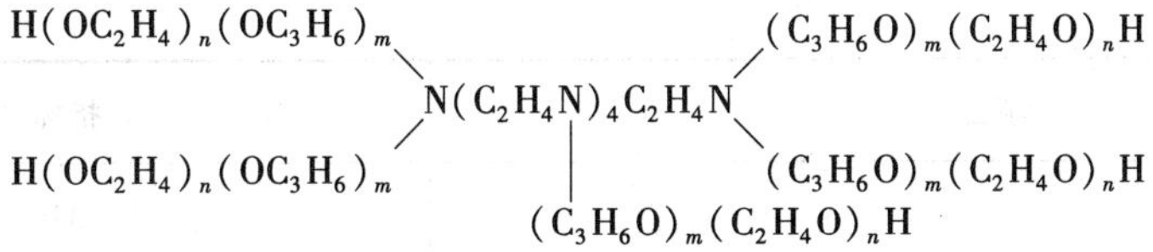

$$\begin{array}{c} H(OC_2H_4)_n(OC_3H_6)_m \qquad\qquad (C_3H_6O)_m(C_2H_4O)_nH \\ N(C_2H_4N)_4C_2H_4N \\ H(OC_2H_4)_n(OC_3H_6)_m \qquad\qquad (C_3H_6O)_m(C_2H_4O)_nH \\ (C_3H_6O)_m(C_2H_4O)_nH \end{array}$$

[性质] 黄棕色透明液体，有强亲水性。

[质量规格]

项目	指标
羟值/(mgKOH/g)	≤50
色度/号	≤300
1% 水溶液透明度	透明
相对脱水率/%	≥90

[用途] 用于原油破乳脱水，脱水效果好。

[简要制法]以多乙烯多胺为起始剂，以氢氧化钾为催化剂，与环氧丙烷、环氧乙烷经嵌段共聚制得。

[生产单位]上海高桥石化公司精细化工公司。

34. AP-05 稠油破乳剂

[别名]RP-3562。

[性质]黄色至棕红色黏稠性透明液体，为油溶性高分子破乳剂。

[质量规格]

项目	指标
闪点(开杯)/℃	≥14
倾点/℃	≤-25
相对脱水率/%	≥95

[用途]用作原油破乳剂，具有出水量大、脱水速率快、油水界面清、污水含油率低的特点，适用于渤海绥中36-1油田低含水稠油及海洋油田原油脱水，加药量为200~340mg/L。

[简要制法]由起始剂与环氧丙烷、环氧乙烷经嵌段共聚后，再加入甲苯二异氰酸酯反应后制得，出厂产品加有溶剂及增效剂。

[生产单位]山东滨化集团公司、中国海洋石油总公司渤海采油研究所。

35. D901 原油破乳剂

[别名]D901。

[性质]浅黄色油状液体，一种聚氨酯型非离子表面活性剂，可溶于乙醇、苯系物及原油。

[质量规格]

项目	指标
有效成分/%	33
溶剂/%	67
相对密度(20℃)	0.90~0.93
黏度(20℃)/mPa·s	<20
闪点(闭杯)/℃	>23
凝固点/℃	-45
色度/号	<100

[用途]用于原油乳状液破乳脱水。破乳能力强，脱水效果好，生产成本低于聚醚型油溶性破乳剂。

272

［简要制法］以丙二醇为起始剂，氢氧化钾为催化剂，与环氧丙烷、环氧乙烷反应制得聚醚后，再在催化剂存在下于甲苯或二甲苯溶剂中与甲苯二异氰酸酯交联制得本品。

［生产单位］华北石油勘探设计研究院。

36. DQ125 系列破乳剂

［别名］多乙烯多胺聚氧丙烯聚氧乙烯醚。

［性质］黄色或棕黄色。

［质量规格］

项目	指标
密度(20℃)/(g/mL)	1.02
浊点(1%水溶液)/℃	22
黏度/mPa·s	98.43
pH值	10

［用途］主要用作石蜡基原油破乳脱水。

［简要制法］以多乙烯多胺为起始剂，在催化剂存在下与环氧丙烷、环氧乙烷经嵌段共聚制得。

［生产单位］辽源石油化工总厂、佳木斯有机合成厂等。

37. K32 低凝原油破乳剂

［别名］破乳剂 K32。

［性质］主要针对克拉玛依油田低凝原油研制的一种高效分散性破乳剂，适用于 O/W/O 型及 W/O 型原油破乳脱水。对 O/W 型乳状液也有较好的破乳作用。对低凝混合油还具有一定降黏作用，降黏率可达到 20% 左右。

［用途］用于克拉玛依低凝原油破乳脱水，具有用药量少、脱水效率高及脱水清等特点，也是适应性较强的破乳剂，与水质净化剂复配使用，对含油污水有较强除油作用。

［简要制法］以丙二醇为起始剂，氢氧化钾为催化剂，经与环氧丙烷、环氧乙烷嵌段共聚得所需聚醚。将不同分子结构的聚醚复配，再用甲苯二异氰酸酯交联改性，最后用溶剂稀释制得成品。

［生产单位］新疆石油管理局设计院。

38. KDS-905 原油破乳剂

［性质］半透明红棕色液体，为酚胺型环氧乙烷-环氧丙烷聚醚。溶于甲苯、二甲苯、乙醇、水。

［质量规格］

项目	指标
羟值/(mgKOH/g)	<50
密度(20℃)/(g/mL)	0.98
闪点/℃	30
凝固点/℃	−10
黏度(12℃)/mPa·s	95~100

[用途]用作原油破乳剂，是我国目前用量最大的破乳剂产品之一。加药量为原油总量的$(10~50)×10^{-6}$。具有破乳时间长、破乳强度大的特点。使用时应避免接触皮肤、防止溅入眼内。

[简要制法]以有机胺、苯酚等为起始剂，在催化剂存在下，与环氧丙烷、环氧乙烷经嵌段共聚制得。

[生产单位]天津市科达斯化工公司。

二、原油脱钙剂

原油中除烃类化合物外，还含有少量 O、N、S 和金属化合物，虽然它们的含量很低，但对石油加工过程及产品质量，尤其是对催化剂活性却有着很大影响。钙作为原油中的主要杂质之一，在国内加工原油中其含量有明显上升的趋势。除大庆和吉林油区外，胜利、辽河及新疆等几个主要油区原油的酸值都较高，相应的钙含量也较高。原油中钙含量有关的评价数据表明，原油中的钙含量与其酸值存在着一定的对应关系，即随着酸值的增大钙含量也增大。按这种对应关系，可将我国原油分为 3 类：Ⅰ类为低酸值原油，其酸值小于 0.3mg/g，钙含量小于 15μg/g，主要是以大庆和吉林油区为代表的低硫石蜡基原油；Ⅱ类为中等酸值原油，其酸值为 0.3~20mg/g，钙含量为 10~60μg/g，主要是以胜利油田孤岛原油为代表的含硫中间基原油；Ⅲ类为高酸值原油，其酸值为 20~60mg/g，钙含量为 25~340μg/g，主要是低硫环烷基原油，如辽河原油、南阳稠油、冀东重质原油等。

原油中的钙分为无机钙和有机钙两类。无机钙以氯化钙、碳酸钙、硫酸钙等形式存在；有机钙以环烷酸钙、脂肪酸钙、酚钙等形式存在，其中大部分钙则是以油溶性有机钙的形式存在。溶于水的无机钙盐在原油脱盐过程中大部分随污水排出，不溶于水的无机钙盐也可以在原油电脱盐过程中因洗涤、沉降分离出来，而大部分有机钙易溶于油而难溶于水，在电脱盐过程中几乎没有脱除效果。

加工原油中钙含量的增加，不仅对常减压装置的电脱盐、加热炉、换热系统产生危害，也对催化裂化、热裂解等加工过程产生很大不利。其主要表现在污染催化裂化和加氢裂化催化剂，造成催化剂比表面积及孔体积下降、催化剂结块、致使催化剂活性下降，选择性也随之变化，轻油收率降低，原油中的钙还会加剧设备腐蚀、结垢，降低传热效率，增大能耗。

为消除金属杂质对原油深度加工的不良影响，从原油中脱除金属杂质，尤其是脱钙十分重要，实现脱钙技术后，不仅可以脱除原油中的钙，还可脱除铁、镁、钠等元素，对电脱盐装置的运行具有强化作用，使脱后原油的品质得到改善，凝点、黏度、电导率均有所下降，并可减轻二次热加工装置加热炉管结焦、防止催化分馏塔结盐、降低重油催化裂化催化剂污染状况、提高轻油收率等。

(一)原油脱钙技术

随着原油中钙含量的增加以及对其危害性认识的提高，随之出现不少脱钙技术，主要概括如下。

1. 螯合沉淀法脱钙

它是在原油充分注水的条件下，将脱钙剂与原油充分混合，使溶于水的脱钙剂和油水界面的钙盐充分接触并反应，生成沉淀物、螯合物等，或溶于水，或分散到水相，把钙盐从盐类中夺走，由油相转移入水相后，再在高压电场和破乳剂作用下随脱盐水排出，达到脱钙的目的。脱钙剂是这种方法的核心技术，目前的脱钙剂有效成分主要为强酸、螯合剂、沉淀剂等三种，因此其可能的反应机理有：

(1)强酸作用

羧酸钙、酚钙都是很弱酸性化合物，这类盐遇到强酸时便还原出相应的羧酸和酚类化合物，同时在水中游离出金属钙离子。

$$(RCOO)_2Ca + 2H^+ \longrightarrow 2RCOOH + Ca^{2+}$$

$$\left[\begin{array}{c} O^- \\ R \end{array} \right]_2 Ca + 2H^+ \longrightarrow 2\left[\begin{array}{c} O^- \\ R \end{array} \right] + 2Ca^{2+}$$

这样脱钙作用对原油中的钙一次脱除率高达90%以上，其缺点是所用工业酸(如碳酸、硫酸)对设备有腐蚀作用，钙脱除后原油酸值升高。

(2)螯合作用

氨基羧酸、二元羧酸、羧基羧酸等螯合剂(Y)能与金属钙离子形成较强的螯合物：

$$(RCOO)_2Ca + Y \longrightarrow 2RCOO^- + [CaY]^{2+}$$

$$\left[\begin{array}{c} O^- \\ R \end{array} \right]_2 Ca + Y \longrightarrow 2\left[\begin{array}{c} O^- \\ R \end{array} \right] + [CaY]^{2+}$$

生成的螯合物或溶于水，或分散在水相，在高压电场和破乳剂作用下随脱盐污水排出。但这种脱钙作用的药剂价格较高。

(3)沉淀作用

沉淀剂(X)与金属钙离子作用生成沉淀物：

$$(RCOO)_2Ca + X^{2-} \longrightarrow 2RCOO^- + CaX\downarrow$$

$$\left[\begin{array}{c} O^- \\ R \end{array} \right]_2 Ca + X^{2-} \longrightarrow 2\left[\begin{array}{c} O^- \\ R \end{array} \right] + CaX\downarrow$$

这样脱钙作用对环境及设备较为友好且药剂价格也较低，缺点是对原油中金属钙的一次脱除率仅为60%~70%，且存在沉淀物对设备及管线产生堵塞的风险。

2. 加氢催化法脱钙

它是通过加氢脱金属催化剂脱除原油中钙等金属杂质。加氢脱钙催化剂体系的特征是：沿进料油流向通过一系列孔隙度逐渐下降、活性逐渐提高的催化剂床层。各段各有一层或多层催化剂颗粒。如是两段体系，第一段一般为大孔催化剂，目的是脱钙和脱除铁、钒、镍等其他金属；第二段为非大孔催化剂，目的是脱钠和脱去第一段未完全脱除的重金属离子。这种方法对含钙量较低的油品比较合适，处理后原料的钙含量可达到很低水平，但催化剂的容钙能力毕竟有限，对于钙含量很高的物料是不很合适。此外，在使用过程中，还需对催化剂的性能进行仔细的筛选，才能获得较好脱钙效果。

3. 膜分离法脱钙

这是一种从烃类原料中脱除高沸点馏分和无机物（包括钙）的方法，其方法是将黏度小于 $0.6Pa \cdot s$ 的烃类液体在压差为 $0.1 \sim 10MPa$ 的条件下横向通过微孔膜的高压侧面，在高压侧面上有一亲液有机聚合物外层，其微孔结构能使相对分子质量低于 20000 的分子渗透过去（在水介质中测量），或使相对分子质量低于 40000 的分子渗透过去（在油介质中测量），同时在分离膜高压侧面上保留着至少一种物质的富烃液体，可将积留物的固体物与其余烃液进一步分离，并将烃液循环到膜分离设备进一步分离，而积留物中含有钙、镍、铁、铝、铬、铜等多种金属杂质，同时还会含有沥青质和多环芳烃等高沸点馏分。这种方法可以脱除多种金属，但钙的脱除率较低（至多 60%），而且膜分离方法对黏度很高的原油需要很大的推动力，膜材料的选择及制备上也存在很多困难。

4. 树脂脱钙

这是将原油与一种含有羧基、磺酸基、磷酸基的树脂接触以达到脱钙的目的，先使原油通过树脂床层或将树脂悬浮在原油中，通过树脂上与钙有较强亲合力的基团，将原油中的钙转移到树脂中，反应后将原油与树脂分离，即可得到脱钙原油，而使用过的树脂可用酸处理再生，所用树脂有苯乙烯－二乙烯基苯共聚物、甲基丙烯酸－二乙烯基苯共聚物、聚丙烯酸－二乙烯基苯共聚物等。这种方法对钙含量达 $930\mu g/g$ 油的油样进行处理，温度为 70℃，反应时间 $6 \sim 7h$，脱钙率可达到 85% 以上。但这种方法实际操作难度较大，如随着钙离子的吸附，脱钙效率逐渐下降，净化原油的钙含量无法稳定。此外树脂的再生频繁，污水量大。

除了上述脱钙技术外，还有萃取脱钙、过氧化氢脱钙、生物脱钙、CO_2 脱钙、过滤脱钙等技术，这些技术也都存在有技术经济性差、反应速度慢、原油加工量低等问题。

综合目前已有的原油脱钙技术，螯合沉淀法脱钙虽然也有一些缺点但它不需要改变现有的脱盐工艺，而只是将脱钙剂作为一种助剂与破乳剂一起注入到电脱盐装置中，投资少、见效快、操作简单，因而在炼厂得到广泛应用。

（二）国内原油脱钙剂

目前开发的原油脱钙剂主要有两大类：有机酸及其盐和无机酸及其盐类，国外主要是 Chevron 公司所开发的脱钙剂，有一元羧酸、二元羧酸、氨基羧酸、碳酸、硫酸以及它们的盐等，国内从事脱钙剂开发的单位有洛阳石化工程公司研究院（原设备所）、扬子石化研究院、中国石化石油化工科学研究院、齐鲁石化公司胜利炼油厂、兰州化工研究中心等，所研制的脱钙剂都是螯合沉淀类型的药剂。使用时常将脱钙剂单独或与破乳剂一起溶于电脱盐注水中。在注水与原油充分混合过程中，脱钙剂与原油中的有机钙作用，使金属离子形成螯合物或沉淀物，溶于或分散在水中，随着水相与油相的分离，达到原油脱钙目的，由于 Mg、Fe 的性质与 Ca 相似，在脱钙同时，也能脱除

Mg、Fe。而 Ni、V 等金属多是以稳定的卟啉类螯合物形态存在，一般脱钙剂难以将其脱除。

1. 洛阳石化工程公司工程研究院开发的原油脱钙剂

该单位于 1992 年开发出固态和液态两种脱钙剂，它们可以和其他具有螯合作用或沉淀作用的化合物(如乙二胺四乙酸及其盐和磷酸盐等)混合使用，该脱钙剂已成功应用于天津石油化工公司炼油厂、兰州炼油化工总厂、洛阳石油化工总厂、九江石油化工总厂等，对 Ca、Mg、Fe 等金属均能脱除，使用该脱钙剂后电脱盐装置运行平稳，脱盐电流下降，输出电压上升，达到平衡状态后，电流、电压波动极小。

2001 年，洛阳石化工程公司工程研究院又开发出水溶性液态脱钙剂 JA－024。针对钙含量及盐含量、酸值都较高的进口原油进行脱钙研究。对于密度为 0.9425g/mL、盐含量为 702.2mg/L、钙含量为 1684mg/L 的进口原油，便用 JA－024 脱钙剂经四级脱盐脱钙处理后，原油脱后含钙小于 50μg/g，含盐小于 3mg/L，脱钙率大于 90%。脱钙效果较好，存在问题主要是药剂用量大，成本相对较高。

2. 中国石化石油化工科学研究院开发的原油脱钙剂

该院开发的 RPD－Ⅱ型脱钙剂，外观为淡黄色至棕黄色透明液体，密度(20℃)为 1.01～1.12g/mL，凝点为 －10℃，有效成分在 80% 以上，有刺激性气味，呈弱酸性，化学性质十分稳定，不易水解，无毒无害，在自然界易生物降解，且不会造成水体富营养化。使用时将脱钙剂与水、原油充分混合，脱钙剂有效成分在油水界面上与原油中钙化合物发生化学反应，生成水溶性钙化合物进入水相。油水混合物在电场和破乳剂作用下快速分离，钙随水一起排出，达到脱除原油中油溶性钙的目的。经对新疆不同性质含钙原油进行脱钙试验表明，对钙含量为 50μg/g 的原油，使用 RPD－Ⅱ脱钙剂后，钙含量可降至 5μg/g 以下，脱钙率达 94% 左右，灰分可降低 90% 以上，原油电脱盐排放水中油含量降至 100mg/L 以下，显著改善了电脱盐装置的操作性能，降低了能耗。RPD－Ⅱ型脱钙剂还具有广谱、高效的特点。

3. 大港油田集团油田化学公司开发的 HF－101 原油脱钙剂

该公司开发的 HF－101 型脱钙剂为黄色至棕红色透明液体。密度(20℃)1.15～1.45g/mL，运动黏度(40℃)≤20mm²/s。其主要成分是含有磺酸基团和羧酸基团的盐类，溶于水。HF－101 脱钙剂对中国石化锦州石化分公司炼油厂掺炼的杜巴原油(含盐量 15.6mg/L)脱钙效果进行实验室评价及工业试验。试验结果表明，在剂钙质量比为 2:1，注水量为 5%，电脱盐温度 130℃、破乳剂加量 30μg/g 的条件下，原油脱钙率达到 90.8%～91.4%，显示出良好脱钙效果；后经工业试验表明，使用 HF－101 脱钙剂后原油中的钙平均脱除率达到 90.89%，脱后原油的平均钙含量为 24.81μg/g，原油的灰分由脱钙前的 0.065% 降至 0.030% 左右，原油的盐含量和含水量也大幅度下降。而且使用 HF－101 脱钙剂后，电脱盐装置的操作电流下降 50%，具有较好的节能降耗作用。

4. 中国石油克拉玛依石化公司炼油化工研究院开发的 KR－1 原油脱钙剂

KR－1 原油脱钙剂主要成分为含—SO₃H、—COOH 或其盐类化合物，不含磷，可与配套缓蚀剂共同使用。对含盐量(NaCl)为 28.7mg/L 的辽河超稠原油进行脱钙试验表明，在脱钙剂/原油中钙离子摩尔比为 1.50:1.00，注水质量分数为 8%，稀释油质量分数 10%，混合温度 93℃，混合强度 20 次，电场强度 1000V/cm，电场停留时间 40min，电场脱盐温度

140℃的条件下，采用 KR - 1 原油脱钙剂，应用一级脱钙、二三级脱盐回注脱钙工艺，可使原油脱钙率达到 95.6%，脱镁率、脱钒率、脱铁率分别为 77.2%、68.5%、61.3%，净化原油含盐量（Nacl）达到 22mg/L，含水质量分数为 0.12%。该脱钙剂具有脱金属效率高，易回收等特点，与配套缓蚀剂共同使用，可解决 KR - 1 脱钙剂与无机盐对全属的协同腐蚀问题，缓蚀率高达 98% 以上。

5. 中国石化石油化工科学研究院开发的 BPD - JM 原油脱钙剂

RPD - JM 脱钙剂为弱有机酸盐，能与原油中的羧酸钙、环烷酸钙、酚类有机钙等发生络合、螯合反应，生成亲水性的钙盐和环烷酸或环烷盐酸。原油注水混合后，在高压电场及破乳剂的作用下，亲水性的钙化合物在油水分离过程中进入水相，从而达到原油脱钙目的。

中国石化荆门分公司 2 号常减压装置采用 RPD - JM 脱钙剂，对南阳、江汉原油等含钙较高的原油进行脱钙工业应用。结果表明，RPD - JM 脱钙剂与破乳剂同时使用时，原油平均脱钙率达到 80% 以上，脱铁率为 27.03%。加入脱钙剂后，电脱盐罐的电流降低，每年可节电 109.4MW·h，催化裂化装置催化剂单耗下降 4.44%，每年可减少催化剂用量 30t，平衡剂活性提高 2 个单位，催化裂化装置掺渣率提高 1.95 百分点。

6. 兰州化工研究中心开发的 YS - 302 原油脱钙剂

YS - 302 脱钙剂是一种有机酸或有机酸盐为主要成分的化合物，能溶于水。在原油注水的条件下，将脱钙剂和原油充分混合，使溶于水的脱钙剂和油水界面上的钙接触并反应，生成溶于水或分散于水相的沉淀物、螯合物等，然后在高压电场和破乳剂作用下，随脱盐污水排出，达到原油脱钙目的。用于新疆混合原油（北疆 69%、南疆 31%）进行脱钙试验时，脱前原油中 Ca、Fe、Mg、Na 的含量分别为 2.908×10^{-5}、3.66×10^{-6}、1.36×10^{-6}、3.93×10^{-6}，使用 YS - 302 脱钙剂量为 120×10^{-6} 时，脱后原油中金属脱除率为：Ca（71% ~ 63.8%）、Mg（43.5% ~ 40.2%）、Fe（45% ~ 39.8%）、Na（73.2% ~ 82.1%）。在 YS - 302 原油脱钙剂使用过程中，电脱盐的电流下降，输出电压增加，原油的凝点，灰分及电导率均有所降低，而且原油中注入脱钙剂的工艺简单、操作方便。

近年来，原油钙含量呈逐年上升的趋势。原油钙含量上升的原因之一可能是由于石油资源日益匮乏，更多的油田采用水驱、聚合物驱、CO_2 驱等三次采油技术。这些技术的应用引起岩石中碳酸钙的溶解而使钙进入有机相，而原油钙含量的增加则成为限制其深度加工的瓶颈之一，深入原油脱钙技术方面的研究，对稳定生产，提高经济效益具有十分重要意义。在诸多原油脱钙方法中，由于螯合沉淀脱钙法不需要更改现有的脱盐工艺，使用方便，操作简单，在许多情况下十分有效。虽然目前国内外开发的脱钙剂品种不少，但工业应用并不太多，使用过程还存在着对原油的适应性差，脱钙剂用量大，价格高等不足。新型、高效、廉价、低毒或无毒的原油脱钙剂还待进一步开发。

三、原油蒸馏强化剂

目前我国炼油厂从常减压装置中所得到的 350℃ 以前的轻质馏分油收率都低于原油中轻质馏分油的潜含量，其差值可占原油的 5% ~ 7%。而在减压渣油中，重于 550℃ 的馏分大都在 10% 以上。为了合理地利用石油资源，提高轻质油收率。强化蒸馏提高拔出率主要依靠改进蒸馏塔内部构件、优化操作条件及采用先进控制系统。添加强化剂(或称活化剂、增收剂)强化原油蒸馏提高馏分率收率是强化常减压蒸馏的新方法。这种方法既方便又经济,工业应用时,无需改造现有装置和工艺条件,只需增设添加和混合强化剂的装置,投资很少。

(一)蒸馏强化剂作用的机理

原油的组成极其复杂,其中含有各种不同结构和相对分子质量的烃类和非烃类及天然表面活性物质。强化常减压蒸馏的新方法是基于把原油视为一种分散体系,而不是分子溶液。此体系随分散相和分散介质中各组分的生成条件和组成不同而异,通过改变分散介质的溶解能力,对分散相发生作用,并对常减压蒸馏过程产生影响,关于蒸馏强化剂的作用机理大致可分为以下3种。

1. 胶体结构机理

由于原油属高分子缔合胶体体系,在一定条件下形成分散体系。原油缔合胶体的核(即分散相)具有极性,而分散介质是非极性的,因而胶核产生一个附加吸附力场,使得吸附溶剂化层中相当一部分烃类在达到其沸点时难以转入气相,即存在所谓"动力学障碍",从而滞留在液相油中,如果加入的强化剂能起到提高分散介质的溶解能力和屏蔽缔合胶体吸附力场的作用,减少核半径和溶剂化层厚度即可导致相变温度降低,改变烃类在分散体系中的分布,一些低分子烃类就容易从吸附溶剂化层中释出,从而提高馏分油收率。

2. 表面张力机理

表面张力是液体分子间相互作用力的一种体现,其大小对二元和多元精馏板效率有重要影响。在原油蒸馏过程中,液体沸腾时先会生成很小的气泡,当小气泡内蒸气压超过外界压力时,气泡变大并破裂,气体逸出。而表面张力越低,气泡临界半径越小,开始形成气相的表面能垒也越低。如当气泡表面被坚固的表面活性物质薄膜覆盖时,附加的曲面压力会导致烃类在达到其沸点时不能逸出,而当加入的强化剂能破坏坚固的气泡膜,降低表面张力,优化塔板上气泡运动速度,就可提高馏分油收率。

3. 阻聚机理

原油蒸馏温度高达 $300 \sim 420℃$,部分烃类难免发生部分裂解。其结果是部分稠环芳烃形成自由基链聚合物,一方面导致缔合胶体数量增多,另一方面限制了加热炉出口温度的提高。这两种因素都会导致拔出率降低,因此加入强化剂及时终止链聚合反应,抑制结焦,可提高加热炉出口温度从而提高拔出率。

根据上述强化剂强化蒸馏的假设机理,强化剂可设计为由下列组分及其复合物组成:表面张力降低组分、胶体结构改性组分、自由基抑制组分和溶解度调节组分等。而且各组分间有协同作用效果,不影响后续加工和最终产品的性能。而就目前水平而言,要从理论上确定强化剂的合理配方还存在一定难度,还需要依赖于实验和经验。

国内使用的原油蒸馏强化剂大致可分为富芳烃强化剂、表面活性剂和复合强化剂三类:
①富芳烃强化剂,如减压馏分油、裂解焦油、催化裂化回炼油及糠醛精制油出油;
②表面活性剂,如 $C_{12} \sim C_{14}$,$C_{16} \sim C_{20}$ 高级脂肪醇,某些高相对分子质量表面活性剂等;
③复合活化剂,如含酚的催化裂化回炼油等。

一般以石油副产物作为强化剂时,其添加量都较大(占原料的百分之几),会使加工装置负荷加大。

(二)原油蒸馏强化剂的应用

1. 使用减压馏分油作原油蒸馏强化剂

试验原料选用大庆石油，其性质如表 4-1 所示，所用强化剂性质如表 4-2 所示。

表 4-1　试验用石油性质

项目	指标	项目	指标
相对密度(20℃)	0.8543	残炭/%	2.83
运动黏度/(mm²/s)	—	初馏点/℃	—
50℃	19.40	250℃前	14.6
100℃	7.0	350℃前	28.39
凝点/℃	24	>400℃	61

表 4-2　蒸馏强化剂性质

项目 \ 强化剂名称	减二线	减三线	减四线
相对密度(20℃)	0.8564	0.8719	0.8778
运动黏度(100℃)/(mm²/s)	4.9	8.85	13.25
折射率(70℃)	1.4572	1.4695	1.4721
结构族组成			
C_A/%	5.0	12.0	11.0
C_N/%	27.2	19.5	22.0
C_P/%	67.8	68.5	67.0
R_A	0.18	0.47	0.68
R_N	1.57	1.33	1.62
巴氏蒸馏			
初馏点/℃	359	398	401
10%点/℃	402	486	493
30%点/℃	414	505	523
50%点/℃	423	515	552
70%点/℃	433	524	>563
90%点/℃	447	543	—
干点/℃	461	559	—

当往原油中加入不同量和不同沸点范围的上述强化剂进行蒸馏时，在初馏点~200℃馏分油的收率及增收率如表 4-3 所示。

表 4 – 3 　初馏点～200℃馏分油的收率及增收率

项目	强化剂各称 空白	减二线			减三线			减四线		
添加量/%	0	1.0	1.5	2.0	1.0	1.5	2.0	1.0	1.5	2.0
馏分油收率/%	9.14	9.52	10.78	10.45	10.04	9.52	9.37	10.02	10.30	9.96
馏分油增收率/%	0	0.38	1.64	1.31	0.9	0.38	0.23	0.88	1.16	0.82

从表 4 – 3 看出，对于同一种蒸馏强化剂，因加入量多少不同，初馏点～200℃的馏分油收率的提高程度有所不同，而所加入的蒸馏强化剂种类不同，对相同加入量时的馏分油增收率也有所差别。而对于 200～250℃馏分油的收率及增收情况也有类似的变化趋势。

2. GX – 301 蒸馏强化剂

GX – 301 蒸馏强化剂为淡黄色透明液体，密度（20℃）0.90～1.0g/mL，凝点 –5～–15℃，pH 值（0.1% 水溶液）5～8，运动黏度（40℃）≤40mm^2/s，是一种由 C、H、O 等元素组成的高分子聚合物，化学惰性，不含金属离子和其他对催化剂有毒成分。该剂具有表面活性作用，加入原油蒸馏系统后，通过改变油品分子间的作用，调节石油胶体复杂结构单元的尺寸和溶剂化层，屏蔽缔合胶体吸引力场效应，改变体系的相平衡，使轻组分易于拔出，起到了强化蒸馏作用。表 4 – 4 示出了对南阳原油 +5$^#$柴油及 0$^#$柴油生产方案加注 GX – 301 强化剂前后的收率变化。GX – 301 注入量均为 130mg/L，因 GX – 301 黏度较高，加入 2 倍量脱盐水稀释后，先经初馏塔底油线与原油混合，经常压炉加热，再进常压塔分馏，装置原操作工艺参数不变。

表 4 – 4 　加注蒸馏强化剂时前后收率变化对比

项目	加工方案 +5$^#$柴油生产方案			0$^#$柴油生产方案		
	加剂前收率	加剂后收率	收率增加	加剂前收率	加剂后收率	收率增加
石脑油	4.57	4.83	0.26	4.46	4.35	– 0.11
溶剂油	3.75	4.09	0.34	4.01	3.95	– 0.06
柴油	18.59	19.57	0.98	17.30	17.37	0.07
减二线油	9.89	9.39	– 0.5	10.01	9.46	– 0.55
减三线油	8.95	8.66	– 0.29	9.03	8.37	– 0.66
减四线油	4.49	3.82	– 0.67	4.43	3.83	– 0.60
催化裂化原料	16.13	17.01	0.88	17.43	20.32	2.89
减压渣油	33.48	32.48	– 1.00	33.30	32.35	– 0.98
轻拔	26.91	28.49	1.58	25.77	25.67	– 0.1
总拔	66.37	62.37	1.00	66.67	67.65	0.98

从表 4 – 4 看出，对于 +5$^#$柴油加工方案，柴油收率增加 0.98%，轻拔增加 1.58%，催化裂化原料收率增加 0.88%，总拔增加 1.0%；对于 0$^#$柴油加工方案，柴油收率增加 0.07%，轻拔减少 0.1%，催化裂化原料收率增加 2.89%，总拔增加 0.98%。

四、馏分油脱酸剂

炼油厂在加工高酸值原油时，常减压蒸馏装置生产的馏分油（直馏柴油和减压馏分油）中含有石油酸。石油酸是由环烷酸、脂肪酸、酚类等复杂成分组成，其中环烷酸含量在95%以上，馏分油的酸度主要由其引起。石油酸的存在，不仅腐蚀金属设备、容器，而且会降低柴油的安定性，使柴油在储运过程中氧化生成胶质、沉渣，使喷嘴嘴积炭和汽缸沉积物增多。石油酸还会对后续加工过程造成危害。环烷酸是一种精细化工原料，用于制造环烷酸盐及合成洗涤剂，也用作油漆催干剂、木材防腐剂、石油添加剂、催化剂、矿物浮选剂等。因此从馏分油中脱酸并回收环烷酸具有重要意义。而馏分油脱除环烷酸也是石油炼制的一个重要步骤。

传统的馏分油脱酸工艺包括碱洗电精制法、加氢精制法、吸附法。其中碱洗电精制法工艺虽然简单，设备投资少，但要消耗大量的强酸、强碱，油水乳化严重，分离困难，对环境造成很大污染；加氢精制法是目前国外广为采用的柴油脱酸方法，该法脱酸效果好，可获得高质量的馏分油产品，但国内采用不多，其原因是该工艺投资大、操作费用高，中小型炼油厂普遍氢源不足，而且加氢转化破坏了环烷酸的应用价值；吸附法是开发较早的馏分油脱酸精制工艺，该法采用天然或人工合成的吸附剂脱除环烷酸，脱酸效果好，但该法需建设吸附脱附装置及溶剂再生装置，设备投资大，能耗高。针对传统馏分油脱酸技术的不足，相继出现许多新的脱酸方法，如微波辐射法、脱酸剂技术、乙醇溶剂法、醇－氨法、聚合胺法、复合胺法等。

（一）新开发的馏分油脱酸技术

1. 微波辐射法

该法的主要机理是，油品在高频变化的电场作用下，极性分子快速转向且定向排列，体系温度迅速升高，同时油相中离子的电荷迁移也使体系温度上升。高速旋转的极性分子破坏了油剂界面膜的双电子层、ξ电位降低，分子高速运动并发生碰撞聚结。微波选择性加热，使内相吸收更多的能量膨胀，界面膜受内压而变薄，膜中的油溶解度增大，使得界面膜容易破裂，油剂混合体系的温度升高，使分子间距增加，分子间内聚力大为减弱，微波形成的磁场使非极性分子磁化，形成电场，降低油黏度。例如，用微波辐射法进行柴油脱酸时，在剂油体积比 0.25 及 0.04MPa、375W 的条件下，可将柴油酸度从 89.5mgKOH/100mL 降至 3.75mgKOH/100mL，精制柴油质量可达到国家优质柴油标准。这种脱酸方法工艺简单，无需破乳剂，能耗低，精制过程时间短，脱酸率及油品回收率高。但本法仍需要用 NaOH 作脱酸剂，油水存在乳化，操作费用高，需用浓硫酸回收环烷酸。

2. 乙醇溶剂法

该法是以乙醇－水溶剂体系萃取环烷酸，并蒸馏溶剂将其回收。作用原理是：环烷酸易溶于乙醇而难溶于水。其中乙醇作为两性溶剂，能增强环烷酸的酸性，增大环烷酸在萃取剂中的溶解度；水能加速柴油和萃取剂的沉降分离，还有助于抽提柴油中的无机酸，起助溶剂作用，研究表明，环烷酸在95%乙醇和柴油两相间表观分配比为 2.0±0.2。采用三级逆流抽提工艺，在剂油比为 0.58∶1 的条件下，可脱除柴油中80%以上的环烷酸，精制后柴油酸值合格，这种脱酸法，油剂分相快，又产生乳化现象，不腐蚀设备，脱酸率高，溶剂可回收利用，无柴油损坏，不产生三废。但此法存在乙醇消耗量大，需采用多级逆流抽提，设备投资费用高等缺点。

3. 醇－氨法

该法的作用原理是溶剂中的氨与柴油中的石油酸反应，生成溶于溶剂的石油酸铵，再通过油剂相的密度差实现相分离。所用醇可以是甲醇、乙醇、异丙醇等。其中甲醇－氨法因甲醇的毒性在应用上受到限制。例如，用醇－氨法进行油品脱酸处理时，在乙醇含量45%，

282

氨含量 5%，剂油比 0.3，反应温度 40℃下进行操作时，柴油酸度可降至 5.0mgKOH/100mL 以下，此法具有不使用强酸强碱，溶剂循环使用，操作弹性大，脱酸效果好，无三废排放等优点。但此法也存在着过滤温度高，氨易汽化，溶剂损耗大，再生能耗高，柴油乳化严重，生成的石油酸氨易分解，溶剂循环量大等缺点。

4. 聚合胺法

该法是采用有一定相对分子质量的交联聚合胺对高酸度原油进行脱酸精制，生成酸值较低的精制油品和附着有酸基的交联聚合胺。后者不溶于油，能通过过滤或离心作用从油中分离，并可通过 CO_2 或 NH_3 回收及循环使用。此法的优点是不使用强酸强碱，不产生乳化，无需使用破乳剂，脱酸剂可再生循环使用，能耗及操作费用低，不产生废水。不足之处是脱酸剂制造难度大，脱酸效果不十分确定。目前还处于实验室研究阶段。

5. 复合胺法

它采用 A – B 复合胺溶剂萃取脱除柴油中的环烷酸，然后快速分离油剂两相达到脱酸目的。这种方法也还处于实验室研究阶段。

6. 脱酸剂技术

该技术是在现有的碱洗电精制工艺基础上进行改良的一种新技术。是由西南石油大学油气藏地质及开发工程国家重点实验室研发，已完成试验研究、工业试验及工业应用。与传统的碱洗电精制工艺相比，只需在现有的馏分油碱洗电精制工艺设备基础上增加水洗和脱酸剂回收系统即可达到良好的脱酸效果。

作为比较，传统柴油脱酸方法与柴油脱酸新方法的工艺特点比较如表 4 – 5 所示。

表 4 – 5　传统柴油脱酸方法与柴油脱酸新方法的工艺特点对比

工艺名称		技术特点	应用状况
传统脱酸技术	碱洗电精制法	在高压电场作用下，用强碱液脱除环烷酸，间歇操作，流程简单，设备投资小	国内外广泛应用
	加氢精制法	用 $Ni – Mo/Al_2O_3$、Ni、Co/Al_2O_3 加氢催化剂将环烷酸转化为碳氢化合物和水	国外广泛采用
	吸附法	用天然或人工合成吸附剂吸附环烷酸，再用溶剂洗涤，回收环烷酸	实验室研究
新型脱酸技术	微波辐射法	利用微波热效应，实现油剂分离及脱酸目的	实验室研究
	乙醇溶剂法	使用乙醇 – 水溶剂萃取环烷酸，蒸馏溶剂回收环烷酸，连续操作	实验室研究
	醇 – 氨法	低分子甲醇、乙醇、异丙醇等作破乳剂，用氨水萃取环烷酸，连续操作	乙醇 – 氨法、异丙醇 – 氨法完成中试
	聚合胺法	用一定相对分子质量的交联聚合物精制高酸度原油，可脱除环烷酸并回收交联聚合胺	实验室研究
	复合胺法	使用 A – B 复合胺溶剂萃取柴油中的环烷酸，快速分离油剂两相	实验室研究

(二)馏分油脱酸剂技术

馏分油脱酸剂技术的关键是脱酸剂的配制及其用量的控制。脱酸剂是由氢氧化钠、水及脱酸助剂组成的一种多功能复合剂，具有与石油酸反应、破乳、抽提石油酸钠和脱油等功能。表4-6示出了馏分油脱酸剂的大致类别。

表4-6 馏分油脱酸剂类别

脱酸工艺		脱酸剂主要组成	适用范围
单溶剂法	微量碱脱酸剂法	NaOH、破乳剂、萃取剂等	低酸度、低黏度及低密度轻质馏分油脱酸
	绿色脱酸剂法	脱酸剂、破乳剂、萃取剂等	
双溶剂法	微量碱脱酸剂法	脱酸剂(NaOH)、萃取剂、破乳剂	高酸度、高黏度及高密度重质馏分油脱酸
	绿色脱酸剂法	脱酸剂、萃取剂、破乳剂等	

微量碱脱酸剂法是根据酸碱等摩尔反应原理进行，加入的脱酸剂中NaOH的量基本接近原料油品中的有机酸含量，使二者发生等摩尔反应。由于溶剂中无过剩碱，也使脱酸过程的油剂乳化作用减弱，再辅以破乳剂则可完全消除油剂乳化。

绿色溶剂法是采用可再生脱酸剂与原料中的有机酸发生等摩尔反应，生成有机酸的复合物被萃取剂萃取脱除。将剂相加热回收破乳剂，有机酸复合物水解为脱酸剂和环烷酸，脱酸剂溶于剂相获得再生。所有组分循环利用，无三废排放。

单溶剂法是将脱酸剂与萃取剂合二为一，加剂方便，工艺简单，但脱酸反应受萃取温度限制；双溶剂法是脱酸及萃取过程分开进行，脱酸剂可在馏分油加热过程中加入，脱酸温度提高，有利于脱酸反应进行。使用绿色脱酸剂在150~180℃操作时，脱酸剂可以过量，过量部分可以气态方式回收。

(三)西南石油大学开发的馏分油脱酸剂技术

由西南石油大学开发的馏分油脱酸剂技术包括多功能脱酸剂和相关的脱酸剂技术成套工艺设计软件包。脱酸剂是由氢氧化钠、破乳剂、萃取剂、脱油剂等组成的多功能复合剂，具有与石油酸反应、破乳、抽提石油酸钠和脱油功能。并开发出包括Ⅰ型、Ⅱ型和Ⅲ型系列馏分油脱酸剂技术。

Ⅰ型馏分油脱酸工艺于2004年7月在中海油沥青股份有限公司常减压装置上实现工业化。脱酸工艺包括馏分油脱酸系统和脱酸剂回收系统两部分。在馏分油脱酸系统中，原料油与脱酸剂在70~80℃下充分混匀后进入两个高压电场沉降分离罐沉降分离；脱酸油经过过滤除去残余脱酸剂及皂相混合物后，用相当于脱酸油体积3%~5%的洗涤水进行洗涤(70~75℃)，再进入水洗沉降分离罐自然沉降，分离出洗涤水，即可制得精制脱酸油产品。Ⅰ型脱酸技术主要用于各种高酸度、高密度及高黏度的常压馏分油与减压馏分油的脱酸精制。与传统工艺比较，Ⅰ型技术具有以下优点：①仍可使用现有的碱洗电精制工艺传统、设备及操作条件；②操作弹性好，能适应各种类型馏分油脱酸，尤适用于碱洗电精制工艺无法处理的高酸度、高密度及高黏度馏分油的脱酸精制；③脱酸剂可全部回用，洗涤水可用于配制脱酸剂，碱渣仅为原工艺的30%~40%，烧碱用量仅为原工艺的25%~30%，完全消除油水乳化，产品收率提高，精制油质量收率达99%以上；④制备的石油酸达到一级品65号酸的质量标准，其中性油含量平均仅为16.99%，与碱洗电精制法相比，精制油损失下降43%~57%。

Ⅱ型馏分油脱酸剂工艺于 2006 年 8 月在无锡石化总厂进行工业应用，主要用于酸度小于 100mgKOH/100mL 的中低酸度馏分油的脱酸精制。在脱酸剂配方上，剂用量及碱用量较Ⅰ型技术有一定程度的降低。并根据低酸度馏分油的特点，Ⅱ型技术在工艺上作了进一步简化，取消二级高压电场沉降分离罐、聚结过滤器和水洗沉降分离罐。馏分油与脱酸剂在管道内反应，仅通过一级高压电场沉降分离罐分离后即得到精制油品。底部皂相送去脱酸剂回收装置及环烷酸再生装置。工业废水和废碱排放量更低，具有更高的经济效益及环保效益，制备的石油酸产品质量可达到石油酸一级品 65 号酸的质量标准。与原工艺碱洗精制法比较，精制油损失下降 91.3%，精制柴油收率从原来的 99.0% 提高到 99.97%。

Ⅲ型馏分油脱酸工艺用于酸度为 10～300mgKOH/100mL 的常压馏分油与减一线馏分油的脱酸精制，应用范围更广。目前还处于小规模实验室研究阶段。适宜操作技术条件为：反应温度 20～70℃，脱酸剂用量为待处理原料油质量的 2%。在此操作条件下，所得精制油的酸度为 0.2mgKOH/100mL，精制油质量收率高达 99.89%。作为比较，将Ⅰ型、Ⅱ型、Ⅲ型馏分油脱酸技术与传统碱洗电精制工艺的剂油体积比、破乳剂用量、相分离难易程度、物料消耗、能耗等的比较结果列于表 4-7 中。

表 4-7　各种直馏柴油脱酸精制工艺比较

工艺方法 项目	传统碱洗电精制	Ⅰ型脱酸技术	Ⅱ型脱酸技术	Ⅲ型脱酸技术
工艺流程	工艺简单，主要设备有混合器、两级高压电场沉降分离罐	工艺转术复杂，装置由两级高压电场沉降分离器，聚结过滤器，水洗沉降罐、脱酸剂再生器等组成	工艺较简单，与Ⅰ型工艺相似，取消一级高压电场沉降分离罐、聚结过滤器和水洗沉降分离罐	流程最简单，主要设备为聚结过滤器、静态混合器，沉降分离器、蒸馏塔
装置投资	高	最高	低	最低
介质与腐蚀	强碱，腐蚀大	强碱，腐蚀大	强碱，腐蚀大	强碱，腐蚀小
适用油品	各种馏分油	高酸度、高密度、高黏度的常压或减压馏分油	酸度小于 100mgKOH/100mL 的轻柴油	酸度小于 300mgKOH/100mL 的常压馏分油、减一线馏分油
剂油比	1.0～3.0	1.0	0.5～2.0	2.0
相分离	困难，高压电场分离	易，使用破乳剂，高压电场分离，聚结过滤	易，使用破乳剂，高压电场沉降分离	易，使用破乳剂，聚结过滤

五、流化催化裂化金属钝化剂

20 世纪 80 年代以来，随着世界原油日趋重质化和劣质化，各国炼厂都大力发展掺炼或全炼重油和渣油的流化催化裂化(FCC)技术，以拓宽 FCC 原料油来源，最大限度地提高经济效益。与常规的 FCC 原料油(如常压瓦斯油 AGO 和减压瓦斯油 VGO)相比，渣油或重油中 Ni、V、Fe、Cu 等重金属含量明显升高，有的是蜡油的几十倍，甚至几百倍。这些金属沉积在催化剂上，会引起催化剂活性下降，产物选择性变差，汽油收率下降，干气中氢气产量上升，积炭量增加，V 含量很高时还能使分子筛结构坍塌，催化剂完全失活。Ni 和 V 还会导致 FCC 装置的气体压缩机和鼓风机超负荷，再生器温度升高，新鲜催化剂的补充速率加快，从而增大能耗。目前已知道，会污染 FCC 催化剂的金属有 Ni、V、Fe、Cu、Na、Ca、Mg、K、Pb 等，常见的污染金属是 Ni、V、Fe、Na，其中又以 Ni、V 的污染最为严重，影响最大。

Ni、V 在原油中多以镍卟啉、钒卟啉的形式存在。在 FCC 反应器的还原气氛下（烃类 500℃）镍、钒卟啉在 30min 左右即可完全分解为相应的 Ni 和 Ni^+，V^{3+}、V^{4+} 等低价氧化物，在再生器的气氛（空气，700℃）下，镍卟啉和钒卟啉则分解为相应的高价氧化物。由于它们对催化剂的作用不同，因此对催化剂的污染程度也有些不同。

Ni 在 FCC 催化剂表面上的沉积主要以铝酸镍（$NiAl_2O_4$）及氧化镍（Ni_2O_3）的形式存在，也有少量 NiO 存在，在催化剂从反应器流向再生器的过程中，Ni 有向催化剂体相迁移的趋势。但沉积在分子筛表面上的 Ni，即使在苛刻的水热条件下，也不易向分子筛体相骨架迁移。由于占据在催化剂酸性位的 Ni 被还原后，酸中心得以恢复，其反应式为：

$$Ni^{2+} + H_2 \rightleftharpoons Ni + 2H^+$$

因此 Ni 对分子筛的结构和催化剂的活性影响不大，但在 FCC 过程中，Ni 的污染主要表现为由于 Ni 的脱氢作用导致氢和焦炭产率增加。生成的烯烃可发生下面两种转化结果。

A：烯烃——→β–断裂——→促进裂化——→转化率提高

B：烯烃——→环化缩聚——→生焦覆盖酸中心——→转化率降低

Ni 在低浓度（0.5%）时，A 过程占主导优势，Ni 在高浓度（2%）时，B 过程占主导优势。而 Ni 的脱氢活性与催化剂上沉积 Ni 的浓度、分散状态、FCC 催化剂类型及所用载体等因素有关。不同价态 Ni 的脱氢能力大小顺序为：$Ni^\circ > Ni^+ > Ni^{2+}$。对于以 SiO_2 为载体的催化剂，由于 Ni 和载体的相互作用较弱，容易被还原，还原后的 Ni 晶粒容易聚集长大，活性表面少，脱氢活性低，而对以 Al_2O_3 为载体的催化剂，由于 Ni 和载体的相互作用较强，难以还原，但还原后 Ni 的脱氢活性较高。

V 对 FCC 催化剂的污染作用比 Ni 复杂，毒害作用也更大，主要表现在使分子筛结晶度下降，比表面积减少，裂化活性下降。在 FCC 再生过程中，沉积在催化剂表面的 V 主要以 V_2O_5 形式存在，V_2O_5 不仅熔点低（670℃），在催化剂再生温度（750℃）下，可与水蒸气反应形成挥发性的 H_3VO_4，使 V 能在催化剂颗粒内部和颗粒间发生迁移，既会堵塞催化剂部分孔道，还会与催化剂组分发生作用，破坏分子筛晶体结构，因此，V 对 FCC 催化剂的毒害作用可分为物理性中毒及化学性中毒。

物理性中毒主要是由于 V 或 V 的氧化物与催化剂作用形成的物种覆盖分子筛表面或孔道，或是低熔点 V_2O_5 在再生温度下以熔融态扩散到催化剂微孔结构中，堵塞分子筛孔道，掩盖活性中心，造成油气分子无法接近催化剂活性中心，使裂化活性下降。

引起化学性中毒的原因之一是：在再生器中 V_2O_5 与高温水蒸气作用生成的 H_3VO_4，其酸性较强（与正磷酸的酸性相似），会通过酸催化作用，加速硅铝分子筛骨架和脱 Al，使分子筛晶格遭到破坏并失活；另一原因是 V_2O_5 能和分子筛骨架中的稀土离子作用形成低熔点化合物 $ReVO_4$，该化合物的形成比 Re_2O_3 需更多的 O，这些 O 取自分子筛，从而破坏分子筛结构。而当原料或分子筛中存在 Na 时，V_2O_5 可与 Na 生成熔点更低的 $NaO(VO)_3$（熔点 650℃），可堵塞分子筛孔道，而且这种低温熔体在 610℃ 时可溶解 Al 化合物，包括骨架 Al、非骨架 Al 和基质中的 Al，并促使骨架 Al 转变为非骨架 Al，加速脱 Al 过程。这些低温熔体化合物一旦与分子筛结合，将破坏其结构，而且是不可逆的，是引起催化剂永久失活的主要原因。

除 Ni、V 外，Fe、Na 也会污染催化剂。Fe 在 FCC 装置中主要处于亚铁状态，所形成的低熔点相会使催化剂中的 SiO_2 易于流动，从而堵塞和封闭催化剂孔道，使催化剂表面呈现玻璃状，当污染的 Fe 量足够多时，会使催化剂表面形成薄的壳层，阻塞到达内部活性中心的孔道，相当于油料分子与活性中心之间竖起一道屏障，结果是油料中大分子难以被转化，从而降低渣油裂化能力。表观为油浆产率上升，油浆密度下降，催化剂表面形成的铁瘤使催化剂表观密度降低。

Na 对 FCC 催化剂的毒害，表现在它会中和催化剂的酸性活性中心，Na 与 V 还存在着协同效应，可促进与分子筛中的稀土（Re）离子与 V_2O_5 结合，形成低熔点共熔物，从而破坏分子筛结构。另外，Na 还会使助燃剂中毒，当 Na 含量高时，助燃剂加入量甚至需增加一倍。所以，为了预防 Na 污染催化剂，除开好电脱盐外，还需控制其他环节混入 Na。

为了避免或减轻重金属对 FCC 催化剂的污染，也可采用多种方法，如选用低金属含量原油进行加工；对重质原料进行加氢等预处理；加大催化剂置换量或使用抗金属污染的催化剂；采用磁分离法或化学法脱金属；采用金属钝化技术。其中在生产过程中加入重金属钝化剂方法简便，具有投资少、见效快、应用灵活等特点，成为目前解决重金属污染问题的最经济而有效的方法。

利用助剂中的组分沉积到催化剂上，与沉积的重金属作用使之丧失其毒性的方法，通常称为金属钝化技术，所采用的助剂称为金属钝化剂。常用的方法是将油溶性的钝化剂直接注入到原料油中，或将水溶性的钝化剂注入反应器的汽提段或再生器中，使钝化剂的有效组分与沉积在催化剂表面的重金属发生化学反应，从而抑制重金属对催化剂的毒害。

工业用金属钝化剂，按溶液性质主要有油剂和水剂两种。油剂一般是 Sb、Sn、Bi 等金属的有机化合物，加入柴油中使用；水剂是用金属粉末加入水中，并加入分散剂使金属粉末均匀地分散于水中，在一定时间内不沉淀。

钝化剂按作用性质可分为：

①钝镍剂。至今已发现多种元素具有钝化作用，如 Ge、Ga、Ti、Te、In、Al、Zn、Ba、Ca、Sn、Sb、Bi、La、Mg、Ta、Li、B、P 等，而实际工业实用的主要为 Sb 基钝镍剂、Bi 基钝镍剂、Sn 基钝镍剂及 Ce 基钝镍剂等。

②钝钒剂。主要有 Sn 基钝钒剂、碱土金属基钝钒剂、稀土金属基钝钒剂等。

③复合钝镍剂，或称钝镍钝钒双功能钝化剂，是将钝镍和钝钒组分复合在一起，可以同时钝化 Ni 及 V。

（一）钝镍剂

1. DM-5005 金属钝化剂

［性质］乳黄色不透明液体，主要活性组分为五价锑（Sb_2O_5）。溶于水，不溶于油，分解温度高，无刺激性异味。

[质量规格]

项目	指标	项目	指标
外观	乳黄色不透明液体	锑含量/%	24
密度(20℃)/(g/mL)	1.4205	分解温度/℃	>400
运动黏度(40℃)/(mm²/s)	1.33	溶解性	溶于水
凝点/℃	-8	气味	无刺激性
腐蚀性(铜片100℃, 3h)/级	1b		异味

[用途]用作催化裂化钝镍剂, 使用时与经换热升温后的混合原料油一起经原料油雾化喷嘴进入提升管反应器, 在与催化剂接触反应后, 一部分沉积在催化剂表面上, Ni形成稳定的双金属亚锑酸镍化合物(NiS_xO_y)对Ni产生钝化作用。由于本品黏度小, 可不用水稀释而直接加入, 通过调节计量泵活塞行程控制注入量, 每吨原料油投用量约0.03kg。在大庆石化公司炼油厂1000kt/a重油催化裂化装置使用结果, 在平衡催化剂Ni含量为3500~3900μg/g, 干气中H_2含量为35%~40%的条件下, 使用本剂后, 干气中H_2含量相对下降45%, 轻油收率绝对值提高1.02%, 其中汽油收率绝对值增加1.66%, 油浆收率绝对值下降1.32%; 而在抚顺石化公司1500kt/a重油催化裂化装置上加入DM-5005后, 对装置生产操作和产品质量无不良影响, 干气、焦炭、油浆产率分别下降0.57%、0.63%、0.69%, 而液化气、汽油、液收分别提高0.96%、1.75%、1.2%。使催化剂保持良好的活性和产品选择性。

[生产单位]江苏宜兴市兴达催化剂厂。

2. DNFVN-1金属钝化剂

[性质]淡黄色至浅棕色半透明液体, 与水互溶, 不溶于油, 组分中除含有Sb和稀土金属元素外, 还含有钝化钠的含铝化合物和调节分子筛酸性的物质, 在抑制Ni、Na、V对催化剂污染的同时还能提高平衡催化剂的活性。产品毒性低, 稳定性好, 在30℃以下不发生分解。

[质量规格]

项目	指标	项目	指标
外观	淡黄色至浅棕色半透明液体	密度(20℃)/(g/mL)	≥1.34
有效成分含量/%	>15	运动黏度(50℃)/(mm²/s)	≤40
凝点/℃	≤-12	溶解性	与水互溶
pH值(20℃)	6~8		

[用途]用作催化裂化金属钝化剂, 具有钝化Ni、Na、V对催化剂污染的作用, 使用时采用连续加注方式, 由泵将钝化剂储罐中的钝化剂打到混合器中与水混合稀释, 注入反应进料管线内, 随原料油一起进入提升管反应器, 在反应过程中抑制原料油中的金属污染催化剂, 并和金属Ni、Na、V等污染物反应生成高稳定性物质, 即使在再生的高温下也不分解, 在中国石化胜利油田有限公司石油化工总厂600kt/a重油催化裂化装置上进行工业试验表明, 在平衡剂上金属Ni、Na、V含量分别为9000μg/g、10000μg/g、800μg/g时, 使用DN-FVN-1金属钝化剂后, 与常规钝化剂比较, 干气和焦炭产率分别下降2.74%和9.7%, 干气中的H_2产率明显下降。汽油、液化气和轻油收率分别提高2%、0.71%、1.24%。表明

该剂具有抑制脱氢和生焦反应的能力，由于抑制了 Na、V 对催化剂中分子筛的结构和酸性的破坏，使催化剂维持较高催化活性，改变产品分布，提高产品收率。

[生产单位]中国石油大学(华东)。

3. GMP‑118 金属钝化剂

[性质]浅黄色透明液体，与水互溶。具有黏度小，流动性好，化学性质较稳定等特点，但遇强电解质会产生凝胶，与部分金属和金属氧化物会发生反应，放置于空气中时，因水分挥发而使本品产生固化。

[质量规格]

项目	GMP‑118	
	A	B
外观①	浅黄色透明液体	浅黄色透明液体
密度(20℃)/(g/mL)	1.30~1.45	1.35~1.55
运动黏度(40℃)/(mm²/s) ≤	3.0	6.0
凝点/℃ ≤	0	0
腐蚀性(50℃，3h)/级 ≤	1	1
锑含量/%(体积) ≥	20	25
溶解性②	与水互溶	与水互溶

①将样品注入 100mL 量筒中，于室温下观察，应为透明，无悬浮和沉降杂质。

②将 20mL 样品注入 100mL 量筒中，于室温下观察，应为透明，无悬浮和沉降杂质，无分层现象。

[用途]用作催化裂化金属钝化剂，具有钝化重金属(主要是镍)对催化剂污染的作用，以减轻重金属对裂化催化剂的毒害。

[简要制法]将三氧化二锑与水加入釜中，经搅拌、加热、回流，再加入氧化剂待反应完全后加入稳定剂，再经回流冷却、沉淀制得产品。

[生产单位]中国石化广州分公司。

4. JCM‑92E1 金属钝化剂

[性质]黄棕色液体，与水互溶，不溶于油。主要活性组分为锑化合物。

[质量规格]

项目	指标	项目	指标
外观	黄棕色液体	凝点/℃	−3~−10
密度(20℃)/(g/mL)	1.4~1.56	溶解性	与水互溶
运动黏度(20℃)/(mm²/s)	≤4	腐蚀性	
含锑量/%	25~26	(100℃·3h⁻¹)/级	1b

[用途]用作催化裂化金属钝化剂，具有钝化 Ni、V 对催化剂污染的作用。在中国石油广西石化公司 3.5Mt/a 重油催化裂化装置中使用表明，在平衡剂中 Ni 含量高达 $10000\mu g/g$ 的条件下，使用 JCM‑92E1 钝化剂时，H_2/CH_4 基本控制在 1.0 左右。在本剂加注量为 50g/t 原料的情况下，干气中 H_2 含量平均为 26%，远低于 VOP 公司的设计值 42.14%。

[生产单位]江苏创新石化公司。

5. JD – NV1 金属钝化剂

[性质]浅灰、黄色或棕色半透明液体，与水互溶，不溶于油，主要成分为锑化合物。对 FCC 催化剂上高含量的 Ni、V 有较强钝化作用。

[质量规格]

项目	指标	项目	指标
外观	浅灰、黄色或棕色半透明液体	密度(20℃)/(g/mL)	≥1.25
有效组分含量/%	≥18	溶解性	与水互溶
pH 值	6~8		

[用途]用作催化裂化金属钝化剂，具有钝化 Ni、V 对催化剂污染的作用。钝化剂的加入量要求平衡剂上 Sb 与 Ni 原子比为 0.35~1.1，与 V 的原子比为 0.35~1.0. 如取 0.5 值计算，则：

①按 Ni 含量计算

$$C_1 = 0.5 \times C_{Ni}/C_{Sb} \times 10^2$$

式中　C_1——钝化剂加入量，$\mu g/g$；

C_{Ni}——原料油中 Ni 含量，$\mu g/g$；

C_{Sb}——钝化剂中 Sb 含量，%。

②按 V 含量计算

$$C_2 = 0.5 \times C_V/C_{Sb} \times 10^2$$

式中　C_2——纯化剂加入量，$\mu g/g$；

C_V——原料油中 V 含量，$\mu g/g$；

C_{Sb}——钝化剂中 Sb 含量，%。

在青岛石石油化工厂 1Mt/a 重油催化裂化装置上，按其所用原料油中的 Ni、V 含量计算，加入 JD – NV1 钝化剂量为 40$\mu g/g$，使用结果表明，干气中的 H_2 含量由换剂前的平均 25.88% 下降至 23.0%，H_2/CH_4 由原平均 1.13%，下降为平均 1.03%。轻油收率增加 2.27%，轻液收率增加 0.87%，而且催化剂单耗明显降低。表明使用本剂后，催化剂受重金属污染程度明显下降。

[生产单位]济宁中武信和化工有限公司。

6. JK –010 金属钝化剂

[性质]深棕色液体，为高含锑的水剂型金属钝化剂，具有凝点低、无臭味、易清洗等特点。

[质量规格]

项目	指标	项目	指标
外观	深棕色液体	凝点/℃	< -30
密度(20℃)/(g/mL)	1.3~1.5	溶解性	与水醇互溶
运动黏度(20℃)/(mm²/s)	40~140	锑含量/%	15~18
pH 值	4.5~7.0	未反应氧化物残渣/%	<1.0

290

[用途]用作催化裂化钝镍剂，呼和浩特 0.66Mt/a 重油催化裂化装置所用原料为二连原油的减压蜡油、戊烷脱沥青油和减压渣油，镍含量高达 14~20μg/g，所用催化剂为荷兰阿克苏－诺贝尔公司生产的 Centurion－46H 型催化剂，该剂虽具有较强抗重金属污染能力，但平衡催化剂上镍含量仍高达 15000μg/g，污染极为严重，干气中 H_2 体积分数达到 55%~60%，H_2/CH_4 一般大于 4，生焦率达到 8.8% 以上，轻油收率偏低。该装置使用 JK－010 型金属钝化剂后，产品分布明显改善，干气中氢气体积分数由 56.88% 降至 39.26%，轻油收率提高 2.16%，总轻收提高 1.2%，总液收增加 0.63%，焦炭产率下降。而且使用本剂后，床层温度下降 15~20℃，主风量降低 4400m³/h，节能降耗效果明显。

[研制单位]中国石化石油化工科学研究院。

7. LMP－1 催化裂化金属钝化剂

[性质]一种含稀土元素的水溶性金属钝化剂。具有有效成分含量高、性能稳定、低毒、无味、雾化及分散性好等特点。

[质量规格]

技术指标	指标	用途		
		钝化镍	钝钒、钝钠	钝镍、钝钒
有效组分含量/%	≥	25	20	20
密度(20℃)/(g/mL)	≥	1460	1280	1300
凝点/℃	≤	－10	－15	－20
黏度(20℃)/(mm²/s)	≤	10	10	15
溶解性		溶于水	溶于水	溶于水

[用途]用作催化裂化金属钝化剂，可抑制重金属镍和钒对催化剂的污染，其有效组分可按镍和钒在原料中的含量及对催化剂的污染程度进行调整，以更合理、更有效地控制裂化催化剂的镍、钒污染，提高和改善催化剂的活性及选择性。加注点选在加热器之后，离提升管 4m 以外的原料油管线上。可用水稀释成 20%~50% 的溶液，加注量为 200~1000μg/g。

[生产单位]北京三聚环保新材料有限公司。

8. LMP 系列金属钝化剂

[工业牌号]LMP－2、LMP－4、LMP－4A、LMP－6、LMP－7 等。

[性质]以锑化合物为主要活性组分的油溶性或水溶性钝镍剂，其中 LMP－6 为双功能金属钝化剂。

[质量规格]

项目 产品牌号	LMP－2	LMP－4	LMP－4A	LMP－6	LMP－7
外观	黑色液体	浅黄色液体	浅黄色液体	浅棕色液体	浅黄色液体

项目 \ 产品牌号	LMP-2	LMP-4	LMP-4A	LMP-6	LMP-7
密度(20℃)/(g/mL)	1.27	1.46	1.40	1.342	1.35
凝点/℃	−25	−7	−10	−20	−25
运动黏度(20℃)/(mm²/s)	6.24	9.81	45	12.33	9.7
溶解性	溶于油类	溶于水	溶于水	与水互溶	溶于水
锑含量/%	~25	≥25	≥25	15	~20
热分解温度/℃	>290	301	310		

[用途]用作催化裂化金属钝化剂，LMP-2 为油溶性钝镍剂，LMP-4、LMP-4A、LMP-7 为水溶性钝镍剂，LMP-6 为双功能金属钝化剂，具有钝镍、钝钒功能。油溶性钝镍剂的有效成分为环烷酸锑化合物。水溶性钝镍剂主要是由锑的氧化物、水(有机溶剂)、分散剂及稳定剂构成的悬浮液或胶体溶液。LMP 系列钝化剂先后在南京炼油厂、镇海石化总厂、广州石化公司、茂名石化公司等单位的重油催化裂化装置上进行工业应用，取得良好效果，其中 LMP-6 为双功能金属钝化剂，是一种同时钝化 Ni 和 V 的水溶性金属钝化剂，除了具有水溶性钝镍剂的特点外，由于将钝化 V 和 Ni 的有效组分有机结合在一起，使一剂同时具有钝化 Ni 和 V 的功能，更有效地抑制 Ni、V 对催化剂的污染。如在茂名石化公司炼油厂 1.2Mt/a 重油催化裂化装置上应用时，平衡剂上重金属污染 Ni 约 10mg/g、V 约 6mg/g、Na 约 4mg/g 时，使用 LMP-6 钝化剂后，可使富气中 H_2 含量下降 15.9%，汽油收率提高 5.26%，轻油收率增加 3.27%，平衡催化剂微反活性提高 4%~6%。

[研制单位]洛阳石化工程公司。

9. MB-1 金属钝化剂

[性质]淡黄色透明液体，是一种以钝 Ni 为主，兼有钝 V、Fe 等金属的多功能钝化剂，具有响应速度快、重金属钝化效果显著、无毒、无污染等特点。

[质量规格]

项目	指标	项目	指标
外观	淡黄色透明液体	凝点/℃	−6~−7
密度(25℃)/(g/mL)	1.25~1.40	分解温度/℃	350~360
运动黏度/(mm²/s)	4.5~4.8	气味	无臭、无毒性

[用途]用作催化裂化金属钝化剂，使用时将钝化剂水溶液通过计量泵注入原料油，随原料油一起进入提升管，与催化剂接触反应。在沧州炼油厂重油催化裂化装置上应用表明，使用 MB-1 钝化剂后，催化干气中 H_2 含量下降 40%，H_2/CH_4 降低达 37%，液收(轻油+液化气)增加 1.07%。对催化剂和主要产品性质无不良影响。

10. MP 系列金属钝化剂

[工业牌号]MP-25、MP-35。

[性质]淡黄色黏稠性液体，主要活性组分为锑化合物，溶于醇和酯。

[质量规格]

项目	产品牌号 MP – 25	MP – 35
外观	淡黄色液体	
含锑量/%	26.88	26.81
密度(20℃)/(g/mL)	1.67	1.57
闪点/℃	>100	>100
运动黏度(40℃)/(mm²/s)	35	30
倾点/℃	−30	< −30
硫含量/%	26	—

[用途]用作催化裂化金属钝化剂。洛阳石油化工总厂重油催化裂化装置加工中原常压渣油，原料中含 Ni3.44μg/g，未使用钝化剂前干气中氢含量在50%以上，为抑制金属 Ni 的脱氢活性，首次应用了中国石化石油化工科学研究院研究的 MP – 85 钝化剂（油溶性、低锑含量钝化剂），在装置上进行多次试验，当系统催化剂上的 Sb/Ni 比在0.4～0.5时，干气中氢含量下降至35%，焦炭产率下降，轻质油收率略有上升。在使用 MP – 85 基础上，改用 MP – 25 钝化剂时，干气中氢含量下降至32%，汽油收率提高0.37%，液化气产率提高0.66%，同时干气产率降低0.1%，焦炭降低0.16%，表明 MP – 25 抑制镍的脱氢活性效果较好。以后该装置又使用 MP – 35 钝化剂，与 MP – 25 钝化剂相比，干气中 H_2 含量下降至28%，汽油收率提高1.14%，液化气产率增加1.53，表明 MP – 35 的钝镍效果比 MP – 25 略优。由于 MP – 35 钝化剂中硫酸含量比 MP – 25 少，臭味变小，改善了操作环境。

[研制单位]中国石化石油化工科学研究院。

11. SD – NFN1 金属钝化剂

[性质]浅黄色至棕色液体，与水互溶。一种针对 Na、Fe、Ni 的三功能金属钝化剂。其中添加有高稳定和高沸点增溶剂、分散剂，能均匀地分布在催化剂上，使钝化剂分解后形成颗粒小，比表面积大的 Sb_2O_3、La_2O_3，增强钝化效果。

[质量规格]

项目	指标	项目	指标
外观	浅黄色至棕色液体	pH 值	5～7
有效金属含量/%	>17	分解温度/℃	>300
密度(20℃)/(g/mL)	>1.35	凝点/℃	−10
运动黏度(50℃)/(mm²/s)	<30	溶解性	与水互溶
		功能	钝化 Na、Ni、Fe

[用途]用作催化裂化金属钝化剂。用于延安炼油厂400kt/a 催化裂化装置表明，干气中 H_2 含量从38.8%降至15.8%，干气中 H_2/CH_4 值从1.10降至0.30，总液收率提高0.70%。能有效减轻催化剂中毒，提高平衡剂活性，而且本剂不含有机磷和硫，无刺激性气味。

[生产单位]青岛石大卓越科技公司。

12. SD-NFNV1 金属钝化剂

[性质]淡黄色至棕红色液体。与水互溶，是以 Sb 和 La 的水溶性金属有机化合物为主体，并加入有机络合剂，形成有机锑的配合物，为具有钝化 Ni、V、Fe、Na 等功能的多功能金属钝化剂。

[质量规格]

项目	指标	项目	指标
外观	浅黄色至棕红色液体	凝点/℃	-20
密度(20℃)/(g/mL)	1.43	pH 值	7.2
有效组分含量/%	18.2(Sb14.5，Ca3.7)	分解温度/℃	>300
运动黏度(50℃)/(mm²/s)	15	溶解性	与水互溶

[用途]用作催化裂化金属钝化剂。在中国石化济南分公司 1.4Mt/a 重油催化裂化装置上应用表明，本剂具有较强抗金属污染能力，有效地钝化了 Ni、Fe 的脱氢活性，干气中 H_2 由 35%~40% 降至 27%~30%，H_2/CH_4 由 2.07 降至 1.23，轻油收率提高，对产品质量无影响，而且本剂无毒、无味，对装置及操作人员安全。

[研制单位]中国石油大学(华东)。

13. YXM-92 金属钝化剂

[性质]乳白色液体，与水互溶，为水基锑型钝化剂。无异味、无腐蚀性、黏度低，可不用稀释剂直接注入使用。

[质量规格]

项目	指标	项目	指标
外观	乳白色液体	硫含量/%	无
密度(20℃)/(g/mL)	1.352	分解温度/℃	224
黏度(40℃)/(mm²/s)	9.88	腐蚀性(铜片，50℃，3h)/级	16
凝点/℃	<-30	气味	无异味
锑含量/%	17.8	溶解性	溶于水

[用途]用作催化裂化金属钝化剂。在中国石油锦西炼化总厂催化裂化装置上应用表明，本剂有良好的钝化 Ni、V 等能力，干气中 H_2 含量从 20%~30% 下降至 10%~18%，H_2/CH_4 值由 1.5 降至 0.5 左右，干气及焦炭产率下降，液化气收率提高 0.42%，轻油收率增加 1.51%。对产品质量，催化剂和再生剂烘焦效果无不良影响。

[生产单位]江苏宜兴炼油助剂厂。

14. YXM-92-1.2 金属钝化剂

[工业牌号]YXM-92-1，YXM-92-2。

[性质]乳白色液体，溶于水，不溶于油，主要活性组分为锑化合物，黏度低，无异味，可不用稀释剂，单独注入。

294

[质量规格]

产品牌号 项目	YXM – 92 – 1	YXM – 92 – 2
外观	乳白色不透明液体	乳白色不透明液体
密度(20℃)/(g/mL)	1.496	1.352
黏度(40℃)/(mm²/s)	15.69	9.88
凝点/℃	< −30	< −30
锑含量/%	24.8	17.8
硫含量/%	0	0
分解温度/℃	222	224
腐蚀性(铜片，50℃，3h)/级	1b	1b
气味	无臭味	无臭味
溶解性	溶于水	溶于水

[用途]用作催化裂化金属钝化剂，是一种无异味、使用方便的钝镍剂，无腐蚀性，加注时可不用稀释剂，可提高掺炼重油量。

[生产单位] 江苏宜兴新湖化工厂。

15. YXN – 9601 锑锡复合金属钝化剂

[性质]乳白色至微黄色液体，能与水互溶，是一种 Sb – Sn 复合钝化剂，起到 Sb、Sn 钝化剂的双重作用，同时抵抗 Ni 和 V 对催化剂的污染。

[质量规格]

项目	指标	项目	指标
外观	乳白至微黄色液体	密度/(g/mL)	1.3415 ~ 1.42
锑含量/%	14.10	运动黏度 (20℃)/(mm²/s)	2.68
锡含量/%	3.9	pH 值	4.29
凝点/℃	−5 ~ −10	溶解性	与水互溶
热分解温度/℃	252		

[用途]用作催化裂化金属钝化剂，是针对高镍低钒原油开发的一种复合钝化剂，可同时抵消镍和钒对催化剂的影响。可增加汽油、柴油产率，降低干气、焦炭和重油产率，提高轻油收率。低产品质量及催化剂不产生影响。

[生产单位]江苏宜兴新街助剂厂。

(二) 钝钒剂

钝钒剂的钝钒机理是钝钒剂中的活性组分与 V_2O_5 反应生成稳定的高熔点化合物，从而抑制 V 向分子筛体相迁移和钒酸的生成。钝钒剂所用活性组分可以是碱土金属、稀土金属及铬、钛、锡、锆等元素的化合物，基质一般采用活性氧化铝、黏土、硅酸铝等物质，国外的钝钒剂研究开发主要集中在几个大的石油公司，如 Gulf、Betz、Chevron、Exxon、Engelhard、Phillips 及 VOP 公司等。国内由于原油中的重金属主要是 Ni 含量高，V 含量低，因此对于 V 对 FCC 催化剂的影响研究较少。所开发的钝镍剂对低含量钒也有一定钝化作用，而对抗高含量钒的钝钒剂，主要还处于实验室评价阶段，实际用于工业过程很少。由于国内低金属含量原油供应不足，进口原油的数量不断增加，而进口原油中，中东原油占有很大比例。与国产原油相比，中东原油中重金属钒含量远高于国产原油，因此，开发有效的钝钒剂是迫切需要解决的问题。作为参考，表4－8示出了开发的一些钝钒剂的主要理化性质。

表4－8　一些钝钒剂的主要理化性质

产品牌号 项目	GMP－218	LMP－3	LMP－5	LMP－6	LT－TV	MP－5007	NS－60	SD－NFNV1
有效金属含量/%	8.0(Sb)	10	10	15	15	23	≥10	18.2
密度（20℃）/（g/mL）	1.211	0.99	1.31	1.342	1.35	0.13 (40℃)	1.10	1.43
凝点/℃	－9	－25	－12	－20	－20	－6.7 (倾点)		－20
远动黏度（20℃）/（mm²/s）	3.08 (40℃)	47	9.4	12.33	18.3 (50℃)	5	≤15	15
溶解性	溶于水	溶于柴油	溶于水	与水互溶	与水互溶	溶于水	溶于水	与水互溶
分解温度/℃	—				＞300			＞300
外观	浅黄色液体	—	—	浅棕色液体	深棕红色液体	—	浅黄色液体	浅黄色至棕红色液体
功能	钝钒	钝钒	钝钒	钝镍钒	钝钒	钝钒	钝钒	钝、镍、钒、铁、钠

[生产单位]洛阳石化工程公司、中国石化石油化工科学研究院、广州石化分公司、中国石油大学(华东)、盐城莱特化工科技公司等。

六、催化裂化固钒剂

催化裂化原料及渣油中的钒，通常是以卟啉和非卟啉两类化合物形式存在，其中以卟啉形式存在的钒约占总钒量的 20%～50%。金属卟啉化合物是在 4 个吡咯环中间的空隙里，以共价键和配位键形式，与不同的金属结合而成的配合物。从结构上看，钒卟啉的极性比镍卟啉强，有更强的吸附作用而易沉积在催化剂表面。沉积的催化剂有部分存在于体相内，部分存在于体相外，钒对催化剂的危害表现在两个方面，一是钒离子会进入分子筛内部，破坏分子筛晶体结构，一般当平衡剂上的钒达到 $500\mu g/g$ 时开始起毒性作用，达到 $1mg/g$ 后，微反活性、比表面积会下降，但不同催化剂抗钒能力会有所差别，当沉积在催化剂上的钒达 $10mg/g$ 时，会导致催化剂活性明显下降甚至完全丧失；二是钒对原料起催化脱氢作用，导致催化裂化装置产物分布变差，轻质油收率下降。

目前，针对减少催化裂化原料中钒对催化剂危害所采取的对策有以下几种。

①调节原料比例，维持进料性质稳定。厂家经常采用的方法即减少高钒劣质渣油的掺炼比例，降低掺渣比，但这会使重油催化裂化操作的经济性受损。

②调整操作参数，减轻污染钒的生成。通过再生器实施不完全再生，将再生温度控制在660℃左右，一是程度上可缓解钒污染，但不完全再生方式的效果差，为了保持适宜的反应深度，需要在提升管上部增加反应终止剂的注入量，以尽量提高剂油比。

③干气预提生法。在催化裂化反应中，干气对催化剂比表面积的影响较大，由于还原性干气可抑制 V_2O_3 和 V_2O_4 转化为 V_2O_5，从而抑制钒对催化剂结构破坏，因此，在催化裂化装置运行过程中，可应用提升管反应器预提升技术抑制重金属对提升管中催化剂的污染。

④提高新鲜催化剂补充速率。加大催化剂置换速率，虽可维持高的反应活性，并降低平衡催化剂的钒含量，但增加了加工过程的催化剂消耗，导致操作成本上升。

⑤选用合适的抗钒催化剂。抗钒催化剂一般指在生产、合成催化剂过程中，采用高比表面积并添加 Sb、Al、Ca、Mg、Ti、Bi 及稀土元素的氧化物、酸式盐或它们的混合物。这些物质能均匀地附着在分子筛的外表面，优先与钒形成高熔点稳定化合物，起到一定抗钒污染作用。但由于捕钒成分与催化剂成分的一体化，可能会改变催化剂的选择性及物理特性，对大比例加工高钒原油的状况，抗钒程度仍显不够。

⑥使用钝钒剂。钝钒剂一般采用富铈稀土或锡的有机化合物，其中以四丁基锡效果较好。锡仅能减少钒毒害作用的20%～30%，且与使用方法的正确性密切相关。国内也开发出少量钝钒剂品种，但其作用远比钝镍剂少。

⑦使用固钒剂。固钒剂又称捕钒剂、钒捕集剂、钒陷阱。是指加入的具有与基础催化剂（主剂）相近筛分组成和机械强度，起到固定钒和捕集钒作用，减少钒在催化剂上沉积的固体颗粒，它的物理性质与主剂相似，并与主剂一起构成了双颗粒催化剂体系。固钒剂首先由 Chevron 公司在20世纪70年代后期开发，在金属污染程度低时，固钒剂的效应不十分显著，甚至会由于加入助剂后的稀释作用而产生负效应，而比较适合于加工高钒原料油。

（一）固钒剂作用机理

固钒剂之所以能捕集钒，主要是基于两种解释：①由 V_2O_5 与高温水蒸气作用生成的钒酸可在催化剂颗粒间流动；②固钒剂上存在可与钒酸反应并能固定钒的活性物质。

固钒剂与钒的作用过程大致为：①在反应器中，原料油中的卟啉钒以积炭形式沉积在分子筛催化剂及固钒剂颗粒表面上，在反应器的高温还原环境下，沉积的钒化合物并未完全分解，保持 V^{3+}、V^{4+} 的价态。②沉积的钒随催化剂和固钒剂的颗粒进入富含氧气及水蒸气的再生器后，V^{3+}、V^{4+} 会因氧化而转变为熔点为690℃的 V_2O_5。V_2O_5 进一步与水蒸气形成挥发性的钒酸（H_3VO_4），它可以在催化剂的颗粒内和颗粒间进行迁移，并会与分子筛上的 Al、Re 等阳离子反应，破坏分子筛的结构，固钒剂因含有能强烈吸收钒酸的活性物质，大量钒酸从催化剂颗粒转移到固钒剂颗粒上，通过与活性物质反应，生成不会移动的固态物质，从而阻止钒酸对分子筛的破坏，而当原料油中硫含量较高时，由于硫对固钒剂的活性组分存在竞争性吸附，对固钒剂的固钒效果有不良影响。

按照上述固钒机理，则要求固钒剂能与 V_2O_5 反应生成熔点高于再生器操作温度的化合物或配合物。因此，化合物与 V_2O_5 反应所形成的物质的熔点，是否大于再生器操作温度，就成为判断该化合物是否适用于制备固钒剂的一个简单标准。

目前，已申报专利或具有工业化潜力的固钒剂大致上可分为以下三类：

①碱土金属化合物，如 CaO、MgO、Al_2O_3，以及以 CaO、MgO 为主体的合成物质；

②含有 CaO、MgO 的天然无机矿物，如海泡石、凹凸棒土、白云石等；

③稀土金属化合物，如以 La、Ce 为代表元素的一些化合物。

而作为性能良好的固钒剂，应具有以下性能：①钒迁移至固钒剂的速率应当远大于钒迁移到分子筛上的速率；②固钒剂必须具有足以大量除去催化剂上钒的捕钒能力；③固钒剂与钒的结合应是不可逆的，被固钒剂捕获的钒不会又迁移回催化剂上。

对于固钒剂的一个重要参数是使用时的添加量和响应限。一些专利中固钒剂的添加低限为 $2\% \sim 3\%$（占催化剂量），高限在 40% 左右，在举例中常使用 $10\% \sim 20\%$ 的量，其响应低限可达 2500×10^{-6} 钒，高限在 20000×10^{-6} 钒，这时对催化剂的影响甚微。固钒剂的捕钒性能可以捕钒系数来表示：

捕钒系数 = 固钒剂上的钒含量/平衡催化剂上的钒含量

（二）国外公司固钒剂产品

1. Grace Davison 公司

该公司认为，增加捕钒系数可以提高固钒剂的作用，所开发的固钒剂 DVTTM，其捕钒系数达到 6 以上；随后开发的 RV_4^+ 则是一种性能更好、更耐磨的捕钒剂，其捕钒系数为 $5 \sim 6$，它是以 RE_2O_3 为活性组合，碱式氧化铝为黏结剂，高岭土或酸改性的高岭土作为基质。该公司推出的 RE_2O_3/AMTK 固钒剂的理化性质如表 4-9 所示。

表 4-9 Grace Davison 公司 RE_2O_3/AMTK 固钒剂的理化性质

产品牌号 项目	Orion822	固钒剂 A	固钒剂 B	固钒剂 C
化学组成/%				
RE_2O_3	1.4	26.7	26.2	23.6
MgO	—	2.7	3.1	—
Al_2O_3	33	33.7	33.5	45.2
比表面积/（m^2/g）	286	153	57	32
孔体积/（mL/g）	0.41	0.46	0.26	0.24
堆密度/（g/mL）	0.74	0.75	0.98	$0.8 \sim 1.0$
Davison 磨损指数	7	7	4	6

2. Chevron 公司

该公司推出一种耐硫高效固钒剂 CVP-3，当催化剂的钒含量为 6mg/g 时，捕钒系数为 17。该固钒剂组成未公开，可能为海泡石、白云石、氧化镁、钛酸盐、锆酸盐等。此外，该

298

公司还开发出一种抗钒催化剂。它是由一种固体裂化催化剂和一种稀释剂组成。稀释剂是一种镁化合物或是镁化合物与其他热稳定性好的金属化合物组成的混合物，镁化合物可以是氧化镁、海泡石、温石棉等。该催化剂特别适用于钒污染严重的场合，反应转化率可比原催化裂化催化剂提高 6.8% ~ 10.0%，轻油收率提高 7% ~ 9.7%，氢气和焦炭产率降低 1.2% 及 0.28%。

3. Engelhard 公司

该公司开发的固钒剂是以 MgO 为捕钒活性物质，其制备方法是以 MgO、高岭土与水玻璃经共混反应形成偏硅酸镁或铝酸镁晶体。MgO 的相对分子质量小，单位质量的活性位多，捕钒能力强，容量大，用于处理重金属含量高的原料油，仍可获得较高的转化率。MgO 不同于稀土和 Ti、Ba，后者会和 SO_x 生成不可逆的硫酸盐而失去捕钒能力。但 MgO 含量较低时，捕钒效果不太显著，其原因可能是 Mg 与 Si 反应生成镁橄榄石（$2MgO \cdot SiO_2$）的速率大于 Mg 与 V 或者 Si 与 V 的反应速率。也即 MgO 先与硅氧四面体 $[SiO_4]$ 结合，然后以这种结合物形态将钒缚住；当 MgO 加入量增加时，催化剂中形成了新相，才具有保护催化剂的作用。Engelhard 公司还开发出一种以黏土为主要组分的固钒剂，其活性组分 CaO 或混合稀土氧化物是通过先浸渍高岭黏土微球后经煅烧而制得，这种负载了稀土或钙氧化物的微球能抑制钒的流动性。

4. Phillips 公司

该公司开发的固钒剂是以质量分数为 5% ~ 35% 的 MgO 为捕钒活性组分，是由镁化合物浸渍在 Al_2O_3 上经干燥、焙烧而制得。$n(MgO) : n(Al_2O_3) = (0.01 \sim 2) : 1$，最佳范围为 $(0.05 \sim 0.5) : 1$，混合体系中还可含有 0.1% ~ 2% 的钒氧化物。该固钒剂的比表面积为 $100 \sim 500 m^2/g$，在系统中的比例为 10% ~ 50%。使用后能提高催化剂转化率及选择性，提高汽油产率。

Phillips 公司的专利还公布了一种处理含钒原料油的方法，所用抗钒催化剂是包埋在无机基质中的分子筛与负载在氧化铝上的氧化镁的机械混合物。氧化镁也可用硝酸镁、乙酸镁、碳酸氢镁等其他镁化合物替代。氧化镁稀释剂的加入可明显提高原料油的转化率及汽油产率。

5. Exxon 公司

该公司开发出一种含有碱土金属化合物的裂化催化剂，对该催化剂进行微反活性评价表明，在各种含碱土金属元素的催化剂中，含碳酸锶和碳酸钙的催化剂相对于镁盐和钡盐具有更好的抗钙污染能力，其中又以含锶剂的焦炭产率明显低于钙剂。综合来看，锶剂的捕钒效果优于其他碱土金属固钒剂，该公司推荐的固钒剂的组分为 $SrCO_3$，其制备方法有：①将碳酸锶负载在载体上，然后按一定比例与催化裂化剂混合；②将稀土 Y 型分子筛与碳酸锶直接干混；③将超稳 Y 型分子筛与碳酸锶直接干混。其中以①法捕钒效果较好。通常，捕钒组分加入方式以干混方式为好，采用浸渍法或离子交换法的结果都不理想。

（三）国内研究开发的固钒剂

国内工业化并单独使用的固钒剂很少，大多数情况是捕钒组分与主催化剂一起使用。如石油化工科学研究院研制的一种名为固钒剂 R 的固体颗粒添加剂，它与裂化催化剂的物理性质相似。把它与超稳分子筛催化剂 ZCM - 7 按适当比例混和使用，测定不同钒含量下的微反活性，混有 R 的 ZCM - 7 的数值明显高于 ZCM - 7。又如具有突出抗钒性能的

LV 系列和 CHV 系列催化剂。LV-23 采用以超稳 Y 分子筛为主要活性组分，选择活性氧化铝作为基质中的捕钒组分，稀土氧化物作为分子筛的抗钒组分。该催化剂适用于加工渣油及难裂化原料，特别是高钒、高钠、高钙、高碱氮污染严重的渣油原料。LVR60B 催化剂具有更强的抗钒污染能力和重油转化能力，干气、焦炭选择性好。CHV 催化剂是以骨架富硅分子筛及稀土超稳分子筛为主活性组分，并在表面沉积有一定成分的捕钒化合物，可优先与钒生成稳定的化合物，避免钒对分子筛结构的破坏。除有较强抗钒性能外，也有抗其他金属污染的能力。除此以外，RHZ-300、LANET-35、ORBIT-3600 等催化剂也具有较强抗钒能力，可用于加工钒含量较高的原油，如加工中东进口高钒原油。这类催化剂主要通过将捕钒成分加入催化剂颗粒中，让沉积在催化剂中的钒直接与捕钒成分接触，克服单独使用固钒剂时须在催化剂与固钒剂碰撞接触才能起捕获作用的影响。如上所述，碱土金属氧化物（MgO、CaO 等）是固钒剂的有效组分，只使用碱土金属氧化物虽然能与钒酸反应，但其强碱性对以固体酸中心起催化作用的烃类裂化反应有抑制作用，影响催化剂的选择性。因此，固钒剂的合理配方应选择金属复合氧化物 ABO_3（A 是碱土金属，B 是金属元素），这种复合氧化物能与 V_2O_5 反应起到捕钒作用：

$$ABO_3 + V_2O_5 \longrightarrow AV_2O_6 + BO_2$$

七、催化裂化塔底油裂化助剂

通常，催化裂化装置在 343℃ 以上的裂解产品的附加值最低，故应尽量减少被称之为澄清油、油浆或重循环油等产物的产率。而随着催化裂化由传统的蜡油裂化向渣油裂化发展，且掺渣率逐年提高。由于渣油中含有胶质、沥青质等大分子化合物，不能进入催化剂的沸石筛笼内进行裂化反应，严重影响了催化剂的反应性能和装置操作的最佳化。改进塔底油大分子裂化能力，减少澄清油产率的一种方法是对催化剂的基质组分进行调变或增加分子筛的二级孔。这种方法可以提高塔底油的转化率，但也会导致深度裂化，产品结构由重燃料油向低沸点产品转化，同时也会增加干气和焦炭的产率。而且在原料性质变化时必须更换催化剂，这使其应用受到一定限制，为此一些催化剂厂家开发出可以提高塔底油转化率的专用助剂。

所谓催化裂化塔底油裂化助剂，是指为了促进和控制催化裂化分馏塔底油浆进一步裂化使之轻质化而加入的一种助（催化）剂。它随主催化剂一起流动，加入量一般不大于 10%，以尽量减少对主催化剂的稀释作用。塔底油裂化助剂一般是以高活性氧化铝为基质，能提供额外的活性中心，这些活性中心能让油浆大分子进入，并将其适度裂化，从而达到提高轻质油品收率，而又尽可能减少小分子烃和焦炭产率。

目前认为，在裂化催化剂作用下，烃类并不像单独受热时那样遵循自由基链反应历程进行转化，而是遵循正碳离子历程进行反应。其根据是液态酸催化反应已确证属于正碳离子历程，而所有的裂化催化剂都具有酸性，并已在固体酸催化剂表面上检侧出烃分子与酸中心形成的正碳离子的存在。基于催化裂化反应的特点，塔底油裂解助剂的配方设计可从以下两方面进行考虑。

①控制助剂的酸中心类型和强度。裂化催化剂都属于固体酸类的物质，其表面既有质子酸中心（简称 B 酸中心），又有非质子酸中心（简称 L 酸中心），B 酸中心和 L 酸中心在裂化反应中都会诱发正碳离子生成。而 L 酸中心比 B 酸中心对不饱和烃有较强的吸附，

能促使其发生聚合反应，最终生成焦炭和氢气。所以 L 酸中心还存在导致催化剂生焦的倾向。此外，酸中心的强度不同，它对反应物活化的程度也不同。大分子烷烃和环烷烃化合物易于裂化，弱 B 酸中心可诱发反应，因此，塔底油裂化助剂的 B 酸中心和 L 酸中心数之比应较高，且只需有弱酸中心强度，这样可以控制吸附和反应的关系，减少干气和焦炭的生成产率。

②具有适当的孔结构特性。如在催化剂孔分布上适当增加中孔的比例，可以改善油气分子的扩散效果，促使油气大分子进入分子筛孔道，在酸中心上进行反应，同时又可使生成的产物分子能尽快离开孔道，避免发生二次反应，还可减少油气分压，加快脱附，减少焦体前体物的聚合，抑制生焦。

(一)国外塔底油裂化助剂

国外催化裂化塔底油裂化助剂主要有 Albemarle 公司的 BCMT - 100，Grace Davison 公司的 Sabre 和 LOBO，InterCat 公司的 BCA - 105、BCA - 110 和 CAT - AID 等牌号。其中工业上广泛使用的塔底油裂化助剂是 InterCat 公司的 BCA - 105。它是一种大孔径(>5nm)的非晶体氧化铝 - 氧化硅基质，具有足够的酸性，可裂解大分子，对 427℃ 以上的重馏分裂化能力很强，BCA - 105 助剂的理化性质如表 4 - 10 所示。

表 4 - 10 BCA - 105 助剂的理化性质

项目	BCA - 105	项目	BCA - 105
化学组成/%		物理性质	
Al_2O_3	61.8	比表面积/(m^2/g)	109
Re_2O_3	0.12	空隙度/(mL/g)	0.28
Na_2O	0.29	表观视密度/(g/mL)	0.77
Fe_2O_3	0.59	平均颗粒/μm	93
		微反活性(800℃, 4h)	40

BCA - 105 助剂已用于美国的 CEP 石油公司新泽西州炼油厂、美国 MAPCO 公司田纳西州炼油厂、印度 Mathura 炼油厂等多个国家的重油催化裂化装置上。其中，美国 MAPCO 公司在其提升管 FCC 装置中添加质量分数为 6% 的 BCA - 105 助剂(相对于催化剂)后，油浆收率由 9.7% 下降至 7.2%，汽油收率增加 4.8%，辛烷值增加 0.6 ~ 0.7 个单位，总的轻油(汽油 + 柴油)收率增加 3.6%。我国镇海炼油化工股份有限公司也引进了 BCA - 105 助剂。所用主催化剂为由中国石化石油化工科学研究院开发的 ZCM - 7 催化剂，逐步添加 BCA - 105 助剂，达到 InterCat 公司建议的比例后进行标定。结果表明，在油浆减少的同时，密度减少 $34.75kg/m^3$，回炼油密度也减少 $15.31/m^3$，说明助剂将进料中的部分大分子化合物预裂化使得重油性质相对变好，重油转换能力提高。

日本东燃株式会社开发的由金属氧化物、白土和氧化硅组成的重油裂化添加剂，可用于渣油催化裂化掺炼常压渣油、溶剂脱沥青油和减压瓦斯油。其特点是裂化活性高，尤其对沸点在 343℃ 以上的重组分效果更好，轻质油(石脑油和液化石油气)产率高。塔底油裂化助剂所用 SiO_2 的比表面积为 30 ~ 80 m^2/g，总孔体积为 0.14 ~ 0.45 mL/g。

(二)国内开发的塔底油裂化助剂

由中国石化石油化工科学研究院开发的 LDC - 971 助剂的理化性质如表 4 - 11 所示。

表 4 – 11　LDC – 971 助剂的理化性质

项目	LDC – 971	项目	LDC – 971
化学组成/%		物理性质	
Al_2O_3	63.4	比表面积/(m^2/g)	160
Na_2O	0.14	空隙度/(mL/g)	0.23
Fe_2O_3	0.46	表观视密度/(g/mL)	0.85
		平均颗粒/μm	65
		微反活性$(800℃,4h)$/%	38

该剂在沧州炼油厂进行工业试用表明，重油裂化性能明显改善，柴油收率提高 5.19%，轻质油收率提高 3.49%，柴汽比提高，干气和焦炭在合理范围内有所增加。

金陵石化公司南京炼油厂开发了由 Al、Si、Mg、P 四组分为载体组成的塔底油裂化助剂，活性组分选用稀土金属和过渡金属两组分，采用喷雾干燥法制备，其理化性质如表4 – 12 所示。

表 4 – 12　重油裂化助剂的理化性质

项目	指标	项目	指标
化学组成/%		空隙率/%	87.89
Al_2O_3	55.3		
Na_2O	0.12	磨损指数/%	2.4
RE_2O_3	1.2	筛分组成/%	
Mg + P	13.38	$0 \sim 40\mu m$	12.0
物理性质		$40 \sim 80\mu m$	72.0
比表面积/(m^2/g)	155.7	$>80\mu m$	16.0
孔体积/(mL/g)	0.51	微反活性/ %	34.3
表观密度/(g/mL)	0.72	骨架崩塌温度/℃	1035

为了考察助剂的活性、选择性及稳定性，在小型提升管实验上参照工业装置操作条件，以南京炼油厂RFCC 装置使用的原料及主剂平衡剂作为评价用原料油和基础剂，其评价结果如表4 – 13 所示。结果表明，该助剂具有较好的渣油裂化活性和较强的水热稳定性，其理化性能和使用性能能满足需要，在基础剂中加入5% 裂化助剂后，可使轻质油收率提高3.4%，气体收率提高0.7%，重油产率减少约4%，焦炭产率基本不变，且对油品质量不产生影响。

表 4 – 13　小型提升管试验装置评价结果

项目	催化剂 平衡剂	平衡剂 + 5% 裂化助剂
操作条件		
反应温度/℃	510	510
原料预热温度/℃	265	264
再生温度/℃	700	700
催化剂藏量/kg	5.0	5.0
进油量/(kg/h)	1.5	1.5
剂油比	8.34	8.36
产品分布/%		
气体	14.51	15.21
汽油	31.1	34.2
柴油	20.0	20.3
重油	25.56	21.49
焦炭	8.83	8.80
轻质油收率/%	51.1	54.5
转化率/%	54.44	58.21

由长岭研究院研制的 DCA – 112 催化裂化抑焦剂的主要成分为 C、H、O 的化合物, 具有分散、阻聚和增加平衡催化剂 B 酸中心的功能, 表 4 – 14 示出了 DCA – 112 催化裂化抑焦剂的理化性质。

表 4 – 14　DCA – 112 催化裂化抑焦剂的物理性质

项目	指标	项目	指标
外观	棕红色	黏度(50℃)/(mm²/s)	>9.0
密度(20℃)/(g/mL)	0.85 ~ 0.95	凝点/℃	< -10

在南充炼油化工总厂 RFCC 装置上应用表明, 该助剂能最大限度地抑制生焦反应, 减少双分子氢转移反应发生, 抑制缩合和脱氢反应发生, 有效改善催化裂化装置的产品分布, 降低焦炭和油浆产率, 增加轻质油和液化气收率。总轻油收率可提高 1.8%, 油浆及焦炭产率分别下降 1.2% 及 0.3%

八、降低催化裂化汽油烯烃助剂

随着我国国民经济的快速发展, 环境保护对工业生产的要求也日趋严格。汽车尾气对大气污染的严重性已引起人们的密切关注。一些研究表明, 当汽油中烯烃含量由 5% 增加至 20% 时, 发动机排放的氮氧化物(NO_x)可增加 6%, CO 排放量变化不大, 碳氢化合物减少 5%。其原因是烯烃的反应活性比烷烃高, 在发动机中燃烧更完全。而在不使用汽油清洁剂时, 烯烃还易在汽化器、燃料喷嘴和进气阀上形成沉积物, 增加发动机有害物排放。发动机

303

尾气排放物中含有 200 多种烃类及含氧化合物，其中 1，3 - 丁二烯、苯、醛类及环状有机化合物均为有毒物质。汽油中的某些烯烃，如甲基丁烯、丁二烯、戊烯等也是光化学活性较强的物质，排入大气后，在紫外线作用下可生成臭氧、甲醛、丙烯醛等产物，在一定条件下形成光化学烟雾，对人体和植物产生危害。

在我国，炼化工业催化重整、烷基化等装置总加工量偏低，车用汽油仍以催化裂化汽油为主，而催化裂化汽油的烯烃含量偏高，一般可达 45% ~ 60%（体积），远远超过 35%（体积）的新汽油标准。因此，在保证催化裂化汽油辛烷值不降低的前提下，如何有效地降低其汽油烯烃含量已成为各炼油厂极待解决的问题。

目前既降汽油烯烃又不降低或提高汽油辛烷值的技术不是太多。降烯烃的方法可分为在催化裂化装置外和装置内两种。在装置外降汽油烯烃的技术有催化原料预加氢处理、催化裂化轻汽油醚化。再就是催化裂化汽油加氢异构、芳构化技术，但此类技术难度较大；在装置内的降烯烃的途径包括优化 FCC 操作条件（如适当降低反应温度、增大剂油比、改变汽油和柴油切割点等），采用辅助提升管、双提升管和两段提升等新技术新工艺，再就是采用降烯烃催化剂和助剂。

降烯烃催化剂的技术方案包括以下几个方面：

①以独特的氧化物改性 Y 型分子筛为主要活性组分，获得适当的酸强度和酸密度分布，既能保证较高的氢转移活性，又能避免深度氢转移所引起的生焦反应，同时提供一定的活泼氢蓄留能力，保证反应过程中更多氢原子对烯烃的饱和作用和控制正碳离子链传递过程的深度，从而实现有控制的选择性氢转移反应，并保证原料中氢含量的有效利用和在产品中的合理分布。

②添加适量改性处理的 ZRP 择形分子筛作为辅助活性组分，一方面保证催化剂对低碳数直链烯烃和烷烃的选择性裂化作用，达到进一步降低烯烃和补偿汽油辛烷值的目的。另一方面又提供一定的环化或芳构化及异构化能力，进一步提高汽油的辛烷值，并提供适量活泼氢，供进一步饱和烯烃，控制正碳离子链增长所用，达到在降低汽油烯烃含量的同时，保证汽油辛烷值不变的目的，并起到平衡双分子与单分子反应的效果。

③进一步提高催化剂的活性稳定性和重油转化能力，平衡双分子与单分子反应的比例。这可依据具体情况，在催化剂中加入适量经特殊处理的超稳分子筛。独特的处理方法可有效提高超稳 Y 分子筛的活性并保证适度的氢转移能力。

④为保证催化剂的抗重金属污染能力，可针对不同重金属含量及性质，引入抗重金属污染组分。

使用降烯烃助剂与降烯烃催化剂有类似的作用，它是以促进催化裂化汽油馏分烯烃分子的二次催化转化为目的。通过助剂使烯烃分子发生芳构化及选择性裂化等二次反应将烯烃分子转化成芳烃、烷烃及小分子烯烃，进一步增强异构化和氢转移反应，同时让芳构化反应为氢转移反应提供氢分子，减少氢转移反应造成的生焦量增加。汽油烯烃含量的减少主要是由于汽油在降烯烃助剂上发生了芳构化及氢转移反应而生成芳烃和烷烃。由于降汽油烯烃助剂能最大限度促进芳构化反应，明显提高催化剂微反活性，实现既能降低汽油烯烃又能提高汽油辛烷值目的，具有方便灵活、见效快等特点，受到炼油企业的欢迎。国内从事降低催化裂化汽油烯烃助剂研制的单位有洛阳石化工程公司及中国石化石油化工科学研究院等。

1. LAP-1 降 FCC 汽油烯烃助剂

[性质] 是以双金属改性的 ZSM-5 分子筛为主要活性组分，经与白土、铝溶胶混合打浆，经喷雾干燥制成微球后再经焙烧制得微球产品。具有良好的水热稳定性及芳构化功能，能将汽油中的烯烃择形裂化为 $C_3^=$、$C_4^=$。

[质量规格]

项目	指标	项目	指标
灼烧减量/%	4.8	Al_2O_3/%	42.59
堆密度/(g/mL)	0.86	SiO_2/%	39.77
磨损指数/%	2.4	筛分/%	
比表面积/(m²/g)	155	0~40μm	16.8
孔体积/(mL/g)	0.142	0~149μm	87.4
微反活性/%	45		

[用途] 用于降低催化汽油烯烃含量，是洛阳石化工程公司开发的第一代降烯烃助剂。如用于中原油田石油化工总厂 500kt/a 重油催化裂化装置进行工业试验时，所用主催化剂是齐鲁石化公司催化剂厂生产的 MLC-500 催化剂。应用结果表明，在加入 8% 本剂时，催化汽油的烯烃平均可以降低 4.5%。同时汽油中的饱和烃和芳烃含量分别增加 1.4% 和 2.5%，说明汽油中的部分烯烃减少主要是由于在 LAP-1 助剂上通过芳构化反应和氢转移反应生成芳烃和烷烃，而烯烃含量降低后，汽油辛烷值有一定上升，对催化柴油的各项质量指标基本保持不变。但 LAP-1 主要通过汽油烯烃的裂化和芳烃化反应降烯烃，对氢转移和异构化反应的作用较少。

[生产单位] 洛阳石化工程公司。

2. LAP-2 降 FCC 汽油烯烃助剂

[性质] 是在 LAP-1 降 FCC 汽油烯烃助剂基础上开发第二代降烯烃助剂。它是采用复合分子筛和特殊基质改性技术，使两种分子筛在反应过程中，既有芳构化反应活性，又具有氢转移和异构化反应活性，能使芳构化反应中生成的中间物作为氢转移反应的供氢分子，将氢转移反应的生成产物转化为芳烃和烷烃，减少焦炭前身物的生成，增加的大孔分子筛在提高氢转移反应能力的同时还增加裂化能力。本助剂还具有水热稳定性好的特点。

[质量规格]

项目	指标	项目	指标
灼烧减量/%	4.1	微反活性/%	73
堆密度/(g/mL)	7.8	筛分/%	
磨损指数	1.48	0~40μm	15.8
比表面积/(m²/g)	190.4	0~149μm	90.0
孔体积/(mL/g)	0.123		

[用途] 用作降 FCC 汽油烯烃含量的助剂。由于 FCC 过程中可降低汽油烯烃含量的氢转

移反应是双分子反应，需在较强的酸性和距酸性中心较近的活性中心进行，提高催化剂的酸性，增加 B 酸中心的强度和酸中心数目，可促进双分子反应发生。采用复合分子筛的 LAP－2 比 LAP－1 有更高的酸性（见表 4－15），因而具有较高的裂化活性及氢转移反应能力。LAP－2 助剂分别在天津石化、茂名石化及沧州石化三家 FCC 装置上应用时的装置概况如表 4－16 所示。在 LAP－2 加入量占新鲜主催化剂为 5% 的条件下，工业应用表明，天津、茂名、沧州炼油厂液化气产率分别增加 2.35%、1.85%、3.93%，丙烯产率分别升高 1.29%、1.99%、1.67%，汽油产率分别下降 1.97%、2.37%、1.25%，柴油产率分别升高 0.82%、0.41%、2.57%，总轻收分别增加 1.20%、0.13%、0.11%，烯烃含量降低 8% ~ 10%。其中液化气大幅上升，特别是丙烯产率增加。表明 LAP－2 具有良好的降烯烃活性和稳定性，能与各种催化剂匹配，对原料油要求不苛刻。

[生产单位] 洛阳石化工程公司。

表 4 – 15　LAP 助剂的酸性

项目 产品牌号	强酸/（mmol/g）	弱酸/（mmol/g）	总酸/（mmol/g）
LAP－1	0.187	0.481	0.668
LAP－2	0.301	0.700	1.001

表 4 – 16　LAP – 2 工业应用装置概况

装置 项目	天津石化 FCC	茂名石化 FCC	沧州石化 FCC
加工能力/（kt/a）	1300	1400	1000
主催化剂	LANK－98	LVR－60	BMLC－500 : CA－2000（1 : 1）
催化剂藏量/t	300	220	230
原料油	VGO + CGO	加氢渣油	VGO + CGO + AR
FCC 汽油烯烃含量/%	61.0	50.8	50.0

3. LBO – A 高辛烷值型降烯烃助剂

[性质] 是以改性 ZSM – 5 分子筛为 A 组分，经处理和交换的高岭土为 B 组分，将 A、B 两种性能不同的组分按一定比例进行复配，经打浆、喷雾干燥、焙烧制得 LBO – A 助剂。即采用原位晶化与择形分子筛有机结合的技术，将具有芳构化、异构化和可控的选择性氢转移功能组分与良好的基质按一定比例结合，既保证助剂的降烯烃效果，同时使其具有较高的汽油辛烷值和灵活多变的特点，可根据用户不同需求，调节 A、B 组分及其配比。

[质量规格]

项目	指标	项目	指标
堆密度/（g/mL）	0.88	灼烧减量/%	12.0
比表面积/（m²/g）	274	磨损指数/%	1.4
孔体积/（mL/g）	0.32	Na₂O/%	0.23

[用途] 用作降 FCC 汽油烯烃含量的助剂。以兰州石化重油催化裂化装置所用原料油为试验评油品，在中型提升管催化裂化试验装置上进行评定的结果如表 4－17 所示，结果表明，在主催化剂中加入 LBO – A 后，平衡催化剂的活性未降低，汽油产率和液化气产率升高，干气产率和柴油率下降，焦炭产率基本不变，重油产率下降，烯烃体积分数降低 10%，

汽油研究法辛烷值增加 1.4 个单位。

表 4 - 17　中型提升管催化裂化试验装置评价结果

项目	主催化剂 LANK - 98	85% LANK - 98 + 15% LBO - A
反应温度/℃	510	510
进油量/(kg/h)	1.24	1.24
剂油比	6 ~ 7	6 ~ 7
干气/%	1.56	1.45
液化气/%	11.44	13.90
汽油/%	46.96	49.46
柴油/%	13.48	11.09
转化率/%	67.24	72.12
轻油收率/%	66.24	66.26
总液收/%	77.67	80.16
烯烃/%	57.74	47.64
环烷烃/%	5.65	6.24
芳香烃/%	13.63	22.30
异构烷/%	3.88	3.88
止构烷烃/%	19.10	19.94
研究法辛烷值	90.4	91.8
马达法辛烷值	79.8	80.1

以后，LBO - A 在哈尔滨石化公司 1.2Mt/a 的第三套重油催化裂化装置上进行工业应用表明，以降烯烃催化剂 LBO - 16 为基础剂，当 LBO - A 助剂占系统藏量的 15% 左右时，在不增加单耗的前提下，汽油体积分数降低 3.3%，研究法辛烷值可提高 0.6 个单位，产品分布变化不大，轻质油收率略有下降，总液收略有提高，液态烃提高约 0.4%。表明 LBO - A 助剂具有较强重油转化能力和抗重金属污染能力。

[生产单位] 中国石油兰州石化分公司。

4. LGO - A 降 FCC 汽油烯烃助剂

[性质] 以氧化物改性的大晶胞 MOY - 2 分子筛为活性组分，并配以适量的 ZRP 择形分子筛及采用改性大孔载体。具有高的氢转移活性和选择性，适当的异构化及芳构化能力。与常规催化剂匹配使用，可使汽油中烯烃含量比单独使用催化剂明显降低。

[质量规格]

项目	指标	项目	指标
孔体积/(mL/g)	0.31	筛分组成/%	
磨损指数/%	0.85	0 ~ 20μm	2.1
堆密度/(g/mL)	0.81	20 ~ 40μm	18.4
表观松密度/(g/mL)	0.74	40 ~ 80μm	64.5
比表面积/(m²/g)	445	80 ~ 110μm	11.2
微反活性/%	80.4	>110μm	3.8

[用途] 用作降 FCC 汽油烯烃含量的助剂。在锦州石化公司 3 号催化裂化装置上进行工业试验所用主催化剂为齐鲁催化剂厂生产的 MLG - 500 和长岭催化剂厂生产的 CG - 15，两种催化剂在试验前占系统比例约为 2:1。其新鲜催化剂性质如表 4 - 18 所示。可以看出

LGO - A助剂的堆密度、微反活性及筛分组成与所用主剂基本相同，加入 LGO - A 后，装置催化剂流化正常，平衡剂性质基本不变，经工业应用结果表明，汽油收率下降 1.94%，液化气收率下降 1.58%，柴油收率提高 3.52%，干气收率降低 0.21%，油浆收率上升 0.62%，汽油中烯烃含量由空白标定的 56.6% 下降至 50% 左右，汽油辛烷值约升高 0.5 个单位。产品分布趋于合理，系统操作稳定。

表 4 - 18　主催化剂性质

催化剂 项目	MLG - 500	CG - 15
孔体积/(mL/g)	0.32	0.47
磨损指数/%	1.6	2.3
堆密度/(g/mL)	0.90	0.71
表观松密度/(g/mL)	0.69	0.58
比表面积/(m²/g)	485	577
微反活性/%	76.2	72.8
筛分组成/%		
0 ~ 20μm	2.8	3.7
20 ~ 40μm	23.2	19.3
40 ~ 80μm	65.2	58.5
80 ~ 110μm	8.3	9.3
>110μm	0.5	9.2

[研究单位] 中国石化石油化工科学研究院。
[生产单位] 兰州催化剂厂。

九、提高催化裂化汽油辛烷值助剂

车用汽油是炼油工业的主要产品之一。我国车用汽油调和组分仍以催化裂化汽油为主，约占汽油总量的 70% 左右，重整汽油、烷基化油、甲基叔丁基醚等高辛烷值组分逐年增加，焦化、热裂化、再蒸馏等汽油组分逐年减少。我国汽油的质量和品种在近期均获得较大提高，但与国际水平相比仍有较大差距，其中之一是汽油辛烷值明显偏低。如何进一步提高催化裂化汽油辛烷值已成为改善汽油质量的重要问题之一。

石油馏分是由烷烃、烯烃、环烷烃和芳香烃等烃类组成。在催化裂化条件下，各种烃类进行的反应主要是裂解反应，大分子烷烃裂解成为较小分子的烷烃和烯烃，大分子烯烃裂解成为较小分子的烷烃和烯烃，环烷烃发生环的断裂成为烯烃。芳烃苯环上的烷基侧链也容易断裂成为较小分子的烯烃。因此，石油馏分催化裂化反应的产物主要是正构烯烃。这些正构烯烃可分为两大类：一类是小分子烯烃即 C_4、C_5 烯烃，基本上不再裂解；另一类是大分子烯烃，显然还能继续裂解。但除上述各种烃类的裂解反应外，同时还进行烯烃的异构化反应，氢转移反应和芳构化反应。异构化反应使正构烯烃转化为异构烯烃，有利于辛烷值的提高。氢转移反应使正构烯烃转化为饱和烷烃，从而降低了汽油的辛烷值。

提高催化裂化汽油辛烷值有多种方法，如优化原料组成、改变操作条件、采用高辛烷值裂化催化剂，使用辛烷值助剂等。

辛烷值助剂又称辛烷值增进添加剂或辛烷值助催化剂，用来提高催化裂化汽油辛烷值，可通过小型加料器与主催化剂混兑加入反应系统中，具有以下特点：①使用剂量少、见效快；②适合各种加工原料油；③可与各种类型催化剂掺混使用；④不影响干气、焦炭产率；⑤可提高马达辛烷值及研究法辛烷值，并能提高 C_3、C_4 烯烃。

在催化裂化过程中广为使用的含稀土 Y 型分子筛，催化活性高、稳定性好，但由于分子筛中含有稀土离子，使裂化产物中的烯烃和环烷转化为更难裂化的芳烃和烷烃，由于烯烃被饱和，汽油的辛烷值降低。这时，使用辛烷值助剂提高催化裂化汽油辛烷值的方法，既简单易行，又灵活有效。

1981 年，美国 Mobil 公司首先发现使用含有 ZSM - 5 沸石的添加剂可提高催化裂化汽油的辛烷值，增加液化石油气产率，并降低焦炭和干气产率。自此以后，许多制造商也利用该沸石制成各种牌号的辛烷值助剂。

ZSM - 5 沸石属理想斜方晶系，晶胞常数 $a = 2.0nm$、$b = 1.99nm$、$c = 1.34nm$。其骨架含有两种交叉孔道，一种是直浅孔道，另一种为"Z"形近似圆的与直孔交叉的孔道。这种结构使其产生以下特点：①两种孔道开口均为十元环，其大小介于小孔沸石和大孔沸石之间，基于反应物进入沸石孔隙有限空间的能力，使其对反应物有选择性；②具有两种孔道，反应物可任意选择通过沸石中的一个孔道进入，产物从另一孔道扩散出来，减少逆扩散；③在两种孔道交叉处有较大的自由孔腔，其直径为 0.9nm，这对于小分子组合有利；④没有笼子或空腔，不会使大分子聚积，避免生成焦炭。

ZSM - 5 沸石正因为有这些功能，能选择性地将一般裂化催化剂生成的汽油重馏分中辛烷值很低的正构 $C_7 \sim C_{13}$ 或带一个甲基侧链的烷烃和烯烃进行选择性裂化生成辛烷值高的 $C_3 \sim C_5$ 烯烃，从而增加马达法及研究法辛烷值。而对于石蜡基原料油，增加幅度更为明显。所以，目前国内外所使用的辛烷值助剂主要采用不同硅铝比的 ZSM - 5 沸石，或是在 ZSM - 5沸石基础上的改性产品。

（一）国外公司催化裂化辛烷值助剂

国外研究和生产辛烷值助剂的公司主要有 Albemarle、BASF、Grace、Davison、Exxon、Gulf、InterCat、Mobil 等。表 4 - 19 示出了国外一些公司的辛烷值助剂牌号。Mobil 公司首先

表 4 - 19　国外公司和一些辛烷值助剂

项目 公司	产品牌号	载体	沸石含量/%
Albemarle	k - 25	Si - Al	15 - 25
Grace　Davison	O - HS	Si - Al	15 - 25
	GSO		
BASF	Z - 1000	Si - Al	15 - 30
InterCat	Z - cat - Plus	Si - Al	15 - 25
	IsoCat	Si - Al	15 - 25
	Octamax	Si - Al	15 - 25
	PantaCat	Si - Al	15 - 25
Mobil	ZSM - 5		

将 ZSM－5 沸石作为催化裂化催化剂的复合组分用于移动床催化裂化装置上，取得了增加汽油辛烷值的明显效果。以后其他公司对 ZSM－5 沸石进行改性，增加了异构化功能，适当降低裂化活性。改性辛烷值助剂与未改性的辛烷值助剂比较，增加相等数量的辛烷值，前者可获得更高的汽油产率。作为例子，表 4－20 示出了 InterCat 公司推出的 IsoCat 和 Octamax 两种产品的典型性质。表 4－21 示出了 IsoCat 助剂的工业应用数据，其中 IsoCat 含有 Mobil 公司生产的改性高硅铝比（约 500）ZSM－5 沸石，并采用惰性基体，改善了辛烷值助剂的活性和稳定性；Octmax 助剂是在其专有黏结剂中加入近乎纯硅（硅铝比＞800）的 Pentasil 沸石，而是通过异构化反应，而不是裂解烃来提高汽油辛烷值。

表 4－20　InterCat 公司两种助剂的典型性质

项目 \ 产品牌号	IsoCat	Octamax
化学组成/%		
SiO_2	53.0	—
Al_2O_3	34.0	32.0
Na_2O	0.24	0.25
挥发物	5.0	5.0
粒度分布/ %		
0～20 目	1.0	1.0
0～40 目	10	10
平均粒度/目	95	95
比表面积/(m^2/g)	45	60
孔体积/(mL/g)	0.37	—
表观密度/(g/mL)	0.80	0.80
Davison 磨损指数/%	6	4

表 4－21　IsoCat 助剂工业应用结果

项目	不加辛烷值助剂	加入 IsoCat
产物组成/%		
C_2^-（质量分数）	5.0	5.0
C_3（体积分数）	4.1	4.0
C_3^-（体积分数）	9.3	10.5
iC_4（体积分数）	7.2	7.3
nC_4（体积分数）	2.2	2.0
C_4^-（体积分数）	8.3	9.3
C_5^+ 汽油（体积分数）	56.3	54.8
柴油（体积分数）	19.5	19.5
焦炭（质量分数）	7.2	7.1
转化率/%	80.5	80.5

项目	不加辛烷值助剂	加入 IsoCat
助剂补充量/(t/a)	—	0.5
汽油辛烷值		
RON	93.7	94.5
MON	82.2	82.7

(二)国内催化裂化辛烷值助剂

1. CHO 系列辛烷值助剂

[工业牌号]CHO-1、CHO-2、CHO-4。

[性质]CHO-1 为含择形沸石的高堆积密度辛烷值助剂，CHO-2 为低堆积密度辛烷值助剂；CHO-4 为高活性及高择形沸石(ZSM-5)辛烷值助剂。

[质量规格]

项目 ＼ 产品牌号	CHO-1	CHO-2	CHO-4
化学组成/%			
Al_2O_3	—	—	43.7
Na_2O	0.07	0.11	0.09
SO_4^{2-}	2.1	1.60	—
Fe_2O_3	0.088	0.89	0.25
Cl^-	0.20	—	—
比表面积/(m^2/g)	234	437	256
孔体积/(mL/g)	0.19	0.53	0.34
堆密度/(g/mL)	0.76	0.54	0.71
磨损指数/(%/h)	2.7	2.4	—
筛分组成/%			
0~20μm		4.2	
20~40μm	16.5	22.2	
40~80μm	57.4	67.5	
>80μm	26.1	6.1	
微反活性（800℃、4h、水蒸气）/%	71	65	73

[用途]用作提高催化裂化汽油辛烷值助剂。国内已有多家炼油厂使用由石油化工科学研究院开发的 CHO 系列助剂，取得良好效果，如 CHO-2 助剂在独山子石油化工总厂催化裂化装置（0.80Mt/a）上的应用结果如表 4-22 所示，汽油辛烷值提高 1.5 个单位。而在汽

油辛烷值上升同时，其诱导期有所下降，说明汽油中烯烃组分增加，其他性质变化不大。柴油性质也有变化，主要表现在凝点及冷滤点下降、十六烷值及苯胺点下降，这些变化体现了辛烷值助剂选择正构烷烃裂化的性质。

表4-22 CHO-2加剂前后原料和产品主要性质

项目	加剂前	加剂后
原料		
密度(20℃)/(g/mL)	0.859	0.8612
残炭/%	0.26	0.25
族组成/%		
烷烃+环烷烃	86.66	87.75
芳烃	9.31	9.28
胶质+沥青质	3.83	2.97
汽油		
密度(20℃)/(g/mL)	0.7219	0.3225
诱导期/min	770	605
辛烷值(RON)	89.5	91.0
柴油		
密度(20℃)/(g/mL)	0.8507	0.8615
凝点/℃	1.0	-7.0
十六烷值	45.2	43.0
冷滤点/℃	2.0	-4.0
苯胺点/℃	60.1	56.3
催化剂单耗/(kg/t)	0.23	0.20

而CHO-4助剂在沧州炼油厂Ⅱ套600kt/a催化裂化装置的工业化结果表明，在减压渣油掺炼率和催化剂性质变化不大的情况下，研究法辛烷值和马达法辛烷值分别上升0.8个单位，液化石油气产率上升3.87%，干气产率略有下降，油浆产率下降1.02%。

[研制单位]中国石化石油化工科学研究院。

2. CA-100辛烷值助剂

[性质]是以ZRP分子筛为择形分子筛组分的提高汽油辛烷值并多产液化气的助剂。ZRP是一种含磷、硅铝比可调、兼有二次孔、酸强度低、活性稳定性好的MFI型分子筛。按硅铝比不同有ZRP-3、ZRP-5型等。与ZSM-5相比较，具有活性稳定性好、异构化性能强等特点。

312

项目	CA - 100	CC - 20D[①]
化学组成/%		
Al$_2$O$_3$	46.6	49.6
Na$_2$O	0.12	0.14
灼烧减量	10.6	12.2
表观密度/(g/mL)	0.76	0.79
比表面积/(m^2/g)	205	263
孔体积/(mL/g)	0.27	0.34
磨损指数/%	1.6	101
粒度分布/%		
0～40μm	18.2	19.7
0～149μm	92.2	93.6
微反活性(800℃,4h)/%	71	25

①CC - 20D 为多产柴油催化剂,在克拉玛依石化厂500kt/a 催化裂化装置上与本剂混合使用。

[用途]用于克拉玛依石化厂500kt/a 催化裂化装置上,与石科院研制的多产柴油催化剂 CC - 20D 混用,以提高催化装置柴汽比,提高汽油辛烷值,并满足下游装置对丙烯的需求, 其应用结果如表4 - 23 所示。结果表明,在 CA - 100 助剂占系统总藏量的3%与 CC - 20D 催化剂混合使用时,与不加 CA - 100 助剂的状态相比较,柴油产率提高3.27%,柴汽比提 高0.12,汽油辛烷值 RON 提高1.7,MON 提高0.8,总液收提高1.81%,液化气中丙烯提 高4.71%。

表4 - 23 CA - 100 加剂前后状态对比

项目	100% CC - 20D 对比剂	CC - 20D + 3% CA - 100
汽油/%	45.36	42.10
柴油/%	31.30	34.57
柴汽比	0.69	0.82
油浆/%	1.10	0.67
焦炭/%	6.44	6.24
轻收/%	76.66	76.57
总液收/%	86.06	87.87
MON	79.7	80.5
RON	89.4	91.2
丙烯(液化气中)/%	26.54	31.25

十、催化裂化多产液化气及丙烯助剂

随着炼油行业向炼油化工的纵深发展,对石油化工原料(如丙烯、甲基叔丁基醚 等)的需求量日益增加,以及对民用燃料石油液化气等需求量的增加,炼厂对多产液化气 (尤其是 C$_3^=$、C$_4^=$)越来越感兴趣,如何在现有的催化裂化装置上,不经任何改造就能灵活方 便地实现多产液化气及其中的丙烯,是多数后部处理有余地的催化裂化装置所期望的,而投资少、收效高的方法则是选用有效的催化剂和助剂。

从催化裂化反应机理看，催化裂化过程生成丙烯的反应主要有裂化和氢转移反应，正碳离子在 β - 键发生断裂生成小分子的 C_3、C_4 烯烃，同时部分烯烃又通过氢转移反应饱和，催化剂的功能既要保证烃类裂化还需避免过高的氢转移反应，这就要求催化剂或助剂活性组分的酸中心密度相对低。对于催化剂基质方面，高活性基质氢转移活性高，因此要求基质活性不宜太高，而且应具有通畅的孔道结构，有利于反应的烯烃及时从孔道中扩散出来，避免因停留时间过长使丙烯饱和。

国外一些公司及国内某些研究机构，利用 ZSM - 5 分子筛对其进行改性，开发出一系列多产液化气及丙烯的催化剂和助剂，使用助剂具有装置不需改造、操作方便、成本低廉、效果明显等特点。

1. CA 系列多产液化气助剂

[工业牌号]CA - 1、CA - 2。

[性质]以稀土磷硅铝(RPSA)择形分子筛作活性组分，以 REVSY、SRNY、SRY 等分子筛为载体的多产石油气助剂。所用 RPSA 分子筛具有硅铝比可调(可调范围为摩尔比 30 ~ 300)、抗碱氮性能强、择形及裂化性能好、稳定性优于 ZSM - 5 分子筛等特点。

[质量规格]

项目 \ 产品牌号		CA - 1	CA - 2
Al_2O_3/%	≥	45. 0	45. 0
Na_2O/%	≤	0. 30	0. 30
Fe/%	≤	0. 30	0. 30
表观堆密度/(g/mL)		0. 7 ~ 0. 8	0. 55 ~ 0. 7
比表面积/(m²/g)	≥	190	190
孔体积/(mL/g)	≥	0. 15	0. 15
磨损指数/%	≤	3. 5	3. 5
灼烧减量筛分/%	≤	15. 0	15. 0
0 ~ 40μm	≤	30. 0	30. 0
40 ~ 80μm	≥	50. 0	50. 0
失效反活性(800℃、4h)/%	≥	65	65

[用途]用作催化裂化多产液化气助剂。CA - 1 助剂在广州石化总厂催化裂化装置上应用时的标定结果如表 4 - 24 所示。当 CA - 1 助剂加入量占系统藏量 10% 时，液化石油气(C_3 ~ C_4)产率可提高 5% ，汽油辛烷值 RON 增加 2. 2 个单位，MON 增加 1. 8 个单位，诱导期增加 50min，液化气中的丙烯含量增加了 2. 44% 。而且 CA - 1 助剂操作方便，可根据对液化气的需求调节 CA - 1 的加入量，CA - 2 助剂是在 CA - 1 助剂基础上，因催化裂化装置要求助剂堆密度小而适当降低堆密度的产品，其他性质变化不大。

314

表 4 –24　CA –1 助剂物料平衡及汽油部分性质

项目	未加助剂	加入 CA –1 助剂
$C_1 \sim C_2$/%	3.39	3.76
$C_3 \sim C_4$/%	19.03	24.08
汽油/%	45.10	43.68
轻柴/%	27.43	23.58
焦炭/%	4.62	4.42
H_2S	0.13	0.18
损失	0.30	0.30
合计	100.0	100.0
汽油 RON	90.5	92.7
MON	79.4	81.2
诱导期/min	570	620
液化石油气中丙烯/%	35.4	37.84

[研制单位]中国石化石油化工科学研究院

2. LOSA –1 多产丙烯助剂

[性质]以化学改性 ZSM –5 分子筛为主活性组分。采用独特处理方法,提高 ZSM –5 骨架铝稳定性及水热活性稳定性,并对 ZSM –5 进行表面修饰,调整其表面强、弱酸比例。不仅提高了择形分子筛的活性,而且降低了氢转移反应、芳构化、异构化反应比例,减少积炭,更好地提高轻质烯烃尤其是丙烯的含量。

[质量规格]

项目		指标	项目		指标
Al_2O_3/%	≥	22	孔体积/(mL/g)	≥	0.04
灼烧减量/%	≤	15	粒度分布/%		
磨损指数/(%/h)	≤	3	0 ~ 40μm	≤	22
表观密度/(g/mL)		0.65 ~ 0.80	0 ~ 149μm	≥	90
比表面积/(m²/g)	≥	60			

[用途]用作催化裂化多产丙烯助剂。大连石化公司二催化装置在不进行工艺改造的前提下,将 LOSA –1 助剂以 4% 比例混兑在主催化剂(LRG –99)中进行应用,其工业标定结果如表 4 –25 所示,当系统加入 4% LOSA –1 增产丙烯助剂后,与空白标定相比,液化气收率增加 4.08%,增幅达 33.9%;丙烯产率增加 1.77%,增幅达 46%;汽油减少 3.75%,总液收增加 1.19%,干气及焦炭变化不大,丙烯选择性提高 2.5%。

表 4 - 25　LOSA - 1 助剂标定结果

项目	LRG - 99 基础剂	4% LOSA - 1 助剂 + LRG - 99
产品分布/%		
干气	2.84	2.64
液化气	12.04	16.12
汽油	46.40	42.65
柴油	21.92	22.78
油浆	7.44	6.52
焦炭	9.06	8.99
损失	0.30	0.30
转化率/%	70.34	70.40
轻油收率/%	68.32	65.43
总液收/%	80.36	81.55
产品选择性/%		
干气	0.040	0.038
液化气	0.17	0.23
汽油	0.66	0.61
焦炭	0.13	0.13
汽油 MON	79.0	79.4
丙烯产率/%	3.85	5.62
选择性(丙烯/液化气)/%	31.9	34.7

[生产单位]岳阳三生化工有限公司。

3. XD - 2 增产丙烯助剂

[性质]是以改性择形分子筛为主活性组分，与低焦炭选择性的黏结剂和基质制备而成。是一种高性能的提高丙烯产率及汽油辛烷值的双功能助剂。其增加丙烯收率的主要技术手段是提高液化气中的丙烯浓度，而不是仅靠增加液化气收率。因而使用本剂后，对催化裂化装置的产物分布影响小。

[质量规格]

项目	指标	项目	指标
外观	浅灰白色微球	磨损指数/%　　≤	3.5
Na₂O	0.30	粒度分布/%	
灼烧减量/%　　≤	15.0	0 ~ 40μm　　≤	20.0
孔体积/(mL/g)　　≥	0.15	0 ~ 80μm　　≥	55.0
比表面积/(m²/g)　　≥	120	0 ~ 149μm　　≥	90.0
表观松密度/(g/mL)	0.65 ~ 0.80	平均粒径/μm	60 ~ 80

[用途]适用于加工重油且要求多产丙烯的催化裂化装置,可与其他催化裂化催化剂混用,在较低的掺混比(4%~6%)下,即可明显提高丙烯产率和汽油辛烷值,使用时可用小型加料器加入系统中,也可与主剂一起混加。XD-2丙烯助剂适宜加入量一般以占催化剂藏量4%~6%时的效果最好。可使丙烯收率提高1.0%~3.5%,辛烷值提高1~2.5个单位。表4-26示出了使用XD-2丙烯助剂的对比评价结果。

表4-26 对比评价结果

项目	空白对比	XD-2助剂 (加入量4%)	Olinfins(美国Grace 公司,加入量4%)
干气/%	4.53	4.65	4.62
液化气/%	4.36	16.25	16.20
汽油/%	43.64	42.34	42.30
柴油/%	24.58	23.95	24.12
油浆/%	5.38	5.38	5.36
焦炭/%	7.51	7.43	7.40
液化气丙烯浓度/%	35.45	40.88	40.82
丙烯收率/%	5.09	6.64	6.61
总液收/%	82.58	82.54	82.62

[生产单位]山东迅达化工集团公司。

十一、催化裂化再生过程 CO 助燃剂

催化裂化是炼油厂最重要的一种重油轻质化工艺过程。在催化裂化装置中,人们较关心的是催化剂的再生。为了保证催化剂再生时其结构和再生装置不受破坏和保护环境,同时为了恢复催化剂的裂化活性并提供所需的热量,将已沉积炭的催化剂在反应后送到再生器烧炭,在烧炭时放出 CO、CO_2。而 CO 会发生"后燃"现象,致使催化剂结构和装置受到破坏,排入大气也会污染环境。解决上述问题的主要手段是采用 CO 助燃剂。

CO 助燃剂是 CO 燃烧助剂的简称,是一种用于催化裂化装置的助催化剂。许多催化裂化装置操作中在再生段(裂化催化剂在此烧焦)使用 CO 助燃剂,以控制稀相段中 CO 燃烧生成 CO_2 的放热反应。在催化裂化装置中定期加入少量 CO 助燃剂,可稳定再生器的温度,防止超温,加速催化剂的再生并降低 CO 排放量,避免再生器损坏和催化剂失效,节省设备投资,并可使烟气中的 CO 含量大大降低,防止大气污染,

(一)CO 助燃剂分类
CO 助燃剂按所含活性组合可分为贵金属助燃剂及非贵金属助燃剂两类。

1. 贵金属助燃剂

传统的 CO 助燃剂活性组分多为Ⅷ族贵金属如 Pt 或 Pd。采用对 CO 有较强氧化能力的 Pt 或 Pd 为主要组分的助燃剂有以下几种类型:①载有助燃剂的催化剂,即在催化裂化催化剂上负载微量的助燃剂,将贵金属作为裂化催化剂的组分之一;②液体助燃剂,即向再生器中喷射可以助燃的液体,也即将贵金属的油溶性盐加入到催化裂化原料油中,或将贵金属的水

溶性盐注入到催化裂化过程所使用的水蒸气中；③固体细粒子助燃剂，也即将 Pt 或 Pd 负载在 $\gamma - Al_2O_3$ 或 $SiO_2 - Al_2O_3$ 载体上制得。它可以与裂化催化剂混合使用，也可分开使用。由于固体细粒子助燃剂使用方便、无腐蚀性、见效快，是广为使用的一类 CO 助燃剂。

贵金属 CO 助燃剂的作用机理可表示如下：

$$O_2 + 2Pt \xrightarrow{420 \sim 450\text{℃}} 2PtO$$

$$CO + Pt \longrightarrow PtCO$$

$$PtO + PtCO \longrightarrow 2Pt + CO_2$$

$$CO + PtO \longrightarrow Pt + CO_2$$

这是因为金属 Pt 有很强的吸附性，在空气中吸附氧原子形成 PtO，PtO 可以再次吸附 O_2 和 CO，使 CO 和二价氧负离子化合成 CO_2。CO 助燃剂活性组分的含量一般为 $300 \sim 800\mu g/g$，在藏量催化剂中 Pt 的量达到 $1 \sim 2\mu g/g$ 时，可以使再生烟气中 CO 含量降至 $1000\mu g/g$ 以下。但助燃剂的有效性，除与负载的贵金属含量有关外，还与活性组分分散度、载体类型、孔结构及耐磨性等因素有关。

贵金属 CO 助燃剂虽有较高的活性，但由于其原料昂贵，限制其在工业上应用，此外，此类催化剂在高温再生时会出现活性及稳定性下降的特征，而现今随着原料油日趋重质化，催化裂化催化剂必须在更高温度下才能再生，贵金属助燃剂难以适应这种变化趋势。而且贵金属助燃剂的抗硫中毒性能也较差。正由于这些因素，人们开始开发非贵金属 CO 助燃剂。

2. 非贵金属 CO 助燃剂

非贵金属 CO 助燃剂不含 Pt 或其他贵金属，主要有钙钛矿型和复合氧化物型。

(1) 钙钛矿型 CO 助燃剂

这类助燃剂一般具有 ABO_3 的结构，可表示为：

$$\left[A_{1-x}A_x^*\right]_{1-y}^{\triangle}\left[B_{1-z}B_z^*\right]_{1-w}^{\triangle}O_{3-6}$$

式中　A ——稀土金属元素，优选 La、Ce；

　　　A^*——碱土金属，如 Ca、Ba、Mg、Sr 等，优选 Ca、Sr；

　　　△——代表晶格中的空位；

　　B、B^*——过渡金属元素，如 Fe、Ni、Co、Cr、Ti 及 Mn 等；

$0 \leqslant x \leqslant 0.9$，$0 \leqslant y \leqslant 0.2$，$0 \leqslant z \leqslant 0.9$，$0 < w \leqslant 0.5$

其中，元素 B 是影响钙钛矿氧化物活性的主要成分，元素 A 主要起着活性稳定作用。

(2) 非贵金属复合氧化物 CO 助燃剂

这类助燃剂有 I B、IV B、VI B 及 VII B 及 VIII 族氧化物，或添加少量稀土氧化物，如 Cu、Co、Cr、Ni 等金属氧化物具有较高活性，而当这些金属氧化物以两种或多种按一定比例混合使用时，由于协同作用，活性及选择性都会有较大增强。一些氧化物的氧化活性依次为：$CuO > MnO_2 > TiO_2$，而且 $CuO - Co/Al_2O_3$、$CuO - Ce/Al_2O_3$、$CuO - CoO - Ce/Al_2O_3$ 对 CO 都具有良好的氧化效果。在氧化物助燃剂表面上可能存在着两种形式的吸附氧，即电中性的氧分子物种(O_2) 和带负电荷的氧离子物种(O_2^-、O^-、O^{2-})，它们可分别与 CO 反应生成 CO_2。如石油大学(北京)开发的非贵金属复合氧化物助燃剂 SYW 系列，是以 Cr、Cu、Co、Mn、Ni、Fe 等过渡金属作为活性组分，它们可以是氧化物、硫化物等其他化合物。所用载体为氧化铝或小孔分子筛、其他硅铝化合物。该技术的关键是活性组分的匹配和助催化剂的选择。据称这种助燃剂在助燃性能上可以达到铂助燃剂的水平，而且生产工艺简单、成本低廉。

目前，在催化裂化过程中使用较多的是 Pt、Pd 等贵金属助燃剂，要想采用非贵金属氧化物作为活性组分取代贵金属助燃剂，需要解决三方面问题：助燃剂要具有较高的 CO 氧化活性；助燃剂在经过还原－氧化循环处理后须保持较高的 CO 氧化活性；助燃剂应能抵抗硫中毒。

（二）国外 CO 助燃剂

国外开发/销售 CO 助燃剂的公司有 Albemarle、Ambar、Chevron、Engelhard、UOP、InterCat、Grace/Darison 及日本触媒化成工业株式会社等，表 4 - 27 示出了一些公司生产的助燃剂牌号及其组成。

表 4 - 27　国外一些公司的 CO 助燃剂

公司	产品牌号	主要组成[①]
Albemarle（原 Akzo No-bel）	KOC - 10	Pt/Al_2O_3，粉状
	KOC - 15	$Pt/SiO_2 - Al_2O_3$，粉状
	KOC - 18	$Pt/SiO_2 - Al_2O_3$
	KOC - 50	Pt/Al_2O_3
	KOC$_x$	非 Pt 型 CO 助燃剂
Ambur Chemica	CCA - 1，-5，-6，-7-8	$Pt - Pd/Al_2O_3$（高纯度），双金属
	CCA - 350	Pt/Al_2O_3（低纯度），微球
	CCA - 500	Pt/Al_2O_3（中等纯度），单金属
	CCA - 700，-850，-1000	Pt/Al_2O_3（高纯度），单金属
Catalysts and Chemcal Industries	SP - 10s	
	SP - 10	"P"/Al_2O_3，微球
	SP - 20	
	SP - 60	
Crrace/Davison	CP - 3，-5	"P"
	COCAT - 1，-5，-7	贵金属/$SiO_2 - Al_2O_3$，微球
Engelhard	PROCAT Plus - 500	贵金属/$SiO_2 - Al_2O_3$，微球
	PROCAT - 700，-900	Pt - CO 助燃剂
InterCat	COP - 373，-550，-850	PT/Al_2O_3，微球
Chevron	Ocetamax	$PT/SiO_2 - Al_2O_3$，微球
UOP	UNICAT CL - 3	Pt/Al_2O_3，粉末
	UNICAT - 1	Pt 盐

①"P"为专利。

从表 4 - 27 看出，国外公司的 CO 助燃剂产品主要是含 Pt 的贵金属助燃剂。以后，一些公司也逐渐开发一些非贵金属助燃剂，如由 Triadd FCC 添加剂公司开发的 Promax - 200，不含 Pt 或其他贵金属。它不是使 CO 直接燃烧催化生成 CO_2，而是用 CO 加快 NO 还原（$2CO + 2NO \longrightarrow N_2 + 2CO_2$）为 NO_x。中间产物是含有 N 的焦炭在再生器中燃烧而生成的。通过上述机制的有效催化，使 NO_x 还原为 CO 氧化的副产物。该助燃剂已在多套催化裂化装置上使用，其 CO 助燃效果等同于铂助燃剂，但可最大限度地降低 NO_x 排放。

Grace/Davison 公司推出能降低 NO_x 排放的 CO 助燃剂 XNO_x。可有效控制 CO 排放和二次燃烧。在 30 多套催化裂化装置上使用后，约有 $\frac{1}{3}$ 装置的 NO_x 降低超过 60%，有些装置甚至能达到非常低的 NO_x 排放。

BASF 公司根据开发汽车尾气催化转化器所用催化剂经验，推出能减少 NO_x 排放的 CO 助燃剂 OxyClean。它与常规 Pt 基 CO 助燃剂比较，烟气中 NO_x 可由 $50\mu g/g$ 降至 $35\mu g/g$ 以下，在相同操作条件下还控制尾燃。

InterCat 公司推出的非 Pt 基 CO 助燃剂 COP-NP，已在多套催化裂化装置上使用，它可降低尾燃，同时又能有效降低 NO_x 形成的负面效应。

(三) 国内 CO 助燃剂

国内早期开发的 CO 助燃剂，其活性组分多以 Pt 或 Pd 为主，载体多数为 $\gamma-Al_2O_3$。表 4-28 示出了一些 CO 助燃剂的理化性质。

表 4-28　国产一些 CO 助燃剂的理化性质

项目	生产单位及牌号	1 号 （石科院）	CZ （长岭 催化剂）	高强度 5 号 （石科院）	RC （石科院和 长岭催化剂）
物理性质					
比表面积/(m^2/g) >		50	100	70	110
孔体积/(mL/g)		0.2~0.3	0.2~0.4	>0.2	0.24
堆密度/(g/mL)		0.85~1.05	>0.8	0.9~1.1	1.13
筛分组成/%					
<40μm		30	≤18	5~12	25
40~80μm		40	50	50	
>80μm		30	35		
活性组分		Pt, Pd	Pt	Pt	Pt, Pd
活性组分含量/%		0.01~0.05, 0.05	0.009~0.046	0.005	0.021, 0.023
CO 氧化活性[①]					23.8~11.0
CO 相对转化率[②]/%		>80(90), >85		>90	

[①] 在一定操作条件下催化剂再生时产生的 CO_2 和 CO 烟气之比。

[②] CO 相对转化率 $=100\times[1-(1+R_B)(1+R)]$

式中，R_B 为无助燃剂时 CO_2/CO 比；R 为有助燃剂时 CO_2/CO 比。

中国石化石油化工科学研究院在 1 号 CO 助燃剂基础上，又开发出 3 号及高强度 5 号助燃剂，表 4-29 示出了一些炼油厂 FCC 装置上使用的 3 号 CO 助燃剂与长岭共 Y、兰州偏 Y、周村 CRC-1 裂化催化剂物理性质对比数据。3 号助燃剂所用载体为不规则粉状氧化铝，颗粒分布不集中（<40μm 细粉达 40%），强度差（磨损指数 >60%/h），这与裂化催化剂存在较大差异。因此，使用过程中呈现流化状态差、损耗量大、不能充分发挥铂的氧化效果，造成 Pt 的单耗较大。

320

表 4 – 29　3 号 CO 助燃剂与裂化催化剂物性对比

项目 助燃剂及裂 化催化剂牌号	筛分组成				磨损 指数/ （%/h）	堆密度/ （g/mL）	外观形状
	>80μm	40~80 μm	20~40 μm	<20μm			
3 号 CO 助燃剂	23.0	41.4	19.3	16.4	>6	1~1.2	不规则 粉状
共 Y – 15（平衡剂）	31.1	56.4	12.5	2.1	1~2	0.7~0.9	微球
偏 Y – 15（新鲜剂）	27.7	55.2	17.1	0	3.4	0.48	微球
Y – 9（新鲜剂）	19.0	60.0	19.0	2.0	2~3	0.62	微球
CRC – 1（新鲜剂）	25.1	57.4	13.5	4.0	1.9	0.86	微球

高强度 5 号 CO 助燃剂（编号为 5 – 1、5 – 2、5 – 3）在制备工艺及金属加入方式上均进行了改进。载体为微球氧化铝。表 4 – 30 示出了 5 号 CO 助燃剂与偏 Y – 15 及 CRC – 1 裂化催化剂的物性数据对比。其中助燃剂 5 – 2 的载 Pt 量最低，助燃剂 5 – 3 的载 Pt 量居中；表 4 – 31 示出了助燃剂 5 号与助燃剂 3 号的性能对比。从表 4 – 30 看出，5 号 CO 助燃剂的物性与裂化催化剂的物性相接近，而且其耐磨性能比裂化催化剂好，筛分集中，细粉少，堆密度大，故在使用过程中流化性能好，损耗量少，有利于发挥活性组分 Pt 的作用。而从表 4 – 31 看出，5 号 CO 助燃剂与 3 号 CO 助燃剂相比，在 Pt 含量相同情况下，5 号助燃剂的 CO 氧化活性更高，稳定性也更好。两者在乌鲁木齐石油化工总厂 600kt/a 催化裂化装置上使用结果如下：使用 3 号助燃剂时，铂单耗为 2.23mg/t 原料油，而使用 5 – 3 号助燃剂时，铂单耗为 1.56mg/t 原料油，与 3 号助燃剂相比较，少用 Pt30%；使用 5 – 2 助燃剂时，铂的单耗为 0.99mg/t 原料油，与 3 号助燃剂相比较，可少用 Pt56%。

表 4 – 30　5 号 CO 助燃剂与裂化催化剂物性对比

助燃剂及裂 化催化剂 项目	5 – 1 助燃剂	5 – 2 助燃剂	5 – 3 助燃剂	偏 Y – 15 （新鲜剂）	CRC – 1 （新鲜剂）
外观形状	微球	微球	微球	微球	微球
比表面积/（m²/g）	70~100	100~120	70~100	606	200~250
孔体积/（mL/g）	0.16	0.16	0.18	0.65	0.25
堆密度/（g/mL）	0.9~1.0	1.0~1.2	0.9~1.1	0.48	0.86
磨损指数/（%/h）	0.3~0.7	1.1~1.3	0.3~0.7	3.4	1.9
粒度分布/%					
0~160μm	95.4	80.8	78.5	88.3	89.8
0~113μm	77.9	58.0	45.3	73.4	76.6
0~84μm	46.8	39.9	23.7	57.8	61.0
0~39μm	5.3	6.0	2.7	20.7	20.5
0~19μm	0	0.1	0.1	4.8	5.5

CO 助燃剂　　　项目	5 号助燃剂			3 号助燃剂	
	5－1	5－2	5－3	3－1	3－3
CO 氧化活性/%	94.1	96.5	93.8	80～85	90～95
	91.4	97.5	91.2		
	91.0	97.8	95.0		
	93.0	98.3	95.3		
稳定性（800℃、4h、100% 水蒸气）/%	53.5	69.3	74.4	40～50	40～50
	52.4	69.6	88.0		
	64.6		89.5		

由于非贵金属 CO 助燃剂在原料来源、活性、热稳定性及抗硫中毒性能等方面有独特的优势。因此，国内已有一些研究机构努力进行开发，并取得一定的成绩，有的已进行工业化试验。某些非贵金属复合氧化物 CO 助燃剂的活性和贵金属助燃剂相当甚至超过贵金属助燃剂，对非贵金属助燃剂 CO 氧化活性的研究也取得不少进展，但目前对这类助燃剂的抗硫性能和硫转移性能的研究还不多，仍需寻找和选择适宜的助燃剂组分及助剂，提高其水热稳定性及抗硫性能，以完全达到工业使用要求。另外，非贵金属助燃剂的用量一般均明显高于贵金属助燃剂，长期使用时对产品分布及装置操作等方面的影响也需进一步考察。

十二、催化裂化烟气硫转移剂

近年来，随着国内炼油厂趋于加工重油和含硫原油，催化裂化原料的硫含量不断提高。一般来说，在催化裂化反应器内，原料中的硫有 45%～50% 转化成 H_2S 而随蒸汽排出，约有 35%～45% 的硫会留在液态产品中，其他 5%～10% 的硫则积聚在催化剂上的焦炭中。这种沉积在焦炭上的硫会随催化剂一起进入再生器中，并在烧焦过程中被氧化成 SO_x（约 90% SO_2 和 10% SO_3），这也成为催化裂化装置再生器排放的 SO_x 来源。未经处理的含 SO_x 和 NO_x 的催化裂化烟气，将对城市大气环境造成严重污染。随着全球炼油厂空气质量法规越来越严格，对催化裂化烟气排放控制的方法日益受到重视。目前，炼油厂可以采用以下 3 种方法来控制催化裂化再生烟气中 SO_x 的排放量。

（1）对原料油进行加氢脱硫

加氢脱硫对减少硫化氢排放是行之有效的，同时它还可改善裂化的产品分布，减少裂化液体产品的硫含量，还可脱除足够多的 Ni 来满足悬浮颗粒排放的要求，适合于含硫较高的原料，且原料硫含量越高越能显示出其优越性。但该技术所需设备投资和操作费用太高。

（2）对烟气进行洗涤脱硫处理

烟气湿法洗涤可同时脱除氧化硫与颗粒物，脱除效率可达到 90% 以上，而且对未来装置变化、原料变更等也具有一定适应性，但它也需要一定投资和操作费用。

（3）采用硫转移剂技术

硫转移剂也称再生烟气脱硫剂，是为了减少催化裂化装置再生烟气中 SO_x 排放对大气的污染而使用的一种助剂。由于它是将再生烟气中的 SO_x 转化成 H_2S 而进入干气中，然后再由硫回收装置作为硫黄回收，故称为硫转移剂。它的脱硫效率不是很高，适合含硫低的原料油脱硫，特别适合烟气 SO_x 含量不大于 2500μg/L 的装置。还可与电除尘器、旋风分离器等装置并用脱除颗粒物。使用硫转移剂最大优点是操作费用低，不需要对装置进行改造，不增加设备投资。

（一）硫转移剂作用原理

硫转移剂脱硫是在催化裂化反应器再生器系统中原位进行 SO_x 的转移脱除。具体过程是：向催化裂化催化剂中添加硫转移剂，使之循环反应器和再生器之间。利用再生器中的氧化气氛将 SO_2 转换为 SO_3，然后化学吸附于硫转移剂上，并与硫转移剂上的金属形成稳定的金属硫酸盐。当硫酸盐化的硫转移剂再次返回反应器中时，由于低碳烃类、氢气及蒸汽的存在，利用其中的还原气氛，将助剂上的金属硫酸盐还原，直接释放出 H_2S 或转化为金属硫化物，随后在汽提段中转化为 H_2S 并释放出，同时硫转移剂得到再生，返回到再生器中继续作用。而 H_2S 经克劳斯装置回收其中的硫黄，从而达到降低 SO_x 排放和变废为宝的作用。硫转移剂在再生器和反应器中所发生的化学反应可概括为：

在再生器中：

$$S(焦炭) + O_2 \longrightarrow SO_2(90\%) + SO_3(10\%)$$
$$2SO_2 + O_2 \longrightarrow 2SO_3$$
$$MO + SO_3 \longrightarrow MOS_4$$

在反应器中

$$MSO_4 + 4H_2(或烃类) \longrightarrow MS + 4H_2O$$
$$MSO_4 + 4H_2(或烃类) \longrightarrow MO + H_2S + 3H_2O$$

在汽提段中：

$$MS + H_2O \longrightarrow MO + H_2S$$

其中，MO 表示硫转移剂，M 为金属阳离子。

从上述作用机理看出，好的硫转移助剂必须具有高温氧化条件下吸收硫效果好、还原条件下容易还原并迅速释放出 H_2S、高的活性及稳定性等特点。同时，硫转移剂本身对催化裂化反应无副作用，对裂化产物的质量和分布无不良影响，此外，硫转移剂还应该具有高的强度，优良的水热稳定性，良好的筛分组成等裂化催化剂所必须具备的理化特性，而且在使用过程中能适应催化裂化装置的流化操作，同时不增加其他污染物的排放。

（二）硫转移剂的类型

硫转移剂按其与催化裂化催化剂的结合方式可分为两种类型：一类是含有硫转移活性组分的双功能的脱硫催化剂；另一类是添加剂形式的硫转移剂，它的物性（粒度大小、密度、抗磨性等）与裂化催化剂相似，可在任何时间投入装置中，并可根据所要求达到的 SO_x 降低水平来确定加入量，特别适用于进料中硫含量经常变化的装置，故应用较为广泛。

降低催化裂化 SO_x 排放的助剂研究始于 20 世纪 70 年代，早期的硫转移剂是以负载稀土元素的 Al_2O_3、MgO 或其组合物为主，但其脱除效果不是太好。以后发现镁铝尖晶石是一种与 $\gamma - Al_2O_3$ 有相似结构的氧化物，尖晶石中氧化物呈立方紧密堆积排列。所不同的是在镁铝尖晶石的结构中共有 24 个阳离子填充在氧离子的空隙中，而 $\gamma - Al_2O_3$ 的结构中却只有 $^1/_3$ 个空隙无序地由 Al^{3+} 占据。饱和结构的镁铝尖晶石具有更好的热稳定性，即使在高温下也发生晶相转变，而且镁铝尖晶石的表面酸性弱，机械强度比 $\gamma - Al_2O_3$ 高得多。而且镁铝尖晶石集合了氧化镁和氧化铝的优点，具有较高吸硫能力，形成的硫酸盐又较稳定，在 H_2 还原条件下易还原再生，其耐磨强度与典型的裂化催化剂相似。正因为镁铝尖晶石的独特性能，此后开发的硫转移剂多含有这类成分，如 Amoco 公司工业化的 SO_x 脱硫剂的主要

成分为 $CeO/MgAl_2O_4 \cdot MgO$。除加入稀土元素来提高硫转移剂的脱硫性能外，还可在镁铝尖晶石中引入 Fe、V、Cu 等氧化物。

V_2O_5 是一种氧化催化剂，能高效促进 SO_2 氧化成 SO_3，但 V_2O_5 又会毒害裂化催化剂中的分子筛，使其快速失活。而由 Amoco 公司推出的含 V、Ce 的镁铝尖晶石型硫转移剂，典型组成为 36% ~ 40% 氧化镁、46% ~ 50% 氧化铝、10% ~ 14% 氧化铈和 2% ~ 3% 氧化钒。在再生器中，铈起着氧化剂的作用，可将 SO_2 氧化成 SO_3；钒的作用有两个：一是加快再生器中 SO_2 的氧化速率，二是加快反应器中硫酸盐还原为 H_2S 的速度，使硫转移剂快速恢复特性。因此，有些研究者认为，V_2O_5 可与 MgO 反应生成 $(MgO)_3V_2O_5$，从而降低了钒迁移并破坏分子筛的作用。在制取以氧化镁或尖晶石为主要成分的硫转移剂时，引入的钒含量较低时，相对比较稳定。故目前所使用的 SO_x 转移剂几乎都含有 1% ~ 2.5% 的钒组分，同时还引入 Fe、Cu 等氧化物，以促进其氧化吸硫性和硫酸盐还原性。

(三)国内开发的硫转移剂

国外从事硫转移剂研究开发的公司有 Amoco、Chevron、Engelhard、InterCat、Texaco、Albemarle、Grace/Davison 等公司，并申请不少专利。国内从事硫转移剂研制生产的有中国石化石油化工科学研究院、洛阳石化工程公司、北京三聚环保新材料股份有限公司、齐鲁石化公司研究院等。

1. RFS 硫转移剂

[工业牌号]CE - 011、RFS - C。

[性质]以 CeO_2 为主要活性组分，以改性镁铝尖晶石为载休，并采用连续动态浸渍法制备的一种 SO_x 硫转移剂。具有良好的 SO_2 催化氧化吸附作用和还原再生性能，并兼有一定的重金属 V、Ni 捕获作用。

[质量规格]

硫转移剂及催化剂 项目	RFS 中试样	CE - 011 工业样	新鲜裂化 催化剂	平衡裂化 催化剂
比表面积/(m²/g)	75	92	298	96
孔体积/(mL/g)	0.24	0.26	0.20	0.14
堆密度/(g/mL)	0.90	0.82	0.71	0.83
磨损指数/(%/h)	3.5	4.0	2.3	—
筛分组成/%				
0 ~ 40μm	14.8	13.8	17.4	15.1
40 ~ 80μm	60.9	61.7	44.3	46.8
>80μm	24.3	24.5	38.5	38.1
平均粒径/μm	61.0	62.0	69.0	68.8

注：为便于比较，表中列出了 RFS 助剂的中试样、工业样及催化裂化催化剂对比数据。

[用途]用作催化裂化烟气硫转移剂。RFS 硫转移剂的工业产品 CE - 011(齐鲁石化公司催化剂厂生产)及 RFS - C(长岭催化剂厂生产)分别在青岛石油化工厂及长岭炼化公司Ⅱ套重油催化裂化装置上进行工业应用试验，结果表明，使用 RFS 硫转移剂后，可以大幅度降低催化裂化再生烟气中 SO_x 的排放，使原料中的硫以 H_2S 形式转移至裂化气中，汽油、轻柴油等液体产品的硫含量也稍有下降趋势。在有效的使用量范围内，装置操作平稳，RFS 硫转移剂不会对裂化产品收率和产品质量产生明显的负面影响。

[研制单位]中国石化石油化工科学研究院。

2. FP - DSN 降氮硫转移剂

[性质]以 La、Ce、Sr、Co 等元素的氧化物或复合物为活性组分，以高强度堇青石、莫来石、氧化铝和镁铝尖晶石、微球为载体。是一种以减少再生烟气中 SO_x、NO_x 含量为主，兼有 CO 助燃作用的多功能助剂，并具有良好的活性和水热稳定性。

[质量规格]

项目	指标
外观	土黄色微球
比表面积/（m^2/g） >	60
堆密度/（g/mL）	0.85 ~ 0.95
磨损指数/（%/h） ≤	3.5
筛分组成/%	
0 ~ 40μm ≤	20
0 ~ 149μm ≥	92
活性指标	
NO90% 转化温度/℃ <	550
SO_2 吸附率（700℃）/% >	60
解吸率（700℃）/% >	95

[用途]主要用于炼厂催化裂化装置，可有效降低催化裂化再生烟气中 SO_x 及 NO_x，SO_x 脱除率在 60% 以上，NO_x 脱除率超过 70%。在有效使用范围内，硫转移剂加入对产品分布及产品质量无不良影响。由于大幅度降低了烟气中的 SO_x、NO_x，既保证了催化裂化装置的长周期安全运行，又减少对大气的污染。

[生产单位]北京三聚环保新材料股份有限公司。

3. HL - 9 硫转移剂

[性质]一种液体形态的硫转移剂，是一种既可降低催化裂化装置烟气中 SO_x 排放量，又具有防止重金属污染催化剂的多功能助剂。

[质量规格]

项目	指标	项目	指标
外　观	淡黄色至黄色液体	凝点/℃ <	- 20
密度（20℃）/（g/mL）	1.3 ~ 1.45	铜片腐蚀（50℃·3h）	1 级
运动黏度（40℃）/（mm^2/s） ≤	10	溶解性	- 5 水混溶

[用途]用作催化裂化烟气硫转移剂，在齐鲁石化胜利炼油厂催化裂化装置中应用表明，裂化装置烟气中 SO_x 的脱除率达 67% 以上，原料中的硫主要以 H_2S 形式转移至干气中，并以硫化物形式存在于柴油中。在平衡催化剂 Ni、V 污染基本相当的情况下，干气中的 H_2/CH_4 较实验前下降 30%，表明 HL - 9 还具较好金属钝化效果。

[生产单位]淄博鸿丰工贸公司。

4. LST – 1 硫转移剂

[性质]一种液体形态的硫转移剂，不仅具有较高的脱除 SO_x 功效，还可与其他催化裂化助剂，如金属钝化剂复配使用。并且有稳定性好、使用方便的特点。

[质量规格]

项目	指标	项目	指标
有效组分含量/%	15	凝点/℃	-28
密度(20℃)/(g/mL)	1.3468	铜片腐蚀(50℃)	1a 级
黏度(40℃)/(mm²/s)	17.17	溶解性	与水混溶

[用途]用作催化裂化烟气硫转移剂，在茂名石化公司和镇海炼化公司应用表明，使用 LST – 1硫转移剂后，可使催化裂化再生烟气 SO_x 排放量降低 25% ~ 60%。对不同的再生操作，硫转移效率会有所差别，如茂名石化炼油厂Ⅱ套催化装置由于采用完全再生，硫转移率可达到55% ~ 60%。对两段再生装置，硫转移虽有所下降，但也可获得较好效果。对裂化操作及产品分布无不良影响。

[生产单位]洛阳石化工程公司。

5. RFS – 09 硫转移剂

[性质]一种基于多种技术平台开发的新型降低再生烟气中硫化物含量的催化裂化助剂。其特点有：①采用双孔改性镁铝尖晶石载体制备技术，优化了助剂的孔结构；②采用活性组分连续过量浸渍法，克服了传统硫酸转移剂制备过程中活性组分的堵孔和结块问题，改善了活性组分分散性，从而提高硫转移性能；③实现硫转移剂生产全流程连续化，提高生产效率。

[质量规格]

项目		指标	项目		指标
灼烧减量/%	≤	13	磨损指数/(%/h)	≤	4.5
比表面积/(m²/g)	≥	50	粒度分布/%		
孔体积/(mL/g)	≥	0.2	<40μm	≤	22
表观松密度/(g/mL)		0.65 ~ 1.05	40 ~ 149μm	≥	70

[用途]用作催化裂化烟气硫转移剂。使用时将硫转移剂与裂化主催化剂(基础剂)按一定比例加入到催化裂化装置再生器中，硫转移剂在装置的反应器和再生器之间循环依次发挥作用。在中国石化九江分公司Ⅱ套催化裂化装置上应用表明，当 RFS09 在装置中添加量达到 2.3% 左右时，烟气中 SO_x 和 SO_2 质量浓度分别由空白标定的 1041mg/m³ 和 257mg/m³，降低至总结标定的 166mg/m³ 和 54mg/m³，硫转移率分别达到84.1% 和 79.0%。且产品中干气和液化石油气的 H_2S 含量明显增加，汽油和柴油中的硫占原料硫的比例有所下降，说明烟气中 SO_x 主要转移到反应系统的气相中。使用本剂后，可显著降低烟气中 SO_x 的排放，减轻环境污染，并经后处理可回收高价值的硫产品。

[研制单位]中国石化石油化工科学研究院。

6. SFTS – 1 硫转移剂

[性质] 一种不含钒的尖晶石结构固体硫转移剂，对降低催化裂化烟气中 SO_x 排放具有良好效果。

[质量规格]

项目	指标	项目		指标
外观	土黄色微球	粒度分布/%		
堆密度/(g/mL)	0.9	0~45μm	≤	20
比表面积/(m²/g) ≥	80	0~220μm	≥	90
磨损指数/(%/h) ≤	3.5			

[用途] 用作催化裂化烟气硫转移剂。在中国石化胜利油田有限公司胜利石化总厂 8000kt/a FDFCC Ⅲ 套重油催化裂化装置上应用表明，当 SFTS – 1 加入量达到系统藏量的 4% 时，烟气中 SO_x 的脱除率达到 81%，且本剂加入前后干气、液化气、稳定汽油和裂化柴油的主要性质变化不大，表明本剂对裂化产品分布和产品质量无不良影响。

[研制单位] 中国石油大学(华东)

7. ZC – 7000 多功能硫转移剂

[性质] 一种含有稀土元素及碱土金属活性组分的，具有降低催化裂化再生烟气中 SO_x 及 NO_x 含量的双功能催化裂化助剂。

[质量规格]

项目	指标	项目		指标
稀土金属含量(以 RE_2O_3 计)/% ≥	7.0	磨损指数/(%/h)	≤	≤2.5
碱土金属含量(以 MgO 计)/% ≥	9.5	粒度分布/%		
铝含量(以 Al_2O_3 计)/% ≥	23	0~40μm	≤	30
表观密度/(g/mL)	0.7~0.85	40~80μm	≥	45
		>80μm	≤	30

[用途] 用作催化裂化再生烟气硫转移剂。在齐鲁石化公司胜利炼油厂应用表明，当 ZC – 7000 加入量占系统催化剂藏量的 3% 时，烟气中 SO_x 脱除率为 51.47%，NO_x 脱除率为 37.65%，轻油收率提高 1.98%，对流化操作及汽油、柴油、液化气质量无不良影响，并能使催化裂化装置产品分布得到一定改善。

[研制单位] 齐鲁石化公司研究院。

8. 同时降低催化裂化再生烟气 SO_x 排放与汽油硫含量助剂

[产品牌号] TRANSTAR。

[性质] 是由拟薄水铝石浆液、V_2O_5 有机配合物溶液及 MgO 混合打浆、喷雾干燥，高温焙烧制得的 V_2O_5 改性镁铝尖晶石 $V_2O_5/MgAl_2O_4$ 为载体，采用过量浸渍液浸渍法负载 CeO_2 及金属氧化物制得的 TRANSTAR 助剂。在能大幅度降低催化裂化烟气 SO_x 排放的同时，还具有较好的降低 FCC 汽油硫含量的性能。

项目	指标	项目	指标
比表面积/(m²/g)	94	堆密度/(g/mL)	0.82
孔体积/(mL/g)	0.25	磨损指数/(%/h)	3.7
最可几孔径/nm	6/30		

[用途]本品是中国石化石油化工科学研究院在 RFS 硫转移剂技术基础上，开发出能同时降低催化裂化再生烟气 SO_x 排放和 FCC 汽油硫含量的助剂。其中试产品 TRANSTAR 助剂，在以 20% 大庆常压渣油与 80% 镇海 VGO 混合油为原料油，以平衡剂 LEQ 为主催化剂，在反应温度 520℃、剂油比为 5、空速 20h^{-1} 的条件下进行 TRANSTAR 助剂实验室评价。结果表明，在高金属含量的平衡剂 LEQ 中掺入 10% 的本剂后，基本不影响平衡剂的活性及产物分布。其结果如表 4-32 所示，从表中看出，掺入 TRANSTAR 后，烟气中 SO_x 体积分数降低了 99.5%，产品汽油中硫质量分数也降低 16.3%。在本剂合适用量范围内，在大幅度降低催化裂化烟气 SO_x 排放同时，还具有较好降低汽油硫含量的作用，并对催化裂化剂的反应性能无明显负面作用。

表 4-32　TRANSTAR 助剂评价结果

项目	平衡剂及助剂　LEQ	TRANSTAR
助剂加入量/%	0	10
产率/%		
气体	12.6	12.0
汽油	41.5	40.9
柴油	20.1	21.1
重油	19.1	19.2
焦炭	6.2	6.3
转化率/%	60.3	59.2
汽油硫含量/%	0.0705	0.0590
烟气 SO_x/(mg/m³)	860	4

[研制单位]中国石化石油化工科学研究院。

十三、降低催化裂化再生烟气 NO_x 助剂

氮氧化物(NO_x)是主要的大气污染物，它能形成酸雨，破坏大气层，严重危害人体健康，人类活动产生的氮氧化物主要源于电力行业，机动车尾气，水泥、炼油及石油化工行业。据统计，我国 2000 年氮氧化物排放总量为 11.77Mt，2005 年为 19Mt，2008 年达到 20Mt，预计在 2020 年将会达到 30Mt。在"十二五"期间，我国将氮氧化物作为约束性指标纳入区域总量控制范畴，并提出重点行业和重点地区氮氧

化物总量比 2010 年减少 10% 的总体减排目标。近年来，电厂和汽车尾气排放的 NO_x 得到有效控制，而炼油及石油化工厂，特别是催化裂化装置排放的 NO_x 比例却有所增加。

一般认为，烟气中氮氧化物的成因可分为以下 3 种情况：

①热力型 NO_x。空气中的氮在高温下氧化生成的 NO_x，称为热力型 NO_x，其反应式为：

$$O_2 \longrightarrow O + O$$
$$N_2 + O \longrightarrow NO + N$$
$$N + O_2 \longrightarrow NO + O$$

在氧浓度相同的情况下，燃烧温度低于 1500℃ 时，热力型 NO_x 生成速度较慢。当温度高于 1500℃ 时，NO_x 的生成量显著增加。NO_x 生成量与空气过剩系数的关系表现为：氧浓度增加，NO_x 生成量也增加，当过量空气为 15% 时，NO_x 生成量达到最大。而当过量空气超过 15% 时，由于 NO_x 被稀释，燃烧温度下降，反而导致 NO_x 生成减少。热力型 NO_x 的生成还与烟气在高温区的停留时间有关，停留时间越长，NO_x 生成越多。降低燃烧温度，减少过量空气，缩短气体在高温区停留时间都有利于减少热力型 NO_x 的生成量，由于催化裂化再生温度远低于 1500℃，因此，催化裂化过程中产生的热力型 NO_x 的量，相对于整个催化裂化再生装置释放的 NO_x 来说，可以忽略不计。

②燃料型 NO_x。燃料中含氮化合物在燃烧中氧化生成的 NO_x，称为燃料型 NO_x，催化裂化进料中大约 50% 的氮从反应器离开催化裂化装置。其中 10% 收集于酸性水中，40% 进入各种液相产品中。剩余的 50% 氮以催化剂表面的焦炭形式进入再生器，其中 45% 来自物料的氮最初以氮氧化物或其他中间产物形式释放，但大部分最终在再生器内转化成氮气，而有约 5% 的来自物料和沉积在焦炭上的氮以氮氧化物的形式随着烟气排放。这部分 NO_x 受温度影响小，它主要受燃料中氮含量的多少及氧的浓度影响，进料为劣质重油时，这种 NO_x 的排放量更为显著。

③快速型 NO_x。由于燃料挥发物中碳氢化合物高温分解生成的 CH 自由基和空气中氮气反应生成 HCN 和 N，再进一步与氧气作用以极快的速度生成 NO_x，称为快速型 NO_x。这种 NO_x 有 90% 是由 HCN 形成的，生成量比燃料型 NO_x 和热力型 NO_x 要少得多，但它受温度的影响小，在低温时其生成量也不能忽略。

在炼油工业中，催化裂化装置再生过程是炼油厂氮氧化物主要排放源之一，NO_x 排放占炼油厂总排放物的 30%~40%，浓度范围为 $100 \sim 800 \mu g/g$，所以，催化烟气氮氧化物控制正成为行业关注的重点。控制催化裂化再生烟气 NO_x 排放有两类技术措施：一类是源头控制（也称为一级污染预防措施），包括催化裂化进料加氧处理、使用降低 NO_x 排放助剂、采用逆流再生器；另一类是尾部控制（也即再生烟气后处理技术或称二级污染预防措施），包括再生烟气选择性催化还原技术、选择性非催化还原技术、液体吸收技术及吸附技术等。

在上述各种方法中，相对经济而有效的方法是使用降 NO_x 助剂。它不需要改造再生器，也不会使催化剂的裂化性能受到影响，操作灵活，通过控制再生器中 N_2 的氧化还原反应，达到降低 NO_x 排放目的，采用降 NO_x 效果好的助剂，能够使催化裂化烟气氮氧化物达标排放。

（一）国外降 NO_x 助剂

国外从事开发及销售降 NO_x 助剂的公司有 Grace Davison、Intercat、BASF、Engelhard 等，表 4-33 示出了一些公司的降 NO_x 助剂。

表 4-33　国外公司的降 NO_x 助剂

项目 公司	产品牌号	功能	性能特点
Grace Davison	$DeNO_x$	降烟气 NO_x	在使用普通 Pt 基助燃剂控制二次燃烧的装置中，$DeNO_x$ 助剂可使 NO_x 排放降低 75% 以上（助剂加入量 0.5%~2%），全世界已有 30 多套 FCC 装置使用
Intercat	NO_x Getter	降烟气 NO_x	分为 A 型及 B 型，A 型加入量占总催化剂添加量的 1%~5%，B型的加入量 <1%，在 20 多套装置中应用，NO_x 排放平均降幅为 26%，在富氧再生模式下，NO_x 最多可降低 76%
BASF	$CleanNO_x$	降烟气 NO_x	可降低 NO_x 排放 70%，甚至 50μg/g 以下，且助剂在装置藏量中的比例为 0.7%，不影响装置的运转或提升管的收率
Engelhard		降烟气 NO_x	可将烟气 NO_x 降至 50μg／g 以下，远期目标是降至 20 μg/g 以下

（二）国内降 NO_x 助剂

1. LDN-1 氮氧化物脱除剂

[性质]以稀土、过渡金属等为活性金属组分，以大孔活性氧化铝为载体。是一种以降低再生烟气中 NO_x 为主，又具有 CO 助燃剂作用的双功能助剂，是由拟薄水铝石、稀土盐、铝溶胶按一定比例打浆经喷雾干燥制得。

[质量规格]

项目	指标	项目	指标
堆密度／(g/mL)	0.833	粒度分布/%	
孔体积/(mL/g)	0.143	<20μm	4.35
比表面积/(m²/g)	127.3	20~40μm	16.71
磨损指数/(%/h)	1.83	40~80μm	43.89
		80~120μm	23.22
		120~149μm	7.13
		>149μm	4.7

[用途]用作降低催化裂化再生烟气 NO_x 助剂。在独山子石化公司炼油厂 800k/a Ⅰ套催化裂化装置上进行工业应用试验，再生器采用单段加 CO 助燃剂完全再生方式，无内外取热设施，加工原料为减压馏分油、焦化蜡油、丙烷重脱沥青油及少部分蜡下油，所用催化剂为兰炼催化剂厂生产的 LBO-16 降烯烃催化剂和 LANK-98 催化剂，比例为 1:1，将占催化剂藏量 3% 的 2.1t LDN-1 降 NO_x 助剂通过加料系统加入到再生器内，并停止使用 CO 助燃剂，使用结果表明，可使再生烟气中 NO_x 含量从 $1400mg/m^3$ 左右降至 $600mg/m^3$ 以下。当助剂补入量由催化剂单耗的 3% 提高至 5% 时，再生烟气中 NO_x 含量可降低至平均为 $350mg/m^3$，

降低率达到 75%。而且在试用期间，再生烟气中的 CO 含量一直维持在 50×60^{-6} 以内，再生器稀密相温差均不超过 $10℃$，装置操作平衡，未发生二次燃烧或尾燃现象，可以取代原用的铂基助燃剂。表明 LDN-1 助剂既能有效地降低催化裂化再生烟气 NO_x，实现达标排放，又具有良好的 CO 助燃功能。

[研制单位] 洛阳石化工程公司。

2. FP-DSN 降氮硫转移剂

[性质] 及 [质量规格] 参见第四章十二、(三)2。

[用途] 一种以减少再生烟气中 SO_x、NO_x 含量为主，兼有 CO 助燃作用的多功能助剂。国内某装置加工含硫较高的原料，再生烟气 SO_x、NO_x 含量高，在使用 FP-DSN 助剂后，第二再生器烟气冷凝液 pH 值平均为 5.48，而加剂前为 2.0，可见烟气酸性物质明显减少。加 FP-DSN 前，第一再生器中烟气 SO_x 平均为 $736.35\mu L/L$，加剂后平均为 $260.35\mu L/L$，SO_x 脱除率达 64.64%；加剂前第二再生器烟气中，SO_x 平均为 $24.41\mu L/L$，加剂后平均为 $4.62\ \mu L/L$，SO_x 脱除率达 81.07%；而烟气中 NO_x 含量由 $269\mu L/L$ 降至 $21.5\mu L/L$，NO_x 脱除率达 92.01%，使用 FP-DSN 助剂后，第一再生器稀密相温差下降，也说明 FP-DSN 助剂还有一定的助燃功能。

[生产单位] 北京三聚环保新材料股份有限公司。

十四、催化裂化汽油降硫助剂

随着环境保护的要求越来越高，世界各国都在致力于减少机动车尾气有害物质的排放，车用汽油中的硫，在内燃发动机燃烧以后，以 SO_x 的形式排入大气，SO_x 是造成酸雨的前体物之一。汽车尾气催化转化器中所使用的催化剂也对硫很敏感，即使是少量硫也容易引起催化剂中毒失活，从而使尾气排放出的 CO、NO_x 及挥发性有机化合物增加，特别是尾气中 NO_x 排放量增加，对环境造成污染。

我国商品车用汽油中催化裂化汽油约占 80%，而商品汽油中所含的硫有 90% 以上来自催化裂化汽油。因此，降低商品汽油中的硫含量关键是降低催化裂化汽油中的硫含量。能降低催化裂化汽油硫含量的工艺技术有：裂化原料油加氢脱硫、催化汽油加氢精制及降低汽油的干点。原料油加氢精制及催化汽油加氢精制的投资大、成本高。由于催化裂化汽油大部分集中于汽油尾部($>190℃$)，而汽油中的总硫有 30% 以上是噻吩及苯并噻吩。因此降低汽油干点是降低硫含量的有效方法。也即在原料油催化裂化过程中加入降硫助剂，将噻吩硫转化为 H_2S 而进入催化干气中，达到降低催化汽油硫含量的目的，是一种简便而又经济的汽油降硫方法。

(一)汽油降硫助剂的组成

催化裂化汽油中的硫化物主要是噻吩、苯并噻吩及噻吩衍生物等。这类硫化物在催化裂化条件下比较稳定，直接裂化比较困难，但可通过氢转移反应先转化为四氢噻吩，然后转化为 H_2S 和碳氢化合物。因此，降硫助剂可通过三种途径来降低催化裂化汽油的硫含量：①选用氢转移活性较高的分子筛或活性组分，增强助剂的氢转移活性，使噻吩环饱和为四氢噻吩类化合物，最终裂化为 H_2S 及碳氢化合物；②通过对载体的改性，使助剂中含有较高比例的 L 酸中心，通过 L 酸中心与 B 酸中心的协同作用，选择性地吸附汽油馏分中具有孤对电子的噻吩类化合物，缩合反应形成焦炭，在再生过程中转化为 SO_2 而进入烟气中；③用金属对分子筛进行改性，增强助剂选择性烷基化能力，使催化裂化汽油馏分中的噻吩类化合物与低分子烯烃发生选择性烷基化反应，使部分汽油中的硫化物转移到柴油馏分中。

脱硫活性组分及载体是汽油降硫助剂的主要组成部分。常用脱硫活性组分有 Zn、Ti、La、V 及 Ce 等，载体常用分子筛、Al_2O_3、SiO_2、黏土或它们的混合物。

最初研发的汽油脱硫助剂是将 ZnO 负载于 Al_2O_3 上，形成具有 L 酸中心的 ZnO/Al_2O_3 体系，L 酸中心能选择性吸附在催化裂化过程中产生的具有 L 碱性质的硫化物，从而降低汽油的硫含量，在 Al_2O_3 中加入能提高其稳定性的助剂成分 La_2O_3 后，还可提高 L 酸在 Al_2O_3 上的分散性，有利于汽油中硫化物与 L 酸的接触，从而提高脱硫效果。由 Grace Davison 公司开发的第一代催化汽油固体脱硫剂 GSR-1，其组成为负载于 Al_2O_3 上的氧化锌或锌的铝盐酸。这一技术在欧洲和北美实现工业化，使用该剂后，催化裂化汽油硫含量可降低 15% ~25%，如果配合使用特殊的催化裂化催化剂，脱硫率可高达 40%。

Grace Davison 公司开发的第二代产品 GSR-2 降硫助剂，是在 GSR-1 基础上添加了含有锐钛矿结构的 TiO_2 组分而制得，其主要组分为 TiO_2/Al_2O_3。其脱丙基和丁基噻吩的能力远超过 GSR-1，汽油脱硫率显著提高，而将 TiO_2/Al_2O_3 与 ZnO/Al_2O_3 混合使用时，汽油降硫率比使用其中一种降硫助剂时要更高一些。

以前的研究认为，金属钒能与分子筛的铝原子作用生成惰性的钒酸盐，从而使分子筛的裂化活性下降。而一些专利提出，将钒的氧化物固定到大孔分子筛的孔内壁上制备降硫助剂时，一方面能阻止其形成对分子筛有害的钒酸，提高催化剂的脱硫效果；另一方面当脱硫活性金属被浸渍到分子筛之后，它的氢转移活性相应降低，这样在裂化过程中生成的焦炭和干气的收率就会维持在适当的水平。根据这一推理，以 Al_2O_3、SiO_2/黏土、USY/黏土为载体，负载一定量金属钒的降硫助剂具有较好的降低汽油硫含量的效果。如果适当加入稀土金属，脱硫效果会进一步提高。

Mg(Al)O 尖晶石最早是用于除去催化裂化再生烟气中 SO_x 的，对于催化裂化汽油中的硫含量却没有影响。Mg(Al)O 自身并没有脱硫活性，但却有很好的水热稳定性，经过焙烧后，比表面积仍可达 $200m^2/g$。将具有 L 酸性质的 Zn 及氢转移促进剂作用的 Pt 浸渍到 Mg(Al)O 尖晶石，制成 Zn/Mg(Al)O 及 Pt/[Zn/Mg(Al)O] 降硫助剂，对催化裂化汽油也有较好脱硫效果。

在 ZnO/Al_2O_3 体系中引入裂化组分 USY，制成 $USY/ZnO/Al_2O_3$ 体系降硫助剂，载体起着选择性吸附硫化物的作用，吸附的硫化物再经裂化活性中心裂化生成 H_2S，从而达到脱除汽油中硫化物的目的。但这种体系还存在着制备及使用上的问题。其原因是 ZnO 与 Al_2O_3 在 400℃ 左右会反应生成 $ZnAl_2O_4$ 尖晶石。有选择性吸附硫化物作用的是 ZnO，而 $ZnAl_2O_4$ 尖晶石基本上不具有选择性吸附硫化物作用。此外 ZnO 与 USY 中的 Si 和 Al 也会发生固相反应，生成 Zn_2SiO_4 硅锌矿和 $ZnAl_2O_4$ 尖晶石，从而破坏 USY 晶体结构。所以，如果解决好上述两个问题，就能保持 $USY/ZnO/Al_2O_3$ 体系的脱硫活性。

除了上述降硫助剂体系以外，还有金属/USY/黏土体系、双金属/USY/黏土体系等脱硫助剂。目前，催化裂化汽油降硫助剂的脱硫率一般可以达到 30% 左右，仍存在较大发展空间。降硫助剂之所以还不能深度脱硫，其原因主要有：①催化裂化汽油中的硫化物主要是噻吩及其衍生物，其分子中的共轭结构使之较难裂化而被脱除；②在催化裂化复杂的反应环境下，要在不影响催化裂化产物分布的前提下，提高降硫助剂的选择性吸附硫化物的能力是较为困难的。即使解决了在催化裂化反应环境中硫化物的选择性吸附问题，实现噻吩类化合物的充分裂化也很困难。相对于直链烃的裂化，噻吩类化合物的裂化需要的时间相对较长，而延长催化裂化反应时间，势必会恶化催化裂化的产物分布。因而，要进一步提高催化汽油的脱硫率，在提高降硫助剂性能同时，对催化裂化工艺也应适当进行升级改造。

（二）国内汽油降硫助剂

国内目前的汽油降硫助剂开发较慢，已用于工业装置的产品不多。从事催化裂化汽油降硫助剂研制开发的单位主要有洛阳石化工程公司、中国石化石油化工科学研究院等。

1. CDS－S1 催化裂化汽油降硫助剂

[性质] 以 Y 型分子筛为活性组分，并对分子筛进行金属改性和对载体进行改性，使助剂中含有较高比例的 L 酸中心，通过 L 酸中心与 B 酸中心协同作用，选择性地吸附噻吩类化合物，促进其转化为 H_2S，进入催化干气中。达到降低 FCC 汽油硫含量的目的。

[质量规格]

项目	指标	项目	指标
比表面积/（m^2/g）	243	微反活性（800℃，4h）/%	70
孔体积/（mL/g）	0.24	筛分组成/%	
堆密度/（g/mL）	0.75	<40μm	16
灼烧减量/%	3	40~140μm	70
磨损指数/（%/h）	3	>140μm	14

[用途] 用作催化裂化汽油降硫助剂。LDS－S1 助剂在胜利油田石油化工总厂进行工业应用，该厂重油催化裂化装置年处理量为 0.6Mt/a，渣油掺炼率为 23%，催化剂藏量 150t，主催化剂为齐鲁石化公司催化剂厂生产的 DVR－2 催化剂。LDS－S1 降硫助剂的筛分组成、孔体积与比表面积等与催化裂化催化剂相接近，具有良好的性能，可替代等量的催化剂。经工业试验表明，加工高金属原油（平衡催化剂上 Ni 加 V 质量分数大于 1.1%）时，采用占催化剂藏量 10% 的助剂加入量，可使汽油硫含量下降 23.47%。汽油中的硫以 H_2S 形式转移到液化石油气中，对催化裂化产品分布和产品质量不产生不良影响。

[生产单位] 洛阳石化工程公司。

2. LGSA 催化裂化汽油降硫助剂

[性质] 一种具有铝尖晶石结构的固体汽油降硫助剂。通过调变助剂的 L 酸酸量、L 酸酸强度和氢转移活性，选择性地吸附噻吩硫及其衍生物，经噻吩环饱和成稳定性较差的四氢噻吩后，再进一步裂化生成 H_2S 气体而转入催化干气中，达到降低汽油中硫含量的目的。

[质量规格]

项目	指标	项目	指标
Al_2O_3 含量/%	53.0	磨损指数/（%/h）	1.0
Na_2O 含量/%	0.12	筛分组成/%	
Fe 含量/%	0.17	0~40μm	18.5
灼烧损失/%	11.2	0~149μm	97.0
堆密度/（g/mL）	0.72	孔体积/（mL/g）	0.36
比表面积/（m^2/g）	256		

[用途] 用于加工高重金属含量原料的催化裂化装置，作催化裂化汽油降硫助剂，工业应用试验在中国石化长岭分公司 Ⅰ 套催化裂化装置(长岭 FCCUI) 及石家庄分公司 Ⅰ 套催化裂化装置(石家庄 FCCUI) 上进行。长岭 FCCUI 由原来Ⅳ型蜡油催化裂化装置改造为两器同轴重油催化裂化装置，处理量为 1.2Mt/a，标定期间加工的原料为管扎油的直馏蜡油、焦化蜡油、减压渣油和减压洗涤油；石家庄 FCCUI 是一套加工量为 1.0Mt/a 的重油催化裂化装置，为高低并列、两段再生提升管型。LGSA 降硫助剂本身具有裂化活性，物化性质与常规催化剂相接近，有良好的稳定性及抗磨性能。当本剂占系统藏量的 10% 时，两套催化装置汽油含硫质量分数平均值都在 800×10^{-6} 以下，汽油脱硫率分别为 21.1% 及 1.5%，汽油、柴油中脱除的硫转移到干气、油浆及烟气中。LGSA 助剂的加入对裂化产品分布影响不大，与空白标定相比，汽油收率增加约 2.2%，柴油收率有所下降，但轻油收率和轻液收率均有所增加。

[研制单位] 中国石化石油化工科学研究院。

3. MS – 011 催化裂化汽油降硫助剂

[性质] 一种固体降硫助剂。主要成分为分子筛、金属氧化物、载体及黏结剂等。分子筛具有裂化活性的作用。金属氧化物具有选择性吸附含硫化合物的特性，同时与分子筛配合可增强含硫化合物的转化、裂解能力，从而降低汽油中的硫含量。

[质量规格]

项目	指标	项目	指标
比表面积/(m²/g)	280	平均粒径/μm	>1.7
孔体积/(mL/g)	0.33	微反活性/%	>1

[用途] 用作催化裂化汽油降硫助剂。工业应用试验在中国石化荆门分公司 Ⅱ 套重油催化裂化装置上进行。装置反再型式为两器高低并列，重叠式两段再生，处理量为 800kt/a。所用催化剂为齐鲁石化公司催化剂厂生产的 ORBIT – 3000(JM)。加工原料是以鲁宁和江汉蜡油为主，掺炼焦化蜡油、丙烷轻/重脱油及部分减压渣油，同时回炼部分汽油。工业试验结果表明，MS – 011 的物性与裂化催化剂的物性相近，有较好配伍性。在本剂加入量为助剂藏量 10.6% 时，可较大幅度降低汽油、柴油硫含量，汽油、柴油硫含量分别下降了 33.4% 及 6.8%。而且在催化裂化原料硫含量为 0.7% ~0.9% 的条件下，使汽油硫含量持续保持在低于 800μg/g 的标准。助剂对主催化剂性能、流化状态、产品分布及汽油质量均没有明显的影响。

[研制单位] 中国石化石油化工科学研究院。

4. DSA 催化裂化汽油降硫助剂

[性质] 一种适用于加工含高镍、高钒原料的催化裂化汽油降硫助剂。以氢转移活性较高的 Y 型分子筛为基本活性组分，并使用金属改性的铝胶对其外表面进行改性，使制得的降硫助剂具有与催化裂化催化剂相接近的物化性能。

[质量规格]

项目 / 助剂中试样品	DSA-1	DSA-2
堆密度/(g/mL)	0.72	0.73
比表面积/(m²/g)	294	292
孔体积/(mL/g)	0.210	0.203
水滴法孔体积/(mL/g)	0.36	0.35
磨损指数/(%/h)	2.2	2.8

[用途] 针对金属镍、钒含量较高的催化裂化平衡剂而开发的降低催化裂化汽油硫含量的助剂。两种中试样品均在固定流化床装置上进行评价考核。按总装剂量10%的比例分别与金属含量不同的荆门石化分公司炼油厂平衡剂和洛阳石化分公司炼油厂平衡剂掺混。评价所用原料油为镇海石化公司炼油厂蜡油，评价反应温度500℃，空速20h^{-1}。由于平衡剂上的金属含量特别是钒含量直接影响降硫助剂的降硫效果，故选用钒含量较高的洛阳石化分公司炼油厂的平衡剂为主剂，其镍含量为5100μg/g，钒含量为6200μg/g，掺混时主剂与助剂的质量比为9:1。其评价结果如表4-34所示。可以看出在不同剂油比下，加入DSA助剂后，对于镍、钒含量在10000μg/g以上的工业平衡剂，仍能表现出明显降硫效果，其脱硫率达到15%~25%。

表4-34 DSA汽油降硫助剂的脱硫评价结果

项目 / 剂油比 / 助剂	对照空白剂[①]		DSA-1		DSA-2	
	3	7	3	7	3	7
产品分布/%						
气体	13.5	20.2	14.2	19.7	14.8	22.9
汽油	36.0	41.3	36.8	43.5	40.8	43.3
柴油	19.9	17.8	19.3	17.5	19.1	15.3
重油	26.2	12.5	25.1	11.4	20.5	9.5
焦炭	4.4	8.2	4.6	7.9	4.8	9.0
转化率/%	53.9	69.7	55.6	71.1	60.4	75.2
汽油硫含量/(μg/g)	459.6	419.9	351.0	313.7	365.0	354.4
脱硫率/%			23.6	25.3	20.6	15.6

①空白剂（主剂）为洛阳石化公司炼油厂平衡剂，助剂与主剂以质量比1:9掺混后使用。

[研制单位] 中国石化石油化工科学研究院。

5. TS-01 催化裂化汽油脱硫助剂

[性质] 一种将脱除催化裂化汽油总硫的活性组分和钝化重金属的活性组分复配制成的双功能液体助剂。其中的L酸可以选择吸附汽油沸程内具有孤对电子的噻吩类化合物，经氢转移反应将噻吩环饱和成稳定性较差的四氢噻吩，四氢噻吩经裂化反应生成硫化氢，从而

脱除催化裂化汽油中的硫。助剂分为 A、B 两剂，A 剂的功能侧重于汽油脱硫；B 剂的功能兼顾汽油脱硫和催化裂化平衡催化剂的重金属钝化。

[质量规格]

TS-01 助剂 项目	A 剂	B 剂
外观	淡黄色乳状液	
密度(20℃)(g/mL)	1.25	1.30
凝点/℃	-10	-10
溶解性	与水互溶	与水互溶
金属钝化效果	无	有

[用途] 用作催化裂化汽油降硫助剂。在中国石化九江分公司 I 套催化装置上进行工业应用试验，该装置的反应器、再生器形式为提升管高低并列式，单段再生。所用催化剂为 CR-005，原料油主要为管输混合原油的蜡油、罐区冷渣油，掺渣率为 25%。使用时，TS-01 通过原钝化剂注入口注入装置原料油系统，注 TS-01 剂前已停注金属钝化剂，试验反应温度 505~510℃，反应压力 120kPa；再生温度 685~700℃，再生压力 150kPa，处理量 2500~2850t/a。考核结果为，在 TS-01 剂注入量为 70μg/g 时，对催化裂化汽油的脱硫率约为 20%；TS-01 注入量为 120μg/g 时，脱硫率达到 25%~30%。该剂还对柴油有一定脱硫作用，脱除的硫主要以 H_2S 形态转移至干气、液化气中。而且使用 TS-01 剂后可停止使用金属钝化剂，表明该剂还具有良好的金属钝化作用。

[生产单位] 中国石化九江分公司。

十五、催化裂化油浆沉降助剂

催化裂化油浆也称澄清油，是出自催化裂化装置主分馏塔塔底的重质油品，油浆由343~593℃沸点范围的未转化烃类组成，除含有大量稠环芳烃外，还有少量固体颗粒，其中主要是硅铝催化剂粉末，以及一些杂质与腐蚀产物，油浆在催化裂化产品中价值最低，但经处理及改性后，油浆可作为炭黑油、针状焦、橡胶填充油的原料，还可作为加氢裂化原料及重质燃料油的组分，但油浆在进一步利用前需脱除其中的催化剂粉末(含量一般为 1000~8000μg/g)。

脱除油浆中催化剂粉末的方法有：自然沉降法、静电分离法、过滤分离法及离心分离法等。自然沉降法由于沉降周期长，净化效果差，已逐渐淘汰。静电分离技术在国外已有工业应用成功经验，但在国内一直未得到推广，主要原因是其分离效果受油浆性质及操作条件的影响较大，特别是对胶质及沥青质较高的油浆的适应性较差。过滤分离法已在国内多套装置上应用，其中多数为进口设备及技术，投资较高，但因过滤操作在 300℃ 以上的高温下进行，像重油催化裂化油浆这样的物料容易使过滤器的滤孔堵塞，导致过滤器性能下降甚至无法正常运行。由于上述方法都存在一定缺陷，近期发展起来的除去细粉的一种经济有效的方法，是在送往油罐储的油浆中加入化学沉降助剂。沉降助剂能显著提高催化剂细粉的沉降速度和脱除效率，减少灰分含量达 95% 以上，从而显著提高油浆改质潜力。

(一)油浆沉降助剂作用机理

油浆中的固体催化剂粉末主要是在催化裂化装置高温和流化条件下因催化剂被磨损或受

热应力破裂而形成的细微 $SiO_2 - Al_2O_3$ 晶体颗粒。这些固体颗粒在油浆中分散存在有两个原因：一是油浆中的固体颗粒相对于油浆（即有机烃类）具有一定的极性，可以吸附油浆中的表面活性剂，这些表面活性剂是原油固有的或加工过程中人为注入的；二是固体颗粒表面带有一定量的电荷，它们所带电荷的数量和性质对其分散和沉降有很大影响，随电荷密度增大，质点间的静电排斥力增大。固体颗粒越易分散且分散稳定性越高，质点越不易沉降。

油浆沉降助剂的沉降作用是一种物理化学过程，它包括凝聚和絮凝两种作用过程。凝聚过程是借助凝聚剂中和固体质点表面的电荷，使其克服固体质点间的静电排斥力，稳定脱除颗粒，并形成细小的凝聚体。絮凝过程是所形成的细小凝聚体在有机高分子絮凝剂的桥连作用下生成絮凝体，此过程也存在着电荷的中和作用，有机高分子絮凝剂通过自身极性或离子基团与质点形成氢键或离子对，加之范德华力作用而吸附在质点表面，在质点间进行桥连作用，形成絮状沉淀。

根据上述沉降助剂作用机理，一个有效的沉降助剂配方应该同时具备良好的凝聚功能和絮凝功能。

（二）油浆沉降助剂的应用

1. LSA - 1 催化裂化油浆沉降助剂

[性质]由具有凝聚功能的凝聚剂及具有絮凝功能的絮凝剂复配制成，凝聚剂及絮凝剂可以是阳离子型或阴离子型。

[质量规格]

项目	指标	项目	指标
密度(20℃)/(kg/mL)	0.9684	闪点/℃	76
黏度(40℃)/(mm²/s)	36.16	凝点/℃	< -22

[用途]用作催化裂化油浆沉降助剂，以中国石化中原油田分公司催化油浆进行工业试验，中原油田分公司催化裂化装置处理量为 0.3Mt/a，油浆外甩量为 20～40t/a，灰分质量分数在 1000～2000μg/g，油浆经两个沉降罐自然沉降后，一部分外卖，一部分作为该厂的锅炉燃料，油浆性质见表 4-35。试验时为使沉降助剂与油浆充分混合，沉降助剂加注点设在远离沉降罐的油浆管线上，并为防止沉降助剂在高温下分解失效，加注点的温度应低于150℃，油浆罐（500m³）装满后沉降 24～36h 后，取样分析。试验结果表明，在加注药剂质量分数为 150μg/g 时，灰分为 1000μg/g 左右的催化裂化油浆，沉降 24h 后，90% 的油浆澄清油油灰平均脱除率达到 83%，油浆中的催化剂粉末沉降后集中在底部 10% 左右的油浆中。即 90% 的澄清油可用作锅炉燃料，而从底部放出的约 10% 左右油浆可返回催化提升管回炼。

表4-35 中原油田分公司炼油厂催化油浆性质

项目	数值	项目	数值
密度(20℃)/(g/mL)	0.9629	金属含量/(μg/g)	
黏度(80℃)/(mm²/s)	23.15	Fe	6.723
灰分/(μg/g)	106	V	1.069
饱和烃/%	44.5	Al	33.461
芳烃/%	53.9	Sb	2.695
(胶质+沥青质)/%	1.6		

[生产单位]洛阳石化工程公司。

2. SA 催化裂化油浆沉降助剂

[性质] 以市售商品表面活性剂或复配液剂制成的一种油浆沉降助剂。相对分子质量为 500~10000，主要组成元素为 C、H、O、N，不含金属元素，具有无毒、低毒、无灰分等特点。

[类型及特点]

助剂代号	主要组成	溶解性能
SA-1	多元醇-不饱和聚羧酸-丙烯酸酯类聚合物	油溶性
SA-2	山梨醇脂肪酸酯类复配物	油溶性
SA-3	磺酸-胺类复配物	静置分层
SA-4	烷基酚-甲醛树脂复配物1	油溶性
SA-5	烷基酚-甲醛树脂复配物2	油溶性

[实验评价] 以中国石化安庆分公司重油催化裂化装置油浆作为沉降试验用油，该油浆性质见表4-36。试验时，取油浆500mL，在先预热至90℃条件下，分别添加 SA-1~SA-5 沉降助剂。在充分混合下，经沉降24h后，取上部澄清油(占80%~90%)作为产品，测定灰分。

表4-36　安庆分公司催化裂化装置油浆性质

项目	数值	项目	数值
密度(20℃)/(g/mL)	1.0093	组成/%	
凝点/℃	19	饱和烃	31.4
黏度(100℃)/(mm²/s)	24.75	芳烃	62.7
灰分/%	0.453	(胶质+沥青质)	5.8

不同沉降助剂的使用效果如表4-37所示。可以看出，在沉降助剂添加量为75μg/g时，SA-5及SA-1表现出较好的沉降效果，澄清油灰分含量可降低到小于0.05%水平，其中SA-5可使澄清油浆灰分降到0.03%以下，可满足多数用途的要求，而油溶性不好的SA-3则表现出负作用。

表4-37　不同沉降助剂的使用效果

沉降助剂	加入剂量/(μg/g)	澄清油浆灰分/%
SA-1	75	0.049
SA-2	75	0.085
SA-3	100	0.220
SA-4	75	0.038
SA-5	75	0.027
空白	0	0.119

[研制单位] 中国石化安庆分公司。

338

十六 、催化裂化柴油稳定剂

随着国内油品市场的变化，柴油的需求不断上升，提高柴汽比，增加柴油产量，具有明显经济效益，大量的柴油通过二次加工，特别是催化裂化装置所生产，柴油的安定性较差，表现为柴油颜色很快变黑，与直馏柴油的调和性差。

影响催化裂化柴油安定性的因素大致可分为两类。一类为内部因素，主要由于油品中存在的不安定组分，如烯烃，稠环芳烃，脂肪酸、环烷酸、酚类、吡咯类、咔唑类、吡啶类、喹啉类、吲哚类、硫醇类、硫酚类及金属离子等；另一类为外部因素，主要指油品生产和储运过程中温度，空气(O_2)及光照作用等。由于内外两种因素相互作用引起化学反应，油品生成沉渣和胶质，使安定性变差。由于油品组成的复杂性，其安定性变差也不是由某种组分单独所引起，往往是由多种不安定组分共同作用的结果，如烯烃与硫醇之间的共氧化反应，烯烃与吡咯，吡咯与硫醇，烯烃、吡咯、硫醇三者之间的相互反应等等都会导致油品性质的变化。所以，要改善油品的安定性，就是将柴油中对安定性影响最严重的组分脱除或转化，使柴油的安定性达到一定指标。但也不是全部脱除这些不安定组分，不然将影响精制柴油的收率。

为了提高柴油的安定性，炼油企业常采用加氢精制、酸碱精制、吸附精制及使用柴油稳定剂等方法，柴油加氢精制的效果最好，能有效地脱除柴油中的 S、N、O 等杂质，饱和柴油中的烯烃等，减少加成颜色的前体物。精制后的柴油安定性好、产品收率高，但设备投资大、操作费用高，并受氢资源制约，国内炼油厂采用较少。酸碱精制是传统的柴油精制工艺。酸洗可以完全洗去柴油中的硫醇、硫酚、硫醚、噻吩、砜、烷基二硫化物、碱性氮化物及各种非烃类化合物，部分洗去非碱性氮化物、烯烃和芳烃，碱洗可以洗去柴油中的酸性化合物，如硫醇和硫酚类，完全洗去羧酸类及酚类。酸碱精制装置投资少、工艺简单，但精制效果不很理想，而且产生的酸碱渣处理困难，带来二次污染。吸附精制是用吸附剂脱除柴油中的一些不安定组分。所用吸附剂一般为分子筛、Al_2O_3、硅藻土及白土等极性较大的物质。吸附精制的设备简单、吸附塔易操作、成本较低。但吸附剂的吸附容量有限，不能连续操作，需多塔吸附、再生切换操作，而且吸附剂的再生溶剂需蒸馏回收。

加入柴油稳定剂的方法是根据柴油颜色变化机理，虽不能除柴油中的不安定组分，但可利用化学物质抑制不安定物质之间的化学反应，明显改善柴油的氧化安定性。其特点是操作简便易行，添加剂用量少，成本低，不改变炼油企业的生产流程。特别对加氢能力不足的小型炼厂具有明显的优势。这种方法的缺点是对不安定物质含量较高的柴油，其添加剂用量较大，有时仍不能符合柴油的质量要求。此外，柴油稳定剂的感受性还会受到加剂基础油质量的影响。目前，开发一种广谱而有效的柴油稳定剂还有较大难度。不加选择地使用一种商品柴油稳定剂有时可能会对柴油安定性产生不利影响。因此。炼厂在应用某种柴油稳定剂时应对其做好筛选评价工作。

（一）柴油稳定剂的组成

早期使用的柴油稳定剂一般为单一的通用型抗氧剂，如烷基酚、芳胺、酚胺等。以后发展的柴油稳定剂多数为复合型，主要由分散剂、抗氧剂及金属钝化剂 3 种组分复合制成。

分散剂的作用是使柴油中的不溶性胶质、残渣等沉积物在柴油中保持分散悬浮状态，以免这些杂质堵塞过滤器、喷嘴或在发动机的关键部位形成渣状沉积物，同时也能保证燃烧性能良好，降低排气量，减少污染。常用的分散剂有硫代硫酸钡盐、磺酸盐、丁二酰亚胺等。

抗氧剂的作用是阻止柴油在储存过程中氧化生成胶质沉渣，并防止柴油在使用过程中溶在燃料中的胶质因燃料汽化或雾化而沉积吸入系统，影响发动机的正常运转。常用的抗氧剂是各种屏蔽酚和芳胺类化合物，如2，6 - 二叔丁基对甲酚、2，4，6 - 三特丁基苯酚、二苯基对苯二胺等。

金属钝化剂的作用是将柴油中的铜等金属化合物转化为铜螯合物。柴油中所含的微量被溶解的铜等金属化合物可催化氧化反应，而油中所含酸性杂质组分，则在炼制、储运和使用过程中与机械设备等中的铜等金属零件接触，反应生成可溶性微量的铜等金属化合物。金属钝化剂将这些金属化合物转化为螯合物后，使其不再生成具有催化活性的化合物，从而钝化或失活。常用的金属钝化剂是 N, N' - 二亚水杨酸基丙二胺。

（二）柴油稳定剂的应用

1. GX - 105 柴油稳定剂

[性质]一种由抗氧剂、分散剂及金属钝化剂复配制成的柴油稳定剂。抗氧剂起着分解过氧化物、中止自由基生成的作用；分散剂能迅速分散氧化沉渣颗粒；金属钝化剂能降低溶解性金属离子活性，防止油品氧化。通过以上三剂协同作用，提高柴油稳定性。

[质量规格]

项目		指标	项目	指标
外观		棕色液体	运动黏度(60℃)/(mm²/s)	0.94
密度(20℃)/(g/mL)		0.84	水分	痕量
抗氧剂含量/%		35	机械杂质	无
闪点(闭杯)/℃	>	27	溶解性	合格
凝点/℃	<	-40		

[用途]用作催化裂化柴油稳定剂。在中国石化北海分公司催化装置柴油系统进行工业应用试验，试验分为3个阶段。第一阶段为低温试验阶段，GX - 105 加注点在柴油出装置调节阀后，加注温度40℃，加注浓度0.21kg/t；第二阶段为高温试验阶段，GX - 105 加注点在柴油出塔后用软水换热前，加注温度170℃，浓度0.21kg/t；第三阶段为高温高浓度加注阶段，GX - 105 加注点与第二阶段相同，加注浓度提高到0.25kg/t。表4 - 38示出了试验结果。从表中看出，170℃加注点储存7天氧化沉渣为3.5mg/100mL，40℃加注点储存7天氧化残渣为9mg/100L，说明相同的浓度下，在高温下加注效果要比低温时加注效果好；在相同温度下，高浓度加注效果比低浓度明显，0.25kg/t的加注浓度比0.21kg/t的加注浓度柴油稳定性增加。从表中也可以看出，加入 GX - 105 柴油稳定剂后，对催化柴油的氧化沉渣和颜色均有较大改善，而对柴油的其他性质无影响。

340

表 4 - 38　催化柴油加注柴油稳定剂后的氧化沉渣及颜色变化

试验过程	储存时间/天	氧化沉渣/(mg/100mL)	颜色/色度
未加柴油稳定剂	0	12.9	3.0~4.0
	7	>20	>7.5
第一阶段(GX - 105 加入量 0.21kg/t, 40℃)	0	5.0~6.2	2.5~3.0
	7	9.0	3.5~5.0
第二阶段(GX105 加入量 0.21kg/t, 170℃)	0	0.5~1.6	1.0~2.5
	7	3.0~3.5	3.5~4.0
	30	3.5~5.5	4.0~5.5
第三阶段(GX - 105 加入量 0.25kg/t, 170℃)	0	0.5~1.6	1.0~2.5
	30	2.5~3.0	3.0~3.5

[生产单位]中国石化北海分公司。

2. WL 柴油稳定剂

[性质]琥珀色液体,有刺激性气味。具有抑制催化柴油中碱性氮化物、不饱和烃类和酚类等含氧化合物的聚合反应,从而达到延缓柴油变色、降低氧化沉渣生成量而改善产品质量的作用。

[用途]南阳石蜡精细化工厂催化装量在加工重质原料时,催化柴油中的 N、S 含量较高,储存安定性很差。采用普通酸碱精制时,脱硫率在 80% 以上,但脱氮率在 20% 以下,产品合格率只有 80% 左右;采用溶剂精制法精制后脱氮率达到 60% 以上,合格率 95% 以上,但脱硫率不到 30%;采用浓碱抽提和溶剂法联合精制后,油品合格率达到 100%,但生产成本较高。为了降低柴油精制成本,改善柴油储存安定性而使用抚顺威尔化工公司生产的 WL 柴油稳定剂。在催化柴油中直接加入 WL 柴油稳定剂(加入量 100×10^{-6})后,出厂调和柴油的氧化安定性指标低于 2.5mg/100mL,达到清洁燃料标准要求。

十七、炼油过程中的缓蚀剂

所谓缓蚀剂是指在腐蚀介质中,加入少量即可降低金属腐蚀速率的物质,在酸性溶液、碱性溶液、中性溶液、有机溶剂及气体环境中均可利用缓蚀剂来抑制金属的腐蚀。缓蚀剂种类繁多,而大量用于循环水及石油产品中的缓蚀剂应属于添加剂,它们需要在介质中保持一定浓度时才能发挥缓蚀作用。炼油过程所使用的缓蚀剂则属于助剂,它主要用于防止油、气在加工过程中所产生的 H_2S、HCl、CO_2、有机酸等物质对设备、管道、机泵的腐蚀。作为助剂添加的缓蚀剂应不会带入下游装置,以免影响下游产品的质量。但后者多数也来自或嫁接于前者,在作用原理上有相同之处,而在使用方法上则不尽相同。

炼油厂设备接触的主要物质是原油及其加工产品。原油中的主要成分,各种烃类并不腐蚀金属设备,但原油中的非烃成分及各种杂质,如含硫化合物、含氮化合物、含氧化合物、无机盐、有机盐、CO_2 及水分等,它们的含量虽少,但对设备及管道的腐蚀危害却很大。它们在原油加工过程中有些本身就是腐蚀性介质,有些则是在加工过程中转化为腐蚀性介质。此外,在原油加工过程中加入的水、氢气、酸碱化学品等也是设备的腐蚀介质。

1. 原油中的腐蚀介质

①含硫化合物。所有原油都含有一定量的硫,但不同原油的含硫量相差很大,从万分之几到百分之几。所含硫的存在形式有元素硫、硫化氢以及二硫化物、硫醇、硫醚、噻吩等类型的有机含硫化合物,此外尚有少量低含硫又含氧的亚砜和砜类化合物。硫化物对金属的作用可分为活性硫化物和非活性硫化物,前者会与金属直接发生作用,如S、H_2S、硫醇等;后者不直接和金属反应,如二硫化物、硫醚,噻吩等。在温度不太高时,S、H_2S、硫醇对金属腐蚀性较弱,如常压塔中部350℃时,硫的腐蚀并不显著,但 H_2S、的低温电化学腐蚀较为明显;当温度升高时,活性硫化物对金属腐蚀加剧,在350~400℃时可达到最大值。而非活性硫化物在高温时可分解成活性硫化物,在350~400℃时分解最强烈,这都会产生高温部位的硫腐蚀,如加热炉,热裂化,延迟焦化等装置均会产生严重的高温硫化腐蚀。

②含氮化合物。原油中的氮含量要比硫含量低,通常在0.05%~0.5%之间,含氮化合物主要是吡啶、吡咯、喹啉及其衍生物及相对分子质量较高、含多个杂原子的复杂化合物等,原油中这类化合物在常减压装置中很少分解,而在下游深加工装置中则可分解为 NH_3、氰化物等,造成二次加工装置蒸馏塔塔顶及其冷凝系统的 $H_2S - HCN - NH_3 - H_2O$ 的低温电化学腐蚀和氢脆腐蚀。

③含氧化合物。原油中的含氧化合物可分为酸性的和中性的两大类,酸性含氧化合物包括羧酸类和酚类,而羧酸又包括环烷酸、脂肪酸及芳香酸;中性含氧化合物则有酯类、醚类和呋喃类等。酸性含氧化合物对金属设备及管道均有腐蚀作用,其中低分子的酸类(如环烷酸)因酸性较强而腐蚀性更强。在原油炼制过程中,环烷酸通常导致炼油设备系统和管线的腐蚀破坏。它与加工原油的总酸值(TAN)有关,当TAN > 0.2时,环烷酸在200~400℃即发生腐蚀,特别是在转油线、常减压等高流速区腐蚀更为严重。

④无机盐类。原油乳状液经破乳脱水处理后可除去大部分水,但仍会有少量水存在于原油中。水中含有 $NaCl$、$MgCl_2$、$CaCl_2$ 及硫酸盐等无机盐类,在原油炼制加工过程中,其中的氯化物会受热水解生成有强腐蚀性的盐酸,并会随轻组分从塔顶逸出,在冷凝时则会形成酸性冷凝液,从而造成常减压装置和塔顶冷凝冷却系统的设备或管线的酸腐蚀。

⑤O_2、CO_2、H_2O。原油含有少量 O_2、CO_2、H_2O,所含含氧化合物受热分解也会产生 O_2、CO_2 及 H_2O 等,在高温下,这些物质也会对金属设备或管线产生高温氧化腐蚀。

2. 原油炼制过程中加入的腐蚀性介质

①氢气。加氢裂化、加氢精制、渣油加氢改质等都是石油加工的重要过程,它们都需要在氢气存在下进行反应,反应也常处于高温,高压条件下。当钢材长期与高温,高压氢气接触时,氢原子或氢分子会通过晶格和晶间内扩散,并与钢中的碳化物发生化学反应,引起钢材内部脱碳,并产生微小裂缝或起泡,造成氢蚀,致使钢材强度及韧性下降。而在硫化氢存在时,氢蚀更为严重。

②酸和碱。硫酸及氢氧化钠等无机酸碱也经常用于炼厂加工过程中,如在电精制及烷基化装置中要使用硫酸,油品碱洗要大量使用烧碱。钢铁在低浓度硫酸中的腐蚀随浓度增高而

加快，浓度为40%～50%的硫酸对钢铁的腐蚀性最强。之后浓度再升高，腐蚀速率反而下降，在70%～100%的硫酸中，腐蚀速率很低。但随着硫酸中溶解 SO_3 的出现和增加，腐蚀速率又呈上升趋势。在 SO_3 含量为18%～20%时腐蚀速率又有一个最大值，以后 SO_3 再增加，腐蚀速率下降。烧碱浓度不大时，常温下不对钢铁产生腐蚀，而当烧碱浓度大于30%时，由于生成可溶性铁酸钠，破坏了钢铁表面上的氢氧化铁膜致使保护能力下降。此外，钢铁在碱溶液和应力的综合作用下还会发生腐蚀破裂，即碱脆。

③水。原油加工过程需要大量的水，炼油厂还需要冷却水。水是造成各种电化学腐蚀的必需条件，如常减压塔顶冷凝设备受 $HCl-H_2S-H_2O$ 的电化学腐蚀，液化吸收系统的 H_2S-H_2O 低温应力腐蚀开裂，油罐的罐底水垫腐蚀等，都是由于水的存在而发生的。

④有机溶剂。炼油过程会使用各种类型的溶剂，如硫黄回收、润滑油精制等需有机溶剂，多数溶剂对金属不产生腐蚀，但在加工过程中，这些溶剂会氧化、降解或聚合而生成腐蚀金属设备的物质。

⑤氨。氨用作中和剂及制冷剂。钢铁在氨溶液中是稳定的，但在热浓氨溶液中也会产生一定腐蚀作用。铜与铜合金则会受氨严重腐蚀。

(一)缓蚀剂分类

缓蚀剂种类很多，缓蚀作用机理也较为复杂，因此很难用一种统一方法将各种缓蚀剂进行合理分类，通常是根据考察方便，从多种角度对缓蚀剂进行分类。

1. 按化学组成分类

分为无机缓蚀剂和有机缓蚀剂两大类。无机缓蚀剂又可分为亚硝酸盐、铬酸盐、硅酸盐、钼酸盐、磷酸盐等。它们中有的是通过阴离子（如 CrO_4^{2-}、MoO_2^{2-}、PO_4^{3-} 等）起缓蚀作用，而有的是通过阳离子如（Cu^+、Sb^{3+} 等）起缓蚀作用。有机缓蚀剂种类更多，有胺类、醛类、炔醇类、有机磷化合物、有机硫化合物、磺酸及其盐类、杂环化合物等。

2. 按电化学机理分类

在电解质溶液中，金属的腐蚀主要以电化学反应的方式进行。发生电化学腐蚀的金属表面必然同时存在阴极还原过程与阳极氧化过程，根据缓蚀剂对阴、阳极反应过程的抑制作用情况，可分为阳极抑制型缓蚀剂（如中性介质中的铬酸盐、亚硝酸盐、磷酸盐、苯甲酸盐等）、阴极抑制型缓蚀剂（如酸式碳酸钙、硫酸锌、聚磷碳盐等）及混合型（抑制型）缓蚀剂（如含氮或含硫有机化合物，硫酸、硫醚、硫脲等）。

3. 按缓蚀剂在金属表面成膜类型分类

缓蚀剂均能在金属表面形成一层保护膜，以有效地将基体与腐蚀介质隔离，从而抑制腐蚀进行。按所形成保护膜的特性，可分为氧化膜型缓蚀剂（如铬酸盐、钼酸盐，亚硝酸盐等）、吸附膜型缓蚀剂（如胺类、硫醇、硫脲、吡啶、衍生物、环状亚胺等）、沉淀膜型缓蚀剂（如聚合磷酸盐、锌盐、硅酸盐、硫基苯并噻唑、苯并三氮唑等）、反应转化性膜型缓蚀剂（如炔丙酮、缩聚物等）。

4. 按应用金属对象分类

缓蚀剂可用于不同的金属，采用缓蚀剂保护的金属有铁、铜、铝、锌、钛、锡、镁及其合金（包括铸铁、黄铜、不锈钢等）。对某种缓蚀剂而言，可能适用于某种金属，而不一定适合另一种金属，工业上对钢铁缓蚀剂开发研究较多，对铜、锌、铝等有色金属也开发出许多专用缓蚀剂。

5. 按应用介质分类

不同介质使用不同的缓蚀剂可获得较好的缓蚀效果，如用于酸性介质的缓蚀剂有醛、胺、炔醇、硫脲、季铵盐、咪唑啉、亚砜等；用于碱性介质的缓蚀剂有硅酸钠、间苯二酚、铬酸盐等；用于中性水溶液的缓蚀剂有聚磷酸盐、碳酸盐、亚硝酸盐、烷基胺等；用于气相腐蚀介质的缓蚀剂有亚硝酸二环己胺、碳酸环己胺、亚硝酸二异丙胺等；用于油田、炼油及石油化工厂的缓蚀剂有烷基胺、二元胺、酰胺、脂肪酸盐、松香胺、季铵盐、咪唑啉、吗啉、石油磺酸盐硫脲衍生物、酰胺的聚氧乙烯化合物及有机硫化合物等；用于石油、天然气输送管线及油船的缓蚀剂有烷基胺、二元胺、亚硝酸盐、铬酸盐、氨水、酰胺、硫脲衍生物等。

6. 按使用形式分类

分为油溶性缓蚀剂、水溶性缓蚀剂及挥发性缓蚀剂。

工业上使用的缓蚀剂根据材料性质及使用环境不同，对所用缓蚀剂有不同的技术要求。如炼油厂用缓蚀剂，有防止炼油厂设备腐蚀用缓蚀剂及工艺介质系统用缓蚀剂等，它们各有一定实际使用要求。有缓蚀剂作用的物质很多，但真正能用于某种工业生产的缓蚀剂品种是有限的，具有工业使用价值的缓蚀剂应具有以下性能：

①缓蚀效果明显并能迅速见效，有良好的防止全面腐蚀及局部腐蚀效果；

②在腐蚀环境中有良好的化学稳定性，并能维持必要的寿命；

③不影响保护材料的物理及机械性能；

④不对后加工过程的催化剂产生毒性，对产品质量无不良影响；

⑤毒性低或无毒，不易燃易爆，对环境不产生危害；

⑥使用成本低，原料来源广泛。

在炼油厂，缓蚀剂使用范围包括蒸馏装置、催化裂化装置、烷化装置、蒸汽再生器、水吸收 H_2S 设备等。在注剂方式上，在 20 世纪 80 年代以前，一脱（原油脱盐）四注（脱后原油注碱、塔顶挥发线注氨、注水、注缓蚀剂）是防止蒸馏塔顶系统腐蚀的有效工艺措施。以后又发展为一脱（原油脱盐）三注（注中和胺、注水、注缓蚀剂）。近来国外开始研究单注成膜缓蚀剂，停止注中和胺，进一步把"一脱三注"发展到"一脱二注"（原油脱盐、挥发线注水和注缓蚀剂）。今后甚至可能发展为一脱一注（原油脱盐、注缓蚀剂）。可见使用缓蚀剂对预防炼油设备腐蚀，延长运转周期的重要性。

（二）炼油及石油化工用缓蚀剂

1. 偏钒酸钠

[别名] 钒酸钠。

[化学式] $NaVO_3$

[性质] 白色或淡黄色单斜晶系棱柱状结晶。相对密度 2.79，熔点 630℃。微溶于冷水，溶解度随温度升高而增加。易溶于热水，不溶于乙醇、乙醚。

[质量规格]

项目	指标	项目	指标
偏钒酸钠/%	≥98	硫酸盐（SO_4^{2-}）/%	≤0.02
氯化物（Cl^-）/%	≤0.2	碳酸盐（CO_3^{2-}）/%	≤0.3

注：表中所列指标为参考规格。

344

[用途]一种阳极型缓蚀剂，可使钢铁迅速钝化，在一乙醇胺脱除 CO_2 装置中具有良好的缓蚀效果。使用 $0.01\% \sim 0.1\%$ 的 $NaVO_3$ 即可使钢的腐蚀速率显著降低，也用作有机合成催化剂、油漆催化干剂、媒染剂等。本品剧毒，吸入其粉尘或误服会中毒。粉尘对皮肤、黏膜有强制激性，

[简要制法]先将 V_2O_5 溶于烧碱溶液，再经浓缩结晶制得。

2. 多硫化铵溶液

[化学式] $(NH_4)_2S_x$

[性质]橙红色澄清液体(本品只能以溶液状态存在，颜色随 x 值的增大，可有黄色至红色)。约含有 $8\% NH_3$、$22\% S$、$30\% (NH_4)_2S$。具有氨和硫化氢气味。溶液呈碱性，性质不稳定，长期置于空气中会分解析出硫，遇酸分解析出硫并释出硫化氢。

[质量规格]

项目	指标
含量(以 S 计)/%	≥16.5
(以 NH_3 计)/%	≥6.0
燃烧残渣/%	≤0.25

注：表中所列指标为参考规格。

[用途]用作抑制氰化物腐蚀的缓蚀剂，如在加氢裂化反应产物冷却器上游的反应产物中，注入本品时，多硫化铵与氰化物反应生成硫代氰酸盐，从而达到抗氰化物腐蚀的作用。也可用作还原剂、杀虫剂。

3. 酒石酸亚锡

[化学式] $C_4H_4O_6Sn$

[结构式]

$$
\begin{array}{c}
HO\!-\!CH\!-\!COO \\
\quad\quad\quad\quad\quad\diagdown Sn \\
HO\!-\!CH\!-\!COO \diagup
\end{array}
$$

[性质]白色粉末。溶于水、稀盐酸。

[用途]用作还原剂、缓蚀剂、防腐剂及媒染剂等。用于炼油厂乙醇胺 – H_2S – CO_2 – H_2O 系统具有较好的缓蚀效果。

[生产单位]广州化学试剂公司。

4. 2，4 – 戊二酮

[别名]乙酰丙酮、二乙酰基甲烷

[化学式] $C_5H_8O_2$

[结构式]

$$
\begin{array}{c}
CH_3\!-\!\underset{\underset{O}{\|}}{C}\!-\!CH_2\!-\!\underset{\underset{O}{\|}}{C}\!-\!CH_3
\end{array}
$$

[性质]无色至浅黄色透明液体，有酯的气味。通常为醇式及酮式两种互变异构体的混合物。相对密度 0.9753，熔点 – 23℃，沸点 140.5℃，闪点 41℃。溶于水、乙醇、乙醚、苯、丙酮等。易被水解为乙酸及丙酮。化学性质活泼，能和金属氢氧化物、乙酸盐及碳酸盐等反应而形成配合物。可在钢铁表面形成吸附膜，阻碍酸液对金属的腐蚀。中等毒性。对皮肤及黏膜有刺激性。

[质量规格]

项目	指标
外观	无色或微黄色透明液体
含量/%	≥95

[用途]用作输油气管线缓蚀剂。使用时，按本品0.3%～0.5%的比例加入油气或酸液中混匀即可。也用作Fe、Co、Ni、Zn等金属离子螯合剂、树脂交联剂、固化促进剂等。

[简要制法]由乙酸乙酯与丙酮反应制得。

[生产单位]上海富蔗化工公司。

5. 苯并三唑

[别名]1，2，3－苯并三氮唑、苯并三氮杂茂，简称BTA。

[化学式]$C_6H_5N_3$

[结构式]

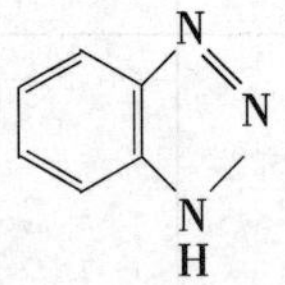

[性质]无色至浅黄色针状结晶或粉末。熔点90～95℃。在98～100℃时升华。沸点204℃（2kPa）。微溶于水，溶于乙醇、苯、氯仿、丙酮、二甲基甲酰胺。在空气中易氧化而逐渐变红。与碱金属离子可生成稳定的金属盐。低毒，对眼睛有强烈刺激作用。

[质量规格]

项目	指标	项目	指标
外观	无色至黄色针状晶体	pH 值	5.5～6.5
熔点/%	90～95	酸溶解试验	透明，无不溶物

[用途]优良的铜缓蚀剂。能与铜原子形成共价键和配位键，相互交替成链状，使铜的表面不起氧化还原反应，将铜的腐蚀控制在很低的程度，并能降低铜离子的活性，防止和抑制铜沉淀在铁或其他较活泼金属上而引起电偶腐蚀，对铝、铸铁、镍、锌等金属材料也有同样的防蚀作用，使用浓度一般为1～2mg/L，使用时的pH值范围为5.5～10。与铬酸盐、钼酸盐、硅酸盐、亚硝酸盐及聚合磷酸盐等并用，可提高缓蚀作用，也可与阻垢剂、杀菌灭藻剂配合使用，用于循环冷却水系统。

[简要制法]由邻苯二胺经亚硝酸钠重氮化，环化而制得。

[生产单位]武进精细化工厂，武进恒源化工厂等。

6. 三乙烯二胺

[别名]三亚乙基二胺、二氮杂双环辛烷。

[化学式]$C_6H_{12}N_2$

[结构式]

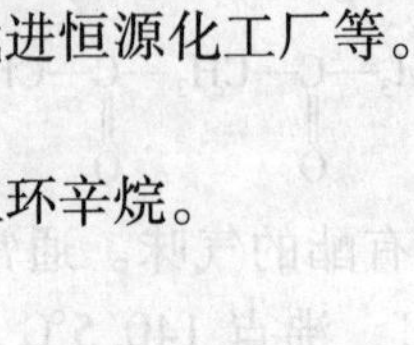

[性质]无色结晶。有强烈氨味。熔点158℃。沸点174℃。闪点高于50℃。有吸湿性及升华性，室温下可迅速升华。溶于水、乙醇、苯，稍溶于丙酮，呈弱碱性。蒸气对眼睛、黏膜及呼吸道有强刺激性。

[用途]用作钢铁等黑色金属及锅炉水处理的缓蚀剂。具有良好的酸中和及一定的汗液中和置换性。常与有机磷酸盐、羧酸盐等复配使用，可提高缓蚀性能，也用作聚氨酯发泡及聚合催化剂、金属离子螯合剂、环氧树脂固化促进剂等。

[简要制法]在催化剂存在下，由羟乙基哌嗪或双乙基哌嗪经高温环化反应制得。

[生产单位]武汉第二制药厂。

7. 咪唑啉

[别名]1，2-二氮唑、间二氮茂、间二氮杂环戊烯。

[化学式]$C_3H_4N_2$

[结构式]

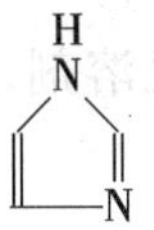

[性质]无色菱形结晶。熔点90~91℃。闪点145℃。沸点257℃。易溶于水、乙醇、乙醚、吡啶，微溶于石油醚、苯、甲苯，呈弱碱性。有毒！蒸气对黏膜及眼睛有刺激性。

[质量规格]

项目	指标	项目	指标
外观	无色菱形结晶	沸点/℃	257℃
熔点/℃	90~91	水溶性	易溶

[用途]一种高效有机缓蚀剂，对钢铁在酸性介质中有良好的缓蚀效果。广泛用作油气井及油气集输的缓蚀剂。用量一般为2%以下。也用作环氧树脂固化剂、抗霉剂等。

[简要制法]在催化剂存在下，由乙二醇经环化反应后再经碱中和而制得。

[生产单位]上海第二制药厂。

8. 甲基硫酸十七碳烯基咪唑啉铵

[别名]OED、2-十七烯基-1-氨乙基-1-甲基咪唑啉硫酸甲酯铵

[结构式]

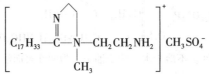

[性质]棕黄色膏体，溶于石油类有机溶剂，为阳离子表面活性剂。对金属有良好缓蚀性。

[质量规格]

项目	指标	项目	指标
外观	棕黄色膏体	水含量/%	≤2
总固体物/%	70±2	有机溶剂含量/%	25±2
pH 值(5%溶液)	2~4	黏度(20℃)/(mPa·s)	235~250

[用途]一种油溶性缓蚀剂，广泛用于炼油、石油开采、油品加工等行业，能有效抑制 H_2S、HCl 等酸性气体和溶液对金属的腐蚀。

[简要制法]先由油酸与二乙烯三胺经缩合生成胺乙基烷基咪唑啉后，再用硫酸二甲酯经季铵化反应制得。

[生产单位]辽宁化工研究院、山海关胜利化工厂等。

9. 乙基硫酸十七碳烯基氨乙基咪唑啉铵

[别名]2-十七烯基-1-氨乙基-1-乙基咪唑啉硫酸乙酯铵。

[结构式]

$$\left[\begin{array}{c} N \\ \parallel \\ C_{17}H_{33}-C-N-CH_2CH_2NH_2 \\ | \\ C_2H_5 \end{array} \right]^{+} C_2H_5SO_4^{-}$$

[性质]棕黄色膏体，溶于石油类有机溶剂，为阳离子表面活性剂。对金属有良好缓蚀性。

[质量规格]

项目	指标	项目	指标
外观	棕黄色膏体	水含量/%	≤2
总固体物/%	70±2	有机溶剂含量/%	25±2
pH 值(5%溶液)	2~4	黏度(20℃)/(mPa·s)	235~250

[用途]一种油溶性缓蚀剂，广泛用于炼油、采油、油品加工等行业，能有效抑制 HCl、H_2S 等酸性气体和溶液对金属设备及管线的腐蚀。

[简要制法]先由油酸与二乙烯三胺经缩合反应生成2-十七烯基-1-乙基-1-氨乙基咪唑啉后，再用硫酸二乙酯经季铵化反应制得。

[生产单位]辽宁省化工研究院、中国日化研究院等。

10. 烷基磷酸咪唑啉盐

[别名]T-708 防锈剂。

[化学式]$C_{50}H_{92}O_4N_5P$

[结构式]

$$\left[(C_{12}H_{24}O)_2 P \begin{array}{c} O \\ \parallel \\ \\ OH \end{array} \right] \left[\begin{array}{c} N-CH_2 \\ \parallel \quad | \\ C_{17}H_{33}-C-N-CH_2 \\ | \\ C_2H_4NHC_2H_4NHC_2H_4NH_2 \end{array} \right]$$

[性质]棕色黏稠液体。呈碱性。不溶于水，溶于油类。为两性表面活性剂。

[质量规格]

项目	指标	项目	指标
酸值/(mgKOH/g)	实测	湿热试验(3d)45#钢	0 级
磷含量/%	>3	H62 钢	1 级
氮含量/%	>7	紫铜腐蚀(全浸)	1 级

[用途]用作金属缓蚀剂。在湿热条件下，对钢铁、铸铁、铜、镁、铜合金等均有较好

缓蚀性能。也有酸中和、抗盐雾性能及一定极压性能，可配制对多种金属有效的防锈油。

[简要制法]先由十二醇与P_2O_5反应制得脂肪醇磷酸酯，另由油酸与四乙烯五胺反应生成$2-$十七烯基$-N-$三乙烯三胺咪唑啉，两者经中和反应制得。

[生产单位]南京长江化工厂、兰州炼油化工总厂等。

11. 咪唑啉季铵盐

[别名]十七烯基羧甲基钠型咪唑啉季铵盐。

[结构式]

$$\left[\begin{array}{c} \overset{\overset{H}{\|}}{C_{17}H_{35}-C}-\overset{+}{N}-CH_2CH_2OCH_2COONa \\ CH_2COONa \end{array} \right] Cl^-$$

[性质]乳白色黏稠状液体。溶于水。为阳离子表面活性剂，有较好缓蚀效果，高浓度时还有一定杀菌、抑菌作用。

[质量规格]

项目	指标	项目	指标
活性物含量/%	≥40	pH 值(1%水溶液)	7~9
密度(20℃)/(g/mL)	1.0±0.03	缓蚀率/%	≥70

[用途]用作油气集输管线、油田油井、污水处理及注水系统的缓蚀剂，一般采用连续投加方式，投加量为$25~40mg/L$，间歇投加时加量要提高，一般为$80~100mg/L$。

[简要制法]由油酸与羟乙基乙二胺反应制得中间产品，再与氯乙酸钠反应，经水稀释后制得成品。

[生产单位]陕西省化工研究院。

12. 松香咪唑啉聚醚

[别名]DP-100。

[结构式]

$$N-N-(CH_2CH_2NH)_{\pi}-CH_2CH_2-N \overset{(CH_2CH_2O)_pH}{\underset{(CH_2CH_2O)_qH}{}}$$

$$(p+q=10~20)$$

[性质]棕色液体。易溶于水，为非离子表面活性剂。

[质量规格]

项目	指标	项目	指标
活性物含量/%	100	δ_{cmc}/(N/cm)	37~38
钙皂分散能力/%	17~28		

[用途]用作酸性介质缓蚀剂。浓度为0.2%时，对 As 钢的缓蚀率为98.9%；操作温度升到80℃时，缓蚀率降至94.3%。但缓蚀性能优于苯并三氮唑、乌洛托品等缓蚀剂。

[简要制法]由松香酸与多乙烯多胺反应生成$1-$氨乙基$-2-$松香酸基咪唑啉后，再与环氧乙烷反应而得。

[生产单位]中国林业科学研究院林产化工研究所。

13. 环烷酸咪唑啉(胺型)

[结构式]

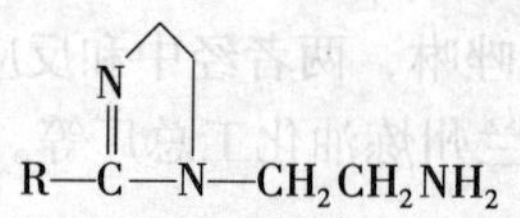

$$R-\overset{N}{\underset{\underset{CH_2CH_2NH_2}{|}}{C}}\diagdown N \diagup CH_2CH_2NH_2 \qquad (R—环烷基)$$

[性质]一种阳离子型表面活性剂。外观为棕色黏稠半透明液体,相对密度0.85~0.95。呈碱性,不溶于水,溶于油类,可以任何比例与水混溶。具有良好的缓蚀、去垢、抗乳化及杀菌性能。

[用途]用作油溶性缓蚀剂。分子结构中的氮原子与金属原子形成强的配位键,使其牢固地吸附在金属表面,起到很强的缓蚀作用,适用作高效炼油装置缓蚀剂,兼有杀菌作用。也用作合成纤维纺丝油剂杀菌剂。

[简要制法]由脂肪酸与二乙烯三胺经缩合反应生成含有胺乙基的咪唑啉后,再与环烷酸反应制得。

[生产单位]北京化工大学精细化工厂,岳阳石化总厂研究院等。

14. 炔氧甲基季铵盐

[别名]丙炔基甲基十六烷基二苄基氯化铵。

[结构式]

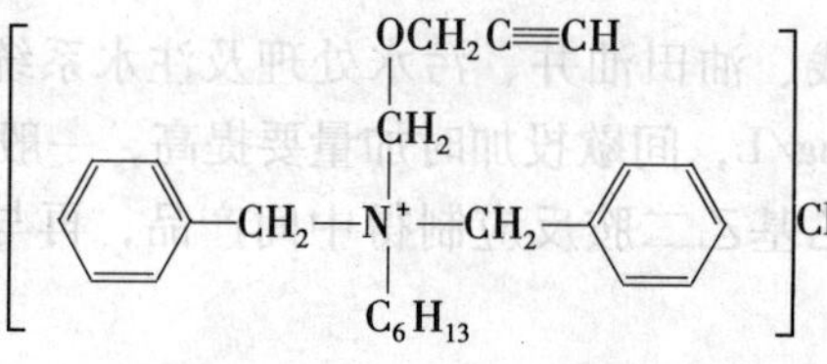

$$\left[\begin{array}{c} OCH_2C\equiv CH \\ | \\ CH_2 \\ | \\ \langle\!\!\!\bigcirc\!\!\!\rangle-CH_2-N^+-CH_2-\langle\!\!\!\bigcirc\!\!\!\rangle \\ | \\ C_6H_{13} \end{array} \right] Cl^-$$

[性质]一种阳离子表面活性剂。棕红色液体,溶于水。有优良的缓蚀性。

[质量规格]

项目	指标	项目	指标
活性物含量/%	≥20	缓蚀率/%	≥70
pH值(1%水溶液)	6~8	阻垢率/%	≥90

[用途]用作油气集输管线及油井缓蚀剂,油水井酸化缓蚀剂,化工设备、锅炉、热交换器等酸洗缓蚀剂。具有用药量少、缓蚀效果好等特点。

[简要制法]先由多聚甲醛、丙炔醇及正己胺在一定温度下反应制得炔氧甲基胺后,再与氯化苄反应制得。

[生产单位]陕西科技大学应用化学研究所。

15. 油溶性咪唑啉型缓蚀剂 GAC – 968

[性质]棕色透明至褐色液体,溶于石油类有机溶剂。

[质量规格]

350

项目	指标	项目	指标
残酸值/(mgKOH/g)	≤11	闪点(开杯)/℃	≥190
运动黏度(80℃)/(mm²/s)	120~200	色度(柴油比色)	≤25
灰分/%	<0.01	外观	棕色透明至褐色液体

[用途]用作油溶性缓蚀剂。适用于常减压装置设备及管线的缓蚀,既能解决初凝区的腐蚀,又可减缓塔内壁及内部构件的腐蚀,在注氨控制塔顶冷凝水 pH 值为 7~9.5 的条件下,本品对设备的缓蚀作用明显优于水溶性缓蚀剂 7019,本品在设备金属表面成膜后,注入量为 5μg/g(相对于常压塔馏出量)时缓蚀效果较好。金属表面所成保护膜在停注药剂后可维持 48h 以上。

[简要制法]以脂肪酸及胺为原料,在一定温度下经缩合反应制得。

[生产单位]中国石化广州石化分公司。

16. 油溶性缓蚀剂 9584

[别名]油溶性缓蚀剂环烷酸咪唑啉。

[结构式]

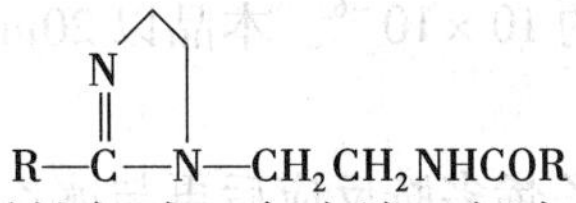

$$R—C—N—CH_2CH_2NHCOR \qquad (R—环烷基)$$

[性质]棕色透明液体,无刺激性气味。色度浅、闪点高,溶于石油类有机溶剂。

[质量规格]

项目	指标	
	9584	7019
残酸值/(mgKOH/g)	≤11	7.0
闪点(开杯)/℃	≥190	38
色度(柴油比色)	≥0	25
灰分/%	<0.01	0.01
黏度(80℃)/(mm²/s)	120~200	22.65
外观	棕色透明	褐色
鼻闻味	无刺激性气味	刺激性气味

[用途]用作炼油厂、化工厂的油溶性缓蚀剂。其缓蚀性能优于 7019、B 等市售炼油用缓蚀剂。pH 值为 7.6 时缓蚀效果较好。用量为 25×10⁻⁶时,缓蚀率为 2.20mm/a,而 7019 为 11.25mm/a,市售品为 3.66mm/a。可用于初馏塔、常压塔、加氢汽提塔、减压塔顶等的缓蚀。

[简要制法]由环烷酸与二乙烯三胺在 226~230℃下反应后,分离出反应所生成的水即制得成品。

[生产单位]广州石化分公司。

17. 缓蚀剂 7019

[组成]蓖麻酰三乙酰四乙烯五胺。

[结构式]

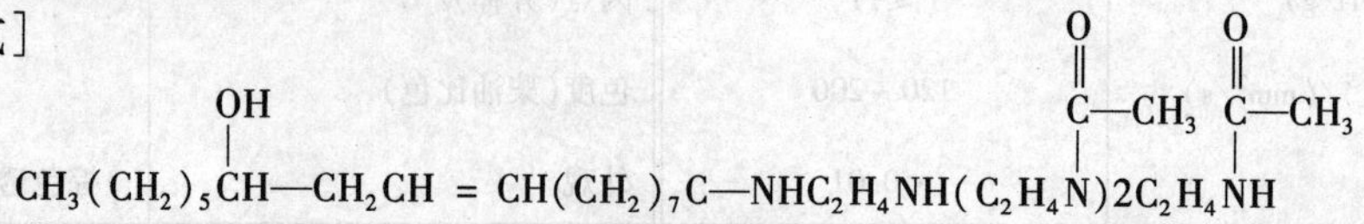

$$CH_3(CH_2)_5CH—CH_2CH = CH(CH_2)_7C—NHC_2H_4NH(C_2H_4N)2C_2H_4NH$$

（其中 CH 上带 OH，C—NH 中 C 带 =O，末端两个 N 各带 C—CH$_3$，其中 C 带 =O）

[性质]深黑色荧光黏稠物。可与水、氨水、异丙醇以任何比例互溶。为有机胺与冰乙酸的缩聚物，极性很强，能优先被吸附在金属表面而形成不透性膜，可阻止腐蚀介质的侵蚀。

[质量规格]

项目	指标	项目	指标
密度/(g/mL)	1.033~1.0335	缓蚀率/%	≥90
pH 值(20%水溶液)	7~8	乳化性	油-水分层清晰

[用途]用作炼油厂常减压塔等缓蚀剂。使用时用 60℃的水将其稀释成 1%的溶液。添加量为相对于塔顶馏出冷凝水量的 10×10^{-6}。本品以 20mg/L 加入 H_2S – HCl – H_2O 溶液中，缓蚀率可达到 90%以上。

[简要制法]由蓖麻油酸、多乙烯多胺反应后再与冰乙酸反应制得。

[生产单位]洛阳石化工程公司、江都化工四厂等。

18. 缓蚀剂 M

[别名]咪唑啉两性化合物、酸洗缓蚀剂 IS – 129、IS – 156。

[性质]一种水溶性缓蚀剂，为两性表面活性剂。能在金属表面形成定性排列的分子膜，以阻止腐蚀性介质对管道的腐蚀，尤对高硬度、高硫化氢含量的矿水有较强防腐效果。与其他药物的配伍性也较好。本品无毒、无异味，对皮肤无刺激性。

[质量规格]

项目	指标	项目	指标
有效物含量/%	>38	腐蚀速率/(mm/a)	0.076
pH 值	8~9	水溶性	合格

[用途]用于含水原油输送管线及设备、油田二次采油注水系统管道及设备以及封闭无氧系统的防腐蚀。

[简要制法]由脂肪胺与脂肪酸反应生成咪唑啉后，再经烷基化制得。

[生产单位]荆州市第一化肥厂。

19. 缓蚀剂 RHS – 1

[别名]RHS – 1 咪唑啉聚氧乙烯醚。

[结构式]

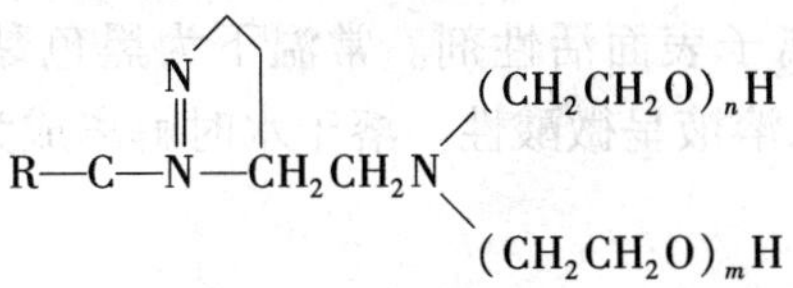

$$R-C-N-CH_2-CH_2-N(CH_2CH_2O)_nH$$
$$(CH_2CH_2O)_mH$$

[性质]淡棕色匀质黏稠性液体，为非离子表面活性剂。易溶于水。具有缓蚀、阻垢、润湿、分散及杀菌等作用。

[质量规格]

项目	指标	项目	指标
密度/(g/mL)	≥1.0	酸值/(mgKOH/g)	≤10
pH 值	8～10	溶解性	极易溶解于水

[用途]用作炼油厂、大型乙烯装置及油田等污水处理系统及集输管线的缓蚀剂。也用作油剂及民用表面活性剂等。

[简要制法]由脂肪酸与脂肪胺经缩合反应制得咪唑啉后，再用环氧乙烷经乙氧基化而制得本品。

[生产单位]山东瑞丰化工厂。

20. 581 缓蚀剂

[别名]环烷酸咪唑啉(酰胺型)。

[结构式]

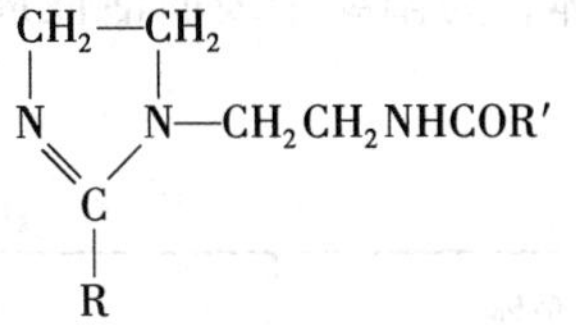

$$\begin{array}{c} CH_2-CH_2 \\ N \qquad N-CH_2CH_2NHCOR' \\ C \\ R \end{array} \qquad R'—环烷酸烷基$$

[性质]深褐色煤油溶液。

[质量规格](企业标准)

项目	指标
相对密度(25℃)	0.8810
黏度(24℃)/(Pa·s)	180～240
pH 值	8～9
缓蚀率	合格

[用途]用作缓蚀剂，适用于乙烯裂解工艺水循环系统及工业循环冷却水系统。兼具有抗乳化、去垢及防氢脆功能。

[简要制法]由脂肪酸与二乙烯三胺为起始原料，经缩合、脱水、环化生成烷基咪唑啉后，再与环烷酸经酰胺化反应制得。

[生产单位]北京化工大学精细化工厂。

21. 4502 缓蚀剂

[别名]缓蚀剂 4502、氯化烷基吡啶。

[结构式]

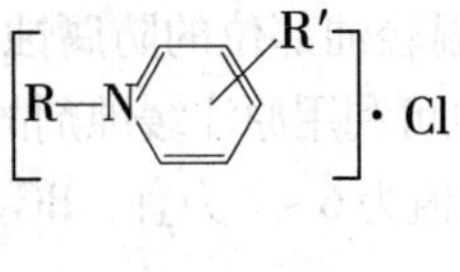

$$[R-N\bigcirc R']\cdot Cl$$

[性质]一种季铵盐型阳离子表面活性剂。常温下为黑色黏稠膏状物，稍有臭味。不溶于汽油，溶于水及低碳醇。水溶液呈微酸性。溶于水时解离成为氯离子及带有活性基团的阳离子。

[质量规格]

项目	指标
外观	黑色黏稠液体
有效物含量/%	30 ~ 50

[用途]用作炼油厂金属设备及冷却水循环系统缓蚀剂。对塔顶冷凝水加药量为 3mg/L。

[简要制法]由氯化烷烃与烷基吡啶馏分在 140 ~ 150℃下反应后再经精制而制得。

[生产单位]广东茂名石油公司研究院、江苏武进精细化工厂等。

22. 7812 缓蚀剂

[别名]季铵盐。

[结构式]

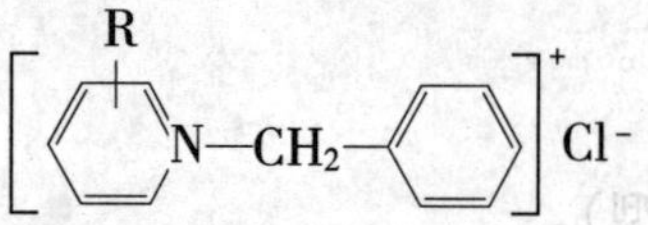

$$\left[\overset{R}{\underset{N-CH_2}{\bigcirc}} \bigcirc \right]^+ Cl^-$$

[性质]棕色至棕黑色油状液体，为阳离子表面活性剂，常温下溶于水及酸，在盐酸中有良好的分散性。

[质量规格]

项目	指标	项目	指标
密度/(g/mL)	0.97 ± 0.05	腐蚀速率/[g/(cm³·h)]	≤6.0
外观	棕色至棕黑色均匀油状液		

[用途]用作油气酸化压裂工艺中及其他工业中酸洗缓蚀剂。

[简要制法]由二甲基吡啶及氯化苄在一定温度下经季铵化反应制得。

[生产单位]南京梅山化工总厂。

23. BC -951 中和缓蚀剂

[性质]棕色液体，能溶于水，主要成分为有机胺中和剂及有机缓蚀剂。

[质量规格]

项目	指标	项目	指标
外观	棕色液体	pH 值	13 ± 0.5
密度(20℃)/(g/mL)	1.05	缓蚀剂/%	>90

[用途]用作炼油厂常减压装置低温轻油部位的防腐蚀，使用时用水稀释成 2% ~ 5% 的溶液或直接用原液，连续注入防腐部位。也可利用原注缓蚀剂的管线或设备，加剂量视系统中酸性物的量而定，通常控制冷凝水液相的 pH 值为 6 ~ 7 为宜，BC -951 既具有中和塔顶冷凝区酸性物质

的作用，又具有在金属表面形成保护膜的功能，能预防露点腐蚀及铵盐沉积造成的二次腐蚀问题。

[生产单位]北京春秋宇石油化工公司。

24. BC－2072 中和缓蚀剂

[性质]一种水溶性中和成膜剂，为氨基磷酸酯与酰胺化合的产物、呈碱性，pH 值＞10。有较高化学稳定性，不易被酸碱破坏，pH 值不受温度变化，在一定冲刷流速下能形成动态分子膜吸附在金属表面上而起到缓蚀保护作用。

[用途]用作加氢精制装置冷凝系统的缓蚀剂。加氢精制装置冷凝系统的腐蚀主要来源于低温硫化物（≤120℃）和原料带入系统中的酸性液（HCl 和环烷酸），在有水的作用下发生反应形成"硫氢酸"混合液，使腐蚀加剧。尤其在初凝区凝结水液量小、酸浓度高时，对设备腐蚀尤为严重。此外，HCl 酸液在铁离子作用下反应生成的可溶性氯化亚铁更会强化硫化氢腐蚀。在加氢装置冷凝系统加入 BC－2072 中和缓蚀剂后，由于该剂兼有中和、成膜双重功能，其缓蚀率达 90% 以上，而且药剂对油品质量不产生影响。

[生产单位]北京春秋宇石油化工公司。

25. EC1009A 缓蚀剂

[性质]琥珀色澄清液体，可与水以任何比例互溶。

[质量规格]

项目	指标	项目	指标
外观	琥珀色液体	pH 值	6.5
密度(15.6℃)/(g/mL)	0.93	稳定性	常温下稳定
熔点	－77.56		

[用途]用作加氢裂化装置脱丁烷塔、脱乙烷塔等设备的缓蚀剂。使用时将缓蚀剂以 $15\mu g/g$（相对于脱丁烷塔、脱乙烷塔顶总物流量）的注剂量注入到塔顶挥发线。注入后，将随着系统介质流经塔顶空冷器、后冷器、回流罐，并通过回流进入塔内。EC1009A 进入系统后，能快速中和已溶解在微量水中的 H_2S，升高局部微量冷凝水的 pH 值，改善设备腐蚀环境，并在设备表面形成致密保护膜，有效避免设备受腐蚀介质侵蚀，以确保装置加工高硫原油后的长周期安全运行。

[使用单位]中国石化天津分公司。

26. HFY－103 缓蚀剂

[性质]棕色透明液体。主要成分为有机胺、咪唑啉及烷基羟酸酯等。通过具有强极性的几种不同类型的缓蚀成分相互间协同作用，起到了相互补填的效应，呈现较强缓蚀效果。

[质量规格]

项目	指标	项目	指标
外观	棕色透明液体	pH 值(1%水溶液)	＞8
密度(20℃)/(g/mL)	0.95～1.05	水溶性	能与水互溶
凝点/℃	≤ －15		

[用途]用作连续催化重整装置预处理系统的缓蚀剂，用量为 $15\sim25\mu g/g$。该缓蚀剂的特点是：①为水溶性，在烷类中不溶不分散，使用后直接溶解到水相进入含硫污水处理系统，对环境及油品质量无影响；②氮含量低，不含金属离子及对催化剂有害物质；③有良好抗乳化及清净功能，以保持金属表面光洁；④适用 pH 值范围宽(pH 值 $2\sim10$)。

[生产单位]中国石油兰州石化分公司、武汉荷丰化工科技公司。

27. HS – IIHX 型高效复合缓蚀剂

[性质]浅黄色至棕色液体，可与石油类有机溶剂混溶。为一种高效复合缓蚀剂，化学性质稳定。

[质量规格]

项目	指标	项目	指标
外观	浅黄色至棕色液体	凝点/℃	$\leqslant-20$
密度(20℃)/(g/mL)	$0.85\sim0.95$	闪点(闭杯)/℃	$\geqslant55$
运动黏度(50℃)/(mm²/s)	$\leqslant30$	溶解性	与有机溶剂混溶
pH 值	$\geqslant8.0$		

[用途]用作延迟焦化工艺中塔顶冷却系统的缓蚀剂。通过缓蚀剂与金属结合处发生反应和转化、软化、螯合等作用，形成相界膜而起缓蚀作用。对 H_2O – HCl – CO_2 和 H_2O – HCl – H_2S 等系统有较好防腐蚀作用。缓蚀剂注入点为分馏塔顶馏出线，注入方式为连续注入。在注入浓度保持在 20mg/L 以上时，可使塔顶冷凝水铁离子含量控制在 3mg/L 以下。

[生产单位]中国石化天津分公司。

28. HT – 01 油溶性缓蚀剂

[性质]深棕色黏稠性液体。是由有机酸及有机胺经脱水环化生成的咪唑啉酰胺类缓蚀剂，溶于汽油、乙醇，无臭无毒。

[质量规格]

项目	指标	项目	指标
外观	深棕色、有氨味，黏稠	运动黏度(50℃)/(mm²/s)	$50\sim70$
密度(20℃)/(g/mL)	$0.85\sim0.89$	缓蚀剂/%	96
凝点/℃	$\leqslant-15$	溶解性	可以任何比例
闪点(闭杯)/℃	$\geqslant65$		溶于汽油、乙醇等有机溶剂

[用途]用作炼油厂蒸馏装置塔顶低温系统的缓蚀剂，对 HCl – H_2S – H_2O 及 H_2S – H_2O 等酸性介质有良好的防腐蚀性能。在 pH 值 $6\sim9$ 范围内，加入 HT – 01 缓蚀剂 $0.5\mu g/g$，在 $40\sim105$℃温度下，碳钢腐蚀速率 <0.24mm/a；在原油硫含量小于 0.867% 时，加入 $5\mu g/g$ 的 HT – 01 缓蚀剂，可控制常塔顶铁离子浓度 <1mg/L，工业应用中最大不超过 15mg/L。添加缓蚀剂不影响产品质量。

[生产单位]武汉石油化工厂设备研究所。

29. JYH-2000 缓蚀剂

[性质]一种由脂肪酸与多乙烯多胺为原料合成咪唑啉酰胺所得产物经改性制得的制品，黄色或棕色液体，可溶于水。

[质量规格]

项目	指标	项目	指标
外观	黄色或棕色液体	pH 值	10~12
密度(20℃)/(g/mL)	0.97~1.07	溶解性	溶于水

[用途]用作炼油厂催化裂化装置低温系统设备缓蚀剂。注入量为 20×10^{-6}（纯剂）。JYH-2000 具有以下特点：①对 $H_2S - HCN - NH_3 - H_2O$ 系统引起的腐蚀有良好防腐效果；②可克服冷凝过程中的露点腐蚀，具有水溶性并能清除盐垢；③不使油品乳化，遇水和油不产生沉淀，对油品质量无不良影响；④在腐蚀介质中有足够的化学稳定性及热稳定性，pH 值不受温度变化影响；⑤成膜快、吸附牢、缓蚀率高、使用方便。

[生产单位]北京乐文科技发展公司。

30. LPEC 型缓蚀剂

[性质]深色黏稠性液体，为水溶性油分散型吸附成膜复合型高效缓蚀剂。具有很好的水分散性和良好的油分散性。

[质量规格]

项目	指标	项目	指标
外观	深色黏稠液体	运动黏度/(mm²/s)	≤30(40℃)
密度(20℃)/(g/mL)	0.85~0.95	pH 值	6~8
凝点/℃	≤-30	溶解性能	与水互溶油中分散

[用途]用作常减压蒸馏装置塔顶系统的缓蚀剂。用以预防常减压塔顶系统 $H_2S - HCl - H_2O$ 环境的腐蚀。该缓蚀剂分子结构中具有多个吸附点，通过其与铁离子产生稳定的吸附作用，而将腐蚀性介质硫化氢隔离开，又由于具有很好的水溶性及油分散性，故可在水相和油相中都起到防护效果。LPEC 型缓蚀剂注入量为 14.6mg/L 时，可以使塔顶铁离子控制在 2.74mg/L 以下，可满足常减压装置加工高硫原油的防腐蚀要求。

[生产单位]洛阳石化工程公司工程研究院。

31. KM-505A 缓蚀剂

[别名]KM-505A 咪唑啉酸胺。

[性质]一种水溶性咪唑啉酰胺缓蚀剂。通过分子中的氨基对金属表面吸附作用形成致密的网状保护膜，从而防止酸性物质对金属的腐蚀。为非离子表面活性剂。

[质量规格]

项目	指标
外观	棕褐色液体
溶解特性	与水互溶
乳化性能	油、水分离清晰
密度(20℃)/(g/mL)	>1.0
凝固点/℃	< -20

[用途]用于乙烯裂解装置的水急冷系统的油水分离罐、酸性水汽提塔底及裂解压缩机段间冷却器、常压及减压塔塔顶冷凝回收系统等防腐蚀，防止酸性气体的腐蚀。

[生产单位]深圳凯奇化工有限公司。

32. NS-3 油溶性缓蚀剂

[性质]一种油溶性咪唑啉型缓蚀剂。为阳离子表面活性剂。

[用途]用于炼油厂常减压装置低温轻油部位的防腐蚀，具有缓蚀性能优良的特点。

[简要制法]以环烷酸及有机酸为原料，加入携水剂，在一定温度下加热脱水生成环烷酸酰胺，再经进一步加热脱水生成环烷酸咪唑啉中间体，接着将中间体与有机酸酐反应制成本品。

[生产单位]新疆克拉玛依石油化工厂。

33. SD-822 中和缓蚀剂

[性质]一种由有机杂环化合物为主要成分经复配而成的高效中和缓蚀剂，其中主要组合为咪唑啉衍生物，助溶剂为醇类，可与水以任何比例混溶、

[用途]用于榆林炼油厂常压塔顶、管线、换热器的防腐蚀。使用时将缓蚀剂注入配液罐内，稀释后用泵送入塔顶，既可中和蒸馏过程中产生的酸性腐蚀介质，减少 $HCl - H_2S - H_2O$ 系统的腐蚀，又可与金属原子形成较强的金属氮配位键，吸附在金属表面，在金属表面形成致密牢固的保护膜，有效阻止腐蚀介质对金属的腐蚀。对环烷酸腐蚀也有良好缓蚀作用。是一种复合型缓蚀剂，具有以往注氨、注缓蚀剂的双重功效，可大大提高设备正常运转周期，SD-822 中和缓蚀剂注入量维持在 16×10^{-6}（相对于塔顶蒸馏出物）左右。对塔顶产品无不良影响。

[生产单位]陕西省石油化工研究设计院。

34. SF-121B 中和缓蚀剂

[性质]一种油溶性胺类缓蚀剂，其分子结构含有极性基团，能吸附在设备金属表面上形成一层单分子抗水性保护膜。保护膜又和氢离子作用生成带正电荷的离子（$RNH_2 \rightarrow H^+ \rightarrow RH_3^+$），而 RH_3^+ 对溶液中的氢离子（HCl 和 H_2S 解离后的氢离子）有强烈排斥作用，阻止氢离子向金属表面靠近，从而减轻 HCl 及 H_2S 的腐蚀。

358

项目	指标	项目	指标
外观	黄褐色液体	pH 值(0.1%水溶液)	>7.5
密度(20℃)/(g/mL)	<1.10	毒性(LP$_{50}$)	>9500

[用途]用作炼油厂常减压塔的缓蚀剂。对 $H_2S - HCl - H_2O$ 系统有很强缓蚀作用。在与缓蚀剂 7019 同样注入量下,其缓蚀性能优于 7019。对于低酸值原油可不用再注氨,而对高酸值原油可少量注氨,因而可减少储氨设施并减少污水排放量。

[生产单位]九江石化总厂炼油厂。

35. SH-2000 水溶性缓蚀剂

[性质]棕褐色液体,可与水任意混溶。一种酰胺咪唑啉类缓蚀剂,其分子中的极性基团吸附在金属表面后改变了双电层结构,提高了金属离子化过程的活化能;缓蚀剂的非极性基团远离金属表面作定向排列,形成一层疏水性的保护膜,成为腐蚀反应抑扩散的屏障,从而使腐蚀反应得到抑制。

[质量规格]

项目	指标	项目	指标
外观	棕褐色液体	pH 值(1%水溶液)	5~7
密度(20℃)/(g/mL)	0.85~0.95	凝点/℃	≤-15

[用途]用作延迟焦化分馏塔顶及其冷凝冷却系统设备管线的缓蚀剂。使用时将 SH-2000 缓蚀剂用水配制成 0.5%~1.0% 的水溶液,用计量泵直接注入分馏塔顶油气管线入口处,随油气进入空冷器、冷却器及油水分离罐。之后一部分随冷凝油返塔循环,对塔顶内部构件起保护作用;一部分出装置,冷凝的含硫污水送至污水处理装置。SH-2000 添加量为 20μg/g 时,对 A3 钢缓蚀率达 90% 以上。塔顶冷凝水中铁离子流失量稳定控制在 3.00mg/L 以下,起到良好的防护效果。

[生产单位]武汉石油化工厂。

36. ZAF-2 常减压高温缓蚀剂

[性质]棕红色液体。一种针对含硫、含酸原油的高温腐蚀机理,结合装置的工艺条件研制的缓蚀剂。不仅具有显著减缓硫、酸腐蚀的功能,而且能在设备表面形成一种稳定、致密的化学膜,能阻止 H_2S、环烷酸对金属的侵蚀,从而防止高温腐蚀介质对设备的腐蚀。

[质量规格]

项目	指标	项目	指标
外观	棕红色液体	油溶性	与柴油混溶
密度(20℃)/(g/mL)	≥0.92	有效组分含量/%	≥75
运动黏度(40℃)/(mm^2/s)	≤80	凝点/℃	<-35

[用途]主要适用于常减压蒸馏装置高温硫腐蚀、酸腐蚀发生的部位，如减二线、减三线、常压塔底和减压塔底。对于常压塔，高温腐蚀一般发生在进料段、塔底、塔底换热器和塔底管线；对减压塔，高温腐蚀一般发生在进料段、减二线、减三线、塔底、塔底换热器和塔底管线等。为有效防止高温硫－环烷酸腐蚀，应在各易腐蚀部位分别加入缓蚀剂。加注量应根据原料和腐蚀情况，加注量在 $100 \sim 200 \mu g/g$。

[研制单位]洛阳石化工程公司。

[生产单位]北京三聚环保新材料股份有限公司。

37. 蒸馏缓蚀剂系列

[产品牌号]HP－GAC968、HP－CK356D

[性质]透明状液体，是由多胺、环烷酸等化合物在一定条件下合成的产品。用于蒸馏塔顶系统时，可在金属表面形成一层牢固稳定的保护膜，从而减缓塔内壁和管线的腐蚀，并使系统冷凝水中铁离子浓度降低，对油品质量无不良影响。

[质量规格]

项目	指标	
	HP－GAC968	HP－CK356D
外观	透明液体	透明液体
密度(20℃)/(g/mL)	0.8~0.9	0.8~0.9
运动黏度(50℃)/(mm²/s)	1.0~1.1	1.0~1.1
闪点(闭杯)/℃	61	61
粗酸值/(mgKOH/g)	5	5
灰分/%	0.1	0.1
溶解性	与有机溶剂互溶	与有机溶剂互溶

[用途]适用于炼油、石油化工等设备防腐或润滑油的缓蚀剂。尤适用于常减压蒸馏装置及其他分离设备的防腐、缓蚀，能有效延长设备使用寿命。

[生产单位]广州赫尔普化工有限公司。

38. 添加剂 AC－1810

[别名]十八胺醚－10、脂肪胺聚氧乙烯(10)醚。

[结构式]

$$C_{18}H_{37}N \begin{cases} (CH_2CH_2O)_mH \\ (CH_2CH_2O)_nH \end{cases} \quad (m+n=10)$$

[性质]黄色至浅棕色膏状物，可溶于水。为非离子表面活性剂，可与阴、阳及其他非离子表面活性剂匹配使用。

[质量规格](企业标准)

项目	指标	项目	指标
pH值(1%水溶液)	9~10	叔胺值/%	80~95
总胺值/%	80~95	浊点(水溶液)/℃	75~85

360

[用途]主要用作石油裂解装置缓蚀剂，也可用作还原染料、酸性染料的匀染添加剂。

[简要制法]由十八胺与环氧乙烷在一定温度下经缩聚反应制得。

[生产单位]上海石化公司助剂厂、宜兴市凌飞助剂厂等。

39. 其他常用缓蚀剂

产品牌号	性能特点	应用	生产单位
BH-913	酰胺类亲油性有机物	S-H_2S-RSH 系统、HCl-H_2S-H_2O 系统，柴油加氢精制装置	中国石化济南分公司
BZH-1	有机胺化合物	HCl-H_2S-H_2O 系统，含硫原油，常减压塔顶部位	中国石化镇海炼油化工公司
GAC-968	咪唑啉类	HCl-H_2S-H_2O 系统	中国石化广州石化分公司
GX-195	油溶性	HCl-H_2S-H_2O 系统，常减压装置高温部位	兰州西固吉野环境添加剂厂
IMC-97-C IMC-91-Q	水溶性	HCl-H_2S-H_2O 系统，常减压装置低温部位	锦西炼油化工总厂、中科院腐蚀所
IMC-石大1号	油溶性	HCl-H_2S-H_2O 系统，常减压装置	石油大学(北京)
JH-2	水溶性酰胺类	S-H_2S-RSH 系统，HCl-H_2S-H_2O 系统，柴油加氢装置	中国石化济南分公司
KG22	吡啶类衍生物	H_2O-CO_2 系统，炼油厂低温部位	洛阳石化工程公司工程研究院
KG9032	有机胺类	H_2+H_2S 系统，加氢装置、高温部位	中国石化沧州炼油厂
KQ-1	含氮有机物	酮苯脱蜡装置水溶液系统	天津大学化工学院
LY-1	油溶性	HCl-H_2S-H_2O 系统，常减压装置，低温部位	中国石化金陵分公司
NH-1	水溶性中和缓蚀剂	HCl-H_2S-H_2O 系统，常减压装置，低温部位	中国石油兰州分公司炼油厂
SB-2016	含氮有机物	酮苯脱蜡装置水溶液系统	中国石油兰州分公司
SF-121B	多醇胺、苯胺及含磷的有机化合物	HCl-H_2S-H_2O 系统，含硫原油，常减压塔顶部分	中国石化镇海炼油化工公司
SH-165	咪唑啉类	乙烯稀释蒸汽发生系统	洛阳石化工程公司工程研究院
WS-1	咪唑啉酰胺	HCl-H_2S-H_2O 系统	武汉石油化工厂
YF-7	有机胺类	H_2+H_2S 系统，加氢装置，高温部位	中国石化沧州炼油厂

产品牌号	性能特点	应用	生产单位
YF－97	油溶性	HCl－H_2S－H_2O 系统，常减压装置，低温部位	中国石化金陵分公司
1017	咪唑啉类	H_2O－CO_2 系统，炼油厂低温部位	南京石油化工研究所
205A	有机胺类	Cl－H_2S－H_2O 系统，常减压装置，低温部位	中国石化金陵分公司
7201	酰胺类	H_2O－CO_2 系统，炼油厂低温部位	兰州炼油化工总厂
川天1－2	酰胺类	H_2O－CO_2 系统，炼油厂低温部位	泸州天然气研究所
兰4A	胺缩聚物	H_2O－CO_2 系统，炼油厂低温部位	兰州化工机械研究院
尼凡丁－18	长链胺类	H_2O－CO_2 系统，炼油厂低温部位	洛阳石化工程公司工程研究院、天津助剂厂

十八、炼油过程中的阻垢剂

阻垢剂又称防垢剂、抗垢剂、防焦剂，是炼油工业中常用的控制和防止设备结垢的过程助剂。主要用在常减压、催化裂化、减黏裂化、热裂化及延迟焦化等装置设备上。

在石油炼制和石油化工过程中，油品需要加热、冷却、裂解、分离制取各种石油化工产品。这些工艺过程，油品流经的设备如预热器、换热器、加热炉、反应器、分离装置及配管等均会附着生成污垢。尤其在工艺过程中，油品溶有氧时结垢更加严重，随着原油变重和质量变差，石油加工条件变得更为苛刻，炼油设备和管线的结垢日益严重。近年来掺炼渣油，使一些装置的设备和管线结垢十分严重，不仅因结垢引起管道堵塞，还会影响装置安全、平稳、满负荷生产，使能耗增大，产品质量降低。

油气集输管道及石油炼制加工设备中沉积的污垢有多种类型，它包括无机垢、聚合产物、金属催化聚合产物、腐蚀产物、有机垢及催化剂粉末等，这些污垢的成因机理大致如下：

（1）沥青质沉积

在采油和输油设备中，由于石油胶体体系的胶凝和聚沉，沥青质、树脂等已开始发生沉积。而在高温加热条件下，沥青质先沉积后缩合是重质油产生有机垢的主要原因。当沥青质沉积到加热炉、换热器等表面时，在一定温度下，沥青质发生侧链断裂、芳环缩合反应，形成中间相或称结焦前身物，进一步缩合，逐渐变为焦炭。这样形成的垢已不可逆，必须停工清洗才能除去。

（2）高分子化

原油中含有可能引发聚合的氧，虽然通过工艺分离技术可以减少氧含量，但已经形成的游离基过氧化物在分馏过程中很难除掉。含多键的直链烃很易与氧反应生成自由基，在较高温度下链引发和增长的速度更快，形成的高分子聚合物最终生成有机垢。油品中最易发生聚合的是含烯烃的原料，其次是含芳烃化合物原料，油品中存在的游离金属有催化作用，促使链增长反应速度加快，也导致物料高分子化和工艺设备结垢。

（3）热转化反应

炼油过程有的是在500℃左右的高温下操作，如催化裂化装置的沉降器和转油线、延迟焦化装置的加热炉管等，许多烃类在此高温下会发生热转化反应直接生成焦炭，并在设备和管线的金属表面形成坚硬的垢。这种垢的碳氢比大，与焦炭相近，常将这种垢称为焦，结垢过程称为结焦。

（4）无机沉积物

原油中所含无机物在加工过程中往往会发生浓缩，小颗粒杂质逐渐聚集成大颗粒。当这些颗粒的沉积速度大于系统的流速时，颗粒先沉积于折流板、弯头、塔盘、管板等系统的低速部位，而上述产生的有机垢对颗粒污物更起到黏合剂的作用。无机盐的析出对于像常压渣油、减压渣油等集中了较多盐的重质油结垢来说是一个较为重要的原因。

（5）腐蚀产物沉积

原油和油品中的酸性物质会腐蚀储运和加工过程中的设备和管线，生成腐蚀产物 FeS、NiS 等，并成为无机沉积物。腐蚀产物的金属又能成为促进高分子化的催化剂，加剧聚合反应。

此外，在油品加工过程中使用的催化剂，其产生的粉末沉积也是油浆系统积垢的常见现象。

根据上述污垢成因机理，使用阻垢剂的作用原理可大致概括为：阻聚、增溶、分散、抗氧化、金属钝化及抗腐蚀等作用。

阻垢剂是一种多功能复合剂，复合了许多种有机化合物。国外按使用温度不同，大致分为两类。一类用于加工温度为500℃左右的设备和管线，如热裂化、延迟焦化等装置的高温设备和管线。这类阻垢剂可抑制或减少烃类高温热转化反应引起的设备和管线表面结焦，常被称为阻焦剂或防焦剂；另一类阻垢剂的使用温度 <400℃，如用于催化裂化油浆系统、常减压蒸馏装置等的阻垢剂。也有一些阻垢剂可在250～550℃或更宽的温度范围内使用，既能阻止高温结焦，也可预防低温结垢。这些阻垢剂大致可分为以下几种类型：

（1）磷类阻垢剂

含磷的化合物是一类有效阻垢剂，它不仅具有有机胺阻垢剂的阻垢功能，还能形成含磷自由基与金属表面生成金属磷配合物覆盖金属表面。可以减少因焦、聚合物、酸渣、腐蚀产物、焦油等物质引起的工艺物流侧的结垢。如聚异丁烯基琥珀酸亚胺含磷衍生物：

$$\begin{array}{c} R \\ | \\ CH—C \\ \backslash \\ N—CH_2—CH_2—NH—CH_2—P \\ / \\ CH_2—C \end{array} \quad \begin{array}{c} O \\ \\ O \quad OC_2H_5 \\ \backslash \| \\ P \\ / \\ OC_2H_5 \\ \\ O \end{array}$$

其使用温度为200～500℃，以 $(1～2500)×10^{-6}$ 的注入量加至换热器中具有很好的阻垢效果。又如聚异丁烯硫代磷酸的己烯基乙二醇酯，用于石油炼制和石油化工中抑制污垢的产生和附着在装置表面，使用温度可达300～500℃。

（2）硫类阻垢剂

有机硫化物在高温下具有抗结垢作用，能防止油品烃类沉积物黏结在金属表面上。炼厂焦化装置的加热炉至焦化塔之间的长转油线常会发生严重结垢。有机硫化物：

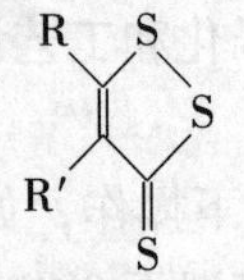

$$\text{（结构式略）}$$

则是一种有效阻垢剂，当加入该阻垢剂为物流质量的 2×10^{-4} 时，可在几个月内不发生结垢。

（3）聚链烯基琥珀酸亚胺及其衍生物阻垢剂

聚链烯基琥珀酰亚胺是由丁二酸或丁二酸酐与胺反应制得，其结构式为：

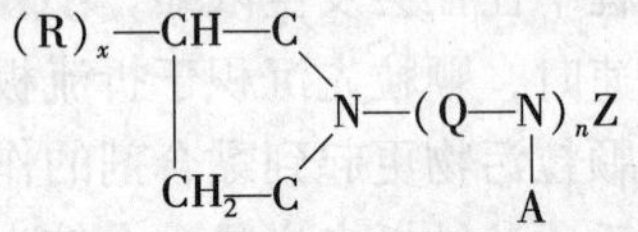

$$\text{（结构式略）}$$

式中，A 为 H、烃基或醇基；Q 为二价的至少含两个碳原子脂肪烃基团，一般是烯烃和乙烯基等；R 为脂肪烃或链烯烃；Z 为 H；x、n 为正整数。

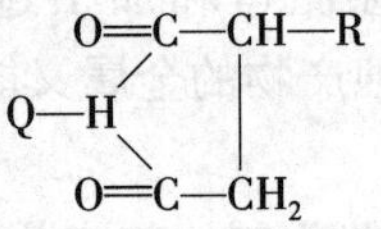

$$\text{（结构式略）}$$

聚链烯基琥珀酰亚胺及其衍生物是一类良好阻垢分散剂，它能与石油馏分混合，对金属内壁有良好润湿性能。由于极性氨基易吸附于金属表面而形成保护膜，故既有防腐蚀性又有润滑及除垢作用。其中有机胺又是烯烃的有效阻聚剂，可消除烯烃的高分子化。这类阻垢剂在蒸馏、催化裂化、重整、加氢及脱氢等工艺加工之前加入到烃油中，可有效抑制沉积物的黏结及聚集。

（4）胍类阻垢剂

具有下述结构式的二苯胍类阻垢剂：

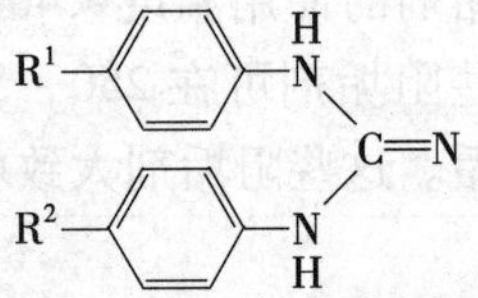

$$\text{（结构式略）}$$

是炼油及石化工业有效的阻垢剂，用于含氧量高的液体，在高温下的防垢效果优于传统的链烯基琥珀酰亚胺阻垢剂。

（5）其他类型阻垢剂

聚烷基硅氧烷、羧酸盐类、苯乙烯马来酸酐共聚物均是工业上已广为使用的阻垢剂。

国内开发的阻垢剂一般是针对炼油过程中某种装置或设备的易结垢部位研制的，有较强的针对性，阻垢效果也较明显。按用途不同，分为催化裂化油浆阻垢剂、加氢裂化阻垢剂、减压渣油阻垢剂、水质阻垢剂等。

（一）催化裂化油浆阻垢剂

催化裂化装置是原油二次加工的核心装置，随着所用原料日趋变重，设备的结垢、结焦不仅严重阻碍了装置的长周期稳定运行，而且直接影响装置的安全运行，在解决结垢问题上所采取的一些措施，如降低分馏塔底温度、减少停留时间、提高油浆流速及安装油浆过滤器等，虽有一定成效，但仍不能解决结垢、结焦等根本问题。而使用油浆阻垢剂则可有效防止油浆组分中易结焦物质的聚合，从根本上解决油浆系统的结焦问题。

催化裂化油浆中的有机垢是各种饱和烃在高温下由氧和金属起催化作用，通过自由基链反应产生的高分子聚合物，由沥青质、多环芳烃、胶质脱氢缩合形成的大分子和焦炭等物质组成。随着聚合物的相对分子质量不断增大，在介质中的溶解度逐渐减小，析出后黏附在设备表面而成垢。

油浆中的无机垢主要是催化剂粉末，即硅、铝并含有少量的铁、硫等。这些物质主要是油品加工过程中产生或带入的。细小颗粒在油浆中逐渐聚集成大颗粒，在其沉降速度大于油浆流速时，颗粒就沉积下来，而已黏附在设备表面的聚合物也会起到捕集剂的作用，促使颗粒沉积成垢。加入油浆阻垢剂的作用主要为：①有良好的分散性能，能阻止小颗粒聚集成垢；②能与油浆中的金属离子螯合形成稳定配合物，使其失去对聚合反应催化物质的结垢性能，并有抑制氧、热引发聚合的功能；③有钝化作用，能阻止金属离子对沥青质、多环芳烃及胶质等的脱氢反应，抑制大分子和焦炭的生成。

美国早在 20 世纪 70 年代就已将阻垢剂用于常压蒸馏、加氢脱硫、加氢裂化、催化重整等装置的换热器设备上，以后又将阻垢剂用于催化裂化油浆系统，其中，Nalco Chemical 公司和 Batz Prochem 公司是开发此类阻垢剂产品较多的公司、并有许多专利，其阻垢剂产品分别有 Nalco 5262、5264、6265 等及 Batz AF – 12、AF – 18、AF – 114 等。这些产品能用于不同性质的油料，有些为抗垢和阻焦的双功能阻垢剂。

国内从事催化裂化油浆阻垢剂研究开发的单位有华东理工大学、洛阳石化工程公司、江苏汉光实业股份有限公司、南京石油化工厂、中国石化石油化工科学研究院、广州赫尔普化工公司等。

1. SF – 2 油浆阻垢剂

[性质]琥珀色液体，一种用于催化裂化油浆系统的多功能复合添加剂，具有阻垢效果明显、价格较低的特点。

[质量规格]

项目	指标	项目	指标
外观	琥珀色液体	pH 值	6~7
密度(20℃)/(g/mL)	0.8~0.95	凝点/℃	≤ – 5
运动黏度(20℃)/(mm²/s)	≤100	水分/%	≤0.1
闪点(闭杯)/℃	≥80	机械杂质/%	≤0.2

[用途]用作催化裂化油浆阻垢剂，在齐鲁石化公司胜利炼油厂、高桥石化公司上海炼油厂、金陵石化公司南京炼油厂等工业装置上应用表明，可达到不结垢效果，油浆换热器阻力降不增加，传热效果良好，油浆泵入口过滤器无块状物，具有与进口同类产品相同效果，而产品价格仅为进口剂的 1/2~1/3。

[生产单位]华东理工大学。

2. RIPP – 1421 油浆阻垢剂

[性质]琥珀色液体，一种用于催化裂化油浆系统的多功能复合添加剂，各组分协同作

用，具有分散、抗氧、阻聚、金属钝化等性能。

[质量规格]

项目	指标	项目	指标
外观	琥珀色液体	凝点/℃	≤ -20
密度(20℃)/(g/mL)	0.90~0.96	pH值	6~7
运动黏度(20℃)/(mm²/s)	≤60	水分/%	≤0.06
闪点(闭杯)/℃	≥60	机械杂质/%	≤0.07

[用途]用作催化裂化油浆阻垢剂，在广州石化分公司、扬子石化公司等催化裂化装置上应用表明，本品具有阻垢性能好、使用量少、操作方便等特点。装置加入阻垢剂后，由于阻垢剂的阻聚分散作用，使换热器效果显著提高，运转周期大大延长；油浆系统畅通，结焦减少，操作平稳。中国石化石油化工科学研究院还开发出 TF - 2 新型油浆阻垢剂，不仅具有分散性及抗氧性，还具有抗金属性和抗腐蚀性。长期使用可使管线内表面保持光洁，而对催化裂化产品质量及分布无任何影响。TF - 2 油浆阻垢剂无任何异味，油溶性好、用量少、黏度适宜，操作使用方便。

[研制单位]中国石化石油化工科学研究院。

3. NS - 13 油浆阻垢剂

[性质]琥珀色液体，一种用于催化裂化油浆系统的多功能复合添加剂，具有阻垢性能好、使用方便等特点。

[质量规格]

项目	指标	项目	指标
外观	琥珀色液体	凝点/℃	≤ -20
密度(20℃)/(g/mL)	0.90~0.96	pH值	6~7
运动黏度(20℃)/(mm²/s)	≤60	水分/%	≤0.06
闪点(闭杯)/℃	≥60	机械杂质/%	≤0.07

[用途]用作催化裂化油浆阻垢剂。在黑龙江石油化工厂掺炼渣油的催化裂化装置中，向油浆换热系统连续注入本品，注入量为 1500μg/g，连续运转一年未发现结焦现象，油浆换热系统压降未见增加，总传热系数并未下降。表明本品有良好的抑制油浆结焦作用。

4. XDF - 801 油浆阻垢剂

[性质]深棕红色液体。一种用于催化裂化油浆系统的多功能复合添加剂，具有阻垢效果好的特点。

[质量规格]

项目	指标	项目	指标
外观	深棕红色液体	凝点	≤-15
密度(20℃)/(g/mL)	0.88~0.92	pH 值	7~8
运动黏度(20℃)/(mm²/s)	≤30	水分/%	≤0.08
闪点(闭杯)/℃	≥60	机械杂质/%	≤0.06

[用途]用作催化裂化油浆阻垢剂。在大庆石化公司炼油厂掺炼重油的催化裂化装置中，向油浆换热系统注入本品，注入量为1600μg/g，在装置运行周期前后，油浆抽出和返塔温度不变，温差始终保持在100℃而不下降，表明换热器未发生结垢，换热效果保持良好；换热器的传热系数基本不变，油浆循环量、蒸发器产汽量、换热器压降均无变化，表明本品具有良好阻垢性能。

[生产单位]江苏宜兴兴达催化剂厂。

5. HP-RIPP-1421 轻催油浆阻垢剂

[性质]浅黄色至棕褐色液体。一种用于炼油厂蜡油催化裂化油浆系统的多功能复合型添加剂，既具有分散性和抗氧性，又具有抗金属性和抗腐蚀性，能有效减轻和抑制油浆系统结垢。

[质量规格](企业标准)

项目	指标	项目	指标
外观	浅黄色至棕褐色液体	闪点(闭杯)/℃	>61
密度(20℃)/(g/mL)	0.85~0.95	水分/%	≤1.0
运动黏度(40℃)/(mm²/s)	≤55	机械杂质/%	≤0.05
凝点/℃	≤-10		

[用途]用于炼油厂蜡油催化裂化油浆系统，能有效抑制油浆系统的结垢，延长油浆系统设备和管线的使用寿命。具有用量少、阻垢作用显著的特点。长期使用可使管线内表面保持光洁，对催化裂化反应的产品质量与产品分布无任何影响，并可降低能耗，延长操作周期。

[生产单位]广州赫尔普化工公司。

6. HP-RG-102 重催油浆阻垢剂

[性质]淡黄色至棕褐色液体。一种用于炼油厂重油催化裂化油浆系统的多功能复合型添加剂，既具有分散性和抗氧性，又具有抗金属和抗腐蚀性，能有效减轻油浆循环系统结垢。

[质量规格](企业标准)

项目	指标	项目	指标
外观	淡黄色至棕褐色液体	胺值/(mgKOH/g)	≥20
密度(20℃)/(g/mL)	0.81~0.89	闪点(闭杯)/℃	≥61
凝点/℃	≤-10		

[用途]用于炼油厂重油催化裂化装置，能有效地减轻油浆循环系统的结垢。具有用量

少、作用效果明显的特点,长期使用可使管线内表面保持光洁,对催化裂化反应的产品质量与产品分布无任何影响,并可降低能耗、减少维护费用、延长操作周期。

[生产单位]广州赫尔普化工公司。

7. YAF-1 催化裂化油浆阻垢剂

[性质]棕红色液体。具有良好的阻垢功能,包括阻断自由基链反应的能力,阻止各种烃分子缩合反应的能力。对金属表面有改性作用,可在金属表面形成一层保护膜,防止大分子物质在器壁上的沉积。对已形成的无机垢和有机垢具有增溶、分散作用,不含磷、硫及对人体或环境有害的物质。

[质量规格]

项目	指标	项目	指标
外观	棕红色液体	油溶性	与柴油互溶
密度(20℃)/(g/mL)	≥0.92	有效组分含量/%	≥75
运动黏度(40℃)/(mm²/s)	≤100	凝点/℃	<-30

[用途]针对重油催化裂化油浆系统(包括分馏塔底、换热器)结焦积垢而开发的油浆阻垢剂。可用于分馏塔底温度360℃左右的装置,具有优良的阻垢、除垢性能,对器壁上附着的焦垢也具有增溶、分散作用,阻垢剂注入量为油浆量的50~200μg/g左右。为使油浆系统尽快达到要求的浓度,在开始注入的一定时期内,注入量应为正常注入量的一倍左右。加大注入量的时间长短,可根据系统中油浆总量进行估算。

[研制单位]洛阳石化工程公司。

[生产单位]北京三聚环保新材料股份有限公司。

8. ZC-FCC-02 型油浆阻垢剂

[性质]棕褐色液体。溶于石油产品。是根据油浆系统结垢机理而研制的一种油浆阻垢剂。能有效地中断自由基的氧化链反应,阻止烃类物质的聚合和缩合,并能将油料中的金属离子螯合成稳定的络合物,终止金属的脱氢和催化生焦作用。本品还具有良好的清净分散作用,能阻止油浆中的固体杂质小颗粒聚积而形成大颗粒,因而能减少固体杂质的沉积。

[质量规格]

项目	指标	项目	指标
外观	棕褐色液体	水分/%	≤1.0
运动黏度(40℃)/(mm²/s)	≤58	闪点(开杯)/℃	≥70
密度(20℃)/(g/mL)	0.9~1.0	机械杂质/%	≤0.02
凝点/℃	≤-30		

[用途]用作催化裂化油浆阻垢剂。在延安炼油厂 $4×10^5 t/a$ 催化装置分馏塔油浆系统中注入本品,注入量为120~180μg/g,分馏塔和油浆系统结焦减少,油浆系统压降降低,换热效率提高,消除了油浆系统结焦堵塞的安全隐患。对油浆系统有良好的阻垢及降垢作用,而且本品油溶性好,无任何异味,一次性投入小,对分馏塔的正常操作无不良影响,产品质量和产品分布正常。

[生产单位]延安炼油厂。

除了上述产品以外，江苏创新石化公司生产的 JC－94B 油浆抗垢剂、茂名石化公司研究院生产的 MYZ－1 油浆阻垢剂、大庆石化公司研究院生产的 YJZ－101 油浆阻垢剂、江苏汉光实业股份有限公司生产的 YX－94 油浆阻垢剂等，也用于国内不同催化裂化装置上，具有良好的阻垢效果。

（二）加氢装置阻垢剂

在炼油企业中，加氢装置是骨干装置，该装置运行的好坏将直接影响到企业的经济效益。随着原油重质化，导致加氢装置原料性质变差，从而给装置运转带来一些新的问题。其中，原料油换热器结构是普遍出现的问题之一。原料换热器结垢会引起换热效率下降，换热后温度达不到设计要求，被迫增加加热炉负荷，使装置能耗加大，严重时会导致装置非计划停工，影响装置的长周期安全运行。解决上述问题主要有两种方法：一种是工艺方法，可通过增加辅助设备（如增加设备用换热器或过滤器等）改善工艺流程和操作途径（如改变原料流速等）以及控制原料性质来实现；另一种是化学方法，即在加氢原料油中加入一定量的阻垢剂来抑制、延缓换热器中焦垢的形成。后者不改变工艺流程，不影响正常操作，加注方便，投资少。

从原料油和垢样的分析推断，原料换热器中的结垢原因主要有：①由 O、S、V 引发的自由基聚合反应形成的有机垢；②由腐蚀产物和盐类物质的沉积形成的无机垢，如硫化铁、硫化亚铁及氯化物等；③原料中的 Fe、Ni、Cu、Ca 等金属自身发生沉积外，还因其催化作用加剧了各种聚合反应的发生。

根据上述结垢机理，加氢装置所用阻垢剂应具有以下功能：①有抗氧化性和阻聚合作用，能与 O、S、N 引发的自由基形成惰性分子，阻止聚合反应发生；②具有分散性能，能阻止原料油中的杂质小颗粒、盐类、腐蚀产物及大分子聚合物发生聚集、沉积；③能保护金属表面，阻止垢的生成；④有钝化金属功能，能与原料中的金属离子形成稳定的络合物，以阻止催化自由基聚合反应；⑤所用阻垢剂应与催化裂化油浆阻垢剂有较大区别。因加氢过程用阻垢剂是注入到原料中去的，经换热后还要进入加氢反应器，所以阻垢剂必须低灰分，以免造成反应器压降增大，而且不含对加氢催化剂有不良影响的组分（如金属等，不影响产品分布和产品质量。）

1. HAF－1 渣油加氢阻垢剂

[性质]渣油加氢处理技术能脱除原料中对下游加工过程有害的金属、硫、氮等杂质，优化下游加工工艺原料结构。但在渣油加氢处理过程中的重质进料会导致换热器及加热炉结焦倾向增大，降低热效率，增大加热炉负荷，增加能耗，降低装置处理量。HAF－1 渣油加氢阻垢剂能有效抑制焦垢在换热器及加热炉中形成，使其保持较高换热效率。而且产品中不含对加氢催化剂有不良影响的组分，对催化剂活性及产品分布无不良影响。灰分含量极低，不会造成催化剂床层空隙率降低和反应器床层压降增加。

[质量规格]

项目	指标	项目	指标
外观	棕红色液体	凝点/℃	≤－20
密度(20℃)/(g/mL)	≥0.90	闪点/℃	＞61
运动黏度(40℃)/(mm²/s)	≤100	油溶性	与柴油混合

[用途]用作阻垢剂，适用以高硫、高金属和高残炭渣油为原料的加氢处理装置的原料换热器和加热炉。其阻垢效果好，适用温度范围广。在380℃、加剂量为100μg/g的情况下，阻垢率达93%以上。使用时将HAF-1阻垢剂加入储罐内，以适量柴油稀释。再用计量泵加入到原料油管线中与原料油充分混合，并采用连续加注方式。建议加注量为原料量的60~100μg/g，可根据实际情况适当调节加注量，以装置开工时加注效果最佳。

[生产单位]北京三聚环保新材料股份有限公司。

2. HCAF-1 加氢裂化阻垢剂

[性质]加氢裂化是重油深度加工的主要技术之一，它加工原料范围广，包括直馏石脑油、粗柴油、减压蜡油以及其他二次加工得到的原料如焦化柴油、焦化蜡油、脱沥青油等。在装置开工过程中，由于换热器结垢，会导致换热效率下降，换热后的原料油预热温度降低，操作无法正常进行。HCAF-1加氢裂化阻垢剂能有效地抑制焦垢在换热器中形成，使其保持较高的换热效率，减少装置的能量消耗。而且产品中不含对加氢裂化催化剂有不良影响的组分(如金属等)，对催化剂的活性及产品分布无不良影响。产品的灰分含量极低，不会造成催化剂床层空隙率降低和反应器床层压降增加。

[质量规格]

项目	指标	项目	指标
外观	棕红色液体	凝点/℃	≤-20
密度(20℃)/(g/mL)	≥0.90	闪点/℃	≥61
运动黏度(40℃)/(mm²/s)	≤60	油溶性	与柴油混溶，无相分离

[用途]用作阻垢剂，适用以直馏蜡油、焦化蜡油等为原料的加氢裂化装置的原料换热系统。加剂量视原料性质而定，一般为50~100μg/g。初期加入量应为100μg/g，正常后可逐步降至50μg/g。加注点应在原料油进入换热器之前。

[生产单位]北京三聚环保新材料股份有限公司。

3. HDAF-1 柴油加氢阻垢剂

[性质]柴油加氢精制具有脱除原料中大部分硫、氮等杂质，饱和部分芳烃和烯烃，提高柴油的十六烷值，改善油品安定性和色泽的作用，随着原油重质化和重油加工技术的发展，作为柴油调和组分的催化柴油和焦化柴油的馏分质量逐渐变劣，数量增加，导致柴油加氢装置原料性质变差，从而给装置带来新的问题。其中，原料油换热器结垢是较为普遍出现的问题，它会引起换热效率下降，能耗加大。HDAF-1能有效抑制焦垢在换热器中形成，使其保持较高的换热效率，减少装置能耗。而且产品中不含对催化剂有害成分，灰分极低，不会影响催化剂活性或造成反应器床层压降增加。

[质量规格]

项目	指标	项目	指标
外观	棕红色液体	凝点/℃	≤-20
密度(20℃)/(g/mL)	≥0.90	闪点/℃	>61
运动黏度(40℃)/(mm²/s)	≤60	油溶性	与柴油混溶

[用途]用作阻垢剂，适用以催化柴油、焦化柴油和高硫含量的直馏柴油为原料的柴油加氢精制装置的原料换热系统。使用时先将 HDAF - 1 阻垢剂加入储罐内以适量柴油稀释。然后用计量泵加入到原料油管线中与原料油充分混合，采用连续加注方式。建议加注量为原料量的 50 ~ 80μg/g。

[生产单位]北京三聚环保新材料股份有限公司。

4. SFH 型加氢阻垢剂

[工业牌号]SFH - B、SFH - C。

[质量规格]

产品牌号 项目	SFH - B	SFH - C
外观	琥珀色液体	琥珀色液体
密度(20℃)/(g/mL)	0.84 ~ 0.92	0.80 ~ 0.90
运动黏度/(mm²/s)	≤40(20℃)	≤35(20℃)
闪点(开杯)/℃	≥45	≥45
凝点/℃	≤ - 4	≤ - 15
灰分/%	≤0.1	≤0.1
水分/%	≤1.0	≤1.0
机械杂质/%	≤0.2	≤0.2
油溶性	全溶	全溶

[用途]SFH - B 用作蜡油加氢裂化原料阻垢剂。在胜利炼油厂加氢裂化装置(SSOT)上进行工业应用。SSOT 装置的原料油/产物换热器在整个装置中占有重要地位，其换热负荷相当于反应加热炉的 8.8 倍。通常装置开工初期，原料换热后温度为 350℃，处理量为 73m³/h。但开工 2 个月左右，由于换热器严重结垢，原料油换热后温度仅有 320 ~ 380℃，处理量降至 60m³/h，加注 SFH - B(加注量 80 ~ 100μg/g)后，原料换热后温度较好地维持在开工初水平，装置处理量一直维持在 71 ~ 75m³/h，对加氢催化剂也不产生不良影响。表明 SFH - B 具有良好的阻垢效果。

SFH - C 用作渣油加氢裂化原料阻垢剂。在胜利炼油厂 VRDS 装置上使用，取得与 SFH - B类似结果，原料油换热后基本保持稳定，实现装置长周期稳定运转。SFH - C 具有良好阻垢效果。此外，华东理工大学还开发出用于柴油加氢精制原料阻垢剂 SFH - D，也取得良好效果。

[生产单位]华东理工大学。

5. BLZ - 5 柴油加氢阻垢剂

BLZ - 5 阻垢剂由北京乐文科技发展公司开发，在中国石化天津分公司 3.2Mt/a 柴油加氢装置上工业应用。装置所用催化剂为石科院开发的生产低硫柴油的催化剂 FHUDS - 2，搭配的保护剂是 FZC - 102B 及 FZC - 103。阻垢剂采用连续加入，开始加入量为 100μg/g，以保证阻垢剂短时间内在设备表面成膜，成膜期为 2 周，以后将阻垢剂量控制在 20 ~ 55μg/g (相对原料量)，BLZ - 5 阻垢剂在装置中使用 2 年。在使用前后，反应器床层压降无明显差异，原料换热终温变化不大。表明 FZC - 102B 能有效抑制或延缓换热器的结焦，使其保持较高换热效率。

(三)加氢催化剂床层抗结垢剂

国内炼油厂的加氢装置,尤其是以炼制高硫原油为主的加氢装置,原料油换热器外层和催化剂床层积垢严重,针对原油换热系统积垢,采取的方法是加注少量的阻垢剂。而对催化剂床层积垢问题,国内普遍采用的措施是:当床层压降增大至设计要求时,降低处理量,直至停工处理。这种被动措施不仅造成能耗增加,处理量降低,还会影响装置长周期安全运行。而使用反应器床层阻垢剂,可降低床层压降,延长装置运转周期。

根据对反应器床层垢样的组成分析,床层积垢主要是由 FeS 和焦炭所组成,而以 FeS 占主要部分,另外还含少量金属硫化物。FeS 一部分来自上游装置的腐蚀产物,另一部分由加氢过程生成的 H_2S 与原料中的铁离子在反应器中反应形成;焦炭的形成是由原料中的 S、N 等杂原子在高温下分解生成自由基,从而引发烃类在高温条件下发生自由基聚合反应,形成大分子的聚合物再进一步脱氢缩合形成焦炭。腐蚀产物 FeS 以及通过聚合反应形成的焦炭主要以小颗粒的形成存在,一方面沉积在催化剂床层上部,形成"毯子"阻止反应物流正常通过;另一方面填充在催化剂颗粒之间,降低了催化剂床层的空隙率,从而使床层压降升高。

根据上述结垢机理,一种有效的阻垢剂应具有以下作用:①具有阻断自由基链式反应能力,能与活性自由基形成惰性分子,终止自由基链式反应,阻止和减少大分子有机聚合物的形成;②具有金属钝化作用,能够钝化原料中的金属离子,使其失去对自由基聚合反应或缩合反应的催化作用;③阻垢剂分子应是具有多个强极性基团的长链有机分子,能使形成的 FeS 簇聚集在一起,形成更大的 FeS 簇,使 FeS "颗粒化",从而使垢层的空隙率增大,起到降低床层压降的作用。

目前,国内加氢装置反应器床层阻垢剂还主要处于研制开发阶段。由洛阳石化工程公司研究开发的阻垢剂正在中国石化济南分公司重整预加氢装置上进行工业试验。10mL 固定床反应器上的实验结果表明,该阻垢剂具有显著的降压和阻焦功能。当加剂量为 $100 \sim 130 \mu g/g$ 时,压力降低幅度达 100kPa 左右,是起始压力降的 $27\% \sim 35\%$,降压效果显著;当加剂量为 $30 \mu g/g$ 左右时,可维持床层压力降不升高,且该剂的加注对预加氢催化剂和产品的质量不造成负面影响。

(四)减压渣油阻垢剂

随着原油重质化和进口原油不断增加,常减压装置除减压塔底的换热器等部位结垢严重外,装置腐蚀也很严重。其中减压塔底管线和原油减渣换热器的结垢十分严重。生垢的原因有无机盐沉积、自由基聚合和胶质或沥青质在高温金属表面上沉积炭化,其中以沥青质沉积为结垢的主要成因。当减压渣油换热器结垢后,原油的换热终温会显著下降,使加热炉的热负荷加大,能耗上升。严重时需要降量生产甚至威胁装置安全生产。使用常减压渣油阻垢剂则是降低渣油换热系统结垢的有效手段。阻垢剂能有效地减少沥青质、无机盐和杂质的沉积,确保换热器换热效果,使常减压蒸馏装置平稳、长周期运转。

1. ZAF - 1 常减压渣油阻垢剂

[性质]棕红色液体,与柴油互溶。是一种针对富含硫化合物、胶质、沥青质的渣油,结合装置工艺条件开发的阻垢剂。具有显著阻垢功能,包括阻断自由基链反应能力,阻止各种烃分子缩合反应能力。对已形成的无机垢和有机垢具有增溶、分散及剥离作用。可从根本

上抑制和缓解塔底及换热器的结焦结垢，并在金属表面形成一种稳定、致密的化学膜，从而防止大分子物质在器壁上的沉积。

[质量规格]

项目	指标	项目	指标
外观	棕红色液体	有效组分含量/%	≥75
密度(20℃)/(g/mL)	≥0.92	凝点/℃	< -35
运动黏度(40℃)/(mm²/s)	≤80	油溶性	与柴油混溶

[用途]主要用于渣油系统，可在渣油泵中入口直接注入。使用前最好先除去管道和设备的结垢。初期使用可适当增大剂量，添加量为渣油量的 $100 \sim 200\mu g/g$，待管线和换热系统正常后，再按正常添加量注入，为减压渣油量的 $50 \sim 100\mu g/g$。

[生产单位]北京三聚环保新材料股份有限公司。

2. 减压渣油阻垢剂

[工业牌号]HF、NS - 15。

[质量规格]

项目 \ 工业牌号	HF	NS - 15
外观	琥珀色液体	
密度(20℃)/(g/mL)	0.90 ~ 0.95	0.90 ~ 0.96
运动黏度(20℃)/(mm²/s) ≤	100	50
凝点/℃ ≤	-5	-20
闪点(开杯)/℃ ≥	70	60
pH 值	6 ~ 8	6 ~ 7
水分/% ≤	0.1	0.06
机械杂质/% ≤	0.1	0.07

[用途]用作常减压蒸馏渣油换热系统阻垢剂，能有效地减少沥青质、无机盐和杂质的沉积，确保换热器的换热效率，减少燃料消耗量，使常减压蒸馏装置安全、长周期平稳运行。

[生产单位]华东理工大学、南京石油化工厂。

(五)延迟焦化阻焦剂及抑焦增液剂

延迟焦化工艺是以重油为原料，经高温热裂化和缩合反应，生成气体、石脑油、柴油、蜡油和石油焦，是炼油厂重要的渣油深度加工工艺。而加热炉是实现延迟焦化装置"安稳长满优"运行的首要关键设备，加热炉炉管的结焦速率，在一定程度上决定着延迟焦化装置正常运转的周期，制约着装置的生产能力，炉管结焦一直是困扰延迟焦化装置的老大难问题。

延迟焦化装置所加工的原料有减压渣油、二次加工渣油(其中包括催化裂化油浆、减黏裂解渣油、脱油沥青)以及各种污油废油。但多数延迟焦化装置是以各种原油的减压渣油为原料。这些原料的组成十分复杂，含有大量无机盐、沥青质、大分子非烃化合物及杂质。尤其是延迟焦化循环油中含有较多的烯烃、二烯烃等不稳定组分和从焦炭塔带出的焦粉，它们都极易在焦化分馏塔底部和加热炉管处生焦。使用延迟焦化阻焦剂及延迟焦化增液剂可以抑制分馏塔底、加热炉炉管等处结焦，延长加热炉烧焦周期，降低装置能耗，提高液体产品收率。这些助剂一般都具有分散、阻聚、抗氧化和钝化金属表面等功能。

1. CAF-1 延迟焦化阻焦剂

[性质]棕红色液体，与柴油以任意比例混溶。闪点高，黏度小，凝点低，安定性好，使用方便。不含金属元素，对延迟焦化产品分布及产品质量无不良影响。

[质量规格]

项目	指标	项目	指标
外观	棕红色液体	闪点/℃	>61
密度(20℃)/(g/mL)	≥0.90	凝点/℃	-20
运动黏度(40℃)/(mm²/s)	≤60	油溶性(与柴油任意比)	无相分离

[用途]用作炼油厂延迟焦化装置分馏塔底及加热炉炉管等部位的阻焦剂。可防止焦垢在上述部位的生成和积聚，延长延迟焦化装置开工周期，节约装置能耗。使用时先将阻焦剂加入储罐内，以适量柴油稀释，然后用计量泵注入加热炉之前管线中与原料充分混合。采用连续加注方式。建议加注量为原料量的 80～120μg/g，也可根据实际情况适当调整加注量，以装置开工时加注效果最佳。

[生产单位]北京三聚环保新材料股份有限公司。

2. LZY-1 延迟焦化抑焦增液剂

[性质]淡黄色透明液体，与柴油任意比例混溶，能在焦化反应中促进自由基的形成，加速烃类的自由基裂解反应，使重质原料尽可能多地转化成轻质油品；也能减小超分子结构核和溶剂化层的厚度，使其吸附的低分子烃类释放出来，提高轻质油收率；还能降低泡沫膜局部的表面张力，破坏坚固的液膜导致气泡破裂，气体逸出，提高轻油收率。

[质量规格]

项目	指标	项目	指标
外观	淡黄色透明液体	闪点/℃	>61
密度(20℃)/(g/mL)	0.90～0.95	凝点/℃	<-25
运动黏度(40℃)/(mm²/s)	<60	油溶性(与柴油任意比)	无相分离

[用途]用作延迟焦化抑焦增收剂，能有效改善产品分布，提高液体产品收率，尤其提高柴油、蜡油收率，降低焦炭和气体产率。对产品性质及下游装置无不良影响。使用时将本剂用计量泵注入加热辐射段出口处，与原料混合后进入焦炭塔进行焦化反应。采用连续加注方式，加注量为辐射进料量的 100～200μg/g。

[生产单位]北京三聚环保新材料股份有限公司。

3. YJZS-01 延迟焦化抑焦增液剂

[性质] 棕褐色液体。是由聚异丁烯基酰亚胺类化合物、硼化无灰分散剂、高碳烷、苯并三唑类化合物等复配制成的延迟焦化增液剂。可与柴油以任意比例混溶，黏度适宜，安定性好。其活性组分可使原料中的沥青质、胶质及一些固体颗粒分散更均匀，从而防止它们沉积在炉管和管道中过热而结垢。

项目	指标	项目	指标
外观	棕褐色液体	pH 值	5.5 ~ 8.5
密度(20℃)/(g/mL)	0.85 ~ 1.05	凝点/℃	≤ -10
运动黏度(40℃)/(mm²/s)	≤20		

[用途]用作延迟焦化抑焦增液剂。具有阻止原料油在加热炉炉管结垢和防止炉管腐蚀的作用，使加热炉效益提高，并具有降低焦炭产率，提高液体产品收率的作用。使用时不需要稀释就可通过装置阻垢剂加注系统在分馏塔底油抽出管上过滤器后直接加入，加入量占新鲜原料量 $300\mu g/g$。在中国石油大港石化分公司 1.0Mt/a 延迟焦化装置上工业试验表明，在主要操作参数不作大调整的情况下，与不注本品的空白试验对比，可提高总液体产品收率约 2.71%。

[研制单位]辽宁石油化工大学。

(六)水质阻垢剂

工业用水或循环冷却水系统在运行过程中，会有各种物质沉积在换热器的传热管表面，其成分有水垢、腐蚀产物、淤泥及生物沉积物等。天然水中溶解有重碳酸盐，如 $Ca(HCO_3)_2$、$Mg(HCO_3)_2$，它们很不稳定，易分解生成碳酸盐。如果使用重碳酸盐含量较多的水作为冷却水，当它通过换热器传热表面时，会受热分解生成碳酸盐，附着在传热管表面形成坚硬的水垢。水垢的主要组分为 $CaCO_3$、$Ca_3(PO_4)_2$，还含有 $CaSO_4$、$MgSiO_3$ 等盐类，以及 Fe_3O_4 等腐蚀产物，水垢的热阻很大，一般为黄铜的 100 ~ 200 倍，冷却管一旦结垢，传热过程会受到很大阻碍，热交换率显著降低，系统能耗加大。

从水中析出 $CaCO_3$、$Ca(PO_4)_2$ 等水垢的过程，实质上是微溶性盐从溶液中结晶沉淀的过程。按结晶动力学观点，结晶的过程首先是生成晶核，形成少量的微晶粒，这种微小的晶体在溶液中由于热运动不断地相互碰撞，和金属器壁也不断地进行碰撞，碰撞的结果提供了晶体生长的机会，使小晶体不断变成大晶体，逐渐形成了覆盖传热面的垢层，使用化学药剂破坏其水垢晶体的结晶增长，就能达到控制水垢形成的目的，这种药剂即为水质阻垢剂。

水质阻垢剂的作用是利用其与水中的金属离子起配位反应而产生可溶性配位盐，使金属离子的结垢倾向受到抑制，不易结成坚硬的水垢，同时，阻垢剂的作用还在于其吸附作用与分散作用，通过提高结垢物质微粒表面的电荷密度使微粒间排斥力增大，降低结晶速度，并使晶格结构发生畸变，从而防止结成坚实的水垢。

水质阻垢剂品种很多，大致可分为以下几类：①聚磷酸盐阻垢剂，主要有三聚磷酸钠、六偏磷酸钠；②有机磷酸盐阻垢剂，常用的有羟基亚乙基二膦酸、乙二胺四亚甲基四膦酸、氨基三亚甲基膦酸等；③聚羧酸阻垢剂，使用最多的是丙烯酸的均聚物和共聚物，以及以马来酸为主的均聚物和共聚物；④氨基化合物阻垢剂，如二亚乙基三胺、三亚乙基四胺、四亚乙基五胺、聚丙烯酰胺等；⑤氮三化合物类阻垢剂，如苯并三唑、甲基苯并三唑；⑥乙烯与马来酸酐聚合物复合阻垢剂，主要用于中、高压锅炉阻垢；⑦表面活性剂阻垢剂，如十二烷基苯磺酸钠、十二烷基氯化吡啶、聚丙烯酸钠等，它们对阻止硫酸钙效果好较；⑧复配无机盐阻垢剂，由多种具有阻垢作用的无机盐复配制得。水质阻垢剂品种很多，其中以聚羧酸阻垢剂发展较快，使用较多的是丙烯酸的均聚物和共聚物，以及马来酸为主的均聚物和共聚物。

1. 聚磷酸盐

[别名]缩聚磷酸盐

[性质及用途]聚磷酸盐是聚正磷酸盐及聚偏磷酸盐的总称。用作水处理阻垢剂的主要是三聚磷酸钠及六偏磷酸钠。聚磷酸盐在水中能离解出具有—O—P—O—P—链的阴离子，离子中的磷原子连着含有一对未共用电子对的氧原子，与金属离子共同形成配价键，生成较稳定的螯合物，因而能捕捉水中的金属离子，生成溶解度较大的螯合物，由于金属离子在螯合物中被封闭，不能再与难溶物质的阴离子接触并结合形成水垢。而且上述长链形阴离子还有良好的表面活性，有吸附粒子的几何形状，易于置换碳酸根离子，并使晶粒的表面电位下降，从而具有良好的阻垢性能，尤其对抑制碳酸钙垢效果较好，它可防止可溶性铁从水中析出，对其他一些结垢物质的析出和形成也有一定抑制作用。因此广泛用作工业循环冷却水系统的阻垢剂。

聚磷酸盐的主要缺点是在水中易水解，而且受水温、pH 值、浓度、溶解盐类、配位阳离子等多种因素所影响，水解后产生的磷酸根离子会与钙结合生成难溶性磷酸钙，在传热面上形成致密的垢层而影响传热性能。此外，磷酸盐类在水中又是多种菌类的营养物质，含磷酸盐的工业废水若不加处理排入江河中，会造成水域水质的富营养化，导致菌藻大量繁殖生长，造成生态污染，因此，随着水处理技术的发展，这类阻垢剂的用量在逐渐减少。

[生产单位]武汉无机盐公司。

2. 乙二胺四亚甲基磺酸钠

[别名]简称 EDTS。

[化学式]$C_6H_{12}O_{12}N_2S_4Na_4$

[结构式]

$$NaO_3SH_2C \quad \quad CH_2SO_3Na$$
$$NCH_2CH_2N$$
$$NaO_3SH_2C \quad \quad CH_2SO_3Na$$

[性质]淡黄色结晶或固体，溶于水，是一种阴离子型表面活性剂。分子结构中含有多个磺酸基，能与多个金属离子螯合，形成多个立体结构的大分子配合物，松散地分散于水中，使钙垢的正常结晶被破坏，减少水垢形成。

[用途]用作水质阻垢剂，具有良好的阻碳酸钙及磷酸钙垢效能，阻垢性能优于有机磷酸。适用于工业循环冷却水、锅炉水等的防垢处理，用量为 5~8mg/L。也可与其他阻垢分散剂复配使用，增强阻垢作用。

[简要制法]由羟甲基磺酸钠与乙二胺经缩合反应后，再用无水甲醇结晶而得。

[生产单位]南京大学化工学院。

3. 丙烯酸-马来酸酐共聚物

[别名]丙烯酸-顺丁烯二酸酐共聚物

[化学式]$(C_3H_4O_2)_n \cdot (C_4H_2O_3)_m \cdot (C_4H_4O_4)_p$

[结构式]

[性质]黄色脆性固体，溶于水、乙醇。商品常为浅黄色或浅棕色透明黏稠液体，固含量≥48%，相对密度1.18~1.22，平均相对分子质量≥300，pH值(1%水溶液)2~3。具有良好的分散性及高温稳定性。

[用途]用作水质阻垢剂，对碳酸盐垢有良好分散性，可在300℃的高温下使用，用于工业循环冷却水、油田输油及输水管线、低压锅炉等的阻垢，一般用量为1~5mg/L，也可与有机膦酸盐等阻垢剂复配使用，增加阻垢功能。

[简要制法]在过氧化苯甲酰引发剂存在下，由马来酸酐与丙烯酸共聚制得。

[生产单位]天津化工研究设计院。

4. 丙烯酸－丙烯酸甲酯共聚物

[化学式]$(C_3H_4O_2)_m \cdot (C_4H_6O_2)_n$

[结构式]

$$\begin{array}{cc} -\!\!\!\begin{array}{c}[CH_2-CH]_m\\|\\C=O\\|\\OH\end{array}\!\!\! & \!\!\!\begin{array}{c}[CH_2-CH]_n\\|\\C=O\\|\\OCH_3\end{array}\end{array}$$

[性质]丙烯酸与丙烯酸甲酯共聚时摩尔比不同制碍的产品性质有所不同。摩尔比为4.1~5.1的丙烯酸－丙烯酸甲酯共聚物是亮黄色至水白色的黏性液体，有一定气味。固含量26%~32%。相对密度1.10~1.20。闪点高于49℃。pH值(1%水溶液)2~3。溶于水及盐水，不溶于烃类溶剂，能电离，有腐蚀性。

[用途]用作水质阻垢剂，具有抑制钙盐、磷酸锌、铁氧化物结垢和分散悬浮物，泥沙等多种功能，抑制碳酸钙的性能与聚丙烯酸相当，用于pH值高于10及较高温度的含钙水中，也能有效地抑制钙垢沉积，对使用无机磷酸盐、膦酸酯阻垢无效的水质，用本品也可有效地抑制钙垢，也常与聚磷酸盐、锌盐、膦酸盐及膦酸酯等药剂复配使用。一般用量为10~40mg/L。适用于工业循环冷却水、油田回注水系统及锅炉水等的阻垢。

[简要制法]在过硫酸铵引发剂存在下，由丙烯酸、丙烯酸甲酯及巯基乙酸反应制得。

[生产单位]南京化工大学纳科精细化工公司。

5. 丙烯酸－丙烯酸羟丙酯共聚物

[别名]丙烯酸－丙烯酸－β－羟丙酯共聚物

[化学式]$(C_3H_4O_2)_m \cdot (C_6H_{10}O_3)_n$

[结构式]

$$\begin{array}{cc} -\!\!\!\begin{array}{c}[CH_2-CH]_m\\|\\C=O\\|\\OH\end{array}\!\!\! & \!\!\!\begin{array}{c}[CH_2-CH]_n\\|\\C=O\\|\\OCH_2CH-CH_3\\|\\OH\end{array}\end{array}$$

[性质]丙烯酸与丙烯酸－β－羟丙酯共聚时的摩尔比不同，共聚物的性质也有所差别。两者摩尔比为1:4~36:1，共聚物的平均相对分子质量为500~1000000时，溶于水，水溶液随羟丙基含量增大而降低。用作水质阻垢剂的共聚物，两者摩尔比以11:1~1:2，共聚物的平均相对分子质量为1000~5000为宜。商品常为无色至微黄色黏稠液体，固含量26%~32%，相对密度1.10~1.20，pH值(1%水溶液)6~8。溶于水，不溶于烃类溶剂，呈弱酸性，能电离，低毒。

[用途]用作水质阻垢剂，对碳酸钙、磷酸钙、硫酸钙等结垢有良好抑垢作用，并具分

377

散氧化铁、悬浮物、泥沙等功能，适用于碱性和高磷酸盐存在的循环冷却水系统、油田回注水及锅炉水的阻垢。一般用量为 $10\sim30mg/L$。也是钼系、钨系、磷系及膦系等配方中的主要阻垢分散剂组分，是聚丙烯酸的换代产品之一。

[简要制法]在引发剂存在下，由丙烯酸或其钠盐与丙烯酸 $-\beta-$ 羟丙酯反应制得。

[生产单位]天津化工研究设计院。

6. 丙烯酸 -2- 丙烯酸胺基 -2- 甲基丙基磺酸共聚物

[化学式]$(C_3H_4O_2)_m \cdot (C_7H_{13}O_4NS)_n$

[结构式]

$$\left[\begin{array}{c}CH_2-CH \\ | \\ C=O \\ | \\ OH\end{array}\right]_m \left[\begin{array}{c} \overset{H}{\underset{H}{C}}-\overset{H}{\underset{|}{C}} \\ | \\ C-N-C-CH_2SO_3H \\ \| \ | \ | \\ O \ H \ CH_3\end{array} \begin{array}{c} CH_3 \\ \end{array}\right]_n$$

[性质]一种阴离子型表面活性剂。外观为淡黄色透明液体。固含量≥3%，相对密度 $1.05\sim1.15$，特性黏度 $0.065\sim0.080dL/g$，pH 值(1% 水溶液) $2.5\sim3.5$，可与水混溶。

[用途]用作水质阻垢分散剂，分子结构中含有强阴离子性、水溶性的磺酸基团，对 Ca、Ba、P、S、$CaCO_3$、$Mg(OH)_2$ 等水垢，特别是磷酸钙垢有良好的抑垢作用，并能有效地分散悬浮物、氧化铁、泥砂，有效地防止由于均聚物与水中离子反应而产生难溶性钙凝胶。无论是单独或复配使用，均具有良好的阻垢及缓蚀性能，单独用作工业循环冷却水阻垢分散时，用量一般为 $2\sim10mg/L$，适用于碱性运行和高浓缩倍数的水质，广泛用于石油化工、化肥、电力等行业循环冷却水系统，药力持久，对环境无污染。

[简要制法]在引发剂过硫酸铵存在下，由丙烯酸、2-丙烯酰胺基-2-甲基丙基磺酸聚合制得。

[生产单位]天津化工研究设计院。

7. 丙烯酸 -2- 丙烯酰胺基 -2- 甲基丙基磺酸 - 丙烯酸羟丙酯共聚物

[别名]AA – AMPS – HPA 三元共聚物。

[结构式]

$$\left[\begin{array}{c}CH_2-CH \\ | \\ COOH\end{array}\right]_m \left[\begin{array}{c}CH_2-CH \\ | \\ CONH-C-CH_2SO_3H \\ | \\ CH_3\end{array}\begin{array}{c}CH_3 \\ \\ \end{array}\right]_n \left[\begin{array}{c}CH_2-CH \\ \ \ \ \ \ \ \ \ \ \ | \ \ CH_3 \\ COOCH_2CHCH_3 \\ | \\ OH\end{array}\right]_p$$

[性质]一种阴离子型表面活性剂。外观为淡黄色黏稠液体，相对密度约 1.15，固含量≥28%，特性黏度 $0.055\sim0.085dL/g$，pH 值(1% 水溶液) $2.5\sim3$。可与水混溶。

[用途]用作水质阻垢剂。分子结构中同时含有磺酸基、羧基、羟基可与多个金属离子螯合，形成多个立体结构的大分子配合物，松散地分散于水中，使盐垢的正常结晶破坏，起到良好的阻垢作用。阻垢性优于丙烯酸有机磺酸共聚物，可阻碳酸钙垢、磷酸钙垢，而且抑制锌盐沉积力较强。一般用量为 $30mg/L$。适用于炼油、化工、化肥、电力等行业的高碱、高 pH 值、高钙工业循环冷却水、锅炉水及油田注水系统的阻垢处理。也可用作洗涤助剂、钙皂分散剂等。

[简要制法] 在引发剂存在下，由丙烯酸 - 2 - 丙烯酰胺基 - 2 - 甲基丙基磺酸及丙烯酸羟丙酯经共聚反应制得。

[生产单位] 乌鲁木齐石油化工总厂。

8. 丙烯酸 - 丙烯酸酯 - 磺酸盐共聚物

[结构式]

$$\left[CH_2-CH\right]_m\left[CH_2-CH\right]_n RSO_3M$$
$$\qquad COOH \qquad COOR$$

[性质] 一种阴离子型表面活性剂，外观为淡黄色透明液体。固含量≥30%。相对密度 1.0~1.2，特性黏度 0.055~1.0dL/g(30℃)。可与水混溶。

[用途] 用作水质阻垢剂，分子结构中含有羧基、羟基、膦酸基及磺酸基等基团，对硫酸钙、碳酸钙、磷酸钙等有良好的抑制作用，并能有效地分散悬浮物、氧化铁。可单独使用，也可与其他阻垢剂复配使用，与其他水处理药剂的配伍性好。广泛用作工业循环冷却水、锅炉水及油田注水系统的阻垢分散剂。

[简要制法] 在引发剂存在下，由丙烯酸、丙烯酸酯及磺酸盐经共聚反应制得。

[生产单位] 武进水质稳定剂厂。

9. 马来酸 - 丙烯酸甲酯共聚物

[别名] 马丙共聚物，简称 MMA。

[化学式] $(C_4H_4O_4)_m \cdot (C_4H_6O_2)_n$

[结构式]

$$\left[\begin{array}{cc}CH-CH\\COOH\ COOH\end{array}\right]_m\left[\begin{array}{c}CH_2-CH\\C=O\\OCH_3\end{array}\right]_n$$

[性质] 一种非离子表面活性剂，外观为黄色至黄棕色黏稠液体。固含量≥50%，相对密度 1.20，平均相对分子质量 300~500，pH 值(1%水溶液)2。溶于水、乙醇。具有良好的分散性及耐高温性能。

[用途] 用作水质阻垢剂，具有抑制碳酸钙、磷酸钙、硫酸钙等水垢及分散悬浮物、泥沙等功能，能耐 300℃高温，适用于碱性水质的高温循环水、锅炉水等阻垢，与有机膦酸盐及锌盐阻垢剂并用，可增强阻垢效果。也用作洗涤助剂、钙皂分散剂。

[简要制法] 在过氧化苯甲酰引发剂存在下，由顺丁烯二酸酐与丙烯酸甲酯聚合制得。

[生产单位] 北京通州水处理公司。

10. 聚丙烯酸钠

[别名] 丙烯酸钠共聚物，简称 PAANa。

[化学式] $(C_3H_3NaO_2)_n$

[结构式]

$$\qquad\qquad COONa$$
$$\left[H_2C-CH\right]_n$$

[性质] 商品有粉状及液状两种。粉状产品为无色至白色无臭无味粉末。吸湿性较强，经过透明的凝胶态而变成黏稠液体。是一种具有亲水性和疏水基团的高分子电解质，水溶液呈碱性。在 pH 值为 4 附近易凝聚，易溶于苛性钠水溶液，其水溶液的冷热稳定性、水解稳定性及储存稳定性均较好，0.5%溶液的黏度约为 1Pa·s，黏度为羧甲基纤维素、海藻酸钠的 15~20 倍，有机酸类对其黏性影响很小，碱性时则黏性增大。液体产品为无色或淡黄色

黏稠液体，呈微碱性，易溶于水，不溶于乙醇、丙酮等有机溶剂，具有极强的保水、增稠功能，聚丙烯酸钠对 Ca^{2+}、Mg^{2+} 等离子具有螯合作用，使其具有阻垢性能，也对腐蚀产物、泥土等有分散作用，是一种分散剂。用作水质稳定剂的聚丙烯酸钠多为液体产品。

[质量规格]

项目		指标	
		优级品	一级品
固含量/%	≥	30.0	25.0
游离单体/%	≤	0.5	1.0
pH 值(10%水溶液)		6.5~7.5	6~8
密度(20℃)/(g/mL)		1.15	1.15
溶解性		合格	合格

注：表中所列指标摘自 HG/T 2838—1997。

[用途]用途广泛。利用其凝聚性，可用作水质阻垢剂；利用其分散性，可用作污泥分散剂、抄纸剂；利用其增黏及增稠性，可用作乳液、塑料、橡胶、胶黏剂的增黏剂及增稠剂；利用其吸水性，可用作高吸水性树脂的原料及土壤保水剂等。

[简要制法]以丙烯酸及丙烯酸酯为原料，在过硫酸铵等引发剂存在下，经自由基聚合、碱中和而制得。

[生产单位]天津化工研究设计院。

11. 聚丙烯酰胺

[别名]简称 PAM。

[化学式]$(C_3H_5NO)_n$

[结构式]

$$\begin{array}{c} +CH_2-CH\frac{}{}_n \\ | \\ CONH_2 \end{array}$$

[性质]由丙烯酰胺单体聚合得到的线型聚合物，常温下为坚硬的玻璃态固体。按制法及组成不同，产品有白色粉末、胶液、胶乳、半透明珠粒和薄片等。固体 PAM 的相对密度 1.302(23℃)，玻璃化温度 153℃，软化温度 210℃。能溶于水，水溶液为均匀透明的液体，其水溶液黏度随聚合物相对分子质量增加而提高。除乙酸、丙烯酸、甘油、乙二醇、氯乙酸及甲酰胺等少数极性溶剂外，一般不溶于有机溶剂。PAM 按其大分子链上的功能基不同，又可分为阳离子型、阴离子型及非离子型。阳离子型 PAM 是高分子电解质，带有正电荷（活性基），对悬浮的有机胶体和有机化合物可有效地凝聚；阴离子型 PAM 在中性和碱性介质中呈高聚物电解质的特性，对盐类电解质敏感，与高价金属离子能交联成不溶性凝胶体；非离子型 PAM 的大分子链上不含离子基团，但酰胺基能吸附黏土、纤维素等物质而絮凝。

[用途]应用广泛，可用于增稠、絮凝、阻垢、凝结、成膜、稳定胶体等方面。是应用最广、效能很高的高分子絮凝剂。用作水质阻垢剂时，多数情况下需与其他阻垢剂复配使用，并且要求相对分子质量在 8000~10000 范围内。高相对分子质量的聚丙烯酰胺一般用作絮凝剂使用。相对分子质量在 $10^5 \sim 10^6$ 的聚丙烯酰胺在与其他阻垢剂配合使用时具有剥离污垢的作用。在油田采油中也用作增稠剂、堵水剂及聚合物驱油。

[简要制法]用作水质阻垢剂的聚丙烯酰胺一般采用水溶液聚合方法合成，可由丙烯酰胺单体在过硫酸铵引发剂存在下聚合制得。产品为无色透明黏性水溶液。

[生产单位] 广州丙烯酰胺技术中心。

12. 聚天冬氨酸

[别名] 简称 PASP。

[化学式] $C_4H_6NO_3(C_4H_5NO_3)_xC_4H_6NO_4$

[结构式]

$$H_2N-CH-CH_2-CO[-NH-CH-CH_2-CO-]_m[-NH-CH-CO-]_n$$

（各支链含 COOH, CH₂, COOH 等基团）

$$-NH-CH-CH_2-COOH \qquad (x=m+n, m>n)$$

[性质] 亮黄色水溶液。一种水溶性聚合物。相对分子质量 1000~5000。pH 值 9.5。具有优良的分散水中有机及无机离子的性质，并易生物降解为无毒性物质。10d 的降解率 18%~44%，28d 的降解率 73%~83%，几乎与葡萄糖的生物降解性相接近。

[用途] 用作水质阻垢缓蚀剂。可分散水中的 $CaCO_3$、$CaSO_4$、Fe_2O_3、$BaSO_4$、$Mg(OH)_2$、$Ca_3(PO_4)_2$ 等沉积物，用于工业冷却水、油田回注水、锅炉水等的阻垢，对 $CaCO_3$ 的阻垢率可达 100%。一般用量为 0.2~2mg/L。本品还具有良好的螯合性及强吸水性，可用作水煤浆、涂料分散剂。

[简要制法] 由 L-天冬氨酸在高温下热缩合制得聚琥珀酰亚胺，再经液碱水解制得。

13. 氨基三亚甲基膦酸

[别名] 氨基三甲烷膦酸，简称 ATMP。

[化学式] $C_3H_{12}NO_9P_3$

$$(HO)_2P(O)-CH_2-N(CH_2-P(O)(OH)_2)_2$$

[性质] 无色至淡黄色液体，或白色颗粒固体。相对密度 1.3~1.4。易溶于水，不溶于多数有机溶剂。干品分解温度 200~212℃。化学稳定性及热稳定性好，与稀硫酸煮沸也不会分解。抗水解能力优于无机磷酸盐。对水中多种金属离子有螯合能力。低毒，有腐蚀性。

[质量规格]

项目		指标		
		优级品	一级品	合格品
活性组分/%	≥	50.0	50.0	50.0
亚磷酸(H_3PO_3)含量/%	≤	1.0	3.0	5.0
磷酸(H_3PO_4)含量/%	≤	0.5	0.8	1.0
氯化物(Cl^-)含量/%	≤	1.0	2.0	3.5
密度(20℃)/(g/mL)		1.28	1.28	1.28
pH 值(1%水溶液)		1.5~2.5	1.5~2.5	1.5~2.5
钙螯合值/(mg/g)	≥	350	300	300

注：表中所列指标摘自 HG/T 2841—1997(水处理剂)。

[用途]用作水质阻垢剂、缓蚀剂。在水中能离解成 6 个阳离子和 6 个阴离子，并能与 Ca^{2+}、Mg^{2+} 等金属离子形成多元环螯合物，以松散形式分散于水中，使钙垢、镁垢的正常结晶受到破坏，从而使致垢金属在水中保持溶解状态。且与聚磷酸盐、聚羧酸盐、亚硝酸盐有良好的协同能力，可有效防止水中成垢盐类形成水垢，是工业循环冷却水常用阻垢剂及缓蚀剂。单独使用时浓度为 10～20mg/L。也用作过氧化物稳定剂、泡沫塑料阻燃剂、金属脱脂剂、贵金属萃取剂等。

[简要制法]由氯化铵、甲醛及三氯化磷经一步法反应制得。或由亚磷酸与氮川三乙酸反应而得。

[生产单位]天津化工研究设计院。

14. 多元醇磷酸酯

[别名]多羟基化合物磷酸混酯。

[结构式]

$$R^1O-\overset{\displaystyle O}{\underset{\displaystyle OH}{P}}-OR^2$$

式中，R^1、R^2 分别为 H、$HO-CH_2-CH_2-O$、$CH_3-CH_2-O-CH_2-CH_2-O$ 等

[性质]一类阴离子型表面活性剂。产品有棕色黏稠性膏状物及酱色黏稠性液体等。稍溶于水，在高温及碱性条件下易发生水解。

[质量规格]

项目		指标	
		A 类	B 类
磷酸酯(以 PO_4^{3-} 计)含量/%	≥	32.0	32.0
无机磷酸(以 PO_4^{3-} 计)含量/%	≤	8.0	9.0
pH 值(10g/L 水溶液)		1.5～2.5	

注：表中指标摘自 H/T 2228—2006。

[用途]用作水质阻垢剂、分散剂。分子结构中含有多个聚氧乙烯基，有良好的阻钙垢能力及对泥沙的分散性。广泛用于炼油厂、化工厂、化肥厂等铜质换热器、空调系统等循环冷却水中作阻垢缓蚀剂。也用作油田注水系统的阻垢剂，对锌盐有良好的稳定作用。可与锌离子复配用作阻垢缓蚀剂。一般用量 4～5mg/L，锌离子 2～3mg/L。

[简要制法]由多元醇与环氧乙烷反应生成多元醇聚氧乙烯醚，再与 P_2O_5 反应制得。

[生产单位]南京化工研究设计院。

15. 丙烯酰胺－反丁烯二酸共聚物

[别名]丙烯酰胺－富马酸共聚物。

[结构式]

$$\begin{array}{c} \left[CH_2-CH\right]_{\overline{m}}\left[CH-CH\right]_{\overline{n}} \\ \quad\;\; | \qquad\qquad | \quad | \\ \quad\;\; C=O \quad\;\; COOH \\ \quad\;\; | \\ \quad\;\; NH_2 \end{array} \quad COOH$$

[性质]白色或淡黄色透明水溶液。总固含量30%。pH 值4～5。

[用途]用作水质阻垢剂、分散剂。对碳酸盐垢有强分散作用。热稳定性好，可在300℃高温下使用。可用于各类循环冷却水系统、低压锅炉、热交换、集中采暖等水质阻垢。也可与有机膦酸盐阻垢剂复配使用。一般用量为2~10mg/L。

[简要制法]在过硫酸铵引发剂存在下，由丙烯酰胺与反丁烯二酸经水溶液聚合制得。

16. 丙烯酸-N-异丙基丙烯酰胺-丙烯酸-β-羟丙酯共聚物

[结构式]

$$\begin{array}{ccc} -\!\!\left[CH_2\!-\!CH\right]_{\!m}\!\!\!\!\! & \left[CH_2\!-\!CH\right]_{\!n}\!\!\!\!\! & \left[CH_2\!-\!CH\right]_{\!p} \\ | & | & | \\ C\!=\!O & C\!=\!O & C\!=\!O \\ | & | & |\quad| \\ OH & NH & O\quad OH \\ & | & | \\ & CH_3\!-\!CH\!-\!CH_3 & CH_2\!-\!CHCH_3 \end{array}$$

[性质]淡黄色透明水溶液。总固含量30%。pH值3~4。

[用途]用作水质阻垢剂、分散剂，对碳酸盐垢有强分散作用。热稳定性好，可在300℃高温下使用，可用于各类循环冷却水系统、低压锅炉、热交换、集电采暖等水质阻垢。也可与有机膦酸盐阻垢剂复配使用。一般用量2~10mg/L。

[简要制法]由丙烯酸、N-异丙基丙烯酰胺及丙烯酸-β-羟丙酯（摩尔比为5:1.5:2）为原料，以过硫酸铵为引发剂，经水溶液聚合制得。

十九、炼油过程中的消泡剂

在采油、油品加工等生产操作过程中，常因物料倾倒、流动、搅拌或过滤等操作而使液体中混入空气，产生大量气泡或泡沫。泡沫会给生产带来困难及危害性，如引起原料浪费，延长反应时间、造成操作波动、降低产品质量等。

泡和泡沫是由于表面作用而生成的。当不溶性气体被周围的液体所包围时，瞬时所生成的疏水基伸向气泡的内部，而亲水基伸向液体，形成一种极薄的吸附膜。由于表面张力的作用，膜收缩成为球状，形成为泡，由于液体的升举力，气泡上升至液面，当大量的气泡聚集在表面时，就形成了泡沫层。一般讲，起泡的液体几乎都是溶液，纯液体则不起泡，表面张力低时液体越易起泡。而泡沫的稳定性与表面黏性、表面弹性、电斥性、表面膜的移动、温度、蒸发等因素有关。

消除泡沫的方法有物理、机械及化学方法三种。加入消泡剂，抵制或消除泡沫生成、属于化学方法的一种，在炼油工业中，消泡剂首先用于润滑油起泡，以后又逐渐移植于炼油工艺过程中，如延迟焦化、气体脱疏、丙烷脱沥青等操作过程中，常会因产生大量泡沫而影响装置正常运行，使用消泡剂是解决这一问题的有效方法。

消泡剂又称抗泡剂、防沫剂。通常具有较低的表面张力，其用量不大，但专用性强，作用明显，消泡剂常以微粒的形式渗入到泡沫体系中。泡沫体系要产生泡沫时，存在于体系中的消泡剂颗粒立即破坏气泡的弹性膜，抵制泡沫产生。如果泡沫已产生，消泡剂接触泡沫后，立即捕获泡沫表面的疏水链端，并迅速铺展成很薄的双电层，经进一步扩散而取代原泡沫的膜壁。由于低表面张力的液体总是要流向高表面张力的液体，具有低表面张力的消泡剂就能使含消泡剂部分的泡膜的膜壁逐渐变薄，并被四周表面张力大的膜层牵引，整个气泡就会应力不平衡而导致破裂。

（1）消泡剂的分类

可用作消泡剂的物质种类很多，有油型、溶液型、乳液型、粉末型及复合型等，大致有以下几类：

①油脂类，如蓖麻油、亚麻子油、动植物油；

②脂肪酸类，如硬脂酸、油酸、棕榈酸、辛酸、月桂酸；

③酯类，如硬脂酸酯、磷酸三丁酯、磺酸酯、天然石蜡等；

④醇类，如3-庚醇、辛醇、聚丙二醇、聚氧乙烯醇及其衍生物；

⑤醚类，如3-庚基溶纤剂、甘油聚醚、脂肪醇聚氧乙烯醚等；

⑥胺类，如二戊胺、油胺等；

⑦酰胺类，如聚酰胺、脂肪酸二酰胺、双十八酰基哌啶等；

⑧金属皂类，如硬脂酸铝、油酸钾、羊毛脂等；

⑨聚硅氧烷类，如二甲基硅油、硅酮、氟硅氧烷、聚硅氧烷粉等；

⑩有机极性化合物类，如聚乙二醇脂肪酸酯、山梨醇酐月桂酸酯等；

⑪其他类，如二氧化硅、硫酸亚铁、妥尔混合物等。

（2）消泡性剂的选用

消泡剂的使用有很强的针对性、在选择消泡剂时应具备以下性质：

①消泡性强而用量又少；

②不影响消泡体系的基本性质；

③表面张力小，与表面的平衡性好；

④扩散性及渗透性好；

⑤化学性质稳定，耐热、耐氧化；

⑥在起泡溶液中溶解性小；

⑦无生理活性，安全性高、气味小，价格低廉。

由于泡沫的形成和稳定受多种因素影响，如所用乳化剂及其他助剂的性质、pH值大小、工艺条件等都会影响消泡剂的使用效果，因此，同时满足上述条件或通用的消泡剂是难以找到的。一种消泡剂往往只对某一体系或数种体系有效，某种消泡剂可能只在某一领域中得到应用，而在其他领域则采用其他消泡剂，在选用消泡剂时，最好先做实验，使用时还应注意其添加浓度，在使用一种消泡剂难以获得理想消泡效果时，可采用几种消泡剂复配使用以增强消泡效果。

（3）消泡剂的组分

消泡剂既要求其具有消泡能力，又要求其经济实用及具有较高使用价值，除了适当选择上述活性成分外，还须含有适宜的辅助成分。一种用于复杂泡沫体系的消泡剂会含有多种组分。

①活性成分。或称基本消泡剂，指消泡剂的主要有效成分。一般为溶解度极低且能形成微粒的材料如上述高分子量聚醚、有机磷酸酯、烃类蜡、脂肪胺、疏水二氧化硅等。

②辅助消泡剂。对活性组分提供增效作用。这种成分常通过影响活性成分的扩散性、溶解性或结晶度而改进其表面作用，如脂肪醇、脂肪酸酯、聚硅氧烷等。

③载体或赋形剂。载体一般是烃类油或水，有时也用醇等溶剂；赋形剂一般是蜡、甲基纤维素或糖等。载体或赋形剂会占消泡剂配方的大部分，它们不仅起着将活性成分及辅助消泡剂引入泡沫体系中的作用，而且应对体系性质不产生副作用。

④乳化剂或分散剂。作为消泡剂，既要求活性成分溶解度很低，同时又要求活性成分能快速充分分散。为满足这两个互相矛盾的要求，就需借助乳化剂或分散剂。它们是一些表面活性剂，选用时应考虑与起泡液中表面活性剂有相容性。

⑤偶联剂或稳定剂。它们是赋予消泡剂稳定性及储存寿命的助剂。偶联剂有红油、己二醇、丁醇、甲醛、萘磺酸盐等；稳定剂选用能抑止细菌引起腐败的防腐剂。

显然，上述组分不是所有消泡剂都具有的，而是依据消泡剂使用及储存条件、泡沫体系性质而灵活选择。有时一种成分也会兼有多种功能。由于消泡剂添加量很少，1吨起泡液往往只需要几克消泡剂活性成分，甚至更少。如此少量消泡剂要迅速而均匀地分布到起泡液中，故对含100%活性成分的本体型消泡剂必须先用溶剂稀释，溶液型消泡剂用同种溶剂稀释，乳液型消泡剂用同种分散介质稀释。

（4）消泡剂的添加方法

消泡剂的功效，不仅与消泡剂的配方组成有关，也与消泡剂的使用方法密切相关。正确的添加方法是使消泡剂充分而又及时分散到起泡液中起泡部位，添加方法一般有以下3种：

①间歇添加。在不是连续性起泡而且起泡不严重时，则可将消泡剂一次加入或定时加入，并添加在起泡液湍动剧烈的地方。一般可用手工加入。倘若起泡猛烈，在短期内产生较多泡沫，或是为迅速扑灭已产生的泡沫时，可以用喷枪喷射方式加入。如在一定限度内容许泡沫存在，只是为防止泡沫过多时，可将不溶性的高效膏状消泡剂涂抹在容器壁边缘，或将消泡剂涂敷在金属网或丝网上，覆盖在容器的一定位置，泡沫层升高接触到网时即可破灭，从而阻挡泡沫溢出。

②连续添加。消泡剂加入后，在起消泡作用的同时也开始失效。即间歇添加的消泡剂却在连续地损耗，当所含消泡剂剩余的有效部分不足以控制泡沫时，就需要补充添加，这时，如能摸清消泡剂的必要消耗量，就可进行连续添加，以取得节约效果。连续操作时，可将消泡剂借助高位槽在容器湍动剧烈处，或循环管路某一处进行连续滴加，对于压力系统，可用定量泵注入。

③自控添加。对于起泡时间、泡量大小没有准确规律的泡沫发生体系，可以采用自控添加方法。对于水溶液起泡体系，可借助泡沫的导电性质，安置电极继电器的方法进行自控添加；对于蒸馏塔、湿法吸收塔，起泡会影响塔顶塔底压差，泡沫多时压差大，泡沫少时压差小，故可通过压差信号，借助继电器实现自控添加。

（5）消泡剂失效原因

消泡剂是消耗性的，需要随时补充添加，不同消泡剂，效力优劣相差甚远。而同样的消泡剂在不同泡沫体系中，消泡效力往往不同，甚至相差甚远。消泡剂在使用过程中一般不会由于化学反应而失效，多数情况是由于分散状态的改变而引起失效。究其失效原因大致有：

①消泡剂微粒变得过小。按消泡剂作用机理，消泡剂往往是以微粒的形式吸附在泡膜上，通过微粒的破碎而使气泡穿孔、破灭或合并；微粒直径与泡膜厚度相近，破泡效果较好，而消泡剂微粒由于反复作用、一再破碎，最终会使粒径变得过小，难以发挥作用，如果消泡剂的活性成分与起泡液的亲和性过强，也会使消泡剂微粒变得过小而易失效。

②消泡剂微粒变得过大。消泡剂要取得优良的消泡活性，需要消泡剂微粒运动灵活，能快速聚集到泡膜气液界而上，而且在发挥消泡作用后，仍能快速运行连续起作用，如果消泡剂颗粒较大，运动缓慢，活性就较差。但在起泡液中，消泡剂微粒会因碰撞、合并、凝聚而变大；消泡剂活性成分还会黏附在器壁上，疏液一端指向器壁，亲液一端指向液体，也会在

器壁上凝聚，导致附着、沉降，而由起泡液中离析而失效；此外，在泡沫破灭化为液体时，大量的消泡剂微粒会聚集在少量液体里而发生凝聚。

③消泡剂微粒表面性质发生变化。起泡液中助表面活性剂，附着在消泡剂活性成分上，使活性成分被增溶，成为亲液性分子团。这样，一方面通过消耗一些助泡剂而能降低一些起泡力，但活性成分也会因表面性质变化而失去其消泡活性，当体系中助泡表面活性浓度增加时，消泡就会变得较为困难。

（6）消泡剂的剂型

消泡剂一般是用户拿去简单稀释即可使用的成品。但也有供用户自己乳化加工或用溶剂溶解的半成品。按消泡剂的成分分类，有本体型、乳液型、溶液型等品种；按起泡体系及用途可分为水相起泡剂、油相起泡剂及特殊要求的起泡剂；按消泡剂形态有鳞片状、粉状及液态剂型。对于连续添加或自控添加，以液体剂型较为方便。

1. 辛醇

[别名] 正辛醇、1-辛醇。

[化学式] $C_8H_{18}O$

[结构式] $CH_3(CH_2)_6CH_2OH$

[性质] 无色透明油状液体，有强烈芳香气味，可燃。相对密度 0.5239（20℃），熔点 -16.7℃，沸点 195℃，闪点（开杯）91℃。几乎不溶于水，能与乙醇、乙醚、氯仿等混溶。

[质量规格]

项目	指标	项目	指标
辛醇含量/%	≥98.0	相对密度（25℃）	0.822~0.830
折射率（20℃）	1.428~1.431	酸值/（mgKOH/g）	≤1.0

注：表中所列指标为参考规格。

[用途] 用作乳液聚合用消泡剂、钻井液消泡剂及抑泡剂、润滑油添加剂、防冻剂、溶剂、萃取剂等，也用作有机合成原料，用来制造辛酸、辛醛、乙酸辛酯、增塑剂邻苯二甲酸二辛酯及己二酸二辛酯等。

[简要制法] 以庚烯为原料，在钴催化剂存在下，经羰基化反应生成醛，再经催化加氢制得辛醇。

2. 二甲基硅油

[别名] 二甲基硅氧烷、聚二甲基硅醚、二甲基聚硅氧烷。

[结构式]

$$H_3C-\underset{\underset{CH_3}{|}}{\overset{\overset{CH_3}{|}}{Si}}-O-\left[\underset{\underset{CH_3}{|}}{\overset{\overset{CH_3}{|}}{Si}}-O\right]_n-\underset{\underset{CH_3}{|}}{\overset{\overset{CH_3}{|}}{Si}}-CH_3 \quad (n=3\sim650)$$

[性质] 一种以硅氧烷为骨架的直链状聚合物。无色透明油状液体，无毒、无味。随聚合度 n 不同，相对分子质量的大小不同，其黏度、相对密度、熔点、闪点、折射率等也有所不同。黏度随相对分子质量增大而增高。相对密度在 0.176~0.977 之间。不溶于水、甲醇、

乙醇、乙二醇，溶于苯、甲苯、二甲苯、乙醚、石油醚、汽油、煤油等溶剂，有优良的耐热性，长期使用温度为 - 60 ~ 170℃，加热至200℃时氧化生成甲醛、甲酸、二氧化碳和水，同时黏度上升并逐渐转变为凝胶，有卓越的电绝缘性及疏水性，能在各种物体表面形成防水膜，并具有低表面张力及高表面活性，因而具有优良的消泡抗泡性能、润滑性能和与其他物体的隔离性能。

[质量规格]

产品牌号 项目	指标						
	201 - 10	201 - 20	201 - 50	201 - 100	201 - 350	201 - 500	201 - 1000
外观	无色透明液体						
运动黏度(25℃)/ (mm^2/s)	10 ± 1	20 ± 2	50 ± 5	100 ± 10	350 ± 35	500 ± 50	1000 ± 100
折射率(25℃)	1.39 ~ 1.40	1.395 ~ 1.405	1.40 ~ 1.410	1.40 ~ 1.410	1.40 ~ 1.410	1.40 ~ 1.410	1.40 ~ 1.410
闪点/℃　　≥	155	260	265	300	300	300	300
相对密度(25℃)	0.93 ~ 0.94	0.95 ~ 0.96	0.955 ~ 0.965	0.965 ~ 0.97	0.965 ~ 0.97	0.965 ~ 0.97	0.965 ~ 0.97
熔点/℃	- 65	- 60	- 55	- 55	- 50	- 50	- 50
黏温系数	0.56 ~ 0.58	0.58 ~ 0.60	0.58 ~ 0.60	0.59 ~ 0.61	0.61 ~ 0.62	0.61 ~ 0.62	0.61 ~ 0.62

注：表中所列指标为企业标准。

[用途] 一种常用消泡剂，可用于原油集输、天然汽油吸收、常减压蒸馏等过程的消泡。也是润滑油的主要消泡剂，其特性是：表面张力比润滑油低，能促使发泡剂脱附；化学性质不活泼，不易和润滑油发生反应；在润滑油中溶解度小，但又有一定亲油性，挥发性小、闪点高，有抗氧化与抗高温性能；用量少、效果好，可用于各类润滑油。一般使用黏度（25℃）为 100 ~ 10000mm²/s 的产品作消泡剂，加入量为 1 ~ 100μg/g。二甲基硅油也广泛用作脱模剂及热载体。

[简要制法] 由二甲基二氯硅烷、三甲基氯硅烷经水解、调聚制得。

[生产单位] 四川晨光化工研究院。

3. 磷酸三丁酯

[别名] 磷酸正丁酯，简称 TBP。

[化学式] $C_{12}H_{27}O_4P$

[结构式]

$$\begin{matrix} C_4H_9O \\ C_4H_9O - P = O \\ C_4H_9O \end{matrix}$$

[性质] 无色透明液体，无臭。相对密度0.978，熔点 < - 80℃，沸点289℃（分解），闪点146℃，折射率1.4215(25℃)，黏度4.1mPa·s(25℃)。微溶于水，溶于多数有机溶剂和烃类，不溶或微溶于甘油、乙二醇及胺类。易燃，遇明火或高热有燃烧危险。中等毒性。对眼、皮肤及黏膜有刺激性。

[质量规格]

项目	指标	项目		指标
外观	无色透明液体	酸度(以磷酸计)/%	≤	0.02
相对密度	0.976～0.981	水分/%	≤	0.3
折射率	1.423～1.425			

注：表中所列指标为参考标准。

[用途] 用作乳液聚合、水泥浆、胶黏剂及油品消泡剂，也用作橡胶阻燃剂、防焦烧剂，聚氯乙烯及氯乙烯等的增塑剂，涂料、油墨、胶黏剂等的溶剂，润滑油添加剂，及用作传热介质等。

[简要制法] 由正丁醇及三氯氧磷反应制得粗品，再经精制而得。

[生产单位] 上海彭浦化工厂。

4. 乳化硅油

[结构式]

[性质] 以聚二甲基硅氧烷为主要成分经乳化后的产物。乳白色黏稠液体，无臭、无毒、对金属不腐蚀、耐热、抗氧化。不溶于水、乙醇，但可分散于水中，溶于苯、甲苯、氯仿等。

[质量规格]

项目	指标	项目	指标
外观	白色均匀乳液	硅油含量/%	25±2
pH 值	6～8	稳定性(15min，3000r/min)	不分层，不漂油

[用途] 用作原油集输、金属加工、水质处理、橡胶加工、食品发酵等过程的消泡剂，最大用量为0.2g/kg，也用作机械设备润滑剂、脱模剂等。

[简要制法] 由聚二甲基硅氧烷与气相白炭黑混合碾成硅脂后，再加入乳化剂、聚乙烯醇、去离子水，经充分搅拌乳化后制得。

[生产单位] 四川晨光化工研究院、无锡神龙有机硅公司等。

5. 聚氧丙烯聚氧乙烯甘油醚

[别名] 丙三醇聚氧丙烯聚氧乙烯醚、泡敌、消泡剂 GPE

[结构式]

$$CH_2O\text{—}[CH_2CH(CH_3)O]_n\text{—}[CH_2CH_2O]_mH$$
$$CHO\text{—}[CH_2CH(CH_3)O]_{n_1}\text{—}[CH_2CH_2O]_{m_1}H$$
$$CHO\text{—}[CH_2CH(CH_3)O]_{n_2}\text{—}[CH_2CH_2O]_{m_2}H$$

[性质] 一种非离子型表面活性剂。外观为无色至淡黄色透明油状液体。相对密度1.06，熔点 -31℃。溶于乙醇、乙醚、丙酮、苯等溶剂。在冷水中较热水易溶解，具有良好

的润滑性及抗氧化性，并且有很强的消泡、抑泡性能。

[质量规格]

项目		指标	
		一级品	二级品
外观		无色透明液体	黄色透明液体
酸值/(mgKOH/g)	≤	0.5	0.5
羟值/(mgKOH/g)		45~56	45~60
浊点/℃		17~25	17~25

[用途]用作酸气洗涤液、发酵液、金属加工洗涤液及医药、农药等生产过程的消泡剂。具有消泡、抑泡能力强的特点。

[简要制法]在 KOH 催化剂存在下，由甘油与环氧乙烷、环氧丙烷经缩聚反应制得。

[生产单位]辽宁旅顺化工厂、沈阳石油化工厂等。

6. 聚氧乙烯聚氧丙烯单丁基醚

[别名]消泡剂 XD-4000。

[结构式]$C_4H_9O+C_3H_6OC_2H_4O+_nH$

[性质]淡黄色透明黏稠性液体，溶于水，属非离子型表面活性剂。具有良好的抗氧化性、润滑性，凝固点低、闪点高、消泡能力强。

[质量规格]

项目	指标	项目	指标
相对密度	1.06	浊点(1%水溶液)/%	50~54
折射率(20℃)	1.4603~1.4605	黏度(20℃)/(Pa·s)	2~2.8
pH 值	6~7	灰分/%	<0.005
闪点(闭杯)/%	210	水分/%	<0.5
凝点/℃	-31~+33		

[用途]用作合成氨装置及小型化肥脱碳系统消泡剂、酸气洗涤液消泡剂，也用于染料生产重氮化过程中一氧化氮的消泡。还用作分散剂、润湿剂、破乳剂及合成润滑油的基础油等。

[简要制法]在 KOH 催化剂存在下，由丁醇与环氧乙烷及环氧丙烷经开环聚合制得。

[生产单位]无锡树脂厂、江苏靖江油脂化学厂等。

7. 甘油 EO/PO 嵌段共聚醚

[别名]甘油 EO-PO-EO 型嵌段共聚醚。

[结构式]
$$CH_2O(CH_2CH_2O)_m(C_3H_6O)(CH_2CH_2O)_p$$
$$CHO(CH_2CH_2O)_m(C_3H_6O)_n(CH_2CH_2O)_p$$
$$CH_2O(CH_2CH_2O)_m(C_3H_6O)_n(CH_2CH_2O)_p$$

[性质]浅黄色黏稠液体。难溶于水，溶于乙醚、苯等有机溶剂。具有良好的消泡、抑泡、分散、润湿等性能。

[质量规格]

项目	指标	项目	指标
相对分子质量	5000 ± 100	酸值/(mgKOH/g)	0.04 ~ 0.06
羟值/(mgKOH/g)	34 ~ 37	聚醚中 K^+ 浓度	$< 10^{-5}$

[用途] 为非离子表面活性剂，用作酸气洗涤液、油品及清洗剂消泡剂，也用作润湿剂、分散剂。

[简要制法] 以甘油为起始剂，在 KOH 催化剂存在下，与环氧乙烷、环氧丙烷经嵌段共聚制得。

[生产单位] 黎明化工研究院。

8. T903 润滑油消泡剂

[别名] T903 高效润滑油抗泡剂。

[性质] 乳白色至浅黄色液体。为硅醚型聚合物。不溶于水，溶于石油产品。具有良好的消泡、抑泡性能及稳定性。

[质量规格]

项目		指标	项目		指标
外观		乳白色至淡黄色液体	pH 值		6 ~ 7
密度(20℃)/(g/mL)		0.90 ~ 0.95	水分/%		痕迹
闪点(开杯)/℃	≥	60	机械杂质/%	≤	0.05
凝点/℃	≤	− 30			

[用途] 用作油品、润滑油消泡剂，适用于各类润滑油。它既克服了硅油抗泡剂抗泡稳定性差、溶解度小的缺点，又克服了非硅抗泡剂空气释放值偏高、对某些添加剂存在时可能损失抗泡性能的弱点，能延长润滑油的使用寿命。

9. T911 非硅消泡剂

[别名] T911 非硅抗泡剂。

[结构式]

$$\left[\!\!\begin{array}{c}CH\!-\!CH_2\\|\\C\!=\!O\\|\\OC_2H_5\end{array}\!\!\right]_m\left[\!\!\begin{array}{c}CH\!-\!CH_2\\|\\C\!=\!O\\|\\OC_8H_{17}\end{array}\!\!\right]_n\left[\!\!\begin{array}{c}CH\!-\!CH_2\\|\\OC_4H_9\end{array}\!\!\right]_n$$

[性质] 淡黄色黏稠性液体，相对密度 0.90，为丙烯酸酯与醚类的共聚物。不溶于水，溶于石油产品。具有良好的消泡、抑泡性能。

[质量规格]

项目	指标	项目	指标
外观	淡黄色黏稠性液体	未反应单体含量/%	≤5.0
		起泡性(泡沫情形/泡	
闪点(闭杯)/℃	≥15	沫稳定性(在 HV1500 基础油	
平均相对分子质量	4000 ~ 10000	中，24℃)/(mL/mL)	
相对分子质量分布	6.0		不大于 2010

注：表中所列指标摘自 SH/T 0598—1994。

[用途] 用作油品及润滑油消泡剂。在重质油中抗泡性好，在轻质油中较差。用于高黏度润滑油时，抗泡稳定性好。在酸性介质中仍具高效。对空气释放值的影响比硅油小，对调和技术不敏感，但不能与T601（聚乙烯基正丁醚）、T705（二壬基萘磺酸钡）、T109（烷基水杨酸钙）等添加剂配伍使用，以免失去抗泡性。

[生产单位] 上海高桥石化分公司炼油厂。

10. T912 非硅消泡剂

[别名] T912 非硅抗泡剂。

[结构式]

$$\begin{array}{ccccc} \underset{\underset{OR_1}{\underset{|}{C}}}{\underset{\underset{O}{\parallel}}{\underset{|}{C}}} & & \underset{\underset{OR_2}{\underset{|}{C}}}{\underset{\underset{O}{\parallel}}{\underset{|}{C}}} & & \underset{OR}{|} \\ [CH-CH_2]_m & [CH-CH_2]_n & [CH-CH_2]_n \end{array}$$

[性质] 淡黄色黏稠性液体。相对密度0.910，不溶于水，溶于石油产品，为丙烯酸酯与醚类共聚物，具有良好的消泡、抑泡性能。

[质量规格]

项目	指标	项目	指标
外观	淡黄色黏稠性液体	未反应单体含量/%	≤3.0
密度(20℃)/(g/mL)	≥0.91	起泡性(泡沫情形/泡沫稳	
闪点(闭杯)/℃	>5	定性，在HV1500基	
平均相对分子质量	20000～40000	础油中，24℃)/(mL/mL)	3010
相对分子质量分布	6.0		

注：表中所列指标摘自SH/T 0598—1994。

[用途] 用作油品及润滑油消泡剂。在轻质油及重质油中均有较好抗泡性。适用于高黏度润滑油。但在重质油中分散性不如T911好，与多数添加剂均有良好配伍性。与T911相似，与T601、T705、T109三种添加剂复配时抗泡性差。

[生产单位] 上海高桥石化分公司炼油厂。

11. 非硅型复合消泡剂

[别名] 非硅型复合抗泡剂。

[产品牌号] T921（1号复合抗泡剂）、T922（2号复合抗泡剂）、T923（3号复合抗泡剂）。

[性质] 透明状液体。为丙烯酸酯非硅抗泡剂与硅型抗泡剂及多种助剂复配制成。具有良好油溶性，对含有合成磺酸盐或其他发泡性较强物质的油品，有优良的抗泡能力。

[质量规格] T922 非硅复合抗泡剂。

项目	指标	项目	指标
外观	透明液体	机械杂质/%	无
密度(20℃)/(g/mL)	≤0.78	抗泡性(在500SN中，	
闪点(闭杯)/℃	≤30	24℃)/(mL/mL) ≤	2510

[用途] 用作油品及润滑油消泡剂。T921对各种添加剂配伍性好，对油品空气释放值影响小，适于配方中含有T705的高级抗磨液压油，以及有放气性要求的油品，用量为

0.001% ~0.02%，不需要稀释，可直接加入。T922 对配方中含有合成磺酸盐或其他发泡性强的物质的油品，有高效抗泡能力，尤适用于各种牌号的柴油机油及对抗泡性要求高，而对放气性无要求的油品，加入量为 0.01% ~0.1%，可不稀释直接加入。T923 对配方中含大量清净剂或其他发泡性强的物质的油品，有高效抗泡效力，尤适用于发泡严重的柴油机油，用量为 0.01% ~1%，不需要稀释可直接加入。

12. PAS‑02 丙烷脱沥青消泡剂

[性质] 一种由液态硅、固态硅等硅化合物，并加入分散剂、稳定剂及烃类溶剂复配成的消泡剂。对沥青系统具有良好的消泡性能，并具有用量少、消泡效果好、使用方便等特点。

[质量规格]

项目	指标	项目	指标
密度(20℃)/(g/mL)	0.97 ~1.02	离心试验	3700r/min，3h
黏度(40℃)/(mm²/s)	3200 ~3800		不分层
闪点/℃	>200	储存温度/℃	-20 ~40

[用途] 丙烷脱沥青是通过丙烷对减压渣油中不同组分的选择性溶解，脱除沥青，生产重质润滑油及催化裂化、加氢裂化和氧化沥青等工艺原料的过程。在丙烷脱沥青工艺中，抽提塔底引起的沥青液经加热炉加热后进入蒸发塔，回收大部分丙烷后进入汽提塔，进一步回收丙烷后得到脱油沥青。由于汽提塔在负压下操作，丙烷闪蒸极易使沥青发泡，经常影响正常生产。由于沥青本身具有一定表面活性，改变操作条件对缓解发泡的作用十分有限。使用消泡剂则是消除和控制发泡的有效手段。PAS‑02 消泡剂在茂名石化南海高级润滑油公司丙烷脱沥青装置使用表明，加入该消泡剂后，对沥青系统消泡效果明显，消除了因发泡导致大量沥青从汽提塔窜入低压丙烷气回收系统而产生的安全隐患，解决了因沥青发泡而使沥青产品泵排量减少，限制生产能力的问题，有效改变了丙烷脱沥青装置的闪蒸效果，降低了丙烷单耗及装置的能耗。PAF‑02 加入量 1 ~2μg/g 即可得到消泡效果。

[研制单位] 中国石化石油化工科学研究院。

13. CDF‑10 延迟焦化消泡剂

[性质] 一种由液态硅、固态硅及部分溶剂配制成的低硅消泡剂。具有稳定性好、低毒、无腐蚀性等特点。

[质量规格]

项目		指标	项目	指标
密度(20℃)/(g/mL)		0.92 ~0.98	凝点/℃ ≤	-50
运动黏度(40℃)/(mm²/s)		3800 ~4200	储存温度/℃	-20 ~40
闪点/℃	>	60		

[用途] 延迟焦化是炼油厂渣油加工及提高轻质油收率的重要手段。由于渣油中存在着

易生成泡沫的天然表面活性剂，延迟焦化焦炭塔内高温裂解的油气从部分裂化的焦化原料中逸出时会形成很高的泡沫层，泡沫层中含有大量焦粉，焦化后期焦炭塔内焦层上升到一定高度时，泡沫层随焦化油气从焦炭塔顶大油气管线携带到分馏塔，引起分馏塔结焦，进而造成分馏塔底循环过滤器、辐射段进料过滤器和进料泵堵塞，炉管结焦，影响装置的安全生产，携带到分馏塔内的焦粉经分馏进入到焦化汽油、柴油中，对后续加氢工艺也会造成危害，因此焦炭塔的泡沫层问题已是延迟焦化工艺的瓶颈，严重制约延迟焦化的生产。CDF－10消泡剂在镇海炼化公司1.1Mt/a延迟焦化装置上应用表明，该消泡剂具有显著消泡效果，以从焦炭塔顶注入消泡效果最佳，而且用量少，用量为15μg/g时，可将泡沫层高度消除3m，由于泡沫层高度降低，焦化装置焦粉携带减少。在使用CDF－10消泡剂后，加氢进料硅含量在加氢催化剂容许范围内，因此对加氢精制催化剂使用寿命不产生明显影响。

［研制单位］中国石化石油化工科学研究院。

14. HP－JH－1 焦化消泡剂

［性质］无色或淡黄色透明液体，为由多种活性组分制成的消泡剂，专用于消除石油裂化过程中延迟焦化工序原料中产生的泡沫。具有消泡速度快、抑泡持久的特点。

［质量规格］

项目		指标
外观		无色或淡黄色透明液体
密度(20℃)/(g/mL)	≥	0.8
闪点(闭杯)/℃	>	61
运动黏度(40℃)/(mm²/s)	≤	150
有效含量/%	≥	50
稳定性试验		将样品100mL注入量筒中观察，无悬浮和沉降杂质，无分层现象

注：表中所列指标为企业标准。

15. YP－B 延迟焦化消泡剂

［性质］淡黄色或棕黄色透明液体。一种专用于延迟焦化装置的消泡剂，能快速消除焦炭塔泡沫，具有消泡持久、用量少等特点。

［质量规格］

项目	指标	项目	指标
外观	淡黄色或棕黄色透明液体	闪点/℃	≥50
密度(25℃)/(g/mL)	0.80~0.90	有效组分分解温度/℃	>350
运动黏度(40℃)/(mm²/s)	≥150		

［用途］用作延迟焦化消泡剂，能快速消除焦炭塔泡沫，降低焦炭塔泡沫层高度，从而提高焦炭塔进料总量及生焦高度，改善设备利用率。YP－B加注量为40~200μg/g(对焦炭塔总进料量)，具有加入量少、消泡迅速而持久，对汽、柴油产品及后加工工艺无不良影

393

响。使用时用计量泵将消泡剂送入焦炭塔顶进料口前，通过喷射器均匀喷撒到泡沫表面，同时注入冲洗柴油，以防止高温油气进入喷射口而引起结焦堵塞。

[生产单位] 北京三聚环保新材料股份有限公司、沈阳三聚凯特催化剂有限公司等。

16. 延迟焦化无硅消泡剂

[性质] 一种由 C、H、O 三种元素组成的高分子聚合物，不含硅及其化合物。相对分子质量大于 10000，经溶剂稀释而制得。

[质量规格]

项目	指标	项目		指标
外观	黄色液体	凝点/℃	≤	-5
密度(20℃)/(g/mL)	0.85~1.0	机械杂质/%	≤	0.06
闪点/℃ ≥	60	消泡率/%	≥	90

[用途] 用于延迟焦化焦炭塔的消泡剂多数为有机硅类消泡剂，而近年来发现使用有机硅消泡剂会对下游的加氢精制工艺带来危害，如硅会沉积在精制催化剂上而引起催化剂失活，导致缩短装置运转时间，无硅消泡剂既具有良好的消泡及抑泡性能，而且对延迟焦化装置无副作用。本品在 0.6Mt/a 延迟焦化装置上应用表明，在焦炭塔生焦 14h 后由塔顶注入，注入时间平均为 6h，相对于进料量注入量为 75μg/g。无硅消泡剂可使焦炭塔料位上涨率保持在 40% 以下，生焦时间延长 4h 以上，同时焦炭塔进料量提高后，雾沫夹带并未同步增长。加入量超过 75μg/g 时，消泡率可达 90% 以上。

[研制单位] 沈阳工业大学理学院。

17. HDF-01 消泡剂

[性质] 浅色液体。一种含硅消泡剂，具有优良的消泡、抑泡性能，化学性质稳定。

[质量规格]

项目	指标	项目		指标
密度(20℃)/(g/mL)	0.97~1.0	相对消泡率	≥	AF-9000 的 98%
运动黏度(100℃)/(mm²/s)	200~250	相对破泡率	≥	AF-9000 的 98%
闪点/℃ ≥	315	储存温度/℃		-25~60
溶解性能	溶于链烷烃、芳烃、卤代烃	储存期		2 年
离心试验(3700r/min, 5h)	不分层			

注：AF-9000 为国外同类消泡剂。

[用途] 用作环丁砜芳烃抽提工艺中抑制汽提塔发泡的消泡剂。

[简要制法] 以含硅物质为原料，加入催化剂及添加剂等调制而成。

[研制单位] 中国石化石油化工科学研究院。

[生产单位] 北京兴普精细化工技术开发公司。

二十、裂解气碱洗系统黄油抑制剂

乙烯裂解装置裂解气在碱洗过程中会生成聚合物，在与空气接触后易形成黄色黏稠态物质，通常称为黄油，用热重－红外光谱（TGA－FTIR）联用仪对黄油进行定性分析表明，在300℃之前逸出的气体以醇类化合物为主，表明黄油中存在含氧聚合物，400℃之后逸出气体以聚合二烯烃分解产生的烯烃为主。含氧聚合物主要来自于醛酮的醇醛缩合反应，而裂解气中的醛酮来自于蒸汽裂解制乙烯过程中的二级反应，同时生成少量的部分氧化产物，这些部分氧化产物主要为乙醛、丙醛、丙酮及其他羰基化合物。

碱洗塔是裂解气压缩区的重要设备，担负着清除 CO_2、H_2S 等酸性气体的任务，黄油的大量生成会造成碱性塔堵塞、塔压升高、新鲜碱液消耗量增大、碱洗效率下降、废碱排放量增大，从而造成下游的废碱液处理装置负荷超标等诸多危害，严重影响整套乙烯装置的稳定运行。

碱洗系统黄油生成原因主要有以下两种：

一个原因是裂解气在碱洗过程中冷凝或溶解在碱液中的双烯烃或其他不饱和烃在痕量氧气、金属离子的作用下，易形成自由基，为交联聚合物的形成提供引发条件，自由基引发生成交联聚合物的反应过程为：

①链引发　$RH + O_2 \longrightarrow R\cdot + HOO\cdot$

生成的自由基 $R\cdot$ 十分活泼，与氧继续反应生成过氧化物自由基：$R\cdot + O_2 \longrightarrow ROO\cdot$ 过氧化物自由基又夺取烃类分子中的 H 生成过氧化物和新的自由基。

②链转移　$RCO\cdot + RH \longrightarrow ROOH + R\cdot$

新的自由基又与氧进行反应，使链得以增长，过氧化物在金属离子的诱发下，会夺取烃类分子中的 H 而再次产生新的自由基：

$$ROOH \longrightarrow RO\cdot + OH\cdot$$
$$RO\cdot + RH \longrightarrow ROH + R\cdot$$
$$OH\cdot + RH \longrightarrow H_2O + R\cdot$$

③链增长　$M + R\cdot \longrightarrow MR\cdot\ (= M_n\cdot)$

④链终止　$2M_n\cdot \longrightarrow$ 聚合物

$$R\cdot + ROO\cdot \longrightarrow ROOR$$

第二个原因是裂解气中的醛或酮在碱的作用下，易引起醇醛缩合反应，即两个分子 α 位碳原子上有活泼氢原子的醛或酮在碱的作用下，能起加成反应生成 β － 羧基醛，然后进一步加成至具有一定相对分子质量的聚合物，即：

醛：

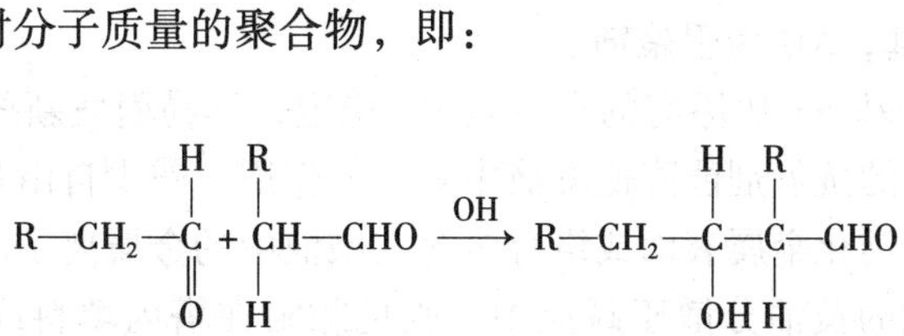

$$R-CH_2-\underset{\underset{O}{\parallel}}{\overset{\overset{H}{|}}{C}} + \underset{\underset{H}{|}}{\overset{\overset{R}{|}}{CH}}-CHO \overset{OH}{\longrightarrow} R-CH_2-\underset{\underset{OH}{|}}{\overset{\overset{H}{|}}{C}}-\underset{\underset{H}{|}}{\overset{\overset{R}{|}}{C}}-CHO$$

或

酮：

$$R-CH_2-\underset{\underset{O}{\parallel}}{\overset{\overset{H}{|}}{C}} + \underset{\underset{O}{\parallel}}{\overset{\overset{R}{|}}{CH}}-C-R \overset{OH}{\longrightarrow} R-CH_2-\underset{\underset{OH}{|}}{\overset{\overset{H}{|}}{C}}-\underset{\underset{H}{|}}{\overset{\overset{R}{|}}{C}}-\underset{\underset{O}{\parallel}}{C}-R$$

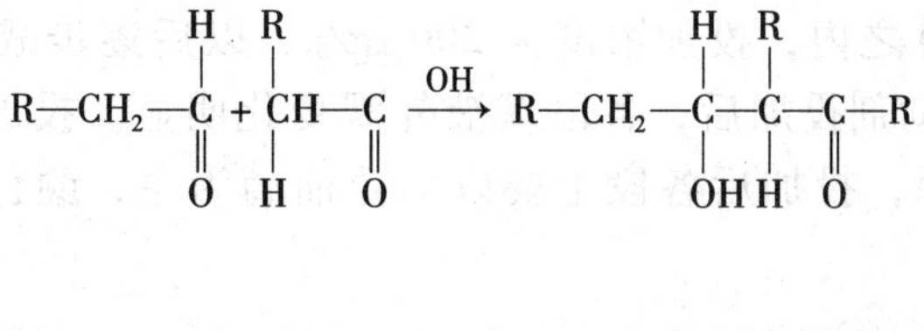

随着聚合物相对分子质量的不同及聚合物分子内脱水程度的不同,有时聚合物呈现黄色、红色或者绿色,而当碱浓度过高,黄油聚合物又会呈现黑色,黄油聚合物可以沉淀在塔内及废碱中,因此,在操作过程中会产生发泡,也可在废碱中发生乳化。采用黄油抑制剂,抑制碱洗塔中黄油的产生,则可延长碱洗塔的运行周期。

1. BL-628Z 黄油抑制剂

[性质]无色或黄色液体。与水、碱液及胺液互溶,采用多组分体系,用作黄油抑制剂,具有使用方便、安全环保、价格低廉的特点。

[质量规格]

项目	指标	项目	指标
外观	无色或黄色液体	pH 值	≥7.0
密度(20℃)/(g/mL)	≤1.15	凝点/℃	≤-17

[用途]用作乙烯装置碱洗塔循环系统黄油抑制剂,在齐鲁石化乙烯装置上应用表明,本剂具有以下特点:①可有效抑制裂解气胺洗和碱洗过程中凝聚或溶解的不饱和烃的聚合与结垢,各组分间具有较强协同作用,从而可在用量少的情况下提高助剂的抑制性能;②与水、胺液、碱液互溶,与碱洗塔中物料有很好相容性,可以阻止塔中水相和油相中的醛、酮发生缩合反应,从而抑制黄油生成;③能清除碱液中的微量氧,抑制过氧化物形成,钝化碱液中的金属离子,防止发生催化交联反应;④能强化油水分离,驱除碱水中的有机聚合物,降低碱液中的 COD;⑤使用方便,本品以纯助剂形式在碱洗塔强、弱碱循环线上注入,无需对现有设备进行改造,安全环保,不会对下游产品产生影响。

[研制单位]北京斯伯乐科技发展公司。

2. HK-1312 黄油抑制剂

[性质]主要成分为阻聚剂,并加入抗氧剂、金属离子钝化剂、分散剂等成分,其抑制黄油生成机理为:

$$R\cdot + AH \xrightarrow{较快} RH + A\cdot$$

式中,R· 为自由基;AH 为阻聚剂。

由于产生的新自由基 A· 比原有的自由基 R· 稳定,不易引发新的链增长,因而具有阻聚效果,同时,配方中的抗氧剂能降低碱液中氧气的作用,减少自由基的产生;金属离子钝化剂用于形成保护膜来钝化金属表面或络合溶解在碱液中的金属离子以阻止金属离子的催化作用;分散剂可使生成的黄油分散于碱液中,避免黏附在塔内填料或分布器上而造成堵塔现象。

[应用]HK-1312 黄油抑制剂在上海石化公司 2 号乙烯装置碱洗塔上进行工业应用,开始投加的半个月之内,投加浓度为 200μg/g,以后逐步减至 50μg/g,正常运转后保持 50~60μg/g,助剂投加后,各段碱液外观变化明显。投加前各段碱液主要以油层为主,颜色偏深发绿,投加后各段主要以上浮油滴为主,颜色变浅,呈淡黄色至乳

白色。从外观看，加助剂后碱溶液颜色变浅，油层变薄甚至变为浮油油滴，碱液中融化油减少，小油粒的聚结减轻。此外，添加助剂后，碱液油含量及COD值大幅下降，废碱液油含量平均值比投加前降低45.9%，COD值平均降低40.3%，确实达到了抑制黄油生成效果。而且投加HK-1312后，避免了因碱洗塔堵塞引起的停塔清洗，延长系统运行周期；新鲜碱用量明显减少，降低了碱洗操作成本。

［研制单位］杭州化工研究所。

3. KD-1黄油抑制剂

［性质］无色或淡黄色液体，主要成分为阻聚剂，并加入抗氧剂、金属离子钝化剂及分散剂等组分，其中阻聚剂由两部分构成：一种组分能抑制醛酮的醇醛缩聚反应，另一种组分能抑制共轭二烯烃的聚合。抗氧剂能降低碱液中氧气作用，减少自由基的产生，金属离子钝化剂用于形成保护膜来钝化金属表面或络合溶解在碱液中的金属离子，以阻止金属离子的催化作用，分散剂可使生成的黄油分散于碱液中，避免黏附在塔内填料或分布器上而造成堵塔现象。

［质量规格］

项目	指标	项目	指标
外观	无色或淡黄色液体	凝点/℃	< -30
胺值 KOH/（mg/g）	>150	溶解性	与水互溶
密度（20℃）/（g/mL）	1.01 ± 0.02		

［用途］用作乙烯装置碱洗塔循环系统黄油抑制剂，在中国石化抚顺石化分公司乙烯化工厂乙烯裂解装置进行工业应用，使用时用柱塞泵将KD-1注入碱洗塔下碱段（即废碱段）循环泵入口管线处，先与裂解气进行接触，然后随裂解气进入弱碱段和强碱段。使用表明，投入KD-1后，强碱段碱液油含量平均值比加剂前降低12%，COD平均值比加剂前降低6%，中碱段碱液油含量平均值比投加前降低24%，COD平均值降低了3%，下碱段碱液油含量平均值比加剂前降低93%，COD平均值降低15%。可以看出，助剂对下碱段碱液油含量的影响最明显，这是由于碱洗过程依次为下碱段、中碱段、强碱段，而且下碱段将脱除掉裂解气中的大部分酸性气体，相应地聚集在下碱段烃类和黄油的量最大，加注KD-1后，达到了抑制黄油生成的目的，而且碱洗塔压差保持平衡，无波动现象。

［研制单位］辽宁石油化工大学化学与材料科学学院。

二十一、重整预加氢系统脱氯剂

重整原料预加氢精制的主要作用是除去原料中的非烃化合物（主要是硫化物、氮化物和含氧有机化合物）和金属有机化合物，使之符合重整催化剂对原料油的要求，在预加氢反应中可发生脱硫、脱氮、脱金属、脱氧、脱卤化物及烯烃加氢饱和等反应；含有机氯的原料油经预加氢后，由有机氯变成氯化氢，会造成预处理部分的换热器、空冷器、水冷器等设备的腐蚀。同时氯化氢与生成的氨结合生成铵盐会造成设备及管道堵塞，使得装置压降过大，为避免氯化氢对预加氢及下游装置的设备腐蚀和危害催化剂，工业上在预加氢单元通过增设脱氯的方法加以解决。物料经过预加氢反应器后，不经过冷却，直接进入装有脱氯剂的脱氯罐，在与预加氢的操作温度、压力及氢油比基本相同的条件下，脱除所生成的氯化氢。

国内从事脱氯剂开发研究和生产的单位及生产品种牌号都很多，如第一章所示出的 JX 系列脱氯剂、XDL 系列脱氯剂、T4×× 系列脱氯剂，多数可用作重整预加氢系统脱氯剂。可参见上述相关内容。

二十二、重整再生循环气脱氯剂

催化重整催化剂在使用过程中可因积炭、铂晶粒聚集与熔结、中毒、结构变化等原因导致活性下降。除金属中毒和催化剂结构变化致使催化剂永久失活外，积炭及铂晶粒聚集引起的活性下降，可以通过催化剂再生使其活性得到恢复或部分恢复，再生包括烧焦、氯化、更新等，除了要烧掉催化剂上的积炭外，还要补充其氯含量及使铂金属重新分散。再生温度、时间、氧含量、水氯平衡等操作条件对再生后催化剂活性恢复都有较大影响，其中，当再生循环气中含水分较多时，会使催化剂比表面积显著下降，而氯含量是重整催化剂酸功能的主要来源，对某种催化剂，其最佳氯含量有一固定值，低于或高于最佳氯含量，都会影响催化剂活性。烧焦再生后，必须通过氯化和氧化更新过程使氯组分得到补充，铂金属重新分散，而氯的流失与循环气中水含量有关，水含量越多氯流失越多。为了弥补催化剂失氯，通常向停止补氧的再生系统补入适量的氯（HCl 或 CCl$_4$），其作用除补充烧焦过程中流失的酸性组分外，还具有提高铂晶粒分散的作用，使催化剂恢复其活性。通过水氯平衡使催化剂上的氯含量维持在适宜范围内。

而在再生循环气系统中，由于采用碱洗水洗操作会使循环气含水出现波动，导致水氯平衡被破坏，催化剂活性下降，加上再生循环气中氯离子的存在对设备会造成严重腐蚀，而采用高温脱氯方法替代碱洗，既能控制好水氯平衡，又能避免氯化氢对系统的腐蚀。

采用固体脱氯剂脱除高温再生循环气中 HCl 的脱氯剂主要有浸碱氧化铝脱氯剂、钙系脱氯剂及铜系脱氯剂等。其中，钙系脱氯剂是一种高效脱氯剂，并且在水汽存在下仍具有较高脱 HCl 能力。

1. SJ-07 重整再生气脱氯剂

［性质］灰色小球。主要用于催化重整再生气脱氯化氧。具有耐磨性好、穿透氯容高的特点。

［质量规格及使用条件］

项目	产品牌号 SJ-07
外观	灰色球状
粒度/mm	$\phi(3\sim5)$
堆密度/(g/mL)	0.80~0.95
抗压强度/(N/粒)	≥50
磨耗率/%	≤1.0

398

产品牌号 项目	SJ – 07
操作温度/℃	≤550
操作压力/MPa	0.1 ~ 4.0
气空速/h^{-1}	≤1500
入口 HCl 含量/10^{-6}	≤1000
入口水蒸气含量/10^{-6}	≤3000
入口氧含量/%	≤10
入口 CO_2 含量/%	≤15
出口 HCl 含量/10^{-6}	≤0.5
穿透氯容/%	≥32

[用途]用于重整再生循环气压 <550℃条件下氯化氢的脱除。在高温高水汽浓度、高氧含量及高 CO_2 浓度等条件下，仍具有有效的脱氯化氢能力。

[生产单位]北京三聚环保新材料股份有限公司。

2. 钙系重整再生气脱氯剂

[质量规格及使用条件]

项目	指标
外观	灰白色
粒径/mm	φ2 ~ 5
拉压强度/(N/粒)	≥60
堆密度/(g/mL)	0.78 ~ 0.80
孔体积/(mL/g)	0.5 ~ 0.8
磨耗率/%	≤5
穿透氯容/%	≥25
操作温度/℃	~ 500
操作压力/MPa	0.5
气空速/h^{-1}	<3000

[用途]用作催化重整再生循环烟气高温脱氯剂，适用于氯化氢含量不超过 $6000\mu g/g$ 的循环烟气。在水汽存在下仍具有较好的脱 HCl 能力。

[研究单位]华东理工大学化工学院。

第五章　石油化工助剂

　　石油化学工业，简称石油化工，是以石油、天然气为基础的有机合成工业。石油化工主要包括以下三大生产过程：①基本有机化工生产过程。它是以石油和天然气为原料，经过炼制加工及分离技术制得三烯(乙烯、丙烯、丁二烯)、三苯(苯、甲苯、二甲苯)、乙炔和萘等基本有机原料。由于它生产的产品主要是供其他工业部门作为原料，而且所需的数量又非常大，故又称其为重有机合成；②有机化工生产过程。它是在"三烯、三苯、乙炔和萘等"的基础上，通过氧化、卤化、醚化、氢化、还原等合成反应制得醇、醛、酮、醚、酸、酯等有机原料；③高分子化工生产过程。它是在基本有机原料及各种有机原料的基础上，经过聚合、缩合等工艺制得合成树脂、合成橡胶及合成纤维等最终产品。

　　所以，石油化工是一个多产品、高产量，而生产技术及产品质量各异的生产过程，其生产工艺苛刻，如高温、高压、低温、真空等。石油化工生产过程也广泛使用各种类型的催化剂。开发新产品、新工艺及提高产品质量都离不开催化剂的开发及创新。可以说，没有催化剂的广泛应用，也就没有现代石油化工。

　　石油化工生产过程也经常使用各种助剂，以提高产品质量、节约能耗等。但在多数有机化工生产过程中，一般不使用助剂。这是由于有机合成反应大多使用纯度较高的原料，以减少原料杂质影响产品质量。而且有机合成反应所用催化剂对杂质及毒物十分敏感，为防止催化剂中毒，影响催化活性、选择性及最终产品组成，在反应过程中很少使用助剂，助剂主要用于原料提纯、产品后处理精制，设备防腐及废气或废水处理等过程。石油化工中使用助剂最多的是高分子化工生产过程。特别是合成树脂、合成橡胶及合成纤维等产品加工过程会使用各种类型的橡塑助剂及合成纤维加工助剂，它们也是工业助剂使用品种最多、用量最大、发展最快的行业。在高分子合成过程中也需使用多种助剂，如聚氯乙烯需在引发剂作用下才能合成，合成过程中还需加入乳化剂、分散剂、聚合终止剂等以改善聚合环境及聚合速度。但高分子合成所用助剂的品种及用量都远不如产品加工过程中所用助剂。本章介绍的助剂主要为石油化工生产过程助剂，特别是高分子合成过程所用各种助剂，如引发剂、相对分子质量调节剂、聚合终止剂、阻聚剂、乳化剂、分散剂、成核剂、抗氧剂、抗静电剂、消泡剂等。

一、引发剂

　　聚合是由单体合成相对分子质量较高的化合物的反应，常是烯类单体双键打开或环状单体开环形成高分子的反应，而打开双键或环的活性中间体可以是自由基(或称游离基)、正离子或负离子。活性种是自由基时，分别称自由基聚合或自由基开环聚合；活性种是正、负离子时，则分别称正、负离子聚合或正、负离子开环聚合。而就聚合机理而言，烯类单体的聚合是链式反应，而环状单体的开环聚合有些是链式反应，有些是逐步反应。工业上，约有一半的聚合物是以自由基聚合方式制得的。根据是否使用溶剂和所用介质，又可分为本体聚合、溶液聚合、乳液聚合及悬浮聚合四种。

引发剂又称聚合引发剂，是容易产生自由基或离子的活性种来引发链式聚合（链反应）的物质。自由基聚合的引发首先是产生自由基，最常用的是引发剂的受热分解或两组分引发剂的氧化－还原分解产生的自由基（R·），也可以用加热、光照、高能辐射以及电解等方法产生自由基。生成的自由基与单体相遇，立即起反应，打开双键形成另一个新自由基：

$$R· + CH_2{=}CH\overset{X}{|} \longrightarrow RCH_2{-}\overset{·}{C}X\overset{|}{X}$$

生成的新自由基可以与单体进行下一步增长反应。常用的自由基型引发剂有过氧化物类、偶氮化合物类及氧化－还原体系类。过氧化物类引发剂具有过氧键结构—O—O—，受热后分解生成两个自由基。它又可分为有机过氧化物引发剂及无机过氧化物引发剂。

有机过氧化物的结构通式为 R—O—O—H 或 R—O—O—R（R 为烷基、酰基、碳酸酯基等），它又可分为以下 6 类：①酰类过氧化物（如过氧化苯甲酰）；②氢过氧化物（如叔丁基过氧化氢）；③烷基过氧化物（如过氧化二异丙苯）；④酮类过氧化物（如过氧化环己酮）；⑤酯类过氧化物（如过氧化苯甲酸叔丁酯）；⑥二碳酸酯过氧化物（如过氧化二碳酸二异丙酯）。

无机过氧化物主要是过硫酸盐，最常用的是过硫酸铵及过硫酸钾。

偶氮化合物是分子结构中含有偶氮基—N=N—与两个烃基 R、R′相连的化合物，通式为 R—N=N—R′。在热和光等作用下会分解而放出氮气，同时生成自由基。偶氮化合物引发剂有偶氮二异丁腈、偶氮二异庚腈，属低活性引发剂。

氧化－还原体系引发剂是利用氧化－还原反应产生自由基来引发聚合反应。可构成氧化－还原体系的有过硫酸铵/亚硫酸氢钠、过硫酸钾/亚硫酸氢钠、过硫酸铵/硫酸亚铁、过硫酸钾/氯化亚铁、过硫酸铵/硫醇、过氧化氢/酒石酸、过氧化氢/硫酸亚铁、过氧化氢/氯化亚铁、过氧化苯甲酰/蔗糖、过氧化苯甲酰/二乙基苯胺、异丙苯过氧化氢/氯化亚铁、异丙苯过氧化氢/四亚乙基五胺等。

不同的聚合方式及工艺条件应选择和使用不同的引发剂。对本体聚合、悬浮聚合及溶液聚合应选用偶氮化合物类或油溶性有机过氧化物类引发剂，而乳液聚合及水溶液聚合则应选用过硫酸盐水溶性引发剂或氧化－还原体系类引发剂。

聚合温度是影响聚合速度的主要参数，并对聚合物相对分子质量有重要影响。对于自由基聚合，通常在60℃左右进行，若温度升高10℃，则聚合速度增加2~3倍，且温度升高，聚合物相对分子质量也增大。聚合在何种温度下进行，主要决定于所采用的引发剂种类：采用过氧化二叔丁基等高温引发剂，聚合温度宜在高于100℃下进行，采用过氧化二碳酸二环己酯等低温引发剂，聚合温度应在40℃进行；采用过氧化苯甲酰等中温引发剂，聚合温度应选在 60~80℃为宜；如在室温或更低温度下进行聚合反应，应选用氧化－还原体系类引发剂。

引发剂浓度也是影响聚合速度及相对分子质量的重要因素。引发剂用量过多，则反应速度太快，反应难以控制；引发剂用量过少，则不易引发，反应不能正常进行。适宜用量通常须由实验来确定。

引发剂的半衰期（引发剂分解至起始浓度一半所需时间）过长，则分解速率过低，不仅使聚合时间延长，而且引发剂残留分率也大，大部分未分解的引发剂将残留在聚合体系内。

相反，半衰期过短，则引发过快，反应温度难以控制，有可能引起爆炸，生成坚硬的交联不溶性聚合物，产生反应物结块，堵塞管道。

此外，烯类和一些环状结构的单体能在离子型引发剂存在下进行链式聚合反应。离子型聚合的引发剂以前常称为催化剂。阳离子聚合的引发剂常用酸或亲电试剂，一般是产生 C^+ 和 H^+ 的；阴离子聚合的引发剂常用碱或亲核试剂。离子聚合的引发剂不仅影响着引发反应，而且作为它一部分的反离子始终处于生长链末端近旁，影响着单体加入的速度和立体化学，影响着聚合物的链结构，而自由基聚合中的引发剂则没有这种重要作用。

阳离子聚合的引发剂主要有质子酸(如硫酸、磷酸、高氯酸、氯磺酸、三氯乙酸等)及Lewis酸(如 BF_3、$AlCl_3$、$TiCl_4$、$ZnCl_2$ 等)，它们都属于亲电试剂，阴离子聚合的引发剂有碱金属和碱土金属的有机化合物、三级胺等碱类、亲核试剂等。

1. 过氧化二乙酰

[别名]二酰基过氧化物。

[化学式] $C_4H_6O_4$

[结构式] CH_3—$\overset{\displaystyle O}{\underset{\displaystyle \|}{C}}$—O—O—$\overset{\displaystyle O}{\underset{\displaystyle \|}{C}}$—$CH_3$

[性质]无色结晶或粉末，有刺激性恶臭气味，熔点30℃，沸点65℃(3.066kPa)，半衰期10h的分解温度为69℃，易溶于水，同时发生分解而生成乙酸及过氧化氢乙酰，遇光也发生分解。商品一般为浓度25%的邻苯二甲酸二甲酯溶液，具强氧化性。理论活性氧含量13.55%。

[用途]用作链烯烃、氯乙烯、二氯乙烯等单体聚合的引发剂或催化剂。

[安全事项]为易燃有机过氧化物。纯品在温度超过32℃时会爆炸，自催化分解温度49℃，搅拌、摩擦、震动或自一容器倾注于另一容器时均可引起爆炸，商品一般用邻苯二甲酸二甲酯稀释，以降低其受震敏感性，蒸气对眼睛、皮肤、黏膜等有刺激性及腐蚀性，应储存于通风良好、阴凉、低温的库房内，避免受热及阳光直射。

[简要制法]由乙酰氯与过氧化钠反应制得。

2. 过氧化二丙酰

[别名]过氧化丙酰。

[化学式] $C_6H_{10}O_4$

[结构式] C_2H_3—$\overset{\displaystyle O}{\underset{\displaystyle \|}{C}}$—O—O—$\overset{\displaystyle O}{\underset{\displaystyle \|}{C}}$—$C_2H_3$

[性质]无色液体。不溶于水，溶于有机溶剂，理论活性氧含量10.97%，当半衰期为10h、1min时，其分解温度分别为65℃、115℃。有强氧化性，与有机物、还原剂、易燃物、酸及胺类等混合时会剧烈反应，并有着火及爆炸危险。

[用途]用作链烯烃等聚合引发剂。

[安全事项]易燃有机过氧化物。对冲击、摩擦的敏感性强，易发生爆炸。一般以25%的溶液出售，以提高其安全性。蒸气对黏膜、眼睛及皮肤有强刺激性，应储存于通风良好、阴凉、低温的库房内，避免受热及阳光直射，储运温度应控制在15℃以下。

3. 过氧化(二)丁二酸

[别名]过氧化丁酰、过氧化双丁二酸、过氧化(二)琥珀酸。

[化学式] $C_8H_{10}O_8$

[结构式] HOOC(CH$_2$)$_2$COOOCO(CH$_2$)$_2$COOH

[性质] 白色结晶或粉末。有酸味。熔点 125℃（分解）。理论活性氧含量 6.83%。半衰期 6.9h、1.6h、0.4h 的分解温度分别为 144℃、66℃。微溶于水，溶于有机溶剂。遇光或受热易分解。与还原剂、有机物、易燃物、酸及胺类混合时剧烈反应，并有着火及爆炸危险，蒸气有毒，商品常含过氧化（二）丁二酸 95%、72%（其余为水）。

[用途] 用作聚合引发剂及不饱和聚酯固化剂。

[安全事项] 易燃有机过氧化物。对摩擦、冲击敏感，蒸气对眼睛、黏膜及皮肤有刺激性，应储存于阴凉、低温、通风良好的库房内，避免受热及阳光直射。含水产品需定期检查其含水量，防止失水而增加危险性。储运温度应控制在 10℃ 以下。

4. 过氧化（二）正辛酰

[别名] 过氧化（二）辛酰

[化学式] C$_{16}$H$_{30}$O$_4$

[结构式] C$_7$H$_{15}$—C—O—O—C—C$_7$H$_{15}$
　　　　　　　‖　　　　‖
　　　　　　　O　　　　O

[性质] 白色结晶、薄片或糊状物，或带有刺激性气味的棕黄色液体。理论活性氧含量 5.6%。活化能 133.1kJ/mol，半衰期 10h、1min 的分解温度分别为 62℃、120℃，不溶于水，溶于有机溶剂。有强氧化性。与还原剂、有机物及易燃物等接触会剧烈反应，并有着火、爆炸危险。

[用途] 用作聚合引发剂及不饱和聚酯固化剂。

[安全事项] 易燃有机过氧化物，对摩擦、冲击敏感，蒸气对眼睛、黏膜及皮肤有刺激性，应储存于阴凉、低温、通风良好的库房内，避免受热及阳光直射，储运温度应控制在 10℃ 以下。

5. 过氧化（二）异丁酰

[化学式] C$_8$H$_{14}$O$_4$

[结构式] (CH$_3$)$_2$C—C—O—O—C—CH(CH$_3$)$_2$
　　　　　　　　‖　　　　‖
　　　　　　　　O　　　　O

[性质] 无色液体。理论活性氧含量 9.18%。半衰期 10h、1min 的分解温度分别为 35℃、90℃。不溶于水，溶于有机溶剂。有强氧化性。商品一般为含本品 50% 的溶液。常温下快速分解。与还原剂、有机物、易燃物、酸及胺类混合时会剧烈反应，有着火及爆炸危险。

[用途] 用作氯乙烯等单体聚合引发剂。

[安全事项] 易燃有机过氧化物。氧化性极强，纯品危险性极大。商品常用溶剂稀释以提高其安全性，蒸气对眼睛、皮肤及黏膜有强刺激性，应储存于阴凉、低温、通风良好的库房内，避免受热及阳光直射，储运温度应控制在 −20℃ 以下。

6. 过氧化（二）异壬酰

[别名] 过氧化二(3，5，5 – 三甲基己酰)、引发剂 CP – 10、引发剂 K。

[化学式] C$_{18}$H$_{34}$O$_4$

[结构式] (CH$_3$)$_3$CCH$_2$CH(CH$_3$)CH$_2$—C—O—O—C—CH$_2$(CH$_3$)CHCH$_2$C(CH$_3$)$_3$
　　　　　　　　　　　　　　　　　　‖　　　　‖
　　　　　　　　　　　　　　　　　　O　　　　O

[性质]无色液体。有刺激性气味。理论活性氧含量3.8%，半衰期10h、1min的分解温度分别为59℃、115℃。不溶于水、溶于有机溶剂。常温下迅速分解，光照能加速分解。有强氧化性，与还原剂、有机物、易燃物、酸及胺类等物品混合时会剧烈反应，并有着火及爆炸危险。

[用途]用作乙烯基单体等聚合引发剂及不饱和树脂固化剂。

[安全事项]易燃有机过氧化物。纯品受冲击或摩擦有爆炸危险。商品一般用水或溶剂稀释至52%浓度以下，以提高其安全性。应储存于阴凉、低温、通风良好的库房。储运温度应在10℃以下。

7. 过氧化(二)癸酰

[化学式]$C_{20}H_{38}O_4$

[结构式] $C_9H_{19}—\overset{\text{O}}{\underset{\text{O}}{C}}—O—O—\overset{\text{O}}{\underset{\text{O}}{C}}—C_9H_{19}$

[性质]白色粉末或片状物。理论活性氧含量4.67%。半衰期10h、1min的分解温度分别为62℃、120℃。受光会加速分解。不溶于水，溶于有机溶剂，有强氧化性。与有机物、还原剂、易燃物、酸类及胺类混合时会剧烈反应，并有着火及爆炸危险。

[用途]用作聚合引发剂及不饱和聚酯固化剂。

[安全事项]易燃有机过氧化物。受冲击、摩擦时有着火及爆炸危险。蒸气对皮肤、黏膜及眼睛等有刺激性。应储存于阴凉、低温、通风良好的库房。

8. 过氧化二(4－氯苯甲酰)

[别名]过氧化二(对氯苯甲酰)、对氯过氧化苯甲酰。

[化学式]$C_{14}H_8O_4Cl_2$

[结构式] $Cl—⟨⟩—\overset{\text{O}}{C}—O—O—\overset{\text{O}}{C}—⟨⟩—Cl$

[性质]白色粉末或糊状物。半衰期10h的分解温度为75℃。理论活性氧含量5.2%、不溶于水，有强氧化性。商品一般为含本品70%(其余为水)的白色潮湿粉末，或含本品50%的糊状物。与有机物、可燃物、还原剂等混合会剧烈反应，并有着火、爆炸危险。

[用途]用作乙烯、乙酸乙烯酯及丙烯酸酯等单体聚合引发剂，不饱和聚酯固化剂及硅橡胶交联剂等。

[安全事项]易燃有机过氧化物，纯品对冲击、摩擦的敏感性较大，高温及遇火焰时会爆炸，商品一般添加水或惰性物质以降低其危险性，对眼睛、皮肤及黏膜有刺激性，应储存于阴凉、低温及通风良好的库房，避免受热及阳光直射。

9. 过氧化二异丙苯

[别名]二异丙苯过氧化物、硫化剂DCP。

[化学式]$C_{18}H_{22}O_2$

[结构式] $⟨⟩—\overset{\text{CH}_3}{\underset{\text{CH}_3}{C}}—O—O—\overset{\text{CH}_3}{\underset{\text{CH}_3}{C}}—⟨⟩$

[性质]白色至微粉红色结晶性粉末，遇光颜色变深。相对密度1.082，熔点39～41℃，闪点133℃，分解温度120～125℃(迅速分解)，升华温度100℃(26.7Pa)，理论活性氧含量5.92%。半衰期10h、1h及1min的分解温度分别为117℃、135℃、172℃。不溶于水，易溶

404

于苯、甲苯、异丙苯，微溶于冷乙醇。为强氧化剂。遇还原剂、有机物、可燃物时会激烈反应，并有着火危险。与浓硫酸及高氯酸相遇则分解。

[质量规格]

项　目	指　标		项　目	指　标	
	一级品	二级品		一级品	二级品
外观	无色或白色菱形结晶	白色或略带粉红色结晶	熔点/℃　　　　　≥	38.5	37.5
过氧化二异丙苯含量/%　　　≥	97.0	96.0	挥发物总含量/%　≤	0.30	0.50

注：表中所列为企业标准。

[用途]用作高分子材料聚合反应引发剂，可用于白色、透明及要求压缩变形性低及耐热的制品，也用作天然及合成橡胶（不适用于丁基橡胶）的硫化剂。不饱和聚酯，聚烯烃、硅橡胶等的高温交联反应的交联固化剂等。

[安全事项]易燃有机过氧化物。有强氧化性，与有机物、还原剂、易燃物、胺混合时有着火危险。但遇火燃烧时缓慢而温和。对震动及摩擦不敏感。是有机过氧化物中使用最安全的一种。对皮肤有弱刺激性。加热时本品有形成毒性较强的易挥发的乙酰苯的危险，应储存于阴凉、低温及通风良好的库房内。

[简要制法]由氢过氧化异丙苯与苯基二甲基甲醇在高氯酸作用下反应制得。

10. 过氧化二苯甲酰

[别名]过氧化苯甲酰、过氧化苯酰、苯甲酰过氧化物、引发剂 BPO。

[化学式]$C_{14}H_{10}O_4$

[结构式]

[性质]白色结晶或结晶性粉末，稍有苯甲醛气味，有苦杏仁样气味。相对密度 1.3440（25℃），熔点 103~106℃（分解并可引起爆炸），闪点 125℃，理论活性氧含量 6.62%，活化能 125.6kJ/mol。半衰期 10h、1h 及 8min 的分解温度分别为 72℃、90℃ 及 110℃。极微溶于水，微溶于甲醇、异丙醇，稍溶于乙醇，溶于乙醚、苯、丙酮、氯仿，在碱性溶液中缓慢分解。常温下稳定，干燥状态下因撞击、摩擦或加热会发生爆炸。加入硫酸可燃烧，为强氧化剂。可加入磷酸钙、碳酸钙、硫酸钙等不溶性盐类将其稀释至 20% 储存。或以水作稳定剂，含水量为 30% 左右。痕量的金属离子能引发其剧烈分解。

[质量规格]

项　目	指　标		项　目	指　标	
	一级品	二级品		一级品	二级品
外观	白色结晶粉末		水中溶解试验	合格	合格
过氧化二苯甲酰/% ≥	99.0	95.0	酸碱性	合格	合格
熔点/%	102~106	102~106	磷化物/% ≤	0.005	—
水分/%	30	30			

注：表中所列指标为企业标准。

[用途]用作乙烯系、丙烯酸系、苯乙烯系、乙酸乙烯酯系、氯乙烯系等单体聚合的引发剂。除单独使用外，还可与二烷基苯胺形成氧化还原体系用于常温或低温下聚合。也用作环氧树脂、离子交换树脂生产的催化剂，不饱和聚酯、丙烯酸酯及硅橡胶等的交联剂，油脂精炼漂白剂，纤维脱色剂，面粉漂白剂等。

[安全事项]干燥物非常易燃、易爆。含水量3%时能缓慢燃烧；含水量大于5%时不能燃烧。应储存于阴凉、低温及通风良好的库房内，防止受热及阳光直射。长期接触，对皮肤、黏膜有刺激性。

[简要制法]由过氧化钠与苯甲酰氯反应制得。

11. 过氧化二叔丁基

[别名]二叔丁基过氧化物、过氧化二特丁基、双(1，1-二甲基乙基)过氧化物、引发剂A。

[化学式]$C_8H_{18}O_2$

[结构式] $H_3C-\underset{\underset{CH_3}{|}}{\overset{\overset{CH_3}{|}}{C}}-O-O-\underset{\underset{CH_3}{|}}{\overset{\overset{CH_3}{|}}{C}}-CH_3$

[性质]无色至微黄色透明液体。相对密度0.794，熔点-40℃，沸点50～52℃(0.675Pa)，109～110℃(5.7Pa)分解，闪点9℃，折射率1.389，蒸气相对密度5.03，蒸气压2.6kPa(20℃)，理论活性氧含量10.94%，活化能146.9kJ/mol。不溶于水，溶于乙醇、丙酮，与苯及石油醚混溶，半衰期20h，34h及1min时的分解温度分别为120℃、115℃及193℃。气态时在140～180℃分解。为强氧化剂。常温下稳定，对撞击不敏感，对钢、铝、无腐蚀作用。

[质量规格]

项　目		指　标	项　目		指　标
过氧化二叔丁基/%	≥	95.0	叔丁基过氧化氢/%	≤	0.2
相对密度(20℃)		0.793～0.803	铁(Fe)/%	≤	0.0005
折射率(20℃)		1.385～1.392			

注：表中所列指标为参考规格。

[用途]用作乙烯、苯乙烯高温聚合和乳液聚合的引发剂，光聚合敏化剂，不饱和聚酯的中温、高温交联剂，天然橡胶、乙丙橡胶、硅橡胶、聚乙烯等的交联剂，烯烃的环氧化剂，柴油点火促进剂等。也用作桐油、蓖麻油等干性油添加剂，以改善其干燥性能。

[安全事项]易燃有机过氧化物。遇热、光照或杂质污染会发生剧烈反应，甚至爆炸。其蒸气与空气能形成爆炸性混合物，遇明火能引起着火或爆炸。高浓度蒸气对眼睛及呼吸道有刺激性，应储存于阴凉、低温、通风良好的库房内，防止受热及阳光直射。

[简要制法]由叔丁基过氧化氢与叔丁醇反应制得。或先由叔丁醇与硫酸反应生成硫酸氢叔丁酯，再与过氧化氢反应而得。

12. 过氧化十二酰

[别名]过氧化月桂酰、过氧化双十二酰、过氧化双月桂酰。

[化学式]$C_{24}H_{46}O_4$

[结构式]$CH_3(CH_2)_{10}COOOOC(CH_2)_{10}CH_3$

[性质]白色粗糙结晶或粒状固体，有微弱刺激性气味，熔点53～55℃，分解温度

70~80℃，理论活性氧含量 4.02%，活化能 128.54kJ/mol。不溶于水，溶于丙酮、氯仿、苯等溶剂。常温下稳定。半衰期 13h、3.4h 及 0.5h 时的分解温度分别为 60℃、70℃ 及 85℃。有氧化作用，与还原剂、有机物、易燃物、胺类等混合时会发生剧烈反应，引起燃烧或爆炸。

[质量规格]

项　　目	指　　标		
	优级品	一级品	合格品
外观	白色油脂性粉末		
过氧化十二酰/% ≥	97.0	96.0	95.0
活性氧/% ≥	3.93	3.85	3.82
熔点/℃	53~55	53~55	52~55
二甲苯溶液外观	合格	合格	合格

注：表中所列指标为企业标准。

[用途]用作高压聚乙烯、聚氯乙烯等聚合引发剂及不饱和聚酯交联剂。也用作发泡剂、油脂漂白剂等。

[安全事项]易燃有机过氧化物，本品虽较其他大部分有机过氧化物的敏感度小，但受热后对震动敏感。干品遇有机物或受热时会爆炸。储存时需用水覆盖，并密封存放于阴凉干燥处。粉尘对皮肤及黏膜有刺激性。

[简要制法]在烧碱作用下由月桂酰氯与过氧化氢反应制得。

13. 过氧化甲乙酮

[别名]过氧化-2-丁酮、甲基乙基酮过氧化物。

[化学式]$C_8H_{16}O_4$

[结构式]$[C_2H_5CO(CH_3)]_2O_2$

[性质]无色透明液体，具有宜人气味，相对密度 1.091，闪点 50℃，理论活性氧含量 18.2%，在水中溶解度约 10%，溶于醇、酯、醚及苯等有机溶剂。半衰期 10h 的分解温度 105℃，受热或受震起爆的敏感性强，受光引起分解。遇氧化物、有机物、易燃物会剧烈反应，并引起着火或爆炸。

[质量规格]

项　　目	指　　标		
	Ⅰ 型	Ⅱ 型	Ⅲ 型
外观	无色透明液体		
透明度	≤15℃时无结晶析出，不发生浑浊		
活性氧含量/%	11~12	9.5~12.5	9~9.5

注：表中所列指标为企业标准。

[用途]用作丙烯酸酯聚合引发剂，不饱和聚酯树脂的固化引发剂，丙烯酸酯类涂料催干剂、硅橡胶硫化剂等。

[安全事项]可燃有机过氧化物，常温下稳定，在温度高于100℃时急骤分解，并发生爆

炸。实际使用的是含本品为 50% ~60% 的邻苯二甲酸二甲酯溶液。但即使是 60% 浓度的溶液，对受震爆炸的灵敏性仍很强，应储存于阴凉、低温、通风良好的库房内，避免受热及阳光直射，蒸气对眼睛及呼吸系统有强刺激性，液体接触皮肤能造成灼伤，误服会中毒。

[简要制法] 由丁酮与过氧化氢在硫酸或催化剂存在下反应制得。

14. 过氧化乙酰磺酰环己烷

[别名] 乙酰过氧化环己烷磺酰、乙酰环己基磺酰过氧化物。

[化学式] $C_8H_{14}O_5S$

[结构式]
$$
CH_3 - \overset{\displaystyle O}{\underset{\displaystyle O}{\overset{\|}{\underset{\|}{C}}}} - O - O - \overset{\displaystyle O}{\underset{\displaystyle O}{\overset{\|}{\underset{\|}{S}}}} - C_6H_{11}
$$

[性质] 白色粉末，稍有刺激性气味。理论活性氧含量 7.2% 。半衰期 10h、1min 的分解温度分别为 31℃、80℃。不溶于水，溶于苯、醚、酯。常温下会分解。与有机物、可燃物、还原剂、酸类及胺类等混合会剧烈反应，并引起燃烧及爆炸。商品有粉状及液体。前者是活性物含量为 60% 的白色粗粉末，加水及苯二甲酸酯作减敏剂；后者是活性物含量为 28% 的过氧化乙酰磺酰环己烷与 20% 的苯二甲酸酯制成的混合液。两种商品均有刺激性气味，有效氧含量分别为 2.0% 及 1.44% 。

[用途] 用作苯乙烯、氯乙烯等单体聚合的高效引发剂。

[安全事项] 易燃有机过氧化物。对摩擦、撞击敏感，应储存于阴凉、低温及通风良好的库房内，避免受热及阳光直射，储运温度应控制在 -10℃ 以下。

15. 过氧化环己酮

[别名] 环己酮过氧化物。

[化学式] $C_{12}H_{22}O_5$

[结构式]

[性质] 白色至浅黄色结晶性粉末。熔点 76 ~78 ℃。理论活性氧含量 12.99% ，半衰期 10h 及 1min 时的分解温度分别为 97℃ 及 174℃。不溶于水，溶于乙醇、苯、丙酮等有机溶剂，化学性质十分活泼。干燥状态下极易分解。易燃易爆。常温下与过渡金属化合物接触时即可着火。商品常与邻苯二甲酸二丁酯（或二甲酯）混溶成 50% 的混合浆糊。

[质量规格]

项　目		指　标
外观		白色糊状物
活性氧含量/%	≥	6.0
分解温度/℃		
半衰期 10h		97
半衰期 1min		174

注：表中所列指标为参考规格。

[用途] 用作合成树脂及合成橡胶的聚合引发剂及不饱和聚酯树脂的交联剂，丙烯酸树

脂涂料的催干剂。

[安全事项]易燃有机过氧化物。对摩擦、冲击敏感，易发生爆炸。使用时常加水或惰性有机溶剂作稳定剂，或使用过氧化环己酮浆(糊状物)，避免使用高纯度产品。应储存于阴凉、低温、通风良好的库房内，避免受热或阳光直射。对皮肤、黏膜有强刺激作用。

[简要制法]在盐酸催化剂存在下，由环己酮与过氧化氢在低于30℃下反应制得。

16. 过氧化乙酸叔丁酯

[别名]过氧化叔丁基乙酸酯。

[化学式]$C_6H_{12}O_3$

[结构式]
$$\underset{\displaystyle CH_3}{\overset{\displaystyle CH_3}{H_3C-\underset{|}{\overset{|}{C}}-O-O-\overset{\displaystyle O}{\overset{\|}{C}}-CH_3}}$$

[性质]无色透明液体，有令人愉快的气味。闪点因所用溶剂不同，为26~64℃。自催化分解温度为93℃，理论活性氧含量12.11%。半衰期10h、1min的分解温度分别为102℃、106℃。不溶于水，溶于苯、醇、醚及酯等有机溶剂。商品常为含活性物75%或50%的溶液，有强氧化性，与有机物、易燃物、强酸混合时剧烈反应，有着火及爆炸危险。

[用途]用作聚合引发剂及不饱和树脂交联剂。

[安全事项]易燃有机过氧化物。受热或震动易发生爆炸，蒸气与空气能形成爆炸性混合物。应储存于阴凉、低温、通风良好的库房内，避免受热或阳光直射。

17. 过氧化二碳酸二(2-乙基己基)酯

[别名]过氧化二碳酸双-2-乙基己酯、二(2-乙基己基)过二碳酸酯，引发剂EHP。

[化学式]$C_{18}H_{34}O_6$

[结构式]$C_4H_9CH(C_2H_5)CH_2-O-\overset{\displaystyle O}{\overset{\|}{C}}-O-O-\overset{\displaystyle O}{\overset{\|}{C}}-O-CH_2(C_2H_5)CHC_4H_9$

[性质]无色透明液体，有特殊气味。纯品相对密度0.964。分解温度49℃。理论活性氧含量4.62%。含46%活性物的溶液半衰期为10.3h及1.5h时的分解温度分别为40℃及50℃。不溶于水，溶于乙醇及直链烃。受热或光照下易分解成相应的自由基。与有机物、易燃物、还原剂及酸类接触时会剧烈反应，并引起着火或爆炸。

[质量规格]

项　目	指　标	项　目		指　标
外观	微黄色透明液体	活性氧含量/%	≥	2.70
过氧化二碳酸二		NaCl/%	≤	0.20
(2-乙基己基)酯/%　≥	60			

注：表中所列指标为参考规格。

[用途]为自由基型引发剂。用作氯乙烯单体聚合或单体悬浮聚合的引发剂，乙烯、丙烯、酸酯、丙烯酸、丙烯腈、偏氯乙烯等聚合引发剂。

[安全事项]易燃有机过氧化物。对受热或震动敏感性强。商品有工业纯无色液体、用脂肪烃稀释的75%液体(有效氧含量4.5%)、以冰冻形式稳定地分散于水中的40%乳化液等(有效氧含量1.8%)。应储存于阴凉、低温、通风良好的库房内,避免受热及阳光直射。对眼睛、皮肤及黏膜有刺激性,受热时会分解放出有腐蚀性及刺激性的烟雾。

[简要制法]由氯甲酸-2-乙基己酯与过氧化钠反应制得。

18. 过氧化二碳酸二异丙酯

[别名]过氧化二异丙基碳酸酯、过二碳酸二异丙酯。

[化学式]$C_8H_{14}O_6$

[结构式]$(CH_3)_2CHOOCOOCOOCH(CH_3)_2$

[性质]低温下为白色粉状晶体,常温下为无色液体。相对密度1.080(15℃)。熔点8~10℃。折射率1.4034。理论活性氧含量7.78%。分解温度47℃,常温下会逐渐自行分解。自催化分解温度12℃。微溶于水,水中溶解度为0.04%(25℃),溶于脂肪烃、芳香烃、氯代烃、酯、醚等有机溶剂,有强氧化性,对温度、撞击及酸、碱等化学药品特别敏感,极易引起分解而发生爆炸。

[质量规格]

项　　目	指　标
外观	无色液体
过氧化二碳酸二异丙酯含量/%	55~65

注:表中所列指标为参考规格

[用途]为自由基型引发剂,用作烯类单体或其他单体聚合或共聚的低温引发剂。

[安全事项]易燃有机过氧化物,对受热、震动敏感性强,会引起爆炸,遇有机物、还原剂、易燃物、促进剂及酸类等会剧烈反应,并引起着火或爆炸。商品有含本品95%的固体,也有活性氧含量为7.37%的本品用30%~65%苯二甲酸酯稀释的溶液。应储存于阴凉、低温、通风良好的库房内,避免受热及阳光直射。

[简要制法]由过氧化钠与氯甲酸异丙酯经过氧化反应制得。

19. 过氧化二碳酸二环己酯

[别名]过氧化二环己基二碳酸酯、过氧重碳酸二环己酯。

[化学式]$C_{14}H_{22}O_6$

[结构式]

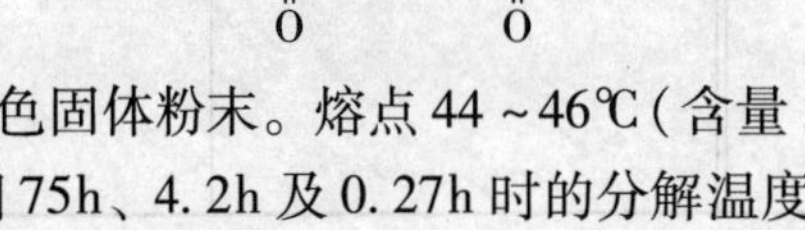

[性质]白色固体粉末。熔点44~46℃(含量>97%),分解温度42℃,理论活性氧含量5.6%。半衰期75h、4.2h及0.27h时的分解温度分别为30℃、50℃及70℃。不溶于水、微溶于乙醇及脂肪烃,溶于酯、酮类溶剂,易溶于氯代烃、芳烃溶剂。常温下及与Fe、Cu等金属及催化剂接触时能加速分解。

[质量规格]

项 目	指 标	项 目	指 标
外观	白色粒状固体	pH 值	7~8
过氧化二碳酸二环己酯/% ≥	85	水分/% ≤	1.5

注：表中所列指标为参考规格。

[用途]用作乙烯、氯乙烯、丙烯酸酯类及乙酸乙烯酯、单体聚合或共聚的高效引发剂。

[安全事项]易燃有机过氧化物。对摩擦及撞击的敏感性较其他过氧化二碳酸酯低。但在常温下也会急剧分解。为防止分解，应在低于5℃下储存，毒性与一般有机过氧化物相似，能引起眼睛及皮肤灼伤。

[简要制法]由过氧化钠与氯甲酸环己酯反应制得。

20. 过氧化二碳酸二(十四烷基)酯

[别名]过氧化二(十四烷基)二碳酸酯、过氧化二(肉豆蔻基)二碳酸酯。

[化学式]$C_{30}H_{58}O_6$

[结构式] $C_{14}H_{29}-\overset{O}{\overset{\|}{C}}-O-O-\overset{O}{\overset{\|}{C}}-O-C_{14}H_{29}$

[性质]片状白色结晶。理论活性氧含量3.11%。半衰期10h、1mim 时的分解温度分别为41℃、90℃。不溶于水，溶于有机溶剂。与有机物、还原剂、易燃物及强酸等混合时剧烈反应，并有着火及爆炸危险。商品有本品含量为95%的白色片状物(有效氧含量约2.92%)及本品含量为40%的低黏度分散白色悬浮液(有效氧含量约1.20%)。

[用途]用作氯乙烯等单体聚合引发剂。

[安全事项]易燃有机过氧化物。受热或震动有引起爆炸危险，对皮肤、眼睛及黏膜等有刺激作用。应储存于阴凉、低温、通风良好的库房内，避免受热及阳光直射，储运温度应控制在20℃以下。

21. 过氧化二碳酸二正丁酯

[别名]过氧化二正丁基二碳酸酯、过氧重碳酸二正丁酯。

[化学式]$C_{10}H_{18}O_6$

[结构式] $CH_3(CH_2)_3O-\overset{O}{\overset{\|}{C}}-O-O-\overset{O}{\overset{\|}{C}}-O-O(CH_2)_3CH_3$

[性质]无色液体。理论活性氧含量6.83%。半衰期1min 时的分解温度为90℃。不溶于水，溶于醇、酯、醚、苯等有机溶剂。有强氧化性。常温下会剧烈分解。与有机物、易燃物、还原剂及酸类混合时会剧烈反应，并引起燃烧及爆炸。商品有含本品≥73%、27%~52%及<27%等规格。

[用途]用作氯乙烯等单体引发剂及不饱和聚酯固化剂等。

[安全事项]易燃有机过氧化物。对受热及震动敏感性强，能产生爆炸。对眼睛、皮肤及黏膜有刺激作用。应储存于阴凉、低温及通风良好的库房内，避免受热及阳光直射。储运温度应控制在-10℃以下。

22. 过氧化二碳酸二正丙酯

[别名]过氧化二正丙基碳酸酯、二正丙基过氧重碳酸酯。

[化学式] $C_8H_{14}O_6$

[结构式]

$$C_3H_7{-}O{-}\overset{\overset{\textstyle O}{\|}}{C}{-}O{-}O{-}\overset{\overset{\textstyle O}{\|}}{C}{-}O{-}C_3H_7$$

[性质]无色液体。理论活性氧含量 7.76%。半衰期 10h 时的分解温度 40.5℃。不溶于水，溶于有机溶剂。有强氧化性。纯品在常温下会迅速分解。与有机物、还原剂、易燃物及酸类混合时会剧烈反应，并引起燃烧及爆炸。商品有含本品 95%(有效氧含量 7.37%)及 85%、50% 等规格。

[用途]用作氯乙烯等单体聚合引发剂及不饱和聚酯固化剂

[安全事项]易燃有机过氧化物，对震动及受热敏感，能引起爆炸。对眼睛、皮肤及黏膜等有刺激性，应储存于阴凉、低温及通风良好的库房内，避免受热及阳光直射，储运温度应控制在 -25℃ 以下。

23. 过氧化二碳酸二仲丁酯

[别名]过氧化二仲丁基二碳酸酯、过氧重碳酸二仲丁酯。

[化学式] $C_{10}H_{18}O_6$

[结构式]

$$CH_3CH_2CH(CH_3){-}O{-}\overset{\overset{\textstyle O}{\|}}{C}{-}O{-}O{-}\overset{\overset{\textstyle O}{\|}}{C}{-}C{-}(CH)_3CHCH_2CH_3$$

[性质]无色液体。理论活性氧含量 6.83%。半衰期 1min 时的分解温度为 90℃。不溶于水，溶于有机溶剂。有强氧化性。与有机物、易燃物、还原剂及酸类混合时会剧烈反应，并引起着火及爆炸，商品有含本品 52%~100% 等多种规格。

[用途]用作氯乙烯等单体聚合引发剂及不饱和聚酯固化剂。

[安全事项]易燃有机过氧化物，纯品在常温下会剧烈分解，对受热及震动敏感，并有着火及爆炸危险，对皮肤、眼睛及黏膜有刺激性，应储存于阴凉、低温及通风良好的库房内。避免受热及阳光直射，储运温度应控制在 -15℃ 以下。

24. 过氧化二碳酸双十六烷基酯

[别名]过氧化双十六烷基二碳酸酯、过氧重碳酸双十六烷基酯。

[化学式] $C_{34}H_{66}O_6$

[结构式]

$$CH_3(CH_2)_{15}{-}O{-}\overset{\overset{\textstyle O}{\|}}{C}{-}O{-}O{-}\overset{\overset{\textstyle O}{\|}}{C}{-}O{-}(CH_2)_{15}CH_3$$

[性质]白色片状结晶或粉末。熔点 54℃，活性氧含量 2.8%。不溶于水，微溶于醇，溶于丙酮、酯及芳烃。有氧化性。与还原剂、有机物、易燃物会激烈反应，并引起着火。

[质量规格]

项　目	指　标	项　目	指　标
外观	白色结晶粉末	十六烷醇/% ≤	10.5
过氧化二碳酸双十六烷基酯/% ≥	85.0	氯化钠/% ≤	0.5
氯甲酸酯/% ≤	4.0	熔点/℃	46~50

[用途]用作氯乙烯及烯类单体悬浮聚合引发剂。商品有含本品 95% 的片状物(有效氧含

量约2.64%)和含本品40%的悬浮液(有效氧含量约1.1%)。

[安全事项]易燃有机过氧化物。对震动及受热敏感,有着火及爆炸危险。对皮肤、黏膜及眼睛有刺激性。应储存于阴凉、低温及通风良好的库房内,避免受热及阳光直射。

[简要制法]由过氧化钠与氯甲酸十六烷基酯反应制得。

25. 过氧化二碳酸双(2-苯基乙氧基)酯

[别名]过氧化双(2-苯基乙氧基)二碳酸酯、过氧重碳酸(2-苯氧基乙基)酯。

[化学式]$C_{18}H_{18}O_8$

[结构式]

$$\text{\textcircle}-OCH_2CH_2OCOOCOCH_2CH_2O-\text{\textcircle}$$

[性质]白色至微黄色结晶性颗粒。熔点97~100℃。92~93℃开始分解。理论活性氧含量4.4%。半衰期(甲苯溶液中)7h、1.5h时的分解温度分别为50℃及70℃。不溶于水,微溶于苯、甲苯、丙酮、乙醚等溶剂,易溶于氯仿,有强氧化性,遇有机物、还原剂、易燃物及酸类会激烈反应,并引起着火或爆炸。

[质量规格]

项　　目		指　标	项　　目		指　标
过氧化二碳酸双(2-苯基乙氧基)酯/%	≥	85.0	总醇量(以二醇计)/%	≤	2.0
氯甲酸2-苯氧乙基酯/%	≤	5.0	氯化钠/%	≤	1.0
			水分(自然干燥)/%	≤	6.0

注:表中所列指标为参考规格。

[用途]用作乙烯、丙烯、氯乙烯、丙烯酸酯、丙烯腈及不饱和树脂的高效引发剂或催化剂,氯乙烯-乙酸乙烯酯共聚引发剂及橡胶硫化促进剂。

[安全事项]易燃有机过氧化物,对撞击及摩擦敏感,受高温或明火会着火、爆炸。应储存于阴凉、低温及通风良好的库房内,避免受热及阳光直射。避免与铁、铜等金属接触。对皮肤、黏膜及眼睛有刺激作用。

[简要制法]由氯甲酸-2-苯氧乙基酯与过氧化钠反应制得。

26. 过氧化异丙基碳酸叔丁酯

[别名]叔丁基过氧碳酸异丙酯、叔丁基过氧化异丙基碳酸酯

[化学式]$C_8H_{16}O_4$

[结构式]

$$(CH_3)_3COC\overset{\|}{\underset{O}{}}-O-O-CH(CH_3)_2$$

[性质]无色至微黄色液体。理论活性氧含量9.08%,活化能141.0kJ/mol。半衰期10h、1min时的分解温度分别为97℃、160℃。不溶于水,溶于有机溶剂。有强氧化性,与还原剂、有机物、易燃物及酸类混合会剧烈反应,并引起燃烧及爆炸。商品有含本品95%、75%等规格。

[用途]用作烯类单体聚合引发剂、不饱和聚酯交联剂、聚合物交联剂等。

[安全事项]易燃有机过氧化物,对撞击、摩擦敏感,应储存于阴凉、低温及通风良好的库房内,避免受热及阳光直射。对皮肤、黏膜及眼睛有刺激性。

27. 过氧化苯甲酸叔丁酯

［别名］叔丁基过氧化苯甲酸酯、过氧化叔丁基苯甲酸酯、过氧化苯甲酸叔丁酯，引发剂 CP - 02、引发剂 C。

［化学式］$C_{11}H_{14}O_3$

［结构式］

［性质］无色至淡黄色透明液体，略带芳香气味，相对密度 1.036 ~ 1.045。熔点 8.5℃。沸点 112℃（分解）。闪点 65℃，折射率 1.495 ~ 1.499（25℃），理论活性氧含量 8.24%。活化能 145.2kJ/mol。半衰期 1.8h、2.8h、5.1h 及 8.9h 时的分解温度分别为 120℃、115℃、110℃ 及 105℃。不溶于水，溶于醇、酮、醚、酯及烃类等多数有机溶剂，常温下稳定。自催化分解温度 64℃。有氧化性，与有机物、还原剂及酸类等混合能引起着火。

［质量规格］

项 目		指 标	项 目	指 标
外观		淡黄色透明液体	相对密度（25℃）	1.035 ~ 1.045
过氧化苯甲酸叔丁酯/%	≥	95.0	折射率（25℃）	1.495 ~ 1.500
叔丁基过氧化氢/%	≤	1.0	铁（Fe）/%	0.0005

注：表中所列指标为参考规格。

［用途］用作乙烯、丙烯、苯乙烯等单体聚合引发剂，橡胶硫化剂，油漆催干剂，橡胶型胶黏剂的交联剂等。

［安全事项］易燃有机过氧化物，其蒸气与空气能形成爆炸性混合物，受热有着火及爆炸危险，但受震敏感性比其他有机过氧化物低。应储存于阴凉、低温及通风良好的库房内。蒸气对眼睛、皮肤及呼吸道有刺激性。

［简要制法］由叔丁基过氧化氢与苯甲酰氯反应制得。

28. 过氧化新戊酸叔丁酯

［别名］过氧化叔丁基新戊酸酯、叔丁基过氧化新戊酸酯、引发剂 PV。

［化学式］$C_4H_{18}O_3$

［结构式］$(CH_3)_3CCOO(CH_3)_3$
　　　　　　$\overset{\|}{\underset{O}{}}$

［性质］无色液体，具有酯的香味。相对密度 0.854（25℃），熔点 < -19℃，闪点 68 ~ 71℃，折射率 1.410（25℃），理论活性氧含量 6.8% ~ 7.0%，活化能 128kJ/mol。半衰期 20h、1min 时的分解温度分别为 50℃、110℃。不溶于水、乙二醇，溶于多数有机溶剂，有氧化性。与还原剂、易燃物及酸类等接触时反应剧烈，并能引起着火，商品为含本品 70% 的己烷溶液，其有效氧含量为 6.3%。

［质量规格］

项 目	指 标	项 目		指 标
外观	无色液体	过氧化新戊酸叔丁酯/%	≥	70

注：表中所列指标为参考规格。

414

[用途]用作氯乙烯单体悬浮聚合引发剂，乙烯、丙烯、苯乙烯及乙酸乙烯酯等单体的自由聚合引发剂，也用于橡胶、油漆等行业。

[安全事项]易燃有机过氧化物，对震动、受热敏感，有着火及爆炸危险。应储存于阴凉、低温及通风良好的库房内，避免阳光直射或受热。吸入蒸气或误服有毒，对皮肤、眼睛及黏膜有刺激性。

[简要制法]由新戊酰氯与叔丁基过氧化氢反应制得。

29. 过氧化新戊酸叔戊酯

[别名]过氧化叔戊基新戊酸酯。

[化学式]$C_{10}H_{20}O_3$

[结构式]
$$(CH_3)_3CC\overset{\overset{O}{\|}}{}-O-O-C(CH_3)_2C_2H_5$$

[性质]无色液体，不溶于水，溶于脂肪烃等多数有机溶剂，商品为含本品75%的脂肪烃溶液混合物，有效氧含量6.3%。半衰期10h、1min时的分解温度分别为53℃、110℃，有氧化性，与可燃物、有机物、还原剂及酸类等混合时剧烈反应，并会引起着火或爆炸。

[用途]用作氯乙烯、苯乙烯及乙烯等单体聚合引发剂。

[安全事项]易燃有机过氧化物，对震动及受热敏感，应储存于阴凉、低温、通风良好的库房内，避免受热及阳光直射，蒸气对眼睛、皮肤、黏膜有刺激性。

[简要制法]由新戊酰氯与叔戊基过氧化氢反应制得。

30. 过氧化新癸酸异丙基苯酯

[别名]过氧化异丙苯基新癸酸酯、过氧化新癸酸枯基酯。

[化学式]$C_{19}H_{30}O_3$

[结构式]
$$C_6H_5C(CH_3)_2-O-O-\overset{\overset{O}{\|}}{C}-C(R_1、R_2)\qquad CH_3(R_1+R_2=C_7H_{16})$$

[性质]无色液体，理论活性氧含量5.22%。半衰期10h、1min时的分解温度分别为38℃、90℃。不溶于水，溶于多数有机溶剂，有氧化性。常温下会分解，与可燃物、有机物、还原剂及酸类混合时会剧烈反应，并引起着火及爆炸。商品常为含本品75%、70%的用脂肪烃稀释的无色液体(有效氧含量分别为3.9%及3.65%)。

[用途]用作乙烯基单体聚合引发剂。

[安全事项]易燃有机过氧化物，对震动及受热敏感，有着火及爆炸危险，对皮肤、黏膜及眼睛等有刺激作用。应储存于阴凉、低温及通风良好的环境内，避免受热及阳光直射。

31. 过氧化新癸酸叔丁酯

[别名]过氧化叔丁基新癸酸酯，叔丁基过氧新癸酸酯。

[化学式]$C_{14}H_{28}O_3$

[结构式]
$$(CH_3)_3C-O-O-\overset{}{C}-C(R_1、R_2)CH_3\qquad(R_1+R_2=C_7H_{16})$$
$$\overset{\|}{O}$$

[性质]无色液体。理论活性氧含量6.55%。半衰期10h、1min时的分解温度分别为53℃、110℃。不溶于水，溶于多数有机溶剂。有氧化性，与还原剂、易燃物、有机物及酸

类等混合时会剧烈反应，并能引起着火及爆炸。商品有含本品98.5%的工业纯(有效氧含量6.5%)及含本品50%的用脂肪烃稀释的溶液(有效氧含量4.9%)。

[用途]用作乙烯基单体聚合引发剂。

[安全事项]易燃有机过氧化物。对受热、震动敏感，对皮肤、黏膜及眼睛有刺激性，应储存于阴凉、低温及通风良好的库房内，避免受热及阳光直射。

32. 过氧化马来酸叔丁酯

[别名]过氧化顺丁烯二酸叔丁酯、单过氧马来酸叔丁酯。

[化学式]$C_8H_{14}O_5$

[结构式] $(CH_3)_3C-O-O-\overset{\overset{\textstyle O}{\|}}{C}-CH_2CH_2COOH$

[性质]纯品为白色结晶性粉末。理论活性氧含量8.24%。半衰期10h、1min时的分解温度为82℃、150℃。不溶于水，溶于多数有机溶剂。有强氧化性，与有机物、还原剂、易燃物及强酸等混合会剧烈反应，并可能引起着火及爆炸。商品有含本品97%的工业纯白色结晶粉末，含本品50%的用溶剂稀释的混合液及含本品50%的用邻苯二甲酸酯稀释的白色糊状物。

[用途]用作丙烯酸酯、甲基丙烯酸酯等单体聚合引发剂。

[安全事项]易燃有机过氧化物，对震动、受热敏感，有着火及爆炸危险，对眼睛、皮肤及黏膜有刺激性，应储存于阴凉、低温及通风良好的库房内，避免受热及阳光直射。

33. 过氧化氢二异丙苯

[别名]2-(4-异丙苯基)丙基过氧氢。

[化学式]$C_{12}H_{18}O_2$

[性质]无色至淡黄色透明液体。相对密度0.935~0.960，折射率1.4880~1.5100，pH值为4，理论活性氧含量8.24%，活性能136.8kJ/mol。不溶于水，溶于烃类、丙酮。对位结构为30%时，其熔点为30℃，有氧化性。与有机物、还原剂及酸混合时易着火并燃烧，受热易分解。

[质量规格]

项　　目	指　　标	项　　目	指　　标
外观	淡黄色液体	过氧化氢二异丙苯/%	50~60
相对密度	0.935~0.960	折射率(25℃)	1.488~1.510

注：表示所列指标为参考规格。

[用途]用作自由基悬浮聚合引发剂，可与还原剂亚铁盐组成氧化还原引发剂，尤适合作丁苯橡胶低温聚合引发剂，其引发速度比过氧化氢异丙苯快30%~50%，但比过氧化氢叔丁基异丙苯及过氧化氢三异丙苯要慢。也用作不饱和聚酯固化剂。

[安全事项]易燃有机过氧化物，遇高热、明火、猛烈撞击及接触硫酸时有着火及爆炸危险，对皮肤、黏膜及眼睛有刺激性。

[简要制法]在磷酸催化剂存在下，先用丙烯与苯反应制得二异丙基苯，再经空气氧化制得。

34. 过氧化氢(对)蓝烷

[别名]对蓝基过氧化氢

[化学式]$C_{10}H_{20}O_2$

[结构式]
$$CH_3C_6H_{10} \overset{\displaystyle CH_3}{\underset{\displaystyle CH_3}{-C-OOH}}$$

[性质]无色至淡黄色液体，相对密度 0.910~0.925(15.5℃)，闪点 71.1℃。理论活性氧含量 9.29%，活化能 139.7kJ/mol。半衰期 10h、1min 时的分解温度分别为 133℃、216℃。不溶于水，溶于有机溶剂。与有机物、还原剂、硫、磷等混合时会剧烈反应，并有着火及爆炸危险。商品中一般加入对蓝烷作稳定剂，为淡黄色液体，相对密度 0.920~0.950，有效氧含量 4.84%，pH 值 4~7。

[用途]用作 ABS 树脂、合成橡胶聚合引发剂，不饱和聚酯交联剂等。

[安全事项]易燃有机过氧化物，对撞击及受热敏感，并有着火及爆炸危险，对皮肤、黏膜及眼睛有刺激性，应储存于阴凉、低温及通风良好的库房内，避免受热及阳光直射。

35. 过氧化氢异丙苯

[别名]异丙苯基过氧化氢、枯基过氧化氢、过氧化羟基异丙苯、过氧化羟基茴香素。

[化学式]$C_9H_{12}O_2$

[结构式]
$$\langle\rangle\overset{\displaystyle CH_3}{\underset{\displaystyle CH_3}{-C-O-OH}}$$

[性质]无色至淡黄色液体，有特殊臭味。相对密度 1.5242，熔点 −37℃，沸点 53℃(13.3Pa)，折射率 1.5210，闪点 56℃，理论活性氧含量 7.66%，半衰期 10h、1min 时的分解温度分别为 158℃、255℃，微溶于水，易溶于乙醇、乙醚、丙酮。有强氧化性，与有机物、易燃剂、还原剂混合能引起着火及爆炸。

[用途]用作聚合引发剂、不饱和聚酯固化剂、天然胶乳硫化剂等。

[安全事项]易燃有机过氧化物，对受热、撞击敏感，会引起着火及爆炸，吸入、误服或经皮肤吸收均会引起中毒，应储存于阴凉、低温及通风良好的环境，避免受热及阳光直射。

36. 过氧化氢叔丁基

[别名]叔丁基过氧化氢

[化学式]$C_4H_{10}O_2$

[结构式]$(CH_3)_3C—O—OH$

[性质]淡黄色液体。相对密度 0.896，熔点 −5~−4℃，沸点 111℃，折射率 1.4013，理论活性氧含量 17.78%，自催化分解温度 88~93℃。半衰期 10h、1min 时的分解温度分别为 172℃、264℃。微溶于水、易溶于多种有机溶剂。有强氧化性，与还原剂、有机物、易燃物及酸类混合时能引起燃烧及爆炸。

[用途]用作乙烯聚合引发剂、橡胶硫化剂、不饱和聚酯交联剂、三聚氰胺树脂涂料的催干剂等。

[安全事项]易燃有机过氧化物，对震动、受热敏感，可引起着火或爆炸。蒸气与空气能形成爆炸性混合物。对皮肤、黏膜及眼睛有刺激性，能经皮肤吸收而中毒，应储存于阴凉、低温及通风良好的库房内、避免受热及阳光直射。

[简要制法]由双氧水、硫酸及叔丁醇在氢氧化钠存在下反应制得。

37. 过氧化氢蒎烷

[别名]蒎烷基过氧化氢、氢过氧化蒎烷。

[化学式]$C_{10}H_{18}O_2$

[结构式]
$$C_6H_8CH_3{-}\overset{\overset{\displaystyle CH_3}{|}}{\underset{\underset{\displaystyle CH_3}{|}}{C}}{-}O{-}OH$$

[性质]无色至微黄色液体。相对密度 1.019。理论活性氧含量 9.41%。活化能 123.9kJ/mol。半衰期 10h、1min 时的分解温度分别为 141℃、229℃。不溶于水，溶于多数有机溶剂，商品常为含本品 50% 的加入不挥发性溶剂作稳定剂的溶液。有强氧化性，与还原剂、有机物、易燃物、硫、磷等混合时能引起着火或爆炸。

[用途]用作烯类单体聚合引发剂、不饱和聚酯交联剂等。

[安全事项]易燃有机过氧化物。对震动及受热敏感，有着火及爆炸危险。不添加稳定剂的产品更危险。对皮肤、眼睛及黏膜等有刺激性。应储存于阴凉、低温及通风良好的库房内，避免受热及阳光直射。

38. 2, 5 - 二甲基 - 2, 5 - 二叔丁基过氧基 - 3 - 己炔

[别名]2, 5 - 二甲基 - 2, 5 - 双(过氧化叔丁基) - 3 - 己炔

[化学式]$C_{16}H_{30}O_4$

[结构式]
$$(CH_3)_3C{-}O{-}O{-}\overset{\overset{\displaystyle CH_3}{|}}{\underset{\underset{\displaystyle CH_3}{|}}{C}}{-}C{\equiv}C{-}\overset{\overset{\displaystyle CH_3}{|}}{\underset{\underset{\displaystyle CH_3}{|}}{C}}{-}O{-}O{-}C(CH_3)_3$$

[性质]纯品为低熔点固体，理论活性氧含量 11.17%，活化能 151.5kJ/mol，半衰期为 10h 及 1min 时的分解温度分别为 127℃ 及 193℃。不溶于水，溶于醇、酮、酯、醚、芳香烃及脂肪烃溶剂。商品常为纯度为 90% 的淡黄色液体(相对密度 0.886、凝点 8℃、有效氧含量 10.06%)及含本品 40% 的混有无机填料的白色粉末或糊状物(有效氧含量 4.42%)。

[用途]用作乙烯基单体引发剂，乙烯 - 乙酸乙烯酯及不饱和聚酯高温交联剂，乙丙橡胶硫化剂，硅橡胶及氟橡胶交联剂等。

[安全事项]易燃有机过氧化物。闪点 >92℃，自燃点 188℃。对摩擦、撞击敏感，与有机物、还原剂、易燃物、酸类及胺类混合时会剧烈反应，并有着火及爆炸危险。混有无机惰性填充物的产品，其安全性相对较高。应储存于阴凉、低温及通风良好的库房内，避免受热及阳光直射。

[简要制法]由 2, 5 - 二甲基乙炔二醇在酸催化剂存在下先与过氧化氢反应，再与叔丁

418

醇经叔丁化反应制得。

39. 1，4 - 双叔丁基过氧异丙基苯

[别名]1.4 - 双(2 - 叔丁基过氧化异丙基)苯。

[化学式]$C_{20}H_{34}O_4$

[结构式] $(CH_3)_3C-O-O-\overset{\overset{\displaystyle CH_3}{|}}{\underset{\underset{\displaystyle CH_3}{|}}{C}}$⟨苯环⟩$\overset{\overset{\displaystyle CH_3}{|}}{\underset{\underset{\displaystyle CH_3}{|}}{C}}-O-O-C(CH_3)_3$

[性质]白色结晶，理论活性氧含量9.45%，活化能151kJ/mol，半衰期10h及1min时的分解温度分别为118℃及182℃。不溶于水，溶于多数有机溶剂，商品常为含本品95%的白色结晶及含本品40%并加入惰性填料的白色粉末。

[用途]用作乙烯基单体引发剂，不饱和聚酯交联剂、硅橡胶、乙丙橡胶、聚氨酯橡胶及丁腈橡胶等的硫化剂。

[安全事项]易燃有机过氧化物，受震敏感性较其他过氧化物低，与还原剂、有机物及可燃物混合能形成爆炸性混合物，低毒，对皮肤及眼睛的刺激性较轻。

[简要制法]由对二过氧化氢异丙基苯与叔丁醇反应制得。

40. 过苯甲酸叔丁酯

[别名]叔丁基过苯甲酸酯。

[化学式]$C_{11}H_{14}O_3$

[结构式] $(CH_3)_3C-O-O-\overset{\overset{\displaystyle O}{\|}}{C}$⟨苯环⟩

[性质]油状不挥发性液体，有刺激性气味。相对密度1.04，熔点25.5℃，沸点124℃（分解），闪点65.5℃，理论活性氧含量8.24%，活化能145.2kJ/mol，半衰期10h及1min时的分解温度分别为105℃及166℃。不溶于水，溶于醇、醚、酯、苯乙烯、乙酸乙酯及甲基丙烯酸甲酯等。

[用途]用作乙烯基单体引发剂、硅橡胶硫化剂等。

[安全事项]易燃有机过氧化物，与有机物、易燃物、还原剂等混合时能形成有爆炸性混合物。对摩擦、冲击不敏感，分解时易爆、有毒，应储存于阴凉、低温及通风良好的库房内，避免受热及阳光直射。

41. 4，4 - 双(叔丁基过氧)戊酸正丁酯

[别名]正丁基 - 4，4 - 双(叔丁基过氧)戊酸酯。

[化学式]$C_{17}H_{34}O_5$

[结构式] $(CH_3)_3C-O-O-\overset{\overset{\displaystyle CH_3}{|}}{\underset{\underset{\underset{\underset{\underset{\displaystyle O}{\|}}{\displaystyle C-O-(CH_2)-CH_3}}{|}}{\displaystyle CH_2}}{\underset{\displaystyle CH_2}{|}}}{C}-O-O-C(CH_3)_3$

[性质]黄色液体，相对密度0.95，闪点71℃，燃点163℃，分解温度165℃，理论活性氧含量9.58%，活化能154.7kJ/mol。不溶于水，溶于多数有机溶剂。

［用途］用作聚合引发剂，硅橡胶、聚氨酯橡胶、乙丙橡胶、硅橡胶、丁苯橡胶及天然橡胶等的硫化剂。

［安全事项］易燃有机过氧化物。与有机物、易燃物、还原剂及酸类等混合时剧烈反应，并有着火及爆炸危险。应储存于阴凉、低温及通风良好的环境中，避免受热及阳光直射。

42. 1，1-双(叔丁基过氧基)环己烷

［化学式］$C_{14}H_{28}O_4$

［结构式］

$$(CH_3)_3C-O-O \quad CH_2-CH_2$$
$$C \quad\quad CH_2$$
$$(CH_3)_3C-O-O \quad CH_2-CH_2$$

［性质］无色液体，理论活性氧含量10.6%，活化能147.9kJ/mol，半衰期为10h、1min时的分解温度为97℃、155℃。不溶于水，溶于酯、酮、醚等有机溶剂，商品有含本品80%(用邻苯二甲酸丁苄酯稀释)、50%(用脂肪烃或白油稀释)及40%(用惰性填料混合)等产品。

［用途］用作聚合引发剂，不饱和聚酯及乙酸乙烯酯共聚物交联剂，硅橡胶及丁苯橡胶等硫化剂等。

［安全事项］易燃有机过氧化物，与有机物、易燃物、还原剂等混合有着火危险。含量在52%以上的产品，卷入火中会爆炸，低于52%的产品卷入火中会剧烈分解，也有爆炸危险，应储存于阴凉、低温及通风良好的库房中。

43. 1，1-二叔丁基过氧基-3，3，5-三甲基环己烷

［别名］1，1-双(过氧化叔丁基)-3，3，5-三甲基环己烷

［化学式］$C_{17}H_{34}O_4$

［结构式］

$$\quad\quad\quad\quad CH_3$$
$$(CH_3)_3C-O-O \quad CH_2-CH$$
$$C \quad\quad\quad CH_2$$
$$(CH_3)_3C-O-O \quad CH_2-C-CH_3$$
$$\quad\quad\quad\quad CH_3$$

［性质］无色液体，相对密度0.9039～0.9088，闪点57℃，理论活性氧含量10.6%，活化能148kJ/mol。半衰期10h、1min时的分解温度分别为95℃、153℃。不溶于水，溶于多数有机溶剂，商品有含本品90%的无色液体(有效氧含量9.5%)及含本品40%的白色粉末(混有无机惰性填料，有效氧含量4.2%)。

［用途］用作乙烯基单体聚合引发剂，不饱和聚酯、乙烯-乙酸乙烯酯交联剂，乙丙橡胶、硅橡胶、聚氨酯橡胶等的硫化剂。

［安全事项］易燃有机过氧化物。蒸气与空气能形成爆炸性混合物。与有机物、易燃物、还原剂等混合剧烈反应，并有着火及爆炸危险。

44. 2，2-双(4，4-二叔丁基过氧环己基)丙烷

［别名］2，2-二(4，4-二叔丁基过氧环己基)丙烷

［化学式］$C_{31}H_{60}O_8$

420

［结构式］

$$(H_3C)_3C-O-O \quad \overset{\overset{\displaystyle CH_3}{|}}{\underset{\underset{\displaystyle CH_3}{|}}{C}} \quad O-O-C(CH_3)_3$$

［性质］白色结晶，理论活性氧含量 11.43%，活化能 148.6kJ/mol，半衰期 10h、1min 时的分解温度为 92℃、154℃。不溶于水，溶于多数有机溶剂。商品常为含本品 40% 的白色粉末或糊状物，用惰性材料填充，以提高其稳定性，降低危险性。

［用途］用作聚合引发剂，不饱和聚酯交联剂及硅橡胶硫化剂等。

［安全事项］易燃有机过氧化物，对摩擦、撞击敏感，与有机物、还原剂、易燃物及酸类混合时剧烈反应，并易引起着火及爆炸。应储存于阴冷、低温及通风良好的库房内，避免受热及阳光直射。

45. 2，5 – 二甲基 – 2，5 – 双(过氧化苯甲酰)己烷

［化学式］$C_{22}H_{26}O_6$

［结构式］

［性质］白色结晶粉末，微有芳香气味。熔点 117 ~ 119℃，理论活性氧含量 8.28%。活化能 154kJ/mol，半衰期 10h、1min 时的分解温度分别为 100℃、160℃。不溶于水，溶于多数有机溶剂。商品有含本品 90% 的用水湿润的白色粉末(有效氧含量 7.45%)、含本品 80% 与惰性固体的混合物及含本品 80% 的水润湿白色粉末等。

［用途］用作聚合引发剂，硅橡胶及不饱和聚酯交联剂，乙丙橡胶硫化剂等。

［安全事项］易燃有机过氧化物。与有机物、易燃物、还原剂及酸类等混合有着火及爆炸危险，对撞击、摩擦敏感。应储存于阴凉、低温及通风良好的库房内，避免受热及阳光直射。

46. 偶氮二异丁腈

［别名］2，2′ – 二氰基 – 2，2′ – 偶氮丙烷、2，2′ – 偶氮双(2 – 甲基丙腈)，简称 AIBN。

［化学式］$C_8H_{12}N_4$

［结构式］

［性质］白色粉状结晶或结晶性粉末。相对密度 1.10，熔点 107℃。加热至 70℃ 时会放出氮及含—$(CH_3)_2CCN$ 基的氰化物，加热至 100 ~ 107℃ 熔融时急剧分解，放出氮及对人体有毒的有机腈化合物，同时引起燃烧、爆炸。不溶于水，溶于甲醇，略溶于乙醇，易溶于热乙醇、乙醚、甲苯。是最常用的偶氮类引发剂，分解活化能为 125.5kJ/mol，一般在 45 ~ 65℃ 下使用。

［质量规格］

项　目		指　标		
		工业级	维纶级	腈纶级
外观		白色结晶粉末		
AIBN 含量/%	≥	98.0	98.0	98.0
熔点/℃		99～103	100～103	97～103
甲醇不溶物/%	≤	0.01	0.1	0.5
挥发物/%	≤	0.1	0.3	0.5
色调	≥	90	90	90

注：表示所列指标为企业标准。

[用途]用作氯乙烯、丙烯腈、乙酸乙烯酯、甲基丙烯酸甲酯及离子交换树脂的聚合引发剂，也用作光聚合的光敏剂。还用作合成及天然橡胶、合成树脂的发泡剂，具有分解温度低、发热量小、可制得白色制品的特点，但分解产生的气体有毒，不宜用于食物及衣物用制品发泡。

[安全事项]易燃固体，应储存于20℃以下的阴凉干燥处，避免受热及阳光直射，避免与有机物及可燃物共储混运。本品有毒，在动物的血、肝、脑等组织内代谢成氰氢酸。

[简要制法]由水合肼与丙酮氰醇反应制成二异丁腈肼后，再经液氯氧化脱氢制得。

47. 偶氮二异庚腈

[别名]2，2′-偶氮二(2，4-二甲基)戊腈，简称 ABVN。

[化学式]$C_{14}H_{24}N_4$

[结构式]
$$(CH_3)_2CHCH_2-\underset{\underset{CH_3}{|}}{\overset{\overset{CH_3}{|}}{C}}-N=N-\underset{\underset{CH_3}{|}}{\overset{\overset{CH_3}{|}}{C}}-CH_2CH(CH_3)_2$$

[性质]白色菱形片状结晶。有顺式、反式两种异构体，其熔点分别为 55～57℃ 及 74～76℃。商品中顺、反两种异构体的混合比例为45∶55，遇热或光则分解产生分解，并放出氮气及含氰自由基。分解温度52℃，在30℃下储存15天即会分解失效。不溶于水，溶于醇、醚及二甲基甲酰胺等有机溶剂。

[质量规格]

项　目		指　标	
		一级品	二级品
ABVN 含量/%	≥	99.0	99.0
色度(Pt－Co)/号	≤	45	120
相应密度(20℃)		0.991～0.997	0.991～0.997
酸值/(mgKOH/g)	≤	0.10	0.20
加热减量/%	≤	0.30	0.50

注：表中所列指标为企业标准。

[用途]用作氯乙烯、甲基丙烯酸甲酯、丙烯腈及乙酸乙烯酯单体聚合引发剂，也用作天然橡胶，合成橡胶及塑料发泡剂。

[安全事项]易燃固体，受热易分解，应储存在10℃以下的阴凉干燥处，防火、防晒。避免与有机物及可燃物共储混运。摄入或误服会中毒！

[简要制法]先由水合肼与甲基异丁基酮反应生成己酮连氮，再与氰化氢反应制得二异庚腈肼后，经氯气氧化而制得。

48. 过硫酸铵

[别名]过氧二硫酸铵、高硫酸铵。

[化学式]$(NH_4)_2S_2O_8$

[结构式]

$$NH_4-O-\overset{\overset{\textstyle O}{\|}}{\underset{\underset{\textstyle O}{\|}}{S}}-O-O-\overset{\overset{\textstyle O}{\|}}{\underset{\underset{\textstyle O}{\|}}{S}}-O-NH_4$$

[性质]无色单斜晶系结晶或白色结晶粉末。相对密度1.982。120℃分解并放出氧气而形成焦硫酸铵。温度及溶液的pH值对分解速度有影响，pH>4时，半衰期为38.5h、2.1h时的分解温度分别为60℃、80℃；pH=3时，半衰期为25h、1.62h时的分解温度分别为60℃、80℃。干燥品稳定性较好，潮湿空气中易受潮结块。易溶于水，水溶液呈酸性反应，室温下会缓慢分解放出氧而形成硫酸氢铵。温度高时分解加速（40～50℃时，一昼夜分解2.2%）。有强氧化性，与有机物、金属及盐类接触时产生分解，与还原性强的有机物混合时能着火或引起爆炸。

[质量规格]

项 目		指 标		
		优级品	一级品	二级品
外观		白色结晶粉末		
过硫酸铵/%	≥	98.3	98.0	95.0
重金属（以Pb计）/%	≤	0.0025	0.0030	0.0050
铁（Fe）/%	≤	0.0015	0.0020	0.0040
水分/%	≤	0.20	0.25	0.30

注：表中所列数据摘自专用标准12021—1990。

[用途]用作氯乙烯、苯乙烯、丙烯腈、丙烯酸酯及乙酸乙烯酯等单体聚合或共聚引发剂，尤多用于乳液聚合及悬浮聚合。也用作油类脱色及脱臭剂、脲醛树脂固化剂、亚氯酸钠漂白活化剂、硫化蓝染料氧化剂等。还用于制造其他过硫酸盐、双氧水等。

[安全事项]属二级无机氧化剂，有强氧化性及腐蚀性。接触可燃物、有机物或易氧化物以及硫、磷时能形成爆炸性混合物，易着火或爆炸。粉尘对眼睛、皮肤及黏膜有刺激性。

[简要制法]由硫酸铵和硫酸配制的酸性溶液经电解制得。

49. 过硫酸钾

[别名]过氧二硫酸钾、高硫酸钾。

[化学式]$K_2S_2O_8$

[结构式]

$$KO-\overset{\overset{\textstyle O}{\|}}{\underset{\underset{\textstyle O}{\|}}{S}}-O-O-\overset{\overset{\textstyle O}{\|}}{\underset{\underset{\textstyle O}{\|}}{S}}-OK$$

[性质]无色或白色三斜晶系片状结晶或粉末。相对密度2.477，折射率1.461。溶于水，水溶液呈酸性。不溶于乙醇。水溶液在室温下缓慢分解而产生过氧化氢，在潮湿空气中也会逐渐分解。温度及溶液pH值对分解速度有影响，温度越高，pH值对分解速度影响越小。有乳化剂及硫醇存在时会加速分解，在碱性溶液中能使Ni^{2+}、Co^{2+}、Pb^{2+}及Mn^{3+}等金属离子形成黑色氧化物沉淀。有强氧化性，与有机物、金属及盐类接触时产生分解，与还原性强的有机物混合时能着火或引起爆炸。

[质量规格]

项 目		指 标		
		优级品	一级品	二级品
外观		白色结晶粉末		
过硫酸钾/%	≥	98.5	98.0	98.0
游离酸(以 H_2SO_4 计)/%	≤	0.10	0.20	0.30
氯化物(以 Cl^- 计)/%	≤	0.005	0.01	0.015
铵盐(以 NH_4^+ 计)/%	≤	0.5	0.7	0.9
铁(Fe)/%	≤	0.003	0.004	0.015
水分/%	≤	0.30	0.30	0.30

注：表中所列数据摘自化工行业标准 HG/T 2155—1991。

[用途]用作苯乙烯、氯乙烯、丙烯酸酯及乙酸乙烯酯等单体乳液聚合或共聚的引发剂（使用温度 60~80℃），油脂及肥皂漂白剂。也用作制造炸药、染料的氧化剂，织物漂白及胶片冲洗时用作硫代硫酸钠脱除剂等。

[安全事项]属二级无机氧化剂。有强氧化性及腐蚀性，接触可燃物、有机物或易氧化物以及硫、磷时能形成爆炸性混合物，粉尘对眼睛、皮肤及黏膜有刺激性。

[简要制法]由过硫酸铵与硫酸钾经复分解反应后再经精制制得。

50. 过硫酸钠

[别名]过氧二硫酸钠、高硫酸钠、二硫八氧酸钠。

[化学式]$Na_2S_2O_4$

[结构式]
$$
NaO-\underset{\underset{O}{\|}}{\overset{\overset{O}{\|}}{S}}-O-O-\underset{\underset{O}{\|}}{\overset{\overset{O}{\|}}{S}}-ONa
$$

[性质]白色晶体或结晶性粉末，无臭、无味，常温下会缓慢分解，加热或在乙醇中则快速分解，分解后放出氧气并生成焦硫酸钠。在200℃时急剧分解而放出过氧化氢，久储时含量降低。有湿气及 Fe^{2+}、Cu^{2+}、Ni^{2+}、Ag^+、Pt^{2+} 等金属离子存在时会促使其分解，为强氧化剂，可将 Mn^{2+}、Cr^{3+} 等离子氧化成相应的高氧化态化合物。

[质量规格]

项 目		指标	项 目		指标
过硫酸钠/%	≥	95.0	锰(Mn)/%	≤	0.0005
水不溶物/%	≤	0.02	铁(Fe)/%	≤	0.002
氯化物(以 Cl^- 计)/%	≤	0.01	重金属(以 Pb 计)/%	≤	0.005
铵盐(以 NH_4^+ 计)/%	≤	0.1			

注：表中所列指标为参考规格。

[用途]可替代过硫酸钾用作氯乙烯、苯乙烯、丙烯酸酯及乙酸乙烯酯等单体乳液聚合或共聚的引发剂。也用作油脂及织物漂白剂、金属表面处理剂、电池去极剂等。

[安全事项]属二级无机氧化物，有氧化性及腐蚀性，与有机物、燃烧物或易氧化物混合时有着火危险。粉尘对眼睛、皮肤及黏膜有刺激作用。

[简要制法]由过硫酸铵与氢氧化钠经复分解反应后，再经精制制得。

51. 正丁基锂

[别名]丁基锂

[化学式]C_4H_9Li

[结构式]$CH_3CH_2CH_2CH_2Li$

[性质]无色晶状固体。由于其高活性及高溶解性，常呈黏液状态。相对密度 0.765 （25℃）。熔点 -76℃，沸点 80~90℃（0.0133Pa）。易溶于戊烷、环己烷、苯等多数有机溶剂。在晶体状态或乙醚溶液中以四聚体形式存在，在烃类溶剂中呈六聚体。约在 100℃时缓慢分解，150℃时快速分解，产物为丁烷、丁烯及氢化锂等。与醚类、胺类、硫化物反应生成配合物。在空气中易自燃，遇水分解生成丁烷及氢氧化锂，因此通常在烃类溶剂中或低温保存。

[质量规格]

工业上为确保储存稳定及使用方便，常将正丁基锂置于环己烷溶剂中，配制成一定浓度的溶液使用。如以环己烷为溶剂，由丁二烯、苯乙烯为原料，用正丁基锂为引发剂进行阴离子聚合时所用正丁基锂的技术要求如下：

项　目		指　标	项　目		指　标
溶剂		环己烷	共价 Cl/%	≥	0.03
正丁基锂/%		20	氯丁烷/%	≤	0.1
反应活性组分/%		20	悬浮物		无
活性/%	≥	98			

[用途]用作丁二烯、苯乙烯及异戊二烯等单体的阴离子聚合引发剂，具有引发剂活性高、用量少、聚合反应速度快、转化率高等特点，而且聚合后不需要脱除残留引发剂的工艺。也用于羰基化合物加成反应及对活泼氢进行置换反应。

[安全事项]暴露于空气或二氧化碳中会着火。与酸类、卤素类、醇类和胺类接触会剧烈反应，并释出易燃气体。其闪点随所使用的溶剂而异。应储存在阴凉干燥处，远离火源。对人体有毒，接触有烧伤及腐蚀作用，应立即用硼酸处理再用大量水冲洗掉。

[简要制法]由氯代丁烷或溴代丁烷与金属锂在己烷或乙醚的分散体系经低温反应制得。

52. 氨基钠

[别名]氨钠

[化学式]$NaNH_2$

[性质]白色单斜结晶或螺旋状碎片，有氨的气味。相对密度 1.39，熔点 210℃，沸点 400℃（分解）。与水剧烈反应，分解成氢氧化钠和氨。微溶于液氨，并离解为 Na^+ 及 NH_2^-。有潮解性。在空气中易氧化。加热氧化生成氢氧化钠，在真空中加热至 300~330℃分解为氢、氮、钠及氨气。

[质量规格]

项　目		指　标	项　目	指　标
外观		灰白色固体	火花试验	合格
氨基钠（$NaNH_2$）/%	≥	98		

注：表中所列数据为参考规格。

[用途]用作乙烯基单体的阴离子聚合引发剂，有机合成的缩合催化剂、还原剂、烷基化剂、脱卤剂等。也用于制造叠氮化合物、联氨、靛蓝及维生素 A 等，还用作干燥剂、脱水剂等。

[安全事项]属一级易燃固体，遇水分解发热，并释出易燃的氨气，遇明火或强氧化剂会引起着火、爆炸，接触或吸入粉尘能造成腐蚀性灼伤，严重刺激眼睛、黏膜及呼吸系统，应密闭防潮储存，失火时应用沙土和干粉灭火器扑救。

[简要制法]由熔融金属钠与氨反应制得。

53. 过氧化氢

[别名]双氧水

[化学式]H_2O_2

[性质]纯品为无色透明液体，有苦味。相对密度 1.4422（25℃），熔点 −89℃，凝固时为白色四方晶系晶体。市售双氧水的浓度为 3% ~ 90%，多数为 30%，其相对密度 1.196，沸点 106.2℃。溶于水、乙醇、乙醚，与水可任意混溶，不溶于甲苯、汽油、石油醚，过氧化氢是一种极性分子，极性比水大。它既有氧化性，又有还原性，而以氧化性为主。容易分解成水并放出新生态氧。重金属离子、碱性介质、加热或曝光都能加速其分解。在水溶液中因微弱地解离出 H^+，故显弱酸性。能与碱发生中和反应，生成过氧化物。一般情况下，显强氧化性，能氧化许多无机或有机化合物，也能还原氯、高锰酸钾等强氧化剂。高浓度（ > 65% ）的过氧化氢与易燃物或有机物接触会引起燃烧，浓溶液会烧伤皮肤，浓度 > 90% 时，储存中会分解成水和氧，可加入 $N -$ 乙酰苯胺作稳定剂。

[质量规格]

项 目		指 标								
		27.5%过氧化氢			35%过氧化氢			50%过氧化氢		
		优级品	一级品	合格品	优级品	一级品	合格品	优级品	一级品	合格品
过氧化氢（H_2O_2）/%	≥	27.5	27.5	27.5	35.0	35.0	35.0	50.0	50.0	50.0
游离酸（以 H_2SO_4 计）/%	≤	0.04	0.05	0.08	0.04	0.05	0.08	0.04	0.06	0.12
不挥发物/%	≤	0.08	0.10	0.18	0.08	0.10	0.18	0.08	0.12	0.24
稳定度	≤	97.0	97.0	93.0	97.0	97.0	93.0	97.0	97.0	93.0

注：表中所列数据摘自 GB 1616—1968。

[用途]与金属盐组成氧化 – 还原体系，用作乳液聚合及水溶液聚合的引发剂。也用作聚合反应催化剂、氧化剂、漂白剂、除氯剂等，还用于铀的提取、金属分离、污水处理及用作火箭燃料。

[安全事项]属爆炸性强氧化剂。本身不燃，但能与可燃物反应并产生足够的热量而引起着火。在 pH 值为 4 ± 0.5 时最稳定，在碱性溶液中极易分解，在强光下也易分解。140℃时迅速分解并爆炸，爆炸极限 26% ~ 100%。对黏膜、皮肤及眼睛等会造成化学灼伤，经常接触易患皮炎。

[简要制法]先将 2 – 乙基蒽醌在钯催化下氢化再经氧化制得。或由电解硫酸氢铵水溶液而得。

426

二、相对分子质量调节剂

相对分子质量调节剂又称聚合调节剂、链长调节剂、链转移剂，简称调节剂。是一种能在聚合反应中控制、调节聚合物相对分子质量和减少聚合物链支化作用的物质。它是一种链转移常数较大的高活性物质，容易和自由基发生链转移反应，终止活性链，使之变成具有特定相对分子质量的终聚物。其反应过程可简示如下：

$$M_n^{\cdot} + M \xrightarrow{k_p} M_{n+1}^{\cdot} \qquad \text{（链增长反应）}$$

$$M_n^{\cdot} + Tr \xrightarrow{k_{trf}} M_n + Tr^{\cdot} \qquad \text{（链转移反应）}$$

$$Tr^{\cdot} + nM \xrightarrow{k_a} TrM_n^{\cdot} \equiv M_n^{\cdot} \qquad \text{（链再引发反应）}$$

式中 $M_n^{\cdot}$、$M_{n+1}^{\cdot}$ 为活性链自由基；M 为单体，Tr 为相对分子质量调节剂，M_n 为聚合度为 n 的终聚物；k_p、k_{trf}、k_a 分别为链增长、链转移和转移链再引发的速度常数。

可用作相对分子质量调节剂的化合物很多，从结构上讲都是一些含有弱共价键的化合物，如偶氮键、二硫键以及苯甲氢、烯丙氢、第三氢等碳氢键。根据其组成与结构可分为脂肪族的硫醇类、黄原酸二硫化物类、卤化物、多元酚、硫黄及各种硝基化合物、亚油酸盐、氢及一些具有活性 α-H 的化合物等。对于多数单体的乳液聚合反应，应用最广的相对分子质量调节剂是硫醇，包括正硫醇和带支链的硫醇。

由于乳液聚合反应的链终止速率低，大分子自由基寿命长，可以有充分时间进行链增长，所制得的聚合物相对分子质量要比采用其他聚合方法大得多，而且在乳胶粒中进行的反应大多为无规聚合，因此加入调节剂来控制聚合物的相对分子质量及分子结构对于乳液聚合过程来讲尤为重要，如用乳液聚合制造合成橡胶时，主要采用脂肪族硫醇及二硫代二异丙基黄原酸酯作相对分子质量调节剂。

至于溶液聚合反应，由于其聚合方法及工艺上的特点，一般都可采用氢作调节剂，也可以利用催化剂或改变工艺条件来控制相对分子质量。

对于化学控制的聚合反应（如本体聚合），相对分子质量调节剂的相对分子质量对其消耗速率无影响。而在扩散控制的聚合反应（如乳液聚合）中，相对分子质量调节剂的相对分子质量大小对其扩散速率影响很大，相对分子质量很小时，容易扩散。当相对分子质量增大到某一程度时，其消耗速率等于其由单体向乳胶扩散的速率，此时应具有最好的活性。相对分子质量再继续增大，则其消耗速率逐渐降低。用硫醇为相对分子质量调节剂的乳液聚合反应中，硫醇分子中的碳原子数会影响硫醇的活性。一般以平均含 10～12 个碳原子的硫醇最为活泼，多于此值时活性逐渐降低，低于此值则与相对分子质量无关。

1. 叔十二硫醇

[别名] 特十二硫醇

[化学式] $C_{12}H_{26}S$

[结构式] $(CH_3)_2CSH(CH_2)_8CH_3$

[性质] 无色至微黄色或灰黄色液体，有特殊气味。相对密度 0.8450（26℃），熔点 -7℃，沸点 165～166℃（5.19kPa），闪点 96℃。不溶于水，溶于乙醇、乙醚、丙酮、苯

及汽油等有机溶剂。

[质量规格]

项　目		指　标	项　目		指　标
叔十二硫醇含量/%	≥	97.0	沸程/℃(0.67kPa)		60~105
硫含量/%	≥	15.0	铜和锰/(mg/kg)	≤	5.0
相对密度(25℃)		0.855~0.870	苯不溶物/%		无
折射率(20℃)		1.456~1.466			

注：表中所列指标参考规格。

[用途]用作合成树脂、合成橡胶及合成纤维等的乳液聚合反应相对分子质量调节剂。能降低高分子链的支化度，使聚合物具有优良的加工性能及物理机械性能，也用作聚烯烃及聚氯乙烯的稳定剂及抗氧化剂，以及用作油井酸化剂、润滑油添加剂、防锈剂等。还用于制造杀虫剂、杀菌剂及表面活性剂等的原料。

[安全事项]易燃。与氧化剂接触有着火危险。有毒！蒸气对皮肤及黏膜有刺激性。

[简要制法]在催化剂存在下，由丙烯四聚得到的十二烯与硫化氢反应制得。也可由十二烷醇蒸气在催化剂作用下与硫化氢反应而得。

2. 正十二硫醇

[别名]正十二碳硫醇、正十二烷硫醇。

[化学式]$C_{12}H_{26}S$

[结构式]$CH_3(CH_2)_{10}CH_2SH$

[性质]无色至淡黄色黏稠液体，有特殊气味。相对密度0.8450，熔点-7.5℃，闪点87℃，沸点143℃(2kPa)，折射率1.4589，不溶于水，溶于甲醇、乙醇、乙醚、丙酮、苯及汽油。工业品常是几种同分异构体的混合物，馏程200~235℃，折射率1.45~1.47。

[质量规格]

项　目	指　标
外观	淡黄色黏稠液体
相对密度(20℃)	0.8450
折射率(20℃)	1.4589

注：表中所列指标为参考规格。

[用途]用作合成树脂、合成橡胶及胶黏剂等乳液聚合的相对分子质量调节剂。也用作润滑油添加剂、金属防腐剂，以及用作制造杀虫剂、杀菌剂及非离子型表面活性剂等的原料。

[安全事项]易燃。与氧化剂接触有着火危险，有毒！蒸气对皮肤及黏膜有刺激性。

[简要制法]由1-溴十二烷烃与硫脲作用后，再经氢氧化钠溶液水解后制得。

428

3.2，4－二苯基－4－甲基－1－戊烯

[化学式]$C_{18}H_{20}$

[结构式]
$$CH_2\!=\!\underset{\underset{\bigcirc}{|}}{C}\!-\!CH_2\!-\!\underset{\underset{\bigcirc}{|}}{\overset{\overset{CH_3}{|}}{C}}\!-\!CH_3$$

[性质]淡黄色黏稠性液体。无臭。不溶于水，溶于乙醇、丙酮、苯等有机溶剂。

[用途]一种非硫醇相对分子质量调节剂，用于合成树脂及胶黏剂，可等摩尔替代正十二硫醇或叔十二硫醇，且价格低廉，又无臭味。

[安全事项]可燃。闪点100℃，蒸气能与空气形成爆炸性混合物。遇高热，明火有引起着火危险。

[简要制法]在催化剂存在下由2－甲基苯乙烯聚合制得。

4．二硫化二异丙基黄原酸酯

[别名]连二异丙基黄原酸酯、调节剂丁、促进剂DIP。

[化学式]$C_8H_{14}O_2S_4$

[结构式]
$$(CH_3)_2CHO\!-\!\underset{\underset{S}{\|}}{C}\!-\!S\!-\!S\!-\!\underset{\underset{S}{\|}}{C}\!-\!OCH(CH_3)_2$$

[性质]淡黄色至黄绿色粒状结晶。相对密度1.28，熔点不低于52℃。不溶于水，溶于乙醇、丙酮、乙酸乙酯及汽油等有机溶剂。

[质量规格]

项　　目	指　标	项　　目	指　标
外观	淡黄色至绿色粒状晶体	熔点/℃	52～56
调节剂丁含量/%　　≥	96.0	苯不溶物/%　　≤	2.0

注：表中所列指标为参考规格。

[用途]用作丁苯橡胶、丁腈橡胶聚合及烯类单体乳液聚合的相对分子质量调节剂及橡胶加工促进剂。也用作润滑油添加剂、矿物浮选剂及制造杀菌剂、除草剂等的原料。

[安全事项]有毒！受热分解时会产生窒息性气体CS_2。皮肤接触时可引起皮肤过敏或肿胀。

[简要制法]由异丙基黄原酸钠经过硫酸钾氧化制得粗品，再经过滤、洗涤、干燥后制得成品。

5．乙二醇二甲醚

[别名]1，2－二甲氧基乙烷、二甲基溶纤剂。

[化学式]$C_4H_{10}O_2$

[结构式]$CH_3OCH_2CH_2OCH_3$

[性质]无色液体，有醚样气味。相对密度0.8628，熔点－58℃，沸点82～84℃，折射率1.3796，黏度1.10mPa·s(20℃)。溶于水和烃类溶剂，与乙醇、乙醚、丙酮等

混溶。对碱金属和碱金属氢化物稳定。可与酸反应。在酸性催化剂存在下高温可发生分解。空气中的氧会使其生成过氧化物，生成的过氧化物不稳定，会进一步分解成醛、酸、酮等各种杂质。

[质量规格]

项　目	指　标	项　目		指　标
外观	无色透明液体，无可见杂质	水分/%	≤	0.30
相对密度	0.860~0.865	沸程(82~84℃馏出量)/%	≥	95
折射率	1.370~1.390			

注：表示所列指标为参考规格。

[用途]用作1，2-聚丁二烯橡胶聚合的相对分子质量调节剂，可调节和控制1，2-聚丁二烯的1，2-链节的含量，也用作润滑油添加剂、图片印刷平调剂、纤维及皮革匀染剂及渗透剂等。有很强的溶解能力，是丙烯酸树脂、乙基纤维素、硝基纤维素、甲基丙烯酸树脂及硼烷等的优良溶剂。也用作涂料、油墨溶剂及医药萃取用溶剂等。

[安全事项]一级易燃液体。闪点4.5℃。遇高热、明火易引起着火或爆炸，与氧化剂能发生强烈反应，接触空气或在光照条件下可生成有爆炸性的过氧化物。其蒸气比空气重，能在较低处扩散到远处，遇明火会引着回燃。长期存放也可能会产生过氧化物。对人体有刺激及麻醉作用，吸入时可引起上呼吸道刺激、头晕、恶心及中枢神经系统抑制等症状。蒸气对眼有刺激性。

[简要制法]在三氟化硼-乙醚配合物存在下，由环氧乙烷与二甲醚反应制得。

6. 硫黄

[别名]硫。

[化学式]S_8

[性质]黄色粉末，由硫黄块粉碎而得，硫黄块分结晶型硫及无定形硫两类。结晶硫又有两种晶型。一种是α-硫（或称斜方硫），为黄色晶体，相对密度2.07，熔点112.8℃，折射率1.957；另一种是β-硫（或称单斜硫），为淡黄色针状晶体，相对密度1.96，熔点119.25℃，折射率2.038。α-硫和β-硫均为8个硫原子组成的折皱冠状形分子结构，在一定温度下，可相互转化：

$$\alpha-硫 \underset{<95.5℃}{\overset{>95.5℃}{\rightleftarrows}} \beta-硫$$

无定形硫主要是弹性硫，是将熔融硫快速注入冷水中制得，不稳定，很快转变为α-硫。熔融硫的相对密度1.808(115℃)，沸点444.6℃，能燃烧，着火点363℃。自然条件下，只有α-硫稳定，通称自然硫，属斜方晶等，晶体呈菱形双锥状或厚板状，有金属光泽。结晶硫易溶于二硫化碳、苯、煤油、松节油及四氯化碳等中，微溶于乙醇、乙醚，不溶于水。遇浓硝酸及王水则氧化成硫酸。硫的化学性质活泼，能和除金、铂以外的各种金属直接化合，生成金属硫化物并放出热量，在空气中燃烧成二氧化硫。也能与蛋白质强烈反应生成硫化氢气体。

430

项　目			技术指标		
			优等品	一等品	合格品
硫(S)的质量分数/%		≥	99.95	99.50	99.00
水分的质量分数/%	固体硫黄	≤	2.0	2.0	2.00
	液体硫黄	≤	0.10	0.50	1.00
灰分的质量分数/%		≤	0.03	0.10	0.20
酸度的质量分数[以硫酸(H_2SO_4)计]/%		≤	0.003	0.005	0.02
有机物的质量分数/%		≤	0.03	0.30	0.80
砷(As)的质量分数/%		≤	0.0001	0.01	0.05
铁(Fe)的质量分数/%		≤	0.003	0.005	—
筛余物的质量分数/%	粒度大于 150μm	≤	0	0	3.0
	粒度为 75~150μm	≤	0.5	1.0	4.0

表中的筛余物指标仅用于粉状硫黄。

注：表中所列数据摘自 GB/T 2449—2006。

[用途]用作氯丁橡胶生产的的相对分子质量调节剂。元素硫是乙烯的有效阻聚剂。硫黄粉也是橡胶最主要的硫化剂，对 100 质量份天然橡胶加入 8 质量份硫黄，在 140℃加热 5h 能变成弹性体。这是由于硫黄加热开环后所生成的线型双自由基与橡胶分子发生交联所致，也用于制造硫酸、硫化物、荧光粉、焰火、火柴及杀虫剂等。

[安全事项]粉尘或蒸气与空气或氧化剂混合形成爆炸性混合物。易燃，闪点207℃，自燃点232℃，空气中含量达35g/m³以上时即具燃烧性。本身无毒，与皮肤接触可出现湿疹或红斑。

[简要制法]纯净硫可取自天然硫或加热黄铁矿石而得。也可由含硫天然气、石油废气经燃烧回收而得。

7. 二硫化四乙基秋兰姆

[别名]双(二乙基硫代氨基甲酰基)二硫化物、促进剂 TETD。

[化学式]$C_{10}H_{20}N_2S_4$

[结构式] $(C_2H_5)_2N-\underset{\underset{S}{\|}}{C}-S-S-\underset{\underset{S}{\|}}{C}-N(C_2H_5)_2$

[性质]白色至浅白色结晶粉末、颗粒或片状体，无臭。相对密度1.17~1.30，熔点73℃。不溶于水、稀碱液，微溶于乙醇、汽油，溶于乙醚、丙酮、苯、二氯甲烷及二硫化碳等。

[质量规格]

项　目		指　标	
		一级品	合格品
外观		灰白色或淡黄色粉末	
熔点/℃	≥	67	66
水分/%	≤	0.30	0.40
灰分/%	≤	0.30	0.50
细度 C60 目筛余物		无	无

注：表中所列指标为参考规格。

［用途］用作合成树脂及合成橡胶聚合的相对分子质量调节剂，其调节机理与硫黄相似，两者都含有硫键，具有控制聚合物相对分子质量及凝胶含量的作用。也用作天然橡胶、丁腈橡胶、丁苯橡胶及乙丙橡胶等的非吸湿性硫化促进剂。还可用作农用杀菌剂、种子消毒剂及酒精中毒的解药等。

［安全事项］本品有一定毒性，有较强杀菌灭虫性能，避免接触皮肤及眼睛，其粉尘与空气的混合物有爆炸危险。

［简要制法］由二乙胺、二硫化碳与氢氧化钠反应生成二乙基二硫代氨基甲酸钠后，再经空气氧化而得。

8. 二乙基锌

［化学式］$C_4H_{10}Zn$

［结构式］

$$\begin{array}{c} C_2H_5 \\ \diagdown \\ \quad Zn \\ \diagup \\ C_2H_5 \end{array}$$

［性质］无色液体，相对密度 1.2065，熔点 -28℃，沸点 118℃，折射率 1.4936，蒸气压 1999.5Pa(20℃)。在空气中自燃发出蓝色火焰，并伴有特殊的大蒜样气味。溶于乙醚、苯、石油醚及其他烃类溶剂。遇水发生剧烈分解，生成氢氧化锌及乙烷。

［用途］用作丁二烯阴离子聚合的金属型相对分子质量调节剂。在 n - BuLi - DPE（二哌啶乙烷）- $ZnEt_2$ 体系中，由于 $ZnEt_2$ 的加入，可使聚丁二烯的 1，2 结构含量、相对分子质量及聚合速度均明显下降。也用作链烯烃聚合催化剂、高能航空燃料，以及用于制造乙基氯化汞等。

［安全事项］遇空气自燃。与潮湿空气、氯气、氧化剂接触会引起剧烈反应并燃烧。

［简要制法］由锌粉与碘代乙烷或二乙基汞反应制得。

9. 2 - 巯基乙醇

［别名］硫代乙二醇、硫醇基乙醇、2 - 羟基 - 1 - 乙硫醇，β - 巯基乙醇。

［化学式］C_2H_6OS

［结构式］$HSCH_2CH_2OH$

［性质］无色或浅黄色透明液体，有特殊臭味，相对密度 1.1143，熔点 < -100℃，沸点 157 ~ 158℃（98.9kPa），折射率 1.4996，闪点 73.9℃。与水、乙醇、苯等混溶，在碱性溶液及盐酸中分解。

［质量规格］

项 目	指 标	项 目	指 标
外观	水白色易流动液体	相对密度	1.110 ~ 1.120
含量/% >	95.0		

注：表中指标为参考标准。

［用途］用作低聚合度聚氯乙烯生产的相对分子质量调节剂，在聚合体系中存在高效有机过氧化物引发剂时，巯基乙醇与活性氧氧化形成磺酸，不仅消耗掉自身有效浓度，也消耗掉有机过氧化物的浓度，从而降低聚合反应速度和聚合物平均聚合度。也用作合成高分子材

料的调聚剂、聚合催化剂、交联剂、树脂固化剂、增塑剂、杀虫剂及生物学实验中的抗氧化剂等，还用于制造染料、医药等。

[安全事项]高毒！摄入或吸入蒸气易发生中毒。对眼睛、皮肤及呼吸系统有刺激性。不慎与眼睛接触后，应立即用大量清水冲洗。可燃。其蒸气与空气的混合物，遇明火有爆炸危险，本品对水生生物有毒，进入水体可能对水体环境产生不良影响。

[简要制法]由环氧乙烷与硫化氢经加成反应制得。

10. 丁硫醇

[别名]正丁硫醇、1－丁硫醇、1－硫代丁醇。

[化学式]$C_4H_{10}S$

[结构式]C_4H_9-SH

[性质]无色易流动液体，有恶臭。相对密度 0.8337。熔点 -115.7℃，沸点 98.2℃，闪点 0℃，折射率 1.4440，蒸气相对密度 3.10（空气 = 1.0）。微溶于水，易溶于乙醇、乙醚及硫化氢溶液。呈酸性，与碱反应生成盐。也可进行氧化、加成、取代等反应。

[质量规格]

项 目		指 标	项 目		指 标
外观		无色透明液体	折射率		1.4435 ~ 1.4455
纯度/%	≥	98.0	不挥发物	≤	0.01
相对密度		0.8420 ~ 0.8450			

注：表中所列指标为参考规格。

[用途]用作丁二烯乳液聚合的相对分子质量调节剂、加氢催化剂硫化剂、天然气或煤气加臭剂。也用作溶剂及有机合成中间体。

[安全事项]易燃。遇明火、高热及强氧化剂有着火危险。吸入高浓度蒸气可引起头痛、恶心及麻醉作用，严重时可因呼吸麻痹而死亡。进入水体可造成污染。应储存于阴凉、通风处，远离火种、热源。

[简要制法]在催化剂存在下，由溴丁烷与硫脲反应制得。

11. 氢气

[别名]调节剂氢气。

[化学式]H_2

[性质]无色、无臭、无味的可燃气体。气体相对密度 0.08987（0℃），液体相对密度 0.070（-252.89℃），固体相对密度 -0.0807（-262℃），熔点 -259.14℃，沸点 -252.77℃，临界温度 -239.9℃，临界压力 13.2MPa。水中溶解度 2.14cm^3/100mL 水（0℃）。在其他各种液体中溶解甚微，常温下不活泼，在高温或有催化剂存在时则十分活泼，与空气、氧气、氯气等混合会燃烧或爆炸。常温下与氧化合极缓和，在 800℃以上或点火时则爆炸生成水，同时产生强热，也能与许多金属或非金属直接化合，高温下能将许多金属氧化物还原成金属或低级氧化物。

项　目		指　标			项　目		指　标		
		超纯氢	高纯氢	纯氢			超纯氢	高纯氢	纯氢
氢/%	≥	99.9999	99.999	99.99	$CO_2/10^{-6}$	≤	0.1	1.0	5.0
氧/10^{-6}	≤	0.2	1.0	5.0	$CH_4/10^{-6}$	≤	0.2	10	
氮/10^{-6}	≤	0.4	5.0	60	水分/10^{-6}	≤	1.0	3.0	30
$CO/10^{-6}$	≤	0.1	1.0	5.0					

[用途]用作乙烯、丙烯聚合及乙丙橡胶聚合的相对分子质量调节剂,可与增长链发生链转移反应,使链增长终止,导致聚合物相对分子质量降低,同时产生新的活性中心,引发单体聚合继续进行。也广泛用于石油炼制、石油化工各种工艺,在有机合成中氢气与有机化合物中含有碳－碳双键或三键的化合物,在催化剂存在下进行加氢反应可制得各种产品。也是合成氨、聚氯乙烯、油脂氢化等产品的原料。氢气还是一种清洁能源。液态氢用作高能燃料。

[安全事项]极易燃,能与空气形成爆炸性混合物,爆炸极限 4.1%～74.2%。自燃点550℃。与氟、氯、溴等卤素会剧烈反应,液氢与皮肤接触会引起严重冻伤或烧伤。

[简要制法]电解食盐水溶液可在阴极上析出氢气。工业制法还有烃裂解法、烃蒸气转化法等。

三、胶体保护剂

在一些乳液聚合体系中,为了有效地控制乳胶粒子尺寸、大小分布及使乳液稳定,常需要加入一定量高黏度、水溶性的高分子化合物,如聚乙烯醇、聚丙烯酸钠、阿拉伯胶、甲基纤维素等,这些物质称为胶体保护剂,或称保护胶休、乳液稳定剂。所加的胶体保护剂一部分被吸附在乳液中不连续相的乳胶粒子表面上,一部分溶解在水相中。被吸附的胶体保护剂在乳胶表面上形成一定厚度的水化层(或皮膜),可阻碍乳胶粒子碰撞、接触而发生解聚;而溶解于水相中的胶体保护剂则可增大乳液的黏度,从而使乳胶粒子撞合的阻力增长,提高乳液体系的稳定性。在乳液聚合中,通常要加入适量的表面活性剂,乳液中不连续相乳胶粒子的表面,在加入表面活性剂后也形成一层亲水性吸附膜,但此膜不稳定,加入胶体保护剂后提高了这种膜的稳定性。所以,胶体保护剂不同于表面活性剂,它不是由分子定向排列于乳胶粒子的表面而形成膜,而是因其分子中的烷基或某些基团乳胶粒子的电荷吸引而进入粒子的油滴内,分子中的其他部分则停留在粒子的表面,生成一定的皮膜。这样生成的皮膜比表面活性剂形成的膜要厚而且强韧、稳定。还有一些碱性物质,如氢氧化钾、氨水等,它们能中和胶乳中的酸性物质,调节体系 pH 值、杀灭细菌、防止细菌对天然胶乳中的天然保护物质(如蛋白质)的破坏,同时也增加胶粒电荷,提高胶乳的稳定性,这类物质是天然胶乳的稳定剂。

大部分胶体保护剂既作乳化稳定剂,也可作分散稳定剂。在个别情况下,乳液聚合中不加乳化剂而只加入胶体保护剂也可制得稳定的聚合物乳液,如聚乙酸乙烯酯乳液,只加入聚乙烯醇作胶体保护剂就可制得。

根据来源,胶体保护剂可分为天然物、合成物及无机物,如下所示。

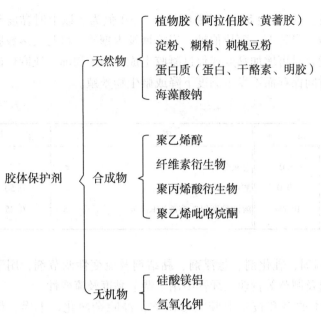

胶体保护剂
- 天然物
  - 植物胶（阿拉伯胶、黄蓍胶）
  - 淀粉、糊精、刺槐豆粉
  - 蛋白质（蛋白、干酪素、明胶）
  - 海藻酸钠
- 合成物
  - 聚乙烯醇
  - 纤维素衍生物
  - 聚丙烯酸衍生物
  - 聚乙烯吡咯烷酮
- 无机物
  - 硅酸镁铝
  - 氢氧化钾

1. 阿拉伯胶

[别名]阿拉伯树胶、金合欢胶。

[性质]是由阿拉伯、非洲及澳大利亚等地区的胶树所得树脂的总称。是阿拉伯胶素酸（$C_{10}H_{18}O_9$）的钙、镁、钾盐等转变成半乳糖、阿拉伯糖和葡萄糖醛酸而形成的长链聚合物。相对分子质量22万~30万。为无色至淡黄褐色半透明块状或白色至淡黄色粒状或粉末，质脆易碎。相对密度1.30~1.45。无臭、无味。在水中可逐渐溶解成酸性的黏稠状透明液体，不溶于乙醇等有机溶剂，溶于盐酸、乙酸、氨水及乙醇水溶液。可与生物碱配位。与明胶或清蛋白可形成稳定的凝聚层。阿拉伯胶具有高分子电解质特性。

[质量规格]

项　目		指　标	项　目		指　标
外观		淡黄色半透明粒状	水不溶物/%	≤	1.0
相对密度		1.35~1.49	灰分/%	≤	4.0
水分/%	≤	15.0	不溶于酸的灰分/%	≤	0.5

注：表中所列指标为参考标准。

[用途]用作胶体保护剂、增稠剂、乳化剂、混悬剂、黏合剂等，广泛用于胶乳制备、食品、日化、纺织等行业。制药工业用作微胶囊材料、崩解剂、成膜剂及包衣材料等，用阿拉伯胶和水配成的胶，可用于邮票上胶。

[简要制法]从阿拉伯胶树或亲缘种金合欢属树的茎和枝割取的胶状渗出物，经除杂净化后，再经干燥、粉碎制得。

2. 黄蓍胶

[别名]黄芪胶、龙须胶、白胶粉。

[性质]是从豆科黄蓍属的各种灌木树皮渗出物中提炼出的天然植物胶，为含钾、镁、钙的多糖混合物。平均相对分子质量为84万。呈微酸性。为白色或淡黄色半透明薄片或粉末。无臭、无味、无毒。不溶于冷水及乙醇，易溶于沸水。1g黄蓍胶在50mL水中溶胀成光

滑、稠厚而无黏附性的凝胶状物质。pH 值为 5~6 时黏度最高，pH 值为 7 以上时黏度开始下降。经催化水解得到半乳糖醛酸、半乳糖、阿拉伯糖、岩藻糖及木糖等。可与大多数胶相配伍，当它的溶液与其他胶溶液配合时可增加黏度或促进凝胶生成。与矿物油、亚麻仁油能形成优质润滑乳液，其溶液可长时间保存而不发生黏度下降或微生物繁殖。

[质量规格]

项　目		指　标	项　目		指　标
砷含量(以 As 计)/(mg/kg)	≤	3.0	总灰分/%	≤	3.0
铅含量(以 Pb 计)/(mg/kg)	≤	10.0	酸可溶性灰分/%	≤	0.50
重金属(以 Pb 计)/(mg/kg)	≤	0.004	溶液黏度(1%溶液)/Pa·s	≥	0.25

注：表中所列指标为参考标准。

[用途]用作胶体保护剂、增稠剂、乳化剂、悬浮剂、黏结剂及流变性调节剂，用于胶乳制备、食品、日化、纺织、油墨及制革等行业。牙膏中用于调节黏度及流变性。

[简要制法]从黄蓍属各种灌木的茎和枝割取胶状渗出物，经除杂净化、干燥、粉碎制得。

3. 瓜尔豆胶

[别名]瓜尔胶

[性质]由豆科植物瓜尔豆的种子加工所得的胶粉。是由 β - D - 吡喃甘露糖基元组成的主链，单个的 α - D - 半乳糖均匀接枝在主链上形成的多糖，两者之比为 2:1，平均相对分子质量为 20 万~30 万。市售品为白色至黄褐色粉末，几乎无臭、无味。能分散在热或冷的水中形成黏稠液。分散于冷水中约 2h 后显现很高黏度，以后逐渐增大，24h 达最高点。黏稠力为淀粉糊的 5~8 倍。pH 值为 6~8 时黏度最大。在 pH4.0~10.5 范围内稳定。不溶于油、酯及烃类等溶剂。本品可进行烷基化、季铵化反应，生成一系列衍生物，如羟丙基瓜尔豆胶、瓜尔豆胶羟丙基三甲基氯化铵等。其溶液与硼酸钠反应生成凝胶，但加酸可以复原。

[质量规格]

项　目		指　标	项　目		指　标
干燥失重/%	≤	12.0	重金属(以 Pb 计)/%	≤	0.002
酸不溶物/%	≤	7.0	铅(Pb)/%	≤	0.001
灰分/%	≤	1.0	硼酸盐		不得检出
砷(以 As 计)/%	≤	0.0003	黏度(1%水溶液)/mPa·s		5000~6000

注：表中所列指标为参考标准。

[用途]瓜尔豆胶与其他植物胶、淀粉和水溶性蛋白质等有相容性，与黄原胶并用可呈现增稠协同效应。可用作胶体保护剂、增稠剂、黏结剂、悬浊剂、成膜剂、助滤剂、絮凝剂等，用于胶乳制备、食品、医药、造纸、纺织、采油，选矿等领域。

[简要制法]由豆科植物瓜尔豆的种子去皮去胚芽后的胚乳部分，经干燥粉碎后加压水

436

解再经稀乙醇沉淀、分离、干燥、粉碎后制得。

4. 明胶

见"第五章五、1."。

5. 干酪素

[别名]酪蛋白、酪素、乳酪素、酪朊。

[性质]一种等电点为4.6的高分子含磷蛋白质，是乳汁及干酪的主要成分，相对分子质量约7.5万～37.5万。构成极为复杂，其示意化学式为$C_{170}H_{268}N_{42}PSO_{51}$。主要组分为$\alpha$-酪蛋白、$\beta$-酪蛋白和$\gamma$-酪蛋白的混合体，含有人体必需的各种氨基酸。白色至淡黄色颗粒、粉末或片状物。无臭、无味或有轻味香气。相对密度1.25～1.31，熔点280℃（分解）。不溶于水、乙醇及其他中性有机溶剂，溶于稀碱液、碱式碳酸盐溶液及浓酸。在弱酸中沉淀。有吸湿性，干燥时稳定，受潮时迅速变质。

[质量规格]

项　　目	指　　标（工业品）		
	特级品	一级品	二级品
色泽	白色或微黄色，均匀一致	浅黄色至黄色，容许存在50%以下的深黄色颗粒	浅黄色至黄色，容许存在10%以下的深黄色颗粒
水分/%　　≤	12.0	12.0	12.0
脂肪/%　　≤	1.5	2.5	3.5
灰分/%　　≤	2.5	3.0	4.0
酸度/%　　≤	80	100	150
灼烧残渣/%　≤	0.3	0.5	1.0

注：表中所列指标摘自 GB 5424—1985

[用途]干酪素具有良好的乳化、增稠、成膜、黏合、营养及胶体保护等性能。可用作悬浮液胶体保护剂、颜料分散剂、涂饰材料成膜剂，食品工业中用作蛋白质增补剂、乳化剂、发泡剂、黏结剂及稳定剂等，化妆品中用作增稠剂、乳化稳定剂及营养添加剂等，橡胶工业用于制造轮胎帘线浸渍胶液，以提高橡胶与帘线的黏接强度，还用作纸张上光剂、织物上浆剂及水溶性胶黏剂等。

[简要制法]由凝乳酶（或用酸及其他沉淀剂）使脱脂乳凝结、沉淀后，再经精制而得。

6. 黄原胶

[别名]汉生胶、苫屯胶、黄杆菌胶、黄单胞杆菌多糖。

[性质]一种由2.8份 D-葡萄糖、3份 D-甘露糖及2份 D-葡萄糖醛酸组成的多糖类高分子化合物，其主链呈纤维状结构。外观为浅黄至浅棕色粉末，稍带臭味。遇水分散、乳化变成稳定的亲水性黏稠液体。不溶于多数有机溶剂。水溶液呈中性，并且有很高的假塑性，有良好的稳定性及高工作屈服值。黏度不受温度影响，中性时黏度稳定，pH值4以下或10以上时黏度上升。添加食盐则黏度上升。耐冻结和解冻。高浓度乙醇会使黄原胶溶液胶凝或沉淀。要制得稳定的黄原胶水溶液，需先将黄原胶完全溶于水，然后在不断搅拌下缓慢地加入溶剂。

[质量规格]

项　目		指　标	项　目		指　标
黏度(1%水溶液)/mPa·s	≥	600	总氮含量/%	≤	1.7
剪切性能值	≥	6.0	砷(以As计)/%	≤	0.0003
干燥失重/%	≤	13.0	重金属(以Pb计)/%	≤	0.0001
灰分/%	≤	13.0			

注：表中所列指标摘自 GB 13886—1992。

[用途]黄原胶溶液耐酸、耐碱，水溶液黏度不受温度及盐类影响，其溶胶分子能形成带状螺旋形共聚体，有类似胶样的网状结构，故能支撑固体颗粒、液滴和气泡，从而显示很强的乳化稳定性及高悬浮能力。可作为胶体保护剂、增稠剂、乳化剂、悬浮剂及絮凝剂，广泛用于化工、食品、日化、采油、选矿、造纸及医药等行业。用于钻井泥浆、压裂液有提高采油率的作用。

[简要制法]将含有 1%~5% 的葡萄糖和无机盐的发酵培养基调整至 pH 值为 6~7，加入野油菜黄单胞菌接种体，培养 50~100h 后得到 4~12Pa·s 的高黏度液体，杀菌后再用乙醇沉淀、干燥、粉碎制得。

7. 海藻酸钠

[别名]褐藻酸钠、藻胶、藻酸钠、海带胶。

[化学式]$(C_6H_7O_6Na)_n$

[结构式]

[性质]无色至浅黄色纤维状粉末或粗粉，几乎无臭、无味。是一种水合力很强的亲水性高分子物质。有吸湿性，溶于水形成黏稠状胶体物质，不溶于浓度 30% 以上的乙醇、乙醚、氯仿及酸(pH 值 <3)。1% 水溶液的 pH 值为 6~8，此时的最大溶剂容许量分别为：乙醇 20%、甘油 70%、丙二醇 40%、丙酮 10%。pH 值在 5.8 以下时会凝胶化，加热至 80℃ 以上时黏度降低，剧烈搅拌会使分子链断裂而致黏度下降。水溶液与钙离子接触时，因生成海藻酸钙而形成凝胶。添加草酸盐、磷酸盐等能与钙离子形成难溶性盐时，可抑制钙离子的凝胶效果。能与聚乙烯醇、聚丙烯酸钠、瓜尔豆胶、羟丙基纤维素等天然水溶性聚合物混溶，还可与一些乳胶、酶、增塑剂、无机盐及有机溶剂配伍。有较强的胶体保护作用，对油脂有强乳化性。与聚乙烯醇、甲基纤维素等材料不同之处是，本品能形成真溶液，并呈现出特有的柔软性及均匀性。

[质量规格]

项　目	指　标
色泽及性状	乳白色至浅黄色或浅黄褐色粉状或粒状
pH值	6.0~8.0
水分/%	≤15.0
灰分(以干基计)/%	18~27
水不溶物/%	≤0.6
透光率/%	符合规定
铅(Pb)/(mg/kg)	≤4
砷(As)/(mg/kg)	≤2

注：表中所列指标摘自 GB 1976—2008。

438

[用途]海藻酸钠具有良好的增稠性、成膜性、保形性及胶体保护能力。可用于化工、日化、制药、纺织、采油等领域，用作胶体保护剂、增稠剂、乳化剂、稳定剂、胶凝剂、助悬剂及上浆剂等。

[简要制法]由海带等褐藻类海藻经纯碱消化、粗滤后加氯化钙进行钙化，再经沉淀、脱色、脱钙、碱中和、干燥、粉碎而制得。

8. 海藻酸丙二醇酯

[别名]褐藻酸丙二醇酯

[化学式]$(C_9H_{14}O_7)_n$

[结构式]$AlgCOO \cdot CH_2CH_2CH_2OH$

（AlgCOO 为海藻酸基，参见海藻酸钠结构）

[性质]白色或浅黄色纤维状粉末或粗粉状，几乎无臭或略具芳香味。不溶于甲醇、乙醇及苯等溶剂，溶于水或胶状黏稠性溶液，也溶于稀有机酸溶液。水溶液在60℃以下稳定，煮沸时黏度急剧下降。在 pH 值为 3~4 的酸性溶液中形成凝胶，但不沉淀。pH 值高于 7 时则皂化，大于 10 时因解聚而失去黏性，1% 浓度的海藻酸丙二醇酯的最大溶剂容许量分别为：乙醇20%、甘油70%、丙二醇40%、丙酮30%。有强抗盐性，在浓电解质溶液中也不产生盐析。对 Cu^{2+}、Pb^{2+}、Ba^{2+}、Cr^{3+}、Fe^{3+} 等金属离子不稳定，对其他金属离子稳定。由于分子结构中含有 4 个醇基，亲油性很强，乳化性能优良。

[质量规格]

项　　　目		指　　　标
酯化度的质量分数/%	≥	80.0
不溶性灰分的质量分数/%	≤	1.0
加热减量的质量分数/%	≤	20.0
砷(As)的质量分数/%	≤	0.0002
重金属(以 Pb 计)的质量分数/%	≤	0.002
铅(Pb)的质量分数/%	≤	0.0005

注：表中所列指标摘自 GB 10616—2004。

[用途]用途与海藻酸钠相似，用作增稠剂、乳化剂、悬浮剂、稳定剂等。它在酸性溶液 pH 值为 3.0 附近时仍不发生凝胶，可供胶乳或乳液作胶体保护剂及稳定剂。

[简要制法]以海藻酸为原料，在碱催化剂存在下，与环氧丙烷于70℃下反应制得。

9. 聚乙烯吡咯烷酮

[别名]聚 - N - 乙烯基丁内酰胺，简称 PVP。

[化学式]$(C_6H_9NO)_n$

[结构式]

[性质]一种非离子型水溶性高分子化合物，商品是白色、乳白色或略带黄色的固体粉末，也有30%~36%水溶液产品。通常按相对分子质量大小分成若干等级，并按 F. kentscher 法的 K 值表示。PVP 分子中既有亲水基团，又有亲油基团。既能与水互溶，又能溶解于乙醇、羧酸、胺类、卤代烷等极性溶剂，微溶于苯、甲苯、丙酮、己烷、矿物油等极性较弱的溶剂，具有成膜性及吸湿性，与大部分无机盐、天然合成树脂有很好的相容性，可从甲醇、乙醇、氯仿等溶液中浇注或涂布成膜，其薄膜无色透明，硬而光亮。吸湿性较羧甲

基纤维素弱，而较聚乙烯醇强。PVP 膜在较低湿度下呈脆性，空气湿度大于 70%，从空气中吸湿时就有一定黏性，但可加入增塑剂调节其塑性。PVP 能与含羟基、羧基、氨基及其他活性氢原子的化合物形成固态络合物，从而使某些不溶于水的化合物变成溶于水。PVP 通常情况下稳定，100℃下加热 16h 无变化。加热至 150℃，或与过硫酸铵混合后在 90℃下加热 30min，则完全交联而不溶于水。PVP 水溶液通常也很稳定，在 115℃加热 30min 也无变化，但受热或存放时间过长会变成淡黄色。PVP 有优良的生理惰性，不参与人体新陈代谢，不被肠胃道吸收，又具有优良的生物相容性，对皮肤、眼睛、黏膜无任何刺激性。

[质量规格]

项 目	指 标					
	产品牌号					
	K15（粉）	K15（溶液）	K30（粉）	K30（溶液）	K90（粉）	K90（溶液）
K 值	12 ~ 18	12 ~ 18	27 ~ 33	27 ~ 33	88 ~ 96	90 ~ 103
残留单体/% ≤	0.2	0.2	0.2	0.2	0.2	0.2
水分/% ≤	5.0	—	5.0	—	5.0	—
灰分/% ≤	0.02	0.02	0.02	0.02	0.02	0.02
含固量/%	≥95	39 ~ 41	≥95	29 ~ 31	≥95	19 ~ 21
pH 值（1%水溶液）	3 ~ 7	7 ~ 10	3 ~ 7	5 ~ 8	5 ~ 9	7 ~ 10.5

注：表中所列指标为企业标准，K 值表示相对分子质量，K15、K30、K90 的黏均相对分子质量分别为 8000、40000、200000。

[用途]PVP 具有优良的胶体保护作用、成膜性、黏结性、增溶性、凝聚及络合能力，可用作胶体保护剂、分散剂、增稠剂、乳化剂、稳定剂、黏度调节剂、抗再沉淀剂、助溶剂、成膜剂等，广泛用于化工、轻工、日化、纺织、食品、涂料等行业。乳液及悬浮聚合中用作胶体保护剂及聚合物粒径调节剂；采油工业中用作泥浆添加剂，可增加黏度和固化时间，降低失水率。由于对盐不敏感，可在高盐浓度的条件下，用作聚合物驱油工具。

[简要制法]以 N-乙烯基吡咯烷酮为原料，在碱性催化剂存在下，经聚合、交联反应制得。

10. 羟丙基纤维素

[别名]简称 HPC。

[结构式]

[性质]白色或浅黄色粉末，无臭、无味、无毒。是一种经环氧丙烷改性的甲基纤维素。可溶于 40℃以下的水和大量极性溶剂（甲醇、乙醇等）中，不溶于较高温度（>40℃）的水中，难溶于苯、乙醚，取代度越高，可溶解 HPC 的水温越低。是一种热塑性物质，可制成模压和挤压制品，浓溶液可形成液晶。有良好的增稠、乳化、成膜、涂布、分散、悬浮及黏合等性能。能与大多数水溶性树脂和胶配伍，制得均匀的溶液和干的混合物。HPC 溶液黏度稳定性受 pH 值变化影响不大，而且有良好的抗生物降解性，广泛用来替代甲基纤维素及其他一些纤维素醚，以提高目的产品的质量。

440

[质量规格]

项　目		指　标	项　目		指　标
羟丙氧基团			砷(以 As 计)/(mg/kg)	≤	3.0
（—OCH₂CHOHCH₃）/%	≤	80.5	铅(Pb)/(mg/kg)	≤	10
干燥失重/%	≤	10.0	重金属(以 Pb 计)/(mg/kg)	≤	40
硫酸盐灰分/%	≤	0.5			
pH 值(1%水溶液)		5~8			

注：表中所列指标为参考标准。

[用途]在聚氯乙烯悬浮聚合中用作胶体保护剂，涂料及油墨工业中用作分散剂、增稠剂、黏结剂等，也用作织物上胶剂、碱性干电池保黏剂、荧光物质烧结剂，食品工业中用作搅泡起泡剂、泡沫稳定剂及成型黏结剂等。

[简要制法]由碱纤维素与醚化剂环氧丙烷反应后再经中和、分离、洗涤、干燥制得。

11. 硅酸镁铝

[别名]硅酸铝镁、矿物凝胶。

[化学式]MgAl[Al(SiO₄)₂]

[性质]是由火山灰经风化作用而形成的同晶型硅酸盐制得的复合胶态物质。其化学组成常以氧化物表示：SiO₂ 61.1%、MgO 13.7%、Al₂O₃ 9.3%、TiO₂ 0.1%、Fe₂O₃ 0.9%、CaO 2.7%、Na₂O 2.9%、K₂O 0.3%、结合水 7.2%。外观为无臭无味白色软滑片状物，含水率≤8.0%。不溶于水及醇类，在水中可膨胀成较原体积大数倍的胶态分散体，其膨胀性是可逆的，可以干燥和重新水合，不论次数。1%的水分散体是稀薄的胶态悬浮体，含3%及以上的水分散体是非透明体，且黏度迅速增加，含4%~5%的水分散体为厚的白色溶胶，达10%时则为坚硬的溶胶。加入少量纤维素可显著增加其黏度及储存稳定性。而加入电解质会使水分散体变稠，甚至部分凝聚而影响其使用。

[质量规格]

项　目		指　标	项　目	指　标
外观		白色粉末，软而滑，无味	需酸量(1g 样品用 0.1mol/L HCl 滴定至 pH 值为 4 所需 mL 数)	4.5~8.0
黏度(5.0%水分 散体)/mPa·s	≥	300	pH 值	9.3~9.7
含水量/%	≤	5.0		

注：表中所列指标为参考标准。

[用途]本品是水包油及油包水型浮化体的稳定剂，具有保护胶体活性。有强的亲水特性和使乳化体外相增稠能力，1%的硅酸镁铝能稳定各种油脂和含阴离子或非离子型表面活性剂的乳化体。它的水分散体能悬浮树脂、二氧化钛、陶土、氢氧化铝、氧化铁及颜料等，对控制乳化体和悬浮体的稠度有良好效果。它也可用于不同粉体的黏结，而且在干燥过程中不会迁移至表面。本品无毒，对皮肤无刺激性，精制品能用作食品及化妆品添加剂。

[简要制法]由镁及氧化硅含量高的火山熔岩用盐酸溶解后再经精制而得。

四、乳化剂

当将油和水放在一起，并通过强力搅拌可以使油分散于水中，而当停止搅拌后，又会分成不相混溶的两相。但如果加入第三种物质就可使分散体系稳定性大大增加，把这种能使不相混溶的油水两相发生乳化形成稳定乳状液的物质称作乳化剂。乳化剂大多是分子中同时含有亲水基团和亲油基团的表面活性剂，一般乳状液外观呈乳白色不透明液体，一相是水或水溶液（通称"水"相），另一相为非极性化合物（通称"油"相）。而将内相为水、外相为油的乳状液称为油包水型（W/O 型）乳液，将内相为油、外相为水的乳状液称为水包油型（O/W 型）乳液。乳状液及乳化技术广泛用于石油化工、纺织、印染、涂料、医药、农药及日化等行业。

乳化剂是乳液聚合过程起着重要作用的一类助剂。丁苯、丁腈、氯丁橡胶及聚氯乙烯等合成材料生产上，乳液聚合也是重要的一种聚合工艺。乳化剂尤其是生产高弹性的合成橡胶所必需的。乳液聚合是由单体和水在乳化剂作用下配制成的乳液中进行的聚合，体系主要由单体、水、乳化剂及溶于水的引发剂四种基本组分组成。其中乳化剂的用量虽少，但对聚合的起始、粒子形成、聚合速度、高聚物相对分子质量大小和分布、乳胶粒子的大小、分布和形态及乳液性质都有很大影响，对乳液聚合的特征起决定性作用。其主要作用是：聚合前通过降低水的表面张力和单体与水的界面张力，使单体分散、增溶而形成稳定的单体乳液；聚合过程中提供引发聚合的场所——单体溶胀胶束；它还吸附于乳胶粒子表面，稳定乳胶粒子，防止在聚合中和聚合后发生凝聚，保证乳液具有适宜的固含量、黏度及稳定性。通过对乳化剂品种及浓度的选择，可调节聚合行为、粒子大小及乳胶性质。

目前市售乳化剂品种繁多，各种用途不同的乳状液需使用不同的乳化剂。乳液聚合过程中使用的表面活性剂类乳化剂，按其亲水基团的性质，可分为阴离子型、阳离子型、非离子型及两性乳化剂 4 种类型。可简示如下：

阴离子型乳化剂
- 羧酸盐类：主要为 $C_{12} \sim C_{20}$ 羧酸的钾、钠、铵皂
- 硫酸盐类：包括烷基硫酸盐类、硫酸化油、脂肪族酰胺硫酸盐、羟基聚乙二醇醚硫酸酯盐类
- 磺酸盐类：脂肪磺酸盐、酰胺磺酸盐、烷基苯磺酸盐、甲醛缩合萘磺酸盐等
- 磷酸酯盐类：脂肪醇磷酸酯盐

阳离子型乳化剂
- 胺盐类：伯铵盐、仲铵盐、叔铵盐、酯结构铵盐、酰胺结构铵盐、杂环铵盐等
- 季铵盐类：烷基季铵盐、醚结构季铵盐、酰胺结构季铵盐、杂环结构季铵盐等

非离子型乳化剂
- 酯型：聚氧化乙烯烷基酯、多元醇烷基酯、聚氧化乙烯多元醇烷基酯等
- 醚型：聚氧化乙烯烷基醚、聚氧化乙烯芳烷基醚、多元醇环醚等
- 胺型： $RN \begin{cases} (CH_2CH_2O)_m H \\ (CH_2CH_2O)_n H \end{cases}$
- 酰胺型：烷基醇酰胺、聚氧化乙烯烷基酰胺等

442

$$\text{两性乳化剂} \begin{cases} \text{羧酸型：如 } RNHCH_2CH_2COOH \\ \text{硫酸酯型：如 } RCONHC_2H_4NHC_2H_4OSO_3H \\ \text{磷酸酯型：如 } RCONHC_2H_4NHC_2H_4OPO(OH)_3 \\ \text{磺酸型：如 } RNHC_2H_4NH\!\!-\!\!\bigcirc\!\!-\!\!SO_3H \end{cases}$$

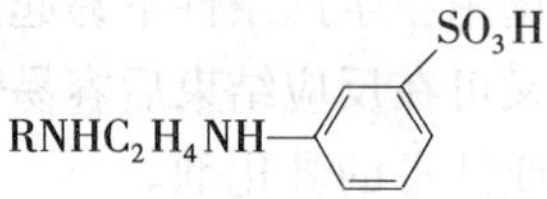

阴离子型乳化剂的亲水基团为阴离子，这种乳化剂在碱性介质中才有效，适宜于 W/O 型乳化成 O/W 乳液。

阳离子型乳化剂的亲水基团为阳离子，这种乳化剂在酸性介质中才有效，大部分适合制备 W/O 型乳液。

非离子型乳化剂在水溶液中不会离解成离子。其使用效果与介质 pH 值无关。可制成 O/W 型乳液及 W/O 型乳液。也可与其他类型乳化剂复合使用，用途很广。

两性乳化剂分子中同时含有碱性基团和酸性基团。在酸性介质中可以离解成阳离子，而在碱性介质中可离解成阴离子，故在任何 pH 值的介质中都有效。

在乳液聚合系统中，乳化剂选择是否适当，不仅涉及乳液是否稳定，生产过程是否能正常进行，以及其后的储存和应用是否安全可靠。一般，如乳化剂选用合适，用量 3% ~5% 已可以，否则，即使用量多至 30%，也不能制得稳定的乳液。选择表面活性剂型乳化剂时，可参照以下方法：

（1）由 HLB 值选择乳化剂

HLB 值（亲水亲油平衡值）是衡量乳化剂分子中亲水部分和亲油部分对其性质所作贡献大小的物理量，每种乳化剂都有特定的 HLB 值，大多数乳化剂的 HLB 值为 1~40。HLB 值低、亲油性大，HLB 值高、亲水性大，如 O/W 型聚合物乳液要求的最佳 HLB 值范围如表 5-1 所示。

表 5-1　O/W 型聚合物乳液要求的最佳 HLB 值范围

O/W 型聚合物乳液	HLB 值
聚苯乙烯	13.0 ~6.0
聚乙酸乙烯酯	14.5 ~17.5
聚丙烯酸酯	13.3 ~13.7
聚丙烯酸乙酯	11.8 ~12.4
聚甲基丙烯酸甲酯	12.1 ~13.7
丙烯酸乙酯与甲基丙烯酸甲酯的共聚物（质量比 1:1）	11.95 ~13.05

一些乳化剂的 HLB 值可从相关的产品资料中查得，或由乳化剂分子结构中较常见的基团 HLB 值经计算求得。

（2）用其他特征参数为依据选择乳化剂

这些方法有三相点法、浊度法、转相点法、覆盖面积法、临界胶束浓度（CMC）法、增溶度法等。

（3）用经验法选择乳化剂

采用（1）、（2）的方法来选择乳化剂并不能完全反映乳化剂与被乳化物之间的真实关系。在实际中常将前两种方法与下述经验法结合起来选择乳化剂。经验法可归结如下：

①选用与单体分子化学结构相似的乳化剂。相似者相容，如烃类单体可选用有长烃链的乳化剂，酯类单体应选用酯类乳化剂；②优先用离子型乳化剂。离子型乳化剂可使分散粒子

带电，其静电斥力有利于乳液的稳定性；③选用的乳化剂易溶解于被乳化物时，乳化效果较好；④离子型乳化剂与非离子型乳化剂复配使用，具有协同效应，可提高乳化效率；⑤选用的乳化剂不应干扰聚合反应，不选用会使聚合反应速率减慢或降低聚合物相对分子质量的乳化剂；⑥根据乳液聚合工艺选择乳化剂，不选用在生产条件下易起泡沫的乳化剂，所选用的乳化剂既可使乳液聚合体系有良好稳定性，又可在反应结束后容易使乳液体系失去稳定，从而减少后处理困难；⑦选用价廉易得、无毒或低毒的乳化剂。

(一) 阴离子型乳化剂

1. 十二烷基苯磺酸

[化学式] $C_{18}H_{30}SO_3$

[结构式] $C_{12}H_{25}$—⟨苯环⟩—SO_3H

[性质] 淡黄色至棕色黏稠液体。相对密度 1.05，黏度 1900mPa·s。溶于水，用水稀释时生热。稍溶于苯、二甲苯，易溶于甲醇、乙醇、丙醇及乙醚等有机溶剂。具有乳化、分散、去乳化等作用。

[质量规格]

项 目		指 标	
		优等品	合格品
烷基苯磺酸含量(质量分数)/%	≥	97	96
游离油含量(质量分数)/%	≤	1.5	2.0
硫酸含量(质量分数)/%	≤	1.5	1.5
色泽/Klett	≤	30	50

注：表中指标摘自 GB/T 8447—2008。

[用途] 一种阴离子表面活性剂。主要用于制造阴离子表面活性剂烷基苯磺酸的钠盐、钙盐及铵盐等。也用作氨基烘漆的固化催化剂、有机氯及有机磷农药等的乳化剂。

[安全事项] 对眼睛、皮肤有刺激作用及腐蚀性。

[简要制法] 由 $C_{10} \sim C_{13}$ 正构烷烃经氯化生成氯化烷烃，再以三氯化铝为催化剂与苯缩合生成十二烷基苯，然后与发烟硫酸磺化而得。

2. 直链烷基苯磺酸钠

[别名] 直链十二烷基苯磺酸钠，简称 LAS。

[结构式] R—⟨苯环⟩—SO_3Na　（平均 R 为 $C_{12}H_{25}$）

[性质] 白色至淡黄色液体，经纯化可得到白色粉状或片状固体，熔点 >130℃。240℃时分解，易溶于水而成半透明溶液。对稀酸及碱较稳定，对氧化剂十分敏感。具有良好去污、发泡、乳化、分散及润湿等性能。对细菌生长有一定抑制能力，生物降解度大于90%，但耐硬水性稍差、低温水中溶解度较差。

[质量规格]

项 目	指 标	项 目		指 标
外观	棕黄色透明液体	活性物含量/%		29 ~ 31
气味	无不良石油气味及其他恶臭	盐分/%	≤	8
pH 值	7 ~ 8	不皂化物(以有效物100%计)/%	≤	8

注：表中指标为企业标准。

[用途]用作丙烯酸乳液聚合乳化剂、天然与合成胶乳分散剂。也用作渗透剂、防结块剂及染色助剂等，大量用于配制洗衣粉及重垢洗涤剂。

[安全事项]本品脱脂力较强，应避免直接与皮肤接触。

[简要制法]由 $C_{10} \sim C_{14}$ 正构烷烃经氧化生成氯代烷烃，再以三氯化铝为催化剂与苯缩合生成直链烷基苯，然后经三氧化硫磺化、碱中和而制得。

3. 十二烷基硫酸钠

[别名]月桂基硫酸钠、月桂醇硫酸钠、椰油醇硫酸钠、发泡粉 K_{12}，简称 SDS。

[化学式]$C_{12}H_{25}O_4SNa$

[结构式]
$$\left[CH_3-(CH_2)_{10}-CH_2-O-\overset{\displaystyle O}{\underset{\displaystyle O}{\overset{|}{\underset{|}{S}}}}-O \right] Na^+$$

[性质]白色至淡黄色粉末，稍具脂肪味。熔点 $> 200℃$，相对密度 1.07，HLB 值 40。易溶于水，微溶于乙醇，不溶于乙醚、氯仿、石油醚，对碱及硬水不敏感。具有良好的乳化、起泡、分散、去污及润湿等性能。产生的泡沫细密而丰满。水溶液呈中性或微碱性。在弱酸性水溶液及高温水中有水解趋向，生物降解性好。

[质量规格]

项 目		指 标					
		粉状产品		针状产品		液体产品	
		优级品	合格品	优级品	合格品	优级品	合格品
活性物含量[a]/%	≥	94	90	92	88	30	27
石油醚可溶物/%	≤	1.0	1.5	1.0	1.5	1.0	1.5
无机盐含量(以 $Na_2SO_4 + NaCl$ 计)/%	≤	2.0	5.6	2.0	5.5	1.0	2.0
pH 值(25℃，1%活性物水溶液)		7.5 ~ 9.5				≥7.5	
白度(W_G)	≥	80	75				
色泽(5%活性物水溶液)/Klett	≤	30					
水分/%	≤	3.0		5.0			
重金属[b](以铅计)/(mg/kg)	≤	20					
砷[b]/(mg/kg)	≤	3					

[a] 应标注产品的平均相对分子质量数据。
[b] 用于牙膏原料时的控制指标。

注：表中指标摘自 GB/T 15963—2008。

[用途]用作氯乙烯乳液聚合的常用乳化剂。也用作分散剂、胶乳稳定剂、脱模剂、纺织助剂等。还用于制造洗发香波、餐具洗涤剂、液体洗涤剂等。也是牙膏的主要发泡剂。

[安全事项]本品无毒，但对皮肤、眼睛及呼吸道有低度刺激性。

[简要制法]以十二醇和 SO_3 或氯磺酸为原料，经磺化生成十二烷基酯后用碱中和制得。

4. 烷基磺酸钠

[别名]石油磺酸钠、石油皂、表面活性剂 AS、乳化剂烷基磺酸钠，简称 SAS。

[结构式]RSO_3Na　（平均 R 为 C_{15} 烷基）

[性质]其活性物含量及纯度不同外观，可为淡黄色液体、软膏状或固体粉末，有臭味，溶于水，在碱性、中性、弱酸性溶液中均较稳定，遇强酸分解，容易生物降解。在空气中易吸水，热稳定性较好，270℃以上分解，有良好的表面活性、起泡性及去污性。烷基磺酸盐的碳数在 $C_{12} \sim C_{20}$ 之间，在其同系物中以十六烷基磺酸盐的性能最好。

[质量规格]

项　　目	I类		II类
	一级品	合格品	
外观	棕黄色或淡黄色透明液体		
pH(1%水溶液，25℃)	7~9		
石油醚溶解物含量(相对100%总烷基磺酸钠)/% ≤	6	10	10
总烷基磺酸钠含量/% ≤	27	24	35
总烷基磺酸钠中烷基单磺酸盐含量/% ≤	—	—	50
氧化钠含量/% ≤	7	8	4

注：表中指标摘自行业标准 QB/T 1429—2013。

[用途]用作氯乙烯乳液聚合乳化剂，用量一般为氯乙烯量的 0.5%～3%，可提高聚氯乙烯的透明度及抗静电性。也用作钻进液发泡剂、水包油乳化剂、羊毛脱脂剂、染色助剂、清洗剂等，还用于配制油类增溶剂、矿物浮选剂、增塑剂及洗发膏等。

[安全事项]属阴离子表面活性剂，毒性低于阳离子表面活性剂，对皮肤刺激性小。

[简要制法]以二氧化硫、氯气及 C_{12}～C_{20} 的饱和烃为原料制得烷基磺酰氯后，再经浓碱皂化制得。

5. 仲烷基磺酸钠

[别名]SAS

[结构式] $\left[\begin{matrix} R' \\ | \\ CHOSO_3Na \\ | \\ R \end{matrix} \right]$ $\left[\begin{matrix} R' \\ | \\ CH \\ | \\ R \end{matrix} \right.$ 为 C_{14}～C_{18} 仲烷基 $\left. \right]$

[性质]浅黄色液体或固体。相对密度 1.05～1.09。易溶于水，对酸、碱、盐及硬水都稳定。有良好的润湿、乳化、分散、去污、发泡及洗涤等性能，生物降解性好。

[质量规格]

项　　目	指　标	
	液状产品	软膏状产品
外观	透明液体	软膏状
活性物/%	27~29	约60
二磺酸或多磺酸盐/%	—	约6.0
硫酸钠/%	<6(NaCl)	≤4.0
中性油/%		
铁/(mg/kg) ≤	—	5.0
碘值/(mgI₂/100mL) ≤	—	1.0
pH 值(10%水溶液)	7.5~8.0	7.5~8.0
相对密度(20℃)		1.087

注：表中指标为参考标准。

[用途]用作乳液聚合的乳化剂、分散剂，印染工业用作助染剂、渗透剂、煮炼剂。纺织工业中用作天然纤维脱脂、脱蜡及脱胶剂。也用作矿物浮选剂及用于制造香波、泡沫溶剂及洗手液等。

[安全事项]属阴离子表面活性剂，毒性低于阳离子表面活性剂，对皮肤刺激性小。

[简要制法]在过氧化物引发剂或紫外光作用下，由烷烃与 SO_2、O_2 反应，再用氢氧化钠中和制得。

6. 硫酸化蓖麻油

[别名]太古油、土耳其红油、磺化蓖麻油、蓖麻油硫酸钠、浸透油 CTH。

[化学式]$C_{18}H_{32}Na_2O_6S$

[结构式] $CH_3(CH_2)_5CHCH_2—CH=CH(CH_2)_7COONa$
$$\qquad\qquad\qquad | \\ \qquad\qquad\quad OSO_3Na$$

[性质]棕黄色至棕红色油状液体，因曾用为染土耳其红色的助剂而得名土耳其红油。为磺化油的一种，能以任意比例与水混溶，溶于乙醇及四氯化碳，对硬水稳定，在空气中易氧化。有优良的润湿、渗透、乳化及扩散性能，但洗净力略差。

[质量规格]

项　目	指　标	项　目	指　标
外观	棕黄色液体	pH 值	7.0 ~ 8.5
含油量/% ≥	40	磺化基/% ≥	1.8

注：表中指标为参考标准。

[用途]用作乳化剂、分散剂、润湿剂、渗透剂、柔软剂及洗涤剂等，如用作乳液聚合乳化剂、人造纤维油剂乳化剂、皮革软化剂、柔软剂、加脂剂、农药乳化剂、金属切削润滑剂及消泡剂等，也用于配制工业洗涤剂及其他乳化产品。

[安全事项]高浓度产品对皮肤及眼睛有刺激作用。

[简要制法]以蓖麻油(也可用棉子油、大豆油等)为原料，经浓硫酸或氯磺酸磺化后再经碱中和制得。

7. 4,8-二丁基萘磺酸钠

[别名]丁基萘磺酸钠、拉开粉 BX、拉开粉 BN、渗透剂 BX。

[化学式]$C_{18}H_{23}NaSO_3$

[结构式]

$CH_2(CH_2)_2CH_3$　　　SO_3Na

$CH_2(CH_2)_2CH_3$

[性质]淡黄色透明液体，固状物为白色粉末，易溶于水。对酸、碱及硬水都较稳定。具有优良的乳化、分散、渗透、润湿、起泡等性能。

[质量规格]

项　目	指　标	项　目	指　标
外观	浅黄色透明液体或米白色粉末	活性物含量/%	65 ~ 70
		pH 值	7 ~ 9
相对密度(17% ~20%液体)	1.075 ~ 1.12	溶解性	易溶于水

注：表中指标为参考规格。

[用途]用作合成橡胶乳液聚合的乳化剂，是烷基萘磺酸钠中乳化性较好的品种。也用作软化剂、助染剂、分解剂、纸张润湿剂及用于制造洗涤剂等。

[安全事项]本品无毒，对口腔、咽喉及黏膜有刺激作用，经口 2mg/kg 时，可使温血动物致死。

[简要制法]以丁醇与萘为原料，在硫酸催化下缩合制得丁基萘，再经磺化、碱中和而得。也可由萘经磺化、烷基化后，再经碱中和制得。

8. 十二烷基苯磺酸三乙醇胺

[化学式]$C_{60}H_{99}O_9N$

[结构式]$(C_{12}H_{25}$———$SO_2OCH_2CH_2)_3N$

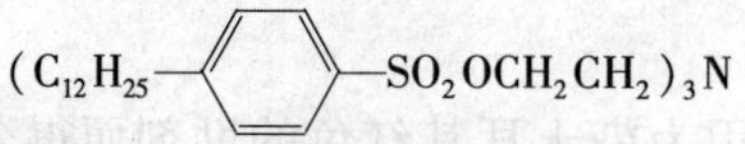

[性质]无色液体。有效物含量 42%~45%。pH 值 7.5。乌氏黏度（20℃）≥180s。溶于水，不溶于一般有机溶剂。有很强的乳化及分散能力。在添加量 1%~1.5% 及 10% 盐水浓度下，几乎不发泡或很少起泡。

[质量规格]

项　　目	指　　标	项　　目	指　　标
外观	无色液体	pH 值	7.5
活性物含量/%	42~45	HLB 值	8~10

注：表中指标为参考规格。

[用途]用作水包油型乳液乳化剂。用于油田油基解卡液的乳化剂时，可提高油田老井的采油率。也用作工业乳化剂及碳酸氢铵防结块添加组分。

[安全事项]低毒！对皮肤、黏膜有轻度刺激性。

[简要制法]由十二烷基苯磺酸、三乙醇胺经缩合反应制得。

9. 十二烷基二苯醚二磺酸钠

[化学式]$C_{24}H_{32}Na_2S_2O_6$

[结构式]$C_{12}H_{25}$

SO$_3$Na　　SO$_3$Na

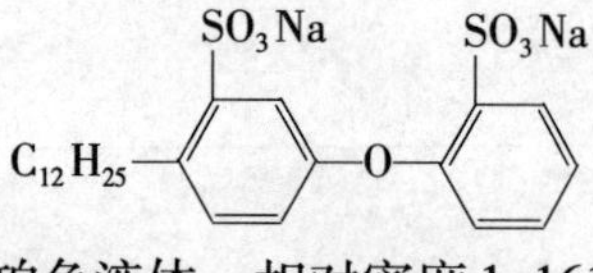

[性质]琥珀色液体。相对密度 1.161（25℃）。溶于水、盐酸、碱溶液，不溶于苯、二甲苯及矿物油，具有良好的乳化、分散、润湿、渗透等性能。

[质量规格]

项　　目	指　　标	项　　目	指　　标
外观	琥珀色透明液体	黏度（25℃、0.1%水溶液）/mPa·s	145
相对密度（25℃）	1.161	有效成分/%　　　　　>	45

注：表中指标为参考规格。

[用途]用作乳液聚合乳化剂，适用于丙烯酸和乙酸乙烯酯、苯乙烯和丁二烯、丙烯腈和丁二烯、苯乙烯的聚合。也用作匀染剂、润湿剂、偶联剂、渗透剂、去雾剂及展开剂等。

[简要制法]由二苯醚经发烟硫酸磺化制得十二烷基二苯醚磺酸后，再经碱中和制得。

448

10. 壬基酚聚氧乙烯醚硫酸胺盐

[别名]壬基酚聚氧乙烯醚硫酸三乙醇胺盐

[结构式]$C_9H_{19}C_6H_5O(CH_2CH_2O)_nSO_3HN(CH_2CH_2OH)_3$

[性质]无色透明液体。相对密度1.065。溶于水。有良好的乳化、润湿、清净等性能。

[质量规格]

项 目		指 标
活性物含量/%	≥	55
相对密度		1.065
黏度/Pa·s		0.1

注：表中指标为参考规格。

[用途]用作乳液聚合乳化剂、纺织油剂乳化剂、硬表面清洗剂等。也用作分散剂、润湿剂。

[简要制法]由壬基酚聚氧乙烯醚与SO_3或氨基磺酸反应生成壬基酚聚氧乙烯醚磺酸后，再与三乙醇胺反应制得。

11. 壬基酚聚氧乙烯醚硫酸钠

[别名]聚氧乙烯壬基酚醚硫酸钠、表面活性剂 NPES。

[化学式]$C_{35}H_{63}O_{14}SNa$

[结构式]$C_9H_{19}C_6H_5O(CH_2CH_2O)_{10}SO_3Na$

[性质]琥珀色透明液体。溶于水、较一般阴离子表面活性剂更具亲水性，在硬水中更有效。泡沫丰富，有良好的乳化、渗透、去污性能，可生物降解。

[质量规格]

项 目		指 标
外观		琥珀色透明液体
活性物含量/%	≥	35
pH 值(1%水溶液)		8~9

注：表中指标为参考规格。

[用途]用作乳液聚合乳化剂、金属清洗剂、纺织油剂、染色助剂、分解剂、润湿剂等。

[安全事项]对皮肤刺激小，但对眼睛有一定刺激性。

[简要制法]在催化剂存在下，由壬基酚与环氧乙烷缩合制成壬基酚聚氧乙烯醚，再用硫酸或三氧化硫磺化成壬基酚聚氧乙烯醚硫酸酯后，再用碱中和而得。

12. 硬脂酸钾

[别名]十八酸钾、钾肥皂。

[化学式]$C_{18}H_{35}O_2K$

[结构式]$C_{17}H_{35}COOK$

[性质]白色粉末，稍有脂肪气味。易溶于热水及醇类。缓慢溶于冷水。在水中离解成阴离子和阳离子。水溶液呈碱性反应。其 HLB 值约为16。有优良的乳化性能，是最有效的水包油型(O/W)乳化剂之一，常用于制备 O/W 型乳液。一般要求在碱性条件下使用(pH值≥10)。对硬水较敏感，在硬水条件下，会产生脂肪酸钙盐或镁盐而降低或丧失乳化能力。故使用时应对所用介质水先进行软化处理。

项　目		指　标	项　目		指　标
脂肪酸钾含量/%	≥	98	酸度（以硬脂肪酸计）/%	≤	1.0
水分/%	≤	1.0	醇溶性试验		合格

注：表中指标为参考标准。

[用途]用作苯乙烯、丙烯腈、氯丁二烯等乳液聚合引发剂。也用作纤维柔软剂、洗涤剂、分散剂及配制香波、膏霜类化妆品。

[简要制法]以羊油、牛油等油脂为原料，经与氢氧化钾进行高温皂化反应制得。

13. 脂肪醇聚氧乙烯醚羧酸盐

[别名]AEC。

[结构式] R—O[CH$_2$CH$_2$O]$_3$—CH$_2$COONa

[性质]浅黄色液体或膏状物，溶于水。具有良好的乳化、分散、润湿及增溶性能。能与包括阳离子型表面活性剂在内的各种活性组分配伍，抗硬水性好，钙皂分散力强，并有优良的油溶性及低温溶解性。产品刺激性小，对皮肤及眼睛温和。

[质量规格]

项　目	指　标（AEC－1）	指　标（AEC－2）
外观	浅黄色膏体或半流动性液体	浅黄色液体
活性物/%	84～88	20～24
氯化钠/%	12～16	2～4
pH 值（10%水溶液）	6～8	6～8

注：表中指标为参考标准。

[用途]一种醇醚羧酸盐类阴离子表面活性剂。用作乳液聚合及原油输送乳化剂、采油添加剂，降黏剂，分散剂、润湿剂、印染助剂、洗涤剂及凝胶剂等。

[简要制法]由脂肪醇聚氧乙烯醚与氯乙酸经羧基化反应后再与碱中和制得。

14. 烷基酚聚氧乙烯醚羧酸盐

[别名]APEC

[结构式] R—〈苯环〉—O(CH$_2$CH$_2$O)$_n$CH$_2$COONa

[性质]淡黄色透明液体，溶于水。具有良好的乳化、分散、润湿及增溶性能，还具有优良的油溶性及低温溶解性。可与阳离子表面活性剂及聚合物配伍。抗硬水性好，生物降解性也很好。

[质量规格]

项　目	指　标
外观	淡黄色透明液体
活性物含量/% ≥	20
pH 值	6～7

注：表中指标为参考标准。

[用途]性能与用途与 AEC 类似。对油类的乳化性及去污力更强，广泛用作乳化剂、分散剂、润湿剂及洗涤剂等，但由于分子结构中含有一个苯环，一般不能用于护肤用品。

[简要制法]由烷基酚聚氧乙烯醚、氯乙酸经碱化、羧甲基化反应制得。

15. 烷基磷酸酯钾盐

[别名]乳化剂 S_1。

[结构式]$R_nPO_4K_{3/2}$　　（R = 烷基，n = 3/2）

[性质]白色糊状液体，有效物含量48%～52%，易溶于温水，在 pH < 4 的酸性溶液中难溶，具有良好的乳化、分散、润湿等性能，对皮肤无刺激性。

[质量规格]

项　目	指　标	项　目	指　标
有效物含量/%	48～52	无机磷量(以 P_2O_5 计)/%	≤1.5
总磷量(以 P_2O_5 计)/%	10.5～11.5	pH 值	7.5～8.5

注：表中指标为参考标准。

[用途]用作水包油型(O/W)乳化剂。可用作苯乙烯、丁二烯等乳液聚合乳化剂。也可用作化妆品乳化剂及用于制造洗涤剂。

[简要制法]由脂肪醇与 P_2O_5 经磷酸酯化后再用氢氧化钾中和制得。

16. 歧化松香钾皂

[别名]脱氢枞酸钾皂。

[结构式]RCOOK　　（R = 歧化松香酸基）

[性质]褐色膏状物。总固物49%～51%。不皂化物≤8.1%。稀释成15%水溶液后为淡琥珀色。

[质量规格]

项　目	指　标
外观	褐色膏状
总固物(质量分数)/%	49～51
不皂化物(质量分数)/%	≤8.1
稀释成15%水溶液后其规格如下：	
外观	淡琥珀色，无杂质
沸点	102
相对密度(20℃)	1.294
黏度(30℃)/mPa·s	5
冰点/℃	-5～3
pH 值(25℃)	9.2～9.8
浊点/℃	≤3.5
脱氢枞酸钾(质量分数)/%	≥7.2
枞酸钾(质量分数)/%	≤0.1
氯化物(以 KCl 计)/%	≤0.04
色相(加钠尔色号)	6 以下

注：表中指标为企业标准。

[用途]用作丁苯橡胶、氯丁橡胶等聚合用乳化剂，可改善合成橡胶的结构性能。也用

作橡胶增塑剂、胶黏剂、高级造纸配料等。

[安全事项]本品为弱碱性黏稠液体，对皮肤、眼睛有刺激性，操作时应戴防护用具。皂液须在低温(0~20℃)下储存，并注意防火、防热。

[简要制法]由歧化松香经氢氧化钾皂化制得。

17. OS-1 乳化剂

[别名]乳化剂。

[性质]主要成分为烷基酚聚氧乙烯磺酸盐的阴离子表面活性剂。黄棕色透明液体。极易溶于水，有良好的乳化、分散、润湿等性能。

[质量规格]

项　　目	指　　标	项　　目	指　　标
外观	黄棕色透明液体	pH 值	4~5
固含量/%	39~41	溶解性	易溶于水

注：表中指标为参考标准。

[用途]用作制备聚乙烯类乳液的乳化剂，尤适用于有光乳胶漆乳液的制备，也用作苯丙乳液聚合的乳化剂，乳液稳定性好。

[简要制法]由烷基酚聚氧乙烯醚经浓硫酸或 SO_3 磺化后，再经碱中和制得。

(二)阳离子型乳化剂

1. 十二烷基三甲基氯化铵

[别名]氯化十二烷基三甲基铵、表面活性剂 1231。

[化学式]$C_{15}H_{34}NCl$

[结构式]$[C_{12}H_{25}N(CH_3)_3]^+Cl^-$

[性质]浅黄色透明的胶状液体。活性物含量有 30%、33% 及 50% 等，其余为乙醇和水。相对密度 0.980，熔点 -15℃(33%)、-10.5℃(50%)，闪点 60℃，HLB 值 17.1。溶于水、乙醇及异丙醇水溶液。具有良好的乳化、渗透、杀菌及抗静电性能。化学稳定性好，耐强酸、强碱，也耐热、耐光。

[质量规格]

项　　目	优级品	一级品	合格品
外　　观	白色或淡黄色透明液体或固体	淡黄色或黄色透明液体或固状物	黄色至棕黄色透明液体或固状物
活性物含量/%　　　　　≥	30	30	30
pH 值(10%水溶液)	4.0~8.5	4.0~8.5	4.0~8.5
游离酸(相对于阳离子活性物)/%	≤1.0	≤2.0	≤3.0
灰分(相对于阳离子活性物)/%	≤0.5	≤1.0	—
重金属含量(以 Pb 计)/(mg/kg)	≤30	≤30	—
砷含量(以 As 计)/(mg/kg)	≤3	≤3	—

注：表中指标摘自行业标准 QB 1915—1993。

[用途]用作聚氯乙烯、聚苯乙烯等乳液聚合的乳化剂。也用作合成纤维及天然纤维的柔软剂、抗静电剂、分散剂、矿物浮选剂、金属清洗剂、胶乳发泡剂、冷却水杀菌灭藻剂等。

[安全事项]对皮肤及眼睛有刺激性。易燃。应存放于阴凉干燥处。

[简要制法]在氢氧化钠催化剂作用下，由十二烷基二甲基叔胺与氯甲烷反应制得。

2. 十二烷基三甲基溴化铵

[别名]溴化十二烷基三甲基铵、1231 - 溴。

[化学式]$C_{15}H_{34}NBr$

[结构式]$[C_{12}H_{25}N(CH_3)_3]^+Br^-$

[性质]无色至微黄色胶状物。易溶于水。化学稳定性好。耐热、耐酸、耐碱。有良好的乳化、渗透、抗静电及杀菌性能。可与非离子或两性表面活性剂配合使用。

[质量规格]

项　目	指　标
外观	无色至微黄色胶状物
含固量/%	47～52

注：表中指标为参考标准。

[用途]用作合成橡胶及沥青乳化剂、合成纤维抗静电剂、腈纶缓染剂、石油钻井添加剂、油田注水杀菌剂、灭火泡沫剂添加剂等。

[安全事项]有一定毒性，对皮肤、眼睛有刺激性。可燃。应存放于阴凉干燥处。

[简要制法]由十二烷基二甲基胺和溴甲烷经季铵化反应制得。

3. 十六烷基三甲基氯化铵

[别名]氯化十六烷基三甲基铵、1631。

[化学式]$C_{19}H_{42}NCl$

[结构式]$[C_{16}H_{33}N(CH_3)_3]^+Cl^-$

[性质]无色或淡黄色的液体、膏体或固体。活性物含量45%以下为液体，＞50%的为软膏体及固体。相对密度0.88～0.98，熔点16.1℃，闪点＞100℃，HLB值15.8。易溶于热水和醇类。具有优良的乳化、分散、润湿等表面活性，生物降解性及杀菌防霉作用。耐强酸、强碱，也耐热、耐光。可与其他阳离子及非离子、两性表面活性剂配伍使用。

[质量规格]

项　目	指　标		
	一级品	二级品	三级品
外观	白色或微黄色膏状或固体		
活性物含量/% ≥	90	75	50
pH 值(1%水溶液)	7～8	7～8	7～8

注：表中指标为企业标准。

[用途]用作橡胶及沥青乳化剂、合成纤维、天然纤维及玻璃纤维软化剂、皮革柔软剂、

乳胶防黏剂、金属缓蚀剂、工业用水杀菌剂、抗静电剂、餐具消毒剂等。

[安全事项]对皮肤、黏膜有刺激性。可燃。应储存于阴凉干燥处。

[简要制法]由十六烷基二甲基叔胺与氯甲烷在氢氧化钠催化剂作用下，经季铵化反应制得。

4. 十六烷基三甲基溴化铵

[别名]溴化十六烷基三甲基铵、鲸蜡基三甲基溴化铵、1631 – Br。

[化学式]$C_{19}H_{42}NBr$

[结构式]$[C_{16}H_{33}N(CH_3)_3]^+Br^-$

[性质]白色结晶或结晶性粉末，或白色至淡黄色膏体。溶于热水、乙醇、三氯甲烷，微溶于丙酮，不溶于乙醚。HLB 值 15.8，熔点 32℃。加热至 245～252℃时分解。

[质量规格]

项　　目		指　　标
外观		白色至淡黄色膏体，或白色粉末
活性物含量/%	≥	90

注：表中指标为参考标准。

[用途]本品在强酸、强碱中稳定，耐热、耐光，对多种油脂有良好乳化作用。用作乳化剂、柔软剂、抗静电剂、合成分子筛 MCM – 41 的模板剂、杀菌灭藻剂、相转移催化剂及皮革加脂剂等。

[安全事项]有一定毒性，对皮肤有轻微脱脂作用。

[简要制法]在红磷催化剂作用下，由十六醇与溴素反应制得溴代十六烷后，再与三甲胺反应制得。

5. 十六烷基三甲基氯化铵

[别名]氯化十八烷基三甲基铵、1831。

[化学式]$C_{21}H_{46}NCl$

[结构式]$[C_{18}H_{37}N(CH_3)_3]^+Cl^-$

[性质]白色至淡黄色液体或固体。活性物含量有 33%～37%、50%、68%、70%、80% 等，其余为乙醇和水。相对密度 0.88～0.90。HLB 值 15.7。易溶于水、乙醇。化学稳定性好，耐酸、耐碱、耐热、耐光。具有优良的乳化、分散、渗透、柔软、抗静电及杀菌等性能。可生物降解。

[质量规格]

项　　目	指　　标		
	醇溶液	水溶液	固状物
外观	白色或微黄色液体	白色或微黄色液体	白色至淡黄色固体
活性物含量/%	39～41	29～31	>68
pH 值(1% 水溶液)	7～8	7～8	6.5～8.5
氯化钠/%	3	3	—

注：表中指标为企业标准。

454

[用途]用作合成橡胶、沥青、硅油及其他油脂的乳化剂；合成及天然纤维、塑料、玻璃纤维的软化剂及抗静电剂；工业用水杀菌剂、污水处理絮凝剂、相转移催化剂、皮革加脂剂及金属清洗剂等。

[安全事项]对皮肤及眼睛有刺激性，高浓度会引起炎症。

[简要制法]在氢氧化钠催化剂存在下，由十八烷基二甲胺与氯甲烷经季铵化反应制得。

6. 双十二烷基二甲氯化铵

[别名]氯化双十二烷基二甲基铵、氯化双月桂基二甲基铵、D1221。

[化学式]$C_{26}H_{56}NCl$

[结构式]$[(C_{12}H_{25})_2N(CH_3)_2]^+Cl^-$

[性质]无色或浅黄色液体或膏状物。活性物含量有50%、25%、90%等，相对密度0.86。微溶于水，溶于乙醇、液氨、二甲基甲酰胺等极性溶液。具有良好的乳化、分散、渗透、抗静电及杀菌等性能。化学稳定性好，耐酸、耐碱、耐光、耐热，但不宜在100℃以上长期存放。

[质量规格]

项 目		指 标		
		一级品	二级品	三级品
活性物含量/%	≥	90	75	50
游离酸/%	≤	1.5	1.5	1.5
灰分/%	≤	0.2	0.2	0.2
pH 值(5%溶液)		5~7.5	5~7.5	5~7.5

注：表中指标为企业标准。

[用途]一种季铵盐类阳离子表面活性剂，用作合成橡胶及沥青乳化剂，天然及合成纤维软化剂，油田化学品分散剂，抗静电剂，矿物浮选剂，黏泥除黏剂，污水处理絮凝剂，织物染色助剂等。

[安全事项]对皮肤及眼睛有刺激性。

[简要制法]在氢氧化钠催化剂存在下，由双十二烷基甲基胺与氯甲烷经季铵化反应制得。

7. 单硬脂酸三乙醇胺酯

[别名]三乙醇胺单硬脂酸酯、乳化剂4H、乳化剂FM。

[化学式]$C_{23}H_{49}O_4N$

[结构式]
$$N \begin{cases} CH_2CH_2OOC_{17}H_{35} \\ CH_2CH_2OH \\ CH_2CH_2OH \end{cases}$$

[性质]黏稠状棕色液体。不溶于水，能分散于水中。溶于动植物油。具有优良的乳化、润湿、分散及渗透性能。

[质量规格]

项 目		指 标
外观		棕色黏稠状液体
酯含量/%	≥	75
酸值/(mgKOH/g)	≤	10

注：表中指标为参考标准。

[用途]用作油脂、沥青、涂料及油墨等的乳化剂，皮革加脂剂、颜料加工助剂及润滑油添加剂等。

[简要制法]在催化剂存在下，由硬脂酸与三乙醇胺经缩合反应制得。

8. 十二烷基二甲基苄基氯化铵

[别名]氯化十二烷基二甲基苄基胺、洁尔灭、苯扎氯铵、匀染剂 1227。

[化学式]$C_{21}H_{37}NCl$

[结构式]$\left[\begin{array}{c} CH_3 \\ | \\ C_{12}H_{25}NCH_2 \\ | \\ CH_3 \end{array} \middle\rangle \text{—} \right]^+ Cl^-$

[性质]无色至浅黄色固体。熔点 42℃。工业品是含 44%～46% 活性物的水溶液，无色或浅黄色黏稠液体，有芳香气味并带苦杏仁味。与水互溶。1% 水溶液为中性，溶于乙醇、丙酮，微溶于苯，不溶于乙醚。化学稳定性好，耐热、耐光。具有良好的乳化、柔软、润湿、洗涤及抗静电等性能。

[质量规格]

项 目		指 标		
		优级品	一级品	合格品
外观		无色至浅黄色黏稠状液体		
活性物含量/%		44～46	44～46	44～46
铵盐含量/%	≤	1.5	2.5	4.0
色泽(Hazen)/号		100	200	500
pH 值		6.0～8.0	6.0～8.0	6.0～8.0

[用途]用于制备油包水型(W/O)乳化剂，如制备油包水乳化钻井液、有机黏土等。也用作黏泥剥离剂、有机合成相转移催化剂、织物柔软剂、缓染剂、抗静电剂、冷却水系统杀菌灭藻剂等。

[安全事项]对皮肤及眼睛有轻微刺激性。

[简要制法]由溴代十二烷与二甲胺反应生成十二烷基二甲基叔胺后，再与氯化苄缩合制得。

9. 双十八烷基二甲基氯化铵

[别名]氯化双十八烷基二甲基铵、氯化二甲基双十八烷基铵、二硬脂基二甲基氯化铵、D1821。

[化学式]$C_{38}H_{80}NCl$

[结构式]$[(C_{18}H_{37})_2N(CH_3)_2]^+Cl^-$

[性质]白色或微黄色膏状物或固体。相对密度 0.85～0.87。活性物含量为异丙醇及水。HLB 值为 9.7。微溶于水，溶于热水、异丙醇，易溶于极性溶剂，也能分散于水中。与其他阳离子、两性离子及非离子表面活性剂有良好的配伍性。也有较好的渗透、乳化、分散、抗静电及防腐蚀性能。

[质量规格]

项 目		指 标		
		一级品	二级品	三级品
外观		白色或微黄色膏状体或固体		
活性物含量/%	≥	90	83	75
pH 值		4～6.5	4～6.5	4～6.5
未反应胺/%		2	2	2

注：表中指标为参考规格

［用途］用作沥青乳化剂及制备有机蒙脱土的乳化剂。也用作织物柔软剂、矿物浮选剂、相转移催化剂、黏泥防黏剂、油量流动性改进剂、糖用脱色剂、抗静电剂等。

［安全事项］对皮肤有刺激性，高浓度可引起皮肤炎症，易燃，应储存于阴凉干燥处。

［安全事项］由双十八烷基甲基胺或双十八烷基仲胺与氯甲烷经季铵化反应制得。

（三）非离子型乳化剂

1. 脂肪醇聚氧乙烯（n）醚

［别名］聚氧乙烯脂肪醇醚、乙氧基化脂肪醇、醇醚、平平加、AEO-（n）。

［结构式］$RO\{CH_2CH_2O\}_n H$ （R 为 C_{12} 或 C_{18} 烷基，n 为环氧乙烷加成数 1，2，3···）

［性质］脂肪醇聚氧乙烯（n）醚是非离子表面活性剂中产量最大、应用最广的一类表面活性剂。$C_{12} \sim C_{18}$ 混合脂肪醇与环氧乙烷的加成物，俗称平平加；而 C_{12} 脂肪醇与环氧乙烷的加成物，俗称 AEO，分子中的亲水基团不是一种离子，而是聚氧乙烯醚链［$\{OCH_2CH_2)_n OH$］。链中的氧原子和羟基都有与水分子生成氢键的能力，使水溶性增强。而且化学稳定性较好，对硬水、酸和碱等很稳定。生物降解性好，有良好的乳化、分散、润湿、去污等性能。其外观随其生产原料和加工工艺而异，可以是油状、蜡状、膏状及液体等，当 R 和 n 不同时，其性能也有差别。R 为饱和烃基时，产品润滑性能好；R 为不饱和烃基时，产品流动性好。当 n 增大时，产品水溶性增加，产品的沸点、相对密度、黏度、浊点、折射率等也会随 n 增大而升高，其润湿、分散、乳化、发泡及洗涤等能力也随 n 增大而逐渐升至最高值，然后又开始下降。对于 AEO 系列，其水溶液的 pH 值则基本上在中性范围不变，不受 n 值的影响。

［质量规格］

AEO 类企业标准［C_{12} 脂肪醇聚氧乙烯（n）醚］

项　目		指　标				
		AEO-3	AEO-4	AEO-7	AEO-8	AEO-9
外观		淡黄色油状物	浅黄色油状物	浅黄色油状物	乳白色至微黄色膏状物	乳白至浅黄色膏状物
活性物含量/%	≥	99	99	99	—	99
水分/%	≤	1.0	1.0	1.0	1.0	1.0
pH 值（1%水溶液）		6.0~8.0	5.0~7.0	5.0~7.0	6.5~7.5	5.0~7.0
浊点（1%水溶液）/℃	≥	35~45	—	—	50	60~70
HLB 值		6~7	—	8~10	13~14	13.6
扩散力/%	≥	—	—	—	75	—
灰分/%	≤	0.5	0.5	0.5	—	0.5
主要用途		乳化剂、发泡剂及洗涤剂有效成分	乳化剂、纺织油剂	乳化剂、洗涤剂、羊毛脱脂剂	乳化剂、纺织油剂	乳化剂、洗涤剂、脱脂剂、匀染剂

项　目	指　标					
	平平加 O	平平加 O-10	平平加 O-15	平平加 O-20	平平加 O-25	平平加 O-35
外观	乳白色或米色膏状物	淡黄色油状液体或糊状物	乳白色膏状物	白色至微黄色蜡状固体	乳白色至淡黄色固体	乳白色膏状物
pH 值(1%水溶液)	6.5~7.5	5.0~7.0	5.0~7.0	7.0~8.0	5.0~7.0	6.0~7.5
浊点(1% 活性物在 10% 的氯化钠溶液中)/℃ ≥	75	60~70	90	100	95	88
水分/% ≤	—	—	1.0	1.0	—	1.0
灰分/% ≤	—	0.5	0.5	—	0.5	0.5
HLB 值	—	14.1~14.7	14.5	16.5	14.5	—
过氧化物/% ≤	—	—	—	—	0.2	—
扩散率/% ≥	—	—	—	—	85	95
主要用途	匀染剂、乳化剂、洗涤剂、剥色剂	纺织油剂、乳化剂、洗涤剂	匀染剂、乳化剂、分散剂、渗透剂	润滑油、乳化剂、染色助剂、净洗剂	匀染剂、乳化剂、洗涤剂、渗透剂、缓染剂	匀染剂、乳化剂、纺织油剂

[用途]广泛用作乳化剂、润湿剂、分散剂、匀染剂、洗涤剂及抗静电剂等，用于乳液聚合、油田钻井、洗涤剂、医药、农药、造纸、皮革及油墨等行业。

[安全事项]本品属非离子表面活性剂，其毒性与刺激性是表面活性剂中最小的一类。毒性低于阳离子及阴离子表面活性剂。

[简要制法]由脂肪醇与环氧乙烷在高温、压力和碱性催化剂作用下，经加成反应制得。

$$\text{ROH} + n\,\text{CH}_2\!\!-\!\!\text{CH}_2 \xrightarrow{\text{催化剂}} \text{R}\text{\{CH}_2\text{CH}_2\text{O\}}_n\text{OH}(\text{R 为 } C_{12} \text{ 或 } C_{12} \sim C_{18} \text{等})$$

（脂肪醇）　（环氧乙烷）　（平平加或 AEO）

采用不同的脂肪醇为原料，通入不同摩尔数的环氧乙烷，即可制得不同的系列产品。通常产物的环氧乙烷加成数 n 值分布较宽，故 n 值为一平均数，选用特殊的催化剂可制得窄分布的产品。

2. 烷基酚聚氧乙烯(n)醚

[别名]酚醚、烷基苯基聚氧乙烯(n)醚、TX、OP、OPE。

[结构式]　R—〈苯环〉—O—($\text{CH}_2\text{CH}_2\text{O}$)$_n$H　　　　(R = 烷基，$n = 1 \sim 30$)

[性质]烷基酚聚氧乙烯(n)醚简称酚醚，是非离子表面活性剂的第二大类，是仅次于脂

肪醇聚氧乙烯(n)醚的重要系列产品，商品代号为 TX、OP、OPE 等。它是由烷基酚与环氧乙烷加成聚合制得。常用的烷基酚有辛烷基酚、壬烷基酚及十二烷基酚等。常温下为淡黄色黏稠液体或膏状体，不含酯键，化学性质稳定，不怕硬水、强酸及强碱，遇某些氧化剂(如次氯酸盐、高硼酸盐、过氧化物等)时也不易氧化，在较高温度(200℃)下使用，其结构也不易被破坏。当分子中的烷基及环氧乙烷加入量不同时，产品的表面活性、溶解度及其他性能也会发生变化。当 n 小于 8 时，为油溶性，在水中不能溶解；当 n 大于 8 时，即易溶于水，当其溶解度达 50% ~60% 时，黏度大大增加，可以形成凝胶体；当 n 等于 6 时，降低表面张力的能力最大，随着 n 增大，降低表面张力的能力逐渐下降，而起泡力及泡沫稳定性随之增强；当 n 大于 12 以后，去污力及润湿力下降。酚醚具有较强的渗透、乳化、去污性能，但生物降解性较差。在家用洗涤剂中的使用量受到一定限制，由于在脱脂及乳化性能上有着醇醚不可替代的特殊性能，故在乳液聚合、石油开采、农药、纺织、造纸、印染等行业中应用十分广泛。

[质量规格]

烷基酚聚氧乙烯(n)醚(企业标准)

项　目	指　标					
	乳化剂 OPE-4	乳化剂 OPE-7	乳化剂 OPE-8	乳化剂 OPE-13	乳化剂 OPE-14	乳化剂 OPE-15
别名	C_8 ~ C_9 烷基酚聚氧乙烯(4)醚 TX-4	烷基酚聚氧乙烯(7)醚	烷基酚聚氧乙烯(8)醚	烷基酚聚氧乙烯(13)醚	烷基酚聚氧乙烯(14)醚	烷基酚聚氧乙烯(15)醚
外观	微黄至黄色油状液体	微黄色至黄色油状物	黄色至棕黄色黏稠液体	黄色至棕黄色黏稠液体	黄色至棕黄色黏稠液体	黄色至棕黄色流动或半流动膏状物
水分/% ≤	0.5	0.5	0.5	0.5	0.5	—
pH 值(1%水溶剂)	5~7	5~7	5~7	5~7	5~7	5~7
浊点(1%水溶液)/℃	5~7	—	30~35	70~80	>90	—
HLB 值	5	12	—	—	—	15
溶解性能	易溶于油，不溶于水	溶于油及其他有机溶剂	在水中呈分散或胶冻状态	在水中呈分散或胶冻状态	溶于水	溶于水
主要用途	乳化剂、分散剂、洗涤剂、纺织油剂、废纸脱墨剂	乳化剂、金属清洗剂、匀染剂、纤维加工助剂	乳化剂、洗涤剂润湿剂、纺织加工助剂、纸张脱树脂剂	工业及农药乳化剂、织物净洗剂、金属脱脂剂、渗透剂	工业及农药乳化剂、分散剂、工业洗涤剂、金属脱脂剂	工业乳化剂、增溶剂、净洗剂、润湿剂、防蜡剂

注：烷基酚聚氧乙烯(n)醚的结构式为： R——⟨苯环⟩——O-(CH$_2$CH$_2$O)$_n$H　　(R = C$_{8\sim9}$)

壬基酚聚氧乙烯(n)醚(企业标准)

项目	指标					
	壬基酚聚氧乙烯(4)醚	壬基酚聚氧乙烯(7)醚	壬基酚聚氧乙烯(9)醚	壬基酚聚氧乙烯(10)醚	壬基酚聚氧乙烯(15)醚	壬基酚聚氧乙烯(40)醚
别名	NPE－4、聚氧乙烯(4)壬基苯基醚	NPE－7、TX－7、聚氧乙烯(7)壬基苯基醚	NPE－9、TX－9、聚氧乙烯(9)壬基苯基醚	NPE－10、TX－10、聚氧乙烯(10)壬基苯基醚	NPE－15、TX－15、聚氧乙烯(15)壬基苯基醚	NPE－40、TX－40、聚氧乙烯(40)壬基苯基醚
外观	无色或微黄透明油状液体	无色或微黄色透明液体	无色透明油状液体	无色透明油状液体	白色膏状物	白色蜡状
pH 值(1%水溶液)	5~7	5~7	5~7.5	6~7.5	6~7.5	
水分/% ≤	1.0	1.0	1.0	1.0	1.0	1.0
浊点/℃	—	—	55~61	58~64	95~100	>100
活性物含量/%≥	99	99	99	99	99	99
灰分/% ≤						0.5
溶解性能	易溶于油	溶于水	易溶于水	易溶于水	易溶于水	易溶于水
主要用途	聚合乳化剂、纺织油剂、金属脱脂剂、清洗剂、果树杀螨剂	工业乳化剂、纺织油剂、匀染剂、脱脂剂、润湿剂、废纸脱墨剂	工业及医药乳化剂、纤维柔软剂、抗静电剂、渗透剂、清洗剂	工业及农药乳化剂、纤维油剂、匀染剂、洗涤剂、扩散剂、渗透剂	工业乳化剂、高温分散剂、洗涤剂、脱脂剂、矿物浮选剂	工业乳化剂、渗透剂、分散剂、净洗剂、降黏剂

注：壬基酚聚氧乙烯(n)醚的结构式为：C_9H_{19}——〇——O——$(CH_2CH_2O)_nH$。

辛基酚聚氧乙烯(n)醚(企业标准)

项目	辛基酚聚氧乙烯(3)醚	辛基酚聚氧乙烯(6)醚	辛基酚聚氧乙烯(10)醚	辛基酚聚氧乙烯(20)醚	辛基酚聚氧乙烯(30)醚	辛基酚聚氧乙烯(35)醚
别名	乳化剂 TX－3、乳化剂 OPE－3	乳化剂 OPE－6、乳化剂 OP－6	乳化剂 OPE－10、辛酚醚－10	乳化剂 OP－20、OPE－20	乳化剂 OPE－30、辛酚醚－30	乳化剂 OPE－35、辛酚醚－35
外观	浅黄色或棕红色油状物	浅黄色液体	棕黄色黏稠液体或膏状物	浅黄色蜡状固体	白色蜡状固体	黄色膏状物
pH 值(1%水溶液)	8~8.5	6~8	6~7	6~7	15~7	6~7
浊点/℃	—	—	78~85	≥80	111~117	72~77
HLB 值	4~5	10.9	14.5	16	17.1~18.2	—
溶解性能	溶于油及有机溶剂	溶于有机溶剂	易溶于水	易溶于水	溶于热水	易溶于水
主要用途	亲油性乳化剂、分散剂、净洗剂、反应加速剂、消泡剂	工业乳化剂、抗静电剂、分散剂、液化脱墨剂	乳液聚合乳化剂、丁苯橡胶乳化剂、燃料油乳化剂、匀染剂、洗涤剂、脱脂剂、润湿剂	高温乳化剂、合成胶乳稳定剂、润湿剂、分散剂	工业乳化剂、增溶剂、防蜡剂、破乳剂、润湿剂	工业耐酸碱乳化剂、分散剂、防蜡剂

注：辛基酚聚氧乙烯(n)醚的结构式为：C_8H_{17}——〇——O——$(CH_2CH_2O)_nH$。

[用途]烷基酚聚氧乙烯(n)醚具有优良的乳化性、润湿性、分散性、增溶性及去污能力，曾大量用于洗涤剂生产领域，并常与十二烷基苯磺酸钠、C_{12}脂肪醇聚氧乙烯(9)醚等复配使用。在20世纪80年代末期，因其生物降解性差，且被列为环境荷尔蒙物质，用量逐渐减少。由于在乳化及脱脂力方面具有醇醚所不能替代的性能，因而广泛用于乳液聚合、石油开采、造纸、纺织、农药等工业领域。

[安全事项]烷基酚聚氧乙烯(n)醚是非离子表面活性剂中毒性较高的一类，其慢性毒性大于吐温类、斯盘类及聚乙二醇脂肪酸酯类。

[简要制法]以烷基酚为原料，在碱性催化剂存在下，经与环氧乙烷缩合制得。采用不同的烷基酚及不同摩尔比的环氧乙烷，可以制得不同的系列产品。通常产物的环氧乙烷加成数 n 值分布较宽，故 n 值为一平均数，选用高效催化剂可制得窄分布的产品。

3. 山梨醇酐脂肪酸酯(斯盘类)

[别名]失水山梨醇脂肪酸酯、斯盘、司盘、Span。

[结构式]　（R 为 C_{12} ~ C_{18} 烷基）

[性质]山梨醇[$HOCH_2(CHOH)_4CH_2OH$]是由葡萄糖加氢制得的有甜味的多元醇，含有6个—OH基，与葡萄糖相比，由于分子中没有醛基(—CHO)，故对热和氧稳定，与脂肪酸反应也不会分解，但在酸性条件下加热，能从分子内脱掉一分子水而成为失水山梨醇或山梨醇酐，继而再脱掉一分子水，还可生成二失水物。失水山梨醇由于羟基位置不同，失水情况不一，故有多种异构体。一般所说的失水山梨醇不是单一的化合物，而是各种失水山梨醇异构体的混合物，并统称为失水山梨醇类。而失水山梨醇与各种脂肪酸结合的酯类，即山梨醇酐脂肪酸酯类，其商品称为斯盘(或称司盘)类，是由于分子中长链烷基碳酸的差异而形成一系列产品，其共同特点是均为油溶性液状或蜡状物，能溶于热油和多种有机溶剂，不溶于水，均具有优良的乳化能力和分散力，适于用作油包水型(W/O)乳化剂，且易生物降解。

[质量规格]

山梨醇酐脂肪酸酯(斯盘类)(企业标准)

项　目	指　标						
	斯盘-20	斯盘-40	斯盘-60	斯盘-65	斯盘-80	斯盘-83	斯盘-85
别名	山梨醇酐单月桂酸酯、失水山梨醇单月桂酸酯、SP-20	山梨醇酐单棕榈酸酯、失水山梨醇单棕榈酸酯、SP-40	山梨醇酐单硬脂酸酯、失水山梨醇单硬脂酸酯、SP-60	山梨醇酐三硬脂酸酯、失水山梨醇三硬脂酸酯、SP-65	山梨醇酐单油酸酯、失水山梨醇单油酸酯、SP-80	山梨醇酐倍半油酸酯、失水山梨醇倍半油酸酯、SP-83	山梨醇酐三油酸酯、失水山梨醇三油酸酯、SP-85
外观	琥珀色油状液体	黄褐色蜡状物	淡黄至棕黄色蜡状物	黄色蜡状固体	琥珀色至棕色黏性油状物	琥珀色至棕褐色油状液体	琥珀色至棕褐色油状液体

项 目	指 标						
	斯盘-20	斯盘-40	斯盘-60	斯盘-65	斯盘-80	斯盘-83	斯盘-85
相对密度	0.99~1.09	1.025	0.98~1.03	1.001	0.994~1.029	—	0.9~1.0
酸值/(mg KOH/g) ≤	8.0	8.0	7~10	15	7.0	12	15
皂化值/(mgKOH/g)	160~175	140~150	135~155	170~190	135~160	150~170	165~185
羟值/(mgKOH/g)	330~360	255~290	230~270	60~80	190~210	180~210	60~80
熔点/℃	14~16	42~48	50~58	50~56	10~12	—	10
HLB值	6.8~8.6	5.3~6.7	4.5~5.2	2.1	4.3~5.0	3.7	1.8
溶解性	溶于乙醇、热甘油,不溶于水	溶于热乙醇、二甲苯、不溶于水	溶于热乙异丙醇、不溶于水	稍溶于矿物油、二甲苯,不溶于水	溶于二甲苯、异丙醇,不溶于水	稍溶于乙醇、矿物油,不溶于水	稍溶于异丙醇、二甲苯,微溶于水,水中能分散
主要用途	乳化剂、分散剂、润滑剂、柔软剂	分散剂、乳化剂、防雾滴剂、抗静电剂	乳化剂、抗静电剂、稳定剂、柔软剂	乳化剂、稳定剂、增稠剂、润滑剂、纺织助剂	乳化剂、分散剂、助溶剂、防锈剂、纺织助剂	乳化剂、增溶剂、柔软剂、稳定剂、抗静电剂	乳化剂、增稠剂、分散剂、柔软剂、稳定剂

[用途]斯盘类表面活性剂因具有出色的乳化性及分散性,具毒性很低,因而在食品、医药、化妆品、农药、涂料、皮革、纺织等领域中广泛用作油包水型乳化剂,也用作乳液聚合的高效乳化稳定剂、印刷油墨分散剂、织物油剂、矿物浮选剂、油田防蜡剂、稠油油井降黏剂、防锈剂、抗静电剂、塑料薄膜防雾滴剂等。由于它自身不溶于水,亲油性较强,故常与其他水溶性表面活性剂配合使用,以增强乳化效果。

[安全事项]在非离子表面活性剂中,斯盘类的慢性毒性低于烷基酚聚氧乙烯(n)醚类,但比聚乙二醇脂肪酸酯类稍稍高。

[简要制法]先将山梨醇脱水制成山梨醇酐,经精制后再在催化剂存在下,与脂肪酸进行酯化反应制得。采用不同的脂肪酸,可以制得不同的产品。

4. 聚氧乙烯山梨醇酐脂肪酸酯(吐温类)

[别名]聚氧乙烯失水山梨醇脂肪酸酯、吐温、Tween、Tw。

[结构式] $HO—\{CH_2CH_2O\}_m$ ... $CH_2\{OCH_2CH_2\}_x OOCR$
$\{OCH_2CH_2\}_y HO$
$\{OCH_2CH_2\}_z HO$

（$x+y+z+m=20$，R 为 $C_{11}\sim C_{18}$ 烷基）

[性质] 聚氧乙烯山梨醇酐脂肪酸酯是在斯盘类表面活性剂的多余—OH 基上结合聚氧乙烯基而制得的醚类化合物，商品称为吐温（Tween）。几乎均为黄色油状液体，在温度较低时，呈半凝胶状，有臭味。由于分子中增加了亲水性聚氧乙烯基，故亲水性大大增强，易溶于水，溶于乙醇。一般不溶于液体石蜡反脂肪油，但吐温－65 及吐温－85 可在油中溶解形成浑浊液。HLB 值在 14～17 之间。吐温类表面活性剂比较稳定，当在溶液中含有过氧化物、重金属离子或加热、光照时，会发生水解生成脂肪酸。

[质量规格]

聚氧乙烯山梨醇酐脂肪酸酯（吐温类）（企业标准）

项 目	指 标						
	吐温－20	吐温－40	吐温－60	吐温－65	吐温－80	吐温－81	吐温－85
别名	聚氧乙烯山梨醇酐单月桂酸酯、乳化剂 T－20	聚氧乙烯山梨醇酐单棕榈酸酯、乳化剂 T－40	聚氧乙烯山梨醇酐单硬脂酸酯、乳化剂 T－60	聚氧乙烯山梨醇酐三硬脂酸酯、乳化剂 T－65	聚氧乙烯山梨醇酐单油酸酯、乳化剂 T－80	聚氧乙烯山梨醇酐单油酸酯、乳化剂 T－81	聚氧乙烯山梨醇酐三油酸酯、乳化剂 T－85
外观	琥珀色油状液体	琥珀色油状液体	黄色膏状物	琥珀色半胶状或黄色蜡状固体	棕色膏状或琥珀色油状液体	琥珀色油状液体	琥珀色油状液体
皂化值/（mgKOH/g）	40～50	40～55	40～60	85～100	45～65	95～105	83～98
羟值/（mgKOH/g）	90～110	85～110	80～120	40～60	68～85	135～165	40～60
酸值/（mgKOH/g）≤	2	2	2	2	2.2	2	2
水分/% ≤	3	3	3	3	2.5	3	3
HLB 值	16.7	15.6	14.9	10.5	15	10	11
溶解性能	溶于水及甲醇、乙醇、乙二醇等溶剂	溶于水、稀酸、稀碱及乙醇	溶于 40℃以上热水、稀酸、稀碱及乙醇	溶于异丙醇、乙醇、乙醚、甲醇、稀酸及稀碱，分散于水中	溶于水、乙醇、异丙醇、甘油、石蜡油	溶于矿物油、甲醇、乙醇、甲苯，分散于水、乙醚中	溶于水、植物油、乙二醇、石油醚、四氯化碳、稀酸、稀碱

项 目	指 标						
	吐温-20	吐温-40	吐温-60	吐温-65	吐温-80	吐温-81	吐温-85
主要用途	增溶剂、扩散剂、乳化剂、稳定剂、抗静电剂	乳化剂、稳定剂、扩散剂、纤维润滑剂、增溶剂	乳化剂、分散剂、纤维油剂、抗静电剂、化妆品乳化剂	乳化剂、增稠剂、稳定剂、扩散剂、抗静电剂	乳化剂、分散剂、增溶剂、纺织促染剂、助溶剂	乳化剂、增溶剂、扩散剂、稳定剂、抗静电剂	乳化剂、抗散剂、增溶剂、润滑剂

[用途]吐温类表面活性剂具有良好的乳化、扩散、润湿等性能，常用作水包油型（O/W）乳化剂，广泛用作工业乳化剂、合成纤维纺丝油剂、纤维加工柔软剂、润滑剂、润滑油添加剂、泡沫塑料稳定剂、洗发香波黏度调节剂、清凉饮料的浑浊剂及抗静电剂等。而作乳化剂时，吐温与斯盘合用比单独用一种好，如用吐温-20 制备的 O/W 乳液中加入斯盘-20 后更稳定。改变两种类型合用的比例可制得不同组成的 O/W 或 W/O 乳液。

[安全事项]在非离子表面活性剂中，吐温类的慢性毒性与斯盘类相似，毒性低于烷基酚聚氧乙烯(n)醚。

[简要制法]由斯盘与环氧乙烷在碱催化下缩聚制得，如斯盘-20 及斯盘-40 分别与环氧乙烷缩合，即制得吐温-20 及吐温-40。

5. 烷基醇酰胺（尼纳 0 尔类）

[别名]脂肪酸二乙醇胺、脂肪酰二乙醇胺、尼钠尔、Ninol、6501。

[结构式] $\overset{O}{\overset{\|}{R}C}N(CH_2CH_2OH)_2$ （R 为 $C_{12}\sim C_{14}$ 烷基）

[性质]烷基醇酰胺的商品名称为尼钠尔（Ninol）、6501。它是合成聚氧乙烯烷基醇酰胺的中间体，本身也是一类重要的非离子表面活性剂，是由各种脂肪酸和不同烷基醇胺制得。胺可用二乙醇胺、一乙醇胺及异丙醇胺等；脂肪酸有椰子油酸、十二酸、油酸等。通常采用 1mol 脂肪酸与 2mol 二乙醇胺（1:2）或 1mol 脂肪酸与 1mol 二乙醇胺（1:1）两种配比。外观上均为淡黄色至琥珀色黏稠液体，低温下可呈半固体。这类表面活性剂自身具有较强的发泡和稳定作用，常用作泡沫促进剂及泡沫稳定剂，有的产品具有较好的增溶、增稠、洗涤、脱脂能力，与其他非离子表面活性剂相比，具有以下特点：①无浊点。这是由于其亲水性取决于分子中的二乙醇胺物质的量，而多数非离子表面活性剂的亲水性取决于聚氧乙烯醚（EO）的多少。因而烷基醇酰胺没有浊点，在乳化降黏时不必考虑它从水中析出的问题，而且耐高温。②抗盐性。烷基醇酰胺对盐、酸及碱十分敏感，但可通过加入阴离子表面活性剂和调节 pH 值的方法，改善抗矿盐和耐酸碱性能。③稳泡性。多数非离子表面活性剂具有低温的优点和消泡的作用，而烷基醇酰胺还具有能稳定其他表面活性剂所产生泡沫的作用，具有悬浮污垢和防止污垢再沉积能力，故可作为钙皂分散剂，用于泡沫驱动剂配方中。④增稠性。烷基醇酰胺还具有使水溶液增稠的特性，浓度低于 10% 的本品水溶液，在适量电解质存在下，溶液黏度可增至 1mPa·s。

[质量规格]

项　目	指　标				
	椰子油二乙醇酰胺（1:1 型）	椰子油烷醇酰胺（1:2 型）	椰子油单乙醇酰胺（1:1 型）	月桂酸二乙醇酰胺（1:1 型）	月桂酸二乙醇酰胺（1:2 型）
别名	椰子油烷醇酰胺（1:1 型）、尼纳尔（1:1 型）、6501（1:1 型）	椰子油二乙醇酰胺（1:2 型）、净洗剂 6502、尼钠尔	椰子油脂肪酸单乙醇酰胺（1:1 型）	十二酸二乙醇酰胺（1:1 型）	十二酸二乙醇酰胺（1:2 型）、JHZ－110 烷醇酰胺
外观	淡黄色至棕褐色黏稠液体或膏状物	琥珀色黏稠液体	白色至淡黄色薄片或蜡状固体	白色至淡黄色固体或轻度黏稠液体	稻草色蜡状物
pH 值(1% 水溶液)	9.9～10.7	9.5～10.7	8.5～9.5	9～11	9.5～11.8
全胺值/（mgKOH/g）	23～33	130～150	23～33	27～35	20～30
色泽（Hazen）/号	350～400	350～500	<400	<200	—
熔点/℃	—	—	67～71	40～44	
溶解性能	易溶于水	易溶于水	不易溶于水，与其他表面活性剂调配时溶于水	难溶于水，溶于乙醇、丙酮、氯仿，与其他表面活性剂调配时可溶于水	溶于水
主要用途	洗涤剂、增稠剂、稳泡剂、缓蚀剂、乳化剂、柔软剂	洗涤剂、稳泡剂、增稠剂、脱脂剂、防锈剂	洗涤剂、稳泡剂、乳化剂、增稠剂、缓蚀剂	乳化剂、泡沫驱油剂、增稠剂、洗涤剂、选矿剂	乳化剂、脱脂剂、稳泡剂、泡沫驱油剂、增稠剂、助染剂

[用途] 烷基醇酰胺由于具有较强的脱脂性、稳泡性、增稠性及抗静电性，广泛用于采油、化工、纺织、涂料、化妆品、印染等工业。用于泡沫驱油剂、钙皂分散剂、羊毛脱脂剂、纤维柔软剂、印染洗净剂、涂料剥离剂、乳化稳定剂、黑色金属短期防锈剂、增稠剂、洗涤剂等。在采用烷基醇酰胺的配方中，pH 值应用范围应在 8～12 之间。当体系 pH 值小于 8 时，游离脂肪酸易析出成盐，使体系生成凝胶；而碱性过高也会使烷基醇酰胺缓慢皂化而分解。

[简要制法] 由脂肪酸与二乙醇胺（或单乙醇胺）直接进行高温催化反应制得。采用不同的脂肪酸及摩尔比可制得不同的系列产品。

6. 脂肪胺聚氧乙烯醚

脂肪胺聚氧乙烯醚又称聚氧乙烷脂肪胺、聚氧乙烯烷基胺，简称胺醚。是由胺与环氧乙烷反应而制得的一类表面活性剂。伯胺、叔胺、仲胺和具有活性氢的衍生物（如脱氢松香胺作为疏水基原料），都可与环氧乙烷为进行加成反应，制取低加成数聚氧乙烯胺，如聚氧乙烯脂肪胺、聚氧乙烯脂肪叔胺、聚氧乙烯脱氢松香胺等，其结构通式为：

$$R-N \Big\langle {}^{(CH_2CH_2O)_nH}_{(CH_2CH_2O)_nH} \quad 及 \quad R-NH-(CH_2CH_2O)_nH$$

这类表面活性剂具有两亲结构,在某种程度上具有阳离子型表面活性剂的特征,但随着聚氧乙烯基链的增长,逐渐由阳离子性向非离子性转化。当乙氧基数较少时,不溶于水而溶于油,能溶于酸性介质,有一定杀菌性能,当乙氧基数较大时,可溶于中性及碱性溶液中,用无机酸中和会增加其水溶性,而用有机酸中和会增加其油溶性。乙氧基数越多,非离子型表面活性剂的特点越明显,在碱性溶液中不仅没有析出问题,而且能保持良好的表面活性和界面活性。

这类表面活性剂在中性或酸性溶液中可用作乳化剂、起泡剂、破乳剂、润湿剂及匀染剂等。由于产品具有阳离子及非离子两重特性,基于金属、塑料及矿物等大部分表面都带有负电荷,因而有利于将聚氧乙烯脂肪胺吸附而形成保护膜,防止材料受到腐蚀。胺醚也具有优良的钙皂分散能力,与阴离子表面活性剂如烷基苯磺酸盐复配,有明显协同效应,可提高阴离子表面活性剂的抗矿盐性能。乙氧基数含量大的胺醚可以作为乳化降黏剂及驱油剂,并可在高矿化度条件下使用。

[质量规格]

脂肪胺聚氧乙烯醚(企业标准)

项　　目	指　标					
	十二胺聚氧乙烯(1)醚	十二胺聚氧乙烯(5)醚	十八胺聚氧乙烯(10)醚	椰子油胺聚氧乙烯(2)醚	油胺聚氧乙烯(10)醚	牛脂胺聚氧乙烯(5)醚
结构式	$C_{12}H_{25}N\langle {}^{(C_2H_4O)_nH}_{(C_2H_4O)_mH}$ ($m+n=1$)	$C_{12}H_{25}N\langle {}^{(C_2H_4O)_nH}_{(C_2H_4O)_mH}$ ($m+n=5$)	$C_{17}H_{35}N\langle {}^{(C_2H_4O)_nH}_{(C_2H_4O)_mH}$ ($m+n=10$)	$RN\langle {}^{(C_2H_4O)_nH}_{(C_2H_4O)_mH}$	$C_{17}H_{33}N\langle {}^{(C_2H_4O)_nH}_{(C_2H_4O)_mH}$ ($m+n=10$)	$RN\langle {}^{(C_2H_4O)_nH}_{(C_2H_4O)_mH}$ ($m+n=5$, R 为牛脂基)
别名	FXAEA-1201、12AO-1	FXAEA-1205、12AO-5	FXAEA-S1810、1810	FXAEA-C1202	FXAEA-010	FXAEA-T1805
外观色泽(Gardner)	浅黄色透明液体 50	浅黄色透明液体 5	黄色液体或固体 5	黄色透明液体 70	琥珀色透明液体 7	黄色液体 5
pH 值	9~11	9~11	9~11	9~11	9~11	9~11
水分/%	0.5	0.5	0.5	0.5	0.5	0.5
总胺值/(mg KOH/g)	220~246	134~138	—	191~202	75~83	110~120
叔胺含量/%	无	97	97	97	97	97
主要用途	乳化剂、钻井泥浆添加剂、剥色剂、抗静电剂	乳化剂、钻井泥浆添加剂、剥色剂、抗静电剂	乳化剂、钻井泥浆添加剂、剥色剂、匀染剂、抗静电剂	乳化剂、钻井泥浆添加剂、剥色剂、匀染剂、抗静电剂	乳化剂、钻井泥浆添加剂、剥色剂、匀染剂、抗静电剂	乳化剂、钻井泥浆添加剂、匀染剂、剥色剂、抗静电剂

[用途]这类表面活性容易被吸附在金属、矿物及其他有机物质的表面上。由它制成的乳状液有利于使乳化剂排列在有机物等表面上，使乳状液被破坏，导致乳状液有机相吸附在物质表面上，而水相很快逸出表面而很快凝结，因而无需进行干燥。因而作为乳化剂广泛用于纸、塑料、涂料、皮革等领域，也可作为匀染剂用于印染工业。

[简要制法]在碱性催化剂存在下，由脂肪胺与环氧乙烷经缩合反应制得，采用不同的脂肪胺可制得相应的产品。

7. 蔗糖脂肪酸酯(类)

[别名]蔗糖酯(类)、脂肪酸蔗糖酯(类)。

[结构式]

$$RCOOCH_2 \cdots \quad (R为C_{12} \sim C_{18}烷基)$$

[性质]蔗糖脂肪酸酯是以蔗糖的羟基为亲水基，以脂肪酸碳链部分为亲油基所构成的多元醇酯类非离子型表面活性剂，与斯盘类系列产品相似，蔗糖酯也由于分子中碳链长度的不同而形成一个系列产品，脂肪酸可用硬脂酸、棕榈酸、月桂酸、油酸等高级脂肪酸，也可用乙酸、异丁酸等低级脂肪酸。因所用脂肪酸的种类不同，商品蔗糖酯有黏稠液体、凝胶、软质固体及粉末等多种形态。根据蔗糖上的羟基被脂肪酸所取代的数目不同，可分为单酯、二酯、三酯及多酯。市售品多为蔗糖单酯、二酯、三脂及多酯等混合物。蔗糖酯无臭，微有甜味，易溶于乙醇、丙二醇、二甲苯、丙酮，与水形成凝胶。在酸、碱及酶存在下会发生水解，形成脂肪酸(或脂肪酸金属盐)及蔗糖。在水中的溶解性与酯的结构有关，单酯可溶于热水，而二酯及三酯难溶于水，因此，混合物中的单酯含量越高，水溶性越强；二酯和三酯的含量越高，其亲油性越好。表5-2为不同碳链蔗糖单酯的基本物性。

表5-2 不同碳链蔗糖单酯的基本规格

性　能	C$_{12}$单酯	C$_{14}$单酯	C$_{16}$单酯	C$_{18}$单酯
熔点/℃	82~88	68~69	59~63	52~55
HLB 值	13.1	12.9	12.5	11.8
表面张力(0.1%溶液)/(mN/m)	33.7	34.8	33.7	34.0
界面张力(0.1%溶液)/(mN/m)	7.9	7.0	6.2	7.2
去污指数	47.2	48.1	48.6	49.0
润湿时间(0.2%溶液)/s	35	23	41	97
泡沫高度(0min/5min)/mm	130/120	140/130	15/10	10/2
生物降解性/%	100	98	96	95

从表5-2看出，蔗糖单酯有优良的综合表面活性，与一般阴离子表面活性剂比较，蔗糖单酯在降低水溶液表面张力、渗透性及去污力等方面十分出色，生物降解性更好，但起泡力稍差。

[用途]蔗糖脂肪酸酯具有优良的乳化、分散、发泡、润湿及防蛋白凝固等性能。在人体内分解为蔗糖及脂肪酸，对人体无害。可广泛用作医药、食品、化妆品及其他工业乳化剂，并用于洗涤剂、纤维柔软加工剂等。蔗糖单酯的 HLB 值为 10~16，双酯的 HLB 值为 7~10，三酯的 HLB 值为 3~7。适当调配后可得到 HLB 值范围很宽的产品。水包油型

（O/W）乳化剂宜采用 HLB 值为 6～16 的产品，油包水型（W/O）乳化剂宜采用 HLB 值为 3～6的产品，HLB 值小的蔗糖酯具有良好的低温及高温稳定性，HLB 值大的蔗糖酯具有耐酸、耐碱及低温稳定性。

[简要制法]以脂肪酸及蔗糖为原料，在碱性催化剂存在下，在丙二醇溶剂中经酯交换反应制得，也可将脂肪酸与蔗糖在二甲基甲酰胺溶剂中经酯交换反应制得。

8. 聚氧乙烯－聚氧丙烯嵌段共聚物

[别名]环氧乙烷－环氧丙烷嵌段共聚物、聚醚、聚环氧乙烷－环氧丙烷。

[结构式] $HO \{ CH_2CH_2O \}_a \overset{CH_3}{\underset{}{[CH—CH_2O]}}_b [CH_2CH_2O]_c H$

$[b \geqslant 15, (CH_2CH_2O)_a + (CH_2CH_2O)_c$ 占产品质量的 20%～90%]

[性质]聚醚是由醚或环氧化合物经聚合而成的高分子化合物的总称。分子主链上含有醚键—R—O—R′—（R 和 R′为烷基）。由环氧乙烷和环氧丙烷嵌段共聚而成的聚醚也是工业非离子表面活性剂中的一个大类。相对分子质量可达几千到数万，因而又称为高分子表面活性剂。其亲油基团为环氧丙烷，其链段长 b 应大于 15，平均相对分子质量应大于 900，一般在 1000～20000 之间；其亲水部分的环氧乙烷约占化合物总量的20%～90%。聚醚产品随环氧丙烷聚合度和环氧乙烷加成数的不同，可制得系列产品，有液体、膏状和片状。产品牌号中 L 表示液体产品，P 表示膏状物，F 表示固状物，这类产品不易吸湿，片状聚醚即使长久曝露于空气中也不胶结。产品有的溶于水，有的不溶于水。溶于水的产品，在水中有较宽的溶解范围，溶解度随环氧乙烷加成数增加而增加，随环氧丙烷聚合度的增加而下降，而且在冷水中比在热水中易于溶解。也能溶于苯、甲苯、丙酮、丙醇、丁酮等有机溶剂。HLB 值在3.5～29之间变化，并随聚环氧乙烷及聚环氧丙烷链的比例而变化。聚醚产品有一定的表面活性，由于本身相对分子质量较大，其润湿渗透性不强，起泡性较弱，而乳化性及分散性能较为突出。小分子聚醚还具有优良的去除油污特性，属无毒物质。

[质量规格]

部分聚醚产品参考规格

项目	指标												
聚醚牌号	L31	L35	L44	L52	L64	L92	P25	P84	P85	P104	F38	F88	F108
聚氧丙烯相对分子质量	940	940	1125	1750	1750	2250	2050	2252	2250	3250	940	2250	3250
聚氧乙烯－聚氧丙烯相对分子质量	1100	1890	2200	2500	2875	3480	4160	4520	4600	6050	5020	10750	15550
熔点/℃	—	—	—	—	—	—	34	34	40	13	45	55	62
浊点(1%水溶液)/℃	29	81	71	24.4	59	67	87	73	86	70	>100	>100	>100
HLB 值	3.5	18.5	16.0	7.0	15.0	5.5	16.5	14.0	16.0	13.0	30.5	28.0	27.0

项目	指标												
相对密度(25℃)	1.05	1.06	1.05	1.03	1.04	1.03	1.06	—	1.03		1.06	1.06	1.06
羟基/(mgKOH/g)	98~106	56.1~62.4	48~54	45~58.5	37.4~40.8	31.1~33	25.7~28.3	—	21.5~25.4		22~26	12.6~16.6	6.5~8.9
pH值(2.5%水溶液)	5~7.5	5~7.5	5~7.5	5~7.5	5~7.5	5~7.5	5~7.5	5~7.5	5~7.5	5~7.5	5~7.5	5~7.5	5~7.5
水分/% <	0.4	0.4	0.4	0.4	0.4	0.4	0.4	—	0.4		0.4	0.75	0.75
用途	乳化剂、润湿剂、分散剂、破乳剂、匀染剂、消泡剂、黏度调节剂、抗静电剂等												

[用途]聚醚具有良好的乳化及分散性能，去油能力强，有泡沫控制特性，在硬水中也有良好的性能，可用作乳化剂、分散剂、润湿剂、破乳剂、消泡剂、抗静电剂等广泛用于石油、化工、化纤、金属加工、医药及化妆品等行业。用作乳化剂时，高乙氧基含量的产品适宜作水包油型(O/W)乳化剂，低乙氧基含量的产品适宜作油包水型(W/O)乳化剂。在塑料及涂料工业中可用作乳液聚合稳定剂及腐蚀抑制剂。其低泡产品专用于工业洗瓶剂及汽车清洗剂。由于无毒，也用于制造化妆品护肤膏霜、牙膏及漱口水等产品。

[简要制法]在碱性催化剂存在下，由环氧丙烷与环氧乙烷经催化嵌段共聚制得。

9. 烷基苷

[别名]烷基葡萄糖苷、烷基聚葡糖苷，简称 APG。

[结构式]

(R为C$_8$~C$_{18}$烷基)

[性质]烷基苷是烷基单苷与烷基多苷的总称，为葡萄糖的半缩醛羟基和脂肪醇羟基在催化剂作用下失去一分子水的产物。结构式中 x 为每个脂肪醇链所连接的葡萄糖单元数。$x=0$，为烷基单葡萄糖苷，简称烷基单苷；$x \geqslant 1$ 则通称为烷基多葡萄糖苷，简称烷基多苷或烷基苷。纯烷基苷为琥珀色至无色固状物，商品大多为 50%~70% 的烷基苷混合物水溶液。外观为白色至无色透明液体或膏体。主要原料是以葡萄糖为主的各类糖和脂肪醇，故无毒无刺激，生物降解完全。易溶于水，不溶于一般有机溶剂，与无机助剂有较好的互溶性。其溶解性与稳定性不受环境 pH 值影响，在强酸、强碱中仍不改变，具有较高的表面活性、中等的起泡性质和较强的去污能力，对皮肤及黏膜刺激性极低，与阳离子及阴离子等表面活性剂复配时产生协同增效作用，并具有较强的广谱抗菌活性，表 5-3 为烷基苷的物化性质。

表 5-3 烷基苷的物化性质

性　　能	平均碳链长度				
	8 ~ 10	9 ~ 10	9 ~ 11	12 ~ 16	12 ~ 16
平均糖聚合度	1.8	1.4	1.6	1.4	1.6
外观	透明液体	透明液体	透明液体	白色半固态	白色半固态
相对密度	1.17	1.10	1.13	1.1	1.1
活性物/%	68 ~ 72	63 ~ 67	63 ~ 67	48 ~ 52	48 ~ 52
pH 值	6 ~ 8	6 ~ 8	6 ~ 8	6 ~ 8	6 ~ 8
水溶解性	易溶	易溶	易溶	可分散	可溶解
流动点/℃	-11	-10.5	-11	6	4.5
结冰点/℃	< -15	< -15	< -15	3.5	3.5
浊点/℃	无	无	无	无	无
HLB 值(计算值)	13.6	12.6	13.1	11.5	12.1
表面张力(25℃、0.1%水溶液)/(mN/m)	28.8	26.2	26.2	27.3	27.7
黏度(25℃、0.1%水溶液)/mPa·s	4000 ~ 5000	5000 ~ 7000	8000 ~ 10000	15000 ~ 20000	20000 ~ 30000
泡沫高度(25℃、0.1%水溶液)/mm	100	135	125	90	102

[质量规格]

项　　目	指　　标			
	C_8 ~ C_{10}烷基葡萄糖苷	C_8 ~ C_{16}烷基葡萄糖苷	烷基多糖苷	烷基多糖苷
别名	APG - 0810	APG - 0816	APG - 1000	APG - 1400
活性物含量/%	48 ~ 52	48 ~ 52	48 ~ 52	48 ~ 52
糖聚合度	1.4 ~ 1.8	1.4 ~ 1.8	1.4 ~ 2.0	1.4 ~ 2.0
残留脂肪醇/%	≤1.0	≤1.0	<1.0	<1.0
HLB 值	12 ~ 16	12 ~ 16	15 ~ 16	12 ~ 14
pH 值	6 ~ 7	6 ~ 7	11 ~ 12	11 ~ 12
外观	微黄色液体或白色膏体	微黄色液体或白色膏体	微黄色液体	微黄色液体, 低温时为白色膏体

注: 表中指标为参考标准。

[用途]烷基苷为非离子表面活性剂, 而兼有非离子和阴离子两类表面活性剂的特性。也是一种天然绿色表面活性剂, 泡沫细腻、配伍性好, 可用作工业及农药乳化剂、工业及餐具洗涤剂、分散剂等。由于对环境没有污染, 在采油等油田化学品应用领域日益受到重视。

[简要制法]以葡萄糖及脂肪醇为主要原料, 在催化剂存在下经糖苷化反应制得。

10. 聚乙二醇脂肪酸酯

[别名]聚氧乙烯脂肪酸酯、脂肪酸聚氧乙烯酯。

[结构式]$RCOO(CH_2CH_2O)_nH$　　　（R 为 $C_{12} \sim C_{18}$ 烷基，n 为环氧乙烷加成数）

[性质]聚乙二醇脂肪酸酯是由脂肪酸与聚乙二醇缩合而成的一类表面活性剂。由于聚乙二醇有两个羟基，故与脂肪酸反应即可生成单酯，也可生成双酯。产物中的单双酯比例与反应物的摩尔比有关，如使用等摩尔的脂肪酸和聚乙二醇，产物中以单酯居多，增加脂肪酸对聚乙二醇的摩尔比，则可提高双酯的含量，其溶解性主要决定于所加成的环氧乙烷数 n，n 为 $1 \sim 8$ 时，产品为油溶性；当 n 增至 $12 \sim 15$ 时，开始在水中分散或溶解。这类表面活性剂在盐溶液中溶解度较低，易溶于极性溶剂，微溶于非极性溶剂。由于分子结构中含两种反应官能团，羟基酯键和末段羟基，羟基可被酯化、硫酸化和甲基化等，而酯键一般不会被破坏，只有强酸和强碱才能水解酯键。碱性条件下的水解产物为脂肪酸皂和聚乙二醇。这类产品的起泡性较差，但乳化性很强。还具有分散、增溶、润湿、柔软等性能，而且价格较低，也常用于替代聚氧乙烯脂肪醇醚产品。

[质量规格]

项　目	指　标			
	聚乙二醇(400) 单硬脂酸酯	聚乙二醇(400) 双硬脂酸酯	聚乙二醇(600) 双月桂酸酯	聚乙二醇(400) 双油酸酯
别名	聚氧乙烯单硬脂酸酯、PEG-400Ms、乳化剂 SE	聚氧乙烯双硬脂酸酯、PEG-400DS	聚氧乙烯双月桂酸酯、PEG-600DL	聚氧乙烯双油酸酯、PEG-400DO
外观	浅黄色黏稠液体或白色蜡状固体	白色固体	白色至浅黄色固体	黄色至棕黄色油状液体
熔点/℃	24 ~ 33	35 ~ 37	54 ~ 56	—
碘值/(gI₂/100g) ≤	1.0	1.0	—	
酸值/(mgKOH/g) ≤	10.0	10.0	5.0	10.0
皂化值/(mgKOH/g)	116 ~ 125	116 ~ 125	—	115 ~ 125
HLB 值	8.4	8.1		
溶解性能	可分散于水，溶于异丙醇、矿物油、汽油等	分散于水，溶于异丙醇、甘油、汽油、矿物油	溶于冷水，易溶于热水	分散于水，溶于异丙醇、汽油、甘油
用途	用作乳化剂、增稠剂、稳定剂、柔软剂等			

[用途]聚乙二醇脂肪酸酯无毒、无刺激性，稳定性好，也无不愉快气味，具有良好的乳化、润湿、增溶、增稠、柔软等性能。广泛用于纺织、印染、造纸、医药、食品及化妆品等行业，用作乳化剂、增稠剂、调理剂及增溶剂等，由 C_{12}、C_{14}、C_{16} 及 C_{18} 等饱和脂肪酸与

环氧乙烷加成制得的 n 为 15~18 的产品，其界面张力很低，适合作稠油乳化降黏剂及三次采油驱油剂等。

[简要制法]由聚乙二醇与脂肪酸在酸性催化剂存在下经酯化反应制得。也可在催化剂存在下，由脂肪酸与环氧乙烷加成制得。

(四)两性乳化剂

两性乳化剂或称两性离子乳化剂(表面活性剂)与前述阳离子及阴离子表面活性剂相同之处也是由亲水基及疏水基两部分组成，不同之处是两性表面活性剂分子中同时存在阴离子和阳离子基团，显示阴离子和阳离子的两种性质。阴离子一般为羧基、磺酸基、硫酸基及磷酸基；阳离子一般为氨基或季铵基。由于氮原子连接方式不同，可以是链胺(铵)，也可以是环胺(吡啶环、咪唑环)等。按照分子结构不同，两性表面活性剂可分为：

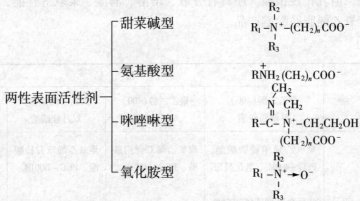

除了上述四类以外，还有含氟、硅、硼、硫、磷等两性表面活性剂，以及卵磷脂、羊毛脂类两性表面活性剂。

两性表面活性剂易溶于水，在较浓的酸、碱中甚至无机盐的浓溶液中也能溶解，但在有机溶剂中则不易溶解，也不易和碱土金属离子(如 Cu^{2+}、Zn^{2+}、Cr^{3+}、Ni^{2+} 等)起作用。这类表面活性剂主要有以下特性：①具有在界面吸附、定向排列的高表面活性；②具有良好的乳化性及分散性；③具有良好的润湿性及起泡性；④具有优良的钙皂分散性及耐硬水性；⑤具有与其他类型表面活性剂良好的配伍协同效应；⑥具有抗静电性及柔和的抗菌作用；⑦具有优良的生物降解性及低毒性，与皮肤有良好的相容性及低刺激性。

1. 甜菜碱型两性乳化剂

[性质]甜菜碱，学名三甲基乙酸铵，是一种天然含氮化合物，后来人们将所具有类似结构的化合物统称为甜菜碱，包括含硫及含磷的类似化合物。天然甜菜碱分子中不含长链疏水基，因而缺乏表面活性，只有当分子中的一个甲基被长链烷基(C_8 ~ C_{20})取代后才具有表面活性。最简单的甜菜碱取代产物的分子中只含一个长链烷基，称作烷基甜菜碱，其中又以从椰油制得的具有椰油基碳链分布的甜菜碱应用最广。它们都易溶于水，具有优良的去污、乳化、柔软、润湿及抗静电性能，毒性低，对皮肤刺激性小，易生物降解。

[质量规格]

甜菜碱型两性表面活性剂

项目	指标			
	十二烷基二甲基甜菜碱	十二烷基二羟乙基甜菜碱	椰油酰胺丙基甜菜碱	油酰胺丙基二甲基甜菜碱
别名	十二烷基甜菜碱、十二烷基二甲基乙内酰胺盐、BS-12	$C_{12}\sim C_{14}$ 烷基二羟乙基甜菜碱、十二胺氧乙烯(2)醚甜菜碱	椰油酰胺丙基二甲基甜菜碱、椰油酰胺丙基二甲基乙内酰胺盐	油酰胺丙基二甲基乙内酰胺盐
结构式	$C_{12}H_{25}-N^+-(CH_3)_2CH_2COO^-$	$C_{12}H_{25}N^+(CH_2CH_2OH)_2CH_2COO^-$	$RCCNH(CH_2)_3-N^+-(CH_3)CH_2COO^-$（RCO 为椰油酰基）	$C_{17}H_{33}CONH(CH_2)_3-N^+-(CH_3)_2COO^-$
外观	无色或浅黄色液体	浅黄色黏稠液体	无色至浅黄色液体	微黄色透明液体
活性物含量/%	28~32	19~23	28~32	28~32
pH 值	6.5~7.5	4~6(5%水溶液)	5~7(1%水溶液)	5~7(1%水溶液)
氯化钠/% ≤	7(无机盐)	4~5	≤7	≤5
游离胺/% ≤	—	0.5	0.5	
溶解性能	易溶于水，对酸碱稳定，微溶于非极性有机溶剂	易溶于水，对酸碱稳定	溶于水，在硬水中稳定	
主要用途	乳化剂、分散剂、增稠剂、柔软剂、杀菌剂、抗静电剂			

473

[用途]甜菜碱型表面活性剂虽然有许多优越性能，但较少单独使用，通常与其他类型表面活性剂复配使用，彼此改善各自的应用性能，如表面活性、黏度、泡沫性、分散性等。工业上广泛用于纺织、印染、皮革、采油、金属颜料制备、照相显影、乳液聚合等领域，用作分散剂、增溶剂、乳化剂、增稠剂、润湿剂、抗静电剂等。

[简要制法]烷基甜菜碱可由烷基二甲基叔胺与氯乙酸钠等卤乙酸盐经季铵化反应制得。

2. 咪唑啉型两性乳化剂

[性质]咪唑啉的母体是咪唑环，学名称间二氮杂戊烯。当 2 号碳原子上的氢原子被取代时通称其为"咪唑啉"（imidazoline）。咪唑及咪唑啉的结构如下：

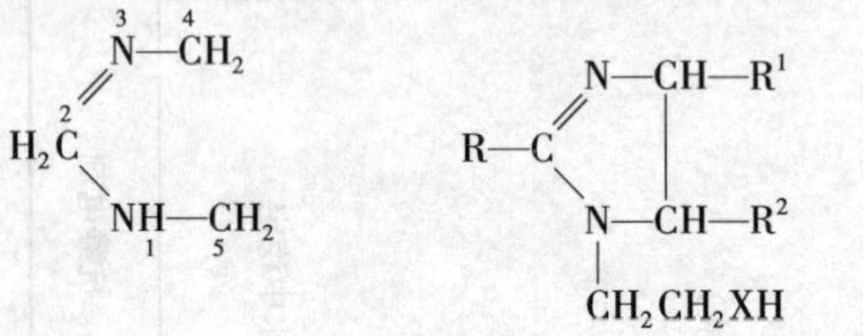

其中，R 为 $C_7 \sim C_{21}$ 的脂肪烃基；R^1、R^2 为 H 或 $C_1 \sim C_4$ 的烃基；X 为 O、S、N。在咪唑啉结构中，1 - 羟乙基 - 2 - 烷基取代衍生物是合成咪唑啉两性表面活性剂的重要中间体，咪唑啉表面活性剂也因此而得名。这类表面活性剂品种很多，常用的则是 1 - 羟乙基 - 2 - 烷基咪唑啉。其合成方法是先用脂肪酸与羟基乙二胺反应生成酰胺基胺，然后在高温下发生分子内脱水形成咪唑啉环，再在咪唑啉环上引入阴离子基团得到咪唑啉两性表面活性剂。引入的阴离子基团有羧基、磺酸基、硫酸基、磷酸基等，其中主要的是羟基及磺酸基。

两性咪唑啉型表面活性剂具有优良的润湿、发泡、乳化、洗涤、柔软及抗静电等性能，并具有耐硬水、耐电解质和钙皂分散能力。生物降解性优良，能迅速完全地降解，与其他表面活性剂，特别是与非离子型表面活性剂有良好的配伍性。

[质量规格]

项　目	指　标			
	羟乙基癸酸咪唑啉甜菜碱	羟乙基肉豆蔻酸咪唑啉甜菜碱	羟乙基棕榈酸咪唑啉甜菜碱	磺酸盐型两性表面活性剂
别名	1 - 羟乙基 - 2 - 壬基咪唑啉甜菜碱	1 - 羟乙基 - 2 - 十三烷基咪唑啉内铵盐	1 - 羟乙基 - 2 - 十五烷基咪唑啉内铵盐	—
外观	无色透明液体	乳白色液体	白色膏状体	琥珀色液体
pH 值	7.5 ~ 8.5	7.5 ~ 8.5	7.5 ~ 8.5	6 ~ 10
固含量/%	38 ~ 42	38 ~ 42	38 ~ 42	38 ~ 42
表面张力 $\times 10^{-2}$/(N/m)	34	—	34	5% ~ 7%（氯化钠含量）
泡沫高度/mm　即时	60	187	165	
5min 后	54	125	155	
稳定性(40℃)/天	>60	>60	—	—
溶解性能	溶于水	溶于水	溶于水	溶于水
主要用途	乳化剂、相转移催化剂、化妆品调理剂、发泡剂、钙皂分散剂、洗涤剂			

[用途]咪唑型两性表面活性剂具有乳化、分散、润湿、柔软、抗静电及易生物降解等

性能，广泛用于炼油、金属加工、日化等行业，如用作沥青乳化剂、相转移催化剂、金属加工洗涤剂、高档手洗型餐用洗涤剂、化妆品调理剂等。

[简要制法]羧酸咪唑啉表面活性剂可先由脂肪酸和多胺(如羟乙基乙二胺)反应，失去二分子水生成咪唑啉环，然后在碱性条件下经季铵化反应制得；磺酸盐型表面活性剂可由表氯醇与亚硫酸氢钠反应生成3-氯-2-羟基丙磺酸盐后，再与咪唑啉在碱性条件下反应制得。

3. 氨基酸型两性表面活性剂

[性质]氨基酸分子中有氨基酸和羧基，本身为两性化合物，当氨基上氢原子被长链烷基取代后就成为具有表面活性的氨基酸表面活性剂。带 N 原子的亲水基阳离子携带正电荷，其阴离子的负电荷可以通过羧基、磺酸基、磷酸基等来携带。其产品包括氨基羧酸型、氨基磺酸型氨、基硫酸型及氨基磷酸型，其中以氨基羧酸型种类最多，数量最大，应用最广。如 N-十二烷基丙氨酸钠、N-十八烷基丙氨酸钠等。影响这类表面活性剂的因素很多，如阴离子(酸性基)与阳离子(碱性基)的数目和比例，两种基团彼此邻近的程度等。

[质量规格]

项　　目	指　　标	
	N-十二烷基丙氨酸钠	N-十八烷基丙氨酸钠
别名	N-十二烷基-β-氨基丙酸钠	氨基酸型表面活性剂、APA
结构式	$C_{12}H_{25}NHCH_2CH_2COONa$	$C_{18}H_{37}NHCH_2CH_2COONa$
外观	黄色透明膏状物	白色膏状物
活性物含量/%　≥	65	20
pH 值	7.5~8.0	8.0
溶解性能	易溶于水、乙醇	易溶于水、乙醇
主要用途	乳化剂、渗透剂、洗涤剂、抗静电剂	乳化剂、增稠剂、柔软剂染色助剂、稳定剂

[用途]氨基酸型两性表面活性剂在强酸强碱条件下易溶于水，对硬水、对热稳定性好，润湿力优良，与其他表面活性剂的相容性好，可用作润湿剂、乳化剂、净洗剂、增调剂、柔软剂、抗静电剂等，用于日用化工及工业部门。

[简要制法]N-烷基氨基酸类两性表面活性剂可由脂肪胺或脂肪腈与不饱和酸或酯反应制得。也可由脂肪胺与卤代酸反应制得。如脂肪胺与β-不饱和短链酸如丙烯酸、甲基丙烯酸、巴豆酸等反应可制得相应的氨基酸型两性表面活性剂。

4. 氧化胺型两性表面活性剂

[性质]氧化胺的化学结构通式为：$R_1—\overset{\overset{R_2}{|}}{\underset{\underset{R_3}{|}}{N}}→O$，其中 R_1 为 $C_{10}\sim C_{20}$，R_2、R_3 一般为 $C_1\sim C_4$ 或羟乙基。其特征基团是 N→O，该基团的偶极矩很强，因而氧化胺具有极性大、熔点高、吸水性强的特点。通过调节 R 基的结构，可赋予氧化胺不同的性能。根据疏水基种类不同，氧化胺可分为 3 类：①脂肪族(开链)氧化胺，如 N,N-二甲基十二(十四/十六/十八)烷基氧化胺、N,N-二羟乙基十二(十四/十六)烷基氧化胺；②芳香族氧化胺，如 $N,$

N - 二甲基邻甲酚氧化胺；③杂环类氧化胺，如 N - 十二烷基氧化吗啉等。其中以第①类氧化胺应用较广。

氧化胺在中性或碱性介质中呈非离子表面活性剂性质，在酸性介质中呈阳离子表面活性剂性质，易溶于水、乙醇等极性溶剂，难溶于醚、苯及矿物油等非极性溶剂。具有乳化、增溶、柔软、抗静电等优良性能，并有杀菌、防霉等作用。其表面活性一般优于季铵盐，乳化能力则优于十二烷基硫酸钠，而起泡和稳泡性优于烷醇酰胺，而且配伍性能好，在适当条件下既可与阳离子表面活性剂配伍，又可与阴离子表面活性剂配伍，还可在很宽的 pH 值范围内使用。也易生物降解，对皮肤刺激性小。

[质量规格]

项 目	指 标		
	十二烷基二甲基胺	十八烷基二甲基氧化胺	双羟乙基十二烷基氧化胺
别名	氧化十二烷基二甲基胺、十二烷基氧化胺	氧化十八烷基二甲基胺、十八叔胺氧化物	十二聚氧乙烯(2)醚氧化胺
外观	无色或淡黄色透明液体	白色黏稠物	液体
活性物含量/%	28～32	24～26	(24～26)±2
pH 值	6.5～7.5	—	6～8
过氧化物/%		<0.3	0.55
游离胺/% ≤	1.0	1.0	1.0
溶解性能	易溶于水、乙醇	易溶于水、乙醇	易溶于水、乙醇
主要用途	乳化剂、润湿剂、分散剂、稳泡剂、抗静电剂、乙烯聚合引发剂	乳化剂、分散剂、增稠剂、抗静电剂、餐洗剂	乳化剂、增稠剂、抗静电剂、餐洗剂、香波调理剂

[用途]氧化胺是一种多功能两性表面活性剂，除用于配制香波、餐具洗涤剂外，也广泛用于化工、医药、纺织、皮革、造纸等行业。如用作聚合物乳液乳化剂、橡胶加工过程中的稳泡剂、次氯酸钠的漂白增稠剂、织物柔软剂及抗静电剂、香料增溶剂、牙膏祛斑剂等。

[简要制法]脂肪族氧化胺可由相应的叔胺与双氧水在催化剂存在下反应制得。

(五)高分子乳化剂

普通乳化剂多数是相对分子质量为数百(400 左右)的低相对分子质量物质，个别非离子型乳化剂其相对分子质量也可达 1000～2000，近期在乳液聚合、悬浮聚合、分散剂及抗静电剂等应用领域，出现了许多相对分子质量很高的乳化剂，有人也称之为聚合皂。为了与普通低分子乳化剂的区别，而将相对分子质量在 3000 以上者称为高分子乳化剂。有的高分子乳化剂的相对分子质量可达几百万。按照亲水基的离子类型，高分子表面活性剂同样可分为阴离子型、阳离子型、非离子型及两性型四大类。而按原料来源可分为天然高分子乳化剂(包括半合成高分子乳化剂)及合成高分子乳化剂。

1. 天然高分子乳化剂

这是从动植物分离、精制或经过化学改性而制得的两亲性水溶性高分子。品种很多，如由海藻制得的藻朊酸钠，由植物制取半黄原胶、愈疮胶等，半合成高分子乳化剂有：纤维素衍生物，如羧甲基(或乙基、羟乙基)纤维素等，以及木质素磺酸盐等。天然高分子乳化剂，具有优良的乳化剂、增黏性、稳定性及结合力，并具有很好的无毒安全性及易生物降解性，广泛用于食品、医药、化妆品及洗涤剂工业。

2. 合成高分子乳化剂

①阴离子型，如丙烯腈、丙烯酸及丙烯酸共聚物的钾盐；

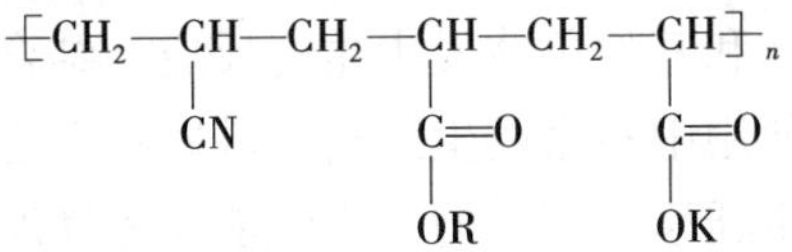

$$\underset{\substack{\\ CN}}{\vdash CH_2-CH}-\underset{\substack{\\ }}{CH_2-CH}-\underset{\substack{\\ }}{CH_2-CH \dashv_n}$$

②阳离子型，如乙烯吡啶与溴化十二烷基乙烯吡啶的共聚物；

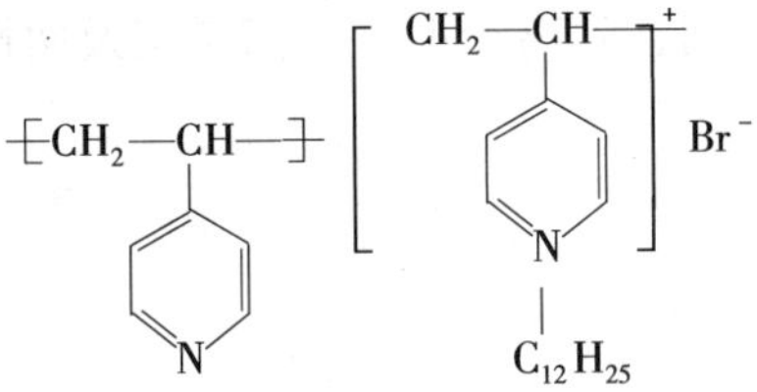

③非离子型，这类高分子乳化剂种类较多，如聚醚、聚酯、聚乙二醇衍生物等，聚醚是以含有一个或多个活泼氢的有机化合物为引发剂，与环氧乙烷及环氧丙烷共聚制得的具有表面活性的嵌段共聚物，其中聚氧丙烯基为油基，聚氧乙烯基为亲水基。按照加聚次序不同可分为整嵌段、杂嵌段和全杂型。其中以整嵌段聚醚最为重要，如由对位烷基苯酚与甲醛缩合物制得的线型高分子用环氧乙烷处理得到的氧乙烯烷基酚醚甲醛缩合物，就是一种整嵌段型聚醚非离子高分子乳化剂：

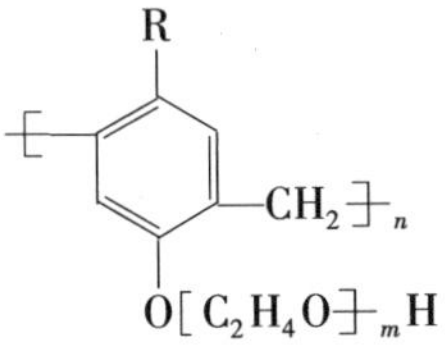

又如丙二醇聚醚(商品牌号为 Pluronic)也是聚醚型高分子乳化剂，其相对分子质量在1000~20000，无刺激性、毒性小，可用作乳化剂或乳液稳定剂用于纺织、印染、日化及乳液聚合等领域。

④两性型，两性型高分子乳化剂的分子中常含有季铵正离子和羧基负离子，如：

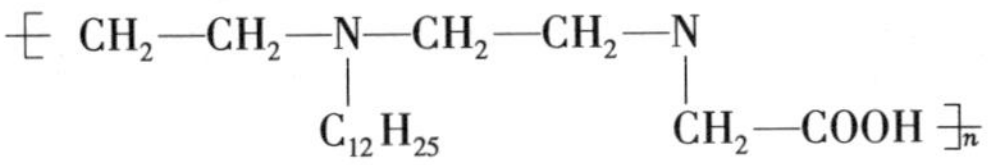

高分子乳化剂与低分子乳化剂相比，不仅因相对分子质量不同，还因构成高分子的单体组成不同而具有以下特点：①表面张力及界面张力降低能力小，多数情况下不形成胶束；②由于相对分子质量高，渗透力弱；③有乳化性，多数形成稳定的乳液；④起泡力弱，而一旦发泡就形成稳定的泡沫；⑤分散力及凝聚力强；⑥多数毒性小。

高分子乳化剂，除用作乳化剂外，也用作保湿剂、润滑剂、分散剂、胶体保护剂、胶凝剂、黏弹性调节剂、消泡剂及抗静电剂等。

(六)反应型乳化剂

乳液聚合是由单体和水在乳化剂作用下配制成的乳状液中进行聚合，常用于生产合成橡胶、树脂、涂料及黏合剂等。而前述普通乳化剂是通过物理吸附作用而附着在乳胶粒表面，在许多情况下会发生解吸并存在某些缺点，如在高剪切作用下易生产凝胶、乳胶液的冻融稳定性差，成膜时乳化剂会发生迁移，乳化剂会残留在水相造成环境污染等。克服这些缺点的方法之一是使用反应型乳化剂。

反应型乳化剂又称聚合型乳化剂，是指分子结构中含有可发生聚合反应基团的一类乳化剂。它可作为一种共聚单体加到乳液聚合反应体系中，和其他单体发生聚合反应，结合到聚合物链上，起内乳化作用，这样形成的乳胶液存放和使用中不会发生解析，乳胶粒上也不存在游离的乳化剂残留，乳胶成膜时也避免了乳化剂产生迁移，使膜的力学性能、光泽度、耐水性及黏结性等都会有显著提高。

根据亲水基团不同，反应型乳化剂也可分为阴离子型、阳离子型、非离子型及两性型。下面为其示例。

1. 阴离子型

烃基丙烯酸-2-乙磺酸钠盐

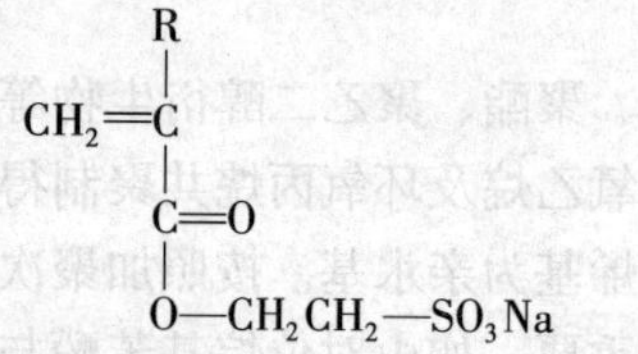

$$CH_2=\overset{\underset{\displaystyle R}{|}}{C}-\underset{\displaystyle O-CH_2CH_2-SO_3Na}{\overset{\displaystyle C=O}{|}} \quad （R—烷基）$$

2-丙烯酸胺-2，2-二甲基乙磺酸钠

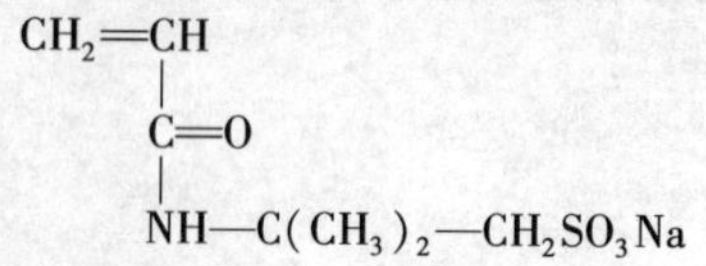

$$CH_2=CH-\underset{\displaystyle NH-C(CH_3)_2-CH_2SO_3Na}{\overset{\displaystyle C=O}{|}}$$

对苯乙烯磺酸钠

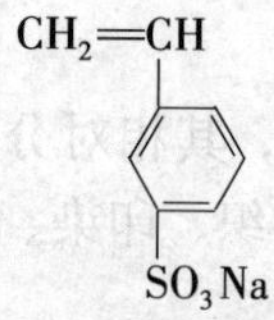

$$CH_2=CH-\langle\rangle-SO_3Na$$

丙烯酰胺硬脂酸钠盐

$$CH_2=CH-\overset{\displaystyle C=O}{\underset{\displaystyle NH}{|}}-CH_3-(CH_2)_8-CH-[CH_2]_7COONa$$

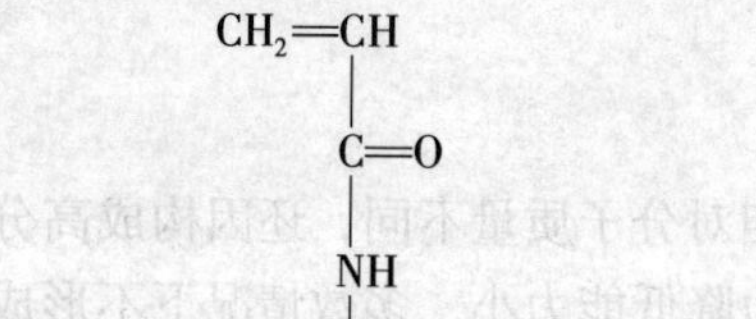

马来酸高级醇单酯钠盐

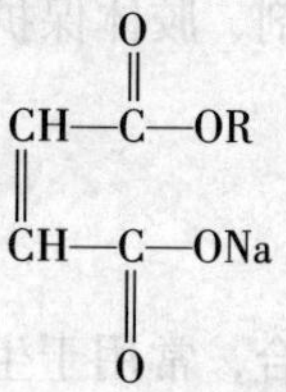

$$\underset{\displaystyle CH-C-ONa}{\overset{\displaystyle CH-C-OR}{\|}}$$

478

2. 阳离子型

十八烷基二甲基乙烯苯基氯化铵

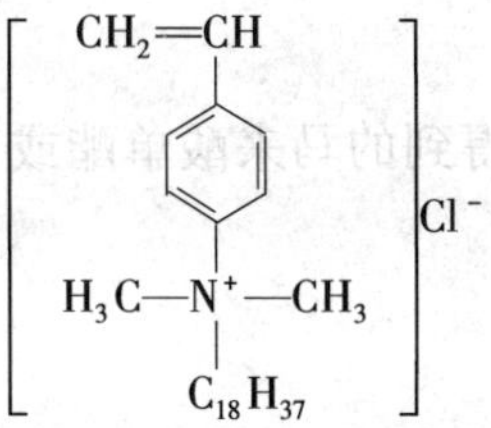

3. 非离子型

聚氧化乙烯壬基酚醚丙烯酸酯

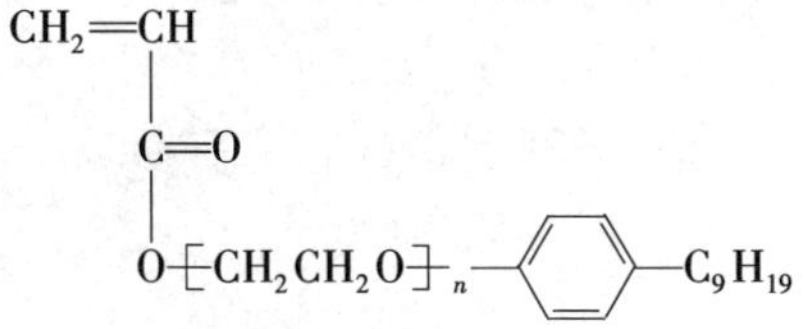

聚氧化乙烯壬基酚醚、丁二酸和甲基丙烯酸缩水甘油酯的缩合物

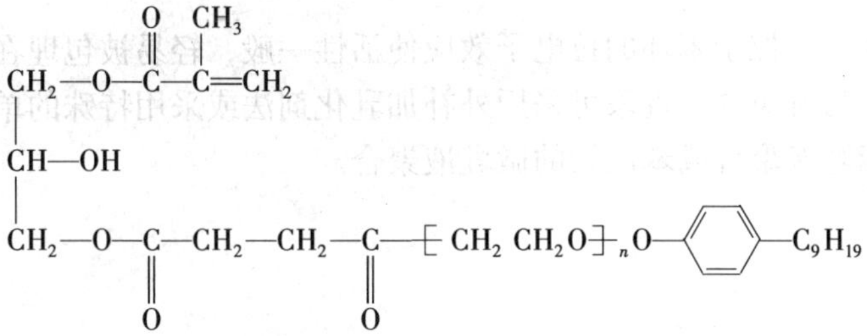

4. 两性型

甲基丙烯酸-2-磺酸基丙酯基三甲基氯化铵

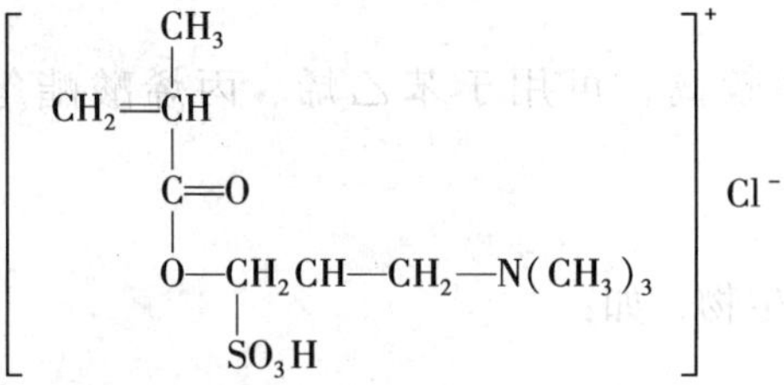

根据可聚合基团不同，反应型乳化剂也可分为以下五类，下面为其示例。

（1）烯丙基类

烯丙基烷基琥珀酸磺酸钠

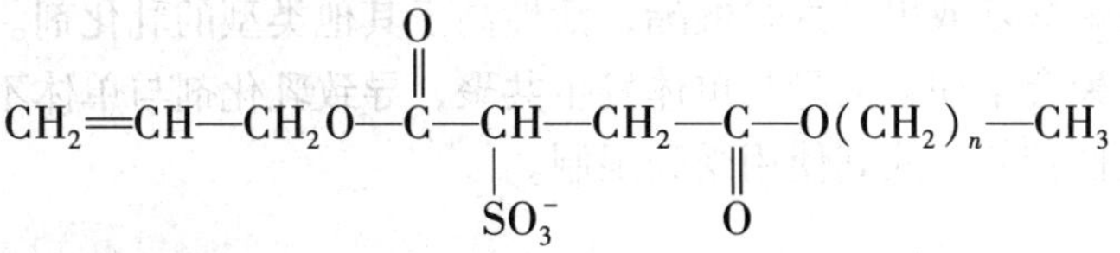

当 $n > 11$ 时，乳化性能优良，可用于活性较高、水溶性较大的乙酸乙烯酯，丙烯酸酯等单体的乳液聚合，对苯乙烯等活性较低者不适用。

（2）马来酸类

其可聚合基团为马来酸酯，其通式为；

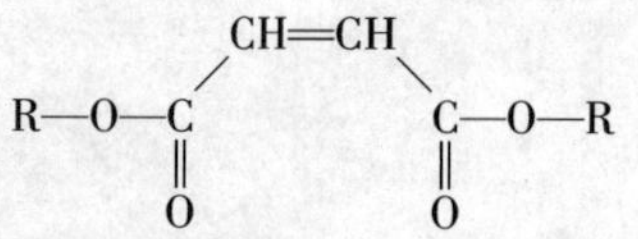

$$\underset{\underset{O}{\overset{\overset{CH=CH}{|}}{\|}}}{R-O-C}\quad\underset{\underset{O}{\overset{}{\|}}}{C-O-R}$$

其乳化剂是由马来酸酐与高级醇反应，引入亲水基团而得到的马来酸单酯或双酯等结构，如：

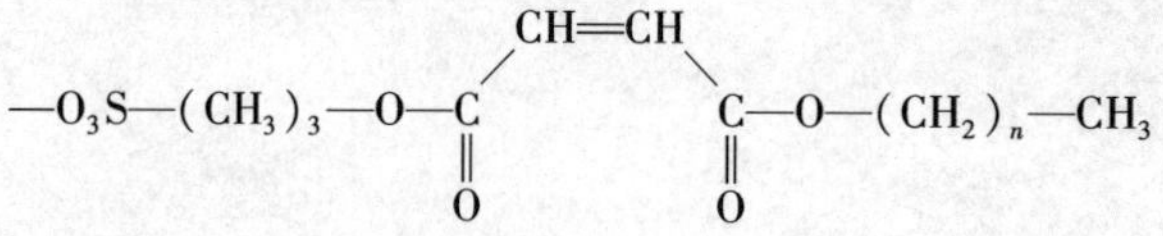

$$-O_3S-(CH_3)_3-O-\underset{\underset{O}{\overset{\overset{CH=CH}{|}}{\|}}}{C}\quad\underset{\underset{O}{\overset{}{\|}}}{C}-O-(CH_2)_n-CH_3$$

可用于苯乙烯单体及苯丙乳液聚合。

(3)苯乙烯类

如下述乳化剂中

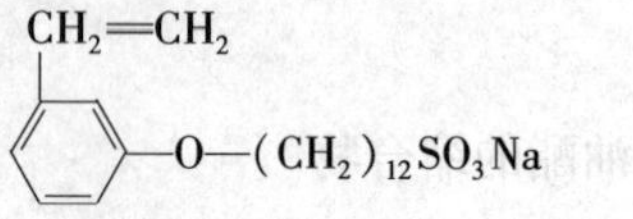

$$\underset{}{CH_2=CH_2}$$

由于乙烯基与苯环相连，受控于苯环的拉电子效应使活性一般，轻易被包埋在乳胶粒内部而难以获得稳定的乳液。为避免这一现象可采用外补加乳化剂法或采用特殊的单体投料方式，用于苯乙烯、丙烯酸酯乳液聚合或苯乙烯的微乳液聚合。

(4)丙烯酰胺类

丙烯酸酰烷基磺酸盐

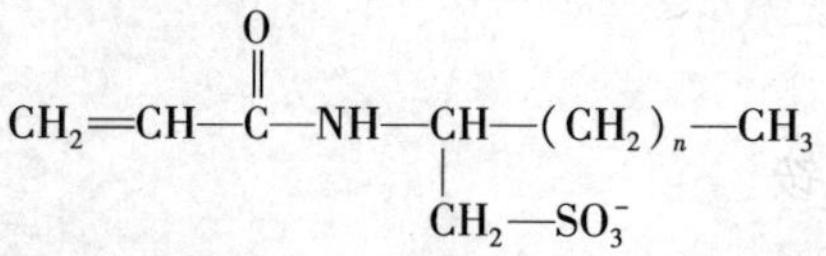

$$CH_2=CH-\underset{\underset{\underset{CH_2-SO_3^-}{|}}{}}{\overset{\overset{O}{\|}}{C}}-NH-CH-(CH_2)_n-CH_3$$

这类乳化剂含有丙烯酰胺基团，活性较高，可用于苯乙烯、丙烯酸酯等的乳液聚合。

(5)(甲基)丙烯酸酯类

这类乳化剂一般为(甲基)丙烯酸酯的衍生物，如：

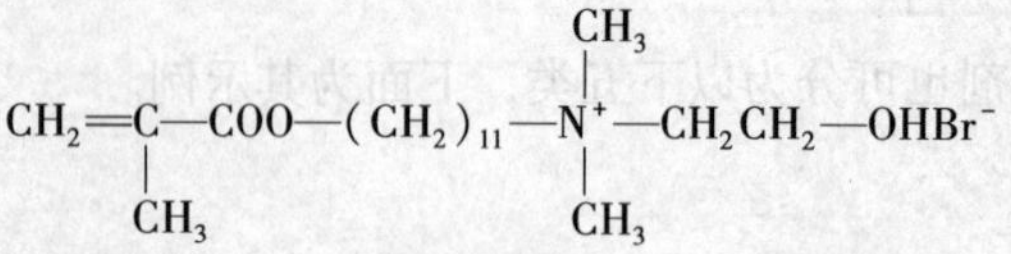

$$CH_2=\underset{\underset{CH_3}{|}}{C}-COO-(CH_2)_{11}-\underset{\underset{CH_3}{|}}{\overset{\overset{CH_3}{|}}{N^+}}-CH_2CH_2-OHBr^-$$

乳化剂的反应基团是丙烯酸基或甲基丙烯酸酯，活性高于其他类型的乳化剂。由于其较高的活性，使用时往往会在聚合早期就大量与单体发生共聚，导致乳化剂与单体不能同步进行聚合，制得的乳胶液稳定性较差，故其使用受到限制。

五、分散剂

分散体系是由物质组成的两相存在体系，其一相呈微粒，如小液滴、小气泡、固体微粒，这一相称为分散相或分散质、分散内相；另一相是微粒分布于其中的介质，呈连续相态，常被称为分散介质或分散外相、连续相。分散体系的类型有气/液、气/固、液/气、液/液、固/气、固/液、固/固等，例如，胶乳是聚合物颗粒分散在水介质中所形成的相对稳定的胶体分散体系。由于靠自然分散很难形成均匀而又稳定的分散体系，常借助于机械、超声波或添加分散剂等方法来实现形成均匀分散体系的目的。

分散剂又称扩散剂，指能降低分散体系中固体或液体粒子聚集的一类物质。分散剂可吸附于液－固或液－液界面并能显著降低界面自由能和微滴黏合力、致使固体颗粒能均匀分散于液体中，使之不再聚集，或防止微滴发生附聚。因此，通过分散剂的作用，能使某种液体或固体微粒均匀地分布于水、油、有机溶剂等介质中，形成相对稳定的分散或悬浮状态，分散剂广泛用于化工、农药、涂料、油墨、润滑剂及胶黏剂等行业。

在高分子材料合成中，分散剂常用于悬浮聚合过程中。悬浮聚合具有许多优点，如以水为介质，价廉而安全，产物易分离，体系黏度低，热量易带走，产品质量稳定等，其产物相对分子质量一般比溶液聚合高。而与乳液聚合比较，具有吸附分散剂量少而易脱除，产物中杂质含量低等特点。但其缺点是需要将聚合物从分散介质中分离出来，并洗去添加剂。分散剂的使用可显著防止聚合过程中早期液滴间和中后期聚合物颗粒聚并或黏结。

悬浮聚合用于生产聚氯乙烯、聚苯乙烯、聚丙烯酸酯及聚甲基丙烯酸酯、离子交换树脂、聚乙酸乙烯酯等，而影响悬浮聚合产物性质的因素有水和单体比例、反应温度、引发剂种类与用量、搅拌强度及分散剂性质等。其中分散剂和搅拌是影响产品粒度、粒径分布、颗粒形态等颗粒特性的重要因素，而在搅拌特性固定的条件下，分散剂的性质及用量则是控制颗粒特性的关键因素。此外，分散剂的组合还会影响反应的正常进行。

分散种类很多，按基本性能分为水溶性高分子物和非水溶性无机物两大类。而按组成与性质可分为：

①天然高分子化合物及其衍生物，如明胶、果胶、淀粉、瓜尔胶、阿拉伯的树胶、乙基纤维素、甲基纤维素、羟乙基纤维素、羟丙基纤维素，羧甲基纤维素等；

②合成高分子化合物，如聚乙烯醇、聚丙烯酸及其盐类、聚乙烯吡咯烷酮、聚甲基丙烯酸及其衍生物、苯乙烯顺酐共聚物、苯乙烯马来酸酐共聚物、丁二烯、苯乙烯丙烯酸共聚物等；

③无机高分子化合物及金属氧化物，如膨润土、硅藻土、高岭土、滑石粉等；

④难溶性无机盐，如碳酸钡、碳酸钙、硫酸钡、磷酸钙、三聚磷酸钠、偏硅酸钠等；

⑤表面活性剂，低相对分子质量有机分散剂多数是表面活性剂，可分为阴离子型、阳离子型、非离子型及两性表面活性剂。

在悬浮聚合中，颗粒的稳定是依据无机或有机高分子分散剂的机械隔离或位阻作用。除使用无机分散剂及纤维素醚类、聚乙烯醇高分子化合物等作主分散剂外，为进一步改善分散性能，提高保护能力及调节颗粒特性，往往加入第二、三组分作为分散剂的助剂，这些助剂主要是一些表面活性剂。因此，工业上将分散剂与表面活性剂复配使用往往会取得更好的使用效果。

1. 明胶

[别名]白明胶、动物明胶、筋胶。

[结构式]

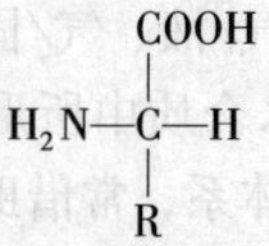

$$H_2N-\underset{\underset{R}{|}}{\overset{\overset{COOH}{|}}{C}}-H \qquad (R 为多肽大分子)$$

[性质]是由动物的骨、生皮、肌腱及其他结缔组织的胶原蛋白经部分水解得到的水溶性蛋白质。相对分子质量 5 万~10 万。为微黄色至黄色半透明带光泽的细粒或薄片。无臭、无味、无挥发性。相对密度 1.3~1.4。凝胶点 20~25℃。在冷水中能吸水膨胀至原来体积的 5~10 倍。溶于热水、甘油、乙酸及尿素、水杨酸等，不溶于乙醇、乙醚及氯仿。明胶水溶液中加入乙醇、硫酸铵时，即呈白色沉淀析出，而冷却到 15℃ 以下时，能形成凝胶。易吸湿，因存在细菌而腐败，其溶液是细菌的培养基，许多细菌都能液化明胶。按用途可分为工业明胶、照相明胶及食用明胶三类。

[质量规格]

项　目	指标要求
水分/%（质量分数）	≤　14.0
勃氏黏度（12.5%溶液）/mPa·s	≥　6.0
凝冻强度（12.5%溶液）/（Bloom g）	≥　200
灰分/%	≤　2.5
pH 值（1%溶液）	5.5~7.0
水不溶物/%	≤　0.20
重金属（以 Pb 计）/（mg/kg）	≤　50

注：摘自 QB/T 1995—2005。

[用途]明胶为亲水性胶体，按其功能可将其用途分为两类。一类用其胶体的保护作用而用作分散剂，如用于悬浮聚合生产聚氯乙烯、制药、食品加工及感光材料生产；另一类利用其黏结能力，用作制造砂轮、砂纸、铅笔、火柴等的黏合剂，纸张上光上浆剂，化妆品乳液增稠剂及稳定剂，瓶口封口剂等。还用作缓蚀剂、解毒剂、止血剂及细菌培养剂等。

[简要制法]有热处理法、酸法、盐碱法、酶法及碱法等多种方法。仅用热水长时间对原料进行抽提，使胶原转化为明胶的方法为热处理法；酸浸使胶原水解制取明胶的方法为酸法，它最适于用骨头和猪皮来制取；用硫酸钠和氢氧化钠的混合液浸渍原料而制取明胶的方法为盐碱法；用酶处理使胶原溶解并经热变性而成明胶的方法为酶法；用石灰悬浮液、氢氧化钠溶液等处理含有胶原的原料来生产明胶的方法为碱法。

2. 氢氧化镁

[化学式]$Mg(OH)_2$

482

[性质]六方晶系白色片状或针状结晶或粉末。相对密度 2.36，熔点 280℃。340℃开始吸热脱水分解成氧化镁，490℃分解结束。折射率 1.580。几乎不溶于水，在水中呈微碱性，水浆 pH 值为 9.5～10.5。不溶于醇，能溶于稀酸及铵盐溶液。当有水存在时，能吸收二氧化碳。

[质量规格]

项　目		指　标	
		一级品	二级品
氢氧化镁/%	≥	90	90
氧化钙(CaO)/%	≤	2.5	2.5
氯离子(Cl⁻)/%	≤	0.3	1.0
粒度(通过 250μm 标准筛)/%		100	100
比表面积/(m²/g)	≤	20	25

注：表中所列数据为参考规格。

[用途]用作甲基丙烯酸酯悬浮聚合的分散剂。也用作烟道气脱硫剂、塑料及橡胶制品阻燃剂、油品防腐添加剂、含酸废水中和剂。还用于制造镁盐、药品及催化剂载体氧化镁等。

[安全事项]氢氧化镁无毒，但粉尘对黏膜及眼结膜有轻度刺激作用。

[简要制法]先将氯化镁溶于水，再加入氢氧化钠或氢氧化铵进行反应，再将沉淀物经老化、过滤、洗涤、干燥制得。

3. 碱式碳酸镁

[别名]碳酸镁。

[化学式]$MgCO_3 \cdot Mg(OH)_2 \cdot nH_2O$

[性质]白色单斜结晶或无定形粉末，无毒，无味。相对密度 2.16，微溶于水，其溶解度为 0.04g/100mL 水(冷水)和 0.11g/100mL 水(热水)。易溶于酸及铵盐溶液。不溶于乙醇，遇稀酸即发生泡沸分解并放出二氧化碳。加热至 300℃以上开始分解，生成氧化镁、水及二氧化碳。

[质量规格]

项　目		指　标	项　目		指　标
水分/%	≤	2.0	氯化物(以 Cl 计)/%	≤	0.10
盐酸不溶物/%	≤	0.10	铁(Fe)/%	≤	0.02
灼烧失重/%		54～58	硫酸盐(以 SO₄²⁻ 计)/%	≤	0.10

注：表中所列数据为参考规格。

[用途]用作甲基丙烯酸酯悬浮聚合的分散剂，颗粒细，保护能力强，稳定性好。也用于制造含镁催化剂、镁盐、陶瓷、及用作橡胶制品的填充剂及补强剂。

[简要制法]由碳酸钠水溶液与硫酸镁(或氯化镁)水溶液反应后经沉淀、过滤、干燥制得。

4. 焦磷酸钾

[别名]磷酸四钾。

[化学式]$K_4P_2O_7$

[性质]白色粉末或无色结晶，相对密度2.534，熔点1100℃，其含水晶体有三种，即一水合物、三水合物及$3\frac{1}{2}$水合物，再加上无水物共4种。其三水合物($K_4P_2O_7 \cdot 3H_2O$)在180℃时失去2分子结晶水，300℃时失去全部结晶水。易溶于水，不溶于乙醇。在水中的溶解度是无水三聚磷酸钠的3倍。水溶液呈弱碱性。1%溶液的pH值为10.3。具有钾离子和焦磷酸根离子的化学特性及其他缩合磷酸盐的共性。

[质量规格]

项　　目		指　　标		
		优级品	一级品	合格品
焦磷酸钾($K_4P_2O_7$)/%	≥	96	95	94
铁(Fe)/%	≤	0.03	0.05	0.10
水不溶物/%	≤	0.1	0.2	0.25
pH值(1%水溶液)		10～10.7	10～10.7	10～10.7
正磷酸盐		符合规定	符合规定	符合规定

注：表中所列指标摘自专业标准 ZB G 12006—1988。

[用途]本品的阴离子($P_2O_7^{4-}$)在碱性条件下有很强螯合Ca^{2+}、Mg^{2+}等离子的能力。可用作胶乳分散剂、硬水软化剂、双氧水稳定剂、无氰电镀中代替氰化钠作电镀络合剂，陶瓷工业中用作黏土、颜料分散剂、油脂乳化剂及制备重垢洗涤剂等。

[简要制法]先由磷酸与氢氧化钾反应生成磷酸氢二钾溶液，再经喷雾干燥及焙烧制得。

5. 三聚磷酸钠

[别名]磷酸五钠、三磷酸钠、简称STPP。

[化学式]　$Na_5P_3O_{10}$

[性质]白色结晶粉末，是一种链状缩合磷酸盐。相对密度2.49，松堆密度0.35～0.9g/cm³。熔点662℃。易溶于水，水溶液呈弱碱性，1%水溶液的pH值为9.5。按制备条件不同，又存在Ⅰ型(高温型)及Ⅱ型(低温型)两种变体。两者的化学性质相同，但Ⅰ型较Ⅱ型稳定，吸湿性强，水解速度快。在417℃时Ⅱ型转变为Ⅰ型。水溶液水解时，生成正磷酸盐或焦磷酸盐，对碱土金属及重金属离子有络合作用，能软化水，也有离子交换作用，可使悬浮液变成溶液。对油脂有乳化性，对洗涤液有缓冲性能。本品和其他聚磷酸盐还具有表面活性作用和强烈的缓冲作用。对皮肤和黏膜有轻度刺激。吸入或误食可引起腹泻。

[质量规格]

项目		指标		
		优级	一级	二级
白度/%	≥	90	85	80
五氧化二磷(P_2O_5)/%	≥	57.0	56.5	55.0
三聚磷酸钠($Na_5P_3O_{10}$)/%	≥	96.0	90.0	85.0
水不溶物/%	≤	0.10	0.10	0.15
铁(Fe)/%	≤	0.007	0.015	0.030
pH值(1%溶液)		9.2~10.0		
颗粒度		通过1.00mm试验筛的筛分率不低于95%		

注：表中所列指标摘自 GB/T 9983—2004。

[用途]用作悬浮液配制分散剂、水基涂料及钻井泥浆分散剂、肥皂增效剂、pH值调节剂、软水剂、洗涤助剂、润滑油及脂肪乳化剂，造纸工业用作防油污剂等。

[简要制法]由磷酸氢二钠与磷酸二氢钠的混和物经脱水、加热熔融后制得。

6. 六偏磷酸钠

[别名]格来汉氏盐(Graham's salt)、玻璃状聚磷酸钠、四聚磷酸钠。

[化学式]$(NaPO_3)_6$

[性质]为偏磷酸钠($NaPO_3$)聚合体的一种。是 Na_2O/P_2O_5（摩尔比）接近 1 的玻璃状长链聚磷酸盐，也是由不同聚合度的多种长链聚磷酸钠盐所组成的混合物，其中至少有 90% 是高分子链状聚磷酸盐，还含有 5%~10% 的三偏及四偏磷酸盐。外观为透明玻璃片状粉末或白色粒状晶体。相对密度 2.484，熔点约 616℃（分解），折射率 1.482。易溶于水，不溶于有机溶剂。在温水、酸或碱溶液中易水解成正磷酸盐。吸湿性很强，吸湿后成胶状。能螯合金属离子，与 Ca^{2+}、Mg^{2+}、Fe^{3+} 等形成可溶性螯合物。是聚磷酸盐中螯合 Ca^{2+} 最强的，可阻止 $CaCO_3$ 及 $Fe(OH)_3$ 结垢。也能使 Ag、Al、Pb 及 Ba 盐形成絮状沉淀，还具有胶体性质，能分散黏土。

[质量规格]

项目		指标	
		一级品	合格品
总磷酸盐(以P_2O_5计)质量分数/%	≥	68.0	68.0
非活性磷酸盐(以P_2O_5计)质量分数/%	≤	7.5	10.0
水不溶物质量分数/%	≤	0.04	0.10
铁(Fe)质量分数/%	≤	0.03	0.10
pH值(10g/L)		5.8~7.0	5.8~7.0
溶解性		合格	

注：表中所列指标摘自化工行业标准 HG/T 2519—2007。

[用途]具有胶体保护能力，用作配制悬浮液的分散剂、稳定剂，也用作锅炉及工业用水软水剂、循环冷却水处理剂、缓蚀剂、防锈剂、洗涤助剂、水泥硬化促进剂、泥浆黏度调节剂、金属离子螯合剂等。

[安全事项]摄入工业水处理用六偏磷酸钠会引起心跳过缓、心律不齐等中毒症状。

[简要制法]由磷酸二氢钠高温熔融后冷却制得。或由 P_2O_5 与纯碱经高温熔化聚合后骤冷而制得。

7. 磷酸三钠

[别名]正磷酸钠、十二水磷酸钠。

[化学式]$Na_3PO_4 \cdot 12H_2O$

[性质] 无色或白色结晶。无臭，有吸湿性。相对密度1.62，熔点73.4℃。溶于水，水溶液呈碱性，不溶于乙醇、二硫化碳。加热至55~65℃脱水而成十水合物，65~100℃脱水得六水合物，100~120℃脱水得半水合物，212℃以上成无水物(Na_3PO_4)。无水物为白色结晶性颗粒或粉末，相对密度2.537(17.5℃)，熔点1340℃，溶于水，易吸收空气中水分及 CO_2，分别生成磷酸氢二钠及磷酸氢钠。

[质量规格]

项 目		指标(工业级)		
		优级品	一级品	二级品
外观		白色或微黄色结晶		
磷酸三钠($Na_3PO_4 \cdot 12H_2O$)/%	≥	98.5	98.0	95.0
硫酸盐(以 SO_4^{2-} 计)/%	≤	0.50	0.50	0.80
氯化物(以 Cl^- 计)/%	≤	0.30	0.40	0.50
水不溶物/%	≤	0.05	0.10	0.10
铁(Fe)/%	≤	0.01	—	—
砷(As)/%	≤	0.005	—	—
甲基橙碱度(以 Na_2O 计)/%		16.5~19.0	16.0~19.0	15.5~19.0

[用途]用作配制悬浮液及乳液聚合分散剂。也用作软水剂、锅炉防垢剂、印染固色剂、金属防锈剂、搪瓷助熔剂、糖汁净化剂、牙科黏合剂、照相显影剂、织物丝光增强剂、橡胶乳汁凝固剂、生皮去脂剂及脱胶剂等。

[安全事项]在干燥空气中易风化，其水溶液对皮肤有一定侵蚀性。应储存于阴凉通风干燥处，避免受热、受潮。

[简要制法]由磷酸与碳酸钠反应生成磷酸氢二钠后，再经烧碱处理而得。

8. 聚乙烯醇

[结构式]$\{CH_2CH_2OH\}_n$

[性质]一种不由单体聚合而通过聚乙酸乙烯酯部分或完全醇解制得的水溶性聚合物，白色粉末状、絮状或片状固体。相对密度1.21~1.31，熔融温度228~256℃，玻

璃化转变温度 60～85℃。聚乙烯醇的聚合度分为超高聚合度(相对分子质量 25 万～30 万)、高聚合度(相对分子质量 17 万～22 万)、中聚合度(相对分子质量 12 万～15 万)及低聚合度(相对分子质量 2.5 万～3.5 万)。醇解度一般为 78%、88% 及 98% 三种。产品牌号中,常取平均聚合度的千、百位数放在前面,将醇解度的百分数放在后面,如聚乙烯醇 17-88,即表示聚合度为 1700,醇解度为 88%。聚乙烯醇溶于热水,不溶于汽油、苯、甲醇、丙酮等一般有机溶剂。溶于液氨、二甲基亚砜及热的含羟基的有机溶剂(如丙二醇、甘油、苯酚等)。聚乙烯醇的羟基具有一般醇的性质,可进行醇化、醚化、磺化及缩醛化等反应。加热至 300℃ 时会分解成水、乙酸、乙醛及巴豆醛等。1%～5% 聚乙烯醇水溶液室温下长期放置或加热,黏度不下降,也不发生解聚。浓度高时可出现凝胶。可燃。无毒。

[质量规格]

项 目	指 标						
	1799S(L)	1799S(H)	1799B	1797	1795	1792	1788
醇解度/%	99.8～100	99.8～100	99.8～100	96.0～98.0	94.0～96.0	90.0～94.0	86.0～94.0
黏度(4%)/mPa·s	21.0～31.0	20.0～32.0	20.0～30.0	21.0～30.0	20.0～30.0	20.0～30.0	20.0～26.0
乙醇钠含量/% ≤	2.5	7.0	7.0	2.0	2.0	2.0	1.5
挥发分/% ≤	10.0	9.0	10.0	10.0	10.0	10.0	10.0
灰分/% ≤	1.5	3.0	3.0	1.5	1.0	1.0	1.0
pH 值	—	7～10	7～10	5～8	5～7.5	5～7.5	5～7
透明度/%			90.0				
着色度/%			86.0				
平均聚合度	—		1750±70	—	—	—	—
主要用途	乳化剂、分散剂、浆料、涂料、黏合剂等		分散剂、制造聚乙烯醇缩丁醛等	浆料、黏合剂、涂料、乳化剂等		分散剂、黏合剂、涂料、胶水等	涂料、黏合剂、分散剂、乳化剂、浆料、感光剂等

注:表中所列指标为企业标准。

[用途]用途很广,遍及化工、纺织、轻工、造纸、日用化工、胶黏剂及医药等领域。如用作乙酸乙烯酯或乙烯乙酸乙烯酯等乳液聚合分散剂、聚氯乙烯悬浮聚合分散剂、稳定剂、织物上浆剂、水泥改性剂、脲醛树脂增韧剂、甲醛捕捉剂、药物缓释剂、黏合剂等,也用于制造乙烯醇缩甲醛、薄膜、高吸水性材料等。

[安全事项]聚乙烯醇无毒,对皮肤无刺激性,不会引起皮肤过敏,但粉尘对眼睛有刺激作用。

[简要制法]以聚乙酸乙烯酯为原料,在碱的作用下与甲醛反应制得,醇解过程可分为高碱法及低碱法两种。

9. 甲基纤维素

[别名]纤维素甲醛,简称 MC。

[化学式]$[C_6H_7O_2 \cdot (OCH_3)_3]_n$

[结构式]

（n 为聚合度）

[性质]白色颗粒或粉末，无臭、无味。相对密度 1.26～1.31。是构成纤维素的葡萄糖中 3 个羟基中的氢全部或部分被甲基取代（醚化）后的产物。上述结构式为全部取代的情况，此时的取代度为 3，甲氧基（OCH_3）含量为 45.6%。取代度越高，溶解性越差，取代度在 0.1～0.9 时（即甲氧基含量为 2%～16%），能溶于 4%～10% 的氢氧化钠溶液；取代度为 1.6～2.0 时（即甲氧基含量为 26%～33%），溶于冷水，不溶于热水和一般有机溶剂，添加盐类或加热时能析出；取代度为 2.4～2.6 时（即甲氧基含量为 38%～48%），可溶于极性有机溶剂。其中以中取代度（1.6～2.0）的产品应用最广。一般情况下即指中取代度甲基纤维素，其溶液呈中性，不带电荷，为非离子型纤维素醚，具有优良的润湿、分散性能，性质稳定，200℃下不分解，常温下不变质，其水溶液长期储存也很稳定，并能抗霉菌生长，碳化温度 280～300℃，与各种水溶液、多元醇、淀粉、糊精、天然树脂等有良好的混合性。

[质量规格]

项 目	指 标	项 目	指 标
外观	白色纤维状疏松固体	凝胶温度（2%水溶液）/℃ ≥	55
甲氧基含量/%	26～33	不溶物/% ≤	0.72
黏度（2%水溶液）/mPa·s	20～40	透光率（2%水溶液）/% ≥	80

注：表中所列指标为参考标准。

[用途]甲基纤维素具有良好的分散、乳化、增稠、润滑及保水等性能。广泛用于化工、食品、涂料、纺织、建筑、医药及日化等行业。可用作分散剂、乳化剂、增稠剂、赋形剂及悬浮剂等。

[简要制法]由碱纤维与醚化剂氯甲烷反应后再经精制而得。

10. 乙基纤维素

[别名]纤维素乙醚，简称 EC。

[化学式]$[C_6H_7O_2(OCH_2CH_3)_x(OH)_{3-x}]_n$　　（x 为取代度，n 为聚合度）

[性质]白色至浅灰色纤维或粉粒，无臭、无味。质坚韧，具可塑性。其性质随乙氧基含量而定，商品的乙氧基含量为 47%～48%，相对密度 1.07～1.18，是纤维素树脂中相对密度最低者，软化点 100～130℃。不溶于水，溶于乙醇、苯、丙酮、四氯化碳。可与树脂、蜡、油及增塑剂等混溶。对化学药品稳定，耐酸、耐碱、耐盐。能形成坚韧的薄膜，在 -40℃ 仍保持较好的弹性、电绝缘性及机械强度，吸湿性小，透明度高。

[质量规格]

项 目	指 标	项 目	指 标
外观	白色粉粒颗粒，可微带黄色	溶解度(1:4醇-苯溶液)/%≥	99.0
黏度(1:4醇-苯溶液)/mPa·s	100~120	水分/% ≤	3.0
取代度(以乙氧基含量计)/%	45.3~46.8	灰分/% ≤	0.3
		耐热性(120℃、16h)	无变黄、结块、焦化

注：表中所列指标为参考标准。

[用途]用作乳液聚合、悬浮聚合的分散剂，洗涤剂、乳膏剂等的增稠剂及分散剂。食品工业中用作色素分散稀释剂及纤维黏合剂。医药上用作成膜剂、包衣材料、黏合剂及缓释材料等。也用于制造塑料、涂料、清漆、薄膜等。

[简要制法]纤维素先用40%~50%，氢氧化钠溶液使之生成碱纤维素，再与醚化剂氯乙烷反应制得粗品，后经精制而得。

11. 羟乙基纤维素

[别名]简称 HEC。

[化学式]$[C_6H_7O_2COCH_2CH_2(OH)_x(OH)_{3-x}]_n$

(x 为取代度，n 为聚合度)

[性质]白色至浅黄色纤维或粉粒，无臭、无味、无毒。不同取代度的产品有不同的黏度和性能，一般可分为碱溶性和水溶性两类。取代度 x 为 0.05~0.5 时溶于碱水溶液，x 为 0.2~0.9 时为碱溶性，$x \geq 1.0$ 时为水溶性。水溶性 HEC 是一种非离子表面活性剂，在冷水和热水中均能溶解并形成假塑性溶液，在 pH=2~12 范围内稳定，在低 pH 值时会发生水解，在高 pH 值时发生氧化，超过 100℃时会逐渐分解。200℃以上开始炭化。工业上使用最广的是取代度 x 为 1.3~2.5 的水溶性 HEC，具有增稠、悬浮、乳化、分散、黏合、保水及提供保护胶体等作用。

[质量规格]

项 目	指 标	项 目	指 标
外观	白色或淡黄色纤维状或固体粉末	相对分子质量/万 ≥	30
黏度(2%水溶液，20℃)/		干燥后固含量/% ≤	7.0
Pa·s ≥	0.8		
摩尔取代度/Ms	1.2~1.8	水不溶物/% ≤	2.0

注：表中所列指标为参考标准。

[用途]用作苯乙烯、丙烯酸酯等悬浮聚合及乳液聚合的分散剂、胶体保护剂、乳化剂、增稠剂、黏合剂等，广泛用于化工、涂料、油墨、纤维、选矿、采油、农药及医药等领域。

[简要制法]由碱纤维与醚化剂环氧乙烷反应制得粗品后再经精制而得。

12. 聚氧化乙烯

[别名]聚环氧乙烷，简称 PEO。

[结构式]$\{CH_2CH_2O\}_n$ （$n > 300$）

[性质]由环氧乙烷开环聚合而成的线型高分子均聚物。相对分子质量 $> 3.5 \times 10^6$。外观为易流动的白色粉末。相对密度 1.21，熔点 63~67℃。可与水以任何比例混溶，也溶于

二氯甲烷、甲醇、甲乙酮、二氯乙烷等溶剂。其溶液在低浓度下具有很高黏性，水溶液呈中性或弱碱性。浓度小于10%的水溶液黏而有弹性，浓度大于20%时，则呈非黏性不可逆弹性凝胶。本品可与聚丙烯酸、明胶、硫脲及沥青等形成络合物。与其他树脂有很好相容性，可以挤压、压延、铸塑等方式进行加工。也具较好的化学稳定性，耐酸、耐碱、耐细菌侵蚀，在大气中吸湿性小。毒性极低，对皮肤无刺激性。因易自动氧化，无论是其制品或其溶液，应加入少量稳定剂，如异丙醇或乙二醇，可使水溶液保持稳定。配制聚氧化乙烯的水溶液时应将本品加到沸水内或将本品在与水相容的非水溶剂内进行预分散。

[质量规格]

项　目		指　标	项　目	指　标
外观		白色易流动粉末	灰分（以 CaO 计）/%	0.3 ~ 0.8
聚氧化乙烯含量/%	≥	98.0	粒度（通过100目筛）/%	≥98
水分/%	≤	1.0		

[用途]聚氧化乙烯具有良好的分散性、润滑性、稳定性及黏附性，广泛用于化工、纺织、日化、印刷、医药等领域。用作聚氯乙烯悬浮聚合的分散剂，可制得高堆比并具良好凝胶性能的聚氯乙烯；加入涂料中可明显提高乳胶涂料的流动性及光泽性；造纸工业中用作长纤维分散剂、填料存留及水溶性黏合剂；还可用作沸石改性剂、采油增稠剂及悬浮剂、采矿絮凝剂等。

[简要制法]由环氧乙烷在二乙基锌、三乙基铝等催化剂存在下经多相催化开环聚合制得。

13. 聚丙烯酸

[别名]简称 PAM。

[化学式]$(C_3H_4O_2)_n$

[结构式]$\left[\begin{array}{c} CH_2—CH \\ | \\ COOH \end{array}\right]_n$

[性质]由丙烯酸经自由基聚合得到的聚合物。由于分子链段充分地伸展而呈现很高的溶液黏度。外观为无色或淡黄色黏稠液体。易溶于水，也溶于甲醇、乙醇、乙二醇、二噁烷等极性溶剂。呈弱酸性，能与水中金属离子（Ca^{2+}、Mg^{2+}等）形成稳定的络合物，具有良好的分散、增稠、悬浮、阻垢等性能。

[质量规格]

项　目		指　标
固体含量/%	≥	30.0
游离单体（以 CH_2＝$CH—COOH$ 计）含量/%	≤	0.50
pH 值（1%水溶液）	≤	3.0
密度（20℃）/（g/cm³）	≥	1.09
极限黏度（30℃）/（dL/g）		0.06 ~ 0.010

注：表中所列指标摘自 GB/T 10533—2000。

[用途]用作天然胶乳、合成胶乳、水基胶黏剂及油墨等的分散剂、增稠剂，水处理的分散剂及絮凝剂。也用作护发及护肤制品的增稠剂、悬浮剂等。

[简要制法]以丙烯酸为原料，经水稀释成40%以下水溶液后，在过硫酸铵引发剂存在下，在50~150℃温度下聚合制得。

14. 单丁二酰亚胺

[别名]单聚异丁烯丁二酰亚胺、单烯基丁二酰亚胺。

[结构式]

$$\begin{array}{c} \quad\quad O \\ \quad\quad \| \\ R-CH-C \\ \quad\quad\quad\quad N(CH_2CH_2NH)_n H \\ | \\ CH_2-C \end{array} \qquad (R—聚异丁烯，n=3~4)$$

[性质]棕色黏稠液体，按生产厂家不同分为几种牌号产品，其统一代号为 T151 分散剂、T151A 分散剂、T151B 分散剂等。相对密度 0.89 ~ 0.93，运动黏度约 $200mm^2/s$（100℃），氮含量≥2.0，总碱值 40~55mgKOH/g。能与发动机油泥中的羰基、羟基、硝基、硫酸酯等直接作用，与上述不溶于油的物质形成胶束，并且与它们络合成油溶性好的液体而分散于油中。

[用途]用作高档汽油机油、内燃机油等的分散去垢剂。具有优良的抑制低温油泥、高温积炭生成能力。与其他添加剂复合具有良好协同作用。对高温烟灰也有分散及增溶作用。

[简要制法]由低相对分子质量聚异丁烯与马来酸酐反应生成烯基丁二酸酐后，再与多烯多胺反应制得。

[生产单位]兰州炼化总厂添加剂厂、苏州特种化学品公司等。

15. 双丁二酰亚胺

[别名] 双聚异丁烯丁二酰亚胺、二烯基丁二酰亚胺。

[结构式]

$$\begin{array}{c} \quad O \quad\quad\quad\quad\quad\quad\quad\quad\quad\quad\quad O \\ \quad \| \quad\quad\quad\quad\quad\quad\quad\quad\quad\quad\quad \| \\ R-CH-C \quad\quad\quad\quad\quad\quad\quad\quad C-CH-R \\ \quad\quad\quad N(CH_2CH_2NH)_n CH_2CH_2 N \\ | \quad\quad\quad\quad\quad\quad\quad\quad\quad\quad\quad\quad | \\ CH_2-C \quad\quad\quad\quad\quad\quad\quad\quad C-CH_2 \\ \quad \| \quad\quad\quad\quad\quad\quad\quad\quad\quad\quad\quad \| \\ \quad O \quad\quad\quad\quad\quad\quad\quad\quad\quad\quad\quad O \end{array}$$

（R—聚异丁烯，n=2~3）

[性质] 外观为黏稠性透明液体。按生产厂不同分为 T-152、T-154 等产品牌号。相对密度 0.89 ~ 0.935，闪点 >170℃，运动黏度 150 ~ 250mm^2/s（100℃），氮含量 1.15% ~ 1.35%，碱值 15~30mgKOH/g。具有优良的低温分散性及高温稳定性。对酸性燃烧物有一定增溶能力。可与单丁二酰亚胺分散剂复合后，再与清净剂及抗氧剂复合使用。

[用途] 用作增压柴油机油及高档内燃机油的分散剂，具有优良的抑制低温油泥、高温积炭生成能力，与其他添加剂复合，使油品性能得到改善，也可用于淬火油中。

[简要制法] 由低分子聚异丁烯与马来酸酐在氯气作用下生成烯基丁二酸酐，再与多烯多胺反应制得。

[生产单位] 兰州炼化总厂添加剂厂、锦州石化公司添加剂厂等。

16. 多丁二酰亚胺

[别名] 多聚异丁烯丁二酰亚胺、多烯基丁烯亚胺。

[结构式]

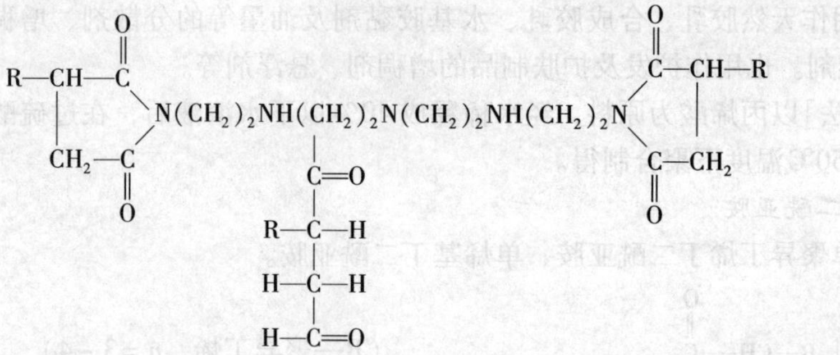

$$R-CH-C-N(CH_2)_2NH(CH_2)_2N(CH_2)_2NH(CH_2)_2N-C-CH-R$$

（R—聚异丁烯）

[性质]外观为透明液体。按生产厂不同分为 T-153、T-155 等牌号产品。相对密度 0.9~0.91，运动黏度 300~400mm²/s（100℃），闪点 >170℃，氮含量 0.8%~1.0%。具有较好的分散性及高温稳定性，对酸性燃烧物有一定增溶能力。与其他添加剂复合有较好的协同作用，使油品性能改善。

[用途]用作高档内燃机油、柴油机油的无灰分散剂。也用于制造防水炸药。

[简要制法]由聚异丁烯与马来酸酐在氯气作用下生成烯基丁二酸酐，再与多烯多胺反应制得。

[生产单位]兰州炼化总厂添加剂厂、锦州石化公司添加剂厂等。

17. 聚异丁烯丁二酸季戊四醇酯

[结构式]

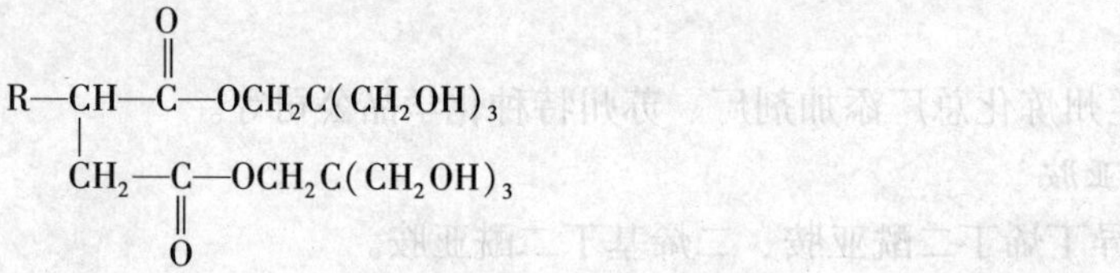

$$R-CH-C-OCH_2C(CH_2OH)_3$$
$$CH_2-C-OCH_2C(CH_2OH)_3$$

（R—聚异丁烯）

[性质]黏稠性液体。氮含量约 0.5%。闪点（开杯）高于 170℃。具有优良的抗氧性及高温稳定性，在高强度发动机运转中可有效控制沉淀物生成。

[用途]用作分散剂，主要用于调制汽油机油及柴油机油。常与丁二酰亚胺分散剂并用，具有协同作用，可改善油品性能。

[简要制法]由相对分子质量为 1000 的聚异丁烯与马来酸酐反应生成聚异丁烯丁二酸酐后，再与季戊四醇反应制得。

[生产单位]中国石化石油化工科学研究院、路博润兰炼添加剂公司等。

18. 高相对分子质量丁二酰亚胺

[性质]外观为棕褐色黏稠液体。按含氮量不同分为高氮及低氮两个品种。其统一代号为 T161A 及 T161B。闪点（开杯）均大于 160℃。其中 T161A 的运动黏度为 350~450mm²/s（100℃），氮含量不小于 1.0%；T161B 的运动黏度为 450~600mm²/s（100℃），氮含量不小于 0.8%。具有较好的低温及高温分散性能，对防治黑泥特别有效。

[用途]用作分散剂，用于配制内燃机机油。与一般分散剂复配后，再与清净剂并用于内燃机机油，可降低总的添加量。其中 T161A（高氮）多用于汽油机机油，而 T161B（低氮）多用于柴油机机油。

[简要制法]由相对分子质量为 2000 左右的聚异丁烯与马来酸酐在氯气作用下生成烯基丁二酸酐，再与多烯多胺反应制得。

[生产单位]锦州石化公司添加剂厂。

19. 硼化丁二酰亚胺

[结构式]

$$\begin{array}{c}\text{RCH—C}\overset{\text{O}}{\underset{\text{}}{\parallel}}\\ \mid \quad\quad\text{N[CH}_2\text{NCOCH}_2\text{OB(OH)}_2]_3(\text{CH}_2)_2\text{NHCOCH}_2\text{OB(OH)}_2\\ \text{CH}_2\text{—C}\underset{\text{O}}{\overset{}{\parallel}}\end{array}$$

（R—聚异丁烯）

[性质]黏稠性液体。具有优良的抗氧性及热稳定性，对酸性燃烧物有一定增溶能力，其抗氧化性及热稳定性优于单丁二酰亚胺。

[用途]用作润滑油添加剂及汽油机机油无灰清净分散剂，含量4%时具有较强抗磨性，与其他添加剂复合使用，可改善油品性能。

[简要制法]可以单丁二酰亚胺与硼酸为原料经直接硼化反应制得，或由单丁二酰亚胺与羟基乙酸反应后再与硼酸反应制得。

[生产单位]中科院兰州化物所。

20. 全氟辛酸

[化学式]$C_8F_{15}HO_2$

[结构式]$CF_3(CF_2)_6COOH$

[性质]常温下为白色结晶。熔点32℃，沸点189～191℃。微溶于水。呈强酸性。与强氧化剂及还原剂不起反应，有较高界面活性。与纯碱反应生成盐，与伯醇、仲醇反应生成酯。加热至250℃分解，并放出有毒气体；蒸气对眼睛、黏膜及皮肤有刺激性。

[用途]用作四氟乙烯乳液聚合及氟橡胶生产的分散剂及乳化剂、金属表面蚀刻添加剂，其钠盐是高效金属净洗剂。与氨水反应制得的全氟辛酸铵是乳液法生产聚氯乙烯的分散剂。与烷基酸聚氧乙烯醚表面活性剂复配使用，可用作含氟丙烯酯乳液聚合的分散剂。也用于制造含氟阴离子表面活性剂。

[简要制法]由辛酰氯与无水氟化氢经电解而制得。

[生产单位]中昊晨光化工研究院、阜新氟化学公司等。

21. 阴离子型聚丙烯酸铵盐水溶液

[别名]9020颜料分散剂

[性质]一种阴离子型表面活性剂。外观为黄色或浅褐色液体。固含量38%～42%。黏度>30mPa·s，pH值6～8。溶于水、乙二醇、丙二醇及醚类。具有优良的分散性及稳定性。能吸附在各种颜料表面并产生静电排斥力，使分散颜料具有长久的稳定性。

[用途]用作颜料分散剂，适用于铁黄、立德粉、钛白粉、分解石粉、酞菁蓝等无机颜料，并有良好的耐水性。

[简要制法]在引发剂存在下，由丙烯酸乳液聚合后再用氨水中和制得。

[生产单位]上海长风化工公司。

22. AA－AM共聚粉钠盐

[别名]DA分散剂、丙烯酸－丙烯酰胺共聚物钠盐

[结构式]

$$\begin{array}{cc}\text{—CH}_2\text{—CH—}_m & \text{—CH}_2\text{—CH—}_n\\ \mid & \mid\\ \text{COONa} & \text{CONH}_2\end{array}$$

493

[性质]浅黄色黏稠性液体。相对密度 1.15~1.25，固含量 38%~42%，黏度 250~350mPa·s，pH 值 7~8。溶于水，不溶于一般有机溶剂。具有优良的分散性及稳定性。

[用途]用作颜料分散剂，适用于多种无机颜料分散，尤其对轻质碳酸钙、重质碳酸钙等白色颜料有独特分散能力。在低 pH 值分散液中，颜料分散稳定性良好。

[简要制法]在过硫酸铵引发剂存在下，由丙烯酸与丙烯酰胺经共聚反应后再经碱中和制得。

[生产单位]张家港市东来助剂厂。

23. AA－MAA 共聚物羧酸盐

[别名]DC－8 分散剂。

[性质]淡黄色黏稠性液体。固含量 24%~26%，黏度 10000mPa·s(25℃)，pH 值 8 左右。易溶于水，不溶于一般有机溶剂。具有优良的分散性、耐热性及防霉性。

[用途]用作颜料分散剂，对无机及有机颜料均适用。一般用量为颜料、填料总量的 1%~1.5%。也用作胶乳及涂料分散剂，并具有一定增稠性。

[简要制法]在引发剂过硫酸铵存在下，由丙烯酸与甲基丙烯酸经共聚反应制得。

[生产单位]山东青州市万利化工公司。

24. 木质素磺酸钠 SS

[性质]一种高相对分子质量的木质素磺酸盐。硫酸钠含量≤7%，还原物含量≤4%，含水量≤5%，pH 值 7~9(1%水溶液)，分散力≥100%(与标准品比)，耐热稳定性(130℃)4~5 级。易溶于水，不溶于一般有机溶剂。具有优良的分散性及热稳定性。

[用途]用作染料、颜料、胶乳等分散剂，具有高温分散稳定性好的特点。也用于沥青乳化、石油钻井及混凝土浇铸等行业。

[简要制法]由碱木质素经磺化后再用碱中和制得。

[生产单位]上海新沂经纬公司。

25. 分散剂 DAS

[别名]烷基苯酚苯酯二磺酸钠。

[结构式] R—⟨benzene ring⟩—O—⟨benzene ring⟩ with SO₃Na groups

[结构式] R—⬡(SO_3Na)—O—⬡(SO_3Na)

[性质]深棕色液体。固含量 30%~35%，pH 值 7~8(1%水溶液)。属阴离子表面活性剂。具有优良的分散性、润湿性及乳化性。可与阴离子及非离子型分散剂并用。

[用途]用作乳液聚合用分散剂。使用时常与烷基酚聚氧乙烯醚类乳化剂以 1:2 的比例配合使用。可使乳液粒子均匀，储存稳定。也用作染料分散剂。

[简要制法]由烷基联苯醚经硫酸酸化、碱中和而制得。

[生产单位]上海助剂厂。

26. 分散剂 HY－302

[性质]一种水溶性低相对分子质量聚羧酸盐溶液，外观为无色或浅黄色液体。黏度 16~25mPa·s，非挥发成分 25%~27%，pH 值 6~8。具有良好的分散性、稳定性，无毒。

[用途]一种广谱型分散剂，为阴离子表面活性剂，对多种无机颜料(如碳酸钙、钛白粉、氧化锌、滑石粉、高岭土等)均有良好的分散作用。可单独使用，也可与无

机磷酸盐配合使用，能促进颜料表面湿润，显著降低颜料黏度。有效缩短研磨时间。

[生产单位]上海恒谊化工公司。

27. 分散剂 M 系列

[别名]脱糖缩合木质素磺酸钠

[结构式]

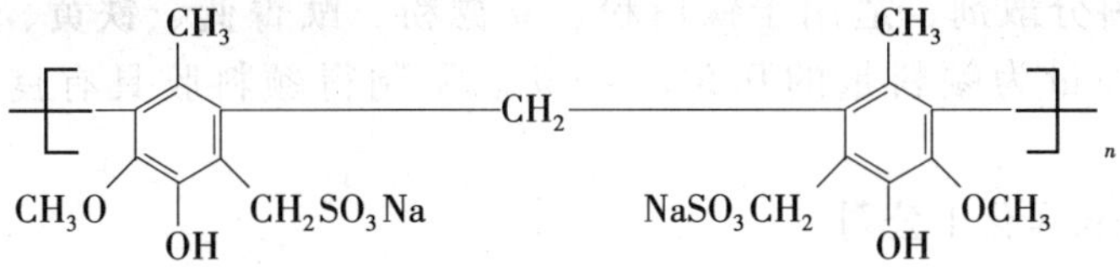

[性质]一类木质素磺酸钠的改性系列产品。有 M－9、M－10、M－11、M－13、M－15、M－16、M－17、M－18 等商品牌号。外观为棕色粉末或浅棕色粉末（M－17）。总还原物≤4%，水不溶物≤0.2%，pH 值 8.5～11.5、6.5～7.5（M－17）。易溶于水，易吸潮，高温分散性及稳定性好。

[用途]用作染料、颜料分散剂，填充剂，橡胶耐磨剂等。也用于农药可湿性粉剂加工。

[简要制法]由亚硫酸钠纸浆废液经转化加工制得。

[生产单位]河南安阳市助剂厂、沈阳化工研究院等。

28. 分散剂 PD

[别名]萘磺酸甲醛缩聚物钠盐

[化学式]$(C_{21}H_{14})_n Na_2 O_6 S_2$

[结构式]

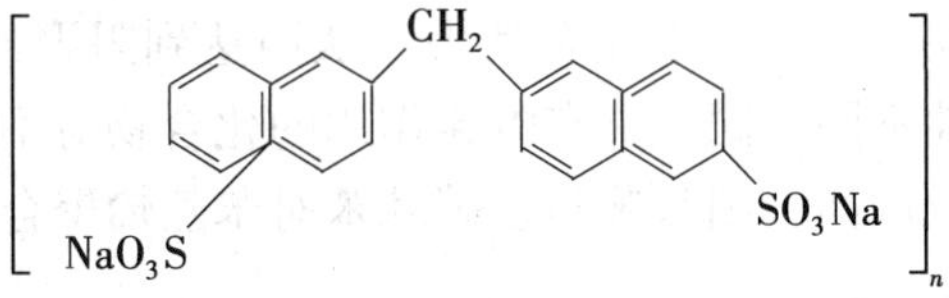

[性质]棕色粉末。相对密度 0.65～0.75，pH 值 8～10（1% 水溶液）。易溶于水。稳定性好，有良好分散能力，尤其对炭黑有独特的润湿及分散性。

[用途]用作颜料色浆及水性涂料的高效分散剂。适用于丙烯酸系列、乙酸乙烯酯均聚及共聚物系列、聚乙烯偏氯乙烯共聚物系列乳胶。也用作密封胶防水改性剂、纸浆稀释剂等。

[简要制法]由萘磺化后与甲醛缩合制得萘磺酸甲醛缩聚物，再经碱中和制得。

[生产单位]上海助剂厂、青岛市化工研究所等。

29. 分散剂 PR

[别名]乳液聚合分散剂 PR、萘磺酸甲醛缩聚物钠盐。

[化学式]$C_{21}H_{14}O_6S_2Na_2$

[性质]棕色粉末。活性物含量≥87%，含水量≤5%，Na_2SO_4 含量≤5%，Ca、Mg 含量≤0.02%，Fe 含量≤0.05%。溶于软水或硬水，不溶于一般有机溶剂。具有优良的分散及乳化性能，稳定性好。

[用途]在合成弹性体过程中，用作氯丁、丁苯橡胶乳液聚合的分散剂及助乳化剂。胶乳稳定性好，聚合速度适中，不受脱氯、酸化等工艺条件的影响。

[生产单位]青岛化工研究所。

30. 9020、9040 颜料分散剂

[性质]黄色或浅褐色液体，为阳离子型聚丙烯酸胺盐水溶液。固含量38% ~ 42%。黏度(涂4黏度计) >30s，pH值6 ~ 8。溶于水、乙二醇、丙二醇及醚类溶剂。能吸附在各种颜料表面并产生静电排斥力使颜料分散具有长久的稳定性。

[用途]用作颜料分散剂，适用于钛白粉、立德粉、酞菁蓝、铁黄、方解石粉等颜料。使用方便，添加量为颜料量的0.5% ~ 1%。所制得颜料胶具有良好的光泽及遮盖力。

[生产单位]上海长风化工公司。

六、阻聚剂

在合成树脂、橡胶、胶黏剂等聚合物的聚合反应中，所采用的单体一般是不饱和化合物，分子中含有不饱和键，活性较高，会发生自聚。为防止单体在精制、储存及运输等过程中发生自聚合反应，必须添加某些物质，这类物质通常称为阻聚剂(又称抑制剂、稳定剂)，这种作用则称为阻聚作用。

阻聚剂是迅速与链自由基反应，使链式自由基停止反应的物质，它与链自由基生成无引发活性的自由基或稳定的非自由基化合物。其在合成过程中所起作用正好与引发剂相反。从本质上谈，引发剂是为产生聚合反应所需加入活性中心，而阻聚剂则是消灭活性中心。

阻聚剂的使用常伴随着一个诱导期的出现，活性较弱的阻聚剂又称作缓聚剂。缓聚剂和阻聚剂本质相同，都是通过自身与一较活泼自由基结合形成一个相对较不活泼的自由基，使原来的自由基聚合的能力减弱，甚至在一定条件下完全消失，从而达到阻聚或缓聚的目的。由于不同单体形成的大分子自由基活性不同，同一具有阻聚作用的化合物对不同单体的聚合可能成为缓聚剂，也可能成为阻聚剂。例如，硝基苯与多硝基苯对苯乙烯聚合是缓聚剂，而对乙酸乙烯酯聚合则是阻聚剂。

阻聚剂和缓聚剂种类繁多，反应机理复杂，有时由于极性效应，同一种物质对不同的聚合体系会呈现出不同的特性，因此没有统一的分类标准。一般认为，对某一特定的聚合体系，如一种化合物的阻聚常数在10^2 ~ 10^5之间，即可作为阻聚剂；如阻聚常数在10^{-1} ~ 10^2之间，则可作为缓聚剂。通常在阻聚常数小于10^{-2}时即可观察到聚合反应速率有明显的减慢。

阻聚剂按作用机理可分为加成型、链转移型和电荷转移型。加成型阻聚剂主要与体系中自由基发生加成反应，典型的品种如苯醌、硝基化合物、氧、硫等；链转移型阻聚剂主要与体系中的自由基发生反应，典型的品种有1，1-二苯基-2-三硝基苯肼、芳胺、酚类等；电荷转移型阻聚剂主要是变价金属的氯化物，如氯化铁、氯化铜等。

按分子类型划分，阻聚剂可分为自由基型和分子型两类。

自由基型阻聚剂(如三苯基甲基自由基、1，1-二苯基-2-三硝基苯肼、2，2，6，6-四甲苯哌啶醇氮氧自由基等)本身是不能引发单体聚合的稳定自由基，但能与活性自由基偶合终止。它们的阻聚效果虽然很好，但制备困难，价格较高。因此，单体精制、储运及终止聚合等均较少用此类阻聚剂，主要用于引发反应速率及引发剂效率。

分子型阻聚剂可分为有机物和无机物两类，而按取代基种类可分为多元酚类、醌类、芳胺类、芳香族硝基化合物、芳香族亚硝基化合物、含硫化合物及其他无机化合物等。

多元酚类阻聚剂应用广泛，阻聚作用强，具有抗氧化老化性，常用的有对苯二酚，对叔丁基邻苯二酚、2，6－二叔丁基对甲基苯酚、4，4′－二羟基联苯及双酚A等。它们只有在单体中溶有氧时才显示出阻聚作用，其阻聚机理是单体自由基先被氧化成过氧自由基，然后将酚氧化成半醌，最后氧化成醌，生成的半醌和醌再与自由基结合而起阻聚作用。所以，酚类的阻聚作用实际上是抗氧化作用。

醌类阻聚剂也是应用很广、阻聚作用较好的一类阻聚剂。常用的有对苯醌、四氯苯醌、蒽醌等。它们的阻聚能力与醌类结构和单体性质有关。醌核具有亲电特性，醌环上取代基对亲电性有影响，加上位阻效应，就造成醌类阻聚效率的差别，如苯醌有亲电性，苯乙烯自由基、乙酸乙烯酯自由基具有强供电性，因此苯醌是苯乙烯、乙酸乙烯酯的有效阻聚剂。反之，丙烯酸甲酯、丙烯腈的给电子性能较弱，苯醌的阻聚效率也相应降低，只能起到缓聚作用。

芳胺类阻聚剂的阻聚机理与多元酚类相似，常用的芳胺类阻聚剂有对甲苯胺、二苯胺、N－亚硝基二苯胺、对二苯胺、联苯胺等。对于某些单体，将对芳胺类与多元醇阻聚剂以一定比例复合使用时，阻聚效果比单一使用时更好。如对苯二酚和苯二胺混用时，阻聚效果比其中任何一种单独使用的效果要提高300倍。

芳香族硝基化合物阻聚剂有硝基苯、二硝基甲苯、间硝基氯苯、三硝基苯等。它们通常用作缓聚剂或弱阻聚剂，其阻聚效果与单体种类有关。这类阻聚剂的阻聚机理可能是自由基向苯环或硝基加成后再与另一自由基反应而终止。阻聚效果往往可以被多元酚类、芳胺类及硫等所促进。

芳香族亚硝基化合物阻聚剂有N－亚硝基二苯胺、亚硝基苯及亚硝基β－萘酚等。含硫化合物阻聚剂有亚硫基二苯胺、十二烷基硫醇、硫醚及硫黄等。此外，三氯化铁、氯化铜、硫酸铜等具有可变价的过渡金属盐类也对一些单体有阻聚作用。

阻聚剂的主要作用有：在单体的储存、运输过程中加入阻聚剂，以防止单体的自聚；控制聚合反应，使反应在特定的转化率下终止；根据阻聚剂对聚合反应的抑制效果，考察聚合反应是否是自由基聚合；测定引发反应速率及引发效率等。

阻聚剂的选择需注意以下几个方面：①不仅需要考虑阻聚效率较高，而且要考虑它在单体和树脂中的溶解性，只有混溶才能起阻聚作用；②要根据所用单体的类型选用合适的阻聚剂，对于有供电子取代基的单体，如苯乙烯、乙酸乙烯酯等，可选用醌类、芳香族硝基化合物或变价金属盐类亲电子物质作阻聚剂，对于有吸电子取代基的单体，如丙烯腈，丙烯酸等，可选用酚类、胺类等供电子类物质作阻聚剂，③要避免副反应发生。如丙烯腈用偶氮二异丁腈引发本体聚合，可用对苯二酚作阻聚剂，但在浓氯化锌水溶液中以过硫酸铵引发聚合时，加入对苯二酚却使反应速率增加，这是由于它与引发剂构成了氧化－还原体系的缘由；④其他还应考虑引发效率、用量、从聚合物中脱除的难易、安全性、价格及环境保护等。

1. 对苯二酚

[别名]氢醌、1，4－苯二酚、1，4－二羟基苯、鸡纳酚。

[化学式]$C_6H_6O_2$

[结构式] HO——〈 〉——OH

[性质]白色或略带色泽的针状结晶。是苯二酚的一种异构体。相对密度1.358，熔点170～171℃，沸点285～287℃，闪点165℃，自燃点515.5℃。易溶于热水、乙醇、乙醚，微溶于苯。水溶液在空气中因氧化而变成褐色，在碱性介质中氧化更快。在温度稍低于熔点时，能升华而不

分解。具还原性，能与氧化剂反应，与氢氧化钠反应剧烈，遇三氯化铁水溶液呈绿色。

[质量规格]

项　目		指　标	
		优等品	合格品
对苯二酚(质量分数)/%		99.0~100.5	
邻苯二酚(质量分数)/%	≤	0.05	
终熔点/℃		171~175	
灼烧残渣(质量分数)/%	≤	0.10	0.30
重金属(以 Pb 计，质量分数)/%	≤	0.002	—
铁(以 Fe 计，质量分数)/%	≤	0.002	—
溶解性试验		通过试验	—

注：表中数据摘自 GB/T 23959—2009。

[用途]用作苯乙烯、丙烯酸酯类、丙烯腈及其他乙烯基单体的阻聚剂及高温乳液聚合反应的终止剂、汽油用阻聚剂等，也用作油脂、酚醛丁腈胶黏剂的抗氧剂，橡胶防老剂，涂料和清漆的稳定剂等，还用于制造蒽醌染料、偶氮染料、染发剂及医药等。

[安全事项]属有机毒害品。可燃，粉体与空气可形成爆炸性混合物，遇明火、高热会发生粉尘爆炸，毒性比苯酚大，可经呼吸道、胃肠道及皮肤吸收，在体内氧化成毒性更大的醌，由尿排出，皮肤接触可引起皮炎、白斑，应密封储存于阴凉干燥处，防火，防晒、防潮。

[简要制法]以苯胺为原料，在硫酸介质中经二氧化锰氧化、水解生成对苯醌，再经铁粉或 SO_2 还原生成对苯二酚。

2. 对叔丁基邻苯二酚

[别名]对叔丁基焦儿茶酚、4-叔丁基-1,2-二羟基苯，简称 TBC。

[化学式]$C_{10}H_{14}O_2$

[结构式] (CH₃)₃C—⬡—OH／OH

[性质]无色或浅黄色晶体，相对密度 1.0490(60℃)。熔点 53℃，沸点 285℃。闪点 130℃(闭杯)。不溶于水及石油醚，微溶于 80℃盐水，溶于甲醇、乙醇、乙醚、丙酮、苯、甲苯、二甲苯及四氯化碳等溶剂。含有本品 0.001% 的苯乙烯单体，可在室温下稳定储存 1 个月，但在高温时失去阻聚作用，本品在低温时是有效的阻聚剂，而在高温下会失去阻聚作用。在 60℃时的阻聚效率是对苯二酚的 25 倍。

[质量规格]

项　目		指　标	项　目	指　标
TBC 含量/%	≥	98.0	沸点/℃	285
熔点/℃	≥	50	闪点(闭杯)/℃	130
相对密度(60℃)		1.049		

注：表中所列数据为参考规格。

[用途]用作烯烃等单体精馏或储运时的高效阻聚剂，适用于苯乙烯、氯丁二烯、二乙

烯基甲苯、α-甲基苯乙烯、氯乙烯、丙烯腈、不饱和聚酯、乙烯基吡啶、壬烯、环戊二烯、异戊二烯、丙烯酸、甲基丙烯酸及其酯类等。也用作聚烯烃、聚氯丁二烯、己内酰胺、马来酸酐、油脂及其衍生物等的抗氧化剂。还用作乳液聚合反应终止剂、聚氨酯的钝化剂、氯烃类有机化合物及杀虫剂的稳定剂、医药及香料等的中间体等。

[安全事项]属有机毒害品。遇明火、高温可燃，粉体与空气可形成爆炸性混合物。与氢化物、氯化物、硫化物及碱金属（如钠、钾）等强还原剂发生放热反应，产生有毒或易燃气体。对皮肤及黏膜有刺激性，应储存于阴凉干燥处，防火、防晒、防潮。

[简要制法]以叔丁基醇及邻苯二酚为原料，在磷酸存在下，在二甲苯介质中经加热反应制得粗品后，再经精制而得。

3. 对苯醌

[别名]1,4-苯醌，简称 PBQ

[化学式]$C_6H_4O_2$

[结构式] O=⬡=O

[性质]金黄色单斜晶系棱柱晶体。有特殊性刺激气味。易升华，也可与水蒸气一起蒸发。相对密度 1.318，熔点 115.7℃。微溶于水，溶于乙醇、乙醚、苯、丙酮、石油醚及碱溶液。易还原转变为苯二酚，与酮反应生成肟和腙，光照下会缓慢分解。

[用途]用作苯乙烯、乙酸乙烯酯、甲基丙烯酸甲酯、不饱和聚酯树脂等单体的阻聚剂，其阻聚性、耐热性均优于对苯二酚。也用作厌氧胶的阻聚剂，天然及合成橡胶、食品及其他有机物的抗氧化剂，皮革鞣制剂，照相显影剂以及医药、染料等中间体。

[安全事项]属有机毒害品，遇明火、高热有爆炸危险。粉体能与空气形成爆炸性混合物。与氧化剂接触会发生剧烈反应，皮肤接触会产生局部色素减退、红肿、丘疹、水疱及坏死等症状，应储存于阴凉干燥通风处，防火、防晒。

[简要制法]由苯胺用二氧化锰氧化制得。

4. 对羟基苯甲醚

[别名]对羟基茴香醚、氢醌-甲基醚、对甲氧基苯酚，简称 MEHQ。

[化学式]$C_7H_8O_2$

[结构式] HO—⬡—OCH_3

[性质]白色至淡褐色片状结晶。相对密度 1.55（20℃），熔点 53℃，沸点 243℃。微溶于水，溶于乙醇、苯、丙酮、乙酸乙酯等。能吸收部分紫外线，化学性质稳定。

[质量规格]

项　　目		指　　标
外观		白色至淡褐色结晶
对羟基苯甲醚/%	≥	98.0
熔点/%		54~57

注：表中所列指标为参考规格。

[用途]用作苯乙烯、丙烯腈、乙酸乙烯酯、丙烯酸及其他烯类单体的阻聚剂。也用作紫外线抑制剂及用作制造增塑剂、防老剂、抗氧化剂及涂料的原料。

499

[安全事项]本品可燃、低毒、应储存于阴凉干燥处，防火、防晒、防潮。

[简要制法]以对苯二酚为原料，硫酸二甲酯为甲基化剂，在氢氧化钠存在下经甲基化反应制得。

5. N – 亚硝基二苯胺

[别名]高效阻聚剂 N – NO、防焦(烧)剂 NA、二苯基亚硝基胺。

[化学式]$C_{12}H_{10}N_2O$

[结构式]

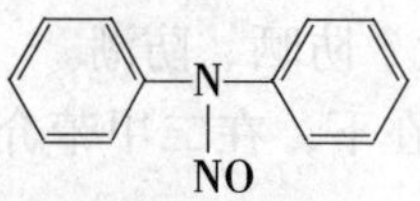

[性质]单斜晶系黄色至棕色或褐色粉末或片状晶体。相对密度 1.24，熔点 66.5℃，分解温度 200℃。不溶于水，微溶于冷乙醇及汽油，溶于热乙醇、乙醚、苯、丙酮、二氯甲烷、四氯化碳、二硫化碳及乙酸乙酯。易氧化，在盐酸甲醇溶液中发生移位反应，转化为对亚硝基二苯胺。

[质量规格]

项 目	指 标	
	固体产品	液体产品
外观	黄色或黄褐色结晶	红棕色透明液体
相对密度(20℃)	—	0.93 ~ 0.95
熔点/℃	63 ~ 67	—
水分/% ≤	0.5	目测无可见游离水
灰分/% ≤	0.1	目测无可见杂质

注：表中所列指标为参考规格。

[用途]用作氯丁橡胶高效阻聚剂，天然橡胶及合成橡胶(丁基橡胶除外)的防焦(烧)剂、硫化延迟剂。也用作已有轻微焦烧的胶料的再塑化剂。还用作杀虫剂、清毒剂及制造染料中间体和橡胶防老剂 4010 的原料。

[安全事项]属有机毒害品。可燃，受热分解产生有害的氮氧化物气体。与氧化剂剧烈反应，并释出刺激性气体。应储存于阴凉干燥处，防火、防晒、防潮。避免与皮肤接触。

[简要制法]以二苯胺及亚硝酸钠为原料，在硫酸存在下反应制得，反应时以乙醇为溶剂制得固体产品，以二甲苯或氯苯为溶剂制得液体产品。

6. 吩噻嗪

[别名]二苯并噻嗪、亚硫基二苯胺、硫代二苯胺、夹硫氮杂蒽。

[化学式]$C_{12}H_9NS$

[结构式]

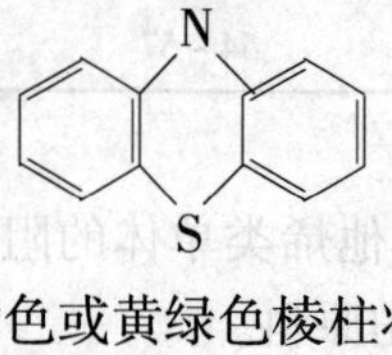

[性质]黄色或黄绿色棱柱状或叶片状结晶。熔点 186 ~ 189℃，沸点 371℃。能升华，也

500

能随水蒸气挥发。不溶于水、石油醚及氯仿，微溶于乙醇及矿物油，溶于乙醚、丙酮，易溶于苯及热乙酸。遇酸或酸蒸气分解，并产生有毒的氧化剂氧化硫气体。

[质量规格]

项 目		指 标	
		一级品	二级品
外观		黄色至黄绿色结晶粉末	
吩噻嗪含量/%	≥	97.0	94.0
熔点/℃		183~186	180~183
残渣/%	≤	0.1	0.1
挥发量/%	≤	0.1	0.1

注：表中所列指标为企业标准。

[用途]用作丙烯酸及丙烯酸酯、丙烯醛、甲基丙烯酸甲酯及乙酸乙烯酯等单体的阻聚剂。也用作果树和旱田杀虫剂以及制造合成树脂、噻嗪染料等的原料。

[安全事项]属有机毒害品。遇酸或酸蒸气分解，并产生有毒气体。含二苯胺时毒性更大，能被皮肤吸收，产生皮肤光敏作用，引起皮炎、毛发变色等症状。在空气中或日照下颜色变浑，储存时可加0.3%甲胺作保护剂，应储存于阴凉干燥处，防火、防热、防晒。

[简要制法]以二苯胺及硫黄为原料，在碘催化剂存在下经硫化反应制得粗品后，再经精制而得。

7. 二苯胺

[别名]N-苯基苯胺。

[化学式]diphenylamine

[结构式]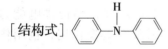

[性质]单斜晶系白色晶体，遇光变灰色或黄色，有香味。相对密度1.160，熔点54~55℃，沸点302℃，闪点153℃（闭杯），自燃点634℃。难溶于水，溶于乙醇、甲醇、丙酮及吡啶，易溶于乙醚、苯、二硫化碳、冰乙酸及无机酸。遇弱酸水解，遇强酸形成盐。氮原子上的氢能被金属取代，也可被芳基取代而生成三苯胺。

[质量规格]

项 目		指 标	项 目		指 标
外观		浅黄色至浅灰色片状物	熔点/℃		52.3~53.5
二苯胺/%	≥	98.0	灼烧残渣/%	≤	0.005

[用途]用作烯烃、二烯烃及一些不饱和单体的阻聚剂及抗氧化剂，硝酸棉及无烟炸药的稳定剂，塑料及橡胶防老剂，液体干燥剂等。也用作制造酸性黄G、酸性橙N、分散蓝等

染料及吩噻嗪等的原料。

[安全事项]有机毒害品。可燃。蒸气与空气能形成爆炸性混合物,遇明火、高热能引起燃烧或爆炸,可经呼吸道、消化道及皮肤吸收而中毒。中毒症状类似苯胺,毒性比苯胺稍低。主要引起高铁血红蛋白血症、溶血性贫血及肝、肾损害,皮肤接触可引起皮炎、湿疹,应储存于阴凉干燥处,防火、防晒、防潮。

[简要制法]可以三氯化铝为催化剂,由苯胺在高温及压力下缩合制得,也可由苯胺与苯胺盐酸盐在一定温度及压力下缩合制得。

8. 四氯苯醌

[别名]四氯代醌、氯醌、四氯对苯醌。

[化学式]$C_6H_4O_2$

[结构式]

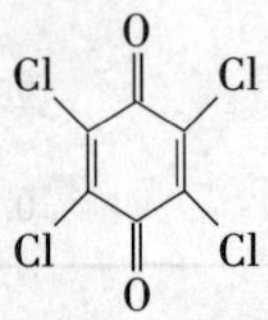

[性质]金黄色片状或柱状结晶,有令人不愉快气味。相对密度1.67,熔点290℃。不溶于冷水、冷乙醇及冷石油醚,溶于氢氧化钠溶液,并呈紫红色,也溶于乙醚,难溶于氯仿、二硫化碳及四氯化碳。易被还原,生成四氯氢醌。

[质量规格]

项　　目		指　　标
四氯苯醌/%	≥	98.0
游离酸(HCl)/%	≤	0.05
灼烧残渣	≤	0.3

注:表中所列数据为参考规格。

[用途]本品是苯醌的氯代产物,虽然环上无氢,但亲电性增强,易使供电能力强的链自由基阻聚。是乙酸乙烯酯的有效阻聚剂,而对苯乙烯却有缓聚作用,也用作制造三苯基甲烷染料的氧化剂,以及用于制造农用杀菌剂及杀虫剂及制作测定 pH 值的标准电极等。

[安全事项]有机毒害品。受热分解出有毒气体。对眼睛、皮肤有刺激性,长期接触可致眼的晶体浑浊和溃疡等。应储存于阴凉通风干燥处,防热、防晒、防潮。

[简要制法]在过氧化氢存在下,由1,4-苯醌用氯化氢氯化制得。或由2,4,6-三氯苯胺在无水硫酸中氯化而得。

9. N,N-二乙基羟胺

[化学式]$C_4H_{11}NO$

[结构式]

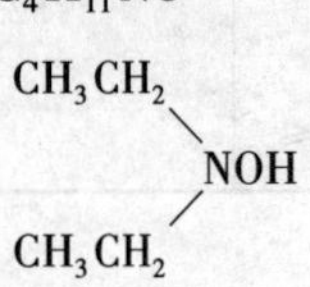

[性质]略带黄色液体,有氨臭味。相对密度0.867,熔点-25℃,沸点130~135℃,闪点45℃,折射率1.4195。溶于水、乙醇、甲苯、氯仿,加热至570℃因氧化分解,生成乙

醛、乙醛肟、二烷基胺、氨、硝酸盐等。在 pH = 7 ~ 11 时稳定，低毒。

［质量规格］

项　　目	指　　标		
	优级品	一级品	合格品
外观	无色或略带黄色液体		
$N，N$ - 二乙基羟胺含量/% ≥	98.0	95.0	85.0
色度	100	150	250
二乙胺含量/%	1.0	1.0	1.0
水分/%	2.0	5.0	15.0

注：表中所列指标为企业标准。

　　［用途］用作乙烯基单体及共轭烯烃的高效阻聚剂、丁苯乳液聚合终止剂、蒸气锅炉用水系统除氧剂、不饱和聚酯抗氧剂、碳钢表面钝化剂、水管缓蚀剂等。

　　［简要制法］在镉盐或锌盐催化剂存在下，由过氧化氢与二烷基胺经氧化反应制得。

10. 1，1 - 二苯基 - 2 - 苦基苯肼

［别名］1，1 - 二苯基 - 2 - 三硝基苯肼，简称 DPPH。

［结构式］

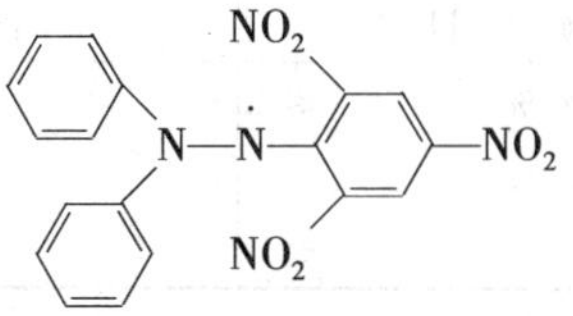

　　［性质］黑色粉末，反应后为无色，在有机溶剂中是一种稳定的自由基。它的稳定性主要来自共振稳定作用及 3 个苯环的空间位阻，而使夹在其中的氮原子上的不成对电子不能发挥其应有的电子成对作用。DPPH 的乙醇溶液（显深紫色）在 517nm 处有最大吸收峰。

　　［用途］为自由基型高效阻聚剂，在浓度低于 10^{-4} mol/L 下即可使乙酸乙烯酯、硫等阻聚，故有自由基捕捉剂之称，在与自由基反应后可生成稳定的自由基或稳定的化合物。一个 DPPH 自由基可以化学计量地消灭一个自由基：

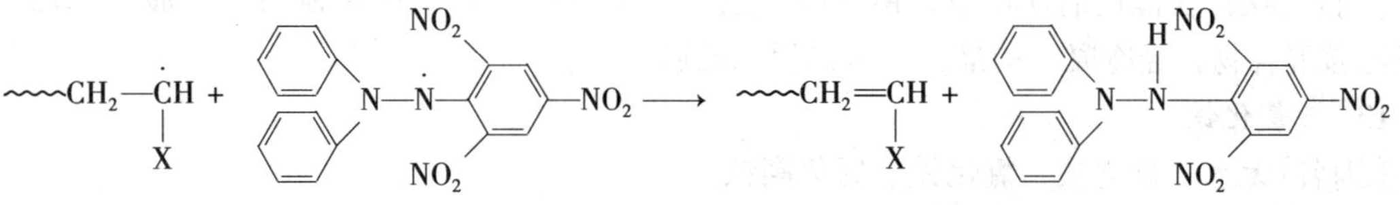

　　DPPH 原来呈紫色，经过链转移后，则成无色，利用其紫色的消失，用比色法定量，就可用来测定引发速率，评价自由剂清除剂的活性。

11. 4 - 羟基 - 2，2，6，6 - 四甲基 - 4 - 哌啶基氧自由基

［别名］2，2，6，6 - 四甲基羟基哌啶氮氧自由基、阻聚剂 2X - 172。

［化学式］$C_9H_{18}NO_2$

[结构式]

$$\begin{array}{c} \dot{O} \\ | \\ H_3C \quad N \quad CH_3 \\ \diagdown \diagup \\ H_3C \quad CH_3 \\ | \\ OH \end{array}$$

[性质] 橘黄色结晶。纯度≥99.0%，熔点67~72℃，干燥失重≤0.50%，灰分≤0.10%。

[用途] 一种自由基型阻聚剂。对丙烯酸、丙烯腈、丙烯酸酯类、丁二烯及甲基丙烯酸酯类等有较好阻聚效果，分子结构中的氮氧自由基可与烷基自由基直接偶合而终止。但因价格较高，较少用于单体精制、储运及终止聚合，主要用于测定引发速率。

12. 三乙胺

[别名] N,N-二乙基乙胺。

[化学式] $C_6H_{15}N$

[结构式] $(C_2H_5)_3N$

[性质] 无色透明油状液体，有强烈氨臭。相对密度0.7275，熔点-114.7℃。沸点89.6℃，闪点-6.7℃（开杯），折射率1.4003，燃点510℃。在18.7℃以下时可与水混溶，高于此温度仅微溶于水。溶于乙醇、乙醚，易溶于丙酮、氯仿苯。一般商品为33%水溶液。

[质量规格]

项　目		指　标	项　目		指　标
外观		无色或淡黄色液体	二乙胺含量/%	≤	3
相对密度（20℃）		0.723~0.735	一乙胺含量/%		微量
三乙胺含量/%	≥	96	水分/%	≤	0.3

注：表中所列指标为参考规格。

[用途] 用作光气法合成聚碳酸酯的催化剂、四氯乙烯阻聚剂，也用作高能燃料添加剂、聚氨酯聚合促进剂、橡胶硫化促进剂、涂料防凝剂、阴离子型电泳涂料的脱漆剂等。还用于制造医药、农药、离子交换树脂及表面活性剂等。

[安全事项] 易燃液体。在空气中微发烟，其蒸气与空气能形成爆炸性混合物，爆炸极限1.2%~8.0%，遇高热、明火、强氧化剂有引起爆炸危险，对皮肤、黏膜有腐蚀性，可经呼吸道及消化道吸收，吸入高浓度可引起肺水肿。应储存于阴凉干燥处，防火、防晒、防潮。

[简要制法] 在催化剂存在下，由乙醇、氢气及氨气经气相反应可制得一乙胺、二乙胺及三乙胺混合物，经冷凝，精馏分离可制得三乙胺。

13. 三氯化铁

[别名] 无水三氯化铁、氯化铁、氯化高铁。

[化学式] $FeCl_3$

[性质] 六方晶系暗红紫色至棕黑色叶片状晶体，在透色光下显红色，折射光下显棕色。相对密度2.898（25℃），熔点306℃，沸点315℃（升华）。在440℃成为二聚物（$FeCl_3$）$_2$，在750℃以上则离解为单分子，易溶于水、乙醇、乙醚、甘油、吡啶，溶于液体二氧化硫、乙胺、苯胺，微溶于二硫化碳，难溶于苯，在空气中易潮解。是一种强氧化剂，许多金属（如Cu、Ni、Mn、Pb等）能被氯化铁溶液溶解而生成二氯化物，也能与许多溶剂形成配合物。

[质量规格]

项 目		指 标			氯化铁溶液
		无水氯化铁			
		一等品	合格品		
氯化铁(FeCl₃)/%	≥	96.0	93.0		38.0
氯化亚铁(FeCl₂)/%	≤	2.0	4.0		0.4
不溶物/%	≤	1.5	3.0		0.5
游离酸(以 HCl 计)/%	≤	—	—		0.5
密度(25℃)/cm²	≥	—	—		1.4

注：表中数据摘自 GB/T 1621—2008。

[用途]用作苯乙烯、乙酸乙烯酯等带有供电基团的单体的阻聚剂。系通过电荷转移起阻聚作用。阻聚效率高，并能以 1∶1 按化学计量消灭自由基，可用于测定引发速率，也用作有机反应的氯化剂、缩合剂及氯化反应的催化剂。液体三氯化铁常用作饮水净化剂、废水处理的絮凝剂及测定剂等。

[安全事项]经口摄入高毒。高温时分解释出有毒烟雾。对皮肤、眼睛及黏膜有强刺激性及腐蚀性，对多数金属有腐蚀性。

[简要制法]在高温下由废铁片或铁丝与氯气反应制得。

14. 硫化钠

[别名]硫化碱、臭碱、臭苏打。

[化学式]Na₂S

[性质]无水物为白色结晶，见光和在空气中会变成黄色或砖红色，有硫化氢气味，极易潮解，无水物不稳定，相对密度 1.856(14℃)，熔点 1180℃。工业品一般是带有不同数量结晶水的混合物，因含杂质，其色泽呈粉红、棕红及土黄色等，常见的是 Na₂S·9H₂O，为无色或微黄色棱柱形晶体，相对密度 1.427(16℃)，920℃分解，能溶于水，微溶于乙醇，不溶于乙醚，溶于水时，几乎全部水解为氢氧化钠和硫氢化钠而呈强碱性，遇酸则分解放出硫化氢。遇空气中氧气时，会被氧化成硫代硫酸钠。

[质量规格]

项 目		指 标				
		1 类			2 类	
		优级品	一级品	合格品	优级品	一级品
硫化钠(Na₂S)/%	≥	60.0	60.0	60.0	60.0	60.0
亚硫酸钠(Na₂SO₃)/%	≤	1.0	—	—	—	—
硫代硫酸钠(Na₂S₂O₃)/%	≤	2.5	—	—	—	—
铁(Fe)/%	≤	0.0020	0.0030	0.0050	0.015	0.030
水不溶物/%	≤	0.05	0.05	0.05	0.15	0.20
碳酸钠(Na₂CO₃)/%	≤	2.0			3.5	

注：表中数据摘自 GB 10500—2009。

[用途]用作苯乙烯、丙烯酸酯及氯乙烯等悬浮聚合时的水相阻聚剂，用于防止溶于水相中的单体发生聚合反应。既能阻止水中的单体的聚合作用，又能降低单体在水中的溶解

度。加入少量就能使水相聚合物减少 90%以上，但它也能对单体液滴产生阻聚作用，用量较大时会使聚合反应时间延长。也用于制造硫代硫酸钠、硫氢化钠、多硫化钠及医药、染料、颜料、油墨等。

[安全事项]属无机碱性腐蚀品。有强还原性。急剧受热或撞击有燃烧或爆炸危险，摄入时能引起硫化氢中毒。对皮肤、眼睛有腐蚀性，应存放于阴凉干燥处，不可与酸及腐蚀性物品共储混运。

[简要制法]由芒硝与煤粉共混后在高温下煅烧还原制得。也可由硫酸钠与硫化钡经复分解反应制得硫化钠及硫酸钡后再经分离而得。

15. 氧

[化学式]O_2

[性质]无色无臭气体，相对密度 1.10535（空气 = 1.0）。冷却至 − 183℃时变成蓝色透明而易于流动的液体，其相对密度 1.149。在氧分子中，两个氧原子通过一个 σ 键和两个三电子 π 键结合起来。由于分子中有两个单电子，使氧表现出顺磁性。不易溶于水，微溶于乙醇及其他有机溶剂。氧是化学性质活泼的气体，它能和绝大多数金属及非金属化合，形成各种氧化物。常温下，在溶液中氧也显示氧化性，酸性溶液氧化性较强，碱性溶液氧化性弱，氧广泛分布在大气和海洋中，空气中氧的体积分数约为 21%，海洋中它们质量分数约为 80%。

[用途]广泛用于石油化学工业，参与各种氧化反应，是烃类催化氧化反应的氧源，也用于金属焊接及切割。氧是强氧化剂，其阻聚常数是已知化合物中最高的，在一般聚合温度下，氧有显著的阻聚作用。空气中的分子氧能与自由基起加成反应，形成过氧自由基。

$$Mn·+O_2→Mn—O—O·$$

过氧自由基可以与另一键自由基双基终止：$Mn—O—O·+·Mn→Mn—O—O—Mn$
过氧自由基也可与单体反应，形成低相对分子质量的共聚物，因此大部分聚合需在排除氧的情况下进行，聚合设备的空间应事先抽真空，同时用惰性气体置换。

[安全事项]与汽油、煤油、燃料油等可燃物或易燃物、还原剂反应，会引起燃烧或爆炸。

[简要制法]可由分离空气制取氧气，或由电解水制得。

16. 焦棓酸

[别名]焦性没食子酸、焦棓酚、1，2，3 - 苯三酚、连苯三酚。

[化学式]$C_6H_6O_3$

[结构式]

[性质]白色有光泽结晶，有苦味。暴露于光和空气中颜色逐渐变灰。相对密度 1.453（4℃），熔点 131 ~ 133℃，沸点 309℃（分解），折射率 1.5610（114℃）。缓慢加热时升华。易溶于水、乙醇、乙醚，微溶于苯、氯仿、二硫化碳。水溶液遇空气逐渐变成黑色。

[质量规格]

项　　目	指　　标
熔点/℃	131 ~ 133
水溶解试验	合格

注：表中所列指标为参考规格。

［用途］用作苯乙烯阻聚剂，也用作红外照相热敏剂、显影剂、还原剂及吸氧剂等，还用于制造医药、染料及金属胶体溶液等。

［安全事项］应储存于阴凉通风干燥处，严密避光，防潮密封。避免与氧化剂同时储运。

［简要制法］由没食子酸加热脱羧制得。

17. 亚硝酸钠

［别名］亚钠

［化学式］$NaNO_2$

［性质］纯品为无色或白色吸湿性晶体，通常为微黄色粒状物或粉末。无臭而微有咸味。相对密度2.168，熔点271℃。易溶于水，水溶液呈弱碱性，也溶于液氨、吡啶，微溶于乙醇、乙醚。加热到320℃以上分解，并放出氧气、氧化氮。是温和的氧化剂，也能被强氧化剂高锰酸钾所氧化，而成还原剂。

［质量规格］

项　目		指　标		
		优等品	一等品	合格品
亚硝酸钠质量分数(以干基计)/%	≥	99.0	98.5	98.0
硝酸钠质量分数(以干基计)/%	≤	0.8	1.0	1.9
氯化物(以 NaCl 计)质量分数(以干基计)/%	≤	0.10	0.17	—
水不溶物质量分数(以干基计)/%	≤	0.05	0.06	0.10
水分的质量分数/%	≤	1.4	2.0	2.5
松散度(以不结块物的质量分数计)/%	≥	85		

注：松散度指标为添加防结块剂产品控制的项目，在用户要求时进行测定。

表中所列指标摘自 GB/T 2367—2006。

［用途］用作丁二烯抽提和丁烯氧化脱氢制丁二烯的精馏系统阻聚剂，以防丁二烯在操作温度下自聚，减少设备堵塞，延长装置使用周期。也用作电镀缓蚀剂、金属热处理剂、印染显色剂等。还用于制造硝基化合物、偶氮染料、医药、农药及香料等。

［安全事项］属二级无机氧化物，应密封存放于阴凉通风处，防热、防潮。避免与有机物、易燃物、酸类及硫黄等共储混运。皮肤接触后要及时用水洗净。

［简要制法］将氨氧化生产硝酸时排出的一氧化氮和二氧化氮尾气，用纯碱或烧碱溶液吸收后经精制而得。

18. 壬基酚

［别名］壬基苯酚。

［化学式］$C_{15}H_{24}O$

［结构式］

［性质］淡黄色黏稠性液体，略有苯酚的气味。商品是多种异构体的混合物，相对密度0.953，熔点1℃，沸点293～297℃，闪点148.9℃，折射率1.5110(27℃)。低温下形成透明玻璃状体，但不析出结晶，不溶于水、冷碱液，微溶于低沸点烷烃，石油醚，溶于乙醇、乙醚、丙酮、氯仿等。具有酚类化学性质，与环氧乙烷缩合生成壬基醚聚氧乙烯醚；与硫酸或磷酸反

507

应，分别生成硫酸酯或磷酸酯，暴露于空气中因氧化而颜色变深，对金属有腐蚀性。

[质量规格]

项　　目		指　　标	项　　目		指　　标
壬基酚/%	≥	98.0	水分/%	≤	0.05
二壬基酚/%	≤	1.0	羟值/(mgKOH/g)		245~255
苯酚/%	≤	0.10	色度(Pt-Co)/号	≤	20

注：表中所列指标为参考规格。

[用途]用作氯乙烯单体聚合的气相阻聚剂。具有捕集自由基的作用，用于扑灭在回收氯乙烯单体中的活性自由基，以防止活性自由基引发氯乙烯单体自聚而堵塞管路。也用作制造多异氰酸酯胶黏剂的助催化剂，催化环氧树脂的固化剂，还用于制造非离子表面活性剂、增塑剂、乳化剂及防腐剂等。

[安全事项]有毒，通过皮肤或长期吸入其蒸气，会导致头痛、视力模糊、耳鸣、消化失调及呼吸困难等症状。严重时会失去知觉甚至死亡。

[简要制法]先由丙烯聚合生成壬烯，再与苯酚经缩合反应制得。

19. 苄基萘磺酸甲醛缩合物

[别名]扩散剂 CNF。

[结构式]

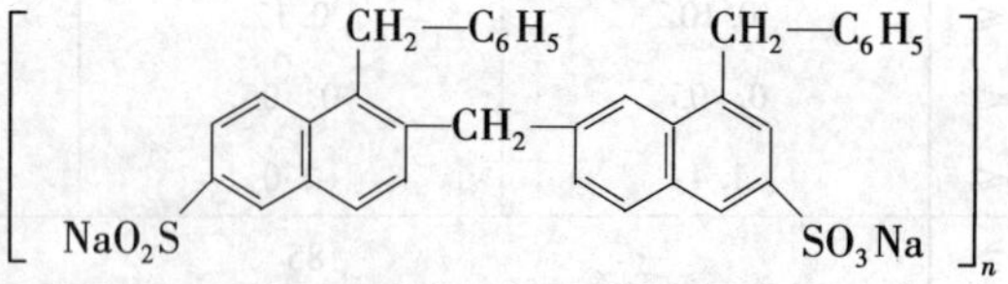

[性质]米黄色粉末。溶于水，有良好的分散、扩散、润湿等功能，属阴离子型表面活性，可与其他阴离子或非离子型产品混合使用。

[质量规格]

项　　目	指　　标
外观	米黄色粉末
pH 值	7~9
扩散力/% ≥	100

注：表中所列指标为参考规格。

[用途]用作胶乳阻聚剂、织物匀染剂、皮革助鞣剂、水泥减水剂及分散剂等。

[简要制法]由精萘经氯苄苄基化、硫酸磺化再与甲醛缩合、精制而得。

20. C₃ 阻聚剂 HK-17C

[性质]红色油状液体，为该公司第三代产品，具有优异的阻聚性能，可延长乙烯 C₃ 分离装置连续运行时间。

[质量规格]

项　　目	指　　标	项　　目	指　　标
外观	红色油状液体	凝点/℃	< -30
胺值/(mgKOH/g)	25~35	闪点(闭杯)/℃	>62
密度(20℃)/(g/mL)	0.83~0.93		

508

[用途]用作乙烯裂解装置 C_3 阻聚剂，以防止脱丙烷系统因结垢堵塔而影响装置正常运转。在使用功能上，第二代产品只能使乙烯 C_3 分离装置运行 2 年左右，而本品采用高分子表面活性剂，可使乙烯 C_3 分离装置连续运行 3 ~ 5 年，延长运行时间 80% ~ 100%，产品无三废排放，符合环保要求。

[生产单位]浙江杭化科技有限公司。

21. C_3 ~ C_5 阻聚剂 LT – 2

[性质]黄色液体，具有良好的阻聚性、抗水性及热稳定性，不含卤素及重金属。溶于芳香族及脂肪族溶剂。

[质量规格]

项　目	指　标	项　目	指　标
外观	黄色液体	运动黏度 $(20℃)/(mm^2/s)$	<50
密度(20℃)/(g/mL)	0.75 ~ 0.90	凝点/℃	< -10
pH 值	≥7.0	闪点(闭杯)/℃	>62

[用途]主要用于乙烯装置的脱丙烷塔、脱丁烷塔和脱戊烷塔，可防止 C_3 ~ C_5 烃类化合物发生聚合，减少分离塔及再沸器等设备的结垢，提高热效率，延长装置运行周期。使用时用计量泵在常温或现场温度下连续均匀地注入，注入部位在物料进入分离塔之前及再沸塔物料一侧。添加浓度为 20 ~ 100μg/g(相对于物料)，可先添加 100μg/g 运行数日后，以后逐渐减至 50μg/g，观察使用效果。

[安全事项]本品易燃、无毒，但对人体有刺激性及腐蚀性。

[生产单位]上海良田化工有限公司。

22. ZJ –01 协同阻聚剂

[性质]红褐色液体。一种新型苯乙烯阻聚剂，具有阻聚性能好、毒性低、操作简单方便等特点。

[质量规格]

项　目	指　标	项　目	指　标
外观	红褐色液体，无机械杂质	最高容许使用温度/℃	135
密度(20℃)/(g/mL)	≥0.86	最低容许使用温度/℃	30
pH 值	6 ~ 8	毒性 LD_{50}/(mg/kg)	2300

[用途]用作苯乙烯阻聚剂，对单、双烯烃亦具有明显阻聚作用，使用量为 400 ~ 500μg/g(基于进料量)，对提高装置生产能力、设备换热效率及降低焦油循环量有明显作用。

[安全事项]本品须密闭、避光储存，储存温度 30 ~ 60℃。不可与其他化学品共储混运。

[生产单位]山东迅达化工集团公司。

23. RTPP 系列阻聚剂

[工业牌号] RTPP – 1402 RTPP – 1403、RTPP – 1461。

[性质] 浅褐色或浅棕色液体。具有优异的阻聚、抗垢性能，并兼有抗氧、分散及金属减活等性能。

[质量规格]

阻聚剂牌名 项　目		RTPP – 1402	RTPP – 1403	RTPP – 1461
外观		浅褐色液体	浅棕色透亮液体	浅棕色透亮液体
密度(20℃)/(g/mL)		0.90~0.95	0.90~0.95	0.85~0.95
运动黏度(100℃)/(mm²/s)		3~5	5~10	1.0~2.0
闪点(开杯)/℃	≥	70	70	70
凝点/℃	≤	-30	-25	-35
机械杂质	≤	0.02	0.02	0.02
水分/%	≤	1.0	1.0	1.0

[用途] 为乙烯生产装置专用化学剂，RTPP – 1402 用于乙烯裂解分离 I 段脱丙烷、脱丁烷塔的阻聚、防垢，RTPP – 1403 用于脱丙烷塔阻聚、防垢。RTPP – 1461 用于脱丙烷塔和再沸器的阻垢、抗垢。

[简要制法] 由溶剂及多种添加剂调制而成。

[研制单位] 中国石化石油化工科学研究院。

[生产单位] 北京兴普精细化工技术开发公司。

七 、聚合终止剂

在制备高聚物的聚合反应中，由于单体竞聚率不同，所得共聚物的组成会随转化率的升高而发生变化。转化率不仅影响聚合物的共聚组成，而且影响聚合物的平均相对分子质量、相对分子质量分布及分子结构。聚合终止剂也称终止剂或链终止剂，是能与引发剂(或催化剂)或增长链迅速起反应，从而有效地破坏其活性，使聚合反应终止的物质。适时终止聚合反应，可获得相对分子质量均匀、分子结构稳定的高品质聚合物产品。终止剂的主要作用，一是消除体系中的活性中心，使聚合反应达到一定转化率后，使反应停止；二是起到防止老化作用。因此，工业上许多防老剂也可以作为终止剂使用。

由于大分子自由基之间的偶合终止和歧化终止的反应活化能很低，链终止反应速率极快，因此在高温聚合反应时，当达到所要求的转化率后，只要将物料温度降至室温，引发剂分解反应及聚合物反应均会自行停止，因而无需加入终止剂。而对采用氧化还原引发体系的低温乳液聚合过程，必须加入终止剂才能使反应停止。如乳液聚合法合成丁苯橡胶时，为保证聚合物的优良性能，常用酚、二硫化秋兰姆作终止剂，以控制聚合的深度。

终止剂的种类很多，一般为能与自由基结合生成稳定化合物的一类物质，如醌、硝基、亚硝基、芳基多羟基化合物以及许多含硫化合物。高温乳液聚合中常用对苯二酚、对叔丁基邻苯二酚、木焦油等作终止剂；低温乳液聚合物中常用二甲基二硫代氨基甲酸钠、多硫化钠及亚硝酸钠等作终止剂；溶液聚合一般用水和醇作聚合终止剂。

终止剂的作用机理一般认为有以下两个方面：①大分子自由基可向终止剂进行链转移，

生成失去引发活性的小分子自由基；也可以与终止剂发生共聚反应，生成具有终止剂末端的没有引发活性的大分子自由基，虽然不能进一步引发聚合，但它们可以和其他活性自由基链发生双基终止反应，从而使链增长反应停止。②终止剂可以和引发剂或引发体系中一个或多个组分反应，而将引发剂破坏，从而使聚合反应过程停止，还避免了后续处理及应用过程中聚合物性能发生变化。

选择聚合终止剂时应考虑以下因素：加入少量就可使聚合反应终止，并在单体脱除等后续过程中仍起作用，不影响乳液稳定性及聚合物的物理化学性质，不使聚合物变色；易溶于水，并能以水溶液形成储存；乳液出料后，易从反应器除尽，不会对下一批聚合反应产生阻聚作用；价格便宜，使用安全。

1. 二甲基二硫代氨基甲酸钠

[别名]福美钠、促进剂 S、简称 SDD。

[化学式]$C_3H_6NNaS_2$

[结构式]

$$H_2C\diagdown\atop H_3C\diagup N-C\underset{\parallel\atop S}{}-S-Na$$

[性质]白色至近白色结晶，工业品含量为 40%，琥珀色至淡绿色结晶或淡黄色橘黄色液体。相对密度 1.17～1.20(25℃)，熔点 -1.5℃，燃点 110℃。溶于水。呈碱性反应，酸性条件不会迅速分解。

[质量规格]

项　目		指　标	
		液体产品	固体产品
外观		淡黄至枯黄色液体	琥珀至浅绿色结晶
福美钠含量/%		20.0～21.0	≥90.0
还原力	≥	6.5	—
碱度(以 NaOH 计)/%		0.02～0.25	—
氮含量/%		2.0～2.1	—
pH 值		9.9～11.1	—
铜、锰含量/%	≤	0.0005	—

注：表中指标为参考规格。

[用途]用作丁苯橡胶聚合及烯类单体低温乳液聚合的终止剂，也用作天然橡胶、丁苯橡胶及氯丁橡胶胶乳硫化促进剂，用于制造白色及透明制品。还用于制造二硫化四甲基秋兰姆及农药福美双等。

[安全事项]属有机毒害品。对皮肤及眼睛有刺激性，其粉尘与空气的混合物遇明火有爆炸危险，有吸湿性，应储存于干燥环境，防火，防晒，防潮，避免与人体接触。

[简要制法]以二甲胺、氢氧化钠及二硫化碳等为原料经混合反应制得。

2. N-苯基-β-萘胺

[别名]防老剂 J、防老剂 D、尼奥宗 D。

[化学式]$C_{16}H_{13}N$

[结构式]

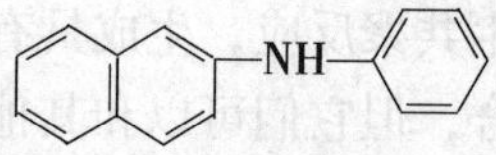

[性质]纯品为白色粉末。商品为浅灰色粉末。暴露于空气中或日光下渐渐变成灰红色或橙色。相对密度 1.18，熔点 108℃，沸点 395.5℃。不溶于水、汽油、溶于乙醇、四氯化碳，易溶于苯、丙酮、乙酸乙酯、二硫化碳。

[质量规格]

项　　目	指　　标	项　　目	指　　标
外观	灰白色至灰红色粉末	干品初熔点/℃　　≥	105
水分含量/% ≤	0.20	灰分/% ≤	0.2
苯胺含量	经定性验验不呈紫色反应	筛余物(100 目筛) ≤	0.20

[用途]用作氯丁二烯等乳液聚合终止剂。也是通用型橡胶防老剂，对氧、热和挠曲引起的橡胶老化有防护作用，广泛用于天然及合成橡胶。由于有污染性，不宜用于浅色及艳色制品，适用于制造各种黑色橡胶制品，也用作聚乙烯、聚甲醛和聚异丁烯塑料的抗热老化剂，各种合成橡胶后处理和储存时的稳定剂。

[安全事项]属有机毒害品，受热分解出有毒气体，遇明火能燃烧，误服或吸入能致毒。对皮肤、黏膜等有制激作用。应密闭存放于阴凉干燥处、防火、防晒、防潮。

[简要制法]在苯胺盐酸盐催化剂存在下，由熔融的苯胺及 β-萘酚经缩合反应制得。

3. 二叔丁基对苯二酚

[识别]2，5-二特丁基对苯二酚、2，5-二特丁基氢醌、防老剂 DBH。

[化学式]$C_{14}H_{22}O_2$

[机构式]

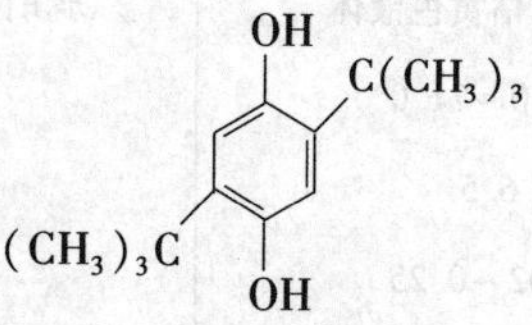

[性质]白色或浅灰色粉末。相对密度 1.10，熔点高于 200℃。不溶于水，微溶于苯，溶于乙醇、丙酮、乙酸乙酯。具有优良的抗热氧效能及光稳定作用，受日光照射不变色。

[质量规格]

项　　目	指　　标
熔点/℃	214～217
水分/% ≤	0.20
灰分/% ≤	0.20

注：表中指标为参考规格。

[用途]用作高温乳液聚合的终止剂，聚烯烃、聚甲醛塑料及合成橡胶的光稳定剂及抗氧化剂。与 N，N′-二-β-萘基对苯二胺并用有协同作用。

[安全事项]属有机毒害品，受热易释出有毒气体。对皮肤、黏膜有刺激性，应储存于阴凉通风处，防火、防晒、防潮。

512

[简要制法]由对苯二酚与叔丁醇或异丁烯经烷基化反应制得。

4. 多硫化钠

[化学式]Na_2S_n $(n = 2.8 \sim 3.5)$

[结构式]$Na - S \cdots S - Na$

[性质]含有多硫离子的化合物之一。黄色或灰黄色结晶粉末。相对密度 1.23 ~ 1.25 (25℃)。吸湿性很强。易溶于水，加热变橙红色，而在熔点以下即已分解为 $Na_2S_2 + Na_2S_4$。工业品为多硫化钠水溶液，呈橙红色。

[质量规格]

项　　目		指　　标	项　　目		指　　标
外观		橙红色透明液体	铜、锰含量/10^{-6}	≤	10
硫化钠/%		28 ~ 34	铁含量/10^{-6}	≤	300
硫代硫酸钠/%	≤	6.0	多硫化值		2.8 ~ 3.5
总硫量/%	≥	40			

[用途]用作聚合终止剂，主要用于丁苯橡胶聚合，与二甲基二硫代氨基甲酸钠配用可增强丁苯橡胶聚合的终止效果，且不会使聚合物变色，也用于制造染料、聚硫橡胶及硫代促进剂，以及用作仰制氰化物腐蚀的缓蚀剂。

[安全事项]有毒；误食在胃肠中能释出硫化氢气体，对皮肤有腐蚀性。

[简要制法]由氢氧化钠溶液与硫黄粉在加压条件下制得。也可由硫化钠溶液与硫黄反应制得。

5. 双酚 A

[别名]4，4′ - 二羟基二苯丙烷、2，2′ - 双对羟苯基丙烷、双酚基丙烷。

[化学式]$C_{15}H_{10}O_2$

[结构式]

[性质]白色针状或片状结晶，稍有苯酚气味。相对密度 1.195(25℃)，熔点 155 ~ 158℃，沸点 250 ~ 252℃(1.73kPa)，闪点 79℃。难溶于水、苯，稍溶于四氯化碳，溶于乙醇、乙醚、丙酮、异丙醇及碱液，化学性质与酚相似，可被烃化、磺化、硝化、卤化及羰基化。

[质量规格]

项　　目		指　　标	
		一级品	二级品
色号(乙醇溶液色相)	≤	30	45
熔点/℃	≥	155 ~ 158	155 ~ 158
游离酚/%	≤	0.05	0.05
水分/%	≤	0.4	0.6

注：表中指标为企业标准。

[用途]用作氯乙烯悬浮聚合终止剂，用量为 0.02%。由于难溶于水，使用时宜配成1:1 的乙醇或丙酮溶液。也用作橡胶防老剂，聚氯乙烯热稳定剂，紫外线吸收剂，塑料抗氧化

剂，环氧树脂固化促进剂等，还大量用于制造环氧树脂、聚碳酸酯及阻燃剂等产品。

[安全事项]本品低毒，蒸气对眼睛、呼吸道及皮肤有刺激性。可燃，应储存于阴凉干燥处，防火、防潮。

[简要制法]在硫酸或盐酸存在下，由苯酚与丙酮反应制得。

6. 丙酮缩氨基硫脲

[别名]ATSC。

[化学式]$C_4H_9N_3S$

[结构式]$(CH_3)_2CNNHCSNH_2$

[性质]白色结晶或白色颗粒状晶体，熔点 179～181℃，微溶于水，水中溶解度约为 0.1g/100mL 水。不溶于乙醇，丙醇等有机溶剂。

[质量规格]

项　目	指　标	项　目	指　标
外观	白色结晶粉末	铁(Fe)含量/%	0.001
ATSC 含量/%　　≥	98	水含量/%　　≤	0.3

[用途]一种聚氯乙烯生产的高效聚合终止剂，尤适用于悬浮法聚合。具有用量少、效率高、在聚氯乙烯生产中任何时间均能彻底快速终止聚合反应的特点。特别是在停电、停冷却水的意外情况下，ATSC 能为生产人员及生产设备提供安全保证，ATSC 能较双酚 A 更快速终止反应，而且所得聚氯乙烯产品白度好，抗热老化性好，氯乙烯单体残留量少。使用时可用 30% 的液碱与本品用无离子水配制成溶液，连续搅拌直至 ATSC 完全溶解。

[安全事项]本品有毒，在农业上可用作杀虫剂，应避免摄入。

[简要制法]可由水合肼与尿素缩合制得氨基脲，与硫酸成盐后，再与丙酮缩合制得。

7. 木焦油

[别名]杂酚油、木馏油。

[性质]木材干馏时所得的副产物，黑褐色、黄色或几乎无色的油状液体，有酚样的特殊臭味。含有酚类、有机酸及烃类。相对密度约 1.05～1.20。不溶于水，溶于有机溶剂，易溶于氢氧化钠溶液，难溶于氨水。

[质量规格]

项　目	指　标	项　目	指　标
酚含量/%　　≥	65	馏程：240℃ 以前/%　　≤	20
水分/%　　≤	6.0	260℃ 以前/%　　≤	50
酸值/(mgKOH/g)　　≤	30	310℃ 以前/%　　≤	90

注：表中所列数据为参考规格。

[用途]用作高温乳液聚合反应的终止剂及合成橡胶的阻聚剂。也用作木材防腐剂，矿物浮选剂。医药上用作蛀牙止痛及祛痰剂。

[安全事项]本品属有机腐蚀物品。可燃。闪点 62.2℃。受高热或遇硝酸等强氧化剂有着火危险。对眼睛、皮肤及黏膜有腐蚀性。应储存于阴凉通风干燥处。

[简要制法]由山毛榉或类似木材干馏制得。

8. 盐酸羟胺

[别名]氯化羟胺、盐酸胲。

[化学式]H_4ClNO

[结构式]$NH_2OH \cdot HCl$

[性质]无色针状结晶。相对密度 1.67(17℃)。熔点 151℃。常温下会逐渐分解。溶于冷水，乙醇、甲醇、甘油。吸湿性很强，有强腐蚀性。

[质量规格]

项　目	指　标	项　目	指　标
外观	白色结晶	水分/%	≤0.5
盐酸羟胺含量/%	≥95	氯化铵(NH_4Cl)/%	≤1.0

注：表中所列数据为参考规格。

[用途]用作氯丁橡胶胶液的聚合终止剂，用量约 0.1%，并配合使用抗氧剂 264 约 2.2%。也用作还原剂、显像剂及用于合成医药等。

[安全事项]受高温会产生爆炸，应储存于阴凉干燥处，防止受热、受潮。

[简要制法]由亚硝酸钠与焦亚硫酸钠反应生成硫酸羟胺后，与丙酮反应生成丙酮肟，再经盐酸回流制得。

9. 2，4 - 二硝基氯苯

[别名]1 - 氯 - 2，4 - 二硝基苯、对氯间二硝基苯、4 - 氯 - 1，2 - 二硝基苯。

[化学式]$C_6H_3ClN_2O_4$

[结构式]

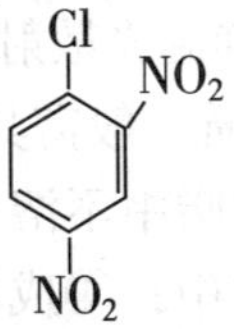

[性质]从乙醇中结晶者为淡黄色针状结晶，有苦杏仁味。相对密度 1.4982(75℃)，熔点 52～54℃，沸点 315℃，折射率 1.5875(60℃)，闪点 194℃，爆炸极限 2%～22%。几乎不溶于水，微溶于冷乙醇，易溶于热乙醇、乙醚、苯，在碱性溶液中水解生成苯酚。

[质量规格]

项　目	指　标	项　目	指　标
外观	黄色至浅棕色结晶	二硝基氯苯含量/% ≥	98.5
干品凝固点(氯化苯硝化)/℃ ≥	47.4	酸度	刚果红试纸不变色
干品凝固点(邻硝基氯苯硝化)/℃ ≥	47.8		

注：表中所列数据为企业标准。

[用途]用作乳液聚合终止剂。也用于制造糖精、苦味酸、二硝基苯酚、二硝基苯胺、硫化黑染料、烟酸及显影药等。

[安全事项]属有机毒害品，经皮肤吸收可引起肝、肾障碍及血液病，皮肤接触可引起溃疡。粉末与空气可形成爆炸性混合物，受热会燃烧或引起爆炸。应储存于阴凉干燥处，防火、防潮。

[简要制法]由氯苯在硫酸、硝酸的混酸中经二次硝化制得。也可由对硝基氯苯经硝化制得。

10. 对苯二酚

见"第五章六、1."。

八、消泡剂

见"第四章十九"。

九、成核剂

成核剂又称部分结晶聚合物助剂，是一类改变不完全结晶树脂(如聚烯烃、聚甲醛等)的结晶行为，提高制品透明性、刚性、抗冲击韧性、热变形温度、表面光泽、缩短制品成型周期的物质。聚乙烯、聚丙烯、聚对苯二甲酸乙二醇酯等分子链结构比较规整的聚合物，在成型加工过程中普遍存在着结晶现象，而高分子聚合物的结晶行为与小分子化合物的结晶行为有很大不同，高分子聚合物的相对分子质量大、分子链长、分子链间的相互作用力大，导致高分子链的运动比小分子困难，尤其对刚性分子链或带有许多侧基，空间位阻大的分子链更是如此，所以高分子聚合物的结晶速度较慢，不易形成结构完整的晶体。由于聚合物材料的结晶形态及结构、结晶度的高低都将影响到材料的性质及其应用，因此，控制聚合物的结晶行为或进行结晶改性是当今世界通用塑料工程化、工程塑料高性能化的一条重要途径。

成核剂作为聚合物的改性助剂，其作用机理主要是：在熔融状态下，由于成核剂形成了大量的非均相晶核，聚合物由原来的均相成核转变成异相成核，从而加速了结晶速度，使晶粒结构微细化，结晶时生成大量微细的球晶，可提高产品的刚性，抑制光散射，改善透明性和表面光泽，缩短加工周期及保持尺寸稳定性。具有成核能力的物质一般需具有以下特征：①成核剂可以被树脂或聚合物润湿或吸附；②成核剂在所应用的树脂中不溶或熔点高于树脂；③成核剂能以微细的形态($1 \sim 10 \mu m$)均匀地分散于聚合物熔体中；④成核剂能降低树脂结晶成核的界面自由能；⑤成核剂最好与树脂有相同的结晶结构，而且是无毒或低毒的。

成核剂种类很多，按其在树脂中的存在形式可分为熔融型及分散型；按其使用对象可分为聚丙烯成核剂、聚酰胺成核剂、聚甲醛成核剂、聚对苯二甲酸乙二醇酯成核剂等；按化学组成可分为无机成核剂、有机成核剂、高分子类成核剂及β - 晶型成核剂等。

(1)聚丙烯成核剂

聚丙烯树脂的结晶形态包括α晶型，β晶型及γ晶型。其中α晶型最稳定，β晶型次之，γ晶型不稳定。常规的聚丙烯树脂是由α晶型和β晶型共混构成的不完全结晶聚合物，其中又以α晶型含量较高。就结晶形态而言，α晶型为单斜晶系，β晶型属六方晶系。在不同晶型结构中，聚丙烯的分子链构象基本上都呈三重螺旋构象，成核剂对聚丙烯的结晶改性作用是通过异相成核的方式实现的，不同类型成核剂可能诱导聚丙烯树脂以不同的结晶形态结晶，为此可将成核剂分为α晶型成核剂及β晶型成核剂。

α晶型成核剂能够诱导聚丙烯树脂以α晶型成核，提高结晶度、结晶温度和速度，使晶粒尺寸微细化，从而改善制品的透明度和表面光泽，提高制品的弯曲模量、拉伸强度、热变形温度及抗蠕变等性能，它又是目前应用最广、品种最全的成核剂类型，其涉及的化合物类型又可分为无机类、有机类及高分子类。

无机类α晶型成核剂主要有滑石粉、二氧化硅、碳酸钙、二氧化钛、氧化钙、炭黑及云母等，是最早开发的廉价易得的成核剂，目前发现许多的纳米矿物粉体的成核效率也很高，但由于它们对光线有屏蔽效应，会使制品透明性及表面光泽度变差，其应用受到限制。

有机类α晶型成核剂克服了无机成核剂透明性和光泽度差的问题，并能显著提高产品的加工性能，它们一般是低相对分子质量的有机化合物。商品主要包括二亚苄基山梨醇及其衍生物、（取代）芳基磷酸酯类化合物、（取代）芳基羧酸盐类化合物及脱氢松香皂类化合物等。这类成核剂也是目前聚丙烯成核剂的主体。

高分子类α晶型成核剂系具有高熔点的聚合物，通常是在基础树脂聚合工艺中合成，并均匀分散于基础树脂内，构成含高相对分子质量成核剂的成核聚合物树脂牌号。如先将微量的3-甲基-1-丁烯、乙烯基环己烷等单体进行预聚，生成高熔点的高分子成核剂，然后进入丙烯聚合阶段，生成透明性良好的聚丙烯。

β晶型成核剂是添加后能诱导生成β晶型的一类物质，通常聚丙烯树脂的结晶主要为α晶型，β晶型在热力学上是准稳定，动力学上是不利于生成的一种晶型，由于β晶型的聚丙烯有良好的韧性，冲击强度能比α晶型的聚丙烯提高4~10倍，而且热变形温度高，不易脆裂，在工程塑料及功能材料上有很广的应用前景。用作β晶型成核剂的有喹吖啶酮红染料E3B、三苯二噻嗪、超微细氧化钇、硬脂酸/硬脂酸复合物、庚二酸/硬脂酸钙复合物及某些芳香酰胺化合物等。其中芳香族酰胺化合物成核剂效果较好，β晶型转化率可达90%以上。

（2）聚乙烯成核剂

聚乙烯树脂是一种高结晶聚合物，通常不需要添加成核剂改性。而在很多牌号的聚乙烯中往往共聚其他单体，因而降低其结晶度并影响制品的加工性能。在这些树脂中使用成核剂可明显提高其光学性能及机械性能。如线型低密度聚乙烯制成的农膜有良好的机械物理性能，但透明性不足，而添加适量二苯亚甲基山梨醇类成核剂则可使其浊度大大降低。通常，开发高透光农用薄膜的重要手段之一，也是在聚乙烯中添加适用的成核透明剂。聚乙烯成核剂与聚丙烯成核剂基本相同，但有些也有差别，如硬脂酸钠在聚丙烯中几乎没有成核效果，而在高密度聚乙烯中却显示出良好的效果。

（3）聚酰胺成核剂

聚酰胺俗称尼龙，是重复单元中含酰胺键（—NHCO—）的聚合物的统称，亦为一种结晶性树脂。利用成核剂可以提高制品结晶度、弯曲及拉伸模量，热变形温度及表面硬度等。所用成核剂以无机材料为主，常用的有超细和高度分散的二氧化钛、二氧化硅、滑石粉、二硫化钼、苯基磷酸钠及插层蒙脱土钠米改性尼龙，褐煤蜡酸皂类化合物等。

（4）热塑性聚酯成核剂

热塑性聚酯主要为聚对苯二甲酸乙二醇酯、聚对苯二甲酸丁二醇酯及聚（2，6-萘二甲酸乙二醇酯）等。它们具有优良的耐热性、耐磨性及耐化学药品性，其结晶速度慢和成核过程慢的特点有利于生产高透明吹塑瓶，但不能满足快速注塑成型的需要，从而制约其在工程塑料上的应用。通过加入成核剂则可提高这类树脂的结晶速度，改善其加工及应用性能，达到增亮、增刚、缩短成型周期的目的。热塑性聚酯成核剂也可分为无机类、有机类及高分子类。无机类有滑石粉、碳酸钙、二氧化钛、二氧化硅、高岭土及氢氧化铝等；有机类主要包括苯甲酸的钾、钠、钙盐，褐煤蜡及褐煤酸盐，芳香磷酸酯盐类等；高分子类成核剂为一些熔点高于基础树脂的惰性聚合物，如全芳香族聚酯粉末、低相对分子质量等规聚丙烯、乙烯与不饱和羧酸酯的共聚物等。热塑性聚酯成核剂一般是与结晶促进剂同时使用以起到协同效果。结晶促进剂的引入可以提高聚酯分子链的运动活性，促进分子链从熔体相向结晶生长界面迁移，从而提高聚酯结晶的生长速度，常用的结晶促进剂有脂肪族或芳香族的羧酸酯类、聚乙二醇、聚氧化乙烯的醚或酯、聚乙二醇缩水甘油醚等。

1. 二亚苄基山梨醇

[别名]二(苯亚甲基)山梨醇、成核剂 TM－1、Milled 3905，简称 DBS。

[化学式]$C_{20}H_{22}O_6$

[结构式]

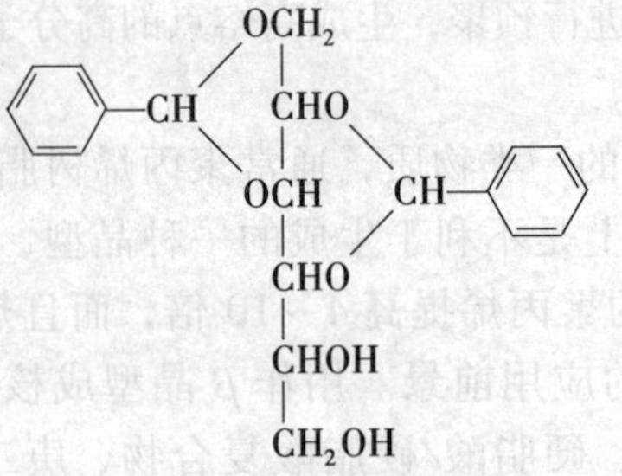

[性质]白色结晶粉末。表观密度约 $0.32g/cm^3$。纯品熔点 225℃。商品常含有少量单酯或三酯，其熔点为 220～225℃。不溶于水、烷烃、环烷烃及芳烃，微溶于甲醇、丙酮，易溶于 N－甲基－2－吡咯烷酮。对多数有机溶剂有良好的凝胶化作用。基本无异味，可用于与食品接触的包装材料。

[用途]一种二亚苄基山梨醇类有机成核剂的基本品种，适用于聚丙烯、线型低密度聚乙烯等树脂的片材、薄膜和注塑品等制品加工。用于聚丙烯树脂，可显著提高聚丙烯的结晶速率，改善透明性、光泽度及力学性能，用量一般为 0.2%～0.3%。但用于生产厚壁透明制品时效果较差，成核效果不及成核剂 TM－2，加工中也有轻微析出问题。除用作聚烯烃成核剂外，也用作油水分离剂、油墨及涂料等的黏度调节剂、化妆品胶凝剂等。

[安全事项]本品无毒，可用于食品包装材料。

[简要制法]在催化剂存在下，由山梨醇与苯甲醛经醇醛缩合反应制得。

[生产厂]山西省化工研究院、广州石化公司、兰州化工研究中心、河南省化工研究院等。

2. 二(对氯亚苄基)山梨醇

[别名]二(对氯苯亚甲基)山梨醇、成核剂 TM－2，简称 CDBS。

[化学式]$C_{20}H_{20}Cl_2O_6$

[结构式]

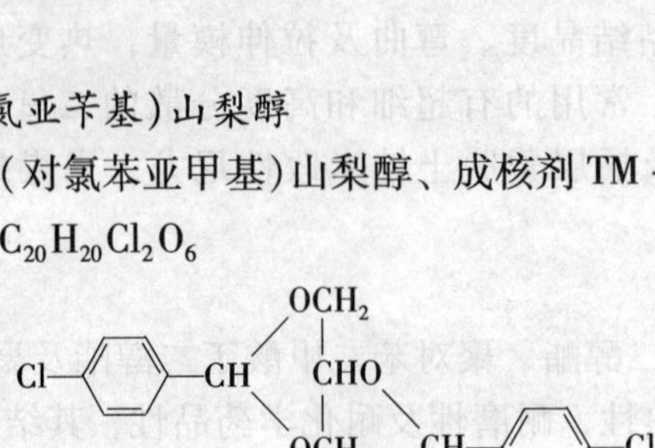

[性质]白色结晶粉末。表观密度 0.32g/cm³，熔点约 250℃。不溶于水、烷烃、环烷烃、芳烃等溶剂，溶于 N-甲基-2-吡咯烷酮。对多数有机溶剂有良好的凝胶化作用。

[用途]为第二代二亚苄基山梨醇类有机成核剂。适用于聚烯烃树脂制品的成核改性，能赋予聚丙烯树脂良好的成核效率和增透改性效果，提高片材、薄膜及模塑制品的透明性、刚度、拉伸强度及弯曲模量等。缩短加工周期，用量一般为 0.2%~0.3%。其主要缺点是热稳定性较差，有析出和泛黄倾向，除用作聚烯烃成核剂外，也用作油墨、涂料及胶黏剂的黏度调节剂等。

[安全事项]本品有较重醛臭味，不能用于与食品接触的包装材料。

[简要制法]在催化剂存在下，由对氯苯甲醛与山梨醇经醇醛缩合反应制得。

[生成厂]山西省化工研究院。

3. 取代二(亚苄基)山梨醇

[别名]取代二(苯亚甲基)山梨醇、成核剂 TM-3。

[结构式]

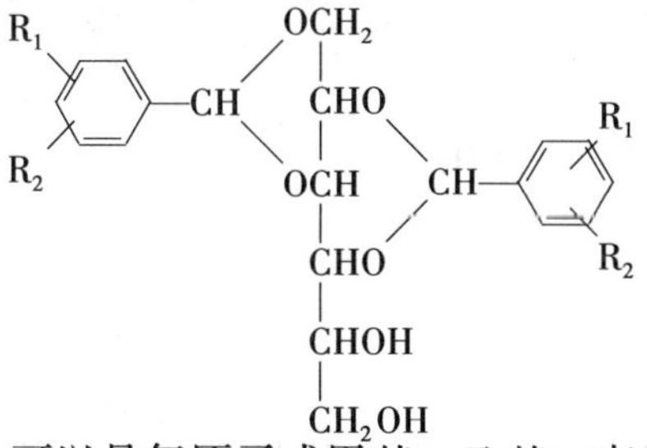

（R_1、R_2 可以是氢原子或甲基、乙基、卤素等取代基）

[性质]白色结晶性粉末，熔点约 250℃。不溶于水、甲醇、乙醇、芳烃、环烷烃等溶剂。对多数有机溶剂有凝胶化作用。

[用途]为混合取代二(亚苄基)山梨醇类有机熔融型成核剂。主要用于聚丙烯树脂的增透及增亮，成核效率高，物理机械性能优良，用量一般为 0.2%~0.3%。在聚乙烯中也有使用，但效果不如在聚丙烯中显著。热稳定性较 TM-2 为高，不引起制品变色泛黄。但这类成核剂在高温下使用时，成核剂中残留的微量催化剂会催化其分解并释出游离醛，导致聚丙烯制品发黄，故使用时一般要添加约 0.1% 的酸吸收剂(如硬脂酸钙)。也用作油墨、涂料等的黏度调节剂。

[安全事项]本品无毒，可用于食品包装材料。

[简要制法]在酸性催化剂存在下，由不同取代基的苯甲醛混合物与山梨醇经醇醛缩合反应制得。

[生产厂]山西省化工研究院。

4. 二(对乙基亚苄基)山梨醇

[别名]二(对乙基苯亚甲基)山梨醇、成核剂 NC-4，简称 EDBS。

[化学式]$C_{24}H_{30}O_6$

[结构式]

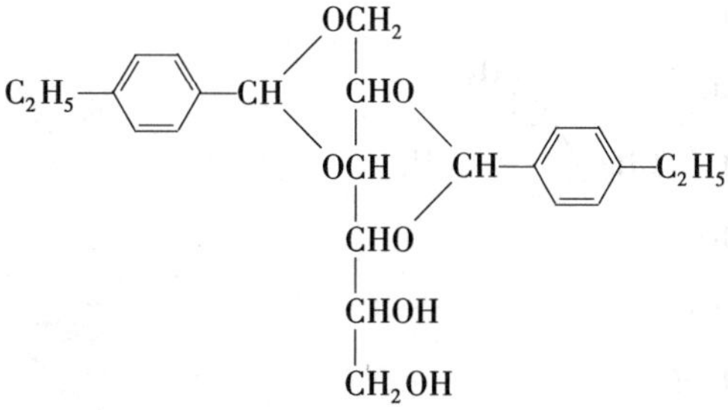

519

[性质]白色结晶粉末。表观密度 $0.37g/cm^3$，熔点240℃。不溶于水及甲醇、乙醇、芳烃、环烷烃等溶剂。对多数有机溶剂有凝胶化作用。

[用途]属第二代二亚苄基山梨醇类有机熔融型成核剂，适用于聚烯烃树脂的成核改性，成核效率比二亚苄基山梨醇有很大提高，增透改性效果十分突出，热稳定性较好，在加工温度下制品泛黄现象较少。气味也较低，可以直接与树脂配合使用，亦可加工成母料后添加，用量一般为基础树脂的 $0.2\% \sim 0.3\%$。

[安全事项]本品基本无毒，可用于食品包装材料。

[简要制法]在酸性催化剂存在下，由对乙基苯甲醛与山梨醇经醇醛缩合反应制得。

[生产厂]兰州石化公司研究院，三井东亚公司(日本)

5. 二(对甲基亚苄基)山梨醇

[别名]二(对甲基苯亚甲基)山梨醇、Milled 3940 简称 MDBS。

[化学式] $C_{22}H_{26}O_6$

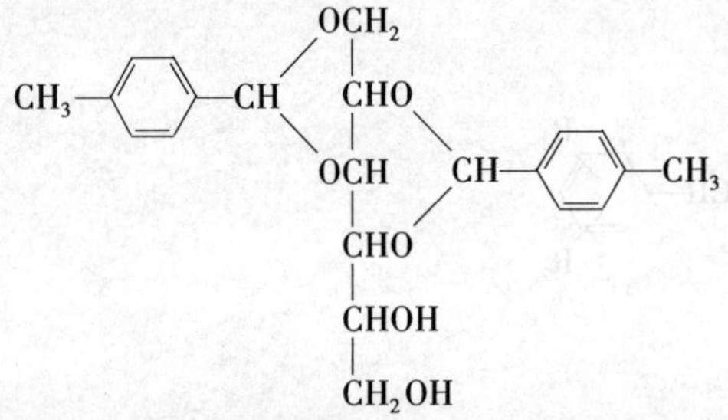

[性质]略带气味的白色结晶性粉末。表观密度 $0.32g/cm^3$，熔点 $240 \sim 250℃$。不溶于水、甲醇、乙醇、丙酮、芳烃及环烷烃。对多数有机溶剂有胶凝作用。

[用途]属第二代二亚苄基山梨醇类有机熔融型成核剂，广泛用于聚丙烯、聚乙烯等片材、薄膜、注塑制品的成核改性。与二亚苄基山梨醇相比，可赋予聚丙烯更优异的透明效果及加工性能，在透明聚丙烯中的用量一般为 $0.2\% \sim 0.3\%$，用量太少则透明效果差，过多时则效果不明显而会增大成本，注塑温度在 $230 \sim 240℃$，温度过低不利于本品在聚丙烯熔体中的熔融分散。温度高于240℃时，则会使本品分解而释出难闻气味而导致制品发黄。此外，使用时添加酰胺化合物(如双硬脂酰乙二胺)或环糊精等可以减轻或避免本品应用中的气味问题。

[安全事项]本品基本无毒，可用于食品包装材料。

[简要制法]在酸性催化剂存在下，由对甲基苯甲醛与山梨醇经醇醛缩合反应制得。

[生产厂]山西省化工研究院、昆山中宏化工公司、新日本理化公司(日本)。

6. 二(3，4-甲基亚苄基)山梨醇

[别名]二(3，4-二甲基苯亚甲基)山梨醇、成核剂 3988、Milled 3988，简称 DMDBS。

[化学式] $C_{24}H_{30}O_6$

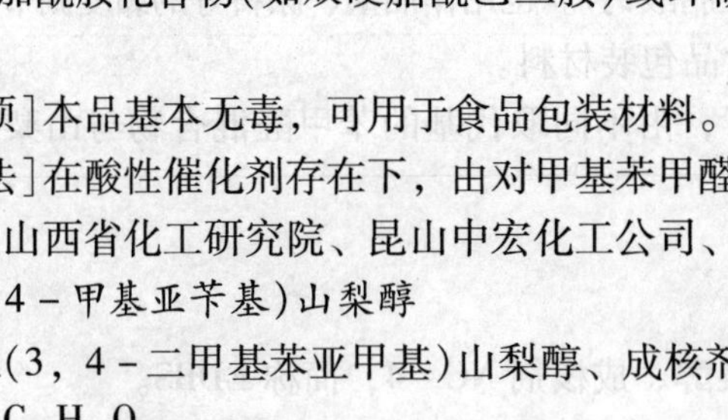

［性质］白色结晶粉末。表观密度约 0.37g/cm³，熔点约 275℃。不溶于水及甲醇、乙醇、丙酮、芳烃、环烷烃等溶剂。对多数有机溶剂有凝胶化作用。使用过程中不产生气味。

［用途］属第三代二亚苄基山梨醇类有机熔融型成核剂，适用于要求高透明的聚烯烃制品的成核改性。具有成核作用强、透明性好，热稳定、不沉析等特点。尤其对聚丙烯的增透增亮效果显著，是目前二亚苄基山梨醇类成核剂中综合性能最好的成核剂，也是价格较高的品种。在聚丙烯中的用量一般为 0.2% ~0.3%。同时应加入约 0.1% 的硬脂酸钙作为酸吸收稳定剂。由于本品熔点较高，只有当加工温度高于 230℃ 时，才能在熔融聚丙烯树脂中达到良好分散，如果加工温度过低，不但增透效果不显著，同时制品也可能产生鱼眼。

［安全事项］本品无毒，可用于食品包装材料。

［简要制法］在酸性催化剂存在下，由 3,4-二甲基苯甲醛与山梨醇经醇醛缩合反应制得。

［生产厂］山西省化工研究院、湖北松滋市树脂厂等。

7. 双(4-叔丁基苯基)磷酸钠

［别名］成核剂 NA-10。

［化学式］$C_{20}H_{26}O_4PNa$

［结构式］

$$\left[\ H_3C-\overset{\overset{\displaystyle CH_3}{|}}{\underset{\underset{\displaystyle CH_3}{|}}{C}}-\!\!\!\!\bigcirc\!\!\!\!-O-\overset{\overset{\displaystyle O}{\|}}{P}-ONa\ \right]_2$$

［性质］白色结晶性粉末。熔点 >300℃。不溶于水、苯、丙酮、氯仿及环己烷等溶剂，微溶于乙醇，溶于甲醇。200℃ 及 300℃ 时的热失重分别为 2% 及 20%。

［用途］为芳香磷酸酯盐有机成核剂的基本品种，属分散型透明成核剂。可提高聚丙烯树脂制品透明性、刚性、弯曲模量及热变形温度，在高温加工条件下不产生异味及变色。而且成本较低。但与基础树脂相容性差，不易分散，成核效率一般，多用于聚丙烯的增刚改性。一般用量为 0.3% 左右。为改善分散性，常调配成乙醇糊状物或溶液状态添加。

［安全事项］与二亚苄基山梨醇类成核剂比较，不析出，无异味，无毒。可用于食品包装材料。

［简要制法］以对叔丁基苯酚，三氯氧磷及乙酸等为原料制得。

［生产厂］上海塑料公司、旭电化公司(日本)等。

8. 2,2′-亚甲基双(4,6-二叔丁基苯氧基)磷酸钠

［别名］成核剂 NA-11。

［化学式］$C_{29}H_{42}O_4PNa$

［结构式］

$$Na-O-\overset{\overset{\displaystyle O}{\|}}{P}\Big<\begin{matrix}O\\O\end{matrix}$$

［性质］白色结晶性粉末。熔点 >400℃。不溶于水、丙酮、苯、氯仿，溶于乙醇，易溶

于甲醇。432℃及450℃下的热失重分别为10%及50%。

[用途]为第二代芳基磷酸酯盐类有机分散型成核剂。适用于聚丙烯树脂成核改性。具有热稳定性好、成核效率高等特点。综合性能优于成核剂 NA-10。一般用量为0.3%左右。尤其在低浓度下(如0.1%),增透效率甚至超过二亚苄基山梨醇类成核剂,可显著提高制品的刚性、透明性及拉伸强度。其主要缺点是分散性较差,制品表面易产生疵点。

[安全事项]本品无毒,可用于食品包装材料。

[简要制法]以亚甲基双(2,4-二叔丁基)苯酯及三氯氧磷等为原料制得。

[生产厂]上海塑料公司,旭电化公司(日本)。

9. 2,2′-亚甲基双(4,6-二叔丁基苯氧基)磷酸铝盐

[别名]成核剂 NA-21。

[化学式]$C_{58}H_{85}O_9PAl$

[结构式]

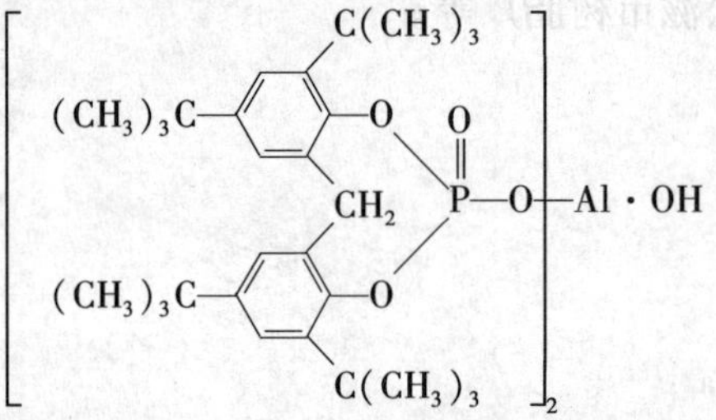

[性质]白色结晶性粉末,熔点>400℃。不溶于水、丙酮、苯、氯仿、溶于甲醇。为第三代芳基磷酸酯盐类有机分散型成核剂,是由多种组分复配而成的组合物,其主要成分是2,2′-亚甲基双(4,6-二叔丁基苯氧基)磷酸铝的碱式盐。

[用途]用于各类聚丙烯树脂的成核改性,一般用量为基础树脂的0.3%左右。熔点低于成核剂 NA-11,综合性能优于 NA-11。具有成核效率高、易分散、无气味、不沉析等特点,可显著改善制品的透明性、刚性、抗蠕变性及拉伸强度。它对聚丙烯聚合工艺的催化体系无不良影响,也可直接用于聚合过程。

[安全事项]本品无毒,可用于食品包装材料。

[简要制法]以2,2′-亚甲基双(4,6-二叔丁基)苯酚、三氯氧磷等为原料制得。

[生产厂]华东理工大学、旭电化公司(日本)等。

10. β晶型成核剂 TMB-4

[别名]成核剂 TMB-4、2,6-萘二甲酰胺类化合物。

[结构式]

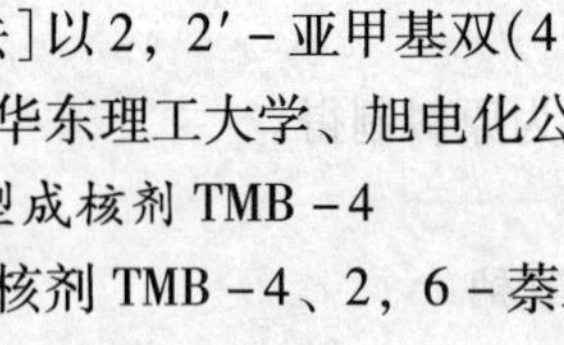

[性质]白色结晶性粉末。熔点>380℃(分解)。不溶于水,稍溶于甲醇、异丙醇等有机溶剂。

[用途]为最早报道应用于聚丙烯的 β晶型成核剂,组成为取代芳酰胺,能使聚丙烯的结晶形态由 α型转化为 β型,转化率可达97%以上。β晶型的聚丙烯具有良好的韧性及较高的热变形温度,其冲击强度可比 α晶型聚丙烯提高4~10倍。此外,β型成核剂能赋予聚丙烯薄膜、片材多孔率及不透明性,改善制品的可印刷性和可涂饰性,在人造纸、包装材料及

522

卫生材料等领域显示出潜在的应用前景。可直接添加，也可预制成母料使用，用量为 0.1% ~ 0.3%。但价格较高，推广应用受到限制。

[安全事项]本品无毒，可用于食品包装。

[简要制法]在催化剂存在下，由萘二甲酸与脂肪胺经酰胺化反应制得。

[生产厂]山西省化工研究院，新日本理化公司（日本）。

11. β 晶型成核剂 TMB – 5

[别名]成核剂 TMB – 5、芳酰胺类化合物。

[结构式] $$RNHC-Ar-CNHR \quad\text{（Ar 为芳基）}$$

[性质]白色结晶性粉末。熔点高于 340℃（分解）。不溶于水，稍溶于甲醇。

[用途]属聚丙烯的 β 晶型成核剂，组成为取代芳酰胺，能使聚丙烯的结晶形态由 α 型转化为 β 型，转化率可达 90% 以上。可显著提高制品的冲击强度、热变形温度及表面光泽度，适用于聚丙烯汽车保险杠、热水管、仪表盘、空调器散热片、合成纸及功能膜等制品。可直接与树脂配合使用，也可预制成母料使用，经本品改性的聚丙烯注塑和挤出制品的悬臂梁冲击强度较未改性制品可提高 5 ~ 6 倍，热变形温度可提高 22℃ 以上。

[安全事项]本品无毒，可用于食品包装材料。

[简要制法]在催化剂存在下，由芳香族二元酸与脂肪胺经酰胺化反应制得。

[生产厂]山西省化工研究院。

十、抗氧剂

所有高分子材料，无论是天然的或是合成的，在它生产、加工、储存和使用过程中，由于光、氧、热等因素的作用，都会造成聚合物的自动氧化反应和热分解反应，从而引起聚合物的降解。

所谓自动氧化是有机物或无机物和空气或氧在常压、常温下（或 120℃ 以下）所进行的不伴随着燃烧现象的自发性缓慢氧化过程，橡胶的老化、裂解汽油的胶化、油脂的酸败、干性油类的干燥等都和自动氧化有关。橡胶、塑料等聚烯烃的自动氧化和小相对分子质量的烷烃自动氧化都属于自由基型链锁反应。其中氢过氧化物的生成是重要的步骤，它们受热分解或受紫外辐照后分解成自由基引发新的链段，从而导致高分子链断裂降解。

为了延长聚合物的使用寿命和减少油品储存过程中胶质的生成，就必须抑制或延缓聚合物的氧化降解，最常用的方法是加入抗氧剂，而几乎所有高分子材料中都必须使用抗氧剂。所谓抗氧剂是指能够清除自由基，抑制或清除或减缓氧化及自动氧化过程的一些物质。橡胶工业中又称为防老剂。抗氧剂的应用十分广泛，除了在合成树脂、橡胶、燃料油、润滑油、涂料、胶黏剂等行业外，在食品、油脂、化妆品、医药等行业也广泛应用。

抗氧剂的作用机理比较复杂，品种比较多。按其功能可分为链终止型抗氧剂及预防型抗氧剂。链终止型抗氧剂又称链破坏型抗氧剂或自由基抑制剂，它可以使自由基转变为非活性的或较稳定的化合物，从而中断自由基的氧化反应历程，达到终止氧化反应的目的。主要有仲芳胺、受阻酚、苯醌类、叔胺类等品种，是一类主抗氧剂；预防型抗氧剂包括过氧化物分解剂、金属离子钝化剂，是一类辅助抗氧剂。它在反应中可以分解氢过氧化物使其不形成自由基，即能抑制高分子链降解过程引发阶段自由基的生成物质，如硫酸酯类及亚磷酸酯类等物质。其中亚磷酸酯是典型的氢过氧化物分解剂，反应中它将氢过氧化物还原成相应的醇，其自身则转化成磷酸酯。

选择聚合物用抗氧剂时，应注意以下几点：①长效性要求。目标聚合物的抗氧化要求是长效性还是加工过程的抗氧化，如要求长效性，要求时间是多长，因为，不论使用何种抗氧剂，任何聚合物都有寿命期限，长效要求越长，抗氧化所要求的成本也就越高。

②变色及污染性。选择抗氧剂时要考虑所用抗氧剂的变色和污染性能否满足制品应用要求，如芳香族胺类有较强的污染性，一般不宜用热塑性塑料和浅色塑料制品；受阻酚的色污比芳香族胺类要小得多，可用于无色或浅色制品；有些橡胶制品中因添加了炭黑，故可选用效率极高且污染也大的胺类抗氧剂。

③稳定性。为了保持长期的抗氧效率，抗氧剂对光、热、水的稳定性是十分重要的，如胺类抗氧剂在光和氧的作用下会变色，而不同的胺发生这种变化的程度差别也很大；受阻酚不可在酸性物质存在下加热，否则会发生脱烃反应造成抗氧效率下降；有些抗氧剂由于化学结构上的原因对水解很敏感，如亚磷酸酯和磷酸酯就存在这种问题。

④溶解性、相容性和迁移性。抗氧剂的溶解性要求它在聚合物中的溶解度高，在其他介质中溶解度低；相容性取决于抗氧剂的化学结构、聚合物种类、温度等因素。相容性小系指不发生喷霜的状态下，只有少量抗氧剂被溶解。如 N，N – 二苯基对苯二胺在天然橡胶中，用量为 0.3% 时就会喷霜，而在丁苯硫化胶中相容性就较好，抗氧剂在过饱和溶液中会与聚合物逐步发生分离并以较快的速率向表面迁移，并出现所谓喷霜现象。

⑤挥发性。挥发性是抗氧剂从聚合物中损失的主要方式之一。挥发性与抗氧剂分子结构和相对分子质量有关。在其他条件相同下，相对分子质量大的抗氧剂挥发性较低。但分子类型的不同比相对分子质量的影响更大。如 2，6 – 二叔丁基 –4 – 甲酚（相对分子质量 220）的挥发性比 N，N – 二苯基对苯二胺（相对分子质量 260）大 3000 倍。挥发性还与抗氧剂所处环境（如温度、空气流动状态、暴露表面大小）有关。

⑥物理形态，如在聚合物合成阶段加入抗氧剂，则应优先选用液体的、易乳化的抗氧剂，或使用辅助抗氧剂（如液态亚磷酸酯或硫醚）作主抗氧剂的溶剂；在橡胶加工过程中则宜选用固体、易分散的抗氧剂。

除上述因素外，选用的抗氧剂应无毒、无害、无异味，价廉易得。

在实际应用中，当不同品种的抗氧剂复配使用时，既可看到协同效应的存在，也会产生对抗效应。所谓协同效应是指抗氧剂在复配使用时的性能超过分别单独使用效果的总和。一个典型的例子，是硫代二丙酸硬脂酸酯与受阻酚抗氧剂复配可用作塑料的长效热稳定剂或受阻酚与亚磷酸酯合用可用作聚烯烃加工稳定剂。所谓对抗效应是指两种抗氧剂复配使用时其效果差于分别单独使用的效果。例如，为提高塑料的长效热稳定性及光稳定性，有可能复配使用受阻胺与含硫化合物，但含硫化合物的氧化产物可能酸性很强，它们与受阻胺反应生成胺盐，从而阻碍受阻胺的抗氧化功能。因此，在复配使用两种或两种以上抗氧剂时，既要考虑对加入基础物中的添加剂的影响，同时需考虑抗氧剂的协同效应或对抗作用。

高分子材料中添加的抗氧剂量与聚合物的结构、抗氧剂的效率、交联体系、协同效应以及制品使用条件和成本价格等因素有关。而多数抗氧剂都有一个适宜使用浓度。在最适宜的浓度之内，随着抗氧剂用量加大，抗氧化能力会增加到最大值，超过适宜浓度则会产生不利影响，使用时需注意。

1. 抗氧剂 121

[别名]环己基 $-\beta-$(3，5 - 二叔丁基 - 4 - 羟基苯基)丙酸酯。

[化学式]$C_{23}H_{36}O_3$

[结构式]

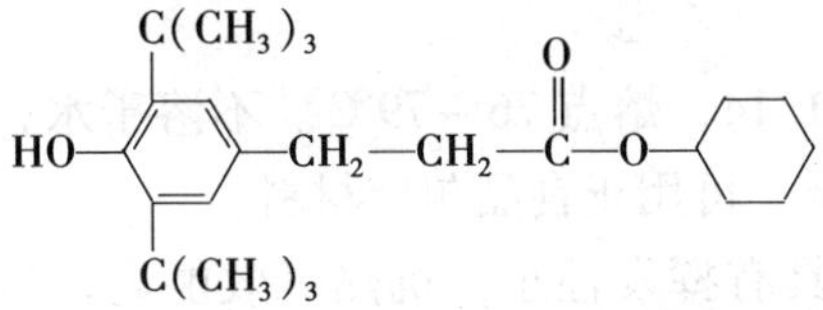

[性质]白色粉末。熔点 75～76℃。不溶于水，溶于苯、甲苯、乙醇、甲醇及溶剂汽油等。

[用途]用作聚乙烯、聚丙烯、聚苯乙烯、ABS 树脂及聚酰胺等的抗氧剂及热稳定剂。与抗氧剂 DLTP、三烷基亚磷酸酯等并用有协同效应。也可与其他抗氧剂、紫外线吸收剂或热稳定剂并用。一般用量为 0.05%～2%。可先在常温下溶于溶剂中，再与树脂混合，在树脂中易混炼，不影响树脂本身的物理机械性能。

[简要制法]在催化剂存在下，由 3，5 - 二叔丁基 - 4 - 羟基苯基丙酸与环己醇反应制得。

[生产单位]天津合成材料研究所。

2. 抗氧剂 168

[别名]三(2，4 - 二叔丁基苯基)亚磷酸酯、防老剂 168，简称 TBP。

[化学式]$C_{42}H_{63}O_3P$

[结构式]

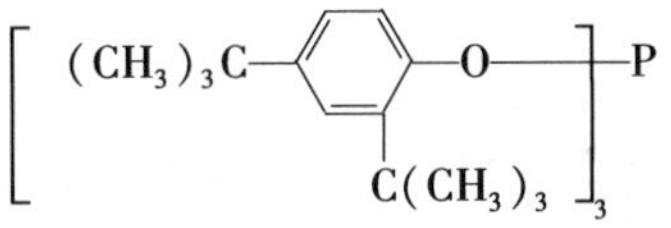

[性质]白色松散状结晶粉末。熔点 183～186℃，闪点 257℃。不溶于水、冷乙醇，溶于甲苯、二甲苯、丙酮、四氧化碳、石油醚及溶剂汽油。抗水解能力强。毒性小。

[质量规格]

项　目	指　标	项　目	指　标
外观	白色结晶粉末	透光率(425mm)/%	≥97.0
熔点/℃	182～186	透光率(500mm)/%	≥98.0
加热减量/%	≤0.5	纯度/%	≥99.0
溶解性(室温)	10g 样品溶于 100mL 甲苯中，澄清透明	2，4 - 二叔丁基苯含量/%	≤0.4

注：表中所列指标为企业标准。

[用途]用作聚丙烯、聚苯乙烯、聚碳酸酯及聚酰胺等的抗氧剂，具有加工稳定性好、吸水性小、对聚合物色泽有良好保护作用的特点。其性能优于其他亚磷酸酯类抗氧剂。一般不单独使用。常与抗氧剂 1010 等酚类抗氧剂复配使用，一般用量为 0.1%～0.2%。

[简要制法]由 2，4 - 二叔丁基酚与三氯化磷在一定条件下反应制得。

[生产单位]江苏汉光集团公司(宜兴)、上海金海雅宝聚合物添加剂公司。

3. 抗氧剂 245

[别名]三甘醇双[3 -(3 - 叔丁基 - 4 - 羟基 - 5 - 甲基苯基)丙酸酯。

[化学式]$C_{34}H_{50}O_8$

[结构式]

$$\left[HO-\!\!\!\!\!\!\!\!\!\!\!\!\!\!\underset{C(CH_3)_3}{\overset{CH_3}{\bigcirc}}\!\!\!\!\!\!\!\!-CH_2CH_2\underset{O}{\overset{\parallel}{C}}OCH_2CH_2OCH_2 \right]_2 $$

[性质]白色或淡黄色粉末。相对密度1.14，熔点76~79℃。不溶于水，溶于丙酮、氯仿、三氯甲烷、乙酸乙酯、苯等。毒性极低，可用于食品包装材料。

[用途]一种非污染性受阻酚抗氧剂，具有挥发性小，抗热氧效能高，与聚合物相容性好的特点。可用作高冲击聚苯乙烯、聚氯乙烯、聚酰胺、聚氨酯、ABS树脂等的抗氧剂。用量一般为0.03~1份。与硫醚类抗氧剂或含磷抗氧剂并用有较强的协同效应。也可用作丁苯胶的抗氧剂。

[简要制法]先由邻甲酚与异丁烯反应生成2-甲基-6-叔丁基苯酚，再与丙烯酸甲酯加成制得3-(3-甲基-4-羟基-5-叔丁基苯基)丙酸甲酯，最后与三甘醇反应而得。

[生产单位]山西省化工研究院。

4. 抗氧剂300

[别名]4，4-硫代双(3-甲基-6-叔丁基苯酚)、防老剂300。

[化学式]$C_{20}H_{30}O_2S$

[性质]

[结构式]

$$HO-\!\!\!\underset{C(CH_3)_3}{\overset{CH_3}{\bigcirc}}\!\!\!-S-\!\!\!\underset{C(CH_3)_3}{\overset{CH_3}{\bigcirc}}\!\!\!-OH$$

[性质]白色、淡黄色或褐色粉末。相对密度1.06~1.12(25℃)。熔点158~164℃，不溶于水，微溶于石油醚，溶于乙醇、乙醚、苯、丙酮及石脑油等。低毒。

[质量规格]

项 目	指 标	项 目	指 标
外观	白色或淡黄色粉末	水分/%	≤0.5
熔点/℃	158	细度(50目筛余物)/%	≤0.1
灰分/%	≤0.1		

[用途]为非污染性硫代双酚类抗氧剂。用作聚烯烃、聚苯乙烯、ABS树脂等的抗氧剂。可防止制品的热老化及光老化。与硫代酯类辅助抗氧剂DLTDP、DSTDP并用有协同效应。也用作天然橡胶及丁苯、氯丁、顺丁橡胶及硅橡胶等非污染性防老剂。尤适用于白色、艳色或透明制品，用量通常为0.25%~1%

[简要制法]由间甲酚及异丁烯反应生成3-甲基-叔丁基苯酚后再与二氧化硫反应制得。

[生产单位]广州合成材料研究院。

5. 抗氧剂330

[别名]1，3，5-三甲基-2，4，6-三(3，5-二叔丁基-4-羟基苄基)苯。

526

[化学式] $C_{54}H_{78}O_3$

[结构式]

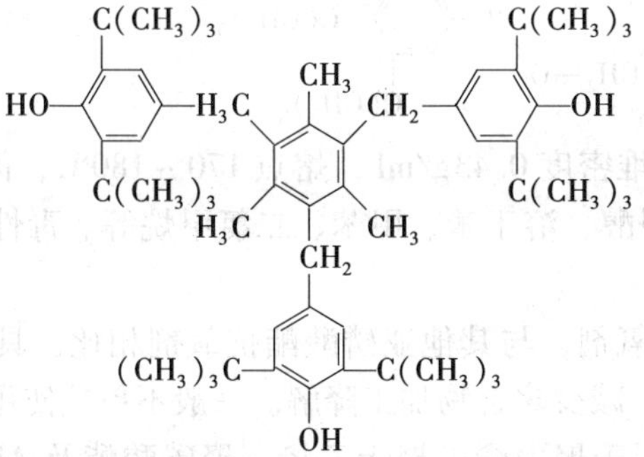

[性质] 白色结晶粉末。熔点高于 244℃。不溶于水，微溶于甲醇、异丙醇，溶于苯、丙酮、二氯甲烷。耐热性好。不污染、不变色。低毒！

[用途] 属高相对分子质量多元受阻酚抗氧剂。是高密度聚乙烯的优良抗氧剂，也用于聚氯乙烯、聚苯乙烯、尼龙、ABS 树脂及聚酯等塑料制品。还用作天然及合成橡胶的热、氧老化防护。一般用量为 0.1% ~ 0.5%。对聚烯烃的热氧防护作用，单独使用效果好。

[简要制法] 在催化剂存在下，由 2，6 - 二叔丁基苯酚与多聚甲醛反应生成 3，5 - 二叔丁基 - 羟基苄醇后，再与均三甲苯反应制得。

[生产单位] 北京加成助剂研究所。

6. 抗氧剂 618

[别名] 二亚磷酸季戊四醇二硬脂酸酯、双十八烷基季戊四醇双亚磷酸酯。

[化学式] $C_{41}H_{82}O_6P_2$

[结构式] $C_{18}H_{37}O-P$ ... $P-OC_{18}H_{37}$

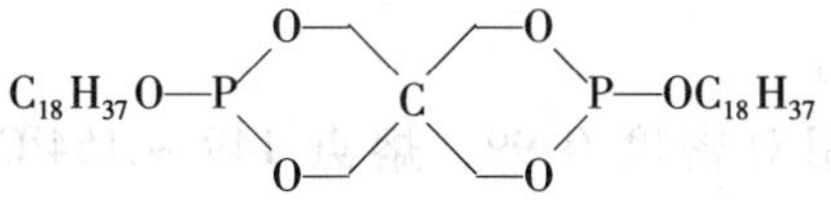

[性质] 白色蜡状固体。相对密度 0.940 ~ 0.960(50℃)，熔点 54 ~ 56℃，闪点 260℃。不溶于水，微溶于丙酮、甲醇，溶于苯、氯仿。

[质量规格]

项 目	指 标	项 目	指 标
外观	白色薄片	磷含量/%	7.3 ~ 8.3
凝固点/℃	≥52	易挥发物/%	≤0.1
酚含量/%	≤0.6	松堆密度/(g/mL)	0.464

[用途] 一种辅助抗氧剂，具有磷含量高、分解氢过氧化物能力强的特点。适用于聚乙烯、聚丙烯、聚氯乙烯、聚苯乙烯、聚碳酸酯及 ABS 树脂。制品透明性好、不污染。与紫外线吸收剂或受阻酚类抗氧剂并用时协同效应好。

[简要制法] 在三乙胺存在下，由二氯代季戊四醇亚磷酸酯与十八醇反应制得。

[生产单位] 南京曙光化工集团公司、大连化工研究设计院。

7. 抗氧剂 626

[别名] 双(2，4 - 二叔丁基苯基)季戊四醇二亚磷酸酯、抗氧剂 JC - 242。

[化学式] $C_{33}H_{50}O_6P_2$

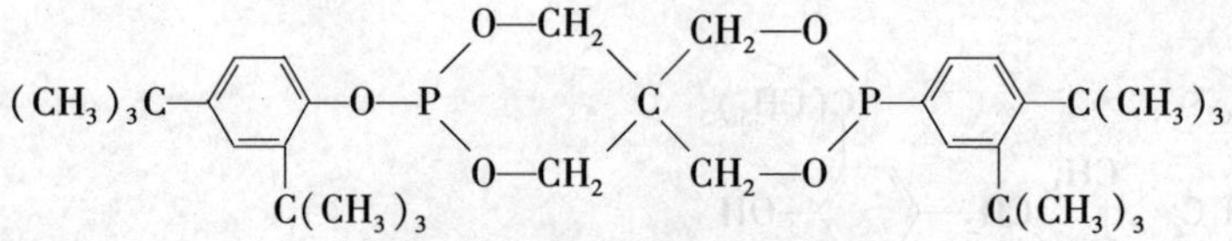

[性质]白色结晶粉末或颗粒。松堆密度 0.43g/mL，熔点 170～180℃，闪点 168℃，燃点 421℃。不溶于水，微溶于乙醇、甲醇、溶于苯、甲苯、二氯甲烷等。毒性小，可用于食品包装材料。

[用途]一种高性能亚磷酸酯类抗氧剂，与其他亚磷酸酯抗氧剂相比，具有更高的磷含量，对聚合物的色泽有良好保护作用，减少聚合物加工降解。一般不单独使用，常与抗氧剂 264、1010 等酚类主抗氧剂并用。适用于聚丙烯、聚苯乙烯、聚碳酸酯及 ABS 等热塑性树脂，一般用量为 0.1%～0.3%，本品主要缺点是耐水性较差。也用作苯并三唑、苯酮等光稳定剂的增效剂。

[简要制法]先由季戊四醇与三氯化磷反应制得季戊四醇双亚磷酸酯二氯化物中间体后，再与 2，4 - 二叔丁基苯酚反应制得。

[生产单位]天津合成材料研究所、营口风光化工公司等。

8. 抗氧剂 702

[别名]4，4′-亚甲基双(2，6 - 二叔丁基苯酚)、抗氧剂 KY - 7930、AT - 702。

[化学式]$C_{29}H_{44}O_2$

[结构式]

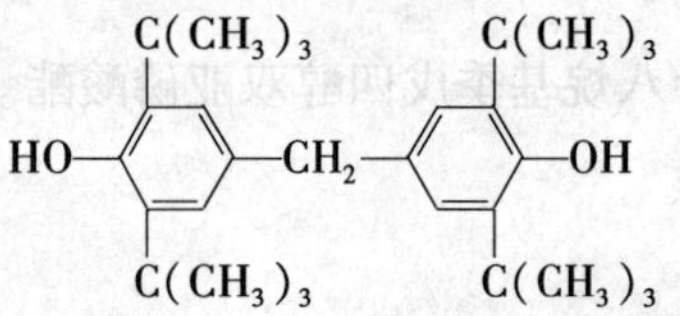

[性质]白色至淡黄色结晶粉末。相对密度 0.99，熔点 149～154℃。沸点 250℃ (1.33kPa)。闪点高于 204℃。不溶于水、稀碱液，溶于甲苯、苯、丙酮及酯类等，微溶于乙醇、异辛烷。

[用途]用作聚烯烃、聚苯乙烯、聚酯、ABS 树脂及纤维素树脂等的抗氧剂。具有热稳定性好、挥发性低等特点。一般用量 0.2%～1.0%。也可用作天然橡胶、合成橡胶、胶乳及石蜡等的抗氧剂，并可用于白色或浅色制品，一般用量 1%～3%。还可用作油品添加剂，广泛用于特种润滑油、导热油、淬火油等。

[简要制法]在催化剂存在下，由 2，6 - 二叔丁基苯酚与甲醛经缩合反应制得。

[生产单位]上海金海雅宝聚合物添加剂公司。

9. 抗氧剂 736

[别名]4，4 - 硫代双(2 - 甲基 - 6 - 叔丁基苯酚)、4，4 - 硫代双(6 - 叔丁基邻甲酚)。

[化学式]$C_{22}H_{30}O_2S$

[结构式]

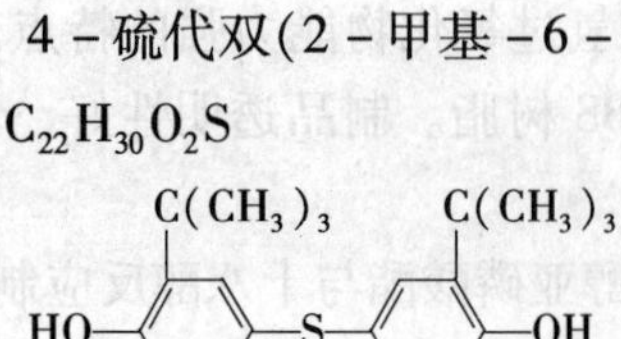

[性质]白色至淡黄色结晶粉末。相对密度 1.084，熔点 127℃，沸点 312℃(5.3kPa)，闪点高于 204℃。不溶于水、稀碱液，溶于乙醇、甲醇、甲苯及汽油等。

[用途]一种非污染性抗氧剂，具有热稳定性好、挥发性低、易分散等特点。适用于聚烯烃、聚苯乙烯等热塑性塑料，也可用于合成橡胶、胶黏剂、石油制品及乳胶材料等。

[简要制法]在催化剂存在下，由2-甲基-6-叔丁基苯酚与二氧化硫反应制得。

[生产单位]广州合成材料研究院。

10. 抗氧剂1010

[别名]四[(β-3，5-二叔丁基-4-羟基苯基)丙酸]季戊四醇酯、抗氧剂KY-1010、防老剂1010、抗氧剂7910。

[化学式]$C_{73}H_{108}O_{12}$

[结构式]

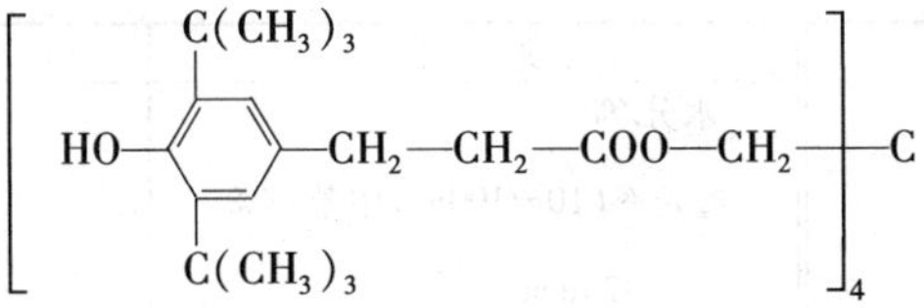

[性质]白色结晶粉末，无臭，熔点116～123℃。不溶于水，微溶于乙醇，易溶于丙酮、苯、氯仿等，不易燃。稳定性好，是一种不变色、不污染、耐抽出、不易挥发、特效性高的受阻酚抗氧剂的代表性品种。毒性极小。

[质量规格]

项　目		指　标(A型)	指　标(B型)
外观		白色粉末或颗粒	白色粉末或颗粒
熔点范围/℃		110.0～125.0	110.0～125.0
加热减量/% ≤		0.50	0.50
灰分/% ≤		0.10	0.10
溶解性		清澈	清澈
透光率/% ≥	425nm	96.0	95.0
	500nm	98.0	97.0
主含量/% ≥		94.0	94.0
有效组分/% ≥		98.0	98.0
锡含量[①]/×10^{-6}% ≤		—	2

注：①锡含量为型式检验。

[用途]是目前酚类抗氧剂中性能最优良的品种之一。用于聚烯烃、聚氯乙烯、聚甲醛、ABS树脂、聚酰胺、纤维素树脂等制品，能赋于制品以优良的抗热氧稳定性。尤对聚丙烯有卓越的效果。与抗氧剂DLTP、抗氧剂168并用有显著协同效应。也用作合成橡胶、石油产品、热熔胶黏剂的抗氧剂及稳定剂。用量通常为0.01%～0.5%。

[简要制法]先由苯酚与异丁烯反应制得2，6-二叔丁基苯酚，再与丙烯酸甲酯反应制得3，5-二叔丁基-4-羟基苯基丙酸甲酯，然后与季戊四醇反应制得本品。

[生产单位]江苏汉光集团公司(宜兴市)、北京加成助剂研究所等。

11. 抗氧剂1076

[别名]β-(3，5-二叔丁基-4-羟基苯基)丙酸十八醇酯、抗氧剂7920、抗氧剂KY-1076、防老剂1076。

[化学式]$C_{35}H_{62}O_3$

[结构式]

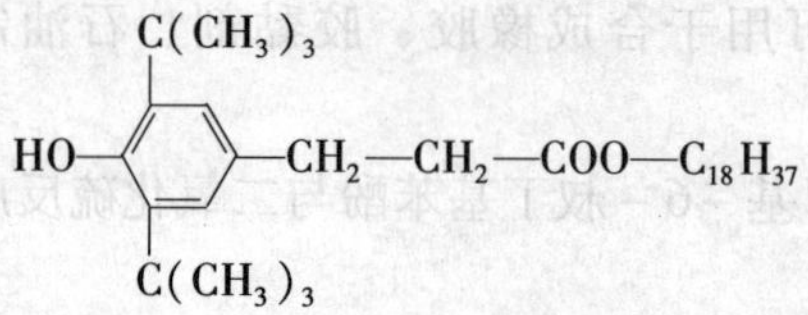

[性质]白色结晶粉末。无臭、无味。熔点50~55℃。不溶于水，微溶于甲醇、矿物油，溶于苯、丙酮、环己烷、乙酸乙酯等。微毒，是一元受阻酚抗氧剂品种之一。具有良好的耐挥发性、耐抽出性，与多数树脂相容性好。

[质量规格]

项　目	指　标	项　目	指　标
外观	白色结晶粉末	水分/%	≤0.1
在甲苯中的溶解度	澄清	透光率(10g/100mL 甲苯)/%	
（10g/100mL）			
熔点/℃	49~54	425mm	90
挥发分/%	≤0.5	500mm	95

[用途]用作聚乙烯、聚丙烯、聚苯乙烯、ABS 树脂、聚氯乙烯、聚酯、聚氨酯、合成橡胶、润滑油、油脂及纤维素塑料等的抗氧剂及热稳定剂。具有不着色、不污染、挥发性小、抗热氧效果好等特点，可用于食品包装材料。与亚磷酸酯、硫代酯等辅助抗氧剂并用有显著协同效应。一般用量为0.1%~0.5%。

[简要制法]由苯酚与异丁烯反应生成2，6-二叔丁基苯酚后，再与丙烯酸甲酯反应生成3，5-二叔丁基-4-羟基苯基丙酸甲酯，然后与十八碳醇反应制得。

[生产单位]北京加成助剂研究所、江苏汉光集团公司(宜兴市)。

12. 抗氧剂1222

[别名]3，5-二叔丁基-4-羟基苄基磷酸二乙酯。

[化学式]$C_{19}H_{33}O_4P$

[结构式]

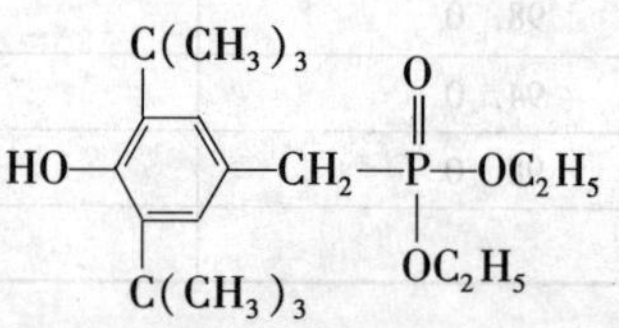

[性质]白色至微黄色结晶粉末。熔点159~161℃。不溶于水于，微溶于正己烷，溶于甲醇、苯、丙酮、氯仿及乙酸乙酯等。低毒！

[质量规格]

项　目		指　标	项　目		指　标
挥发分/%	≤	0.5	细度(100目)%	≤	5.0
熔点/℃		155			

[用途]一种含磷受阻酚抗氧剂。有良好的抗热氧老化性及耐抽出性。适用于聚酯、聚酰胺、ABS 树脂等高分子材料，一般在缩聚前加入。与紫外线吸收剂并用有协同效应。一般用量为0.3%~1%，也用作对苯二甲酸二甲酯的储运稳定剂。

[简要制法]先由2，6-二叔丁基苯酚、二甲胺及甲醛反应生成3，5-二叔丁基-4-

羟基苄基二甲胺后，再与亚磷酸二乙酯反应而得。

[生产单位]镇江市化工研究院、大连大成化工公司等。

13. 抗氧剂 2246

[别名]2，2′-亚甲基双(4-甲基-6-叔丁基苯酚)、防老剂 2246。

[化学式]$C_{23}H_{32}O_2$

[结构式]

$(CH_3)_3C$ — OH — CH_2 — OH — $C(CH_3)_3$ ...... CH_3 ...... CH_3

[性质]纯品为白色粉末，长期储存时略呈淡粉红色，稍带酚味。相对密度 1.04。熔点 125～133℃，不溶于水，溶于苯、丙酮、矿物油和多种有机溶剂。是通用型强力酚类抗氧剂之一，对塑料、橡胶因氧、热引起的老化和日光造成的表面龟裂有防护作用。在水中易分散，挥发性小，无污染性，不变色，不喷霜。低毒！

[质量规格]

项　目	指　标	项　目	指　标
外观	白色至乳白色粉末	灰分/%	≤0.4
干品初熔点/℃	≥120	(1600 孔/cm²) 筛余物/%	≤0.5
加热减量/%	≤2.0		

[用途]广泛用作聚苯乙烯、聚乙烯、聚丙烯、聚甲醛、ABS 树脂、纤维素树脂及氯化聚醚等的抗氧剂。也用作天然橡胶和丁苯、丁腈、氯丁、丁基、顺丁等合成橡胶，胶乳等浅色或艳色制品的防老剂及稳定剂。还用作石油产品的抗氧剂。为酚类非污染防老剂中的优秀品种，其对热氧、天候老化及对变价金属的抑制作用远比抗氧剂 264 好得多。与硫醚类、亚磷酸酯等抗氧剂并用有显著协同效应。与紫外线吸收剂并用可进一步提高制品的耐候性。本品油溶性好，且不易挥发。用量一般为 0.5%～1%。

[简要制法]在催化剂存在下，由对甲酚与异丁烯反应生成 2-叔丁基-4-甲基苯酚后，再与甲醛反应制得。

[生产单位]镇江前进化工公司。

14. 抗氧剂 2246-S

[别名]2，2′-硫代双(4-甲基-6-叔丁基苯酚)、防老剂 2246-S。

[代学式]$C_{22}H_{30}O_2S$

[结构式]

$(CH_3)_3C$ — OH — S — OH — $C(CH_3)_3$ ...... CH_3 ...... CH_3

[性质]纯品为白色粉末，工业品为微黄色粉末。相对密度 1.01，熔点 82～88℃。不溶于水，稍溶于醇类，易溶于苯、氯仿、石油醚、汽油等。无污染性、不变色。

[质量规格]

项　目	指　标	项　目	指　标
外观	白色粉末	灰分/%	≤0.05
熔点/℃	79~84	挥发分/%	≤0.05

[用途]用作聚烯烃、聚氯乙烯、聚氨酯、聚酰胺、氯化聚醚等的抗氧剂。也用作丁基、丁腈橡胶及天然橡胶、胶乳的防老剂。与亚磷酯类并用有协同效应。一般用量为1.5%~2.0%。

[简要制法]由2-叔丁基-4-甲酚与二氧化硫反应而得。

[生产单位]常州市五洲化工公司。

15. 抗氧剂 3114

[别名]1，3，5-三(3，5-二叔丁基-4-羟基苄基)均三嗪-2，4，6-(1H，3H，5H)三酮、异氰尿酸三(3，5-二叔丁基-4-羟基苄基酚)。

[化学式]C₄₈H₆₉N₃O₆

$[化学式]C_{48}H_{69}N_3O_6$

[机构式]

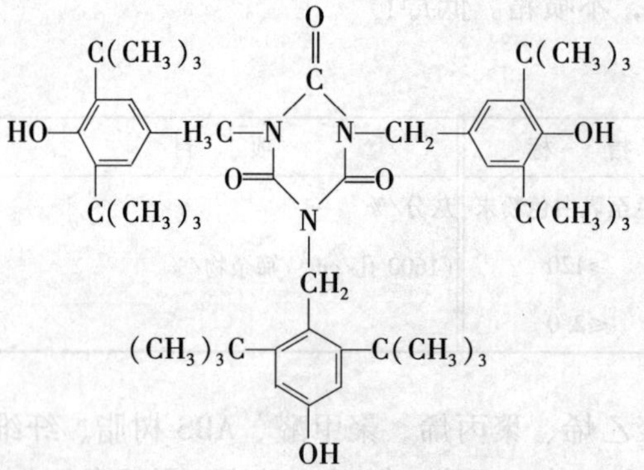

[性质]白色结晶粉末，相对密度1.03(25℃)。熔点217~219℃，闪点(开杯)289.4℃，不溶于水，微溶于甲醇、己烷、乙醇，溶于丙酮、苯、二甲基甲酰胺、氯仿等，具有相对分子质量大、熔点高、挥发性及迁移性小的特点。低毒！

[质量规格]

项　目	指　标	项　目	指　标
外观	白色结晶粉末	水分/%	≤0.1
熔点/℃	217~219	灰分/%	≤0.1

[用途]是一种三官能团大分子型受阻酚抗氧剂，不污染，不着色，耐抽出性好，可用作聚烯烃、聚酯、聚氨酯、ABS树脂、纤维素树脂、尼龙等的抗氧剂。尤适用于要求耐高温的工程塑料和要求耐候性的户外制品，与亚磷酸酯等辅助抗氧剂并用有显著协同效应，用量一般为0.1%~0.2%。也可用作合成橡胶的防老剂。

[简要制法]在碱性催化剂(如三乙胺、吡啶等)存在下，由2，6-二叔丁基苯酚、甲醛及异氰尿酸经缩合反应制得。

[生产单位]镇江前进化工公司、上海金海雅宝聚合物添加剂公司等。

16. 抗氧剂 BBM

[别名]4，4'-丁基双(3-甲基-6-叔丁基苯酚)、4，4'-丁基-双(6-叔丁基-3-甲酚)、1，1-双(4'-羟基-2'-甲基-5'-叔丁基苯基)丁烷、防老剂BBM。

[化学式]$C_{32}H_{50}O_2$

[结构式]

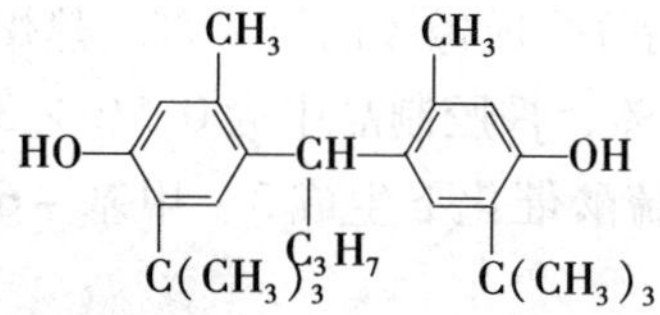

[性质]白色结晶粉末。相对密度1.03，熔点212℃。不溶于水，溶于丙酮、乙醇、乙醚、苯等。

[质量规格]

项　目	指　标	项　目	指　标
外观	白色结晶粉末	熔点/℃	208～212
相对密度	1.03		

[用途]用作聚烯烃、ABS树脂、聚缩醛的耐热、耐光稳定剂，天然及合成橡胶的防老剂，可防护橡胶的热氧老化及光、臭氧老化，用于塑料制品时用量为0.01%～0.5%，橡胶制品用量为0.5%～5.0%

[简要制法]由5－甲基－2－叔丁基苯酚与丁醛缩合制得。

[生产单位]天津有机化学工业公司力生化工厂。

17. 抗氧剂CA

[别名]1，1，3－三(2－甲基－4－羟基－5－叔丁基苯基)丁烷、防老剂CA

[化学式]$C_{37}H_{52}O_3$

[结构式]

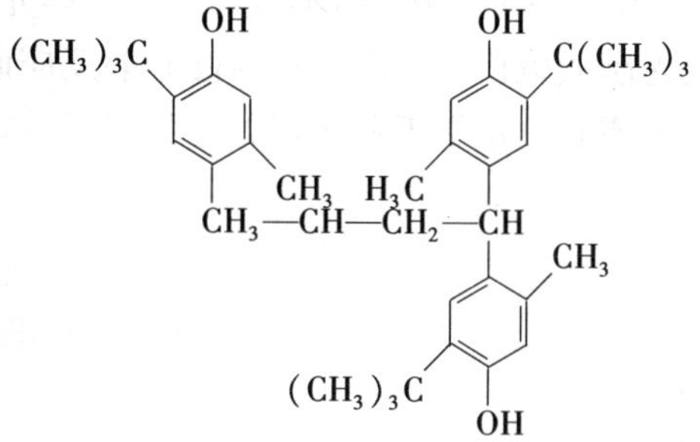

[性质]白色结晶粉末。熔点185～188℃，松堆密度$0.5g/cm^3$。不溶于水。易溶于乙醇、丙酮、乙酸、乙酸乙酯。溶于甲醇、苯、甲苯等。具有挥发性很低、不污染、毒性小等特点，并有抑制铜催化氧化作用，可用于食品包装材料。

[质量规格]

项　目	指　标	项　目	指　标
外观	白色结晶粉末	挥发分含量/%	≤1.0
熔点/℃	≥178		

[用途]系高效酚类抗氧剂。抗热氧效能高，加工稳定性好，可用作聚烯烃、聚氯乙烯、

聚甲醛、ABS 树脂及纤维素树脂等的抗氧剂，与抗氧剂硫代二丙酸二月桂酯并用有显著的协同效应。也可用作天然橡胶和丁苯、顺丁、丁腈等合成橡胶的抗氧剂，热熔胶及油脂的抗氧剂等，在塑料制品中的一般用量为 0.02% ~ 0.5%，橡胶制品中为 0.5% ~ 3.0%。

[简要制法]由间甲酚与异丁烯在 Al_2O_3 及浓硫酸催化下生成 3 - 甲基 - 6 - 叔丁基苯酚后，再在浓硫酸存在下，与丁烯醛反应制得。

[生产单位]天津有机化学工业公司力生化工厂、南京瑞鸣化工公司等。

18. 抗氧剂 DSTP

[别名]抗氧剂 DSTDP、防老剂 DSTP、硫代二丙酸双十八酯、硫代二丙酸双硬脂醇酯，

[化学式]$C_{42}H_{82}O_2S$

[结构式] $C_{18}H_{37}-O-\overset{\overset{O}{\|}}{C}-CH_2-CH_2-S-CH_2-CH_2-\overset{\overset{O}{\|}}{C}-O-C_{18}H_{37}$

[性质]白色结晶粉末或絮状体，相对密度 1.027（25℃），熔点 63 ~ 69℃。不溶于水，溶于甲醇、乙醇、丙酮、苯等。挥发性小，低毒。

[质量规格]

项 目	指 标	项 目	指 标
外观	白色粉末或结晶状物	挥发分/%	≤0.5
熔点/℃	64.5 ~ 67.5		

[用途]一种硫代酯类辅助抗氧剂，分解氢过氧化物能力强。比抗氧剂 DLTP 抗氧能力高。用作聚烯烃、聚氯乙烯、ABS 树脂、橡胶、油脂、润滑油、润滑脂等的辅助抗氧剂，常与受阻酚类抗氧剂并用，用量一般为 0.05% ~ 1.5%，但不宜与受阻胺类光稳定剂并用。

[简要制法]由丙烯腈与硫化钠反应先制成硫代二丙酸，再与硬脂醇反应而得。

[生产单位]北京加成助剂研究所、天津有机化学工业公司力生化工厂等。

19. 抗氧剂 ODP

[别名]二苯基 - 辛基亚磷酸酯。

[化学式]$C_{20}H_{27}O_3P$

[结构式]
$$\begin{array}{c} C_6H_5O \\ \diagdown \\ P-O-CH_2-CH-C_4H_9 \\ \diagup \qquad\qquad | \\ C_6H_5O \qquad\qquad C_2H_5 \end{array}$$

[性质]无色至微黄色油状透明液体，有酯的气味。相对密度 1.050，熔点 -5℃，沸点 148 ~ 150℃，折射率 1.5207（27℃）。不溶于水，溶于甲醇、乙醇、丙酮、苯等。

[质量规格]

项 目	指 标	项 目	指 标
外观	无色至微黄色油状液体	折射率（27℃）	1.5207 ~ 1.5288
相对密度	1.050	酸值/（mgKOH/g）	≤0.50

[用途]一种辅助抗氧剂，与酚类抗氧剂复配用于聚丙烯树脂，具有抗氧化、防脆变及

534

消色作用。也用作聚氯乙烯及其他热塑性聚合物的辅助抗氧剂。一般用量为 0.5% ~2.0%，也可以用作丁基橡胶的非污染性热稳定剂、环氧树脂改性剂。

[简要制法]在甲醇钠催化剂存在下。由 2 - 乙基己醇与亚磷酸三苯酯反应制得。

[生产单位]天津滨海化工厂。

20. 抗氧剂 TNP

[别名]抗氧剂 TNPP、防老剂 TNP、亚磷酸三(壬基苯基)酯。

[化学式]$C_{45}H_{69}O_3P$

[结构式]$\left[C_9H_{19}-\bigcirc-O-\right]_3 P$

[性质]浅黄色或琥珀色透明液体。相对密度 0.982 ~0.992(25℃)，熔点低于 -5℃。沸点 530 ~540℃。不溶于水，溶于乙醇、丙酮、苯、四氯化碳、氯仿等溶剂。具有耐热氧化、不污染、无臭、毒性小等特点。

[质量规格]

项　目	指　标	项　目	指　标
相对密度	0.97 ~ 0.99	黏度/(mPa·s)	≥42.5
折射率	1.52 ~ 1.526	磷含量/%	3.6 ~4.3

[用途]通用型抗氧剂。用作聚烯烃、聚氯乙烯、聚苯乙烯、聚酯及 ABS 树脂等的抗氧剂及热稳定剂。与酚类抗氧剂并用有显著的协同效应。也用作天然及合成橡胶、胶乳等的防老剂，尤适用于丁苯橡胶作不变色稳定剂。一般用量为 0.1% ~0.3%。

[简要制法]由壬基酚与三氯化磷反应制得。

[生产单位]北京加成助剂研究所。

21. 抗氧剂 TPL

[别名]抗氧剂 DLTP、抗氧剂 DLTDP、防老剂 TPL、硫代二丙酸二月桂酯。

[化学式]$C_{30}H_{58}O_4S$

[结构式] $C_{12}H_{25}-O-\overset{O}{\overset{\|}{C}}-CH_2-CH_2-S-CH_2-CH_2-\overset{O}{\overset{\|}{C}}-O-C_{12}H_{25}$

[性质]白色粉末或鳞片状结晶性固体。相对密度 0.965，熔点 38 ~41℃。不溶于水，溶于苯、甲苯、丙酮、汽油及石油醚等。低毒！

[质量规格]

项　目	指　标	项　目	指　标
外观	白色片状结晶粉末	皂化值/(mgKOH/g)	≥208
酸值/(mgKOH/g)	≤1.0	熔点/℃	≥34

[用途]一种硫代酯类辅助抗氧剂。不着色、不污染、并有较高分解氢过氧化物的能力，常用作聚烯烃、聚苯乙烯、聚氯乙烯、ABS 等热塑性树脂的辅助抗氧剂，与受阻酚等主抗氧剂并用有显著的协同效应，用量一般为 0.05% ~1.5%，由于毒性低，可用于制造包装薄膜。因使用过程中会释放酸性物质，与受阻胺光稳定剂有对抗作用，两者不宜配合使用。也

用作天然及合成橡胶、油脂、润滑油、润滑脂等的抗氧剂。

[简要制法]先由丙烯腈与硫化钠反应生成硫代二丙腈，经水解后生成硫代二丙酸，再在浓硫酸存在下与月桂醇反应制得。

[生产单位]营口市风光有限公司、北京加成助剂研究所等。

22. 2，6－二叔丁基对甲酚

[别名]2，6－二叔丁基－4－甲基苯酚、二丁基羟基甲苯、抗氧剂264、防老剂264、T501，简称 BHT。

[化学式]$C_{15}H_{24}O$

[结构式]

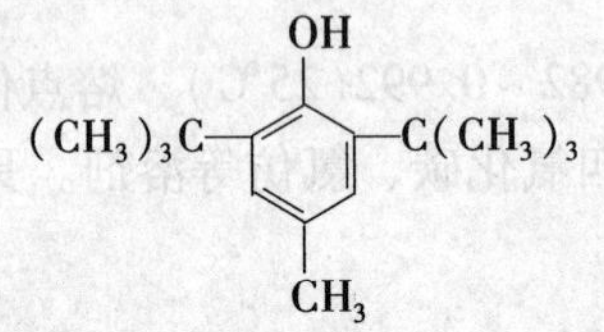

[性质]一种受阻酚类抗氧剂。纯品为白色结晶粉末。工业品因遇光氧化而呈淡黄色。相对密度1.048，熔点68～71℃，沸点257～265℃，闪点127℃。不溶于水、丙二醇、丙三醇及稀碱溶液，溶于苯、甲醇、乙醇、甲乙酮、丙酮、石油醚及汽油等。可燃，低毒，易挥发。在光照下储存会变质，应避免在光照下储存。

[质量规格]

项　　目	一级品	二级品	食品级
外观	白色晶体	白色晶体	
初熔点/℃	≥69	≥68.5	68～70
游离酚/%	≤0.02	≤0.04	≤0.02
灰分/%	≤0.01	≤0.03	≤0.01
水分/%	≤0.06	≤1.0	≤0.1
砷/%			≤0.0001
重金属/%			≤0.0004

注：表中所列指标摘自 SY－1706。

[用途]通用型酚类抗氧剂之一。塑料工业中用作聚烯烃、聚酯、聚苯乙烯、ABS树脂、聚氯乙烯、纤维素树脂等的抗氧剂及热稳定剂。橡胶工业中用作天然橡胶及丁苯、丁基、氯丁、丁腈、乙丙、顺丁等合成橡胶的防老剂及防劣化剂，可用于白色、艳色、浅色、透明橡胶等制品，也可用作汽油、燃料油等石油制品、EVA 型热熔胶、不饱和脂肪酸涂料等的抗氧剂。因毒性低，还可用于医疗卫生制品和食品、化妆品等行业。通常用量为0.05%～1.0%。

[简要制法]在硫酸催化剂存在下，由对甲酚与异丁烯经烷基化反应制得。

[生产厂]江苏汉光集团公司（宜兴）、上海金海雅宝聚合物添加剂公司等。

23. 3，5－二叔丁基－4－羟基苄基磷酸双十八酯

[别名]Irganox 1093、抗氧剂1093、防老剂1093。

[化学式]$C_{51}H_{97}O_4P$

[结构式]

$$HO-\underset{\underset{C(CH_3)_3}{|}}{\overset{\overset{C(CH_3)_3}{|}}{\bigcirc}}-CH_2-\underset{\underset{OC_{18}H_{37}}{|}}{\overset{\overset{O}{\|}}{P}}-OC_{18}H_{37}$$

[性质]白色结晶粉末。熔点 52～57℃。不溶于水，微溶于甲醇、矿物油、稍溶于丙酮，溶于苯、甲苯。

[用途]本品为含磷非污染性抗氧剂，具有优良的抗着色、抗抽出及热稳定性，挥发性低、抗氧效能高。适用于聚丙烯、聚乙烯、聚酯、聚碳酸酯、聚氨酯、聚酰胺，高抗冲聚苯乙烯及合成橡胶等，一般用量为 0.1%～0.5%，与抗氧剂 TPL 及紫外线吸收剂并用有良好的协同效应。

[简要制法]在氨基锂催化剂存在下，由亚磷酸二正十八酯与 3，5－二叔丁基－4－羟基苄基二甲胺反应制得。

[生产单位]天津市晨光化工公司。

24. 2，4，6－三叔丁基苯酚

[别名]抗氧剂 246、2，4，6－三特丁基苯酚。

[化学式]$C_{18}H_{30}O$

[结构式]

$$(CH_3)_3C-\underset{\underset{C(CH_3)_3}{|}}{\overset{\overset{OH}{|}}{\bigcirc}}-C(CH_3)_3$$

[性质]白色或淡黄色粉末。相对密度 0.864，熔点 129～135℃，沸点 277～278℃。不溶于水，溶于甲醇、乙醇、丙酮、乙醚及烃类溶剂。

[用途]用作聚烯烃、聚苯乙烯等的抗氧剂，具有不污染、不变色等特点。也用作天然及合成橡胶的防老剂，抗氧化性能与抗氧剂 264 接近，但价格低廉。还可用作农药乳化剂及有机合成原料。

[简要制法]由苯酚及异丁烯在催化剂存在下反应制得对叔丁基苯酚的联产品，再经精馏分离制得。

[生产单位]辽阳有机化工厂。

25. N，N－二正丁基氨基亚甲基苯并三唑

[别名]抗氧剂 T551。

[化学式]$C_{15}H_{24}N_4$

[结构式]

$$\underset{CH_2-N(C_4H_9)_2}{\overset{}{\bigcirc\!\!\!\bigcirc}\!\!\!\underset{N}{\overset{N}{\diagdown}}}$$

[性质]棕色透明状液体，热分解温度约 180℃，溶于石油产品，具有优良的抗氧增效作用，挥发性低，能在金属表面形成保护膜，将金属原子屏蔽起来以预防金属催化氧化，并有较好的抑制铜腐蚀作用。

[质量规格]

项　目	指　标	项　目	指　标
碱值/(mgKOH/g)	≥200	旋转氧弹增值/min	≥90
闪点(开杯)/℃	≥130		

注：表中所列指标为参考规格。

[用途]用作油品抗氧剂，用于调制汽轮机油、油膜轴承油、变压器油等，与其他抗氧剂并用有增效作用。

[简要制法]以二正丁胺、甲醛、苯并三唑等为原料，经缩合反应制得。

[生产单位]兰州炼油化工总厂。

26. N - 苯基 - α - 萘胺

[别名]防老剂 PAN、防老剂甲。

[化学式]$C_{16}H_{13}N$

[结构式]

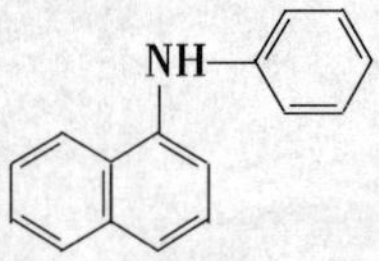

[性质]淡黄色或紫色片状物或粒状物。相对密度 1.16 ~ 1.22，熔点 62℃，沸点 335℃，闪点 188℃。难溶于水，溶于汽油，易溶于丙酮、苯、乙酸乙酯、乙醇、四氯化碳及氯仿。为污染性抗氧剂，对热、氧及屈挠引起的老化有防护效能，对有害金属也有一定抑制作用。暴露于日光及空气中渐变紫色。易燃。

[质量规格]

项　目		指　标
外观		浅黄棕色或紫色片状
结晶点/℃	≥	53.0
游离胺(以苯胺计)的质量分数/%	≤	0.20
挥发分的质量分数/%	≤	0.30
灰分的质量分数/%	≤	0.10

注：表中所列指标摘自 GB/T 8827—2006。

[用途]用作聚乙烯、聚丙烯等的抗氧剂及热稳定剂，用于制造电线、电缆等制品。与 N,N' - 二苯基对苯二胺并用有协同效应。用量一般为 0.1% ~ 0.5%。也广泛用作橡胶防老剂，但有污染性，日光下会使胶料变成暗棕色，不适用于浅色和艳色制品，可用于制造轮胎、胶管、胶鞋及黑色橡胶制品。还可用作丁苯橡胶胶凝抑制剂。本品在橡胶混炼过程中易分散，一般用量为 1% ~ 2%，可单独使用，也可与其他防老剂并用。

[简要制法]在对氨基苯磺酸催化剂存在下，由苯胺与 α - 萘酚经高温缩合反应制得粗品，再经蒸馏制得成品。

[生产单位]青岛助剂厂、本溪助剂厂等。

27. 亚磷酸三苯酯

[别名]三苯氧基磷，简称 TPP。

[化学式]$C_{18}H_{15}O_3P$

[结构式]

$$\begin{matrix} C_6H_5-O \\ C_6H_5-O-P \\ C_6H_5-O \end{matrix}$$

[性质]无色微带酚臭的液体，有刺激性。相对密度 1.1844，熔点 22~24℃，沸点 360℃(0.1MPa)，闪点 222℃，折射率 1.590(25℃)。不溶于水，溶于乙醇、乙醚、丙酮、苯及氯仿等有机溶剂。低毒。

[质量规格]

项　目	指　标	项　目	指　标
外观	无色透明液体，微带酚味	折射率(25℃)	1.585~1.590
相对密度(25℃)	1.183~1.192	氯化物含量/%	≤0.2
熔点/℃	19~24	色泽 Pt－Co 比色/号	≤60

[用途]用作聚氯乙烯、聚苯乙烯、聚乙烯、聚丙烯、ABS 树脂、环氧树脂 及合成橡胶等的辅助抗氧剂及热稳定剂，并在各种聚氯乙烯制品中起螯合作用，抑制其颜色变化，使其保持透明性。与卤素阻燃剂并用，则具有抗氧及阻燃的双重功能，也用作合成醇酸树脂和聚酯树脂的原料，以及用于制取农药中间体亚磷酸三甲酯等。

[简要制法]由苯酚与三氯化磷经酯化反应制得。

[生产单位]上海海曲化工公司、山东邹平化工总厂等。

28. 亚磷酸双酚 A 酯

[别名]亚磷酸三双酚 A 酯。

[化学式]$C_{45}H_{45}O_6P$

[结构式]

$$\left[HO-\bigcirc-\underset{CH_3}{\overset{CH_3}{C}}-\bigcirc-O- \right]_3 P$$

[性质]暗灰色松香样块状透明液体，质脆，易研磨成白色粉末。不溶于水，溶于乙醇、乙醚、丙酮、苯及乙酸乙酯等。

[质量规格]

项　目	指　标	项　目	指　标
外观	暗灰色脆性树脂状固体	熔点/℃	63~74
磷含量/%	3.8~4.1	酸值/(mgKOH/g)	≤2.0

[用途]用作聚乙烯、聚丙烯、聚氯乙烯、聚碳酸酯等热塑性塑料及合成纤维的抗氧剂及热稳定剂。具有耐高温、耐水抽出等特点。

[简要制法]在溶剂乙醚存在下，由双酚 A 与三氯化磷反应制得。

[生产单位]杭州市化工研究所、靖江市晨阳化工公司等。

29. 1，2－双[β－(3，5－二叔丁基－4－羟基苯基)丙酰]肼

[别名]Irganox MD 1024、抗氧剂 1024。

[化学式]$C_{34}H_{52}N_2O_4$

[结构式]

[性质]白色粉末。熔点 224~229℃。难溶于水、溶于甲醇、丙酮、苯等。

[质量规格]

项 目	指 标	项 目	指 标
外观	白色或类白色粉末	挥发分/%	≤0.5
主组分含量/%	≥99	甲醇溶解性	透明、澄清
熔点/℃	224~229	透光率/%	≥96(425nm)
灰分/%	≤0.1		98(500nm)

[用途]本品为酚类不污染性抗氧剂,具有低挥发、抗抽出、易分散、相容性及加工稳定性好等特点。适用于聚丙烯、聚乙烯、聚苯乙烯、聚酰胺、聚酯、尼龙及合成橡胶。在高密度聚乙烯中的效果尤为明显,本品也是瑞士 Ciba - Geigy 公司商品化的金属钝化剂和抗氧剂,具有防止重金属离子对聚合物产生引发氧化的作用。由于具有受阻酚结构,可以单独使用或与抗氧剂 1010 等并用而产生协同效应。使用时可采用高细度粉末或以溶液方式加入树脂中。添加量一般为 0.1%~0.5%。

[简要制法]先由水合肼在甲醇中与 β-(3,5-二叔丁基-4-羟基苯基)丙酸甲酯反应制得 β-(3,5-二叔丁基-4-羟基苯基)丙酰胺,再与 β-(3,5-二叔丁基-4-羟基苯基)丙酰氯反应而得。

[生产单位]大连大成化工公司、山东临沂三丰化工公司、Ciba - Geigy 公司(瑞士)。

30. GN - 9210 高效抗氧剂

[性质]一种复合抗氧剂,是以三(2,4-二叔丁基苯基)亚磷酸酯与四[β-(3,5-二叔丁基-4-羟基苯基)丙酸]季戊四醇酯及其他组分为原料,经特殊工艺复配制成的复合型高效抗氧剂。

[质量规格]

项 目	指 标	项 目	指 标
外观	白色柱状颗粒	挥发分/%	≤2.0
粒径/mm	φ(2.0±1.0)		

[用途]主要用作聚丙烯制品的高效抗氧剂,可抑制聚合物的降解和褪色,有效改善聚合物的颜色和加工稳定性。

[生产单位]广州赫尔普化工公司。

31. 复合抗氧剂 PKB 系列

[别名]PKB -215、PKB -225、PKB -900(瑞士商品牌号 Irganox B215、B225、B900)

[性质]一种由抗氧剂 1010 或 1076 与抗氧剂 168 复配制成的复合型抗氧剂。外观为白色

结晶粉末。不溶于水，溶于苯、氯仿、环己烷、乙酸乙酯等有机溶剂。

[质量规格]

项　目	指　标	项　目	指　标
外观	白色结晶粉末	透光率(10g/100mL 甲苯)	≥93% (425nm)
溶解度/(10g/100mL 甲苯)	清澈		≥95% (500nm)

[用途]用作聚烯烃、聚碳酸酯、聚酰胺、线型聚酯及 ABS 树脂等的抗氧剂，可有效抑制聚合物的热降解和氧化降解，对制品有长效保护作用。在聚乙烯薄膜中与光稳定剂GW－622、GB－944 并用，有良好的防老化性，加入量约 0.1% ~ 0.2%。

[生产单位]北京加成助剂研究所。

32. 复合抗氧剂 JC－1215、JC－1225

[性质]一种由抗氧剂 1010 与抗氧剂 626 复配制成的复合型抗氧剂。外观为白色结晶粉末。不溶于水，溶于苯、丙酮、环己烷、甲苯等。

[质量规格]

项　目	指　标	项　目	指　标
外观	白色结晶粉末	挥发分/%	≤0.5
酸值/(mgKOH/g)	≤1.0		

[用途]用作聚乙烯、聚丙烯、聚氯乙烯、聚酯及工程塑料等的抗氧剂。具有优良的抗氧化和分解过氧化氢的能力，减少聚合物在高温加工段的降解，并具有优良的选择保护能力。与紫外线吸收剂并用有良好的协同作用。

[生产单位]北京加成助剂研究所。

十一、抗静电剂

聚合物材料及制品在动态应力及摩擦力的作用下会产生表面电荷集聚，作用的双方带不同的电荷，即所谓产生静电，静电放电会引起着火、粉体爆炸、材料破坏、使空气中的尘埃吸附于制品上等不良后果。为了防止静电，一方面要求尽量减少或防止摩擦以减少静电电荷产生；另一方面则要求已产生的静电尽快消除，以避免大量积累。工业上防止聚合物表面产生静电的方法有空气离子化(电晕放电、给湿法—增加环境中的空气湿度)、金属接触放电法、导电物质混入法(添加金属粉或导电炭黑)及使用抗静电剂等方法。

抗静电剂是可以防止静电积蓄的一类化学助剂，也是防止静电应用最广而又简单有效的方法，如聚丙烯生产过程中的反应系统，特别是催化剂配制系统必须使用抗静电剂，以防止反应系统聚丙烯颗粒因静电而发生聚结，造成出料口和其他反应死角粘连结块，减少停工。

抗静电剂种类很多，常用的有金属粉、炭黑类无机物，以及硅化合物、有机高分子及表面活性剂等。其中成为主流而应用最广的抗静电剂是表面活性剂，其分子中具有亲水基（Y）、亲油基（R）、连接基（X），分子构型应具有 R—X—Y 模式，并具有适当的亲水－亲油平衡值（HLB）。按抗静电剂分子中的亲水基能否电离，可分为离子型和非离子型。如果亲水基电离后带负电荷即为阴离子型，反之带正电荷为阳离子型；如果抗静电剂的分子中具有两个以上的亲水基，而电离后又可能分别带有正、负不同的电荷，则为两性离子型抗静电剂，而带有羟基、醚键、酯键等不电离基团的是非离子型抗静电剂。

阳离子型抗静电剂品种很多，有高级脂肪酸盐、多种硫酸和磷酸衍生物等。它们主要用作纤维油剂及整理剂等。在聚合物中除酸性烷基磷酸酯、烷基磷酸酯盐及烷基硫酸酯的胺盐外，一般均较少使用。

阳离子型抗静电剂包括多种胺盐、季铵盐、烷基咪唑啉等，其中以季铵盐最为重要，这类抗静电剂对高分子材料有较强的附着力，抗静电性能优良，是聚合物材料抗静电剂的主要种类。

两性离子型抗静电剂主要包括季铵内盐、两性烷基咪唑啉和烷基氨基酸类等。它们在一定条件下既可起到阳离子型抗静电剂的作用，又可起到阴离子型抗静电剂的作用。在一狭窄的 pH 值范围内于等电点处会形成内盐，这类抗静电剂的特点是既能与阴离子型，也能与阳离子型抗静电剂配伍使用。而且对高分子材料也有较强附着力，从而能发挥优良抗静电性能。

非离子型抗静电剂主要有多元醇、多元醇酯、醇或烷基酚的环氧乙烷加合物、胺或酰胺的环氧乙烷加合物等。由于离子型抗静电剂可以直接利用本身的离子导电泄漏电荷，抗静电性优良，而一般非离子型抗静电剂的抗静电效果均较离子型抗静电剂差，要达到同样的抗静电效果，通常非离子型抗静电剂的添加量常为离子型抗静电剂的两倍。但非离子型抗静电剂热稳定性良好，也没有离子型抗静电剂易于引起塑料老化的缺点，所以主要作为聚合物材料的内部抗静电剂使用。

抗静电剂按使用方式不同可分为涂布型(外部抗静电剂)及混入型(内部抗静电剂)两类。涂布型抗静电剂是通过喷涂、刷涂或浸涂等方式涂敷于制品表面，该法见效快，但易因摩擦、溶剂或水的浸蚀而损失，难以持久，混入型抗静电剂是在树脂配料时，将静电剂添加进去，使之均匀分散于树脂中。它通过不断地向表面迁移来保持完整的泄漏电荷通道，效能持久，是目前最常用的方法之一。

无论是涂布型或混入型抗静电剂，其基本作用原理都是利用表面活性剂的特性，吸附空气中的水分，表面发生极化，使表面形成极薄的导电层，构成静电泄漏通道。因此，绝大多数抗静电剂的抗静电效果还取决于聚合物结构与环境的相对湿度。

在选择涂布型抗静电剂时应注意以下方面：

①有可能溶解或可能分散的溶剂，且毒性低。

②与基体材料表面结合牢固、耐摩擦、耐洗涤、不逸散。

③在低温、低湿环境中也有较好的抗静电效能。

④不引起有色制品的颜色变化，毒性低，不刺激皮肤。

⑤原料易得，价格低廉。

选择混入型抗静电剂时则应注意：

①与基体材料相容性适宜。相容性太大，抗静电剂向制品表面的迁移太慢，难于形成抗静电层，对此要达到要求的效果则必须增加添加量，从而会影响聚合物性能；反之，相容性太小，则抗静电剂向制品表面迁移过快，也会对制品外观及后加工工艺产生不良影响。

②抗静电效能高且持久，不渗析，不喷霜。

③耐热性好，能经受加工中的高温，易混炼加工，不损害基体材料的物理机械性能。

④毒性低，原料易得，价格低廉。

我国目前研制开发和生产的静电剂品种少，规模小。所使用的抗静电剂主要还是一些传统品种，如一般的季铵化合物、烷基醇胺硫酸盐、羟乙基烷基铵、多元醇的脂肪酸酯及其衍生物等，尤其是热塑性工程塑料用混入型抗静电剂多数依靠进口。高分子型永久抗静电剂由于技术及成本高等原因，也未形成规模的生产能力。国外抗静电剂的发展趋势是产品系列化、功能性强、使用面广，尤其是具有透明、阻燃等功能的复合型高分子抗静电剂的开发更引起注意，此外。近年来对抗静电剂的复配及抗静电母粒的开发及应用也十分活跃，如将一些传统抗静电剂与某些新型抗静电剂复配使用以获得协同效应。

1. 抗静电剂 477

[别名]N – （3 – 十二烷氧基 – 2 – 羟丙基）乙醇胺。

[化学式]$C_{17}H_{37}O_3N$

[结构式]
$$C_{12}H_{25}OCH_2\underset{OH}{CH}CH_2\underset{H}{N}CH_2CH_2OH$$

[性质]白色流动性粉末。熔点 59~60℃。不溶于水、庚烷，微溶于甲苯、乙酸乙酯，溶于乙醇、甲乙酮。低毒，对皮肤及眼睛有刺激性。

[用途]本品为非离子型抗静电剂，可用作塑料混入型抗静电剂，抗静电作用迅速，加工后即可制得无静电制品，且热稳定性良好，在250℃下稳定。在挤塑和模塑加工中不发生分解变色。尤对高密度聚乙烯的抗静电效果显著，一般用量为 0.15% 左右；对聚丙烯及聚苯乙烯也有良好抗静电效能，但用量稍大，一般为 1.5% 左右；对聚氯乙烯的抗静电效果较差，不及抗静电剂 SN 和抗静电剂 609。

2. 抗静电剂 609

[别名]甲基硫酸 N, N – 双（羟乙基）– N – （3 – 十二烷氧基 – 2 – 羟丙基）甲基铵。

[化学式]$C_{21}H_{47}NO_8S$

[结构式]
$$\left[C_{12}H_{25}OCH_2\underset{OH}{CH}CH_2-\underset{CH_2CH_2OH}{\overset{CH_2CH_2OH}{N^+}}CH_3\right]CH_3SO_4^-$$

[性质]商品为活性物含量为50%的异丙醇水溶液。外观为淡黄色透明液体。相对密度 0.96(25℃)，pH 值(10% 溶液)4~6。溶于水、乙醇、丙醇及其他低相对分子质量极性溶剂。加热时可溶于部分非极性有机溶剂。低毒，对眼睛及皮肤有刺激性。

[质量规格]

项　　目	指　　标	项　　目	指　　标
外观	淡黄色透明液体	色泽（APHA）/号	200
活性物含量/%	50	pH 值（10% 溶液）	4~6

[用途]为阳离子型季铵盐类抗静电剂的优秀品种之一，热稳定性好、着色性小，抗静电效能高。可用作涂布型或混入型抗静电剂。适用于聚氯乙烯、ABS 树脂、丙烯酸酯类塑料及橡胶制品。也可用作纤维、织物、涂料及造纸等行业的抗静电剂。一般用量为0.5%~2%。

[简要制法]以环氧氯丙烷、月桂醇、二乙醇胺及硫酸二甲酯等为原料经多步反应制得。

[生产单位]杭州市化工研究所。

3. 抗静电剂 AS - 900

[性质]一种由二乙醇硬脂酸胺和 7% ~ 12%，硅胶(244)的复配物，外观为蜡状淡黄色粉末或固体。相对密度 0.9055，熔点 50 ~ 55℃，沸点 200℃。高温下会分解产生 CO 等有毒气体。

[质量规格]

项　目	指　标	项　目	指　标
外观	白至灰白色粉末	叔胺含量/%	97
灰分/%	7 ~ 12	色度(Cardner)	4
熔点/℃	50 ~ 55	水含量/%	1.0

[用途]主要用于低密度聚乙烯树脂粉末储存和输送过程中，消除树脂粉末的静电，或防止静电电荷聚集而产生的粉粒或粒状结块、结团，并避免因静电产生粉尘爆炸。主要用于膜料或注塑料，加入量视具体牌号而定，一般加入量为 0.12%。

[简要制法]在催化剂存在下，由硬脂酸酰与乙醇经醇化反应后，再经胺化反应制得。

[生产单位]Ciba - Geigy(瑞士)。

4. 抗静电剂 Atmer 系列

[工业牌号]Atmer 163、Atmer 122、Atmer 123、Atmer 129、Atmer290G 等。

[性质]一类非离子型抗静电剂，具有表面活性功能，可减少颗粒表面静电效应。其中 Atmer 163 的化学成分为乙氧基烷基胺。常用于聚丙烯生产过程的反应系统，外观为橙黄色液体。相对密度 0.91，熔点 -7℃，与酸反应，燃烧时可释出 NO_x、CO、CO_2、NH_2 等有毒气体。

[质量规格]Atmer 163

项　目	指　标	项　目	指　标
外观	黄色液体	沸点/℃	213 ~ 269
相对密度	0.91	闪点/℃	127
熔点/℃	-7		

[用途]用作聚烯烃抗静电剂。Atmer 163 用于聚丙烯生产工艺时有三种作用：一是从环管反应器出料管线加入，以杀灭残存三乙基铝及主催化剂的活性，最终带入制品中，提供制品抗静电作用；二是在低气脱气油洗塔中加入，以杀灭丙烯精制系统的残存催化剂；三是废油处理罐中加入，以确保外排废油中活性的三乙基铝失活。所以 Atmer 163 除使聚丙烯产品赋有抗静电功能外，还用作剩余三乙基铝和主催化剂的杀活。它使三乙基铝结构破坏，从而失去活性。

[简要制法]制备 Atmer 163 是以烷基胺为原料，经与环氧乙烷的乙氧基反应制得。

[生产单位]Ciba - Geigy(瑞士)、武汉化学助剂厂等。

5. 抗静电剂 HKD - 300

[别名]N - (3 - 烷氧基 - 2 - 羟基丙基)单乙醇胺。

[结构式] $\underset{\hspace{1.8cm}OH}{ROCH_2CHCH_2NHCH_2CH_2OH}$

[性质] 白色流动性粉末或鳞片状物。熔点 59~60℃。不溶于水，微溶于乙酸乙酯，溶于甲醇、乙醇及甲乙酮等溶剂。低毒，对皮肤及眼睛有刺激性。

[质量规格]

项　　目	指　标	项　　目	指　标
外观	白色流动性粉末或鳞片	熔点/℃	59~60

[用途] 一种非离子型抗静电剂。热稳定性好，加工过程中不发生分解变色现象，可用作混入型抗静电剂。适用于高密度聚乙烯、聚丙烯及聚苯乙烯等制品。聚乙烯中的添加量为 0.15% 左右，聚丙烯及聚苯乙烯中的添加量为 1.5% 左右。用于聚氯乙烯时，其抗静电效果不如抗静电剂 SN。

[简要制法] 以环氧氯丙烷、高碳醇及乙醇胺等为原料经多步反应制得。

[生产单位] 杭州市化工研究所。

6. 抗静电剂 HZ-1

[性质] 白色至灰白色粒状物。松堆密度 0.3~0.5g/mL，熔点约 45℃，分解温度 >300℃。低毒。

[质量规格]

项　　目	指　标	项　　目	指　标
外观	白色至灰白色粒状物	胺值/(mgKOH/g)	66~75
纯度/%	>99	酸值/(mgKOH/g)	<3.0
羟值/(mgKOH/g)	220~240		

[用途] 本品为非离子型抗静电剂，为羟乙基烷基胺、高级脂肪醇及二氧化硅的复配物，可用作聚乙烯、聚丙烯等的混入型抗静电剂，也可用作各种塑料的表面抗静电处理剂，可使塑料的表面电阻率从 $10^{16}\Omega \cdot m$ 下降至 $10^{9~10}\Omega \cdot m$。适用于包装薄膜、容器、管材等。一般用量为 0.3%~1.0%。

[生产单位] 杭州市化工研究所。

7. 抗静电剂 KJ-210

[别名] 脂肪酸烷醇酰胺和脂肪酸单甘酯的复配物。

[结构式] $R-\underset{\hspace{1cm}[CH_2CH_2O]_{\overline{n}}H}{\overset{\overset{\displaystyle O}{\|}}{\underset{\hspace{1cm}[CH_2CH_2O]_{\overline{m}}H}{C-N}}} + \underset{\underset{\displaystyle CH_2OH}{\overset{\displaystyle |}{\underset{\displaystyle CHOH}{\overset{\displaystyle |}{CH_2OCR'}}}}{}$ 　　（R，R'—脂肪烷基）

[性质] 乳白色蜡状固体。熔点 45~55℃。闪点（开杯）不低于 280℃。不溶于水，溶于甲醇、乙醇、异丙醇等溶剂。无毒。可用于食品包装材料。

[质量规格]

项　　目	指　标	项　　目	指　标
外观	乳白色蜡状固体	胺值/(mgKOH/g)	≤1.0
熔点/℃	45~55	闪点（开口）/℃	≥280
酸值/(mgKOH/g)	≤1.0		

[用途]一种非离子型抗静电剂，常以混入型方式使用。适用于聚乙烯、聚丙烯、聚苯乙烯及软质聚氯乙烯等制品。尤对双向拉伸聚丙烯薄膜、聚丙烯纤维等有良好抗静电效果。一般用量为 0.8%～2%。

[简要制法]由脂肪酰胺和环氧乙烷的反应物与脂肪酸单甘酯复配制得。

[生产单位]山西省化工研究院。

8. 抗静电剂 LS

[别名]甲基硫酸(3-月桂酰氨基丙基)三甲铵、(3-月桂酰胺丙基)三甲铵硫酸甲酯盐。

[化学式]$C_{19}H_{42}O_5N_2S$

[结构式]
$$\left[\begin{array}{c} O \\ \parallel \\ C_{11}H_{23}CNHCH_2CH_2CH_2-\overset{CH_3}{\underset{CH_3}{N^+}}-CH_3 \end{array} \right] CH_3SO_4^-$$

[性质]白色结晶性粉末。相对密度 1.121(25℃)。熔点 99～103℃。开始分解温度 235℃。溶于水、乙醇、丙酮，不溶于苯。低毒，对皮肤和眼睛有中等刺激性。

[质量规格]

项　目	指　标	项　目	指　标
外观	白色结晶粉末	胺盐(以二甲胺硫酸二甲酯计)含量/%	≤2.0
纯度/%	≥98	熔点/℃	99～103

[用途]为季铵盐阳离子型抗静电剂。适用作聚烯烃、聚氯乙烯、聚氨酯、ABS 树脂等的混入型抗静电剂，具有与树脂相容性好、抗静电效能高、流动及分散性好等特点。一般用量 0.5%～2%。

[简要制法]以月桂酸、N,N-二甲基丙二胺及硫酸二甲酯等为原料经多步反应制得。

9. 抗静电剂 P

[别名]烷基磷酸酯二乙醇胺盐、磷酸酯铵盐。

[结构式]
$$\begin{array}{c} CH_2CH_2OH \\ OH\cdot NH \\ CH_2CH_2OH \\ R-PO \\ CH_2CH_2OH \\ OH\cdot NH \\ CH_2CH_2OH \end{array} \qquad (R-C_8H_{17}～C_{12}H_{25})$$

[性质]一种阴离子型抗静电剂。外观为淡黄色至酒红色黏稠液体或膏状物。溶于水及一般有机溶剂，有吸湿性，与酸、碱作用则分解。热稳定性较好，除阴离子型表面活性剂外，与其他助剂配伍性好。

[质量规格]

项　目	指　标	项　目	指　标
外观	棕黄色黏稠膏状物	有机磷含量/%	6.5～8.5
pH 值	8～9		

[用途]用作合成树脂及塑料制品抗静电剂。也用作涤纶、丙纶等合成纤维纺丝用油剂组分之一及抗静电整理剂。用量一般为 0.2% ~0.5%。

[简要制法]先由脂肪醇用 P_2O_5 磷酸化后，再与二乙醇胺缩合制得。

[生产单位]上海助剂厂、天津助剂厂等。

10. 抗静电剂 SN

[别名]硬脂酰胺丙基二甲基 $-\beta-$ 羟乙基季铵硝酸盐、硝酸(硬脂酰氨基)丙基二甲基 $-\beta-$ 羟乙基铵。

[化学式] $C_{25}H_{53}N_3O_5$

[结构式]
$$\left[C_{17}H_{35}CONHCH_2CH_2CH_2 - \overset{\overset{\displaystyle CH_3}{|}}{\underset{\underset{\displaystyle CH_3}{|}}{N^+}} - CH_2CH_2OH \right] NO_3^-$$

[性质]一种季铵盐类阳离子抗静电剂。商品为 50% ~60% 的异丙醇水溶液。外观为淡黄色至琥珀色液体，活性物含量 ≥50%。相对密度 0.95，180℃ 以上开始轻微分解，250℃ 剧烈分解。对 5% 的酸、碱稳定。溶于水、醇类、丙酮、苯等溶剂。可与阳离子型和非离子型表面活性剂抗静电剂并用。但不宜与阴离子表面活性剂抗静电剂混用。既可用作涂布型抗静电剂，也可用作混入型抗静电剂。溶液呈弱酸性，对皮肤无刺激性，但对眼睛有刺激性。

[质量规格]

项　　目	指　　标	项　　目	指　　标
外观	淡黄色至琥珀色透明液体	季铵盐含量/%	60 ±5
pH 值	4 ~6		

[用途]广泛用作塑料、橡胶、纤维及纸张等制品的抗静电剂。塑料中用量一般为 0.5% ~2%。适用于聚烯烃、聚氯乙烯、聚酯、聚苯乙烯及丙烯酸树脂等。使用时将本品溶于溶剂后直接掺混到配料中，也可用少量树脂粉混合干燥后再掺混到全部塑料粉中。纺织工业中用作聚酯、锦纶、涤纶、氯纶等合成纤维纺丝和织造时的抗静电剂，可单独使用，也可与乳化剂调成水乳液，使纤维丝束通过乳液即可，用量为 0.2% ~5%，还可用作聚丙烯腈的染色匀染剂。

[简要制法]由十八烷基二甲基叔胺与硝酸经硝化反应后，再与环氧乙烷反应制得。

[生产单位]上海助剂厂、无锡化工集团公司等。

11. 抗静电剂 SP

[别名]硬脂酰胺丙基二甲基 $-\beta-$ 羟乙基铵二氢磷酸盐、磷酸二氢硬脂酰氨基丙基二甲基 $-\beta-$ 羟乙基盐。

[化学式] $C_{25}H_{55}N_2O_6P$

[结构式]
$$\left[C_{17}H_{35}CONHCH_2CH_2CH_2 - \overset{\overset{\displaystyle CH_3}{|}}{\underset{\underset{\displaystyle CH_3}{|}}{N^+}} - CH_2CH_2OH \right] H_2PO_3^-$$

[性质]一种季铵盐阳离子型抗静电剂。商品为 35% 的异丙醇水溶液。外观为淡黄色透明液体，相对密度 0.94，pH 值 6 ~8。对 5% 的酸、碱稳定。溶于水、醇类、丙酮及其他低分子极性溶剂。低毒，对皮肤无刺激性。纯品对眼睛有轻微刺激性。

项 目	指 标	项 目	指 标
外观	浅黄色透明液体	色泽（Cardner）	≤5
pH 值	6～8	浊度（Hellige 浊度仪）	≤35
有效物含量/%	35±1.5		

［用途］用作塑料及纤维的涂布型或混入型抗静电剂。用于硬质聚氯乙烯及填充碳酸钙的聚苯乙烯等塑料时，混入量为 0.5%～1.5%。涂布使用时，主要用于聚氯乙烯、聚烯烃树脂及 ABS 树脂等，用量一般为 1%～10%。也用作合成纤维及织物的抗静电整理剂。

［简要制法］由硬脂酸与 N，N－二甲基丙二胺经酰胺化反应生成硬脂酰基二甲基胺后，再与磷酸及环氧乙烷反应制得。

［生产单位］上海助剂厂。

12. 抗静电剂 TM

［别名］三羟乙基甲基季铵甲基硫酸盐。

［化学式］$C_8H_{21}O_7NS$

［结构式］
$$\left[\begin{array}{c} CH_2CH_2OH \\ | \\ CH_3-N^+-CH_2CH_2OH \\ | \\ CH_2CH_2OH \end{array} \right] CH_3SO_4$$

［性质］一种季铵盐阳离子型抗静电剂。外观为淡黄色黏稠透明液体。相对密度 1.30～1.36。pH 值 6～8。易溶于水。具吸湿性。对纤维有较强亲合力，具有抗静电、柔软等作用。可与其他阳离子及非离子型抗静电剂并用。

［质量规格］

项 目	指 标	项 目	指 标
外观	淡黄色油状黏稠液体	游离三乙醇含量/%	≤4

［用途］用作塑料制品抗静电剂，使用时先用溶剂溶解，再与少量树脂混合、干燥、再加到全部树脂中混合及按常规法加工，用量一般为 0.5%～2%。也用作聚酯、聚酰胺、聚丙烯腈等合成纤维抗静电剂。

［简要制法］由三乙醇胺与硫酸三甲酯经季铵化反应制得。

［生产单位］上海助剂厂、重庆助剂研究所等。

13. ASA 系列抗静电剂

［性质及用途］

工业牌号	性 质	用 途
ASA－10	一种非离子型抗静电剂，外观为白色片状固体，熔点 50～60℃，无毒、无味	适用于聚烯烃塑料及聚氯乙烯的抗静电剂 用于容器时用量为 2%～5%，用于薄膜时用量为 0.3%～0.5%

工业牌号	性 质	用 途
ASA – 90	以非离子表面活性剂为主的复配物，为淡黄色蜡状物，熔点 38 ~ 40℃。分解温度 >340℃。无毒、无味	为内混型抗静电剂，适用于聚乙烯、ABS 树脂等制品，具有良好的初期抗静电效能。一般用量为 1% ~ 4%
ASA – 40	为烷基胺与环氧乙烷的加成物，属非离子型表面活性剂。常温下为淡黄色液体，熔点 18℃，分解温度 >300℃。无毒、无味	适用于聚乙烯、聚丙烯等树脂。可外涂或内混。用于容器用量为 2% ~ 5%，用于薄膜用量为 0.5% ~ 1.0%
ASA – 50	以烷基胺、环氧乙烷加成物为主的复合物，常温下为淡黄色蜡状。熔点 37 ~ 39℃，分解温度大于 350℃	为内混型抗静电剂，尤适用于双向拉伸聚丙烯膜的生产，具有更均衡的抗静电效能，用于容器的用量为 1% ~ 3%，用于薄膜 0.3% ~ 1%。可用于直接接触食品的包装材料
ASA – 51	以烷基胺、环氧乙烷加成物为主的复合物，常温下为淡黄色蜡状固体。凝固点 41 ~ 44℃。分解温度大于 350℃	为内混型抗静电剂，尤适用于双向拉伸聚丙烯膜的生产，其初期抗静电性能优良，且不影响制品透明度，用于容器时用量为 1% ~ 3%，用于薄膜时 0.3% ~ 1.0%
ASA – 150	由非离子型及阳离子型表面活性剂复配制成的内混型抗静电剂。外观为微黄色或黄色膏状物。熔点 59 ~ 68℃。微溶于水，溶于苯、甲苯二甲苯、氯仿等有机溶剂	可用作合成树脂、橡胶等内混型抗静电剂，用于聚氯乙烯、聚烯烃等各种包装制品及天然或合成橡胶等制品。用量一般为 0.2% ~ 5%
ASA – 156	二乙醇十二胺的季铵盐化合物。季铵盐含量 >55%，常温下为淡黄色液体。相对密度 0.95，易溶于水、乙醇	用作外涂或内混型抗静电剂，适用于聚氨酯、聚氯乙烯、丙烯酸树脂及橡胶制品。用量一般为 0.1% ~ 0.6%

[生产单位]北京市化工研究院。

14. ECH 型抗静电剂

[结构式]

[性质]淡黄色蜡状物，熔点 40 ~ 44℃，分解温度 >300℃。低毒。

[质量规格]

项 目	指 标	项 目	指 标
外观	浅黄色蜡状物	游离胺/(mgKOH/g)	<45
皂化值/(mgKOH/g)	104		

[用途]为烷基酰胺类非离子型抗静电剂。用作软质、半硬质聚氯乙烯塑料的混入型抗静电剂。主要用于薄膜、片材、半硬质钙塑聚氯乙烯贴面材料等。可使塑料的表面电阻率从 $10^{10}\Omega \cdot m$ 下降至 $10^{9 ~ 10}\Omega \cdot m$。

[生产单位]杭州市化工研究所。

15. N, N' – 二羟乙基十八胺

[别名]1800、18AO – 2，十八，烷基二乙醇胺、十八胺聚氧乙烯（2）醚、抗静电剂 182。

[化学式] $C_{22}H_{47}NO_2$

[结构式]

$$C_{18}H_{37}N \begin{array}{c} CH_2CH_2OH \\ \\ CH_2CH_2OH \end{array}$$

[性质] 白色至浅黄色蜡状固体。易溶于水、丙酮等。无毒。

[质量规格]

项　目	指　标	项　目	指　标
外观	白色蜡状固体	总胺值/(mg/g)	150~160
熔点/℃	≥50	色泽(cardner)	≤3
叔胺含量/%	≥97	水分/%	≤1
伯胺+仲胺含量/%	≤3		

[用途] 为非离子型抗静电剂。广泛用于聚烯烃、聚苯乙烯、ABS 树脂、聚苯乙烯等。具有良好的相容性、耐热性及稳定性，主要用于包装薄膜、容器、管材等。耐热水性好，不影响制品透明性，一般加入量为 0.3%~0.5%

[简要制法] 由十八胺与环氧乙烷反应制得。

[生产单位] 江苏飞翔化学公司、上海锦山化工公司等。

16. 醇醚磷酸单酯

[别名] 表面活性剂 MAP。

[结构式]

$$RO[CH_2CH_2O]_n \begin{array}{c} O \\ \parallel \\ P-OH \\ \mid \\ OH \end{array} \quad (R-C_{12~14})$$

[性质] 无色至淡黄色黏稠性液体。对皮肤刺激性低。

[质量规格]

项　目	指　标	项　目	指　标
外观	淡黄色黏稠液体	单酯含量/%	>80
总活性物/%	>95	pH 值(10% 水溶液)	<2

[用途] 用作合成树脂、化纤抗静电剂，金属切削润滑剂，防锈剂，造纸脱墨剂等。

[简要制法] 由脂肪醇聚氧乙烯醚和五氧化二磷经磷酸酯化制得以磷酸单酯为主的单、双酯的混合物。

[生产单位] 深圳威莉化学品公司、丹东金海精细化工公司等。

十二、光稳定剂

塑料、橡胶、合成纤维及涂料等制品在日光或强的荧光下，因吸收紫外线而引发自动氧化，导致聚合物降解，使制品的外观和物理机械性能恶化，这一过程称为光氧化或光老化，紫外线也能穿过人体皮肤表层，破坏皮肤细胞，使皮肤真皮逐渐变硬而失去弹性，加快衰老和出现皱纹，凡能抑制光氧化或光老化过程而加入的一些物质称为光稳定剂，光稳定剂用量极少，约为聚合物质量的0.05% ~1%。随着高分子材料的不断开发及应用，光稳定剂成为助剂产品中发展最快的品种之一。

太阳是一个巨大的辐射源，而辐射到地层外层空间的光是波长介于 0.7 ~ 3000nm 之间的连续光谱。太阳光穿过大气层时，290nm 以下和 3000nm 以上的射线几乎都被滤掉，实际到达地面的为 290 ~ 3000nm 的电磁波，其中波长为 400 ~ 800nm 的是可见光(约占 40%)，波长为 800 ~ 3000nm 的是红外线(约占 55%)，而波长为 290 ~ 400nm 的是紫外线(仅占 5%)。所以，对聚合物敏感并导致其光氧化降解的也就是这一部分紫外线。不同聚合物对紫外线的敏感波长也不同。如聚乙烯、聚丙烯、聚氯乙烯、聚苯乙烯及聚碳酸酯对紫外线最大敏感波长分别为 300nm、310nm、310nm、318nm 及 295nm。

光稳定剂能屏蔽或吸收紫外线，其作用机理也因自身结构和品种的不同而有所不同。按光稳定剂的作用机理，可以分为以下 4 类。

①光屏蔽剂。又称遮光剂，是一类能吸收和反射紫外线的物质。在聚合物材料中加入光屏蔽剂后，可起到滤光器的作用，减少紫外线透入到材料内部，从而使其内部不受紫外线的危害，有效地抑制制品的光老化。具有这种功能的主要是一些无机填料或颜料，如二氧化钛、氧化锌、炭黑等。它们的价格较低，对光稳定化的效果也较显著，但因着色性很强，不适用于透明或浅色制品。

②紫外线吸收剂。这类光稳定剂是光稳定剂的主体，它能强烈而又有选择性地吸收对聚合物敏感的紫外线，并将其以热能或无害的低辐射能释放出或消耗掉，从而抑制紫外线的危害作用。紫外线吸收剂不仅有很强的吸收能力，而且本身应具有很强的光稳定性。这类光稳定剂使用时通常要有一定的吸收深度，对薄的制品或聚合物表面的保护作用比较有限。紫外线吸收剂按其结构又可分为水杨酸酯类、二苯甲酮类及苯并三唑类。

水杨酸酯类紫外线吸收剂含有酚基芳酯结构，是应用最早的一类紫外线吸收剂，通常用于纤维素塑料，它吸收光后，分子内部发生重排而产生二苯甲酮结构，从而起到较强的光稳定效果，也可通过酚羟基与酯羰基之间的相互作用吸收和释放能量达到耐光的目的，但重排形成的二羟基二苯甲酮结构，除能吸收紫外线外，还可吸收部分可见光，因而可能导致制品变色。

二苯甲酮类紫外线吸收剂是目前应用最广、产量最大的品种，其光稳定机理一般认为是基于结构中的分子内氢键构成了一个螯合环，吸收紫外线后，分子发生振动，氢键破裂，螯合环打开，从而将紫外光能以热能形式释放出，因此这类产品的光稳定效果主要取决于分子内氢键的强度，强度不同，吸收紫外线波长也不同。

苯并三唑类紫外线吸收剂的光稳定作用机理与二苯甲酮相似，其产量也仅次之。

③猝灭剂。这类光稳定剂的光稳定作用不是吸收紫外线，而是将聚合物分子因吸收紫外线后所产生的激发态转移，快速而有效地将激发态的分子"猝灭"，使其再回到稳定的基态；或是稳定剂接受聚合物中发色团所吸收的能量，并将这些能量以热量、荧光或磷光的形式散发出去，使其回到基态，猝灭剂主要有镍的有机配合物，它主要适用于聚乙烯、聚丙烯、聚苯乙烯、聚氯乙烯及聚乙酸乙烯酯等。镍的有机配合物与紫外线吸收剂并用还具有协同作用。

④自由基捕获剂。是指能通过捕获自由基、分解过氧化物、传递激发态能量等多种途径赋予聚合物以高度光稳定性的一类具有空间位阻效应的哌啶生物类光稳定剂，简称受阻胺类光稳定剂，自由基捕获剂几乎不吸收紫外线，但光稳定效果却高出紫外线吸收剂的数倍，所以，受阻胺类光稳定剂是当前光稳定剂的主要发展品种，其消费量或消费结构在一定程度上

反映一个国家或地区光稳定剂领域的发达程度。

光稳定剂按化学结构可将其分为水杨酸酯类、二苯甲酮类、苯并三唑类、三嗪类、取代丙烯腈类、草酰胺类、有机镍配合物类、受阻胺类及其他类等。

除了上述两种分类方法以外，按照光稳定剂能否与聚合物反应键合，还可将其分为反应型及非反应型光稳定剂。反应型光稳定剂一般含有双键，可与聚合物接枝，或与树脂的单体共聚，而成为聚合物结构的一种组成部分，从而不产生非反应型光稳定剂易抽出及迁移挥发等缺点。故反应型光稳定剂也称作"永久性"光稳定剂。

选择光稳定剂时应考虑以下因素：①能有效吸收 290 ~ 400nm 波长的紫外线，或能猝灭激发态分子的能量，或具有足够捕获自由基的能力；②自身的光稳定性及热稳定性好，不与其他助剂发生反应；③相容性好，在加工或使用过程中不出现渗出或喷霜现象；④耐水解性好，耐其他溶剂的抽提；⑤挥发性低，不污染制品；⑥无毒或低毒；⑦价廉易得。

（一）光屏蔽剂类

1. 二氧化钛

[别名]钛白粉、氧化钛、钛白。

[化学式]TiO_2

[性质]无色、无味、无毒的白色粉末。有三种晶型：锐钛矿型、金红石型及板钛矿型。锐钛矿型分为四方晶系，相对密度 3.84，折射率 2.52，熔点 1720℃；金红石型为四方晶系，相对密度 4.26，折射率 2.7，熔点 1840℃；板钛矿型为斜方晶系，相对密度 3.9 ~ 4.0，折射率 2.55，熔点 1040℃（转变为金红石）。工业品为锐钛矿型及金红石型。化学性质稳定，不溶于水、盐酸、硝酸、稀硫酸，溶于热的浓硫酸、氢氟酸。具有优良的遮盖力及着色牢度。金红石型粉质较软，耐候性及耐热性较好，耐水性也较强，特别适用于户外制品；锐钛矿型粉质白度高，稍带色，遮盖力强，着色性好，分散性也好，但耐热性及耐光性较差，主要用于室内制品。此外，为提高钛白粉的光稳定性及热稳定性，可利用气相煅烧法，在钛白粉粒子表面以单分子层形式沉积氧化铝、二氧化硅及氯化锌等氧化物。

[质量规格]

特　性	要　求				
	A 型		R 型		
	A1	A2	R1	R2	R3
TiO_2 的质量分数/%　≥	98	92	97	90	80
105℃ 挥发物的质量分数/%　≤	0.5	0.8	0.5	商定	
水溶物的质量分数/%　≤	0.6	0.5	0.6	0.5	0.7
筛余物（45μm）的质量分数/%　≤	0.1	0.1	0.1	0.1	0.1

注：表中所列指标摘自 GB/T 1706—2006。

[用途]用作光屏蔽剂。能反射或折射大部分可见光，并能完全吸收波长小于 410nm 的紫外线。金红石型适用于户外使用的不透明塑料制品，可赋予制品良好的光稳定性；锐钛型适用于室内使用的不透明塑料制品。也用作白色橡胶制品的光稳定剂及补强剂。用作白色颜

料，遮盖力大，着色性强，是锌白的 8 倍，可用于树脂、涂料、油墨、化纤等的着色。

[简要制法]锐钛矿型钛白粉可由锐钛矿经浓硫酸分解制得；金红石型钛白粉是由金红石矿经焦炭加热至 900~1000℃后，制得粗制四氯化钛后再经氧化而得。

[生产单位]上海钛白粉公司、南京钛白化工公司等。

2. 氧化锌

[别名]锌白、锌华、锌氧粉。

[化学式]ZnO

[性质]用直接法生产的为白色六方晶体，间接法生产的为微黄色无定形粉末，多数为前者。前者相对密度 5.606，熔点 1975℃，1800℃升华，折射率 2.008，无定形相对密度 5.47。氧化锌系两性氧化物，与强碱及无机酸均能起反应。加热至 500℃时变为黄色，冷却又恢复白色。不溶于水、乙醇、氨水，溶于酸、碱及氯化铵溶液。能吸收空气中的 CO_2 及水，逐渐变为碱式碳酸锌，不被氢还原，不透过紫外线，遇硫化氢不变黑。与油类调成涂料时有较强着色力及遮盖力。本身无毒，但吸入其粉尘可引起"锌"热症，出现食欲不佳、疲倦及体温升高等症状。

[质量规格]（直接法氧化锌）

项 目		ZnO－X1	ZnO－X2	ZnO－T1	ZnO－T2	ZnO－T3	ZnO C1	ZnO C2
氧化锌（以干品计）/%	不少于	99.5	99.0	99.5	99.0	98.0	99.3	99.0
氧化铅（PbO）/%	不大于	0.20	0.20	—	—	—	—	—
三氧化二铁（Fe_2O_3）/%	不大于	—	—	—	—	—	0.05	0.08
氧化镉（CdO）/%	不大于	0.02	0.05	—	—	—	—	—
氧化铜（CuO）/%	不大于	0.006	—	—	—	—	—	—
锰（Mn）/%	不大于	0.0002	—	—	—	—	—	—
金属锌		无	无	无	—	—	—	—
盐酸不溶物/%	不大于	0.03	0.04	—	—	—	0.08	0.08
灼烧减量/%	不大于	0.4	0.6	0.4	0.6	—	0.4	0.6
水溶物/%	不大于	0.4	0.6	0.4	0.6	0.8	0.4	0.6
筛余物（45μm 湿筛）/%	不大于	0.28	0.32	0.28	0.32	0.35	0.28	0.32
105℃挥发物/%	不大于	0.4	0.4	0.4	0.4	0.4	0.4	0.4
遮盖力/（g/m^2）	不大于	—	—	150	150	150	—	—
吸油量/（g/100g）	不大于	—	—	18	20	20	—	—
消色力/%	不大于	—	—	100	95	95	—	—
颜色（与标准样品比）		—		符合标准				

注：如有特殊要求，由供需双方协商。

表中指标摘自 GB/T 3494—2012。

[用途]用作光屏蔽剂，适用于聚烯烃、聚氯乙烯、聚苯乙烯、ABS 树脂和聚氨酯等。一般用量为 5%~10%，与硫代二丙酸二月桂酯、亚磷酸三（壬基苯酯）等抗氧剂并用有良好协同效应。也用作天然及合成橡胶、胶乳的硫化活性剂、补强剂、着色剂。在涂料、油墨中用作白色颜料。氧化锌还用于制造锰锌、镁锌等铁氧体，以及用于制造脱硫剂等。

[简要制法]直接法制氧化锌时，可将优质锌矿粉与无烟煤粉、石灰按比例压制成球团，

在高温下进行还原冶炼，矿粉中的氧化锌被还原成锌蒸气，经氧化生成氧化锌。

[生产单位]上海京华化工公司、柳州锌品公司等。

3. 炭黑

[别名]烟黑、墨灰、焦。

[化学式]C

[性质]外观为疏松的纯黑或灰黑色细粉，颗粒近似于球形，粒径在 $10 \sim 500\mu m$ 之间。主要成分是元素碳。表面含有少量氧、氢、硫等元素。许多粒子常熔结或聚结成三维键的枝状或纤维状聚合体。炭黑粒子中的碳原子是以六角平面构成二维有序的层平面网状排列，六角形排列中碳原子相距 $0.142nm$，层平面间距离为 $0.348 \sim 0.356nm$。层平面间大致是平行等距离的，具有"准石墨晶体"结构，化学性质稳定，不溶于水、酸、碱及有机溶剂。耐光、耐候及耐化学品的性能极佳，有极高的着色力及遮盖力，几乎可以全部吸收可见光，强烈地反射紫外光。在空气中能燃烧并变成 CO_2。也具有较大的比表面积及较好的导电性能。按生产方法不同，炭黑可分为炉黑、槽黑及热裂黑 3 类；而按用途及使用特点，又将炭黑分为橡胶用炭黑、色素炭黑及导电炭黑等。

[用途]塑料工业中用作光屏蔽剂，一般使用的是槽黑，粒径 $10 \sim 30\mu m$，只适用于黑色制品。塑料中添加少量炭黑，耐候性可提高数十倍，但不宜与胺类抗氧剂并用，两者有对抗作用，而与含硫类抗氧剂并用时有协同效应，橡胶工业中，炭黑是仅次于橡胶居第二位的原料并赋予制品以良好的耐磨耗、耐撕裂、耐油、耐热、耐寒等性能。也用作油墨、涂料、纸张等的着色及用于制造皮革涂饰剂等。

[简要制法]炉黑是以天然气或高芳烃油在反应炉中经不完全燃烧或热解而制得的炭黑；槽黑是以天然气为主要原料，以槽钢为火焰接触面而制得的炭黑；热裂黑是以天然气、焦炉气或重质液态烃为原料，在无氧、无焰条件下经高温热裂解而制得的炭黑。

(二)水杨酸酯类及苯甲酸酯类

1. 水杨酸苯酯

[别名]邻羟基苯甲酸苯酯、萨罗、光稳定剂 NL-1。

[化学式]$C_{13}H_{10}O_3$

[结构式]

[性质]白色斜方晶系结晶粉末，有芳香气味。相对密度 1.2614，熔点 43℃，沸点 172 ~ 173℃(1.6kPa)。难溶于水，微溶于甘油，溶于乙醇、乙酸、甲苯，易溶于乙醚、苯、四氯化碳及吡啶。能吸收 290 ~ 330nm 紫外线。

[质量规格]

项　目	指　标	项　目	指　标
水杨酸苯酯含量/%	≥99.0	氯化物/%	≤0.03
熔点/℃	≥41	硫酸盐/%	≤0.1
游离酸(水杨酸、水杨酸钠)	合格	灼烧残渣/%	≤0.05

注：表中所列指标为企业标准。

[用途]是最早应用的紫外线吸收剂。用作聚酯、聚氯乙烯、纤维素树脂、聚苯乙烯、聚

偏二氯乙烯、聚乙烯及聚氨酯等材料的光稳定剂。其缺点是不能吸收整个波长范围的紫外线，吸收率低，本身对紫外线不稳定，光照后会发生分子重排而使制品带色，故多用于有色塑料制品。其优点是与树脂相容性好，价格低廉。用量一般为 0.5% ~2%，最高可达4%。也用作调和漆稳定剂、防腐剂等。

[简要制法]在硫酸催化剂存在下，由水杨酸与苯酚进行酯化反应制得粗品，再经中和、水洗、蒸馏制得本品。

2. 水杨酸对叔丁基苯酯

[别名]水杨酸 -4 -叔丁基苯酯、2 -羟基苯甲酸 -4 -叔丁基苯酯、紫外线吸收剂 TBS。

[化学式]$C_{17}H_{18}O_3$

[结构式]

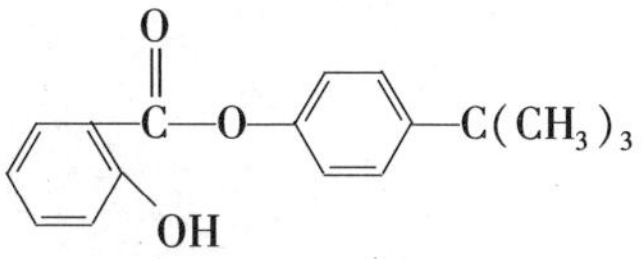

[性质]白色结晶粉末，略有气味。熔点 62 ~64℃。微溶于水，溶于甲乙酮、甲苯、乙酸、乙酸乙酯、溶剂汽油等。能吸收 290 ~330nm 波长范围的紫外线。低毒，可用于食品包装材料。

[质量规格]

项　目	指　标	项　目	指　标
外观	白色结晶粉末	熔点/℃	≥62
TBS 含量/%	≥99.0	灼烧残渣/%	≤0.5

注：表中所列指标为参考规格。

[用途]用作聚乙烯、聚氯乙烯、纤维素树脂、聚氨酯、聚甲基丙烯酸甲酯、ABS 树脂等的光稳定剂。光稳定效能好，但在光激发下，会发生分子重排而使制品带黄色。也用作聚氨酯漆等的光稳定剂。用量一般为 0.2% ~0.6%。

[简要制法]在磷酰氯存在下，由水杨酸与对叔丁基苯酚反应制得。

[生产单位]天津合成材料研究所。

3. 双水杨酸双酚 A 酯

[别名]双酚 A 双水杨酸酯、4，4′ -亚异丙基双酚双水杨酸酯、紫外线吸收剂 BAD。

[化学式]$C_{29}H_{24}O_6$

[结构式]

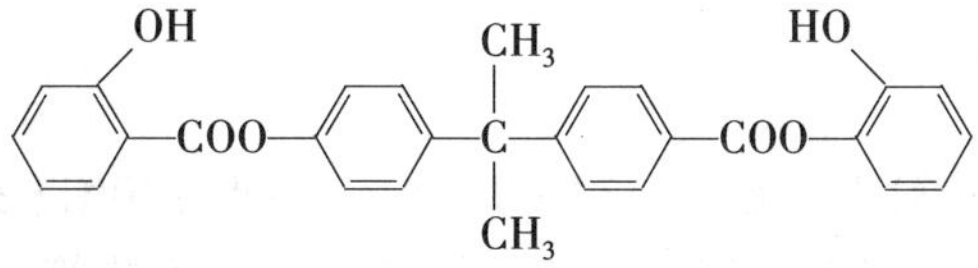

[性质]白色粉末，无臭，熔点 158 ~161℃。不溶于水，易溶于苯、甲苯、丙酮、氯苯、二甲苯、石油醚等溶剂。与各种树脂相容性较好，可吸收波长 350nm 以下的紫外线，对大气中的氧也有稳定作用。

[质量规格]

项　目	指　标	项　目	指　标
外观	白色粉末	粒度/μm	1 ~5
熔点/℃	158 ~161		

注：表中所列指标为参考规格。

[用途]为水杨酸酯类光稳定剂的代表性品种。适用于聚乙烯、聚丙烯、聚氯乙烯等制品，与树脂相容性好，迁移性小，用量一般为 0.25% ~4%。用于聚乙烯及聚氯乙烯农用薄膜时，既能吸收对植物生长有害的短波紫外线，又能透过对植物生长有益的长波紫外线，起到抗老化与促进植物生长的相对平衡。与 UV - 531 等紫外线吸收剂并用时有协同效应。

[简要制法]在三氯化铝催化剂存在下，由水杨酸与亚硫酰氯反应生成水杨酰氯，然后以吡唑为催化剂与双酚 A 反应制得粗品，经精制提纯后得成品。

[生产单位]天津合成材料研究所。

4. 2 - 乙基己基水杨酸酯

[别名]水杨酸异辛酯。

[化学式]$C_{15}H_{22}O_3$

[结构式]

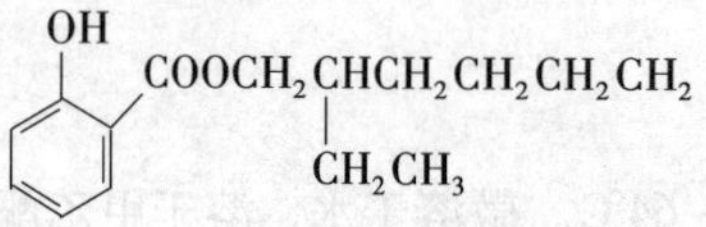

[性质]无色至淡黄色透明液体。沸点 138 ~148℃(0.133 ~0.266kPa)。折射率 1.4997(20℃)。不溶于水，溶于乙醇、苯、丙酮等溶剂。能有效地吸收紫外线。

[质量规格]

项　目	指　标	项　目	指　标
外观	淡黄色透明液体	沸点(0.133 ~0.266kPa)/℃	138 ~148
含量/%	≥98.5	折射率/(20℃)	1.4992 ~1.5002

注：表中所列指标为参考规格。

[用途]用作塑料、橡胶、涂料、油墨等紫外线吸收剂。也用于配制防晒霜、防晒膏等。

[简要制法]在催化剂存在下，由水杨酸与异辛酸反应制得。

[生产单位]温州橡胶厂。

5. 间苯二酚单苯甲酸酯

[别名]单苯甲酸间苯二酚酯、紫外线吸收剂 RMB。

[化学式]$C_{13}H_{10}O_3$

[结构式]

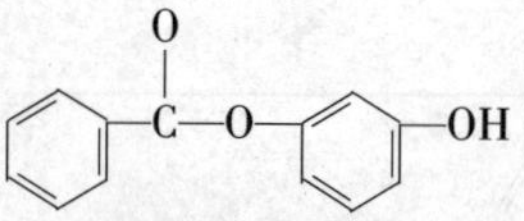

[性质]白色至淡黄色棱柱状结晶粉末。熔点 132 ~135℃，沸点 140℃(20Pa)。松堆密度 0.68g/cm³(20℃)。微溶于水及苯，溶于丙酮、乙醇、氯仿及乙酸乙酯等，在邻苯二甲酸二辛酯中的溶解度随温度升高而急剧上升，低毒。

[质量规格]

项　目	指　标	项　目	指　标
外观	白色至淡黄色结晶粉末	RMB 含量/%	≥99.9
熔点/℃	≥132	灼烧减量/%	≤0.5

注：表中所列指标为参考规格。

[用途]本品经光照后，分子结构发生重排，形成 2，4 - 二羟基二苯甲酮结构，而可吸

556

收部分紫外线，最大吸收波长340nm。用作聚氯乙烯及纤维素树脂的光稳定剂及抗氧剂时，一般用量为1%～2%。适合于透明制品。

[简要制法]由间苯二酚与苯甲酰氯反应制得。

[生产单位]武汉化学助剂厂。

6. 盖基邻氨基苯甲酸酯

[别名]邻氨基苯甲酸盖酯。

[化学式]$C_{17}H_{25}NO_2$

[结构式]

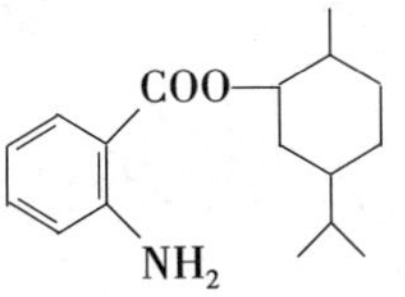

[性质]淡黄色至深黄色黏稠液体，略带甜芳香气味。相对密度1.020～1.060，折射率1.532～1.552，闪点>100℃。不溶于水、甘油、50%乙醇溶液、50%丙酮溶液，溶于乙醇、异丙醇、丙醇、白油等。常温下稳定，低毒。

[质量规格]

项　目	指　标	项　目	指　标
含量/%	≥98.0	相对密度	1.02～1.06
皂化值/(mgKOH/g)	180～210	折射率	1.532～1.552
酸值/(mgKOH/g)	≤1.0		

注：表中所列指标为参考规格。

[用途]用作光稳定剂2-羟基-4-甲氧基二苯甲酮(紫外线吸收剂UV-9)的增溶剂。也是一种液体紫外线吸收剂，能吸收190～335nm波长的紫外线，主要用于配制化妆品防晒液。

[生产单位]上海轻工研究所。

(三)二苯甲酮类

1. 2, 4 - 二羟基二苯甲酮

[别名]紫外线吸收剂UV-0。

[化学式]$C_{13}H_{10}O_3$

[结构式]

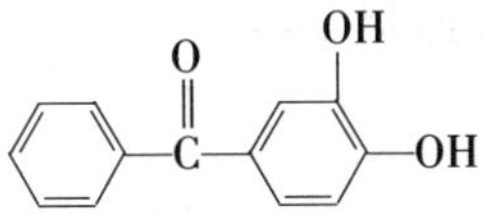

[性质]白色、淡黄色或桔黄色针状结晶性粉末。相对密度1.2743，熔点142.6～144.6℃，沸点194℃(133Pa)。难溶于水、甘油、苯，溶于甲醇、乙醇、丙二醇、乙醚、甲乙酮、二噁烷等。可燃，其粉尘与空气的混合物遇明火有爆炸危险，毒性极低。

[质量规格]

项　目	指　标	项　目	指　标
外观	白色淡黄色或桔黄色粉末	水分/%	≤0.5
熔点/℃	≥137	灰分/%	≤0.5

注：表中所列指标为参考规格。

[用途]用作紫外线吸收剂及其中间体。能吸收 $280 \sim 340nm$ 的紫外线，可用作聚氯乙烯、环氧树脂、不饱和聚酯等合成树脂及涂料的光稳定剂。用量一般为 $0.1\% \sim 1\%$，但不常用。由本品衍生的 UV – 9、UV – 531 等二苯甲酮类，以及其他单羟基、双羟基、三羟基的此类化合物，是应用最广的吸收型光稳定剂。也用作光敏胶及光固化涂料等的光敏剂。

[简要制法]在三氯化铝催化剂存在下，由间苯二酚经缩合反应制得。

[生产单位]武汉化学助剂厂

2. 2 – 羟基 – 4 – 甲氧基二苯甲酮

[别名]紫外线吸收剂 UV – 9。

[化学式]$C_{14}H_{12}O_3$

[结构式]

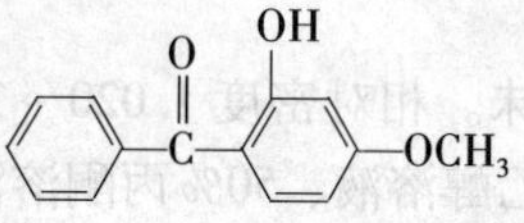

[性质]浅黄色结晶粉末。相对密度 $1.324(25℃)$，熔点 $62 \sim 66℃$，沸点 $156 \sim 160℃(0.667kPa)$。不溶于水，难溶于乙醇、正己烷，溶于苯、丙酮、甲乙酮、甲醇、乙酸乙酯等。对光、热稳定，加热至 $200℃$ 不分解，能吸收 $380nm$ 以下的紫外线，但不吸收可见光。与极性油类配伍良好，与非极性油类配伍性差，长期储存时，呈过饱和状态会析出结晶。

[质量规格]

项　　目	指　标	项　　目	指　标
外观	浅黄色结晶粉末	含量/% ≥	99.0
熔点/℃	62~65℃	水分/% ≤	0.1

注：表中所列指标为企业标准。

[用途]为通用型二苯甲酮类光稳定剂。可用于乙烯基树脂、ABS 树脂、聚酯、纤维素树脂及橡胶等，适用于浅色制品，一般用量为 $0.5\% \sim 1.5\%$，也用作涂料、木质家具的防紫外线剂，还用于制造化妆品防晒霜等。

[简要制法]以间苯二酚、硫酸二甲酯及苯甲酰氯等为原料制得。

[生产单位]武汉化学助剂厂。

3. 2 – 羟基 – 4 – 正辛氧基二苯甲酮

[别名]紫外线吸收剂 UV – 531。

[化学式]$C_{21}H_{26}O_3$

[结构式]

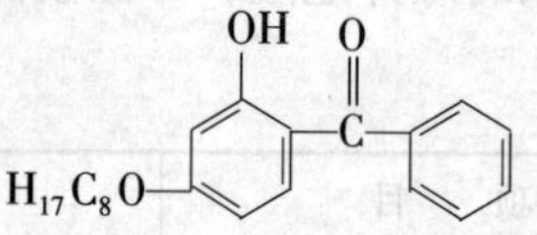

[性质]白色或浅黄色结晶粉末。相对密度 $1.160(25℃)$，熔点 $48 \sim 49℃$。不溶于水，微溶于二氯乙烷，稍溶于乙醇，溶于苯、丙酮、异丙苯、正己烷等。能强烈吸收 $300 \sim 375nm$ 的紫外线。挥发性低，低毒！

[质量规格]

项　目	指　标	项　目	指　标
外观	浅黄色结晶粉末	含量/%	≥99.0
熔点/℃	47～49	水分/%	≤0.1

注：表中所列指标为企业标准。

[用途]是二苯甲酮类光稳定剂的代表性品种，对光、热稳定性好。与多数树脂相容性好，尤与聚烯烃树脂相容性好。单独使用不变色。与酚类抗氧剂、受阻胺类光稳定剂并用有协同效应。广泛用作各种聚烯烃及其他合成树脂、涂料等的光稳定剂，在聚烯烃中的用量为0.25%～1%，硬质聚氯乙烯中为0.25%～0.5%。

[简要制法]由2，4-二羟基二苯甲酮与1-溴代正辛烷在碳酸钾、丙酮存在下反应制得粗品，再经过滤、浓缩、乙醇重结晶而制得成品。

[生产单位]武汉化学助剂厂、江苏镇江全益集团公司等。

4. 2，2′二羟基-4-甲氧基二苯甲酮

[别名]紫外线吸收剂 UV-24。

[化学式]$C_{14}H_{12}O_4$

[结构式]

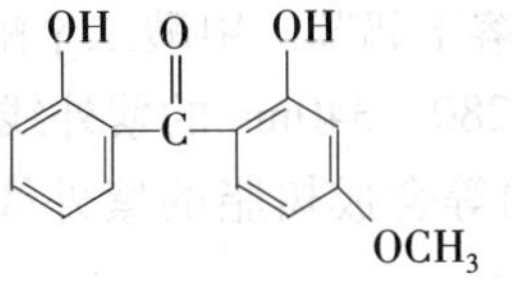

[性质]浅黄色粉末。相对密度 1.382（25℃）。熔点 67～70℃。沸点 170～175℃（0.133kPa）。不溶于水，微溶于正庚烷，溶于乙醇、苯、甲乙酮及四氯化碳等。分子结构中含两个邻位羟基的二苯甲酮，紫外线吸收能力极强，能强烈吸收波长为 330～370nm 的紫外线，其主要缺点是部分吸收可见光，会使制品略带黄色。

[质量规格]

项　目	指　标	项　目	指　标
外观	浅黄色结晶粉末	含量/%	≥98.5
熔点/℃	68		

注：表中所列指标为参考规格。

[用途]用作合成树脂紫外线吸收剂，与树脂相容性好，适用于聚氯乙烯、聚氨酯、纤维素树脂、丙烯酸树脂及蜜胺树脂等。用量一般为 0.25%～3%。也用作涂料光稳定剂。

[简要制法]由水杨酰氯与间苯二酚反应制得。

[生产单位]武汉化学助剂厂、广州助剂厂等。

5. 2-羟基-4-苄氧基二苯甲酮

[别名]紫外线吸收剂 UV-13。

[化学式]$C_{20}H_{16}O_3$

[结构式]

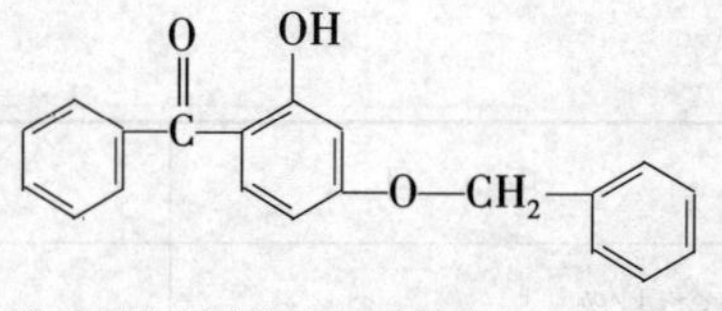

[性质]浅黄色结晶粉末。熔点 118～120℃。不溶于水，溶于醇、醚、酮等有机溶剂。与乙烯基树脂、聚酯及纤维素树脂等有良好的相容性，挥发性较低。低毒！

[用途]用作乙烯基树脂、纤维素树脂及其他多种合成树脂的紫外线吸收剂，有良好的光、热稳定性。

[简要制法]在纯碱及碘化钾存在下，由 2，4－二羟基二苯甲酮与氯化苄反应制得。

[生产单位]武汉化学助剂厂。

6. 2－羟基－4－十二烷氧基二苯甲酮

[别名]简称 DOBP。

[化学式]$C_{25}H_{34}O_3$

[结构式]

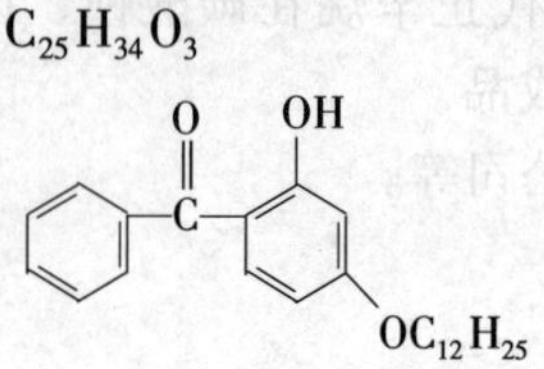

[性质]浅黄色片状结晶性固体。无臭。熔点 44～49℃。松堆密度 0.49g/mL。不溶于水，微溶于乙醇，溶于丙酮、苯及己烷等有机溶剂，也溶于邻苯二甲酸二辛酯。与聚烯烃有良好相容性。着色性小，无污染性。可强烈吸收波长为 280～340nm 的紫外线。

[用途]用作聚乙烯、聚丙烯、聚苯乙烯及聚氯乙烯等合成树脂的紫外线吸收剂，有较好的光稳定作用。一般用量为 0.25%～2%。

[生产单位]武汉化学助剂厂。

7. 2－羟基－4－甲氧基二苯甲酮－5－磺酸

[别名]Uvinul Ms－40。

[化学式]$C_{14}H_{12}O_7S$

[结构式]

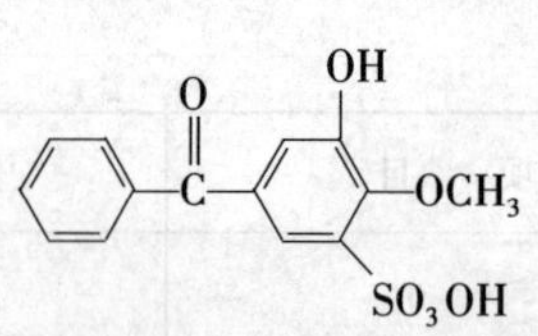

[性质]白色至淡黄色结晶性粉末，无臭。熔点高于100℃。易溶于水、丙二醇，稍溶于乙醇、异丙醇及甘油，不溶于白油。为水溶性紫外线吸收剂，能吸收波长为 290～400nm 的紫外线，但几乎不吸收可见光。对热、光稳定，低毒！

[用途]用作乙酸乙烯酯、丙烯酸酯及化妆品的紫外线吸收剂及光稳定剂。主要用于水溶性产品的配方。

[简要制法]由 2－羟基－4－甲氧基二苯甲酮经硫酸磺化制得。

[生产单位]上海轻工业研究所。

(四)苯并三唑类

1. 2－(2－羟基－5－甲基苯基)苯并三唑

[别名]紫外线吸收剂 UV－P。

[化学式]$C_{13}H_{11}N_3O$

[结构式]

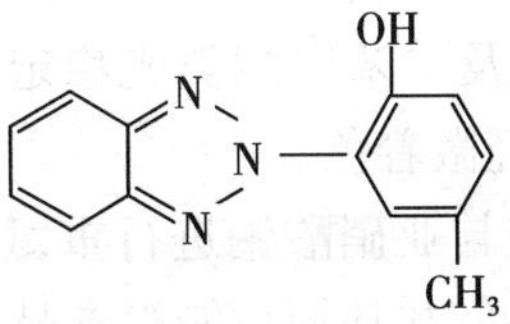

[性质]无色或淡黄色结晶粉末。相对密度 1.51。熔点 130～131℃，沸点 225℃（1.33kPa）。微溶于水，溶于乙醇、丙酮、苯、二甲苯、氯仿、汽油等。可吸收 270～380nm 波长的紫外线，几乎不吸收可见光。热稳定性好，对酸、碱、氧化剂及还原剂均较稳定。能溶于碱生成黄色盐，加酸后则再沉淀析出。无毒！

[质量规格]

项　目	指　标	项　目	指　标
外观	无色或浅黄色晶体	灼烧残渣/%	≤0.1
熔点/℃	130～131		

注：表中所列指标为参考规格。

[用途]以作合成树脂及化妆品防晒剂的紫外线吸收剂。合成树脂中用于聚酯、聚氯乙烯、环氧树脂及乙酸纤维素等。初期着色性小，尤适用于浅色或无色透明制品。因对紫外线吸收能力强，用量可比二苯甲酮小。合成纤维中用量为 0.5%～2%。塑料薄膜制品中用量为 0.1%～0.5%。

[简要制法]以邻硝基苯胺、亚硝酸钠及对甲基苯酚钠等为原料制得。

[生产单位]天津合成材料研究所、杭州欣阳三友精细化工公司等。

2. 2-(3-叔丁基-2-羟基-5-甲基苯基)-5-氯代苯并三唑

[别名]紫外线吸收剂 UV-326。

[化学式]$C_{17}H_{18}N_3OCl$

[结构式]

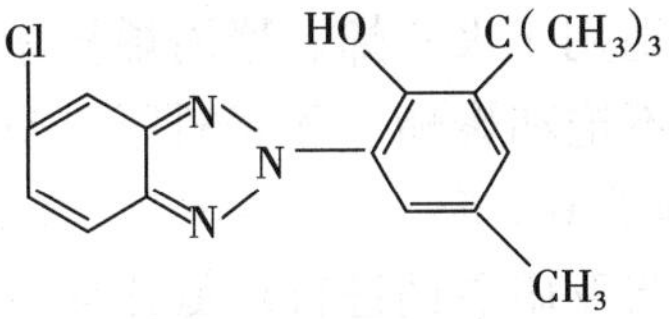

[性质]淡黄色结晶粉末。熔点 140～141℃。不溶于水、乙醇、甲醇，微溶于丙酮、乙酸乙酯，石油醚，溶于苯、甲苯、苯乙烯。能吸收 270～380nm 波长的紫外线，可燃。其粉尘与空气的混合物遇明火有爆炸危险。低毒！可用于与食品接触的包装材料。

[质量规格]

项　目	指　标	项　目	指　标
外观	微黄色结晶粉末	灰分/%	≤0.1
熔点/℃	137～141	灼烧残渣/%	≤0.5

注：表中所列指标为参考规格。

[用途]为苯并三唑类通用型光稳定剂。与多种树脂相容性好，兼有抗氧作用。对金属

离子不敏感，在碱性条件下不变黄，耐热性、挥发性及耐抽出性好。常用作聚乙烯、聚丙烯、聚氯乙烯、聚丁烯、不饱和聚酯、聚酰胺、聚氨酯、环氧树脂、ABS 树脂及纤维素树脂等的光稳定剂。用量一般为 0.1% ~ 1.0%。与抗氧剂及二苯甲酮类光稳定剂并用有显著协同效应。本品因吸收紫外线的波长较长，对制品会有轻微着色。

[简要制法] 在盐酸存在下，由 2 - 硝基 - 5 - 氯苯胺与亚硝酸钠进行重氮化反应，反应生成物再在碳酸钠存在下与 2 - 叔丁基对甲酚偶合，再经锌粉还原后制得本品。

[生产单位] 天津合成材料研究所。

3. 2 - (2′ - 羟基 - 3′, 5′ - 二叔丁基苯基) - 5 - 氯代苯并三唑

[别名] 紫外线吸收剂 UV - 327。

[化学式] $C_{20}H_{24}N_3OCl$

[结构式]

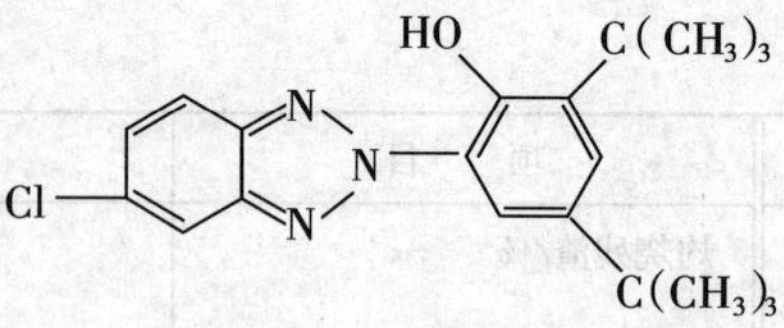

[性质] 淡黄色结晶粉末。相对密度 1.20(25℃)，熔点 152 ~ 156℃。不溶于水，微溶于甲醇、乙醇、丙酮、二甘醇、乙醚，溶于苯、甲苯、环己醇、乙酸乙酯。能强烈吸收波长 300 ~ 400nm 的紫外线，最大吸收峰为 353nm。具有化学稳定性好、挥发性低、耐高温加工、耐抽出、耐迁移及与树脂相容性好等特点。低毒。可用于食品包装材料。

[质量规格]

项　　目	指　　标	项　　目	指　　标
外观	淡黄色结晶粉末	水分/%	≤0.05
熔点/℃	154 ~ 158	灰分/%	≤0.05

注：表中所列指标为参考规格。

[用途] 为通用型苯并三唑类光稳定剂，特别适用于聚乙烯、聚丙烯树脂、也适用于聚氯乙烯、聚氨酯、聚甲醛、聚甲基丙烯酸甲酯、不饱和聚酯、环氧树脂、ABS 树脂等。与抗氧剂及其他光稳定剂并用有协同效应。最大用量为 0.5%。

[简要制法] 在盐酸存在下，由对邻硝基苯胺与亚硝酸钠进行重氮化反应，反应生成物与 2, 4 - 二叔丁基苯酚进行偶合，偶合物经锌粉还原、精制后制得本品。

[生产单位] 上海助剂厂。

4. 2 - (2′ - 羟基 - 3′, 5′ - 二叔戊基苯基) 苯并三唑

[别名] 紫外线吸收剂 UV - 328。

[化学式] $C_{22}H_{29}N_3O$

[结构式]

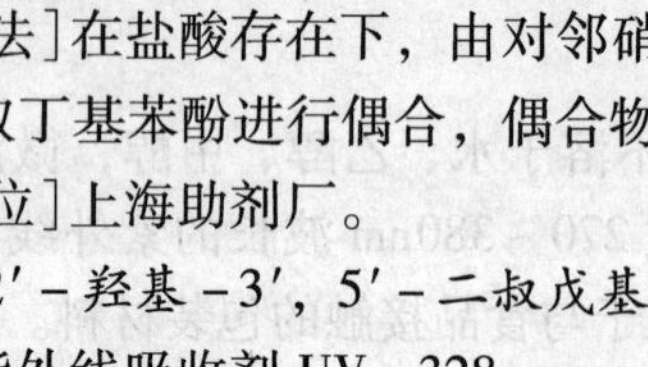

[性质] 白色至淡黄色粉末。相对密度 0.91，熔点 81℃。不溶于水，微溶于甲醇、

562

乙醇，稍溶于丙酮，溶于甲苯、甲乙酮、环己烷及苯乙烯等溶剂。能有效地吸收波长为 270~380nm 的紫外线，最大吸收波长为 345nm，与多数树脂相容性好，挥发性低，耐洗涤。

[质量规格]

项　　目	指　　标	项　　目	指　　标
外观	微黄色结晶粉末	灰分/%	<0.2
熔点/℃	81	加热减量/%	<0.5

注：表中所列指标为参考规格。

[用途]为苯并三唑类紫外线吸收剂的优良品种，由于不与金属离子发生有害反应，因此不会因催化剂残渣或其他重金属离子的存在而引起制品变色。适用于乙烯基树脂、纤维素树脂、ABS 树脂及环氧树脂等，光稳定效能与 UV-327 相似。一般用量为 0.5%~1.5%。

[简要制法]由邻硝基苯胺与 2,4-二叔戊基苯酚经重氮化、偶合、还原等反应制得。

[生产单位]杭州欣阳三友精细化工公司、江苏吴江东风化工厂等。

5. 2-(2-羟基-5-叔辛基苯基)苯并三唑

[别名]紫外线吸收剂 UV-5411。

[化学式]$C_{19}H_{25}N_3O$

[结构式]

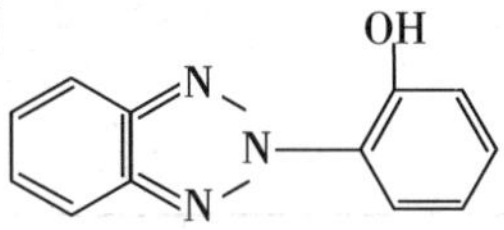

[性质]白色粉末。相对密度 1.18(25℃)，熔点 101~106℃。耐热性好，300℃以下不分解。不溶于水、乙二醇，微溶于乙醇，溶于苯、乙酸乙酯及苯乙烯等。能有效吸收波长 270~380nm 的紫外线，吸收峰为 345nm(乙醇中)。

[质量规格]

项　　目	指　　标	项　　目	指　　标
外观	白色结晶粉末	灰分/%	≤0.05
熔点/℃	101~106	加热减量/%	≤0.05

[用途]高效紫外线吸收剂品种，挥发性低，初期着色性小。主要用于聚酯、聚苯乙烯、硬聚氯乙烯、聚甲基丙烯酸甲酯、ABS 树脂及聚碳酸酯等，在高温加工的工程塑料及透明制品中效果尤为明显，一般用量为 0.01%~1.0%。也可用于聚烯烃树脂，用量为 0.1%~0.5%，与抗氧剂并用可提高制品的耐候性及热氧稳定性。

[简要制法]由邻硝基苯胺、对叔辛基苯酚经重氮化、偶合、还原等反应制得。

[生产单位]江苏吴江东风化工厂。

（五）含镍化合物

1. N,N-二正丁基二硫代氨基甲酸镍

[别名]光稳定剂 NBC。

[化学式]$C_{18}H_{36}N_2S_4Ni$

[结构式] $(C_4H_9)_2N-\overset{\overset{\displaystyle S}{\|}}{C}-S-Ni-S-\overset{\overset{\displaystyle S}{\|}}{C}-N(C_4H_9)_2$

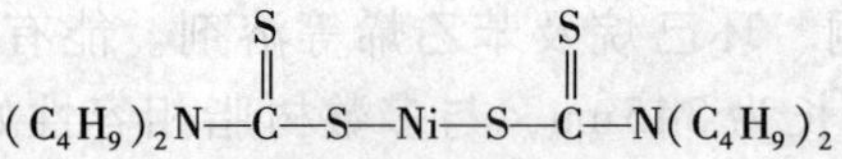

[性质]深绿色粉末。相对密度 1.26(25℃)，熔点高于 86℃，闪点 263℃。不溶于水，微溶于乙醇、丙酮，溶于苯、二硫化碳、氯仿等。储存稳定性好，粉末对皮肤有刺激作用。

[用途]用作合成树脂及橡胶的光稳定剂及抗臭氧剂，对聚丙烯纤维、薄膜等制品有优良的光稳定作用。一般用量为 0.3%~0.5%。用于氯丁、丁苯等合成橡胶、有防止臭氧龟裂作用。也能提高氯磺化聚乙烯及氯丁橡胶等的耐热性。但本品颜色较深，会使制品带黄绿色。

[生产单位]太原化工研究所。

2. 2，2′-硫代双(对叔辛基苯酚)镍

[别名]光稳定剂 AM-101。

[化学式]$C_{28}H_{40}O_2SNi$

[结构式]

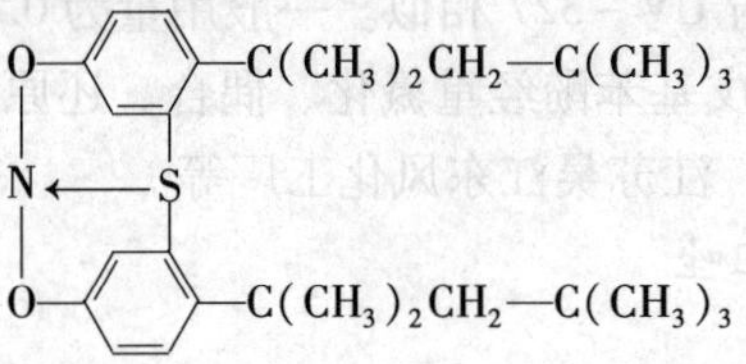

[性质]绿色粉末。相对密度 1.06。不溶于水，在醇、醚、酮、芳烃等常用溶剂中溶解度较低。最大紫外线吸收波长为 290nm(氯仿中)。

[质量规格]

项 目	指 标	项 目	指 标
外观	绿色粉末或片状	熔点/℃	130

注：表中所列指标为参考规格。

[用途]一种猝灭型光稳定剂，对聚乙烯、聚丙烯薄膜及纤维的光稳定性效果优良。用于纤维制品有良好的耐洗涤性。与紫外线吸收剂并用有较强的协同作用。分子结构中因含有硫原子，高温加工时会使制品变黄，故不适用于透明制品。

[简要制法]由对叔辛基苯酚与二氯化硫反应生成 2，2′-硫代双(对叔辛基苯酚)，再与乙酸镍配位而制得。

[生产单位]上海染料及涂料研究所。

3. 2，2′-硫代双(对叔辛基苯酚)镍-正丁胺配合物

[别名]光稳定剂 1084。

[化学式]$C_{32}H_{51}NO_2SNi$

[结构式]

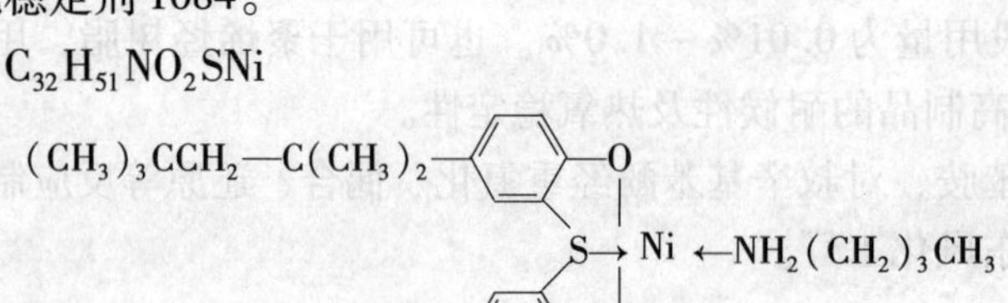

[性质]浅绿色粉末。相对密度 1.367(25℃)，熔点 258~261℃。不溶于水，微溶于乙醇、甲乙酮，溶于甲苯、氯仿、四氢呋喃等。能吸收波长为 270~330nm 的紫外线。最大紫

外线吸收波长为296nm(氯仿中)。

[质量规格]

项　目	指　标	项　目	指　标
外观	淡绿色粉末	熔点/℃	258~261

注：表中所列指标为参考规格。

[用途]是高效镍猝灭剂主要品种之一，具有吸收紫外线，猝灭激发态能量及抗热氧功能，并具有挥发性低，着色性小和对聚烯烃染色有促进作用等特点。适用于聚乙烯、聚丙烯及EVA聚合物等制品。一般用量为0.25%~0.5%。与苯并三唑、受阻胺等光稳定剂并用有协同效应。

[简要制法]由对叔辛基苯酚与二氯化硫在四氯化碳溶剂中反应生成2，2′-硫代双(对叔辛基苯酚)，再经与乙酸镍、正丁胺反应制得。

[生成单位]太原化工研究所。

4. 双(3，5-二叔丁基-4-羟基苄基膦酸单乙酯)镍

[别名]光稳定剂2002。

[化学式]$C_{34}H_{56}NiO_8P_2 \cdot xH_2O$

[结构式]
$$\left[\begin{array}{c} (CH_3)_3C \\ HO-\bigcirc-CH_2-\overset{O}{\underset{OC_2H_5}{P}}-O \\ (CH_3)_3C \end{array} \right]_2 Ni \cdot xH_2O$$

[性质]粉末状固体，依含水量不同而呈淡黄色或淡绿色。熔点180~200℃。微溶于水，易溶于乙醇、苯、丙酮等常用溶剂。具有光稳定及热氧化稳定性高，耐抽出、着色性小，与聚合物相容性好等特点。

[质量规格]

项　目	指　标	项　目	指　标
外观	淡黄色至淡绿色粉末	磷含量/%	8.4~8.7
熔点/℃	180~200	镍含量/%	≥7.5

注：表中所列指标为参考规格。

[用途]一种典型的镍猝灭剂，具有猝灭激发态能量和捕获自由基双重功能。用作合成树脂、橡胶及纤维等的光稳定剂及抗氧剂，适用于乙烯基树脂、聚酯、聚酰胺、聚乙酸乙酯及丁苯橡胶等。尤对纤维和薄膜有优良的稳定作用，用于聚丙烯纤维、薄膜及编织带等制品，对聚丙烯纤维兼有助染作用及一定的阻燃作用，一般用量为0.1%~1.0%，与酚类抗氧剂、亚磷酸酯及硫代酯类辅助抗氧剂有协同作用。

[简要制法]以二叔丁基苯酚、甲醛、二甲胺、磷酸二乙酯及氯化镍等为原料经多步反应制得。

[生产单位]镇江化工研究所、北京市化工研究院等。

（六）受阻胺类

1. 4 - 苯甲酰氧基 - 2，2，6，6 - 四甲基哌啶

[别名]光稳定剂744。

[化学式]$C_{16}H_{23}O_2N$

[结构式]

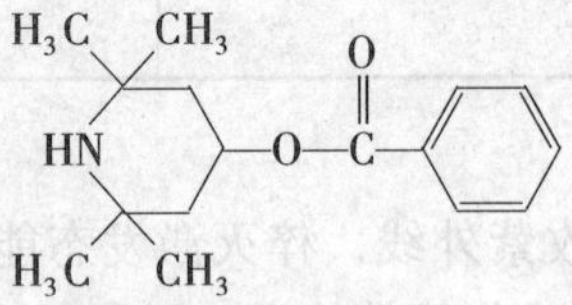

[性质]白色结晶性粉末。熔点96～98℃。分解温度高于280℃，不溶于水，溶于丙酮、乙酸乙酯、甲苯及乙醇等溶剂，本身几乎无吸收紫外线的能力，但能有效地捕获聚合物在紫外线作用下产生的活性自由基，从而起到光稳定作用。

[用途]用作聚烯烃、聚苯乙烯、聚氨酯、聚酯及聚酰胺等树脂的光稳定剂。用于聚乙烯、聚丙烯时效果更为突出。光稳定性能比一般紫外线吸收剂高数倍。与抗氧剂及其他紫外线吸收剂并用有较强协同作用。

[简要制法]可以丙酮、氨及苯甲酸等为原料经多步反应制得。

[生产单位]杭州欣阳三友精细化工公司。

2. 双（2，2，6，6 - 四甲基哌啶基）癸二酸酯

[别名]光稳定剂770、受阻胺770。

[化学式]$C_{28}H_{52}N_2O_4$

[结构式]

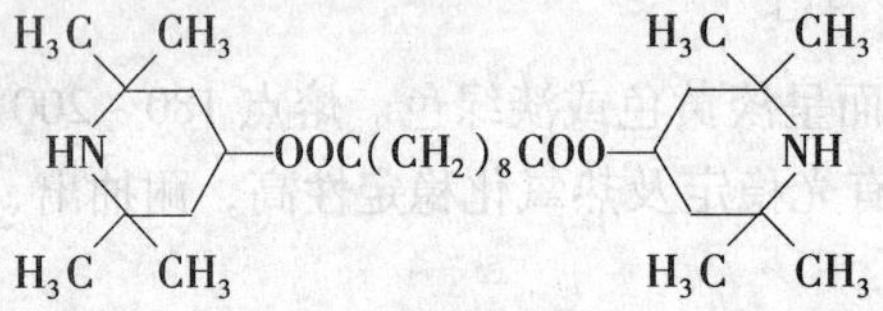

[性质]无色或微黄色结晶粉末。熔点81～85℃，难溶于水，溶于丙酮、苯、氯仿、乙酸乙酯、甲醇及氯甲烷等溶剂，有效氮含量5.83%，能吸收波长为290～400nm的紫外线。

[质量规格]

项　目	指　标	项　目	指　标
外观	白色或微黄色结晶粉末或片状	熔点/℃	81～85

注：表中所列指标为参考规格。

[用途]用作合成树脂光稳定剂。适用于聚乙烯、聚丙烯、聚苯乙烯及 ABS 树脂等。光稳定效能高。尤在聚烯烃制品中的光稳定效果是紫外线吸收剂及镍猝灭剂的3～4倍，由于相对分子质量低、挥发性大，耐迁移及耐抽出性较差，宜用于厚制品中，一般用量为0.1%～0.5%，与抗氧剂并用有显著协同效应。

[简要制法]由丙酮与氨在催化剂存在下缩合后，经加氢、与癸二酸二甲酯酯交换后制得本品。

[生产单位]北京加成助剂研究所、北京市化工研究院等。

566

3. 光稳定剂944

[别名]chimassorb 944。

[化学式]$(C_{35}H_{66}N_8)_n$

[结构式]

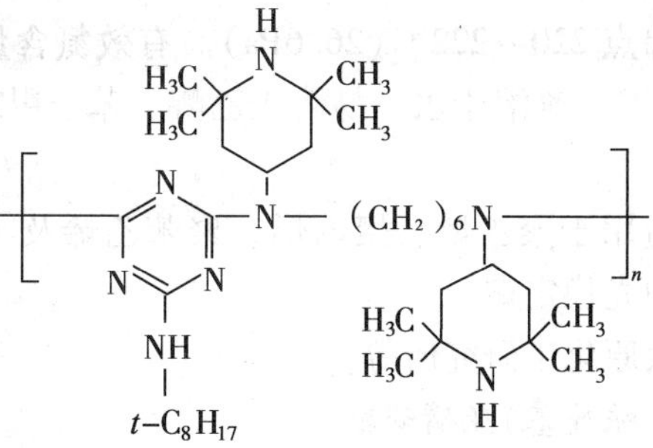

[性质]白色或微黄色粉末。有效氮含量4.6%，相对密度1.01，软化温度$100 \sim 135℃$，$300℃$时的热失重为1%，$375℃$时的热失重为10%。不溶于水，微溶于甲醇，溶于苯、丙酮、氯仿及乙酸乙酯等有机溶剂，无毒，可用于接触食品的包装制品。

[用途]为聚合型高相对分子质量受阻胺光稳定剂，具有良好的热稳定性、耐油抽出性、更低的挥发性及迁移性，适用于聚烯烃树脂、ABS树脂、聚酯等，尤其对于高密度聚乙烯、线型低密度聚乙烯，其光稳定效果优于其他受阻胺类光稳定剂。与亚磷酸酯类抗氧剂、紫外线吸收剂等并用有良好的协同效应。

[简要制法]由三聚氯氰与叔辛胺反应生成2,4-二氯-6-叔辛氧基($1H$、$3H$、$5H$)三嗪后，再与6-亚己基二(2,2,6,6-四甲基哌啶胺)缩聚制得。

[生产单位]北京加成助剂研究所、北京市化工研究院等。

4. 4-(对甲苯磺酰胺基)-2,2,6,6-四甲基哌啶

[别名]光稳定剂GW-310。

[化学式]$C_{16}H_{26}O_2N_2S$

[结构式]

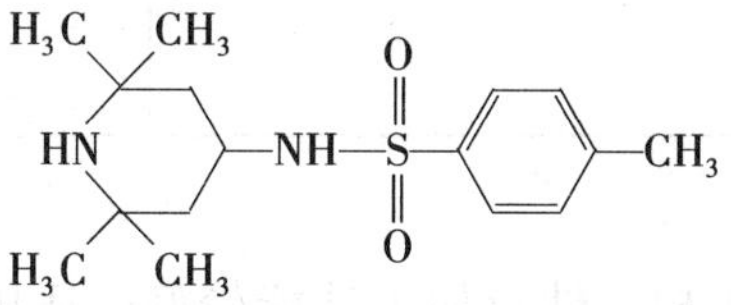

[性质]白色结晶性粉末。熔点$179 \sim 180℃$，略溶于水，溶于苯、丙酮、氯仿、二甲苯及乙酸乙酯等有机熔剂，与树脂相容性好，具有耐抽提、耐水解、不着色等特点。

[用途]用作合成树脂光稳定剂。适用于聚乙烯、聚丙烯、聚氨酯及ABS树脂等。光稳定效果优于常用紫外线吸收剂。一般用量为0.1%～1.0%，与二苯甲酮类紫外线吸收剂UV-531并用，能提高制品耐候性。

[生产单位]太原化工研究所。

5. 双(1,2,2,6,6-五甲基-4-哌啶基)癸二酸酯

[别名]光稳定剂CTW-508、Tinuvin 292。

[化学式]$C_{30}H_{56}O_4N_2$

[结构式]

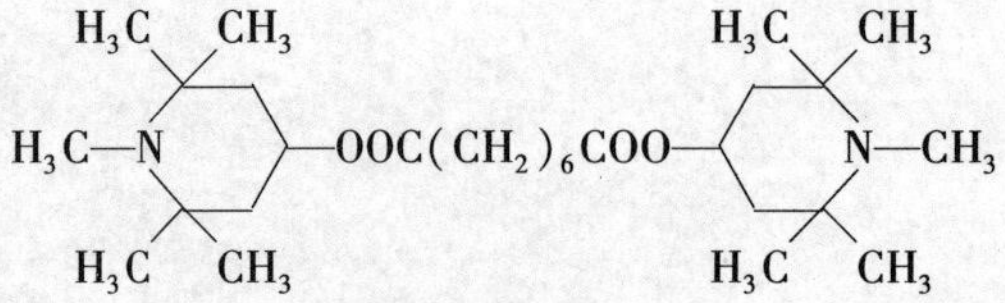

[性质]无色至浅黄色黏稠液体。沸点 220~222℃(26.6Pa)。有效氮含量 5.5%。242℃时的热失重为 10%，全失重温度为 333℃，难溶于水，易溶于乙醇、苯、甲苯、四氯化碳及三氯乙烯等有机熔剂。

[用途]用作合成树脂光稳定剂。适用于聚乙烯、聚丙烯、聚苯乙烯及 ABS 树脂等，用量为 0.1%~0.5%，也用作聚酯涂料的光稳定剂。

[生产单位]北京市化工研究院、太原化工研究所等。

6. 三(1，2，2，6，6-五甲基-4-哌啶基)亚磷酸酯

[别名]光稳定剂 GM-540。

[化学式]$C_{30}H_{60}N_3O_3P$

[结构式]

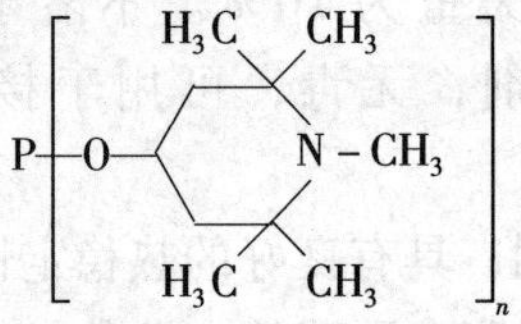

[性质]白色结晶粉末，熔点 122~124℃，有效氮含量 7.8%，难溶于水，易溶于丙酮、苯、氯仿、乙酸乙烯酯等。也属受阻胺类光稳定剂，本身并不吸收紫外线，但可捕获聚合物因光氧化或降解产生的活性自由基，抑制光氧化链式反应的进行，使制品免遭紫外线破坏。其光稳定效能比一般紫外线吸收剂高 2~4 倍。还具有较好的抗热氧老化性能。但因耐水解性能较差，不宜用于长期在热水介质中使用的制品，此外，本品的挥发物对某些人有致敏性。

[质量规格]

项 目	指 标	项 目		指 标
外观	白色结晶粉末	细度/目	≤	80
熔点/℃	122~124			

注：表中所列指标为参考规格。

[用途]用作合成树脂光稳定剂。与聚合物相容性及加工性能较好，适用于聚乙烯、聚丙烯及聚苯乙烯等制品，尤适用于农用薄膜，用量一般为 0.3%~1.0%，加工及使用温度在 270℃以下，超过此温度时，失重较为严重。不可与酸性物质混合使用。

[简要制法]由 2，2，6，6-四甲基哌啶-4-醇与甲醛反应生成 1，2，2，6，6-五甲基哌啶-4-醇后，再与三氯化磷经酯化反应制得。

[生产单位]北京助剂研究所、北京化工三厂等。

(七)其他类

1. 2，4，6-三(2-羟基-4-丁氧基苯基-1，3，5-三嗪

[别名]紫外线吸收剂三嗪-5、光稳定剂三嗪-5、三嗪-5。

[化学式]$C_{33}H_{39}O_9N_3$

[结构式]

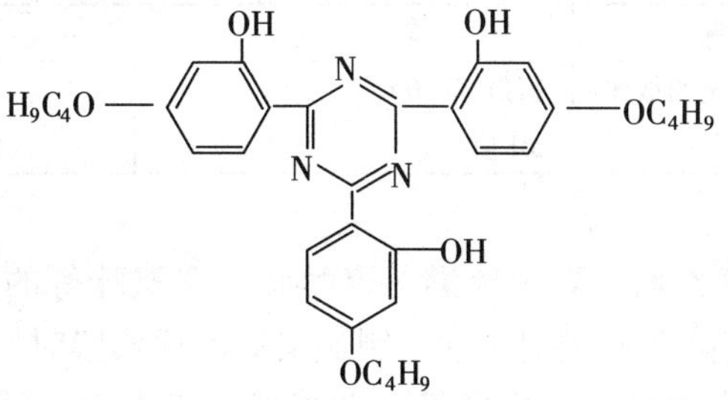

[性质]淡黄色粉末，工业品是羟基部分丁氧基化和全丁氧基化产物的混合物，三嗪－5含量＞60%，熔点210～220℃。纯品熔点165～166℃。不溶于水，微溶于正丁醇。溶于六甲基磷酰三胺、热的二甲基甲酰胺。能吸收波长为280～380nm的紫外线，分子结构上引入丁氧基，因而耐光坚牢性及热稳定性较好。光稳定性能优于常用紫外线吸收剂。但与树脂相容性较差，而会吸收部分可见光，有一定着色性，使制品带黄色。

[质量规格]

项　　目	指　　标	项　　目	指　　标
外观	淡黄色粉末	水分/% ≤	0.5
三嗪－5含量/% ≥	60	灰分/% ≤	1.0

注：表中所列指标为参考规格。

[用途]用作合成树脂紫外线吸收剂，常用于聚氯乙烯、聚乙烯、聚甲醛、聚酯及氯化聚醚等产品。一般用量为0.3%～0.5%，用于聚氯乙烯时，常与紫外线吸收剂BAD、光稳定剂HPT、抗氧剂双酚A等并用，有优良的协同效应。制造农用薄膜时，使用寿命可延长1～3倍，用于聚甲醛时，不仅可提高制品的耐候性及耐热性，还可使制品具有突出的冲击韧性。还可用作乳胶、涂料等的光稳定剂。

[简要制法]由三聚氯氰与间苯二酚反应制得2，4，6－三(2′，4′－二羟基苯基)－1，3，5－三嗪后，再与溴丁烷经丁氧基化反应制得。

[生产单位]太原化工研究所、上海东方化工厂等。

2. 六甲基磷酰三胺

[别名]光稳定剂HPT、六磷胺。

[化学式]$C_6H_{18}N_3OP$

[结构式]

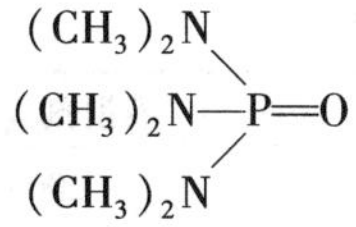

$$(CH_3)_2N$$
$$(CH_3)_2N-P=O$$
$$(CH_3)_2N$$

[性质]无色或淡黄色透明液体，略具腥涩味。相对密度1.0253～1.0257，熔点2～7℃。沸点105～107℃(1.466kPa)。溶于水、极性溶剂(如乙醇、丙酮等)、非极性溶剂(如苯、二硫化碳、石油烃等)。可与常用增塑剂(如邻苯二甲酸二辛酯、癸二酸二辛酯、亚磷酸三苯酯等)，以任何比例互溶，低毒，不宜用于与食品接触的制品。

[质量规格]

项　目	指　标	项　目	指　标
外观	无色至淡黄色透明液体	折射率(20℃)	1.4560
HPT 含量/%	≥92.0	pH 值	6.5~8.0

注：表中所列指标为参考规格。

[用途]用作聚氯乙烯、聚偏二氯乙烯、聚苯硫醚、聚酰胺、聚氨酯等的光稳定剂，用量一般为2%~5%。尤对聚氯乙烯有高效耐候剂之称。制造聚氯乙烯农膜时，添加本品5%与0.3%的三嗪-5并用，可显著提高耐候性、耐寒性，并降低加工温度。添加0.5%的本品与2%有机硫醇的硬聚氯乙烯制品，其耐候性可提高3倍以上。本品也是一种多功能对质子惰性的高沸点极性溶剂。工程塑料聚苯硫醚聚合时，使用本品作溶剂时，可以简化聚合工艺，提高树脂质量。也用作丙烯本体聚合用的催化剂及乙丙橡胶加工助剂等。

[简要制法]由二甲胺、三氯氧磷与氨在40~60℃下反应生成粗品，再经精制得成品。

[生产单位]杭州市化工研究所、河南濮阳石化助剂公司等。

十三、爽滑剂

薄膜制品，特别是聚烯烃(如 LDPE、LLDPE、PP)薄膜广泛应用于工业品及日用消费品的包装及农业生产等方面。但聚烯烃在吹塑成膜后，薄膜间层易形成真空密合下的黏合，难以分开；此外，聚烯烃薄膜在成批储存过程中，由于薄膜间的大分子链互相渗透和缠绕，使得薄膜牢牢地黏结在一起，不易分离，严重影响薄膜的使用。为防止这种现象发生，通常在生产薄膜时加入一定量的爽滑剂和开口剂。爽滑剂也称润滑剂，它可以在薄膜表面形成一层膜，降低薄膜的摩擦系数(COF)，使薄膜易于层间滑动，提高其滑爽性及开口性；开口剂可以在薄膜的微观表面形成凸凹面，从而减少薄膜之间的接触面积，阻碍大分子链的渗透，防止薄膜粘连。两种添加剂常常复配使用。

常用的爽滑剂有油酰胺、芥酰胺、亚乙基双硬脂酸酰胺及其衍生物等有机产品；常用的开口剂有磷酸氢钙、滑石粉、硅藻土及合成二氧化硅微粉等。这些助剂的使用可以显著提高薄膜的开口性能，但也不同程度地存在一些副作用，如有机爽滑剂是待爽滑剂从薄膜内部迁移到薄膜表面后，才能发挥其爽滑剂抗黏连性，而薄膜表面的析出物，也会影响其印刷性，热封性及颜色；无机开口剂的分散问题也一直是生产中的难点，而且会影响薄膜的透明度。

聚烯烃薄膜加入爽滑剂后可以降低薄膜的 COF，有助于其在传送和包装设备上平稳移动。按照 COF 不同，聚烯烃薄膜通常被分为高、中、低爽滑级别，而 COF 通常与爽滑剂的含量相关(见表5-4)。

表5-4　爽滑级别与摩擦系数(COF)的关系

爽滑性	COF	爽滑剂含量/10⁻⁶
低	0.50~0.80	200~400
中	0.20~0.40	500~600
高	≤0.20	>700

通常以薄膜厚度和用途要求来选择其爽滑剂级别，如堆码存放的包装膜应选择使用低爽滑级别的薄膜制品。

薄膜制品用爽滑剂可分为迁移型及非迁移型两种类型。传统的迁移型爽滑剂主要为不饱和的脂肪酸酰胺类如油酰胺及芥酰胺。油酰胺爽滑剂在薄膜挤出后很易迁移至表面，从而降低薄膜的COF。芥酰胺的相对分子质量相对大一些，因而在聚烯烃中的迁移速度较慢，这类爽滑剂价格低廉并可获得较低的COF，通常使用 LDPE、LLDPE 和 mLLDPE 作为载体，制备成母料后使用。迁移性爽滑剂在母料中的浓度一般在 5% ~10% 之间，而实际加入到薄膜中的浓度大约在(200 ~ 2000) ×10^{-6}之间。原则上是薄膜厚度越薄，使用爽滑剂的浓度越高，这样才能达到要求的 COF，通常油酰胺主要用于聚乙烯产品，芥酰胺有更好的热稳定性，更适于聚丙烯产品。

非迁移型爽滑剂出现在 20 世纪 90 年代末，主要是有机硅化合物，如硅氧烷等，其相对分子质量是上述酰胺类爽滑剂的 30 ~50 倍，如此高的相对分子质量决定其无法在聚合物中扩散，所以，通过挤出时最终留在薄膜表面的爽滑剂分子来减少摩擦，与酰胺类爽滑剂相比，制得薄膜的COF 更加均匀一致，在经过层压、传送、印刷、运输及其他环节时，其爽滑性也能保持恒定。由于非迁移型爽滑剂只需存在于复合膜的外层，尽管浓度较高(1% ~2%)，但因其成本低，不需要过量储存在薄膜中以便将来迁到表面。而且使用非迁移型爽滑剂可以得到较稳定的 COF。非迁移型爽滑剂在高温下稳定，温度控制合适时，不会对 PE 膜的热封产生影响，热封强度也好，还可忍受热浇铸及其他高温操作，非常适于流延膜的生产。在生产 LLDPE 吹塑薄膜、LDPE 流延膜和挤出涂层以及 PP 流延膜时，都可使用非迁移型爽滑剂，添加量一般为 10% ~20%。

美国 Ampact 公司开发出一系列非迁移型爽滑剂，与传统迁移型爽滑剂相比，可以提供更优越的性能，能更好地满足聚烯烃薄膜制品的要求。理想的聚烯烃薄膜爽滑剂应尽量减少对薄膜光学性能影响，目前国内使用的爽滑剂主要还是迁移型爽滑剂，由于其相对分子质量较小，容易在聚烯烃薄膜表面产生析出物，影响其印刷性，热封性及颜色。而非迁移型爽滑剂母料的应用在国内鲜见报道。聚烯烃薄膜的发展趋势是高透明、高强度、低成本，因此应加大开发力度，开发同时具有高效爽滑性、较低迁移性的高性能爽滑剂产品。

1. 硬脂酸钙

[别名]十八酸钙。

[化学式]$C_{36}H_{70}O_4Ca$

[结构式]$(C_{17}H_{35}COO)_2Ca$

[性质]白色微细粉末。相对密度 1.035。熔点 179 ~ 180℃。不溶于水，微溶于热乙醇，溶于热的苯、甲苯及松节油。有吸湿性，遇强酸反应分解成硬脂酸和相应的钙盐，加热至 400℃时缓慢分解。市售硬脂酸钙为硬脂酸钙与棕榈酸钙的混合物，为白色微细粉末，相对密度 1.08。熔点 148 ~155℃。

[质量规格]

项　　目		指　　标		
		优等品	一等品	合格品
外观		白色粉末		
钙含量/%		6.5±0.5	6.5±0.6	6.5±0.7
游离酸(以硬脂酸计)/%	≤	0.5		
加热减量/%	≤	2.0	3.0	
熔点/℃		149 ~155	≥140	≥125
细度(0.075mm)/%	≥	99.5	99.0	

注：表中所列指标摘自化工行业标准 HG/T 2424—2012。

[用途]用作聚乙烯、聚丙烯膜料及注塑料的爽滑剂。可作为产品储存添加剂直接加入，不仅保护产品在造粒后输送过程和掺混过程防止发涩而引起"架桥"影响生产，还可以带入后加工过程，使产品加工和使用方便。用作聚烯烃纤维及模塑品的润滑剂，酚醛，氨基及聚酯等多种塑料加工的润滑剂及脱模剂，也用作聚氯乙烯的热稳定剂、润滑脂增稠剂、油漆平光剂、纺织品防水剂等。

[简要制法]先由硬脂酸与烧碱产生皂化反应后，再与氯化钙反应生成硬脂酸钙粗品，再经洗涤、干燥而制得成品。

2. 硬脂酸锌

[别名]十八酸锌。

[化学式]$C_{36}H_{70}O_4Zn$

[结构式]$(C_{17}H_{35}COO)_2Zn$

[性质]纯品为白色微细粉末。相对密度1.095，熔点130℃。普通硬脂酸锌为白色或微带黄色的粉末，有滑腻感。不溶于水、乙醇、乙醚，可溶于热乙醇、松节油、苯等有机溶剂。遇强酸分解成硬脂酸及相应的盐类。在有机溶剂中加热溶解后遇冷成为胶状物。有吸湿性，对皮肤有良好的黏附性。可燃。其粉尘与空气的混合物遇明火有爆炸危险。爆炸下限11.6g/m³。

[质量规格]

项　目		指　标	
		一级品	合格品
锌含量/%		10～11	9.5～11.5
游离酸/%	≤	0.5	1.0
熔点/℃	≥	120	110
细度(200目筛通过)/%	≥	98	98
机械杂质(0.1～0.6mm)/颗	≤	6	12

注：表中所列指标为企业标准。

[用途]用作聚乙烯、聚丙烯膜料及注塑料爽滑剂，聚苯乙烯、酚醛树脂、ABS树脂、氨基树脂等多种塑料的润滑剂及脱模剂。也用作聚氯乙烯的无毒热稳定剂，橡胶制品的胶料软化剂，油漆平光剂，硫化催化剂活化剂，织物打光剂等。

[简要制法]先由硬脂酸与烧碱进行皂化反应生成硬脂酸钠，再与硫酸锌进行复分解反应制得。

3. 硬脂酰胺

[化学式]$C_{18}H_{37}NO$

[结构式] $CH_3-(CH_2)_{16}-\overset{\overset{\displaystyle O}{\|}}{C}-NH_2$

[性质]白色或淡黄褐色粉末。相对密度0.96(25℃)，熔点108.5～109℃，沸点250℃(1.599kPa)，不溶于水，溶于热乙醇、乙醚、氯仿，难溶于冷乙醇。无毒，可用于食品包装材料。

572

[质量规格]

项 目	指 标	项 目	指 标
外观	白色粉末	酸值/(mgKOH/g)	<2.5
熔点/℃	98~103	挥发分/%	<0.3

注：表中所列指标为参考规格。

[用途]用作聚烯烃制品的爽滑剂及薄膜抗粘连剂。也用作聚氯乙烯、聚苯乙烯、脲醛树脂等塑料加工用润滑剂及脱模剂。对聚氯乙烯具有良好的外润滑性。其润滑效果不及硬脂酸，特效性及热稳定性较差，有初期着色行为，常与少量脂肪醇(C_{16}~C_{18}醇)配合使用。还可作为天然和合成橡胶的内部脱模剂和润滑剂，改变胶料的加工性。用于硬质透明挤塑制品加工时，与树脂直接混配，用量一般为 0.3%~0.8%；用作聚烯烃薄膜爽滑剂或防粘连剂时用量可适量增加。

[简要制法]由硬脂酸与氨气经酰胺化反应制得。

[生产单位]上海华溢塑料助剂公司。

4. N,N'-亚甲基双硬脂酰胺

[化学式]$C_{37}H_{24}N_2O_2$

[结构式]

$$C_{17}H_{35}\overset{O}{\overset{\|}{C}}NH—CH_2—NH\overset{O}{\overset{\|}{C}}C_{17}H_{35}$$

[性质]白色蜡状粉末。相对密度0.93，熔点130~140℃。不溶于水，室温下在醇、酮、酯等有机溶剂中溶解度极小，温度升高时，溶解度随之增大。

[质量规格]

项 目	指 标	项 目	指 标
外观	白色蜡状粉末或片状	酸值/(mgKOH/g)	<15
熔点/℃	130~140	碘值/(gI₂/100g)	<1.0

注：表中所列指标为参考规格。

[用途]一种脂肪双酰胺类润滑剂。用作硬质聚氯乙烯、聚苯乙烯、ABS 树脂等塑料制品加工。对聚氯乙烯有外润滑作用，能有效降低树脂熔体和金属表面之间的摩擦系数，配合适当时还可显示良好的透明性。也可用作聚烯烃及聚氯乙烯薄膜的防粘连剂，由于本品热稳定性稍差，高温易分解，会释出醛类产物，故应用不及 N,N'-亚乙基双硬脂酰胺。

[简要制法]由硬脂酰胺与甲醛经缩合反应制得。

[生产单位]上海华溢塑料助剂公司。

5. N,N'-亚乙基双硬脂酰胺

[化学式]$C_{38}H_{76}N_2O_2$

[结构式]

$$C_{17}H_{35}—\overset{O}{\overset{\|}{C}}—NH—CH_2CH_2—NH—\overset{O}{\overset{\|}{C}}—C_{17}H_{35}$$

[性质]白色至浅黄色粉末或粒状物，相对密度0.98(25℃)，熔点142~144℃，闪点

285℃。不溶于水，常温下不溶于乙醇、丙酮、乙醚等多数有机溶剂，溶于热的芳烃及氯代烃溶剂，但溶液冷却时会析出沉淀或产生凝胶。粉状物在高于80℃时有可湿性。无毒，可用于食品包装材料。

[质量规格]

项　目	指　标	项　目	指　标
外观	白色粉末或片状	胺值/（mgKOH/g）	≤2.5
熔点/℃	≥140	色值（Cardner）	≤5.0
酸值/（mgKOH/g）	≤10.0		

注：表中所列指标为参考规格。

[用途]用作塑料爽滑剂、脱模剂、润滑剂、分散剂等，有较好的内外润滑作用，并有抗静电作用，适用于聚乙烯、聚丙烯、聚氯乙烯、聚苯乙烯、ABS 树脂及氨基树脂等，用作爽滑剂和抗粘连剂时，一般用量为 0.2% ~2.0%。本品因对制品的透明度影响较大，一般不用于要求高透明度的制品。也用作胶黏剂及蜡制品的防结块剂。用于橡胶及涂料添加剂时，可提高产品表面光洁度。

[简要制法]由乙二胺与硬脂酰氯反应制得，也可由硬脂酸与乙二胺直接反应而得。

[生产单位]北京市化工研究院，上海华溢塑料助剂公司等。

6. 油酰胺

[别名]油酸酰胺、9－十八（碳）烯酰胺。

[化学式]$C_{18}H_{35}NO$

[结构式]$CH_3(CH_2)_7CH=CH(CH_2)_7CONH_2$

[性质]白色粒状，片状固体或粉末。相对密度 0.921，熔点 68~76℃，闪点 210℃，燃点 235℃。熔融物带有淡褐色。不溶于水，溶于乙醇、乙醚、丙酮及酯类等有机溶剂。对热、光及氧稳定。无毒。

[质量规格]

项　目	指　标	项　目	指　标
熔点/℃	72~76	Fe/10^{-6}	≤10
酸值/（mgKOH/g）	≤0.5	90℃熔融颜色/号	<200
碘值/（gI_2/100g）	80~86	150℃3h 后颜色/号	<300
灰分/%	≤0.2 水分/%	≤0.3	

注：表中所列指标为参考规格。

[用途]用作合成树脂的润滑剂及塑料脱模剂，尤适用作聚乙烯、聚丙烯等树脂的爽滑剂、防粘剂及抗粘连剂，用于膜料和注塑料，可改善注塑成型和挤塑成型的加工操作性，使管状薄膜开口容易。用量一般为 0.2% ~0.5%。本品还具有抗静电效果，可减少制品表面堆积灰尘，在聚氯乙烯中有内润滑作用。还用作金属防锈剂、

574

纤维柔软剂及防水剂等。

[简要制法]由油酸与氨反应制得。

[生产单位]上海华溢塑料助剂公司、泸天化油脂化工公司等。

7. 芥酰胺

[别名]芥酸酰胺、顺13-二十二(碳)烯酰胺。

[化学式]$C_{22}H_{43}NO$

[结构式] $CH_3(CH_2)_7CH\!=\!CH(CH_2)_{11}CONH_2$

[性质]白色蜡状粉末或片状固体。熔点81~82℃。不溶于水,溶于乙醇、乙醚、氯仿等有机溶剂,无毒,可用于食品包装材料。

[质量规格]

项　目	指　标	项　目	指　标
外观	白色粉末或片状固体	碘值/($gI_2/100g$)	72~90
熔点/℃	75~85	游离酸含量/%	<1.0
酸值/(mgKOH/g)	<0.8	水分/%	<0.5

注：表中所列指标为参考规格。

[用途]用作合成树脂的润滑剂、脱模剂。尤适用作聚乙烯、聚丙烯的爽滑剂及防粘连剂,用于膜料及注塑料。具有挥发性小、热稳定性好、不影响制品的印刷及黏合性等特点。也可用作聚氯乙烯制品的外润滑剂。

[简要制法]由芥酸与氨经酰胺化反应制得。

[生产单位]上海华溢塑料助剂公司、泸天化油脂化工公司等。

8. 甘油单硬脂酸酯

[别名]硬脂酸单甘油酯、单甘酯、十八酸甘油酯。

[化学式]$C_{21}H_{42}O_4$

[结构式] $CH_2COOC_{17}H_{35}$
　　　　　$|$
　　　　　$CHOH$
　　　　　$|$
　　　　　CH_2OH

[性质]白色粉末状、片状或块状固体,非精制品为微黄色蜡状固体。相对密度0.970(25℃),熔点56~58℃,10%水中分散液的pH值为6.8~8.0。不溶于水,溶于热乙醇、异丙醇、丙酮、苯等溶剂,也溶于矿物油及植物油。无毒。具有较好的乳化性能。

[质量规格]

项　目		指　标
酸值(以 KOH 计)/(mg/g)	≤	5.0
游离甘油/%	≤	7.0
灼烧残渣/%	≤	0.5
砷(以 As 计)/(mg/kg)	≤	2.0
铅(以 Pb 计)/(mg/kg)	≤	2.0

注：表中所列指标摘自 GB 1986—2007。

［用途］用作合成树脂爽滑剂、润滑剂、流滴剂、润湿剂、抗静电剂等。用作聚丙烯树脂爽滑剂，用于膜料及注塑料。用作聚烯烃、聚氯乙烯树脂的流滴剂，具有效能持久、耐热性好的特点。也用作聚氯乙烯内润滑剂、热塑性树脂抗静电剂、胶乳分散剂、硝酸纤维素增塑剂、合成石蜡的配合剂、食品乳化剂等。

［简要制法］在催化剂存在下，由硬脂酸与甘油直接酯化制得。

［生产单位］上海延安油脂化工厂、杭州油酯化工厂等。

9. 山嵛(酸)酰胺

［化学式］$C_{22}H_{45}NO$

［结构式］
$$CH_3—(CH_2)_{20}—\overset{\overset{\displaystyle O}{\|}}{C}—NH_2$$

［性质］一种非离子型表面活性剂，粉状、片状或粒状物，熔点 103～105℃。酰胺含量 99%。游离酸含量 0.2%。无毒。可用于食品包装材料。

［用途］用作塑料制品的爽滑剂、抗粘连剂。也用作石油产品及纺织助剂。

［生产单位］西南化工研究院、泸天化油脂化工公司等。

10. 十八烷基芥(酸)酰胺

［化学式］$C_{40}H_{79}NO$

［结构式］$C_{18}H_{37}NHCO(CH_2)_{11}CH=CH(CH_2)_7CH_3$

［性质］一种非离子型表面活性剂。熔点 73℃，沸点 440℃。可经受 310℃以上的高温而不产生挥发物或变黑现象。

［用途］用作聚烯烃、乙烯/丙烯和乙烯/乙烯基共聚物等的润滑剂及防粘连剂。加入高透明度的热塑性薄膜中，不减弱其光学性质。

［简要制法］由十八伯胺和芥酸反应制得。

［生产单位］泸天化油脂化工公司、西南化工研究院等。

11. 塑料爽滑剂 EOA

［性质］主要成分为亚乙基双硬脂酰胺类。白色或淡黄色粉末。熔点 114～118℃。含氮量 >4.3%。室温下几乎不溶于一般常用有机溶剂。加热时可与聚烯烃树脂混容，冷却后有部分析出。利用这一性质，可用作多种塑料吹塑或模塑时的爽滑剂。基本无毒，可用于与食品相接触的塑料包装制品中。

［用途］用作聚烯烃塑料的爽滑剂时，具有与聚烯烃相容性好，抗粘连性效果突出，熔点与塑料加工温度适宜，用量少及使用简单等特点。用于 PE、LDPE、PVC 等薄膜爽滑开口剂时的用量一般为 0.1%～0.3%。本品可用作润滑剂用于硬质塑料的模塑、抛光，环氧、酚醛、聚氨酯等树脂浇铸；还可用作黏度调节剂用于涂料、沥青及各种树脂。

［生产单位］北京大学化学系。

12. 开口爽滑剂 SK－PE、SK－PP

［产品牌号］SK－PE、SK－PP。

［主要成分］纳米级 SiO_2，载体树脂为聚乙烯或聚丙烯。

［产品规格］

项　目　＼　产品牌号	SK－PE	SK－PP
外观	白色颗粒	白色颗粒
熔融指数(190℃/2.16kg)	6～7	4～5
载体树脂	低密度聚乙烯	聚丙烯
水分及杂质含量/10^{-6}	≤80	≤80

[用途]用作聚烯烃薄膜开口爽滑剂。本品采用直径为 1～2μm、比表面积为 550～600m²/g 的微细 SiO_2 粉体为开口剂成分，除载体树脂外，不含其他辅助助剂。用作薄膜爽滑剂时可提高薄膜透明性及光洁度，不影响薄膜的加工性、印刷性及热封性，并对薄膜有补强作用，提高抗蠕变性能。

[生产单位]鞍山龙马塑料公司。

十四、吸附剂

吸附是气体或液体中的某些组分被多孔结构固体吸着的现象，以分子间相互吸附的为物理吸附，一般吸附热及吸附力较小，当升高温度或用气体或液体冲洗时易发生脱附，气体或液体分子与吸附剂表面分子形成吸附化学键的吸附现象是化学吸附，一般吸附热较大，活化能较高，大都是不可逆的。吸附操作广泛用于炼油、石油化工、环境保护，可用于吸附气体或液体中的杂质和毒物，脱色，除臭，回收溶剂及深度干燥等。如煤油馏分中的 $C_5 \sim C_{18}$ 的烷烃有分子直径 4.9×10^{-10} m 的正构烷烃和在 5×10^{-10} m 以上的烯烃、异构烷烃和环烷烃，用具有一定孔径的分子筛可以将分子直径大小不同的正构烷烃和烯烃分开，前者可用作合成洗涤剂的原料，而不能吸附的异构烷烃和环烷烃则可用作高辛烷值的汽油和航空煤油；又如 C_8 芳烃中的对二甲苯和间二甲苯异构体，其沸点在常压下不仅相差 0.75℃，选择性系数 $a = 1.04b$，十分接近 1，难以用一般精馏方法分开，而选用改性 Y 型或 X 型分子筛，则可很容易地用吸附分离方法，将对二甲苯从 C_8 芳烃中分出，以用作聚酯纤维的原料。另外，乙烯气体中痕量的水会使中压聚乙烯合成的催化剂活性严重下降，采用吸附剂进行脱水和干燥可以方便地除去乙烯中的微量水分。

吸附剂是吸附分离过程得以实现的决定性物质。为了从气体或液体混合物中除去或回收某些物质，如吸附剂选用不当，就难以获得满意效果，当吸附剂选错时，甚至会产生完全无效的结果。吸附剂的良好吸附特性和选择吸附性能，与它的微孔结构有关，孔径在 1.5～200nm 之间的微孔具有很大的比表面积，是决其吸附作用的实体，而吸附量或吸附容量则是选用吸附剂的重要指标，其他如孔体积、孔径分布及表面性质等也是吸附剂的一些重要特性，会影响吸附性及选择性。

吸附剂种类很多，它们都应具有的共性是：高吸附容量、高选择性、较高的机械强度及较好的化学稳定性，在炼油及石油化工领域常用的吸附剂主要有以下一些类型。

(1)活性氧化铝

氢氧化铝[$Al(OH)_3$]在不同温度下加热脱水可生成多种晶型的氧化铝，而将 $\gamma - Al_2O_3$ 或 $\chi - Al_2O_3$、$\eta - Al_2O_3$、$\gamma - Al_2O_3$ 的混合物称为活性氧化铝，是一种多孔性物质，具有很高的比表面积(150～400m²/g)，制备活性氧化铝的原料有铝盐、金属铝、氧化铝三水合物等，除氧化铝三水合物外，其余原料都要先制成凝胶，由于制备时温度、pH 值及溶液浓度的不同，会生成各种状态的氧化铝水合物，这些水合物受热分解生成不同晶态的氧化铝，在发生相变的同时，其晶体结构、比表面积、孔径大小、孔径分布及结晶水含量都会产生很大变化，从而制得有不同吸附性能的产品。

活性氧化铝是一种极性吸附剂，对水有较大的亲和性，对多数气体和蒸汽都是稳定的，浸入水或液体中不会软化、溶胀或崩碎破裂，抗冲击和磨损的能力强。它常用于油品、气体和石油化工产品的脱水干燥，是一类常用吸附剂、干燥剂，也是炼油及石油化工领域使用量最大的催化剂载体。用作吸附剂或干燥剂的活性氧化铝，在失效时可以再生，再生温度以 $177 \sim 316℃$ 为宜，循环使用后，其物性变化不是太大。

（2）合成分子筛及天然沸石

合成分子筛简称分子筛，是一种具有骨架结构的硅铝酸盐晶体，其基本结构单元是硅氧四面体和铝氧四面体。四面体通过氧桥连接成环，环上的四面体再通过氧桥相互连接，便构成三维骨架孔穴（笼或空腔）。因其均一的微孔结构能将比孔径小的分子吸附在空腔内部，而将不同大小的分子分开，分子筛无臭、无味、无毒、无腐蚀性，常具有很大的比表面积及很强的吸附能力。分子筛具有吸附、催化、离子交换三种特性，经不同阳离子交换或经其他方法改性后的分子筛，具有很强的选择吸附分离能力。

分子筛是一种强极性吸附剂，并随其 Si/Al 比的增大，极性逐渐减弱。低 Si/Al 比的分子筛对气体或液体能进行深度干燥和脱水，而且在较高温度和相对湿度下仍具有较高吸附能力。目前，人工合成的分子筛已达百种以上，除孔径很小、不起筛分作用、耐热稳定性较差、使用价值较低者外，用作吸附剂的合成分子筛有 A 型、X 型、Y 型、L 型、丝光沸石及 ZSM 沸石等，而根据硅铝比不同，它又可分为以下几种情况：

①低硅铝比（$Si/Al = 1 \sim 1.5$）分子筛。这类分子筛的骨架结构中硅铝分子比接近于 1，对水、极性分子和可极化的分子有较高选择性，可用于干燥和净化。它们的孔体积接近 $0.5mL/g$，是分子筛中孔体积最大的，用于分离、净化时，经济性好，其孔隙结构是三维的，扩散特性好，通过离子交换改性，可得到不同孔径的分子筛产品。

②中间硅铝比（$Si/Al = 2 \sim 5$）分子筛。这类分子筛因其四面体骨架中铝活性点不够稳定，易为酸和蒸汽侵蚀。为得到对酸和热较稳定的分子筛，在寻找硅铝比较高的沸石时，发现天然丝光沸石的硅铝比为 5，而有很高的稳定性。基于此合成出许多重要的分子筛如 L 型分子筛（其 Si/Al 为 $1.0 \sim 3.0$）及 Q 型分子筛等，这些人工合成分子筛对水热作用及酸的稳定性都有所增加。

③高硅沸石（$Si/Al = 10 \sim 100$）。如 ZSM - 5 型分子筛为高硅三维交叉直通道的新结构沸石，硅铝比可以由 10 至 100 甚至无穷大，具有亲油疏水、水热稳定性高的特点，孔径大多在 0.6nm 左右，随着合成条件的进展，ZSM 族沸石已有 5、4、11、12、20、21、23、25 等数十个品种，其结构与特性各异。与低及中间硅铝比多孔晶体非均一亲水表面不同，这类分子筛有亲有机物、疏水的选择性能，能强烈吸附弱极性的有机分子，对水和强极性分子的吸附能力变弱。由于骨架中仍有少量铝原子，通过阳离子交换，引入酸性 OH 基，可具有酸性碳氢化物的催化作用。

④硅分子筛，纯硅分子筛不含有铝或阳离子活性点，具有高度亲有机物和憎水特性，可用于从水溶液中分离回收有机组分及有机物质。

总之，随着 Si/Al 比增加，分子筛的"酸性"提高，阳离子浓度减少，热稳定性从 <

700℃升高至约 1300℃ 左右。表面的选择性从亲水变成憎水。其抗酸性能随着 Si/Al 比的增加而提高，而在碱性介质中的稳定性则相应降低。

天然沸石种类很多，其性质与沸石成因和晶体结构有关，天然沸石可用作吸附剂、离子交换剂，用于硬水软化，从污水中脱除铵离子、重金属离子，含钾盐水中提取钾等。

（3）活性炭、炭分子筛、活性炭纤维

活性炭是一种具有丰富孔隙结构和巨大比表面积的碳质吸附材料，结构比较复杂，既不像石墨、金刚石那样具有碳原子按一定规律排列的分子结构，又不像一般含碳物质那样具有复杂的大分子结构，一般认为活性炭是由类似石墨的碳微晶按"螺层形结构"排列，由于微晶间的强烈交联形成了发达的孔结构。其孔结构与所用原料及生产工艺有关，一般认为活性炭的孔由大孔、中孔和微孔组成，大孔孔径 50～2000nm，中孔孔径 2～50nm，微孔孔径小于 2nm。一般活性炭产品的比表面积可达 500～1200m^2/g。

活性炭的结构特点是具有非极性的表面，为疏水性和亲有机物质的吸附剂，因有利于气体或液体混合物中吸附回收有机物，故为非极性吸附剂。能选择性地吸附非极性物质，而对不饱和的含碳化合物，如含双键或叁键的化合物选择吸附能力较小。

活性炭的吸附容量大，抗酸耐碱化学稳定性好，解吸容易，在较高温度下解吸再生其晶体结构不发生大的变化，经多次吸附和解吸操作，仍可保持原有的吸附性能。活性炭常用于溶剂回收，油品蒸气的吸附回收、溶液的脱色脱臭，气体中脱除氧化物、硫化物和有机物质，以及"三废"处理。由于活性炭能经受高温和高压的作用，在有机合成中常用作催化剂或载体。

活性炭产品种类很多，按生产原料不同可分为煤质活性炭、木质活性炭、果壳活性炭和合成活性炭。由于我国煤炭资源丰富，以煤为原料生产活性炭具有原料来源稳定可靠，生产成本低等特点，煤基活性炭在我国活性炭总产量中所占比重逐渐上升。

炭分子筛类似沸石分子筛，具有接近分子大小的超微孔，且孔径均匀，在吸附中起着分子筛的作用（用范德华力使分子分离），炭分子筛的性质与活性炭相同，表面是疏水性的。其孔隙形状与活性炭相似，由相同的微晶炭构成，具有较好的耐酸碱性和耐热性，但不耐燃烧。炭分子筛可由木材、果壳、煤或合成树脂等为原料，在惰性气氛中热解炭化而得，也可由含细孔结构的炭化物，经水、CO$_2$ 等在缓和条件下缓慢活化，在低烧失率下制得，但要制成孔径分布较窄、孔径大小一致的产品，必须严格控制其孔径的大小，使其能起到筛分作用。炭分子筛属于非极性吸附剂，由于孔径分布集中，只比氧分子直径略大，因而非常有利于实现空气中氮氧分离。除用于空气分离制氮外，还用于脱臭及用作催化剂或载体。

活性炭纤维是继粉状活性炭和粒状活性炭之后发展起来的第三代活性炭材料，它分为两种，一种是超细的活性炭微粒加入增稠剂后混纺成单丝，或用热溶法将活性炭黏附于有机纤维或玻璃纤维上，也可以和纸浆混黏制成活性炭纸，实质上这些是一种纤维状的活性炭；另一种活性炭纤维是以人造丝或合成纤维（如聚丙烯腈纤维、聚酰亚胺纤维、聚乙烯醇纤维等）为原料，经过炭化和活化两个阶段制得，其中制备关键是活化工艺，所用活化剂种类及浓度，活化温度、活化时间都会影响产品的结构及性能。

活性炭纤维因其优异的吸附性能广泛用于气体净化，气体分离、有机溶剂及化合物回收、废水处理及空气除湿等，如它对丁硫醇恶臭物的吸附量比颗粒活性炭要高出 40倍；在低浓度下，活性炭纤维吸附甲苯的吸附等温线要比颗粒活性炭吸附甲苯的吸附等温线高。而且在解吸时，在温度较高的条件下，活性炭纤维的解吸速度比颗粒活性炭要快得多。

（4）硅胶（$m\text{SiO}_2 \cdot n\text{H}_2\text{O}$）

硅胶是一种坚硬无定形的链状和网状结构的硅酸聚合物颗粒。耐酸、耐碱、耐溶剂，但溶于氢氟酸和热的碱金属氢氧化物，是一种亲水性的极性吸附剂，具有化学惰性、比表面积大、内部孔隙率高、吸附能力强等特点。其孔径在 $2 \sim 20\text{nm}$ 之间。硅胶含 $4\% \sim 6\%$ 的水分，这些水分实际上是连接于表面硅原子的单层羟基，形成硅醇基 Si—O—H。硅胶结构中的羟基是它的吸附中心，一个羟基吸附一个分子的水，所以硅胶的吸附特性取决于其结构上的羟基与吸附质分子相互作用力的大小。极性的含氮化合物如胺、吡啶，极性的含氧化合物如水、醇等均能与羟基生成氢键，吸附力很大，并随极性的增加而增强。但对能极化的分子如不饱和烯烃、含 π 键的芳香烃、只含有 σ 键分子的饱和烃和环烷烃，吸附力很小，并随烷基的增多而减弱，硅胶易吸附极性物质，较难吸附非极性物质，如烷烃等气体。当硅胶吸附气体中的水分时，可达其自身质量的 50%，而在湿度为 60% 的空气流中，微孔硅胶吸附水分的吸湿量也可达到硅胶质量的 24%。硅胶在吸附水分时，其吸附热很大，放出大量的热可使硅胶温度达到 100℃，并使硅胶破碎。

（5）吸附树脂

吸附树脂是一种人工合成的孔性高分子聚合物吸附剂。为白色不透明球状颗粒。是在离子交换树脂的基础上发展起来的。与一般离子交换树脂的区别在于，吸附树脂一般不含离子交换基团，其内部具有丰富的分子大小通道或孔洞，并具有几十至几百 m^2/g 的比表面积，吸附树脂的骨架主要有苯乙烯系、丙烯酸系、酚醛系等。其制备方法与大孔离子交换树脂的制法相似，只是在单体聚合时要加入致孔剂，以获得孔性结构的产物。控制合成工艺条件可制得不同的产品。吸附树脂的作用与硅胶、活性炭有些相似，有吸附性，也可以再生。

吸附树脂大致可分为非极性吸附剂、中极性和强极性吸附剂三类。非极性吸附剂是偶极矩很小的单体聚合制得并不带任何功能基的吸附树脂。其代表产品是苯乙烯-二乙烯基苯体系的吸附剂。这类非极性吸附剂的孔表面有很强疏水性，最适合于从极性溶剂（如水）中吸附非极性有机物；中极性吸附树脂是一种含酯基的吸附树脂，如由丙烯酸甲酯或甲基丙烯酸甲酯与双甲基丙烯酸乙二醇酯等交联剂共聚制得的产品，其孔表面亲水和疏水部分共存，既可用于从极性溶剂中吸附非极性物质，也可用于从非极性溶剂中吸附极性物质；强极性（或称极性）吸附树脂是指含酰胺基、氰基、酚羟基等极性功能基的吸附树脂，它适用于从非极性溶剂中吸附极性物质，有时也将含氮、氧、硫等配体的离子交换树脂也称为强极性吸附树脂。

吸附树脂用作吸附剂的优点有：①吸附能力强，再生容易；②性能稳定，选择性好，吸附不受无机盐存在的影响；③吸附树脂品种多，其孔结构和极性可任意调节；④树脂吸附法工艺简单。

影响吸附树脂吸附性能的因素有：吸附树脂本身的结构性能（比表面积、孔径、表面基团性质等）、吸附质的结构及性能（相对分子质量大小、分子极性、取代基性质等）、溶剂性质及操作温度等。

（一）活性氧化铝（Al_2O_3）

1. 活性氧化铝（一）

[质量规格]

项目 生产工艺	产品 牌号	外观	比表面积/ （m^2/g）	孔体积/ （mL/g）	Na_2O/ %	Fe_2O_3/ %	SO_4^{2-}/ %	P_2O_5/ %	SiO_2/ %	$\beta-3H_2O$ /%	Cl/%	干基/%
硝 酸 法	GA-381	粉状	≥250	≥0.40	≤0.05	≤0.05	—	—	—	≤5	—	≥70
	GA-382	粉状	≥250	≥0.40	≤0.05	≤0.03	—	—	—	≤5	—	≥70
	GA-383	微球	≥120	≥0.35	≤0.05	≤0.05	—	—	—	≤5	—	≥70
	GA-384	粉状	≥250	≥0.40	≤0.05	≤0.03	—	—	—	10~30	—	≥70
	GA-385	球形	≥240	≥0.40	≤0.05	≤0.03	—	—	—	10~30	—	—
硫 酸 法	JHF-02	粉状	≥260	≥0.9	≤0.05	≤0.05	≤1.5	—	—	≤3	—	≥65
	JHF-16	粉状	≥380	≥0.85	≤0.05	≤0.05	≤1.2	3.8~5.0	—	≤3	—	≥65
	JHF-74	粉状	≥450	1.1~1.5	≤0.03	≤0.05	≤1.2	0.7~1.3	32~38	≤3	—	≥65
盐 酸 法	JHF-24-1	粉状	≥180	0.4~0.6	≤0.05	≤0.03	—	—	—	≤2	≤0.3	≥70
	JHF-24-2	粉状	≥220	0.6~0.8	≤0.05	≤0.03	—	—	—	≤2	≤0.3	≥70
	JHF-24-3	粉状	≥230	0.8~1.1	≤0.05	≤0.03	—	—	—	≤2	≤0.3	≥70
	JHF-03	粉状	≥220	≥0.60	≤0.03	≤0.03	—	—	50±5	≤5	≤0.3	≥70
	JHF-36	粉状	≥400	0.9~1.1	≤0.03	≤0.03	—	—	3±0.3	≤3	≤0.3	≥70

[用途]用作干燥剂、吸附剂及催化剂载体，用户可采用不同焙烧温度调节比表面积及孔体积，对酸、碱稳定性好。

[生产单位]姜堰市化工助剂厂。

2. 活性氧化铝（二）

质量规格

产品规格 项目	$\phi(1.6~2.5)mm$	$\phi(3~5)mm$	$\phi(6~8)mm$
堆密度/（g/mL） ≥	0.78	0.76	0.74
平均强度/（N/粒） ≥	45	160	180
磨耗率/% ≤	0.3	0.2	0.1
孔体积/（mL/g） ≥	0.38	0.38	0.38
比表面积/（m^2/g） ≥	320	300	280
灼烧失重/%	5~7	5~7	5~7

[用途]为聚苯乙烯常用吸附剂。用于吸附苯乙烯中的水分及对丁基邻苯二酚。具有强度高、磨损率低、吸附能力大等特点。

[生产单位]姜堰市天平化工公司。

3. 活性氧化铝(三)

[质量规格]

项　目 产品规格	φ(3~5)mm	φ(3~5)mm
堆密度/(g/mL)　≥	0.70	0.68
平均强度/(N/粒)　≥	160	180
磨耗率/%　≤	0.1	0.1
孔体积/(mL/g)	0.36	0.38
比表面积/(m²/g)　≥	300	300
Al_2O_3/%	93	92
Na_2O/%	0.4	0.4

[用途]为变压吸附空分专用化学剂，应用于双向径流分子筛流程，具有吸附性能好、强度高、不粉化的特点。

[生产单位]姜堰市天平化工公司。

4. 活性氧化铝(四)

[工业牌号]XD 型。

[性质]白色小球，是经快速脱水法制得的 γ - Al_2O_3，具有较强的吸附性能。

[质量规格]

项　目 产品规格	φ(2~5)mm	φ(3~5)mm	φ(4~6)mm	φ(4~8)mm	φ(5~7)mm
堆密度/(g/mL)　≥	0.68	0.70	0.68	0.68	0.68
比表面积/(m²/g)　≥	300	300	300	300	300
孔体积/(mL/g)　≥	0.40	0.38	0.38	0.38	0.38
抗压强度/(N/粒)　≥	80	80	120	130	130
静态吸附容量/%　≥ (RH=60%)	17	16	15	15	15
初始磨耗率/%　≤	—	0.40	0.40	0.40	0.40
Al_2O_3/%　≥	94.0	94.0	94.0	94.0	94.0
Na_2O/%　≤	0.40	0.40	0.40	0.40	0.40

[用途]用作石油化工气、液相干燥，空分行业变压吸附，脱除水、乙酸、四溴乙烷等微量成分等。

[生产单位]山东迅达化工集团公司。

5. 活性氧化铝(五)

[工业牌号]NL-08-LSi、NL-08-HSi、YN-101。

[质量规格]

产品牌号 项目		NL – 08 – LSi	NL – 08 – HSi	YN – 101
孔体积/(mL/g)		0.8~1.0	0.8~1.20	0.3~0.4
比表面积/(m²/g)		260~320	280~400	220~300
干基/%		68~72	68~72	65
SiO_2/%	<	0.06	0.1~4.0	0.10
灼烧减量/%	<	24	24	22
Na_2O/%	<	0.08	0.08	0.07
Fe_2O_3/%	<	0.02	0.02	0.02

[用途]用作炼油、石油化工行业的干燥剂、吸附剂及催化剂载体等，本品为白色粉末（干品），用户可根据生产要求进行成型，制成各种形状。经适当温度焙烧后可制成不同比表面积、孔体积的产品。

[生产单位]山西原平恒亿铝业公司、山东允能催化技术公司等。

6. 活性氧化铝(六)

[工业牌号]HQ – DN、YN – 2 – 101、NC3201。

[产品规格]

产品牌号 项目		HQ – DN	YN – 2 – 101	NC3201
外观		白色小球	圆柱条	白色圆柱体
粒度/mm		$\phi 2~5$	$\phi(0.9~3.0)\times(2~8)$	$\phi 3.2\times(5~15)$
堆密度/(g/mL)	≥	0.80	0.50~0.75	0.7
比表面积/(m²/g)	≥	200	230~350	>200
孔体积/(mL/g)	≥	0.40	0.50~0.75	0.45
破碎强度/(N/粒)	≥	40	>100	>120
灼烧减量/%	≤	6.0	>0(干基)	—
SiO_2/%	≤	0.35	—	—
Fe_2O_3/%	≤	0.04	—	—
Na_2O/%	≤	0.10	—	0.10

[用途]用作石油化工、炼油行业的干燥剂、吸附剂及催化剂载体等。具有强度高、热稳定性好、吸水后不胀不裂、耐酸碱等特点。

[生产单位]山东省淄博市临淄瑞丰化工厂、山东允能催化技术公司、南化公司催化剂厂、辽宁海泰科技发展有限公司等。

(二)分子筛

1. 3A 分子筛

[别名]KA 型分子筛、钾 A 型分子筛。

[化学式]$0.4K_2O \cdot 0.6Na_2O \cdot Al_2O_3 \cdot 2SiO_2 \cdot 4.5H_2O$

[性质]具有立方晶格及均一微孔结构的白色粉末或颗粒。无臭无味、无毒。有效孔径

0.32nm，粉末堆密度 0.50 ~ 0.55g/mL。成型后外形(球或条状)尺寸为 φ1.5 ~ 5mm，堆密度 0.6 ~ 0.8g/mL，静态吸水率大于 20%，比表面积可达 800m^2/g。溶于强酸、强碱，不溶于水及有机溶剂。耐热温度可达 700℃。

[质量规格]

条形 3A 分子筛的质量规格

项 目		d(1.5 ~ 1.7)/mm			d(3.0 ~ 3.3)/mm		
		优等品	一等品	合格品	优等品	一等品	合格品
静态水吸附/%	≥	21.0	20.0	19.0	21.0	20.0	19.0
磨耗率/%	≤	0.25	0.35	0.50	0.25	0.35	0.50
堆积密度/(g/mL)	≥	0.70	0.65	0.60	0.70	0.65	0.60
粒度/%[①]	≥	98.0	95.0	92.0	98.0	95.0	92.0
抗压碎力	抗压碎力/(N/颗)	≥	40.0		30.0	50.0		40.0
	抗压碎力变异系数，C	≤			0.3			
动态水吸附/%	≥			20.0			
包装品含水量/%	≤			1.5			
静态乙烯吸附/(mg/g)	≤			3.0			

①对于 d(1.5 ~ 1.7)mm 的产品，粒度为条长(1 ~ 10)mm 试样占总量的百分数；对于 d(3.0 ~ 3.3)mm 的产品，粒度为条长(3 ~ 12)mm 试样占总量的百分散。

3A 球形分子筛的质量规格

项 目		d(1.6 ~ 2.5)/mm			d(2.5 ~ 5.0)/mm		
		优等品	一等品	合格品	优等品	一等品	合格品
静态水吸附/%	≥	21.0	20.0	19.0	21.0	20.0	19.0
磨耗率/%	≤	0.25	0.35	0.50	0.25	0.35	0.50
堆积密度/(g/mL)	≥	0.75	0.70	0.65	0.75	0.70	0.65
粒度/%	≥	98.0	97.0	96.0	98.0	97.0	96.0
抗压碎力	抗压碎力/(N/颗)	≥	85.0	70.0	55.0	100.0	85.0	60.0
	抗压碎力变异系数，C	≤			0.3			
动态水吸附/%	≥			20.0			
包装品含水量/%	≤			1.5			
静态乙烯吸附/(mg/g)	≤			3.0			

中空玻璃用球形 3A 分子筛的质量规格

项 目		d(1.0 ~ 1.6)/mm		d(1.6 ~ 2.5)/mm	
		一等品	合格品	一等品	合格品
静态水吸附/%	≥	21.0	20.0	21.0	20.0
磨耗率/%	≤	0.2	0.3	0.2	0.3
堆积密度/(g/mL)	≥	0.75	0.7	0.75	0.7
粒度/%	≥	96.0	95.0	96.0	95.0
抗压碎力	抗压碎力(N/颗)	≥	14.0		20.0	
	抗压碎力变异系数，C	≤		0.3		
包装品含水量/%	≤		1.5		
静态氮气吸附/(mg/g)	≤		2.0		
吸水速率/%	≤	0.5	0.7	0.5	0.7

3A 分子筛原粉的质量规格

项　　目		一等品	合格品
钾交换率/%	≥	45.0	40.0
静态水吸附/%	≥	24.5	
堆积密度/(g/mL)	≥	0.60	
筛余量(试验筛孔径为 0.044mm)/%	≤	1.0	
包装品含水量/%	≤	20.0	

注：表中所列指标摘自 GB/T 10504—2008。

[用途]为极性吸附剂，能将直径小于分子筛孔径的分子吸附到分子筛的空穴内。对极性分子和饱和分子有优先吸附作用，被吸附的气体和液体能解吸，能吸附 H_2O、He、Ne、N_2、H_2 等分子。用于石油裂解气、炼厂气、烯烃、乙炔等的干燥。也用作催化载体及色谱分析担体。

[简要制法]以水玻璃、偏铝酸钠等为原料，采用水热合成法先制得 Na－A 型分子筛，再用 KC1 进行离子交换制得。

[生产单位]上海分子筛厂、姜堰市化工助剂厂、姜堰市天平化工公司等。

2. 4A 分子筛

[别名]NaA 型分子筛、钠 A 型分子筛。

[化学式]$Na_2O \cdot Al_2O_3 \cdot 2SiO_2 \cdot 4.5H_2O$

[性质]灰白色粉末或颗粒。有效孔径 0.42nm，溶于强酸、强碱，不溶于水及有机溶剂。除能吸附 3A 分子筛所能吸附的物质外，还能吸附 Ar、Kr、Xe、CO、CO_2、NH_3、CH_4、C_2H_4、C_2H_2、C_2H_6、CH_3CN、CH_3OH、CH_3NH_2、C_2H_5OH、CS_2、CH_3Cl 及 CH_3Br 等物质。其他性质参见"3A 分子筛"。

[质量规格]

项　　目		粉末	球状			条状	
粒度/mm		20~40 目	φ2~3	φ3~5	φ5~8	1.6	3.2
堆密度/(g/mL)	≥	—	0.68	0.67	0.65	0.66	0.66
抗压强度/(N/粒)	≥	—	28	65	75	25	20
磨耗率/%	≤	—	0.5	0.4	0.4	0.35	0.5
静态水吸附量/(mg/g)	≥	250	210	210	210	210	210
甲醇吸附量/(mg/g)	≥	—	140	140	140	140	140
pH 值	≥	10.5	—	—	—	—	—
包装品含水量/%	≤	—	1.5	1.5	1.5	1.5	1.5

注：表中所列指标为参考规格。

[用途]用于甲烷、乙烷、丙烷等饱和烃的分离，也可用于脱除水、甲醇、乙醇、硫化氢、CO_2、SO_2、乙烯、丙烯等气体及液体。还用作催化剂载体、色谱担体及洗涤助剂。

[简要制法]以水玻璃、偏铝酸钠等为原料，经水热合成法制得。也可由高岭土、蒙脱石等天然矿物原料，经粉碎、焙烧、碱熔、水合、洗涤、干燥制得。

[生产单位]姜堰市化工助剂厂、姜堰市天平化工公司、辽宁海泰科技发展有限公司等。

3. 5A 分子筛

[别名]CaA 型分子筛、钙 A 型分子筛。

[化学式]$0.7CaO \cdot 0.3Na_2O \cdot Al_2O_3 \cdot 2SiO_2 \cdot 4.5H_2O$

[性质]具有均一微孔结构的白色粉末或颗粒。无臭、无味、无毒。有效孔径 0.5nm，松装堆密度 >0.60g/mL。具有高吸附能力和按分子大小选择吸附的特点，除能吸附 3A、4A 分子筛能吸附的分子外，还能吸附 $C_3 \sim C_4$ 正构烷烃、$C_1 \sim C_2$ 卤代烷烃、$C_1 \sim C_2$ 胺等分子，对水有极大的亲和力。其他性能参见"3A 分子筛"。

[质量规格]

项 目[①]		$\phi 1.5 \sim 1.7mm$			$\phi 3.0 \sim 3.5mm$		
		优级品	一级品	合格品	优级品	一级品	合格品
磨耗率/%	≤	0.20	0.35	0.50	0.40	0.55	0.60
松装堆密度/(g/mL)	≥	0.64		0.60	0.64		0.60
静态水吸附量/%	≥	20.0		19.0	20.0		19.0
静态正己烷吸附量/%	≥	12.0		10.5	12.0		10.5
抗压强度	抗压碎力/(N/mm²)	22	20		17	15	
	抗压碎力变异系数 ≤	0.3	0.4		0.4	0.5	
粒度	额定长度占总量百分数[②]/% ≥	98	94		94	90	
	条径变异系数 ≤	0.3	0.3		0.3	0.3	
包装品含水量/%	≤	1.5	1.5		1.5	1.5	

①表中所列指标摘自 GB 13550—1992(条形 5A 分子筛)。

②$\phi(1.5 \sim 1.7)$mm，为条长 1~6mm 占总量的百分数，$\phi(3.0 \sim 3.3)$mm，为条长 3~9mm 占总量的百分数。

项 目		$\phi 2 \sim 2.8mm$			$\phi 2.8 \sim 4.75mm$		
		优级品	一级品	合格品	优级品	一级品	合格品
磨耗率/%	≤	0.20	0.35	0.35	0.20	0.35	0.50
松装堆密度/(g/mL)	≥	0.66		0.62	0.66		0.62
静态吸附水量/%	≥	20.0		19.0	20.0		19.0
静态正己烷吸附量/%	≥	12.0		10.5	12.0		10.5
抗压强度	抗压碎力/(N/粒) ≥	30	25		60	50	
	抗压碎力变异系数 ≤	0.3	0.4		0.3	0.4	
粒度/%	≥	96	95		96	95	
包装品含水量/%	≤	1.5			1.5		

注：表中所列指标摘自 GB 13550—1992(球形 5A 分子筛)。

[用途]用于多种气体及液体的精制及干燥，石油和石油气脱硫，正、异构烷烃的分离，氧和氮的分离，天然气脱水及脱硫化氢。也用作催化剂及催化剂载体，色谱担体。

[简要制法]先用水热合成法制得 Na – A 型分子筛，再用氯化钙进行离子交换制得。一般的 5A 型分子筛是将 Na – A 型分子筛中 70% 以上的 Na 离子被 Ca 离子交换的产品。

[生产单位]上海环球分子筛公司、姜堰市化工助剂厂、姜堰市天平化工公司等。

4. 10X 分子筛

[别名]CaX 型分子筛、钙 X 型分子筛。

[化学式]$0.7CaO \cdot 0.3Na_2O \cdot Al_2O_3 \cdot (2 \sim 3)SiO_2 \cdot 6H_2O$

[性质]灰白色粉末或颗粒。无臭、无味、无毒。有效孔径(0.8 ~ 0.9nm)。粉末堆密度 0.5 ~ 0.55g/mL。成型品堆密度 0.7 ~ 0.8g/mL。孔体积约 0.3mL/g。比表面积可达 900 ~ 1000m²/g。除能吸附 A 型分子筛所能吸附的物质外，还能吸附 $CHCl_3$、$CHBr_3$、CHI_3、CCl_4、

CBr_4、C_6H_6、$N-C_3F_8$、$N-C_4F_{10}$、$M-C_7F_{16}$、B_5H_9、SF_6、环己烷、仲丁醇、呋喃、萘、吡啶、甲苯、二甲苯、异构烷烃、喹啉、三丁胺等物质。热稳定性高,晶格破坏温度 800 ~ 850℃。其他性能参见"3A 分子筛"。

[质量规格]

项　目	粉末状	条(或球)状	项　目	粉末状	条(或球)状
粒度/mm	—	$\phi(2\sim4)$, $\phi(4\sim9)$	水吸附量/(mg/g) ≥	280	230
吸苯量/(mg/g) ≥	230	180	抗压强度/MPa ≥	—	2.0

注:表中所列指标为参考规格。

[用途]用于气体干燥及净化、汽油脱硫及吸附粒径小于 0.8nm 的各种分子。用它净化液体石蜡(气相吸附)可获得良好效果。LOX 分子筛与天然八面沸石具有相同的硅(铝)氧骨架结构,催化活性很高,可用作催化加氢、异构化、催化裂化及催化重整等的催化剂及催化剂载体。

[简要制法]以水玻璃、偏铝酸钠、液碱等为原料经水热合成法于 96~98℃ 反应并析出分子筛结晶,再经洗涤、干燥制得晶体粉末。如要制成条状或球状制品,可加入适量黏合剂,经成型,焙烧活化制得。

[生产单位]上海恒业分子筛公司、南京无机化工厂等。

5. 13X 分子筛

[别名]Na-X 型分子筛、钠 X 型分子筛。

[化学式]$Na_2O\cdot Al_2O_3\cdot(2\sim3)SiO_2\cdot 6H_2O$

[性质]白色至灰白色或灰褐色粉末或颗粒。无臭、无味、无毒。有效孔径 0.9 ~ 1.0nm。既能吸附又能脱水干燥,特别具有 CO_2 与 H_2O、H_2S 与 H_2O 的共吸附功能。其他能吸附的物质及理性性质与 10X 分子筛相近。有较好的催化活性,抗酸性稍强于 A 型分子筛。

[质量规格]

项　目	粉末	条(或球)状
粒度/mm	—	$\phi(2\sim4)$, $\phi(4\sim9)$
苯吸附量/(mg/g) ≥	230	180
水吸附量/(mg/g) ≥	280	230
抗压强度/MPa ≥	—	3.0
松堆密度/(g/mL)	0.5 ~ 0.55	0.7 ~ 0.8

注:表中所列指标为参考规格。

[用途]13X 分子筛与 10X 分子筛有相同的硅(铝)氧骨架,两者的区别在于阳离子分布的位置不同;可用于固体石蜡净化汽油脱硫溶剂提纯、气体的干燥及净化等。也用作催化加氢、异构化、催化裂化及催化重整等的催化剂及催化剂载体。

[简要制法]将水玻璃、偏铝酸钠、液碱按一定摩尔比混合,加入导向剂,采用水热合成法,在一定温度下生成凝胶,经晶化、洗涤、干燥制得。

[生产单位]上海恒业分子筛公司、辽宁海泰科技发展有限公司、姜堰市天平化工公司等。

6. Ag-X 分子筛

[别名]银 X 型分子筛、201 脱氧净化剂。

[化学式]$0.7Ag_2O \cdot 0.3Na_2O \cdot Al_2O_3 \cdot (2.5 \sim 3)SiO_2 \cdot (6 \sim 7)H_2O$

[性质]灰色至稍带灰色颗粒。有效孔径 0.9nm。它是在硝酸银溶液中与 13X 型分子筛进行交换，达到所要求的交换度后而制得的含多种阳离子的分子筛。无毒、无臭、无味，具有很强的吸附性能。其氧化态可除去稀有气体、氮气及烯烃类气体中杂质氢；还原态可将多种气体(H_2、N_2、He 及烃类)中的微量氧脱除至 10^{-6} 以下。也可利用其吸附性能同时除去气体中的 CO_2、水分、硫化物及酸性气体。

[质量规格]

项　目	粒度/mm			
	$\phi(1 \sim 2)$	$\phi(2 \sim 3)$	$\phi(3 \sim 5)$	$\phi(5 \sim 8)$
外观	灰色至稍带灰色颗粒			
氧化钡(Ag_2O)/%	28	28	28	28
静态水吸附量/(mg/g) ≥	170	170	170	170
机械磨损强度/% ≥	85	85	85	85

注：表中所列指标为参考规格。

[用途]用作多用途脱氧净化剂及高效脱氧脱氢催化剂。与钡型分子筛复合使用，可用于海水淡化。

[简要制法]可将 13X 分子筛原粉加入硝酸银溶液中，经离子交换、过滤、干燥后，加入羊甘土造粒、烘干、焙烧活化制得。

[生产单位]上海恒业分子筛公司、南京无机化工厂等。

7. Cu - X 分子筛

[别名]203 分子筛、铜分子筛。

[化学式]$0.16CuO \cdot 0.84Na_2O \cdot Al_2O_3 \cdot (2.5 \pm 0.5)SO_2 \cdot (6.5 \pm 0.5)H_2O$

[性质]绿色条状物，一种由 13X 型分子筛用氯化铜进行离子交换而制得的含多种阳离子的分子筛。无臭、无味、无毒。不燃，热稳定性高，活性稳定。

[质量规格]

项　目	指　标	项　目	指　标
外观	绿色条状物	铜(Cu^{2+})含量/%	1.6
粒度/mm	$\phi(3 \sim 4)$	抗压强度/MPa ≥	2.94
苯吸附量/(mg/mL) ≥	140		

注：表中所列指标为参考规格。

[用途]主要用于航空汽油及相应馏分的煤油、液态烃、异丙醇、丙烷等产品脱硫醇。可使其硫醇含量从 100×10^{-6} 降至 5×10^{-6} 以下，也可用作石油产品的硫醇催化氧化催化剂。

[简要制法]先将 13X 分子筛原粉与氯化铜进行离子交换(交换度 16%)，再经洗涤，干燥，成型、活化制得。

[生产单位]南京炼油厂、湘潭市化工二厂等。

8. Ca - Y 分子筛

[别名]钙 Y 型分子筛、Y 型人造泡沸石。

[化学式]$0.7CaO \cdot 0.3Na_2O \cdot Al_2O_3 \cdot (3 \sim 6)SiO_2 \cdot (7 \sim 9)H_2O$

［性质］白色至灰白色微晶体，成型后为灰白色或微红色球状或条状物。有效孔径0.9～1.0nm，堆密度0.7～0.8g/mL，孔体积约0.4mL/g，比表面积可达900～1000m²/g。晶格破坏温度800～950℃。在晶体结构上比13X分子筛具有更多的硅氧四面体和较少的金属离子。吸附脱附及离子交换能力较强。也具有较高选择性、耐酸性及抗中毒性能。

［质量规格］

项　目		指　标	项　目		指　标
外观		条状	苯吸附量/(mg/g)	≥	110
粒度/mm		φ(3～4)	抗压强度/MPa	≥	2.94

注：表中所列指标为参考规格。

［用途］用作吸附分离剂、催化剂及催化剂载体。可用于液体石蜡、航空煤油等精制，也用于催化裂化、烷烃加氢异构化等过程。

［简要制法］先用水热合成法制得Na－Y分子筛，再用氯化钙进行离子交换，然后加入合成胶、氧化钙经捏合、成型、焙烧活化制得。

［生产单位］南京无机化工厂、南京炼油厂等。

9．Na－Y分子筛

［别名］钠Y型分子筛。

［化学式］$Na_2O \cdot Al_2O_3 \cdot (3～6)SiO_2 \cdot (7～9)H_2O$

［性质］白色至灰白色或灰褐色粉末或颗粒。是硅铝比为3～6的Y型分子筛。晶体结构与天然八面沸石类似。但两者的化学组成不同。一般将硅铝比小于3.9的称为低硅Y型分子筛，而硅铝比大于4.0的则称为高硅Y型分子筛。有效孔径0.9～1.0nm。成型制品为灰白色或微红色球状或条状物。外形尺寸φ3～5mm，堆密度0.7～0.8g/mL，孔体积约0.4mL/g，比表面积可达900～1000m²/g，晶格破坏温度890～950℃。热稳定性、耐候性及抗中毒性能均较强。加热失水成为一种多孔强吸附剂，对于分子大小、极性、沸点及饱和程度等不同的物质具有选择吸附、分离的性能。而选择性、抗中毒性及热稳定性等优于X型分子筛。

［质量规格］

项　目		指　标	项　目		指　标
硅铝比(SiO_2/Al_2O_3)	≥	5.0	饱和吸水量/(mg/g)	≥	280
结晶度/%	≥	92	苯吸附量/(mg/g)	≥	240
晶胞常数/nm		2.405			

注：表中所列指标为参考规格。

［用途］用作吸附分离剂、催化剂、催化剂载体，广泛用于炼油及石油化工。吸附、解吸性强，抗酸性及热稳定性好。

［简要制法］先将水玻璃、偏铝酸钠及液碱按一定摩尔比反应制成凝胶，再经晶化、洗涤、干燥、成型及焙烧活化制得。

［生产单位］南京无机化工厂、兰州炼油化工总厂等。

10．KBaY分子筛

［别名］钾钡Y型分子筛。

［化学式］$(K_2O \cdot BaO) \cdot Al_2O_3 \cdot 4SiO_2 \cdot 9H_2O$

[性质]白色球形颗粒。有效孔径 1nm，表观密度 0.62g/ mL。晶体结构与八面沸石相似，是将 Ba^{2+} 与 K^+ 同时交换得到 Na – Y 型分子筛上所得的产物。它可从对、间、邻二甲苯和乙苯的混合物中有选择地吸附对二甲苯，从而分离出纯度很高的对二甲苯。Ba^{2+}、K^+ 的交换程度对吸附选择性有一定影响，而以 Ba^{2+} 和 K^+ 的质量比为 40∶60 左右时的分离效果最好。

[质量规格]

项　　目	指　　标	项　　目	指　　标
粒度/目	16 ~ 24	抗压强度/(10^5Pa/粒)　　≥	0.2
粒度合格率/%	85	对二甲苯纯度/%	96
表观密度/(g/mL)	0.62 ~ 0.85	对二甲苯收率/%	70
苯吸附量/(mg/g)	165		

注：表中所列指标为参考规格。

[用途]用于液体物质的分离及净化，主要用于从混合二甲苯中分离及提取高纯度对二甲苯。

[简要制法]先用水热合成法制得 Na – Y 分子筛原粉，再与硅溶胶造粒成球，经焙烧活化、钾离子交换、洗涤、钡离子交换、干燥、活化制得。

[生产单位]南京无机化工厂，上海恒业分子筛公司。

11. ZSM – 5 分子筛

[别名]ZHS – 1 型高硅沸石。

[化学式]$(0.9 \pm 0.2)M_{2/n} \cdot Al_2O_3 \cdot (5 \sim 100)SiO_2 \cdot (0 \sim 40)H_2O$　　（M 为 Na^+ 和有机铵离子，n 为阳离子价数）

[性质]由 Zeolite Socony Mobil 缩写命名的 ZSM 分子筛是美国 Mobil 公司开发的一系列新型合成沸石，该类产品从 ZSM – 1 开始，已生产出数十种 ZSM 型分子筛。其中，ZSM – 5 分子筛是一种含有机铵阳离子的新型结晶硅铝酸盐，为斜方晶系晶体。由于具有较高的硅铝比（ >5，甚至达 300 以上）和阳离子骨架密度，晶体结构十分稳定，耐热性、耐酸性及耐水蒸气性都很强，在 1100℃ 下焙烧，晶体结构无明显破坏。不溶于水、有机溶剂及酸，溶于碱。孔径大多在 0.6nm 左右，比表面积可达 $450 \sim 560m^2/g$，可选择性地吸附烷烃、芳烃及支链烃，具有优良的择形催化性能。

[质量规格]

项　　目	指　　标	项　　目	指　　标
相对结晶度/%　　≥	95	吸附能力/%	
SiO_2/Al_2O_3（摩尔比）	10 ~ ∞	H_2O　　　>	6.2
晶粒/μm	0.1 ~ 2	环己烷　　>	2.9
比表面积/(m^2/g)	450 ~ 560	正己烷　　>	5.7

注：表中所列指标为参考规格。

[用途]用作催化剂及吸附剂，可用于烷基化、甲苯歧化、二甲苯异构化、催化裂化、甲醇催化制烯烃、芳烃、汽油及合成气制汽油等。也用于生物发酵制酒精，由于 ZSM – 5 分子筛能吸附酒精，可使发酵液的酒精浓度下降，从而使发酵过程保持较高的反应速率。

[简要制法]可由水玻璃、硫酸铝溶液、溴化四丙基铵（模板剂）在一定温度下经晶化、分离、洗涤、干燥等过程制得。也可由水玻璃、硫酸、硫酸铝及乙二胺等按一定配比，经成胶、过滤、洗涤、干燥等过程制得。

[生产单位]南开大学催化剂厂、温州市华华集团公司等。

12. RAX 系列对二甲苯吸附剂

[产品牌号]RAX - 2000A、RAX - 3000。

[性质]以阳离子交换改性的特种八面沸石作为活性组分，采用特殊工艺技术制备而得。具有吸附容量高、对二甲苯吸附选择性好、抗压强度大等特点。

[质量规格]

项　　目	RAX - 2000A	项　　目	RAX - 2000A
物相	X 分子筛	堆密度/(g/mL)	0.829
形状	球形	比表面积/(m^2/g)	520
颗粒直径/mm	0.3 ~ 0.8	孔体积/(mL/g)	0.30

[用途]对二甲苯是聚酯纤维工业的重要基础原料，工业上普遍采用模拟移动床吸附分离工艺进行生产，最具代表性的工艺是 UOP 公司开发的 Parex 工艺和 IFP 开发的 Eluxyl 工艺，对二甲苯吸附分离工艺是由吸附剂配合模拟移动床连续逆流分离技术构成，其核心技术是高效吸附剂的开发和应用。RAX - 2000A 对二甲苯吸附剂首次在中国石化齐鲁分公司 Parex 装置上进行工业应用。该对二甲苯吸附分离装置是引进 UOP 的 Parex 工艺，以蒸汽裂解 C$_8$ 芳烃和少量重整二甲苯为原料。经模拟移动床吸附分离和二甲苯异构化过程生产对二甲苯。标定结果表明，在 102.9% 进料负荷下，产品对二甲苯平均纯度为 99.77%，平均吸附率为 99.05%，在 111.4% 进料负荷下，产品对二甲苯平均纯度为 99.81%，平均收率为 98.56%。

RAX 系列对二甲苯吸附剂的原理是利用其吸附选择特性，将混合二甲苯中的对二甲苯吸附到吸附剂的孔穴中，再利用对二乙苯将对二甲苯置换出来，经过下游的分离工艺生产出高纯度的对二甲苯产品，该吸附剂适用于任何形式的液相连续逆流模拟移动床吸附分离工艺。与 RAX - 2000A 相比，RAX - 3000 具有更优的吸附容量，处理能力可增加 8%。

[研制单位]中国石化石油化工科学研究院。

[生产单位]中国石化催化剂长岭分公司。

13. NWA 5A 小球吸附剂

[性质]NWA 5A 小球吸附剂是一种新型 A 型分子筛，主要应用于 Molex 脱蜡工艺。该产品采用特殊备工艺技术，有效降低了吸附剂大孔和微孔中正构烷烃的扩散阻力，具有吸附容量大，吸附和脱附速率快等特点。

[质量规格]

项　　目	指　标	项　　目	指　标
堆密度/(g/mL)	0.72 ~ 0.80	水含量/%	<5
粒度/%		选择性孔穴体积/%	11.1

项　目	指　标	项　目	指　标
16~20目	>90	非选择性空隙体积/%	53
20~40目	>90		

[用途]由 UOP 公司开发的 Molex 工艺,因其产品质量高、能耗低、直链烷烃产品的回收率高及其分子筛吸附剂使用寿命长等特点,已成为生产高纬度直链烷烃(或称蜡)的重要方法。但 Molex 工艺的模拟移动床过程及在较低温度下液相吸附分离(其他工艺均为高温气相条件)的特点,对吸附剂的性能要求十分苛刻,只有低扩散阻力的吸附剂才能适用于该工艺条件。NWA SA 小球吸附剂具有比 UOP 公司生产的 ADS 型吸附剂更少的 A 型晶体和更合理的大孔分布,因此 NWA 吸附剂的微孔和大孔扩散阻力较低,同时具有优良的机械强度和抗磨性,在金陵石化烷基苯厂 Molex 装置上运行结果表明,在生产的正构烷烃产品质量、正构烃收率、正构烃生产能力及吸附剂的稳定性等方面均达到 UOP 公司最新一代 ADS-34 型吸附剂的水平,NWA 5A 小球吸附剂可应用于 Molex 脱蜡工艺,在液相条件下从煤油馏分中吸附正构烷烃生产液蜡产品外,也可用于变压吸附。

[生产单位]中国石化催化剂南京分公司。

14. 变压吸附制氢(氧)分子筛系列

[工业牌号]PSA-H_2、PSA·O_2、VPSA-O_2、13XHP8×12^{11}。

[质量规格]

变压吸附制氢分子筛		变压吸附制氧分子筛			
项　目	PSA-H_2	项　目	PSA-O_2	VPSA-O_2	13XHP8×12^{11}
直径/mm	2~3	直径/mm	0.5~0.8	1.7~2.4	1.7~2.4
堆密度/(g/mL)	0.74	堆密度/(g/mL)	0.69	0.69	0.65
磨耗率/%	≤0.2	磨耗率/%	≤0.3	≤0.3	≤0.2
抗压强度/(N/粒)	≥40	抗压强度/(N/粒)	—	≥25	≥24
N_2 吸附量/(mL/g)	≥10.2	CO_2 吸附量/(mL/g)			≥19.3
CO_2 吸附量/(mL/g)	≥30	富氧浓度/%	93±3	93±3	—
H_2O 吸附量/%	≥24	产氧量(100%O_2)/(L/kg·h)	≥40	≥20	
灼烧失重(575℃)/%	≤1.5	灼烧失重(575℃)/%	≤1.5	≤1.5	≤1.6

[用途]用于变压吸附制氢,空气分离制氧、氮等。具有吸附量大、热稳定性好、可解吸再生等特点。

[生产单位]姜堰市化工助剂厂。

（三）活性炭

[化学成分]C

[性质]活性炭具有发达的孔隙结构和巨大的比表面积，是一种性能优良的吸附材料。其化学稳定性及热稳定性好，能耐酸、耐碱腐蚀，不溶于水和有机溶剂，能经受水浸、高温及高压的作用，失效后可以再生。制造活性炭的原料较多，而以煤为原料制取的活性炭是目前活性炭材料中的主要品种。国内生产活性炭的厂家有数百家，所生产的品种牌号也在百种以上，但还存在着生产企业规模小、品种较单一、缺少有特殊吸附性能优质产品的弱点。

活性炭的吸附性质不仅取决于它的孔隙结构，而且也取决于它的化学组成和结构。活性炭表面的不饱和价和结构缺陷不仅对活性炭吸附非极性物质有影响，而且对极性物质在活性炭表面的吸附也有很大影响，而这一切都与活性炭所采用的原材料性质及制备工艺有关，特别是活化工艺对活性炭性能影响很大。

表 5 - 5 示出了国内外常用的几种颗粒活性炭的特性，表 5 - 6 为常用溶剂回收用活性炭的性质。

表 5 - 5　常用国内外一些颗粒活性炭的特性

产品牌号 项　　目	日本 白鹭 W 炭	日本 X - 700	英国 Filtrasorb - 400	太原新华 2 丁 - 15 炭(8#)	北京光华 9H - 16 炭
原料与形状	煤质，无定形	煤质，球形	煤质，无定形	煤质，柱状	杏核，无定形
粒度/目	8 ~ 32	8 ~ 32	12 ~ 24	10 ~ 12	10 ~ 28
充填密度/(g/L)	475	458	480	150 ~ 530	340 ~ 440
粒子密度/(g/L)	0.72	—	—	0.80	—
真密度/(g/L)	2.0 ~ 2.2	—	—	2.2	约 2.0
比表面积/(m²/g)	850	1100	1020	约 900	约 1000
细孔容积/(mL/g)	0.88	0.94	0.81	0.80	0.90
平均细孔直径/nm	4.1	1.9	2.1	—	—
强度/%	90	98	87	>75	≥90
pH 值	—	—	—	9.0 ~ 9.5	8 - 10
灰分/%	—	—	—	<30	<4
水分/%	—	—	—	<10	<10
碘值/(mgKOH/g)	—	1010	1060	≥800	≥1000
亚甲蓝吸附值/(mL/g)	—	200	200	—	—
烷基苯磺酸盐(ABS)值	—	48	45	—	—

表 5 - 6　常用溶剂回收用活性炭的性质

项　　目＼品种	活性炭					炭分子筛
	成型颗粒炭	破碎炭	粉状炭	纤维状炭	球形炭	
制造原料	煤、石油系、木材、果壳、果核	煤、木材	煤、木材、果壳、果核	合成纤维、石油系、煤沥青	煤、石油系	煤、石油系、果壳等
真密度/(g/mL)	2.0～2.2	—	0.9～2.2	2.0～2.2	1.9～2.1	1.9～2.0
充填密度/(g/mL)	0.35～0.60	0.35～0.60	0.15～0.60	0.03～0.10	0.50～0.65	0.55～0.65
床层空隙率/%	33～45	33～45	45～75	90～98	33～42	35～42
孔体积/(mL/g)	0.5～1.1		0.5～1.2	0.4～1.0		0.5～0.6
比表面积/(m²/g)	700～1500	700～1500	700～1600	1000	800～1200	450～550
平均孔径/nm	1.2～3.0	1.5～3.0	1.5～3.0	0.3～4.5	1.5～2.5	0.3～0.5
热导率/(kJ/m·h·K)	0.42～0.84					
比热容/(kJ/kg·K)	0.84～1.05					

（四）炭分子筛

[别名]CMS 分子筛、碳分子筛。

[性质]灰黑色球形或条状颗粒，孔体积 0.5～0.6mL/g。比表面积 ＞300m²/g，微孔平均孔径 0.3～0.5nm。炭分子筛与活性炭相似，是一种非极性的多孔性材料，但活性炭的孔径一般为 1～3nm，而且孔径大小的范围较宽，不能显示出 1nm 以下分子筛的作用，而炭分子筛的制备原料与活性炭相近，也有像活性炭一样的疏水性，但具有 1nm 以下的发达微孔，孔径大小一致，分布狭窄，能显示出分子筛的特殊作用。从微观结构看，炭分子筛是由很小的类石墨微晶所组成。微晶本身呈交联状，其中碳原子呈三角形键接。其微孔则是由微晶中碳层面堆积的无序性造成的。

[质量规格]

项　　目＼产品牌号	CMS - Ⅱ	CMS - Ⅳ·B 型	HTCMS 系列
装填密度/(g/mL)	660～680	640～660	1.8～2.0
颗粒直径/mm	1.9～2.1	1.9～2.1	≥100
抗压强度/(N/粒)	70	80	60～355
制氮产率/(Nm³/h·t)			

[用途]用作吸附剂、催化剂、催化剂载体及氮气制造等。

[简要制法]将烟煤研磨至一定细度，加入适量煤焦油或黏结剂，经成型、干燥、高温炭化、溶剂处理、高温活化制得。

[生产单位]浙江长兴县中泰炭分子筛公司、辽宁海泰科技发展有限公司等。

(五)活性炭纤维

[别名]纤维状活性炭。

[化学成分]C

[性质]一种炭纤维经物理活化、化学活化或两者兼有的活化反应制得的功能性炭纤维。具有非晶态的无定形碳结构，碳原子以乱层堆叠的类石墨片层形式存在。具有很大的比表面积，可达 $1500 \sim 3000 m^2/g$。其中，$1nm$ 的微孔结构丰富，微孔体积占总孔体积的90%以上。$2 \sim 50nm$ 的孔很少，大于 $50nm$ 的孔几乎没有。活性炭纤维表面存在着多种含氧基团，如羟基、羧基、酯基等，表面基团随活化处理方法的不同呈现出不同的结构特性，与活性炭一样，具有吸附量大、吸附速度快、对低浓度吸附物质的吸附能力强等特点。也具有耐酸、耐碱、耐高温及导电、导热等性能，通过对活性炭纤维表面进行化学改性（如进行氧化、氨化、氢化及碱化等处理），可改变炭纤维表面表含氧、含氮基团数量及疏水性，从而提高其吸附性能及脱硫性能。

[质量规格]

产品牌号 项　目	A－10	A－15	A－20
比表面积/（m^2/g）	1000	1500	2000
纤维直径/mm	14	12	11
拉伸强度/（kg/mm）	25	25	8
拉伸模量/（kg/mm）	711	543	331
伸长率/%	3.51	3.03	2.56

注：表中所列指标为沥青基活性炭纤维的参考规格。

[用途]活性炭纤维可根据需要制成纤维、毡、布、网及纸等多种材料，分别用于气体净制及分离、有机废水处理、有机溶剂回收、空气净化等。也可用作催化剂、催化剂载体、脱硫剂、除湿剂等。

[简要制法]以沥青、黏胶纤维、酚醛等为原料、经熔纺、交联、碳化、活化等过程制得。

[生产单位]中科院煤化所、鞍山东亚碳纤维公司等。

(六)吸附树脂

[产品牌号]Amberlite XAD－1 XAD－2、XAD－3、D3520、D4006、XDA－1、XDA－4、XDA－7、KAD－302、KAD－307、KAD－310 等。

[性质]一种人工合成的孔性高分子聚合物吸附剂，为白色不透明球状颗粒。与离子交换树脂比较，吸附树脂的组成中不存在功能基及功能基的反离子，它类似于不含功能基及功能基反离子的大孔树脂，其骨架主要有苯乙烯系、丙烯酸系、酚醛系三大类，并可分为非极性、中等极性及强碱性等不同类型，吸附树脂内部具有丰富的分子大小通道或孔洞，有较大

的比表面积，而且极性和孔结构可任意调节。

[质量规格]

项　目　　　　产品牌号	Amberlite XAD-2	Amberlite XAD-4	Amberlite XAD-7	KAD-302	KAD-307	KAD-310
平均粒径/mm	0.4	0.35~0.45	0.30~0.45	0.315~1.25	0.315~1.25	0.315~1.25
孔度/[cm³(孔)/cm³(干树脂)]	0.42	0.50	0.50~0.55			
平均孔径/nm	9	4~6	8	10~11	12~17	13~15
比表面积/(m²/g)	300	800	450	500~600	≥800	100~200
孔体积/(mL/g)	—	—	—	2.5~3.0	1.1~1.4	0.6~0.7
湿视密度/(g/L)	640	700	656	600~700	700~800	650~750
湿真密度/(g/mL)	1.02	1.03~1.04	1.05	1.0~1.07	1.0~1.1	1.02~1.06
骨架密度/(g/mL)	1.07	1.08~1.09	1.24			

注：表中所列指标为参考规格。

[用途]用于有机合成中各种水溶性产物的回收及浓缩，含有机酸、酰胺、芳香胺及酚类废水的处理，分析样品的富集及实验室试剂纯化等。也用作催化剂载体及色谱担体等。

[简要制法]①苯乙烯系及丙烯酸系吸附树脂可先由单体(苯乙烯、甲基苯乙烯、丙烯酸甲酯、丙烯腈等)、交联剂(二乙烯基苯、三乙烯苯、二丙烯酸乙二醇酯等)及致孔剂悬浮共聚，再经除去致孔剂后制得；②酚醛系吸附树脂可在催化剂存在下，由苯酚与甲醛经缩聚反应制得。

[生产单位]南开大学化工厂、凯瑞化工公司(北京)等。

(七)化工原料吸附净化剂

[产品牌号]KIP200、KIP201、KIP202、KIP204、KIP207等。

[性质]一种有网状结构的离子交换树脂，骨架上有功能基团及可交换离子，具有吸附、净化化工原料的功能。

[质量规格]

项目　　　产品名称 　　　产品牌号	原料烯烃净化剂	原料烯烃净化剂	原料烯烃净化剂	甲醛缩合净化剂	树脂净化剂	MTBE装置甲醇回收系统脱酸剂	乙二醇工艺水脱酸剂
	KIP200	KIP201	KIP202	KIP203	KIP204	KIP207	KIP211
外观	不透明球状颗粒	不透明球状颗粒	不透明球状颗粒	不透明球状颗粒	不透明球状颗粒	半透明至不透明球状颗粒	不透明球状颗粒
功能基团容量/(mmol/g)≥	4.8[H⁺]	5.0[H⁺]	4.8[H⁺]	4.5[H⁺]	4.7[H⁺]	5.0	4.80
含水量/%	43~59	48~58	43~59	50~58	50~58	55~65	48~68

产品名称 \ 项目 \ 产品牌号	原料烯烃净化剂	原料烯烃净化剂	原料烯烃净化剂	甲醛缩合净化剂	树脂净化剂	MTBE装置甲醇回收系统脱酸剂	乙二醇工艺水脱酸剂
	KIP200	KIP201	KIP202	KIP203	KIP204	KIP207	KIP211
湿视密度/(g/mL)	0.73~0.86	0.70~0.85	0.73~0.86	0.70~0.80	0.70~0.80	0.65~0.75	0.65~0.72
湿真密度/(g/mL)	1.15~1.25	1.15~1.25	1.15~1.25	1.15~1.25	1.15~1.25	1.05~1.15	1.03~1.06
粒度范围(0.315~1.25mm)/% ≥	95	95	95	95	95	95	95
耐磨率/% ≥	90	95	90	90	90	90	90
出厂型式	H	H	H	H	H	OH	游离胺型
最高工作温度/℃	120	120	140	130	120	100	80
主要用途	用于乙酸与正丁烯加成反应所用原料或其他有机合成原料的净化	用于从C₅以上叔碳烯烃为主要成分的轻汽油与甲醇的醚化反应中原料的净化	用于乙酸与异丁烯加成反应原料的净化	用于甲醇和甲醛缩合反应原料的净化	用于乙酸与正丁烯加成反应中原料丁烯的净化	用于甲基叔丁基醚(MTBE)装置甲醇回收工艺水降酸处理	用于脱除乙二醇循环水中有机酸和无机酸根
生产单位	凯瑞化工公司(北京)						

(八)白土吸附剂

白土是一种结晶或无定形物质,具有很大的比表面积及丰富的细孔结构。有天然白土与活性白土之分,天然白土是一种风化的天然土,有膨润土、高岭土,主要成分是硅酸铝,其化学组成为:$SiO_2$54%~68%,$Al_2O_3$19%~25%,H_2O24%~30%,MgO1%~2%,Fe_2O_3及CaO各1%~1.5%;活性白土是将白土用稀硫酸活化、干燥、粉碎而制得的产品,比表面积可达450m^2/g,其活性比天然白土大4~10倍。

活性白土由许多微小颗粒组成,颗粒表面有许多极小的不规则微孔,这些微孔具有很大的内表面积,高的比表面积使其表面不稳定,具有减小表面积的倾向,具有很强的吸附能力。因而活性白土能将极性物质首先吸附在其微孔中,而且吸附有选择性,对极性物质的吸附能力强,对非极性的烷烃类吸附能力弱,从而达到精制油品的目的。如用活性白土吸附极性物质的方法除去石蜡中的极性物质的方法也称作白土精制。

1. 活性白土

[别名]漂白土、酸处理白土。

[化学式]$Al_2O_3 \cdot 4SiO_2 \cdot nH_2O$

[性质]一种由天然白土经硫酸或盐酸处理的白色至米色粉末。呈分散状,有油腻感,无臭、无味、无毒。相对密度2.3~2.5,表观密度0.55~0.75。不溶于水、有机溶剂及各种油和脂类,易溶于热苛性钠溶液及盐酸。表面有许多不规则孔穴,分子间为层状结构,比天然白土有更大的比表面积及吸附能力,具有选择吸附性及离子交换能力,能吸附有色物质、有机物质及某些矿物杂质,并具有催化性能。当加热至300℃

以上时，开始失去结晶水，结构也发生变化，影响其使用性能。在空气中易吸潮，加热干燥可恢复其性能。

[质量规格]

项　目		指　标		
		优级品	一级品	合格品
脱色率/%	≥	95.0	92.0	90.0
活性度①	≥	225	220	200
游离酸(以硫酸计)/%	≤	0.20	0.20	0.20
粒度(过200目筛)/%	≥	90	90	90
水分/%	≤	8.0	8.0	8.0
机械杂质		无	无	无

①活性度以 20~25℃下，100g 白土吸收 0.1mol/LNaOH 溶液的毫升数表示。

[用途]用于各种油脂、汽油、煤油、柴油、石蜡、润滑油、凡士林油、高级醇、苯、白油等制品的脱色及净化。也用作中温及高温聚合用催化剂、水分干燥剂，处理放射性废料，以及用于制造颗粒白土等。

[简要制法]以钙基膨润土为原料，经干燥、浓硫酸活化、水洗后，再经干燥、粉碎制得。

[生产单位]山东周村石油化工厂、浙江临安膨润土化工总厂等。

2. 颗粒活性白土

[别名]颗粒白土。

[化学式]$Al_2O_3 \cdot 4SiO_2 \cdot nH_2O$

[性质]白色至灰白色无定形颗粒。化学性质与活性白土相似，但具有粒度均匀、比表面积大、机械强度高、吸附能力强、离子交换性及催化剂能好等特点。

[质量规格]

项　目		指　标	项　目		指　标
粒度(0.25~0.84mm)/%	≥	85	比表面积/(m²/g)	≥	250
(<0.25mm)/%	≤	5.0	游离酸(以硫酸计)/%	≤	0.20
堆密度/(g/mL)		0.65~0.80	水分/%	≤	10.0
抗压强度/(N/粒)	≥	0.45			

注：表中所列指标为参考规格。

[用途]用于石油化工装置脱除微量烯烃及羟基化合物，除去喷气燃料、汽油、煤油、石蜡等中的不饱和烃、硫化物及有色物质等，也用作催化剂。失活后可加热再生。

[简要制法]由粉状活性白土经成型、干燥制得。

[生产单位]浙江临安膨润土化工总厂。

(九)S Zorb 工艺专用汽油脱硫吸附剂

汽油吸附脱硫技术可选用极性较强的固体物质如白土、分子筛、氧化铝、活性炭及碱金

598

属硅酸盐等作为吸附剂。但这些吸附剂存在着汽油脱硫效率和收率不理想，硫类副产物分离处理复杂、利用难等缺点。S Zorb 吸附脱硫技术是由美国 Conoco Phillips 所开发，主要用于催化汽油的脱硫，该技术通过吸附剂选择性地吸附含硫化合物中的硫原子而达到脱硫目的。与加氢脱硫技术相比，具有脱硫率高(可将硫脱至 10μg/g 以下)、辛烷值损失小、能耗低、操作费用低等优点。装置主要包括进料与脱硫反应、吸附剂再生、吸附剂循环和产品稳定等 4 个部分。

2007 年中国石化引入了 Conoco Phillips 公司的 S Zorb 吸附脱硫技术。2007 年 6 月在北京燕山分公司投产运行了第一套规模为 1. 20Mt/a 的 S Zorb 装置，2010 年又在上海高桥、镇海、广州、济南、齐鲁、沧州和长岭分公司建设 7 套 S Zorb 装置。鉴于良好的技术经济性，从 2011 年开始又陆续建成多套 S Zorb 装置。S Zorb 吸附脱硫技术的核心是吸附剂的使用。所用新鲜吸附剂的物性如表 5 - 7 所示。

表 5 - 7　新鲜吸附剂的物性

项　目	性　质
吸附剂	S Zorb SRT sorbent
外观	灰绿色粉末
主要活性组分	Co、Ni/Ni、Cu
载体	氧化锌、硅石和氧化铝的混合物
粒度/μm	40 ~ 120
平均粒度/μm	60
密度/(g/mL)	1. 906
装填密度/(g/mL)	1. 001

为实现吸附剂的国产化，由中国石化石油化工科学研究院专为 S Zorb 工艺开发的 FCAS - RO9 型汽油脱硫吸附剂，采用独特的制备技术，具有产品强度高、细粉少、粒度分布集中，脱硫率高、剂耗低、对原料的硫含量适用范围广的特点，可生产硫含量低于 1μg/g 的超低硫清洁汽油，综合性能达到国外同类产品水平。

下篇　溶　剂

第六章　溶　剂

溶剂旧称"溶媒",是能将其他物质以分子或离子状态分散于其中的物质。物质的溶解过程就是某物质(溶质)分散于另一物质(溶剂)中成为溶液的过程,如糖或食盐溶解于水而成水溶液。水是最普通的溶剂。但工业上所指的溶剂一般是指能溶解油脂、树脂、蜡等多数在水中难以溶解的一类物质,而形成均匀溶液的单一化合物或两种以上组成的混合物,这类除水以外的溶剂称为非水溶剂或有机溶剂。

溶解过程看似简单,但其实质颇为复杂。有些物质在溶剂中能全部溶解,有的部分溶解,有的则不溶。影响溶解的因素很多,大致与以下因素有关:①相同分子或原子间的引力与不同分子或原子间的引力作用关系(如范德华引力);②溶剂的极性。极性是物质分子中形成正负两个中心的能力。溶剂的极性与偶极矩、氢键、焓和熵的共同作用等有关,而以偶极矩对溶剂的影响最大,如没有偶极矩的芳香烃是非极性溶剂,有较大偶极矩的二甲基亚砜是强极性溶剂;③溶剂、溶质的相对分子质量;④溶剂化作用,即物质的溶解必定伴随有溶剂化,溶质分子或离子通过静电作用、氢键、范德华力与溶剂分子作用产生溶剂化的粒子,促进溶解发生;⑤溶解活性基团的种类和数目,分子复合物的生成等。

有机溶剂种类很多,分类方法不一,通常有以下几种分类方法。

(1)按沸点高低分类

沸点范围为150~200℃的称高沸点溶剂,如环己醇、丁酸丁酯,这类溶剂蒸发速度慢,溶解能力强;

沸点范围在100~150℃的称中沸点溶剂,如丁醇、甲苯,这类溶剂蒸发速度中等,溶解能力强;

沸点范围在100℃以下的称低沸点溶剂如乙醇、丙酮,这类溶剂的蒸发速度快,黏度低;

另外还有一些沸点在300℃左右的溶剂,如邻苯二甲酸二甲酯(或二丁酯等),其特点是形成的薄膜韧性及黏结强度好,这类溶剂也称作增塑剂或软化剂。

(2)按蒸发速度快慢分类

蒸发速度的快慢是以乙酸丁酯为100进行比较。将蒸发速度为乙酸丁酯3倍以上者(如丙酮、苯)称为快速蒸发溶剂;蒸发速度为乙酸丁酯的1.5倍以上者(如乙醇、甲苯)称为中速蒸发溶剂;蒸发速度比工业戊醇快,比乙酸仲丁酯慢(如乙酸丁酯、乙二醇单乙醚)者为慢速蒸发溶剂;蒸发速度比工业戊醇慢(如乳酸乙酯)者称为特慢蒸发溶剂。

(3)按溶剂的极性分类

溶剂的极性主要与溶剂分子中组成原子的电负性、分子的对称性有关。由碳原子与氢原子组成的烃类溶剂属非极性溶剂,含有氧、氯、硫等杂原子的溶剂一般为极性溶剂。含有杂原子的溶剂如果分子呈对称性则也是非极性的,如三氯甲烷是极性分子,而四氯化碳是非极性溶剂。

(4)按化学组成分类

有机溶剂可分为烃类(如脂肪烃、脂环烃、芳香烃等)、卤代烃、醇、二醇及其衍生物、酚、醚、酮、醛、缩醛、酸、酸酐、酯、含氮化合物、含硫化合物等。

(5)按使用目的分类

按使用目的可将溶剂分为合成用溶剂及加工用溶剂。

合成用溶剂又可分为两类，一类是提纯单体用的萃取剂或抽提剂；另一类是在各类聚合过程中使用的溶剂，它不仅起反应介质的作用，而且起稀释作用，使反应温度易于控制。

加工用溶剂是在聚合物材料的加工过程中为改变其流变性而加入的一类溶剂。涂料和胶黏剂工业中为便于施工而加入的溶剂也称为稀释剂。橡胶工业用溶剂主要用在溶解胶料、配制胶料或易于成型。

溶剂广泛用于炼油、化工、合成树脂、橡胶、油脂、涂料、洗涤、医药等领域。不同用途需使用不同性质的溶剂。对于特定的溶质如何选择适用的溶剂应注意以下原则。

(1)极性相似原则

即极性溶质易溶于极性溶剂(如酮、酯等具有极性和较大的介电常数以及偶极矩大的溶剂)中，非极性溶质易溶于非极性溶剂(如烃类等无极性功能基团及介电常数、偶极矩小的溶剂)中；极性大的溶质易溶于极性大的溶剂中，极性小的溶质易溶于极性小的溶剂中。这是从低分子溶解中总结出来的规律，在一定程度上对高分子溶解也有指导意义。

(2)溶剂化原则

溶剂化作用是指溶质与溶剂接触时溶剂分子与溶质分子相互作用产生作用力，此作用力大于溶质分子之间的分子内聚力，使溶质分子彼此分离而溶解于溶剂的作用。极性溶剂分子和聚合物的极性基团相互吸引能产生溶剂化作用，使聚合物溶解，这就要求聚合物和溶剂在分子结构上应分别具有亲电子体和亲核体。聚合物上含有基团的亲电子性或亲核性越强，其溶剂的亲核性或亲电子性应该越强，否则不易溶解；如聚合物的亲电性或亲核性越弱，则对溶剂的亲核性或亲电子性要求较弱。

(3)溶解度参数相近原则

溶质分子间、溶剂分子间都存在着相互作用力，要相互溶解就需破坏原有的分子间力，形成新的作用力，如果溶质分子间的作用力、溶剂分子间的作用力以及溶质与溶剂分子间的相互作用大致相等就易发生溶解。反之，如果溶剂分子间的作用力比溶剂分子间的作用力要强，或溶质分子间的作用力比溶剂分子间的作用力强得多，则需足够的能量才能形成新的溶质分子与溶剂分子相互间的作用，否则就不会发生溶解，这种溶质分子间或溶剂分子间相互作用能的总和称为内聚能，它是使物质分子间通过相互作用聚集在一起的能。

内聚能的定量数值一般用内聚能密度表示，内聚能密度的平方根称为溶解度参数(δ)，δ 与内聚能的关系为：

$$\delta = \left(\frac{\Delta VU}{V} \right)^{\frac{1}{2}}$$

式中，括号部分为内聚能密度，即单位体积的蒸发内能，溶剂和溶质的溶解度参数或内聚能密度可以测定，或从相关的手册中查得。δ 值的大小反映了分子间力的大小，它可分解为非极性部分、极性部分和氢键部分。所以，醇和具强氢键化合物的 δ 值大，烃类等非极性化合物 δ 值小，而酮类、醚类等化合物的 δ 值处于其间。因此，可由 δ 值预测化合物的溶解度，由于 δ 值反映分子间力，分子间力接近则 δ 值接近，相互溶解性就好，它也可推广到高分子化合物中，用于预测各类聚合物的相互混溶性。

有时两种单独不能溶解某溶质的溶剂，按一定比例混合后，可以较好地溶解该溶质，混合溶剂的比例也可通过溶解度参数计算及实验验证来确定。

显然，选择溶剂时，除考虑溶解特性及溶剂本身的化学稳定性外，还应考虑溶剂的毒性、可燃性、爆炸性、挥发性等使用安全性，而溶剂的成本及来源也是需要考虑的因素。

一、烃类溶剂

烃类溶剂是只含碳、氢两种元素的有机化合物。常见的烃类溶剂可分为脂肪烃、脂环烃及芳香烃溶剂。按分子中碳原子间的连接方式分为开链烃和环状烃。无碳环结构的为开链烃或称脂肪烃，有碳环结构的为环状烃或称脂环烃，凡分子中与碳结合的氢原子数已达饱和程度的为饱和烃，开链的饱和烃也称烷烃，在链烃分子中所含的氢原子数比相应的烷烃少的为不饱和烃。芳香烃是分子中含有苯环结构的烃类溶剂，它又可分为单环芳烃和多环芳烃。

脂肪烃及脂环烃溶剂在常温常压下多数为无色易挥发液体，易燃、易爆，气味各异。它们的沸点、密度等随相对分子质量的增加而升高或逐渐增大，相对分子质量较大的其闪点也较高。脂肪烃相同碳原子数的烷烃异构中，分子的支链越多，相应沸点就越低，烷烃支链增多，密度减少；而环烷烃的沸点、熔点都较相同碳原子数的开链烷烃高，密度也较相应的烷烃大。脂肪烃、脂环烃溶剂一般比水轻，而其蒸气比空气重。脂肪烃溶剂一般不溶于水，易溶于乙醇、乙醚、丙酮等有机溶剂。烷烃和环烷烃的化学性质都较稳定，在常温下，一般不与强酸、强碱、氧化剂及还原剂起作用。

芳香烃溶剂多数为有芳香气味的无色液体，易挥发、易燃、易爆。

脂肪烃溶剂多数为低毒或微毒，毒性随碳原子数的增加而增强，但高级烷烃因化学性质不活泼，溶解度小，其中毒可能性反而减少，不饱和烃毒性大于相应的饱和烃。

脂环烃溶剂的毒性大于相应的直链烷烃，它们也是中枢神经系统抑制剂及麻醉剂，其急性毒性低，能由机体排出而不在体内蓄积，故一般不会慢性中毒。

芳香烃溶剂可经皮肤吸收或呼吸道吸入等途径进入人体，具有麻醉和刺激作用，多数对神经及呼吸系统有毒害作用，少数可产生造血系统损害。其中以苯的毒性较为特殊，苯能在神经系统和骨髓内蓄积，造成神经系统和造血组织损害，引起白细胞、血小板、红细胞等数量减少，甲苯、二甲苯等苯的衍生物虽然不对造血系统产生毒害，但它们的刺激作用强，对眼睛、黏膜及皮肤等的刺激症状明显，对心脏、胃脏也均有损害，并具有麻醉作用。

烃类溶剂多数易燃易爆，其蒸气可与空气形成爆炸性混合物。发生泄漏时，遇明火或受高热能引起燃烧或爆炸。凡发生烃类有机溶剂燃爆事故现场，一般都会有较高的烷烃、脂环烃或芳烃，以及燃烧后生成的一氧化碳及二氧化碳气体。短时内可因高温及大量吸入这些气体引起麻痹或窒息，致人在短期内死亡。因此，对于大量使用或处理烃类溶剂的操作一定要严格做好防火、防爆措施。

1. 丙烷

[化学式]C_3H_8

[结构式]$CH_3CH_2CH_3$

[性质]丙烷为脂肪族饱和烃。常温常压下为无色无臭气体。气体相对密度1.46(空气=1.0)，液体相对密度0.531(0℃)，沸点-42.1℃，闪点-104.1℃，燃点466.1℃，折射率1.3397(-42.2℃)，临界温度96.7℃，临界压力4.25MPa，爆炸极限2.1%~9.5%，最小点火能0.31mJ，最大爆炸压力0.843MPa。微溶于水，溶于醇、醚及各种烃类溶剂，液体丙烷为非极性溶剂，可溶解油脂、矿物油及石蜡，但不能溶解树脂、沥青等高分子物质。常温常压下与酸、碱不作用，但在高温高压及催化剂存在下也可与某些物质发生反应。加热至

780℃以上发生热解，生成乙烯及甲烷。氧化时生成丙醇、异丙醇、丙酮、甲醇，乙酸等。

[用途]用作超临界抽提沥青工艺的溶剂，从香料植物的花中提取香精油，从农副产品中提取油脂。也用于裂解制乙烯、丙烯，真空渗碳的保护气，高能切割气，清洁汽车燃料，与丁烷混合作雾化剂等。

[安全事项]属易燃易爆品，其蒸气比空气重，能在较低处扩散到较远处。与空气混合能形成爆炸性混合物，遇热源和明火有爆炸危险。微毒，高浓度有麻醉作用，意识丧失，极高浓度时可致窒息。应储存于阴凉通风处，远离火种、热源。避免与氧化剂等混储混运

[简要制法]由油田伴生气分离而得的油田液化石油气经脱硫后分离而得。也可由乙烯裂解的 C_3 组分分离得到。

2. 丁烷

[别名]正丁烷。

[化学式]C_4H_{10}

[结构式]$CH_3CH_2CH_2CH_3$

[性质]无色可燃气体，有轻微不愉快气体。气体相对密度2.046(空气=1.0)，液体相对密度0.601(-0.5℃)，熔点138.4℃，沸点-0.5℃，闪点-60℃(闭杯)，燃点405℃，临界温度152.01℃，临界压力3.797MPa，爆炸极限1.6%~8.5%，最小点火能0.25mJ。微溶于水，溶于乙醇、乙醚、氯仿等溶剂。常温下稳定，在高温及催化剂存在下可脱氢生成丁烯、丁二烯。直接氧化可生成醇、醛、酮及酸等。在日光或紫外光照射下易发生卤化反应生成卤素衍生物。

[用途]用作烯烃聚合用溶剂及动植物油精制溶剂，与丙烷的混合物用于重质油脱沥青。也用作脱蜡剂、树脂发泡剂、真空渗碳保护气、高能切割气、烟草膨胀剂及清洁汽车燃料。

[安全事项]属易燃易爆品。能从较低处扩散到相当远处，遇明火回燃。与空气可形成爆炸性混合物，遇高热及明火有燃烧及爆炸危险，与氧化剂接触会发生剧烈反应。微毒。高浓度有麻醉作用，有嗜睡、头晕，严重者会昏迷，主要经呼吸道或皮肤吸收进入人体。应储存于阴凉通风处，远离火种、热源。避免与氧化剂混储混运。

[简要制法]由油田气、湿天然气及石油裂解气分离而得。

3. 戊烷

[别名]正戊烷。

[化学式]C_5H_{12}

[结构式]$CH_3(CH_2)_3CH_3$

[性质]有芳香味的无色易燃液体。相对密度0.626，熔点-129.8℃，沸点36.1℃，闪点<-49℃，燃点309℃，蒸气相对密度2.48(空气=1.0)，临界温度196.4℃，临界压力3.37MPa，爆炸极限1.7%~9.75%。微溶于水，与乙醇、乙醚、丙酮等混溶。化学性质稳定，常温常压下与酸碱不作用。与臭氧、次氯酸钠、高锰酸钾、卤素等氧化剂会发生反应。在高温及催化剂存在下可发生异构化反应，生成2-甲基丁烷。

[用途]一种低沸点溶剂。用作测定废机油中正戊烷不溶物溶剂、渣油脱沥青溶剂、萃取溶剂等。也是汽车、卡车等内燃机用汽油组分，某些掺合正戊烷的汽油也用作喷气燃料。还用作聚苯乙烯发泡剂，分子筛脱附剂及用于制造人造冰、麻醉剂等。

[安全事项]属易燃易爆品，蒸气与空气形成爆炸性混合物，遇明火、高热能引起燃烧或爆炸。液体比水轻，不溶于水，可随水漂流扩散至远处，遇明火引起燃烧。长期接触对眼及呼吸道有刺激，可引起轻度皮炎。高浓度有麻醉作用，严重时发生意识丧失。应储存于阴

凉通风处，远离火种、热源。避免与氧化剂共储混运。

[简要制法]由天然气或石油催化裂化产物经分离、精制而得。

4. 异戊烷

[别名]2-甲基丁烷。

[化学式]C$_5$H$_{12}$

[结构式] $\text{CH}_3\text{CHC}_2\text{H}_5$ （上方有 CH$_3$ 支链）

[性质]无色透明易挥发液体，有芳香气味。相对密度0.6197，熔点-159.6℃，沸点27.8℃，闪点-51℃，燃点420℃，蒸气相对密度2.48（空气=1.0），临界温度187.8℃，临界压力3.33MPa，爆炸极限1.1%~8.7%。不溶于水，与乙醇、乙醚等多数有机溶剂混溶。常温下稳定，不与酸、碱反应，但与次氯酸钠、浓硫酸、高锰酸钾等强氧化剂会发生剧烈反应，甚至导致燃烧。在光照下与氯气起取代反应。

[用途]用作低沸点溶剂，但溶解能力比正戊烷稍差。用作萃取剂、分子筛吸附剂、聚苯乙烯发泡剂等。也可用来提高汽油挥发性及辛烷值，以及用于生产异戊二烯、异戊醇等。

[安全事项]属易燃易爆品。液体比水轻，不溶于水，可随水漂流扩散到远处，遇明火即引起燃烧。其蒸气与空气形成爆炸性混合物，遇高热或明火易燃烧爆炸。液体对皮肤及眼有刺激性，长期接触可致皮炎。吸入高浓度蒸气会致恶心、头晕、头痛等，严重时可致昏迷甚至死亡。

[简要制法]可由石油馏分裂解产物或拔头馏分分离而得。或在氯化铝及氯化氢存在下，由正戊烷异构化制得。

5. 己烷

[别名]正己烷。

[化学式]C$_6$H$_{14}$

[结构式]CH$_3$(CH$_2$)$_4$CH$_3$

[性质]无色透明微带异臭的液体。相对密度0.6594，熔点-95℃，沸点68.6℃，闪点-23℃，燃点260℃，蒸气相对密度2.97（空气=1.0），蒸气压13.3kPa（15.8℃），临界温度234.1℃，临界压力3.03MPa，爆炸极限1.2%~6.9%，苯胺点63.6℃，最小点火能0.24mJ。不溶于水，溶于乙醇，与乙醚、丙酮、苯等混溶。常温常压性质稳定。在高温及钯催化剂作用下可脱氢生成己烯混合物；在三氯化铝催化剂存在下，可异构化生成甲基戊烷；光照下会发生卤化反应，生成卤素衍生物；高温下热解生成甲烷、乙烯、丁二烯及碳、氢等。

[用途]一种低沸点非极性溶剂，能溶解多种塑料、橡胶，各种烃类及卤化烃。用作聚合反应溶剂、油脂抽提溶剂、氯丁橡胶溶剂、某些溶剂型胶黏剂或涂料溶剂等，也用作分子筛脱附剂、颜料稀释剂、精油稀释剂、精密仪器清洗剂及聚苯乙烯发泡剂等。

[安全事项]属易燃易爆品，液体比水轻，不溶于水，可随水漂流扩散到远处，遇明火即引起燃烧。其蒸气与空气可形成爆炸性混合物，遇明火或高热易燃烧爆炸。与氧化剂会剧烈反应，甚至引起着火。对人低毒。可经呼吸道、消化道及皮肤吸收。长期接触可出现头痛、头晕、乏力、食欲减退等症状。吸入高浓度蒸气可出现头痛、胸闷、呼吸道黏膜刺激及麻醉症状。经口摄入50g时可致死亡。应储存于阴凉干燥处，远离火种、热源。避免与氧化

剂共储混运。

[简要制法]以铂重整抽余油为原料，经分离得 66~70℃ 之间的馏分为粗己烷，再经催化加氢制得精己烷。工业正己烷产品按其含量不同分为 90 号、85 号及 80 号等产品。

6. 庚烷

[别名]正庚烷。

[化学式]C_7H_{16}

[结构式]$CH_3(CH_2)_5CH_3$

[性质]含 7 个碳原子的直链正构烷烃。无色易挥发透明液体。相对密度 0.684，熔点 -90.6℃，沸点 98.4℃，闪点 -4℃，燃点 233℃，临界温度 267.1℃，临界压力 2.74MPa，爆炸极限 1.2%~6.7%，苯胺点 70.6℃。不溶于水。微溶于乙醇与乙醚、丙酮、氯仿等。常温下稳定。在光照下能与卤素反应生成卤素衍生物，在高温及催化剂存在下，可经芳构化生成甲苯，也可在 $AlCl_3$ 催化剂存在下进行异构化反应。

[用途]一种低沸点非极性溶剂。用作天然及合成橡胶、溶剂型胶黏剂或涂料等的溶剂，快速干燥胶黏剂及压敏胶的溶剂，油墨及印刷用清洗溶剂，动植物油脂的萃取溶剂等。它的辛烷值为零，与异辛烷(辛烷值定为100)配成各种比例的混合物，常用作测定汽油辛烷值的标准燃料。

[安全事项]属易燃易爆品。遇热、明火及氧、磷等强氧化剂会燃烧或爆炸。蒸气与空气可形成爆炸性混合物。纯品为低毒物质，商品庚烷中含有芳香烃和甲基环己烷时毒性增大。吸入高浓度蒸气可引起眩晕、平衡失调。皮肤接触可引起灼伤及痒感。应储存于阴凉干燥处，远离火种、热源。避免与氧化剂共储混运。

[简要制法]由铂重整抽余油馏分经 5A 分子筛吸附其中的正构烷烃后，经蒸气脱附、分离、催化加氢及精馏而得。

7. 辛烷

[别名]正辛烷。

[化学式]C_8H_{18}

[结构式]$CH_3(CH_2)_6CH_3$

[性质]辛烷有 18 种同分异构体，而以正辛烷、异辛烷、2，2，3-三甲基戊烷较重要。正辛烷为微有清凉气味的无色透明挥发性液体，相对密度 0.7025，熔点 -56.8℃，沸点 125.6℃，闪点 15.6℃，燃点 218℃，蒸气压 1.33kPa(19.2℃)，临界温度 296.2℃，临界压力 2.5MPa，爆炸极限 0.84%~3.2%。不溶于水，微溶于乙醇，与乙醚、丙酮、氯仿等混溶，对树脂的溶解性与己烷、庚烷相似。常温常压下稳定，与酸碱不发生反应。450℃ 以上发生热解。在三氯化铝及氯化氢存在下，能分解及异构化生成异丁烷、异戊烷及烯烃等。

[用途]正辛烷是汽油成分之一。市售作溶剂用的工业正辛烷含有环烷烃化合物，其密度比纯正辛烷要大。可用作丁腈橡胶溶剂，印刷油墨溶剂，涂料用溶剂稀释剂，聚合反应溶剂及树脂黏合剂等。

[安全事项]属易燃易爆物品，遇高热、明火及强氧化剂可引起燃烧或爆炸。蒸气可在低处扩散，与空气可形成爆炸性混合物，遇明火能引起燃烧或爆炸。对人低毒，蒸气对眼睛及上呼吸道有刺激性，高浓度时可引起窒息及呼吸麻痹。应储存于阴凉干燥处，远离火种、热源。

[简要制法]为汽油 110~120℃ 馏分中的主要成分。实验室制备可由溴丁烷在金属钠存在下反应后，经水解、分离而得。

8. 2，2，3 - 三甲基戊烷

[化学式]C_8H_{18}

[结构式]

$$\begin{array}{c} \text{CH}_3 \\ | \\ \text{H}_3\text{C}-\text{C}-\text{CH}_3-\text{CH}_2-\text{CH}_3 \\ | \\ \text{CH}_3 \end{array}$$

[性质]辛烷的同分异构体之一。无色透明液体。相对密度 0.7160，熔点 -112.27℃，沸点 109.8℃，闪点 -3℃，折射率 1.4029，溶解温度 294℃，临界压力 2.86MPa，爆炸极限 1.0% ~3.2%，蒸气压 4.0kPa（23.7℃），苯胺点 70.8℃。不溶于水，微溶于乙醇，与乙醚、丙酮、氯仿等混溶。对树脂类的溶解性能优于正辛烷。

[用途]属中沸点溶剂，由溶解树脂及制造喷漆，也用作涂料稀释剂及清洗用溶剂。

[安全事项]易燃物，遇明火及高热有燃烧、爆炸危险。其蒸气与空气形成爆炸性混合物。对人低毒。有刺激性。应储存于阴凉通风处，远离明火、热源，避免与氧化剂共储混运。

[简要制法]由丁烯与 2 - 丁烯聚合后再加氢制得。

9. 异辛烷

[别名]2，2，4 - 三甲基戊烷。

[化学式]C_8H_{18}

[结构式]

$$\begin{array}{c} \text{CH}_3 \\ | \\ \text{CH}_3-\text{CH}-\text{CH}_2-\text{CH}-\text{CH}_3 \\ | \qquad\qquad | \\ \text{CH}_3 \qquad \text{CH}_3 \end{array}$$

[性质]辛烷的同分异构体之一。无色透明液体。相对密度 0.6918，熔点 -107.4℃，沸点 99.3℃，闪点 -12℃，燃点 530℃，临界温度 271.2℃，临界压力 2.58MPa，爆炸极限 1.1% ~6.0%。不溶于水，微溶于乙醇，与乙醚、丙酮、苯、氯仿等混溶，常温常压下稳定。因分子中叔碳原子上含氢原子，故比正辛烷易氧化，可与烯烃发生烷基化反应，在催化剂存在下与苯反应生成 1，4 - 二叔丁基苯。

[用途]属低沸点溶剂，用作丁二烯聚合时溶剂，车用汽油及航空汽油的添加剂。用作内燃机燃料时，具有抗震性，常用作测定汽油抗震性的标准燃料，并规定其辛烷值为 100。

[安全事项]属中闪点易燃液体，遇明火及高热有燃烧及爆炸危险。蒸气与空气能形成爆炸性混合物，与强氧化剂接触会着火或爆炸。毒性略大于正辛烷，吸入其蒸气对呼吸道、黏膜有刺激，应储存于阴凉通风处，远离火种、热源。避免与氧化剂共储混运。

[简要制法]可由异丁烯二聚后经氢化而得，或在氢氟酸存在下，由丁烷与丁烯反应制得。

10. 壬烷

[别名]正壬烷。

[化学式]C_9H_{20}

[结构式]$CH_3(CH_2)_7CH_3$

[性质]无色透明液体，相对密度 0.7176，熔点 -53.5℃，沸点 150.8℃，闪点 30℃，折射率 1.4054，蒸气压 1.33kPa（39℃），临界温度 322℃，临界压力 2.28MPa，爆炸极限 0.7% ~5.6%，苯胺点 73.7℃。不溶于水，微溶于乙醇，溶于乙醚，与丙酮、苯、氯仿等混溶。常温常压下稳定，不与酸、碱等作用。在 450℃ 以上会发生热解。在三氯化铝及氯化氢存在下易发生分解及异构化。

［用途］属中沸点无臭溶剂，是汽油的组分之一。用作溶剂型涂料及油墨、稀释剂、干洗剂、仪器及零件清洗剂等。也用作色谱分析标准物质及色标试剂。还用于有机合成。

［安全事项］为高闪点易燃液体，遇明火及高热有燃烧及爆炸危险。蒸气比空气重，能在较低处扩散到较远处，遇火源会产生回燃。蒸气与空气形成爆炸性混合物，与氧化剂会发生剧烈反应。对人低毒，吸入高浓度蒸气可引起意识障碍及麻醉作用，并对中枢神经系统有损害。应储存于阴凉通风处，远离热源、火种，避免与氧化剂共储混运。

［简要制法］可由裂解汽油碳九馏分经分离、精制而得。

11. 癸烷

［别名］正癸烷、十烷。

［化学式］$C_{10}H_{22}$

［结构式］$CH_3(CH_2)_8CH_3$

［性质］无色透明液体。相对密度 0.73，熔点 -29.7℃，沸点 174.1℃，闪点 46℃，燃点 207.8℃，折射率 1.4119，蒸气压 0.133kPa（16.5℃），临界温度 346℃，临界压力 2.11MPa，爆炸极限 0.60%～5.50%。不溶于水，与乙醇、乙醚、丙酮等混溶。常温常压下稳定，不与酸、碱作用。

［用途］为中沸点有机溶剂，对各种低级烃和卤代烃都有良好溶解性，是多数非极性化合物的良溶剂。可用作聚合溶剂，油墨无臭溶剂或稀释剂、干洗剂、精密仪器清洗剂等。

［安全事项］易燃液体，受热或遇明火有中等程度着火、爆炸危险。蒸气与空气能形成爆炸性混合物。与氧化剂能剧烈反应。对人低毒，高浓度时有麻醉作用。应储存于阴凉通风处，远离热源、火种。避免与氧化剂共储混运。

12. 十二烷

［别名］正十二烷、月桂烷、联己烷。

［化学式］$C_{12}H_{26}$

［结构式］$CH_3(CH_2)_{10}CH_3$

［性质］无色透明液体。相对密度 0.7487，熔点 -9.6℃，沸点 216.3℃，闪点 73.9℃，折射率 1.4216（25℃），临界温度 386℃，临界压力 1.81MPa，爆炸下限 0.6%。不溶于水，易溶于乙醇、乙醚、丙酮、苯、氯仿。常温常压下稳定，不与酸、碱作用。

［用途］为高沸点有机溶剂。用作油墨及农药溶剂。也用于有机合成，是制备十二碳二元酸及日化产品的重要原料。

［安全事项］易燃。遇高热及明火，或与氧化剂接触，有着火或爆炸的危险。蒸气与空气能形成爆炸性混合物。对人低毒，摄入或经皮肤吸收对身体可能有害。应储存于阴凉干燥处，远离热源、火种。

［简要制法］由溴己烷与金属钠反应后，将水解产物经分馏而得。

13. 石油醚

［性质］是石油的低沸点馏分，为低级烷烃（主要是戊烷和己烷）的混合物，不含芳烃。国内按其沸点不同分为 30～60℃、60～90℃及 90～120℃三类。商品主要为 30 号（沸点 30～60℃）及 60 号（沸点 60～90℃）两种。为水白色透明液体，有类似乙醚的气味。相对密度 0.63～0.65（25℃），闪点 <-20℃，自燃点 280℃，爆炸极限 1.1%～8.7%。不溶于水，与乙醇、苯、二硫化碳、三氯甲烷及油类混溶。

［用途］常用工业溶剂之一。能溶解或部分溶解沥青、松香及芳香类天然树脂，对聚氨

酯、聚丙烯酸、甘油三松香酯也有较好溶解度，可溶解除蓖麻油以外的大多数油脂。常用作香料、油脂的萃取剂，非极性树脂的溶剂及稀释剂。用作溶剂型胶黏剂的溶剂时，具有溶解性能好、低毒等特点。还用作发泡塑胶的发泡剂。

[安全事项]为中闪点易燃液体，其蒸气比空气重，能在较低处扩散至相当远处，遇明火会引着回燃。蒸气与空气能形成爆炸性混合物，遇明火、高热能引起燃烧或爆炸，与氧化剂能剧烈反应。皮肤接触有脱脂效应，造成皮炎。吸入高浓度蒸气能产生麻醉、出现头痛、恶心、昏迷等症状。应储存于阴凉通风处，远离火种，热源。

[简要制法]由石油炼制重整抽余油或直馏汽油经分馏、加氢或精制而得。

14. 石脑油

[别名]轻汽油。

[性质]一种部分石油轻馏分的泛称。由原油常压蒸馏或油田伴生气经冷凝液化而得。沸点范围一般在 30～205℃ 之间。主要用作重整及石油化工原料。作为重整原料，当生产苯、甲苯及二甲苯等轻质芳烃时，采用 70～145℃ 馏分，称为轻石脑油；当生产高辛烷值汽油时，采用 70～180℃ 馏分，称为重石脑油。未经转化的石脑油亦可直接用作化工溶剂油或车用汽油调和组分。能与乙醇、丙酮等混溶，能溶解沥青、橡胶、油脂、纤维素醚等。

[质量规格]

项　目	指　标	项　目	指　标
外观	无色或浅黄色液体	闪点/℃	35～38
相对密度	0.85～0.95	燃点/℃	480～510
沸点/℃	120～200		

注：表中所列指标为溶剂石脑油参考规格。

[用途]用作聚合反应助溶剂、合成树脂稀释剂、喷墨型油墨溶剂、油漆及涂料稀释剂、染料中间体制造用溶剂、有机溶胶的混合溶剂组分、高级衣物干洗剂及金属加工清洗剂等。

[安全事项]中闪点属易燃液体。挥发性大，遇明火及热源易燃烧或爆炸。其毒性随芳烃含量而异，脱脂能力很强，应避免与皮肤直接接触，吸入高浓度蒸气会引起头晕、心动过速及神经麻痹等症状，误饮时引起呕吐、消化道刺激及呼吸困难，严重时会出现心力衰竭。

[简要制法]由原油直接蒸馏而得。

15. 戊烷油

[别名]戊烷发泡剂。

[性质]无色透明液体，主要成分为正戊烷及异戊烷。相对密度 0.62～0.64(15℃)。微溶于水，与乙醇、乙醚、丙酮、苯等互溶，化学性质稳定，常温常压下不与酸、碱反应，在高于600℃或催化剂作用下可发生热解，对金属无腐蚀性。

[质量规格]

项　目		指　标	项　目		指　标
相对密度(15℃)		0.62～0.64	硫含量/(mg/kg)	≤	30
色度/号	≤	5	硫醇/(mg/kg)	≤	5
nC_5、iC_5 总含量/%	≥	97.5	铜片腐蚀(50℃，3h)/级	≤	1
C_3、C_4 总含量/%	≤	0.5	C_6 及 C_6 以上总含量/%	≤	2.0

注：表中所列指标为企业标准。

[用途]用作高密度聚乙烯聚合催化剂的溶剂、可发性聚苯乙烯的发泡剂，也用作萃取溶剂及制造其他化工原料。

[安全事项]易燃液体。蒸气比空气重，能在较低处扩散至较远处，遇火会着火回燃。蒸气与空气能形成爆炸性混合物，遇明火、高热会燃烧及爆炸。与硝酸、浓硫酸、液氯等强氧化剂会剧烈反应并导致着火爆炸，吸入其高浓度蒸气可引起眼睛及呼吸道刺激、眩晕，甚至意识丧失。

[简要制法]以轻烃为原料，经分离、精制而得。

16. 1-庚烯

[别名]正戊基乙烯。

[化学式]C_7H_{14}

[结构式]$CH_3(CH_2)_4CH=CH$

[性质]无色挥发性液体。相对密度 0.6968，熔点 -119℃，沸点 93.6℃，闪点 -8℃，折射率 1.3994，临界温度 264.1℃，临界压力 2.94MPa，苯胺点 27.2℃。不溶于水，溶于乙醇、乙醚、丙酮、氯仿。

[用途]为含不饱和的脂肪烃溶剂，化学性质比饱和烃活泼，易发生加成、取代等反应，用作溶剂其使用范围受到限制，主要用于合成辛醇等产品。

[安全事项]易燃，其蒸气与空气可形成爆炸性混合物，遇明火、高热能引起燃烧或爆炸。与氧化剂会剧烈反应，受高热可发生聚合反应，对人低毒，对眼及皮肤有刺激性，吸入高浓度蒸气能引起麻醉、眩晕。应储存于阴凉干燥处，远离火种、热源。

[简要制法]由丙烷-丙烯与丁烷-丁烯馏分中分离、精制而得。

17. 1-辛烯

[别名]正己基乙烯。

[化学式]C_8H_{16}

[结构式]$CH_3(CH_2)_5CH=CH_2$

[性质]无色液体。相对密度 0.7149，熔点 -101.7℃，沸点 121.3℃，闪点 21℃，折射率 1.4062，临界温度 293.5℃，临界压力 2.73MPa，苯胺点 32.5℃。不溶于水，溶于乙醇、乙醚、丙酮、苯等多数有机溶剂。

[用途]为含不饱和的脂肪烃溶剂，化学性质比饱和烃活泼，可进行取代、加成、氧化等反应，主要用于有机合成，与苯酚反应生成辛基酚。还用于制取辛醇、辛酸、辛基苯等产品。

[安全事项]易燃，其蒸气与空气可形成爆炸性混合物，遇明火、高热能引起燃烧或爆炸，与氧化剂会剧烈反应，受高热也会发生聚合，吸入高浓度蒸气能引起麻醉、眩晕。液体对皮肤有刺激性。应储存于阴凉干燥处，远离热源。

[简要制法]由溴戊烷先与金属镁作用后，再与溴丙烯反应制得。

18. 1-壬烯

[化学式]C_9H_{18}

[结构式]$CH_3(CH_2)_6CH=CH_2$

[性质]无色液体。相对密度 0.7292，熔点 -81.4℃，沸点 146.9℃，闪点 46℃，折射率 1.4157，临界温度 328℃，临界压力 2.49MPa，苯胺点 38℃。不溶于水，溶于乙醇、乙醚、丙酮、氯仿等有机溶剂。

[用途]为含不饱和的中沸点溶剂，化学性质较活泼，可进行取代、加成等反应。主要

用于有机合成。与苯酚反应生成壬基酚，是合成非离子表面活性剂的重要中间体。

[安全事项]易燃，其蒸气与空气可形成爆炸性混合物，爆炸极限 0.8% ~ 6.4%，与氧化剂发生剧烈反应，受高热会发生聚合。吸入高浓度蒸气能引起麻醉、眩晕。应储存于阴凉通风处，远离热源、火种。

[简要制法]在酸性催化剂存在下由丙烯三聚制得。

19. 1 - 癸烯

[化学式]$C_{10}H_{20}$

[结构式] $CH_3(CH_2)_7CH{=}CH_2$

[性质]无色液体。相对密度 0.7408，熔点 - 66.3℃，沸点 170.6℃，闪点 48.9℃，折射率 1.4191(25℃)，爆炸下限 0.7%，苯胺点 31℃。不溶于水，溶于乙醇、乙醚、丙酮、氯仿等有机溶剂。

[用途]为含不饱和键的中沸点溶剂。化学性质较活泼，可进行取代、氧化等反应，主要用于有机合成，用于制造 C_{10} 醇、烷基苯等产品。也用于合成癸醇、癸酸、癸基苯、正十硫醇等产品。

[安全事项]易燃。其蒸气可与空气形成爆炸性混合物，遇明火、高热能引起燃烧或爆炸。高温也会发生聚合。高浓度蒸气对眼睛及呼吸道有刺激性，有弱麻醉作用；液体对皮肤有刺激性。应储存于阴凉通风处，远离明火、高温，避免与氧化剂共储混运。

20. 环戊烷

[化学式]C_5H_{10}

[结构式]

[性质]无色透明液体，有苯样气味。相对密度 0.7457，熔点 - 93.8℃，沸点 49.3℃，闪点 - 37℃，燃点 385℃，折射率 1.4068，蒸气相对密度 2.42(空气 = 1.0)，蒸气压 42.37kPa(25℃)，临界温度 238.5℃，临界压力 4.51MPa，爆炸极限 1.4% ~ 8.0%，苯胺点 16.8℃。不溶于水，溶于乙醇、乙醚、丙酮、苯、氯仿等多数有机溶剂。常温下稳定，在光和热作用下可与溴作用进行取代反应。在加热及催化剂存在下也能进行加氢。

[用途]用作聚异戊二烯橡胶等溶液聚合用溶剂及纤维素醚的溶剂。也用以替代氟氯烃类制冷剂及发泡剂，作为不破坏臭氧层的制冷剂及发泡剂，还用作杀虫剂、催眠剂及用作色谱分析的标准物质。

[安全事项]属低闪点易燃物质。蒸气比空气重，能在较低处扩散至较远处，遇火源会着火回燃或爆炸。蒸气与空气能形成爆炸性混合物，与硝酸、次氯酸钠、液氯等强氧化剂会发生剧烈反应，引起燃烧爆炸。蒸气对眼、呼吸道有刺激作用，吸入后可引起头晕、倦睡及麻醉作用。应储存于阴凉通风处，远离火种、热源，避免与氧化剂共储混运。

[简要制法]可由石油碳五馏分中分离制得，或由环戊二烯催化加氢制得。还可由环戊酮还原制得。

21. 甲基环戊烷

[化学式]C_6H_{12}

[结构式] $\bigcirc{-}CH_3$

[性质]无色透明液体，有汽油样的臭味。相对密度 0.7486，熔点 - 142.4℃，沸点 71.8℃，

闪点 −25℃，燃点 323℃，蒸气相对密度 2.9（空气 = 1.0），蒸气压 13.33kPa（17.9℃），临界温度 259.6℃，临界压力 3.78MPa，爆炸极限 1.0% ~ 8.35%，苯胺点 33℃。不溶于水，与乙醚、丙酮、乙醇、苯等混溶，能溶解树脂、沥青、橡胶、蜡及干性油等。

[用途]用作橡胶、涂料、油漆等溶剂、油脂萃取剂、共沸蒸馏剂及脱漆剂等。

[安全事项]属中闪点易燃液体。蒸气比空气重，能在较低处扩散至远处，遇火源会引起回燃。蒸气与空气能形成爆炸性混合物。毒性与戊烷相似，有麻醉作用，对皮肤、眼睛及黏膜有刺激性。

[简要制法]主要存在于工业己烷中，可与甲醇经共沸蒸馏制得。

22. 环己烷

[别名]六氢化苯。

[化学式]C_6H_{12}

[结构式]

[性质]无色易挥发液体，有汽油气味。相对密度 0.7785，熔点 6.5℃，沸点 80.7℃，闪点 −18.33℃（闭杯），燃点 260℃吗，蒸气相对密度 2.90（空气 = 1.0），蒸气压 12.919kPa（25℃），临界温度 280.4℃，临界压力 4.07MPa，爆炸极限 1.3% ~ 8%。不溶于水，与乙醇、乙醚、丙酮、氯仿等有机溶剂混溶，能溶解油脂、树脂、蜡、沥青及纤维素醚。常温下稳定，在高温及催化剂作用下易发生氧化、脱氢及异构化等反应，在紫外光下易和卤素反应生成卤化物。

[用途]一种低沸点脂环烃溶剂。用作树脂、橡胶、蜡、沥青、油类及纤维素醚类等溶剂，聚合反应稀释剂，己二酸萃取剂等。因其毒性比苯低，故常用于替代苯作脱漆剂，也用作重结晶介质及用于制造环己醇、环己酮、己二酸、尼龙 6 及增塑剂等。

[安全事项]为低闪点易燃液体。蒸气比空气重，能在较低处扩散到相当远处，遇火源会着火回燃，蒸气与空气能形成爆炸性混合物，遇明火，高热能引起燃烧爆炸。对人低毒，液体污染皮肤会引起痒感，蒸气对眼睛及上呼吸道有轻度刺激作用，高浓度可引起头晕、恶心及麻醉作用。应储存于阴凉干燥处，远离热源、火种。

[简要制法]可在催化剂存在下由苯经液相加氢制得。

23. 甲基环己烷

[别名]六氢甲苯、环己基甲烷。

[化学式]C_7H_{14}

[结构式]⟨⟩—CH_3

[性质]无色液体，有特殊香味。相对密度 0.7694，熔点 −126.6℃，沸点 101℃，闪点 −1℃，燃点 265℃，折射率 1.4231（25℃），临界温度 299℃，临界压力 3.47MPa，爆炸下限 1.15%，苯胺点 41℃。不溶于水，与乙醇、乙醚、丙酮、苯及氯仿等混溶，能溶解树脂、橡胶、沥青及蜡等。常温下稳定，与酸、碱不作用。可催化脱氢生成甲苯，也能在三氯化铝存在下，经异构化生成乙基环戊烷及二甲基环戊烷。

[用途]为中沸点溶剂，溶解性类似环己烷、毒性较小、挥发度适中，广泛用作涂料及橡胶溶剂，用作色谱分析标准物质及用作校正温度计的标准物，还用于制造甲基环己醇、甲基环己酮。

[安全事项]属中闪点易燃液体，蒸气比空气重，能在较低处扩散至远处，遇火源会回

燃。蒸气与空气能形成爆炸性混合物，遇高热及明火会燃烧或爆炸，毒性比环己烷低，但麻醉作用比环己烷强，与皮肤接触会引起皲裂、红肿、溃疡等，吸入高浓度蒸气会出现呼吸困难，抽搐，严重时会引起死。应储存于阴凉通风干燥处，远离火种，热源。

[简要制法]由石油馏分分馏或甲苯催化加氢制得。

24. 乙基环己烷

[化学式]C_8H_{16}

[结构式]

[性质]无色带芳香味的透明液体。相对密度 0.7879，熔点 −111.3℃，沸点 131.8℃，闪点 22℃，燃点 262℃，折射率 1.4330，蒸气相对密度 3.9(空气 =1.0)，临界温度 336℃，临界压力 3.04MPa，爆炸极限 0.9% ~ 6.6%。不溶于水，与乙醇、乙醚、丙酮、苯、氯仿等混溶。常温下稳定，与酸、碱不作用，在三氯化铝催化剂存在下可经异构化生成甲基乙基环戊烷、二甲基环己烷等。

[用途]与环己烷相似，可用作聚合反应溶剂、萃取剂、表面处理剂，也用作涂料、胶黏剂及油墨等的溶剂，还用作色谱标准物质。

[安全事项]属高闪点易燃液体，受热或明火有燃烧爆炸危险，蒸气可与空气形成爆炸性混合物。与氧化剂会剧烈反应，对人低毒，比苯、二甲苯的毒性要低。

[简要制法]在金属镍或铂催化剂存在下，由乙苯加氢制得。

25. 1，3 - 环戊二烯

[化学式]C_5H_6

[结构式]

[性质]无色透明液体，有似萜烯气味。相对密度 0.8024，熔点 −85℃。沸点 41.5℃，燃点 640℃，闪点 25℃，折射率 1.4463，蒸气相对密度 2.3(空气 =1.0)，蒸气压 58.53kPa(25℃)。不溶于水，与乙醇、乙醚、氯仿混溶，溶于冰乙酸、二硫化碳、苯胺及石蜡油。化学性质较活泼，常温下能自发聚合为双环戊二烯，继续加热能进一步生成三聚体、四聚体及多聚体等。还可进行加成、氧化、卤化及亚甲基的缩合反应。

[用途]为低沸点脂环烃溶剂。用于制造石油树脂、不饱和聚酯树脂、增塑剂、杀虫剂等，也用于涂料、印刷油墨及防锈剂等领域。

[安全事项]中闪点易燃液体。蒸气比空气重，能在较低处扩散到远处，遇火源会着火回燃，蒸气能与空气形成爆炸性混合物，遇明火及高热能引起燃烧或爆炸。与强酸、氧化剂会剧烈反应。蒸气有麻醉性，能使中枢神经产生抑制效应，大量吸入可引起急性中毒。

[简要制法]可由天然气、石油烃等裂解产物分离、精制而得。也可在催化剂存在下，由环戊烯或环戊烷脱氢制得。

26. 环己烯

[别名]四氢化苯。

[化学式]C_6H_{10}

[结构式]

[性质]有特殊刺激臭味的无色液体。相对密度0.8098，熔点−103.5℃，沸点83.3℃，闪点−12℃，燃点325℃，折射率1.4465，蒸气压11.84kPa（25℃），临界温度287.3℃，临界压力4.35MPa，苯胺点−20℃。不溶于水，与乙醇、乙醚、丙酮、苯及氯仿等有机溶剂混溶。能溶解树脂、橡胶、沥青、油脂及纤维素醚等，化学性质较活泼，长期放置能变色并生成过氧化物，在催化剂存在下加氢生成环己烷，在硫酸存在下经磺化、水解生成环己醇。

[用途]属低沸点脂环烃溶剂，可用作催化剂溶剂、石油萃取剂、高辛烷值汽油稳定剂、橡胶溶剂及色谱分析标准物质等，也用于合成赖氨酸、环己酮、氯代环己烷等。

[安全事项]易燃液体。蒸气比空气重，能在较低处扩散到较远处，遇火源会着火回燃。蒸气也能与空气形成爆炸性混合物，遇明火或高热会着火或爆炸。与氧化剂能发生剧烈反应。毒性与环己烷相似，具有麻醉作用。吸入高浓度蒸气会引起呕吐、神志丧失，严重时会致死亡。

[简要制法]可在硫酸催化剂存在下由环己醇脱水制得。也可在催化剂存在下，由苯加氢制得。

27. 苯

[化学式]C_6H_6

[结构式]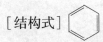

[性质]最简单的芳香族化合物。无色透明易挥发液体，有强烈芳香气味。相对密度0.879，熔点5.53℃，沸点80.1℃，闪点−11.1℃（闭杯），蒸气相对密度2.77（空气=1.0），蒸气压13.33kPa（26.1℃），折射率1.4979，燃点562.2℃，临界温度288.9℃，临界压力4.9MPa，爆炸极限1.4%～7.1%，苯胺点70.7℃。微溶于水，与乙醇、乙醚、丙酮、氯仿等混溶。能溶解松香、乳香等多数天然树脂，也能溶解乙烯基树脂、苯乙烯树脂、丙烯酸树脂、香豆酮树脂、甘油三松香酸酯等合成树脂，能部分溶解虫胶、达玛树脂。化学性质活泼，能进行加成、取代及开环等反应，在700℃下能裂解生成碳、氢、甲烷及乙烯等。与浓硫酸反应生成苯磺酸，催化加氢生成环己烷，催化氧化生成顺丁烯二酸酐，在催化剂存在下，与烯烃发生烷基化反应生成烷基苯。

[用途]广泛使用的芳香烃溶剂。溶解性能比汽油强，常用作天然及合成橡胶、蜡、树脂、润滑油、溶剂型涂料及胶黏剂的溶剂，印刷油墨溶剂等，由于苯对人体的毒副作用较大，许多曾用苯作溶剂的产品，已减少对苯的使用，或用更安全的溶剂所替代。苯也是重要化工原料，广泛用于制造聚苯乙烯塑料、丁苯橡胶、苯酚、染料、香料、合成洗涤剂及医药等化工产品。

[安全事项]属中闪点易燃液体。蒸气比空气重，能在较低处扩散至远处，遇明火能引着回燃，蒸气与空气会形成爆炸性混合物，遇高热及火种会引起燃烧或爆炸。皮肤接触会引起脱脂、干燥、皲裂、皮炎。吸入苯蒸气，轻者有头痛、头晕、恶心、呕吐等症状，长期接触苯会对造血系统有损害，白细胞及血小板减少，重者出现再生障碍性贫血，甚至发生白血病。

[简要制法]按来源及制法不同，可分为石油苯及焦化苯。石油苯由直馏汽油经催化重整，溶剂抽提及芳烃精馏而得，焦化苯可从煤焦油或焦炉气的轻油中分离得到。

28. 甲苯

[化学式]C_7H_8

[结构式]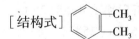

[性质]无色透明易挥发液体，有芳香气味。相对密度0.8667，熔点 -95℃，沸点110.6℃，闪点4.4℃（闭杯），燃点536℃，蒸气相对密度3.14（空气=1.0），临界温度318.6℃，临界压力4.11MPa，折射率1.4967，爆炸极限1.2%~7%，苯胺点70.7℃。不溶于水，与乙醇、乙醚、丙酮、二硫化碳、氯仿及油等混溶。对多元醇溶解性较差。能溶解多数天然树脂。对乙烯基树脂、醇酸树脂、丙烯酸树脂、香豆酮树脂等也有较好溶解性。化学性质与苯有些相似，在强氧化剂或催化剂作用下能氧化成苯甲酸；在三氯化铝催化剂存在下，能与卤素反应生成卤代甲苯。也可发生硝化反应生成三硝基甲苯。

[用途]广泛用作氯丁橡胶、丁腈橡胶、丁苯橡胶等合成橡胶及树脂、蜡、油漆、纤维素醚等的溶剂，其溶解性优于汽油。也是溶剂型胶黏剂、涂料、油墨及照相制版等常用溶剂。与酮类混合用作润滑油酮苯脱蜡溶剂。也用于制造苯甲酸、苄基氯、乙烯基甲苯、苯磺酸、甲苯二异氰酸酯及染料、香料、炸药、医药等。还可用作汽油添加剂及萃取剂、清洗剂等。

[安全事项]为中闪点易燃液体。蒸气比空气重，能在较低处扩散至远处，遇明火能引着回燃。蒸气与空气会形成爆炸性混合物，遇高热及明火会引起燃烧或爆炸，与氧化剂能发生剧烈反应。甲苯的毒副作用小于苯，但对皮肤的刺激作用比苯强，吸入甲苯蒸气时对中枢神经的作用也比苯强烈。吸入较高浓度蒸气会引起咽部充血、头晕、恶心、呕吐、意识模糊等症状，严重时会引起抽搐、昏迷，长期接触可发生神经衰弱样症状，引起肝肾损害。皮肤接触会引起脱脂、皲裂、皮炎。

[简要制法]石油甲苯可由直馏汽油经催化重整、溶剂油抽提及芳烃精馏制得。焦化甲苯可从煤焦油或焦炉气的轻油中分离而得。

29. 邻二甲苯

[别名]1,2-二甲苯。

[化学式]C_8H_{10}

[结构式]

[性质]二甲苯的一种异构体。无色透明液体，有芳香气味。相对密度0.8969.熔点 -25.2℃，沸点144.4℃，闪点17℃（闭杯），燃点496℃，折射率1.5058，蒸气相对密度3.66（空气=1.0），蒸气压1.33kPa（32℃），临界温度357℃，临界压力3.73MPa，爆炸极限1.09%~6.4%。不溶于水，与乙醇、乙醚、丙酮、二硫化碳及氯仿等混溶。对多元醇溶解性较差，能溶解多数天然树脂及乙烯基树脂、苯乙烯树脂及丙烯酸树脂。化学性质活泼，能进行氧化、氯代等反应，在高温及催化剂存在下，可气相氧化生成邻苯二甲酸酐。

[用途]用作天然及合成橡胶、印刷油墨、照相制版、溶剂型胶黏剂及涂料等的溶剂。也用于生产邻苯二甲酸、苯酐、二苯甲酮、染料、杀虫剂等。还用作航空汽油添加剂。

[安全事项]为高闪点易燃液体。蒸气与空气能形成爆炸性混合物，遇明火、高热能引起燃烧或爆炸，蒸气比空气重，能在较低处扩散至远处，遇火种会着火回燃，与高锰酸钾、

液氯等强氧化剂发生剧烈反应。毒副作用比苯低，蒸气对眼及上呼吸道有刺激作用，高浓度对中枢神经有麻醉作用。皮肤接触会引起脱脂、皲裂、皮炎。应储存于阴凉干燥处，远离火种热源。避免与氧化剂共储混运。

[简要制法]由催化重整轻汽油经分馏而得，或由煤焦油的轻油分馏而得。

30. 间二甲苯

[别名]1，3－二甲苯。

[化学式]C_8H_{10}

[结构式]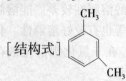

[性质]二甲苯的一种异构体。无色透明液体，有强烈芳香气味。相对密度0.867（17℃），熔点－47.8℃，沸点139.3℃，闪点25℃，燃点528℃，折射率1.4973，蒸气相对密度3.7（空气＝1.0），蒸气压1.33kPa（28.3℃），爆炸极限1.09%～6.4%，临界温度343.8℃，临界压力3.54MPa。不溶于水，与乙醇、乙醚、丙酮、氯仿等混溶。其他溶解性能与邻二甲苯相似。也可在一定条件下进行氧化、硝化、磺化及烷基化等反应。

[用途]用作天然及合成橡胶、印刷油墨、胶黏剂及涂料、照相制版等的溶剂，也用于生产间苯二甲酸、间苯二甲腈、间甲基苯甲酸、染料、医药、农药等。

[安全事项]参见"邻二甲苯"

[简要制法]可由催化重整轻汽油经分馏而得。

31. 对二甲苯

[别名]1，4－二甲苯。

[化学式]C_8H_{10}

[结构式] H_3C—◯—CH_3

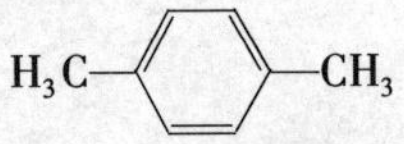

[性质]二甲苯的异构体之一。无色透明液体。低温时呈片状或柱状结晶。相对密度0.861，熔点13.2℃，沸点138.5℃，闪点25℃（闭杯），折射率1.4958（25℃），燃点529℃，蒸气相对密度3.66（空气＝1.0），蒸气压1.16kPa（25℃），临界温度343℃，临界压力3.51MPa，爆炸极限1.08%～6.6%。不溶于水，与乙醇、乙醚、丙酮、氯仿等混溶。其他溶解性能与邻二甲苯相似。也可在一定条件下进行氧化、硝化、磺化等反应。

[用途]用作橡胶、印刷油墨、照相制版、胶黏剂及涂料等的溶剂。用于制造对苯二甲酸及对苯二甲酸酯，进而生产聚酯纤维及树脂，也用于生产染料、农药、医药等。

[安全事项]参观"邻二甲苯"。

[简要制法]可由甲苯歧化及烷基转移法制得混合二甲苯，经分离制得对二甲苯。或从催化重整轻汽油经分馏而得。

32. 混合二甲苯

[别名]二甲苯。

[化学式]C_8H_{10}

[结构式]

[性质]无色透明液体，有甲苯样气味。为邻二甲苯、间二甲苯、对二甲苯的混合物。按其来源不同，各成分所含比例有所不同。相对密度约0.86，闪点27.2～46.1℃，爆炸极限1.09%～6.6%。不溶于水，与乙醇、乙醚、丙酮、二硫化碳及氯仿等混溶。能溶解松香、蜡、天然树脂及大部分油脂，对乙烯基树脂、苯乙烯树脂、丙烯酸树脂有较好溶解性。在一定条件下，能进行氧化、硝化及磺化等反应，不同方法制得的混合二甲苯组成如下表所示：

混合二甲苯的组成 %

组成	催化重整油	热裂解油	甲苯歧化油
间二甲苯	43～44	27～34	52
邻二甲苯	16～23	10～19	23
对二甲苯	18	12～16	22
乙苯	13～18	39～41	3

[用途]广泛用作天然及合成橡胶、树脂、染料、印刷油墨等的溶剂，硝基清漆、绝缘漆、漆包线漆等的稀释剂。也用于制造苯二甲酸、涤纶、聚苯乙烯、合成洗涤剂、医药等，还可用作高辛烷值汽油组分。

[安全事项]属高闪点易燃液体，遇明火及高热能引起燃烧或爆炸。对人体毒性比苯及甲苯小，但蒸气对黏膜、皮肤的刺激性比苯蒸气要强。吸入蒸气有呈现兴奋及麻醉作用，高浓度蒸气能引起出血性肺气肿，严重时会引起死亡。应储存于阴凉通风处，远离火种、热源，避免与氧化剂共储混运。

[简要制法]石油混合二甲苯以低于160℃的直馏馏分为原料，经预加氢精制、催化重整及分离而制得。

33. 乙苯

[别名]乙基苯。

[化学式]C_8H_{10}

[结构式]

[性质]无色透明或微带黄色液体，有芳香气味。相对密度0.8672，熔点－94.4℃，沸点136.2℃，闪点15℃（闭杯），燃点432℃，折射率1.4932，蒸气相对密度3.66（空气＝1.0），蒸气压1.33kPa（25.9℃），临界温度344℃，临界压力3.6MPa，爆炸极限1%～6.7%。不溶于水，与乙醇、乙醚、丙酮、氯仿及汽油等混溶。对多元醇溶解性稍差，能溶解天然及多数合成橡胶、环氧树脂、乙烯基树脂、丙烯酸树脂、乙基纤维素、蜡及油脂等。常温下稳定，在一定条件下，可氧化生成苯乙酮，脱氢生成苯乙烯，异构化生成二甲苯等。

[用途]用作有机合成溶剂，硝基喷漆稀释剂及配制树脂、涂料的混合溶剂。与乙醇及乙酸乙酯混合使用是纤维素醚的良好溶剂。也用于脱氢制苯乙烯及合成合霉素、氯霉素等。

[安全事项]属中闪点易燃液体，蒸气比空气重，能在较低处扩散至远处，遇火源会着火回燃，蒸气与空气会形成爆炸性混合物，遇明火、高热能引起燃烧爆炸，与强氧化剂会发生反应，对金属无腐蚀性。毒性比苯低，而对皮肤刺激性比甲苯、二甲苯更强。吸入蒸气使中枢神经先兴奋，后呈麻醉作用。皮肤接触可发生脱皮、皲裂。长期接触可引起肝肾损害、白血球减少和淋巴细胞增加等症状。应储存于阴凉通风处，远离火种、热源。

[简要制法]可由铂重整油 C_8 馏分分离而得，或在催化剂存在下由苯与乙烯反应制得，工业上多数是由苯与乙烯经气相或液相烷基化反应制得。

34. 对二乙基苯

[别名]对二乙苯，1，4 - 二乙基苯。

[化学式]$C_{10}H_{14}$

[结构式]

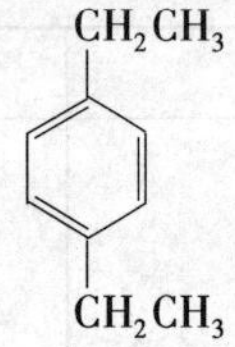

[性质]二乙苯的一种异构体。无色透明液体，相对密度 0.861，熔点 - 42.8℃，沸点 183.7℃，闪点 56℃，燃点 430℃，折射率 1.496，蒸气压 0.132kPa（20℃），临界温度 384.7℃，临界压力 2.80MPa，爆炸极限 0.7% ~ 6.0%。不溶于水，与乙醇、乙醚、丙酮、氯仿等混溶。

[用途]用作吸附分离对二甲苯的解吸剂，配制树脂、涂料的混合溶剂，制药中间体等。

[安全事项]属高闪点易燃液体。蒸气与空气形成爆炸性混合物，遇明火及高热会引起燃烧或爆炸。毒性比苯、甲苯低，蒸气对眼、呼吸道、皮肤有刺激性，并有麻醉作用。

[简要制法]由苯乙烯生产的副产品多乙苯为原料，经吸附分离精制而得。

35. 异丙苯

[别名]枯烯。

[化学式]C_9H_{12}

[结构式]

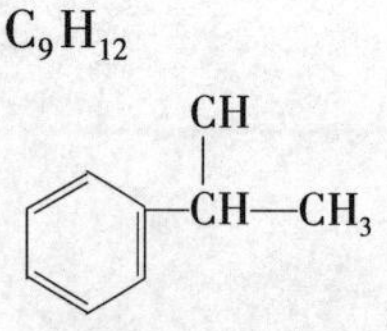

[性质]无色液体，有芳香气味。相对密度 0.8618，熔点 - 96℃，沸点 152.4℃，闪点 31℃，燃点 424℃，蒸气压 2.48kPa（50℃），临界温度 358℃，临界压力 3.21MPa，爆炸极限 0.9% ~ 6.5%。不溶于水。与乙醇、乙醚、丙酮、二硫化碳、氯仿等混溶。能溶解常用天然树脂、氯丁橡胶、丁苯橡胶、环氧树脂、石蜡、碘、乙基纤维素及丙烯酸树脂等。对多元醇溶解性较差。在一定条件下，可进行氧化、硝化及磺化等反应。在催化剂存在及高温下分解成苯和丙烯。

[用途]用于制造苯酚、丙酮、α - 甲基苯乙烯、过氧化氢异丙苯，也用作聚合引发剂、提高燃料油辛烷值的添加剂、油漆或硝基清漆的溶剂或稀释剂，也是合成香料、医药等的中间体。

620

［安全事项］属高闪点易燃液体。蒸气比空气重，能在较低处扩散到较远处，遇火源会着火回燃。蒸气能与空气形成爆炸性混合物，遇明火及高热能引起燃烧及爆炸。毒性比苯、甲苯低，能刺激皮肤、黏膜，但麻醉作用出现慢而持久，能引起结膜炎、皮炎，并对肝、脾有损害。应储存于阴凉干燥处，远离火种、热源。

［简要制法］由丙烯和苯在无水三氯化铝存在下反应制得。

36. 联苯

［别名］联二苯、苯基苯、1，1′-联苯。

［化学式］$C_{12}H_{10}$

［结构式］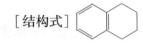

［性质］含两个苯环的芳香烃。无色或略带黄色鳞片状结晶，有独特香气。相对密度1.041，熔点71℃，沸点255℃，闪点113℃（闭杯），燃点540℃，折射率1.588(77℃)，蒸气压1.191kPa(25℃)，临界温度515.7℃，临界压力3.84MPa，爆炸极限0.6%～5.8%。不溶于水，溶于乙醚、苯、甲苯、四氯化碳、氯仿等。具升华性，对热稳定，化学性质与苯相似，在一定条件下能进行加氢、卤化、硝化、磺化等反应。硝化时生成硝基联苯，与硫酸发生磺化反应生成联苯-4-磺酸。

［用途］用作有机热载体，可单独使用或与联苯醚混合使用。医药上用于合成芬布芬，也用于制造染料及用作果实的防霉剂。

［安全事项］遇明火、高热可燃，蒸气与空气能形成爆炸性混合物。属低毒物质，蒸气能刺激眼睛、呼吸道，引起食欲不振、呕吐，对神经系统及消化系统也有一定毒性。应储存于阴凉通风处，远离火种、热源。

［简要制法］可由苯裂解制得，或由高温焦油分馏制得。

37. 四氢化萘

［化学式］$C_{10}H_{12}$

［结构式］

［性质］无色或淡黄色透明液体，有类似薄荷醇的气味。相对密度0.9695，熔点-35.7℃，沸点207.7℃，闪点82℃，燃点384℃，折射率1.5413，爆炸极限0.8%～5.0%。不溶于水，与乙醇、乙醚、丙酮、苯、石油醚、氯仿等混溶。能溶解松香、沥青、润滑油、纤维素醚、天然橡胶、多数天然及合成树脂等。在光照下或长期储存会因氧化而色泽变深，黏度增加。在一定条件下可进行氧化、卤化、硝化等反应，在催化剂存在下，加氢生成十氢化萘，氧化生成邻苯二甲酸酐。

［用途］广泛用作氯化橡胶、树脂、蜡、清漆及金属皂等的溶剂，也用作临氢减黏裂化的供氢剂、低沸点有机化合物蒸气的吸收剂、油墨去污剂、液体干燥剂、煤气洗涤液及驱虫剂等，还用于制造杀虫剂西维因的中间体甲萘酚。

［安全事项］可燃性液体。长期与空气接触时，会因吸收空气中的氧而生成氢过氧化物而有爆炸危险。蒸馏时也不宜蒸干，以防产生过氧化物而爆炸，对金属无腐蚀性，应密封储存，储存于阴凉干燥处。对人低毒，具一定麻醉作用及面部刺激性，吸入蒸气会产生头痛、恶心、咳嗽等症状，高浓度蒸气可损害肝、肾。

［简要制法］可在镍催化剂存在下由萘加氢后经精制而得。

38. 十氢化萘

[别名]萘烷。

[化学式]$C_{10}H_{18}$

[结构式]

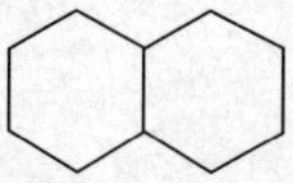

[性质]具芳香气味的无色透明液体。有顺式及反式两种异构体，以反式异构体为稳定，工业品常为顺、反异构体的混合物。相对密度0.8967(顺式)、0.8697(反式)，沸点195.8(顺式)、187.3(反式)，闪点58℃(顺、反混合物，闭杯)，燃点262℃(顺、反混合物)，折射率1.4810(顺式)、1.4693(反式)，临界温度429℃(顺式)、413.8℃(反式)，临界压力2.74(顺式)、2.74(反式)，爆炸极限0.7%~4.9%(顺式)、0.4%~4.9%(反式)。不溶于水，与乙醇、丙酮、苯、氯仿等混溶。能溶解蜡、油脂、醇酸树脂、天然及多数合成树脂，溶解性比四氢化萘要差。能吸收气态二氧化硫。对酸碱比较稳定。在一定条件下可进行硝化、磺化、卤化等反应，氧化则生成过氧化物，也可被空气氧化成邻苯二甲酸酐。

[用途]用作天然及合成橡胶、树脂、萘、脂肪、油类及石蜡等的溶剂，芳香烃类、丙酮及低级醇类等有机物蒸气的吸收剂。也用于替代松节油用作制造地板蜡、鞋油及汽车蜡等溶剂。还可与乙醇、苯混合用作内燃机燃料。

[安全事项]属高闪点易燃液体。遇高热、明火能引起燃烧或爆炸。暴露于空气或受光照会生成有爆炸危险性过氧化物。与氧化剂发生剧烈反应。对人低毒，毒性与环烷烃相似，蒸气对眼及呼吸道有刺激性，高浓度高引起肝、肾损害。应储存于阴凉干燥处，远离火种、热源。

[简要制法]由镍催化剂存在下，经萘催化加氢制得两种异构体的混合物，再经酸洗、碱洗、水洗及减压精馏等工序制得顺式及反式十氢化萘。

二、卤代烃类溶剂

卤代烃又称烃的卤素衍生物，简称卤烃，是指分子中的一个或多个氢原子被卤素取代后生成的化合物。一元卤代烃的通式可用R—X表示(R代表烃基，X代表F、Cl、Br、I等卤素原子)。卤代烃按分子中卤素原子的多少、位置和烃基的不同，可分为以下几类：

①按照分子中含有1、2、3或4个卤素原子，可分为一元卤代烃(如一氯甲烷)、二元卤代烃(如二氯甲烷)、三元卤代烃(如三氯甲烷)及四元卤代烃(如四氯化碳)。

②按照与卤素原子连接的伯、仲、叔碳原子不同，可分为伯卤代烃(如1-氯丙烷)、仲卤代烃(如2-氯丙烷)及叔卤代烃(如2-氯-2-甲基丙烷)；

③按照分子中烃基的不同，又可分为卤代脂肪烃(如一氯甲烷)、卤代脂环烃(如六六六)及卤代芳香烃(如氯苯)。

所有卤代烃均不溶于水，而溶于醇、醚等有机溶剂，能以任意比例与烃类混溶，并能溶解多种有机化合物。因此，卤代烃可作为有机溶剂。

卤代烃分子中，卤素原子的电负性比碳原子大，所以C—X键是极性键，碳原子带微量正电荷，而卤素原子带微量负电荷。因此，与卤素原子相连的碳原子易接受带负电荷基团的进攻，而发生卤素原子被取代的反应。此外，卤代烃中的烃基也能发生氧化、取代、加成、聚合等反应。所以，卤代烃的化学性质较为活泼，其化学活性由大到小依次是碘代烷、溴代烷、氯代烷，如卤素原子直接和双键或苯环相连时，如氯乙烯、氯苯，则分子中的卤素原子很不活泼，一般不发生取代反应，但如相连的是与双键或苯环隔开一个碳原子（如3－氯丙烯），则分子中的卤素原子比一般连在卤代烷上的卤素原子活泼得多，极易发生取代反应。

在常温常压下，除氯甲烷、氯乙烷及溴甲烷为无色气体外，其他卤代烃为液体，有一定挥发性，其燃点相对较高，易燃性不及相应的脂肪烃，一般不易被点燃，但其蒸气也可与空气形成爆炸性混合物，遇明火或高热可发生燃烧或爆炸，因其蒸气比空气重，也可由低处扩散到相当远处，遇火源可着火回燃。燃烧产物除 CO、CO_2 外，通常还含有氯化氢、溴化氢、碳酰氯（光气）及碳酰溴等有毒气体，被吸入后易导致肺水肿、肺炎，严重者可出现缺氧、休克。

卤代烃具有刺激皮肤、呼吸道、黏膜及其他全身中毒作用。不同卤代烃的毒性相差也较大。有的在短时间内大量吸入时具有强烈麻醉作用，抑制神经中枢，并造成心、肝、肺、肾等脏器的损害，有的能引起周围神经系统的特异性损害。在同一类卤代烃中，毒性随卤素原子数目的增加而增强，随碳原子数的增加而减少。其中以碘代烃、溴代烃的毒性较强。

1. 氯甲烷

［别名］甲基氯。

［化学式］CH_3Cl

［结构式］
$$H-\overset{\displaystyle Cl}{\underset{\displaystyle H}{C}}-H$$

［性质］常温常压下为无色气体，有乙醚样气味，易液化。气体相对密度1.74（空气＝1.0），液体相对密度0.920，熔点－97.7℃，沸点－23.73℃，闪点＜0℃，燃点632℃，折射率1.3712（液体－23.7℃），临界温度143.1℃，临界压力6.68MPa，爆炸极限8.1%～17.2%。不溶于水，能与醇、酮、醚等大多数有机溶剂混溶，可溶解各种氯代烃。对热稳定，在干燥状态下，除碱及碱土金属、锌、铝之外，一般不与金属作用，在一定条件下，与金属钠反应生成乙烷，与镁反应生成格利雅试剂，与氨反应可生成甲胺、二甲胺、三甲胺及氯化四甲铵等。有水存在时，160℃以下分解生成甲醇及氯化氢。

［用途］是重要的甲基化剂，用于制造甲基纤维素、甲基氯硅烷、四甲基铅、甲硫醇、氯仿等，也用作低沸点溶剂、泡沫塑料发泡剂、丁基橡胶聚合催化剂的溶剂、润滑脂及精油等的萃取剂、火箭推进剂、与四氯化碳混合用作灭火剂等。

［安全事项］与空气能形成爆炸性混合物，遇火花或高热能引起燃烧或爆炸。爆炸可生成剧毒的光气、氯化氢、CO、CO_2 等有毒气体。氯甲烷属低毒类气体，主要作用于中枢神经系统，有刺激和麻醉作用，并能损害肝、肾。低浓度长期接触，可引起头痛、恶心、嗜睡、运动失调等症状，重者会产生视力障碍、痉挛、昏睡。皮肤接触可因氯甲烷在体表快速蒸发而致冻伤。

［简要制法］可由甲烷直接氯化、甲烷氧氯化、甲醇与氯化氢作用等方法制得。

2. 二氯甲烷

［化学式］CH_2Cl_2

[结构式]

$$H—\underset{\underset{Cl}{|}}{\overset{\overset{H}{|}}{C}}—Cl$$

[性质]无色透明液体，有类似醚的刺激性气味，易挥发，是唯一不燃性低沸点溶剂。相对密度1.326，熔点-95.1℃，沸点39.75℃，燃点662℃，折射率1.4244，蒸气相对密度2.93(空气=1.0)，蒸气压57.96kPa(25℃)，临界温度237℃，临界压力6.17MPa，爆炸极限14.0%~25%。微溶于水，与乙醇、乙醚、丙酮、苯等混溶。能溶解橡胶、树脂、油脂、生物碱及纤维素醚等。化学性质稳定，干燥状态下与氧加热至290℃也不发生氧化或热裂解，常温干燥状态下与金属不发生作用，但高温下对铁、不锈钢、铜等有腐蚀作用，在催化剂存在下，易与氯气或氯化氢反应，生成氯仿及四氯化碳，为预防二氯甲烷与空气及水分接触分解，可加入微量酚类、胺类作稳定剂。

[用途]本品沸点低、不燃烧、溶解能力强、毒性低，常用作脱漆剂。使用时常加入部分醇类、丙酮、石蜡烃及冰乙酸等组成混合溶剂。将其蒸气喷在金属表面上进行除漆膜十分有效。也广泛用作醋酸纤维、人造革、照相软片等加工的溶剂，天然树脂及脂肪萃取剂，制冷剂、麻醉剂、灭火剂等。

[安全事项]蒸气与空气能形成爆炸性混合物，遇明火或高热能引起燃烧或爆炸。对人体低毒。主要经呼吸道进入人体，也可经皮肤吸收，长期接触表现为头痛、乏力、食欲减退、嗜睡或失眠等症状。对皮肤有脱脂作用，引起脱屑、皲裂等，蒸气有强麻醉性，大量吸入会引起中毒。

[简要制法]可由甲烷或甲醇与氯气反应制得，或以氯甲烷为原料，经光氯化或热氯化制得二氯甲烷。

3. 三氯甲烷

[别名]氯仿。

[化学式]CHCl_3

[结构式]

$$Cl—\underset{\underset{Cl}{|}}{CH}—Cl$$

[性质]无色透明易挥发性液体，稍有甜味。相对密度1.4984(15℃)，熔点-63.5℃，沸点61.2℃，折射率1.4467，蒸气相对密度4.12(空气=1.0)，蒸气压21.3kPa，临界温度263.4℃，临界压力5.48MPa。难溶于水，与乙醇、乙醚、二硫化碳、石油醚等多数有机溶剂混溶。能溶解橡胶、树脂、蜡、生物碱及脂肪等有机物质。稳定性较氯甲烷及二氯甲烷要差。光照下可被空气氧化而产生剧毒的光气及氯化氢，为防止分解，常加入少量无水乙醇或甲基丙烯腈作稳定剂。三氯甲烷加热至450℃以上热裂解成四氯乙烯、氯化氢及少量氯代烷。在一定条件下，还能还原生成二氯甲烷、氯甲烷及甲烷。

[用途]是制造氟里昂(F-21、F-22、F-23)的原料，也是优良的有机氯溶剂，能迅速溶解树脂、蜡、油脂、橡胶、生物碱及精油等。在塑料加工、染料、医药及日化工业中大量用作溶剂、萃取剂、脱脂剂及清洗剂等。医药上用作麻醉剂及天然或发酵药物的萃取剂，直接用于合成三氯叔丁醇、安妥明等药物。也用作土壤熏蒸剂及作为中间体制造合成纤维、塑料等。

[安全事项]一般不燃。但在高温、明火或与红热物体接触时，会产生剧毒的光气及氯化氢等气体，有中等毒性，蒸气有强麻醉作用。可由呼吸道、消化道及皮肤吸收。主要作用

于中枢神经系统，对心、肝、肾有损害，有轻度致癌性及致畸性，并有胚胎毒性。皮肤接触可发生红斑、水疱、皲裂，大量接触可引起皮肤冻伤。

[简要制法]可由甲烷与氯气反应制得，或由氯醇(1-乙氧基-2-三氯乙醇)在氢氧化钠溶液中反应而得。

4. 四氯化碳

[别名]四氯甲烷。

[化学式]CCl_4

[结构式]
$$Cl—\overset{\displaystyle Cl}{\underset{\displaystyle Cl}{C}}—Cl$$

[性质]无色透明易挥发液体，有特殊芳香气味，味甜。相对密度1.5940，熔点-22.95℃，沸点76.75℃，折射率1.4604，蒸气相对密度5.3(空气=1.0)，蒸气压15.33kPa(25℃)，临界温度283.15℃，临界压力4.56MPa。微溶于水，能与醇、醚、二硫化碳及氯化烃等多数溶剂混溶。能溶解醇酸树脂、生胶、润滑脂、蜡及油脂等，与低级脂肪醇或乙酸酯混合使用对纤维素醚或酯等有较好溶解性，常温及干燥状态下稳定，有湿气存在时会逐渐分解成有毒的光气和氯化氢。在高于600℃时热裂解生成氯气、四氯乙烯及六氯乙烷。干燥状态对铁、镍等常用材料不腐蚀，有水时对铁及其他金属有腐蚀性。商品四氯化碳常加入少量二苯胺、丙烯腈及乙酸乙酯等作稳定剂。

[用途]广泛使用的有机氯溶剂，可用作橡胶、油类、树脂、硫黄、蜡、沥青、脂肪及油漆等的溶剂。也用作油料及香料的浸出剂及萃取剂，织物干洗剂，金属洗净剂，谷物熏蒸剂，冷冻剂，灭火剂，脱脂剂等。也用于合成氯化有机物及制造双环己哌啶、氢溴酸苯甲托品等药物。

[安全事项]毒性较大，是氯代甲烷中毒性最强者，为最危险的溶剂。口服2~4mL四氯化碳即可致死。由呼吸道或经皮肤吸收均能引起中毒。接触高浓度主要引起中枢神经系统麻醉及肝、肾损害，严重时在兴奋后失去知觉，长期反复接触可引起眼损害、肝功能异常，胃肠功能紊乱，并具致癌性。皮肤接触可因脱脂而产生脱屑、皲裂。与次氯酸钙、四氧化二氮等强氧化剂能形成爆炸性混合物。与金属锂、钠、钾等活性金属接触会发生爆炸性反应。应储存于阴凉干燥处，远离火种，热源。

[简要制法]由甲烷与氯气经高温热氯化反应制得，或由氯气与二硫化碳反应而得。

5. 氯乙烷

[别名]乙基氯。

[化学式]C_2H_5Cl

[结构式]$CH_3—CH_2—Cl$

[性质]常温常压下为无色气体，有醚样气味。气体相对密度2.23(空气=1.0)，液体相对密度0.9239(0℃)，熔点-138.3℃，沸点12.4℃，闪点-50℃(闭杯)，燃点519℃，蒸气压134.66kPa(20℃)，临界温度187.2℃，临界压力5.268MPa，爆炸极限3.16%~14.8%。微溶于水，与乙醇、乙醚、丙酮、苯等溶剂混溶。能溶解树脂、蜡、油脂、硫黄、磷等。干燥状态下稳定，在400~500℃下也只有部分分解成乙烯及氯化氢，在醇碱溶液中易脱掉氯化氢而生成乙烯，光照下与氯反应生成1，1-二氯乙烷。在高温及催化剂存在下，可与水蒸气反应生成乙醇、乙烯及乙醛等。

[用途]用作有机合成的乙基化剂、烯烃聚合溶剂、汽油抗震添加剂、局部麻醉剂、制冷剂、烟雾剂、杀虫剂等。也用于制造四乙基铅、乙基纤维素、乙烯基咔唑、依酚氯铵等产品。

[安全事项]易燃气体。与空气能形成爆炸性混合物，遇明火及热源有燃烧或爆炸危险。气体比空气重，能在较低处扩散至远处，遇火种会着火回燃。有中等毒性。高浓度对中枢神经系统有抑制作用，并对肝、肾有损害，亦可出现心律不齐及呼吸抑制等症状。液体氯乙烷对眼有刺激性，并有麻醉性，皮肤接触可因局部迅速降温造成冻伤。应储存于阴凉干燥处，远离火种、热源。

[简要制法]由乙烯与氯化氢经加成反应制得，或由乙烷热氯化制得。

6. 1，1 - 二氯乙烷

[别名]偏二氯乙烷。

[化学式]$C_2H_4Cl_2$

[结构式]$Cl-\overset{Cl}{\underset{}{CH}}-CH_3$

[性质]无色油状易挥发液体，有醚样气味。相对密度 1.175，熔点 -97.6℃，沸点 57.3℃，闪点 - 8.5℃，燃点 457.8℃，折射率 1.4166，临界温度 250℃，临界压力 5.07MPa，爆炸极限 5.9% ~ 15.9%。微溶于水，与醇、醚、酮等多数有机溶剂混溶。能溶解天然树脂、丙烯酸树脂、蜡、生物碱、乙基纤维素、生胶及油脂等。在一定条件下可氯化生成三氯乙烷，脱氯化氢生成氯乙烯，也可与苯反应生成二苯基乙烷。

[用途]用作热敏物质萃取剂、天然树脂及蜡等溶剂、脱脂剂等，也用于制造 1，1，1 - 三氯乙烷。

[安全事项]属中闪点易燃液体。蒸气与空气能形成爆炸性混合物，与明火及高热能引起燃烧或爆炸，燃烧时产生有毒的光气及氯化氢、CO、CO_2 等。对人毒性与氯甲烷及氯仿等相似，可通过呼吸道吸入或皮肤吸收进入人体，早期表现为头晕、恶心、失眠、多梦等，严重时可引起肝、肾损害。皮肤接触可因脱脂而产生脱屑、皲裂。本品在空气、湿气及光作用下酸度增加，会对金属产生腐蚀性，可适量加入烷基醇类作稳定剂。

[简要制法]可由氯乙烯及氯化氢在催化剂存在下反应制得。或由乙烯氯化生产 1，2 - 二氯乙烷的副产物分离制得。

7. 1，2 - 二氯乙烷

[别名]均二氯乙烷。

[化学式]$C_2H_4Cl_2$

[结构式]$Cl-CH_2-CH_2-Cl$

[性质]无色透明油状液体，有类似氯仿的气味，味甜。相对密度 1.2569，熔点 - 35.3℃，沸点 83.5℃，闪点 17℃（闭杯），燃点 449℃，折射率 1.4449，临界温度 288℃，临界压力 5.37MPa，爆炸极限 6.2% ~ 15.6%。微溶于水，与乙醇、乙醚、丙酮、苯、氯仿等多数有机溶剂混溶，能溶解天然树脂、乙烯基树脂、丙烯酸树脂、酚醛树脂、乙基纤维素、生胶、蜡、油脂及生物碱等。在潮湿条件下不稳定，水分及光照会因分解而色泽变深。在强碱条件下加热生成氯乙烯及氯化氢。在催化剂存在下可与苯反应生成二苯甲烷，与氨反应生成乙二胺。

[用途]主要用于制造氯乙烯单体，也用于制造乙二胺、乙二醇及调制乙基液（铅携带

剂）。医药上用于制造灭虫宁、胍氯酚、咳美芬等。是橡胶、树脂、有机玻璃、沥青、蜡、醋酸纤维素、油漆、油脂等的常用溶剂，也用作脱漆剂，谷物及土壤的消毒剂、天然植物成分萃取剂及渗透剂等。

[安全事项]属中闪点高毒易燃液体。对眼、呼吸道有刺激性，其蒸气可使动物角膜浑浊，对动物有明显致癌作用。人吸入高浓度蒸气能刺激黏膜，抑制中枢神经系统，引起眩晕、恶心、呕吐、肺水肿，严重者会导致死亡。长期接触，慢性中毒表现为头痛、失眠、咳嗽及肝、肾损害；皮肤接触能引起皮肤干燥、脱屑及裂隙性皮炎。遇明火及高热能引起燃烧或爆炸，其蒸气比空气重，能在较低处扩散至远处，遇火源会着火回燃，受高热分解产生有毒气体。

[简要制法]可由乙烯与氯气直接合成，或由乙烯、氯化氢及氧气在催化剂存在下经氧氯化反应制得。

8. 1，1，1－三氯乙烷

[化学式]$C_2H_3Cl_3$

[结构式]

$$Cl-\underset{\underset{Cl}{|}}{\overset{\overset{Cl}{|}}{C}}-CH_3$$

[性质]无色透明液体，有醚样气味。相对密度 1.3492，熔点 -32.62℃，沸点 74℃，燃点 537℃，折射率 1.4379，临界温度 260℃，临界压力 5.07MPa，爆炸极限 10% ~ 15.5%。微溶于水，与乙醇、乙醚、丙酮、苯等极大多数有机溶剂混溶，也能溶解润滑脂、蜡、焦油、油类、天然树脂、生物碱。不含稳定剂的 1，1，1－三氯乙烷在高温空气中会氧化产生光气，蒸气在 360 ~ 440℃的高温下会分解生成 1，1－二氯乙烯及氯化氢。在硫酸或金属氯化物存在下与水于加压下加热至 25 ~ 160℃，可生成乙酸及乙酰氯。

[用途]是脂肪族卤代烃中毒性最低的品种之一，常用作热塑性高分子材料和杀虫剂的溶剂，电子元件及机械零部件的清洗剂，金属切削添加剂，也用作油类、石蜡、焦油、沥青等的溶剂。

[安全事项]易燃。遇明火及高热能燃烧，并产生剧毒的光气及氯化氢烟雾，对常用金属无腐蚀性，但对铝及铝合金作用强烈，含水时会因放出氯化氢而有腐蚀作用。皮肤接触能因脱脂引起皲裂、皮炎。吸入高浓度蒸气会引起眩晕、麻醉、嗜睡、遗忘症及反射消失等症状。应密封储存于阴凉干燥处，为防止在空气、光照下酸度增加，对金属产生腐蚀作用，一般可加入烷基醇类作稳定剂。

[简要制法]由 1，1－二氯乙烷经氯化反应制得，或由 1，1－二氯乙烯与氯化氢反应而得。

9. 1，1，2－三氯乙烷

[化学式]$C_2H_3Cl_3$

[结构式]

$$Cl-\underset{\underset{Cl}{|}}{\overset{\overset{Cl}{|}}{CH}}-CH_2-Cl$$

[性质]无色透明液体，有芳香性气味。相对密度 1.4416，熔点 -37℃，沸点 113.7℃，折射率 1.4706，蒸气压 4.798kPa(30℃)。微溶于水，与乙醇、乙醚、丙酮、苯等极大多数有机溶剂混溶，能溶解天然树脂、乙烯基树脂、乙基纤维素、橡胶、蜡、焦油、润滑脂及生物碱等。常温常压下稳定，无水及空气时，加热至 110℃也不发生明显分解，而在沸点并与

水接触时会发生水解。高温下气相热裂解生成三氯乙烯及氯化氢。在催化剂存在下，与氯气反应生成 1, 1, 2, 2 -四氯乙烷。

［用途］用作天然橡胶、氯化橡胶、醋酸纤维、树脂、蜡及焦油等的溶剂，药物及香料萃取剂等，也用于制造 1, 1 -二氯乙烯。

［安全事项］有中等毒性，毒性比 1, 1, 1 -二氯乙烷强。可经呼吸道或皮肤吸收进入人体。其蒸气有麻醉性，强烈刺激眼睛、咽喉及呼吸道，损害中枢神经系统，对肝、肾均有损害，液体脱脂作用强，应避免与皮肤接触，在潮湿空气中，在光照或受高热会分解释出腐蚀性很强的氯化氢及光气等烟雾。与强氧化剂、强碱会发生反应。应储存于阴凉通风处，远离火种、热源，避免与氧化剂共储混运。

［简要制法］可由氯乙烯与氯气反应制得。或由 1, 2 -二氯乙烷在三氯化铝催化剂存在下与氯气反应而得。

10. 1, 1, 2, 2 -四氯乙烷

［别名］均四氯乙烷。

［化学式］$C_2H_2Cl_2$

［结构式］
$$\begin{array}{c} \quad Cl \quad Cl \\ \quad | \quad\;\; | \\ Cl-CH-CH-Cl \end{array}$$

［性质］无色液体，有类似氯仿气味。相对密度 1.5953，熔点 -42.5℃，沸点 146.3℃，折射率 1.4942，蒸气压 0.133kPa（32℃）。微溶于水，与乙醇、乙醚、丙酮、苯、石油醚、二硫化碳等绝大多数有机溶剂混溶。能溶解橡胶、聚氯乙烯、硝化纤维素、沥青、煤焦油、樟脑、蜡、油脂等，在干燥及隔绝空气状态下十分稳定。而与空气接触时会逐渐脱去氯化氢，生成三氯乙烯及微量光气，在空气或氧存在下，经紫外线照射可生成二氯乙酰氯，在高温下可裂解生成三氯乙烯或四氯乙烯及氯化氢。

［用途］是氯代烃类溶剂中溶解力最强的品种，曾用作橡胶、树脂、蜡等溶剂，但因其毒性大，除作特殊用途的溶剂外，已较少用作溶剂。主要用于生产三氯乙烯、四氯乙烯，也用于制造杀虫剂、除草剂及硝硫氰胺等。

［安全事项］是液态氯代烃中毒性最大的品种，对中枢神经系统有麻醉及抑制作用，吸入蒸气会强烈刺激眼及呼吸道，引起眩晕、恶心及神经障碍，还会损害心、肝、肾功能，高浓度蒸气可引起肺水肿及呼吸衰竭。皮肤接触可因脱脂而引起干燥、皲裂及皮炎，还可经皮肤吸收而引起慢性中毒。本品一般不易燃烧，受高热则会分解产生氯化氢等有毒气体。与强碱一起加热会生成极易爆炸的二氯乙炔。应储存于阴凉通风处，防热、防潮。

［简要制法］可在三氯化铁催化剂存在下，由干燥的乙炔与氯气反应制得，也可由 1, 2 -二氯乙烷进一步氯化制得。

11. 1, 1 -二氯乙烯

［别名］偏二氯乙烯。

［化学式］$C_2H_2Cl_2$

［结构式］
$$\begin{array}{c} CH_2{=}C-Cl \\ \quad\quad | \\ \quad\quad Cl \end{array}$$

［性质］无色透明液体，有氯仿样气味。相对密度 1.2129，熔点 -122.5℃，沸点 31.7℃，闪点 -15℃，燃点 513℃，折射率 1.4247，蒸气压 66kPa（20℃），临界温度 222℃，

临界压力 5.2MPa，爆炸极限 7.3% ~16.0%。不溶于水，与乙醇、乙醚、丙酮、苯等多种有机溶剂混溶。化学性质活泼，在光或催化剂作用下极易聚合，也可进行加成、分解、氯化等反应，可与氯乙烯、丙烯腈等共聚。在一定条件下，与氯作用生成 1，1，2，2 - 四氯乙烷，与氯化氢反应生成 1，1，1 - 三氯乙烷。

[用途]本品因挥发性大，很少作溶剂使用。主要用于制造偏氯乙烯树脂及 1，1，1 - 三氯乙烷。也可与丙烯酸酯、丙烯腈、甲基丙烯酸甲酯、丁二烯、苯乙烯等单体共聚制造合成树脂。

[安全事项]属中闪点易燃液体，与空气能形成爆炸性混合物，遇明火或高热会引起燃烧或爆炸，在空气中也易与氧发生自氧化反应，生成有爆炸性的过氧化物，并产生聚合作用。储存时需加入阻聚剂，或用氮气、二氧化碳密封。本品极易挥发，对人体有麻醉性及毒性，吸入其蒸气会刺激眼睛及呼吸道，并引起中枢神经麻痹、恶心、呕吐，并对肝、肾有损害。对动物有致癌性及致畸性，皮肤接触会引起皲裂、皮炎。

[简要制法]可由乙炔与氯经加成反应制得。或由 1，1，2 - 三氯乙烷用氢氧化钙或氢氧化钠脱氯化氢而制得。

12. 1，2 - 二氯乙烯

[别名]均二氯乙烯。

[化学式]$C_2H_2Cl_2$

[结构式]

$$CH = CH \atop Cl \quad Cl \qquad\qquad {Cl \atop CH = CH} \atop Cl$$

顺式　　　　反式

[性质]无色液体，有类似氯仿样气味。有顺式及反式两种异构体。顺式：相对密度 1.2837，熔点 -80℃，沸点 60.63℃，闪点 3.9℃（闭杯），折射率 1.4490，蒸气压 24kPa（20℃），临界温度 271℃，临界压力 5.87MPa；反式：相对密度 1.2547，熔点 -49.8℃，沸点 47.67℃，闪点 3.9℃，折射率 1.4462，蒸气压 35.33kPa（20℃），临界温度 243.3℃，临界压力 5.53MPa。顺式及反式的蒸气均能与空气形成爆炸性混合物，爆炸极限 9.7% ~12.8%。微溶于水，与乙醇、乙醚、丙酮、苯等多数有机溶剂混溶，对橡胶、树脂、蜡、醋酸纤维素、油脂、焦油、润滑脂等有优良的溶解力。

[用途]由于沸点低、挥发性大，可用作热敏性物质，如香料、咖啡的低温萃取剂；也用作橡胶、蜡、焦油及醋酸纤维素等的溶剂，还用于制造染料及其他含氯溶剂。

[安全事项]属中闪点易燃液体，能与空气形成爆炸性混合物，遇明火及高热会引起燃烧或爆炸，高温下热解产生有毒的光气及氯化氢。其蒸气比空气重，能在较低处扩散至远处，遇火种会着火回燃。蒸气有麻醉性，并刺激眼睛、黏膜及皮肤。吸入高浓度蒸气会影响中枢神经系统，出现眩晕、呕吐等症状，严重时还可致死。储存时通常加入少量如对苯二酚等阻聚剂，以防止自聚。

[简要制法]可由乙炔和氯在惰性溶剂中反应制得。或在铁粉存在下由 1，1，2，2 - 四氯乙烷脱氯制得。

13. 三氯乙烯

[化学式]C_2HCl_3

[结构式]

$$Cl—CH = C—Cl \atop Cl$$

[性质]无色透明液体，有氯仿样气味。相对密度 1.4649，熔点 -86.4℃，沸点 87.2℃，燃点 425℃，折射率 1.4782，临界温度 298℃，临界压力 4.91MPa，爆炸极限 9.3%～44.8%。不溶于水，与乙醇、乙醚、丙酮、苯等多种溶剂混溶。能溶解天然树脂、氯乙烯树脂、润滑脂、石蜡、油脂、高级脂肪酸、焦油及醋酸纤维素。不含稳定剂的三氯乙烯在空气中会因氧化而生成氯化氢、光气及 CO 等有毒气体，含微量对苯二酚或胺类等稳定剂的三氯乙烯即使加热至 130℃ 也不与一般金属材料作用。其蒸气加热至 700℃ 以上时，分解生成二氯乙烯、氯仿、四氯乙烯及四氯化碳等混合物，因分子结构中含有双键，因而可与丁二烯、苯烯腈、乙酸乙烯酯及氯乙烯等进行共聚。

[用途]为优良溶剂，可替代苯、汽油用作蜡、油脂、润滑脂、天然树脂等的溶剂及萃取剂。也用作金属脱脂剂、涂料稀释剂、脱漆剂、干洗剂、制冷剂、谷物熏蒸剂、杀虫剂、麻醉剂等，在氯乙烯聚合反应中用作控制聚氯乙烯相对分子质量的链转移剂。

[安全事项]属易燃有毒物质，遇明火、高热能引起燃烧或爆炸。与氧化剂接触会剧烈反应。对人体有蓄积性麻醉作用，短时间吸入低浓度蒸气会引起眩晕、头痛、恶心，高浓度能引起心力衰竭昏倒，甚至死亡。皮肤接触能引起药疹样皮炎，并呈剥脱性。对动物有致癌性。

[简要制法]可由乙炔经氯化、皂化制得。也可由乙烯直接氯化或乙烯经催化氯化氧化而制得。

14. 四氯乙烯

[别名]全氯乙烯。

[化学式]C_2Cl_4

[结构式] Cl—C=C—Cl
         | |
        Cl Cl

[性质]无色透明液体，有醚样气味。相对密度 1.6226，熔点 -22.3℃，沸点 121.2℃，折射率 1.5055，蒸气相对密度 5.83（空气 = 1.0），蒸气压 2.11kPa（20℃），临界温度 347.1℃，临界压力 9.74MPa。几乎不溶于水，与乙醇、乙醚、丙酮、苯等有机溶剂混溶，能溶解橡胶、天然树脂、焦油、油脂、润滑脂及苯甲酸、肉桂酸等芳香族有机酸。纯净的四氯乙烯在无空气或水存在时，加热至 500℃ 仍然稳定，但有水存在及光的作用下会逐渐水解成三氯乙酸和氯化氢。含少量对苯二酚或胺类等稳定剂的四氯乙烯，即使在空气，水及光照下，加热至 140℃ 也很少对金属材料产生腐蚀作用。四氯乙烯与臭氧反应会生成光气和三氯乙酰氯，氢化时能生成四氯乙烷。溴化可生成一溴三氯乙烷及二溴二氯乙烷。

[用途]是目前各类纤维材料及服装的主要干洗剂。也用作溶剂、油脂萃取剂、脱漆剂、烟雾剂、金属材料气相脱脂剂及表面处理剂、传热介质等。还用于合成三氯乙酸、六氯乙烷等产品。

[安全事项]本品不燃，但长时间暴露在高温或遇明火会分解产生氯化氢等有毒及腐蚀性气体，与镁、铝等活性金属粉末会发生剧烈反应。毒性与三氯乙烯相似，有中等毒性。吸入蒸气、接触皮肤或口服等均能造成中毒，损害呼吸及消化系统、中枢神经、肺、肝、肾等。使用四氯乙烯时要避免可能导致过度与其接触的情形发生。对动物有胚胎毒性及致癌性。应密封储存。不含稳定剂的四氯乙烯会对合成树脂容器有溶胀或溶解作用，故不宜使用，应采用不锈钢或搪瓷类容器储存。

[简要制法]可在催化剂存在下由乙烯氯化或乙烯氧氯化制得，也可由含甲烷、乙烷、

丙烷、丙烯等的烃类混合物经高温氯化热解后再分离制得。

15. 1-氯丙烷

[别名]丙基氯。

[化学式]C_3H_7Cl

[结构式]$CH_3-CH_2-CH_2-Cl$

[性质]无色透明液体，有类似氯仿的气味。相对密度0.8899，熔点-122.8℃，沸点46.5℃，闪点<-20℃，燃点520℃，折射率1.3879，蒸气相对密度2.71(空气=1.0)，蒸气压40kPa(25.5℃)，临界温度230℃，临界压力4.58MPa，爆炸极限2.6%~11%。微溶于水，与乙醇、乙醚、丙酮、氯仿等混溶。化学性质活泼，能与碱金属反应生成格氏试剂，也能发生亲核取代反应。

[用途]用作苯的烷基化剂、溶剂及合成丙磺舒等药物。

[安全事项]属低闪点易燃液体，蒸气与空气能形成爆炸性混合物，遇明火及高热会燃烧或爆炸，并产生氯化氢及CO等有毒气体，高浓度蒸气有麻醉作用，长期低浓度接触对肝、肾有损害。应储存于阴凉通风处，远离火种、热源

[简要制法]在氯化锌作用下，由1-丙醇与盐酸反应制得。或由1-丙醇与五氯化磷反应制得。

16. 2-氯丙烷

[别名]异丙基氯，氯化异丙烷。

[化学式]C_3H_7Cl

[结构式]
$$CH_3-\overset{\displaystyle Cl}{\overset{\displaystyle |}{CH}}-CH_3$$

[性质]无色透明液体，有类似乙醚气味。相对密度0.8617，熔点-117.6℃，沸点35.3℃，闪点-32℃，燃点593℃，折射率1.3777，蒸气相对密度2.71(空气=1.0)，蒸气压40kPa(25.5℃)，临界温度212℃，临界压力4.72MPa，爆炸极限2.8%~10.7%。微溶于水，与乙醇、乙醚、丙酮等混溶。在碱性条件下易水解生成异丙醇，高于400℃时分解生成丙烯及氯化氢。

[用途]用作有机合成的特殊溶剂，也用作油和脂肪的溶剂、外科手术麻醉剂，以及用于制造异丙胺、百里酚等产品。

[安全事项]属低闪点易燃液体。蒸气与空气能形成爆炸性混合物，遇明火及高热会燃烧或爆炸，并产生氯化氢及CO等有毒气体。蒸气比空气重，能在较低处扩散至远处，遇火源会着火回燃。与硝酸、次氯酸钠等强氧化剂会发生剧烈反应。对皮肤、黏膜有轻度刺激作用。蒸气有很强麻醉作用，曾用于麻醉，因为引起心律不齐和呕吐，并对肝、肾有损害而停用。应储存于阴凉干燥处，远离火种、热源。

[简要制造]由丙烯与氯化氢在催化剂存在下反应制得。或由异丙醇与氯化氢在氯化锌存在下反应而得。

17. 1, 2-二氯丙烷

[别名]二氯化丙烯。

[化学式]$C_3H_6Cl_2$

[结构式]
$$Cl-CH_2-\overset{\displaystyle Cl}{\overset{\displaystyle |}{CH}}-CH_3$$

[性质]无色液体，有类似氯仿气味。相对密度1.156，熔点-100.4℃，沸点96.4℃，闪点4℃，燃点557℃，蒸气相对密度3.90(空气=1.0)，蒸气压5.33kPa(19.4℃)，临界温度304.3℃，临界压力4.44MPa，爆炸极限3.4%～14.5%。不溶于水，与乙醇、乙醚、丙酮、苯等多数有机溶剂混溶。能溶解天然树脂、橡胶、蜡、焦油及油脂等。常温常压下稳定，干燥状态下对金属无腐蚀性，有水存在时会释出氯化氢有毒气体，加热至540℃以上生成1-氯丙烯及3-氯丙烯的混合物。与低级脂肪酸盐反应生成1,2-丙二醇的酯。

[用途]用作氯化反应及磺化反应介质，合成橡胶、树脂、石蜡及油脂等的溶剂，防爆液的添加剂及铅清除剂，土壤烟熏剂，杀霉菌剂，金属脱脂剂等，也用于生产四氯乙烯、氯丙烯、胺类、医药等产品。

[安全事项]易燃液体，蒸气与空气混合能形成爆炸性混合物，遇热源和明火有燃烧及爆炸危险。蒸气比空气重，能在较低处扩散到较远处，遇火源会着火回燃。遇强氧化剂会发生反应，释出有毒气体。皮肤接触会脱脂并产生皮炎，吸入低浓度蒸气可引起流泪、咳嗽等呼吸道刺激症状，并对肝、肾有损害。高浓度蒸气有强麻醉性，对中枢神经系统有抑制作用。应储存于阴凉通风干燥处，远离火种、热源，避免与氧化剂共储混运。

[简要制法]由丙烯与氯气经液相低温氯化制得。或由丙烯高温氯化制氯丙烷的副产品分离制得。

18. 3-氯丙烯

[别名]烯丙基氯、3-氯-1-丙烯、氯丙烯。

[化学式]C_3H_5Cl

[结构式] CH_2=$CHCH_2Cl$

[性质]无色透明液体，有特殊臭味。相对密度1.9392，熔点-134.5℃，沸点44.96℃，闪点-32℃(闭杯)，燃点487℃，折射率1.4156，蒸气相对密度2.64(空气=1.0)，蒸气压48.9kPa(25℃)，临界温度约241℃，爆炸极限2.9%～11.3%。微溶于水，与乙醇、乙醚、丙酮、苯等有机溶剂混溶。具有烯烃和卤代烃的反应活性。其不饱和双键，可进行氧化、加成及聚合等反应。与卤代氢加成可生成1,2-二卤化物，与氨反应生成烯丙胺、二烯丙胺等，在碱性条件下水解生成烯丙醇。在光照下能发生聚合。干燥状态下对钢、铸铁、黄铜等几乎无腐蚀作用，但对铝有腐蚀。在湿空气存在下对许多金属有腐蚀性。

[用途]用作特殊反应的溶剂。也是烯丙醇、环氧氯丙烷、丙三醇等合成的中间体。可用于制造合成树脂、增塑剂、表面活性剂、胶黏剂、涂料、医药、农药、香料等。

[安全事项]属低闪点易燃液体。蒸气与空气可形成爆炸性混合物。遇高热、明火或与氧化剂接触会引起着火或爆炸，遇路易斯催化剂、齐格勒催化剂、氯化铝等酸性催化剂都能产生快速聚合并放出高热。燃烧产生氯化氢、CO等有毒气体。对人体低毒，但蒸气对眼、皮肤及呼吸道有强刺激作用，可引起头痛、恶心、眩晕、眼结膜充血等症状，浓度高时失去知觉。皮肤接触会因脱脂而引起皲裂、皮炎。应充氮密封储存于阴凉干燥处，远离火种、热源。

[简要制法]由丙烯与液氯经高温氯化制得。或在催化剂存在下，由丙烯与氯化氢、氧反应制得。还可由烯丙醇与盐酸在催化剂存在下反应而得。

19. 1-氯丁烷

[别名]正丁基氯。

[化学式]C_4H_9Cl

[结构式]CH_3—CH_2—CH_2—CH_2—Cl

［性质］无色透明液体。相对密度 0.8862，熔点 -123.1℃，沸点 78.4℃，闪点 -6.7℃，燃点 460℃，折射率 1.4021，临界温度 269℃，临界压力 3.69MPa，爆炸极限 1.85% ~ 10.10%。不溶于水，溶于乙醇、乙醚、丙酮、氯仿、油类及芳香烃溶剂，能溶解天然树脂、多种橡胶、石蜡、焦油及油脂等。

［用途］用作丁基纤维素制造的烷基化剂，天然树脂、氯丁橡胶、丁基橡胶、聚乙烯乙酸酯及油脂等的溶剂。也用作脱蜡剂、驱虫剂、脱漆剂及乙烯聚合催化剂的助剂等。

［安全事项］属中闪点易燃液体。蒸气与空气能形成爆炸性混合物，遇明火及高热会引起燃烧或爆炸。干燥状态下对金属无明显腐蚀作用，有水存在时会释出氯化氢腐蚀性气体，受热会产生有毒的光气。吸入高浓度蒸气可出现头晕、嗜睡、心律缓慢及中枢神经系统损害。皮肤接触液体可产生烧灼感，并出现红斑、水肿、水疱以致渗出等症状。应储存于阴凉通风干燥处，远离火种、热源。

［简要制法］由正丁醇与盐酸在氯化锌存在下反应制得。

20. 溴甲烷

［别名］甲基溴、溴代甲烷。

［化学式］CH_3Br

［结构式］

$$\begin{array}{c} H \\ | \\ H-C-Br \\ | \\ H \end{array}$$

［性质］常温下为无色气体，高浓度时有类似氯仿气味，有甜味。相对密度 1.73，熔点 -93.7℃，沸点 4.6℃，燃点 537.2℃，折射率 1.4432，蒸气相对密度 3.3(空气=1.0)，蒸气压 189.3kPa(20℃)，临界温度 194℃，爆炸极限 10% ~ 16%。微溶于水，在冷水中生成结晶性水合物($CH_3Br \cdot 20H_2O$)，液体溴甲烷与乙醇、乙醚、苯、二硫化碳及氯仿等多种溶剂混溶，常温下稳定，在空气中不燃，但在纯氧中可以燃烧。干燥的气体对多数金属无腐蚀性，但能腐蚀铝及镁金属，碱性条件下水解成甲醇。

［用途］化学反应中用作烷基化剂，作甲基供体，也用作低沸点溶剂、制冷剂、阻燃剂、农用杀虫熏蒸剂、飞机发动机自动灭火装置用灭火剂等。医药上用于合成优托品、安胃灵、溴化新斯的明等药物。

［安全事项］一般在空气中不燃，但在氧气中或接触高能点火源时也能燃烧。毒性比氯甲烷强，为较强神经毒物。吸入高浓度蒸气会引起头痛、眩晕、恶心、呕吐、视力障碍，严重时引起共济失调、痉挛、谵妄、神智昏迷、昏睡，甚至死亡，皮肤接触其液体可致灼伤。应溶解于过量溶剂中，用铁桶、钢瓶或槽车储存，远离火种、热源。

［简要制法］可由溴素与硫黄反应制得溴化硫后，再与甲醇反应制得。也可由氯甲烷与氢溴酸在溴化铝存在下反应制得。还可由溴化钠、硫酸及甲醇反应而得。

21. 三溴甲烷

［别名］溴仿。

［化学式］$CHBr_3$

［结构式］

$$\begin{array}{c} Br \\ | \\ H-C-Br \\ | \\ Br \end{array}$$

[性质]无色液体，有类似氯仿样气味，稍带甜味。相对密度 2.847(25℃)，熔点 4.8℃，沸点 148.1℃，折射率 1.6005，蒸气压 0.67kPa(22℃)。微溶于水，与乙醇、乙醚、氯仿、苯、石油醚及汽油等混溶。能溶解天然树脂及多种合成树脂、石蜡、焦油、润滑脂及油脂等。在碱性条件下能水解生成甲酸盐及 CO。

[用途]用于相对密度要求较高场合的溶剂。也用作空气熏蒸消毒剂、制冷剂、灭火剂、抗爆剂、医药镇痛剂及用于有机合成。

[安全事项]一般不燃，但高温下会受热分解产生溴化氢、碳酰溴等有毒气体，遇碱会分解。而在环境水体中是高度持久性的化合物，不被生物降解，特别在饮用水中会长期滞留，危害人体健康。毒性比三氯甲烷稍强，主要抑制中枢神经系统，具麻醉作用，并损害肝、肾，吸入其蒸气能引起流泪、咽喉发痒、眩晕及全身乏力、面部潮红，严重时引起昏迷。其对皮肤的作用较弱。本品受光和空气作用会因分解而变成黄色，一般加入 4% 乙醇作稳定剂。应密封储存于阴凉通风处。

[简要制法]由乙醛与次氯酸钠反应制得，或由三氯甲烷与三溴化铝反应而得。还可由丙酮与次溴酸钠反应制得。

22. 溴乙烷

[别名]乙基溴。

[化学式]C_2H_5Br

[结构式]$CH_3—CH_2—Br$

[性质]无色透明液体，有氯仿样气味。相对密度 1.4512，熔点 -118.5℃，沸点 38.4℃，闪点 -23℃，燃点 511.2℃，折射率 1.4244，蒸气相对密度 3.76(空气 =1.0)，蒸气压 51.46kPa(20℃)，临界温度 230.7℃，临界压力 6.23MPa，爆炸极限 6.75% ~11.25%。微溶于水，与乙醇、乙醚、丙酮、氯仿等有机溶剂混溶，化学性质活泼，可发生加成、还原及亲核取代反应。与强碱反应生成乙烯，在弱碱中水解生成乙醇。与氢化钠反应生成乙腈。与羧酸盐反应生成羧酸乙酯。

[用途]用作有机合成乙基化剂、溶剂、制冷剂、麻醉剂、熏蒸剂。也用于合成染料、香料、农药，医药上用于合成巴比妥、苯巴比妥、萘啶酸、止痛灵等药物。

[安全事项]易燃。其蒸气与空气能形成爆炸性混合物，遇明火或高热能引起燃烧或爆炸。在光照或火焰下会分解产生溴化氢及碳酸溴等高毒气体，蒸气有麻醉作用，毒性中等，对眼及呼吸道的刺激较轻，对肝、心、肾有损害。吸入高浓度蒸气会因发生呼吸困难、虚脱，甚至因抑制呼吸中枢而致呼吸麻痹死亡，应密封储存于阴凉干燥处，远离火种、热源。

[简要制法]可由乙醇与溴化钠或氢溴酸反应制得。也可由乙醇、溴素与硫黄反应而得。

23. 1 - 溴丙烷

[别名]丙基溴、溴代正丙烷。

[化学式]C_3H_7Br

[结构式]$CH_3—CH_2—CH_2—Br$

[性质]无色透明液体，有刺激性气味。相对密度 1.3596，熔点 -110℃，沸点 70.9℃，闪点 26℃，燃点 490℃，折射率 1.4341，蒸气压 14.8kPa(20℃)。难溶于水，与乙醇、乙醚、苯、庚烷、四氯化碳等混溶。受高温或火焰可热解生成溴化氢等有毒气体，在催化剂存在下可经异构化生成 2 - 溴丙烷。

[用途]与金属镁在干燥乙醚中反应可制取格利雅(Grignard)试剂。也用作溶剂及芳香族

化合物的烷基化剂。医药上用于合成丙磺酸、丙硫硫胺、丙戊酸钠等。

[安全事项]易燃液体。能与空气形成爆炸性混合物,爆炸下限 4.6%,遇明火或氧化剂能引起燃烧或爆炸。毒性与溴乙烷相似,对中枢神经系统有抑制作用,对眼及皮肤有刺激性。

[简要制法]由正丙醇与氢溴酸或溴化钠反应制得。还可在催化剂存在下,由正丙醇与溴反应而得。

24. 氯苯

[别名]氯代苯、一氯苯。

[化学式]C_6H_5Cl

[结构式]

[性质]无色透明液体,有类似杏仁气味,有挥发性。相对密度 1.1063,熔点 -45.6℃,沸点 132℃,闪点 29.4℃,燃点 638℃,折射率 1.5248,蒸气相对密度 3.9(空气 = 1.0),蒸气压 1.33kPa(20℃),临界温度 359.2℃,临界压力 4.52MPa,爆炸极限 1.3% ~7.1%。不溶于水,与乙醇、乙醚及脂肪烃、芳香烃、有机氯化物等有机溶剂混溶,能溶解橡胶、天然及合成树脂、石蜡、焦油及油脂等。加入乙醇等低碳醇类溶剂可提高氯苯的溶解能力。常温下稳定,不受空气、光及水的作用,也不与碱、稀硫酸、盐酸等发生反应。在催化剂存在下与水蒸气作用可水解为苯酚。在高温高压及催化剂存在下与浓氨水反应生成苯胺。在一定条件下还可进行硝化、磺化及卤代等反应。

[用途]广泛用作溶剂,用于塑料、橡胶、油漆及油墨等行业,也大量用于生产硝基苯酚、硝基氯苯、苯酚、杀虫剂滴滴涕、医药、农药等。

[安全事项]属高闪点易燃液体。蒸气与空气能形成爆炸性混合物,遇明火及高热能引起燃烧或爆炸,蒸气比空气重,能在低处扩散至远处,遇火种会着火回燃。纯净干燥的氯苯对金属无腐蚀性,能用钢铁或铝制容器储存,在有水分存在并受热时会释出有强腐蚀性的氯化氢而腐蚀金属。毒性比苯低,能刺激呼吸器官,对中枢神经系统有抑制和麻醉作用,引起慢性或急性中毒,并会在体内蓄积,损害肝、肾等器官。皮肤反复接触会引起红斑或表浅性坏死。应密封储存于阴凉干燥处,远离火种、热源。

[简要制法]可由苯与氯气在氯化铁催化剂作用下制得。也可由苯蒸气、氯化氢及空气在氯化铜等催化剂存在下反应而得。

25. 邻二氯苯

[别名]1,2 - 二氯苯。

[化学式]$C_6H_4Cl_2$

[结构式]

[性质]无色液体,有芳香气味及挥发性。相对密度 1.3059,熔点 - 17℃,沸点 180.5℃,闪点 66℃(闭杯),燃点 648℃,折射率 1.5514,蒸气相对密度 5.05(空气 = 1.0),蒸气压 0.133kPa(20℃),临界温度 424.1℃,临界压力 4.1MPa,爆炸极限 2.2% ~9.2%。

难溶于水，溶于乙醇、乙醚、丙酮、苯、四氯化碳等多数有机溶剂。能溶解树脂、沥青、橡胶、润滑脂、蜡、醋酸纤维素、硫及非铁金属氧化物等。常温常压下稳定，在高温高压及催化剂存在下能碱性水解生成邻氯苯酚，高温下与氨反应生成邻氯苯胺。在氯化铁催化下，可与氯反应生成三氯苯，与发烟硫酸反应生成二氯苯磺酸。

[用途]广泛用作树脂、焦油、橡胶、沥青、油类、染料、颜料及药物等的溶剂。也用作脱脂剂、除锈剂、杀虫剂、熏蒸剂、制冷剂等，还用于合成邻苯二酚、邻苯二胺、二氯苯胺、甲苯咪唑及二氯磺胺等。

[安全事项]有毒易燃品，蒸气与空气能形成爆炸性混合物，遇明火及高热能引起燃烧或爆炸，蒸气比空气重，能在较低处扩散至远处，遇火种会着火回燃，燃烧会产生光气及氯化氢等有毒气体，干燥状态对金属无腐蚀性。在水分及光照下会释出氯化氢腐蚀性气体。对橡胶有较强腐蚀性。毒性比间二氯苯及对二氯苯强，对皮肤、黏膜有刺激性，吸入高浓度蒸气会引起中枢神经麻痹，主要损害肝、肾等器官，应储存于阴凉通风处，避免受热及光照。

[简要制法]由氯苯生产过程中的高沸点二氯苯混合物分离离而得。也可由邻氯苯胺经重氮化、置换而制得。

26. 间二氯苯

[别名]1，3 - 二氯苯。

[化学式]$C_6H_4Cl_2$

[结构式]

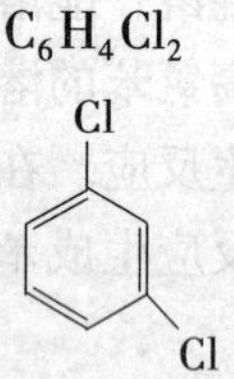

[性质]无色液体，有刺激性芳香气味。相对密度 1.288，熔点 -24.7℃，沸点 173℃，闪点 72.2℃，折射率 1.5459，蒸气相对密度 5.08（空气 = 1.0），蒸气压 1.33kPa（54.5℃），临界温度 410.8℃，临界压力 3.88MPa。微溶于水，溶于乙醇、乙醚、丙酮、苯等多种有机溶剂。能溶解橡胶、天然树脂、蜡、焦油、润滑脂及油脂等，加入乙醇等低级醇能提高间二氯苯的溶解能力。

[用途]用作蜡、焦油的溶剂，硝基喷漆及清漆的稀释剂，皮革脱脂剂，金属防锈剂等。还用于制造杀虫剂、防腐剂、熏蒸剂、制冷剂及三氯苯、间氯苯酚、三氯苯乙酮等。

[安全事项]可燃有毒品。蒸气与空气能形成爆炸性混合物，遇明火、高热能引起燃烧及爆炸，并产生有毒的腐蚀性烟气。与氧化剂会发生剧烈反应，毒性稍低于邻二氯苯，可经皮肤和黏膜吸收。吸入后引起头痛、倦睡、呼吸道黏膜刺激，并能引起肝、肾损害。

[简要制法]可由间苯二胺或间氯苯胺与亚硝酸钠经重氮化反应制得。或由间二硝基苯经直接催化氯化法制得。

27. 三氯苯

[别名]1，2，4 - 三氯苯。

[化学式]$C_6H_3Cl_3$

[结构式]

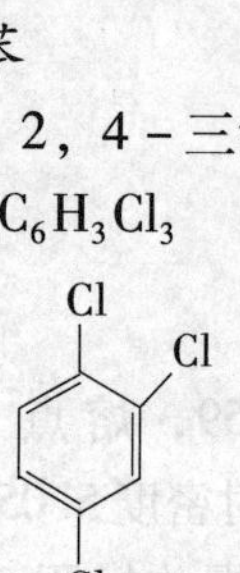

［性质］无色液体。17℃以下为结晶性固体。相对密度 1.4460(25℃)，熔点 17℃，沸点 210℃，闪点 110℃(闭杯)，折射率 1.5732(19℃)，蒸气相对密度 6.26(空气＝1.0)，蒸气压 133.3Pa(138.4℃)。不溶于水，微溶于乙醇，溶于乙醚、苯、甲苯、二硫化碳、石油醚等。水解时生成 2，5－二氯苯酚，硝化生成 2，4，5－三氯硝基苯。

［用途］用作高熔点物质重结晶用溶剂、油溶性染料溶剂、润滑油添加剂、脱脂剂、白蚁驱除剂等，也用于制造四氯苯、二氯苯酚。

［安全事项］遇明火能燃烧，受热分解能形成光气及氯化氢等有毒气体。与氧化剂剧烈反应。能经呼吸道消化道、及皮肤吸收，刺激皮肤和黏膜，影响中枢神经系统，损害肝、肾。吸入高浓度蒸气会引起肺水肿，严重者致昏迷致死，干燥纯净的 1，2，4－三氯苯对金属无腐蚀性，可用钢铁或铝制容器储存，受热或有水气作用下会释出腐蚀性氯化氢气体。

［简要制法］可以六六六无毒体为原料与消石灰经加压水解制得，也可由六六六无毒体与烧碱经加压水解制得，还可由六六六无毒体经热分解制得。

28. 邻氯甲苯

［别名］邻甲基氯苯、2－氯甲苯。

［化学式］C₇H₇Cl

［结构式］

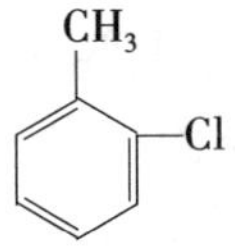

［性质］无色透明液体，有杏仁样气味。相对密度 1.0817，熔点－35.1℃，沸点 159.3℃，闪点 57.8℃，折射率 1.5258，蒸气压 1.33kPa(43.2℃)。微溶于水，溶于乙醇、乙醚、苯、丙酮、氯仿、二氯乙烷及乙酸丁酯等溶剂。能随水蒸气挥发。在催化剂存在下，与氢氧化钠溶液在高温加压下反应生成邻甲酚及间甲酚。与氨反应生成邻甲苯胺。用发烟硫酸磺化生成 4－氯－3－甲基苯磺酸。

［用途］用作橡胶、合成树脂的溶剂。也用作医药及染料中间体，合成双氯芬酸钠、克雷唑、二氯甲苯、邻氯苄基氯等产品。

［安全事项］属高燃点易燃液体。遇明火会着火。受高热及水分存在下会释出氯化氢腐蚀性气体。干燥的邻氯甲苯对金属无腐蚀性。毒性与氯苯相似，与皮肤接触可引起红斑、大疱或引起湿疹，蒸气对眼睛及黏膜有刺激作用。高浓度蒸气有麻醉性，对中枢神经系统及肝、肾有损害。

［简要制法］由邻甲苯胺与亚硝酸钠经重氮化、置换制得，也可由甲苯氯化生成的副产物经分离、精制而得。

29. 对氯甲苯

［别名］对甲基氯苯、4－氯甲苯。

［化学式］C₇H₇Cl

［结构式］

［性质］无色油状液体，有杏仁样气味。相对密度 1.0697，熔点 7.2℃，沸点 162℃，闪

点60℃，折射率1.5205，蒸气压1.33kPa（43.8℃）。不溶于水，与乙醇、乙醚、丙酮、苯、氯仿及乙酸丁酯等溶剂互溶，其他化学性质与邻氯甲苯相似。

[用途]用作橡胶、合成树脂等的溶剂，医药上用于合成芬那露、乙胺嘧啶，农药工业用于合成戊菊酯、氰戊菊酯、氟氰菊酯及硫氨基甲酸酯等杀虫剂及除草剂，还用于合成对氯苯甲醛、染料等产品。

[安全事项]参见"邻氯甲苯"

[简要制法]由对甲苯胺与亚硝酸钠经重氮化、氯代制得。也可在催化剂作用下，由甲苯直接氯化制得。

30. 溴苯

[别名]溴代苯、溴化苯、苯基溴。

[化学式]C₆H₅Br

[结构式]

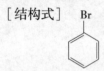

[性质]无色油状液体，有苯的气味。相对密度1.4950，熔点-30.6℃，沸点156℃，闪点51℃，燃点688℃，折射率1.5597（25℃），蒸气相对密度5.4，蒸气压1.33kPa（40℃），临界温度397.7℃，临界压力4.52MPa，爆炸极限0.5%～2.8%。不溶于水，溶于甲醇、乙醚、丙酮、苯、氯仿等有机溶剂，能溶解石蜡、树脂、焦油及油脂等。

[用途]用作蜡、树脂、油脂等的溶剂，糠醛萃取剂。也用于合成乙吗噻嗪等药物及染料、农药。

[安全事项]属高闪点易燃液体。遇明火、高热及强氧化剂有燃烧及爆炸危险，对皮肤、黏膜及呼吸道刺激性比氯苯强，有麻醉性，能使中枢神经中毒，损害肝、肾。

[简要制法]由溴和苯在铁粉存在下反应制得。

三、醇类溶剂

脂肪烃或脂环烃分子中氢原子被羟基（—OH）取代而生成的有机溶剂称为醇类有机溶剂。醇的种类较多，按烃基结构不同分为饱和脂肪醇（如乙醇）、不饱和脂肪醇（如烯丙醇）、脂环醇（如环己醇）及芳香醇（如苯甲醇）；按分子中所含羟基的数目可分为一元醇（如甲醇）、二元醇（如乙二醇）、三元醇（如丙三醇）等，二元以上的醇统称为多元醇；而按羟基连接的碳原子种类不同，又可分为伯醇、仲醇及叔醇。羟基连接在伯碳原子上的称为伯醇

（如 R—CH₂—OH ），连接在仲碳原子和叔碳原子上的分别称为仲醇（如 $\begin{matrix} R \\ | \\ CH-OH \\ | \\ R' \end{matrix}$ ）和叔醇

（如 $\begin{matrix} R' \\ | \\ R-C-OH \\ | \\ R'' \end{matrix}$ ）。在各类醇中，以饱和一元醇应用最广。

低级饱和一元醇为无色透明液体，比水轻，甲醇、乙醇、丙醇有酒味，丁醇至十一醇气味较难闻。十二个碳原子以上的醇是蜡状固体；二元醇、多元醇有香味。十碳以下醇的沸点比相对分子质量相近的烷烃要高得多，随着相对分子质量的增加，醇与烷烃沸点的差值

减少。

低级醇和水分子之间也能形成氢键，因此甲醇、乙醇、丙醇能以任何比例与水混溶。随着烃基的增大，醇分子与水形成氢键的能力减弱，故从丁醇开始，在水中的溶解度急剧下降，高级醇不溶于水而溶于有机溶剂中。

在醇类分子中，羟基的氢氧键及羟基与烃基相连的碳氧键都是较强的极性键，容易发生羟基氢原子和整个羟基被其他原子或原子团取代的反应，可与活泼金属、无机酸等反应。在催化剂作用下加热能发生脱水反应。伯醇和仲醇易被氧化而生成醛、酮或羧酸。

醇类有机溶剂一般遇热、明火可燃。低级饱和一元醇挥发性好，遇热、明火、氧化剂易燃烧爆炸，燃烧分解产物主要是 CO 及 CO_2。

醇类溶剂一般为微毒或低毒，可经呼吸道、消化道或皮肤进入人体，具有较弱的麻醉作用和刺激作用。其麻醉作用会随碳原子数增多而增强。醇类中毒症状表现为头痛、恶心、眩晕、呕吐和黏膜刺激等。而大量吸入某些醇类如异丙醇、异丁醇等的蒸气或误服可发生出血性胃肠炎，少数可出现肺水肿、脑水肿及肝损害；卤代醇的毒性更强，皮肤严重污染或吸入高浓度蒸气可致急性中毒，出现类似卤代烃类中毒的临床表现，引起心、肺、肝、肾等多器官的损害。

醇类溶剂多具有挥发性和易燃、易爆等特点，应尽量采用密闭化、管道化及自动化操作，工作场所严禁吸烟，远离火种、热源，并避免与氧化剂接触，使用防爆型通风系统和照明等设备。

1. 甲醇

[别名]木醇、木精。

[化学式] CH_4O

[结构式] CH_3—OH

[性质]无色透明液体，易挥发，纯品略带乙醇气味。相对密度 0.7913，熔点 -97.5℃，沸点 64.6℃，闪点 16℃，燃点 470℃，折射率 1.3286，蒸气相对密度 1.11，蒸气压 12.26kPa(20℃)，临界温度 240℃，临界压力 7.85MPa，爆炸极限 6%～36.5%。与水、乙醇、乙醚、丙醇、苯等混溶，能溶解硝基纤维素、松香、多种染料及氯化钙、硝酸铵、硫酸铜等无机盐，对油脂、橡胶的溶解性较小。具有醇类通性，能进行酯化、脱氢、氧化、氨化、脱水、裂解等反应。氧化时生成甲酸，进一步氧化成 CO_2。

[用途]广泛用作涂料、清漆、油墨、染料、醋酸纤维素、硝化纤维素、聚乙烯醇缩丁醛、生物碱及胶黏剂等的溶剂。也是有机合成的甲基化剂及重要化工原料，用于制造甲醛、甲胺、氯甲烷、甲醇钠、二甲醚、甲醇汽油、甲醇蛋白等。

[安全事项]属一级易燃液体。蒸气与空气形成爆炸性混合物，遇明火、高热能引起燃烧或爆炸。与碱金属、强还原剂反应，放出有毒或易燃气体。能引发异氰酸酯聚合，甚至导致爆炸。与无水高氯酸铅等强氧化剂接触有爆炸危险。对金属特别是黄铜和青铜有轻微腐蚀性，有空气和水分存在时会加速其腐蚀作用。饮用或吸入甲醇蒸气会造成中毒，尤对视神经有特殊选择作用，甲醇在体内醇脱氢酶的作用下转化为毒性更高的甲醛、甲酸，它们可致视神经萎缩，严重者导致意识障碍、失明和酸中毒，多数为饮用掺有甲醇的酒或饮料所致口服中毒。皮肤反复接触甲醇溶液，可引起局部脱脂和皮炎。

[简要制法]主要由一氧化碳与氢气在催化剂作用下合成制得，其原料路线，由原来的以煤和焦炭气化为主生产合成气的路线，发展到目前的以天然气为主，煤、石脑油、重油等

并存的合成路线。

2. 乙醇

[别名]酒精。

[化学式]C_2H_6O

[结构式]CH_3—CH_2—OH

[性质]无色透明液体，有醇香气味及辛辣刺激味，易挥发。相对密度0.789，熔点 -117.3℃，沸点78.3℃，闪点16℃，燃点390~430℃，折射率1.3614，蒸气相对密度1.59(空气=1.0)，蒸气压5.33kPa(19℃)，临界温度240℃，临界压力7.95MPa，爆炸极限4.3%~19%。与水及乙醚、烃类衍生物、酯、氯仿等大多数有机溶剂混溶。随着含水量增加，对烃类的溶解度减小。无水乙醇可溶解某些无机盐，含水乙醇对无机盐的溶解度会增大，具有醇类通性，能进行氧化、脱氢、取代、成酯等反应。其脱水有分子内脱水及分子间脱水两种，分子内脱水生成乙烯，分子间脱水生成乙醚。乙醇与钠、钾等碱金属反应生成乙醇化物，与有机酸或无机酸反应时脱水生成酯。乙醇用漂白粉溶液氧化生成氯仿，用碘和氢氧化钾氧化生成碘仿。

[用途]重要溶剂及基础化工原料之一。广泛用作硝基喷漆、油墨、胶黏剂、医药、化妆品、清漆等的溶剂。也用于制造塑料、树脂、橡胶、合成纤维、洗涤剂、香料、染料等产品。还用作防冻液、萃取剂、燃料及消毒剂等。

[安全事项]属中闪点易燃液体。其蒸气与空气可形成爆炸性混合物。遇明火、高热能引起燃烧或爆炸。与氧化剂接触会发生反应或燃烧，对金属无腐蚀性。为中枢神经系统抑制剂，有麻醉作用，对眼黏膜有轻微刺激作用。少量饮用能加快血液循环，刺激食欲，促进胃液分泌及食物消化吸收。但大量饮用会使中枢神经和运动反射麻痹、意识不清，还可引起胃炎、慢性肝病和肝硬变，甚至引起心脏及胰腺疾病。人饮用乙醇的中毒剂量为75~80g，致死剂量为250~500g，皮肤长期接触可引起干燥、脱屑、皮炎及皲裂。

[简要制法]可在催化剂存在下由乙烯水合制得，也可由糖质及淀粉原料发酵制得。

3. 丙醇

[别名]1-丙醇、正丙醇。

[化学式]C_3H_8O

[结构式]CH_3—CH_2—CH_2—OH

[性质]无色液体，稍有芳香性气味。相对密度0.8036，熔点 -126.2℃，沸点97.2℃，闪点27℃，燃点439℃，折射率0.8036，蒸气相对密度2.07(空气=1.0)，蒸气压1.33kPa(14.7℃)，临界温度263.6℃，临界压力5.01MPa，爆炸极限2.0%~13.7%。与水及乙醇、乙醚、丙酮、苯等极大多数有机溶剂混溶。能溶解天然树脂、部分合成树脂、动植物油、焦油等，但对橡胶明胶、纤维素酯等不溶。化学性质与乙醇相似，氧化生成丙醛，进一步氧化生成丙酸，用硫酸脱水生成丙烯。

[用途]常用溶剂，也作为一种助溶剂及稀释剂，广泛用于天然橡胶和树脂、乙基纤维素、聚乙烯缩丁醛、涂料、胶黏剂及印刷油墨等领域，也用于制造正丙胺、丙酰胺、丙磺舒、丙戊酸钠、香料、饲料添加剂等。

[安全事项]属中闪点易燃液体。蒸气与空气形成爆炸性混合物，遇明火、高热会引起燃烧或爆炸。蒸气比空气重，能在较低处扩散至远处，遇火源发生回燃，对金属无腐蚀性。属低毒类溶剂，毒作用与乙醇相似，麻醉性和对黏膜的刺激性则比乙醇稍强，毒性也较乙醇

大，杀菌能力比乙醇强3倍，口服可致恶心、腹痛、呕吐、倦睡、昏迷，严重可致死亡。长期皮肤接触可致脱脂、干燥、皲裂。

[简要制法]制法较多。可由环氧丙烷或烯丙醇经加氢反应制得；由丙醛、丙烯醛加氢制得；由甲醇、一氧化碳和氢反应制得；也可由丙烯直接水合制异丙醇的副产物中经蒸馏回收而得。

4. 异丙醇

[别名]2-丙醇。

[化学式]C_3H_8O

[结构式] CH₃—CH—CH₃
            |
           OH

[性质]无色透明液体，有乙醇样气味。相对密度0.7855，熔点-89.5℃，沸点82.4℃，闪点17.2℃（闭杯），燃点400℃，蒸气相对密度2.07（空气=1.0），蒸气压4.40kPa（20℃），折射率1.3776，临界温度234.9℃，临界压力5.37MPa，爆炸极限2.02%~7.99%。与水、乙醇、乙醚、丙酮、氯仿等混溶，能溶解橡胶、天然及合成树脂、虫胶、松香、焦油、润滑脂及生物碱等。具有仲醇的特性，可在分子内脱水生成丙烯，分子间脱水生成二丙醚；可与碱金属反应生成金属化合物；在强酸或离子交换树脂等催化下可脱水生成相应的酯。

[用途]广泛用作橡胶、树脂、硝基纤维素、油脂、蜡及虫胶等的溶剂。是棉籽油等植物油的萃取剂、精制润滑油的优良脱蜡溶剂。也用于配制防冻剂、防雾剂、脱水剂、防腐剂、清洗剂、颜料分散剂、印染固定剂等。还用于生产丙酮、过氧化氢、异丙胺、异丙醚、硝酸异丙酯、三异丙醇铝等产品。

[安全事项]易燃液体。蒸气与空气能形成爆炸性混合物，遇明火、高热能引起燃烧或爆炸，对金属无明显腐蚀作用，可用钢铁、铝容器储存。属微毒类溶剂，毒作用与乙醇相似，毒性、麻醉性以及对上呼吸道黏膜的刺激性比乙醇强，但比丙醇要低，在体内基本上不蓄积。杀菌性能比乙醇强2倍，吸入高浓度蒸气可出现眩晕、头痛、倦睡及眼、呼吸道刺激症状。口服可致恶心、腹痛、呕吐、昏迷甚至死亡。皮肤接触可致脱脂、干燥、皲裂。应储存于阴凉通风处，远离火种、热源。

[简要制法]可先由丙烯与硫酸反应制得异丙基硫酸氢酯，再经水解而制得。也可在催化剂存在下由丙烯直接水合制得。

5. 丁醇

[别名]1-丁醇、正丁醇、丙基甲醇。

[化学式]$C_4H_{10}O$

[结构式]CH₃—CH₂—CH₂—CH₂—OH

[性质]无色透明液体，有酒样特殊香味。相对密度0.7863，熔点-89.5℃，沸点82.4℃，闪点40℃，燃点>340℃，折射率1.3993，临界温度287℃，临界压力4.90MPa，爆炸极限1.45%~11.25%。稍溶于水，能与醇、醚、苯等多种有机溶剂混溶，能溶解橡胶、乙基纤维素、部分天然及合成树脂、虫胶、蜡、樟脑、醇酸树脂及生物碱等，化学性质与乙醇、丙醇相似，氧化时生成丁醛或丁酸。

[用途]用作橡胶、树脂、涂料、油漆、香料等的溶剂。也用作萃取剂、脱水剂、消泡剂、助溶剂等。大量用于制造邻苯二甲酸酯、脂肪族二元酸酯、磷酸酯类增塑剂及丙烯酸丁

酯、丁醛、丁酸、乙酸丁酯等化工产品。

[安全事项]属高闪点易燃液体。蒸气与空气能形成爆炸性混合物，遇明火及高热能引起燃烧或爆炸。对金属无腐蚀性，可用钢铁、铜或铝制容器储存。属低毒类溶剂。对人的毒性比乙醇大3倍。麻醉作用比丙醇要强，吸入高浓度蒸气，可引起眼、鼻、咽喉刺激和头痛、眩晕、嗜睡等中枢神经系统抑制症状。与皮肤反复接触可出现充血、红斑甚至坏死。

[简要制法]可由丙烯、一氧化碳和水为原料，在催化剂存在下一步直接合成丁醇；也可由乙醛缩合制得丁醇醛，经脱水制得正豆醛后再在催化剂作用下氢化制得，还可以谷物、马铃薯、糖蜜、玉米芯等为原料，用发酵方法制得。

6. 异丁醇

[别名]2-甲基-1-丙醇。

[化学式]$C_4H_{10}O$

[结构式]
$$CH_3-CH-CH_2-OH$$
$$|$$
$$CH_3$$

[性质]无色透明液体，有刺激性气味。相对密度0.8020，熔点-108℃，沸点107.9℃，闪点27.5℃，燃点415℃，折射率1.3959，蒸气相对密度2.55（空气=1.0），蒸气压1.33kPa(21.7℃)，临界温度265℃，临界压力4.86MPa，爆炸极限1.7%~10.6%。溶于水，与醇、醚、酮等多数有机溶剂混溶，化学性质与丁醇相似，脱水生成异丁烯。

[用途]用作橡胶、天然树脂、聚乙烯缩丁醛、乙基纤维素、焦油、润滑脂等的溶剂，硝基纤维素的助溶剂。也用于制造石油添加剂、抗氧剂、增塑剂、人造麝香及用作防腐剂、成型剂等。

[安全事项]属高闪点易燃液体。蒸气与空气能形成爆炸性混合物，遇明火或高热能引起燃烧或爆炸。对金属无腐蚀性。可用钢铁、铜或铝制容器包装，为低毒类有机溶剂，毒性比甲醇及丙醇低，后效作用也比丙醇小。对黏膜、上呼吸道、眼有刺激性，麻醉作用比丁醇略强。可经皮肤吸收，但对皮肤的刺激作用小。没有生物蓄积作用，在环境中易生物降解。

[简要制法]可在镍催化剂作用下，由异丁醛液相加氢制得。也可由羰基合成法丙烯制丁醇时的副产品分离、精制而得。

7. 叔丁醇

[别名]2-甲基-2-丙醇、三甲基甲醇、特丁醇。

[化学式]$C_4H_{10}O$

[结构式]
$$CH_3$$
$$|$$
$$CH_3-C-OH$$
$$|$$
$$CH_3$$

[性质]无色正交晶系棱柱状结晶，有少量水存在时则为液体，有类似樟脑气味。相对密度0.7887，熔点25.6℃，沸点82.5℃，闪点8.9℃（闭杯），折射率1.3878，燃点450~500℃，蒸气相对密度2.55（空气=1.0），蒸气压5.33kPa(24.5℃)，临界温度236℃临界压力4.96MPa，爆炸极限2.3%~8.0%。与水及醇、醚、脂肪烃、芳香烃等多种有机溶剂混溶。是最简单的叔醇，比伯醇、仲醇容易发生脱水反应。易与盐酸作用生成氯化物。

[用途]叔丁醇分子中的羟基易被其他原子取代而形成叔丁基卤化物或过氧化物，故成为有效的烷基化剂，尤用于芳烃及酚类。也用作纤维素酯、油漆、树脂、蜡及洗涤剂的溶

剂，药品萃取剂，矿物浮选剂，提高汽油辛烷值的添加剂，防冻剂等，还用于制造变性酒精、异丁烯、合成香料、防腐剂及磷霉素、增血压素等医药品。

[安全事项]为中闪点易燃液体。蒸气与空气能形成爆炸性混合物，遇明火或高热能引起燃烧或爆炸。与氧化剂接触发生化学反应或引起着火。燃烧产物为一氧化碳、二氧化碳，对金属无腐蚀性，可用钢或铝制容器储存。属微毒类有机溶剂，与其他丁醇比较有较强麻醉性，吸入高浓度蒸气对眼、鼻、喉有刺激作用，并产生眩晕、恶心、嗜睡等中枢神经系统抑制症状，皮肤接触会出现轻度刺激及红斑。应储存于阴凉通风处，远离火种、热源，避免与氧化剂、酸类共储混运。

[简要制法]由异丁烯与硫酸反应生成硫酸异丁酯后，再经水解制得。也可由混合碳四烃在离子交换树脂催化剂存在下经直接水合制得。

8. 杂醇油

[别名]杂戊醇。

[性质]无色至黄色油状液体，有特殊臭味及毒性，主要成分为异戊醇（约占45%）、异丁醇（约占10%）、旋光性戊醇（5%）、丙醇（1.2%），还有少量乙醇、丁醇、戊醇及水等。相对密度0.811~0.832，沸点范围110~130℃，闪点50.6℃。不溶于水，能与乙醇、乙醚内酮、苯及汽油混溶，能溶解天然橡胶、醇酸树脂、酚醛树脂、脲醛树脂、松香、虫胶、亚麻仁油、樟脑、染料、生物碱、硫、磷等。

[用途]常用溶剂之一，用作天然树脂、橡胶、增塑剂、油漆、樟脑、蜡及香料等的溶剂，也用作萃取剂、矿物浮选剂及燃料等。

[安全事项]高闪点易燃液体，蒸气与空气能形成爆炸性混合物，遇明火或高热能燃烧或爆炸，对金属无腐蚀性。蒸气有麻醉性，长期接触可引起头痛、恶心、咳嗽及腹泻，并伴随视觉障碍及神经系统功能紊乱。

[简要制法]为发酵法生产酒精的副产物分离而得。

9. 己醇

[别名]1-己醇、正己醇。

[化学式]$C_6H_{14}O$

[结构式]$CH_3—(CH_2)_5—OH$

[性质]无色透明液体，相对密度0.8186，熔点-44.6℃，沸点157.1℃，闪点65℃，折射率1.4181，蒸气压57Pa（20℃），临界温度452℃。微溶于水，与乙醇、乙醚、丙酮、苯、四氯化碳等有机溶剂混溶，能溶解天然树脂、橡胶、染料、蜡及油脂等。具有伯醇的化学通性，可进行氧化、取代、酯化、消除等反应。

[用途]用作橡胶、天然树脂、焦油、脂类、染料、油墨等的溶剂，硝化纤维素的助溶剂。也用于制造增塑剂、合成润滑油、香料及医药等。

[安全事项]高闪点易燃液体，蒸气与空气能形成爆炸性混合物。蒸气压低，一般条件下使用危险性不大。对金属无腐蚀性。毒性较低，但蒸气能刺激皮肤，对眼睛有损害。应避免吸入蒸气。

[简要制法]可在催化剂存在下由己酸还原而得。

10. 辛醇

见"第四章1"。

11. 2-乙基己醇

[别名]异辛醇。

[化学式]$C_8H_{18}O$

[结构式] $CH_3(CH_2)_3CHCH_2OH$
                    $|$
                  C_2H_5

[性质]无色黏稠性液体，有特殊气味。相对密度0.8325，熔点-70℃，沸点184.7℃，闪点85℃，折射率1.4316。不溶于水。与水形成共沸物，水为20%，共沸点99.1℃。与乙醇、乙醚、苯、氯仿等多种有机溶剂混溶，也能溶解蜡、树脂、橡胶、矿物油、植物油、染料及润滑脂等。具有伯醇的反应特性，在催化剂存在下与酸作用生成酯，氧化生成醛或酸，脱水生成辛烯。

[用途]优良的溶剂、萃取剂及消泡剂。大量用于制造邻苯二甲酸酯类及脂肪族二元酸酯类增塑剂。也用于合成抗氧化剂、润滑剂、造纸助剂、洗涤剂、纺织煮炼剂、表面活性剂、涂料增稠剂、稳定剂等。

[安全事项]可燃性液体，遇明火、高温会着火，对金属无腐蚀性，可用钢铁、铜或铝等容器储存。本品低毒，但蒸气对眼及皮肤有刺激性。

[简要制法]可以丙烯及合成气为原料，经羰基合成反应生成丁醛后，再由两分子丁醛缩合成2-乙基己醛，经催化加氢制得2-乙基己醇；还可以乙醛为原料，经缩合、脱水成2-乙基己醛，再经催化加氢制得本品。

12. 壬醇

[别名]1-壬醇、正壬醇、九碳醇。

[化学式]$C_9H_{20}O$

[结构式]$CH_3—(CH_2)_8—OH$

[性质]无色黏稠性液体，稍有玫瑰香味。相对密度0.8269，熔点-5℃，沸点214℃，闪点99℃（闭杯），折射率1.4311，蒸气压4.0Pa（20℃）。难溶于水，易溶于乙醇、丙酮、苯、石油醚、氯仿等有机溶剂，具有伯醇的反应特性，与各种羧酸作用生成酯。

[用途]用作磁漆、硝基喷漆、润滑脂、蜡等的溶剂，润湿剂，消泡剂等。也用于制造增塑剂、表面活性剂，还用作香料及食品添加剂。

[安全事项]可燃性液体，遇明火、高热会着火。其蒸气压低，一般条件下使用危险性不大。对金属无腐蚀性，毒性较低，应储存于阴凉通风处，远离火种、热源。

[简要制法]可由丙烯催化聚合得到壬烯后再经水合制得，也可由壬酸乙酯与金属钠在乙醇溶液中还原制得。

13. 癸醇

[别名]1-癸醇、正癸醇、十碳醇、壬基甲醇。

[化学式]$C_{10}H_{22}O$

[结构式]$CH_3—(CH_2)_9—OH$

[性质]无色至浅黄色透明黏稠性液体，有甜花香气。相对密度0.8310，熔点6.9℃，沸点231℃，闪点104℃（闭杯），折射率1.4372，蒸气压0.13kPa（69.5℃）。微溶于水，能与乙醇、乙醚、苯、丙酮、冰乙酸、环己烷及氯仿等混溶。具有高级伯醇的化学反应性，与各种羧酸反应生成酯。

[用途]用作橡胶、油脂、蜡、润滑脂、油墨、硝化纤维素、除草剂、杀虫剂等的溶剂，铀的精制剂，消泡剂，润滑油添加剂等。也用于制造邻苯二甲酸二癸酯增塑剂、表面活性剂，还用作绿色果品催熟剂及香料。

［安全事项］可燃性液体，遇明火、高热会着火。对金属无腐蚀性。为微毒类有机溶剂，但对皮肤、黏膜及眼有刺激性。

［简要制法］由壬烯经羰基化反应制成癸醛，再经氢化反应还原成癸醇。也可由椰子油经高温加氢制得的混合醇，经分离、精制而得。

14. 十二醇

［别名］十二醇、正十二醇、十二烷醇、十二碳醇、月桂醇。

［化学式］$C_{12}H_{26}O$

［结构式］$CH_3—(CH_2)_{11}—OH$

［性质］是十二烷基直链伯醇。室温下为无色或淡黄色油状液体，低温时为白色结晶，有椰子油香味。相对密度 0.8309。熔点 23.9℃，沸点 259℃，闪点 96℃，折射率 1.4428，蒸气压 0.13kPa(91℃)。不溶于水，30℃以上能与甲醇、95%乙醇、乙醚、丙酮、苯等混溶。具有高级伯醇的反应特征。在催化剂存在下，脱水生成相应的烯烃，与羧酸反应生成酯，氧化时生成醛和酸。用硫酸或氯磺酸可使其硫酸化。

［用途］用于制造表面活性剂、增塑剂、发泡剂、洗涤剂、化纤油剂、皮革加工助剂、润滑油添加剂、植物生长调节剂及其他特种化学品。也是容许使用的食用香精。

［安全事项］可燃，微毒，对皮肤无刺激作用。

［简要制法］由椰子油高温催化加氢制得或由椰子油甲酯与甘油经加氢脱醇、分离而得。

15. 环己醇

［别名］六氢苯酚。

［化学式］$C_6H_{12}O$

［结构式］—OH

［性质］无色透明油状液体或晶体，有樟脑样气味。相对密度 0.9493，熔点 25.2℃，沸点 161.1℃，闪点 68℃，折射率 1.4648，蒸气压 0.13kPa(20℃)，爆炸极限 2.4% ~ 12%。稍溶于水，与乙醇、乙醚、丙酮、氯仿、苯、松节油及卤代烃等溶剂混溶，具有仲醇的反应特性，氧化时生成己二酸，催化脱水时生成环己烯。

［用途］用作树脂、橡胶、油类、润滑脂、硝基纤维、金属皂、醚类及酯类等的溶剂，用于生产环己酮、己二胺、己二酸、己内酰胺及增塑剂，也用作皮革脱脂剂、涂料稀释剂、干洗剂、纤维整理剂、杀虫剂等。

［安全事项］可燃。遇高热、明火或强氧化剂有着火危险，蒸气与空气可形成爆炸性混合物。对多数金属无明显腐蚀性。蒸气稍有麻醉性，对皮肤、黏膜的刺激性比环己烷强。与苯不同之处，对血液无毒。本品有强吸湿性，储存时应注意密封防潮。

［简要制法］可在催化剂存在下，由苯酚加氢制得。也可由环己烷催化氧化法制得。

16. 苯甲醇

［别名］苄醇。

［化学式］C_7H_8O

［结构式］—CH$_2$OH

［性质］无色透明液体，稍有芳香气味。相对密度 1.0454，熔点 -15.3℃，沸点 205.4℃，闪点 100.6℃，燃点 436.1℃，折射率 1.5392，蒸气压 13.2Pa(20℃)，爆炸极限

1.3% ~13%。稍溶于水，与乙醇、乙醚、丙酮、苯、氯仿等有机溶剂混溶。能溶解硝化纤维素、甘油三松香酯、乳香、明胶、润滑脂、蜡等。具有伯醇的通性。在催化剂存在下，氧化生成苯甲醛，进一步氧化生成苯甲酸。与羧酸作用生成酯。也可进行卤化、磺化及硝化等反应。

[用途]用作合成树脂、涂料、医药的高沸点溶剂，也用作脱漆剂、防腐剂及香料。还用于制造增塑剂、圆珠笔油、照相显影剂等。

[安全事项]可燃。遇明火及高热有着火危险。蒸气与空气能形成爆炸性混合物。燃烧产物为 CO、CO_2。蒸气有麻醉作用。毒性为丁醇的 2~3 倍，对眼、咽喉及皮肤有刺激作用，高浓度蒸气可引起头痛、恶心、呕吐甚至昏迷，但进入体内后代谢较快。

[简要制法]可在碱催化剂存在下，由苄基氯加热水解制得。

17. 乙二醇

[别名]甘醇。

[化学式]$C_2H_6O_2$

[结构式]$HOCH_2CH_2OH$

[性质]无色无臭黏稠性透明液体，味甜。相对密度 1.1155。熔点 -11.5℃，沸点 198℃，闪点 116℃，燃点 412℃，折射率 1.4318，蒸气相对密度 2.14(空气 =1.0)，蒸气压 6.21kPa(20℃)，黏度 25.6mPa·s(16℃)，爆炸极限 3.2%~15.3%。与水、甘油、丙酮、吡啶及乙酸等混溶，难溶于乙醚、二硫化碳、苯、氯仿，不溶于油类及烃类溶剂，能溶解氯化钠、氯化钾、碳酸钾等无机物质。有醇类化学通性，与酸反应生成酯，脱水生成二噁烷、乙醛等，氧化时生成乙二醛、草酸、羟基乙酸等，与环氧乙烷反应生成二甘醇、三甘醇及聚乙二醇等。

[用途]重要化工原料及溶剂，用于制造聚对苯二甲酸乙二酯、聚酯纤维及聚酯树脂、表面活性剂、增塑剂、油漆、油墨、润滑剂、炸药、香料及印染助剂等，是染料、油漆、油墨及某些无机化合物的溶剂，气体脱水剂，非燃料型液压液体的添加剂。也大量用于制造防冻液，由于其沸点比甲醇、乙醇高，挥发性小、蒸气压低，黏度适中且随温度变化小，热稳定性好，因此绝大多数汽车防冻液为乙二醇的水基液，但这种防冻液对金属有腐蚀，需添加适量金属腐蚀抑制剂。

[安全事项]可燃性液体，遇明火及高热有着火危险性，蒸气与空气能形成爆炸性混合物。对金属无腐蚀性，可用钢铁、铜或铝容器储存，但因吸湿性强应密封储存，并防止储存温度过低引起凝固。毒性较低，可由呼吸道或皮肤吸收进入人体。大量摄入或饮用会刺激中枢神经，引起眩晕、呕吐、呼吸困难及肝、肾损害。人体致死量为 100mL。

[简要制法]可在加压及一定温度下由环氧乙烷直接水合制得。或由环氧乙烷硫酸催化水合制得。

18. 1,2-丙二醇

[别名]1.2-二羟基丙烷、甲基乙二醇、α-丙二醇。

[化学式]$C_3H_8O_2$

[结构式] $\begin{array}{c} CH_3{-}CH{-}CH_2{-}OH \\ | \\ OH \end{array}$

[性质]无色黏稠性透明液体，有吸湿性。相对密度 1.0381，熔点 -60℃，沸点 187.3℃，闪点 99℃(闭杯)，燃点 421℃，折射率 1.4329，临界温度 351℃，临界压力

6.09MPa，爆炸压力2.6%～12.5%。与水、乙醇、乙醚、丙酮、氯仿、苯等有机溶剂混溶，稍溶于烃类、氯代烃及油脂。具有醇的通性，脱水生成氧化丙烯或聚乙二醇。与硝酸反应生成硝酸酯，与二元酸共聚生成聚酯，与醛反应生成缩醛。

[用途]常用有机合成原料及溶剂。用于制造不饱和聚酯、醇酸树脂、聚丙二醇、表面活性剂、增塑剂及润滑剂等。也用作聚氨酯扩链剂、聚醚多元醇的起始剂，医药及食用色素溶剂，乳胶漆防冻剂，烟草增湿剂，涂料成膜助剂，医药及化妆品软化剂、赋形剂等。

[安全事项]可燃。遇明火及高热有着火危险。蒸气与空气可形成爆炸性混合物，与氧化剂接触发生剧烈反应。对金属无腐蚀性，可用钢铁，铜、不锈钢容器储存。毒性及刺激性较低，但有溶血性，有些国家已禁用于食品及饮料中。

[简要制法]可由环氧丙烷与水在一定温度及压力下直接水合制得。也可由环氧丙烷与水在硫酸催化下间接水合制得。

19. 丙三醇

见"甘油"。

20. 甘油

[别名]丙三醇、1，2，3－三羟基丙烷。

[化学式]$C_3H_8O_3$

[结构式]
```
CH₂OH
 |
CH OH
 |
CH₂OH
```

[性质]无色无臭而有甜味的黏稠性液体，有强吸湿性。相对密度1.2613，熔点17.8℃，沸点290℃（分解），闪点177℃，燃点429℃，折射率1.4746，黏度1499mPa·s(20℃)。与水、乙醇、胺类、酚类等混溶，水溶液呈中性。不溶于苯、石油醚、氯仿。溶于丙酮及三氯乙烯。具有醇的通性。分子间脱水得到二甘油和聚甘油，分子内脱水得到丙烯醛，与酸发生酯化反应，与碱反应生成醇化物，还能发生氧化、还原、硝化等反应。

[用途]重要化工原料及溶剂，具有乙酰化及硝化等作用。用于制造甘油脂肪酸酯、甘油聚氧丙烯醚、丙三醇聚氧乙烯聚氧丙烯醚、甘油葡萄糖苷硬脂酸酯、环氧树脂、醇酸树脂等产品，也用作溶剂、防冻剂、吸湿剂、润滑剂、脱模剂等，还用于医药、食品及化妆品等行业。

[安全事项]可燃，遇三氧化铬、高锰酸钾、氯酸钾等强氧化剂能引起燃烧或爆炸。对金属无腐蚀性。食用对人体无毒，而作溶剂时可被氧化成丙烯醛而有刺激性。吸湿性较强，应密封储存。

[简要制法]天然甘油可由天然油脂用烧碱皂化生成脂肪酸钠盐和甘油后，再经分离精制而得；合成甘油可由环氧氯丙烷在碱性溶液中水解、蒸气浓缩、精馏、脱色而制得。

21. 1，4－丁二醇

[别名]1，4－二羟基丁烷。

[化学式]$C_4H_{10}O_2$

[结构式]HO—CH₂—CH₂—CH₂—CH₂—OH

[性质]无色黏稠状液体，低温下为针状晶体。相对密度1.069，熔点20.1℃，沸点229℃，闪点＞121℃，燃点350℃，蒸气相对密度3.1，蒸气压0.033kPa(20℃)，折射率1.4461，临界温度446℃，临界压力4.26MPa。与水、乙醇、丙酮混溶，难溶于苯、乙醚、

环己烷及卤代烃等。具有饱和二元醇的化学性质。与稀硝酸反应可生成丁二烯。在催化剂存在下，脱水生成醚。与二异氰酸酯反应生成聚氨酯。与二元羧酸反应生成聚酯树脂。与对苯二甲酸或其酯类可进行聚合。

[用途]重要化工原料及溶剂。用于制造四氢呋喃、γ-丁内酯、聚对苯二甲酸丁二醇酯、N-甲基吡咯烷酮、聚氨基甲酸酯、维生素 B_6 及农药等产品。也用作多种工艺过程的溶剂、明胶软化剂、电镀增亮剂、润滑剂、纺织品及纸张润湿剂及柔软剂等。

[安全事项]可燃性液体，遇明火、高热能引起燃烧。与强氧化剂可发生化学反应，有吸湿性，对金属无腐蚀性。丁二醇有 1，2-丁二醇、1，3-丁二醇、1，4-丁二醇及 2，3-丁二醇四种异构体，其中以 1，4-丁二醇的毒性最大，约为 1，3-丁二醇的 10 倍，误食 1，4-丁二醇可引起中毒，出现意识丧失、瞳孔收缩，严重时反射消失，甚至死亡。1，4-丁二醇中毒还可引起肝和肾的特殊病变。

[简要制法]可由乙炔与甲醛在催化剂存在下反应制得 1，4-丁炔二醇后，再经催化加氢而制得，也可由顺酐加氢法制得，或由 1，3-丁二烯、乙酸与氧气进行乙酰氧化反应后，再经加氢、水解制得。

四、酚类溶剂

羟基直接连在芳环上而生成的有机溶剂称为酚类溶剂，酚类按照分子所含羟基的数目，可分为一元酚（如苯酚）、二元酚（如萘酚）、三元酚（如苯三酚）等。二元酚以上的酚统称为多元酚，除少数烷基酚（如甲酚）为高沸点液体外，绝大多数酚为结晶固体。纯酚无色，被氧化后转为红色甚至褐色。由于酚的分子间也能形成氢键，它们的熔点和沸点都比相对分子质量相近的烃高，微溶于水，能溶于乙醇、乙醚及苯等有机溶剂。

酚类分子由羟基和苯环所组成，因此与醇和芳烃具有一些共同的性质，而由于酚羟基直接连在苯环上，苯环受到羟基的活化，发生亲电取代反应更加容易，如卤代、硝化和磺化等都很容易。酚也易被氧化，如苯酚在重铬酸钾和硫酸的作用下，能氧化生成对苯醌。

酚的沸点都很高，挥发性差，闪点和燃点也高，但遇明火、高热、氧化剂及静电也可燃。在水中有一定溶解性，对金属有腐蚀性，对皮肤和黏膜有强的刺激性和腐蚀性。可经皮肤、黏膜吸收而中毒，引起接触性皮炎。其中苯酚属高毒类物质。酚类还可通过卤代、硝化、磺化等亲电取代反应，生成高毒性的卤代酚、硝基酚等，因此，使用酚类物质时，要加强个人防护及环境保护，避免直接触皮肤、黏膜。

由于大多数酚在常温下是固体，故能用作溶剂的酚并不多。

1. 苯酚

[别名]石炭酸、酚、羟基苯。

[化学式]C_6H_6O

[结构式] ⌬—OH

[性质]无色或白色结晶，有特殊气味。不纯品在光和空气作用下变为粉红色。相对密度 1.0576，熔点 42～43℃，沸点 181.7℃，闪点 79℃，燃点 715℃，折射率 1.5418（41℃），蒸气相对密度 3.24（空气=1.0），蒸气压 0.13kPa（40.1℃），临界温度 419℃，临界压力 6.13MPa，爆炸极限 1.3%～9.5%，溶于水，10% 水溶液呈粉红色，为弱酸性，能溶于乙醇、乙醚、苯、甘油、氯仿及乙酸等，难溶于烷烃类溶剂。苯酚芳环上可进行卤化、硝化、

磺化、烷基化、酰基化等反应生成相应的化合物，也可进行氧化、醚化、酯化等反应。氧化时生成多羟基衍生物、联苯、草酸、醌类等；与溴水反应生成三溴苯酚；与稀硝酸反应生成邻硝基酚及对硝基酚；与浓硫酸发生磺化反应生成邻羟基苯磺酸；与甲醛水溶液反应生成酚醛树脂；与苯二甲酸酐反应生成酚酞。

[用途]广泛用于制造酚醛树脂、环氧树脂、增塑剂、双酚A、水杨酸、对羟基苯甲酸甲酯、己内酰胺、烷基酚、染料、医药及香料等，也用作润滑油精制的选择性抽提溶剂、防腐剂、杀菌剂、被污染物品表面消毒剂等。

[安全事项]属可燃有毒品，粉体与空气可形成爆炸性混合物，遇明火、高热会引起粉尘爆炸。气态或液态物对金属都有腐蚀性，而对铬钢及镍钢的腐蚀性较小。对皮肤、黏膜有强刺激和腐蚀性，引起皮肤、眼的损害，且能经皮肤吸收引起全身性中毒。长期吸入苯酚蒸气，可引起头痛、咳嗽、食欲减退、皮肤瘙痒、失眠、蛋白尿等症状，严重时可因慢性肾炎而死亡，人经口摄入苯酚的致死量约为2～15g。

[简要制法]在催化剂存在下，由丙烯与苯反应生成异丙苯，再经氧化生成氢过氧化异丙苯，再用硫酸分解生成苯酚及丙酮，将两者分离后即制得苯酚。或由煤焦油分离得到的粗酚馏分经精制而得。还可由苯经浓硫酸磺化、碱液酸化、减压蒸馏而得。

2. 甲酚

[别名]甲苯酚。

[化学式]C_7H_8O

[结构式]
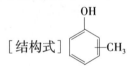

[性质]无色或淡黄色、粉红色液体，有苯酚样气味，为邻甲酚、间甲酚及对甲酚三种异构体的混合物。相对密度1.03～1.05，熔点11～35℃，沸点191～203℃，蒸气相对密度3.72(空气=1.0)，蒸气压0.13kPa(28.2℃)。微溶于水，与乙醇、乙醚、苯、乙二醇、氯仿及甘油等混溶。化学性质与苯酚相似。易氧化，接触空气或光线时，颜色即变深。在一定条件下，可进行卤化、硝化、磺化等反应。与氢氧化钠作用生成可溶性钠盐，与醛类反应可制取合成树脂，催化加氢生成甲基环己醇。还可与有机酸、有机碱及无机酸生成各种复杂化合物。

[用途]用于制造酚醛树脂、表面活性剂、增塑剂、电器绝缘漆及磷酸二甲酚酯等。也用作矿物浮选剂、杀虫剂、润滑油添加剂、裂解分散剂、木材防腐剂、磁漆溶剂及癸三酸生产过程中的溶剂等。

[安全事项]可燃，遇明火及高热会有着火危险。对金属有腐蚀性，可用不锈钢或衬玻璃的容器密封储存。毒性与苯酚相似，吸入高浓度蒸气可引起眩晕、呕吐、失眠、痉挛，严重时可因虚脱而死亡。误饮时腐蚀内脏器官，成人致死量约为8g。皮肤接触会引起蛋白质变性，出现皮炎、斑疹。

[简要制法]可由甲苯磺化得到甲苯磺酸再经氢氧化钠处理、硫酸酸化得到混合甲酚。也可由丙烯经烷基化制得甲基异丙苯混合物，再经氧化、硫酸处理制得富含间、对位异构体的甲酚。还可由高温炼焦副产粗酚经分馏而得。

3. 间甲酚

[别名]3-甲(基)苯酚。

[化学式]C₇H₈O

[结构式]

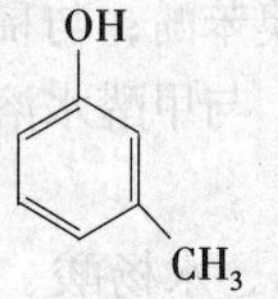

[性质]无色至淡黄色液体。低温时为结晶，有苯酚样气味，相对密度1.034，熔点11.95℃，沸点202℃，闪点86℃（闭杯），燃点559℃，折射率1.5438，黏度16.9mPa·s（20℃），临界温度426℃，临界压力4.8mPa，爆炸下限1.06%。微溶于水，与乙醇、乙醚、苯、氯仿及甘油等混溶，也溶于氢氧化钠溶液。化学性质与甲酚相似。

[用途]用于制造合成树脂、增塑剂、高效低毒农药、香料、染料、彩色胶片等，也用作环氧树脂固化促进剂。

[安全事项]可燃，毒性与苯酚相似，可通过皮肤、消化道及呼吸道吸收，对皮肤、黏膜有强刺激及腐蚀作用，是我国优先控制污染物之一。

[简要制法]先由甲苯与丙烯反应生成异丙基甲苯，再经空气氧化、硫酸酸解、分离制得。

4. 二甲酚

[别名]二甲基苯酚、混合二甲酚。

[化学式]C₈H₁₀O

[结构式]

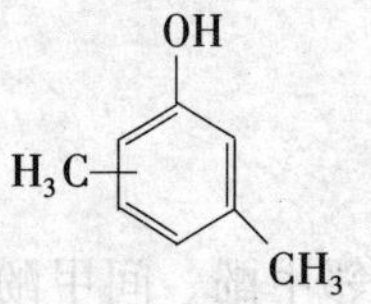

[性质]无色至棕红色透明液体，有时也为结晶体，是2，3-二甲酚、2，4-二甲酚、2，5-二甲酚、2，6-二甲酚、3，4-二甲酚、3，5-二甲酚等6种异构体的混合物。相对密度1.01～1.14。熔点20～76℃，沸点203～225℃。微溶于水，能溶于乙醇、乙醚、苯、氯仿等极大多数溶剂及碱溶液。化学性质与甲酚相似，在一定条件下可进行卤化、硝化、磺化等反应。

[用途]用于制造酚醛树脂、增塑剂、抗氧化剂、医药、农药及染料等，也用作溶剂、矿物浮选剂、消毒剂、木材防腐剂、润滑油添加剂等。

[安全事项]可燃。粉体与空气能形成爆炸性混合物，遇明火会引起粉尘爆炸，毒性与苯酚相似，但较苯酚稍低。蒸气对眼及黏膜有刺激性。

[简要制法]可由邻二甲苯经硫酸磺化后再经碱熔酸化制得。或从煤焦油分离而得。

5. 对叔丁基苯酚

[别名]对叔丁基酚、4-叔丁基苯酚、对特丁基苯酚。

[化学式]C₁₀H₁₄O

[结构式]（CH₃）₃C—⟨⟩—OH

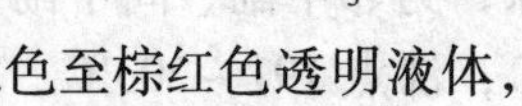

[性质]白色片状结晶，略有酚的臭味。相对密度0.908（80℃），熔点98～101℃，沸点236～239.5℃，闪点97℃，折射率1.4787（114℃）。不溶于冷水，溶于热水、乙醇、乙醚、丙酮及碱溶液。

[用途]用于合成聚碳酸酯、改性环氧树脂、油溶性酚醛树脂、增塑剂、光稳定剂等。也用作溶剂、分散剂、润滑油抗氧剂、油田破乳剂、涂料防龟裂剂、油品倾点下降剂、工业杀虫剂等。

[安全事项]可燃。粉体与空气可形成爆炸性混合物，遇明火、高热会发生粉尘爆炸，遇明火燃烧并放出有毒气体，蒸气对眼、皮肤及黏膜有刺激性，皮肤接触有致敏性，可引起皮炎。

[简要制法]可在磷酸催化剂存在下，由苯酚与叔丁醇反应制得，或由苯酚与异丁烯烷基化反应制得。

五、醚类溶剂

醇或酚类溶剂分子中羟基上的氢原子被烃基取代而生成的有机溶剂称为醚类溶剂。在醚分子中，两个烃基相同的称为单醚（如 CH_3—O—CH_3，甲醚），两个烃基不同的称为混醚（如 CH_3—O—C_2H_5，甲乙醚）。醚分子中的—O—键称为醚键，是醚的官能团；按醚分子中的烃基是脂肪烃基或芳香烃基，可分为脂肪醚（如甲醚）和芳香醚（如苯甲醚）；醚键如与碳链形成环状结构，则称为环醚（如 $\underset{O}{CH_2-CH_2}$，环氧乙烷）。常温常压下，大多数醚为有香味的液体，沸点明显低于相应的醇，而与相对分子质量相当的烷烃比较接近。甲醚能与水混溶，乙醚只能微溶，其他醚则不溶。烃基醚一般较易挥发，易燃、易爆。其化学性质比较稳定，但稳定性均次于烷烃。醚和许多有机化合物可互溶，是十分重要的溶剂。

醚类溶剂一般对中枢神经系统有麻醉作用，但毒性不大，故可用作麻醉剂，它们对皮肤、黏膜均有一定刺激作用，其中以卤代醚的刺激性较强，而且随着卤原子和不饱和程度增加其刺激性和毒性也相应增强。此外，多数醚类中存在的过氧化物对人体也会造成毒性。

1. 二甲醚

[别名]甲醚。

[化学式]C_2H_6O

[结构式]CH_3—O—CH_3

[性质]最简单的脂肪醚。常温下是无色气体，有轻微醚香味，易液化。气体相对密度1.617（空气=1.0），液体相对密度0.661，熔点−141.5℃，沸点−24.9℃，燃点350℃，折射率1.3441，临界温度128.8℃，临界压力5.32MPa，爆炸极限3.45%～26.7%。溶于水及乙醇、乙醚、丙酮、苯、汽油等有机溶剂。分子中含有甲基、甲氧基，可进行甲基化、羧基化、氧化偶联、氧化及脱水等反应。在催化剂存在下，高温脱水生成乙烯及丙烯，与一氧化碳反应生成乙酸或乙酸甲酯，与二氧化碳反应生成甲氧基乙酸。

[用途]用作甲基化剂、溶剂、气雾抛射剂、萃取剂、发泡剂、麻醉剂、杀虫剂及氯氟烃的代用品。二甲醚也是具有发展前景的汽车燃料，用作柴油机代用燃料，具有十六烷值高，不含氮、硫等杂质，自燃温度低，环境性能好，污染少等特点。

[安全事项]易燃气体，与空气混合能形成爆炸性混合物，在空气和光的作用下能生成爆炸性过氧化物，燃烧时生成刺激性烟雾，与氧化剂发生反应，为弱麻醉剂，吸入后对中枢神经系统有抑制作用，可引起麻醉、窒息，麻醉作用比乙醚弱。与皮肤接触可引起皮肤发红、起泡。

[简要制法]可由天然气、煤、石油焦炭制取，或以生物质为原料制得。工业方法主要

采用甲醇气相脱水工艺及由合成气(H_2、CO、CO_2)直接合成二甲醚工艺。

2. 乙醚

[别名]二乙醚。

[化学式]$C_4H_{10}O$

[结构式]CH_3—CH_2—O—CH_2—CH_3

[性质]无色透明液体，有芳香及刺激性气味。易挥发，味甜。相对密度0.7143，熔点－116.3℃，沸点34.6℃，闪点－45℃（闭杯），燃点190℃，蒸气相对密度2.56（空气＝1.0），蒸气压58.92kPa（20℃），折射率1.3526，临界温度194.6℃，临界压力3.61MPa，爆炸极限1.85%～48%。微溶于水，与乙醇、丙酮、苯、氯仿及石油醚等混溶。能溶解油溶性酚醛树脂、脂肪酸、松香、蜡、油脂及橡胶等，易溶于盐酸。常温下稳定，对氧化剂、还原剂及碱都稳定。但强酸可使醚键断裂，如氢碘酸可与乙醚反应生成碘乙烷。乙醚与卤素反应生成各种卤素衍生物，气相硝化可生成硝基甲烷、硝基乙烷等。

[用途]用作树脂、橡胶、蜡、生物碱及有机合成溶剂，有机酸及天然产物的萃取剂。与乙醇的混合物是硝化纤维素的优良溶剂，也用作有机合成反应介质及麻醉剂。

[安全事项]为低闪点易燃液体。蒸气与空气能形成爆炸性混合物，遇明火、高热易燃烧爆炸，对金属无腐蚀性，可用钢、铜、铝容器储存。与浓硝酸或浓硫酸与浓硝酸混合物反应会引起爆炸。与空气长期接触时，逐渐生成有爆炸性的过氧化物，受热能着火或爆炸。受热或强日光下会自行膨胀，较汽油更危险。蒸馏时不宜蒸干，以免未除尽的过氧化物发生爆炸。储存时常加入抗氧剂（如1－萘酚）。乙醚对人有麻醉性，吸入含3.5%乙醚的空气时，30～40分钟就可失去知觉，当浓度达7%～10%时，能引起呼吸器官及循环器官麻痹，以致死亡。皮肤接触可引起脱脂、皲裂。

[简要制法]可由乙烯催化水合制乙醇的副产物分离回收而得。也可在催化剂存在下，由乙醇脱水制得。

3. 异丙醚

[别名]二异丙基醚。

[化学式]$C_6H_{14}O$

[结构式] CH_3—$\overset{\overset{\displaystyle CH_3}{|}}{CH}$—$O$—$\overset{\overset{\displaystyle CH_3}{|}}{CH}$—$CH_3$

[性质]无色液体，有乙醚样气味。相对密度0.7244，熔点－85.9℃，沸点68.5℃，闪点－9.4℃，燃点443℃，折射率1.3682，蒸气相对密度3.52（空气＝1.0），蒸气压13.33kPa（13.3℃），临界温度228℃，临界压力2.74MPa，爆炸极限1.4%～21%。微溶于水，与乙醇、乙醚、丙酮、苯及四氯化碳等混溶，能溶解蜡、松香、润滑脂、油脂及生物碱等，对碱稳定。在一定条件下可与苯发生烷基化反应，生成异丙基苯。高温高压下与五氧化二磷反应生成磷酸三异丙酯。

[用途]本品的沸点比乙醚、丙酮高，挥发性小，对水的溶解能力低，使用更方便，是树脂、石蜡、矿物油、乙基纤维素及动植物油等的良好溶剂。也用于涂料、制药、无烟火药及脱漆等领域。异丙醚和其他溶剂混合可用于石蜡基油品的脱蜡工艺。本品还具有高辛烷值及抗冻能力，可用作汽油掺合成分。

[安全事项]为低闪点易燃液体。蒸气与空气能形成爆炸性混合物，遇明火或高热会引起燃烧或爆炸，干燥状态对金属无腐蚀性。长期暴露在空气中会生成有爆炸性的过氧化物，

储存时需加入对苯二酚或萘酚等抗氧化剂。毒性比乙醚稍强，蒸气对眼、黏膜及上呼吸道有刺激性并有麻醉作用，皮肤反复接触可产生接触性皮炎。

[简要制法]可由丙烯硫酸水合制异丙醇的副产物回收而得，也可由异丙醇与丙酮加氢反应而得，还可由异丙醇用硫酸脱水制得。

4. 丁醚

[别名]二正丁醚。

[化学式]$C_8H_{18}O$

[结构式]$CH_3—(CH_2)_3—O—(CH_2)_3—CH_3$

[性质]无色液体，稍有乙醚样气味。相对密度0.7704，熔点-95.4℃，沸点142.4℃，闪点37.8℃，燃点195℃，蒸气相对密度4.48（空气=1.0），蒸气压1.0kPa（11.3℃），折射率1.3993，爆炸极限1.5%~7.6%。微溶于水，与乙醇、乙醚、丙酮、苯及氯仿等多数有机溶剂混溶，能溶解树脂、油脂、橡胶、松香、蜡、有机酸、生物碱等，是醚类溶剂中溶解力最强的一种醚。具有醚的化学通性，氧化及硝化时醚键发生断裂。氯化时生成二氯代丁酸。在空气中也能形成过氧化物。

[用途]是动植物油脂、蜡、树脂、矿物油等的良好溶剂，有机酸及天然物质的萃取剂及精制剂，与磷酸丁酯的混合溶液可用作稀土元素分离用溶剂，与乙醇、丁醇的混合物可用作纤维素的溶剂。还可用作格氏试剂、橡胶、农药及医药等的惰性溶剂。

[安全事项]为高闪点易燃液体。蒸气与空气能形成爆炸性混合物，遇明火或高热能引起燃烧或爆炸。蒸气比空气重，可在较低处扩散至远处，遇火种会引起回燃。对金属无腐蚀性，可用钢、铜、铝制容器储存，储存时易产生有爆炸性的过氧化物，蒸馏时应先除去过氧化物，以免发生危险。毒性较低，但吸入蒸气也可引起咳嗽、头晕、恶心，应避免吸入蒸气。

[简要制法]可由正丁醇用硫酸脱水后，经洗涤、干燥、蒸馏而制得。

5. 异戊醚

[别名]二异戊（基）醚。

[化学式]$C_{10}H_{22}O$

[结构式] $H_3C—\overset{\underset{|}{CH_3}}{CH}—(CH_2)_2—O—(CH_2)_2—\overset{\underset{|}{CH_3}}{CH}—CH_3$

[性质]无色液体，稍有果香味。相对密度0.7777，沸点173.4℃，折射率1.408，闪点45℃，蒸气压0.13kPa（18.6℃）。不溶于水，与甲醇、乙醇、乙醚、丙酮、氯仿等有机溶剂混溶，能溶解蜡、松香、石油醚、油脂，在一定温度下可溶解树脂、橡胶、有机酸酯及生物碱等。对酸、碱稳定。具有脂肪族醚的通性，可发生氧化、氯化等反应。长期暴露于空气中会发生自氧化作用，生成过氧化物。

[用途]用作溶剂、萃取剂。如用作萃取法制备有机合成用金属催化剂的溶剂，格氏反应溶剂，再生橡胶及油漆溶剂，生物碱及蜡的溶剂等。与戊醚及乙醇的混合液能溶解乙基纤维素。还可用作油脂萃取剂及臭味气体吸收剂等。

[安全事项]为高闪点易燃液体。蒸气与空气可形成爆炸性混合物，遇明火，高热可引起燃烧或爆炸。与氧化剂会剧烈反应。长期接触空气或受光照会生成有爆炸性的过氧化物，吸入蒸气、口服或皮肤接触对身体有毒。

[简要制法]可由异戊醇经催化脱水缩合制得。

6. 苯甲醚

[别名]茴香醚、甲氧基苯。

[化学式]C_7H_8O

[结构式]

[性质]无色透明液体，有芳香气味。相对密度 0.9954，熔点 -37.3℃，沸点 153.8℃，闪点 51.7℃，燃点 475℃，蒸气相对密度 3.72(空气 = 1.0)，蒸气压 2.66MPa(55.8℃)，临界温度 368.5℃，临界压力 4.17MPa，爆炸极限 0.3% ~6.3%。不溶于水，与乙醇、乙醚、苯、氯仿等多种有机溶剂混溶。在碱性条件下加热，醚键易断裂。加热至 380 ~400℃时分解为苯酚、乙烯。在催化剂存在下加热，分解为卤代甲烷和酚盐。

[用途]用作有机合成溶剂、乙烯基聚合物抗紫外线剂、啤酒抗氧剂、驱虫剂。将苯甲醚溶于冷的浓硫酸中，加入芳香族亚磺酸时，可在芳环对位发生取代反应，生成亚砜并呈现蓝色，由此可用来检验芳香族亚磺酸。还广泛用于配制多种花香型香精。

[安全事项]为高闪点易燃液体。蒸气与空气能形成爆炸性混合物，遇明火及高热会引起燃烧或爆炸。燃烧产物为 CO、CO_2。对人体微毒，但也应减少吸入其蒸气和与皮肤接触。

[简要制法]由苯酚与氢氧化钠作用生成苯酚钠后，再与硫酸二甲酯反应制得。

7. 二苯醚

[别名]联苯醚、1，1′-氧二苯。

[化学式]$C_{12}H_{10}O$

[结构式]

[性质]无色片状或针状结晶，熔点以上时为淡黄色油状液体，有桉叶油气味。相对密度 1.0863，熔点 28℃，沸点 258.3℃，闪点 115℃，燃点 617.8℃，折射率 1.5780(27℃)，蒸气相对密度 5.85(空气 = 1.0)，蒸气压 2.7MPa(25℃)，爆炸极限 0.5% ~1.5%。难溶于水，溶于乙醇、乙醚，易溶于苯。在胺类或碱性介质中比较稳定，过热时醚键易断裂而分解成苯酚。与浓硝酸反应时，生成 4，4′-二硝基二苯醚。

[用途]主要用作有机高温载热体组分之一。由二苯醚和联苯按质量比 73.5：26.5 配制的混合物称导生 A，在 1MPa 下能加热至 400℃而不分解。由二苯醚与甲基联苯组成的混合物称为导生 LF，凝固点低，在 -30℃仍可使用，是低温载热体。也用于制造合成树脂及皂用香精，还可用作消泡剂。

[安全事项]可燃性物质，遇明火、高热会着火。与氧化剂发生剧烈反应。除具有难闻的气味外，对人低毒。吸入其蒸气也可能引起头晕、恶心、呕吐等症状。长期接触可能引起皮炎和肝损害。

[简要制法]可在氧化铜催化剂存在下，由苯酚钠与氯苯反应制得。也可由氢氧化钠进行氯苯水解时的副产物回收分离而得。

8. 环氧乙烷

[别名]氧化乙烯、噁烷、一氧三环。

[化学式]C_2H_4O

[结构式] CH₂—CH₂
　　　　＼O／

[性质]一种最简单的环醚，含一个氧杂原子的三元环化合物。室温下为无色气体，低于12℃时冷凝为无色流动性液体，有醚臭。相对密度0.8711，熔点-111.3℃，沸点10.7℃，闪点-20℃，燃点429℃，折射率1.3597(7℃)，蒸气压145.91kPa(20℃)，蒸气相对密度1.5(空气=1.0)，临界温度195.8℃，临界压力7.19MPa，爆炸极限3.6%～78%，最小点火能0.065mJ。易溶于水及乙醇、乙醚、丙酮、氯仿等多数有机溶剂，化学性质活泼，可进行水合、氧化、氨化、还原及聚合等反应。在一定条件下，与水反应生成乙二醇，与醇类反应生成乙二醇单醚，与苯酚反应生成苯氧基乙醇，聚合时生成聚乙二醇。

[用途]重要有机合成原料，用于制造各种溶剂(如溶纤剂)、非离子表面活性剂、合成洗涤剂、增塑剂、稀释剂、防冻剂、消毒剂、谷物熏蒸剂、润滑剂及乙二醇、乙醇胺、聚乙二醇等。

[安全事项]易燃气体。蒸气与空气能形成爆炸极限阔广的爆炸性混合物，遇明火及高热有燃烧爆炸危险，蒸气比空气重，能在较低处扩散至远处，遇火种会着火回燃。能与强酸、氧化剂等发生反应。痕量乙炔会引起环氧乙烷蒸气发生爆炸。与氯化铝、氯化铁等卤化物接触会引发环氧乙烷剧烈地聚合，放出高热并可引起爆炸。蒸气对眼、咽喉及呼吸道有刺激作用，并对神经系统产生抑制作用。为人类可疑致癌物。

[简明制法]可由乙烯直接催化氧化制得。也可由乙烯、水和氯气反应生成氯乙醇后，再与石灰乳反应制得。

9. 环氧丙烷

[别名]1，2-环氧丙烷、氧化丙烯、甲基环氧乙烷。

[化学式]C_3H_6O

[结构式]
　　　　　　　O
　　　　　　／＼
　CH₃—CH——CH₃

[性质]无色液体，有醚样气味。工业品为两种旋光异构体(D-体及L-体)的混合物。相对密度0.8304，熔点-112.13℃，沸点34.24℃。闪点-35℃(闭杯)，燃点420℃，折射率1.3664，蒸气相对密度2.0(空气=1.0)，蒸气压71.73kPa(25℃)，临界温度215.3℃，爆炸极限2.3%～34%。溶于水，与醇、醚等多种有机溶剂混溶。能溶解乙酸纤维素、虫胶、亚麻仁油、橡胶及乙酸乙烯酯等。化学性质十分活泼，能与含有活泼氢的化合物反应，生成各种衍生物。在一定条件下，与水反应生成1，2-丙二醇，与氨反应生成异丙醇胺，与醇反应生成羟基醚，与脂肪酸反应生成羟基酯，与丙二醇反应生成聚丙二醇，氧化时生成乙酸。

[用途]重要化工原料，用于制造丙二醇、烯丙醇、丙醛、甘油、异丙醇胺、聚氧乙烯聚氧丙烯醚、甲氧基丙醇及增塑剂、表面活性剂、油田破乳剂、洗涤剂、医药、杀菌剂等。也用作环氧树脂胶黏剂的稀释剂，硝化纤维素及乙酸纤维素等的溶剂，氯乙烯树脂及含氯溶剂的稳定剂，硝基喷漆的防褪色剂等。

[安全事项]一级易燃液体，沸点低，挥发性大，化学性质活泼，静电、电火花、热源都易引起其燃烧或爆炸。胺、氢氧化钠能引发环氧丙烷反应，产生高热甚至发生爆炸，其蒸气可与空气形成爆炸性混合物。对金属无腐蚀性，可用钢铁、铜、铝容器储存。毒性比环氧

乙烷小，但累积性比环氧乙烷强。蒸气对眼睛、皮肤、黏膜有刺激作用，特别是其水溶液对皮肤的刺激性较强，也为人体可疑致癌物。

[简要制法]可由丙烯和空气或氧气在银催化剂作用下经直接气相氧化制得。也可由丙烯经次氯酸化制得氯丙醇，再经碱皂化制得。

10. 二恶烷

[别名]1，4-二恶烷、二氧六环、二氧杂环己烷、环氧二乙烷、乙二醇二醚。

[化学式]$C_4H_8O_2$

[结构式]

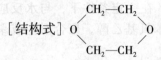

[性质]无色液体，微有香味。相对密度1.0338，熔点11.8℃，沸点101.3℃，闪点15.6℃，燃点180℃，蒸气相对密度3.03（空气=1.0），蒸气压5.33kPa（25.2℃），临界温度312℃，临界压力5.14MPa，爆炸极限1.97%~22.5%。易溶于水，与乙醇、乙醚、苯等多数有机溶剂混溶。能溶解乙基纤维素、苄基纤维素及多种天然或人造树脂。对碘、磷、氯化铁等无机物也有较强溶解能力。

[用途]用作溶剂、反应介质及萃取剂等。如用作硝化纤维素、矿物油、赛璐珞、油溶性染料等的溶剂，聚氨酯合成革及氨基酸合成革等的反应溶剂，木质素萃取剂，医药及农药提取剂。也用作高纯度金属表面处理剂、石油产品脱蜡剂、染料分散剂。还用于制造增塑剂、涂料、香料、防腐剂、熏蒸消毒剂等。

[安全事项]为中闪点易燃液体。常温下易着火，蒸气与空气能形成爆炸性混合物，遇明火及高热有着火及爆炸危险，干燥的二恶烷对金属无腐蚀性，可用钢铁、铝制容器储存，但吸湿性强，应密封储存。毒性比乙醚高2~3倍。吸入高浓度蒸气会出现眼及呼吸道刺激症状，并伴有眩晕、头痛、步态不稳、恶心、呕吐，严重时会致昏迷。本品也能经皮肤吸收而中毒，液体可致眼和皮肤灼伤。

[简要制法]可由乙二醇与硫酸共热后脱水制得，也可在三氟化硼催化剂存在下，由环氧乙烷直接二聚制得。

11. 四氢呋喃

[别名]氧杂环戊烷、四亚甲基氧。

[化学式]C_4H_8O

[结构式]

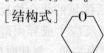

[性质]无色透明液体，有类似醚的气味。相对密度0.8892，熔点-108℃，沸点67℃，闪点-17.2℃（闭杯），燃点321℃，折射率1.405，蒸气相对密度2.5（空气=1.0），蒸气压15.2kPa（15℃），临界温度268℃，临界压力5.19MPa，爆炸极根2.5%~11.8%。与水及乙醇、乙醚、苯等极大多数有机溶剂混溶。对热稳定，在一定条件下，与氨反应生成吡咯烷，与硫化氢反应生成四氢噻吩，用硝酸氧化时生成丁二酸，受酸或酰氯的作用，易开环生成1，4-丁二醇。

[用途]优良溶剂，具有溶解速度快、对树脂表面和内部渗透扩散好等特点。除对聚乙烯、聚丙烯、氟树脂、聚硫橡胶、三醋酸纤维素不溶解，对氯丁及丁苯橡胶溶胀

外，几乎都能溶解所有天然及合成树脂，尤对聚氯乙烯、聚偏氯乙烯及其共聚物的溶解，可获得低黏度的溶液，而用于涂料、胶黏剂及薄膜等的制造。在格氏反应、酯化反应及聚合反应中用作溶剂，也用作萃取剂、脱漆剂、脱脂剂及制造丁二烯、γ-丁内酯、四氢噻吩等的中间体。

[安全事项]为低闪点易燃液体。常温下易着火。蒸气与空气能形成爆炸性混合物，遇明火或高热会着火或爆炸，对金属无腐蚀性，可用钢铁、铜或铝容器储存。因对多种橡胶及塑料有侵蚀性，需注意选择密封件。蒸气有麻醉性，吸入高浓度蒸气能引起眩晕、头痛、呕吐等症状，严重时可致死。纯品的毒性比丙酮低，是毒性很低的溶剂之一。储存时空气中的氧能使其生成有爆炸性的过氧化物，常需加入对苯二酚、对甲苯酚或亚铁盐等还原性物质作抗氧剂。

[简要制法]在催化剂存在下，由糠醛脱醛基制得呋喃后，再经加氢制得。也可由1，4-丁二醇催化脱水环合法及顺酐催化加氢法制得。

12. 四氢吡喃

[别名]一氧六环、氧己环。

[化学式]$C_5H_{10}O$

[结构式]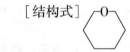

[性质]无色易挥发液体，有醚样气味。相对密度0.8814，熔点-49.2℃，沸点88℃，闪点-20℃，折射率1.421，蒸气相对密度4.0(空气=1.0)。与水及乙醇、乙醚、苯、氯仿等极大多数有机溶剂混溶。对许多天然树脂及合成树脂都有快速溶解能力。化学性质不活泼。但对光和氧气不稳定，易被氧化成有爆炸性的过氧化物，高温与氨反应生成吡咯烷，与氯反应生成氯化四氢呋喃。

[用途]聚氯乙烯、聚偏氯乙烯及丁苯胶等的优良溶剂，也用作有机合成反应、格氏反应、油墨、涂料及硝基喷漆等的溶剂。

[安全事项]为低闪点易燃液体，蒸气与空气能形成爆炸性混合物，遇明火及高热会燃烧或爆炸，与氧化剂、酸类接触会剧烈反应。蒸气有麻醉性，吸入后会引起上呼吸道刺激、眩晕和中枢神经系统抑制等症状，并会引起肝、肾损害。储存时会形成爆炸性过氧化物，通常加入亚硫酸氢钠、氯化亚锡等还原剂以抑制过氧化物生成。

[简要制法]可由2，3-二氢吡喃在镍催化剂作用下经加氢反应制得，也可在氧化锌存在下由1，5-二溴戊烷与水作用而得。

13. 乙二醇二甲醚

见"第五章二、5"

14. 乙二醇二乙醚

[别名]二乙基溶纤剂、1，2-二乙氧基乙烷。

[化学式]$C_6H_{14}O_2$

[结构式]$CH_3—CH_2—O—CH_2—CH_2—O—CH_2—CH_3$

[性质]无色透明液体，微有醚的气味。相对密度0.8417，熔点-74℃，沸点121.4℃，折射率1.3925，闪点35℃，燃点205℃，蒸气相对密度4.07(空气=1.0)，蒸气压1.25kPa(20℃)。微溶于水而逐渐分解，与乙醇、乙醚、丙酮、苯、乙酸乙酯

等多数有机溶剂混溶，对各种纤维素有很好溶解性，也能溶解聚苯乙烯、聚乙烯乙酸酯及有机玻璃等。对稀酸稳定，对强酸不稳定，与金属卤化物或氢卤酸作用会发生醚键断裂。

[用途]用作硝酸纤维素、橡胶、树脂、染料及油脂等的溶剂，也用作有机合成反应介质。

[安全事项]为高闪点易燃液体，遇明火及氧化剂易引起燃烧，蒸气与空气能形成爆炸性混合物，接触空气或受光照会生成过氧化物，应避光密封储存。蒸气有麻醉性，吸入时能引起眩晕、头痛、呕吐及中枢神经系统抑制。毒性比乙二醇单乙醚稍强。

[简要制法]由乙二醇单乙醚在催化剂作用下与氯乙烷反应制得。

15. 乙二醇二丁醚

[别名]二丁基溶纤剂、1，2 - 二丁氧基乙烷。

[化学式]$C_{10}H_{22}O_2$

[结构式]$CH_3—(CH_2)_3—O—(CH_2)_2—O—(CH_2)_3—CH_3$

[性质]无色透明液体，微有醚的气味。相对密度 0.8374，熔点 - 69.1℃，沸点 203.3℃，闪点 85℃，折射率 1.4131，蒸气压 12Pa(20℃)。微溶于水，能与水形成二元共沸混合物，共沸点 99.1℃，与乙醇、乙醚、丙酮、甲苯、乙酸乙酯及二氯乙烷等混溶，对碱稳定，与强酸或金属卤化物作用易发生醚键断裂。

[用途]用作橡胶、硝酸纤维素、天然树脂及染料等的溶剂，有机合成反应介质，脂肪酸萃取剂，油矿萃取分离剂等。

[安全事项]可燃，遇明火能着火或爆炸，与氧化剂剧烈反应，对金属无腐蚀性，可用钢铁、铜或铝容器储存。储存时受空气中氧的作用会生成过氧化物，应避光密封储存。毒性比乙二醇单丁醚低，因蒸气压低，吸入蒸气中毒的可能性较小。

[简要制法]由乙二醇单丁醚与氯丁烷在催化剂作用下反应制得。

16. 二甘醇二甲醚

[别名]一缩二乙二醇二甲醚、二甲基卡必醇、二乙二醇二甘醚。

[化学式]$C_6H_{14}O_3$

[结构式]$CH_3—O—(CH_2)_2—O—(CH_2)_2—O—CH_3$

[性质]无色透明液体，有醚的臭味。相对密度 0.9451，熔点 -68℃，沸点 162℃，闪点 70℃，折射率 1.4097，蒸气压 400Pa(20℃)。与水及乙醇、乙醚及烃类溶剂混溶。与水形成共沸混合物，共沸点 99.8℃。对碱金属和碱金属氢化物稳定，在酸性催化剂存在下高温时发生分解。

[用途]为非质子强极性溶剂，常用作阴离子聚合反应及烷基化反应、还原反应等的溶剂，也用作油漆、橡胶、染料等的溶剂。

[安全事项]易燃，遇明火易引起燃烧，与氧化剂会剧烈反应，接触空气或受光照会生成有爆炸性过氧化物，应密封避光储存，为低毒溶剂，毒性比乙二醇二乙醚要低。

[简要制法]可由二甘醇与氯甲烷反应制得，或由一缩二乙二醇与甲醇反应制得。

17. 二甘醇二乙醚

[别名]二乙二醇二乙醚、二乙基卡必醇。

[化学式]$C_8H_{18}O_3$

［结构式］C₂H₅—O—(CH₂)₂—O—(CH₂)₂—O—C₂H₅

［性质］无色透明液体，微有醚的气味。相对密度0.9082，熔点 – 44.3℃，沸点188.4℃，闪点82℃，折射率1.4115，蒸气压0.051(20℃)。与水及乙醇、乙醚、丙酮、卤化烃等溶剂混溶，与水、乙二醇可形成共沸混合物，能溶解氯丁及丁苯橡胶、聚苯乙烯、醇酸树脂、乙基纤维素、硝化纤维素、松香、石蜡、油脂、润滑脂等。具有醚的化学性质，在酸性催化剂存在下高温时会分解。

［用途］用作烷基化反应、缩聚反应、还原反应及金属有机化合物合成溶剂。也用作高沸点反应介质，油矿萃取剂，染料分散剂，皮革匀染剂，照相印刷调平剂等。

［安全事项］易燃，遇明火易引起燃烧，与氧化剂剧烈反应，接触空气或受光照会生成具有爆炸危险性的过氧化物，应避光密封储存，并加入还原性物质以预防过氧化物生成，蒸馏时应注意除去还原剂，为低毒溶剂，毒性比乙二醇二乙醚要低。

［简要制法］由一缩二乙二醇与乙醇反应制得，或在金属钠存在下，由二乙二醇单乙醚与溴乙烷反应而得。

18. 冠醚

［别名］环聚醚。

［结构式］⁅CH₂⁆—CH₂—O⁆ₙ

［性质］一类具有环状结构的聚醚的总称。是一种大环多醚化合物，其结构特征是分子中含有三个以上 —CH₂—CH₂—O— 的结构单元，因其结构形状像王冠故得名。冠醚的环中含有9~60个碳原子，3~20个氧原子，每2个碳原子有一个氧原子相隔，有的含有氧原子和硫原子。冠醚的名称用 m – 冠 – n 表示，m 代表成环的总原子数，n 为其中所含的氧原子数。如应用最多的18 – 冠 – 6可命名为1，4，7，10，13，16 – 六氧环十八烷，结构式为：

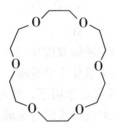

饱和冠醚为无色黏稠液体或低熔点固体，含芳烃的冠醚为无色结晶，难溶于水、醇及一般有机溶剂，易溶于二氯甲烷、氯仿、吡啶。

［用途］冠醚的结构和它的空穴大小、电荷分布及所带的官能团有关，并对反应物表现出不同的性质。如含有5~10个氧原子的环状聚醚可与锂、钠、钾、钙、锶、钡、镉、银、金、汞、铅、铊、铈、铵、胺等的金属正离子形成稳定的配合物，并随环的不同，而与不同的金属正离子配合，这些配合物都有一定的熔点，因此可用来分离金属正离子，也能从废水中分离回收重金属，含硅冠醚可催化从苯基、烷基卤化物中生成氰化物的亲核取代反应。光学活性的冠醚可用于不对称合成，冠醚还可用作相转移催化剂及合成分子筛的特种模板剂等。

［简要制法］可由二羟基醚与二卤代醚反应制得，如18 – 冠 – 6可用二缩三乙二醇与1，2 – 二(2 – 氯乙氧基)乙烷在氢氧化钾作用下制得。

六、醛、酮类溶剂

分子中含有羰基（ $\diagdown C=O$ ）的化合物，称作羰基化合物，醛和酮分子内都含有羰基，故醛、酮类有机溶剂也可称为羰基有机溶剂。羰基与一个烃基及一个氢原子相连的则为醛，通式为 $R-\overset{O}{\overset{\|}{C}}-H$ ；如羰基与两个烃基相连，则为酮，通式为 $R-\overset{O}{\overset{\|}{C}}-R'$ 。如连接的两个烃基相同，称为单酮（如丙酮），两个烃基不同的称为复合酮（如丁酮）。根据分子中所含烃基的不同，又可将醛、酮分为脂肪族醛、酮，脂环族醛、酮和芳香族醛、酮。其中脂肪族醛、酮按烃基是否饱和又可分为饱和醛、酮与不饱和醛、酮；按照分子中所含羰基的数目又可分为一元醛（如丙醛）、酮（如丙酮），二元醛（如丁二醛）、酮（如戊二酮）或多元醛、酮。含有同数碳原子的同一类醛和酮，互为同分异构体，如丙醛和丙酮互为同分异构体。

除甲醛在常温下是气体外，其他低级醛、酮是液体，高级醛、酮是固体。醛和酮的羰基极性较强，但分子间不能形成氢键，故它们的沸点比相应的醇低，而比相对分子质量相近的烃类高。醛、酮易溶于有机溶剂。甲醛、乙醛、丙酮等低级醛、酮易溶于水，随着相对分子质量增大，溶解度减少直至不溶。低级醛气味刺鼻，低级酮则气味怡人。

醛和酮含有相同的官能团羰基，因而它们具有许多相似的化学性质。而醛至少有一个氢原子与羰基直接相连，酮则没有与羰基直接相连的氢原子，因而两者在化学性质上也存在一定差异。醛、酮分子中能发生反应的部位主要有：羰基、α氢原子、与羰基直接相连的氢原子，即

$$-\overset{O}{\overset{\|}{C}}-\overset{H}{\underset{H}{\overset{|}{C}}}-(H)$$

醛、酮羰基上的碳氧双键与烯烃的碳碳双键相似，具有不饱和性，能发生一系列的加成反应，但醛易被普通氧化剂或在空气中氧化生成羧酸，酮则不然。醛和酮可与氢氰酸和亚硫酸氢钠等加成生成羟基化合物，在氯化氢作用下，醛与无水的醇发生加成反应，生成半缩醛，半缩醛不稳定，又可与另一分子醇进一步缩合生成缩醛。而酮类不易直接与醇作用生成缩酮，而需要由酮在酸性催化剂存在和过量的醇中缩合而成，也是先形成半缩酮，然后生成缩酮。缩醛、缩酮的化学性质与醚相似，对氧化剂、还原剂稳定，但遇酸易水解生成原来的醛或酮。

低级醛、酮溶剂易挥发、易燃、易爆。多数常见的醛、酮溶剂的蒸气与空气可形成爆炸性混合物，遇明火或高热易燃烧爆炸，因其蒸气比空气重，能在较低处扩散至相当远处，遇火种会着火回燃。

醛、酮类溶剂多属中等毒、低毒或微毒，少数为高毒。不饱和醛毒性高于饱和醛。醛、酮类溶剂对人体的危害主要表现为对皮肤、黏膜和呼吸道的刺激和麻醉作用。醛类溶剂的刺激性一般比酮类明显，但随碳原子数增多而减弱。醛、酮溶剂的麻醉作用则随碳原子数增多而增强。而脂肪醛和芳香醛在体内代谢速度快，一般不会造成蓄积性组织损害。

1. 甲缩醛

[别名]甲醛缩二甲醇、二甲氧基甲烷、二甲醇缩甲醛。

[化学式]$C_3H_8O_2$

[结构式]
$$H_2C \begin{array}{c} OCH_3 \\ \\ OCH_3 \end{array}$$

[性质]无色透明液体，有氯仿样气味。相对密度 0.8601，熔点 -104.8℃，沸点 42.3℃，闪点 17.8℃，折射率 1.3544，燃点 237℃，蒸气相对密度 2.63(空气 =1.0)，蒸气压 42.7kPa。溶于水，与乙醇、乙醚、丙酮、苯等多数有机溶剂混溶，能溶解树脂、石蜡、油类，溶解力比乙醚、丙酮要强。对碱较稳定，与稀盐酸接触并加热时，易分解成甲醛和甲醇。与碘化氢作用生成碘化甲烷和甲醛。

[用途]用作涂料及有机合成溶剂、甲醇汽油增溶剂、格氏反应介质、催眠剂及止痛剂等。也用于制造阴离子交换树脂、树脂增塑剂及香料等。

[安全事项]低闪点易燃液体。遇明火、高热会着火或爆炸。蒸气与空气可生成有爆炸性的过氧化物，应密封储存于阴凉通风处，远离火种、热源。对金属无腐蚀性，可用钢铁、铜或铝制容器储存。为低毒溶剂，但高浓度蒸气有麻醉性，对眼睛及黏膜有显著刺激性。皮肤接触可致皮肤干燥、皲裂。

[简要制法]可在硫酸催化剂存在下，由甲醛及甲醇经连续液相缩合制得。

2. 乙醛缩二甲醇

[别名]1，1 - 二甲氧基乙烷。

[化学式]$C_4H_{10}O_2$

[结构式]
$$CH_3CH \begin{array}{c} OCH_3 \\ \\ OCH_3 \end{array}$$

[性质]无色液体。相对密度 0.8516，熔点 -113.2℃，沸点 64.5℃，闪点 -17℃，折射率 1.3665，蒸气相对密度 3.1(空气 =1.0)，蒸气压 18.24kPa(20℃)。稍溶于水，与甲醇、乙醚、丙酮、氯仿等有机溶剂混溶。对碱稳定，能被稀酸水解成乙醛与甲醇。

[用途]在有机合成反应中可用于保护醛基，也用作工业溶剂、增塑剂、染料中间体、催眠剂等。

[安全事项]低闪点易燃液体，遇明火及高热会着火或爆炸，与氧化剂剧烈反应，为低毒溶剂。可经呼吸道和消化道进入体内，对眼、黏膜及呼吸道有刺激作用。应密封储存于阴凉干燥处。

[简要制法]可在催化剂存在下，由甲醇与乙醛或乙炔反应制得。

3. 丁烯醛

[别名]巴豆醛、2 - 丁烯醛。

[化学式]C_4H_6O

[结构式]

$$\begin{array}{ccc} H & CHO & \\ \ \ \diagdown & \diagup & \\ C = C & & \\ \diagup & \diagdown & \\ CH_3 & H & \end{array} \qquad \begin{array}{ccc} CH_3 & CHO & \\ \diagdown & \diagup & \\ C = C & & \\ \diagup & \diagdown & \\ H & H & \end{array}$$

反式异构体　　　顺式异构体

[性质]有顺式、反式两种异构体，但顺式不稳定，一般商品均为反式体，为无色或浅

661

黄色液体，有催泪性辛辣味。相对密度 0.8495(25℃)，熔点 -69℃，沸点 102.2℃，闪点 13℃，燃点 233℃，折射率 1.4384，蒸气相对密度 2.41(空气 =1.0)，爆炸极限 2.91% ~ 15.5%。易溶于水，与乙醇、乙醚、苯、汽油、煤油等混溶。化学性质活泼，易进行氧化、还原、加成、加氢、缩合、聚合等反应，与光和空气接触逐渐氧化成丁烯酸。遇氢氧化钠、氨等碱性物质即快速聚合。

[用途]用作矿物油精制用溶剂及有机合成中间体，用于制造丁醛、丁醇、山梨酸及橡胶抗氧剂、食品防腐剂等，也用作橡胶硫化促进剂、鞣革剂。

[安全事项]属中闪点易燃液体。蒸气与空气易形成爆炸性混合物，遇明火、高热会引起着火或爆炸，与氧化剂会发生剧烈反应，毒性比丁醛要强，蒸气对眼睛、皮肤、黏膜及呼吸道有刺激性，皮肤接触可致皮肤干燥。

[简要制法]可在氢氧化钠存在下，由乙醛先缩合成丁醇醛后再经脱水制得。

4. 苯甲醛

[别名]苦杏仁油。

[化学式]C_7H_6O

[结构式]

[性质]无色至浅黄色油状液体，有苦杏仁味及挥发性。相对密度 1.0458，熔点 -26℃，沸点 179.1℃，闪点 78.9℃，燃点 192℃，折射率 1.5455，蒸气相对密度 3.66(空气 =1.0)，临界温度 352℃，临界压力 2.178MPa。微溶于水，与乙醇、乙醚、苯、氯仿等混溶，化学性质活泼，能进行加氢、还原、氧化等反应。与碱共热转变成苯甲酸和苯甲醇、与氧化剂接触会氧化成苯甲酸。

[用途]用于制造肉桂酸、肉桂醛、苯甲酸、三苯甲烷、染料、苯偶姻、氯霉素、麻黄素及医药、农药等，也用作聚酰胺纤维染色用助剂、电镀液添加剂及调制香精。

[安全事项]易燃。遇明火及高热会着火。蒸气与空气可形成爆炸性混合物，与强酸、强碱接触会发生剧烈缩聚反应。与空气接触会发生氧化反应，生成苯甲酸，需密封储存于避光阴凉处，毒性很小，蒸气对中枢神经系统有抑制作用，对眼及上呼吸道、黏膜也有刺激作用，人误服 50g 可致死。

[简要制法]可由二氯化苄经水解制得，或由苯甲醇氧化而得。还可在催化剂存在下，由苯与一氧化碳、氯化氢反应而得。

5. 丙酮

[别名]二甲酮、二甲基甲酮。

[化学式]C_3H_6O

[结构式] $CH_3-\overset{\overset{\text{O}}{\|}}{C}-CH_3$

[性质]最简单的饱和酮。无色有微香液体，微甜。相对密度 0.7899，熔点 -95.35℃。沸点 56.1℃，闪点 -17.8℃(闭杯)，自燃点 538℃，折射率 1.3590，蒸气相对密度 2.0，蒸气压 24.64kPa(20℃)，临界温度 235℃，临界压力 4.7MPa，爆炸极限 2.5% ~ 13%，最小点火能 1.157mJ，最大爆炸压力 0.87MPa。极易挥发。与水及乙醇、乙醚、氯仿、油类及烃

类等溶剂混溶，能溶解酚醛树脂、聚酯树脂、纤维素、有机玻璃及极大多数天然油脂，对环氧树脂的溶解力较差，对聚乙烯、聚丙烯、聚偏二氯乙烯等较难溶解，橡胶、石蜡、沥青等几乎不溶。化学性质活泼，具有酮类的典型反应，能进行加成、加氢、氧化、缩合、卤代等反应，对氧化剂较稳定，室温下不被硝酸氧化，而遇高锰酸钾等强氧化剂氧化时，生成甲酸、乙酸、CO_2 及 H_2O。在碱存在下发生双分子缩合，生成双丙酮醇。在高于 500℃ 的温度下可发生热裂解，生成乙烯酮。

[用途] 为重要工业溶剂及有机合成原料。作为低沸点快干性极性溶剂，溶解能力强，又可与水混溶，广泛用作涂料、硝基喷漆、照相胶片、纤维素、油脂等的溶剂，各种维生素及激素生产过程的萃取剂，脱漆剂，清洗剂等。也用于制造乙酐、环氧树脂、聚碳酸酯、有机玻璃、聚异戊二烯橡胶、己二醇、双酚 A、氯仿及医药、农药等。

[安全事项] 为低闪点易燃液体，遇明火及高热易发生燃烧或爆炸。蒸气与空气能形成爆炸性混合物。与氧化剂能剧烈反应，形成不稳定的有爆炸性过氧化物。与氯仿、亚硝酰氯等混合易发生爆炸。对金属无腐蚀性，可用钢铁、铜或铝容器储存，但久储和回收的丙酮常有酸性杂质存在，会对金属产生腐蚀性。毒性与乙醇相似，为低毒溶剂，主要对中枢神经有麻醉作用，吸入蒸气会引起眩晕、恶心、呕吐等症状，眼睛、鼻腔、舌黏膜反复接触会引起炎症，皮肤接触可致干燥、皲裂及皮炎。因对日光、酸碱不稳定，易挥发，应密封储存于阴凉干燥处，远离火种、热源。

[简要制法] 可以苯和丙烯为原料，在催化剂作用下经烷基化生成异丙苯，再将异丙苯氧化为氢过氧化异丙苯，然后以硫酸分解，同时得到丙酮和苯酚。也可由异丙醇催化脱氢或催化氧化制得，或由淀粉发酵制得，还可由丙烯直接氧化制得。

6. 甲乙酮

[别名] 丁酮、甲基乙基甲酮。

[化学式] C_4H_8O

[结构式] $CH_3-\overset{\overset{\displaystyle O}{\|}}{C}-CH_2-CH_3$

[性质] 无色透明液体，有丙酮样气味。相对密度 0.8054，熔点 -86.7℃，沸点 79.5℃，闪点 -5.6℃，燃点 516℃，折射率 1.3788，蒸气相对密度 2.42（空气 = 1.0），蒸气压 9.49kPa(20℃)，临界温度 262℃，临界压力 4.15MPa，爆炸极限 1.81% ~ 11.5%。溶于 4 倍水中，可与水形成共沸化合物，沸点为 74.3℃，含甲乙酮 88.7%，与乙醇、乙醚、丙酮、氯仿及油类混溶。甲乙酮具有羰基及与羰基相邻接的活泼氢，化学性质活泼，与酸或碱共热发生缩合反应，与硝酸反应生成联乙酰，用强氧化剂氧化生成乙酸，与氰化氢反应生成氰醇，加热至 500℃ 以上热裂解生成烯酮或甲基烯酮。

[用途] 主要用作溶剂，如用作硝化纤维素、乙烯基树脂、醇酸树脂、丙烯酸树脂、酚醛树脂及医药、染料、农药、油墨及香料等的溶剂，具有溶解力强，挥发性比丙酮低等特点。也用作润滑油酮苯脱蜡溶剂、硫化促进剂、萃取剂、清洗剂及有机合成中间体。

[安全事项] 为中闪点易燃液体，遇明火及高热易发生着火或爆炸。蒸气与空气能形成爆炸性混合物。对金属无腐蚀性，可用钢铁、铜及铝制容器储存。为低毒溶剂，毒性比丙酮要强，主要对中枢神经系统有麻醉性，吸入蒸气会引起眩晕、恶心、呕吐等症状，皮肤接触可引起皮炎。

[简要制法] 可由正丁烯水合制得仲丁醇后，经催化脱氢制得。或由丁烯与苯烃化生成

异丁基苯后，经氧化、酸解制得甲乙酮及苯酚，还可由丁烷液相催化氧化制得。

7. 2-戊酮

[别名]甲基丙基甲酮、甲丙酮。

[化学式]$C_5H_{10}O$

[结构式] $CH_3—\overset{\text{O}}{\overset{\|}{C}}—C_3H_7$

[性质]无色透明液体，有丙酮样气味。相对密度0.8089，熔点-76.8℃，沸点110℃，闪点7.2℃，燃点505℃，折射率1.3895，蒸气相对密度3.0(空气=1.0)，蒸气压1.53kPa(20℃)，临界温度291℃，临界压力3.85MPa，爆炸极限1.55%~8.15%。微溶于水，与乙醇、乙醚、苯、四氯化碳、丙酮等混溶。能溶解聚苯乙烯、聚乙酸乙烯酯、有机玻璃、松香、润滑脂等，部分溶解聚氯乙烯，聚偏二氯乙烯及石蜡则不溶。化学性质活泼，与酸或碱共热发生缩合反应，与硝酸反应生成联乙酰，用强氧化剂氧化生成乙酸，高温时裂解生成烯酮或甲基烯酮，长期受光照会分解成丙烷、丙酸等。

[用途]用作溶剂及萃取剂，是润滑油优良脱蜡剂，也用作硝基喷漆、涂料、树脂、染料及医药等的溶剂，还用作有机合成中间体。

[安全事项]为中闪点易燃液体，遇明火及高热会着火或爆炸，蒸气与空气可形成爆炸性混合物。干燥品对金属无腐蚀性，可用钢铁、铜或铝制容器储存。毒性比甲乙酮稍强，蒸气对眼睛、黏膜有刺激性，吸入蒸气会引起眩晕、头痛、恶心、呕吐，严重时可致昏迷，皮肤接触可致干燥、皮炎。

[简要制法]由2-仲戊醇在催化剂存在下脱氢制得。也可由丁酰乙酸乙酯与水共热而得。

8. 甲基异丁基酮

[别名]4-甲基-2-戊酮、甲基异丁基甲酮、异己酮。

[化学式]$C_6H_{12}O$

[结构式] $CH_3—\overset{\text{O}}{\overset{\|}{C}}—CH_2—\overset{\overset{\text{CH}_3}{|}}{CH}—CH_3$

[性质]无色透明液体，有芳香气味。相对密度0.8020，熔点-84.7℃，沸点116.8℃，闪点22.78℃，燃点460℃，折射率1.3962，蒸气相对密度3.45，蒸气压2.13kPa(20℃)，临界温度298.3℃，临界压力3.27MPa，爆炸极限1.35%~7.6%。微溶于水，与乙醇、乙醚、丙酮、苯等多数有机混溶，能溶解聚氯乙烯、聚苯乙烯、环氧树脂、有机玻璃、硝酸纤维素、松香、石蜡、天然及合成橡胶、植物油等。具有酮的化学性质，能进行加成、卤代、加氢、缩合等反应，催化加氢得到4-甲基-2-戊醇。用强氧化剂铬酸等氧化时生成乙酸、异丁酸、CO_2、H_2O等。在碱性催化剂作用下，可与其他羰基化合物进行缩合反应。

[用途]为中闪点中沸点溶剂。用作润滑油脱蜡及脱蜡油溶剂，油脂、天然及合成树脂、胶黏剂、涂料用中沸点溶剂。也用作萃取剂、选矿剂、脱漆剂、彩色影片成色剂、原子吸收分光光度分析用溶剂及用于有机合成。

[安全事项]易燃。遇明火或高热会着火或爆炸，蒸气与空气会形成爆炸性混合物。与氧化剂会强烈反应，干燥品对金属无腐蚀性，可用钢铁、铜或铝制容器储存。久储时会因产

生酸性物质而使容器受腐蚀或变色，毒性及局部刺激性较强，吸入高浓度蒸气会引起眩晕、恶心及呼吸道刺激。应储存于阴凉干燥处，远离火种、热源。

[简要制法]由异亚丙基丙酮催化选择加氢制得。或由丙酮在催化剂作用下经缩合、脱水及加氢而制得。

9. 异佛尔酮

[别名]3，5，5－三甲基－2－环己烯酸－1－酮。

[化学式]$C_9H_{14}O$

[结构式]

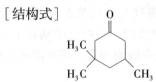

[性质]无色透明液体，有类似樟脑气味。相对密度0.9229，熔点－8.4℃，沸点215.2℃，闪点96℃，燃点462℃，爆炸极限0.84%～3.5%。微溶于水，与乙醇、乙醚、丙酮等极大多数有机溶剂混溶。能溶解聚氯乙烯、聚苯乙烯、有机玻璃、石蜡、松香、润滑脂、天然及合成橡胶、纤维素酯、纤维素醚及油脂等。与87.5%的水组成共沸混合物，共沸点98℃。具有酮的通性。空气中氧化时生成三甲基环己二酮。高温下可被氧化成3，5－二甲基苯酚。加氢时生成三甲基环己醇。在光照下易聚合成二聚体。

[用途]本品溶解力很强，是良好的高沸点溶剂，即使与本品性质相异的物质也可溶解。可用作环氧树脂、酚醛树脂、氟树脂、硝基喷漆、丙烯酸树脂烘烤固化涂料、槽罐内壁涂料及高丙体六六六杀虫剂等的溶剂，以及油墨、染料、油类、树胶、纤维素等的溶剂或稀释剂，也是制造二甲基苯酚、三甲基环己醇、三甲基环己酮及特殊增塑剂等的原料。

[安全事项]为可燃性液体，但蒸发速度慢，难着火。其蒸气可与空气形成爆炸性混合物。遇明火及高热有燃烧或爆炸危险。对金属无腐蚀性，可用铁桶或镀锌桶包装，存放于阴凉通风处。属低毒类溶剂，蒸气毒性比简单的脂肪族酮要大，高浓度蒸气对眼、鼻、呼吸道有刺激性，对皮肤脱脂作用较强。

[简要制法]由丙酮在碱性催化剂和水作用下经醇醛缩合反应制得。也可由亚异丙基丙酮和乙酰乙酸在催化剂作用下经环化、脱羧基等反应制得。

10. 环己酮

[别名]安酮。

[化学式]$C_6H_{10}O$

[结构式]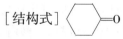

[性质]无色油状透明液体，有薄荷和丙酮样气味。有吸湿性，不纯物为浅黄色，会随存放时间延长而显色，呈水白色到灰黄色，并具刺鼻臭味。相对密度0.948，熔点－45℃，沸点155.6℃，闪点54℃，燃点520℃，蒸气相对密度3.38（空气＝1.0），蒸气压0.667kPa（26.4℃），折射率1.4507，临界温度356℃，临界压力3.85MPa，爆炸极限3.2%～9.0%。微溶于水，与甲醇、乙醇、苯、氯仿等有机溶剂混溶，能溶解聚氯乙烯、聚苯乙烯、聚乙烯乙酸酯、有机玻璃、纤维素醚、纤维素酯、油脂、生胶、胶乳、碱性染料及多种天然树脂，具有酮的化学通性，在氧存在下，受光照可开环生成己二酸、己酸等。在酸、碱存在下易发

生缩合反应，按反应条件不同而生成不同的反应物质。用硝酸氧化生成己二酸，与卤素反应生成卤代环己酮，也易还原生成环己醇。

[用途]重要有机化工原料，用于制造己内酰胺、己二酸及医药、农药、染料等。对各种有机物的溶解力强，可用作聚氯乙烯、聚苯乙烯等合成树脂及橡胶、染料、农药、润滑油、有机磷杀虫剂等的溶剂。特别是用作硝基喷漆的溶剂时，能提高涂料防潮性、延展性及附着力，使涂面平滑美观，也用作皮革和金属的脱脂剂及脱漆剂、丝绸消光剂、木材着色剂及调制印刷油墨等。

[安全事项]为高闪点易燃液体，遇明火及高热会着火，蒸气与空气能形成爆炸性混合物。对金属无腐蚀性，可用钢铁、铜或铝制容器储存。为低毒溶剂，毒性比甲基异丁烯酮、环己醇等低，而比环己烷、甲基环己醇的毒性高，能通过皮肤吸收而中毒，高浓度蒸气有麻醉性，对动物有致癌性。皮肤反复接触可致皮炎。

[简要制法]由环己烷经空气液相氧化制得环己酮和环己醇，经分离制得环己酮。也可在镍催化剂作用下由苯加氢制成环己烷，再经氧化生成环己酮、环己醇混合物。

七、有机酸和酸酐溶剂

有机酸类有机溶剂也称作羧酸类有机溶剂。羧酸分子中都含有羧基（—COOH），除甲酸外，所有羧酸都可看成是烃分子中的氢原子被羧基取代而生成的化合物。羧酸是由烃基和羧基所组成。羧基与脂肪烃基相连的羧酸称作脂肪酸，而按烃基中是否含有不饱和键，脂肪酸又可分为饱和脂肪酸（如乙酸）及不饱和脂肪酸（如丙烯酸）。羧基与芳香烃基相连的羧酸称作芳香酸（如苯甲酸）。

含 10 个碳原子以下的饱和一元羧酸常温下是液体，甲酸、乙酸、丙酸都有较强刺鼻气味，它们的水溶液都有酸味；中级脂肪酸具有腐败气味；高级脂肪酸是无臭无味的蜡状固体。脂肪族二元羧酸和芳香酸都是结晶状固体，羧酸的沸点比相对分子质量相近的醇高，一般也随碳原子数的增加而上升；熔点则随着碳原子数的增加而呈锯齿状上升。低级脂肪酸易溶于水，从戊酸开始，随相对分子质量的增大，在水中的溶解度降低，癸酸以上不溶于水。芳香酸一般难溶于水。

羧酸的官能团羧基（$-\overset{\overset{\text{O}}{\|}}{\text{C}}-\text{OH}$），从形式上看是由羰基和羟基连接而成，故羧酸也有类似于羰基化合物和醇的某些性质，如羧酸的羟基也能被取代，α 氢原子也较活泼，一定条件下羰基也能被还原剂还原等。而因羧基中的羰基和羟基是一个整体，它们彼此互相影响的结果，使羧酸又表现出不同于羰基化合物的特性。如羧酸易离解出氢离子和羧酸根离子而显酸性，与金属氧化物和碱作用时生成羧酸盐和水，和醇反应生成酯，如氨气反应可生成铵盐。羧酸分子中的羟基可以被卤原子、羧酸根、烷氧基、胺基所取代，分别生成酰卤、酸酐、酯及酰胺等羧酸的衍生物。

除甲酸外的羧酸与脱水剂（如 P_2O_5）共热时，两分子的羧酸脱去一分子水，生成酸酐，而羧基相隔 2~3 个碳原子的二元脂肪酸（如丁二酸）和邻位的二元芳香酸（如邻苯二甲酸），不用脱水剂，加热就可得到相应的环状酸酐（丁二酸-酐及邻苯二甲酸酐）。酸酐为无色的液体或固体。低级酸酐具有刺鼻气味，沸点稍高于相应的羧酸，能发生水解、醇解和氨解反应，分别生成羧酸、酯和酰胺。

常见的有机酸类溶剂多数为饱和脂肪族一元酸，少数为二元酸，挥发性小、易燃、有弱酸性，易爆性小。有机酸及酸酐类溶剂一般为低毒或微毒类物质，潜在的安全性主要是因皮肤或黏膜等的直接接触而造成，一般无蓄积作用。它们对眼睛、皮肤和呼吸道黏膜的刺激和腐蚀作用和强度与酸的解离度、水溶性、蒸气压及对皮肤或黏膜的穿透性等因素有关，应尽可能避免直接接触。

1. 甲酸

[别名] 蚁酸。

[化学式] CH_2O_2

[结构式] HCOOH

[性质] 最简单的脂肪酸，因少量存在于赤蚁体内及某些毛虫的分泌物中，故得名蚁酸。也存在于植物的叶根及一些水果中。无色而有刺激气味的液体。相对密度 1.220，熔点 8.6℃，沸点 100.8℃，闪点 68.9℃，燃点 601℃，折射率 1.3714，蒸气相对密度 1.59（空气 = 1.0），蒸气压 4.41kPa（20℃），临界温度 306.8℃，临界压力 8.63MPa，爆炸极限 18% ~ 57%。溶于水、乙醇、乙醚、甘油，微溶于苯。甲酸的分子结构与其他同系物不同，其中的羧基与氢原子直接相连成 $H-C\overset{O}{\underset{OH}{}}$，其中没有碳氢键的影响，它易被氧化，也是很好的还原剂。易被氧化成水和 CO_2，与硫酸共热分解成水和 CO。加热至 160℃ 以上即分解成氢和 CO_2。甲酸在饱和脂肪酸中酸性最强。与碱金属盐共热至 400℃ 时生成草酸盐。80% ~ 90% 的甲酸在寒冷天气下易结冰。

[用途] 为基本有机原料，用于合成甲酸盐、甲酸酯、甲酰胺、二甲苯甲酰胺及制取医药、农药、增塑剂、染料及各种溶剂。也用作天然橡胶凝聚剂、皮革鞣软剂、染色助剂、饲料防霉剂、pH 值调节剂、果汁及食物保藏剂、罐头清洗消毒剂等，也用于高温气（油）井的酸化等。

[安全事项] 为低毒类酸性腐蚀品，其毒性主要表现在对皮肤和黏膜有刺激性及腐蚀性上。对皮肤有溶解性，故可经皮肤吸收，对皮肤、黏膜的刺激性比乙酸强。蒸气对眼睛有强刺激性，液体能使皮肤发红、发泡并发生局部坏疽。对黏膜的腐蚀性类似于无机强酸。口服摄入浓度低于 6% 的甲酸水溶液能明显腐蚀食道及口腔，甲酸蒸气也能与空气形成爆炸性混合物，遇明火或高温能引起燃烧或爆炸。与强氧化剂可发生反应，应储存于阴凉通风干燥处。

[简要制法] 由一氧化碳和氢氧化钠在高温下反应制得甲酸钠，甲酸钠经硫酸酸化而制得甲酸。也可由甲醇与一氧化碳在甲醇钠催化剂存在下反应制得甲酸甲酯后，再经水解生成甲酸和甲醇。

2. 乙酸

[别名] 醋酸。

[化学式] $C_2H_4O_2$

[结构式] CH_3COOH

[性质] 无色透明液体。是醋的重要成分，一种典型的脂肪酸，有刺激性酸味。无水物的相对密度 1.049，熔点 16.6℃，沸点 118.1℃，闪点 57℃，燃点 427℃，折射率 1.3716，蒸气相对密度 2.07（空气 = 1.0），蒸气压 1.52kPa（20℃），临界温度 321.3℃，临界压力 5.80MPa，爆炸极限 4% ~ 17%。与水、乙醇、乙醚、甘油及苯混溶，不溶于烃类溶剂。6%

水溶液的 pH 值为 2.4。乙酸是弱酸，但能与碱类起中和作用生成乙酸盐。能在催化剂作用下与醇类生成各种酯类，与氨、碳酸铵反应可生成酰胺，加热脱水可生成乙酸酐。

[用途]重要有机化工原料，用于合成乙酸乙烯酯、乙酸酯、乙酸盐、巯基乙酸、氯代乙酸、乙酸纤维素及医药、农药、染料、合成纤维等。也用作制造橡胶、塑料、染料等的溶剂，染料显色液的抗碱剂，涂料印花黏合剂的调制剂，助染剂，缓染剂，食品酸味剂，酒类增香剂，消毒剂，杀菌剂等。采油工业中用作井温低于 70℃ 时的铁离子稳定剂，也用作缓速酸的主要组分。

[安全事项]属二级有机酸性腐蚀物品。蒸气与空气能形成爆炸性混合物，遇明火或高热能燃烧或爆炸。无水乙酸(冰乙酸)可用不锈钢或铝制容器储存，稀乙酸对所有金属都有腐蚀性，宜用搪瓷、陶瓷或木制容器储存。浓度为 5% 的乙酸稀溶液即常用食醋对人体无害。而浓溶液有腐蚀性及毒性，摄入时会刺激食道及胃黏膜，引起腹泻、呕吐、酸中毒，严重时会引起尿毒症和血尿，甚至致死。乙酸对类脂物有溶解性，长期反复接触，可致皮肤脱脂、干燥及皮炎。

[简要制法]由甲醇与一氧化碳在催化剂作用下制得。或由乙醛氧化制得，食用醋可用淀粉发酵制得。

3. 丙酸

[别名]初油酸、乙基甲酸、甲基乙酸。

[化学式]$C_3H_6O_2$

[结构式] $CH_3—CH_2—\overset{\displaystyle O}{\overset{\|}{C}}—OH$

[性质]无色澄清油状液体，有辛辣刺激性气味。相对密度 0.9934，熔点 -21.5℃，沸点 141.1℃，闪点 65.5℃，燃点 485℃，折射率 1.3848(25℃)，蒸气相对密度 2.56(空气 =1.0)，蒸气压 1.33kPa(39.7℃)，临界温度 339.5℃，临界压力 5.37MPa，爆炸极限 2.9%~12.1%。能和水混溶，溶于乙醇、乙醚、丙酮、氯仿等。部分溶解于盐的水溶液，对多数天然或人造树脂有溶解性，为一种弱酸，具有羧酸的化学通性，与碱类物质作用生成盐。在浓酸催化下与醇反应生成酯。与氨、碳酸铵反应可生成酰胺。加热脱水时生成丙酸酐。

[用途]重要精细化学品及有机合成原料。用于合成丙酸盐、丙酸酯、乙烯基丙烯酯等。也用作硝化纤维素溶剂、增塑剂、食品添加剂、谷物保存剂、饮料保藏剂。还可将丙酸制成气溶胶形式使用，可防止面包等食品发霉，由丙酸制得的丙酸酯类较多，广泛用作溶剂、医药中间体、树脂改性剂、汽油抗爆剂、抗菌剂等。

[安全事项]丙酸低毒，毒性比甲酸小。蒸气对眼、皮肤、黏膜有刺激性，皮肤接触会产生红斑皮炎。误服浓丙酸，口腔和消化道可产生糜烂，严重时可休克而致死。蒸气也会与空气形成爆炸性混合物，遇明火、高热会着火或爆炸。

[简要制法]在羰基镍催化剂存在下，由乙烯、一氧化碳及水反应制得。也可用细菌发酵木浆废液或发酵糖生产丙酸。

4. 丁酸

[别名]正丁酸、酪酸。

[化学式]$C_4H_8O_2$

[结构式] $CH_3-CH_2-CH_2-\overset{\overset{\displaystyle O}{\|}}{C}-OH$

[性质] 无色透明油状液体，有不愉快的酸败味，极稀溶液也具汗臭味。相对密度 0.9582，熔点 -5.2℃，沸点 163.3℃，闪点 71.7℃，燃点 452.2℃，折射率 1.3980，蒸气相对密度 3.04(空气 =1.0)，蒸气压 0.096kPa(25℃)，临界温度 355℃，临界压力 5.3MPa，爆炸极限 2% ~10%。与水、乙醇、乙醚、丙酮等混溶。与 81.4% 的水形成共沸物，共沸点 99.4℃。有羧酸的化学通性，能生成盐、酯、酸酐及酰胺。

[用途] 用于制造丁酸纤维素、丁酸酯类、模塑粉、酰氯、酰胺、油漆、香料及药物等。也用作萃取剂、杀菌剂、乳化剂及调香原料。

[安全事项] 本品低毒，蒸气对眼睛、黏膜及皮肤有刺激性，蒸气也能与空气形成爆炸性混合物，遇明火及高热会着火或爆炸。

[简要制法] 可在催化剂存在下，由丁醇或丁醛氧化制得。

5. 油酸

[别名] 顺式十八碳 -9 - 烯酸、十八烯酸、红油。

[化学式] $C_{18}H_{34}O_2$

[结构式] $CH_3(CH_2)_7CH{=}CH(CH_2)_7COOH$

[性质] 无色至淡黄色油状液体。低温下为晶体，暴露于空气时颜色变深，有像猪油的气味，以甘油酯的形式天然存在于动植物油脂中。相对密度 0.8905，熔点 13.4℃，沸点 223℃(1.333kPa)，闪点 372℃，折射率 1.4582，蒸气压 0.13kPa(176.5℃)。不溶于水，与乙醇、乙醚、丙酮、苯、汽油等混溶，可溶解油脂、脂肪酸等油溶性物质。空气中易发生氧化。加热至 80~100℃ 时分解。与强氧化剂反应生成羟基硬脂酸，氢化时变为硬脂酸，与硝酸或亚硫酸等作用时转变为反油酸。

[用途] 用于制造环氧油酸丁酯增塑剂、表面活性剂吐温 -80、抗静电剂、壬二酸、合成纤维、肥皂、复写纸等，用作工业溶剂、印染助剂、矿物浮选剂、脱模剂、油脂水解剂等。也是纺织油剂、木材防腐、原油回收等使用的添加组分。

[安全事项] 本品无毒，露置于空气中易氧化。为液体有机易燃酸性腐蚀物品，对金属有腐蚀性。宜用塑料桶或搪瓷容器包装储存。防止阳光暴晒或在温度较高的地方储存。

[简要制法] 以动植物油脂为原料，经水解制成脂肪酸，再经热压和固体脂肪酸分离，所得粗油酸经冷冻及冷压分离即制得成品油酸。也可由植物油皂脚(如棉油皂脚)经皂化、酸化、分离、蒸馏而制得。

6. 乙酸酐

[别名] 乙酐、醋酐、醋酸酐、无水醋酸。

[化学式] $C_4H_8O_3$

[结构式] $CH_3-\overset{\overset{\displaystyle O}{\|}}{C}-O-\overset{\overset{\displaystyle O}{\|}}{C}-CH_3$

[性质] 无色易挥发透明液体，有催泪性刺激气味。相对密度 1.0820，熔点 -73.1℃，沸点 139.9℃，闪点 64.4℃，燃点 392℃，折射率 1.3904，蒸气相对密度 3.52(空气 =1.0)，蒸气压 0.73kPa(30℃)，临界温度 296℃，临界压力 4.68MPa，爆炸极限 2.67% ~10.13%。稍溶于水，与乙醇、乙醚、丙酮、苯、氯仿、二硫化碳等混溶。乙酸酐在水中会缓慢水解成

乙酸，加热或无机酸存在时水解加速。与醇发生醇解反应生成酯。与氨或胺发生氨解反应生成酰胺。

[用途]重要有机化工原料及有机合成的乙酰化剂。能使醇、酚、氨、胺等分别形成乙酸酯和乙酰胺类化合物。在路易斯酸作用下可使烯烃或芳烃发生乙酰化反应。用于制造醋酸纤维素、不燃性电影胶片、塑料、染料、农药、香料，医药上用于制造乙酰水杨酸、氯霉素、左旋味唑、非那西丁、咖啡因、反应停等药物。也用作有机合成中作为硝化、磺化反应的脱水剂。

[安全事项]易燃。蒸气与空气能形成爆炸性混合物，遇明火或高热能引起燃烧或爆炸。与硝酸，高氯酸、过氧化物等氧化剂发生剧烈反应。对人低毒。吸入蒸气对呼吸道有刺激作用，引起咳嗽、胸痛、呼吸困难，皮肤接触可引起灼伤，口服会灼伤口腔和消化道。对金属有腐蚀性，宜用塑料、搪瓷等容器储存，存放于阴凉干燥处，防止阳光暴晒。

[简要制法]由乙醛在催化剂存在下用空气或氧进行液相催化氧化制得。或以乙酸或丙酮为原料在 650~800℃ 下高温热裂解制得。

7. 丙酸酐

[别名]丙酐、初油酸酐。

[化学式]$C_6H_{10}O_3$

[结构式] $CH_3-CH_2-\overset{\overset{O}{\|}}{C}-O-\overset{\overset{O}{\|}}{C}-CH_2-CH_3$

[性质]无色透明液体，有刺激性恶臭。相对密度 1.011，熔点 -43℃，沸点 167℃，闪点 74℃(闭杯)，燃点 316℃，折射率 1.4045，蒸气相对密度 4.49(空气 =1.0)，蒸气压 0.133kPa(20.6℃)，临界温度 343℃，临界压力 3.33MPa。与乙醇、乙醚、丙酮、氯仿、四氯化碳、二硫化碳等混溶。在水中分解生成丙酸，加热可提高水解速度，与醇发生醇解反应生成酯，与氨发生胺解反应生成酰胺。

[用途]用作制造酯类、医药及香料等的丙酰化剂，有机合成中硝化、磺化反应的脱水剂。医药上用于制造丙酸红霉素、丙酸羟甲雄酮、二丙酸倍他米松等，还用于制造醇酸树脂、染料等。

[安全事项]易燃。蒸气与空气能形成爆炸性混合物，遇明火或高热会着火或爆炸，对人低毒。但蒸气对眼睛、皮肤及黏膜有刺激作用，误服会中毒。对金属有腐蚀性，宜用塑料或搪瓷等容器储存。

[简要制法]可由丙酸在 0.8MPa、235℃ 的条件下加热脱水制得，也可由丙酸钠与丙酰氯共热回流，经分馏制得。

八、酯类溶剂

由醇和酸脱水生成的化合物称为酯。根据酸根的不同可分为羧酸酯和无机酸酯。羧酸酯也称为有机酸酯。低级酯是有香味的液体，如苯甲酸甲酯有茉莉香味，许多花果的香味，就是由于低级酯的存在而产生的。高级酯是蜡状的固体，酯的沸点比相对分子质量相近的羧酸低，难溶于水，易溶于有机溶剂。酯也能进行水解、醇解和氨解反应，但反应速度比酸酐的水解、醇解和氨解还要缓慢。

低级酯能溶解许多有机物和聚合物，而且低毒，易于挥发及分离，因此低级羧酸酯类是一类良好的溶剂，如乙酸乙酯、乙酸丁酯及乙酸戊酯等均大量用作溶剂。

670

与有机酸和酸酐类溶剂相比，酯类有机溶剂的刺激性及毒性都明显减少，多属微毒或低毒类，个别为中等毒或高毒类，具有一定程度的麻醉性，从甲酸甲酯起，随碳原子数增多麻醉性增强。对眼睛、呼吸道及皮肤都有不同程度的刺激作用。但脂肪酸酯类和芳香酸酯类，对生理作用不尽显著，长期吸入其蒸气或与其接触，呈轻度刺激，但一般不会发生过敏。

多数酯类溶剂在常温下蒸气压较低，蒸气比空气重，挥发产生的浓度不会太高。但某些酯类尤其是低碳羧酸酯轻易挥发，易燃、易爆，其蒸气与空气会形成爆炸性混合物，遇明火或高热会发生燃烧或爆炸，因其蒸气比空气重，能在较低处扩散至远处，遇火源会着火回燃。由于酯类可水解产生相应的酸和醇，因此也会产生相应的酸和醇所引起的毒作用。

（一）有机酯类溶剂

1. 甲酸甲酯

[别名]蚁酸甲酯。

[化学式]$C_2H_4O_2$

[结构式]

$$HC\overset{O}{\underset{\parallel}{}}\!\!-O\!-\!CH_3$$

[性质]无色液体，有类似醚的气味，有挥发性。相对密度0.9742，熔点 - 99℃，沸点31.5℃，闪点 - 32℃，燃点456℃，蒸气压65.3kPa（20℃），蒸气相对密度2.1（空气 = 1.0），临界温度214℃，临界压力6.0MPa，爆炸极限5% ~ 22.7%。溶于水，与乙醇、乙醚、丙酮、苯及氯仿等溶剂混溶，能溶解硝酸纤维素、醋酸纤维素及多数常用天然树脂。对丙烯酸树脂及乙烯基树脂也有较好的溶解性。易水解，酸、碱及空气中的湿气都能促进水解成甲酸和甲醇。

[用途]有机合成中用作甲酰化剂及合成原料。可用于制造甲酸、甲酰胺、乙二醇、草酸酯、二甲基甲酰胺及右美沙芬、磺胺甲基嘧啶等药物。也常用作硝酸纤维素及乙酸纤维素的溶剂和用作熏蒸杀虫剂、杀菌剂等。

[安全事项]为一级易燃液体，沸点低，挥发性大，易与空气形成爆炸性混合物。遇明火或高热会着火或爆炸。对金属有腐蚀性。蒸气有麻醉作用，吸入时会刺激鼻黏膜，引起眩晕、呕吐，并会作用于中枢神经系统引起视觉障碍。

[简要制法]由甲醇和甲酸在氯化钙存在下直接酯化而得，也可在催化剂存在下由甲醇与一氧化碳反应制得。

2. 甲酸乙酯

[别名]蚁酸乙酯。

[化学式]$C_3H_6O_2$

[结构式]

$$HC\overset{O}{\underset{\parallel}{}}\!\!-O\!-\!C_2H_5$$

[性质]无色透明液体，有类似甜酒香气，稍有甜味，易挥发，天然存在于苹果、梨及蜂蜜等中。相对密度0.9168，熔点 - 80.5℃，沸点54.2℃，闪点 - 20℃（闭杯），燃点557.1℃，蒸气压25.7kPa（20）℃，蒸气相对密度2.6（空气 = 1.0），爆炸极限2.75% ~ 16.5%。溶于水，与乙醇、乙醚、丙酮、氯仿、二硫化碳等混溶，能溶解硝酸纤维素、醋酸纤维素、油脂及多数天然树脂，对乙烯基树脂、丙烯酸树脂等也有较好溶解力。易水解，有酸、碱或空气中的湿气存在时能促进水解成甲酸及乙醇。加热至300℃以上分解成甲酸、乙烯、CO_2、CO、H_2O 等。能与三氯化铝、四氯化钛及路易

斯酸等形成配合物。

[用途]是硝化纤维素、乙酸纤维素等的优良溶剂，用于合成咪唑酸乙酯、维生素 B、利血生等药物及香料等，也用作谷类、烟草等的杀菌剂。

[安全事项]为一级易燃液体。蒸气与空气能形成爆炸性混合物。遇明火或高热会引起燃烧或爆炸。无水物对金属无腐蚀性。有湿气存在时易水解，生成的甲酸对除铝和不锈钢之外的金属有腐蚀性。毒性比甲酸甲酯稍低。蒸气有麻醉性及刺激作用。吸入高浓度蒸气，可引起眩晕、恶心、呕吐、倦睡，严重时可致神志丧失。口服刺激口腔和胃，并对中枢神经系统起抑制作用。

[简要制法]可在浓硫酸存在下，由乙醇与甲酸经直接酯化反应制得。也可由甲酸与乙醇在三氯化铝催化剂作用下制得。

3. 乙酸甲酯

[别名]醋酸甲酯。

[化学式]$C_3H_6O_2$

[结构式]

$$CH_3-\overset{\displaystyle O}{\overset{\|}{C}}-O-CH_3$$

[性质]无色透明液体，有酯的特有香味，味略苦，易挥发，天然存在于香蕉及葡萄中。相对密度 0.9330，熔点 98.1℃，沸点 57℃，闪点 -10℃（闭杯），燃点502℃，蒸气相对密度 2.55（空气 = 1.0），蒸气压 22.64kPa（20℃），临界温度233.7℃，临界压力 4.69MPa，爆炸极限 4.1% ~ 13.9%。溶于水，与乙醇、乙醚、丙酮、苯及烃类溶剂混溶。能溶解尿素树脂、乙烯基树脂、酚醛树脂及纤维素酯、纤维素醚等，还能溶解氯化铜、氯化铁、碘化镉等无机物。本品容易水解，常温下与水长时间接触会水解生成乙酸而呈酸性。高温加热时分解成乙醛、甲醛，进一步分解为甲烷、一氧化碳和氢气，可与氯化钙形成结晶性配合物，故氯化钙不能用作本品的干燥剂。

[用途]是硝化纤维素、乙酸纤维素、尿素树脂、蜜胺树脂、酚醛树脂、乙烯基树脂、氯丁橡胶及油脂等的优良溶剂，也用于制造染料、人造革、医药、香料及用作天然植物成分或油脂的萃取剂等。

[安全事项]为一级易燃液体。蒸气与空气可形成爆炸性混合物。遇明火及高热会引起着火或爆炸，无水物对金属无腐蚀性，可用钢铁、铝制容器储存。但因本品易水解产生游离乙酸而对铜有腐蚀性，对人低毒。蒸气有轻度麻醉性，吸入时会刺激眼睛、鼻及呼吸道，尤对眼的刺激强烈。由其分解产生的甲醇可引起视力减退及视神经萎缩等。由于易水解，应在阴凉干燥处密封储存，远离火种及热源。

[简要制法]可在浓硫酸作用下，由乙酸及甲醇经直接酯化反应制得，也可在高温、高压及催化剂存在下，由甲醇与一氧化碳及水蒸气反应而得。

4. 乙酸乙酯

[别名]醋酸乙酯。

[化学式]$C_4H_8O_2$

[结构式]

$$CH_3-\overset{\displaystyle O}{\overset{\|}{C}}-O-C_2H_5$$

[性质]无色透明液体，有水果香味，稀释后有甜辣味，具挥发性。相对密度 0.9006，

熔点 -83.8℃，沸点 77.1℃，闪点 7.2℃，燃点 426℃，蒸气相对密度 3.04（空气 = 1.0），蒸气压 9.71kPa（20℃），临界温度 250℃，临界压力 3.83MPa，爆炸极限 2.2% ~ 11.4%。微溶于水，低温时的溶解度大于高温。与乙醇、乙醚、丙酮、苯及氯仿等多数溶剂混溶，也能溶解聚苯乙烯、聚丙烯酸酯、聚氨酯、酚醛树脂、硝酸纤维素、有机玻璃及丁腈橡胶等，对氯化铜、氯化铁等金属卤化物也有较强溶解力。易发生水解，有酸、碱或水气存在下能促进水解反应生成乙酸、乙醇。也能发生还原、酯交换、氨解、醇解等一般酯的共同反应，在金属氧化物催化剂存在下，与空气共热可生成乙酸、乙醛。对热较稳定，在 290℃下加热 8 ~ 10h 无变化。在催化剂存在下，加热至 360℃时分解为乙烯、丙酮、二氧化碳及水。

[用途]工业重要溶剂，用作天然橡胶、丁苯橡胶、氯丁橡胶、氯磺化聚乙烯橡胶、聚氨酯橡胶、硝化纤维素、乙基纤维素、人造革、油墨、油漆及合成香精等的溶剂。也用作某些树脂、橡胶胶黏剂、耐油橡胶的溶剂，天然香料和有机酸萃取剂，织物洗涤剂。还用于制造无烟火药、人造丝、医药及调制香精。

[安全事项]为一级易燃液体，遇明火或高热会着火或爆炸。对金属的腐蚀性较小，可用钢铁或铝制容器储存，但不宜使用铜制容器，因微量乙酸对铜有腐蚀性。本品低毒，但蒸气对眼睛、皮肤及黏膜有刺激性，易造成角膜浑浊，吸入高浓度蒸气会造成肝、肾损害。

[简要制法]在浓硫酸作用下，由乙酸与乙醇经直接酯化反应制得，也可以乙醇铝为催化剂，由乙醛经缩合反应制得。还可在催化剂作用下，由乙烯与乙酸经酯化反应制得。

5. 乙酸丙酯

[别名]乙酸正丙酯、醋酸正丙酯。

[化学式]$C_5H_{10}O_2$

[结构式]

$$CH_3—\overset{\overset{\displaystyle O}{\|}}{C}—O—C_3H_7$$

[性质]无色透明液体，具有梨样的气味。天然存在于西红柿、香蕉等中。相对密度 0.8887，熔点 -92.5℃，沸点 101.6℃，闪点 22.2℃，燃点 450℃，折射率 1.3844，蒸气相对密度 3.5（空气 = 1.0），蒸气压 3.35kPa（20℃），临界温度 276℃，临界压力 3.33MPa，爆炸极限 1.77% ~ 8.0%。微溶于水，与乙醇、乙醚、丙酮、酯类及烃类溶剂混溶，也能溶解硝酸纤维素、酚醛树脂、乙烯基树脂、聚苯乙烯及多数天然油脂，对氯化铜，氯化汞等金属卤化物也有较强溶解力。有水存在时会缓慢水解，生成乙酸和丙醇。有酸、碱存在时可促进水解，也可发生胺解、醇解、酯交换等反应。加热至 450 ~ 470℃时，分解生成丙烯、乙酸及乙醛、甲醇、乙醇、乙烯、水等。

[用途]为缓和的快干溶剂，特别适用于配制聚烯烃和聚酰胺类薄膜印刷油墨。也是树脂、纤维素、橡胶、热反应性酚醛塑料及涂料的溶剂。还用作有机物及无机物的萃取剂及用于配制果香型香精的溶剂。

[安全事项]为一级易燃液体。蒸气与空气能形成爆炸性混合物，遇明火或高热会燃烧或爆炸。对金属无腐蚀性，可用钢铁或铝制容器储存，但不宜用铜制容器，因水解生成的微量乙酸会对铜产生腐蚀。应存放于阴凉通风处，远离火种、热源。本品毒性较低，高浓度时有麻醉作用及刺激皮肤、黏膜。

[简要制法]由正丙醇为原料，在硫酸催化剂作用下与乙酸经酯化反应制得。

6. 乙酸异丙酯

[别名]醋酸异丙酯、乙酸-2-甲基乙酯。

[化学式]$C_5H_{10}O_2$

[结构式]

$$CH_3-\overset{O}{\overset{\|}{C}}-O-\overset{CH_3}{\overset{|}{CH}}-CH_3$$

[性质]无色透明液体，有苹果样香气，易挥发。天然存在于梨、菠萝、可可豆等中。相对密度 0.8718，熔点 -73.4℃，沸点 89.5℃，闪点 16℃，燃点 460℃，折射率 1.3773，蒸气相对密度 3.52（空气 = 1.0），蒸气压 5.33kPa（17℃），临界温度 243℃，临界压力 3.50MPa，爆炸极限 1.8% ~ 8.0%。微溶于水，与乙醇、乙醚、丙酮、苯等多数有机溶剂混溶。能溶解氯化橡胶、丁苯橡胶、天然橡胶、香豆酮树脂、酚醛树脂、乙烯基树脂、硝化纤维素、润滑脂、油脂、松香等。能发生醇解、胺解、酯交换、还原等一般酯的共同反应。与苯反应生成异丙基苯。有水存在时逐渐水解生成乙酸及异丙醇，有酸或碱存在时能促进水解。加热至 350℃ 时裂解生成乙酸及丙烯。

[用途]用作橡胶、塑料、纤维素衍生物、油墨及化学反应用溶剂。也用作医药、香料萃取剂、工业脱水剂、耐油合成橡胶胶黏剂的稀释剂等。也是容许使用的食用香精，用作配制朗姆酒香精和水果型香精的溶剂。

[安全事项]为一级易燃液体。蒸气与空气能形成爆炸性混合物，遇明火及高热可引起着火或爆炸。无水物对金属无腐蚀性，可用钢铁容器储存，但不宜使用铜制容器储存。其毒性与乙酸丙酯相似，高浓度蒸气对眼睛、皮肤及黏膜等有刺激性。口服引起恶心、呕吐。

[简要制法]在硫酸催化剂存在下，由乙酸与异丙醇经酯化反应制得。也可在催化剂存在下，由丙烯与乙酸经气相反应制得。

7. 乙酸丁酯

[别名]乙酸正丁酯、醋酸丁酯。

[化学式]$C_6H_{12}O_2$

[结构式]

$$CH_3-\overset{O}{\overset{\|}{C}}-O-C_4H_9$$

[性质]无色透明液体，有强烈水果香气，易挥发。相对密度 0.8825，熔点 -76.9℃，沸点 126℃，闪点 27℃（闭杯），燃点 421℃，折射率 1.3951，蒸气相对密度 4.0（空气 = 1.0），蒸气压 2kPa（25℃），临界温度 306℃，临界压力 3.5MPa，爆炸极限 1.4% ~ 8.0%。微溶于水，与乙醇、乙醚、丙酮、苯等常用溶剂混溶，能溶解聚苯乙烯、聚氯乙烯、聚丙烯酸酯、丁苯橡胶、天然橡胶、松香、油脂、乳香、硝酸纤维素、醋酸纤维素等。对氯化铜、氯化铁等金属卤化物也有较强溶解力。加入醇类溶剂，可提高本品的溶解能力。能进行醇解、胺解、酯交换等反应。一般情况下难水解，而在酸或碱存在下，可水解生成乙酸、丁醇，高温下裂解生成乙酸、丁烯，与异丙醇铝共热生成乙酸异丙酯、丁基铝。

[用途]优良溶剂，广泛用作橡胶、合成树脂、天然树胶、瓷漆、硝基喷漆、油墨、人造革、油毡制品等的溶剂。也用作石油加工及医药、香料的萃取剂、合成橡胶胶黏剂的黏度调节剂。还用于制造安全玻璃、荧光灯内部涂料、飞机涂料及配制果香型食品香精。

[安全事项]为二级易燃液体，蒸气与空气能形成爆炸性混合物，遇明火或高热会引起燃烧或爆炸。无水物对金属无腐蚀性，可用钢铁或铝制容器储存，但不宜使用铜制容器。本品在一般使用条件下毒性不大，高浓度对中枢神经有抑制作用。蒸气对眼及呼吸道有较强刺

激，可引起结膜炎、角膜炎。皮肤接触可引起脱脂、干燥。

[简要制法]由乙酸与正丁醇在硫酸或分子筛等催化剂存在下，经酯化反应制得。

8. 乙酸异丁酯

[别名]醋酸异丁酯、乙酸-2-甲基丙酯。

[化学式]$C_6H_{12}O_2$

[结构式]

$$CH_3-\overset{\overset{O}{\|}}{C}-O-CH_2-\overset{\overset{CH_3}{|}}{CH}-CH_3$$

[性质]无色透明液体，有柔和的水果香味及醚的气味。天然存在于覆盆子、梨、菠萝等水果中。味苦，易挥发。相对密度0.8712，熔点-98.6℃，沸点117℃，闪点31.1℃，燃点422.8℃，折射率1.3902，蒸气相对密度4.0(空气=1.0)，蒸气压1.713kPa(20℃)，临界温度287.8℃，临界压力3.14MPa，爆炸极限2.4%~10.5%。微溶于水，与乙醇、乙醚、丙酮、苯及烃类等多数有机溶剂混溶，能溶解聚氯乙烯、聚丙烯酸酯、聚乙烯乙酸酯、酚醛树脂、乙烯基树脂、天然及合成橡胶、硝酸纤维素、松香、润滑脂等，对氯化铜、氯化铁等金属卤化物也有较好溶解能力。化学性质与乙酸丁酯相似，可进行醇解、胺解及酯交换等反应。一般情况下难水解，有酸或碱存在时可以水解成乙酸、丁醇。加热至450℃以上时，可分解生成乙酸、异丁烯、丙酮、甲烷及CO_2等。在催化剂存下与苯反应生成叔丁基苯。

[用途]用作天然及合成橡胶、聚苯乙烯、聚氨酯、过氯乙烯树脂、硝酸纤维素、染料、喷漆及香料等的溶剂及稀释剂。也用作金属(Pt、Ru、Pd)及青霉素、丹宁等的萃取剂。还用于调配合成洗涤剂及果香型香精。

[安全事项]为一级易燃液体。蒸气与空气能形成爆炸性混合物，遇明火或高热能引起燃烧或爆炸。无水物对金属无腐蚀性，可用钢或铝制容器储存。本品毒性较低，但蒸气对眼睛及呼吸道有刺激性，高浓度蒸气有麻醉作用，大量口服会引起头痛、恶心、呕吐，严重时会引起昏迷，皮肤接触会脱脂、干燥。

[简要制法]由异丁醇与乙酸酐在硫酸催化剂作用下经酯化反应制得。

9. 乙酸戊酯

[别名]乙酸正戊酯、醋酸戊酯、香蕉油。

[化学式]$C_7H_{14}O_2$

[结构式]

$$CH_3-\overset{\overset{O}{\|}}{C}-O-C_5H_{11}$$

[性质]无色透明液体，有香蕉样气味，易挥发。相对密度0.8756，熔点-70.8℃，沸点149.3℃，闪点25℃(闭杯)，燃点379℃，折射率1.4023，蒸气相对密度4.5(空气=1.0)，蒸气压0.8kPa(25℃)，临界温度332℃，临界压力3.14MPa，爆炸极限1.1%~7.5%。微溶于水，与乙醇、乙醚、丙酮、苯、四氯化碳、二硫化碳等多种有机溶剂混溶，也能溶解硝化纤维素、乙基纤维素、天然橡胶、聚乙酸乙烯酯、酚醛树脂、乙烯基树脂、松香、润滑脂及天然油脂等。一般情况下难以水解，在碱性条件下则可水解生成乙酸、戊醇，加热至470℃时生成1-戊烯，也可进行醇解、胺解、酯交换等反应。

[用途]用作天然橡胶、纤维素、聚氨酯、聚丙烯酸酯、过氯乙烯树脂、喷漆、染料等的溶剂、稀释剂。也用作贵金属萃取剂、木材胶黏剂、渍物去污剂及制造医药、人造革等。

[安全事项]为一级易燃液体，蒸气与空气能形成爆炸性混合物，遇明火或高热能着火或爆炸。无水物对金属无腐蚀性，可用钢或铝制容器储存，但不宜用铜制容器，因微量乙酸

会对铜产生腐蚀。本品毒性较低，但蒸气对眼睛、呼吸道及黏膜有刺激作用，严重时会引起眩晕、胸闷、心悸、呕吐等症状，皮肤长期接触可致脱脂或皮炎。

[简要制法]可由乙酸与戊醇在硫酸催化剂作用下，经酯化反应制得。也可由杂醇油分离而得。

10. 乙酸异戊酯

[别名]醋酸异戊酯、乙酸-3-甲基丁酯。

[化学式]$C_7H_{14}O_2$

[结构式]
$$CH_3—\overset{\displaystyle O}{\overset{\|}{C}}—O—(CH_2)_2—\overset{\displaystyle CH_3}{\overset{|}{CH}}—CH_3$$

[性质]无色透明液体，微带香蕉香味，具挥发性。天然存在于香蕉、菠萝、梨及苹果等中。相对密度 0.8719，熔点 -78.5℃，沸点 142.5℃，闪点 25℃（闭杯），折射率 1.4007，蒸气相对密度 4.5（空气=1.0），蒸气压 0.67kPa（23.7℃），临界温度 332℃，临界压力 3.14MPa，爆炸极限 1.0%~7.5%。微溶于水，与乙醇、乙醚、丙酮、苯及烃类溶剂混溶，也能溶解硝化纤维素、酚醛树脂、乙烯基树脂、天然橡胶、松香、乳香及蓖麻油等。一般情况下难水解，在碱性条件下可水解成乙酸、异戊醇，高温下会分解成 3-甲基-1-戊烯及少量丙酮，在一定条件下也可进行还原、醇解、胺解、酯交换等反应。

[用途]优良溶剂，用作氯丁橡胶、丁腈橡胶、硝酸纤维素、聚丙烯酸酯、聚氨酯、油漆、松香、油脂等的溶剂或稀释剂。也用作天然植物成分、药物及香料的萃取剂、织物染色处理剂，还用于配制香皂、合成洗涤剂等日化香精。

[安全事项]为一级易燃液体，蒸气与空气能形成爆炸性混合物，遇明火或高热可引起着火或爆炸，无水物对金属无腐蚀性，可用钢或铝制容器储存，但不宜使用铜制容器。本品毒性较低，但蒸气对眼睛、黏膜及呼吸道有刺激性。高浓度蒸气有麻醉作用，吸入时会引起眩晕心悸、恶心、呕吐、心动过速等症状。皮肤经常接触会产生脱脂、皲裂或皮炎等。

[简要制法]由冰乙酸与异戊醇在硫酸或磷酸催化剂作用下经酯化反应制得。

11. 乙酸苄酯

[别名]乙酸苯甲酯、醋酸苄酯。

[化学式]$C_9H_{10}O_2$

[结构式] $H_3C—\overset{\displaystyle O}{\overset{\|}{C}}—O—CH_2—C_6H_5$

[性质]无色透明油状液体，有茉莉花香味，天然存在于茉莉、风信子、晚香玉等的香精油中，也存在于苹果、桃等果浆中。相对密度 1.055，熔点 -51.5℃，沸点 213.5℃，闪点 102℃，燃点 461℃，折射率 1.5232，蒸气压 0.1kPa（40.7℃）。难溶于水，不溶于甘油，与乙醇、乙醚、丙酮、苯及脂肪烃等溶剂混溶。也能溶解酚醛树脂、乙烯基树脂、聚丙烯酸酯、硝酸纤维素、松香、天然油脂及氯化铜、氯化铁等多种金属卤化物。与 87.5% 水形成共沸物，共沸点 99.6℃。一般条件下难水解。在强碱条件下可水解成乙酸、苄醇，在 150~170℃下与氯气反应，可生成苯甲酰氯及乙酰氯。在一定条件下，可进行醇解、胺解及酯交换等反应。

[用途]用作溶解聚苯乙烯、聚丙烯酸酯、过氯乙烯树脂、聚氨酯、酚醛树脂、丁腈橡

胶、醋酸纤维素、硝化纤维素及松香等的溶剂或助溶剂。与醇类溶剂混合可提高其溶解能力。也用于调制果香型食用香精及化妆品、洗涤剂用香精。

[安全事项]易燃，蒸气与空气可形成爆炸性混合物，遇明火或高热有着火或爆炸危险。无水物对金属无腐蚀性，可用铁、铝容器储存。本品毒性较低，但蒸气对眼睛、皮肤及黏膜等有刺激性，并有麻醉作用，吸入高浓度蒸气可引起眩晕、心悸、恶心、呕吐等症状。皮肤反复接触可引起脱脂、皮炎等。

[简要制法]可由乙酸与苯甲醇在硫酸催化剂作用下经酯化反应制得，也可以乙酸钠与氯苄为原料，在吡啶催化剂作用下反应而得。

12. 丙酸乙酯

[化学式]$C_5H_{10}O_2$

[结构式]

$$CH_3-CH_2-\overset{\overset{\displaystyle O}{\|}}{C}-O-C_2H_5$$

[性质]无色透明液体，有菠萝香味。相对密度 0.8917，熔点 -73.9℃，沸点 99.1℃，燃点 477℃，闪点 12℃蒸气相对密度 3.25（空气 = 1.0），蒸气压 1.02kPa（25℃），临界温度 272.3℃，临界压力 3.35MPa，爆炸极限 1.9% ~ 11.0%。微溶于水，与乙醇、乙醚、丙酮、苯等极大多数有机溶剂混溶。能溶解乙烯基树脂、酚醛树脂、硝酸纤维素、润滑脂、天然油脂，部分溶解虫胶、天然橡胶。一般情况下难水解，强碱条件下可水解生成丙酸、乙醇。高温下分解成丙酸、乙醇及 CO_2 等。具有酯的化学通性，可进行醇解、胺解、酯交换等反应。

[用途]用作纤维素酯类、醚类、天然或合成橡胶、油漆及油墨等的溶剂或助溶剂，医药上用于合成抗疟药乙胺嘧啶等，也用于配制果香型食用香精及日化用香精。

[安全事项]为中闪点易燃液体。蒸气与空气能形成爆炸性混合物，遇明火或高热会着火或爆炸，蒸气比空气重，能从较低处扩散至远处，遇火种会发生回燃。与氧化剂接触剧烈反应。本品低毒，高浓度蒸气对眼睛、鼻、黏膜等有刺激性，口服会引起恶心、呕吐、腹泻，严重时会引起共济失调、昏迷，但体内无蓄积作用，皮肤反复接触会引起脱脂、皲裂。

[简要制法]由丙酸与乙醇在硫酸催化剂作用下经直接酯化制得。

13. γ - 丁内酯

[别名]1，4 - 丁内酯、γ - 羟基丁酸内酯。

[化学式]$C_4H_6O_2$

[结构式]

$$\begin{array}{c} H_2C-CH_2 \\ | \qquad | \\ H_2C \qquad C=O \\ \diagdown \; \diagup \\ O \end{array}$$

[性质]无色透明油状液体，有丙酮样气味。天然存在于咖啡、炒榛子中。相对密度 1.129，熔点 -44℃，沸点 204℃，闪点 98℃。溶于水，与乙醇、乙醚、丙酮、氯仿等有机溶剂混溶，能溶解橡胶、松香、石蜡、硝酸纤维素、醋酸纤维素及天然树脂。性质较稳定，遇热及碱溶液则分解。在热碱作用下易发生水解，水解是可逆的，当 pH 值为 7 时，又生成内酯，在酸性介质中水解较慢。与卤素反应生成卤化 γ - 丁内酯。在酸催化剂作用下，与醇反应生成酯。还可与氨、甲酸、芳烃、烯烃及酯类等反应。

[用途]有机合成中用于制造 2 - 吡咯烷酮、N - 甲基 - 2 - 吡咯烷酮、聚乙烯吡咯烷酮及丁酸等产品，广泛用作树脂、高分子聚合物、石油产品、涂料、油墨、染料及农用化学品

的溶剂，也用作润滑油添加剂、染色助剂、燃料油黏度调节剂、丙烯腈纤维凝固剂、摄影药剂分散剂、芳烃萃取剂及导电性溶剂等，还用于制造医药、香料等。

[安全事项]为可燃性液体，其蒸气与空气可形成爆炸性混合物，遇明火、高热或氧化剂有着火或爆炸危险。对金属无腐蚀性，可用钢或铁制容器储存。本品低毒，但对皮肤有刺激性，并为皮肤所吸收，应避免与皮肤接触。

[简要制法]以1，4-丁二醇为原料，在铜催化剂作用下经脱氢、环化反应制得。也可用顺酐为原料，在镍-铼催化剂作用下，经催化加氢反应制得。

14. 己二酸二辛酯

[别名]己二酸二（2-乙基己基）酯。

[化学式]$C_{22}H_{42}O_4$

[结构式]
$$(CH_2)_4 \begin{array}{c} COOCH_2CH(CH_2)_3CH_3 \\ | \\ C_2H_5 \\ \\ COOCH_2CH(CH_2)_3CH_3 \\ | \\ C_2H_5 \end{array}$$

[性质]无色至淡黄色油状液体，微有气味。相对密度0.922（25℃），沸点417℃，熔点-67.8℃，闪点192℃，折射率1.4474，蒸气压0.13Pa（85℃），黏度13.7mPa·s（20℃），挥发速度3.5mg/（cm²·h）（150℃）。不溶于水，微溶于己二醇，溶于甲醇、苯、汽油及矿物油等溶剂。与聚氯乙烯、聚苯乙烯、纤维素树脂、酚醛树脂等有较好相容性，而与聚乙酸乙烯酯及乙酸纤维素的相容性较差。常温下稳定，在强碱条件下可发生水解。具有酯的化学通性，可发生醇解、胺解及酯交换等反应。在光和热的作用下易发生聚合。

[用途]主要用作聚氯乙烯、聚苯乙烯、纤维素树脂及合成橡胶等的典型耐寒增塑剂，增塑效率高，可赋予制品良好的低温柔软性及较好的手感，并具有良好的耐光性及耐热性。多与邻苯二甲酸二辛酯并用，用于制作户外用塑料管、冷冻食品包装膜、合成革、电线电缆包覆层等。也用作橡胶型胶黏剂及涂料等的增塑剂。其主要缺点是挥发性较大、耐迁移性及电绝缘性等较差。还可用作溶剂及有机合成中间体。

[安全事项]可燃，遇明火或高热会着火，与氧化剂会发生反应。应储存于阴凉通风处，远离火种、热源。本品低毒，蒸气有一定刺激性，皮肤反复接触会脱脂、干燥。

[简要制法]在硫酸催化剂存在下，由己二酸与2-乙基己醇经酯化反应制得。

15. 草酸二乙酯

[别名]乙二酸二乙酯。

[化学式]$C_6H_{10}O_4$

[结构式]
$$C_2H_5-O-\overset{\overset{O}{\|}}{C}-\overset{\overset{O}{\|}}{C}-O-C_2H_5$$

[性质]无色油状液体，有芳香气味。相对密度1.0843，熔点-40.6℃，沸点185.4℃，闪点75℃，折射率1.4102，蒸气相对密度5.04（空气=1.0），蒸气压1.33kPa（84℃）。微溶于水，与乙醇、乙醚、丙酮、苯及乙酸乙酯等溶剂混溶。能溶解天然树脂、油脂、润滑脂、醇酸树脂及硝酸纤维素等。在湿气存在下会水解生成草酸或草酸乙酯。

[用途]用作纤维素酯、香料等的溶剂，乙炔萃取剂，染料中间体等。医药上用于制造

678

苯巴比妥、白内停、乳清酸、磺胺二甲基异噁唑等。

[安全事项]易燃。遇明火会燃烧，有毒。蒸气有强刺激性，吸入后可引起烧灼感、咳嗽、咽炎、头痛、恶心，严重时会致呼吸紊乱及肌肉颤动。

[简要制法]由无水草酸与乙醇在甲苯溶剂中经酯化反应制得。

16. 马来酸二丁酯

[别名]马来酸二正丁酯、顺丁烯二酸二丁酯、无水苹果酸丁酯。

[化学式]$C_{12}H_{20}O_4$

[结构式] $C_4H_9\!-\!O\!-\!\overset{\overset{O}{\|}}{C}\!-\!CH\!=\!CH\!-\!\overset{\overset{O}{\|}}{C}\!-\!O\!-\!C_4H_9$

[性质]无色透明油状液体，相对密度0.9964，熔点-85℃，沸点280℃，闪点141℃，折射率1.4440(25℃)，蒸气压2.1kPa(25℃)，黏度7mPa·s(23℃)。不溶于水，与乙醇、乙醚、丙酮、氯仿等多数有机溶剂混溶，和98.4%的水形成共沸物，共沸点99.9℃。可进行氨解、加成等反应。

[用途]用作有机合成中间体及酰化剂。可与氯乙烯、丙烯酸酯类等单体共聚，用于制造胶黏剂、涂料及薄膜等，也用作聚氯乙烯树脂、聚甲基丙烯酸酯等的内增塑剂，还用作纸张处理剂、分散剂、润滑剂及石油产品防锈添加剂等。

[安全事项]可燃。遇明火会燃烧，加热分解产生有毒气体。对眼及皮肤有轻刺激性，避免吸入其蒸气。

[简要制法]由顺酐与丁醇在硫酸催化剂作用下经酯化反应制得。

17. 癸二酸二辛酯

[别名]癸二酸二(2-乙基己基)酯。

[化学式]$C_{26}H_{50}O_4$

[结构式] $(CH_2)_8\begin{cases}\overset{\displaystyle C_2H_5}{\underset{\displaystyle |}{COOCH_2CH(CH_2)_3CH_3}}\\[4pt]\underset{\displaystyle |}{\overset{\displaystyle |}{COOCH_2CH(CH_2)_3CH_3}}\\[2pt]\displaystyle C_2H_5\end{cases}$

[性质]无色至淡黄色透明油状液体。相对密度0.912~0.916，熔点-42~-50℃，沸点212℃(0.133kPa)，闪点235~246℃，折射率1.4470(25℃)，黏度25mPa·s(25℃)，蒸气压0.67kPa(240℃)。微溶于水，稍溶于某些多元醇及胺类，溶于乙醇、乙醚、丙酮、苯等多种有机溶剂，能溶解聚乙烯、聚苯乙烯、硝化纤维素及有机玻璃等，也能溶解多数天然树脂、松香、石蜡及润滑脂。

[用途]是油脂、橡胶、石蜡、松香及甘油三酸酯等的良好溶剂，也用作聚氯乙烯、氯乙烯共聚物及合成橡胶等的耐寒增塑剂，具有增塑效率高、挥发性低、耐寒及耐光性好、电绝缘性良好等特点，特别适用于制造耐寒电线电缆、薄膜、片材及人造革等。由于相容性较差，常与邻苯二甲酸酯类并用。还可用作喷气发动机的润滑油及润滑脂、气相色谱的固定液等。

[安全事项]易燃，遇明火、高热或与氧化剂接触，有引起燃烧或爆炸的危险。本品低毒，但蒸气对眼睛、黏膜有刺激性，皮肤反复接触会脱脂、干燥。

[简要制法]在硫酸催化剂存在下，由癸二酸与2-乙基己酯反应制得。

18. 邻苯二甲酸二甲酯

[别名]1，2-苯二甲酸二甲酯、驱蚊油。

[化学式]$C_{10}H_{10}O_4$

[结构式]

[性质]无色透明油状液体，微具芳香味。相对密度1.188～1.192，熔点0～2℃，沸点280～285℃，闪点149～157℃，燃点556℃，折射率1.5169，黏度22mPa·s(20℃)。微溶于水，溶于甲醇、丙酮、甲苯、四氯化碳、乙酸乙酯等溶剂，与乙醇、乙醚混溶，不溶于矿物油，能溶解聚氯乙烯、氯化橡胶、聚苯乙烯、聚乙酸乙烯酯、有机玻璃、醋酸纤维素等。对热稳定，加热至450℃时只少量分解。在苛性钾的甲醇溶液中会发生局部水解。

[用途]是橡胶、松香、石蜡、甘油三酸酯等的良好溶剂，也用作天然及合成橡胶、纤维素树脂、乙烯基树脂等的增塑剂，有优良的成膜性、黏着性及防水性，热稳定性也较高，但本品低温下易结晶，挥发性大，制成的薄膜易脆化，故常与邻苯二甲酸二乙酯等增塑剂并用，主要用于乙酸纤维素薄膜、玻璃低、清漆及模塑粉等。用作橡胶增塑剂时，可提高胶料的可塑度，尤适用于丁腈及氯丁橡胶。还可用作防蚊油及驱避剂，对蚊、白蚁、库蠓及蚋等吸血昆虫有驱避作用。

[安全事项]可燃。遇明火或高热能引起燃烧或爆炸。加热分解产生有毒气体。本品低毒。对皮肤不产生刺激或过敏，但蒸气对眼睛、黏膜有刺激性，误食可引起肠胃道刺激，严重时产生麻痹、血压降低。

[简要制法]以硫酸为催化剂，由苯酐与甲醇经酯化反应制得。

19. 邻苯二甲酸二乙酯

[别名]1，2-苯二甲酸二乙酯、苯乙酯油。

[化学式]$C_{12}H_{14}O_4$

[结构式]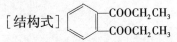

[性质]无色透明油状液体。微具芳香气味，有苦涩味。相对密度1.1175，熔点-40℃，沸点298℃，闪点152℃，燃点578℃，折射率1.499(25℃)，黏度21mPa·s(20℃)。微溶于水，与乙醇、乙醚、苯、丙酮及氯仿等有机溶剂混溶。能溶解多数天然及合成树脂、氯化橡胶、聚苯乙烯、有机玻璃、硝化纤维素、乙基纤维素、松香石蜡等。常温下稳定，碱性条件下易水解。在250～325℃和10MPa的条件下会分解生成邻甲基苯甲酸、邻苯二甲酸及少量苯甲酸、甲烷、CO_2等。

[用途]是橡胶、石蜡、甘油三酸酯、松香清漆、润滑脂等的良好溶剂，也用作聚氯乙烯、氯丁橡胶、聚乙酸乙烯酯、乙酸纤维素及醇酸树脂等的增塑剂。用于乙酸纤维素时，可得到耐光性、强韧性优良的赛璐珞制品。因其热挥发性较大，耐久性较差，故只用于一般性制品，如人造革、地板及薄膜等。也可用作天然橡胶、油漆、印刷油墨、胶黏剂等的增塑剂、酒精变性剂，以及染料、杀虫剂和香料的溶剂及织物润滑剂、聚乙酸乙烯酯胶黏剂的增黏剂。

[安全事项]易燃。遇明火及高热有着火或爆炸危险。加热分解时产生有毒气体。本品

低毒，对皮肤不产生明显的刺激或过敏作用，但蒸气对眼睛、黏膜有刺激性，误服有毒。

[简要制法]以硫酸为催化剂，由苯酐与乙醇经酯化反应制得。

20. 邻苯二甲酸二丁酯

[别名]邻苯二甲酸二正丁酯、1，2-苯二甲酸二丁酯。

[化学式]$C_{16}H_{22}O_4$

[结构式]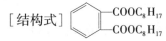

[性质]无色透明液体，微具芳香气味。相对密度1.042~1.049(25℃)，熔点-35~-40℃，沸点340℃，闪点171℃，燃点403℃，黏度16.3mPa·s(25℃)。挥发速度0.98mg/cm²·h(100℃)。微溶于水，与乙醇、乙醚、丙酮、苯等多数有机溶剂混溶。能溶解聚氯乙烯、聚苯乙烯、氯化橡胶、天然树脂、有机玻璃、油脂、硝化纤维素等。常温下稳定，长时间煮沸会部分发生水解，游离出邻苯二甲酸酐。

[用途]是橡胶、天然树脂、石蜡、松香、甘油三酸酯及虫胶等的优良溶剂。也用作聚氯乙烯、聚乙酸乙烯酯、氯丁橡胶、醇酸树脂、纤维素树脂等的增塑剂。尤多用作聚氯乙烯及纤维素树脂等的主增塑剂。还用作天然和合成橡胶的增塑剂及软化剂，可提高制品的回弹性。由于价廉易得，是应用最广的增塑剂之一，但因其热挥发性及油抽出性较大、耐久性较差，故主要用于鞋类、地板及人造革等一般制品。本品也可用作油漆、油墨、胶黏剂等的增塑剂，染料、香料、杀虫剂的溶剂，织物润滑剂等。

[安全事项]易燃，遇明火及高热会引起着火或爆炸，加热分解会产生有毒气体。本品低毒，皮肤接触会有少量吸收，皮肤及眼黏膜一次接触本品并不引起明显刺激，反复接触可见到严重刺激，并引起中枢神经系统的功能性变化，有中等程度的蓄积作用，皮肤反复接触可致脱脂、干燥。

[简要制法]以硫酸为催化剂，由苯酐与丁醇经酯化反应制得。

21. 邻苯二甲酸二辛酯

[别名]邻苯二甲酸二(2-乙基己基)酯、1，2-苯二甲酸二辛酯。

[化学式]$C_{24}H_{38}O_4$

[结构式]

[性质]无色透明油状液体，有特殊气味。相对密度0.9861(25℃)，熔点-55℃，沸点386℃，闪点219℃，燃点241℃，折射率1.4820(25℃)，挥发速度0.0206g/1000cm²·h(100℃)。不溶于水，微溶于甘油、乙二醇，溶于乙醇、乙醚、丙酮、氯仿等多数有机溶剂及热汽油、矿物油，对合成橡胶、聚氯乙烯、聚苯乙烯、有机玻璃、硝酸纤维素、香豆酮树脂等都有很强溶解能力。常温下稳定，不易水解。而在酸或碱催化剂作用下则可水解生成邻苯二甲酸及辛醇。高温下分解成苯酐及烯烃。

[用途]用作有机溶剂、缩合剂、橡胶软化剂、减摩剂及气相色谱固定液等，也是目前应用最广的通用型增塑剂，综合性能好，增塑效率高、挥发性低、迁移性小、耐热及耐候性好。广泛用于聚氯乙烯、氯乙烯共聚物、纤维素树脂等的加工，制造薄膜、薄板、电线电缆、模塑品、食品包装材料及医用血袋等，也是聚氯乙烯通用增塑剂的工业标准品，用作与其他增塑剂相比较的标准。还可用作合成胶黏剂、密封胶、氯丁

及丁腈橡胶等的增塑剂。

[安全事项]可燃。遇明火、高热或接触氧化剂有引起燃烧或爆炸危险，加热分解会产生有毒气体。本品低毒，一般不对人体皮肤产生刺激或过敏反应，但蒸气对眼睛及上呼吸道黏膜等有刺激作用，皮肤反复接触可致脱脂、干燥。

[简要制法]在硫酸催化剂作用下，由苯酐与 2 - 乙基己醇经酯化反应制得。

22. 乙二醇二乙酸酯

[别名]二乙酸乙二醇酯。

[化学式]$C_6H_{10}O_4$

[结构式] CH$_2$OOCH$_3$
　　　　 |
　　　　 CH$_2$OOCH$_3$

[性质]无色透明液体。相对密度 1.1063，熔点 -41.5℃，沸点 189℃，闪点 105℃，燃点 635℃，折射率 1.4159，蒸气压 0.033kPa(20℃)。稍溶于水，易溶于乙醇、乙醚、苯、氯仿，难溶于石油系脂肪烃溶剂，能溶解蓖麻油、松香、樟脑等。具有酯的化学通性。在酸或碱存在下易水解生成乙酸、乙醇，也能进行醇解、酯交换等反应。

[用途]用作硝基喷漆、荧光涂料、喷漆、油墨、纤维素酯、炸药、农药等的溶剂及稀释剂。

[安全事项]易燃。遇明火、高热或氧化剂有燃烧或爆炸危险，对金属无腐蚀性。毒性与乙二醇相似。误饮时会引起恶心、呕吐、痉挛，严重时会因尿中毒而昏迷、死亡，蒸气对眼有轻度刺激。

[简要制法]由 1，2 - 二溴乙烷与乙酸钾在催化剂存在下反应制得。

23. 甘油三乙酸酯

[别名]三乙酸甘油酯、三醋精、甘油三醋酸酯。

[化学式]$C_9H_{14}O_6$

[结构式]

[性质]无色油状液体，微有脂肪气味。相对密度 1.156(25℃)，熔点 -78℃，沸点 258~260℃，闪点 133℃，燃点 160℃，折射率 1.4307，蒸气相对密度 7.52(空气 = 1.0)，蒸气压 6.6kPa(60℃)。微溶于水，溶于乙醇、乙醚、丙酮、苯、氯仿等溶剂，微溶于二硫化碳，不溶于矿物油及亚麻子油。能溶解丙烯酸树脂、醋酸纤维素、聚乙酸乙烯酯、硝酸纤维素等，部分溶解松香。

[用途]是乙酸酯类化合物的理想溶剂，用作油墨、染料溶剂，家用漂白剂，医药赋形剂，汽油添加剂，香料定香剂等，也用作硝酸纤维素、乙酸纤维素等的增塑剂，用于制造纤维素塑料。常与一种或多种挥发性小的增塑剂并用。与邻苯二甲酸二丁酯、硬脂酸丁酯等配合使用，可制得耐水、耐紫外线、有韧性的制品。

[安全事项]易燃。遇明火、高热或强氧化剂会着火或爆炸，本品低毒，误饮时会恶心、呕吐，但在体内能发生水解，生成乙酸及醇类等。

[简要制法]在催化剂存在下，由乙酸与甘油经酯化反应制得。

(二)无机酸酯类溶剂

1. 碳酸二甲酯

[别名]碳酸甲酯。

[化学式]$C_3H_6O_3$

[结构式] $CH_3-O-\overset{\overset{\displaystyle \|}{O}}{C}-O-CH_3$

[性质]无色透明液体，稍有刺激性气味。相对密度1.069~1.073，熔点2~4℃，沸点90.2℃，闪点21.7℃，折射率1.3697，蒸气压6.27kPa(20℃)，黏度0.664mPa·s(20℃)，pH值6.2~6.8。微溶于水，与醇、醚、酮、酯类有机溶剂混溶。能溶解丙烯酸树脂、聚乙酸乙烯酯、醋酸纤维素及硝酸纤维素等，部分溶解氯化橡胶、聚氯乙烯、聚苯乙烯及松香等。

[用途]本品毒性低，可替代有毒原料光气、甲基氯、硫酸二甲酯等，用于非光气法合成异氰酸酯、聚碳酸酯、碳酸二苯酯及氨基甲酸酯类农药等，也可用作溶剂型氯丁橡胶、SBS胶黏剂等的环保型溶剂，汽油或柴油添加剂，有机合成中间体等。

[安全事项]易燃。遇明火或高热可引起燃烧或爆炸。毒性比苯、二甲苯等常用有机溶剂的毒性低。但摄入或经皮肤吸收对身体有害，蒸气对眼睛、黏膜、呼吸道也有刺激性。

[简要制法]由碳酸乙烯酯或碳酸丙烯酯与甲醇经酯交换反应制得。也可由甲醇、一氧化碳和氧气在催化剂作用下反应制得，还可由氯甲酸甲酯与甲醇反应制得。

2. 碳酸二乙醇

[别名]碳酸乙酯。

[化学式]$C_5H_{10}O_3$

[结构式] $C_2H_5-O-\overset{\overset{\displaystyle O}{\|}}{C}-O-C_2H_5$

[性质]无色透明液体，微带醚样气味。相对密度0.9693(25℃)，熔点-43℃，沸点126.8℃，闪点46℃，折射率1.3829(25℃)，蒸气压1.33kPa(23.8℃)，黏度0.748mPa·s(25℃)。微溶于水，与乙醇、乙醚、丙酮、苯、氯仿等多数有机溶剂混溶，能溶解丙烯酸树脂、聚乙酸乙烯酯、天然树脂、醋酸纤维素、硝酸纤维素等，部分溶解聚氯乙烯、聚苯乙烯、氯化橡胶及松香等。常温下稳定，具有酯类的通性。常温下与金属钠作用会逐渐分解成乙醇钠、CO_2。在全属醇化物作用下，能与铜及有机酸酯发生缩合反应。

[用途]用作中沸点低毒溶剂，如用作天然和合成树脂、纤维素醚及部分橡胶的溶剂、稀释剂。也用于制备真空管用特殊漆、胶黏剂等，也是合成苯巴比妥药物及除虫菌酯农药等的中间体。

[安全事项]可燃。遇明火或高热会着火或爆炸，对金属无腐蚀性，可用铜、铝、钢制容器储存。毒性比碳酸二甲酯大，液体或高浓度蒸气有刺激性，吸入后能引起眩晕、恶心，高浓度会引起呼吸困难，对动物有致畸胎作用。

[简要制法]由光气与无水乙醇反应生成氯甲酸乙酯后，再与乙醇反应制得。

3. 碳酸乙二醇酯

[别名]碳酸亚乙基酯、碳酸乙烯酯、1，3-二氧杂环戊酮。

[化学式]$C_3H_4O_3$

[结构式]
$$\begin{array}{c} H_2C-O \\ | \quad\quad\ \ C=O \\ H_2C-O \end{array}$$

[性质]常温下为无色无臭针状或片状结晶。相对密度 1.3232，熔点 36.4℃，沸点 238℃，闪点 160℃，折射率 1.4213（25℃），蒸气压 2.7Pa（36.4℃），黏度 1.92mPa·s（40℃）。溶于 40℃热水及乙醇、乙醚、苯、氯仿、乙酸等，难溶于石油醚、四氯化碳，能溶解丙烯酸树脂、聚乙酸乙烯酯、醋酸纤维素、丙烯腈及聚酯纤维等，对氯化铁、氯化汞及重金属氯化物有很强的溶解能力。常温下稳定，在碱性介质中会发生水解。在金属氧化物存在下，于 200℃分解成环氧乙烷和 CO_2，与碱一起煮沸生成碳酸盐。也可与酚、羧酸、胺等反应，分别生成 β-羟乙基醚、β-羟乙基酯及 β-羧乙基氨基甲酸乙酯等。

[用途]用作锦纶、聚丙烯腈、聚酯等的溶剂及纤维整理剂，塑料和橡胶的发泡剂，合成润滑油的稳定剂，从非芳香烃混合物中分离出芬香烃的萃取剂，也作为固化剂及速凝剂用于制取水玻璃系浆料，以及用于合成唑甲醇盐酸盐等药物。

[安全事项]易燃。遇明火或高热有着火危险。对金属无腐蚀性，可用钢、铜、铝制容器储存。本品低毒，但蒸气对眼睛及皮肤有刺激性。

[简要制法]可在催化剂存在下，由乙二醇与碳酸二乙酯反应制得。或由乙二醇和光气，环氧乙烷和二氧化碳反应而得。

4. 碳酸丙二醇酯

[别名]1，2-丙二醇碳酸酯、丙二醇碳酸酯。

[化学式]$C_4H_6O_3$

[结构式]
$$\begin{array}{c} CH_3-CH-O \\ |\quad\quad\quad\ \ C=O \\ CH_2-O \end{array}$$

[性质]无色无臭透明液体。相对密度 1.2069，熔点 -49℃，沸点 242℃，闪点 128℃（闭杯），折射率 1.4189，黏度 1.38mPa·s（40℃）。溶于水，与乙醇、乙醚、丙酮、苯、氯仿等混溶，对氯化铁、氯化汞、氯化铜等无机物有很强溶解能力，对 CO_2 有较强吸收能力。常温下稳定，在碱性介质中易水解，在金属氧化物存在时，高温下会分解成环氧乙烷和 CO_2。其他化学性质与碳酸乙二醇酯相似。

[用途]用作合成纤维、增塑剂等的极性溶剂，烯烃、芳烃萃取剂，染料分散剂，木材黏合剂，矿物浮选剂，高介电常数的电化学溶液，CO_2 分离吸收剂，以及用于合成碳酸二甲酯等。

[安全事项]易燃。遇明火、高热有着火危险。毒性较低，但蒸气对眼睛、呼吸道有一定刺激性，皮肤反复接触会脱脂、干燥。

[简要制法]由丙二醇与光气作用生成氯甲酸羟基异丙酯后，再与氢氧化钠反应制得。也可在一定条件下，由环氧丙烷与二氧化碳反应制得。

5. 硼酸三丁酯

[别名]硼酸丁酯。

[化学式]$C_{12}H_{27}O_3B$

［结构式］C₄H₉—O—B—O—C₄H₉ with O and C₄H₉ below

[结构式] $C_4H_9-O-B-O-C_4H_9$ with $\overset{|}{O}$ and C_4H_9 below

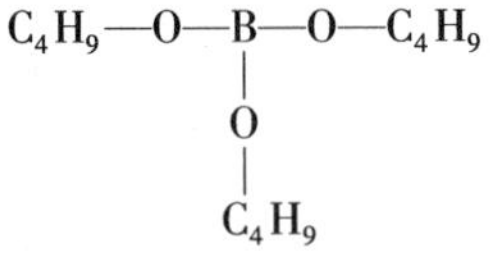

［性质］无色易吸湿性液体。相对密度 0.8583，熔点 - 70℃，沸点 233.5℃，闪点 93℃（闭杯），折射率 1.4096，蒸气压 1.3kPa(103.8℃)，临界温度 470℃，临界压力 19.9MPa。不溶于水，溶于乙醇，易溶于甲醇、苯、乙酰丙酮、四氯化碳及二噁烷等。常温下稳定，酸性介质中易水解。易与醇类生成呈酸性的稳定配合物。

［用途］用作天然或合成树脂、增塑剂及表面活性剂等的溶剂。是制备有机硼化物及高纯硼的中间体。也用于合成橡胶添加剂、润滑油添加剂、黏合剂等。还用作半导体硼扩散源、无水系统脱水干燥剂等。

［安全事项］易燃。遇明火或高热会着火。因易吸湿需密封储存，蒸气对眼、皮肤有刺激性。

［简要制法］在催化剂存在下，由硼酸与正丁醇反应制得。

6. 磷酸三丁酯

见"第四章十九、3"。

7. 磷酸三苯酯

［化学式］$C_{18}H_{15}O_4P$

［结构式］

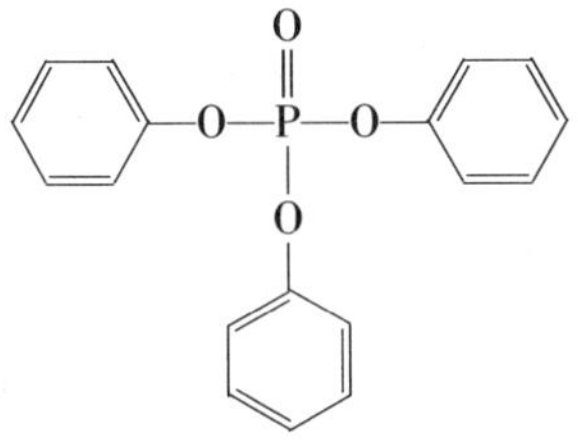

［性质］无色或白色针状结晶或粉末，无臭。相对密度 1.185(25℃)，熔点 48.4 ~ 49℃，沸点 245℃(1.46)kPa，闪点 223℃，折射率 1.563(25℃)。挥发度 1.15%（100℃、6h）。不溶于水，溶于乙醇，易溶于乙醚、苯、丙酮、氯仿等溶剂。可与桐油、亚麻仁油、蓖麻油等溶剂混溶。对酸较稳定，与碱易发生皂化反应。与氧化钙、氧化铝等加热时，生成苯酚和苯杂蒽。与硝酸反应生成磷酸三(4 - 硝基苯基)酯。有阻燃性。

［用途］用作工程塑料、酚醛树脂、纤维素树脂、天然及合成橡胶等的阻燃性增塑剂、耐火性溶剂、浸渍剂。挥发性低、阻燃性强，能赋予制品柔软性及强韧性，但耐光性差，不宜用于白色或浅色制品，也用作合成橡胶耐汽油剂、黏胶纤维中樟脑的不燃性代用品。还可用于制造磷酸三甲酯等。

［安全事项］易燃。遇高热、明火或与强氧化剂接触会有着火危险，受热分解产生有毒的氧化磷烟气。本品不易被皮肤吸收，但蒸气对眼睛、呼吸道有刺激性，吸入高浓度蒸气会引起迟发性神经毒害。

［简要制法］在催化剂存在下，由苯酚与三氯化磷及氯气反应生成二氯代磷酸三苯酯后，再经水解制得。

8. 磷酸三甲苯酯

［别名］磷酸三甲酚酯、磷酸三甲苯酚酯。

[化学式] $C_{21}H_{21}O_4P$

[结构式]

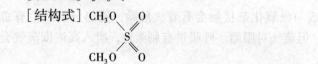

[性质] 无色至淡黄色透明油状液体。无臭，略有荧光。为甲酚各种异构体混合物的磷酸酯。相对密度1.162(25℃)，沸点265℃(1.33kPa)，熔点－34℃，闪点230℃，折射率1.5575。不溶于水，与乙醇、乙醚、丙酮、苯等常用有机溶剂混溶，能溶解聚氯乙烯、聚苯乙烯、丙烯酸树脂、硝酸纤维素、蓖麻油、亚麻仁油等。对热稳定，在酸性溶液中较难水解。有阻燃性。

[用途] 用作乙烯基树脂、硝酯纤维素等阻燃性增塑剂，用于制造人造革、薄膜、片材、电线电缆等。也用作合成橡胶、树脂漆等的阻燃性增韧剂，汽油及润滑油添加剂，纤维素的耐燃性溶剂，防水剂等。

[安全事项] 可燃。遇明火、高热会着火。受热分解产生有毒的氧化磷烟气。本品不易被皮肤所吸收，但蒸气对眼睛、呼吸道有刺激性，吸入高浓度蒸气会引起迟发性神经毒害。其中邻位异构体是磷酸三甲苯酯3种异构体中毒性最高的一种。

[简要制法] 以混合甲酚为原料，与氯化磷在低温下反应生成亚磷酸三甲苯酯，然后与氯气反应生成二氯代磷酸三甲苯酯，再经水解、减压蒸馏而制得。

9. 亚磷酸二丁酯

[别名] 二丁基亚磷酸酯。

[化学式] $C_8H_{19}O_3P$

[结构式] $(CH_3CH_2CH_2CH_2O)_2POH$

[性质] 无色透明液体。相对密度0.986，沸点116~117℃，闪点49℃，折射率1.4240，蒸气相对密度6.7(空气=1.0)，蒸气压0.133kPa。不溶于水，溶于乙醇乙醚、丙酮、苯、氯仿等常用有机溶剂。

[用途] 用作聚丙烯抗氧剂、汽油添加剂、阻燃剂。因具有较强的极压抗磨性，可用于配制齿轮油、切削油及其他润滑油极压添加剂。也用作溶剂及有机合成中间体。

[安全事项] 易燃液体，遇明火或高热有着火危险。受高热会分解产生有毒烟气，为低毒溶剂，蒸气对皮肤、眼睛有刺激作用。

[简要制法] 由正丁醇与三氧化磷反应制得。

10. 硫酸二甲酯

[别名] 硫酸甲酯、二甲基硫酸。

[化学式] $C_2H_6O_4S$

[结构式]
$$CH_3O \diagdown \underset{\displaystyle \underset{O}{\|}}{\overset{\displaystyle \overset{O}{\|}}{S}} \diagup$$
$$CH_3O$$

[性质] 无色油状液体，久置时变黄。相对密度1.3283，熔点－27℃，沸点188.5℃(分解)，闪点83.3℃，折射率1.3874，蒸气相对密度4.35(空气=1.0)，蒸气压0.133kPa(20℃)。难溶于水，溶于乙醇、乙醚、丙酮、二噁烷，微溶于二硫化碳。遇水易水解生成硫酸、甲醇。

[用途]用作芳香烃溶剂，胺类及醇类的甲基化剂，广泛用于制造农药、染料、医药、香料等，也是有机合成原料。

[安全事项]可燃。遇明火或高热能着火。受热分解产生有毒烟气。高毒，主要通过呼吸道及皮肤吸收，对上呼吸道有强刺激及腐蚀作用，能引起上皮细胞坏死、支气管炎、肺水肿等。皮肤接触可引起红肿、溃疡甚至坏死。

[简要制法]由二甲醚与三氧化硫反应制得。

九、含氮和含硫化合物类有机溶剂

烃类分子中一个或几个氢原子被各种含氮基团取代的生成物称作含氮化合物，这类有机溶剂又可分为胺类溶剂、酰胺类溶剂、硝基溶剂、腈类溶剂、含氮杂环类溶剂等。

含硫化合物是指分子中含有硫之类的化合物，其硫原子是和碳原直接连结的，含硫有机溶剂可分为硫醚类溶剂和其他含硫类溶剂。

胺是 NH_3 分子上的氢原子被一个或几个烃基取代后的产物，在胺分子中，氮原子与一个烃基相连的称为伯胺（如 $CH_3—NH_2$，甲胺），氮原与两个烃基相连的称为仲胺（如 $(CH_3)_2NH$，二甲胺），氮原子与三个烃基相连的称为叔胺（如 $N(CH_3)_3$，三甲胺）。胺类还可按烃基的不同而分为脂肪族胺与芳香族胺，按分子中所含氨基的数目，分为一元胺、二元胺及多元胺。低级胺在常温下为气体，丙胺以上为液体，高级胺为固体。低级胺易溶于水，6 个碳以上的胺难溶或不溶于水。常见的胺类溶剂具有烃类有机物的特性，易挥发、易燃、易爆，同时又兼有氨的特性，呈碱性或弱碱性。其蒸气与空气可形成爆炸性混合物，遇氧化剂可发生反应。

酰胺是羧酸分子中的羟基被氨基取代后生成的化合物，酰胺除少数为液体外都是结晶固体，具有较高的熔点和沸点，低级酰胺可溶于水，液态酰胺可溶解多种有机物，是优良的溶剂。酰胺一般显中性，不使石蕊变色。当与强酸或强碱反应时，才显弱碱性和弱酸性。它也具有类似酯的性质，能发生水解、醇解，但反应速度缓慢，酰胺也可与脱水剂如 P_2O_5、$SOCl_2$ 共热，发生分子内脱水生成腈。常见的酰胺溶剂，沸点较高，挥发性小，多为低毒类，但对皮肤、眼睛及黏膜有一定刺激作用。长时间高浓度吸入某些酰胺类有机溶剂（如 N,N - 二甲基甲酰胺），也可引起肝损害。

硝基溶剂是烃类分子中的一个或几个氢原子被硝基取代所形成的硝基化合物。按烃基不同，可分为脂肪族硝基化合物（如硝基甲烷）和芳香族硝基化合物（如硝基苯）。硝基化合物与相应的亚硝酸酯互为同分异构体。它们之间的差别在于，硝基化合物的烃基与氮原子相连，而亚硝酸酯（$R—ONO$）的烃基则与氧原子相连。脂肪族硝基化合物为无色、有香味的高沸点液体，芳香族硝基化合物除某些一硝基化合物是浅黄色液体外，多数是晶体。常见硝基溶剂有一定的挥发性和易燃、易爆性，遇明火、高热或与氧化剂接触可引起燃烧或爆炸，芳香族硝基溶剂都有毒性，使用时须注意安全。

腈类溶剂的通式是 RCN，是烃分子中端碳上的三个氢被氮取代的化合物。R 为脂肪烃基为脂肪腈（如 CH_3CN，乙腈），R 为芳香烃基为芳香腈（如 C_6H_5CN，苯甲腈）。氰基（$—C{\equiv}N$）是腈的官能团，低级腈是无色液体，高级腈是固体，腈类是中性物质、能发生加氢、水解、还原等反应，经酸或碱水解生成酰胺或羧酸，经还原或加氢生成伯胺等。乙腈是良好的极性溶剂，由于腈类溶剂进入体内后能释放出氰离子，抑制呼吸酶，造成组织细胞缺氧窒息，使呼吸停止，故使用时必须十分小心。

杂环化合物是一类环状化合物，它们分子中组成环的原子除碳以外，还有氧、硫、氮等非碳原子，这些非碳原子统称为杂原子。含有杂原子氮的环状有机化合物称为氮杂环化合物，有脂肪杂环和芳杂环。通常所说的杂环主要为芳环。这类化合物广泛存在于自然界中，在石油和煤焦油中都含有杂环化合物。氮杂环化合物也可用作溶剂和有机合成原料，如吡啶，2-吡咯烷酮都是工业优良溶剂。这类物质都易燃，有一定毒性。

常用含硫溶剂有二硫化碳、甲硫醚、丁硫醇、二甲亚砜等，它们一般带有臭味、有毒，也有类似的燃爆特性，燃烧或受热分解产物含有硫化物烟气，使用时应小心。

（一）胺类溶剂

1. 甲胺

[别名]一甲胺、氨基甲烷。

[化学式]CH_5N

[结构式]$CH_3—NH_2$

[性质]常温下为无色可燃性气体，有氨的气味，液化后为发烟液体。相对密度 0.669（11℃），熔点，-93.5℃，沸点 -6.3~6.7℃，闪点 0℃，分解温度 250℃，燃点 430℃，蒸气相对密度 1.09（空气 =1.0），蒸气压 31 kPa（20℃），临界温度 156.9℃，临界压力 7.46MPa，爆炸极限 4.95%~20.75%。易溶于水，溶于乙醇、乙醚，不溶于丙酮、乙酸、氯仿，液态甲胺与水、乙醚、苯及低级醇混溶，有弱碱性。与无机酸、有机酸、酸性芳香族硝基化合物等作用生成盐。高温下热解时生成氨、甲烷、氰化氢、氢和氮等，也具有伯胺的典型反应，可进行氧化、加成、烷基化、酰基化等反应。

[用途]液态甲胺是多种无机和有机化合物的优良溶剂。广泛用于制造农药、医药、染料、硫化促进剂、表面活性剂、照相化学品、炸药、防腐剂等。也用于从脂肪烃中萃取芳香烃，从丁烯及碳四以上的烃馏分中萃取丁二烯等。

[安全事项]易燃气体。甲胺水溶液为易燃液体，闪点低、易挥发、蒸气与空气可形成爆炸性混合物，遇明火或高热会发生燃烧爆炸，对铜、铝及镀锌铁板等有腐蚀性。无水甲胺用耐压钢瓶包装，甲胺水溶液用槽车或铁桶包装。有中等毒性，对皮肤、眼睛、呼吸道及肺等有强刺激性，长时间接触可引起结膜炎、支气管炎、肺水肿、窒息等症状，口服溶液可致咽喉、食道灼伤。

[简要制法]可在一定温度和压力下，以活性氧化铝为催化剂，由氨与甲醇反应制得甲胺、二甲胺、三甲胺的混合物，再经分离得到甲胺。

2. 二甲胺

[化学式]C_2H_7N

[结构式]$H_3C—NH—CH_3$

[性质]常温下为无色气体。在冷却及加压下易变成无色液体，有氨的气味。相对密度 0.654，熔点 -96℃，沸点 6.9℃，闪点 -17.8℃（2.5% 水溶液），燃点 400℃，蒸气相对密度 1.65（空气 =1.0），蒸气压 202.63kPa（25℃），临界温度 164.5℃，临界压力 5.31MPa，爆炸极限 2.5%~14.4%。易溶于水，溶于低级醇、醚和低极性溶剂，其水溶液冷却时以七水合物[（CH_3）$_2$NH · 7H_2O]的形式呈晶体析出，有弱碱性，化学性质与甲胺相似。

[用途]液态二甲胺为无机和有机化合物的优良溶剂。用于制造表面活性剂、橡胶硫化剂、抗氧剂、医药、农药及染料等，也用作汽油稳定剂、除草剂、杀虫剂、皮革脱毛剂、酸性气体吸收剂等。

[安全事项]同"甲胺"。

[简要制法]参见"甲胺"。

3. 三甲胺

[化学式]C_3H_9N

[结构式]

$$H_3C—\overset{\overset{\textstyle CH_3}{|}}{N}—CH_3$$

[性质]无水物为无色气体，有鱼腥气味。相对密度 0.632，熔点 - 117.2℃，沸点 2.9℃，闪点 - 6.7℃（闭杯），燃点 190℃，折射率 1.3631（0℃），蒸气相对密度 2.03（空气 =1.0），蒸气压101.3kPa(3℃)，临界温度 160.1℃，临界压力 4.15MPa，爆炸极限 2.0% ~11.6%。溶于水、乙醚、二甲苯，易溶于甲苯、氯仿。水溶液呈弱碱性，反应性能活泼，与无机酸、有机酸、氯化物等反应生成盐或配盐。加垫至380 ~400℃时发生热解，生成甲胺、甲烷、氮、氢等。

[用途]液态三甲胺可用作无机和有机化合物的溶剂。也用作缩聚反应催化剂、燃气加臭警报剂，并广泛用于制造表面活性剂、离子交换树脂、橡胶助剂、感光材料、医药、染料等。

[安全事项]同"甲胺"。

[简要制法]参见"甲胺"。

4. 乙胺

[别名]一乙胺、氨基乙烷。

[化学式]C_2H_7N

[结构式]$C_2H_5—NH_2$

[性质]常温下为无色气体，冷却或加压下易液化，有氨的气味。相对密度 0.6829，熔点 -80.6℃，沸点 16.6℃，闪点 -17℃（闭杯），燃点 384℃，折射率 1.3663，蒸气相对密度 1.56（空气 =1.0），蒸气压 101.3kPa(16.6℃)，临界温度 183℃，临界压力 5.62MPa，爆炸极限 3.5% ~14%。溶于水及乙醇、乙醚、丙酮等多种溶剂，也能溶解碱金属。水溶液呈碱性，对光不稳定，在 140 ~200℃下经紫外线照射时，分解成乙烷、甲烷、氢、氨等。高温下热解时生成甲烷、氢、氮等。与无机酸反应生成盐类。

[用途]用作石油及油脂工业的萃取剂、溶剂，冶金选矿剂等。也用于制造橡胶助剂、表面活性剂、抗氧剂、离子交换树脂、染料、农药、润滑剂等。

[安全事项]无水乙胺或其水溶液为易燃液体，闪点低，蒸气与空气会形成爆炸性混合物，遇明火或高热会发生燃烧或爆炸。有中等毒性，蒸气能侵害呼吸道、黏膜及眼睛，皮肤接触可致灼伤。应储存于阴凉通风处，远离火种、热源。

[简要制法]可在催化剂存在下，由乙醇与液氨反应制得。也可由乙腈经高压催化氢化而制得。

5. 二乙胺

[别名]N - 乙基乙胺。

[化学式]$C_4H_{11}N$

[结构式]C_2H_5—NH—C_2H_5

[性质]无色易挥发性液体，有氨的气味。相对密度0.7056，熔点-49℃，沸点55.9℃，闪点-17.8℃（闭杯），燃点312℃，蒸气相对密度2.53（空气＝1.0），蒸气压26.7kPa（21℃），临界温度223℃，临界压力3.71MPa，爆炸极限1.7%～10.1%。与水、乙醇、乙醚、乙酸乙酯、芳香烃及脂肪酸混溶，水溶液呈强碱性，与无机酸反应生成易溶于水的盐类，在500℃下发生高温裂解。

[用途]一种优良的萃取剂及选择性溶剂。温热时能溶解固体石蜡及巴西棕榈蜡，可用作蜡的精制溶剂。也用作共轭双烯烃乳液聚合的活化剂，橡胶硫化剂，金属防腐剂，有机合成阻聚剂，环氧树脂固化剂等。还用于制造医药、杀菌剂及配制发动机防冻剂、印染助剂等。

[安全事项]同"乙胺"。

[简要制法]可在催化剂存在下，由乙醇、氢及氨反应生成一乙胺、二乙胺及三乙胺的混合物，再经分离得到二乙胺。

6. 乙二胺

[别名]1，2-二氨基乙烷、亚乙基二胺。

[化学式]$C_2H_8N_2$

[结构式]H_2N—CH_2—CH_2—NH_2

[性质]无色透明黏稠性液体，有氨气味。相对密度0.8995，熔点10.7℃，沸点117℃，闪点43℃（闭杯），燃点365℃，折射率1.4568，蒸气相对密度2.07（空气＝1.0），蒸气压1.43kPa（20℃），临界温度319.8℃，临界压力6.3MPa，爆炸极限5.8%～11.1%。溶于水、乙醇、乙醚。能溶解各种染料、树脂、纤维、虫胶等，水溶液呈碱性。在空气中易吸湿，化学性质活泼，与无机酸反应生成盐，与有机酸、酯、酸酐或酰卤反应，生成一取代酰胺或二取代酰胺。与醛反应生成Shift碱。

[用途]本品对硫化氢、二氧化碳、二硫化碳、硫醇、硫黄、醛及苯酚等有较强亲和力，可用作汽油添加剂、润滑油、矿物油及醇的精制用溶剂，也用作金属螯合剂、橡胶硫化促进剂、环氧树脂固化剂、胶乳稳定剂、防腐剂、焊接助熔剂、除垢剂、电镀光亮剂等，还用于制造合成树脂、农药、医药、表面活性剂等。

[安全事项]易燃。蒸气与空气会形成爆炸性混合物，遇明火或高热会着火或爆炸。有强腐蚀性及刺激性，反复接触其蒸气可引起结膜炎、支气管炎、肺水肿及接触性皮炎等。可用不锈钢或铝合金容器储存，应存放于阴凉通风处，远离火种、热源。

[简要制法]可由1，2-二氯乙烷与液氨在一定温度及压力下反应制得。也可在钴催化剂存在下，由乙醇胺与氨反应而得。

7. 二乙烯三胺

[别名]二亚乙基三胺、一缩二乙二胺。

[化学式]$C_4H_{13}N_3$

[结构式]H_2N—CH_2—CH_2—NH—CH_2—CH_2—NH_2

[性质]无色或淡黄色透明油状液体，有氨的气味及刺激性。相对密度0.9542，熔点-39℃，沸点207℃，闪点94℃，折射率1.4844，燃点398.9℃，蒸气相对密度3.48（空气＝1.0），蒸气压21.3kPa（20℃）。溶于水、乙醇、丙酮，不溶于乙醚，有强碱性，与无机酸或有机酸反应生成盐，易与重金属盐类形成金属配合物，与活性氧化铝或骨架镍一起加

热生成哌嗪。有吸湿性，易吸收空气中的水分及 CO_2 在空气中形成白色烟雾。

[用途]用作酸性气体、树脂、染料及硫等的溶剂，也用作环氧树脂固化剂、金属螯合剂、汽油添加剂、气体净化剂等，还用于制造聚酰胺树脂、离子交换树脂及表面活性剂等。

[安全事项]可燃并具强腐蚀性。吸入蒸气或雾对鼻、呼吸道、黏膜有刺激作用，并具致敏性。高浓度吸入可引起头痛、恶心、虚脱，重者可引起意识丧失，皮肤接触可造成灼伤。应储存于阴凉通风处，远离火种、热源。

[简要制法]由 1，2 – 二氯乙烷与氨水反应后，经碱中和、蒸馏制得。

（二）酰胺类溶剂

1. 甲酰胺

[别名]氨基甲醛

[化学式]CH_3ON

[结构式] $H_2N—CH=O$

[性质]无色透明油状液体。相对密度 1.3334，熔点 2.6℃，沸点 210.5℃（部分分解），闪点 154℃，燃点 >500℃，折射率 1.4468，蒸气压 39MPa（20℃）。与水混溶，溶于乙醇、丙酮、乙酸、甘油等。不溶于乙醚，微溶于苯。能溶解聚乙烯醇、纤维素、淀粉、明胶、木质素及锦纶等，也可溶解铜、铁、锌、钴、镍、铝、锰的硝酸盐、氯化物。有吸湿性及弱碱性，在水溶液中易水解成甲酸铵，与醇共热可生成甲酸酯，还可进行脱水、脱 CO、引入氨基、引入酰基和环合等反应，与金属盐发生反应生成取代物或加合物。

[用途]本品具有活泼的反应性和特殊的溶解能力，可用作有机合成反应溶剂、精制溶剂。也可用作纤维柔软剂、纸张处理剂、动物胶软化剂、塑料制品防静电涂饰、油脂提纯，以及制造医药、染料、香料等。

[安全事项]可燃。有强吸湿性，常温下稳定，高温或在酸、碱存在下易发生水解，对铜、软钢有腐蚀作用。可使用铝或不锈钢制容器储存。低毒，对皮肤、黏膜有一定刺激性，偶有致敏作用。

[简要制法]在甲醇钠存在下由甲醇与一氧化碳反应生成甲酸甲酯后，再经氨解制得，也可在甲醇钠作用下，由一氧化碳、氨在高压下反应制得。

2. N – 甲基甲酰胺

[别名]甲酰甲胺、甲基（替）甲酰胺。

[化学式]C_2H_5ON

[结构式] $CH_3—NH—CH=O$

[性质]无色有氨味液体。相对密度 1.0075（15℃），熔点 – 3.8℃，沸点 180℃，闪点 98℃，折射率 1.4319。溶于水、乙醇，与苯、乙酸乙酯混溶，不溶于乙醚。能与氯、溴、硝酸盐、高锰酸钾及氢化物等发生反应，与苯磺酰氯剧烈反应，与酸或碱作用则发生水解。

[用途]优良溶剂，用作有机合成的反应溶剂及精制溶剂、化纤纺织溶剂、萃取剂等，可由烃类混合物中萃取芳香烃，也广泛用于医药、染料、香料、农药及合成革等部门用作溶剂及反应中间体。

[安全事项]易燃。蒸气或雾对眼睛、皮肤、黏膜及呼吸道有刺激性，长期接触对肝脏有损伤，并有致畸性及胚胎毒性。

[简要制法]在催化剂存在下，由甲胺与一氧化碳或甲酸甲酯反应制得。

3. N, N - 二甲基甲酰胺

[别名]甲酰二甲胺、二甲基(替)甲酰胺。

[化学式]C_3H_7ON

[结构式]
$$CH_3-N-CH=O$$
$$|$$
$$CH_3$$

[性质]无色至微黄色透明液体，有微弱氨的臭味。相对密度 0.9440(25℃)，熔点 -60.4℃，沸点 153℃，闪点 67℃，燃点 445℃，折射率 1.4304，蒸气相对密度 2.51，蒸气压 0.351KPa(20℃)，临界温度 374℃，临界压力 4.48MPa，爆炸极限 2.2% ~15.2%。与水、乙醇、乙醚、丙酮、氯仿及酯类溶剂等混溶，微溶于苯，但不与汽油、己烷等饱和烃混溶，能溶解聚乙烯、聚氯乙烯、聚氨酯等合成树脂，一般条件下稳定，加热至 350℃时分解成二甲胺、CO；与酸作用分解成甲酸、二甲胺盐；在碱作用下则分解为二甲胺、甲酸盐；在加热下与金属钠反应，并放出氢气。

[用途]一种非质子极性、高介电常数的优良溶剂，溶解能力很强，有万能有机溶剂之称。广泛用作反应溶剂及有机合成中间体，如用于聚丙烯腈纤维等合成纤维的湿纺丝，聚氨酯合成，从碳四馏分中分离回收丁二烯，从碳五馏分中分离回收异戊二烯，从石蜡中分离非烃成分，在气液色层分析中用作固定相等。也用作气体吸收剂，用于乙炔的选择吸收和丁二烯的分离精制。作为工业溶剂广泛用于合成医药、农药及染料等产品。

[安全事项]易燃。蒸气与空气可形成爆炸性混合物，对钢、铁无腐蚀性，而铜或铝制容器会使溶剂变色。毒性较低，但对眼、皮肤、黏膜等有刺激作用，其蒸气或液体经皮肤吸收后会引起肝脏损害。高浓度吸入或严重皮肤 污染可引起急性中毒，引起恶心、呕吐、腹痛等症状。

[简要制法]在甲醇钠催化剂存在下，由二甲胺与一氧化碳反应制得。也可由甲酸与甲醇反应生成甲酸甲酯后，再与二甲胺反应制得。

4. 乙酰胺

[别名]醋酰胺、解氟灵。

[化学式]C_2H_5ON

[结构式]
$$CH_3-C-NH_2$$
$$\|$$
$$O$$

[性质]无色透明单斜晶系结晶。纯品无臭，含杂质时有鼠臭味。相对密度 1.159，熔点 81℃，沸点 221℃，闪点 >104℃(闭杯)，折射率 1.4270(80℃)。溶于水、乙醇、甘油、丁酮、热苯、异戊醇、吡啶、氯仿、环己酮等，也能溶解多数无机盐类。呈中性反应，能与强酸作用生成盐。其水溶液加热时会水解生成乙酸铵。与脱水剂 P_2O_5 一起加热时生成乙腈，在酸或碱存在时与水共沸生成相应的酸和氨。

[用途]熔融乙酰胺为具有高介电常数的多种有机物或无机物的优良溶剂，如用作有机合成的卤化试剂，水溶性较低的物质在水中溶解的增溶剂，增塑剂的稳定剂，染料溶剂及增溶剂，清洁及化妆品的抗酸剂，也用于合成医药、农药及用作有机氟杀虫剂氟乙酰胺中毒的解毒药等。

[安全事项]可燃。遇强氧化剂、强酸、强碱会发生反应。毒性较低，蒸气对眼睛、皮肤及呼吸道有刺激性，动物实验有致癌作用。应储存于阴凉通风处，远离火种，热源。

[简要制法]由冰乙酸与氨反应生成乙酸铵后经加热脱水生成乙酰胺，再经结晶、分离制得成品。

5. N, N - 二甲基乙酰胺

[别名]乙酰二甲胺、二甲基替乙酰胺。

[化学式]C_4H_9ON

[结构式]

$$CH_3 - \overset{\overset{O}{\|}}{C} - \underset{\underset{CH_3}{|}}{N} - CH_3$$

[性质]无色透明液体。相对密度 0.9366(25℃)，熔点 -20℃，沸点 166℃，闪点 77℃，燃点 420℃，折射率 1.4384，蒸气压 0.17kPa(25℃)，临界温度 364℃，临界压力 3.9MPa，爆炸极限 2.0% ~11.5%(160℃)。与水、乙醇、乙醚、丙酮、苯及酯类溶剂混溶，也能溶解不饱和脂肪烃、乙烯系树脂、苯乙烯树脂、线型聚酯树脂及纤维素衍生物等，对饱和脂肪烃难溶。化学性质与 N, N - 二甲基甲酰胺相似，一般条件下稳定，常压下加热至沸腾也不分解，但在酸、碱作用下可发生水解。

[用途]一种有机合成反应用优良非质子型极性溶剂，如用作聚丙烯腈和聚氨酯纺丝用溶剂、聚酰胺溶剂、从 C_8 馏分分离苯乙烯的萃取蒸馏溶剂、电解溶剂、油漆清除剂、反应催化剂及结晶用溶剂等，也用于制造医药、高分子薄膜、涂料、农药等。

[安全事项]可燃。蒸气与空气可形成爆炸性混合物，遇明火有着火危险。属低毒类溶剂，蒸气对眼睛、皮肤及黏膜有刺激性，高浓度吸入蒸气会对肺、肝产生损害。应储存于阴凉通风处，远离火种、热源。

[简要制法]由二甲胺与乙酐反应后经碱中和、精馏制得，也可由二甲胺与乙酰氯反应后经碱处理、蒸馏而得。

(三)硝基溶剂

1. 硝基甲烷

[化学式]CH_3O_2N

[结构式]$CH_3—NO_2$

[性质]无色透明油状液体，有氯仿样气味。相对密度 1.1371，熔点 -28.5℃，沸点 101.2℃，闪点 44℃，燃点 418℃，折射率 1.3817，蒸气相对密度 2.11(空气 =1.0)，蒸气压 3.72kPa(20℃)，临界温度 315℃，临界压力 6.3MPa，爆炸极限 7.3% ~63.0%。难溶于水，与乙醇、乙醚、丙酮、四氯化碳、二氯乙烷、二甲基甲酰胺等溶剂混溶，但不与烷烃、环烷烃相溶，能溶解树脂、油脂、纤维素衍生物、蜡、染料及芳烃等。其水溶液呈酸性，与强碱作用生成盐。与氢氧化钠形成的钠盐有爆炸性。可与醛类发生亲核加成反应，还原时生成甲胺。

[用途]易溶于无水三氧化铝，溶解后形成的加成产物 $AlCl_3 - RNO_2$ 用于烃类烷基化反应中，其催化作用比三氯化铝强。也用作乙烯基树脂、聚丙烯腈、聚酯、丁腈橡胶、硝化纤维素、醋酸纤维素及油脂等的溶剂，还用于制造火箭燃料、医药、染料、杀虫剂、表面活性剂及用于石油精制。

[安全事项]易燃液体。蒸气与空气形成爆炸性混合物，遇火种、强烈振动、强氧化剂、胺类及无机碱类都可引起燃烧或爆炸。毒性较大，动物试验有麻醉性，低浓度蒸气对呼吸道黏膜及眼有刺激作用，高浓度蒸气对中枢神经系统有抑制作用，引起头晕、四肢无力、呼吸

困难及意识丧失等症状，并可产生高铁血红蛋白症和肝、肾损害。应储存于阴凉通风处，远离火种、热源。

[简要制法]可在催化剂存在下，由甲烷直接气相硝化制得，也可由亚硝酸钠与一氯乙酸钠反应后精制而得。

2. 1-硝基丙烷

[化学式]$C_3H_7O_2N$

[结构式]$CH_3—CH_2—CH_2—NO_2$

[性质]无色至浅黄色油状液体。相对密度 1.0009，熔点 -108℃，沸点 131.4℃，闪点 34℃，燃点 421℃，折射率 1.4018，蒸气相对密度 3.06（空气 = 1.0），蒸气压 1.33kPa（25℃），爆炸下限 2.6%。微溶于水，与乙醇、乙醚、苯、氯仿、二氯乙烷等混溶，能溶解乙烯基树脂、合成橡胶、染料、纤维素衍生物及染料等，但不溶解聚氯乙烯，水溶液呈酸性，其他性质与硝基甲烷相似。

[用途]一种极性溶剂。用作合成橡胶、树脂、油脂、染料、乙酸纤维素、硝酸纤维素等的溶剂。作为低温溶剂，可溶解氯乙烯-乙酸乙烯酯共聚物。与乙醇并用可替代氯代烃类溶剂溶解三乙酸纤维素，也用作汽油添加剂、喷气发动机燃料及用作化工中间体，用于合成医药及其他化工产品。

[安全事项]同硝基甲烷。

[简要制法]在催化剂存在下由丙烷硝化制得，或由丙烯经气相或液相硝化制得。

3. 硝基苯

[别名]人造苦杏仁油、密斑油。

[化学式]$C_6H_5O_2N$

[结构式]

[性质]无色至浅黄色油状液体，有苦杏仁味。相对密度 1.2037，熔点 5.8℃，沸点 211℃，闪点 87.8℃（闭杯），燃点 482℃，折射率 1.5562，蒸气相对密度 4.25（空气 = 1.0），蒸气压 0.13kPa（44.4℃），爆炸极限 1.8% ~ 40%。微溶于水，与乙醇、乙醚、苯、氯仿等混溶，也能溶解聚氯乙烯、乙酸纤维素、油脂、橡胶及三氯化铝等。对酸、碱较稳定，有弱的氧化作用，在催化剂存在下，可进行还原、氯化、磺化等反应，还原时生成苯胺。与发烟硫酸作用生成间硝基苯磺酸。

[用途]由于能溶解三氯化铝，故广泛用作弗里德尔-克拉夫（Friedel-Crafts）反应的溶剂，用于烃类烷基化、酰基化及异构化等过程。也用作过氯乙烯树脂、聚氯乙烯树脂、氯乙烯-乙酸乙烯酯共聚物、聚偏二氯乙烯及纤维素醚等的溶剂，本品也是重要化工原料，用于合成苯胺、偶氮苯、间二硝基苯及医药、染料等。

[安全事项]可燃。遇明火或高热会燃烧或爆炸。自身具有爆炸性，但需用三硝基苯甲硝胺（特屈儿）作为引爆剂。与硝酸、氯酸钠等氧化剂混合时具有高度敏感性，极易爆炸。剧毒！口服 15 滴即可致死。也极易被皮肤吸收，在体内氧化生成对硝基酚，经还原生成对氨基酚，引起高铁血红蛋白血症，产生溶血及肝损害。反复接触低浓度蒸气也可引起血液变化，应避免与其接触。本品见光后颜色逐渐变浑，应密封避光储存于阴凉通风处，远离火种、热源。

[简要制法]由苯用硫酸及硝酸的混合酸经硝化制得。

(四)腈类溶剂

1. 乙腈

694

[别名]甲基氰、氰基甲烷。

[化学式]C₂H₃N

[结构式] CH₃—C≡N

[性质]无色透明液体，有芳香气味。相对密度 0.7857，熔点 -45.7℃，沸点 81.6℃，闪点 5.6℃，燃点 524℃，折射率 1.3460(15℃)，蒸气相对密度 1.42(空气 =1.0)，蒸气压 13.33kPa(27℃)，临界温度 274.7℃，临界压力 4.83MPa，爆炸极限 3% ~16%。与水、乙醇、乙醚、丙酮、氯仿、氯乙烯及各种不饱和烃混溶，但不与饱和烃混溶，能溶解硝酸银、溴化镁等无机物。一般情况下稳定，因分子结构中存在参键，在催化剂作用下可进行加成、还原、聚合等反应，水解时生成乙酸，也可与格氏试剂反应，反应生成物经水解得到酮。与水形成共沸物。

[用途]一种溶解能力强的极性溶剂，如用作从石油烃中除去焦油、酚等物质的溶剂，用于抽提丁二烯的溶剂、合成纤维用溶剂、聚苯乙烯的溶剂、特殊涂料用溶剂、从动植物油中抽提脂肪酸的溶剂、结晶用溶剂等。在需要高介电常数的极性溶剂时，常使用乙腈(含量 84%)与水形成的二元共沸混合物(共沸点 76℃)。还用作酒精变性剂，以及用于合成乙胺、乙酸、医药、香料及染料等。

[安全事项]为中闪点易燃液体。蒸气与空气形成爆炸性混合物，遇明火或高热会着火或爆炸，受热分解放出有毒的氰化氢和氧化氮气体。中等毒性，可经皮肤及消化道吸收，在体内经氧化生成羟基乙腈，进而生成甲酸和氰化氢，成为摄入大剂量或高浓度乙腈而致死的原因，使用时应避免皮肤接触或摄入蒸气。储存于阴凉通风干燥处，远离火种、热源。

[简要制法]可在催化剂存在下，由乙酸与氨反应制得。也可由乙炔与氨在催化剂作用下反应而得。还可以丙烯、氨为原料在催化剂作用下合成丙烯腈时副产乙腈，再经分离而得。

2. 丙腈

[别名]乙基氰，氰乙烷。

[化学式]C₃H₅N

[结构式] CH₃—CH₂—C≡N

[性质]无色液体。相对密度 0.7769(25℃)，熔点 -92.8℃，沸点 97.4℃，闪点 16℃，折射率 1.3636，蒸气相对密度 1.9(空气 =1.0)，蒸气压 5.95kPa(25℃)，临界温度 290.8℃，临界压力 4.18MPa。溶于水，与乙醇、乙醚、乙二胺、二甲基甲酰胺等混容，加热或与酸接触即分解。水解时生成丙酸，还原生成丙胺。

[用途]用作分离烃类和精制油馏分的选择性溶剂，也用于合成农药、医药及感光材料等。

[安全事项]同"乙腈"。

[简要制法]可由丙酸与氨反应制得。也可由丙酰胺与五氧化二磷反应制得。还可由丙烯腈经加氢反应制得。

(五) 含氮杂环类溶剂

1. 吡啶

[别名]氮(杂)苯、杂氮苯

[化学式]C₅H₅N

[结构式]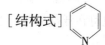

[性质]无色至微黄色液体，有特殊臭味。天然存在于煤焦油、煤气及石油中。相对密度0.9831，熔点 -42℃，沸点115℃，闪点20℃（闭环），燃点482℃，折射率1.5102，蒸气相对密度2.73（空气 = 1.0），蒸气压1.33kPa（13.2℃），临界温度347℃，临界压力6.18MPa，爆炸极限1.8% ~12.4%。与水、乙醇、乙醚、苯、石油醚及油类等混溶，也能溶解氯化铜、氯化汞、氯化锌等无机物。呈弱碱性，碱性比苯胺稍强，而比哌啶要弱。对氧化剂较稳定，不被硝酸、高锰酸钾等所氧化，在金属催化剂存在下易被氢还原成哌啶。与水可形成共沸混合物，共沸点92~93℃。

[用途]重要化工原料及优良溶剂，本品与金属盐类或有机金属化合物组成的吡啶溶液，以配合物的形式用作氧化反应、聚合反应及丙烯腈的羰基化反应等的催化剂。由于吡啶不被高锰酸钾所氧化，故在用高锰酸盐类所进行的氧化反应中用作溶剂。也大量用作碱性溶剂、橡胶助剂、酒精变性剂、软化剂、脱酸剂等，还广泛用于制造烟碱、异烟酰肼、维生素及农药、染料及缓蚀剂等。

[安全事项]易燃。蒸气与空气形成爆炸性混合物，遇明火或高热会着火或爆炸，可使用铁或铝制容器储存，但不宜使用铜制容器。储存于阴凉通风处，远离火种、热源。毒性较低，但其溶液和蒸气对皮肤及黏膜有刺激作用。吸入高浓度蒸气会引起头晕、恶心、意识模糊及昏迷等症状。

[简要制法]将焦炉煤气经硫酸洗涤吸收、氨水中和后制得粗吡啶，再经精制得成品。也可在铋催化剂作用下，由乙醛、甲醛及氨反应制得吡啶，同时副产3 - 甲基吡啶。

2. N - 甲基吡咯烷酮

[别名]1 - 甲基 - 2 - 吡咯烷酮。

[化学式]C_5H_9ON

[结构式]

[性质]无色透明油状液体，微有氨的气味。相对密度1.0279（25℃），熔点 - 24.4℃，沸点204℃，闪点95℃，燃点346℃，折射率1.4680（25℃），蒸气压0.53kPa（60℃），临界温度445℃，临界压力4.76MPa。可与水混溶，几乎可与所有有机溶剂互溶，除低级脂肪烃外，能溶解大多数有机与无机化合物、惰体气体、天然及高分子化合物。分子结构中是一个含有N原子的五元环，属于内酰胺类化合物，在N原子上连有乙烯基，这种特殊结构使其具有易聚合性及易水解性，在适当的引发剂作用下，即可聚合得到聚乙烯吡咯烷酮。在酸或盐存在下则易水解生成吡咯烷酮和乙醛。

[用途]本品沸点及闪点高，熔点低，无腐蚀性，毒性小，易生物降解，化学稳定性及热稳定性好，是聚酰胺、聚酯、丙烯酸树脂、聚氨酯等的优良溶剂。也是农药、染料、颜料、医药的常用极性溶剂。广泛用于聚合物合成、润滑油精制、合成纤维纺丝、合成气脱硫、乙炔提浓、烯烃萃取、聚氯乙烯尾气回收等，还用于塑料表面处理、精密仪器清洗等。

[安全事项]毒性很低，但不能内服，对皮肤有轻度刺激作用。在储存、运输过程中应使产品呈中性或弱碱性，与防止水解或发生自聚反应，一般是在产品中加入0.1%的氢氧化钠或氨，以便于储存或运输。

[简要制法]由 γ - 丁内酯与甲胺在高温加压下经缩合反应制得。也可在活性氧化铝等催化剂存在下由羟乙基吡咯烷酮直接脱水制得。

（六）含硫溶剂

1. 二硫化碳

[化学式]CS_2

[结构式]$S=C=S$

[性质]无色或微黄色透明液体。纯品有甜味及乙醚气味，含杂质时有恶臭气味。相对密度1.3506，熔点-111.6℃，沸点46.2℃，闪点-30℃（闭杯），燃点100℃，折射率1.4618，蒸气相对密度2.64（空气＝1.0），蒸气压47.86KPa（25℃），临界温度279℃，临界压力7.90MPa，爆炸极限1.3%～50%。不溶于水，溶于乙醇、乙醚、丙酮、苯等多数有机溶剂，能溶解油脂、蜡、沥青、橡胶、树脂及碘、溴、硫、黄磷、苛性钠等。对酸稳定，对碱不稳定。常温下与浓硫酸、浓硝酸不作用，与氢氧化钾作用生成硫代硫酸钾及碳酸钾，与醇钠作用生成黄原酸盐。暴露于空气中会因氧化而带黄色及臭味，受日光作用会发生分解。

[用途]用作加氢催化剂的预硫化剂，天然及合成橡胶（丁腈橡胶除外）、胶黏剂的溶剂，橡胶冷硫化的硫化剂，合成橡胶胶黏剂的黏度调节剂，航空煤油的抗烧蚀添加剂，羊毛去脂剂，脱漆剂，农用杀虫剂等。也用于制造黏胶纤维、黄原酸盐、硫氰酸盐及四氯化碳等产品。

[安全事项]极易燃。蒸气与空气形成爆炸性混合物，遇明火及高热会着火或爆炸，受热分解产生有毒的氧化硫烟气。与氯、高锰酸钾等反应会引起爆炸。对人高毒，可由呼吸道、消化道及皮肤吸收进入人体，主要损害神经和心血管系统。本品也是一种气体麻醉剂。长期吸入其蒸气会引起头痛、眼花、失眠、感觉异常、多汗、记忆力减退等症状，重度中毒可因呼吸中枢麻痹而死亡。对金属无腐蚀性，可用钢铁、铝或铜制容器储存。应储存于阴凉通风处，远离火种、热源。

[简要制法]由木炭与硫黄经加热反应制得。也可由天然气中的甲烷与硫黄在硅胶催化剂作用下制得。

2. 二甲硫

[别名]甲硫醚、二甲基硫醚。

[化学式]C_2H_6S

[结构式]$CH_3—S—CH_3$

[性质]无色透明油状液体，有挥发性及不愉快气味。相对密度0.8458，熔点-83℃，沸点37.3℃，闪点-17.8℃（闭杯），燃点206℃，蒸气相对密度2.14（空气＝1.0），蒸气压56kPa（20℃），折射率1.4438，临界温度229℃，临界压力5.69MPa，爆炸极限2.2%～19.7%。微溶于水，溶于乙醇、乙醚、丙酮、苯等溶剂。氧化时生成亚砜，与卤素或金属卤化物反应形成加成化合物。受高热分解出硫化物烟气。

[用途]用作加氢催化剂的硫化剂、天然气或煤气加臭剂。由于分解温度较低、安全性较好，是较多使用的硫化剂，也用作多种无机物、树脂的溶剂，电池低温防腐剂，农药渗透剂，金属盐脱水剂，聚合反应和氰化反应的溶剂等，还用作生产二甲基亚砜的中间原料。

[安全事项]低闪点易燃液体，蒸气与空气会形成爆炸性混合物，遇明火或火种会着火或爆炸，其蒸气比空气重，能在较低处扩散至远处，遇火源发生回燃。与硝酸、二氧杂环己烷的混合物，即使在低温下也易发生延迟性爆炸。接触液体可引起皮炎，蒸气对眼、鼻、呼吸道有刺激作用。应储存于阴凉、通风处，远离火种、热源。

[简要制法]由甲醇与二硫化碳或硫化氢在催化剂存在下反应制得，也可由硫酸二甲酯

与硫化钠反应制得。

3. 噻吩

[别名]硫杂环戊二烯、硫代呋喃、硫(杂)茂。

[化学式]C_4H_4S

[结构式]

$$\underset{S}{\boxed{}}$$

[性质]无色透明液体，易挥发，有苯的气味。相对密度1.0648，熔点 -38.3℃，沸点84.2℃，闪点 -1.1℃，燃点395℃，折射率1.5289，蒸气相对密度2.9(空气 = 1.0)，蒸气压10.6kPa(25℃)，临界温度307℃，临界压力5.69MPa，爆炸极限1.5% ~2.5%。不溶于水，与乙醇、乙醚、丙酮、苯及氯仿等多数溶剂混溶。很多性质与苯相似，但比苯更活泼，能进行硝化、卤化、磺化、氰化、烷基化等核上取代反应。本品在850℃的高热下也不分解，溶于浓硫酸时由红色变为褐色，而在硫酸 - 亚硝酸盐中呈蓝色。原油中所含噻吩类化合物可占其含硫化合物的一半以上，主要存在于中沸点馏分尤其是高沸点馏分中，由于其环结构十分稳定而很难脱除。

[用途]用作溶剂、色谱分析标准物及用于合成树脂、医药、染料及一些复杂试剂。用作溶剂时，其用途与苯相似，但与苯相比，噻吩可在高温或低温条件下使用，也用作萃取剂及用于铀等金属的提取分离。

[安全事项]易燃。蒸气与空气能形成爆炸性混合物，遇明火或高热会发生着火或爆炸。有毒！蒸气对皮肤、黏膜及呼吸道有刺激作用。有麻醉性，并对造血系统有损害作用，皮肤接触易被皮肤吸收，使用时应小心。

[简要制法]可在催化剂存在下，将丁烷脱氢后再与硫成环而形成噻吩。也可由三硫化二磷或五硫化二磷与琥珀酸钠作用制得。

4. 二甲基亚砜

[别名]二甲亚砜、甲基亚砜、万能溶媒。

[化学式]C_2H_6OS

[结构式]

$$CH_3\overset{\overset{\textstyle O}{\|}}{-S}-CH_3$$

[性质]无色透明液体。无臭，味微苦。相对密度1.1014，熔点18.45℃，沸点189℃，闪点45℃，燃点300 ~302℃，折射率1.4795，蒸气相对密度2.7(空气 = 1.0)，蒸气压0.053kPa(20℃)，爆炸极限2.6% ~28.5%。与水、乙醇、乙醚、丙酮、氯仿、甘油、吡啶、芳香烃等混溶，也能溶解油脂、色素、糖类、樟脑。是一种非质子极性溶解，对聚丙烯腈、聚酯树脂、丙烯酸树脂及二氧化硫、二氧化氮、氯化钙、硝酸钠等也有很强溶解能力。还原生成甲硫醚，受强氧化剂作用生成二甲砜。对碱稳定，而在有酸的条件下加热时会产生少量的甲基硫醇、甲醛、二甲基硫及甲磺酸等化合物。吸湿性很强，在20℃、相对湿度60%的环境中可吸收相当于自身质量70%的水分。在18.5℃时易结晶。

[用途]广泛用作反应介质、有机溶剂及有机合成中间体。如用作丙烯腈聚合和纺丝溶剂、工程塑料聚砜聚合溶剂、重整油芳烃抽提剂、回收乙炔或二氧化硫的吸收剂、合成纤维改性剂及染色溶剂、聚氨基甲酸酯涂料用溶剂、稀有金属萃取溶剂等。利用其强渗透力，溶解某些药品后，使药品向人体渗透从而达到治疗目的。在农药中添加少量本品时，能促进药物向植物内渗透，提高农药药效。还用于石蜡及柴油精制、机体组织的保存、射线烧伤的防

护及有机合成。

[安全事项]可燃。蒸气与空气形成爆炸性混合物，遇明火或高热会着火或爆炸，受热至沸点以上时易分解。在常压蒸馏时会部分发生分解，有时会产生爆炸。纯品稳定。属微毒溶剂，但具刺激性、致敏性，吸入或摄入或经皮肤吸收对人体有害。因吸湿性强，储存及使用时应注意。

[简要制法]可在催化剂存在下由甲醇与二硫化碳合成二甲硫醚后，再用二氧化氮（或硝酸）氧化制得。

5. 环丁砜

[别名]四亚甲基砜、四氢噻吩砜。

[化学式]$C_4H_8O_2S$

[结构式]

$$\begin{array}{c} H_2C \!-\!\!-\!\!-\! CH_2 \\ \mid \qquad\quad \mid \\ H_2C \qquad CH_2 \\ \diagdown \quad\diagup \\ S \\ \diagup \;\; \diagdown \\ O \qquad O \end{array}$$

[性质]无色固体，熔点 27.4～28.4℃，在约27℃时熔化成无色液体。相对密度 1.261（30℃），沸点 287.3℃，闪点 176.7℃，折射率 1.4820（30℃），蒸气压 0.67kPa（118℃）。与水及很大部分有机溶剂混溶，除脂肪烃外，能溶解大多数有机化合物，也能溶解高分子化合物及多数无机盐类。热稳定性好，加热至220℃5h以上，仅有2%分解而产生成 SO_2。对酸、碱稳定。能与钴、硼的化合物形成配合物。

[用途]本品由于介电常数和偶极矩大，与二甲基亚砜相似，是一种非质子型极性溶剂，溶解力强，选择性好，对芳烃的溶解度大，选择性高，可从脂肪烃中萃取芳香烃，从气体混合物中除去酸性气体。用作反应溶剂时，易提高物质的反应能力。在石油化工、制药、农药、特种工程塑料等生产中用作卤化、甲基化、缩合、聚合、烷基化等反应溶剂。也用作聚丙烯腈、聚氟乙烯等的溶剂，用于制造胶片、纺丝等。还可用作聚乙烯、聚氯乙烯、聚酰胺等的增塑剂，用于天然气及合成气的净化脱硫，含成氨工业中用于脱除原料气中的硫化氢、有机硫及 CO_2 等，添加于压缩机油中可以提高耐腐蚀性及热稳定性。

[安全事项]可燃。遇明火及高热有着火危险，与硝酸，浓硫酸、氯磺酸等强氧化剂接触会剧烈反应，并可引起燃烧或爆炸。受高热分解生成 SO_2。毒性较低，皮肤接触有腐蚀性，蒸气对眼及黏膜有刺激性。应储存于阴凉通风处，远离火种、热源。

[简要制法]由丁二烯与二氧化硫反应生成环丁烯砜后，再经催化加氢、精制而得。

6. 丁硫醇

见"第六章二、9"

7. 乙硫醇

[别名]乙基硫醇、巯基乙烷、硫氢乙烷。

[化学式]C_2H_6S

[结构式]CH_3CH_2SH

[性质]无色液体，有浓烈蒜臭。相对密度0.8391，熔点 -144.4℃，沸点35℃，折射率 1.4310，分解温度200℃，闪点 < -17℃（闭杯），蒸气压 0.11MPa（40℃）。爆炸极限 2.8%～18.2%。微溶于水，溶于乙醇、乙醚。

[用途]用作加氢催化剂硫化剂，在临氢及催化剂存在下，乙硫醇临氢分解生成的硫化

氢，使催化剂氧化态转化为相应的金属硫化物。也用作气体加臭剂、抗菌剂及制造农药的中间体等。

[安全事项]易燃。遇明火、高热及强氧化剂有着火危险。吸入高浓度蒸气可引起头痛、恶心。应储存于阴凉、通风处，远离火种、热源。

[简要制法]由乙基硫酸钠与硫氢化钠反应制得。

十、多官能团溶剂

这类溶剂中的官能团不是单一的，不仅具有单一官能团溶剂的性质，而且由于多官能团的协同作用而产生单一官能团所不具有的特殊性质，因而具有良好的溶解性能。

1. 一乙醇胺

[别名]单乙醇胺、乙醇胺、氨基乙醇，简称 EA。

[化学式]C_2H_7ON

[结构式]$H_2N—CH_2—CH_2—OH$

[性质]无色黏稠液体，有氨味，呈强碱性。相对密度 1.0180，熔点 10.5℃，沸点 170.5℃，闪点 93℃（开杯），折射率 1.4541，黏度 18.95mPa·s（25℃），蒸气压 48Pa（20℃），蒸气相对密度 2.11（空气 = 1），临界温度 44.1℃。与水、甲醇、乙醇和丙酮混溶，微溶于乙醚、四氯化碳。25% 水溶液 pH 值为 12.1。能吸收酸性气体，加热后，又可将吸收的气体释放。有乳化与起泡作用。能与无机酸和有机酸生成盐类。与酸酐作用生成酯类。其氨基中的氢原子可被酰卤、卤代烷等置换。

[用途]用作石油气、天然气、炼厂气及其他气体中酸性气体（如硫化氢、二硫化碳等）的吸收剂或脱硫溶剂。与其他醇胺溶剂比较，其相对分子质量小、黏度低、在水中溶解度大，但它吸收 CO_2 的相对速率最高，对 H_2S 和 CO_2 的选择性低（选择性 = H_2S 脱除率/CO_2 脱除率），由于它的蒸气压较高，溶剂蒸发损失大（在低压操作时更为严重），它也会与原料中的 COS 和 CS_2 发生不可逆变质反应。而且它的腐蚀性也较强，因此溶液采用的浓度较低（10% ~15%）。对于不含有机硫和 CO_2 的原料，且净化度要求较高时，采用本品脱硫较为适宜，如加氢装置产生的干气脱硫。一乙醇胺也是合成树脂、农药、表面活性剂、硫化剂等的中间体及原料。

[安全事项]可燃。遇明火、高热有燃烧危险。蒸气有毒，空气中最高容许浓度为 0.0003%。对皮肤及黏膜有刺激性。

[简要制法]由氨与环氧乙烷经缩合反应生成一乙醇胺、二乙醇胺及三乙醇胺混合液，经减压蒸馏可分别制得一乙醇胺、二乙醇胺及三乙醇胺。

2. 二乙醇胺

[别名]2，2′－二羟基二乙胺、双羟乙基胺、2，2′－亚氨基二乙醇，简称 DEA。

[化学式]$C_4H_{11}NO_2$

[结构式]$HO—(CH_2)_2—NH—(CH_2)_2—OH$

[性质]无色或淡黄色透明液体，冷冻时为白色结晶体。相对密度 1.0919，熔点 28℃，沸点 269.1℃，闪点 146℃（开杯），折射率 1.4776（20℃），黏度 196.4mPa·s（20℃），蒸气压 1.33Pa（20℃）。溶于水、甲醇、乙醇、丙酮，微溶于苯、乙醚、四氯化碳，具有仲胺和醇的化学性质。与酸反应生成铵盐，与高级脂肪酸共热生成酰胺和酯，能吸收空气中的 CO_2 等气体，也能吸收其他气体中的酸性气体。

[用途]用作石油气、天然气、炼厂气及其他气体中酸性气体(如硫化氢、二氧化碳等)的吸收剂或脱硫溶剂,与一乙醇胺相比较,二乙醇胺的蒸气压较低,和 COS、CS_2 的变质反应小,因此溶剂蒸发损失较小,净化度稍次于一乙醇胺。而对于处理含有机硫的原料气,则采用二醇胺较为适宜。二乙醇胺也是合成农药、医药、表面活性剂及染料中间体的原料,在酸性条件下可用作油类、蜡类的乳化剂,合成纤维的软化剂。还用作洗涤剂、发动机活塞除灰剂等。

[安全事项]参见"一乙醇胺"。

[简要制法]参见"一乙醇胺"。

3. 三乙醇胺

[别名]三羟乙基胺、氨基三乙醇,简称 TEA。

[化学式]$C_6H_{15}NO_3$

[结构式] $HO-(CH_2)_2-N-(CH_2)_2-OH$
$\qquad\qquad\quad |$
$\qquad\qquad (CH_2)_2-OH$

[性质]无色或淡黄色透明黏稠性液体,微有氨味,低温时成为无色至浅黄色立方晶系晶体。相对密度 1.1242(20℃),熔点 20~21℃,沸点 335.4℃,闪点 185℃(开杯),黏度 590.5mPa·s(25℃),折射率 1.4852(20℃),蒸气压 1.33Pa(20℃),临界温度 514.3℃,临界压力 2.45MPa。易溶于水、乙醇、丙酮、甘油及乙二醇等,微溶于苯、乙醚、四氯化碳等。水溶液呈碱性。具吸湿性,露置于空气中时颜色渐渐变深,能吸收 CO_2 及 H_2S 等酸性气体。可与多种酸反应生成酯、酰胺盐,也可与多种金属形成螯合物。

[用途]用作溶剂、中和剂、酸性气体吸收剂、合成橡胶的硫化活化剂、丁腈橡胶聚合活化剂、润滑油抗腐蚀添加剂等。在酸性条件下可用作油类、蜡类的乳化剂、稳定剂。

[安全事项]可燃。具刺激性及致敏性,皮肤接触可致皮炎和湿疹。

[简要制法]参见"一乙醇胺"。

4. 异丙醇胺

[别名]一异丙醇胺,1-氨基-2-丙醇、2-羟基丙胺。

[化学式]C_3H_9NO

[结构式] $H_2N-CH_2-CH-OH$
$\qquad\qquad\qquad\quad |$
$\qquad\qquad\qquad CH_3$

[性质]无色至微黄色液体,有氨气味及吸湿性,有旋光性。市售品为 L-体及 DL-体混合物。相对密度 0.9681(20℃),熔点 1.7℃,沸点 160℃,闪点 80℃(开杯),折射率 1.4479(20℃),黏度 31mPa·s(20℃)。溶于水、乙醇、乙醚、丙酮和苯,水溶液呈碱性。能与酸及酸酐反应生成酯,与酰氯反应生成酰胺。

[用途]用作溶剂、洗涤剂、润湿性、抗静电剂等。本品对烃类有特别强的溶解能力,将煤油、石脑油、卤代烃等与异丙醇胺、油酸一起在水中搅拌,可制得稳定的乳液,与长链脂肪酸生成的盐可用作乙酸乙烯酯树脂的乳化剂。与各种酸及高级脂肪醇的反应产物可用作增塑剂。也可用作酸性气体的吸收剂。

[安全事项]可燃。本品毒性不大,但蒸气对皮肤及眼睛有一定刺激作用。皮肤接触时应及时用清水冲洗。

[简要制法]由环氧丙烷与氨反应生成异丙醇胺、二异丙醇胺、三异丙醇胺的混合物。

再经脱氨、脱水、减压蒸馏制得异丙醇胺，通过改变环氧丙烷及氨的投料比例及反应条件，可制得不同比例的异丙醇胺、二异丙醇胺及三异丙醇胺。

5. 二异丙醇胺

[别名] N, N - 二(2 - 羟基异丙基)胺，简称 DPA。

[化学式] $C_6H_{15}NO_2$

[结构式]
$$HO-\underset{\underset{CH_3}{|}}{CH}-CH_2-NH-CH_2-\underset{\underset{CH_3}{|}}{CH}-OH$$

[性质] 常温下为结晶性固体，有氨气味及吸湿性，具弱碱性。相对密度 0.9890(45℃)，熔点 44 ~ 45℃，沸点 249 ~ 250℃，闪点 126℃(开杯)，蒸气压 1.33Pa(20℃)。与水、乙醇混溶，溶于一般有机溶剂。能与脂肪酸反应生成脂肪酸酰胺。

[用途] 用作石油气、天然气、炼厂气等中酸性气体(如硫化氢、二氧化碳)的吸收剂及脱硫溶剂。对 H_2S 有一定选择性，并同时能脱除部分 COS，与一乙醇胺比较，其解吸 H_2S 所需要的热量低，有利于节能，而且腐蚀性较低。但由于它的冰点较高，常温下为固体，溶剂配制前需先加热熔化，操作较复杂。也用作涂料乳化剂、分散剂、纤维助剂及制取洗涤剂及皂类等产品。

[安全事项] 参见"异丙醇胺"。

[简要制法] 参见"异丙醇胺"。

6. 甲基二乙醇胺

[别名] N, N - 双(2 - 羟乙基)甲胺，简称 MDEA。

[化学式] $C_5H_{13}NO_2$

[结构式] $CH_3N(CH_2CH_2OH)_2$

[性质] 无色液体。相对密度 1.038，熔点 - 45℃，沸点 246 ~ 248℃，折射率 1.4685，闪点 126℃(开杯)，蒸气压 1.33Pa(20℃)，黏度 101.0mPa·s(20℃)。与水、乙醇、甲醇等混溶，能吸收酸性气体。

[用途] 用作石油气、天然气、炼厂气等中酸性气体(如硫化氢、二氧化碳)的吸收剂或脱硫溶剂。具有良好的选择性，可以使酸性气提浓，H_2S 含量高达 70% ~ 95%，由于本品的分子结构中氮原子无活泼氢原子，不能直接与 CO_2、COS 及 CS_2 反应，不产生降解产物。而且碱性弱、腐蚀性低，可使用较高浓度(25% ~ 40%)，使溶剂循环量降低，具有节能的好处，也用作合成氮芥、杜冷丁等的中间体。

[简要制法] 将甲酸加热至沸，搅拌下加入甲醛与二乙醇胺混合液反应，再经减压蒸馏，收集 125 ~ 135℃(0.67kPa)馏分而得。

7. 糠醛

[别名] 2 - 呋喃甲醛、糠基甲醛

[化学式] $C_5H_4O_2$

[结构式]
$$\text{O}\diagdown\text{CHO}$$

[性质] 无色透明油状液体，有苦仁样芳香，又有特殊臭味，自然界存在于玉米花、花生壳、稻草等中。相对密度 1.1598，熔点 - 36.5℃，沸点 161.7℃，闪点 68.3℃(开杯)，燃点 316℃，折射率 1.5261。微溶于水，与乙醇、乙醚、丙酮、苯等混溶，也能溶解松香、硝化纤

维素、乙酸纤维素、甘油醇酸树脂等。除氢氧化钡、无水氯化锌及氯化铁化合物能部分溶解于糠醛外，一般无机物均不溶于糠醛。蒸气与空气形成爆炸混合物，爆炸极限 2.1% ~ 19.3%，在空气及光照下极易被氧化而聚合成黄棕色树脂。与酸类一起加热能使糠醛树脂化。

[用途] 用作溶剂及有机合成原料，糠醛具有选择溶解能力，对不饱和化合物、极性化合物、芳香族化合物及高分子化合物等的溶解能力强，而对饱和化合物、长链脂肪族化合物的溶解能力小。因此，可用来从烃类混合物中萃取出不饱和化合物，从脂肪烃与芳香烃混合物中萃取芳香烃，从 C_4 烃中萃取丁二烯等，如丁二烯抽提以二甲基甲酰胺溶剂为主，配合以糠醛，可提高抽提效率。糠醛也是重要化工原料，可用于制造四氢呋喃、糠醇、顺酐、吡咯、吡啶、呋喃树脂、糠醛树脂等，也用作树脂改性剂、浮选剂及用于润滑油、天然油脂精制等。

[安全事项] 为有机有毒品，有强刺激性，易经皮肤吸收而引起中枢神经损害，蒸气有麻醉性，会刺激眼睛并有催泪作用，严重时会产生肺气肿、麻醉等症状。易与水蒸气一起蒸发，蒸气与空气能形成爆炸性混合物，应在阴凉通风处避光储存，储存温度应低于 40℃。

[简要制法] 由戊糠与稀酸作用，经水解、脱水和蒸馏而得。也可以玉米芯、谷糠、甘蔗渣等为原料，经稀硫酸水解生成戊糖，再经碱中和、分离、减压蒸馏而制得。

主要参考文献

1. 朱洪法，刘丽芝编著. 催化剂制备及应用技术. 北京：中国石化出版社，2011

2. 朱洪法，刘丽芝编著. 石油化工催化剂基础知识. 北京：中国石化出版社，2010

3. 潘元青，伏喜胜主编. 催化裂化技术进展、北京：石油工业出版社，2010

4. 朱洪法主编，催化剂手册. 北京：金盾出版社，2008

5. 张昕，马晓迅编著. 石油炼化深度加工技术. 北京：化学工业出版社，2011

6. 方向晨主编. 加氢裂化. 北京：中国石化出版社，2008

7. 徐承恩主编. 催化重整工业与工程. 北京：中国石化出版社，2006

8. 郝树仁，董世达主编. 烃类转化制氢工艺技术. 北京：石油工业出版社，2009

9. 王遇冬主编. 天然气处理与加工工艺. 北京：石油工业出版社，2008

10. 高步良主编. 高辛烷值汽油组分生产技术. 北京：中国石化出版社，2006

11. 张勇主编. 烯烃技术进展. 北京：中国石化出版社，2008

12. 黄洪周主编. 中国表面活性剂总览. 北京：化学工业出版社，2003

13. 朱洪法，朱玉霞主编. 工业助剂手册. 北京：金盾出版社，2007

14. 朱洪法编著. 催化剂载体制备及应用技术. 北京：石油工业出版社，2002

15. 程能林编著. 溶剂手册. 北京：化学工业出版社，2002

16. 徐溢，曹京，郝明编. 高分子合成用助剂. 北京：化学工业出版社，2002

17. 朱洪法主编. 精细化工常用原材料手册. 北京：金盾出版社，2005

18. 王瑞，高俊文. 工业催化，2009，17 卷增刑：39

19. 杨志剑，任楠，唐颐. 石油化工，39(5)：562

20. 贺俊海. 精细化工原料及中间体，2009，(1)：34

21. 刘肖飞，葛汉青，王峰等. 当代化工，2012，47(7)：698

22. 张广林，王国良主编. 炼油助剂应用手册. 北京：中国石化出版社，2003

23. 王中华，何焕杰，杨小华编著. 油田化学品实用手册. 北京：中国石化出版社，2004

24. 王涛，史蓉，王继龙等. 工业催化，2012，20(5)：23

25. 何小龙编著. 炼油化工"三剂"应用技术. 北京：中国石化出版社，2010

26. 印会鸣，林宏，王继龙等. 工业催化，2012，20(1)：13

27. 吕龙刚，蔺有雄，梁顺琴等. 石化技术与应用，2009，27(2)，135

28. 梁顺琴，肖江，钱颖等，石化技术与应用，2008，26(6)：549

29. 王崇明，李贵贤，李吉春等. 石化技术与应用，2009，27(5)：441

30. 廖国勤，姚亚平等. 工业催化，2000，8(2)：40

31. 段晓芳，夏先知，高明智. 石油化工，2010，39(8)：834

32. 易水生，陶渊，王育等. 石油化工，2009，38(6)：668

33. 温天红，郑晓军等. 石油炼制与化工，2007，38(2)：30

34. 刘江峰. 石油化工设计，2007，24(4)：37

35. 梁顺琴, 于强, 吴杰等. 石化技术与应用, 2009, 27(4): 329

36. 王成威, 苏君来, 李亚男. 乙烯工业, 2011, 23(2): 60

37. 朱伟平, 岳国, 薛云鹏等. 化学工程, 2010, 28(2): 20

38. 钱颖, 赵德强, 蒋彩兰等. 石化技术与应用, 2006, 24(6): 455

39. 徐海升, 李谦定, 易建华. 现代化工, 2002, 22(8): 9

40. 时宝琦, 郭宏利, 李经球等. 化学反应工程与工艺, 2012, 28(2): 173

41. 刘玉学, 钱建华. 当代化工, 2005, 34(1): 24

42. 杨运信. 石油化工, 2003, 第32卷增刊, 242

43. 周斌, 高焕新, 魏一伦等. 化学反应工程与工艺, 2009, 25(2): 148

44. 钱伯章. 聚酯工业, 2012, 25(1): 11

45. 孙书田. 化学工业与工程技术, 2010, 31(2): 47

46. 刘明. 化学工业与工程技术, 2008, 29(2): 7

47. 王学丽, 景志刚, 王延海等. 精细石油化工进展, 2008, 9(11): 41

48. 张业, 周梅, 魏文珑. 天然气化工, 2008, 33(2): 54

49. 申群兵, 朱学栋等. 石油化工, 2010, 39(7): 736

50. 景志刚, 刘肖飞等. 现代化工, 2009, 29(9): 30

51. 唐嘉伟, 高翔等. 工业催化, 2014, 18(11): 1

52. 卫国宾, 李前, 张敬畅等. 石油化工, 2012, 41(8): 938

53. 李雪梅, 冯世强, 焦昆等. 石油化工, 2012, 41(3): 325

54. 王俊, 李云等. 化工进展, 2012, 31(1): 91

55. 徐卫, 吴熠, 杜霞茹等. 工业催化, 2012, 20(12): 50

56. 曹胜先, 吕红丽, 汪通. 塑料科技, 2009, 37(3): 203

57. 张学佳, 纪巍, 康志军等. 炼油技术与工艺, 2008, 38(5): 26

58. 张花, 张宇, 刘红燕等. 石油炼制与化工, 2010, 41(1): 26

59. 晏晓勇, 沈伟. 石油炼制与化工, 2014, 43(4): 59

60. 任世科, 韩勇, 骆重阳. 浙江化工, 2009, 40(11): 20

61. 刘选礼, 杜小华, 崔琳等. 炼油技术与工程, 2009, 39(6): 36

62. 王萍萍, 康晓东等. 中外能源, 2010, 15(2): 71

63. 杨文倩, 康晓东, 周郁良等. 石油炼制与化工, 2008, 35(12): 12

64. 于冀勇, 陆善林, 陈辉. 精细石油化工, 2007, 24(4): 77

65. 吴世逵, 汪禄森, 黄克明等. 茂名学院学报, 2005, 15(4): 13

66. 邹衡, 田文居, 程宏等. 化工技术与开发, 2012, 41(17): 48

67. 马刚, 张拥军等. 延安大学学报, 2006, 25(2): 67

68. 韦奇, 林海波, 胡晓坤. 石油炼制与化工, 2008, 39(1): 30

69. 石功军. 石油炼制与化工, 2007, 38(8): 10

70. 曹喜升. 石油化工设计, 2008, 25(3): 59

71. 邓天水. 石油化工腐蚀与防护, 2010, 27(4): 51

72. 张林. 石油化工腐蚀与防护, 2005, 22(2): 31

73. 乔治才, 张生财, 陈晓东等, 广东化工, 2011, 38(5): 241

74. 李宏茂, 卫宏远, 楼剑常. 石化技术, 2007, 14(3): 22

75. 刘涛，孙书红等. 中外能源，2007，12(2)：64

76. 田华，张强，李春义等. 广州化工，2011，39(18)：19

77. 崔秋凯，张强等. 石化技术与应用，2010，28(3)：222

78. 刘企明，张爱红等. 内蒙古石油化工，2010，(3)：24

79. 张强，杨文慧等. 石油炼制与化工，2012，43(10)：64

80. 邹圣武，陈齐全等. 炼油技术与工程，2012，42(2)：52

81. 程文红，胡凤杰等. 石油化工安全环保技术，2011，27(6)：52

82. 蒋文斌，陈蓓艳等. 石油炼制与化工，2010，41(7)：6

83. 张洪滨. 石化技术与应用，2004，22(2)：120

84. 李自立，郝代军，焦云等. 炼油技术与工程，2005，35，(6)：31

85. 王雪玲，程广慧等. 工业技术，2009，21(2)：30

86. 胡大为，杨清河，戴立顺等. 2012年中国石化加氢技术交流论文集，336

87. 龙湘云，刘学芬，高晓冬等. 2012年中国石化加氢技术交流会论文集，263

88. 艾中秋，徐燕龙，王金伟等. 2012年中国石化加氢技术交流会论文集，257

89. 张毓莹，蒋东红，辛靖等. 2012年中国石化加氢技术交流会论文集，241

90. 宋永一，柳伟，李杨等. 2012年中国石化加氢技术交流会论文集，206

91. 胡志海，李明丰等. 2012年中国石化加氢技术交流会论文集，1

92. 王雪玲，程文慧，贾广斌等. 乙烯工业，2009，21(2)：30

93. 赵蓓蓓，杨超，张喜文. 石油炼制与化工，2012，41(9)：25

94. 刘兴德，王少青. 石油炼制与化工，2012，43(7)：95

95. 于非，杨莹，杨金辉等. 炼油技术与工程，2012，42(8)：48

96. 张飞，贾丽. 石油化工腐蚀与防护，2012，29(4)：51

97. 张冬捧，马传彦，黄新景等，天然气与石油，2008，26(3)：37

98. 牛治刚，韩腾，张岚. 广东化工，2011，38(22)：46

99. 张长清，何宏晓. 石化技术，2011，18(2)：40

100. 金宗斌，屈清洲，迟国东. 中外能源，2008，13(1)：79

101. 王玲，梁羽胜. 石化技术与应用，2010，28(16)：503

102. 张延斌. 内蒙古石油化工，2008，(11)：27

103. 中国石化公司加氢科技情报站. 加氢技术论文集，2008

产品中文名索引

词首、词中间含有的阿拉伯数字和外文字母不参加排序。

707